누구나 따라올 수 있도록 해커스가 제안하는 합격 플랜

워밍업 과정
초보합격가이드*와
합격 꿀팁 특강으로
단기 합격 학습 전략 확인
*PDF

기초 과정
기초 특강 3종으로
기초부터 탄탄하게 학습

기본 과정
이론+기출 학습으로
출제 경향 정복

실전 대비
CBT 모의고사로
실전 감각 향상

마무리
족집게 핵심요약노트와
벼락치기 특강으로
막판 점수 뒤집기

2025 최신개정판

해커스

소방설비기사

실기 전기

한권완성 핵심이론

해커스

김진성

약력

가천대학교 대학원 졸업(소방방재공학 석사)

현 | 해커스자격증 소방설비기사 강의
현 | 해커스자격증 소방설비산업기사 강의
현 | 해커스소방 소방관계법규 강의
전 | 아모르이그잼 소방분야 강의
전 | 한국소방사관학원 원장 및 소방분야 강의
전 | 한국소방안전학원 원장 및 소방분야 강의
전 | 서정대학교 겸임교수
전 | 중앙소방학교, 인천소방학교 초빙교수
전 | (주)포스코, 강원대학교, 호원대학교, 경민대학교 초빙 교수

저서

- 해커스 소방설비기사 실기 전기 한권완성 핵심이론 + 기출문제
- 해커스 소방설비산업기사 실기 전기 한권완성 핵심이론 + 기출문제
- 해커스 소방설비기사 필기 전기 기본서 + 7개년 기출문제집
- 해커스 소방설비산업기사 필기 전기 기본서 + 7개년 기출문제집
- 해커스 소방설비기사 필기 소방원론 · 소방관계법규 기본서 + 7개년 기출문제집
- 해커스 소방설비산업기사 필기 소방원론 · 소방관계법규 기본서 + 7개년 기출문제집
- 해커스소방 김진성 소방관계법규 단원별 실전문제집
- 해커스소방 김진성 소방관계법규 단원별 기출문제집
- 해커스소방 김진성 소방관계법규 합격생 필기노트
- 해커스소방 김진성 소방관계법규 기본서
- 소방설비기사 소방관계법규, 예린
- 소방설비기사 소방전기일반, 예린
- 소방설비기사 소방전기시설의 구조원리, 예린
- 소방설비기사(전기분야) 필기 문제풀이, 예린
- 소방설비기사(전기분야) 실기, 예린

소방설비기사 단기 합격을 향한 길을 비추는 환한 불빛 같은 수험서

해커스 소방설비기사 실기 전기 한권완성 핵심이론 + 기출문제

소방설비기사 시험은 방대한 학습량으로 인해 많은 수험생들이 학습을 시작하기 전 막연한 두려움을 가질 수 있습니다. 그러나 방대한 이론을 체계적으로 정리하고, 시험에 필요한 내용만을 중점적으로 학습한다면 학습한 내용을 오래 기억하고 실제 시험 문제에 적용하여 보다 쉬운 합격의 길을 갈 수 있을 것입니다.
수험생 여러분들의 합격의 길에 함께하기 위해 전문적인 경험과 체계적인 이론을 바탕으로 「해커스 소방설비기사 실기 전기 한권완성 핵심이론 + 기출문제」 교재를 출간하게 되었습니다.

「해커스 소방설비기사 실기 전기 한권완성 핵심이론 + 기출문제」 교재는 수험생 여러분이 학습한 내용을 완전한 '나의 것'으로 만들 수 있도록 다음과 같은 특징을 교재에 담았습니다.

01 교재의 흐름을 그대로 따라가는 학습이 가능하도록 구성하였습니다.

교재 이외에 별도의 자료를 찾아 학습할 필요가 없도록 반드시 알아야 할 기본적인 이론부터 학습의 순서에 맞춰 교재를 구성하였습니다. 이를 통해 전체 이론을 더욱 효율적으로 학습할 수 있습니다.

02 다양한 학습 요소를 통해 입체적인 학습을 할 수 있도록 구성하였습니다.

다양한 형태의 도표 및 그림자료를 수록하여 복잡한 이론을 보다 쉽게 이해할 수 있도록 하였습니다. 또한 '출제예상문제'를 통해 학습한 이론이 어떻게 문제화되는지 확인하고 학습할 수 있습니다.

03 교재 전체 영역에 최신의 내용을 반영하였습니다.

한국산업인력공단의 출제기준 및 최신 개정법령과 세부규정을 모두 빠짐없이 반영하였습니다. 이를 통해 가장 최신의 내용을 정확하게 학습할 수 있습니다.

더불어 자격증 시험 전문 사이트 **해커스자격증(pass.Hackers.com)**에서 교재 학습 중 궁금한 점을 나누고 다양한 무료 학습자료를 함께 이용하여 학습 효과를 극대화할 수 있습니다.

소방설비기사 시험에 도전하시는 모든 분들의 최종 합격을 진심으로 기원합니다.

김진성

목차

책의 구성 및 특징 6
소방설비기사 시험 정보 8
출제기준 12
학습플랜 14

핵심이론

PART 01 소방전기시설의 설계

Chapter 01 설계의 개요 18
출제예상문제 50

Chapter 02 수신기별(P형) 간선구성 56
출제예상문제 69

Chapter 08 유도등 및 비상조명등 설비 265
출제예상문제 273

Chapter 09 비상전원설비 285
출제예상문제 309

Chapter 10 소화설비의 부대 전기설비 331
출제예상문제 345

PART 02 소방전기시설의 시공

Chapter 01 자동화재탐지설비 146
출제예상문제 161

Chapter 02 자동화재속보설비 214
출제예상문제 216

Chapter 03 누전경보기 217
출제예상문제 223

Chapter 04 비상경보설비 및 비상방송설비 235
출제예상문제 239

Chapter 05 제연설비 246
출제예상문제 249

Chapter 06 비상콘센트설비 250
출제예상문제 253

Chapter 07 무선통신보조설비 258
출제예상문제 262

PART 03 소방전기시설의 운용관리

Chapter 01 시퀀스 제어 362
출제예상문제 394

Chapter 02 기계기구 · 회로점검 및 조작 431

Chapter 03 기술공무관리 436

기출문제

2024년 제1회 4

2024년 제2회 13

2024년 제3회 23

2023년 제1회 32

2023년 제2회 40

2023년 제4회 51

2022년 제1회 63

2022년 제2회 74

2022년 제4회 84

2021년 제1회 98

2021년 제2회 109

2021년 제4회 122

2020년 제1회 135

2020년 제2회 146

2020년 제3회 157

2020년 제4회 166

2020년 제5회 179

더 많은 기출문제를 풀어보고 싶다면?

> 2019 ~ 2018년 기출문제는 아래 경로에서 확인하실 수 있습니다.
해커스자격증 PC 사이트(pass.Hackers.com) 접속 ▶ 사이트 상단 [교재정보] 메뉴 클릭
▶ [교재 MP3/자료] 클릭 ▶ [소방설비기사] 기출문제 파일 다운로드

> 모바일의 경우 QR 코드로 접속이 가능합니다.

모바일 해커스자격증 (pass.Hackers.com) 바로가기 ▲

책의 구성 및 특징

01 학습 중 놓치는 내용 없이 완벽한 이해를 가능하게!

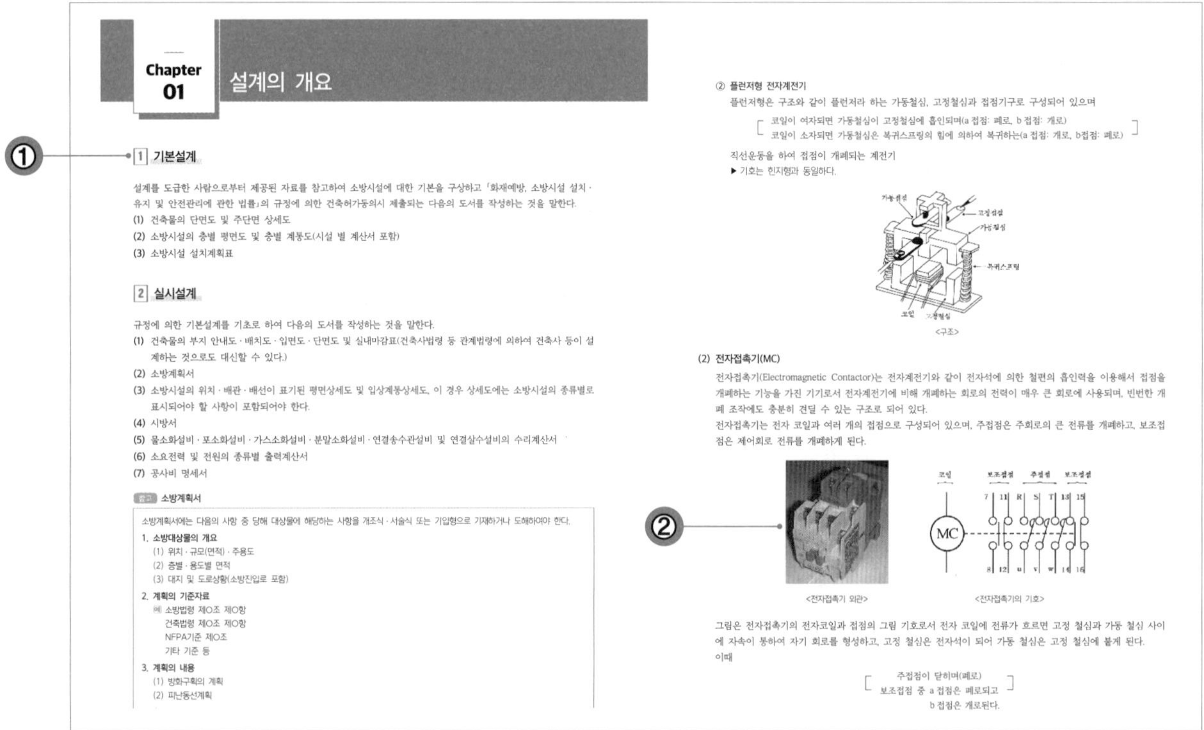

Chapter 01 설계의 개요

① [1] 기본설계

설계를 도급한 사람으로부터 제공된 자료를 참고하여 소방시설에 대한 기본을 구상하고 「화재예방, 소방시설 설치·유지 및 안전관리에 관한 법률」의 규정에 의한 건축허가동의시 제출되는 다음의 도서를 작성하는 것을 말한다.

(1) 건축물의 단면도 및 주단면 상세도
(2) 소방시설의 층별 평면도 및 층별 계통도(시설 별 계산서 포함)
(3) 소방시설 설치계획표

[2] 실시설계

규정에 의한 기본설계를 기초로 하여 다음의 도서를 작성하는 것을 말한다.

(1) 건축물의 부지 안내도·배치도·입면도·단면도 및 실내마감표(건축사법령 등 관계법령에 의하여 건축사 등이 설계하는 것으로도 대신할 수 있다.)
(2) 소방계획서
(3) 소방시설의 위치·배관·배선이 표기된 평면상세도 및 입상계통상세도. 이 경우 상세도에는 소방시설의 종류별로 표시되어야 할 사항이 포함되어야 한다.
(4) 시방서
(5) 물소화설비·포소화설비·가스소화설비·분말소화설비·연결송수관설비 및 연결살수설비의 수리계산서
(6) 소요전력 및 전원의 종류별 출력계산서
(7) 공사비 명세서

참고 소방계획서

소방계획서에는 다음의 사항 중 당해 대상물에 해당하는 사항을 개조식·서술식 또는 기입형으로 기재하거나 도해하여야 한다.

1. 소방대상물의 개요
   (1) 위치·규모(면적)·주용도
   (2) 층별·용도별 면적
   (3) 대지 및 도로상황(소방진입로 포함)
2. 계획의 기준자료
   예) 소방법령 제O조 제O항
   건축법령 제O조 제O항
   NFPA기준 제O조
   기타 기준 등
3. 계획의 내용
   (1) 방화구획의 계획
   (2) 피난동선계획

② 플런저형 전자계전기

플런저형은 구조와 같이 플런저라 하는 가동철심, 고정철심과 접점기구로 구성되어 있으며

[코일이 여자되면 가동철심이 고정철심에 흡인되며(a 접점: 폐로, b 접점: 개로)
코일이 소자되면 가동철심은 복귀스프링의 힘에 의하여 복귀하는(a 접점: 개로, b접점: 폐로)]

직선운동을 하여 접점이 개폐되는 계전기

▶ 기호는 힌지형과 동일하다.

<구조>

(2) 전자접촉기(MC)

전자접촉기(Electromagnetic Contactor)는 전자계전기와 같이 전자석에 의한 철편의 흡인력을 이용해서 접점을 개폐하는 기능을 가진 기기로서 전자계전기에 비해 개폐하는 회로의 전력이 매우 큰 회로에 사용되며, 빈번한 개폐 조작에도 충분히 견딜 수 있는 구조로 되어 있다.

전자접촉기는 전자 코일과 여러 개의 접점으로 구성되어 있으며, 주접점은 주회로의 큰 전류를 개폐하고, 보조접점은 제어회로 전류를 개폐하게 된다.

②

<전자접촉기 외관> <전자접촉기의 기호>

그림은 전자접촉기의 전자코일과 접점의 그림 기호로서 전자 코일에 전류가 흐르면 고정 철심과 가동 철심 사이에 자속이 통하여 자기 회로를 형성하고, 고정 철심은 전자석이 되어 가동 철심은 고정 철심에 붙게 된다.

이때

[주접점이 닫히며(폐로)
보조접점 중 a 접점은 폐로되고
b 접점은 개로된다.]

① 체계적인 핵심이론

소방설비기사 실기 시험에 출제되는 핵심이론을 체계적으로 정리하여 구성하였습니다. 이를 통해 소방설비기사의 이론을 자연스럽게 이해할 수 있으며, 시험에 나오는 이론을 중심으로 효과적인 학습이 가능합니다.

② 사진 및 그림자료

내용의 이해를 돕기 위해 다양한 그림자료를 함께 수록하였습니다. 이를 통해 복잡하고 어려운 이론 내용을 쉽고 빠르게 이해하고 학습할 수 있습니다.

02 출제예상문제와 기출문제를 통해 실력 점검과 실전 대비까지 확실하게!

출제예상문제

해커스 소방설비기사 실기 전기 한권완성 핵심이론 + 기출문제

01. 옥내배선도면에 다음과 같이 표현되었을 때, 이것은 어떤 배선을 의미하는가?

(1) ————

(2) — — — — —

(3) - - - - - - - - - -

| 정답
(1) 천장은폐배선
(2) 바닥은폐배선
(3) 노출배선

02. 옥내배선도에 —///— 로 표시된 경우, 이 배선도가 나타내는 의미를 모두 쓰시오. (단, HFIX에 대한 의미는 우리말로 쓰도록 한다.)

| 정답
① 배선공사명: 천장은폐배선
② 전선 종류·굵기 및 수량: 450/750V 저독성 난연 가교 폴리올레핀 절연전선 2.5[mm²] 3가닥
③ 전선관 종류 및 굵기: 후강전선관 22[mm]

출제예상문제

- 기출문제를 분석하여 도출한 출제경향을 바탕으로 자주 출제되었거나 출제가 예상되는 내용을 엄선하여 '출제예상문제'로 구성하였습니다.
- 이를 통해 자주 출제되는 중요 포인트를 파악하고 학습한 이론이 어떻게 문제화되는지 확인하며, 부족한 부분을 확실하게 보충 · 정리할 수 있습니다.

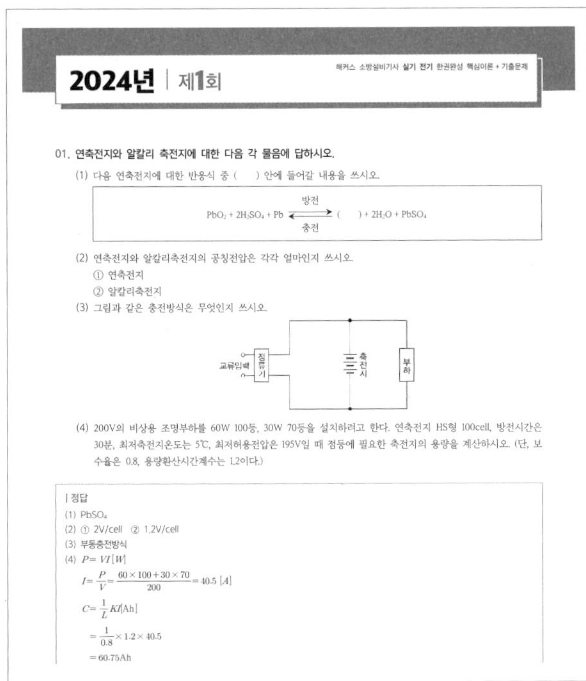

2024년 | 제1회

해커스 소방설비기사 실기 전기 한권완성 핵심이론 + 기출문제

01. 연축전지와 알칼리 축전지에 대한 다음 각 물음에 답하시오.

(1) 다음 연축전지에 대한 반응식 중 ( ) 안에 들어갈 내용을 쓰시오.

$$PbO_2 + 2H_2SO_4 + Pb \underset{충전}{\overset{방전}{\rightleftarrows}} (\quad) + 2H_2O + PbSO_4$$

(2) 연축전지와 알칼리축전지의 공칭전압은 각각 얼마인지 쓰시오.
① 연축전지
② 알칼리축전지

(3) 그림과 같은 충전방식은 무엇인지 쓰시오.

(4) 200V의 비상용 조명부하를 60W 100등, 30W 70등을 설치하려고 한다. 연축전지 HS형 100cell, 방전시간은 30분, 최저축전지온도는 5℃, 최저허용전압은 195V일 때 점등에 필요한 축전지의 용량을 계산하시오. (단, 보수율은 0.8, 용량환산시간계수는 1.2이다.)

| 정답
(1) $PbSO_4$
(2) ① 2V/cell ② 1.2V/cell
(3) 부동충전방식
(4) $P = VI[W]$

$I = \frac{P}{V} = \frac{60 \times 100 + 30 \times 70}{200} = 40.5\,[A]$

$C = \frac{1}{L}KI[Ah]$

$= \frac{1}{0.8} \times 1.2 \times 40.5$

$= 60.75Ah$

최신 기출문제

- 2024~2020년의 5개년 기출문제를 수록하였습니다.
- 수록된 '모든' 문제에는 상세한 해설을 수록하여 문제풀이 과정에서 실전감각을 높이고 실력을 한층 향상시킬 수 있습니다.
- 또한 해설을 통해 문제의 답을 찾아가는 과정을 확인하여 자신의 학습 수준을 스스로 점검하고 보완함으로써 학습 효과를 높일 수 있습니다.
- 더 알아두면 학습에 도움이 되는 내용을 '참고'에 담아 수록하였습니다. 이를 통해 이론 학습을 보충하고, 심화 내용까지 학습할 수 있습니다.

소방설비기사 시험 정보

01 소방설비기사란?

- 소방설비기사는 현대 사회에서 건물이 점차 대형화 · 고층화 · 밀집화되고 있어 화재발생 시 진화를 하는 것보다는 화재를 미리 예방하고, 화재시 초기에 진압하는 것이 더욱 효과적이기에 이러한 분야에 특화된 전문인력을 양성하기 위한 자격제도입니다.
- 소방시설공사를 시공 · 관리하며, 소방시설의 점검 · 정비와 화기의 사용 및 취급 등 방화안전관리에 대한 감독 등의 업무를 합니다. 또한 소방계획에 의한 소화, 통보 및 피난 등의 훈련을 실시하는 방화관리자로서의 직무도 수행합니다.
- 산업구조의 대형화 · 다양화로 건축물 · 시설물 등에 대한 재해발생 위험요소가 많아지면서 소방 관련 인력수요가 늘고 있어 소방시설관리업체, 한국소방산업기술원, 소방안전협회 및 소방전문업체 등 다양한 분야에 진출할 수 있습니다. 또한 각 기업의 취업/승진 시에도 자격증 소지자를 우대하고 있으며, 공무원 및 공기업 채용 시 가산점을 받을 수 있습니다.

02 소방설비기사 시험 제도 및 과목

- 검정기준 · 방법 및 합격기준

구분	소방설비기사
검정기준	소방설비기사에 대한 공학적인 기술이론 지식을 통해 설계 · 시공 · 분석 등의 업무를 수행할 수 있는지를 검정합니다.
검정방법	• 필기: 객관식 4지 택일형으로 과목당 20문제가 출제됩니다. • 실기: 필답형으로 출제됩니다.
합격기준	• 필기: 과목당 40점 이상, 전과목 평균 60점 이상을 받으면 합격입니다(100점 만점 기준). • 실기: 60점 이상을 받으면 합격입니다(100점 만점 기준).

- 시험 과목

구분	전기분야	기계분야
필기	• 제1과목 - 소방원론 • 제2과목 - 소방전기일반 • 제3과목 - 소방관계법규 • 제4과목 - 소방전기시설의 구조 및 원리	• 제1과목 - 소방원론 • 제2과목 - 소방유체역학 • 제3과목 - 소방관계법규 • 제4과목 - 소방기계시설의 구조 및 원리
실기	소방전기시설 설계 및 시공 실무	소방기계시설 설계 및 시공 실무

03 소방설비기사 시험 응시자격

다음은 일반적인 응시자격이며, 각자의 이력에 따른 응시자격은 Q - Net에서 정확히 확인하시기 바랍니다.

구분	소방설비기사
자격 소지	• 산업기사 이상 취득 후 1년 이상 • 기능사 이상 취득 후 3년 이상 • 다른 종목의 기사 이상 자격 취득자 • 외국에서 동일 종목 자격을 취득한 자
관련학과 졸업	• 대학의 관련학과의 졸업(예정)자 • 3년제 전문대학 관련학과 졸업 후 1년 이상 • 2년제 전문대학 관련학과 졸업 후 2년 이상
기술훈련과정 이수	• 기사 수준 기술훈련과정 이수(예정)자 • 산업기사 수준 기술훈련과정 이수 후 2년 이상
경력	동일 및 유사 직무분야에서 4년 이상

*관련학과 - 대학 및 전문대학의 소방학, 건축설비공학, 기계설비학, 가스냉동학, 공조냉동학 관련학과

04 소방설비기사 시험 일정

구분		원서접수(휴일 제외)	시험일	합격(예정)자 발표일
필기	정기 1회	1.13(월) ~ 1.16(목)	2.7(금) ~ 3.4(화)	3.12(수)
	정기 2회	4.14(월) ~ 4.17(목)	5.10(토) ~ 5.30(금)	6.11(수)
	정기 3회	7.21(월) ~ 7.24(목)	8.9(토) ~ 9.1(월)	9.10(수)
실기	정기 1회	3.24(월) ~ 3.27(목)	4.19(토) ~ 5.9(금)	1차: 6.5(목) 2차: 6.13(금)
	정기 2회	6.23(월) ~ 6.26(목)	7.19(토) ~ 8.6(수)	1차: 9.5(금) 2차: 9.12(금)
	정기 3회	9.22(월) ~ 9.25(목)	11.1(토) ~ 11.21(금)	1차: 12.5(금) 2차: 12.24(수)

05 자격증 시험 접수부터 취득까지의 절차

원서접수부터 자격증 취득까지는 다음 과정에 따라 진행되며, 필기 합격부터 실기 시험까지는 6~8주 정도의 기간이 있습니다.

필기원서 접수 및 필기시험	• Q-net(www.Q-net.or.kr)을 통해 인터넷으로 원서접수를 합니다. • 필기접수 기간 내 수험원서를 제출해야 합니다. • 접수 시 사진을 첨부하고, 수수료를 결제합니다(전자결제). • 시험장소는 본인이 직접 선택합니다(선착순). • 시험 시 수험표, 신분증, 필기구(흑색 사인펜 등), 공학용계산기를 지참하도록 합니다.

필기 합격자 발표	• Q-net을 통해 합격을 확인합니다(마이페이지 등). • 응시자격 제한종목은 공지된 시행계획의 서류제출 기간 내에 반드시 졸업증명서, 경력증명서 등 응시자격 서류를 제출해야 합니다.

실기원서 접수 및 실기시험	• 실기접수 기간 내 수험원서를 인터넷을 통해 제출합니다. • 접수 시 사진을 첨부하고 수수료를 결제합니다(전자결제). • 시험 일시와 장소는 본인이 직접 선택합니다(선착순). • 시험 시 수험표, 신분증, 필기구(흑색 사인펜 등), 공학용계산기를 지참하도록 합니다.

최종 합격자 발표	Q-net을 통해 합격을 확인합니다(마이페이지 등).

자격증 발급	• 인터넷 발급: 공인인증 등을 통한 발급 또는 택배 발급이 가능합니다. • 방문수령: 사진 및 신분확인 서류를 지참하여 방문합니다.

06 소방설비기사 최근 7년간 검정현황

구분			2018	2019	2020	2021	2022	2023	2024
기사	전기분야	응시자	11,503	17,499	19,248	19,311	21,427	20,834	24,518
		합격자	6,262	8,086	8,991	6,687	9,075	8,672	10,134
		합격률	54.4%	46.2%	46.7%	34.6%	42.4%	41.6%	41.3%
	기계분야	응시자	8,812	12,024	15,862	17,709	15,080	20,510	18,587
		합격자	3,349	3,620	3,076	5,753	2,346	5,458	4,493
		합격률	38.0%	30.1%	19.4%	32.5%	15.6%	26.6%	24.2%

출제기준

※ 한국산업인력공단에 공시된 출제기준으로 [해커스 소방설비기사 실기 전기 한권완성 핵심이론 + 기출문제] 전체 내용은 모두 아래 출제기준에 근거하여 제작되었습니다.

01 전기 분야

실기 과목명	주요항목	세부항목
소방전기시설 설계 및 시공 실무	1. 소방전기시설 설계	1. 작업분석하기 2. 소방전기시설 구성하기 3. 소방전기시설 설계하기 4. 소방시설의 배치계획 및 설계서류 작성하기
	2. 소방전기시설 시공	1. 설계도서 검토하기 2. 소방전기시설 시공하기 3. 공사 서류 작성하기
	3. 소방전기시설 유지관리	1. 소방전기시설 운용관리하기 2. 소방전기시설의 유지보수 및 시험·점검하기

02 기계 분야

실기 과목명	주요항목	세부항목
소방기계시설 설계 및 시공 실무	1. 소방기계시설 설계	1. 작업분석하기 2. 소방기계시설 구성하기 3. 소방시설의 시스템 설계하기 4. 소방시설의 배치계획 및 설계서류 작성하기
	2. 소방기계시설 시공	1. 설계도서 검토하기 2. 소방기계시설 시공하기 3. 공사 서류 작성하기
	3. 소방기계시설 유지관리	1. 소방시설의 작동 및 유지관리 하기 2. 소방기계 시설의 유지보수 및 시험점검하기

학습플랜

4주 합격 학습플랜

• 비전공자이거나 관련 학습경험이 없는 수험생에게 추천합니다.

	1일차 □	2일차 □	3일차 □	4일차 □	5일차 □	6일차 □	7일차 □
1주	PART 01		PART 02				
	Ch. 01	Ch. 02	Ch. 01 ~ 02	Ch. 03 ~ 04	Ch. 05 ~ 06	Ch. 07 ~ 08	Ch. 09 ~ 10
	8일차 □	9일차 □	10일차 □	11일차 □	12일차 □	13일차 □	14일차 □
2주	PART 03		기출문제				
	Ch. 01	Ch. 02 ~ 03	2024년	2023년	2022년	2021년	2020년
	15일차 □	16일차 □	17일차 □	18일차 □	19일차 □	20일차 □	21일차 □
3주	PART 01	PART 02					PART 03
	복습	Ch. 01 ~ 02 복습	Ch. 03 ~ 04 복습	Ch. 05 ~ 06 복습	Ch. 07 ~ 08 복습	Ch. 09 ~ 10 복습	복습
	22일차 □	23일차 □	24일차 □	25일차 □	26일차 □	27일차 □	28일차 □
4주	기출문제						오답노트 및 마무리
	2024년	2023년	2022년	2021년	2020년	복습	

2주 합격 학습플랜

• 전공자이거나 관련 학습경험이 있는 수험생에게 추천합니다.

	1일차 □	2일차 □	3일차 □	4일차 □	5일차 □	6일차 □	7일차 □
1주	PART 01		PART 02			PART 03	핵심이론
	Ch. 01	Ch. 02	Ch. 01 ~ 03	Ch. 04 ~ 06	Ch. 07 ~ 10	Ch. 01 ~ 03	복습
	8일차 □	9일차 □	10일차 □	11일차 □	12일차 □	13일차 □	14일차 □
2주	기출문제						오답노트 및 마무리
	2024년	2023년	2022년	2021년	2020년	복습	

Part 01 소방전기시설의 설계

Chapter 01 설계의 개요

Chapter 02 수신기별(P형) 간선구성

Chapter 01 설계의 개요

1 기본설계

설계를 도급한 사람으로부터 제공된 자료를 참고하여 소방시설에 대한 기본을 구상하고 「화재예방, 소방시설 설치 · 유지 및 안전관리에 관한 법률」의 규정에 의한 건축허가동의시 제출되는 다음의 도서를 작성하는 것을 말한다.

(1) 건축물의 단면도 및 주단면 상세도

(2) 소방시설의 층별 평면도 및 층별 계통도(시설 별 계산서 포함)

(3) 소방시설 설치계획표

2 실시설계

규정에 의한 기본설계를 기초로 하여 다음의 도서를 작성하는 것을 말한다.

(1) 건축물의 부지 안내도 · 배치도 · 입면도 · 단면도 및 실내마감표(건축사법령 등 관계법령에 의하여 건축사 등이 설계하는 것으로도 대신할 수 있음)

(2) 소방계획서

(3) 소방시설의 위치 · 배관 · 배선이 표기된 평면상세도 및 입상계통상세도, 이 경우 상세도에는 소방시설의 종류별로 표시되어야 할 사항이 포함되어야 한다.

(4) 시방서

(5) 물소화설비 · 포소화설비 · 가스소화설비 · 분말소화설비 · 연결송수관설비 및 연결살수설비의 수리계산서

(6) 소요전력 및 전원의 종류별 출력계산서

(7) 공사비 명세서

참고 소방계획서

소방계획서에는 다음의 사항 중 당해 대상물에 해당하는 사항을 개조식 · 서술식 또는 기입형으로 기재하거나 도해하여야 한다.

1. 소방대상물의 개요
   (1) 위치 · 규모(면적) · 주용도
   (2) 층별 · 용도별 면적
   (3) 대지 및 도로상황(소방진입로 포함)
2. 계획의 기준자료
   예 소방법령 제O조 제O항
   건축법령 제O조 제O항
   NFPA기준 제O조
   기타 기준 등
3. 계획의 내용
   (1) 방화구획의 계획
   (2) 피난동선계획

(3) 대상장소의 성격(용도 및 연소특성 등 고려)별 소방시설 적용계획
(4) 비상용승강기 설치계획
① 비상진입로
② 배치 · 구조
(5) 방재센터 설치계획
① 방재센터의 위치
② 외부로부터의 진입경로 및 통신계획
③ 방재관련시설의 배치계획
(6) 화재예방을 위한 자체점검계획
(7) 소방시설의 점검 · 정비계획
(8) 위험물 제조 · 저장 · 취급시설 점검 · 정비계획
(9) 자위소방대의 조직과 자체교육 · 훈련계획

참고 소방시설의 종류별로 표시되어야 할 사항

[소화설비]

1. 소화기구 및 자동소화장치
(1) 종류 · 위치 및 개수
(2) 배치기준

2. 옥내소화전설비
(1) **수원의 종류(평수조 · 고가수조 · 압력수조 등) · 위치**: 가압송수장치가 펌프방식의 경우에는 정압흡입형 · 부압흡입형 또는 청수(또는 해수)형의 저수조로 구분
(2) 가압송수장치의 종류 · 위치 · 기동방법 및 다른 설비와의 겸용 여부
(3) 가압송수장치의 연계작동방식(수동스위치방식 또는 수압개폐방식)
(4) 부압흡입형 펌프장치를 사용하는 경우에는 물올림장치의 위치 및 수량
(5) 옥외 연결송수구의 위치 및 개수
(6) 소화전방수구의 위치 및 개수
(7) 수평배관의 배치방식(환상식 또는 비환상식)
(8) 전원의 종류 · 위치
(9) 제어반의 종류 및 위치

3. 스프링클러설비
옥내소화전설비의 (1) · (2) · (4) · (5) · (7) 내지 (9)의 사항과 다음의 사항
(1) 습식 · 건식 또는 준비작동식의 적용계획
(2) 고층부와 저층부의 설비 분리구성계획
(3) 방수구역 및 유수검지장치 또는 일제개방밸브의 종류 · 위치 · 개수 및 작동방법
(4) 사용헤드의 종류 · 배치기준 · 개수 및 최저방수압력
(5) 가압송수장치의 연계작동방식
(6) 송수구 및 방수구의 종류 · 위치(2 이상의 송수구를 설치하는 송수구의 상호간의 거리는 0.5m 이상의 거리를 두어야 함) 및 중간 가압송수장치의 위치 · 종류

4. 물분무소화설비
옥내소화전설비의 (1) · (2) · (4) · (5) · (7) 내지 (9)의 사항과 다음의 사항
(1) 기동장치의 종류 · 위치 및 기동방법
(2) 제어밸브의 종류 · 위치 및 기동방법
(3) 표준방사량
(4) 가압송수장치의 연계작동방식

5. **포소화설비**

옥내소화전설비의 (1) · (2) · (4) · (5) · (7) 내지 (9)의 사항과 다음의 사항

(1) 포소화설비의 종류
(2) 포소화약제의 저장탱크의 종류 · 위치 및 저장량
(3) 포소화약제의 혼합장치의 종류 · 위치 및 개수
(4) 일제개방밸브의 종류 · 위치 및 개수
(5) 기동장치의 종류 · 위치 및 개수
(6) 포방출구를 사용하는 경우에는 방출구의 종류 · 위치 및 개수
(7) 가압송수장치의 연계작동방식

6. **이산화탄소소화설비 · 할론소화설비 또는 분말소화설비**

(1) 소화약제의 소화농도
(2) 방출방식
① 전역 또는 국소방출방식
② 장소별 독립방출방식 또는 선택방출방식
(3) 작동방식(기계식 · 가스 압력식 또는 전기식)
(4) 소화약제 저장용기의 위치(할론소화설비 또는 분말소화설비의 경우에는 소화약제의 종류를 포함)
(5) 자동 또는 수동 기동장치의 종류 및 위치
(6) 각 방호구역 구분

7. **옥외소화설비**

옥내소화전설비의 (1) · (2) · (4) · (5) · (7) 내지 (9)의 사항

8. **동력소방펌프설비**

(1) 수원의 종류 · 위치 및 수량
(2) 동력소방펌프의 종류 · 위치 및 방수량

[경보설비]

1. **자동화재탐지설비**

(1) 대상 장소의 성격(용도 · 평상온도 · 연소특성 · 내부의 기류상황 등)별 적용감지기 종류 및 개수
(2) 대상 장소에 대한 감시구역 구성(회로)계획
(3) 신호제어방식(P형 · GP형 · R형 · GR형)
(4) 수신기의 위치 및 개수
(5) 중계기 및 발신기의 위치

2. **자동화재속보설비**

종류 및 위치

3. **비상벨 또는 자동식사이렌설비**

(1) 발신기의 위치 및 개수
(2) 비상벨 또는 사이렌의 종류 · 위치 및 개수

4. **단독경보형감지기**

설치위치 · 종류 및 개수

5. **비상방송설비**

(1) 증폭기의 출력
(2) 증폭기 및 조작부의 종류 · 위치

[피난구조설비]

1. **피난기구**

종류 · 위치 및 개수

2. **유도등 · 비상조명등 · 유도표지 · 휴대용 비상조명등**
종류 · 위치 및 개수

3. **인명구조기구**
종류 · 개수 및 보완위치

[소화용수설비]

1. **소화용수설비**
   (1) 저수조 또는 상수도 소화용수설비의 종류 · 위치
   (2) 가압송수장치를 설치하는 경우 종류 및 위치

[소화활동설비]

1. **제연설비**
   (1) 지하층 또는 무창층의 거실 제연설비
      ① 제연구역별 급기방식
      ② 급기풍량 및 배연풍량
      ③ 배출구 및 공기유입구의 종류 · 위치 및 개수
      ④ 옥외의 급기구 및 배출구의 위치 및 개수
   (2) 전실 제연설비
      ① 전실(비상용승강기의 승강장을 포함)과 복도(또는 거실)의 필요 압력차
      ② 급배기방식의 경우 급기 및 배기풍도의 위치
      ③ 급기가압방식의 경우 급기풍도의 위치
      ④ 급 · 배기 또는 급기 대상이 되는 전실(전체 또는 부분대상)
      ⑤ 배출구 및 공기유입구의 종류 · 위치
      ⑥ 과급된 공기압의 조정방식

2. **연결송수관설비**
   (1) 옥외 연결송수구의 종류 · 위치 및 개수
   (2) 옥내방수구의 종류 · 위치 및 개수
   (3) 방수구함의 위치 및 개수
   (4) 가압송수장치를 설치하는 경우 종류 및 위치

3. **연결살수설비**
   (1) 연결송수구의 종류 · 위치
   (2) 송수구역(방수구역)의 구분
   (3) 연결살수헤드 설치구역

4. **비상콘센트설비**
   (1) 전원의 종류 및 위치
   (2) 배선용차단기 및 비상콘센트의 종류 · 위치 및 개수

5. **무선통신보조설비**
   (1) 설비방식
   (2) 무선기기 접속단자의 종류 · 위치 및 개수
   (3) 분배기 · 분파기 · 혼합기 및 증폭기의 종류 · 위치 및 개수

6. **연소방지설비**
   (1) 방수구역의 구분
   (2) 송수구의 위치
   (3) 살수헤드의 종류 · 배치기준 및 개수

참고 시방서

1. 일반 시방서
   공사의 시행과정에서 시공자가 일반적으로 준수해야 할 사항을 규정한다.
2. 특기 시방서
   일반 시방서에 규정하지 않았거나 공통시방서의 예외사항, 설계명세서와 도면만으로 해석상의 차이가 발생할 우려가 있는 사항 및 특히 주의해야 할 사항을 정한다.

참고 공사비 명세서(공사비 내역서)

1. 물량산출
   도면에 의하여 접합, 절단, 재료 소요량 등 시공에 소요되는 물량을 산출한다.
2. 일위대가표의 작성
   일위대가표는 시공되는 단위물량에 대하여 소요되는 인원 수와 재료수량을 산출하고 나아가 인건비 및 재료비를 산출하는 것으로, 인건비는 정부 품셈표와 정부 노임단가를 기준으로 하고 재료비는 매월 발간되는 조달청 가격정보 물가자료 또는 물가정보 등의 가격을 기준으로 하여 작성한다. 따라서 일위대가표의 재료비는 어떤 가격을 정하느냐에 따라 금액의 변동이 생긴다.
3. 공사비 계산
   물량산출표에 의하여 산출된 각 품목에 일위대가표에서 정한 재료비와 인건비를 대입하여 산출한다.

[일위대가의 예]

품명 (ITEM)	규격 (SIZE)	수량 (Q'TY)	단위 (UNIT)	단가 (U'PRICE)	금액 (AMOUNT)	비고 (REMARKS)
자동화재탐지설비						
(1) 자재비						
화재수신반	10CCT	1	대		300000	
P.B.L		6	SET	10,000	60000	
PBL Box		6	EA	8,000	48000	
감지기	연기식	3	〃	22,000	66000	
	차동식	27	〃	6,000	162000	
전선관	16C	89	m	422	37558	
	22C	12	〃	542	6504	
	28C	8	〃	649	5192	
전선	HFIX2.5mm^2	850	〃	80	68000	
부싱	16C	68	EA	48	3264	
	22C	7	〃	60	420	
	28C	7	〃	84	588	
로크너트	16C	139	〃	30	4170	
	22	13	〃	48	624	
	28	13	〃	60	780	
8각 Box		31	〃	520	16120	
BOX COVER		31	〃	150	4650	

목대	5"	5	〃	60								3	0	0		
플렉시블튜브	16C	45	m	240						1	0	8	0	0		
플렉시블 코넥터	16C	59	EA	70							4	1	3	0		
철판비스	1"	192	〃	6							1	1	5	2		
칼브럭	1"	86	〃	10								8	6	0		
비닐테이프		6	R/L	200							1	2	0	0		
소모잡자재		1	식							2	4	0	7	6		
소계									8	2	6	3	8	8		
(2) 인건비	전공	55	일	10,220					5	6	2	1	0	0		
공구손료		3	%							1	6	8	6	3		
소계									5	7	8	9	6	3		
계							₩	1	4	0	5	3	5	1		

▶ **공구손료**

공구손료는 일반공구 및 시험용 계측기구류의 손료로서 공사 중 상시 일반적으로 사용하는 것을 말하며, 직접노무비(노임할증 제외)의 3%까지 계상한다.

▶ **소모 · 잡자재**

잡품 및 소모재료는 설계내역에 표시하여 계상하되, 직접재료비(전선관, 배관자재비)의 2~5%까지 계상한다.

[정부표준품셈의 예]

※ 자동화재경보장치 신설

(단위당)

<table>
<tr><th>공종</th><th>단위</th><th>내선전공</th><th>비고</th></tr>
<tr><td>spot형 감지기
(차동식, 정온식, 보상식)
노출형</td><td>개</td><td>0.13</td><td>(1) 천장높이 4m 기준 1m 증가 시마다 5% 증
(2) 매입형 또는 특수 구조의 것은 조건에 따라서 산정할 것</td></tr>
<tr><td>시험기(공기관 포함)
분포형의 공기관
(열전대선감지선)
검출기
공기관식의 Booster</td><td>개
m

개
개</td><td>0.15
0.025

0.30
0.10</td><td>(1) 상동 (2) 상동
(1) 상동 (2) 상동</td></tr>
<tr><td>발신기 P-1
발신기 P-2
발신기 P-3
회로시험기
수신기 P-1(기본공수)</td><td>개
개
개
개
대</td><td>0.30
0.30
0.20
0.10
6.0</td><td>1급(방수형)
2급(보통형)
3급(푸시버튼만으로 응답 확인 없는 것)

※ 회선수에 대한 산정 매 1회선에 대하여</td></tr>
<tr><td>(회선수공수산출가산요)
수신기 P-2(기본공수)
(회선수공수산출가산요)</td><td>대</td><td>4.0</td><td><table><tr><th>형식</th><th>내선정공</th></tr><tr><td>P-1</td><td>0.3</td></tr><tr><td>P-2</td><td>0.2</td></tr><tr><td>부수신기</td><td>0.10</td></tr></table></td></tr>
</table>

부수신기(기본공수)	대	3.0	산정예 P-1의 10회분 기본공수는 6인 회선당 할증수는 $(10 \times 0.3) = 3$ $\therefore 6 + 3 = 9$인
소화전기동릴레이	대	1.5	수신기 내에 내장되지 않은 것으로 별개로 설치할 경우에 적용
전령(電鈴) 표시등 표지판	개	0.15 0.20 0.15	

① 시험공량은 총 산출품의 10%로 하되 최소치를 3인으로 함
② 설치상 목대를 필요로 하는 현장은 목대 매개당 0.02인을 가산할 것
③ 공기관의 길이는 「텍스」 붙인 평면 천장의 산출식의 5% 증으로 하되, 보돌림과 시험기로 인하되는 수량을 가산할 것
④ 방폭형 200%
⑤ 철거 30%(재사용 철거 50%)

[정부노임단가의 예]

노임은 관계법령이 정하는 바에 따른다.

직종별	정부노임단가	
	2021년 1월	2022년 1월
내선전공	242,731원	258,917원
배관공	181,378원	202,689원
용접공	225,966원	234,564원

[공사비 계산서의 예]

명칭	규격	단위	수량	재료비		인건비		계	비고
				단가	금액	단가	금액		
후강	16mm	m	100	745	74,500	44500	35,600	430,500	
전선관	22mm	m	50	954	47,700	44500	244,750	292,450	

3 옥내배선용 그림기호

1. 적용범위(KSC0301-1990)

이 규격은 일반 옥내배선에서 전등 · 전력 · 통신 · 신호 · 재해방지 · 피뢰설비 등의 배선, 기기 및 그들의 부착위치, 부착방법을 표시하는 도면에 사용하는 그림기호에 대하여 규정한다.

2. 배선

(1) 일반배선(배관 · 닥트 · 금속선 홈통 등을 포함)

명칭	그림기호	적요
* 천장은폐 배선	————	(1) 천장은폐 배선 중 천장 속의 배선을 구별하는 경우는 천장 속의 배선에 —·—·—·—·—·— 를 사용하여도 좋다.
* 바닥은폐 배선	– – – – – –	(2) 노출배선 중 바닥면 노출배선을 구별하는 경우는 바닥면 노출배선에 —··—··—··— 를 사용하여도 좋다.
* 노출배선	················	(3) 전선의 종류를 표시할 필요가 있는 경우는 기호를 기입한다. <보기> 600V 비닐 절연전선 IV 600V 2종 비닐 절연전선 HIV 가교 폴리에틸렌 절연비닐 시스 케이블 CV 600V 비닐 절연비닐 시스 케이블(평형) VVF 내화케이블 FP 내열전선 HP 통신용 PVC 옥내선 TIV (4) 절연전선의 굵기 및 전선 수는 다음과 같이 기입한다. 단위가 명백한 경우는 단위를 생략하여도 좋다. <보기> —//—— 1.6 —//—— 2 —//—— $2mm^2$ —//—— 8 <숫자 방기의 보기>: $\overline{\quad}$ 1.6×5 5.5×1 다만, 시방서 등에 전선의 굵기 및 전선 수가 명백한 경우는 기입하지 않아도 좋다. (5) 케이블의 굵기 및 선심수(또는 쌍수)는 다음과 같이 기입하고 필요에 따라 전압을 기입한다. 다만, 시방서 등에 케이블의 굵기 및 선심수가 명백한 경우는 기입하지 않아도 좋다. <보기> 1.6[mm] 3심인 경우 $\overline{\quad}$ 1.6×5 5.5×1 0.5[mm] 100쌍인 경우 $\overline{\quad}$ 0.5 - 100P (6) 전선의 접속점은 다음에 따른다.

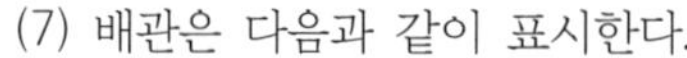

(7) 배관은 다음과 같이 표시한다.

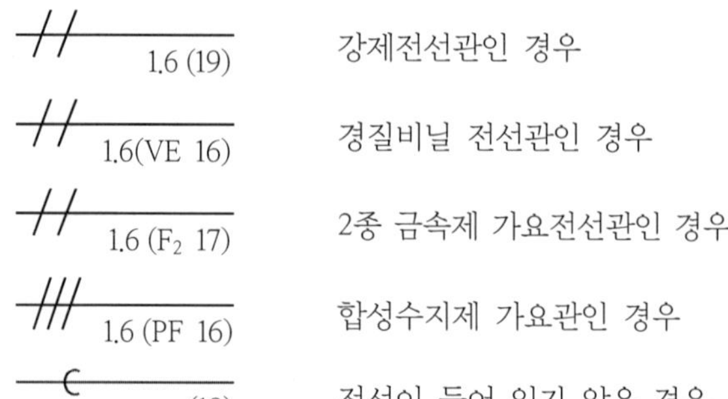

다만, 시방서 등에 명백한 경우는 기입하지 않아도 좋다.

(8) 플로어 닥트의 표시는 다음과 같다.

<보기> – – – – – (F7)　　– – – – – (FC6)

정크션 박스를 표시하는 경우는 다음과 같다. – –◎– –

(9) 금속 닥트의 표시는 다음과 같다.

MD

(10) 금속선 홈통의 표시는 다음과 같다.

1종 – – – – – MM_1　　2종 – – – – – MM_2

(11) 라이팅 닥트의 표시는 다음과 같다.

□– – – – – LD　　– – –□– – LD

□는 피드인 박스를 표시한다.

필요에 따라 전압, 극수, 용량을 기입한다.

<보기> □– – – – – – – – LD 125V 2P 15A

(12) 접지선의 표시는 다음과 같다.

<보기> ——/—— E 2.0

(13) 접지선과 배선을 동일관 내에 넣는 경우는 다음과 같다.

<보기> —//——/—— 2.0(25) E 2.0

다만, 접지선의 표시가 E가 명백한 경우는 기입하지 않아도 좋다.

(14) 케이블의 방화구획 관통부는 다음과 같이 표시한다.

(15) 정원등 등에 사용하는 지중매설 배선은 다음과 같다.

—·—·—·—·—··

(16) 옥외배선은 옥내배선의 그림기호를 준용한다.

(17) 구별을 필요로 하지 않는 경우는 실선만으로 표시하여도 좋다.

(18) 건축도의 선과 명확히 구별한다.

상승 인하 소통		(1) 동일층의 상승, 인하는 특별히 표시하지 않는다. (2) 관, 선 등의 굵기를 명기한다. 다만, 명백한 경우는 기입하지 않아도 좋다. (3) 필요에 따라 공사 종별을 방기한다. (4) 케이블의 방화구획 관통부는 다음과 같이 표시한다. 상승 인하 소통
풀박스 및 접속상자		(1) 재료의 종류, 치수를 표시한다. (2) 박스의 대소 및 모양에 따라 표시한다.
VVF용 조인트박스		단자붙이임을 표시하는 경우는 t를 방기한다. t
접지 단자		의료용인 것은 H를 방기한다.
접지 센터	EC	의료용인 것은 H를 방기한다.
접지극		(1) 접지 종별을 다음과 같이 방기한다. 제1종 E_1, 제2종 E_2, 제3종 E_3, 특별제3종 Es3 <보기> E_1 (2) 필요에 따라 재료의 종류, 크기, 필요한 접지 저항치 등을 방기한다.
수전점		인입구에 이것을 적용하여도 좋다.
점검구		

(2) 버스 닥트

명칭	그림기호	적요
버스 닥트		(1) 필요에 따라 다음 사항을 표시한다. a. 피드 버스 닥트 FBD 플러그인 버스 닥트 PBD 트롤리 버스 닥트 TBD b. 방수형인 경우는 WP c. 전기방식, 정격전압, 정격전류 <보기> FBD3$^{\phi}$ 3W 300V 600V 600A (2) 익스팬션을 표시하는 경우는 다음과 같다. (3) 오프셋을 표시하는 경우는 다음과 같다.

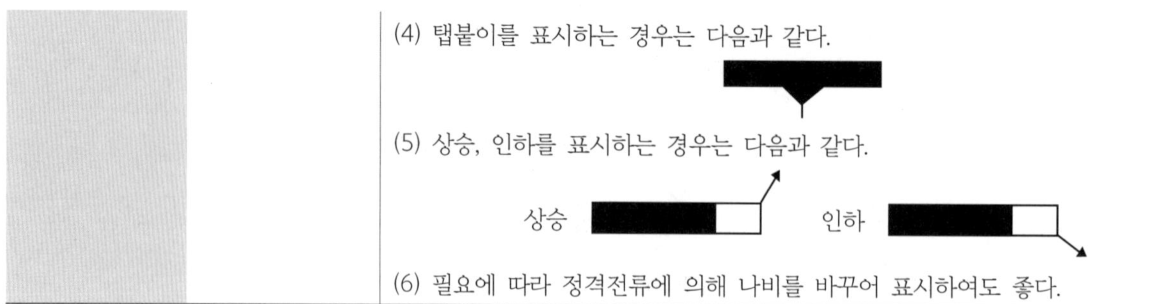

		(4) 탭붙이를 표시하는 경우는 다음과 같다. (5) 상승, 인하를 표시하는 경우는 다음과 같다. 상승 인하 (6) 필요에 따라 정격전류에 의해 나비를 바꾸어 표시하여도 좋다.

(3) 합성수지선홈통

명칭	그림기호	적요
합성수지선홈통		(1) 필요에 따라 전선의 종류, 굵기, 가닥 수, 선홈통의 크기 등을 기입한다. <보기> IV 1.6 × 4(PR35 × 18) 전선이 들어있지 않은 경우 (PR35 × 18) (2) 회선 수를 다음과 같이 표시하여도 좋다. <보기> (3) 그림기호 는 PR 로 표시하여도 좋다. (4) 조인트 박스를 표시하는 경우는 다음과 같다. J (5) 콘센트를 표시하는 경우는 다음과 같다. (6) 점멸기를 표시하는 경우는 다음과 같다. (7) 걸림 로제트를 표시하는 경우는 다음과 같다. < >

(4) 증설

동일 도면에서 증설 · 기설을 표시하는 경우 증설은 굵은 선, 기설은 가는 선 또는 점선으로 한다. 또한, 증설은 적색, 기설은 흑색 또는 청색으로 하여도 좋다.

(5) 철거

철거인 경우는 ×를 붙인다.

<보기>

3. 기기

명칭	그림기호	적요
전동기	(M)	필요에 따라 전기방식, 전압, 용량을 방기한다. <보기> (M) 3^{ϕ} 200V 3.7 kW
콘덴서	⊣⊢	전동기의 적요를 준용한다.
전열기	(H)	전동기의 적요를 준용한다.
환기팬 (선풍기 포함)	(∞)	필요에 따라 종류 및 크기를 방기한다.
룸에어콘	RC	(1) 옥외 유닛에는 O을, 옥내 유닛에는 I을 방기한다. RC_{O} RC_{I} (2) 필요에 따라 전동기, 전열기의 전기방식, 전압, 용량 등을 방기한다.
소형변압기	(T)	(1) 필요에 따라 용량, 2차전압을 방기한다. (2) 필요에 따라 벨 변압기는 B, 리모콘 변압기는 R, 네온 변압기는 N, 형광등용 안정기는 F, HID등(고효율 방전등)용 안정기는 H를 방기한다. $(T)_B$ $(T)_R$ $(T)_N$ $(T)_F$ $(T)_H$ (3) 형광등용 안정기 및 HID등용 안정기로서 기구에 넣는 것은 표시하지 않는다.
정류장치	▶⊢	필요에 따라 종류, 용량, 전압 등을 방기한다.
축전지	⊣⊢	필요에 따라 종류, 용량, 전압 등을 방기한다.
발전기	(G)	전동기의 적요를 준용한다.

4. 전등 · 전력

(1) 조명기구

명칭		그림기호	적요
일반용 조명	백열등 HID등	○	(1) 벽붙이는 벽 옆을 칠한다. ◐ (2) 기구종류를 표시하는 경우는 ○ 안이나 또는 방기로 글자명, 숫자 등의 문자기호를 기입하고 도면의 비고 등에 표시한다. <보기> (나) $○_{나}$ (1) $○_{1}$ (A) $○_{A}$ 같은 방에 기구를 여러 개 시설하는 경우는 통합하여 문자기호와 기구 수를 기입하여도 좋다.

	명칭	그림기호	적요
			(3) (2)에 따르기 어려운 경우는 다음 보기에 따른다. 걸림 로제트 팬던트 실링 · 직접부 CL 상들리에 CH 매입기구 DL (로 하여도 좋음) (4) 용량을 표시하는 경우는 와트 수[W] × 램프 수로 표시한다. <보기> 100 200 × 3 (5) 옥외등은 로 하여도 좋다. (6) HID등의 종류를 표시하는 경우는 용량 앞에 다음 기호를 붙인다. 수은등 H 메탈 핼라이드등 M 나트륨등 N <보기> H400
	형광등		(1) 그림기호 는 로 표시하여도 좋다. (2) 벽붙이는 벽 옆을 칠한다. 가로붙이인 경우 세로붙이인 경우 (3) 기구종류를 표시하는 경우는 안이나 또는 방기로 글자명, 숫자 등의 문자기호를 기입하고 도면의 비고 등에 표시한다. <보기> 나 나 1 1 A A 같은 방에 기구를 여러 개 시설하는 경우는 통합하여 문자기호와 기구 수를 기입하여도 좋다. 또한, 여기에 따르기 어려운 경우는 일반용 조명 백열등, HID등의 적용(3)을 준용한다. (4) 용량을 표시하는 경우는 램프의 크기(형) × 램프 수로 표시하고, 용량 앞에 F를 붙인다. <보기> F40 F40 × 2 (5) 용량 외에 기구 수를 표시하는 경우는 램프의 크기(형) × 램프 수 - 기구 수로 표시한다. <보기> F 40 - 2 F40 × 2 - 3

			(6) 기구 내 배선의 연결방법을 표시하는 경우는 다음과 같다. <보기> 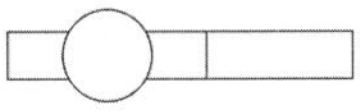 F40 - 2 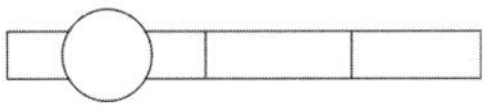 F40 - 3 (7) 기구의 대소 및 모양에 따라 표시하여도 좋다. <보기> 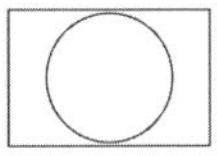 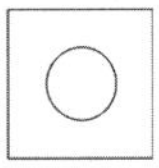
비상용 조명 (건축 기준법에 따르는 것)	백열등		(1) 일반용 조명 백열등의 적요를 준용한다. 다만, 기구의 종류를 표시하는 경우는 방기한다. (2) 일반용 조명 형광등에 조립하는 경우는 다음과 같다. 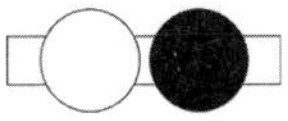
	형광등		(1) 일반용 조명 백열등의 적요를 준용한다. 다만, 기구의 종류를 표시하는 경우는 방기한다. (2) 계단에 설치하는 통로유도등과 겸용인 것은  로 한다.
유도등 (소방법에 따르는 것)	백열등		(1) 일반용 조명 백열등의 적요를 준용한다. (2) 객석유도등인 경우는 필요에 따라 S를 방기한다.  S
	형광등	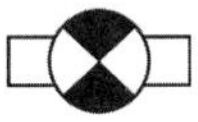	(1) 일반용 조명 백열등의 적요를 준용한다. (2) 기구의 종류를 표시하는 경우는 방기한다. <보기> 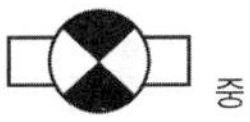 중 (3) 통로유도등인 경우는 필요에 따라 화살표를 기입한다. <보기> 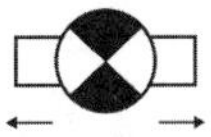 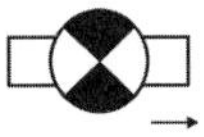 (4) 계단에 설치하는 비상용 조명과 겸용인 것은  로 한다.
불멸 또는 비상용등 (건축기준법, 소방법에 따르지 않는 것)	백열등		(1) 벽붙이는 벽 옆을 칠한다.  (2) 일반용 조명 백열등의 적요를 준용한다. 다만, 기구의 종류를 표시하는 경우는 방기한다.
	형광등	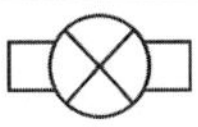	(1) 벽붙이는 벽 옆을 칠한다. 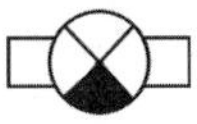 (2) 일반용 조명 형광등의 적요를 준용한다. 다만, 기구의 종류를 표시하는 경우는 방기한다.

(2) 콘센트

명칭	그림기호	적요
콘센트		(1) 그림기호는 벽붙이를 표시하고 옆벽을 칠한다. (2) 그림기호 는 로 표시하여도 좋다. (3) 천장에 부착하는 경우는 다음과 같다. (4) 바닥에 부착하는 경우는 다음과 같다. (5) 용량의 표시방법은 다음과 같다. a. 15A는 방기하지 않는다. b. 20A 이상은 암페어 수를 방기한다. <보기> 20A (6) 2구 이상인 경우는 구 수를 방기한다. <보기> 2 (7) 3극 이상인 것은 극 수를 방기한다. <보기> 3P (8) 종류를 표시하는 경우는 다음과 같다. 빠짐 방지형 LK 걸림형 T 접지극붙이 E 접지단자붙이 ET 누전차단기붙이 EL (9) 방수형은 WP를 방기한다. WP (10) 방폭형은 EX를 방기한다. EX (11) 타이머붙이, 덮개붙이 등 특수한 것은 방기한다. (12) 의료용은 H를 방기한다. H (13) 전원종별을 명확히 하고 싶은 경우는 그 뜻을 방기한다.
비상콘센트 (소방법에 따르는 것)		

(3) 점멸기

명칭	그림기호	적요
점멸기	●	(1) 용량의 표시방법은 다음과 같다. a. 10A는 방기하지 않는다. b. 15A 이상은 전류치를 방기한다. <보기> ●15A (2) 극 수의 표시방법은 다음과 같다. a. 단극은 방기하지 않는다. b. 2극 또는 3로, 4로는 각각 2P 또는 3, 4의 숫자를 방기한다. <보기> ●2P ●3 (3) 플라스틱은 P를 방기한다. ●P (4) 파일럿 램프를 내장하는 것은 L을 방기한다. ●L (5) 따로 놓인 파일럿 램프는 ○로 표시한다. <보기> ○● (6) 방수형은 WP를 방기한다. ●WP (7) 방폭형은 EX를 방기한다. ●EX (8) 타이머붙이는 T를 방기한다. <보기> ●T (9) 지동형, 덮개붙이 등 특수한 것은 방기한다. (10) 옥외등 등에 사용하는 자동 점멸기는 A 및 용량을 방기한다. <보기> ●A(3A)
조광기	●↗	용량을 표시하는 경우는 방기한다. <보기> ●↗15A
리모콘 스위치	●R	(1) 파일럿 램프붙이는 ○을 병기한다. <보기> ○●R (2) 리모콘 스위치임이 명백한 경우는 R을 생략하여도 좋다.

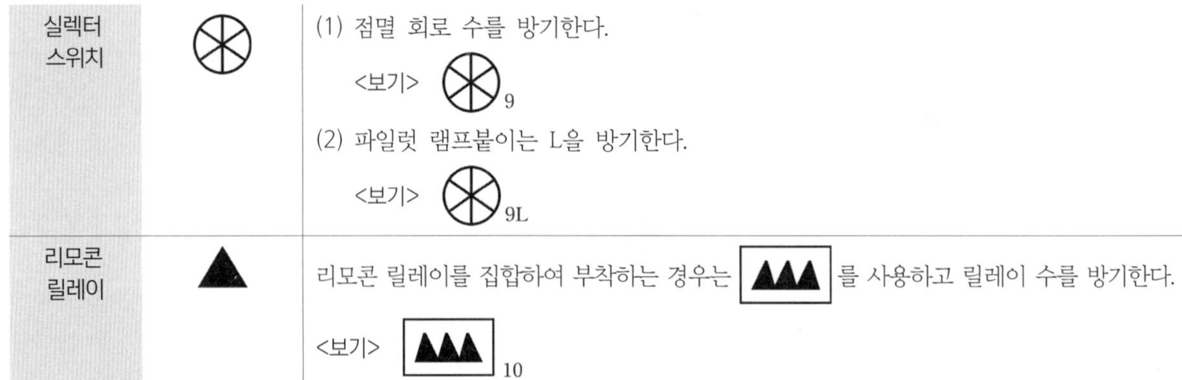

실렉터 스위치	⊗	(1) 점멸 회로 수를 방기한다. <보기> ⊗ 9 (2) 파일럿 램프붙이는 L을 방기한다. <보기> ⊗ 9L
리모콘 릴레이	▲	리모콘 릴레이를 집합하여 부착하는 경우는 ▲▲▲ 를 사용하고 릴레이 수를 방기한다. <보기> ▲▲▲ 10

(4) 개폐기 및 계기

명칭	그림기호	적요
개폐기	S	(1) 상자들이인 경우는 상자의 재질 등을 방기한다. (2) 극 수, 정격전류, 퓨즈 정격전류 등을 방기한다. <보기> S 2P30A f 15A (3) 전류계붙이는 Ⓢ 를 사용하고 전류계의 정격전류를 방기한다. <보기> Ⓢ 3P30A f 15A A5
배선용 차단기	B	(1) 상자들이인 경우는 상자의 재질 등을 방기한다. (2) 극 수, 프레임의 크기, 정격전류 등을 방기한다. <보기> B 3P 225AF 150A (3) 모터브레이커를 표시하는 경우는 B 를 사용한다. (4) B 를 B MCB 로서 표시하여도 좋다.
누전 차단기	E	(1) 상자들이인 경우는 상자의 재질 등을 방기한다. (2) 과전류 소자붙이는 극 수, 프레임의 크기, 정격전류, 정격 감도전류 등 과전류 소자없음은 극 수, 정격전류, 정격 감도전류 등을 방기한다. <과전류 소자붙이의 보기> E 2P 30AF 15A 30mA E 2P 15A 30mA (3) 과전류 소자붙이는 BE 를 사용하여도 좋다. (4) E 를 E ELB 로 표시하여도 좋다.

전자 개폐기용 누름버튼	◉B	텀블러형 등인 경우도 이것을 사용한다. 파일럿 램프붙이인 경우는 L을 방기한다.
압력 스위치	◉P	
플로트 스위치	◉F	
플로트리스 스위치 전극	◉LF	전극 수를 방기한다. <보기> ◉LF3
타임 스위치	TS	
전력량계	(Wh)	(1) 필요에 따라 전기방식, 전압, 전류 등을 방기한다. (2) 그림기호 (Wh) 는 (WH) 로 표시하여도 좋다.
전력량계 (상자들이 또는 후드붙이)	[WH]	(1) 전력량계의 적요를 준용한다. (2) 집합계기상자에 넣는 경우는 전력량계의 수를 방기한다. <보기> [WH] 12
변류기 (상자들이)	[CT]	필요에 따라 전류를 방기한다.
전류 제한기	(L)	(1) 필요에 따라 전류를 방기한다. (2) 상자들이인 경우는 그 뜻을 방기한다.
누전 경보기	⊗G	필요에 따라 종류를 방기한다.
누전화재 경보기 (소방법에 따르는 것)	⊗F	필요에 따라 급별을 방기한다.
지진 감지기	(EQ)	필요에 따라 작동특성을 방기한다. <보기> (EQ) 100 170cm/a^3 (EQ) 100 ~170Gal

(5) 배전반 · 분전반 · 제어반

명칭	그림기호	적요
배전반, 분전반 및 제어반	 ▭	(1) 종류를 구별하는 경우는 다음과 같다. 배전반  ⊠ 분전반  ◪ 제어반  ⧓ (2) 직류용은 그 뜻을 방기한다. (3) 재해방지 전원회로용 배전반등인 경우는 2중틀로 하고 필요에 따라 종별을 방기한다. <보기>  ⊠ 1종  ◪ 1종

5. 통신 · 신호

(1) 전화

명칭	그림기호	적요
내선 전화기	 Ⓣ	버튼 전화기를 구별하는 경우는 BT를 방기한다.  Ⓣ BT
가입 전화기	 ◎T	
공중 전화기	 (PT)	
팩시밀리	 MF	
전환기	 ⚲	양쪽을 끊는 전환기인 경우는 다음과 같다. 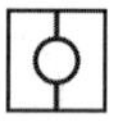
보안기	 ▭	집합 보안기인 경우는 다음과 같이 표시하고 개수(실장/용량)를 방기한다. <보기>  $\frac{3}{5}$
단자반	 ⊟	(1) 대수(실장/용량)를 방기한다. <보기> 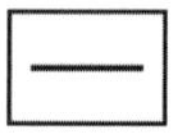 $\frac{30P}{40P}$ (2) 전화 이외의 단자반에도 이것을 적용한다. (3) 중간 단자반, 주 단자반, 국선용 단자반을 구별하는 경우는 다음과 같다. 중간 단자반  주 단자반 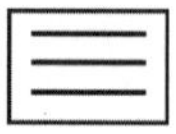 국선용 단자반 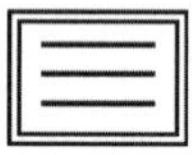

본 배선반	MDF	
교환기	⊠	
버튼전화 주장치	□	형식을 기입한다. <보기> 206
전화용 아우트렛	⊙	(1) 벽붙이는 벽 옆을 칠한다. (2) 바닥에 설치하는 경우는 아래와 같다.

(2) 경보 · 호출 · 표시장치

명칭	그림기호	적요
누름버튼	●	(1) 벽붙이는 벽 옆을 칠한다. (2) 2개 이상인 경우는 버튼 수를 방기한다. <보기> $●_3$ (3) 간호부 호출용은 $●_N$ 또는 N 로 한다. (4) 복귀용은 다음에 따른다.
벨		경보용, 시보용을 구별하는 경우는 다음과 같다. 경보용 A 시보용 T
손잡이 누름버튼	⊙	간호부 호출용은 $⊙_N$ 또는 Ⓝ 로 한다.
버저		경보용, 시보용을 구별하는 경우는 다음과 같다. 경보용 A 시보용 T

(3) 확성장치 및 인터폰

명칭	그림기호	적요
스피커		(1) 벽붙이는 벽 옆을 칠한다. (2) 모양, 종류를 표시하는 경우는 그 뜻을 방기한다. (3) 소방용 설비 등에 사용하는 것은 필요에 따라 F를 방기한다. (4) 아우트렛만인 경우는 다음과 같다. (5) 방향을 표시하는 경우는 다음과 같다. (6) 폰형 스피커를 구별하는 경우는 다음과 같다.
잭	J	종별을 표시할 때는 방기한다. 마이크로폰용 잭 J_M 스피커용 잭 J_S
감쇠기		
라디오 안테나	T_R	
전화기형 인터폰(부)	t	
전화기형 인터폰(자)	t	
스피커형 인터폰(부)		
스피커형 인터폰(자)		간호부 호출용으로 사용하는 경우는 N을 방기한다. N
증폭기	AMP	소방용 설비 등에 사용하는 것은 필요에 따라 F를 방기한다.
원격 조작기	RM	소방용 설비 등에 사용하는 것은 필요에 따라 F를 방기한다.

6. 방화

(1) 자동화재탐지설비

명칭	그림기호	적요
차동식 스포트형 감지기		필요에 따라서 종별을 방기한다.
보상식 스포트형 감지기		필요에 따라서 종별을 방기한다.
정온식 스포트형 감지기		(1) 필요에 따라서 종별을 방기한다. (2) 방수인 것은 로 한다. (3) 내산인 것은 로 한다. (4) 내알칼리인 것은 로 한다. (5) 방폭인 것은 EX를 방기한다.
연기감지기	S	(1) 필요에 따라서 종별을 방기한다. (2) 점검 박스붙이인 경우는 S 로 한다. (3) 매입인 것은 S 로 한다.
감지선		(1) 필요에 따라서 종별을 방기한다. (2) 감지선과 전선의 접속점 로 한다. (3) 가건물 및 천정 안에 시설한 경우는 로 한다. (4) 관통 위치는 로 한다.
공기관		(1) 배선용 그림기호보다 굵게 한다. (2) 가건물 및 천정안에 시설할 경우는 로 한다. (3) 관통 위치는 로 한다.
열전대		가건물 및 천정 안에 시설한 경우는 로 한다.
열반도체		
차동식 분포형 감지기의 검출부		필요에 따라 종별을 방기한다.
P형발신기	P	(1) 옥외용인 것은 P 로 한다. (2) 방폭인 것은 EX를 방기한다.
회로시험기		

명칭	그림기호	적요
경보벨	(B)	(1) 옥외용인 것은 (B) 로 한다. (2) 방폭인 것은 EX를 방기한다.
수신기		다른 설비의 기능을 갖는 경우는 필요에 따라 해당설비의 그림기호를 방기한다. <보기> 가스누설 경보설비와 일체인 것 가스누설 경보설비 및 방배연 연동과 일체인 것
부수신기 (표시기)		
중계기		
표시등		
표지판		
보조전원	TR	
이보기	R	필요에 따라 해당 설비의 기호를 방기한다. 경비회사 등 기기 G 비상 방송 E 소화 장치 X 소화전 H 방화문 · 배연 등 D 기타 F
차동 스포트 시험기	T	필요에 따라 개수를 방기한다.
종단 저항기	Ω	<보기> Ω (P)Ω Ω
기기 수용상자		
경계구역 경계선		배선의 그림 기호보다 굵게 한다.
경계구역 번호	○	(1) ○ 안에 경계구역 번호를 넣는다. (2) 필요에 따라 ⊖ 로 하고 상부에 필요사항, 하부에 경계구역 번호를 넣는다. <보기> 계단 샤프트

(2) 비상경보설비

명칭	그림기호	적요
기동 장치	Ⓕ	(1) 방수용인 것은 Ⓕ(지붕형) 로 한다. (2) 방폭인 것은 EX를 방기한다.
비상 전화기	(ET)	필요에 따라 번호를 방기한다.
경보벨	Ⓑ	
경보 사이렌	○◁	
경보구역 경계선	━ ━ ━ ━	자동화재경보설비의 경계구역 경계선의 적요를 준용한다.
경보구역 번호	△	△ 안에 경보구역 번호를 넣는다.

(3) 소화설비

명칭	그림기호	적요
기동 버튼	Ⓔ	가스계 소화설비는 G, 수계 소화설비는 W를 방기한다.
경보벨	Ⓑ	자동화재경보설비의 경보벨 적요를 준용한다.
경보 버저	(BZ)	자동화재경보설비의 경보벨 적요를 준용한다.
사이렌	○◁	자동화재경보설비의 경보벨 적요를 준용한다.
제어반	⊠	
표시반	⊞	필요에 따라 창수를 방기한다. <보기> ⊞ 3
표시등	◐	시동표시등과 겸용인 것은 ⊙ 로 한다.

(4) 방화 댐퍼, 방화문 등의 제어기기

명칭	그림기호	적요
연기 감지기 (전용인 것)	Ⓢ	(1) 필요에 따라서 종별을 방기한다. (2) 매입인 것은 Ⓢ로 한다.
열감지기 (전용인 것)	 ⊖	필요에 따라서 종류, 종별을 방기한다.
자동폐쇄장치	(ER)	용도를 표시하는 경우는 다음 기호를 방기한다. 방화문용 D 방화 셔터용 S 연기방지 수직 벽용 W 방화 댐퍼용 SD
연동 제어기	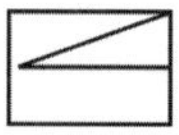 ⧄	조작부를 가진 것은 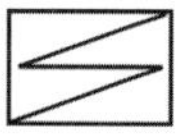 ⧄로 한다.
동작구역번호	◇	◇ 안에 동작 구역번호를 넣는다.

(5) 가스누설 경보관계설비

명칭	그림기호	적요
검지기	G	(1) 벽걸이형인 것에서는 G로 한다. (2) 분리형의 검지부는 G로 한다. (3) 버저, 램프를 내장하고 있는 것은 필요에 따라 그 뜻을 방기한다. <보기> G L G LB
검지구역 경보장치	(BZ)	자동화재경보설비의 경보벨 적요를 준용한다.
음성경보장치	 ⊲	확성장치 및 인터폰의 스피커 적요를 준용한다.
수신기	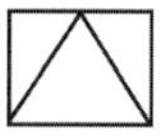 ⍓	
중계기	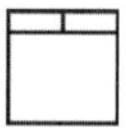 ⊡	(1) 복수 개로 일체인 것은 개수를 방기한다. <보기> 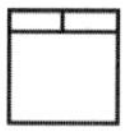 ⊡ X3 (2) 가스누설 표시등의 중계기에서는  L로 한다.
표시등	 ◐	
경계구역 경계선	 ━ ━ ━ ━	
경계구역번호	△	△ 안에 경계구역번호를 넣는다.

(6) 무선통신 보조설비

명칭	그림기호	적요
누설 동축 케이블		(1) 일반 배선용 그림 기호보다 굵게 한다. (2) 천정에 은폐하는 경우는 ▬ ▪ ▬를 사용하여도 좋다. (3) 필요에 따라 종별, 형식, 사용 길이 등을 기입한다. <보기> LC×500 100m (4) 내열형인 것은 필요에 따라 H를 기입한다. <보기> H-LC×200 50m
안테나		(1) 필요에 따라 종별, 형식 등을 기입한다. (2) 내열형인 것은 필요에 따라 H를 기입한다.
혼합기		주파수가 다른 경우는 다음과 같다. V/V V/Y Y/V
분배기		(1) 분배 수에 따른 그림 기호는 다음과 같이 한다. <4분배기의 보기> (2) 필요에 따라 종별 등을 방기한다.
분기기		필요에 따라 분기 수에 따른 그림 기호로 한다. <2분기기의 보기>
종단 저항기		
무선기 접속단자		필요에 따라 소방용 F, 경찰용 P, 자위용 G를 방기한다. <보기> F
커넥터		필요에 따라 생략할 수 있다.
분파기 (필터를 포함)	F	

4 소방시설 도시기호

분류	명칭		도시기호
배관	일반배관		
배관	옥내 · 외소화전		— H —
배관	스프링클러		— SP —
배관	물분무		— WS —
배관	포소화		— F —
배관	배수관		— D —
배관	전선관	입상	
배관	전선관	입하	
배관	전선관	통과	
관이음쇠	후렌지		
관이음쇠	유니온		
관이음쇠	플러그		
관이음쇠	90°엘보		
관이음쇠	45°엘보		
관이음쇠	티		

분류	명칭	도시기호
관이음쇠	크로스	
관이음쇠	맹후렌지	
관이음쇠	캡	
헤드류	스프링클러헤드폐쇄형 상향식(평면도)	
헤드류	스프링클러헤드폐쇄형 하향식(평면도)	
헤드류	스프링클러헤드개방형 상향식(평면도)	
헤드류	스프링클러헤드개방형 하향식(평면도)	
헤드류	스프링클러헤드폐쇄형 상향식(계통도)	
헤드류	스프링클러헤드폐쇄형 하향식(입면도)	
헤드류	스프링클러헤드폐쇄형 상 · 하향식(입면도)	
헤드류	스프링클러헤드 상향형(입면도)	
헤드류	스프링클러헤드 하향형(입면도)	
헤드류	분말 · 탄산가스 · 할로겐헤드	
헤드류	연결살수헤드	
헤드류	물분무헤드(평면도)	

분류	명칭	도시기호
헤드류	물분무헤드(입면도)	
	드랜쳐헤드(평면도)	
	드랜쳐헤드(입면도)	
	포헤드(평면도)	
	포헤드(입면도)	
	감지헤드(평면도)	
	감지헤드(입면도)	
	청정소화약제방출헤드(평면도)	
	청정소화약제방출헤드(입면도)	
밸브류	체크밸브	
	가스체크밸브	
	게이트밸브(상시개방)	
	게이트밸브(상시폐쇄)	
	선택밸브	
	조작밸브(일반)	
	조작밸브(전자식)	
밸브류	조작밸브(가스식)	
	경보밸브(습식)	
	경보밸브(건식)	
	프리액션밸브	P
	경보델류지밸브	D
	프리액션밸브수동조작함	SVP
	플렉시블조인트	
	솔레노이드밸브	S
	모터밸브	M
	릴리프밸브(이산화탄소용)	
	릴리프밸브(일반)	
	동체크밸브	
	앵글밸브	
	FOOT밸브	
	볼밸브	
	배수밸브	

분류	명칭	도시기호	분류	명칭	도시기호
밸브류	자동배수밸브		스트레이너	U형	
	여과망		저장 탱크류	고가수조 (물올림장치)	
	자동밸브	G		압력챔버	
	감압밸브	R		포말원액탱크	(수직) (수평)
	공기조절밸브		레듀셔	편심레듀셔	
계기류	압력계	P		원심레듀셔	
	연성계	P	혼합 장치류	프레져프로포셔너	
	유량계	M		라인프로포셔너	
소화전	옥내소화전함			프레져사이드 프로포셔너	
	옥내소화전 방수용기구병설			기타	P
	옥외소화전	H	펌프류	일반펌프	
	포말소화전	F		펌프모터(수평)	M
	송수구			펌프모토(수직)	M
	방수구		저장 용기류	분말약제 저장용기	P.D
스트레이너	Y형			저장용기	

분류	명칭	도시기호
경보설비 기기류	차동식스포트형감지기	
	보상식스포트형감지기	
	정온식스포트형감지기	
	연기감지기	S
	감지선	
	공기관	
	열전대	
	열반도체	
	차동식분포형 감지기의검출기	
	발신기셋트 단독형	P B L
	발신기셋트 옥내소화전내장형	PBL
	경계구역번호	
	비상용누름버튼	F
	비상전화기	ET
	비상벨	B
	싸이렌	
경보설비 기기류	모터싸이렌	M
	전자싸이렌	S
	조작장치	E P
	증폭기	AMP
	기동누름버튼	E
	이온화식감지기 (스포트형)	S I
	광전식연기감지기 (아나로그)	S A
	광전식연기감지기 (스포트형)	S P
	감지기간선, HIV1.2mm×4(22C)	F
	감지기간선, HIV1.2mm×8(22C)	F
	유도등간선 HIV2.0mm×3(22C)	EX
	경보부저	BZ
	제어반	
	표시반	
	회로시험기	
	화재경보벨	B

분류	명칭		도시기호
경보설비 기기류	시각경보기 (스트로브)		
	수신기		
	부수신기		
	중계기		
	표시등		
	피난구유도등		
	통로유도등		
	표시판		
	보조전원		T R
	종단저항		
제연설비	수동식제어		
	천장용배풍기		
	벽부착용 배풍기		
	배풍기	일반배풍기	
		관로배풍기	
	댐퍼	화재댐퍼	

분류	명칭		도시기호
제연설비	댐퍼	연기댐퍼	
		화재/연기 댐퍼	
스위치류	압력스위치		PS
	탬퍼스위치		TS
방연 · 방화문	연기감지기(전용)		S
	열감지기(전용)		
	자동폐쇄장치		ER
	연동제어기		
	배연창기동 모터		M
	배연창수동조작함		
피뢰침	피뢰부(평면도)		
	피뢰부(입면도)		
	피뢰도선 및 지붕위 도체		
제연 설비	접지		
	접지저항 측정용단자		
소화기류	ABC소화기		소

분류	명칭	도시기호
소화기류	자동확산 소화기	자
	자동식소화기	소
	이산화탄소 소화기	C
	할로겐화합물 소화기	
기타	안테나	
	스피커	
	연기 방연벽	
	화재방화벽	
	화재 및 연기방벽	
	비상콘센트	

분류	명칭	도시기호
기타	비상분전반	
	가스계소화설비의 수동조작함	RM
	전동기구동	M
	엔진구동	E
	배관행거	
	기압계	
	배기구	
	바닥은폐선	
	노출배선	
	소화가스 패키지	PAC

출제예상문제

01. 옥내배선도면에 다음과 같이 표현되었을 때, 이것은 어떤 배선을 의미하는가?

(1) ────────

(2) ─ ─ ─ ─ ─

(3) - - - - - - - - - - -

| 정답

(1) 천장은폐배선
(2) 바닥은폐배선
(3) 노출배선

02. 옥내배선도에 ──///── (HFIX2.5(22)) 로 표시된 경우, 이 배선도가 나타내는 의미를 모두 쓰시오. (단, HFIX에 대한 의미는 우리말로 쓰도록 한다.)

| 정답

① 배선공사명: 천장은폐배선
② 전선 종류 · 굵기 및 수량: 450/750V 저독성 난연 가교 폴리올레핀 절연전선 2.5[mm^2] 3가닥
③ 전선관 종류 및 굵기: 후강전선관 22[mm]

03. 다음과 같은 소방용 배선 표시가 의미하는 것에 대하여 상세하게 설명하시오. (단, 금속관에 내열전선을 사용하고 접지선은 GV전선을 사용한다.)

— — /// — — /

38□ (36C) 5.5□ E

| 정답

① 배선공사명: 바닥은폐배선
② 전선 종류, 전선 굵기 및 전선 수량: 450/750V 저독성 난연 가교 폴리올레핀 절연전선 38[mm^2] 3가닥, 접지용 비닐절연전선 5.5[mm^2] 1가닥
③ 전선관 종류 및 구경: 후강전선관 36[mm]

04. 일반옥내배선 및 소방설비 도면에 이용되는 그림기호에 대하여 다음 각 물음에 답하시오.

(1) 다음과 같은 배선의 그림기호를 무엇이라 하는가?

① ────────

② ─ ─ ─ ─ ─

③ - - - - - - - - - - -

(2) (유도등 기호)은 유도등(백열등)의 그림기호이다. 객석유도등인 경우에는 필요에 따라 어떤 문자를 방기하는가?

(3) 비상콘센트의 그림기호를 그리시오.

(4) 소방시설도면의 배관이 ──//── 1.6(19) 로 표현되어 있다. 이것의 의미를 구체적으로 설명하시오.

| 정답

(1) ① 천장은폐배선
② 바닥은폐배선
③ 노출배선

(2) S

(3)

(4) 배선공사명: 천장은폐배선
전선 굵기 및 수량: 1.6mm 전선 2가닥
전선관 종류 및 굵기: 박강 전선관 19mm

05. 다음은 자동화재탐지설비의 심벌이다. 심벌의 명칭을 쓰시오.

(1) ──⊙──

(2)

(3)
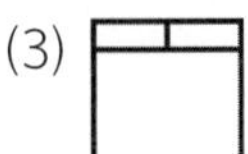

(4) Ⓑ

| 정답

(1) 감지선
(2) 정온식 스포트형 감지기
(3) 중계기
(4) 경보벨

06. 자동화재탐지설비에 사용된 다음 심벌의 명칭은?

(1) 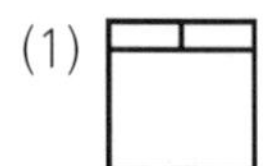

(2) 

(3) 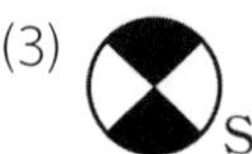

(4) 

| 정답

(1) 중계기
(2) 표시등
(3) 객석유도등
(4) 비상콘센트

07. 자동화재탐지설비의 도면에 그림과 같은 심벌이 있었다. 이 심벌의 명칭을 쓰시오.

(1) 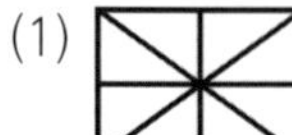

(2) 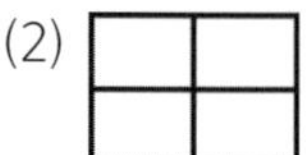

(3) 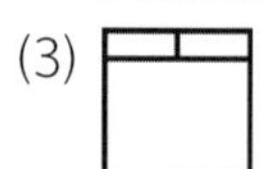

| 정답

(1) 수신기
(2) 부수신기 또는 부표시기
(3) 중계기

08. 그림은 자동화재탐지설비 및 조명에 관련된 심벌들이다. 각각의 명칭을 구분하여 쓰시오.

(1) 

(2) 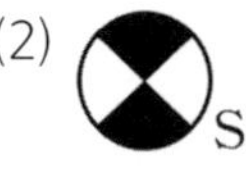

(3) 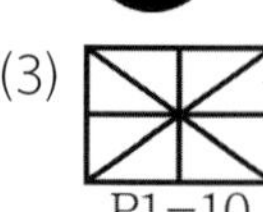

(4) 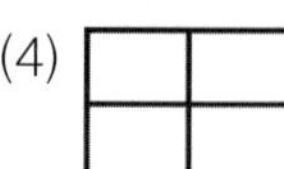

| 정답

(1) 유도등(백열등)
(2) 객석유도등
(3) 수신기(P형 1급 10회로용)
(4) 부수신기 또는 부표시기

09. **다음 각 물음에 맞는 그림기호를 그리시오.**

(1) 천장은폐배선의 일반적인 그림기호
(2) 케이블의 방화구획관통부에 대한 "상승"의 그림기호
(3) 비상콘센트의 그림기호
(4) 연기감지기의 그림기호

10. **그림과 같은 심벌은 무엇을 나타내는가? [단,"(2)"와"(3)"은 구분을 명확히 할 것]**

(1) 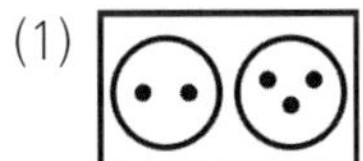

(2) 

(3) 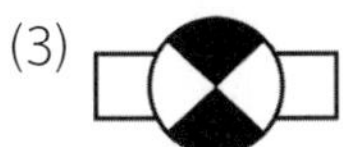

(4) 

(5) 

| 정답

(1) 비상콘센트
(2) 유도등(백열등)
(3) 유도등(형광등)
(4) 표시등
(5) 스피커

11. 소방설비 도면에 소방법에 따르는 유도등을 그리려고 한다. 유도등 심벌을 백열등인 경우와 형광등인 경우로 구분하여 그리시오.

| 정답

① 유도등(백열등) 

② 유도등(형광등) 

12. 무선통신보조설비의 그림기호이다. 각 그림기호의 명칭을 쓰시오.

(1) 

(2) 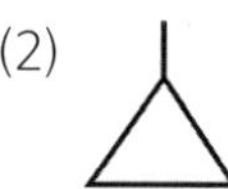

(3)

(4) 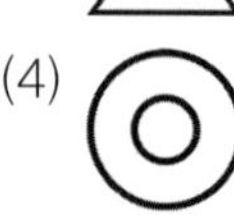

| 정답

(1) 누설동축케이블

(2) 안테나

(3) 분배기

(4) 무선기 접속단자

13. 무선통신보조설비에 대한 다음 각 물음에 답하시오.

(1) 누설동축케이블의 그림기호는 ──────── 이다. ───-─── 은 어떤 경우에 사용되는가?

(2) 그림기호 의 명칭은?

(3) 분배기의 그림기호는?

| 정답

(1) 천장은폐

(2) 안테나

(3)

14. 무선통신보조설비에 대한 다음 물음에 답하시오.

(1) 누설동축케이블의 그림기호를 그리시오.

(2) 무선기 접속단자의 그림기호는 ◎로 표시한다. 소방용인 경우는 어떤 문자를 방기하는가?

(3) H 은 어떤 종류의 안테나인가?

| 정답

(1) ———

(2) F

(3) 내열용

15. 그림을 보고 "(1)~(6)"까지의 명칭을 쓰시오.

(1)

(2)

(3)

(4) 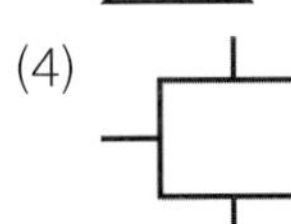

(5)

(6) F

| 정답

(1) 누설동축케이블

(2) 안테나

(3) 혼합기

(4) 분배기

(5) 분기기

(6) 무선기접속단자(소방용)

Chapter 02 수신기별(P형) 간선구성

[P형 시스템(system) 간선구성도]

P형수신기를 사용하는 간선내역은 기계·기구를 제작하는 회사별로 다르므로 수검자는 이점에 주의하여 간선내역을 작성하여야 한다.

1 옥내소화전

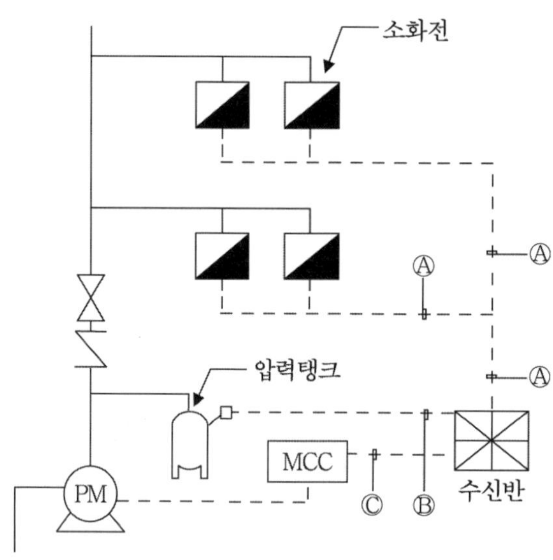

(단위: mm^2)

기호	구분		배선 수	배선 굵기	배선의 용도
A	소화전함 ↔ 수신반	ON-OFF식	5	2.5	공통, ON, OFF, 표시등(2)
		수압개폐식	2	2.5	공통, 기동표시
B	압력탱크 ↔ 수신반		2	2.5	공통, 압력스위치
C	MCC ↔ 수신반		5	2.5	공통, ON, OFF, 전원감시, 기동표시

▶ 전선종류는 HFIX를 사용함

2 FIRE ALARM(자동화재탐지설비)

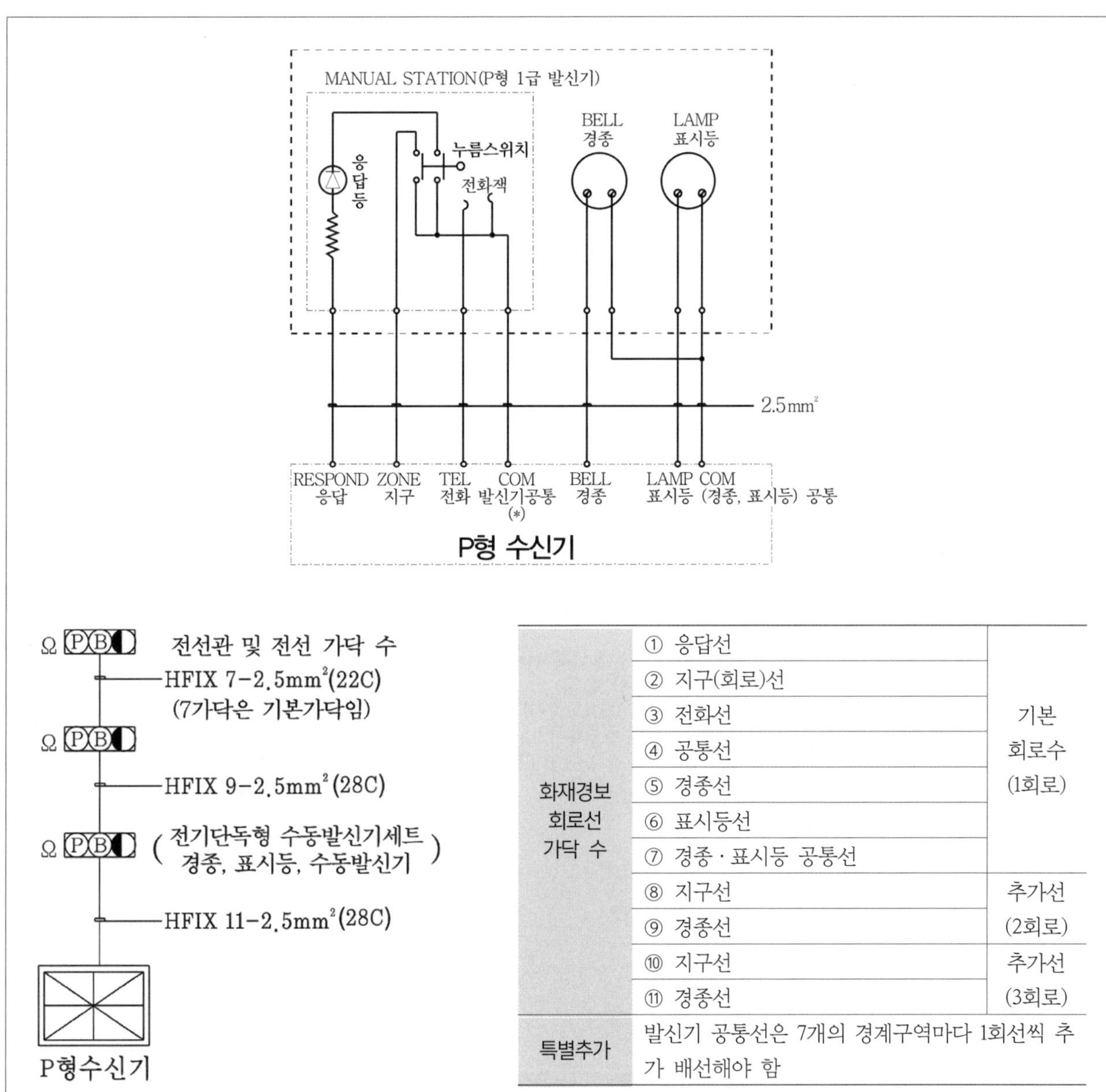

구분	전선	비고
화재경보 회로선 가닥 수	① 응답선	기본 회로수 (1회로)
	② 지구(회로)선	
	③ 전화선	
	④ 공통선	
	⑤ 경종선	
	⑥ 표시등선	
	⑦ 경종 · 표시등 공통선	
	⑧ 지구선	추가선 (2회로)
	⑨ 경종선	
	⑩ 지구선	추가선 (3회로)
	⑪ 경종선	
특별추가	발신기 공통선은 7개의 경계구역마다 1회선씩 추가 배선해야 함	

- ▶ 본 도면은 우선경보방식의 경보회로를 예시한 것임
- ▶ 본 도면은 전화장치가 있는 것으로 예시한 것임
- ▶ 소화전 연동 LINE은 제외된 상태임
- ▶ 소화전 연동 LINE은 별도라인구성(기동용 수압개폐방식) HFIX 2-2.5mm²(16C)

3 스프링클러 A/V설비

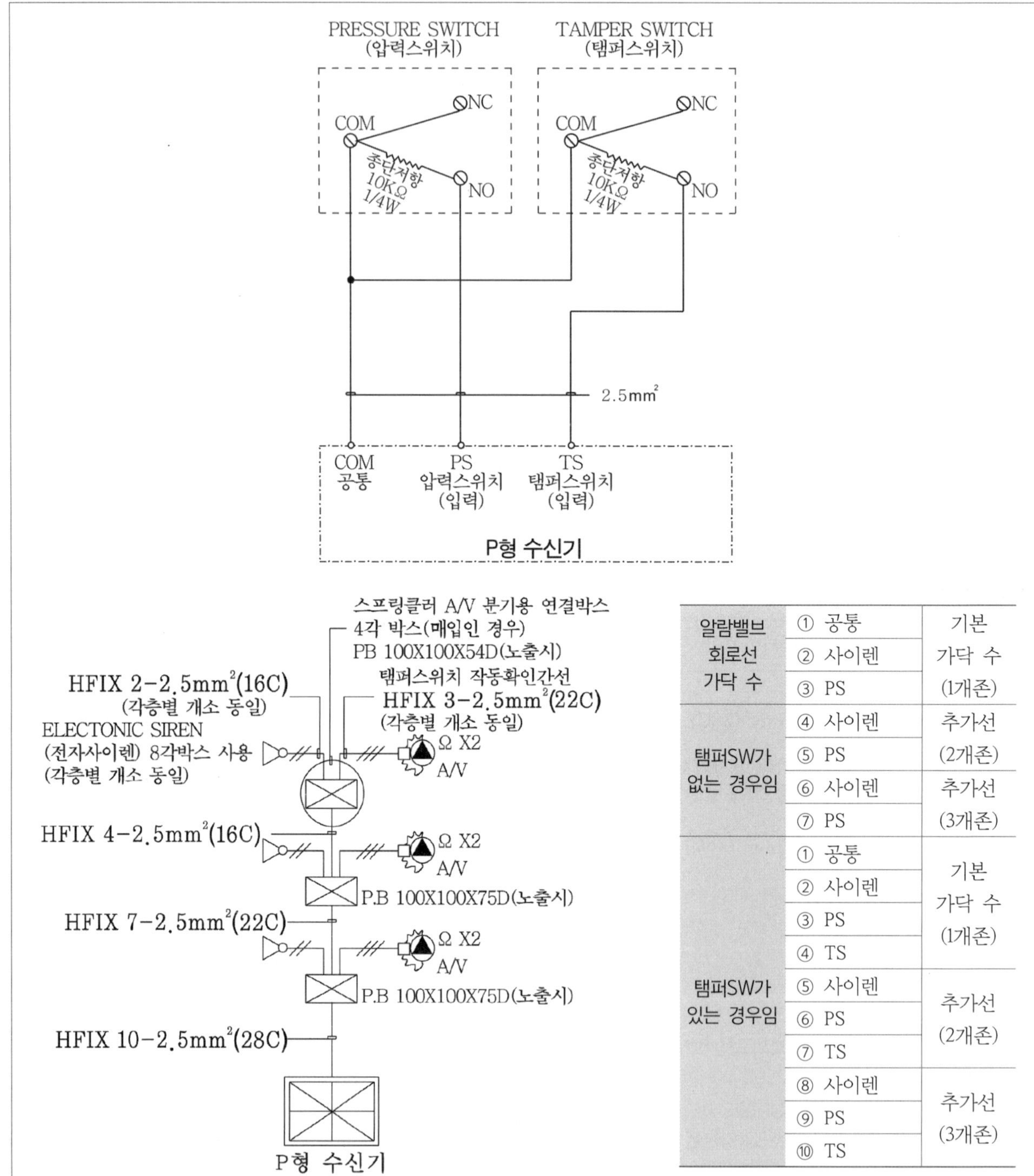

알람밸브 회로선 가닥 수	① 공통	기본 가닥 수 (1개존)
	② 사이렌	
	③ PS	
탬퍼SW가 없는 경우임	④ 사이렌	추가선 (2개존)
	⑤ PS	
	⑥ 사이렌	추가선 (3개존)
	⑦ PS	
탬퍼SW가 있는 경우임	① 공통	기본 가닥 수 (1개존)
	② 사이렌	
	③ PS	
	④ TS	
	⑤ 사이렌	추가선 (2개존)
	⑥ PS	
	⑦ TS	
	⑧ 사이렌	추가선 (3개존)
	⑨ PS	
	⑩ TS	

4 스프링클러 P/V설비

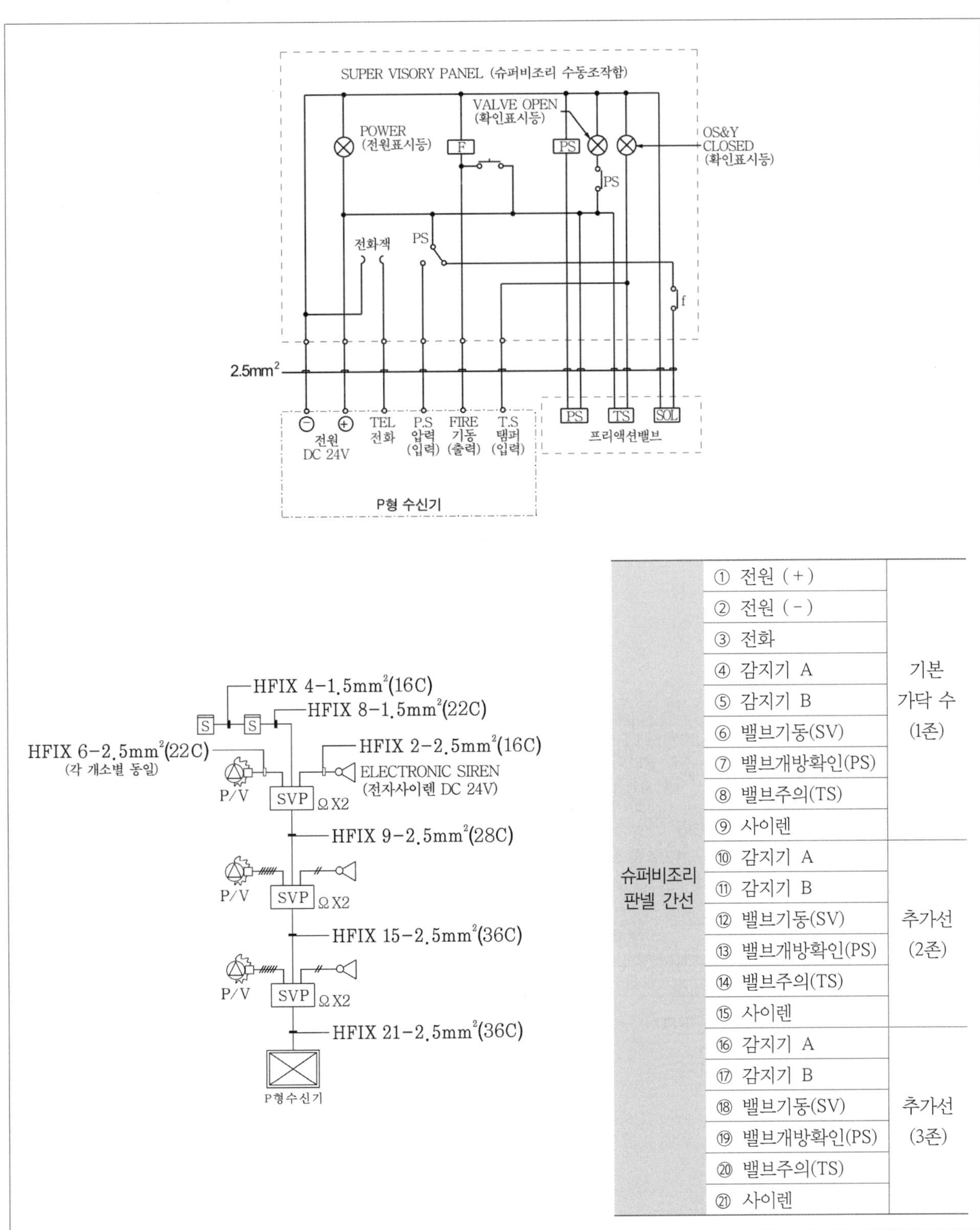

구분	간선	비고
슈퍼비조리 판넬 간선	① 전원 (+)	기본 가닥 수 (1존)
	② 전원 (-)	
	③ 전화	
	④ 감지기 A	
	⑤ 감지기 B	
	⑥ 밸브기동(SV)	
	⑦ 밸브개방확인(PS)	
	⑧ 밸브주의(TS)	
	⑨ 사이렌	
	⑩ 감지기 A	추가선 (2존)
	⑪ 감지기 B	
	⑫ 밸브기동(SV)	
	⑬ 밸브개방확인(PS)	
	⑭ 밸브주의(TS)	
	⑮ 사이렌	
	⑯ 감지기 A	추가선 (3존)
	⑰ 감지기 B	
	⑱ 밸브기동(SV)	
	⑲ 밸브개방확인(PS)	
	⑳ 밸브주의(TS)	
	㉑ 사이렌	

▶ 본 도면은 전화장치가 있는 것으로 예시한 것임

5 할론 · CO_2 · 할로겐화합물 및 불활성기체소화설비(전역방출방식)

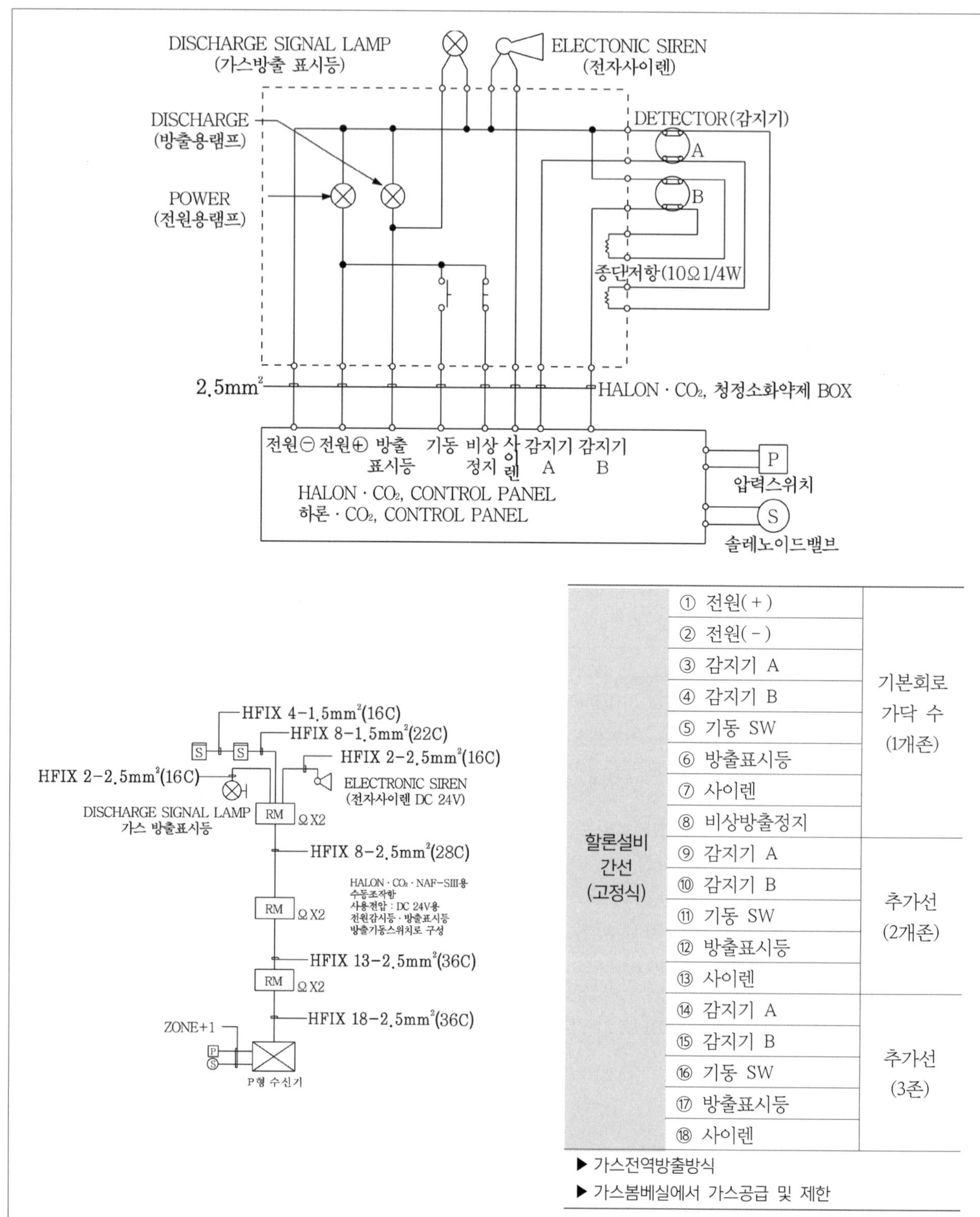

할론설비 간선 (고정식)		
	① 전원(+)	기본회로 가닥 수 (1개존)
	② 전원(-)	
	③ 감지기 A	
	④ 감지기 B	
	⑤ 기동 SW	
	⑥ 방출표시등	
	⑦ 사이렌	
	⑧ 비상방출정지	
	⑨ 감지기 A	추가선 (2개존)
	⑩ 감지기 B	
	⑪ 기동 SW	
	⑫ 방출표시등	
	⑬ 사이렌	
	⑭ 감지기 A	추가선 (3존)
	⑮ 감지기 B	
	⑯ 기동 SW	
	⑰ 방출표시등	
	⑱ 사이렌	

▶ 가스전역방출방식

▶ 가스봄베실에서 가스공급 및 제한

6 할론 · CO_2 · 할로겐화합물 및 불활성기체소화설비(팩케이지설비)

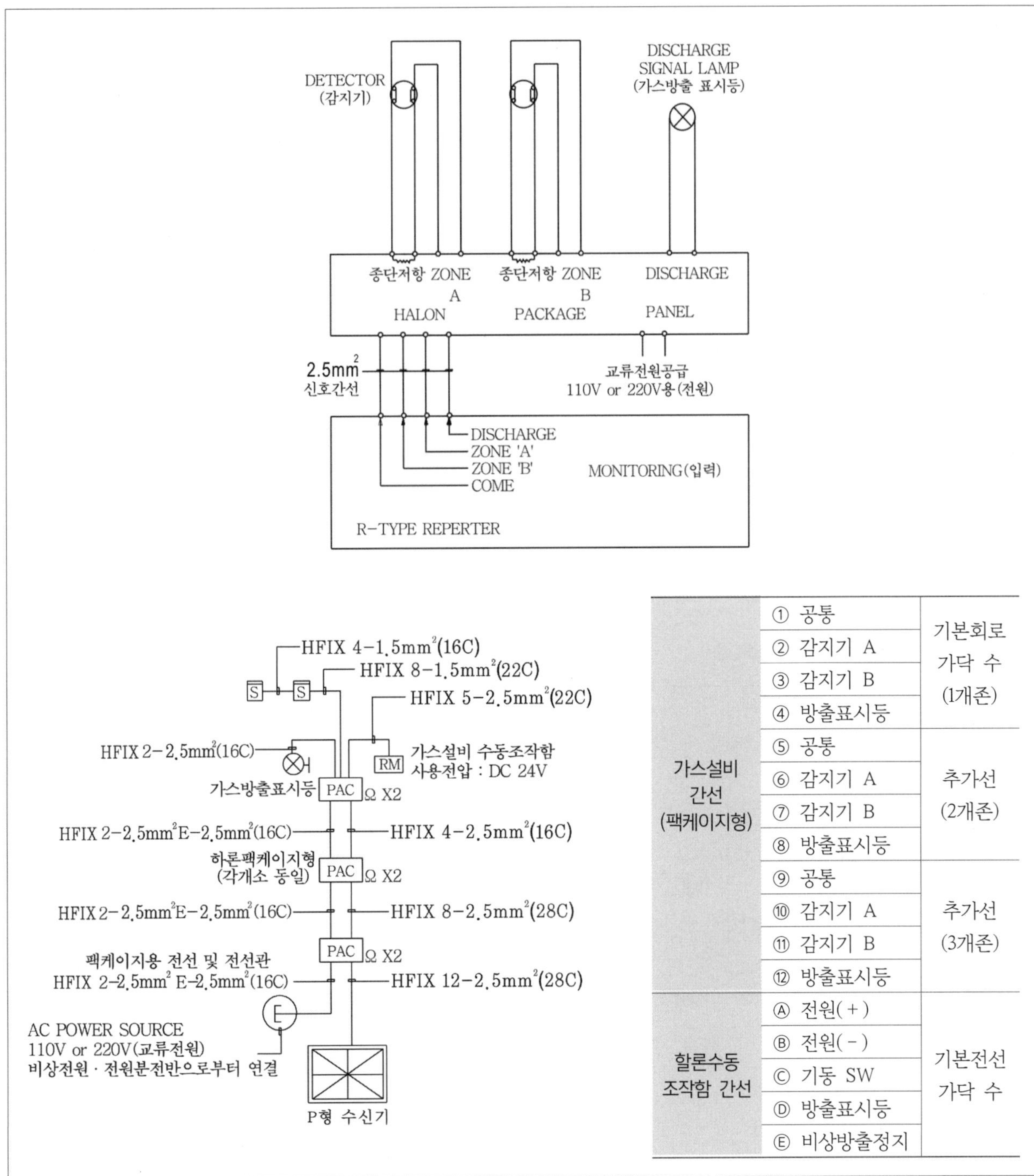

구분	간선	비고
가스설비 간선 (팩케이지형)	① 공통	기본회로 가닥 수 (1개존)
	② 감지기 A	
	③ 감지기 B	
	④ 방출표시등	
	⑤ 공통	추가선 (2개존)
	⑥ 감지기 A	
	⑦ 감지기 B	
	⑧ 방출표시등	
	⑨ 공통	추가선 (3개존)
	⑩ 감지기 A	
	⑪ 감지기 B	
	⑫ 방출표시등	
할론수동 조작함 간선	Ⓐ 전원(+)	기본전선 가닥 수
	Ⓑ 전원(-)	
	Ⓒ 기동 SW	
	Ⓓ 방출표시등	
	Ⓔ 비상방출정지	

▶ 가스설비 PACKAGE AC전원공급은 비상전용전원 및 전원분전반으로부터 받음

7 FIRE DAMPER(급기 및 배기댐퍼 제연설비)

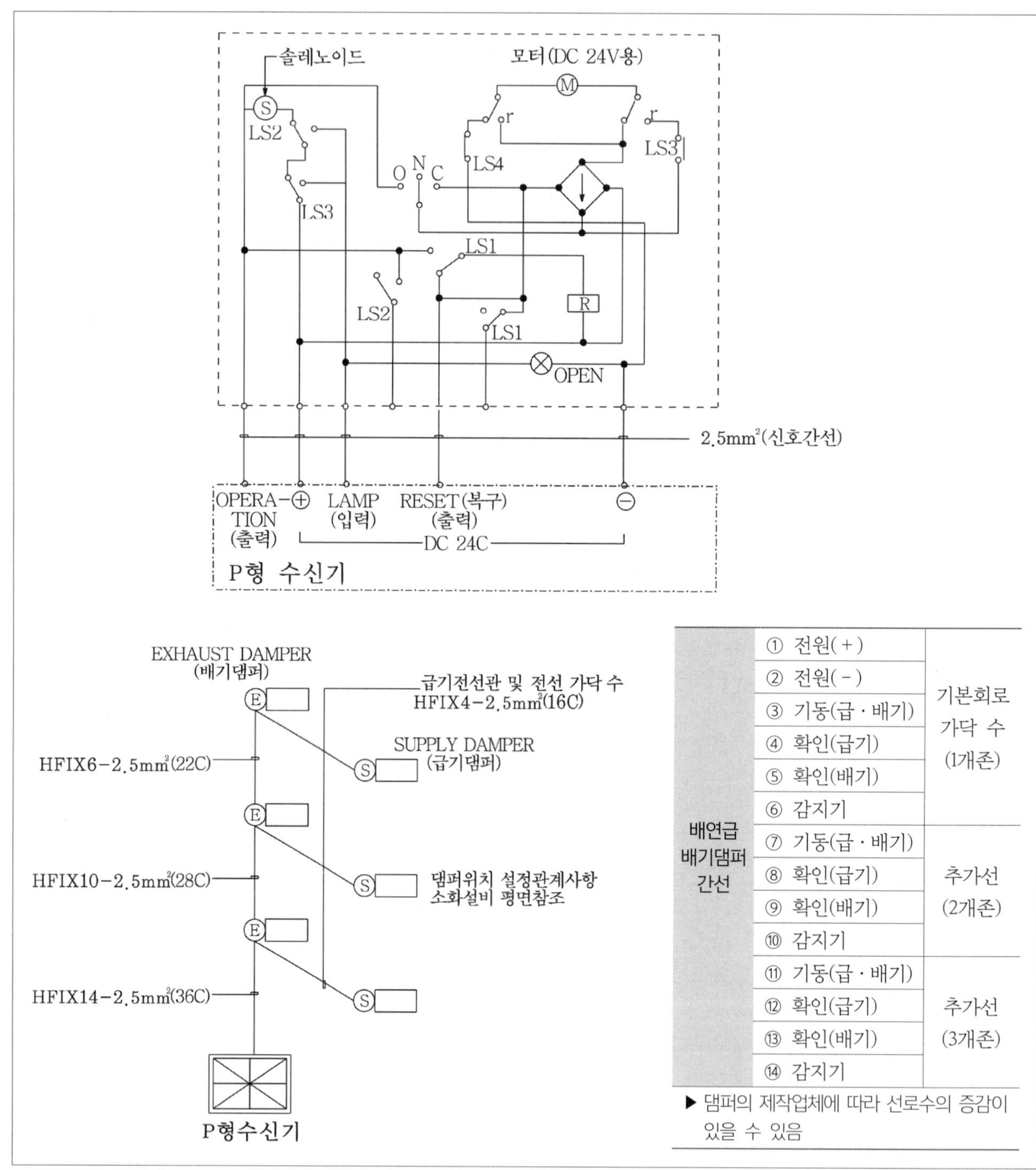

배연급 배기댐퍼 간선	① 전원(+)	기본회로 가닥 수 (1개존)
	② 전원(-)	
	③ 기동(급 · 배기)	
	④ 확인(급기)	
	⑤ 확인(배기)	
	⑥ 감지기	
	⑦ 기동(급 · 배기)	추가선 (2개존)
	⑧ 확인(급기)	
	⑨ 확인(배기)	
	⑩ 감지기	
	⑪ 기동(급 · 배기)	추가선 (3개존)
	⑫ 확인(급기)	
	⑬ 확인(배기)	
	⑭ 감지기	

▶ 댐퍼의 제작업체에 따라 선로수의 증감이 있을 수 있음

▶ 댐퍼 감지기회로는 제외된 상태임

8 전실 제연설비

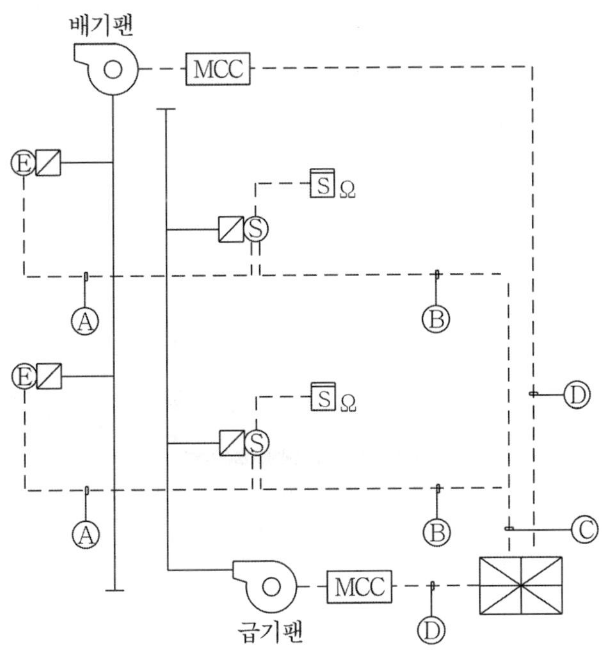

(단위: mm^2)

기호	구분	배선 수	배선 굵기	배선의 용도
Ⓐ	배기댐퍼 ↔ 급기댐퍼	4	2.5	전원(+, -), 기동, 배기확인
Ⓑ	급기댐퍼 ↔ 수신반 (1존일 경우)	6	2.5	전원(+, -) 기동, 배기확인, 급기확인, 감지기
Ⓒ	2존일 경우	10	2.5	전원(+, -) 기동(2), 배기확인(2), 급기확인(2), 감지기(2)
Ⓓ	MCC ↔ 수신반	5	2.5	공통, ON, OFF, 전원감시, 기동표시

▶ 전선은 HFIX를 사용함

9 OPEN형 상가제연방식

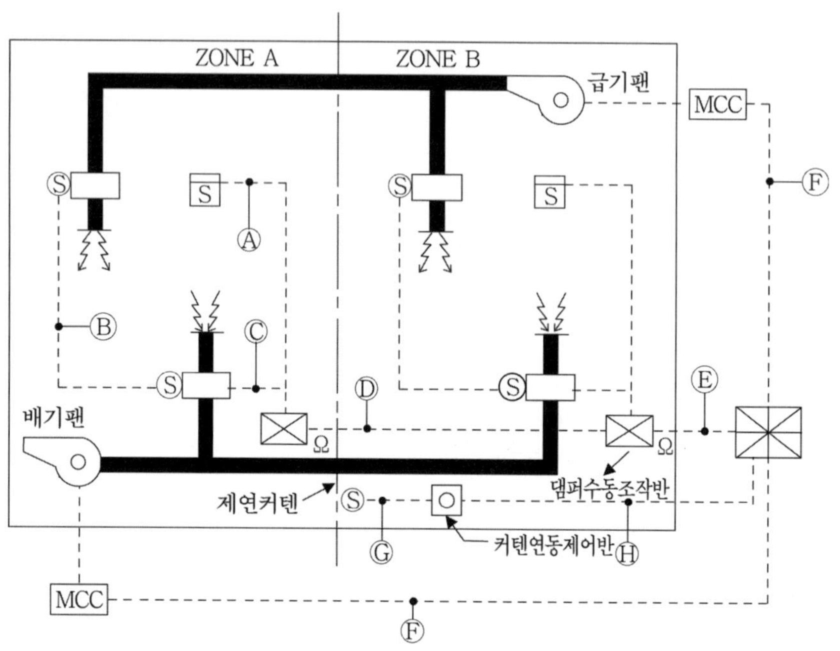

(단위: mm^2)

기호	구분	배선 수	배선 굵기	배선의 용도
Ⓐ	감지기 ↔ 수동조작반	4	1.5	공통(2), 지구(2)
Ⓑ	급기댐퍼 ↔ 배기댐퍼	4	2.5	전원(+, -), 기동, 급기확인
Ⓒ	배기댐퍼 ↔ 수동조작반	5	2.5	전원(+, -), 기동, 급기확인, 배기확인
Ⓓ	수동조작반 ↔ 수동조작반 (1존일 경우)	6	2.5	전원(+, -) 기동, 급기확인, 배기확인, 감지기
Ⓔ	수동조작반 2 ZONE	10	2.5	전원(+, -) 기동(2), 급기확인(2), 배기확인(2), 감지기(2)
Ⓕ	MCC ↔ 수신기	5	2.5	공통, ON, OFF, 전원감시, 기동표시
Ⓖ	커텐 SOL ↔ 연동제어반	3	2.5	공통, 기동, 기동표시
Ⓗ	연동제어반 ↔ 수신기	4	2.5	공통, ON, OFF, 기동표시

▶ 전선은 HFIX를 사용함

10 밀폐형 상가제연방식

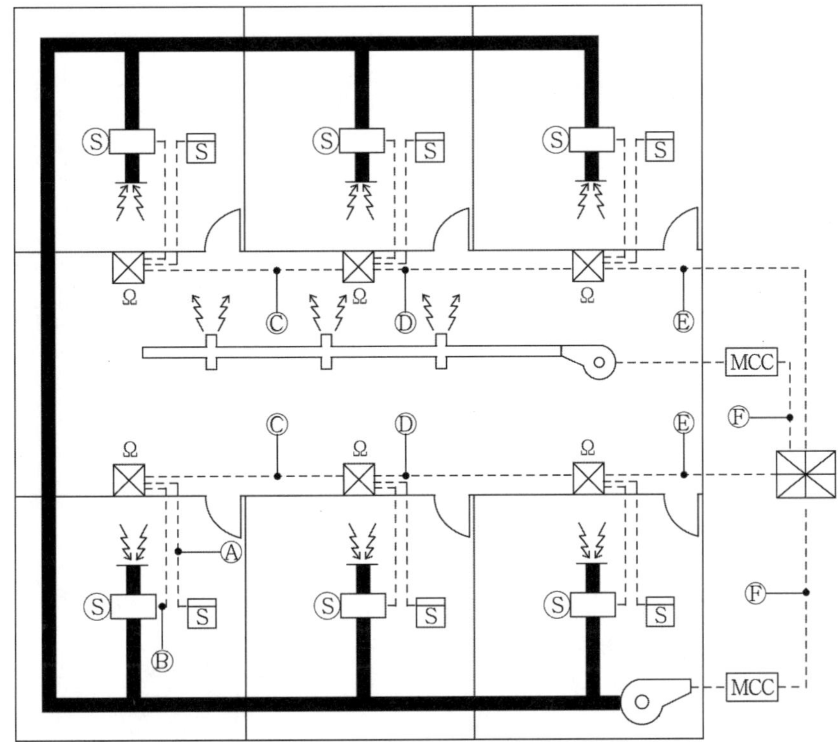

(단위: mm^2)

기호	구분	배선 수	배선 굵기	배선의 용도
Ⓐ	감지기 ↔ 수동조작반	4	1.5	공통(2), 지구(2)
Ⓑ	댐퍼 ↔ 수동조작반	4	2.5	전원(+, -), 기동, 배기확인
Ⓒ	수동조작반 ↔ 수동조작반	5	2.5	전원(+, -) 기동, 배기확인, 감지기
Ⓓ	수동조작반 ↔ 수동조작반	8	2.5	전원(+, -) 기동(2), 배기확인(2), 감지기(2)
Ⓔ	수동조작반 ↔ 수동조작반	11	2.5	전원(+, -) 기동(3), 배기확인(3), 감지기(3)
Ⓕ	MCC ↔ 수신반	5	2.5	공통, ON, OFF, 전원감시, 기동표시

▶ 전선은 HFIX를 사용함

11 자동방화문설비

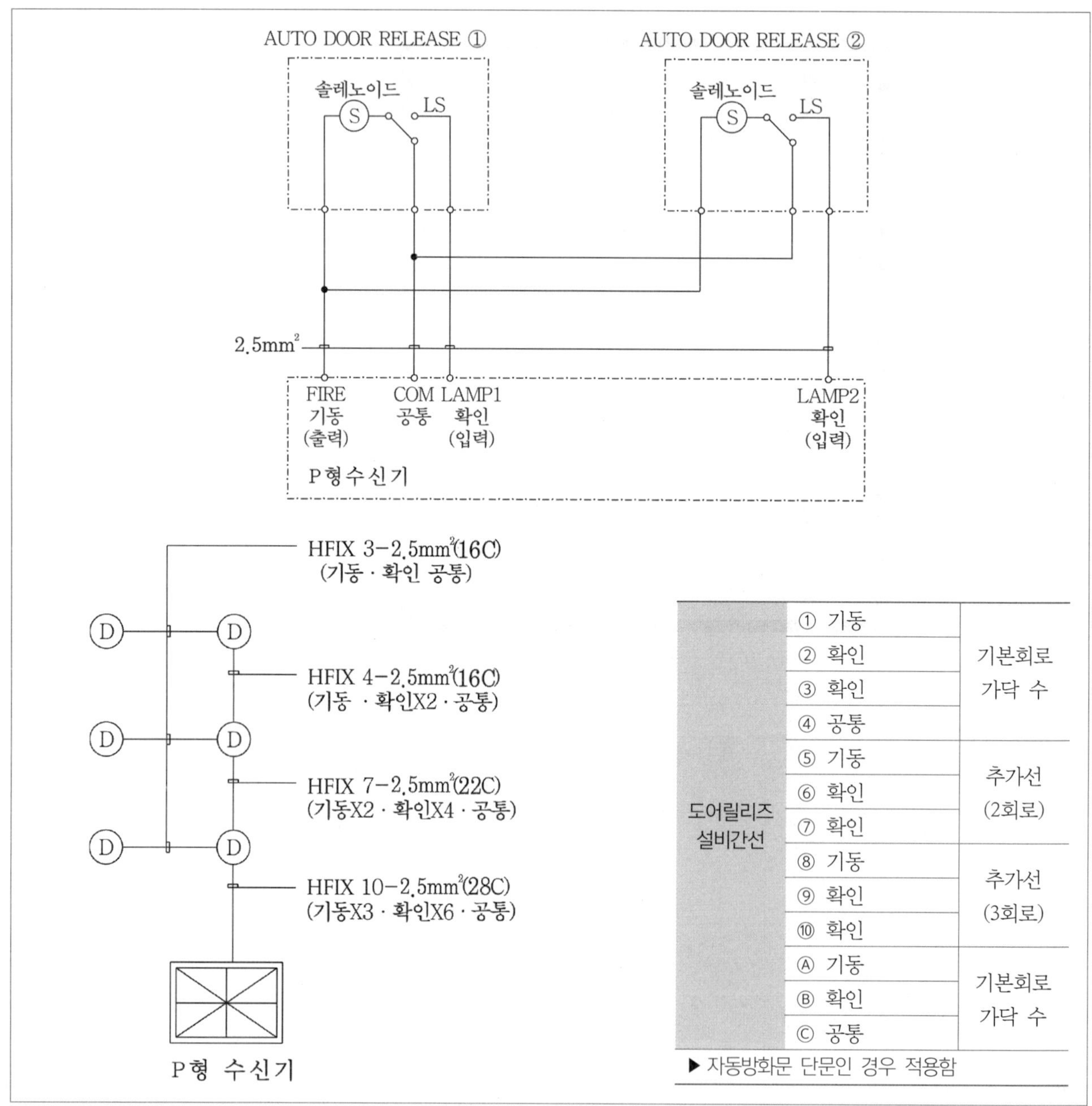

도어릴리즈 설비간선		
도어릴리즈 설비간선	① 기동	기본회로 가닥 수
	② 확인	
	③ 확인	
	④ 공통	
	⑤ 기동	추가선 (2회로)
	⑥ 확인	
	⑦ 확인	
	⑧ 기동	추가선 (3회로)
	⑨ 확인	
	⑩ 확인	
	Ⓐ 기동	기본회로 가닥 수
	Ⓑ 확인	
	Ⓒ 공통	

▶ 자동방화문 단문인 경우 적용함

▶ 본 도면은 쌍문의 경우를 예시한 것임

▶ 방화문 감지기 회로는 제외된 상태임

12 방화셔터설비

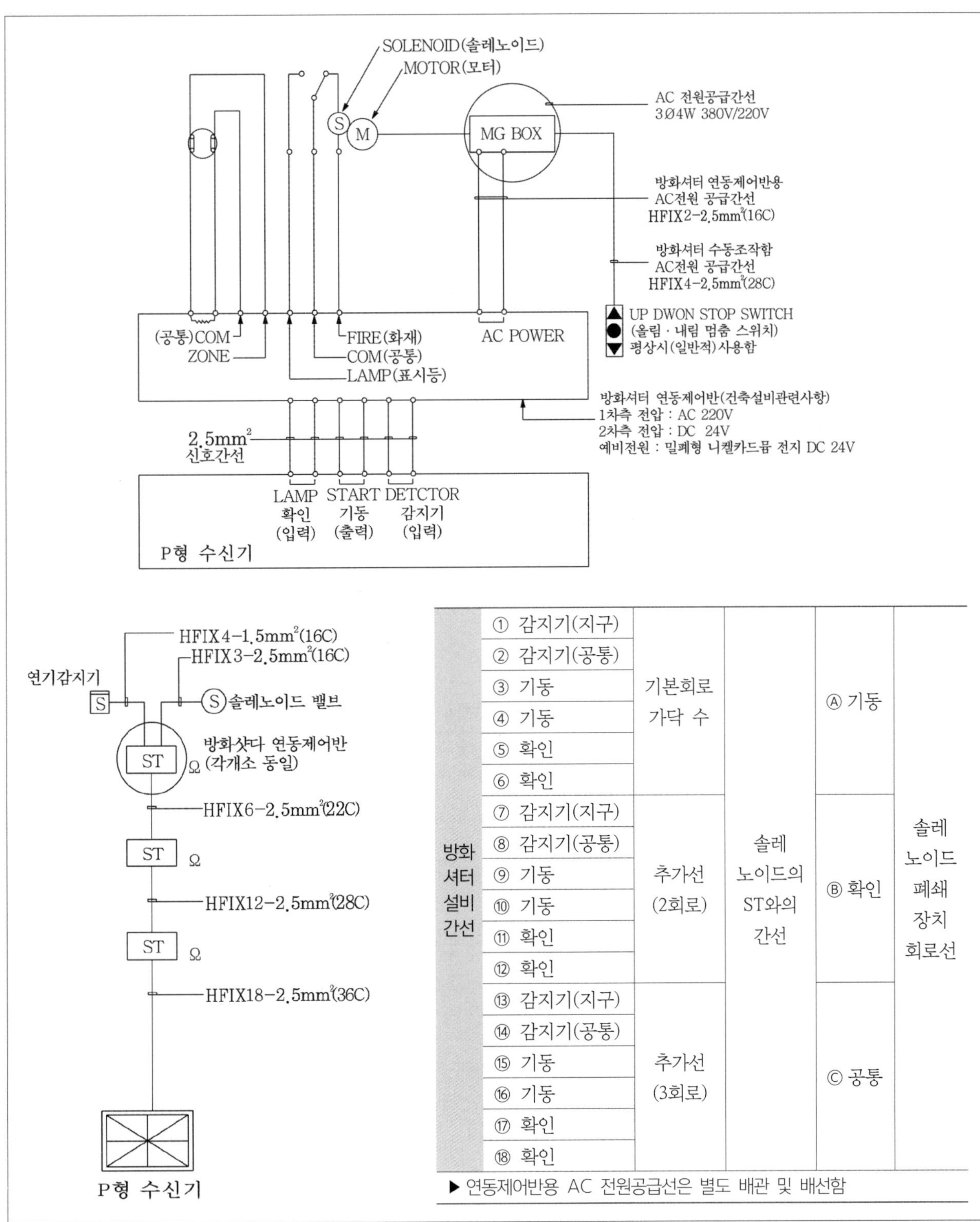

방화셔터설비 간선	① 감지기(지구)	기본회로 가닥 수	솔레노이드의 ST와의 간선	Ⓐ 기동	솔레노이드 폐쇄장치 회로선
	② 감지기(공통)				
	③ 기동				
	④ 기동				
	⑤ 확인				
	⑥ 확인				
	⑦ 감지기(지구)	추가선 (2회로)		Ⓑ 확인	
	⑧ 감지기(공통)				
	⑨ 기동				
	⑩ 기동				
	⑪ 확인				
	⑫ 확인				
	⑬ 감지기(지구)	추가선 (3회로)		Ⓒ 공통	
	⑭ 감지기(공통)				
	⑮ 기동				
	⑯ 기동				
	⑰ 확인				
	⑱ 확인				

▶ 연동제어반용 AC 전원공급선은 별도 배관 및 배선함

13 배연창 설비

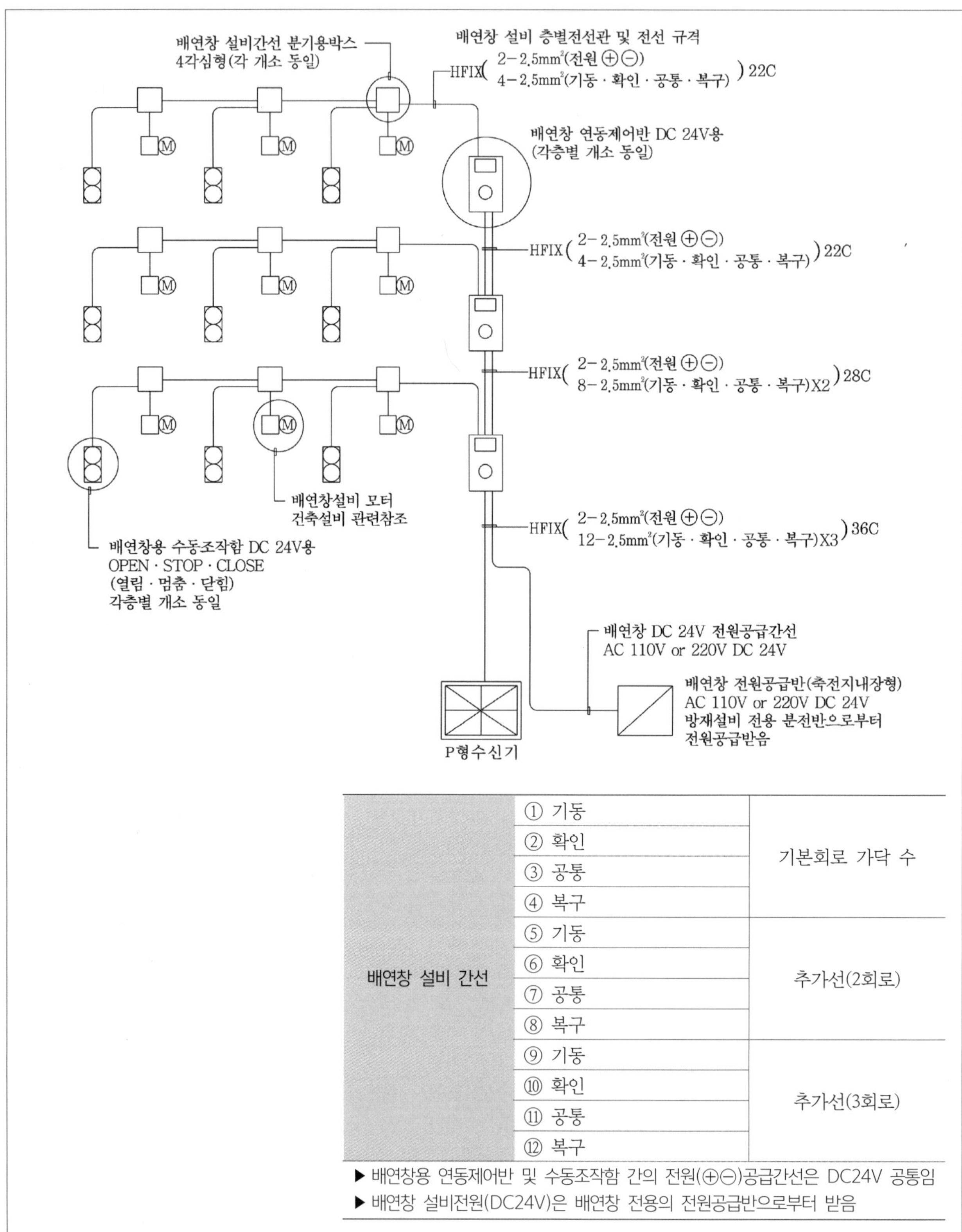

배연창 설비 간선	① 기동	기본회로 가닥 수
	② 확인	
	③ 공통	
	④ 복구	
	⑤ 기동	추가선(2회로)
	⑥ 확인	
	⑦ 공통	
	⑧ 복구	
	⑨ 기동	추가선(3회로)
	⑩ 확인	
	⑪ 공통	
	⑫ 복구	

▶ 배연창용 연동제어반 및 수동조작함 간의 전원(⊕⊖)공급간선은 DC24V 공통임
▶ 배연창 설비전원(DC24V)은 배연창 전용의 전원공급반으로부터 받음

출제예상문제

01. 다음은 P형수신기의 결선도에 대한 것이다. 아래 결선도를 보고 다음 물음에 답하시오.

(1) 결선도의 경보방식을 쓰시오.

(2) a~e의 전선의 명칭을 쓰시오.

(3) 미완성으로 남아 있는 ③번 회로의 결선을 완성하시오.

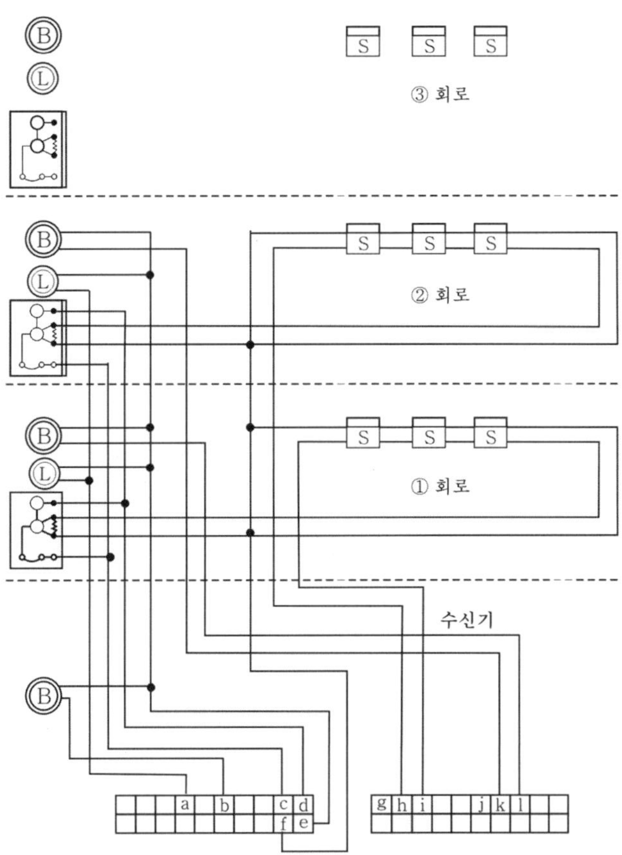

| 정답

(1) 우선경보방식(구분명동방식)

(2) a: 표시등선

b: 주경종선

c: 전화선

d: 응답선

e: 경종·표시등 공통선

(3) 완성도

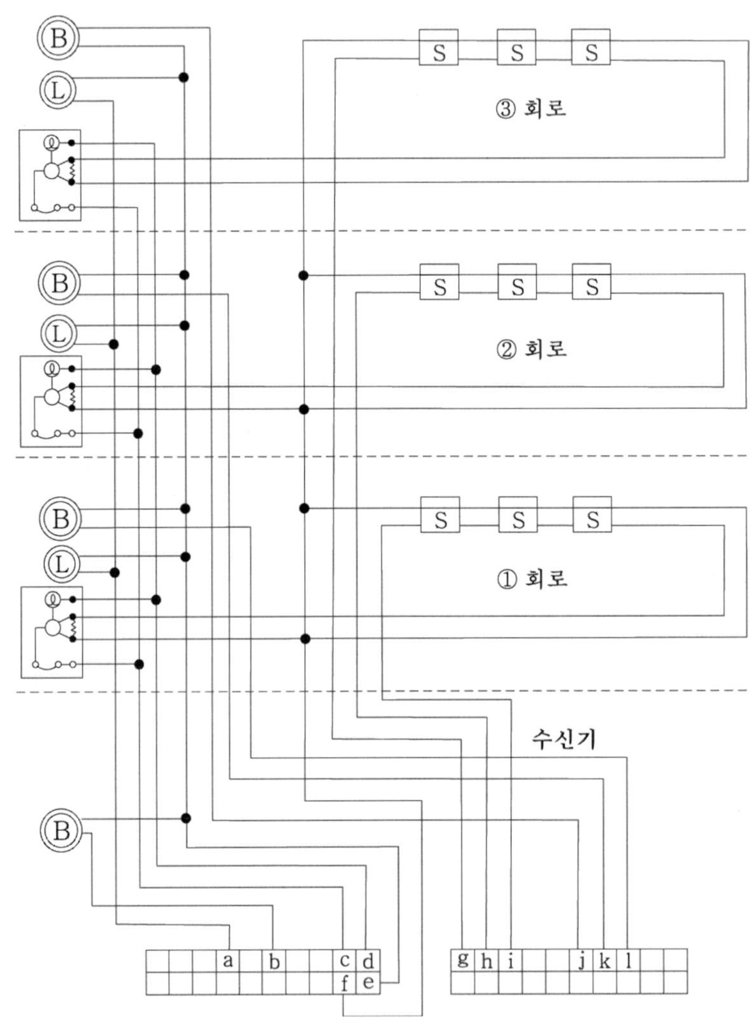

경보방식을 파악하기 위해서는 수신반 단자에서,

- 지구경종단자가 1개이면 전층경보방식(일제명동)
- 지구경종단자가 2개 이상이면 우선경보방식(구분명동)

▶ 전화는 선택적으로 설치할 수 있음

02. 주어진 조건을 이용하여 자동화재탐지설비의 수동발신기 간 연결간선 수를 구하고 각 선로의 용도를 표시하시오.

<조건>

- 선로의 수는 최소로 하고 발신기 공통선은 1선, 경종 및 표시등 공통선을 1선으로 하고 7경계구역이 넘을 시 발신기 공통선은 1선씩 추가하는 것으로 한다.
- 건물의 규모는 지상 6층, 지하 2층으로 연면적은 $3{,}500m^2$인 것으로 한다.
- 답안작성 예시

  (8선)

  - 수동발신기 지구선: 2선
  - 수동발신기 응답선: 1선
  - 수동발신기 전화선: 1선
  - 수동발신기 공통선: 1선
  - 경종선: 1선
  - 표시등선: 1선
  - 경종 및 표시등 공통선: 1선

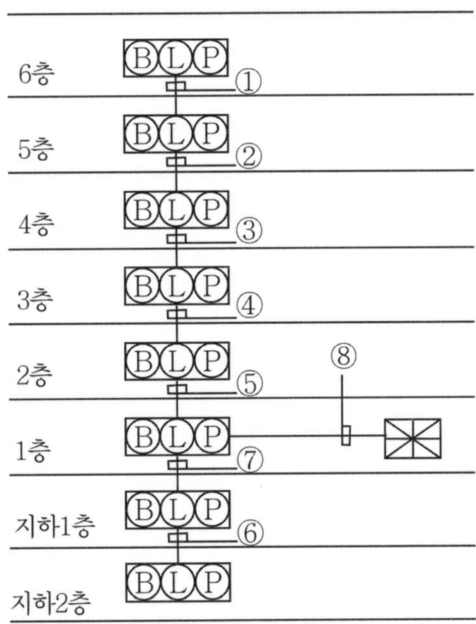

| 정답

① (7선)
- 수동발신기 지구선: 1선
- 수동발신기 응답선: 1선
- 수동발신기 전화선: 1선
- 수동발신기 공통선: 1선
- 경종선: 1선
- 표시등선: 1선
- 경종 및 표시등 공통선: 1선

② (8선)
- 수동발신기 지구선: 2선
- 수동발신기 응답선: 1선
- 수동발신기 전화선: 1선
- 수동발신기 공통선: 1선
- 경종선: 1선
- 표시등선: 1선
- 경종 및 표시등 공통선: 1선

③ (9선)
- 수동발신기 지구선: 3선
- 수동발신기 응답선: 1선
- 수동발신기 전화선: 1선
- 수동발신기 공통선: 1선
- 경종선: 1선
- 표시등선: 1선
- 경종 및 표시등 공통선: 1선

④ (10선)
- 수동발신기 지구선: 4선
- 수동발신기 응답선: 1선
- 수동발신기 전화선: 1선
- 수동발신기 공통선: 1선
- 경종선: 1선
- 표시등선: 1선
- 경종 및 표시등 공통선: 1선

⑤ (11선)
- 수동발신기 지구선: 5선
- 수동발신기 응답선: 1선
- 수동발신기 전화선: 1선
- 수동발신기 공통선: 1선
- 경종선: 1선
- 표시등선: 1선
- 경종 및 표시등 공통선: 1선

⑥ (7선)

- 수동발신기 지구선: 1선
- 수동발신기 응답선: 1선
- 수동발신기 전화선: 1선
- 수동발신기 공통선: 1선
- 경종선: 1선
- 표시등선: 1선
- 경종 및 표시등 공통선: 1선

⑦ (8선)

- 수동발신기 지구선: 2선
- 수동발신기 응답선: 1선
- 수동발신기 전화선: 1선
- 수동발신기 공통선: 1선
- 경종선: 1선
- 표시등선: 1선
- 경종 및 표시등 공통선: 1선

⑧ (15선)

- 수동발신기 지구선: 8선
- 수동발신기 응답선: 1선
- 수동발신기 전화선: 1선
- 수동발신기 공통선: 2선
- 경종선: 1선
- 표시등선: 1선
- 경종 및 표시등 공통선: 1선

구분	①	②	③	④	⑤	⑥	⑦	⑧
수동발신기 지구선	1	2	3	4	5	1	2	8
수동발신기 응답선	1	1	1	1	1	1	1	1
수동발신기 전화선	1	1	1	1	1	1	1	1
수동발신기 공통선	1	1	1	1	1	1	1	2
경종선	1	1	1	1	1	1	1	1
표시등선	1	1	1	1	1	1	1	1
경종 및 표시등 공통선	1	1	1	1	1	1	1	1
간선수량	7	8	9	10	11	7	8	15

03. **자동화재탐지설비 계통도와 조건을 보고 다음 각 물음에 답하시오.**

<조건>

- 설비의 설계는 접지선을 고려하여 선정한다.
- 건물의 연면적은 5,500[m^2]이다.
- 공통선은 상층에서부터 기준으로 시작하여 회로를 설정한다.
- 벨과 표시등의 공통선은 회로 표시선 공통선과 별도로 한다.
- 전화선은 있는 것으로 한다.

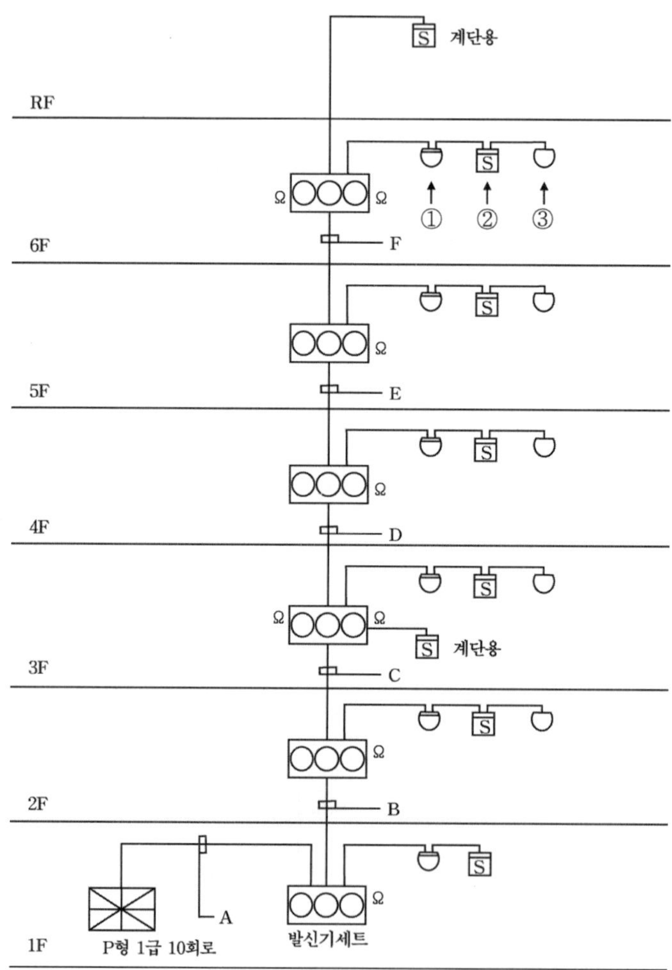

(1) 계통도상에 A~F의 전선 가닥 수는 최소 몇 가닥이 필요한가?

(2) 계통도상의 발신기 세트에 내장되어 있는 주요 부분 3가지를 쓰시오.

(3) 그림 기호 ①은 어떤 감지기의 그림 기호인가?

(4) 그림 기호 ②는 연기감지기이다. 이 연기감지기를 "매입"으로 표시한 때의 그림기호를 그리시오.

(5) 그림 기호 ③은 정온식 스포트형 감지기이다. "방수"인 것을 표시한 때의 그림기호를 그리시오.

| 정답

(1) • A: 15선
• B: 13선
• C: 12선
• D: 10선
• E: 9선
• F: 8선

(2) 발신기, 표시등, 경종

(3) 차동식 스포트형

(4) 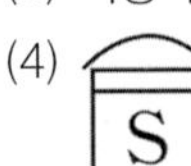

(5) 

계통도의 간선내역

구분	A	B	C	D	E	F
지구선	8	7	6	4	3	2
발신기 공통선	2	1	1	1	1	1
전화선	1	1	1	1	1	1
응답선	1	1	1	1	1	1
벨 · 표시등 공통선	1	1	1	1	1	1
표시등선	1	1	1	1	1	1
벨선	1	1	1	1	1	1
간선수량	15	13	12	10	9	8

※ 주 1. 층수: 6층, 연면적: 5,500[m^2]이므로 전층경보방식으로 할 것
2. 하나의 발신기 공통선에는 7개의 지구선을 접속할 것
3. 계단은 2개의 경계구역으로 할 것
4. 접지선은 직류 24[V]로서 약 전류회로이므로 생략할 것

04. 지하 3층, 지상 7층 연면적 5,000m^2(1개 층 500m^2) 사무실 건물에 자동화재탐지설비 P형수신기를 시설하였다. 시스템을 전기적으로 완벽하게 운영하기 위하여 필요한 전선의 최소수량(가닥 수)을 (가)~(자)까지 쓰고 종단저항의 수량(차)을 쓰시오. (단, 지상층 각층의 높이는 3m이고, 지하층 각층의 높이는 3.1m이다.)

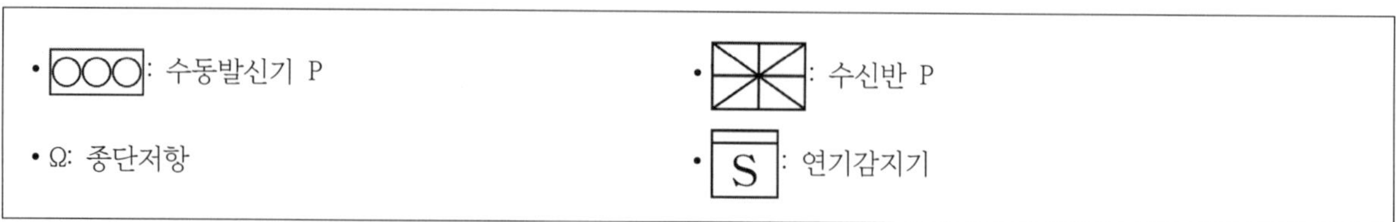

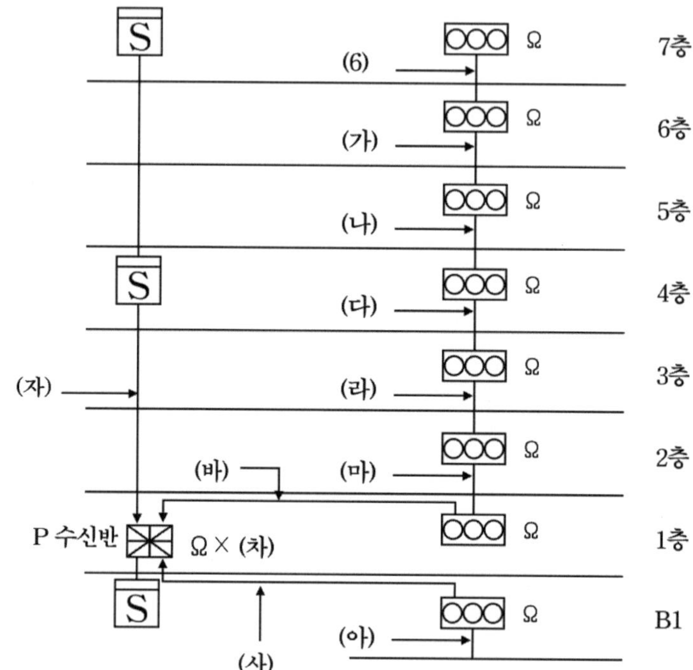

| 정답

(가) 7
(나) 8
(다) 9
(라) 10
(마) 11
(바) 12
(사) 8
(아) 7
(자) 4
(차) 2

구분	(가)	(나)	(다)	(라)	(마)	(바)	(사)	(아)
지구	2	3	4	5	6	7	3	2
발공	1	1	1	1	1	1	1	1
응답	1	1	1	1	1	1	1	1
경종표시공통	1	1	1	1	1	1	1	1
표시등	1	1	1	1	1	1	1	1
경종	1	1	1	1	1	1	1	1
간선수량	7	8	9	10	11	12	8	7

05. 다음은 자동화재탐지설비의 평면을 나타낸 도면이다. 다음 도면을 보고 물음에 답하시오. (단, 각 실은 이중천장이 없는 구조이며, 전선관은 후강스틸전선관을 사용, 콘크리트 내 매입 시공한다.)

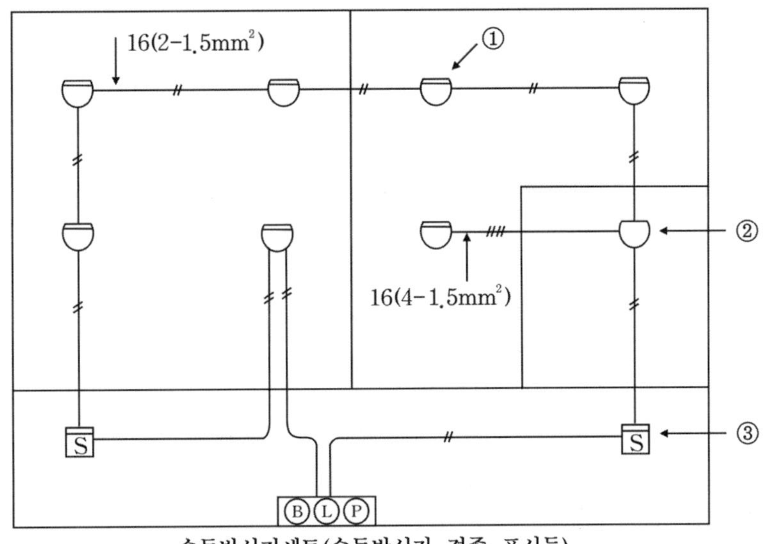

수동발신기세트(수동발신기, 경종, 표시등)

(1) 시공 시 소요되는 16[mm] 로크너트와 부싱의 소요개수를 각각 산출하시오.

(2) 도면에서 화살표로 표시된 ①~③의 감지기 명칭을 쓰시오.

| 정답

(1) 로크너트: 44개
부싱: 22개

(2) ① 차동식 스포트형 감지기
② 정온식 스포트형 감지기
③ 연기감지기

06. 그림은 어떤 건물의 1층에 대한 평면도이다. 다음 물음에 답하시오.

(1) 평면도와 같이 공사를 할 경우 소요되는 로크너트(Lock-Nut) 및 부싱의 개수는? (단, 점선안의 배관공사에 소요되는 로크너트 및 부싱의 숫자 제외)

(2) 경비실의 종단저항을 제거하여 발신기함 내부에 설치한다면, ①~⑦까지의 전선 가닥 수는?

(3) 경비실의 종단저항을 제거하여 발신기함 내부에 설치하고 ㉠과 ㉡ 사이에 배관을 신설한다면, ①~⑦까지의 전선 가닥 수는?

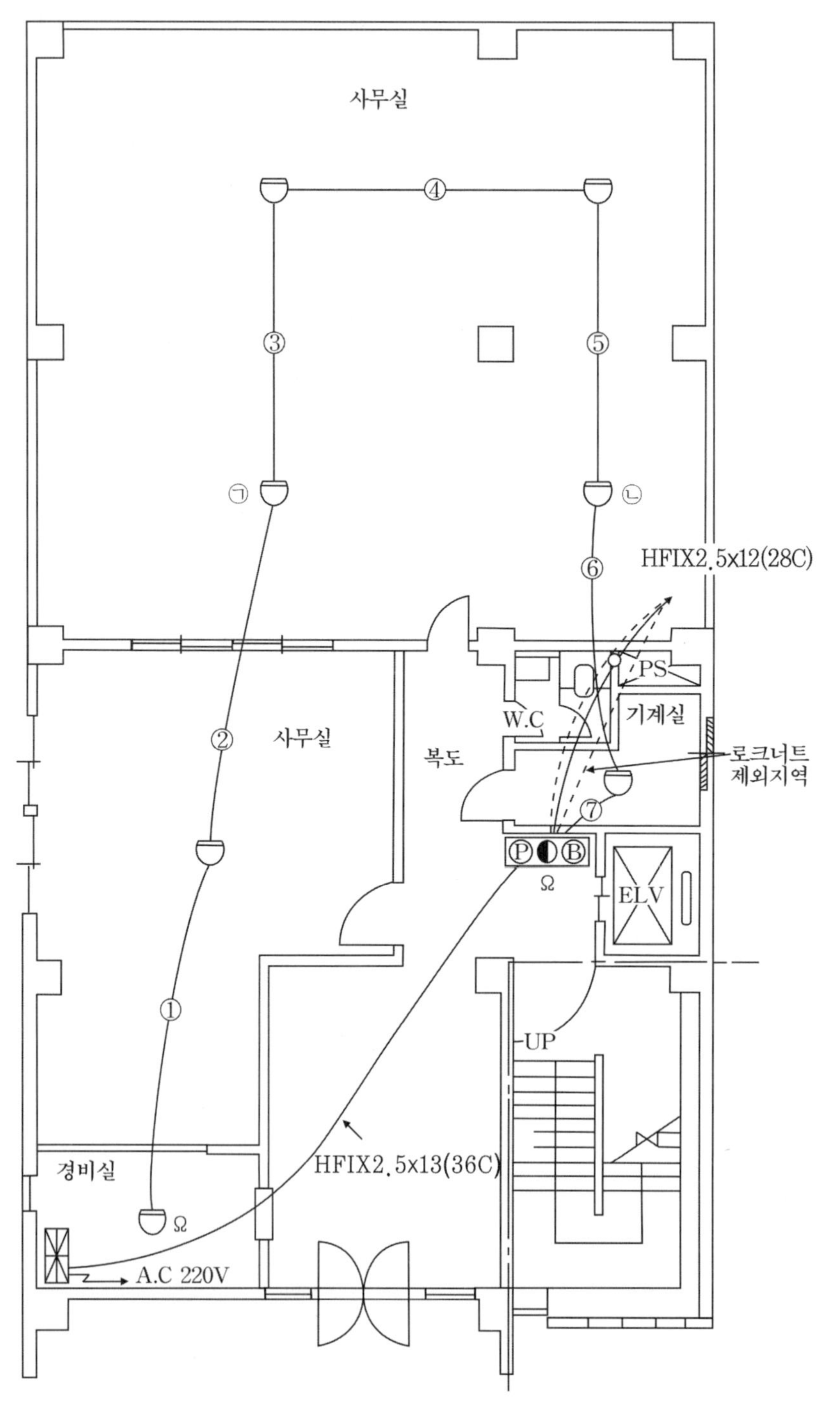

| 정답

(1) 로크너트: 32개
부싱: 16개

(2) ①~⑦: 4가닥

(3) ①, ②, ⑥, ⑦: 4가닥
③, ④, ⑤: 2가닥

- 본 도면은 발신기 내부에 종단저항을 설치한 경우의 감지기 송배선수를 나타낸 것이다.
- "×"기호는 전선관을 박스에 접속한 개소를 나타낸 것이다. 그러므로 부싱은 접속개소당 1개이므로 16개가 소요되었고, 로크너트는 접속개소당 2개씩 소요되므로 32개가 소요된다.

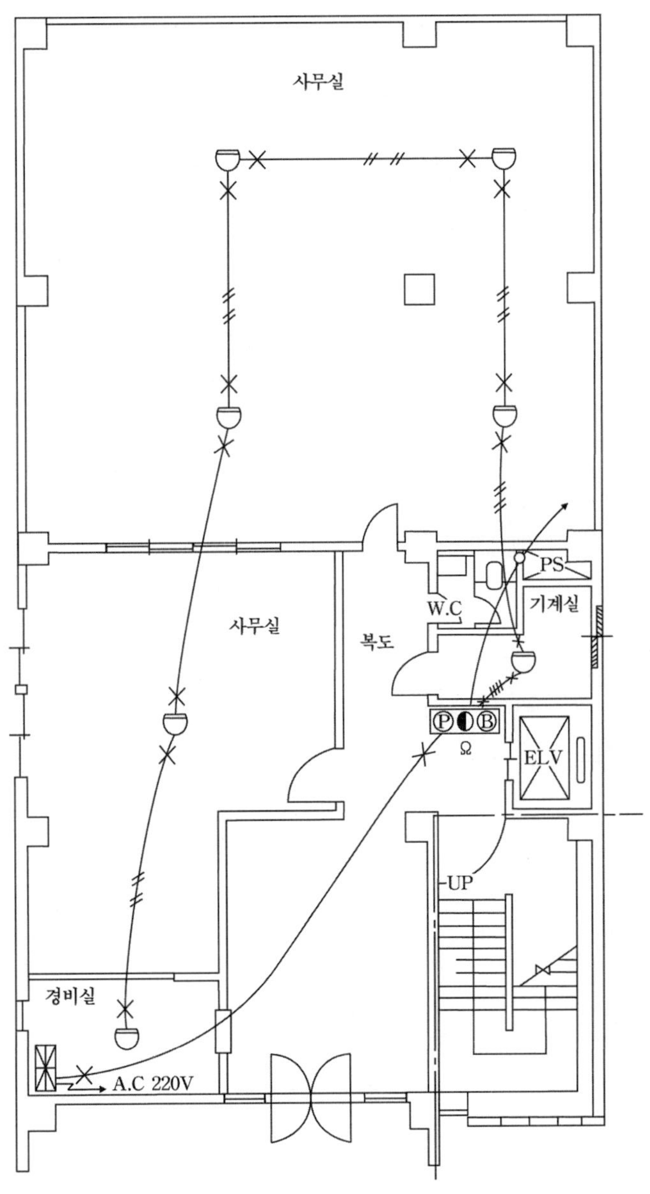

• 본 도면은 종단저항을 발신기함 내부에 설치하고 ㉠~㉡의 배관을 신설한 경우의 감지기 송배전수를 나타낸 것이다.

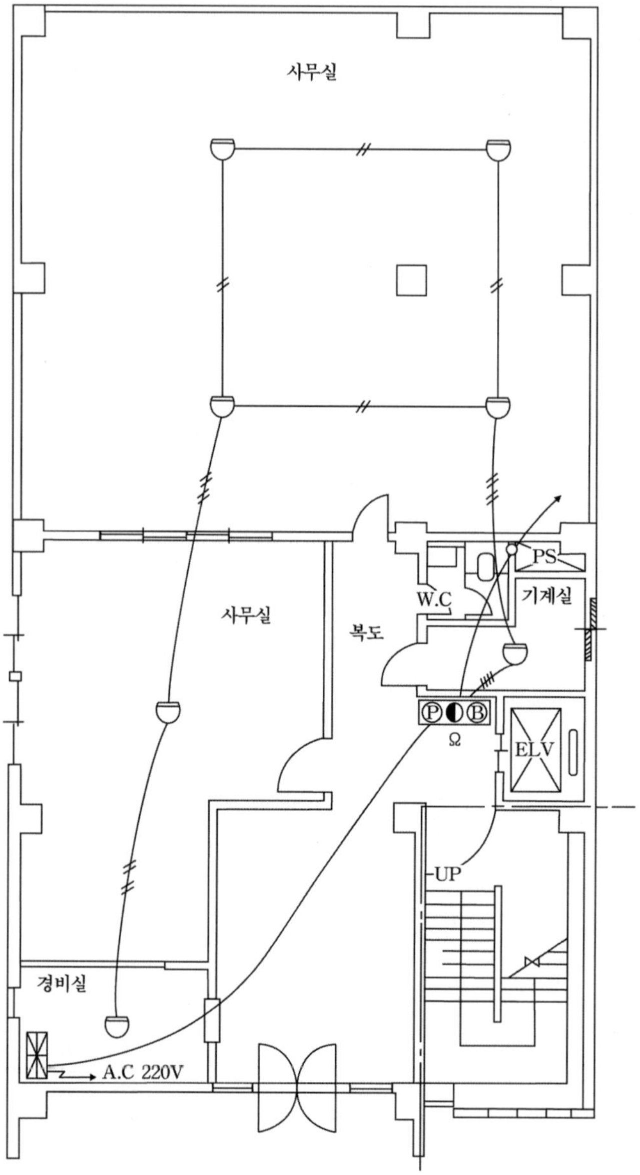

사무실

사무실

복도

W.C

PS

기계실

Ⓟ◐Ⓑ

Ω

ELV

UP

경비실

A.C 220V

07. P형 5회로 수신기와 수동발신기, 경종, 표시등 사이를 결선하시오. (단, 방호대상물은 2,500[m^2]인 지하 1층, 지상 3층 건물이다.)

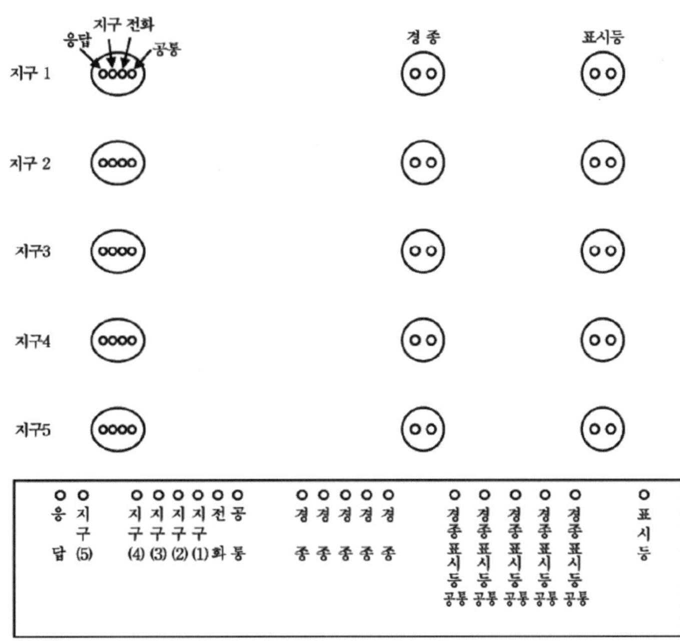

| 정답

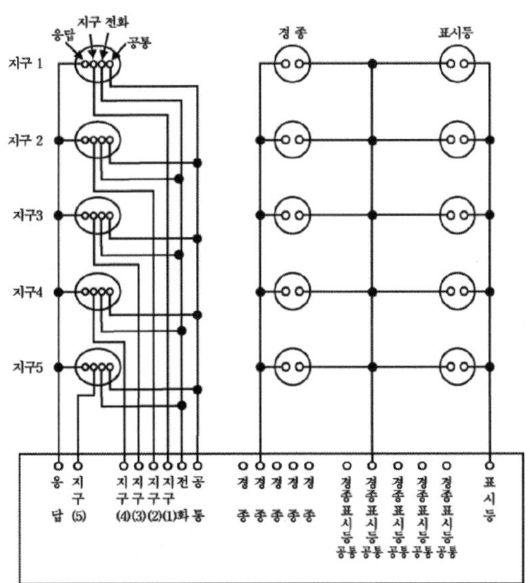

층수가 지하 1층, 지상 3층이므로 4경계구역으로 하기 쉬우나, 연면적이 2,500[m^2]이므로 2,500[m^2] ÷ 600[m^2] = 5경계구역임을 유의하여야 한다.

08. 도면은 어느 사무실 건물의 1층 자동화재탐지설비의 미완성 평면도를 나타낸 것이다. 이 건물은 지상 3층으로 각층의 평면은 1층과 동일하다고 할 경우 평면도 및 주어진 조건을 이용하여 다음 각 물음에 답하시오.

(1) 도면의 P형수신기는 최소 몇 회로용을 사용하여야 하는가?

(2) 수신기에서 발신기세트까지의 배선 가닥 수는 몇 가닥이며, 여기에 사용되는 후강전선관은 몇 mm를 사용하는가?

(3) 연기감지기를 매입한 것으로 사용한다고 하면 그림기호는 어떻게 표시하는가?

(4) 배관 및 배선을 하여 자동화재탐지설비의 도면을 완성하고 배선 가닥 수도 표기하도록 하시오.

(5) 간선계통도를 그리시오. (단, 전화장치는 없는 것으로 한다.)

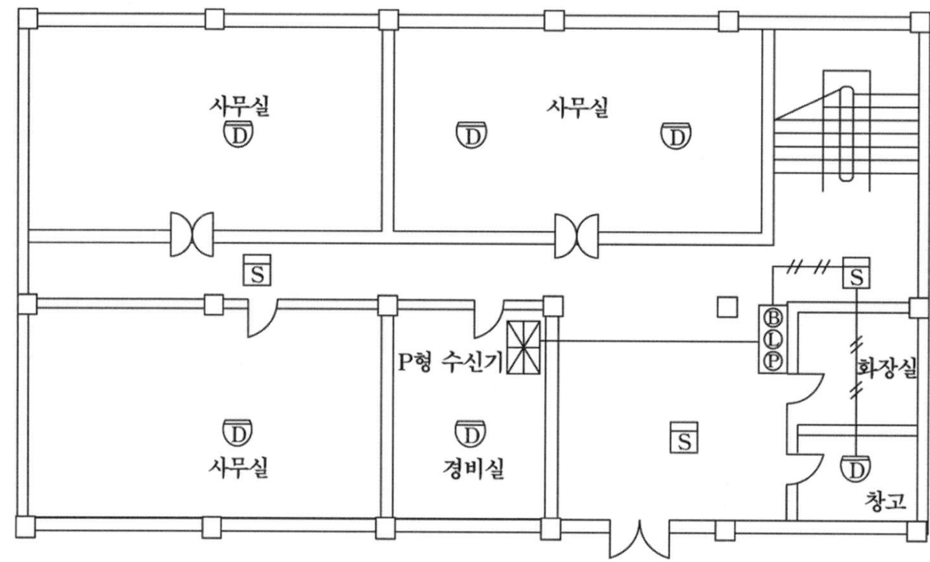

<조건>

- 계통도 작성 시 각층 수동발신기는 1개씩 설치하는 것으로 한다.
- 계단실의 감지기는 설치를 제외한다.
- 간선의 사용전선은 HFIX $2.5mm^2$이며, 공통선은 발신기 공통선 1선, 경종 · 표시등 공통선 1선을 각각 사용한다.
- 계통도 작성 시 선수는 최소로 한다.
- 전선관공사는 후강전선관으로 콘크리트 내 매입 시공한다.
- 각 실은 이중천장이 없는 구조이며, 실링에 감지기를 바로 취부한다.
- 각 실의 바닥에서 천장까지의 높이는 2.8m이다.
- 후강전선관의 굵기 표는 다음과 같다.

전선의 굵기		전선본수									
단선 (mm^2)	연선 (mm^2)	1	2	3	4	5	6	7	8	9	10
		전선관의 최소 굵기[mm]									
1.5	1.5	16	16	16	16	22	22	22	22	28	28
2.5	2.5	16	16	16	16	22	22	22	28	28	28

| 정답

(1) 3회로 이상

(2) 8가닥, 28mm

(3)

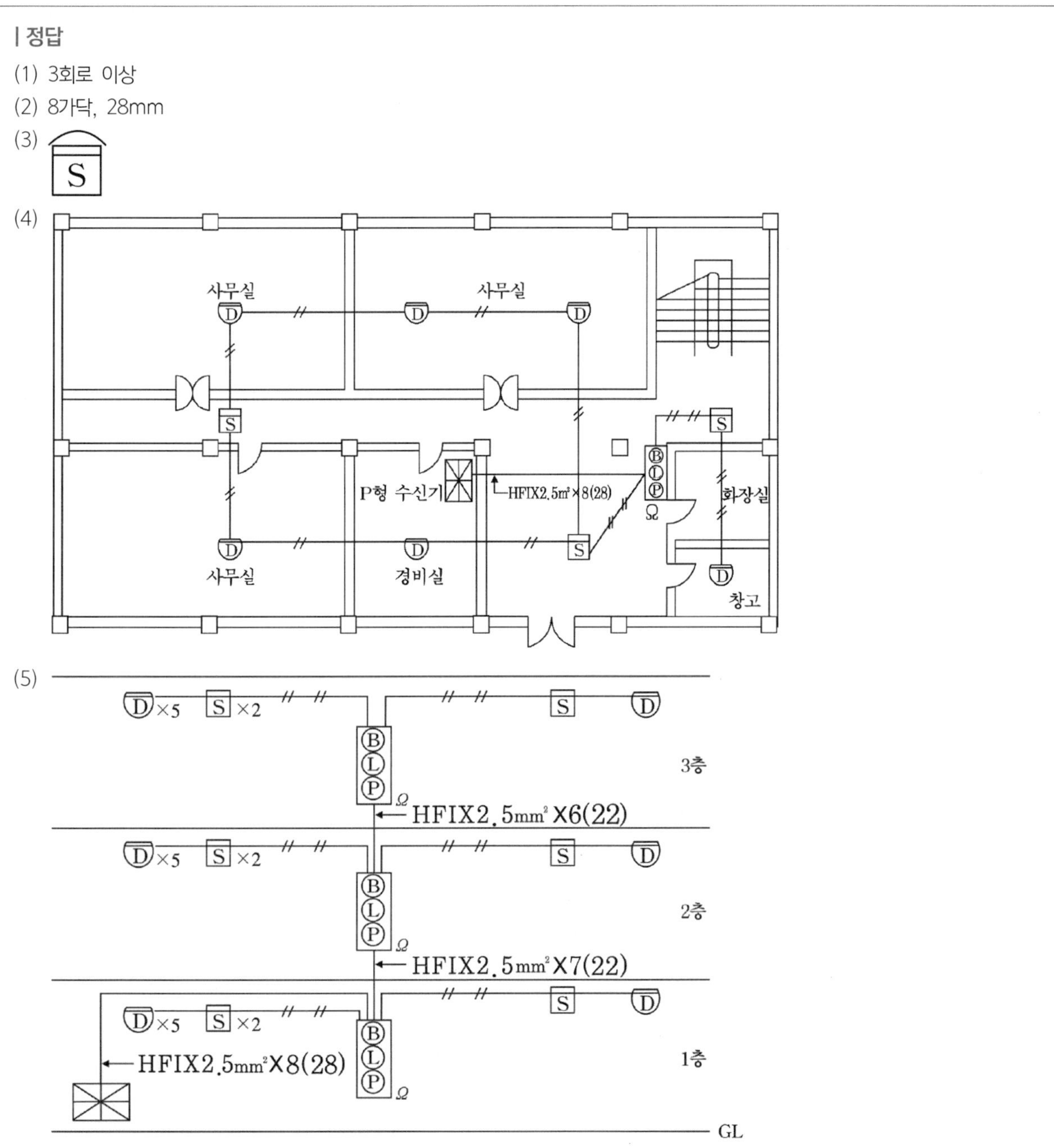

구분	3층	2층	1층
지구	1	2	3
발공	1	1	1
응답	1	1	1
경종표시공통	1	1	1
표시등	1	1	1
경종	1	1	1
간선수량	6	7	8

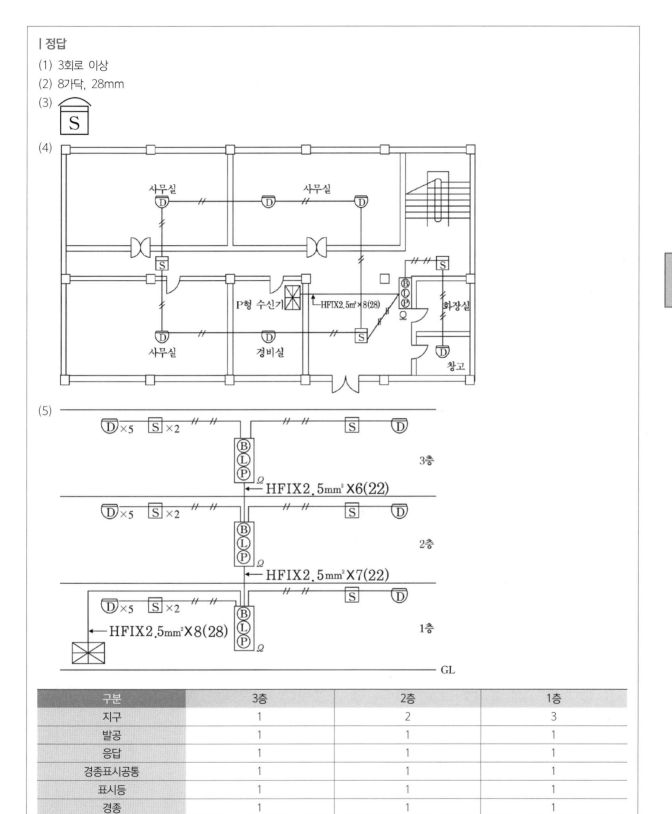

09. 다음은 자동화재탐지설비의 평면을 나타낸 도면이다. 이 도면을 보고 다음 각 물음에 답하시오. (단, 모든 배관은 슬라브 내 매입 배관하며, 이중천장이 없는 구조이다.)

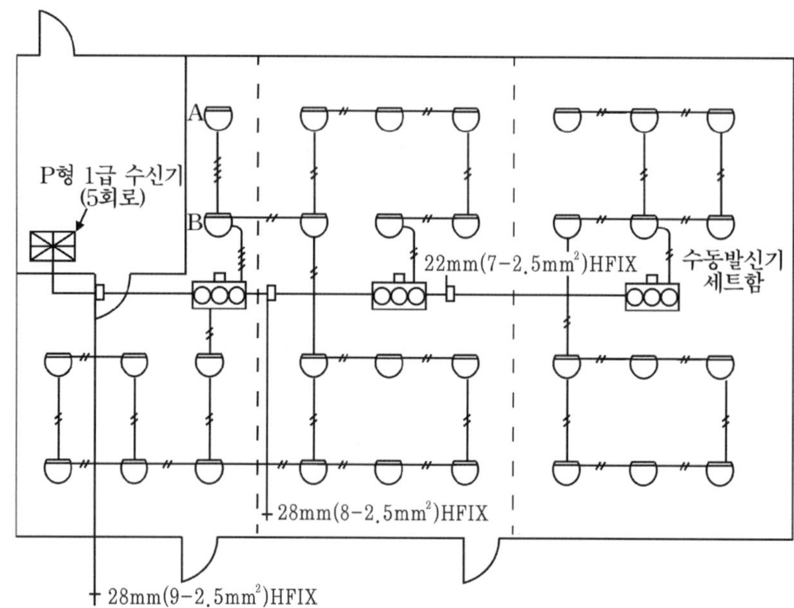

(1) 도면의 잘못된 부분(배관 및 배선)을 고쳐서 올바른 도면으로 그리시오. (단, 배관 및 배선 가닥 수는 최소화하여 적용)

(2) A-B 사이의 전선관은 최소 몇 [mm]를 사용하면 되는가?

(3) 수동발신기세트함에는 어떤 것들이 내장되는가?

| 정답

(1)

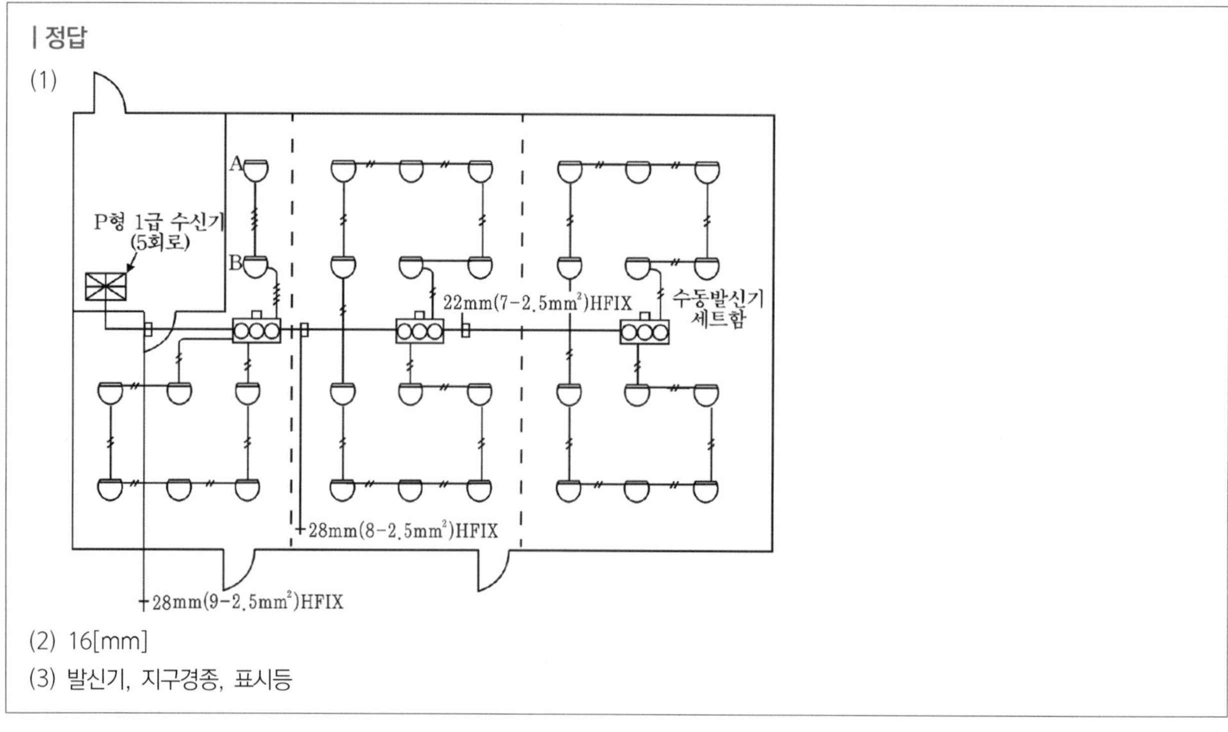

(2) 16[mm]

(3) 발신기, 지구경종, 표시등

10. 각층에 수동발신기 1회로, 알람밸브 1회로, 제연댐퍼 1회로가 설치되어 있고 R형수신기가 1대 설치되어 있는 지상 6층, 지하 1층인 소방대상물이 있다. 이 계통의 소방설비 간선계통도를 그리고 전선 수를 표시하시오. (단, R형수신기는 지상 1층에 설치하고 R형수신기 1대에는 중계기 10대를 연결할 수 있으며, R형중계기와 수신기 간 신호는 신호선 2선, 전화선 2선, 전력선 2선을 연결한다.)

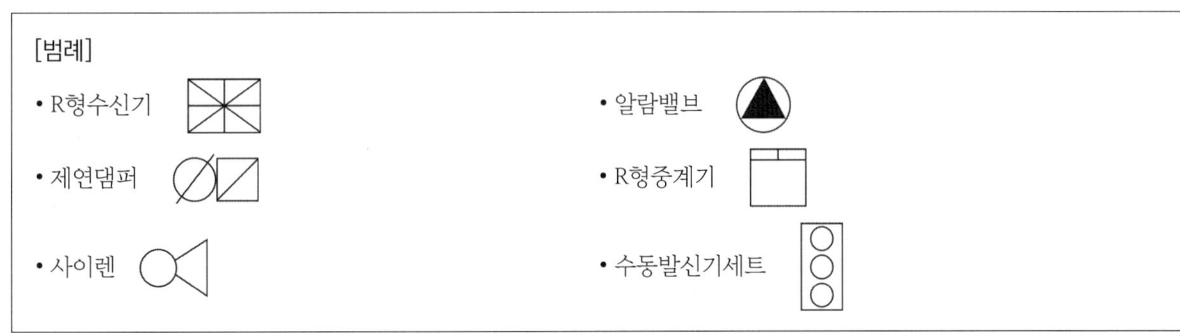

| 정답

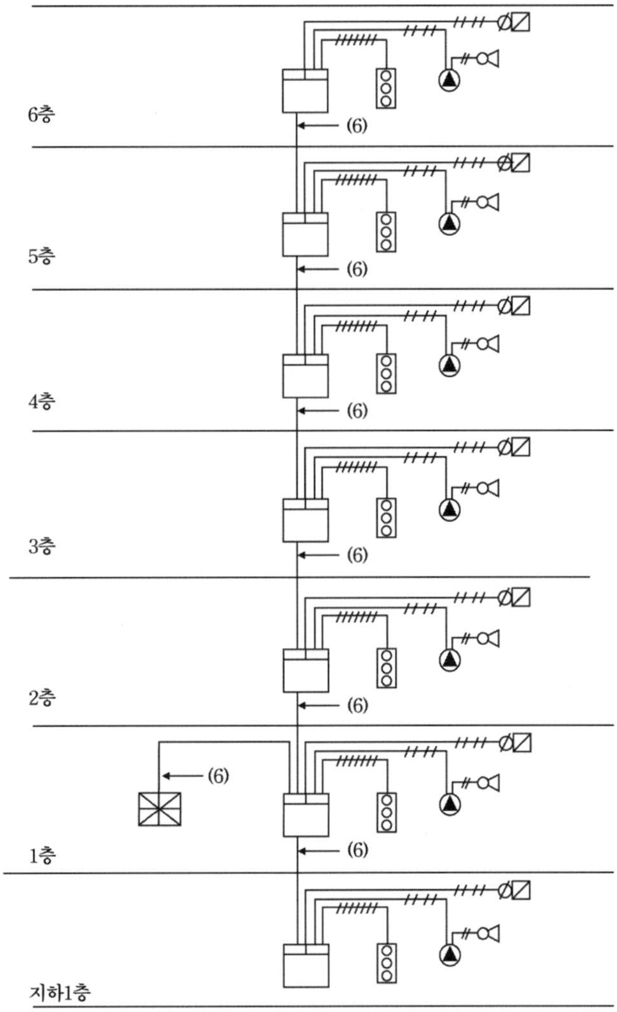

11. 다음은 어느 건물의 자동화재탐지설비이다. 계통도의 간선수량을 기재하시오.

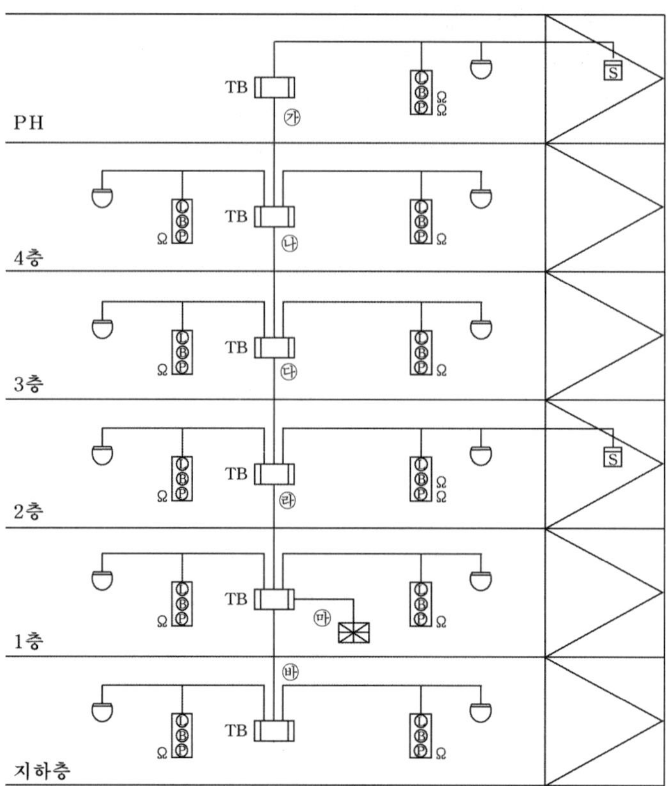

<조건>

① 회로도통시험에 영향을 줄 수 있는 배선방식을 피해야 한다.
② 계단에 설치되는 연기감지기는 별개의 회로로 구성한다.
③ 수신기는 12회로이다.
④ 전화장치가 있는 것으로 한다.
⑤ 공통선은 발신기 공통선 1선, 경종·표시등 공통선 1선으로 한다.
⑥ 가다은 여분을 두지 않으며 굵기는 통상 사용되는 것으로 한다.

| 정답

㉮ 8선
㉯ 10선
㉰ 12선
㉱ 15선
㉲ 19선
㉳ 8선

간선내역

배선의 용도	㉮	㉯	㉰	㉱	㉲	㉳
지구선	2	4	6	8	12	2
발신기 공통선	1	1	1	2	2	1
전화선	1	1	1	1	1	1
응답선	1	1	1	1	1	1
경종·표시등 공통선	1	1	1	1	1	1
표시등선	1	1	1	1	1	1
경종선	1	1	1	1	1	1
간선수량계	8	10	12	15	19	8

1. 1경계구역(회로)당 간선내역은 다음과 같다.
   - 지구선: 1선
   - 발신기 공통선: 1선
   - 전화선: 1선
   - 응답선: 1선
   - 경종·표시등 공통선: 1선
   - 경종선: 1선
   - 표시등선: 1선
   - 계: 7선
2. 층수가 11층이 되지 않으므로 전층경보방식으로 한다. (지구경종선은 1선)
3. 발신기 공통선은 7회로마다 간선 1선을 추가한다.

12. **답안지의 도면은 어느 3층 건물의 각층별 자동화재탐지설비의 배관 평면도이다. 다음 각 물음에 답하시오.**

(1) 배관 평면도에 배선의 가닥 수를 표기하시오.

(2) 배선의 가닥 수가 표시된 입상 계통도를 그리시오.

<조건>

1) 각 층은 별개의 하나의 배선으로 한다.
2) 모든 배선은 보내기 배선으로 한다.
3) 편의상 종단저항은 평면도에 표시된 것과 같이 말단감지기에 내장된 것으로 본다.
4) 도면상의 심벌(Symbol)은 아래의 보기와 같다.
5) 가닥 수 표시방법은 다음과 같이 두 가닥씩 짝지어 표시한다.

—//—//—/—

6) 기본 가닥 수는 (7+n)이며 다음과 같다.
- 공통선(c): 1(매 7회로까지)
- 회로선(N): n
- 전화선(T): 1
- 응답선(A): 1
- 경종선(B): 2
- 표시등선(L): 2

7) 축척은 없는 것으로 한다.

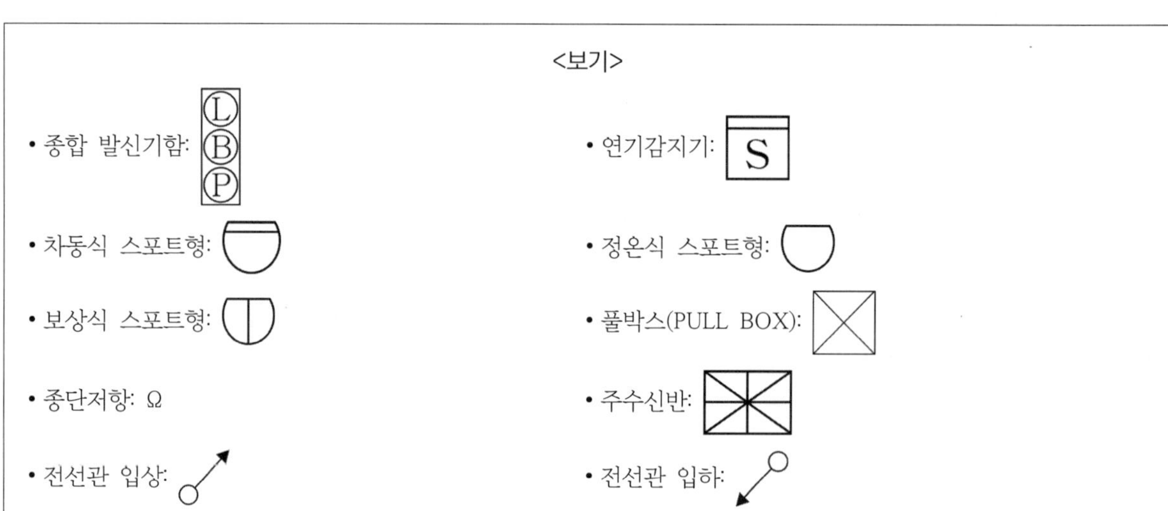

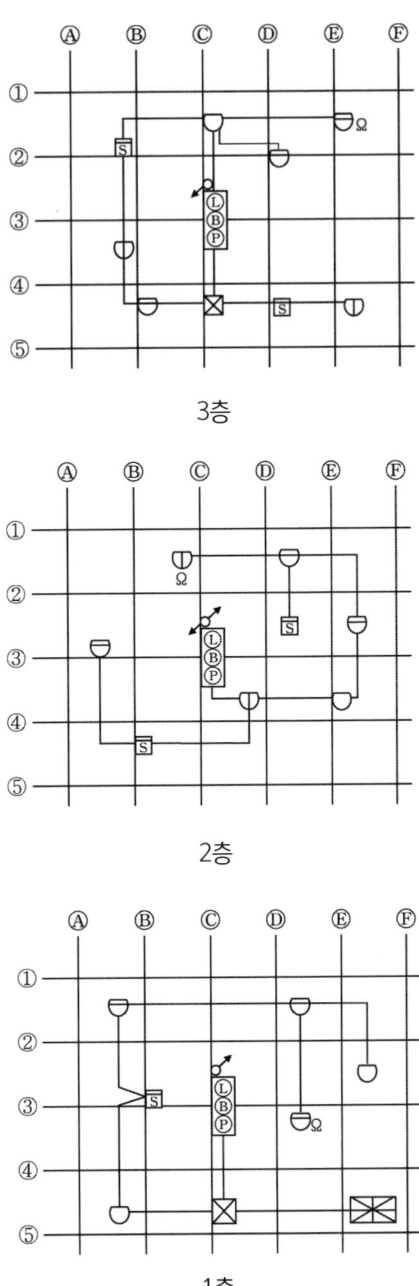

3층

2층

1층

| 정답

(1) 배선의 가닥 수

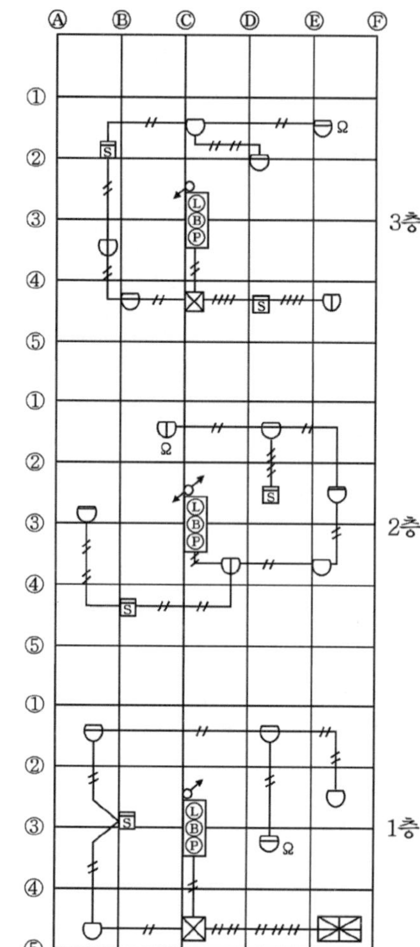

평면도 축적: N.S

(2) 계통도

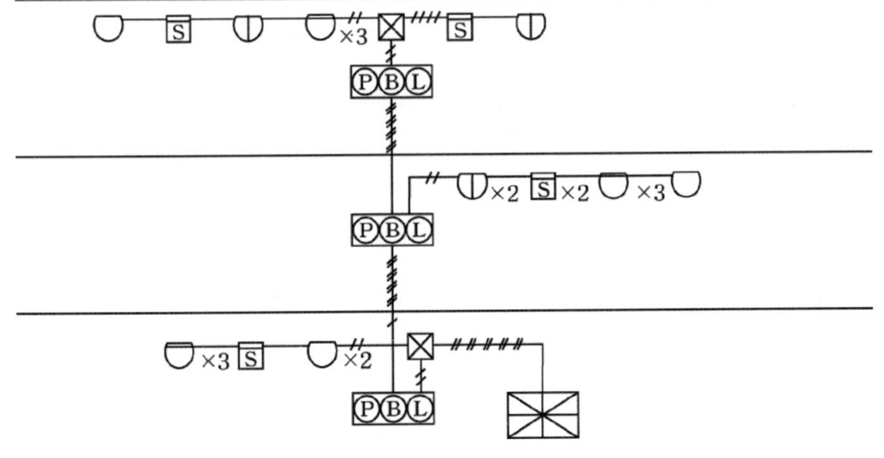

간선내역

배선의 용도	1 Zone	2 Zone	3 Zone
지구선	1	2	3
발신기 공통선	1	1	1
전화선	1	1	1
응답선	1	1	1
경종 공통선	1	1	1
경종선	1	1	1
표시등 공통선	1	1	1
표시등선	1	1	1
합계	8	9	10

13. 도면은 자동화재탐지설비의 간선계통도 및 평면도이다. 도면 및 유의사항을 보고, 다음 각 물음에 답하시오.

(1) 도면의 ①~④에 필요한 최소 간선 수는 얼마인가?

(2) 본 공사에 소요되는 물량을 산출하여 답안지의 빈 칸에 ①~⑫를 채우시오.

<유의사항>

① 지하 1층, 지상 5층의 건물로서 전 층이 기준층이며, 층고는 3m, 이중천장은 천장면으로부터 0.5m이다.
② 모든 파이프는 후강전선관이며, 천장 슬라브 및 벽체 매입배관이다.
③ 주수신반 및 소화전함은 바닥으로부터 상단까지 1.8m이며, 벽체 매입으로 한다.
④ 발신기, 표시등, 경종은 소화전 위의 상단을 이용한다.
⑤ 발신기에는 전화장치가 있는 것으로 한다.
⑥ 3방출 이상은 4각 박스를 사용한다.

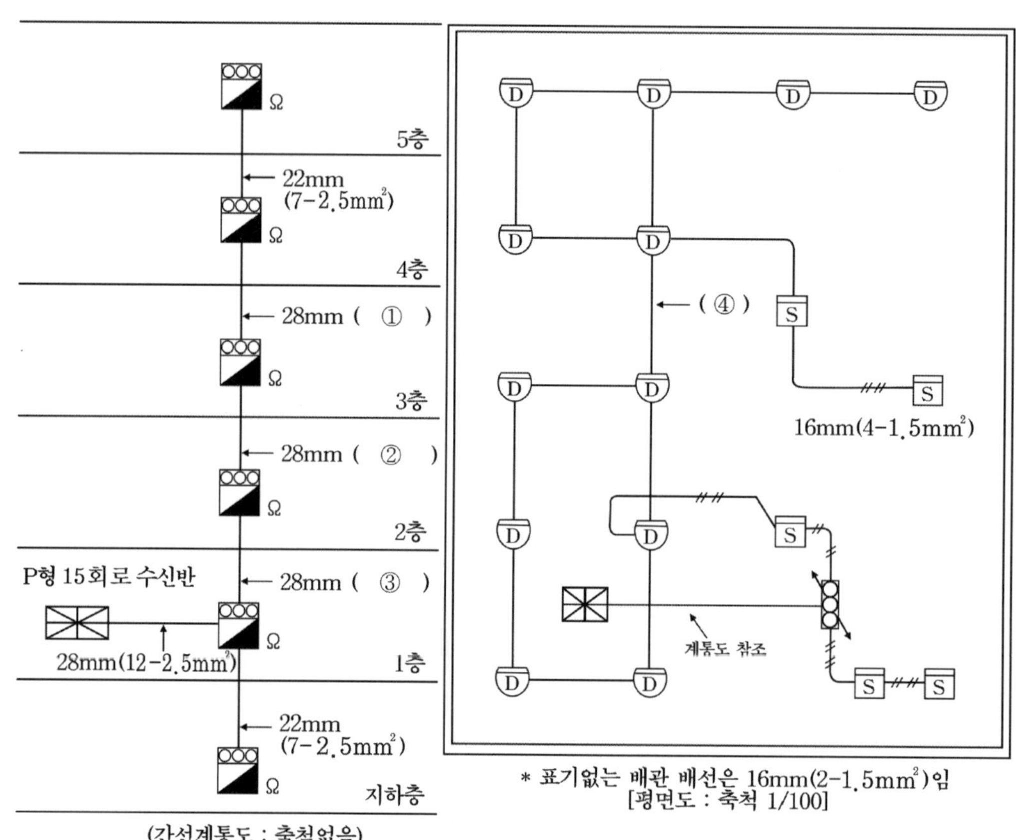

부품명	규격	물량	부품명	규격	물량
부싱	16C	①	콘크리트 박스	4각	⑦
〃	22C	②	〃	8각	⑧
〃	28C	③	차동식 감지기		⑨
로크너트	16C	④	연기식 감지기		⑩
	22C	⑤	발신기 세트		⑪
	28C	⑥	수신기		⑫

| 정답

(1) ① 8　② 9　③ 10　④ 4

(2)

부품명	규격	물량	부품명	규격	물량
부싱	16C	① $38 \times 6 = 228$	콘크리트 박스	4각	⑦ $4 \times 6 = 24$
〃	22C	② 4	〃	8각	⑧ $13 \times 6 = 78$
〃	28C	③ 8	차동식 감지기		⑨ $12 \times 6 = 72$
로크너트	16C	④ $76 \times 6 = 456$	연기식 감지기		⑩ $5 \times 6 = 30$
	22C	⑤ 8	발신기 세트		⑪ 6
	28C	⑥ 16	수신기		⑫ 1

14. 다음은 자동화재탐지설비의 평면을 나타낸 도면이다. 이 도면을 보고 다음 각 물음에 답하시오. (단, 모든 배관은 슬라브 내 매입배관하며, 이중천장이 없는 구조이다.)

(1) 도면의 배관 및 배선을 그리시오. (단, 배관 및 배선 가닥 수는 최소화하여 적용한다.)

(2) A - B 사이의 전선관은 최소 몇 mm를 사용하면 되는가?

(3) 수동발신기 세트함에는 어떤 것들이 내장되는가?

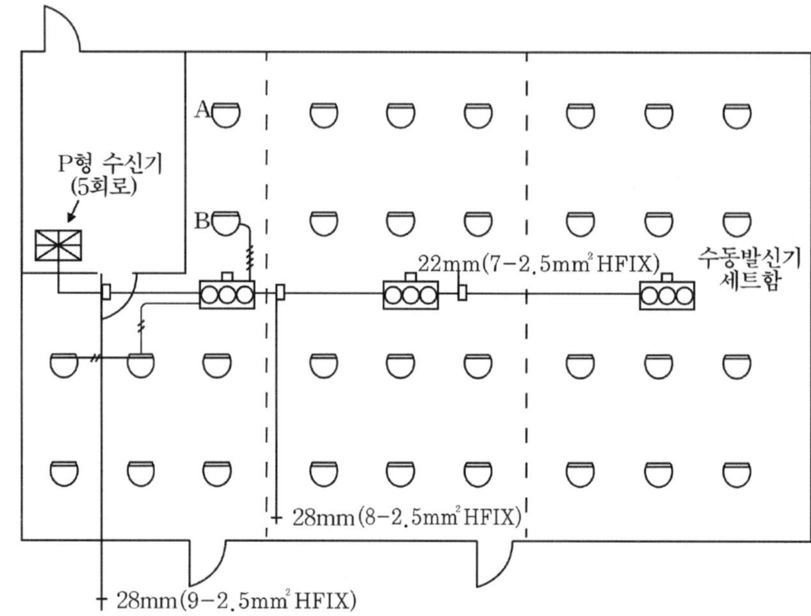

| 정답

(1)

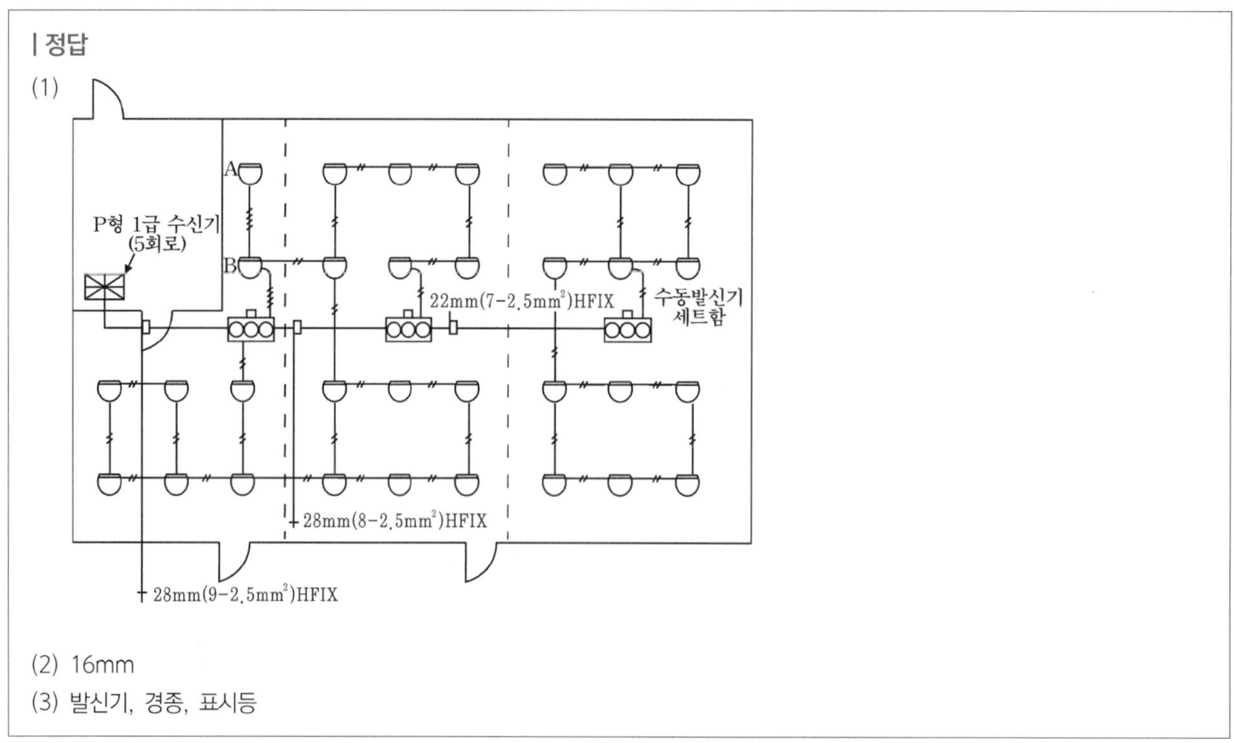

(2) 16mm

(3) 발신기, 경종, 표시등

15. 그림은 소화전부용 발신기세트의 경종, 표시등, 소화전 기동램프를 나타낸 것이다. 물음에 답하시오. (단, 경보방식은 직상층 우선 경보방식으로 할 것)

(1) 경종, 표시등, 소화전 기동램프의 결선도를 완성하시오.

(2) 소화전 기동램프가 점등되는 3가지 경우를 간단히 쓰시오.

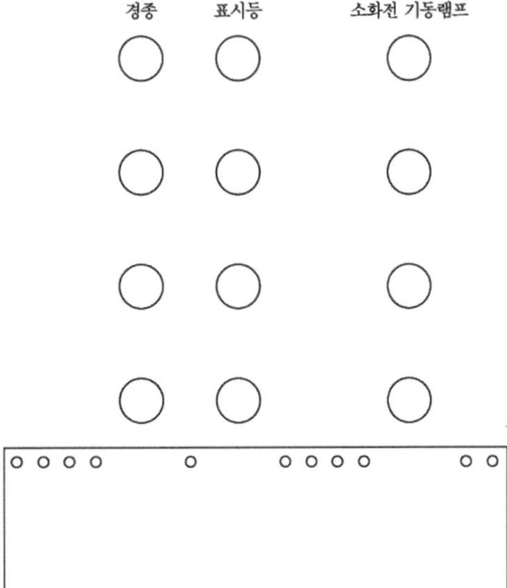

| 정답

(1)

경종 표시등 소화전 기동램프

경종(4) 경종(3) 경종(2) 경종(1) 경종표시등공통 표시등 소화전기동램프공통 소화전기동램프

(2) ① 소화전 내의 앵글밸브를 개방시킨 경우

② 압력챔버의 배수밸브를 개방시킨 경우

③ 수신반에서 수동으로 기동시킨 경우

16. 그림은 어느 건물의 자동화재탐지설비의 평면도이다. 감지기와 감지기 사이 및 감지기와 발신기세트 사이의 거리가 각각 10[m]라고 할 때 다음 각 물음에 답하시오.

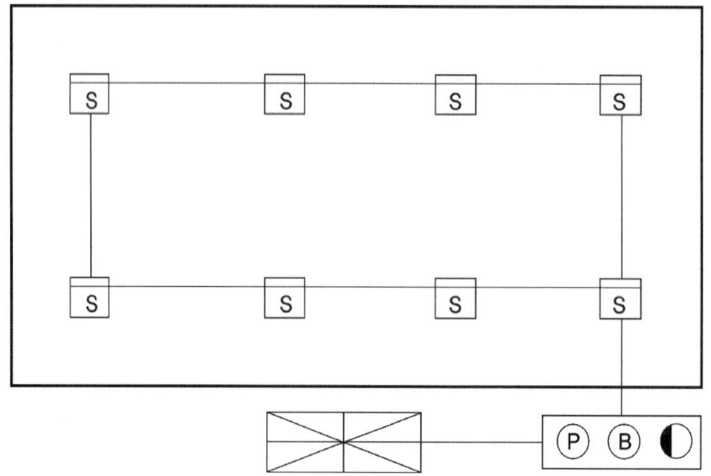

(1) 수신기와 발신기세트 사이의 거리가 15[m]라고 할 때 전선관의 총길이는 얼마인가?

- 계산과정:
- 답:

(2) 연기감지기 2종을 부착면의 높이가 5[m]인 곳에 설치할 경우 소방대상물의 감지구역 면적[m^2]은 얼마인가?

- 계산과정:
- 답:

(3) 전선관과 전선의 물량을 산출하시오. (단, 수신기와 발신기세트 사이의 물량은 제외한다.)

<전선관>

- 계산과정:
- 답:

<전선>

- 계산과정:
- 답:

| 정답

(1) • 계산과정: $10 \times 9 + 15 = 105$[m]
  • 답: 105[m]

(2) • 계산과정: $75 \times 8 = 600$[m^2]
  • 답: 600[m^2]

(3) <전선관>
  • 계산과정: $10 \times 9 = 90$[m]
  • 답: 90[m]
  <전선>
  • 계산과정: $10 \times 8 \times 2 + 10 \times 4 = 200$[m]
  • 답: 200[m]

17. 내화구조의 지하 2층, 지상 6층 건물에서 각 층 면적은 750[m^2]에 화장실 50[m^2]이고(단, 화장실에는 샤워 시설이 있는 것으로 함) 6층은 150[m^2](화장실이 없음)에 계단은 한 장소에 설치하며 직통계단이다. 물음에 답하시오. (단, 지하층과 지상 1층의 높이는 4.5[m]이고, 지상 2층에서 6층까지는 3.5[m]이다.)

(1) 전체 경계구역의 수를 쓰시오.

(2) 차동식 스포트형 감지기 1종을 설치하는 경우 감지기의 총 개수를 쓰시오.

(3) 연기감지기(1종)의 설치장소와 개수를 쓰시오.

| 정답

(1) ① 수평적 경계구역

- 지하2층에서 5층

$\frac{750m^2}{600m^2} = 1.25$ ∴ 2경계구역

∴ (2 + 5) × 14경계구역

- 6층

$\frac{150m^2}{600m^2} = 0.25$ ∴ 1경계구역

② 수직적 경계구역(계단)

- 지상층

$\frac{4.5m + 3.5m \times 5}{45m} = 0.48$ ∴ 1경계구역

- 지하층: 1경계구역

전체 경계구역 수: 15 + 2 = 17경계구역

(2) ① 지하층과 1층

$\frac{600m^2}{45m^2} = 13.33$ ∴ 14개, $\frac{150m^2 - 50m^2}{45m^2} = 2.22$ ∴ 3개

3개층이므로 3 × 17 = 51개

② 2층에서 5층

$\frac{600m^2}{90m^2} = 6.66$ ∴ 7개, $\frac{150m^2 - 50m^2}{90m^2} = 1.11$ ∴ 2개

4개층이므로 9 × 4 = 36개

③ 6층: $\frac{150m^2}{90m^2} = 1.66$ ∴ 2개

④ 총 소요감지기 개수: 51 + 36 + 2 = 89개

(3) ① 장소: 계단

② 개수

- 지하층: $\frac{9m}{15m} = 0.6$ ∴ 1개

- 지상층: $\frac{4.5m + 3.5m \times 5}{15m} = 1.46$ ∴ 2개

- 총 소요감지기 개수: 1 + 2 = 3개

18. 다음은 자동화재탐지설비의 부대 전기설비 계통도의 일부분이다. 조건을 보고 ①~⑦까지의 최소 가닥 수를 산정하시오.

<조건>

- 선로의 수는 최소로 하고 전화선 1선, 발신기 공통선 및 경종·표시등 공통선을 각각 1선으로 한다.
- 건물의 규모는 지하 3층, 지상 5층이며 연면적은 5,000[m²]인 공장이다.
- 옥내소화전함은 자동기동방식으로 한다.

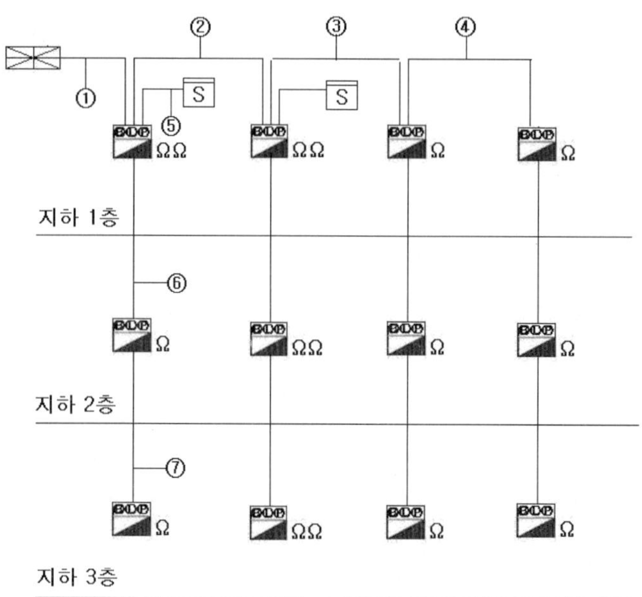

| 정답

① 26 ② 21 ③ 14 ④ 11 ⑤ 4 ⑥ 10 ⑦ 9

구분	①	②	③	④	⑥	⑦
지구	16	12	6	3	2	1
발공	3	2	1	1	1	1
전화	1	1	1	1	1	1
응답	1	1	1	1	1	1
경종·표시등 공통	1	1	1	1	1	1
경종	1	1	1	1	1	1
표시등	1	1	1	1	1	1
소화전	2	2	2	2	2	2
간선 수량	26	21	14	11	10	9

19. 그림은 수압개폐장치를 이용한 자동기동방식의 옥내소화전설비와 P형 수동발신기를 사용한 자동화재탐지설비의 계통도이다. 다음 각 물음에 답하시오.

(1) 기호 ①~⑥의 전선 가닥 수를 표시하시오.

(2) 종단저항의 설치기준 3가지를 쓰시오.

(3) 감지기회로의 전로저항은 몇 [Ω] 이하이어야 하는가?

(4) 정격전압의 몇 % 전압에서 음향을 발할 수 있어야 하는가?

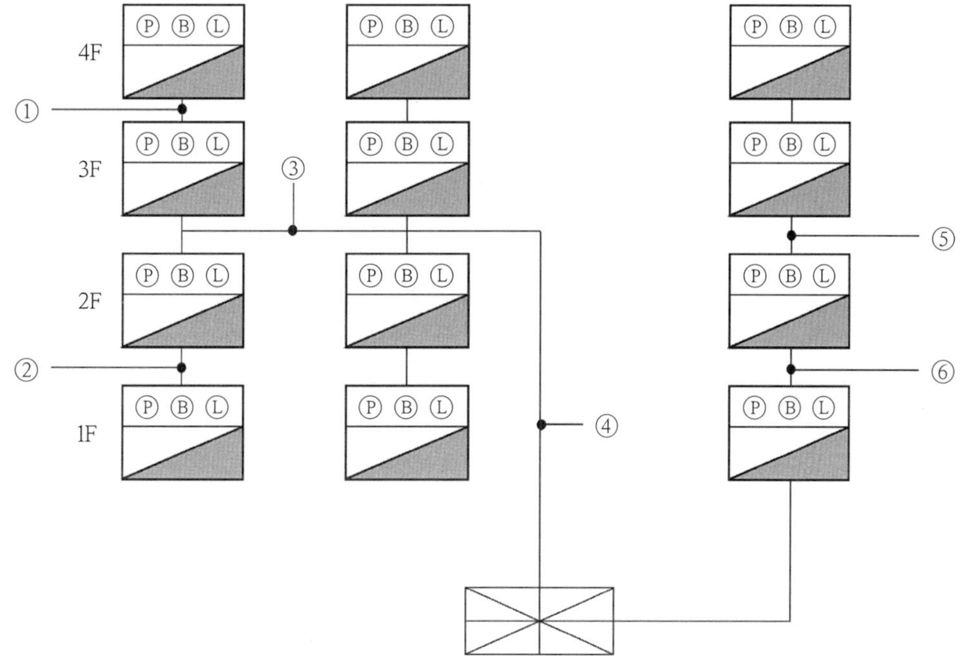

| 정답

(1) ① 8　② 8　③ 11　④ 16　⑤ 9　⑥ 10

(2) ① 전용함 설치 시 바닥에서 1.5[m] 이내의 높이에 설치

② 점검 및 관리가 쉬운 장소에 설치하고 화재 및 침수 등의 재해로 인한 피해를 받을 우려가 없는 장소에 설치

③ 감지기회로의 끝부분에 설치하고, 종단감지기에 설치 시 구별이 쉽도록 해당 기판 등에 표시

(3) 50[Ω] 이하

(4) 80[%]

구분	①	②	③	④	⑤	⑥
지구	1	1	4	8	2	3
발공	1	1	1	2	1	1
응답	1	1	1	1	1	1
경종 · 표시등 공통	1	1	1	1	1	1
경종	1	1	1	1	1	1
표시등	1	1	1	1	1	1
소화전	2	2	2	2	2	2
간선 수량	8	8	11	16	9	10

20. 가압송수장치를 기동용 수압개폐방식으로 사용하는 1층 공장 내부에 옥내소화전함과 자동화재탐지설비용 발신기를 다음과 같이 설치하였다. 다음 각 물음에 답하시오.

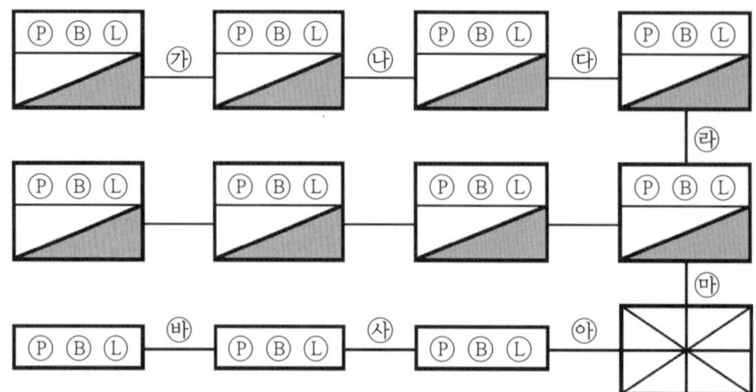

(1) 기호 ㉮~㉵의 전선 가닥 수를 표시하시오.

(2) ① [Ⓟ Ⓑ Ⓛ] 와 ② [Ⓟ Ⓑ Ⓛ (소화전함)] 의 차이점에 대해 설명하고, 각 함의 전면에 부착되는 전기적인 기기장치의 명칭을 모두 쓰시오.

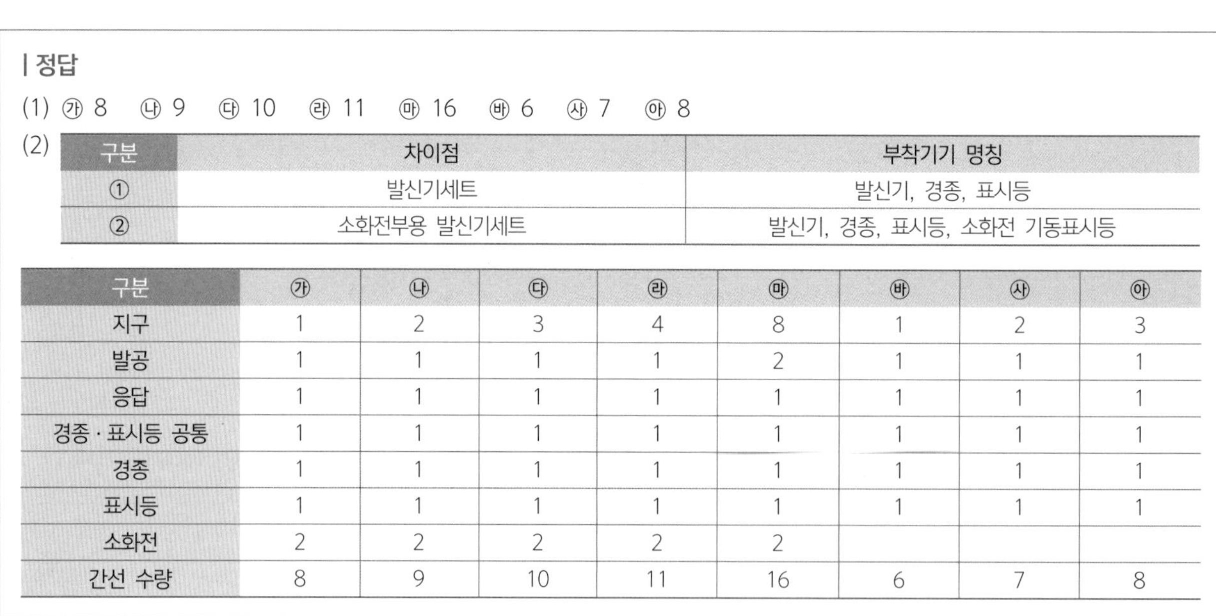

| 정답

(1) ㉮ 8 ㉯ 9 ㉰ 10 ㉱ 11 ㉲ 16 ㉳ 6 ㉴ 7 ㉵ 8

(2)

구분	차이점	부착기기 명칭
①	발신기세트	발신기, 경종, 표시등
②	소화전부용 발신기세트	발신기, 경종, 표시등, 소화전 기동표시등

구분	㉮	㉯	㉰	㉱	㉲	㉳	㉴	㉵
지구	1	2	3	4	8	1	2	3
발공	1	1	1	1	2	1	1	1
응답	1	1	1	1	1	1	1	1
경종 · 표시등 공통	1	1	1	1	1	1	1	1
경종	1	1	1	1	1	1	1	1
표시등	1	1	1	1	1	1	1	1
소화전	2	2	2	2	2			
간선 수량	8	9	10	11	16	6	7	8

21. 사무실(1동)과 공장(2동)으로 구분되어 있는 건물에 자동화재탐지설비 · 옥내소화전설비 및 습식 스프링클러 소화설비를 설치하려고 한다. 다음 조건을 참고하여 물음에 답하시오.

<조건>

- 수신기는 경비실에 설치한다.
- 경보방식은 동별로 구분하여 울리도록 한다.
- 옥내소화전은 기동용 수압개폐장치를 이용한 자동기동방식으로 한다.
- 공통선은 설비별로 각각 사용하는 것으로 한다.

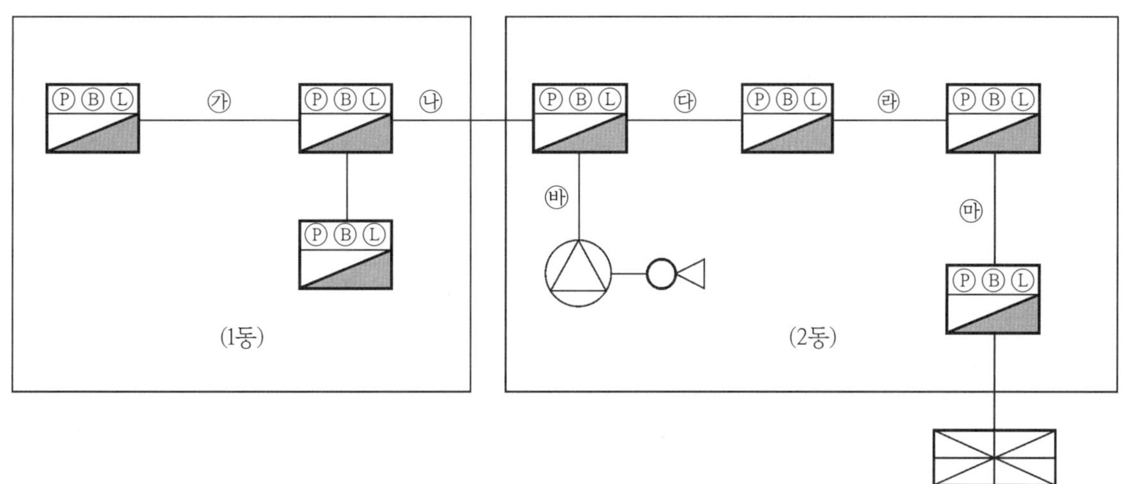

(1) ㉮, ㉯, ㉰, ㉱, ㉲에 적용하여야 할 최소 전선 가닥 수 및 전선의 용도를 쓰시오.

기호	가닥 수	자동화재탐지설비								스프링클러설비			
		용도1	용도2	용도3	용도4	용도5	용도6	용도7	용도8	용도1	용도2	용도3	용도4
㉮													
㉯	11	응답	지구3	전화	지구 공통	경종	경종 · 표시등 공통	표시등	기동 확인 표시등2				
㉰													
㉱													
㉲													
㉳	4									압력 스위치	탬퍼 스위치	사이렌	공통

(2) 공장동에 설치한 습식 스프링클러의 유수검지장치용 음향장치는 어떤 경우에 울리게 되는지를 기술하시오.

(3) 습식 스프링클러의 유수검지장치용 음향장치는 담당 구역의 각 부분으로부터 하나의 음향장치까지의 수평거리는 몇 [m] 이하로 하여야 하는가?

| 정답

(1)

기호	가닥 수	자동화재탐지설비								스프링클러설비			
		용도1	용도2	용도3	용도4	용도5	용도6	용도7	용도8	용도1	용도2	용도3	용도4
㉮	9	응답	지구	전화	지구 공통	경종	경종· 표시등 공통	표시등	기동 확인 표시등2				
㉯	11	응답	지구3	전화	지구 공통	경종	경종· 표시등 공통	표시등	기동 확인 표시등2				
㉰	17	응답	지구4	전화	지구 공통	경종2	경종· 표시등 공통	표시등	기동 확인 표시등2	압력 스위치	탬퍼 스위치	사이렌	공통
㉱	18	응답	지구5	전화	지구 공통	경종2	경종· 표시등 공통	표시등	기동 확인 표시등2	압력 스위치	탬퍼 스위치	사이렌	공통
㉲	19	응답	지구6	전화	지구 공통	경종2	경종· 표시등 공통	표시등	기동 확인 표시등2	압력 스위치	탬퍼 스위치	사이렌	공통
㉳	4									압력 스위치	탬퍼 스위치	사이렌	공통

(2) 헤드가 개방되고 유수검지장치가 화재 신호를 발신하고 그에 따라 경보

(3) 25[m] 이하

22. 도면은 업무용 빌딩의 지하1층 평면도이다. 물음에 답하시오. (단, 주요구조부는 내화구조이다.)

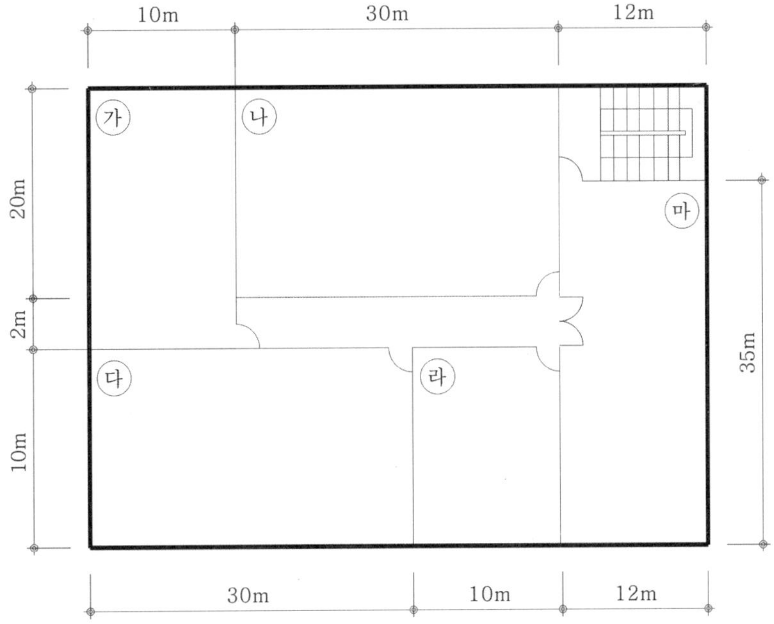

(1) 각실 감지기 수량을 계산하시오.

기호	실의 용도	설치높이(m)	적응감지기	산출과정	설치수량
㉮	서고	3.5	연기감지기 2종		
㉯	휴게실	3.5	연기감지기 2종		
㉰	전산실	4.5	연기감지기 2종		
㉱	주방	3.8	정온식 스포트형 1종		
㉲	사무실	3.8	차동식 스포트형 2종		

(2) 감지기를 평면도에 그림기호로 그리시오.

| 정답

(1)

기호	실의 용도	설치높이(m)	적응감지기	산출과정	설치수량
㉮	서고	3.5	연기감지기 2종	$\frac{10m \times 22m}{150m^2} = 1.466$ ∴ 2개	2개
㉯	휴게실	3.5	연기감지기 2종	$\frac{30m \times 20m}{150m^2} = 4$개	4개
㉰	전산실	4.5	연기감지기 2종	$\frac{30m \times 10m}{75m^2} = 4$개	4개
㉱	주방	3.8	정온식 스포트형 1종	$\frac{10m \times 10m}{60m^2} = 1.666$ ∴ 2개	2개
㉲	사무실	3.8	차동식 스포트형 2종	$\frac{35m \times 12m}{70m^2} = 6$개	6개

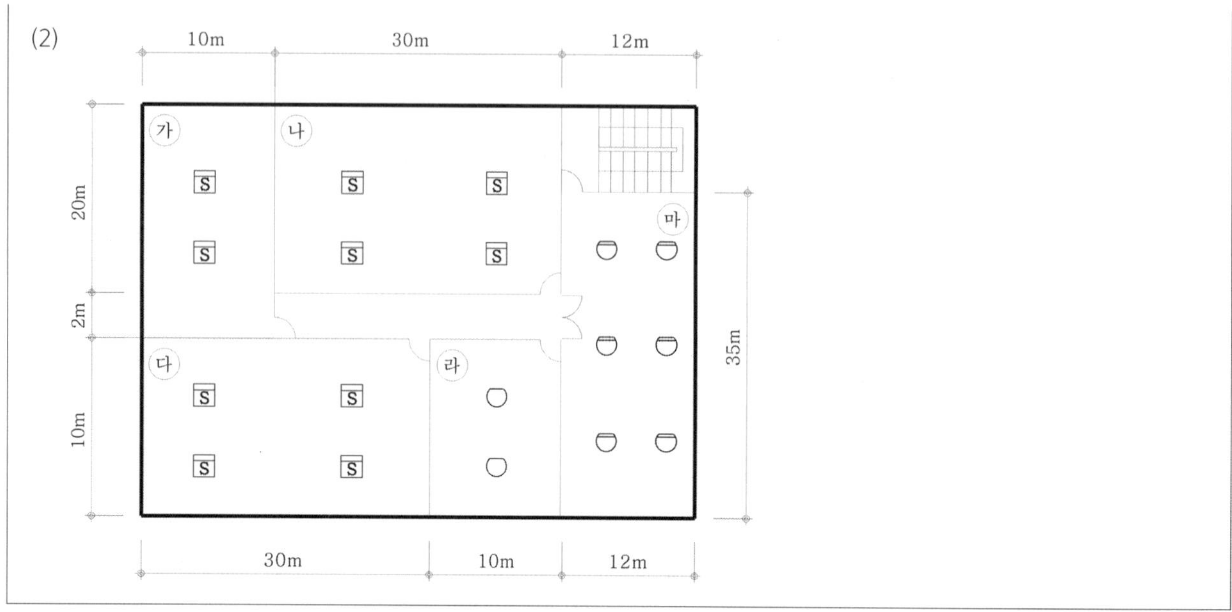

23. 그림은 옥내소화전설비의 전기적 계통도이다. 그림을 보고 표의 Ⓐ~Ⓑ까지의 배선 수와 각 배선의 용도를 쓰시오. (단, 사용전선은 HFIX 전선이며, 배선수는 운전조작상 필요한 최소 전선 수를 쓰도록 한다.)

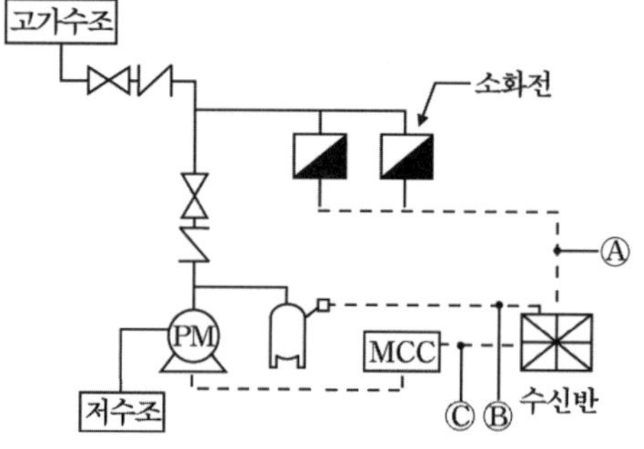

기호	구분		배선 수	배선의 용도
Ⓐ	소화전함 ↔ 수신반	ON-OFF식		
		수압개폐식		
Ⓑ	압력탱크 ↔ 수신반			
Ⓒ	MCC ↔ 수신반		5	공통, ON, OFF, 기동확인, 전원감시

| 정답

기호	구분		배선 수	배선의 용도
Ⓐ	소화전함 ↔ 수신반	ON-OFF식	5	공통, ON, OFF, 표시등(2)
		수압개폐식	2	공통, 기동확인
Ⓑ	압력탱크 ↔ 수신반		2	공통, 압력스위치
Ⓒ	MCC ↔ 수신반		5	공통, ON, OFF, 기동확인, 전원감시

24. 그림은 습식 스프링클러설비의 전기적 계통도이다. 그림을 보고 Ⓐ~Ⓓ까지의 배선 수와 각 배선의 용도를 쓰시오. (단, ① 각 유수검지장치에는 밸브개폐감시용 스위치는 부착되어 있지 않은 것으로 하고 ② 사용전선은 HFIX 전선이며, ③ 배선 수는 운전조작상 필요한 최소 전선 수를 쓰도록 한다.)

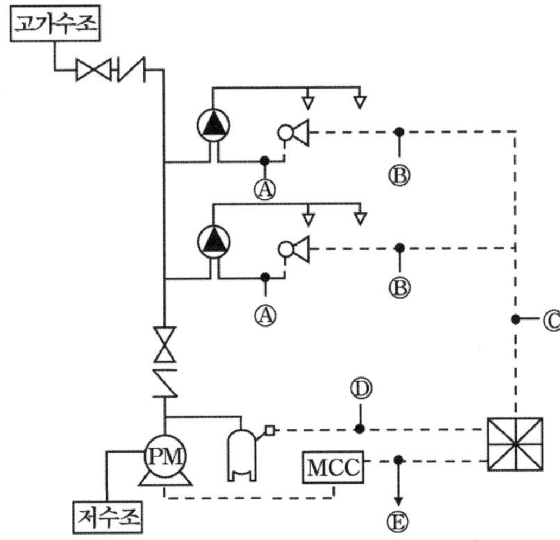

	구분	배선 수	내용
Ⓐ	알람밸브 – 사이렌		
Ⓑ	수신기 – 사이렌		
Ⓒ	2존일 경우		
Ⓓ	수신반 – 압력탱크		
Ⓔ	MCC – 수신반	5	공통, ON, OFF, 전원감시, 기동표시

| 정답

	구분	배선 수	내용
Ⓐ	알람밸브 – 사이렌	2	공통, PS
Ⓑ	수신기 – 사이렌	3	공통, PS, 사이렌
Ⓒ	2존일 경우	5	공통, PS(2), 사이렌(2)
Ⓓ	수신반 – 압력탱크	2	공통, PS
Ⓔ	MCC – 수신반	5	공통, ON, OFF, 전원감시, 기동표시

알람밸브 전에는 개폐표시형 밸브를 부착하므로 템퍼스위치(TS)가 반드시 필요하다. 그러나 본 지문에서는 부착되지 않은 것으로 설계하였기에 주의하여야 한다.

25. 다음 도면은 어떤 준비작동식 스프링클러설비의 계통을 나타낸 도면이다. 화재가 발생하였을 때 화재감지기, 소화 설비반의 표시부, 전자밸브(Solenoid Valve), 준비작동식 밸브 및 압력 스위치간의 작동 연계성(operation sequence)을 요약 · 설명하시오.

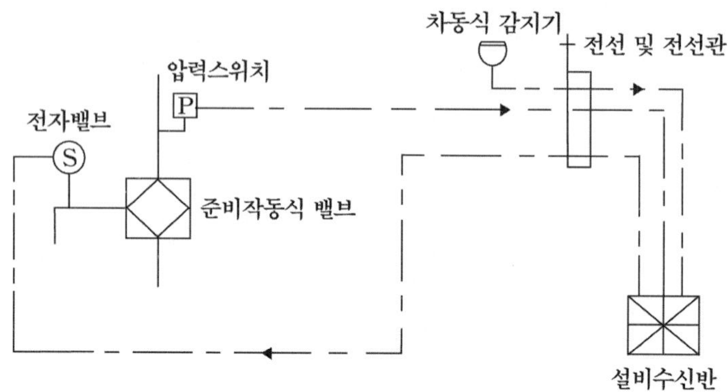

| 정답

① 화재발생
② 차동식 감지기 작동
③ 설비 수신반에 지구표시등 및 화재표시등 점등
④ 전자밸브 작동
⑤ 준비작동식 밸브 개방
⑥ 압력스위치 작동
⑦ 설비수신반에 및 밸브개방 확인 표시등 점등

26. 그림과 같은 준비작동식(Pre-action) 스프링클러설비 부대 전기설비 평면도의 ①~④까지의 감지기 간 배선 수를 표시하시오.

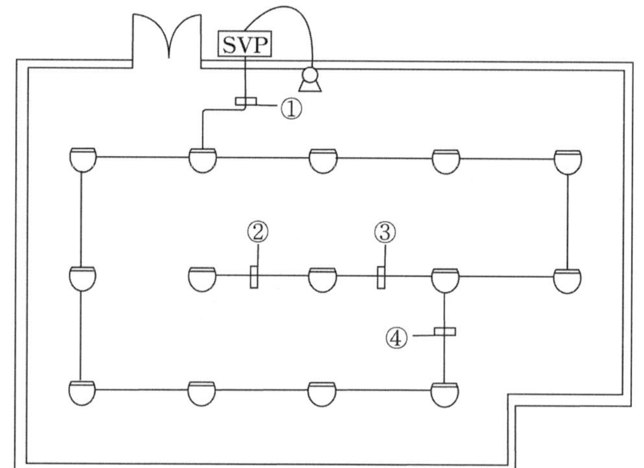

| 정답

① 8선　② 4선　③ 8선　④ 4선

27. 주어진 조건과 도면을 보고 다음 각 물음에 답하시오.

<조건>

- 지하주차장: 내화구조, 천장높이 - 3m, SVP 설치높이 - 1.2m, 전선관 - 금속관(콘크리트매입), 스프링클러소화설비
- 방식: PREACTION VALVE SYSTEM의 감지기 설치방식

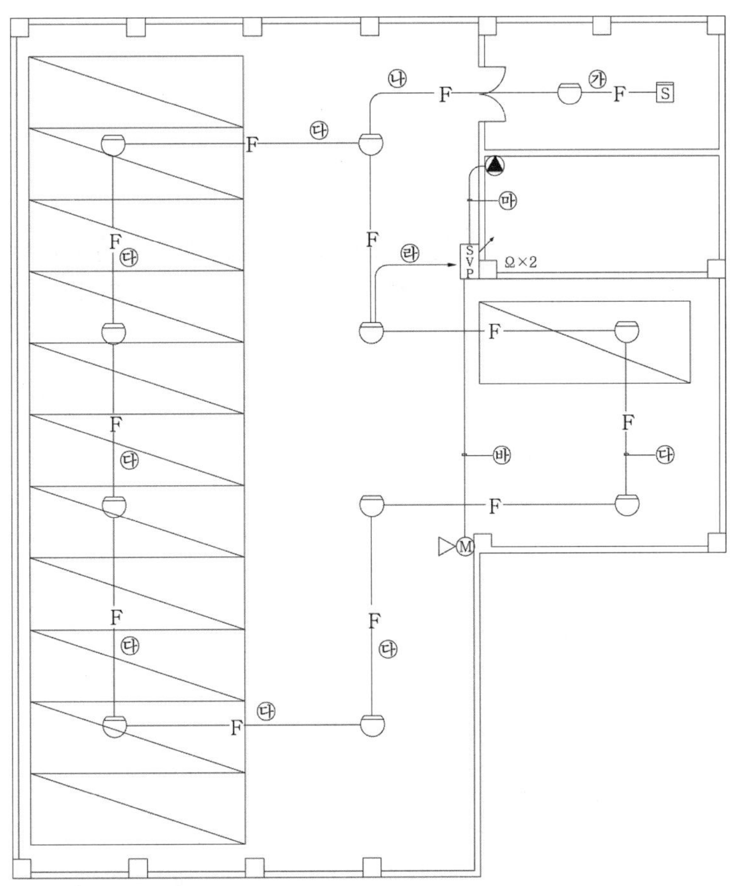

명칭	수량	단위
4각 박스		
8각 박스		
로크너트		
부싱		

(1) 도면에서 그림기호 Ⓜ◁의 명칭은 무엇인가?

(2) 도면의 ㉮~㉳에 해당되는 전선 가닥 수는 최소 몇 가닥인가?

(3) 표의 수량을 구하시오.

| 정답

(1) 모터사이렌

(2) ㉮ 4 ㉯ 8 ㉰ 4 ㉱ 8 ㉲ 6 ㉳ 2

(3)

명칭	수량	단위
4각 박스	2	개
8각 박스	12	개
로크너트	60	개
부싱	30	개

28. 지하 1층, 2층, 3층의 주차장에 프리액션형의 스프링클러 시설을 하고 정온식 감지기 1종을 설치하여 소화설비와 연동하는 감지기 배선을 하려고 한다. 답안지에 주어진 평면도를 이용하여 다음 각 물음에 답하시오. (단, 층고는 3.6[m]이다.)

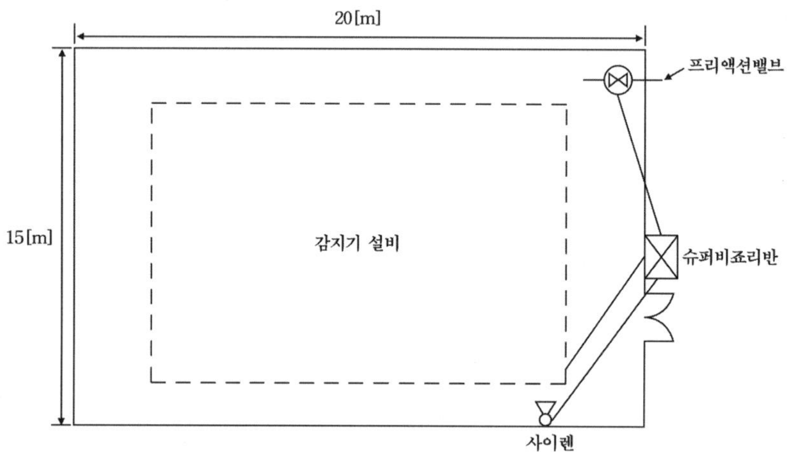

(1) 본 설비에 필요한 감지기 수량을 산정하시오.

(2) 본 설비 및 감지기 간의 배선도를 작성할 때 배선에 필요한 가닥 수는 몇 가닥인가?

(3) 본 설비의 계통도를 작성하고 계통도상에 전선 수를 쓰도록 하시오. (단, 전화장치가 있는 것으로 한다.)

| 정답

(1) 하나의 방호구역 내의 회로별 감지기 수량 N은

$$N = \frac{\text{방호구역 면적}[m^2]}{\text{감지기 감지 면적}[m^2]} = \frac{20[m] \times 15[m]}{60[m^2]} = 5\text{개}$$

교차회로방식이므로 A회로 = 5개, B회로 = 5개

∴ 하나의 방호구역에 10개 소요

방호구역이 3개이므로, 총 소요 감지기 수량 = 10 × 3 = 30개

(2)

ΩΩ

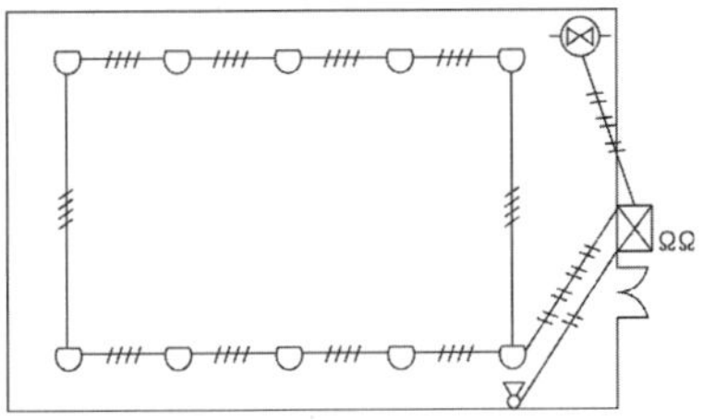

(3) 계통도

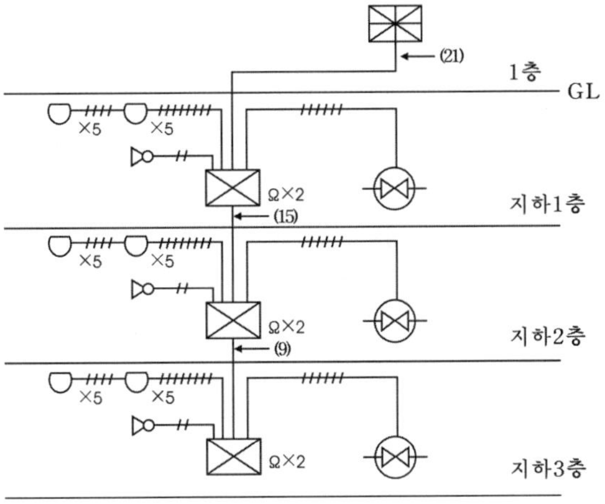

(21)
1층
GL
×5
×5
Ω×2
(15)
지하1층
×5
×5
Ω×2
(9)
지하2층
×5
×5
Ω×2
지하3층

지하층에 있는 주차장이므로 주요구조부는 내화구조로 할 것

29. 주어진 도면은 프리액션밸브와 연동되는 감지기 설비이다. 이 도면과 조건을 이용하여 다음 각 물음에 답하시오.

프리액션밸브
①
S
S
프리액션조작반
②
③
15,000
S
S
④
20,000

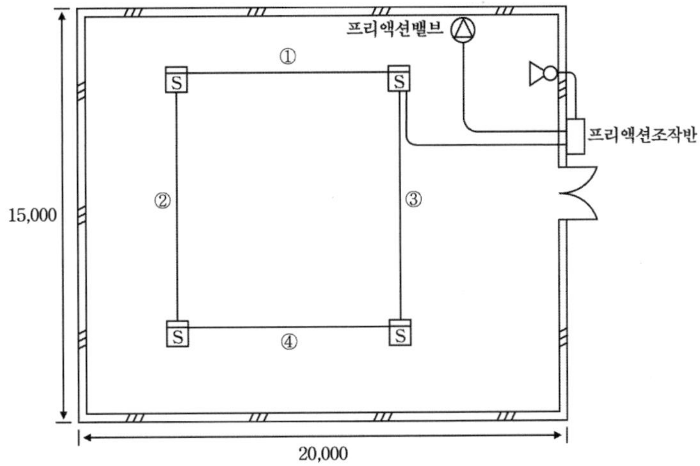

<조건>

- 지하 1층, 지하 2층, 지하 3층에 시설하고 수신반은 지상 1층에 설치하며, 지하 1층 프리액션조작반에서 수신반까지의 전선거리는 10m이다.
- 사용하는 전선은 후강전선관이며, 콘크리트매입으로 시공한다.
- 3방출 이상은 4각 박스를 사용한다.
- 사용하는 감지기 동작유무 표시는 수신반에서 표시하지 않아도 된다.
- 기동을 만족시키는 최소의 배선을 하도록 한다.
- 건축물은 내화구조로 각 층의 높이는 3.8m이다.
- 프리액션밸브에는 솔레노이드밸브, 압력스위치, 개폐밸브 모니터링스위치가 설치되어 있다.

(1) 사용된 감지기는 이온화식 감지기(2종)이다. 이 감지기가 4개 설치된 이유를 설명하시오.

(2) 도면에 표시된 ①~④까지의 배선 가닥 수는 최소 몇 가닥인가?

(3) 본 설비의 감지기에 이용되는 4각 박스는 몇 개가 필요한가?

(4) 본 설비의 계통도를 작성하시오. (단, 전화장치가 있는 것으로 하고, 계통도상에 배선 가닥 수를 표시하시오.)

| 정답

(1) 준비작동식 스프링클러소화설비는 화재감지기를 교차회로방식으로 해야 하므로

$$감지기\ 수량 = \frac{방호구역면적(m^2)}{감지기\ 경계면적(m^2)}$$

$$= \frac{15{,}000 \times 10^{-3} \times 20{,}000 \times 10^{-3}m}{150m^2} = 2개$$

∴ A회로: 2개, B회로: 2개

(2) ① 4 ② 4 ③ 4 ④ 4

(3) 지하 1층에서 지하 3층까지 설비를 하므로 3개

(4) 계통도

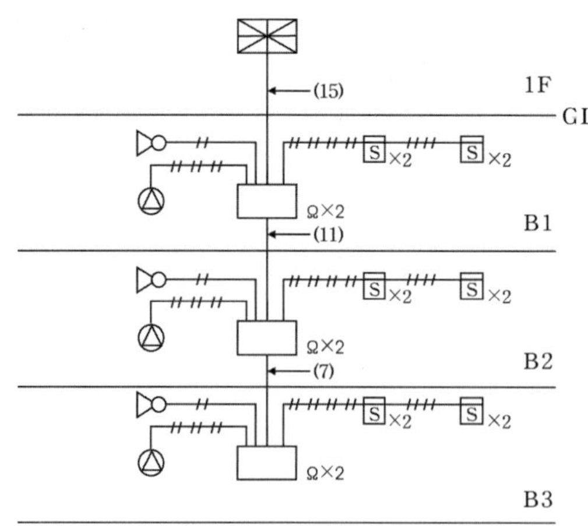

30. 답안지 도면은 지하 1층 및 지하 2층에 대한 소화설비의 평면도이다. 이 도면을 보고 다음 각 물음에 답하시오. (단, 도면에는 잘못된 부분과 미완성 부분이 있을 수 있다.)

(1) 본 도면에 설치된 감지기는 차동식 스포트형 2종 감지기를 사용하였고 건물구조는 주요구조부를 내화구조로 한 소방대상물이다. 감지기의 설치수량이 옳은지의 여부와 그 이유를 설명하시오.

(2) 배선의 상승, 인하, 소통은 [상승 기호], [인하 기호], [소통 기호]로 표현한다. 케이블의 방화구획관통부는 어떻게 나타내는가?

(3) 도면에 표시된 그림기호 [田 기호]과 [Ⓕ 삼각 기호]의 명칭은 무엇인가?

(4) 도면의 잘못된 부분과 미완성 부분이 있을 경우 이 부분들을 보완하여 도면을 작성하시오. (단, 배관배선 부분만 수정 보완하되, 배관배선을 삭제할 때에는 F부분을 Ⓕ로 표시하고, 배관배선을 연결할 때에는 선으로 직접 연결하여 표현할 것. 즉, 감지기 개수 및 설치는 옳은 것으로 간주하고 답안을 작성할 것)

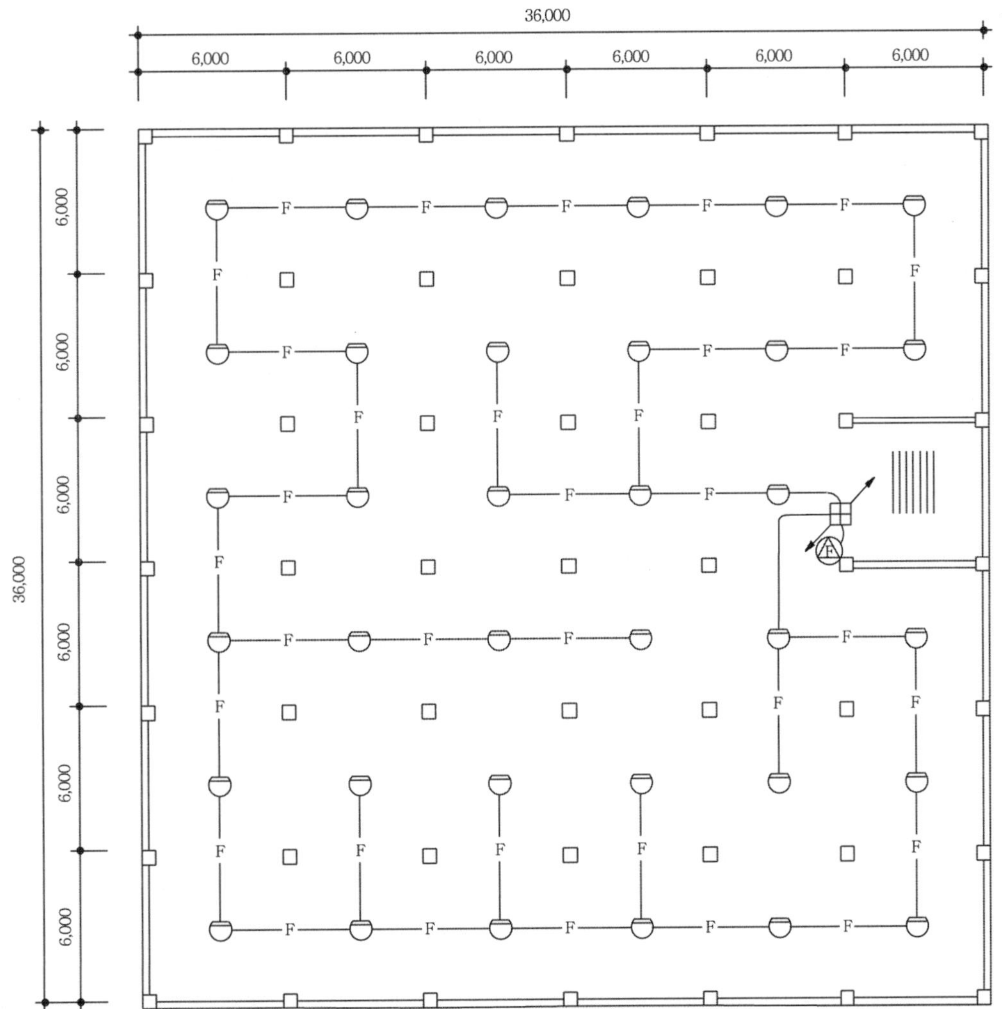

| 정답

(1) ① 경계구역 면적: $36 \times 36 - 6 \times 6 = 1260m^2$

② 회로방식(교차회로방식): A회로 18개, B회로 18개

③ 회로별 감지기 개수: $\frac{1260m^2}{70m^2} = 18$개

④ 높이 산정: 높이가 명확히 규정되어 있지 않으므로 4m 미만으로 산정

⑤ 설치수량이 옳은지 여부: 옳지 않음

⑥ 이유: 교차회로방식이므로 최소 36개를 설치해야 하나 도면은 35개가 설치되었음

(2) 상승: , 인하: , 소통:

(3) : 슈퍼비조리반 또는 SVP

F : 준비작동식 밸브

(4)

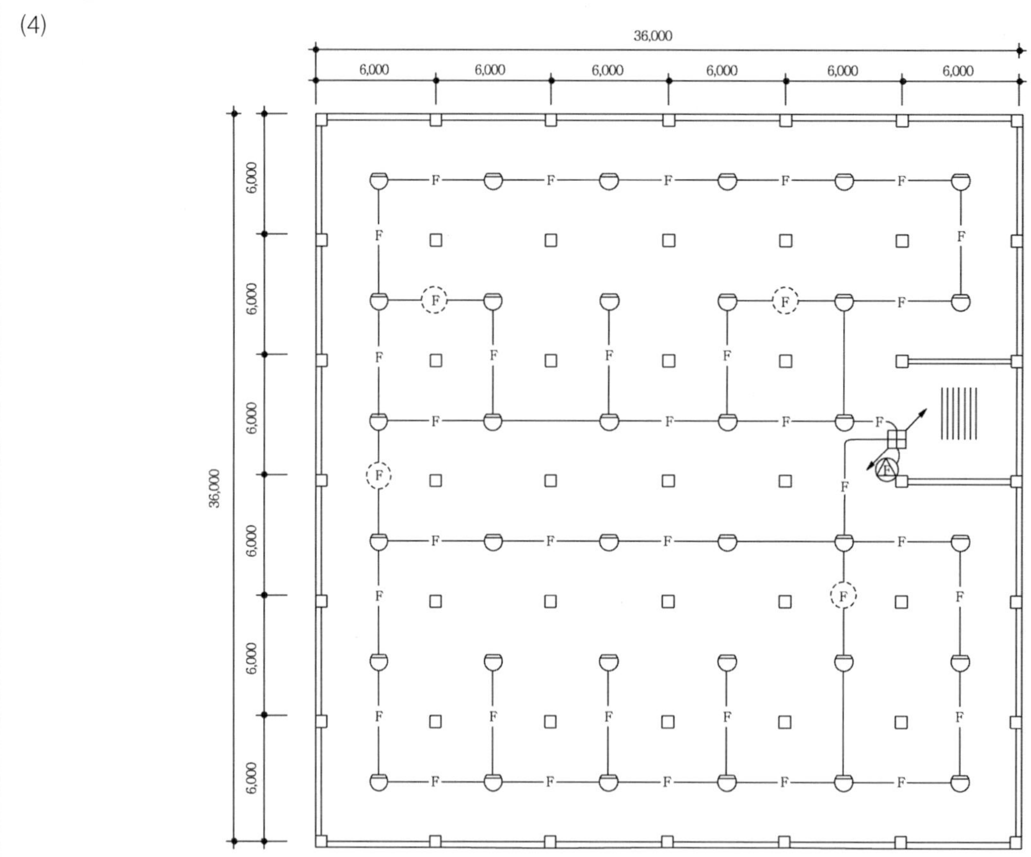

31. 답안지의 도면은 준비작동식 스프링클러소화설비에 사용되는 Super Visory Panel에서 수신기까지의 내부 결선도이다. 결선도를 완성시키고 ①~⑨에 이용되는 전선의 용도에 관한 명칭을 쓰시오.

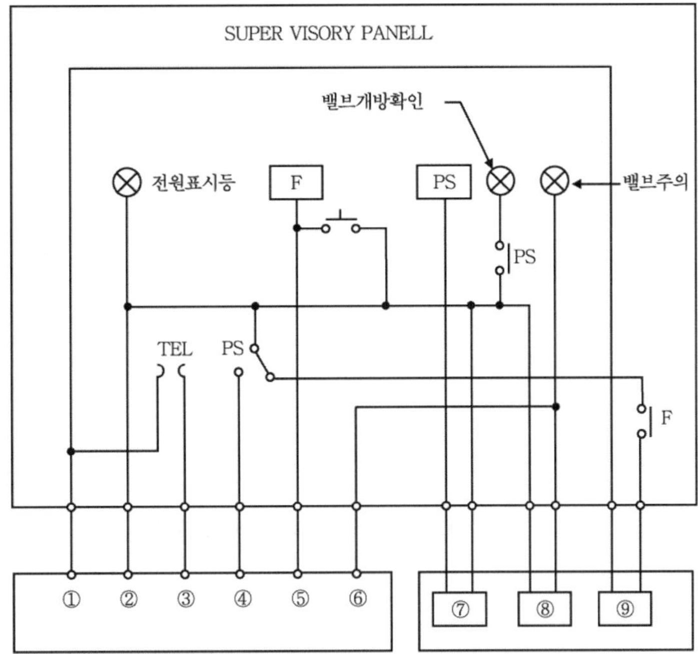

| 정답

SUPER VISORY PANELL
VALVE OPEN
POWER
F
PS
OS&Y CLOSED
PS
PS
F
전원(−) 전원(+) 전화 PS 기동 TS
PS TS SOL

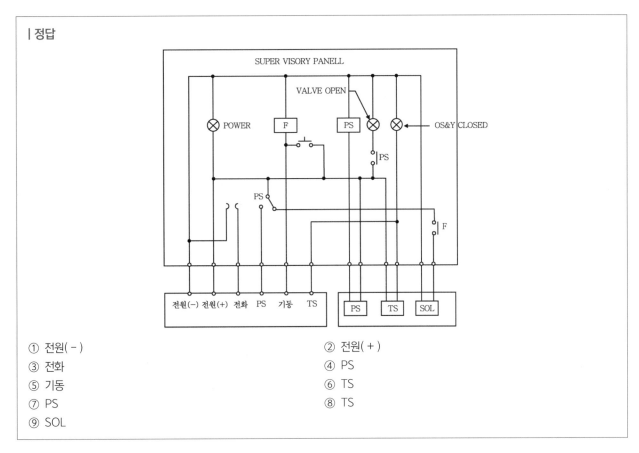

① 전원(−)
② 전원(+)
③ 전화
④ PS
⑤ 기동
⑥ TS
⑦ PS
⑧ TS
⑨ SOL

32. 도면은 준비작동식 스프링클러설비를 나타낸 것이다. 조건을 참고하여 물음에 답하시오.

<조건>

- 층고는 3.5m로 지하(1, 2, 3)층에 설비를 한다.
- 주요구조부는 내화구조이고 용도는 주차장이다.
- 사용감지기는 정온식 스포트형 1종이다.

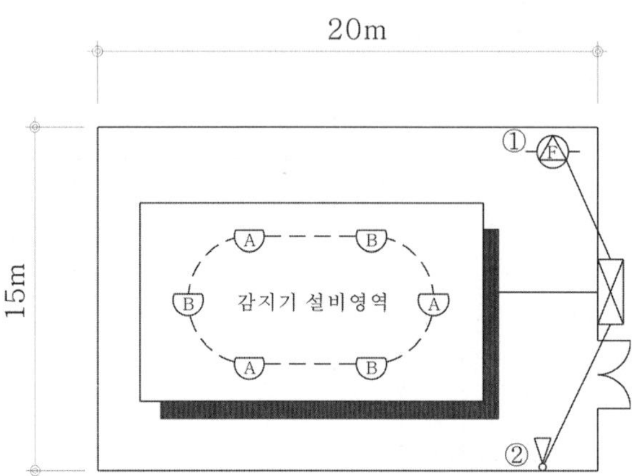

(1) 다음 심벌의 명칭을 쓰시오.

- ①:
- ②:

(2) 본설비의 감지기 수량을 계산하시오.

(3) 도면의 배선도를 작성하고자 할 때 감지기설비영역, ① 및 ② 부분의 배선 가닥 수를 쓰시오.

- 감지기설비영역:
- ①:
- ②:

(4) 계통도를 작성하고 간선의 전선 수를 기입하시오. 또한 각층 간선의 배선 수와 용도를 쓰시오. (단, 수신기는 지상 1층에 설치하며, 전화장치가 있는 것으로 한다.)

지상1층

지하1층

지하2층

지하3층

개소	전선 수	전선의 용도
지하 3층		
지하 2층		
지하 1층		

| 정답

(1) • ① 준비작동식밸브 또는 프리액션밸브

• ② 사이렌

(2) 1개층 감지기 수량 $= \frac{20m \times 15m}{60m^2} = 15$개

교차회로방식이므로 A회로 5개, B회로 5개

총 소요 감지기 수량: 3개 층이므로 $10 \times 3 = 30$개

(3) • 감지기설비영역: 4

• ①: 6

• ②: 2

(4)

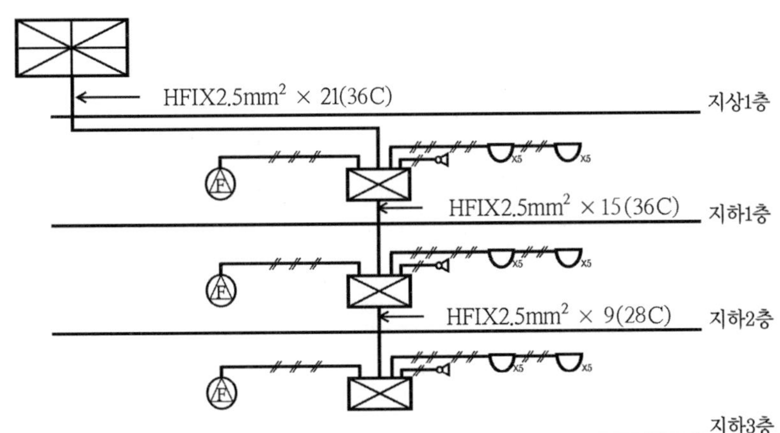

개소	전선 수	전선의 용도
지하 3층	9	전원(+, -), 전화, 밸브기동, 밸브주의, 밸브개방확인, 사이렌, 감지기(A, B)
지하 2층	15	전원(+, -), 전화, 밸브기동2, 밸브주의2, 밸브개방확인2, 사이렌2, 감지기(A, B)2
지하 1층	21	전원(+, -), 전화, 밸브기동3, 밸브주의3, 밸브개방확인3, 사이렌3, 감지기(A, B)3

33. 다음은 할론(HALON)소화설비의 수동조작함에서 할론제어반까지의 결선도 및 계통도(3 ZONE)에 대한 것이다. 주어진 조건을 참조하여 각 물음에 답하시오.

<조건>

- 전선의 가닥 수는 최소한으로 한다.
- 복구스위치 및 도어스위치는 없는 것으로 한다.

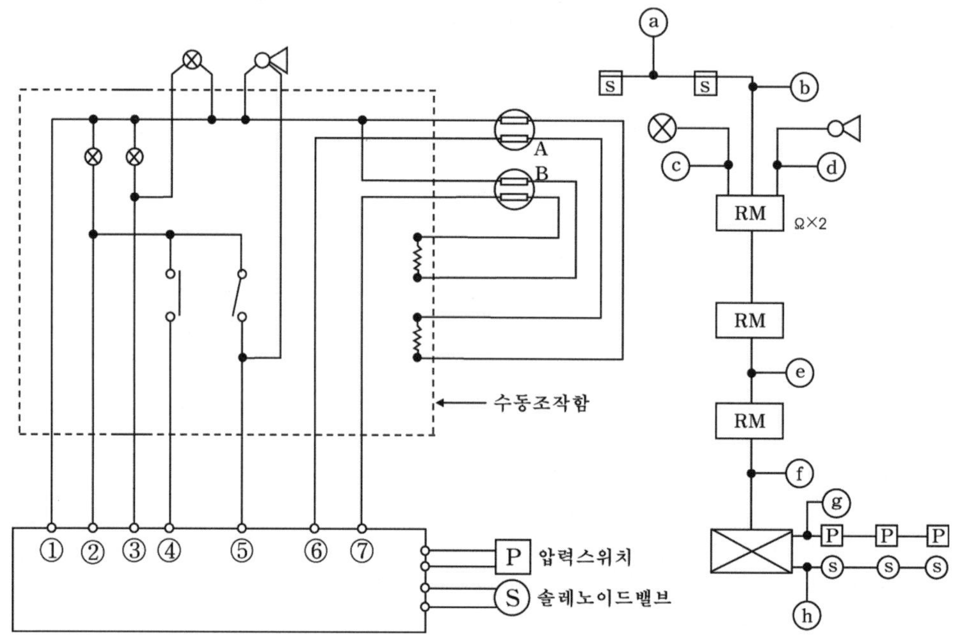

(1) ①~⑦의 전선 명칭은?

(2) ⓐ~ⓗ의 전선 가닥 수는?

| 정답

(1) ① 전원(－), ② 전원(＋), ③ 방출표시등, ④ 기동, ⑤ 사이렌, ⑥ 감지기 A, ⑦ 감지기 B

(2) ⓐ 4, ⓑ 8, ⓒ 2, ⓓ 2, ⓔ 12, ⓕ 17, ⓖ 4, ⓗ 4

34. 도면은 할론설비의 할론실린더실의 전기 배선을 나타낸 도면이다. ①~⑥까지에 배선된 배선의 최소 숫자는 얼마인가?

범례	
	할론실린더 및 안전변
	선택밸브
S	기동용 솔레노이드(SOLENOID)
P	압력스위치
	안전밸브
	가스역지밸브
	할론수신기

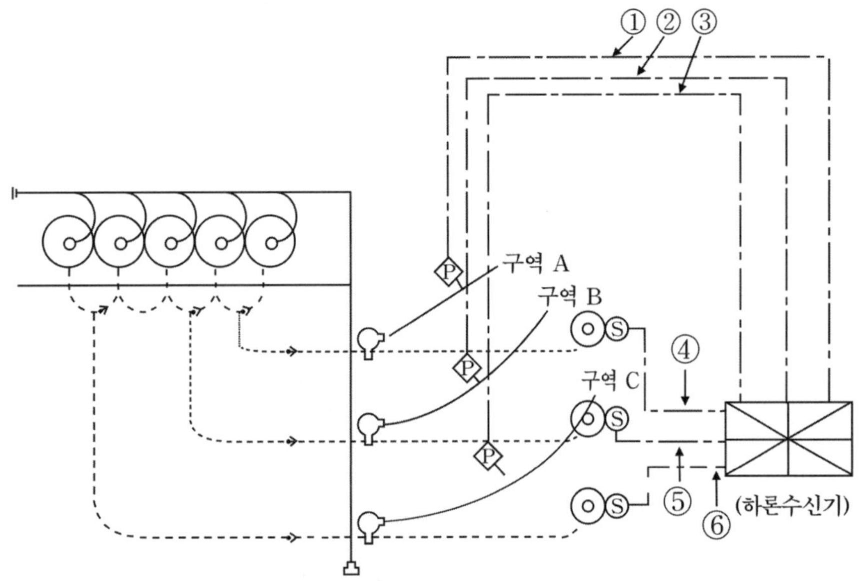

| 정답

① 2 ② 2 ③ 2 ④ 2 ⑤ 2 ⑥ 2

35. 그림은 CO_2 설비, 부대 전기 평면도를 나타낸 것이다. 주어진 조건과 도면을 이용하여 다음 각 물음에 답하시오.

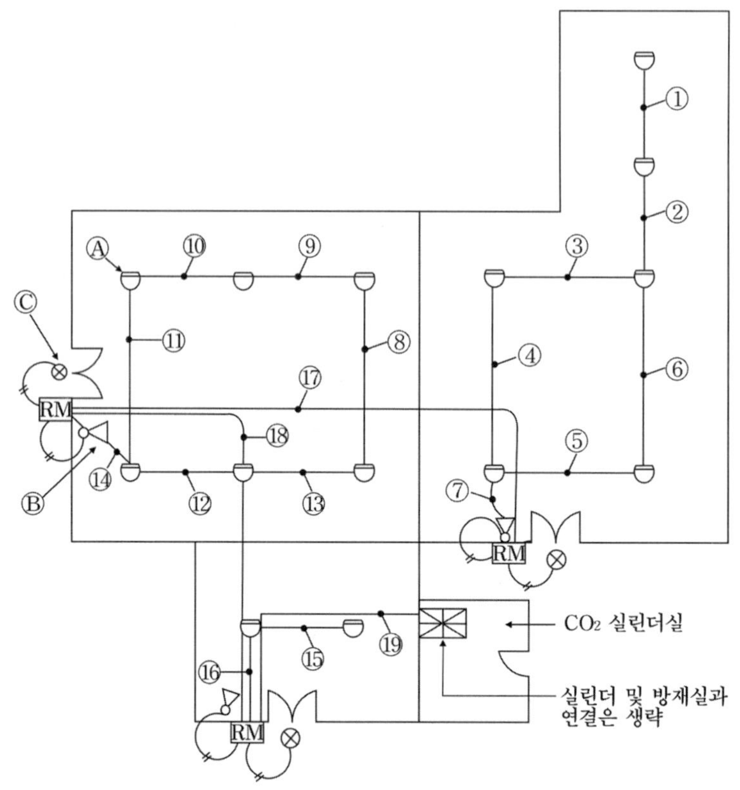

<조건>

1) 본 CO_2 대상지역의 천장은 이중천장이 없는 구조이다.
2) CO_2 수동조작함과 CO_2 컨트롤 판넬간의 배선은 아래와 같다.
   - ⊕, ⊖ 전원: 2선
   - 감지기: 2선
   - 수동기동: 1선
   - 방출표시등: 1선
   - 사이렌: 1선
   - 계: 7선
3) 구역이 늘어날 경우 전원 2선을 제외한 선 수가 늘어나는 것으로 한다.
4) 배관은 후강스틸전선관을 사용하며, 슬라브 내 매입시공하는 것으로 한다.

(1) 도면의 ①~⑲까지의 전선 수는 각각 몇 가닥인가?

(2) 도면의 A~C의 명칭은 무엇인가? (단, 종류가 구분되어야 할 것은 구분된 명칭까지 상세히 밝히도록 할 것)

| 정답

(1) ① 4 ② 8 ③ 4 ④ 4 ⑤ 4
⑥ 4 ⑦ 8 ⑧ 4 ⑨ 4 ⑩ 4
⑪ 4 ⑫ 4 ⑬ 4 ⑭ 8 ⑮ 4
⑯ 8 ⑰ 7 ⑱ 12 ⑲ 17

(2) A: 차동식 스포트형 감지기, B: 사이렌, C: 방출표시등

36. 그림은 전기실에 설치되는 할론 1301 소화설비의 전기적인 블록 다이어그램이다. 시스템을 전기적으로 완벽하게 운영하기 위하여 필요한 전선의 종류, 전선의 최소 굵기, 전선의 최소수량과 후강전선관의 크기 등을 (가)~(바)까지 표시하고 종단저항의 수량 (사)를 쓰시오.

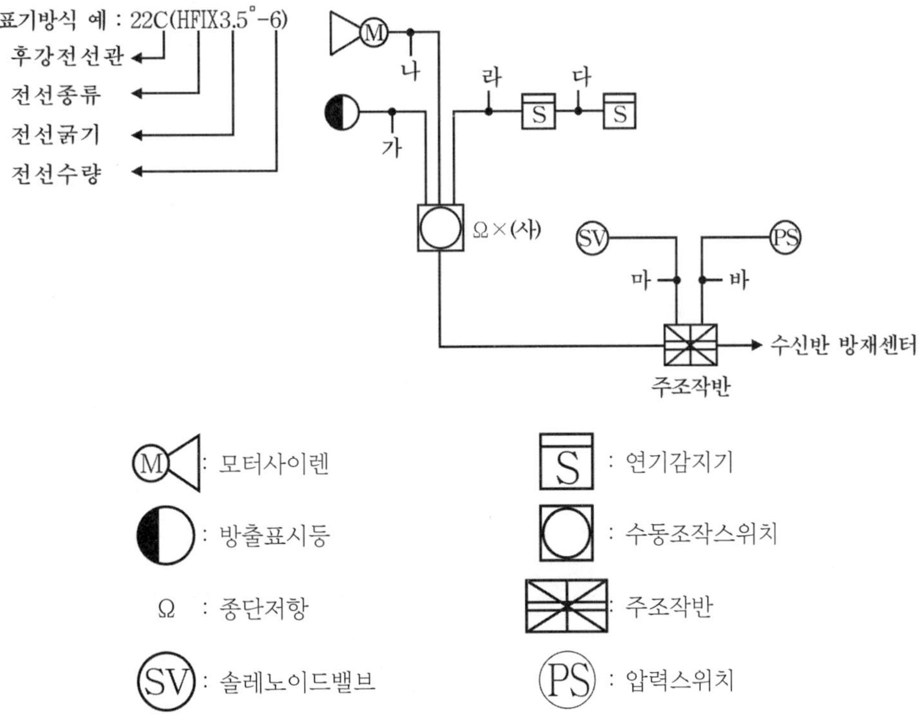

| 정답

(가) 16C(HFIX 2.5□ - 2)
(나) 16C(HFIX 2.5□ - 2)
(다) 16C(HFIX 1.5□ - 4)
(라) 22C(HFIX 1.5□ - 8)
(마) 16C(HFIX 2.5□ - 2)
(바) 16C(HFIX 2.5□ - 2)
(사) 2

37. 답안지의 도면과 같은 컴퓨터실에 독립적으로 할론소화설비를 하려고 한다. 이 설비를 자동으로 동작시키기 위한 전기 설계를 하시오.

<유의사항>
- 평면도 및 제어 계통도만 작성하여야 한다.
- 감지기의 종류를 명시하여야 한다.
- 배선 상호간에 사용되는 전선류와 전선 가닥 수를 표시하여야 한다.
- 심벌은 임으로 사용하고 심벌부근에 심벌명을 기재하여야 한다.
- 실의 높이는 4m이며, 지상 2층에 컴퓨터실이 있다.

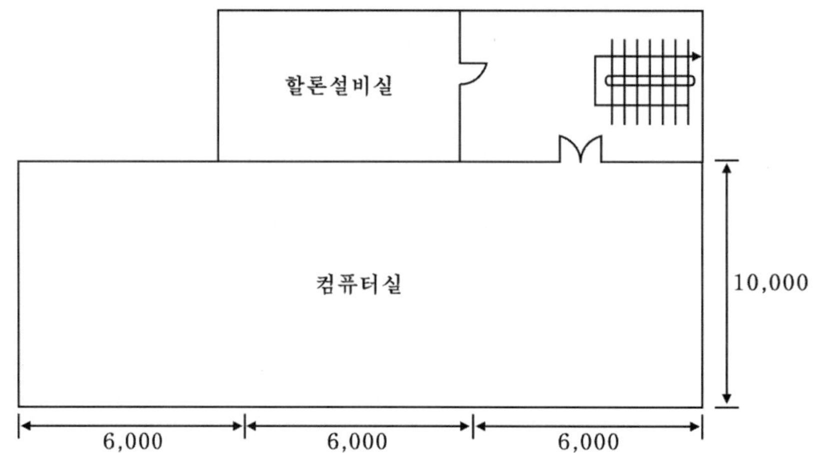

| 정답

[평면도]

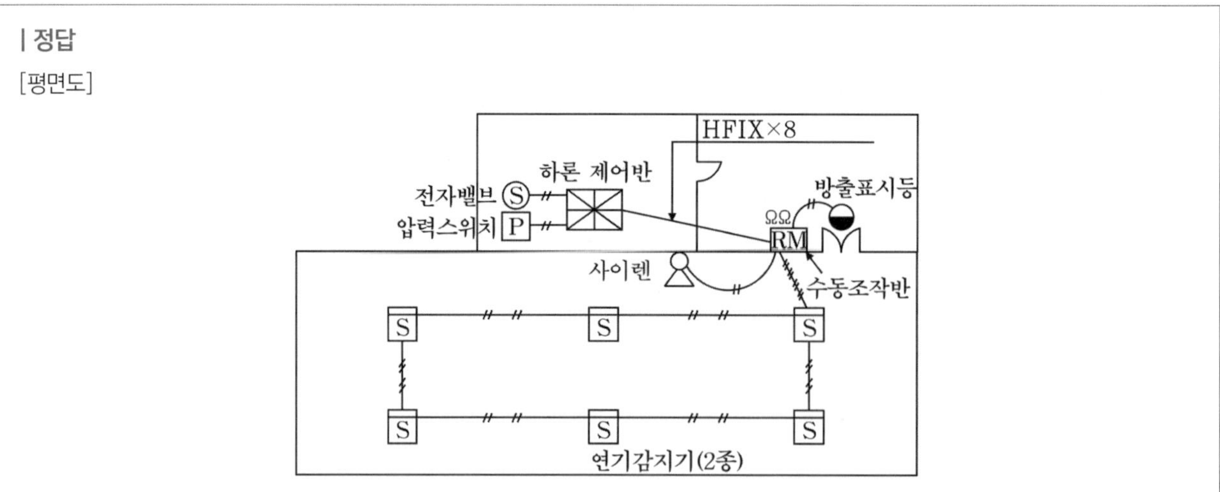

- 감지기 명칭: 연기감지기 2종

[계통도]

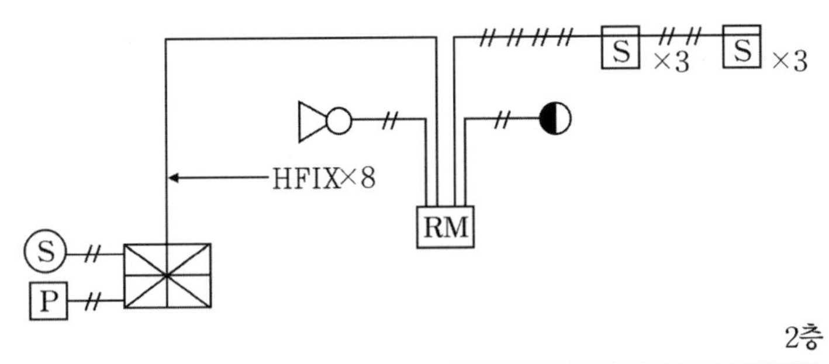

• 감지기는 교차회로방식으로 할 것(방호구역당 종단저항 2개)

• 회로별 감지기 개수 = $\frac{\text{방호구역면적}(m^2)}{\text{감지기 1개 감지면적}(m^2)}$

그러므로 A회로 감지기 개수 = $\frac{10(m) \times 18(18m)}{75(m^2)} = 2.4$

소수는 1을 절상하므로 3개

B회로 감지기 개수 = $\frac{10(m) \times 18(m)}{75(m^2)} = 2.4$

소수는 1을 절상하므로 3개

• 출입구에는 방출표시등을 설치할 것

• 방호구역 내에는 사이렌을 설치할 것

38. 주어진 조건과 범례와 같은 심벌을 이용하여 할론소화설비의 도면을 도시하시오.

<조건>

• 건축물은 내화구조이며, 천장의 높이는 3m이다.

• 전선은 HFIX 1.5mm²를 사용하며 가닥 수는 최소 가닥 수를 적용하여 표시하도록 한다. (단, 방출표시등, 사이렌은 단독으로 구성된다.)

• 방사구역은 컴퓨터실 1구역, 전기실 1구역으로 한다.

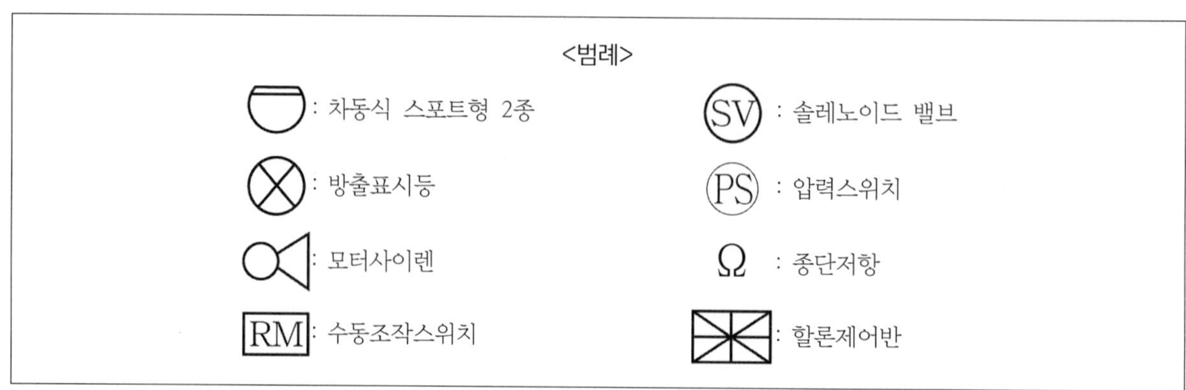
<범례>
: 차동식 스포트형 2종
: 방출표시등
: 모터사이렌
RM : 수동조작스위치
SV : 솔레노이드 밸브
PS : 압력스위치
Ω : 종단저항
: 할론제어반

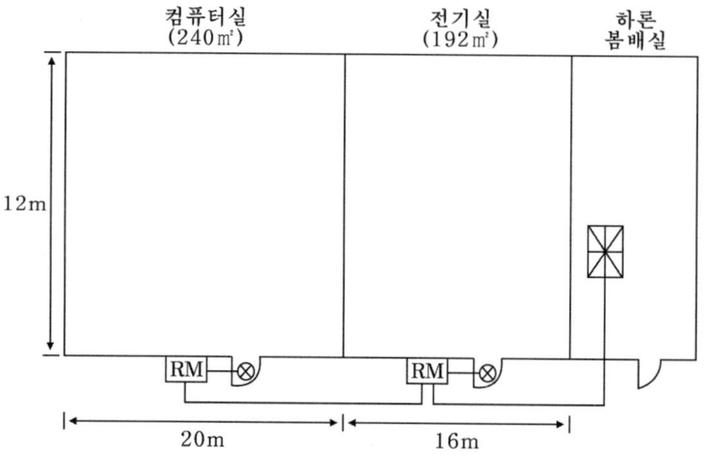
컴퓨터실
(240㎡)
전기실
(192㎡)
하론
봄배실
12m
RM
RM
20m
16m

| 정답

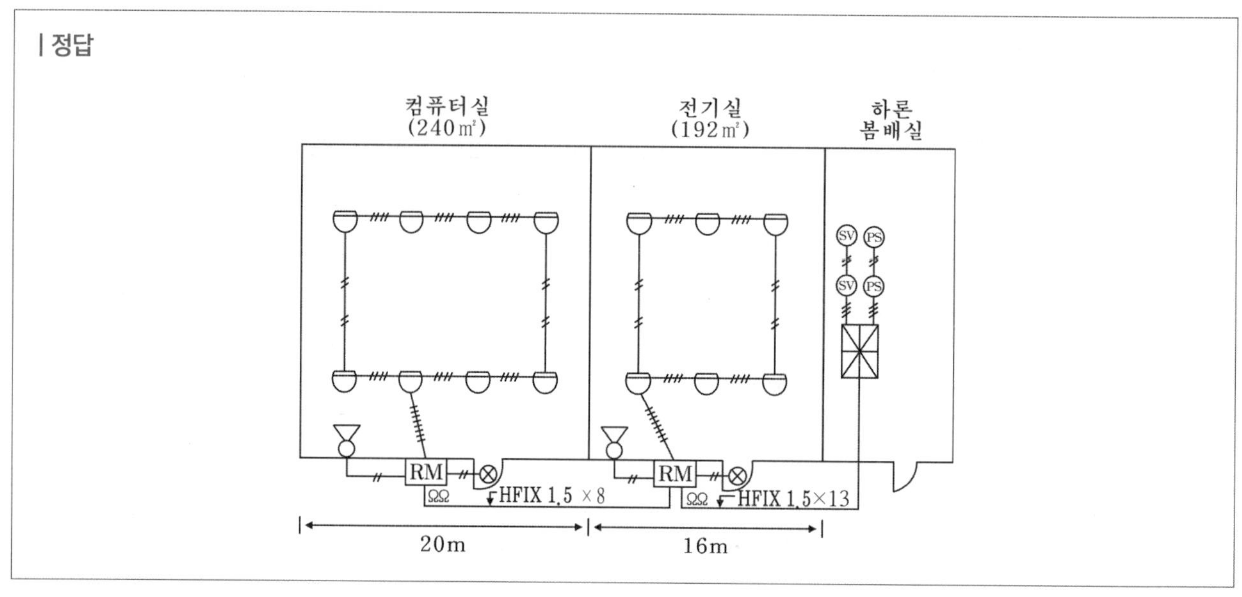
컴퓨터실
(240㎡)
전기실
(192㎡)
하론
봄배실
SV
PS
RM
RM
HFIX 1.5 × 8
HFIX 1.5×13
20m
16m

39. **도면은 어느 방호대상물의 할론설비 부대 전기설비를 설계한 도면이다. 잘못 설계된 점을 4가지만 지적하여 그 이유를 설명하시오.**

<유의사항>

- 심벌의 범례

  RM: 할론수동조작함(종단저항 2개 내장)

  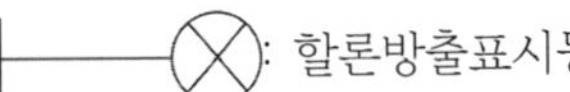: 할론방출표시등
- 전선관의 규격은 표기하지 않았으므로 지적대상에서 제외한다.
- 할론수동조작반과 할론컨트롤판넬의 연결 전선 수는 한 구역 당 (+, -) 전원 2선, 수동조작 1선, 감지기선로 2선, 사이렌 1선, 할론방출표시 1선(전원 2선은 공통으로 연결 사용한다.)
- 기술적으로 동작불능 또는 오동작이 되거나 관련 기준에 맞지 않거나, 잘못 설계되어 인명피해가 우려되는 것 등을 지적하도록 한다.

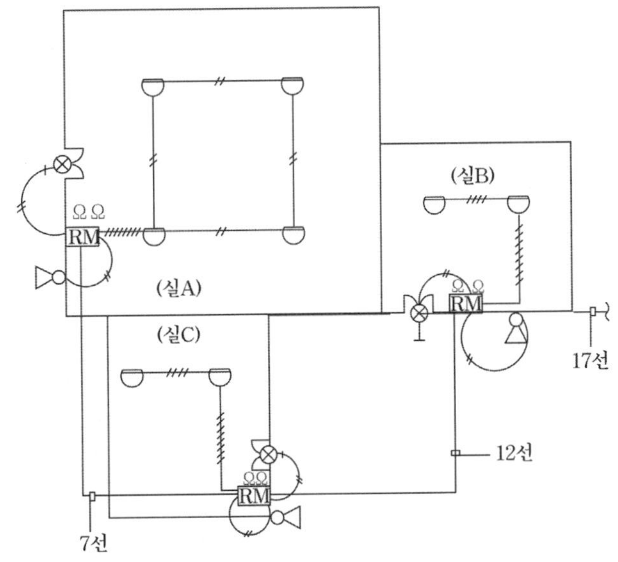

| 정답

① 방출표시등이 방호구역 내에 설치되어 있으므로 인명피해 우려가 있음
② 사이렌이 방호구역 외에 설치되어 있으므로 인명피해 우려가 있음
③ 수동조작반이 방호구역 내에 설치되어 있으므로 관련기준에 맞지 않음
④ 실A가 교차회로방식으로 되어 있지 않으므로 설비의 동작불능 또는 오동작의 우려가 있음

대책

① 방출표시등을 방호구역 외 출입구 상부에 설치
② 사이렌 등 음향장치를 방호구역 내에 설치
③ 수동조작반을 조작자가 조작 시 피난이 용이한 방호구역 외측의 출입구 가까운 곳에 설치
④ 방호구역내의 감지기회로는 최소 2회로 이상으로 하여 교차회로방식으로 할 것

40. 그림은 CO_2 소화설비가 되어 있는 방호구역의 평면도이다. 이 설비의 전기적인 설비와 부대전기설비를 설계조건(시방서)에 합당하도록 평면도에 디자인하시오.

<설계조건>

1) 소화설비로 방호해야 할 대상 장소는 실A, B 및 C이다.
2) 시스템 방식은 고압용기식으로 한다.
3) 약제 저장용기의 밸브 개방은 CO_2 가스를 사용하는 뉴메틱방식으로 한다.
4) 각 실별로 방출표시등, 수동조작함 및 경음장치를 갖추도록 한다.
5) 시스템의 자동기동을 위하여 다음과 같은 화재감지기와 개수를 사용하도록 한다.
   - 실A: 이온화식 연기감지기 2종 … 4개
   - 실B: 이온화식 연기감지기 2종 … 2개
   - 실C: 정온식 스포트형 감지기 2종 … 2개
6) 화재 시 화재감지기가 작동하면 1차적으로 1분 동안 실외로의 대피경보(경음장치는 경종 사용)가 울리고 대피경보 완료와 동시에 시스템이 작동하면서 모든 방출경보 기능이 작동을 개시하게 된다. (단, 방출경보 음향장치는 전자사이렌을 사용한다.)
7) 제어반은 다음의 기능을 갖춘 것으로 한다.
   - 화재발생 표시 기능
   - 화재발생 경음 기능
   - 뉴메틱 기동부에 대한 작동명령 기능
   - 시스템 기동의 사전 중지 스위치
   - 약제 방출표시 기능
   - 감지기회로의 도통시험 기능
   - 비상전원 공급기능 및 정상여부 확인 기능
8) 수동조작함은 각각 독립 배선방식으로 하되, 제어반까지의 결선 선로 수는 8선으로 한다.
9) 용기 저장실 내의 관련 전기기기와 제어반과의 결선도는 설계시 제외한다.
10) 감지기의 종단저항은 수동조작함에서 취부하며 방출표시등, 전자사이렌, 경종에 대한 전원 공급은 당해 수동조작함을 경유하여 이루어지게 한다.
11) 설계도면에 전선관의 굵기와 전선의 굵기는 표시하지 않으며, 선 수만 표시하도록 한다.
12) 설계시 사용해야 할 심벌은 한국산업규격(KS)에 의하되, 한국산업규격(KS)이 아닌 그림 기호를 사용할 때에는 평면도 하단에 그림 기호에 대한 명칭을 별도로 작성하여야 한다.

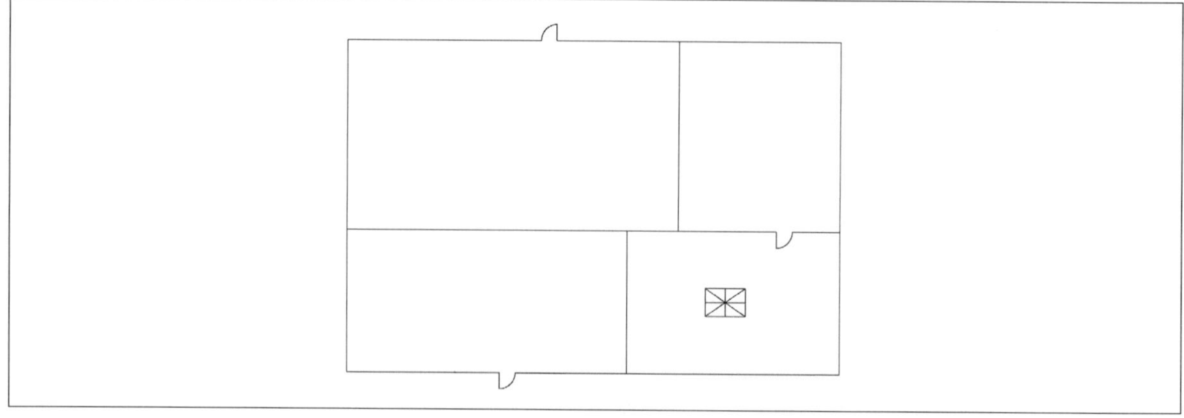

| 정답

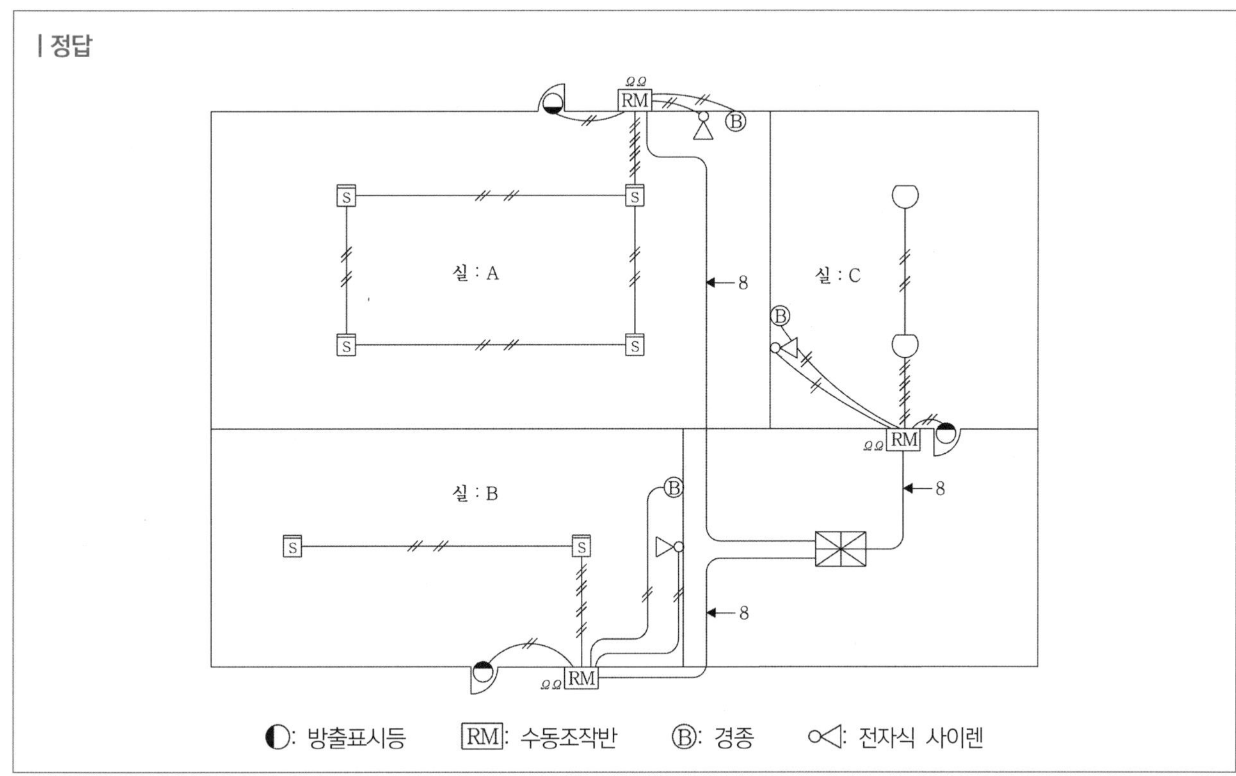

41. 어떤 건물에 대한 소방설비에 배선도면을 보고 다음 각 물음에 답하시오. (단, 배선공사는 후강전선관을 사용한다고 한다.)

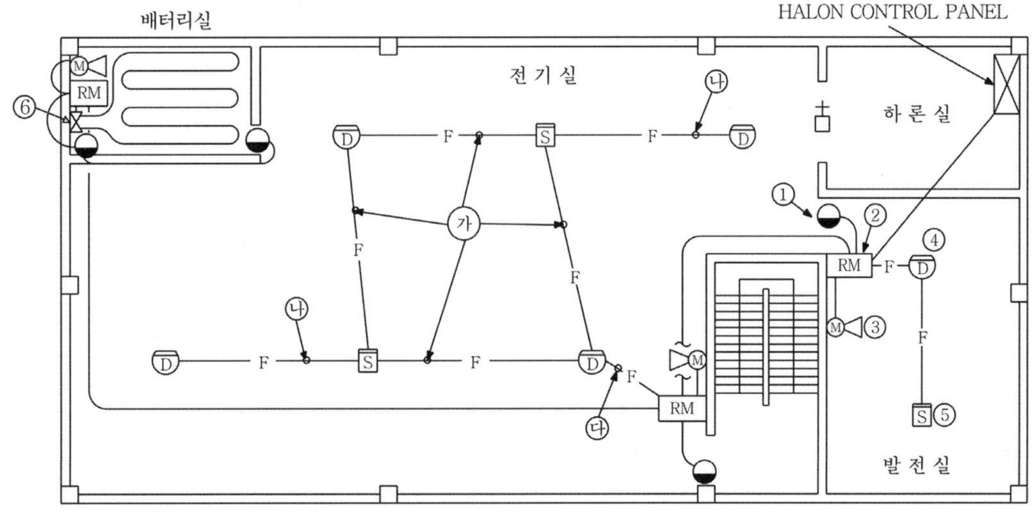

(1) 도면에 표시된 그림기호 ①~⑥의 명칭은 무엇인가?

(2) 도면에서 ㉮~㉰의 배선 가닥 수는 몇 본인가?

(3) 도면에서 물량을 산출할 때 박스는 몇 개가 필요한가?

(4) 부싱은 몇 개가 소요되겠는가?

| 정답

(1) ① 방출표시등
② 수동조작반
③ 모터사이렌
④ 차동식 스포트형 감지기
⑤ 연기감지기
⑥ 차동식 분포형 감지기의 검출부

(2) ㉮ 4가닥
㉯ 4가닥
㉰ 8가닥

(3) 16개

(4) 40개

박스 및 부싱, 로크너트

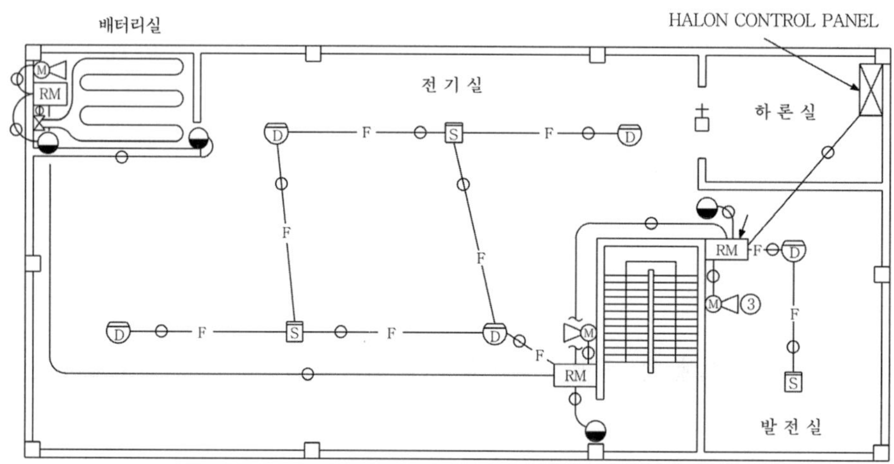

표시한 곳은 전선관 본수를 나타낸 것으로 20본이 된다. 전선관 본수 1개당 접속개소는 2개소이며 부싱은 접속개소 당 1개가 소요되므로 부싱 = $20 \times \frac{2개}{본}$ = 40개이다.

42. 답안지의 그림과 같은 통신실에 할론 1301 가스설비와 연동되는 감지기설비를 하려고 한다. 주어진 조건을 이용하여 다음 각 물음에 답하시오.

<조건>

- 도면의 축척은 NS로 작성한다.
- 감지기 배선은 가위배선으로 하도록 한다.
- 모든 배관배선은 콘크리트 매입이다.
- 사용하는 전선관은 모두 금속관으로 후강전선관을 사용한다.
- 전원 및 각종 신호선은 1개의 공통선을 사용하고 그 기능을 만족시키는 최소의 전선 가닥으로 표시하도록 한다.
- 감지기 설치 및 배관배선은 점선을 따라 평면도로 완성한다.
- 할론 저장실까지의 거리는 직선거리 10m이다.
- 통신실의 높이는 4m이며 주조작반 및 수동조작반은 바닥에서 1.2m 높이에 설치한다.
- 수동조작반으로 연결되는 모든 설비는 출입문에서 2m 이내의 거리에 설치한다.
- 모든 배관배선의 개소에는 전선 가닥 수를 표시하도록 한다.

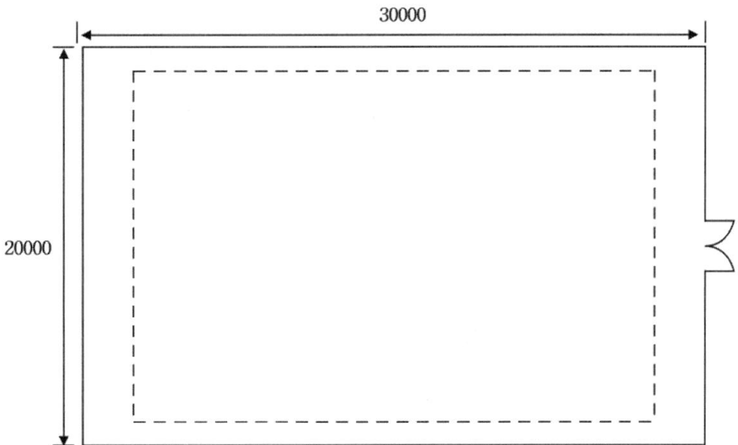

(1) 감지기는 차동식 스포트형 감지기 2종을 사용하려고 한다. 필요한 개수를 산정하여 도면에 적당한 간격으로 배치하여 설치하고 배선 가닥 수도 표시하도록 하시오.

(2) 모터사이렌, 할론방출표시등, 수동조작함을 도면의 적당한 위치에 설치하고 배선 가닥 수도 표시하도록 하시오.

(3) 감지기와 감지기간의 배선은 어떤 종류의 전선을 사용하는가?

(4) 감지기와 수동조작반과의 배선은 어떤 종류의 전선을 사용하는가?

(5) 모터사이렌과 수동조작반, 수동조작반과 방출표시등간의 배선은 어떤 종류의 전선을 사용하는가?

(6) 수동조작반과 주조작반 사이에 배선되는 각 배선의 회로기능을 쓰시오. (단, 감지기의 공통선은 전원선과 별도로 한다.)

| 정답

(1) 및 (2)

$$\text{회로별 감지기 수량} = \frac{\text{방호구역 면적}[m^2]}{\text{감지기 1개 감지면적}[m^2]}$$

$$= \frac{20m \times 30m}{35m^2}$$

= 18개 (교차회로방식이므로)

- A 회로 감지기: 18개
- B 회로 감지기: 18개

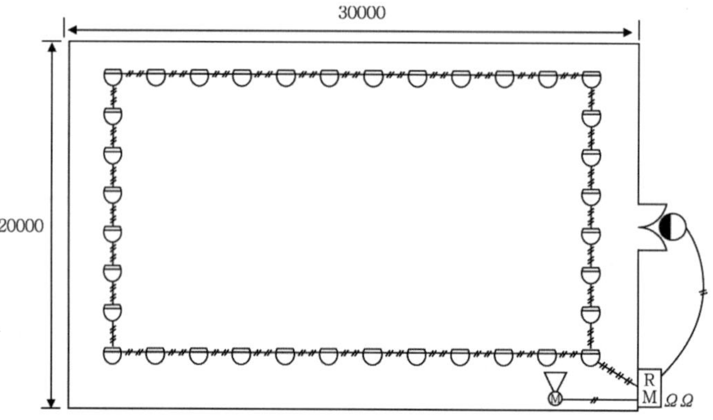

(3) 450/750V 저독성 난연 가교 폴리올레핀 절연전선

(4) 450/750V 저독성 난연 가교 폴리올레핀 절연전선

(5) 450/750V 저독성 난연 가교 폴리올레핀 절연전선

(6) 전원(+, −), 기동, 비상방출정지, 방출표시등, 모터사이렌, 감지기(A, B), 감지기 공통

43. 다음의 설계조건을 보고 할론설비에 대한 부대 전기설비의 접속 평면도를 완성하고, 각 개소에 전선의 선 수를 표시하시오.

<조건>

- 선 수 표시
  예시 2선: —//—
- 범례
  - : 차동식 스포트형(2종)
  - : 방출표시등
  - : 모터사이렌
  - : 수동조작 스위치
  - SV : 솔레노이드 밸브
  - PS : 압력스위치
  - Ω : 종단저항
  - : 할론제어반
- 배선의 양은 최소가 되게 한다.
- 할론수동조작함과 할론수신반 사이의 선 수는
  전원: 2선, 감지기: 2선, 방출등: 1선, 수동조작: 1선, 사이렌: 1선이다.
- 건축물은 내화구조이며, 천장 높이는 3.6m이다.

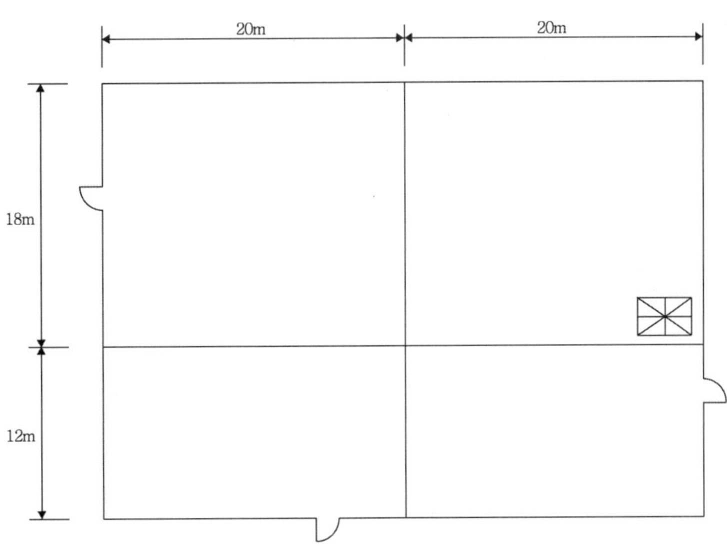

| 정답

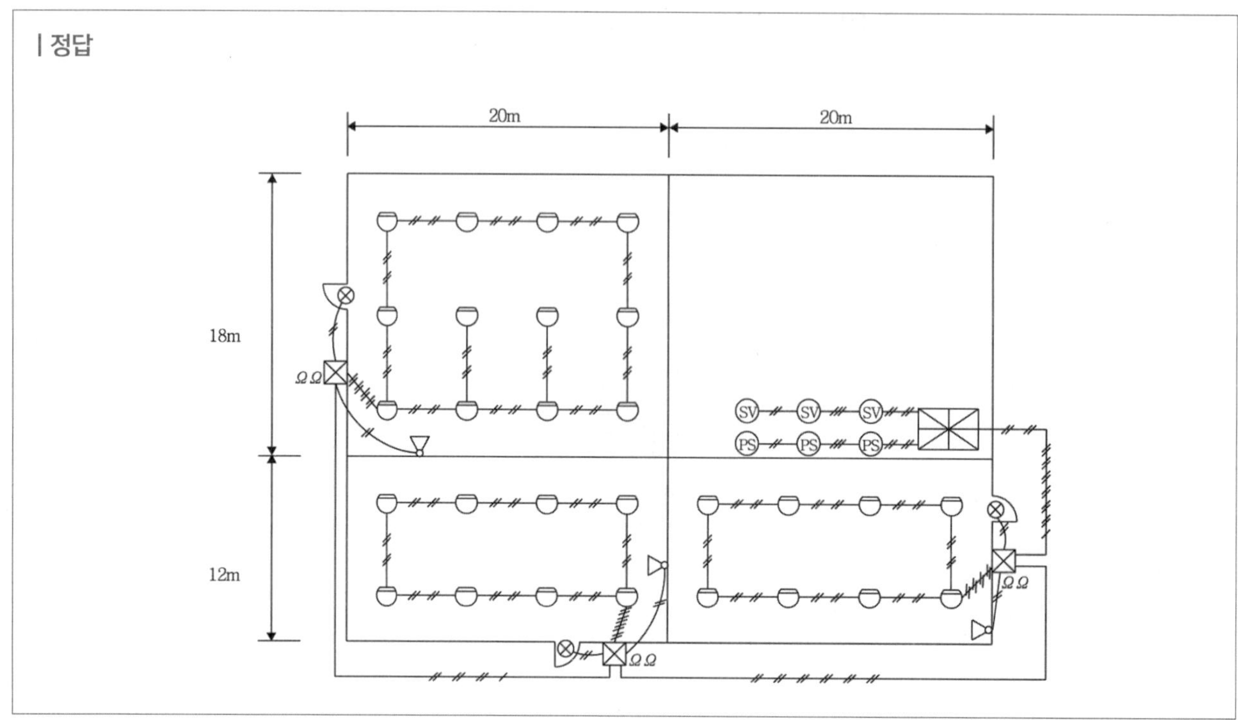

44. 도면에 주어진 조건 및 범례와 같은 심벌을 이용하여 CO_2 소화설비에 대한 물음에 답하시오.

<조건>

- 건축물은 내화구조이며, 천장의 높이는 3m이다.
- 배선의 양은 최소가 되게 한다.
- 선 수 표시는 예와 같이 한다.
  예시 2선 —//—
- 방사구역은 컴퓨터실 1구역, 전기실 1구역, 전화교환실 1구역으로 한다.

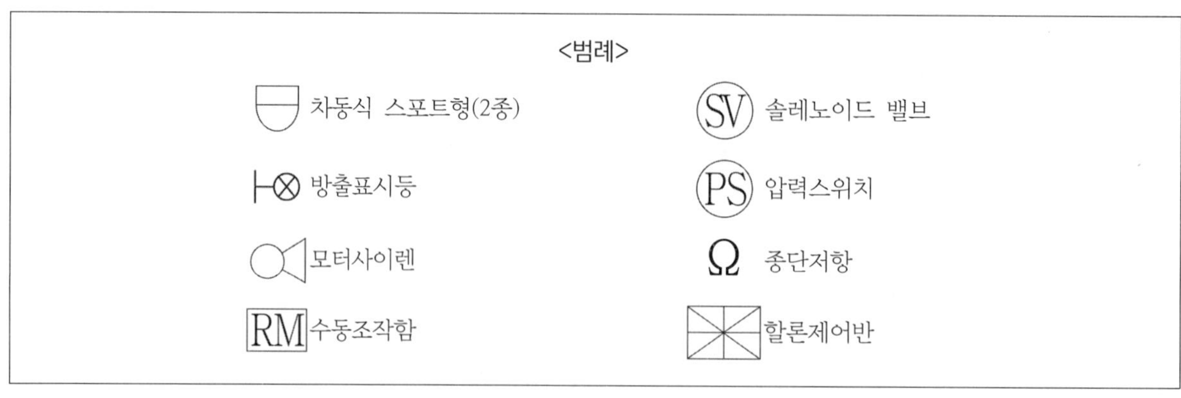

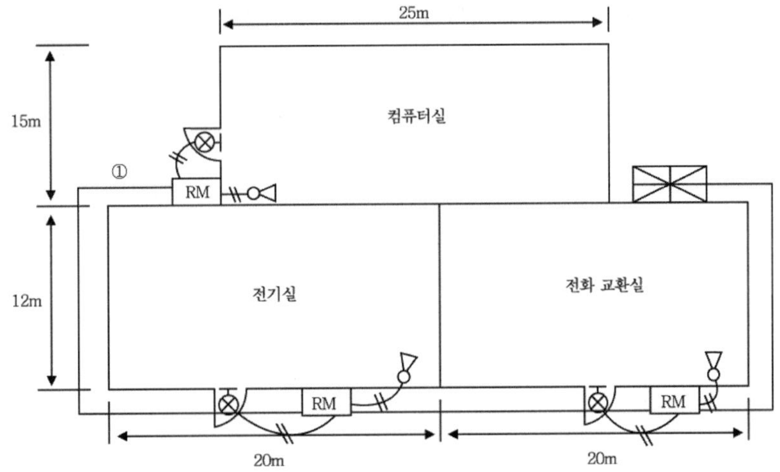

(1) 미완성 평면도를 완성하시오.

(2) ①의 전선용도를 쓰시오.

| 정답

(1) 감지기 수량

• 컴퓨터실 = $\frac{25 \times 15}{70} = 5.357$ ∴ 6개

따라서 교차회로방식이므로 $6 \times 2 = 12$개

• 전기실 = $\frac{20 \times 12}{70} = 3.428$ ∴ 4개

따라서 교차회로방식이므로 $4 \times 2 = 8$개

• 전화교환실 = $\frac{20 \times 12}{70} = 3.428$ ∴ 4개

따라서 교차회로방식이므로 $4 \times 2 = 8$개

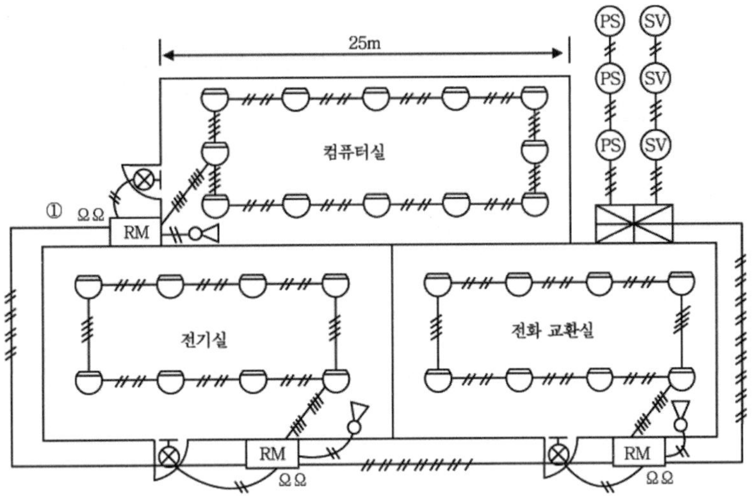

(2) 전원(+, -), 기동, 방출표시등, 감지기(A, B), 모터사이렌, 비상방출정지

45. 그림과 같이 주어진 할론제어반, 사이렌, 방출등, 화재감지기, 할론수동조작반의 외부결선 및 내부결선 회로도를 완성하시오.

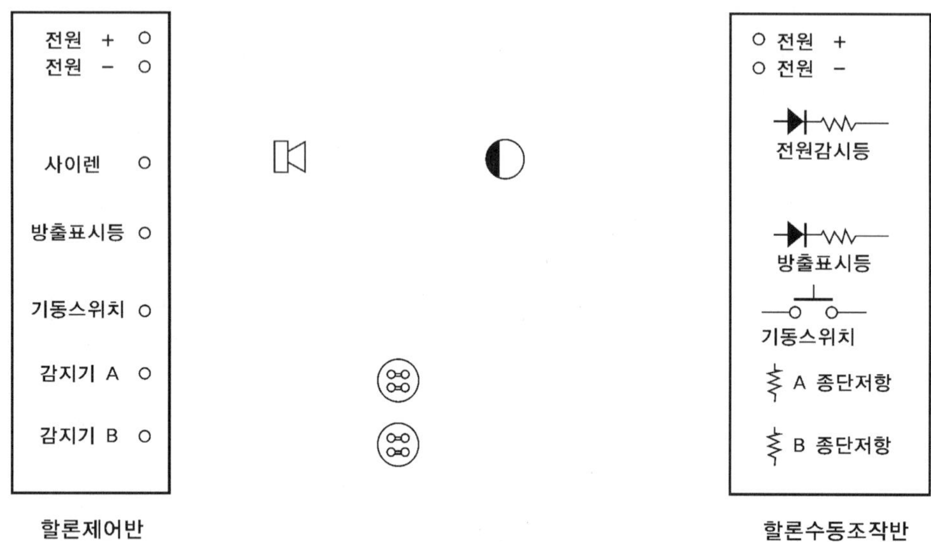

| 정답

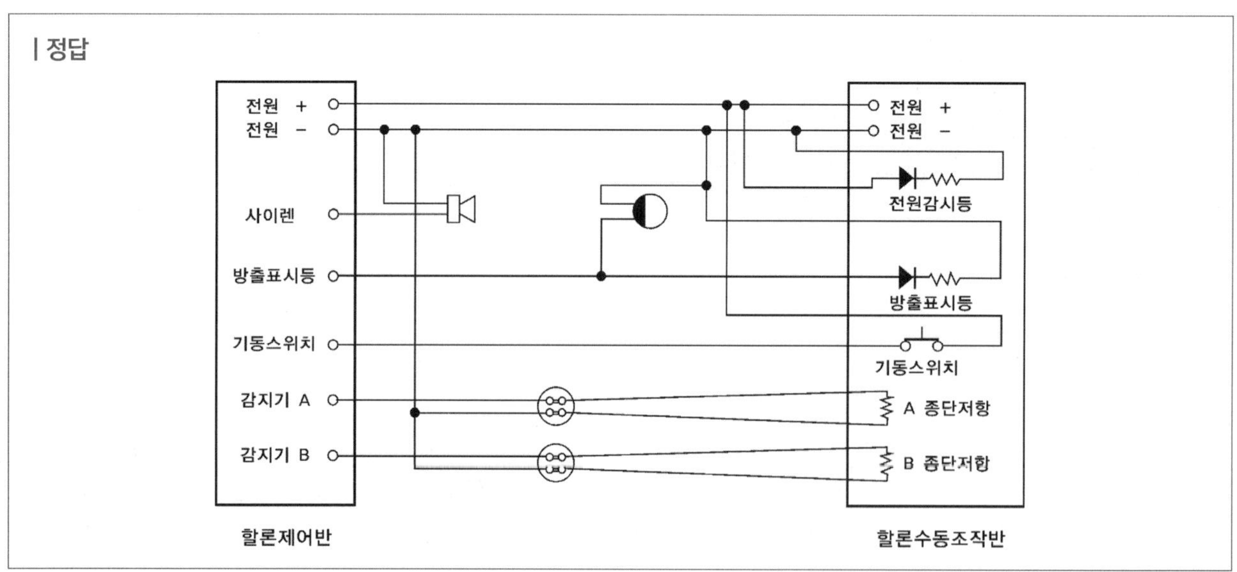

46. 그림은 특별피난계단 전실제연설비의 계통도이다. 운전방식은 기동스위치에 의한 댐퍼기동방식과 MOTOR식에 의한 자동복구방식을 채용하였다. 다음 각 물음에 답하시오.

<조건>

- 전선의 가닥 수는 최소한으로 한다.
- 급·배기 댐퍼기동스위치는 동일선(1선)으로 한다.

(1) A~C의 명칭은?

(2) ①~③의 전선 가닥수는?

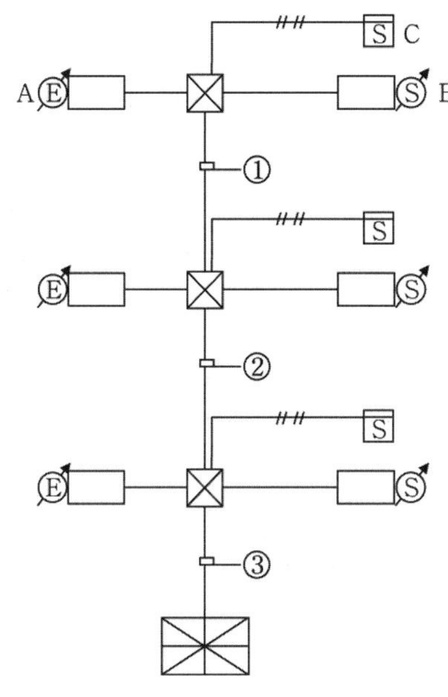

| 정답

(1) A: 배기댐퍼 B: 급기댐퍼 C: 연기감지기

(2) ① 6가닥 ② 10가닥 ③ 14가닥

구분	①	②	③
전원(－)	1	1	1
전원(＋)	1	1	1
기동	1	2	3
급기확인	1	2	3
배기확인	1	2	3
감지기	1	2	3
간선 수량	6가닥	10가닥	14가닥

47. 다음 도면은 전실 급 · 배기댐퍼를 나타낸 것이다. 다음 각 물음에 답하시오. (단, 댐퍼는 모터식이며, 복구는 자동복구이고 전원은 제연설비반에서 공급하고 기동은 동시에 기동하는 것이다.)

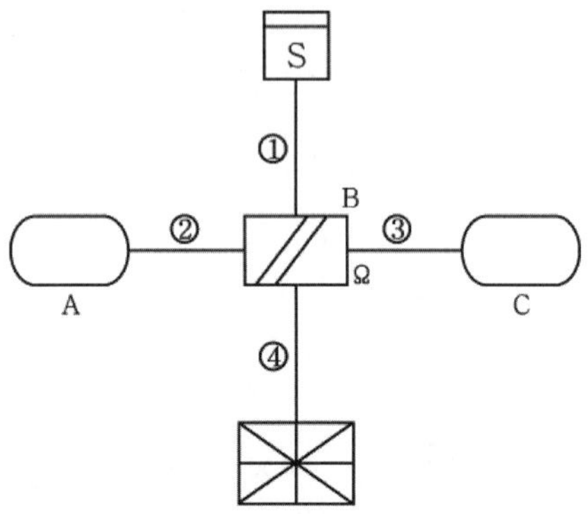

(1) A~C의 명칭을 쓰시오.
(2) ①~④의 전선 가닥 수를 쓰시오.
(3) B의 설치 높이는?

| 정답

(1) A: 배기댐퍼, B: 수동조작반, C: 급기댐퍼
(2) ① 4　② 4　③ 4　④ 6
(3) 바닥으로부터 0.8[m] 이상 1.5[m] 이하

48. 상가매장에 설치되어 있는 제연설비의 전기적인 계통도이다. Ⓐ~Ⓔ까지의 배선 수와 각 배선의 용도를 쓰시오. (단, ① 모든 댐퍼는 모터구동방식이며, 별도의 복구선은 없는 것으로 한다. ② 배선 수는 운전조작상 필요한 최소 전선 수를 쓰도록 한다.)

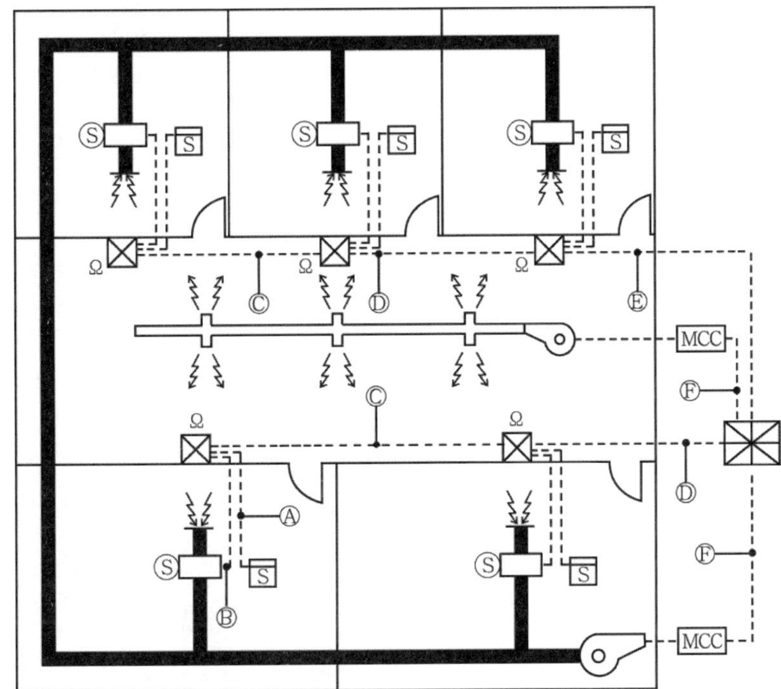

기호	구분	배선 수	배선의 용도
Ⓐ	감지기 ↔ 수동조작반		
Ⓑ	댐퍼 ↔ 수동조작반		
Ⓒ	수동조작반 ↔ 수동조작반		
Ⓓ	수동조작반 ↔ 수동조작반		
Ⓔ	수동조작반 ↔ 수신기		
Ⓕ	MCC ↔ 수신기	5	공통, ON, OFF, 전원감시, 기동표시

| 정답

기호	구분	배선 수	배선의 용도
Ⓐ	감지기 ↔ 수동조작반	4	공통(2), 지구(2)
Ⓑ	댐퍼 ↔ 수동조작반	4	전원(+, −), 기동, 배기확인
Ⓒ	수동조작반 ↔ 수동조작반	5	전원(+, −), 기동, 배기확인, 감지기
Ⓓ	수동조작반 ↔ 수동조작반	8	전원(+, −), 기동(2), 배기확인(2), 감지기(2)
Ⓔ	수동조작반 ↔ 수신기	11	전원(+, −), 기동(3), 배기확인(3), 감지기(3)
Ⓕ	MCC ↔ 수신기	5	공통, ON, OFF, 전원감시, 기동표시

49. 도면은 제연설비의 전기적 계통도이다. 이 계통도와 주어진 조건에 의하여 다음 각 물음에 답하시오.

<조건>

- 기동 시 솔레노이드 기동방식으로 하고 복구 시는 모터복구방식을 채택한다.
- 터미널 보드(TB)에 감지기 종단저항을 내장한다.
- 터미널 보드에서 중계기까지를 배선할 때에는 기동 및 복구신호선을 공통으로 한다.
- (3)의 답안 작성 예:

선 번호	기능 명칭
1	××××
2	○○○○
3	∧ ∧ ∧ ∧

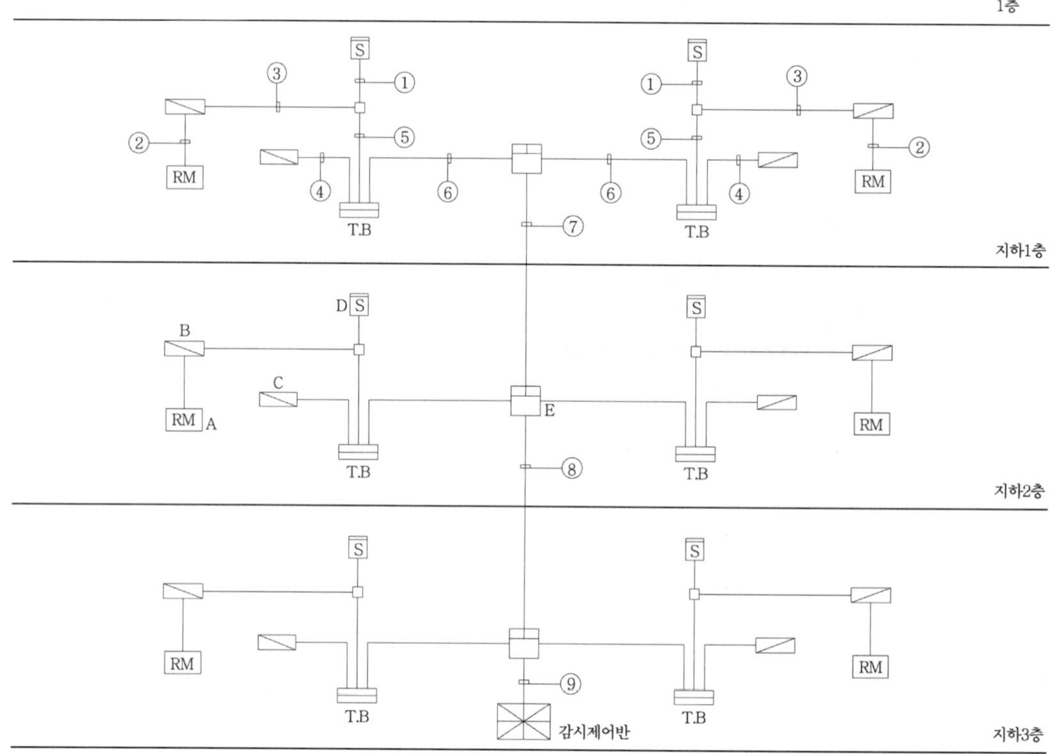

(1) 전원 공통선과 감지기 공통선을 별개로 사용할 경우 ①~⑨까지에 배선되어야 할 전선 가닥 수는 최소 몇 본이 필요한가?

(2) A~E까지의 명칭을 쓰시오.

(3) 급기 또는 배기댐퍼에서 터미널 보드, 터미널 보드에서 중계기, 중계기에서 수신반(감시반)까지 연결되는 각 선로의 전기적인 기능 명칭을 쓰시오.

| 정답

(1) ① 4 ② 7 ③ 4 ④ 4 ⑤ 7 ⑥ 7 ⑦ 4 ⑧ 4 ⑨ 4

(2) A: 수동조작함 B: 배기댐퍼 C: 급기댐퍼 D: 연기감지기 E: 중계기

(3) • 급기댐퍼에서 터미널 보드

선 번호	기능 명칭
1	전원(+)
2	전원(-)
3	기동
4	기동확인급기표시

• 배기댐퍼에서 터미널 보드

선 번호	기능 명칭
1	전원(+)
2	전원(-)
3	기동
4	기동확인배기표시

• 터미널 보드에서 중계기

선 번호	기능 명칭
1	전원(+)
2	전원(-)
3	기동
4	기동확인급기표시
5	기동확인배기표시
6	감지기
7	감지기 공통

• 중계기에서 수신반

선 번호	기능 명칭
1	전원(+)
2	전원(-)
3	신호
4	신호

50. 그림은 6층 이상의 사무실 건물에 시설되는 배연창설비의 전기적 계통도이다. 그림을 보고 답안지의 Ⓐ~Ⓓ까지의 배선 수와 각 배선의 용도를 쓰시오. (단, 전동구동장치는 솔레노이드식이다.)

- 전원장치의 AC 전원공급은 수신기에서 공급하지 않고 현장 분전반에서 공급한다.
- 사용전선은 HFIX 전선이다.
- 배선 수는 운전조작상 필요한 최소 전선 수를 쓰도록 한다.)

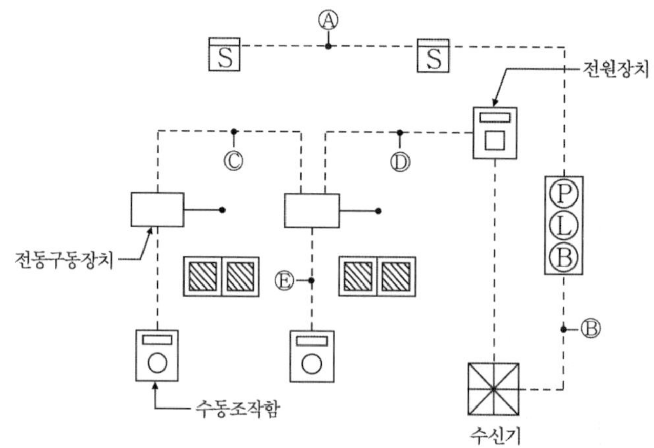

기호	구분	배선 수	배선 굵기	배선의 용도
Ⓐ	감지기 ↔ 감지기		1.5mm²	
Ⓑ	발신기 ↔ 수신기		2.5mm²	
Ⓒ	전동구동장치 ↔ 전동구동장치		2.5mm²	
Ⓓ	전동구동장치 ↔ 전원장치		2.5mm²	
Ⓔ	전동구동장치 ↔ 수동조작함	3	2.5mm²	공통, 기동, 기동확인

| 정답

기호	배선 수	배선의 용도
Ⓐ	4	공통(2), 지구(2)
Ⓑ	7	발신기공통, 지구, 응답, 경종·표시등공통, 경종, 표시등
Ⓒ	3	공통, 기동, 기동확인
Ⓓ	5	공통, 기동(2), 기동확인(2)
Ⓔ	3	공통, 기동, 기동확인

51. 그림은 배연창설비이다. 계통도 및 조건을 참고하여 다음 각 물음에 답하시오.

<조건>

- 전동구동장치는 모터방식이다.
- 화재감지기가 작동되거나 수동조작함의 스위치를 ON시키면 배연창이 동작되어 수신기에 동작 상태를 표시하게 된다.
- 화재감지기는 자동화재탐지설비용 감지기를 겸용으로 사용한다.

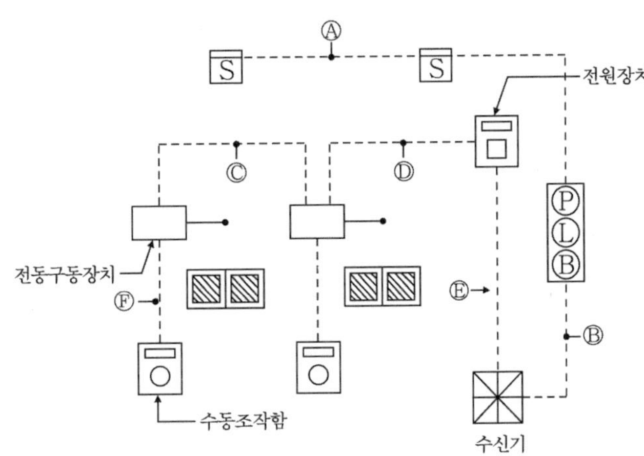

[후강전선관 굵기 선정표]

전선의 굵기		전선 본수									
단선[mm²]	연선[mm²]	1	2	3	4	5	6	7	8	9	10
		전선관의 최소 굵기[mm]									
1.5	1.5	16	16	16	16	22	22	22	22	28	28
2.5	2.5	16	16	16	16	22	22	22	28	28	28
4	4	16	16	16	22	22	22	28	28	28	36
6	6	16	16	16	22	22	28	28	28	36	36
10	10	16	22	22	28	28	36	36	36	42	42
16	16	16	22	22	28	36	36	36	42	42	54
25	25	22	28	28	36	42	42	54	54	54	54
35	35	22	28	28	42	54	54	54	70	70	70
50	50	28	36	36	54	54	70	70	70	70	82
70	70	28	42	42	54	70	70	70	82	82	82
95	95	36	54	54	70	70	82	82	92	92	104
120	120	36	54	54	70	82	82	92	104		
150	150	36	70	70	82	92	92	104			
185	185	42	70	70	92	92	104				
240	240	54	82	82	104	104					

<비고>

1. 전선 1본에 대한 숫자는 접지선 및 직류회로의 전선에 적용된다.
2. 이 표는 실험결과와 경험을 토대로 하여 결정한 것이다.

(1) 이 설비는 일반적으로 몇 층 이상의 건물에 시설하여야 하는가?
(2) 배선수와 각 배선의 용도를 표에 작성하시오.

기호	후강전선관의 굵기 전선의 종류, 배선의 수	구간	용도
Ⓐ	16C(HFIX 1.5mm^2 – 4)	감지기 ↔ 감지기	지구(2), 공통(2)
Ⓑ	22C(HFIX 2.5mm^2 – 7)	발신기 ↔ 수신기	
Ⓒ	22C(HFIX 2.5mm^2 – 5)	전동구동장치 ↔ 전동구동장치	전원(+, –), 기동, 복구, 동작확인
Ⓓ		전동구동장치 ↔ 전원장치	
Ⓔ		전원장치 ↔ 수신기	
Ⓕ		전동구동장치 ↔ 수동조작함	

| 정답

(1) 6층

(2)

기호	후강전선관의 굵기, 전선의 종류, 배선의 수	구간	용도
Ⓐ	16C(HFIX 1.5mm^2 – 4)	감지기 ↔ 감지기	지구(2), 공통(2)
Ⓑ	22C(HFIX 2.5mm^2 – 7)	발신기 ↔ 수신기	지구, 발신기 공통, 응답, 전화, 경종·표시등 공통, 표시등, 경종
Ⓒ	22C(HFIX 2.5mm^2 – 5)	전동구동장치 ↔ 전동구동장치	전원 ⊕, ⊖, 기동, 복구, 동작확인
Ⓓ	22C(HFIX 2.5mm^2 – 6)	전동구동장치 ↔ 전원장치	전원(+, –), 기동, 복구, 동작확인(2)
Ⓔ	28C(HFIX 2.5mm^2 – 8)	전원장치 ↔ 수신기	전원(+, –), 기동, 복구, 동작확인(2), 교류전원(2)
Ⓕ	22C(HFIX 2.5mm^2 – 5)	전동구동장치 ↔ 수동조작함	전원 ⊕, ⊖, 기동, 복구, 동작확인

52. 배연창설비에 대한 다음 각 물음에 답하시오.

(1) 구동방식 2가지를 쓰시오.

(2) 이 설비는 일반적으로 몇 층 이상의 건물에 시설하여야 하는가?

(3) 배연구의 구조에 대하여 간단히 설명하시오.

(4) 이 설비가 설치되는 건물의 바닥면적이 500[m^2]일 때 배연창의 유효면적을 구하시오.

| 정답

(1) 솔레노이드방식, 모터방식

(2) 6층

(3) 연기감지기 또는 열감지기에 의하여 자동으로 개방될 수 있는 구조로 하되, 손으로 여닫을 수 있도록 할 것

(4) 유효면적 $= 500 \times \frac{1}{100} = 5m^2$

53. 다음은 자동방화문설비의 계통도를 나타낸 것이다. Ⓐ~Ⓒ의 배선 수 및 용도를 쓰시오.

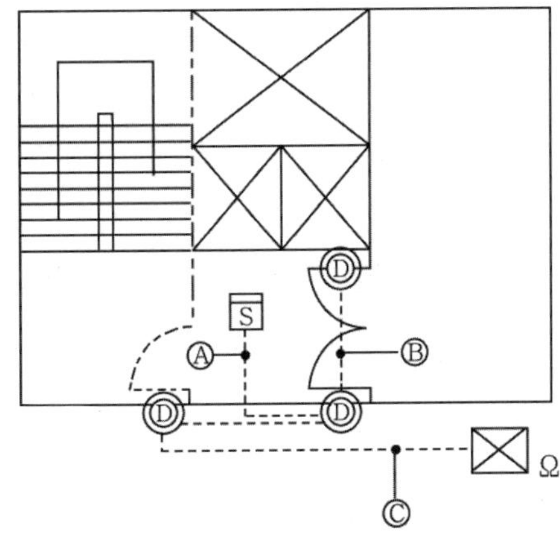

기호	구분	배선 수	전선의 종류	용도
Ⓐ	감지기 ↔ 자동폐쇄기		HFIX	
Ⓑ	자동폐쇄기 ↔ 자동폐쇄기		HFIX	
Ⓒ	자동폐쇄기 ↔ 수신기		HFIX	

| 정답

기호	구분	배선 수	전선의 종류	용도
Ⓐ	감지기 ↔ 자동폐쇄기	4	HFIX	지구2, 감지기 공통2
Ⓑ	자동폐쇄기 ↔ 자동폐쇄기	3	HFIX	기동1, 기동확인1, 공통1
Ⓒ	자동폐쇄기 ↔ 수신기	9	HFIX	지구2, 감지기 공통2, 기동1, 기동확인3, 공통1

1. 자동방화문설비 기본 배선: 기동1, 확인1, 공통1
2. 동시기동방식

54. 다음은 방화설비의 자동방화문에서 R형중계기까지의 결선도 및 계통도에 대한 것이다. 주어진 조건을 참조하여 각 물음에 답하시오.

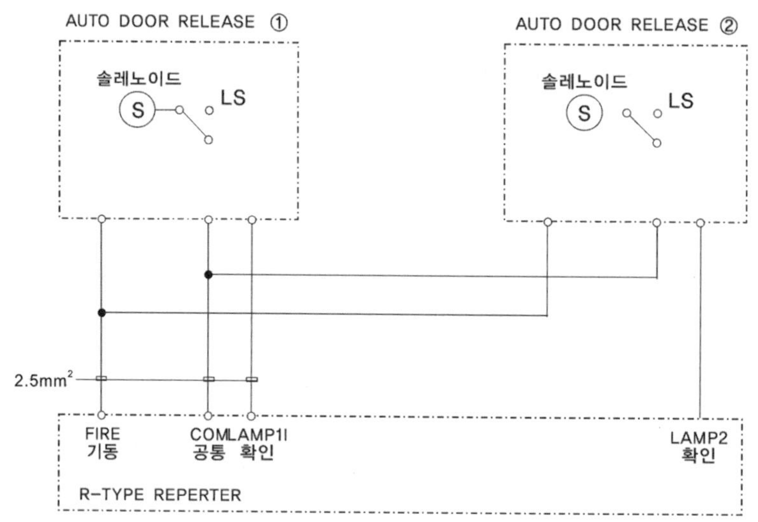

<조건>

- 전선의 가닥 수는 최소한으로 한다.
- 방화문 감지기회로는 본 문제에서 제외한다.

(1) DOOR RELEASE를 우리말로 쓰시오.

(2) DOOR RELEASE의 설치목적을 쓰시오.

(3) 미완성된 도면을 완성하시오.

| 정답

(1) 방화문 자동폐쇄장치

(2) 화재감지기와 연동하여 방화문을 자동으로 폐쇄시키기 위하여

(3)

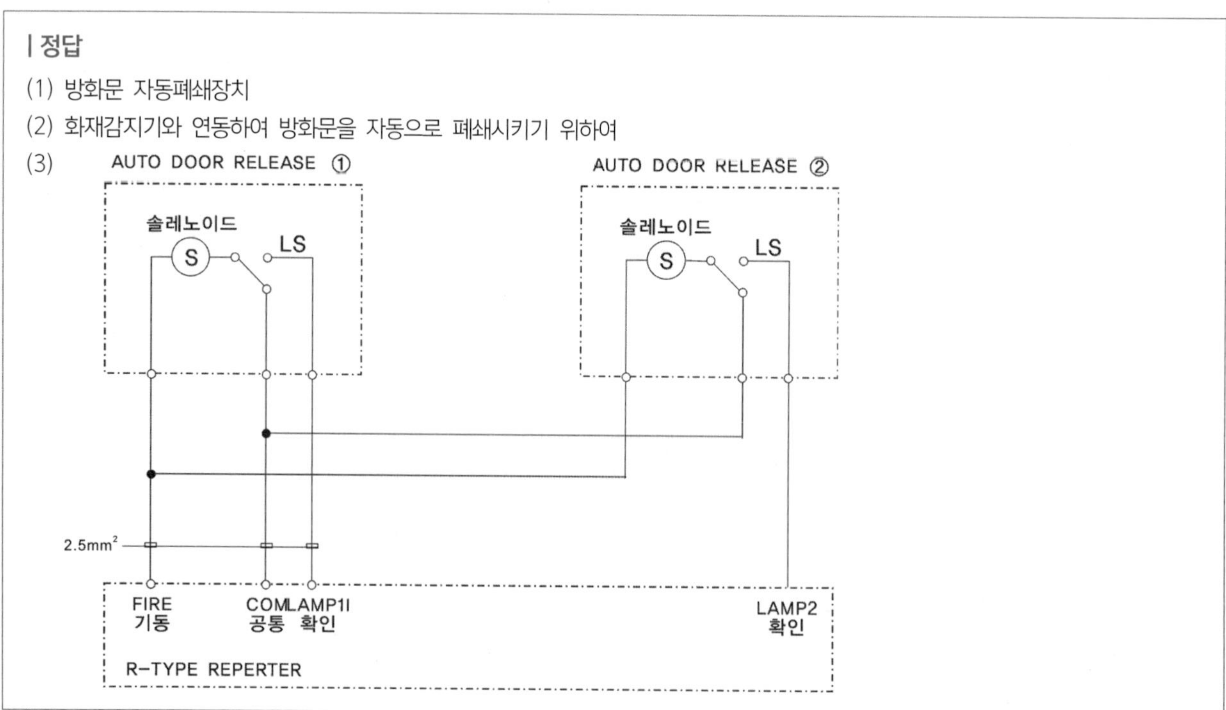

55. 그림은 방화셔터의 예시이다. 그림에서 ①~⑬의 명칭을 보기에서 찾아 표의 빈칸에 쓰시오.

- 자동폐쇄장치
- 방화문(피난문, 쪽문)
- 수동폐쇄장치(up-down스위치)
- 음성발생장치
- 위해방지용 연동중계기
- 가이드 레일
- 방화문 자동폐쇄장치(자동도어체크)
- 방화셔터(slat)
- 좌판(T - BAR) - 장애물감지장치
- 주의등(경광등)
- 셔터 하강 착지점
- 감지기(연기/열)
- 화재수신기(연동제어기)

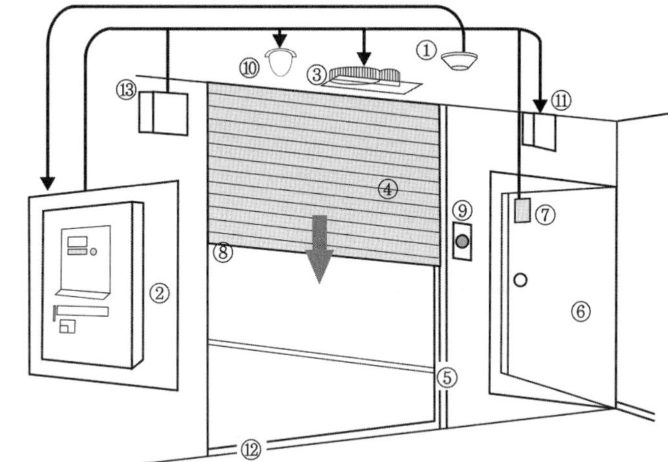

①		②	
③		④	
⑤		⑥	
⑦		⑧	
⑨		⑩	
⑪		⑫	
⑬			

| 정답

①	감지기(연기/열)	②	화재수신기(연동제어기)
③	자동폐쇄장치	④	방화셔터(slat)
⑤	가이드 레일	⑥	방화문(피난문, 쪽문)
⑦	방화문 자동폐쇄장치(자동도어체크)	⑧	좌판(T-BAR) - 장애물감지장치
⑨	수동폐쇄장치(up-down스위치)	⑩	주의등(경광등)
⑪	음성발생장치	⑫	셔터 하강 착지점
⑬	위해방지용 연동제어기		

Part 02

소방전기시설의 시공

Chapter 01 자동화재탐지설비
Chapter 02 자동화재속보설비
Chapter 03 누전경보기
Chapter 04 비상경보설비 및 비상방송설비
Chapter 05 제연설비
Chapter 06 비상콘센트설비
Chapter 07 무선통신보조설비
Chapter 08 유도등 및 비상조명등 설비
Chapter 09 비상전원설비
Chapter 10 소화설비의 부대 전기설비

Chapter 01

자동화재탐지설비

1 개요 및 설치대상

자동화재탐지설비는 화재의 초기현상을 자동적으로 탐지하여 당해 특정소방대상물의 관계자에게 화재의 발생을 통보하여 주는 것으로 직접적인 소화활동을 하는 것은 아니지만 화재의 조기 발견에 의하여 초기소화를 유효하게 할 수 있도록 유용한 정보를 제공하여 줌으로써 화재의 확대를 최소한으로 저지시킬 수 있도록 하기 위한 설비이다.
다음의 특정소방대상물에는 「소방시설 설치 및 안전관리에 관한 법률 시행령」에 의거 자동화재탐지설비를 시설해야 한다.

특정소방대상물	면적, 길이	층수, 수용인원	저장 · 취급량
공동주택, 근린생활시설 중 조산원 및 산후조리원, 숙박시설, 지하구, 노유자생활시설, 판매시설 중 전통시장, 발전시설 중 전기저장시설			
건축물		6층 이상	
숙박시설이 있는 수련시설		수용인원 100명 이상	
정신의료기관 또는 의료재활시설	바닥면적의 합계가 $300m^2$ 이상인 시설, (단, 창살이 설치된 시설: $300m^2$ 미만)		
노유자시설	연면적 $400m^2$ 이상		
공장 및 창고시설(특수가연물을 저장 · 취급)			500배 이상
근린생활시설(목욕장은 제외), 의료시설(정신의료기관 또는 요양병원은 제외), 위락시설, 장례시설 및 복합건축물	연면적 $600m^2$ 이상		
근린생활시설 중 목욕장, 문화 및 집회시설, 종교시설, 판매시설, 운수시설, 운동시설, 업무시설, 공장, 창고시설, 위험물 저장 및 처리 시설, 항공기 및 자동차 관련 시설, 교정 및 군시시설 중 국방 · 군사시설, 방송통신시설, 발전시설, 관광 휴게시설, 지하가(터널은 제외)	연면적 1천m^2 이상		
지하가 중 터널	길이가 1천m 이상		
교육연구시설(교육시설 내에 있는 기숙사 및 합숙소를 포함), 수련시설(수련시설 내에 있는 기숙사 및 합숙소를 포함하며, 숙박시설이 있는 수련시설은 제외), 동물 및 식물 관련 시설(기둥과 지붕만으로 구성되어 외부와 기류가 통하는 장소는 제외), 분뇨 및 쓰레기 처리시설, 교정 및 군사시설(국방 · 군사시설은 제외) 또는 묘지 관련 시설	연면적 2천m^2 이상		

2 용어의 정의

(1) 경계구역

특정소방대상물 중 화재신호를 발신하고 그 신호를 수신 및 유효하게 제어할 수 있는 구역

(2) 수신기

감지기나 발신기에서 발하는 화재신호를 직접 수신하거나 중계기를 통하여 수신하여 화재의 발생을 표시 및 경보하여 주는 장치

(3) 중계기

감지기 · 발신기 또는 전기적 접점 등의 작동에 따른 신호를 받아 이를 수신기의 제어반에 전송하는 장치

(4) 감지기

화재 시 발생하는 열, 연기, 불꽃 또는 연소생성물을 자동적으로 감지하여 수신기에 발신하는 장치

(5) 발신기

화재발생 신호를 수신기에 수동으로 발신하는 장치

(6) 시각경보장치

자동화재탐지설비에서 발하는 화재신호를 시각경보기에 전달하여 청각장애인에게 점멸형태의 시각경보를 하는 것

3 수신기

1. 설치기준

(1) 수위실 등 상시 사람이 근무하는 장소에 설치할 것. 다만, 사람이 상시 근무하는 장소가 없는 경우에는 관계인이 쉽게 접근할 수 있고 관리가 용이한 장소에 설치할 수 있다.

(2) 수신기가 설치된 장소에는 경계구역 일람도를 비치할 것. 다만, 모든 수신기와 연결되어 각 수신기의 상황을 감시하고 제어할 수 있는 수신기(이하 "주수신기"라 함)를 설치하는 경우에는 주수신기를 제외한 기타 수신기는 그러하지 아니하다.

(3) 수신기의 음향기구는 그 음량 및 음색이 다른 기기의 소음 등과 명확히 구별될 수 있는 것으로 할 것

(4) 수신기는 감지기 · 중계기 또는 발신기가 작동하는 경계구역을 표시할 수 있는 것으로 할 것

(5) 화재 · 가스 · 전기등에 대한 종합방재반을 설치한 경우에는 당해 조작반에 수신기의 작동과 연동하여 감지기 · 중계기 또는 발신기가 작동하는 경계구역을 표시할 수 있는 것으로 할 것

(6) 하나의 경계구역은 하나의 표시등 또는 하나의 문자로 표시되도록 할 것

(7) 수신기의 조작 스위치는 바닥으로부터의 높이가 0.8m 이상 1.5m 이하인 장소에 설치할 것

(8) 하나의 소방대상물에 2 이상의 수신기를 설치하는 경우에는 수신기를 상호간 연동하여 화재발생 상황을 각 수신기마다 확인할 수 있도록 할 것

(9) 화재로 인하여 하나의 층의 지구음향장치 배선이 단락되어도 다른 층의 화재통보에 지장이 없도록 각 층 배선상에 유효한 조치를 할 것 <신설 2022.05.09.>

2. 수신기의 종류

(1) P형수신기

감지기 또는 발신기로부터 발하여지는 신호를 직접 또는 중계기를 통하여 공통신호로서 수신하여 화재의 발생을 당해 소방대상물의 관계자에게 경보하여 주는 것

(2) R형수신기

감지기 또는 발신기로부터 발하여지는 신호를 직접 또는 중계기를 통하여 고유신호로서 수신하여 화재의 발생을 당해 소방대상물의 관계자에게 경보하여 주는 것

(3) GP형수신기

P형수신기의 기능과 가스누설경보기의 수신부 기능을 겸한 것을 말한다. 다만, 가스누설경보기의 수신부의 기능 중 가스농도 감시장치는 설치하지 아니할 수 있다.

(4) GR형수신기

R형수신기의 기능과 가스누설경보기의 수신부 기능을 겸한 것을 말한다. 다만, 가스누설경보기의 수신부의 기능 중 가스농도 감시장치는 설치하지 아니할 수 있다.

(5) P형복합식수신기

감지기 또는 발신기로부터 발하여지는 신호를 직접 또는 중계기를 통하여 공통신호로서 수신하여 화재의 발생을 당해 소방대상물의 관계자에게 경보하여 주고 자동 또는 수동으로 옥내 · 외소화전설비, 스프링클러설비, 물분무소화설비, 포소화설비, 이산화탄소소화설비, 할로겐화물소화설비, 분말소화설비, 배연설비 등의 가압송수장치 또는 기동장치 등을 제어하는(= 제어기능) 것

(6) R형복합식수신기

감지기 또는 발신기로부터 발하여지는 신호를 직접 또는 중계기를 통하여 고유신호로서 수신하여 화재의 발생을 당해 소방대상물의 관계자에게 경보하여 주고 제어기능을 수행하는 것

(7) GP형복합식수신기

P형복합식수신기와 가스누설경보기의 수신부 기능을 겸한 것

(8) GR형복합식수신기

R형복합식수신기와 가스누설경보기의 수신부 기능을 겸한 것

(9) 간이형수신기

수신기및 가스누설경보기의 기능을 각각 또는 함께 가지고 있는 제품으로 수신기 및 가스누설경보기의 형식승인 기준에서 규정한 수신기 또는 가스누설경보기의 구조 및 기능을 단순화시켜 "수신부 · 감지부", "수신부 · 탐지부", "수신부 · 감지부 · 탐지부"등으로 각각 구성되거나 여기에 중계부가 함께 구성되어 화재발생 또는 가연성가스가 누설되는 것을 자동적으로 탐지하여 관계자 등에게 경보하여 주는 기능 또는 도난경보, 원격제어기능 등이 복합적으로 구성된 제품

(10) 방폭형

폭발성가스가 용기 내부에서 폭발하였을 때 용기가 그 압력에 견디거나 또는 외부의 폭발성가스에 인화될 우려가 없도록 만들어진 형태의 제품

(11) 방수형

구조가 방수구조로 되어 있는 것

3. 수신기 현장시험

(1) 화재표시작동시험

① 시험방법

㉠ 회로선택스위치로 시험하는 경우

동작시험 스위치와 자동복구시험 스위치를 시험위치로 한 후 회로선택 스위치를 회로별로 전환시켜 동작상황을 확인한다.

㉡ 감지기 또는 발신기로 시험하는 경우

당해 경계구역에 있는 감지기 또는 발신기를 직접 작동시켜 동작상황을 확인한다.

② 가부판정

릴레이의 작동, 화재표시등 및 지구표시등 점등, 그밖의 표시등 점등, 음향장치의 작동 등이 정상일 것

(2) 도통시험

① 시험방법

㉠ 도통시험의 시험스위치를 시험 측에 넣는다.

㉡ 회로선택 스위치를 차례로 전환시킨다.

㉢ 각 회선의 시험용 계기의 지시상황 등을 조사한다.

㉣ 종단저항 등의 접속상황을 조사한다.

② 가부판정

각 회선의 시험용 계기의 지시(문자함에 적정치가 색별되어 있음)상황이 지정대로일 것(2~6V이면 정상임)

(3) 예비전원시험

① 시험방법

㉠ 예비전원시험스위치를 넣는다.

㉡ 전압계의 지시수치가 지정치의 범위내에 있을 것

㉢ 교류전원을 열어서 자동절환 릴레이의 작동상황을 조사한다.

② 가부판정

예비전원의 전압이나 용량 그리고 절환상황 및 복구작동이 정상일 것

(4) 공통선시험

① 시험방법

㉠ 수신기 안의 연결단자의 공통선을 1선 제거한다.

㉡ 회로도통시험의 예에 따라 회로선택 스위치를 차례로 전환시킨다.

㉢ 시험용 계기의 지시상황이 「단선」을 지시한 경계구역의 회선 수를 조사한다.

② 가부판정

공통선이 부담하고 있는 경계구역 수가 7 이하일 것

(5) 회로저항시험

① 시험방법

㉠ 저항계를 사용하여 감지기회로의 공통선과 지구선 사이의 전로에 대해 측정한다.

㉡ 항상 개로식인 것에 있어서는 회로의 말단을 도통 상태로 하여 측정한다.

② 가부판정

하나의 감지기회로의 전로저항치는 50Ω 이하이어야 된다.

4 중계기 설치기준

(1) 수신기에서 직접 감지기회로의 도통시험을 행하지 아니하는 것에 있어서는 수신기와 감지기 사이에 설치할 것

(2) 조작 및 점검에 편리하고 화재 및 침수 등의 재해로 인한 피해를 받을 우려가 없는 장소에 설치할 것

(3) 수신기에 따라 감시되지 아니하는 배선을 통하여 전력을 공급받는 것에 있어서는 전원입력 측의 배선에 과전류 차단기를 설치하고 당해 전원의 정전이 즉시 수신기에 표시되는 것으로 하며, 상용전원 및 예비전원의 시험을 할 수 있도록 할 것

5 감지기

1. 부착높이별 감지기

부착높이	감지기의 종류
4m 미만	차동식(스포트형, 분포형), 보상식 스포트형, 정온식(스포트형, 감지선형), 이온화식 또는 광전식(스포트형, 분리형, 공기흡입형), 열복합형, 연기복합형, 열연기복합형, 불꽃감지기
4m 이상 8m 미만	차동식(스포트형, 분포형), 보상식 스포트형, 정온식(스포트형, 감지선형) 특종 또는 1종, 이온화식 1종 또는 2종, 광전식(스포트형, 분리형, 공기흡입형) 1종 또는 2종 열복합형, 연기복합형, 열연기복합형, 불꽃감지기
8m 이상 15m 미만	차동식 분포형, 이온화식 1종 또는 2종, 광전식(스포트형, 분리형, 공기흡입형) 1종 또는 2종, 연기복합형, 불꽃감지기
15m 이상 20m 미만	이온화식 1종, 광전식(스포트형, 분리형, 공기흡입형) 1종, 연기복합형, 불꽃감지기
20m 이상	불꽃감지기, 광전식(분리형, 공기흡입형) 중 아날로그방식

2. 비화재보가 우려되는 장소

(1) 감지기의 부착면과 실내바닥과의 거리가 2.3m 이하인 곳으로 일시적으로 발생한 열·연기 또는 먼지등으로 인하여 화재신호를 발신할 우려가 있는 장소

(2) 지하층·무창층등으로서 환기가 잘 되지 아니하거나 실내면적이 $40m^2$ 미만인 장소

3. 비화재보가 우려되는 장소에 적응성 있는 감지기(축적방식의 수신기 설치시 제외)

(1) 불꽃감지기
(2) 정온식 감지선형 감지기
(3) 분포형 감지기
(4) 복합형 감지기
(5) 광전식 분리형 감지기
(6) 아날로그방식의 감지기
(7) 다신호방식의 감지기
(8) 축적방식의 감지기

4. 연기감지기 설치장소

(1) 계단 및 경사로(15m 미만의 것을 제외)

(2) 복도(30m 미만의 것을 제외)

(3) 엘리베이터권상기실 · 린넨슈트 · 파이프닥트, 기타 이와 유사한 장소

(4) 천장 또는 반자의 높이가 15m 이상 20m 미만의 장소

(5) **거실(취침, 숙박, 입원 등 유사한 용도)**
① 공동주택 · 오피스텔 · 숙박시설 · 노유자시설 · 수련시설
② 교육연구시설 중 합숙소
③ 의료시설, 근린생활시설 중 입원실이 있는 의원 · 조산원
④ 교정 및 군사시설
⑤ 근린생활시설 중 고시원

5. 감지기 설치기준

(1) 감지기(차동식 분포형의 것을 제외)는 실내로의 공기유입구로부터 1.5m 이상 떨어진 위치에 설치할 것

(2) 감지기는 천장 또는 반자의 옥내에 면하는 부분에 설치할 것

(3) 보상식 스포트형 감지기는 정온점이 감지기 주위의 평상시 최고온도보다 20℃ 이상 높은 것으로 설치할 것

(4) 정온식 감지기는 주방 · 보일러실 등으로서 다량의 화기를 취급하는 장소에 설치하되, 공칭작동온도가 최고주위온도보다 20℃ 이상 높은 것으로 설치할 것

(5) 차동식 스포트형 · 보상식 스포트형 및 정온식 스포트형 감지기는 그 부착높이 및 소방대상물에 따라 다음 표에 따른 바닥면적마다 1개 이상을 설치할 것

(단위 m^2)

부착높이 및 소방대상물의 구분		감지기의 종류						
		차동식 스포트형		보상식 스포트형		정온식 스포트형		
		1종	2종	1종	2종	특종	1종	2종
4m 미만	주요구조부를 내화구조로 한 소방대상물 또는 그 부분	90	70	90	70	70	60	20
	기타 구조의 소방대상물 또는 그 부분	50	40	50	40	40	30	15
4m 이상 8m 미만	주요구조부를 내화구조로 한 소방대상물 또는 그 부분	45	35	45	35	35	30	
	기타 구조의 소방대상물 또는 그 부분	30	25	30	25	25	15	

(6) 스포트형 감지기는 45° 이상 경사되지 아니하도록 부착할 것

(7) 공기관식 차동식 분포형 감지기의 설치기준

① 공기관의 노출부분은 감지구역마다 20m 이상이 되도록 할 것
② 공기관과 감지구역의 각변과의 수평거리는 1.5m 이하가 되도록 하고, 공기관 상호간의 거리는 6m(주요 구조부를 내화구조로 한 소방대상물 또는 그 부분에 있어서는 9m) 이하가 되도록 할 것
③ 공기관은 도중에서 분기하지 아니하도록 할 것
④ 하나의 검출부분에 접속하는 공기관의 길이는 100m 이하로 할 것
⑤ 검출부는 5° 이상 경사되지 아니하도록 부착할 것
⑥ 검출부는 바닥으로부터 0.8m 이상 1.5m 이하의 위치에 설치할 것

(8) 열전대식 차동식 분포형 감지기의 설치기준

① 열전대부는 감지구역의 바닥면적 $18m^2$(주요구조부가 내화구조로 된 소방대상물에 있어서는 $22m^2$)마다 1개 이상으로 할 것. 다만, 바닥면적이 $72m^2$(주요구조부가 내화구조로 된 소방대상물에 있어서는 $88m^2$) 이하인 소방대상물에 있어서는 4개 이상으로 하여야 한다.
② 하나의 검출부에 접속하는 열전대부는 20개 이하로 할 것. 다만, 각각의 열전대부에 대한 작동여부를 검출부에서 표시할 수 있는 것(주소형)은 형식승인 받은 성능인정범위내의 수량으로 설치할 수 있다.

(9) 열반도체식 차동식 분포형 감지기의 설치기준

① 감지부는 그 부착높이 및 소방대상물에 따라 다음 표에 따른 바닥면적마다 1개 이상으로 할 것. 다만, 바닥면적이 다음 표에 따른 면적의 2배 이하인 경우에는 2개(부착높이가 8m 미만이고, 바닥면적이 다음 표에 따른 면적 이하인 경우에는 1개) 이상으로 하여야 한다.

(단위 m^2)

부착높이 및 소방대상물의 구분		감지기의 종류	
		1종	2종
8m 미만	주요구조부가 내화구조로 된 소방대상물 또는 그 구분	65	36
	기타 구조의 소방대상물 또는 그 부분	40	23
8m 이상 15m 미만	주요구조부가 내화구조로 된 소방대상물 또는 그 부분	50	36
	기타 구조의 소방대상물 또는 그 부분	30	23

② 하나의 검출기에 접속하는 감지부는 2개 이상 15개 이하가 되도록 할 것. 다만, 각각의 감지부에 대한 작동여부를 검출기에서 표시할 수 있는 것(주소형)은 형식승인 받은 성능인정범위내의 수량으로 설치할 수 있다.

(10) 연기감지기의 설치기준

① 감지기의 부착높이에 따라 다음 표에 따른 바닥면적마다 1개 이상으로 할 것

(단위 m^2)

부착높이	감지기의 종류	
	1종 및 2종	3종
4m 미만	150	50
4m 이상 20m 미만	75	

② 감지기는 복도 및 통로에 있어서는 보행거리 30m(3종에 있어서는 20m)마다, 계단 및 경사로에 있어서는 수직거리 15m(3종에 있어서는 10m)마다 1개 이상으로 할 것
③ 천장 또는 반자가 낮은 실내 또는 좁은 실내에 있어서는 출입구의 가까운 부분에 설치할 것
④ 천장 또는 반자 부근에 배기구가 있는 경우에는 그 부근에 설치할 것
⑤ 감지기는 벽 또는 보로부터 0.6m 이상 떨어진 곳에 설치할 것

(11) 정온식 감지선형 감지기의 설치기준

① 보조선이나 고정금구를 사용하여 감지선이 늘어지지 않도록 설치할 것
② 단자부와 마감 고정금구와의 설치간격은 10cm 이내로 설치할 것
③ 감지선형 감지기의 굴곡반경은 5cm 이상으로 할 것
④ 감지기와 감지구역의 각부분과의 수평거리는 내화구조의 경우 1종 4.5m 이하, 2종 3m 이하로 할 것. 기타 구조의 경우 1종 3m 이하, 2종 1m 이하로 할 것
⑤ 케이블트레이에 감지기를 설치하는 경우에는 케이블트레이 받침대에 마감금구를 사용하여 설치할 것
⑥ 지하구나 창고의 천장 등에 지지물이 적당하지 않는 장소에서는 보조선을 설치하고 그 보조선에 설치할 것
⑦ 분전반 내부에 설치하는 경우 접착제를 이용하여 돌기를 바닥에 고정시키고 그 곳에 감지기를 설치할 것

(12) 불꽃감지기의 설치기준

① 공칭감시거리 및 공칭시야각은 형식승인 내용에 따를 것
② 감지기는 공칭감시거리와 공칭시야각을 기준으로 감시구역이 모두 포용될 수 있도록 설치할 것
③ 감지기는 화재감지를 유효하게 감지할 수 있는 모서리 또는 벽 등에 설치할 것
④ 감지기를 천장에 설치하는 경우에는 감지기는 바닥을 향하여 설치할 것
⑤ 수분이 많이 발생할 우려가 있는 장소에는 방수형으로 설치할 것

(13) 아날로그방식의 감지기는 공칭감지온도범위 및 공칭감지농도범위에 적합한 장소에, 다신호방식의 감지기는 화재신호를 발신하는 감도에 적합한 장소에 설치할 것

(14) 광전식 분리형 감지기의 설치기준

① 감지기의 수광면은 햇빛을 직접 받지 않도록 설치할 것
② 광축(송광면과 수광면의 중심을 연결한 선)은 나란한 벽으로부터 0.6m 이상 이격하여 설치할 것
③ 감지기의 송광부와 수광부는 설치된 뒷벽으로부터 1m이내 위치에 설치할 것
④ 광축의 높이는 천장 등(천장의 실내에 면한 부분 또는 상층의 바닥하부면을 말함) 높이의 80% 이상일 것
⑤ 감지기의 광축의 길이는 공칭감시거리범위 이내일 것

6. 특수한 소방대상물에 설치하는 감지기

(1) 화학공장 · 격납고 · 제련소 등

광전식 분리형 감지기 또는 불꽃감지기

(2) 전산실 또는 반도체 공장 등

광전식 공기흡입형 감지기

7. 지하구에 설치하는 감지기

먼지 · 습기등의 영향을 받지 아니하고 발화지점을 확인할 수 있는 감지기로서 다음의 감지기

(1) 불꽃감지기
(2) 정온식 감지선형 감지기
(3) 분포형 감지기
(4) 복합형 감지기
(5) 광전식 분리형 감지기
(6) 아날로그방식의 감지기
(7) 다신호방식의 감지기
(8) 축적방식의 감지기

8. 감지기 설치 제외 장소

(1) 천장 또는 반자의 높이가 20m 이상인 장소
(2) 헛간 등 외부와 기류가 통하는 장소로서 감지기에 따라 화재발생을 유효하게 감지할 수 없는 장소
(3) 부식성가스가 체류하고 있는 장소
(4) 고온도 및 저온도로서 감지기의 기능이 정지되기 쉽거나 감지기의 유지관리가 어려운 장소
(5) 목욕실 · 욕조나 샤워시설이 있는 화장실 · 기타 이와 유사한 장소
(6) 파이프닥트 등과 그 밖의 이와 비슷한 것으로서 2개층마다 방화구획된 것이나 수평단면적이 $5m^2$ 이하인 것
(7) 먼지 · 가루 또는 수증기가 다량으로 체류하는 장소 또는 주방 등 평상시에 연기가 발생하는 장소(연기감지기에 한함)
(8) 프레스공장 · 주조공장 등 화재발생의 위험이 적은 장소로서 감지기의 유지관리가 어려운 장소

9. 공기관식 차동식 분포형 검출부에서 행하는 현장시험

(1) 화재작동시험(펌프시험)

① 시험방법

㉠ 검출부의 시험홀에 테스트 펌프를 접속시켜 시험콕크 또는 키를 작동시험위치에 조정한다.

㉡ 각 검출부에 명시되어 있는 공기량을 공기관에 불어넣는다. 이 경우 불어넣는 공기량은 감지기 또는 검출부의 종별 혹은 공기관의 길이에 따라 다르므로, 지정량 이상의 공기를 불어 넣지 않도록(다이아프램의 손상방지) 유의할 것

㉢ ㉠에 따라 시험콕크 또는 키를 작동시험위치에 조정함으로써 불어넣은 공기가 리크저항을 통과하지 않는 구조인 것에 있어서는 지정된 공기량을 불어넣은 직후 신속히 시험콕크와 키를 정해진 위치로 복귀시킬 것

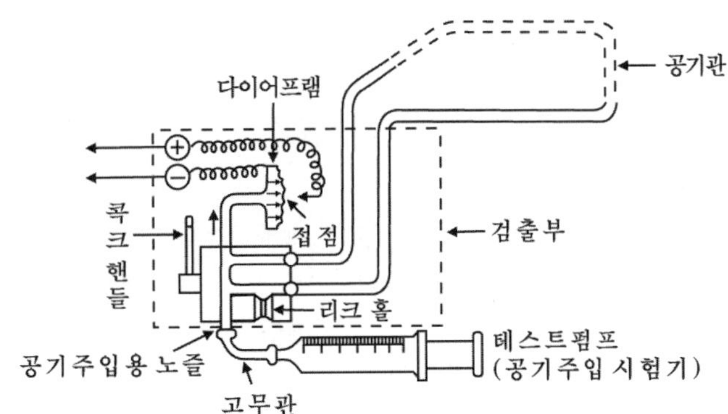

② 가부판정 기준

공기를 불어넣은 후 감지기의 접점이 작동하기까지의 시간이 각 검출부에 지정되어 있는 시간의 범위 내의 수치일 것

(2) 작동계속시험

① 시험방법

화재작동시험에 의해 감지기가 작동을 개시한 때부터 작동정지까지의 시간을 측정하여 감지기의 작동의 계속이 정상인지 여부를 확인한다.

② 가부판정 기준

감지기의 작동계속시간이 각 검출부에 지정되어 있는 시간의 범위 안에 들어야 할 것

(3) 유통시험

① 시험방법

공기관에 공기를 유입시켜 공기의 누설, 찌그러짐, 막힘 등의 유무 및 공기관의 길이 등을 다음과 같이 확인할 것

㉠ 검출부 시험홀 또는 공기관의 한쪽 끝에 마노미터를 접속시키고, 다른 한쪽 끝에 테스트펌프를 접속시킨다.

㉡ 테스트펌프로 공기를 불어넣어 마노미터의 수위를 약 100mm로 상승시키고 수위를 정지시킨다. 정지하지 않는 경우에는 누설의 우려가 있으므로 시험을 중지하고 각부를 점검할 것

㉢ 시험콕크 또는 키를 이동시키고 송기구를 열어 그것이 열었을 때부터 수위가 50mm(반수고치)까지 떨어지는 시간을 측정하여 이것을 유통시간으로 한다.

② 가부판정 기준

공기의 누설, 공기관의 훼손상태 등이 없고 공기관의 길이가 하나의 검출부에 100m 이하일 것

(4) 접점수고시험

① 시험방법

접점수고치가 너무 낮으면 감도가 과민해져서 비화재보의 원인이 되며, 또한 접점수고치가 너무 높으면 감도가 저하하여 지연경보의 원인이 되므로 적정한 수치를 유지하고 있는지 여부를 다음과 같이 확인할 것

㉠ 검출부 시험홀 또는 공기관 단자에 마노미터 및 테스트펌프를 접속시킨다.

㉡ 시험콕크 또는 키를 접점수고위치에 조정하고 테스트펌프로 미량의 공기를 서서히 불어넣는다.

㉢ 감지기의 접점이 닫혔을 때 경종의 명동, 램프의 점등, 마노미터의 수위(반수고치)를 읽고, 접점수고치를 측정한다.

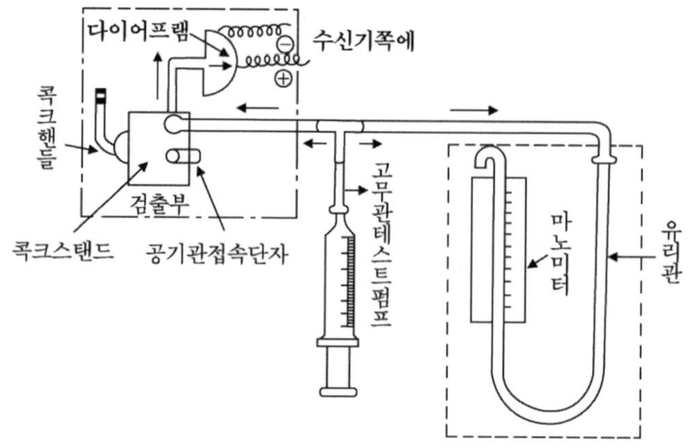

② 가부판정 기준

접점수고치가 각 검출부에 지정되어 있는 수치의 범위내에 있을 것

6 발신기

1. 설치기준

(1) 조작이 쉬운 장소에 설치하고, 스위치는 바닥으로부터 0.8m 이상 1.5m 이하의 높이에 설치할 것
(2) 소방대상물의 층마다 설치하되, 당해 소방대상물의 각 부분으로부터 하나의 발신기까지의 수평거리가 25m 이하가 되도록 할 것. 다만, 복도 또는 별도로 구획된 실로서 보행거리가 40m 이상일 경우에는 추가로 설치하여야 한다.
(3) 발신기까지의 수평거리가 25m를 초과하는 경우로서 기둥 또는 벽이 설치되지 아니한 대형공간의 경우 발신기는 설치 대상 장소의 가장 가까운 장소의 벽 또는 기둥 등에 설치할 것

2. 발신기 위치 표시등

함의 상부에 설치하되, 그 불빛은 부착면으로부터 15°이상의 범위 안에서 부착지점으로부터 10m 이내의 어느 곳에서도 쉽게 식별할 수 있는 적색등으로 하여야 한다.

7 음향장치 및 시각경보장치

1. 음향장치의 설치기준

(1) 주음향장치는 수신기의 내부 또는 그 직근에 설치할 것

(2) 5층(지하층을 제외) 이상으로서 연면적이 3,000m²를 초과하는 소방대상물 또는 그 부분에 있어서는 2층 이상의 층에서 발화한 때에는 발화층 및 그 직상층에 한하여, 1층에서 발화한 때에는 발화층 · 그 직상층 및 지하층에 한하여, 지하층에서 발화한 때에는 발화층 · 그 직상층 및 기타의 지하층에 한하여 경보를 발할 수 있도록 할 것 <2023.02.08까지>

(2-1) 층수가 11층(공동주택의 경우에는 16층) 이상의 특정소방대상물은 다음에 따라 경보를 발할 수 있도록 하여야 한다. <개정 2022. 5. 9.>, <시행 2023. 2. 9>
① 2층 이상의 층에서 발화한 때에는 발화층 및 그 직상 4개층에 경보를 발할 것
② 1층에서 발화한 때에는 발화층·그 직상 4개층 및 지하층에 경보를 발할 것
③ 지하층에서 발화한 때에는 발화층·그 직상층 및 그 밖의 지하층에 경보를 발할 것

(3) 지구음향장치는 소방대상물의 층마다 설치하되, 당해소방대상물의 각 부분으로부터 하나의 음향장치까지의 수평거리가 25m 이하가 되도록 하고, 당해층의 각부분에 유효하게 경보를 발할 수 있도록 설치할 것. 다만, 「비상방송설비의화재안전기준(NFSC202)」 규정에 적합한 방송설비를 자동화재탐지설비의 감지기와 연동하여 작동하도록 설치한 경우에는 지구음향장치를 설치하지 아니할 수 있다.

2. 음향장치의 구조 및 성능기준

(1) 정격전압의 80% 전압에서 음향을 발할 수 있는 것으로 할 것
(2) 음량은 부착된 음향장치의 중심으로부터 1m 떨어진 위치에서 90dB 이상이 되는 것으로 할 것
(3) 감지기 및 발신기의 작동과 연동하여 작동할 수 있는 것으로 할 것

3. 청각장애인용 시각경보장치

(1) 복도 · 통로 · 청각장애인용 객실 및 공용으로 사용하는 거실(로비, 회의실, 강의실, 식당, 휴게실, 오락실, 대기실, 체력단련실, 접객실, 안내실, 전시실, 그 밖의 이와 유사한 장소를 말함)에 설치하며, 각 부분으로부터 유효하게 경보를 발할 수 있는 위치에 설치할 것
(2) 공연장 · 집회장 · 관람장 또는 이와 유사한 장소에 설치하는 경우에는 시선이 집중되는 무대부 부분 등에 설치할 것
(3) 설치높이는 바닥으로부터 2m 이상 2.5m 이하의 장소에 설치할 것(단, 천정 높이가 2m 이하인 경우에는 천장으로부터 0.15m이내 장소에 설치)
(4) 시각경보장치의 광원은 전용의 축전지설비 또는 전기저장장치(외부 전기에너지를 저장해 두었다가 필요한 때 전기를 공급하는 장치)에 의하여 점등되도록 할 것. 다만, 시각경보기에 작동전원을 공급할 수 있도록 형식승인을 얻은 수신기를 설치한 경우에는 그렇지 않다.

4. 하나의 소방대상물에 2 이상의 수신기가 설치된 경우

어느 수신기에서도 지구음향장치 및 시각경보장치를 작동할 수 있도록 할 것

8 전원

1. 상용전원

(1) 전원은 전기가 정상적으로 공급되는 축전지, 전기지장장치(외부 전기에너지를 저장해 두있다가 필요한 때 전기를 공급하는 장치) 또는 교류전압의 옥내 간선으로 하고, 전원까지의 배선은 전용으로 할 것
(2) 개폐기에는 "자동화재탐지설비용"이라고 표시한 표지를 할 것

2. 비상전원의 종류 및 용량

자동화재탐지설비에 대한 감시상태를 60분간 지속한 후 유효하게 10분 이상 경보할 수 있는 축전지설비(수신기에 내장하는 경우를 포함) 또는 전기저장장치(외부 전기에너지를 저장해 두었다가 필요한 때 전기를 공급하는 장치)를 설치하여야 한다. 다만, 상용전원이 축전지설비인 경우 또는 건전지를 주전원으로 사용하는 무선식 설비인 경우에는 그렇지 않다.

9 배선

(1) 전원회로의 배선은 「옥내소화전설비의 화재안전기준(NFSC102)」 별표 1에 따른 내화배선에 따르고, 그 밖의 배선(감지기 상호간 또는 감지기로부터 수신기에 이르는 감지기회로의 배선을 제외)은 「옥내소화전설비의 화재안전기준(NFSC102)」에 따른 내화배선 또는 내열배선에 따라 설치할 것

(2) 감지기 상호간 또는 감지기로부터 수신기에 이르는 감지기회로의 배선은 기준에 따라 설치할 것

① 아날로그식, 다신호식 감지기나 R형수신기용으로 사용되는 것은 전자파 방해를 방지하기 위하여 쉴드선 등을 사용할 것. 다만 전자파 방해를 받지 아니하는 방식의 경우에는 그러하지 아니하다.

② 일반배선을 사용할 때는 「옥내소화전설비의 화재안전기준(NFSC102)」의 규정에 따른 내화배선 또는 내열배선으로 사용할 것

③ **배선에 사용되는 전선의 종류 및 공사방법(제10조 제2항 관련)**

㉠ **내화배선 <개정 2009.10.22, 2010.12.27, 2013.06.10, 2015.01.23>**

사용전선의 종류	공사방법
1. 450/750V 저독성 난연 가교 폴리올레핀 절연 전선 2. 0.6/1KV 가교 폴리에틸렌 절연 저독성 난연 폴리올레핀 시스 전력 케이블 3. 6/10kV 가교 폴리에틸렌 절연 저독성 난연 폴리올레핀 시스 전력용 케이블 4. 가교 폴리에틸렌 절연 비닐시스 트레이용 난연 전력케이블 5. 0.6/1kV EP 고무절연 클로로프렌 시스 케이블 6. 300/500V 내열성 실리콘 고무 절연전선(180℃) 7. 내열성 에틸렌-비닐 아세테이트 고무 절연 케이블 8. 버스닥트(Bus Duct) 9. 기타 전기용품안전관리법 및 전기설비기술기준에 따라 동등 이상의 내화성능이 있다고 주무부장관이 인정하는 것	금속관·2종 금속제 가요전선관 또는 합성 수지관에 수납하여 내화구조로 된 벽 또는 바닥 등에 벽 또는 바닥의 표면으로부터 25mm 이상의 깊이로 매설하여야 한다. 다만 다음 각목의 기준에 적합하게 설치하는 경우에는 그러하지 아니하다. 가. 배선을 내화성능을 갖는 배선전용실 또는 배선용 샤프트·피트·닥트 등에 설치하는 경우 나. 배선전용실 또는 배선용 샤프트·피트·닥트 등에 다른 설비의 배선이 있는 경우에는 이로 부터 15cm 이상 떨어지게 하거나 소화설비의 배선과 이웃하는 다른 설비의 배선사이에 배선지름(배선의 지름이 다른 경우에는 가장 큰 것을 기준으로 함)의 1.5배 이상의 높이의 불연성 격벽을 설치하는 경우
내화전선	케이블공사의 방법에 따라 설치하여야 한다.

※ 비고

내화전선의 내화성능은 KS C IEC 60331-1과 2(온도 830℃ / 가열시간 120분) 표준 이상을 충족하고, 난연성능 확보를 위해 KS C IEC 60332-3-24 성능 이상을 충족할 것

ⓒ 내열배선 <개정 2009.10.22, 2010.12.27, 2013.06.10, 2015.01.23>

사용전선의 종류	공사방법
1. 450/750V 저독성 난연 가교 폴리올레핀 절연 전선 2. 0.6/1KV 가교 폴리에틸렌 절연 저독성 난연 폴리올레핀 시스 전력 케이블 3. 6/10kV 가교 폴리에틸렌 절연 저독성 난연 폴리올레핀 시스 전력용 케이블 4. 가교 폴리에틸렌 절연 비닐시스 트레이용 난연 전력 케이블 5. 0.6/1kV EP 고무절연 클로로프렌 시스 케이블 6. 300/500V 내열성 실리콘 고무 절연전선(180℃) 7. 내열성 에틸렌-비닐 아세테이트 고무 절연 케이블 8. 버스닥트(Bus Duct) 9. 기타 「전기용품안전관리법」 및 「전기설비기술기준」에 따라 동등 이상의 내열성능이 있다고 산업통상자원부장관이 인정하는 것	금속관·금속제 가요전선관·금속닥트 또는 케이블(불연성 닥트에 설치하는 경우에 한함) 공사방법에 따라야 한다. 다만, 다음 각목의 기준에 적합하게 설치하는 경우에는 그러하지 아니하다. 가. 배선을 내화성능을 갖는 배선전용실 또는 배선용 샤프트·피트·닥트 등에 설치하는 경우 나. 배선전용실 또는 배선용 샤프트·피트·닥트 등에 다른 설비의 배선이 있는 경우에는 이로부터 15cm 이상 떨어지게 하거나 소화설비의 배선과 이웃하는 다른 설비의 배선사이에 배선지름(배선의 지름이 다른 경우에는 지름이 가장 큰 것을 기준으로 함)의 1.5배 이상의 높이의 불연성 격벽을 설치하는 경우
내화전선·내열전선	케이블공사의 방법에 따라 설치하여야 한다.

(3) 감지기회로의 도통시험을 위한 종단저항의 설치기준

① 점검 및 관리가 쉬운 장소에 설치할 것

② 전용함을 설치하는 경우 그 설치 높이는 바닥으로부터 1.5m 이내로 할 것

③ 감지기회로의 끝부분에 설치하며, 종단감지기에 설치할 경우에는 구별이 쉽도록 해당감지기의 기판 및 감지기 외부 등에 별도의 표시를 할 것

(4) 감지기 사이의 회로의 배선은 송배전식으로 할 것

(5) 전원회로의 전로와 대지 사이 및 배선 상호간의 절연저항은 「전기사업법」의 규정에 따른 기술기준이 정하는 바에 의하고, 감지기회로 및 부속회로의 전로와 대지 사이 및 배선 상호간의 절연저항은 1경계구역마다 직류 250V의 절연저항측정기를 사용하여 측정한 절연저항이 0.1MΩ 이상이 되도록 할 것

(6) 자동화재탐지설비의 배선은 다른 전선과 별도의 관·닥트(절연효력이 있는 것으로 구획한 때에는 그 구획된 부분은 별개의 닥트로 봄)·몰드 또는 풀박스 등에 설치할 것. 다만, 60V 미만의 약 전류회로에 사용하는 전선으로서 각각의 전압이 같을 때에는 그러하지 아니하다.

(7) P형수신기 및 GP형수신기의 감지기 회로의 배선에 있어서 하나의 공통선에 접속할 수 있는 경계구역은 7개 이하로 할 것

(8) 자동화재탐지설비의 감지기회로의 전로저항은 50Ω 이하가 되도록 하여야 하며, 수신기의 각 회로별 종단에 설치되는 감지기에 접속되는 배선의 전압은 감지기 정격전압의 80% 이상이어야 할 것

출제예상문제

01. 그림과 같은 건물 평면도의 경우 자동화재탐지설비의 최소 경계구역 수는? (단, 주된 출입구에서 내부 전체가 보이지 않는 것으로 하고 계단, 경사로 등은 고려하지 않는다.)

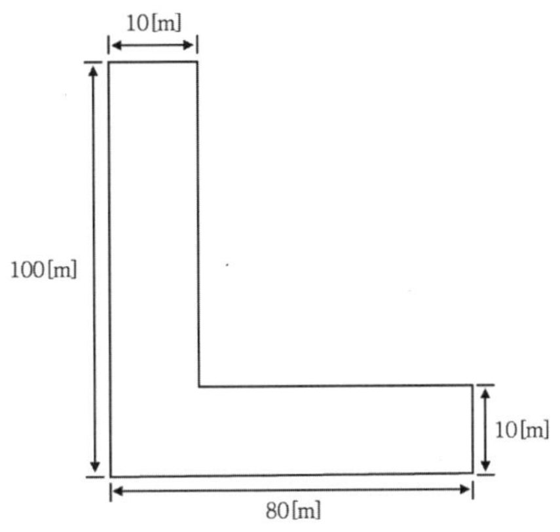

| 정답

4경계구역

면적으로 하는 경우 $100 \times 10 + 70 \times 10 = 1,700[m^2]$이므로 3경계구역이나 한 변의 길이로 하는 경우 50[m]를 각각 초과하므로 최소 4경계구역으로 할 것

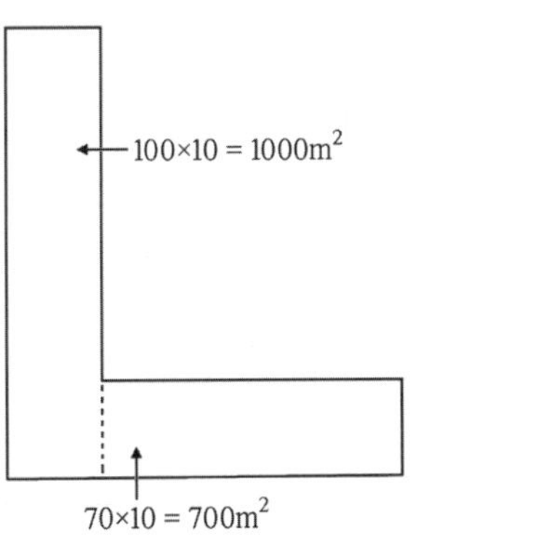

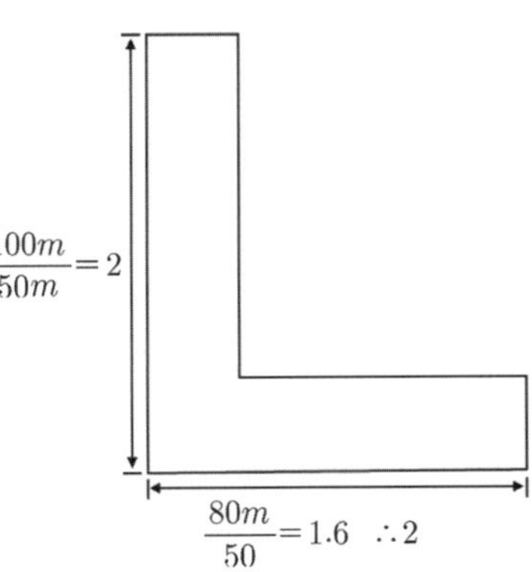

02. 자동화재탐지설비 수신기의 설치기준에 대하여 5가지만 쓰시오. (단, 수신기의 성능별 설치기준은 제외하고, 설치장소, 음향기구, 경계구역, 종합방재반 표시등, 수신기 조작스위치의 위치, 2 이상의 수신기 등에 관하여 5가지만 쓰도록 한다.)

| 정답

- 설치장소: 상시 사람이 근무하고 있는 장소에 설치
- 음향기구: 음량 및 음색이 다른 기기의 소음 등과 명확히 구별
- 경계구역: 감지기 중계기 또는 발신기가 작동하는 경계구역을 표시
- 종합방재반 표시등: 조작반에 수신기의 작동과 연동하여 감지기, 중계기 또는 발신기가 작동하는 경계구역을 표시
- 수신기 조작스위치의 위치: 바닥으로부터 높이가 0.8[m] 이상, 1.5[m] 이하인 장소에 설치
- 2 이상의 수신기: 수신기를 상호간 연동하여 화재발생상황을 각 수신기마다 확인할 수 있도록 함

03. 자동화재탐지설비 설치기준에 관한 사항으로 (   ) 안에 알맞은 내용을 쓰시오.

(1) 수위실 등 상시 사람이 근무하고 있는 장소에 설치하고 그 장소에는 (①)를 비치할 것
(2) 수신기의 (②)는 그 음량 및 음색이 다른 기기의 소음 등과 명확히 구별될 수 있는 것으로 할 것
(3) 수신기는 (③), (④) 또는 (⑤)가 작동하는 경계구역을 표시할 수 있는 것으로 할 것

| 정답

① 경계구역일람도
② 음향기구
③ 감지기
④ 중계기
⑤ 발신기

04. P형수신기의 기능을 4가지만 쓰시오.

| 정답

① 회로도통시험기능
② 화재표시작동시험기능
③ 예비전원시험기능
④ 상용전원이 차단된 경우 자동으로 예비전원으로 절환되는 자동절환기능

05. 자동화재탐지설비에서 R형수신기를 설치하는 경우, 타 수신기와 비교하였을 때 이점 3가지를 쓰시오.

| 정답
- 신호전달이 정확하다.
- 화재발생지구를 문자로 명확하게 나타낸다.
- 선로의 증설 · 이설이 용이하다.
- 선로 수가 적게 들어 경제적이다.
- 선로를 길게 할 수 있다.

06. 자동화재탐지설비의 수신기, 중계기 및 감지기에 관한 다음 (　　) 안에 알맞은 것은?

(1) 수신기의 조작스위치는 바닥으로부터 높이가 (①)[m] 이상, (②)[m] 이하인 장소에 설치한다.
(2) 중계기에는 (③)시험 및 (④)시험을 할 수 있는 장치를 설치하여야 한다.
(3) 자동화재탐지설비의 감지기(차동식 분포형의 것은 제외)는 실내로의 공기유입구로부터 (⑤)[m] 이상 떨어진 위치에 설치한다.

| 정답
(1) ① 0.8
　　② 1.5
(2) ③ 상용전원
　　④ 예비전원
(3) ⑤ 1.5

07. 자동화재탐지설비에 대한 다음 각 물음에 답하시오.

(1) 화재의 발생을 표시하는 표시등은 등이 켜질 때 무슨 색으로 표시되어야 하는가?
(2) 속보기의 부품으로 사용되는 소형전원변압기의 정격 1차전압은 몇 [V] 이하이어야 하는가?
(3) 속보기의 예비전원은 어떤 종류의 진지로서 그 용량은 감시상태를 60분간 계속한 후 몇 분 이상 계속하여 통보할 수 있는 것이어야 하는가?

| 정답
(1) 적색
(2) 300[V] 이하
(3) 축전지 종류: 알칼리계 2차축전지, 리튬계 2차축전지, 무보수밀폐형 축전지
　　통보시간: 10분 이상

08. 감지기회로에 대한 다음 각 물음에 답하시오.

(1) 자동화재탐지설비의 감지기회로의 전로저항은 몇 Ω 이하가 되도록 하여야 하는가?

(2) 감지기회로 사이의 배전방식은 무엇인가?

(3) 수신기에서 100[m] 떨어진 장소의 감지기가 작동하였다. 이때 감지기회로(전선, 벨, 수신기램프 등)에 소비된 전류가 500[mA]라고 하면 이 경우의 전압강하는 몇 [V]인가? (단, 전선의 굵기는 1.2[mm]이고, 전류감소계수 등의 기타 주어지지 않은 조건은 무시한다.)

| 정답

(1) 50

(2) 송배전방식

(3) $e = \dfrac{35.6L \cdot I}{1{,}000 \times A}$

$$= \frac{35.6 \times 100 \times (500 \times 10^{-3})}{1{,}000 \times \left(\dfrac{\pi}{4} \times 1.2^2\right)} = 1.57[\mathrm{V}]$$

09. P형수신기와 감지기와의 배선회로에서 배선회로저항이 110[Ω]이고, 릴레이저항이 800[Ω], 회로의 전압이 DC 24[V]이고, 상시감시 전류는 2[mA]라고 할 때, 다음 각 물음에 답하시오.

(1) 종단저항은 몇 [Ω]인가?

(2) 감지기가 동작할 때 회로에 흐르는 전류는 몇 [mA]인가?

| 정답

(1) 합성저항[Ω] $= \dfrac{24[\mathrm{V}]}{2 \times 10^{-3}[\mathrm{A}]} = 12 \times 10^3[\Omega]$

종단저항[Ω] $= 12 \times 10^3 - (110 + 800) = 11{,}090[\Omega]$

(2) 감지기 동작 시 전류

$\mathrm{I}[\mathrm{mA}] = \dfrac{24}{110 + 800} \times 10^3 = 26.373$

$\therefore\ 26.37[\mathrm{mA}]$

10. **P형수신기와 감지기와의 배선회로에서 종단저항이 10[KΩ]이고, 릴레이 저항은 550[Ω], 배선회로의 저항은 45[Ω]이며, 회로전압이 DC 24[V]일 때 다음 각 물음에 답하시오.**

(1) 평소 감시전류는 몇 [mA]인가?

(2) 감지기가 동작할 때(화재 시)의 전류는 몇 [mA]인가?

| 정답

(1) 감시전류

$$I[\text{mA}] = \frac{24}{10 \times 10^3 \times 550 + 45} \times 10^3 = 2.265$$

$\therefore$ 2.27[mA]

(2) 감지기 동작(화재 시)시 전류

$$I[\text{mA}] = \frac{24}{550 + 45} \times 10^3 = 40.336$$

$\therefore 40.34$[mA]

11. **P형수신기와 감지기와의 배선회로에서 감지기가 동작할 때의 전류(동작전류)는 몇 [mA]인가? (단, 감시전류는 1.15[mA], 릴레이 저항은 500[Ω], 종단저항은 20[kΩ]이다.)**

| 정답

감시전류가 1.15[mA]이므로

총 합성저항 $R_O[\Omega] = \dfrac{24}{1.15 \times 10^{-3}} = 20869.565$

$\therefore$ 20869.57[Ω]

동작전류 $I[\text{mA}] = \dfrac{24}{20869.57 - 20 \times 10^3} \times 10^3 = 27.599$

$\therefore$ 27.60[mA]

12. **자동화재탐지설비의 중계기 설치기준을 3가지 쓰시오.**

| 정답

- 조작 및 점검이 편리하고 화재 및 침수 등의 재해로 인한 피해를 받을 우려가 없는 장소에 설치할 것
- 수신기에서 직접 감지기회로의 도통시험을 행하지 아니하는 것에 있어서는 수신기와 감지기 사이에 설치할 것
- 수신기에 의하여 감시되지 아니하는 배선을 통하여 전력을 공급받는 것에 있어서는 전원 입력측의 배선에 과전류 차단기를 설치하고 당해 전원의 정전이 즉시 수신기에 표시되는 것으로 하며, 상용전원 및 예비전원의 시험을 할 수 있도록 할 것

13. 중계기가 수신기에 의해 감시되지 않은 배선을 통해 전력을 공급받는다면 어떤 조치를 취해야 하는지 그 조치 사항을 3가지만 쓰시오.

| 정답

- 입력 측에 과전류차단기 설치
- 상용전원시험장치 및 예비전원시험장치 설치
- 전원의 정전이 즉시 수신기에 표시되도록 할 것

14. 다음은 중계기에 관한 사항이다. ①~⑧번까지 (　　) 안에 적합한 용어를 쓰시오.

(1) (①)에 의하여 감시되지 아니하는 (②)을 통하여 전력을 공급받는 것에 있어서는 전원 (③)의 배선에 (④)를 설치하고 당해전원의 정전이 즉시 수신기에 표시되는 것으로 하며 (⑤) 및 (⑥)의 시험을 할 수 있도록 할 것

(2) 수신기에서 직접 감지기 회로의 (⑦)을 행하지 아니하는 경우에는 수신기와 (⑧) 사이에 설치할 것

| 정답

(1) ① 수신기　② 배선　③ 입력측　④ 과전류차단기　⑤ 상용전원　⑥ 예비전원

(2) ⑦ 도통시험　⑧ 감지기

15. 감지기의 설치기준에 대한 다음 (　　) 안에 알맞은 내용을 쓰시오.

(1) 차동식 분포형 감지기를 제외한 감지기는 실내로의 공기유입구로부터 (　　)[m] 이상 떨어진 위치에 설치할 것

(2) 감지기는 (　　) 또는 반자의 옥내에 면하는 부분에 설치할 것

(3) 보상식 스포트형 감지기는 정온점이 감지기 주위의 평상시 최고온도보다 섭씨 (　　)도 이상 높은 것으로 설치할 것

(4) 스포트형 감지기는 (　　)도 이상 경사되지 아니하도록 부착할 것

(5) 감지기는 벽 또는 보로부터 (　　)[m] 이상 떨어진 곳에 설치할 것

| 정답

(1) 1.5

(2) 천장

(3) 20

(4) 45

(5) 0.6

16. 자동화재탐지설비의 감지기에 대한 다음 각 물음에 답하시오.

(1) 연기감지기를 설치하여야 하는 장소의 기준을 3가지만 쓰시오.

(2) 스포트형 감지기는 몇 도 이상 경사되지 않도록 부착하여야 하는가?

(3) 공기관식 차동식 분포형 감지기의 공기관의 노출부분은 감지구역마다 몇 [m] 이상이 되도록 하여야 하는가?

| 정답

(1) • 복도(30[m] 미만의 것 제외)
• 계단, 경사로(15[m] 미만의 것 제외)
• 천장 또는 반자의 높이가 15[m] 이상 20[m] 미만의 장소

(2) 45

(3) 20

17. 감지기를 1개 이상 설치하여야 할 바닥면적의 기준을 나타낸 표이다. (　　) 안의 바닥면적은?

부착높이 및 소방대상물의 구분		감지기의 종류에 따른 바닥면적				
		차동식 스포트형		정온식 스포트형		
		1종	2종	특종	1종	2종
4 m 미만	주요구조부를 내화구조로 한 소방대상물 또는 그 부분	90	70	70	(①)	20
	기타 구조의 소방대상물 또는 그 부분	(②)	40	40	(③)	15
4 m 이상 8 m 미만	주요구조부를 내화구조로 한 소방대상물 또는 그 부분	(④)	35	35	30	
	기타 구조의 소방대상물 또는 그 부분	(⑤)	25	25	15	

| 정답

① 60
② 50
③ 30
④ 45
⑤ 30

18. 감지기의 종류가 표와 같을 때 부착높이 및 소방대상물의 구분에 따라 1개 이상 설치하여야 하는 바닥면적의 기준을 ( ) 안에 써 넣으시오.

(단위: m^2)

부착높이 및 소방대상물의 구분		감지기의 종류에 따른 바닥면적						
		차동식 스포트형		보상식 스포트형		정온식 스포트형		
		1종	2종	1종	2종	특종	1종	2종
4 m 미만	주요구조부를 내화구조로 한 소방대상물 또는 그 부분	90	70	( )	( )	( )	60	20
	기타 구조의 소방대상물 또는 그 부분	50	40	( )	( )	( )	30	15
4 m 이상 8 m 미만	주요구조부를 내화구조로 한 소방대상물 또는 그 부분	45	35	( )	( )	( )	30	
	기타 구조의 소방대상물 또는 그 부분	30	25	( )	( )	( )	15	

| 정답

(단위: m^2)

부착높이 및 소방대상물의 구분		감지기의 종류에 따른 바닥면적						
		차동식 스포트형		보상식 스포트형		정온식 스포트형		
		1종	2종	1종	2종	특종	1종	2종
4 m 미만	주요구조부를 내화구조로 한 소방대상물 또는 그 부분	90	70	90	70	70	60	20
	기타 구조의 소방대상물 또는 그 부분	50	40	50	40	40	30	15
4 m 이상 8 m 미만	주요구조부를 내화구조로 한 소방대상물 또는 그 부분	45	35	45	35	35	30	
	기타 구조의 소방대상물 또는 그 부분	30	25	30	25	25	15	

19. 정온식 스포트형 감지기(2종)와 연기감지기(광전식 1종)가 유효하게 감지할 수 있는 감지기 취부면의 높이는 몇 [m] 미만이어야 하는가?

| 정답

- 정온식 스포트형 감지기(2종): 4[m] 미만
- 연기감지기(광전식 1종): 20[m] 미만

20. 바닥으로부터 천장까지 높이가 8[m] 이상 15[m] 미만인 소방대상물에 설치할 수 있는 감지기의 종류를 5가지만 쓰시오.

| 정답

- 차동식 분포형
- 이온화식 1종
- 이온화식 2종
- 광전식 스포트형 1종
- 광전식 스포트형 2종

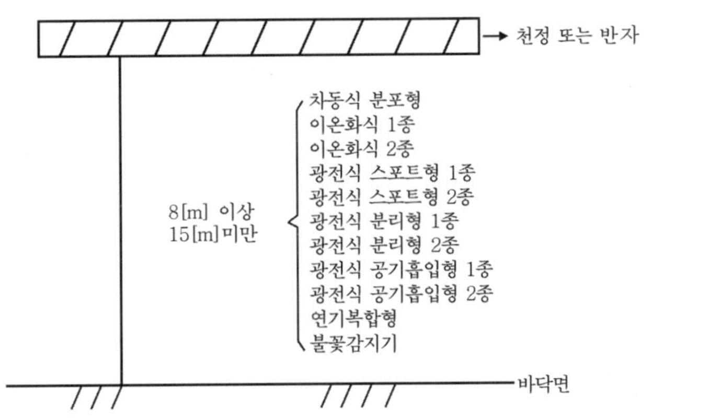

21. 그림과 같은 경우, 감지기 설치대상 여부와 대상 여부를 판단하는 근거식을 쓰시오.

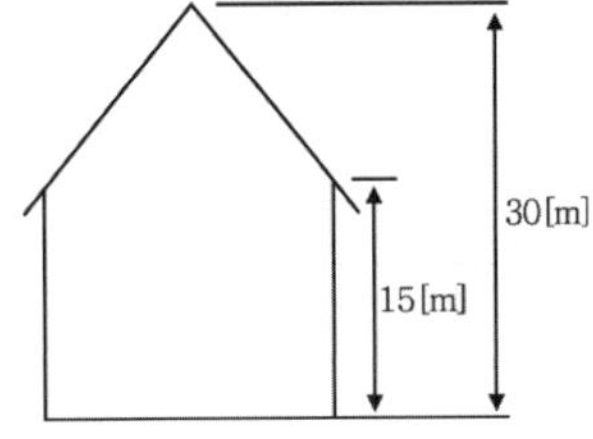

| 정답

- 감지기 설치대상 여부: 평균높이가 22.5[m]로서 20[m] 이상이므로 감지기 설치를 제외한다.
- 근거식: $h = \frac{H + H'}{2}$

  h: 평균높이[m]

  H: 최정상부[m]

  H': 처마높이 최정상부[m]

  $\therefore\ h[\text{m}] = \frac{30+15}{2} = 22.5[\text{m}]$

22. 다음 그림을 보고 물음에 답하시오.

(1) 감지기의 명칭은 무엇인가?
(2) ①~③의 명칭은 각각 무엇인가?
(3) ②의 역할은 무엇인가?
(4) 이 감지기의 동작원리를 설명하시오.

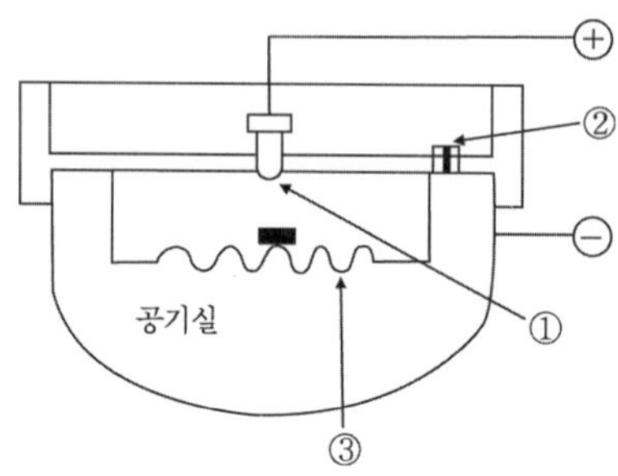

| 정답

(1) 차동식 스포트형 감지기
(2) ① 접점　② 리크공　③ 다이어프램
(3) 공기실 내부의 공기압력을 조절하여 비화재보를 방지하는 역할
(4) 화재시 급격히 온도가 상승하면 실내의 공기가 팽창되어 다이어프램이 변위되고 접점을 폐로시켜 작동함

23. 다음 그림은 어떤 감지기의 구성도이다. 이 감지기의 명칭과 각 부의 명칭을 쓰시오.

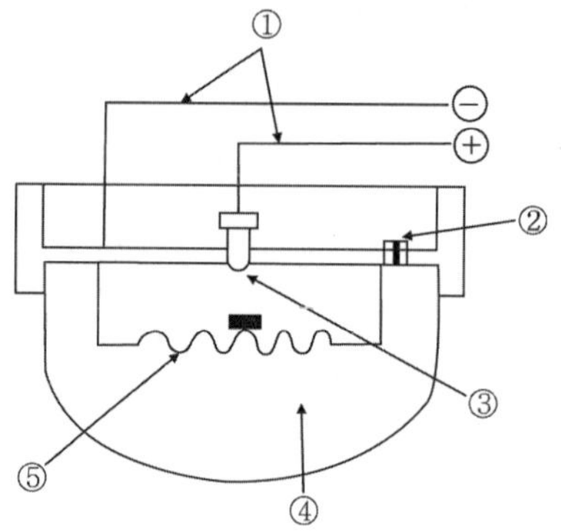

| 정답

- 감지기 명칭: 차동식 스포트형 감지기
- ① 감지기배선
  ② 리크공
  ③ 접점
  ④ 공기실
  ⑤ 다이어프램

24. 다음은 차동식 스포트형 감지기의 구조를 나타낸 그림이다. 각 부분의 명칭(①~④)을 쓰고 ①의 기능에 대하여 간략하게 서술하시오.

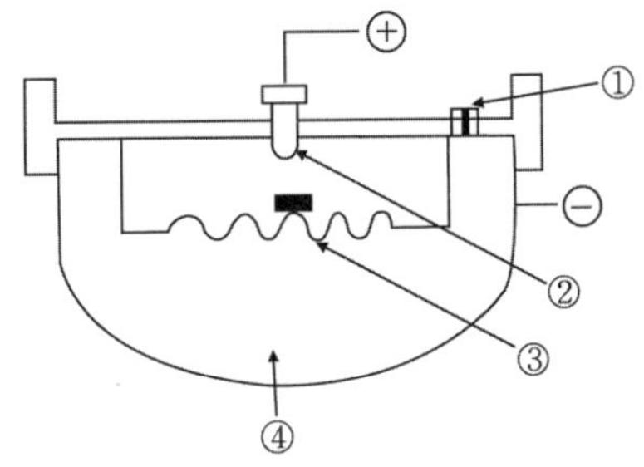

| 정답

(1) ① 리크공

② 접점

③ 다이어프램

④ 공기실

(2) ①의 기능: 공기실 내부의 공기압력을 조절하여 비화재보를 방지

25. 주요 구조부가 내화구조로 된 건축물 내에 바닥면적 100[m²]의 감지구역이 있다. 이 부분에 자동화재탐지설비를 설치하여 차동식 스포트형 감지기(2종)를 설치하고자 한다. 필요한 감지기의 최소 수량은 얼마인가? (단, 설치면의 높이는 3[m]이다.)

| 정답

- 수량 $= \dfrac{100\text{m}^2}{70\text{m}^2} = 1.428$
- 소수는 1을 절상하므로 2개

26. 콘크리트 라멘조(concrete rahmenzo)로 된 어느 빌딩의 사무실 면적이 1,000[m^2]이고, 천장 높이가 5[m]이다. 이 사무실에 차동식 스포트형 감지기를 설치하려고 한다. 최소 몇 개가 필요한지 주어진 표를 이용하여 구하시오.

[감지기 1개당 최대경계면적]

구분 종별	취부면의 높이[m]	구조물의 종류	최대경계면적[m^2]
차동식 스포트형	4m 미만	내화	70
		기타	40
	4~8m 미만	내화	35
		기타	25

| 정답

- 감지기 개수[개] $= \frac{\text{바닥면적[m}^2\text{]}}{\text{감지면적[m}^2\text{]}}$에서

  $= \frac{1,000}{35} = 28.571$
- 소수는 1을 절상하므로 29개

참고 콘크리트 라멘조는 내화구조이다.

27. 바닥면적이 170[m^2]인 장소에 차동식 스포트형 감지기(2종)를 설치하고자 한다. 최소 설치개수는? (단, 감지기의 부착높이는 5.4[m]이며, 주요 구조부가 내화구조로 된 소방대상물이다.)

| 정답

- 부착높이가 4[m] 이상 8[m] 미만이고 주요구조부가 내화구조이며 차동식 스포트형 감지기 2종을 설치하는 경우, 감지기 1개당 바닥면적은 35[m^2]이다.
- N[개] $= \frac{\text{바닥면적[m}^2\text{]}}{\text{감지기 1개당 경계면적[m}^2\text{]}}$에서

  $= \frac{170}{35} = 4.857$
- 소수는 1을 절상하므로 5개

28. 차동식 감지기의 리크구멍(리크공)은 실온의 완만한 온도 상승에 대해서는 팽창한 공기를 외부로 배출하는 기능을 하는 것이다. 그러나 이 리크구멍(리크공)이 먼지 등에 의해서 막힐 경우, 감지기는 어떤 현상이 발생하는가?

| 정답

리크구멍이 먼지 등에 의해 막히면 리크구멍이 원래의 상태보다 좁아져 실온의 완만한 온도 상승에 대한 팽창된 공기를 외부로 원활하게 배출시키지 못하므로 접점이 닫혀 동작시간이 빨라진다.

29. 감지기의 부착높이가 바닥으로부터 7.5[m], 바닥면적이 1,200[m^2]인 보일러실에 자동화재탐지설비용으로 정온식 스포트형 1종 감지기를 설치할 때 필요한 감지기의 최소 개수는? (단, 주요구조부는 내화구조이다.)

| 정답

- 주요구조부가 내화구조이고 부착높이가 4[m] 이상 8[m] 미만으로서 정온식 스포트형 1종을 설치하는 경우 감지기 1개당 바닥면적은 30[m^2]이다.
- 감지기 개수$=\dfrac{1,200[m^2]}{30[m^2]}=40[개]$

30. 정온식 스포트형 특종 감지기를 부착면의 높이가 7[m]인 내화구조로 된 소방대상물에 설치하고자 한다. 이 경우 소방대상물의 바닥면적이 110[m^2]이라면 몇 개 이상 설치해야 하는가?

| 정답

- 감지기 개수 $=\dfrac{110[m^2]}{35[m^2]}=3.142[개]$
- 소수는 1을 절상하므로 4개

31. **주요구조부가 내화구조부인 소방대상물에 자동화재탐지설비용 공기관식 차동식 분포형 감지기를 설치하려고 한다. 다음 각 물음에 답하시오.**

(1) 공기관의 노출부분은 감지구역마다 몇 [m] 이상으로 하여야 하는가?
(2) 공기관과 감지구역의 각 변과의 수평거리는 몇 [m] 이하이어야 하는가?
(3) 하나의 검출부분에 접속하는 공기관의 길이는 몇 [m] 이하로 하여야 하는가?
(4) 공기관 상호간의 거리는 몇 [m] 이하이어야 하는가?
(5) 검출부는 몇 도 이상 경사되지 아니하도록 부착하여야 하는가?

| 정답

(1) 20
(2) 1.5
(3) 100
(4) 9
(5) 5

32. **자동화재탐지설비의 공기관식 차동식 분포형 감지기의 설치기준을 3가지 쓰시오.**

| 정답

- 공기관의 노출부분은 감지구역마다 20[m] 이상일 것
- 공기관은 도중에서 분기하지 않을 것
- 하나의 검출부에 접속하는 공기관 길이는 100[m] 이하일 것
- 공기관은 5도 이상 경사되지 않도록 부착할 것
- 검출부는 바닥으로부터 0.8[m] 이상 1.5[m] 이하 위치에 설치할 것
- 공기관과 감지구역의 각 변과 수평거리는 1.5[m] 이하가 되도록 하고 공기관 상호간 거리는 6[m](내화구조는 9[m]) 이하가 되도록 할 것

33. 그림과 같은 공기관식 차동식 분포형 감지기의 설치도면을 보고 다음 각 물음에 답하시오. (단, 하나의 공기관의 총 길이는 52[m]이다. 전체의 경계구역은 1경계구역으로 한다. 본 건물은 내화구조이다.)

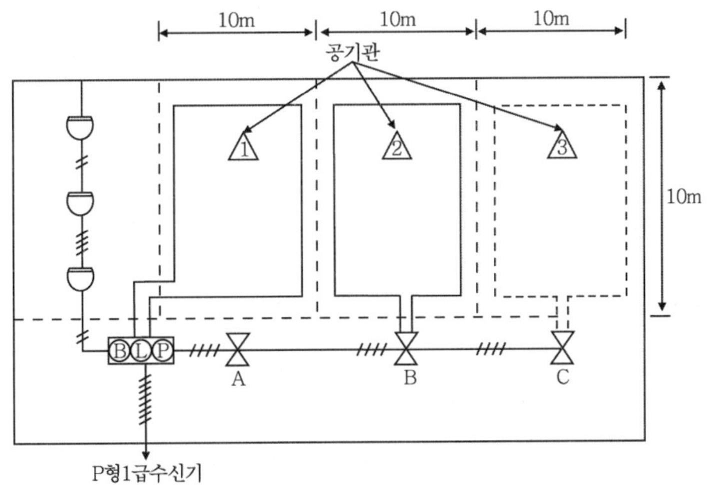

(1) ⧖의 명칭은 무엇인가?

(2) 공기관의 설치와 배선의 가닥 수 표시가 잘못된 부분이 있다. 잘못된 부분을 수정하여 전체 도면을 바르게 작성하시오.

(3) △3의 공기관 표시는 어느 경우에 하는 것인가?

| 정답

(1) 검출부

(2)

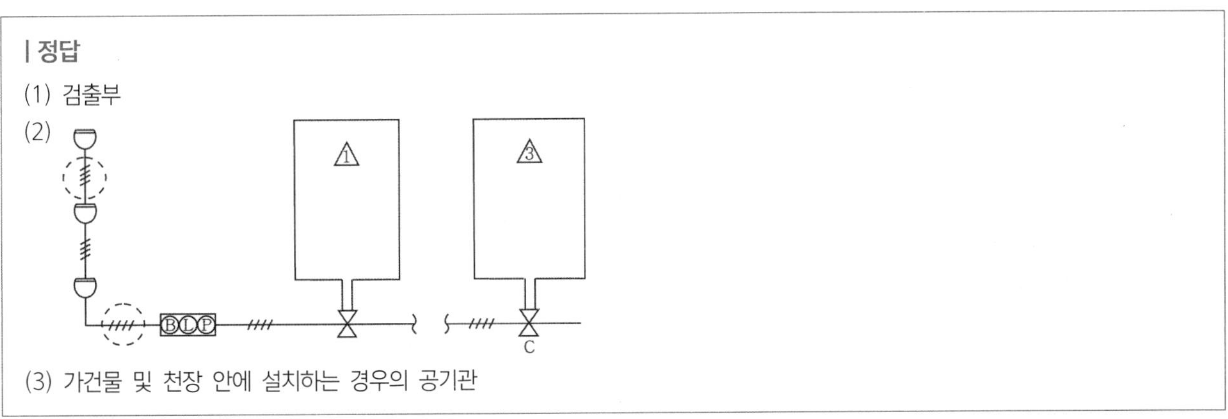

(3) 가건물 및 천장 안에 설치하는 경우의 공기관

34. 공기관식 차동식 분포형 감지기에서 작동 개시시간이 허용범위보다 늦게 되는 경우가 있다. 그 원인에 대하여 간단히 설명하시오.

| 정답

• 리크저항이 작은 경우
• 접점수고치가 높은 경우

35. 차동식 스포트형 감지기와 차동식 분포형 감지기의 감지원리에 대하여 간략하게 비교 설명하시오.

| 정답

감지기	동작
차동식 스포트형	일국소 열효과에 의하여 작동
차동식 분포형	광범위한 열효과의 누적에 의하여 작동

36. 공기관식 차동식 분포형 감지기의 접속방법을 설명하시오.

| 정답

슬리브이음: 공기관의 끝을 닦고 납을 올린 다음 이 부분을 슬리브에 넣고 납땜을 한다.

37. 그림은 열전대식 차동식 분포형 감지기에 대한 결선도면이다. 이 도면을 보고 다음 각 물음에 답하시오.

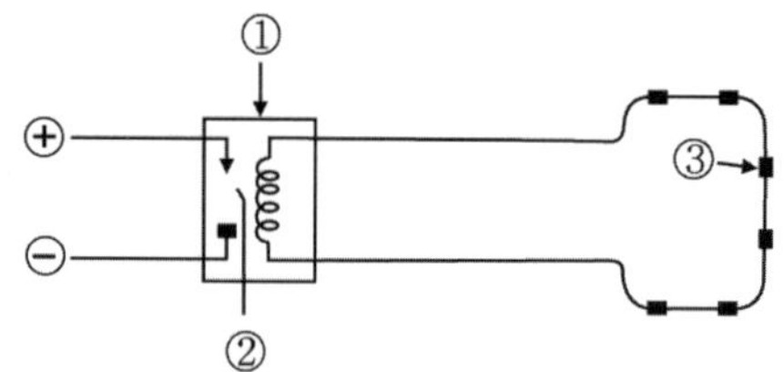

(1) ①에 해당되는 곳은 무슨 부분인가?
(2) ②, ③에 해당되는 곳의 명칭은 무엇인가?
(3) 하나의 검출부에 접속하는 열전대부는 몇 개 이하로 하여야 하는가?
(4) 열전대부는 감지구역의 바닥면적이 몇 [m^2]마다 1개 이상으로 하여야 하는가? (단, 일반적인 경우이다.)

| 정답

(1) ① 검출부(또는 미터릴레이)
(2) ② 접점 ③ 열전대
(3) 20
(4) 18

38. 그림은 열전대식 차동식 분포형 감지기의 구성도이다. 이 그림을 보고 다음 각 물음에 답하시오.

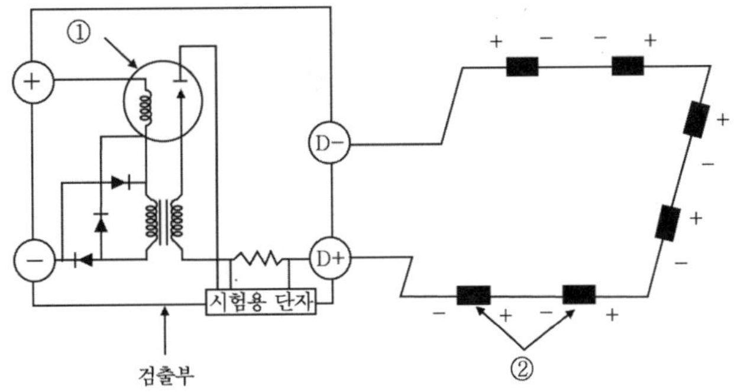

(1) 그림에서 잘못된 부분을 찾아 그 부분을 지적하고 옳은 그림으로 수정하여 그리시오.

(2) 그림에서 ①, ②는 무엇을 나타내는가?

(3) 그림에서 ②의 부분을 ─▭─ 로 표시하였다면 이것은 어떤 뜻인가?

(4) 그림에서 ②를 1개 검출부의 최대로 접속할 수 있는 수량은 몇 개이며, 최저 접속 개수는 1개의 감지구역마다 몇 개인가?

| 정답

(1)

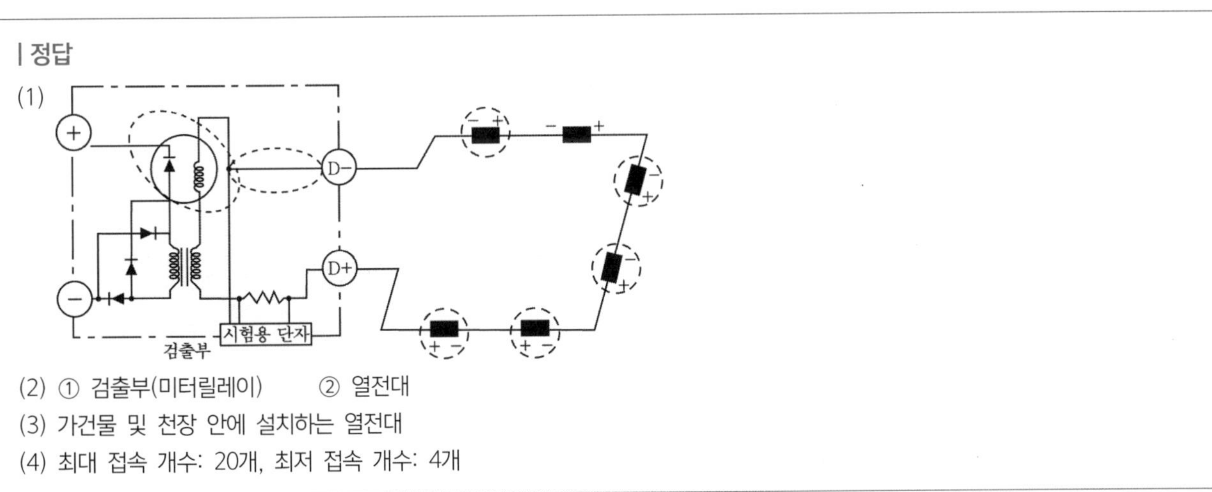

(2) ① 검출부(미터릴레이) ② 열전대

(3) 가건물 및 천장 안에 설치하는 열전대

(4) 최대 접속 개수: 20개, 최저 접속 개수: 4개

39. 다음 그림은 이온(ion)화식 연기감지기에 대한 것이다. 각 물음에 답하시오.

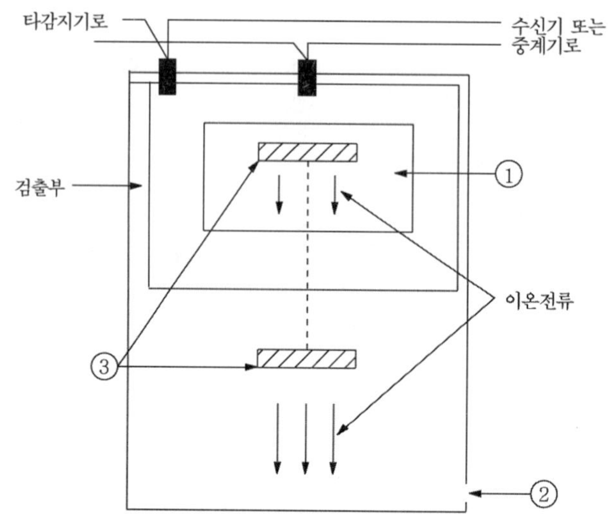

(1) ①~③의 명칭은?

(2) 이 감지기에서 방출하는 방사선은 α선이다. 방사선원은 무엇인가?

(3) 감지기를 천장에 설치한 경우 벽면으로부터 최소 몇 [m] 이상 이격시켜야 하는가?

(4) 실내에 외부로부터 공기가 들어오는 유입구가 있을 경우 감지기를 유입구로부터 몇 [m] 이상 이격시켜야 하는가?

(5) 감지기는 다음 표에 의해 일정 바닥면적마다 1개 이상 설치해야 한다. ④~⑦에 해당하는 바닥면적은 얼마인가? (단, 기준이 없는 경우는 X로 표기할 것)

부착면의 높이	연기감지기의 종류	
	1종 및 2종	3종
4m 미만	④	⑤
4 m 이상 20 m 미만	⑥	⑦

| 정답

(1) ① 내부이온실 ② 외부이온실 ③ 방사선원

(2) 아메리슘

(3) 0.6

(4) 1.5

(5) ④ 150 ⑤ 50 ⑥ 75 ⑦ X

40. 그림은 감지기의 결선도이다. 다음 각 물음에 답하시오.

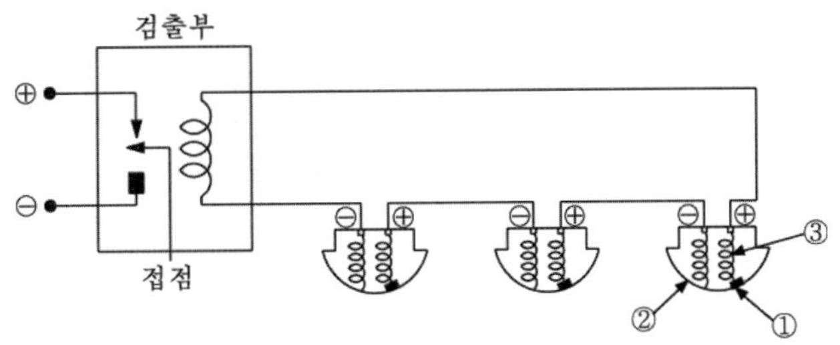

(1) 감지기의 명칭을 쓰시오.
(2) ①~③까지의 명칭을 쓰고 ①, ③은 어떤 작용을 하는지 답하시오.
(3) 감지기의 작동원리를 쓰시오.

| 정답

(1) 차동식 분포형 열반도체식 감지기
(2) ① 명칭: 열반도체 소자
작용: 열기전력 발생
② 명칭: 수열판
③ 명칭: 동 · 니켈선
작용: 열반도체 소자와 역방향의 열기전력 발생
(3) 작동원리: 화재에 의해 급격히 온도가 상승하면 열반도체 소자에 의하여 열기전력이 발생, 미터릴레이를 작동시켜 접점이 폐로되어 화재신호 발신

41. 제1종 연기감지기의 설치기준에 대하여 다음 ( ) 안을 채우시오.

(1) 복도 및 통로에 있어서는 보행거리 ( )[m]마다 1개 이상으로 할 것
(2) 계단 및 경사로에 있어서는 수직거리 ( )[m]마다 1개 이상으로 할 것
(3) 감지기는 벽 또는 보로부터 ( )[m] 이상 떨어진 곳에 설치할 것
(4) 천장 또는 반자 부근에 ( )가 있는 경우에는 그 부근에 설치할 것

| 정답

(1) 30
(2) 15
(3) 0.6
(4) 배기구

42. 그림과 같은 이온화식 감지기의 구성도를 보고 다음 각 물음에 답하시오.

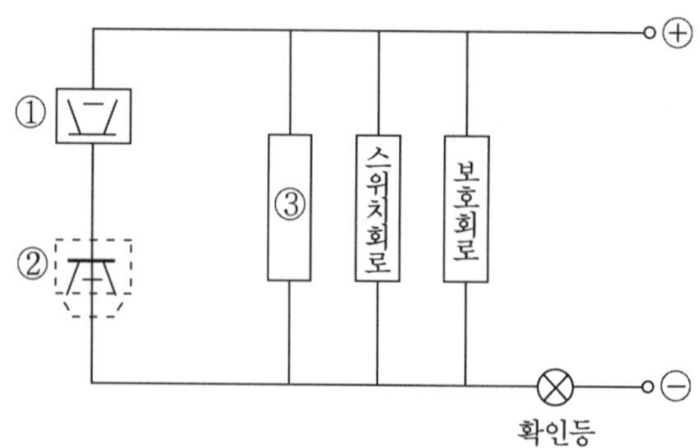

(1) ①, ②의 명칭은 무엇인가?
(2) ③에 구성되어야 할 회로는 무엇인가?
(3) ①, ②에 주로 사용하는 방사선 동위원소는 무엇인가?

| 정답

(1) ① 내부이온실　　② 외부이온실
(2) ③ 증폭회로
(3) 아메리슘

43. 그림과 같이 연기감지기 1종을 복도 및 통로에 설치할 때, (1)~(4)의 거리는 몇 [m] 이하인가?

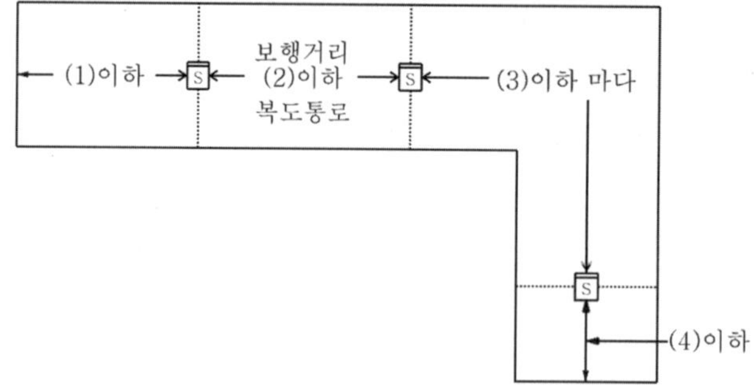

| 정답

• 1종 및 2종: 보행거리 30[m]마다
• 3종: 보행거리 20[m]마다
(1) 15[m]
(2) 30[m]
(3) 30[m]
(4) 15[m]

44. 어떤 소방대상물에 연기감지기(3종)를 설치하고자 한다. 복도 및 통로에서는 보행거리 몇 [m]마다 1개 이상 시설하여야 하며, 또 계단 및 경사로에 있어서는 수직거리 몇 [m]마다 1개 이상 시설하여야 하는가? (단, 부착면의 높이는 4[m] 미만이라고 한다.)

| 정답

- 복도 및 통로: 보행거리 20[m]
- 계단 및 경사로: 수직거리 10[m]

45. 지상 2층, 지하 2층 건물에 연기감지기를 설치하고자 한다. (가), (나)에 설치하는 연기감지기는 수직거리 몇 [m]마다 설치하여야 하는가? [단, (가)는 1종 감지기, (나)는 3종 감지기를 설치한다.]

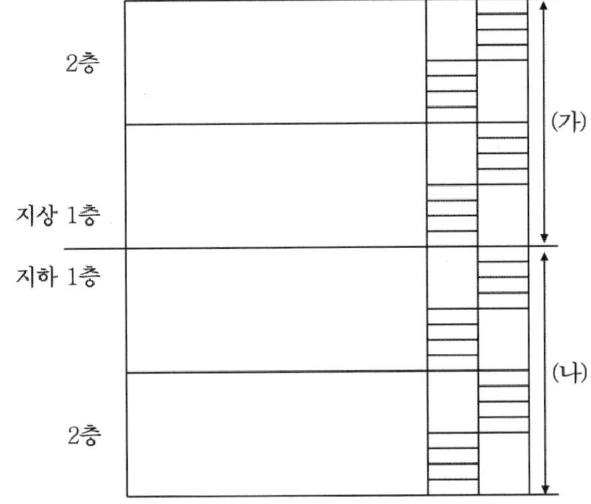

| 정답

(가) 수직거리 15[m] 이하
(나) 수직거리 10[m] 이하

46. 자동화재탐지설비용 연기감지기(2종)를 설치하고자 한다. 다음 각 물음에 답하시오.

(1) 감지기의 부착높이가 3.5[m]이고, 바닥 면적이 310[m²]인 경우 몇 개 이상을 설치하여야 하는가?

(2) 복도의 길이(보행거리)가 53[m]인 경우 몇 개 이상을 설치하여야 하는가?

(3) 지하 4층, 지상 6층의 건축물(층고 3[m])의 계단에 설치할 경우는 몇 개 이상을 설치하여야 하는지 단면도를 그리고 설명하시오.

| 정답

(1) $\dfrac{310[\mathrm{m}^2]}{150[\mathrm{m}^2]} = 2.066$

소수는 1을 절상하므로 3개

(2) 보행거리 30[m] 이하마다 1개 이상을 설치

$\dfrac{53\mathrm{m}}{30\mathrm{m}} = 1.76$

소수는 1을 절상하므로 2개

(3)

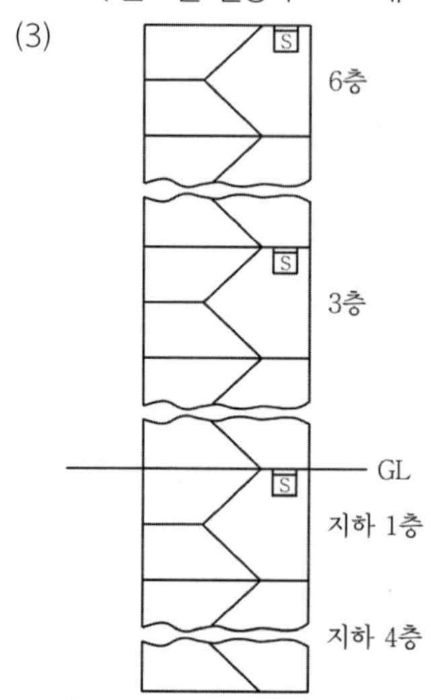

- 지상층

  수직거리 [m] = 3 × 6 = 18[m]

  수직거리 15[m]마다 1개 이상을 설치하므로 최소 2개 설치

- 지하층

  지상층과 별선 경계구역으로 하고

  수직거리 [m] = 3 × 4 = 12[m]이므로 최소 1개 설치

47. 자동화재탐지설비의 발신기 설치기준을 2가지만 쓰시오.

| 정답

- 조작이 쉬운 장소에 설치하고, 스위치는 바닥으로부터 0.8[m] 이상 1.5[m] 이하의 높이에 설치할 것
- 소방대상물의 층마다 설치하되, 당해 소방대상물의 각 부분으로부터 하나의 발신기까지의 수평거리가 25[m] 이하가 되도록 할 것

48. 답안지의 그림을 이용하여 P형 수동발신기의 내부결선과 발신기, 감지기, 수신기간의 결선도를 완성하시오. (단, 적당한 개소에 종단저항(—ΛΛΛ—)도 설치하여 회로를 구성할 것)

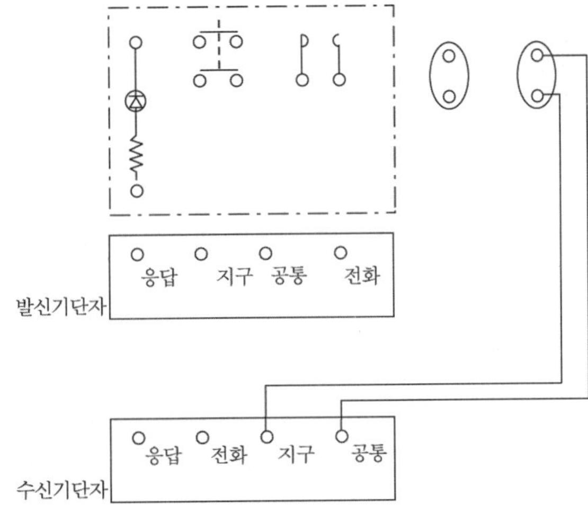

| 정답

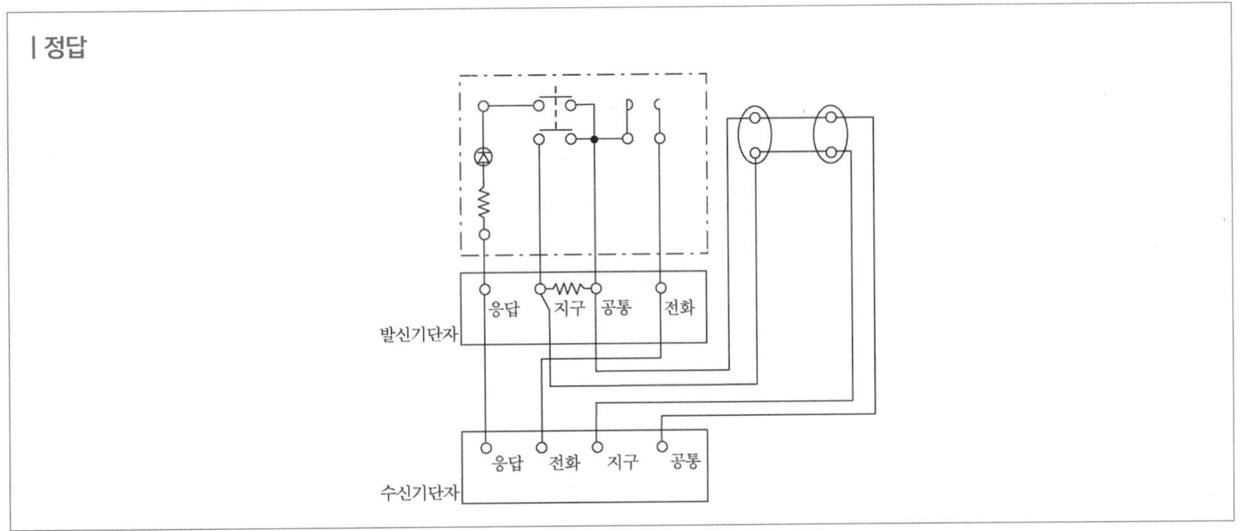

49. 다음은 자동화재탐지설비의 발신기 설치기준 2가지이다. 내용 중 잘못된 부분을 예시와 같이 지적하고 옳은 내용을 쓰시오.

<예시> "(1)" 문제 누름스위치 → 스위치

(1) 조작이 어려운 장소에 설치하고 그 누름스위치는 바닥으로부터 1[m] 이상 1.5[m] 이하의 높이에 설치할 것
(2) 소방대상물의 격층으로 설치하되, 당해 소방대상물의 각 부분으로부터 하나의 발신기까지의 수직거리가 30[m] 이하가 되도록 할 것

| 정답

(1) 어려운 → 쉬운, 1[m] → 0.8[m]
(2) 격층 → 각층, 수직거리 → 수평거리, 30[m] → 25[m]

50. 다음은 발신기의 내부회로를 나타낸 것이다. 전기적으로 완벽하게 동작할 수 있도록 완성하시오.

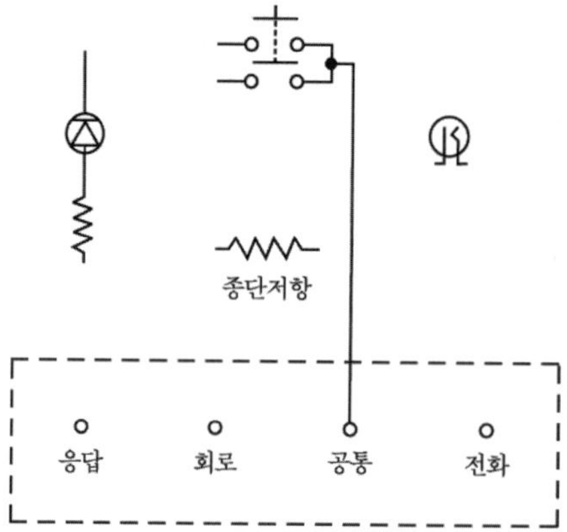

| 정답

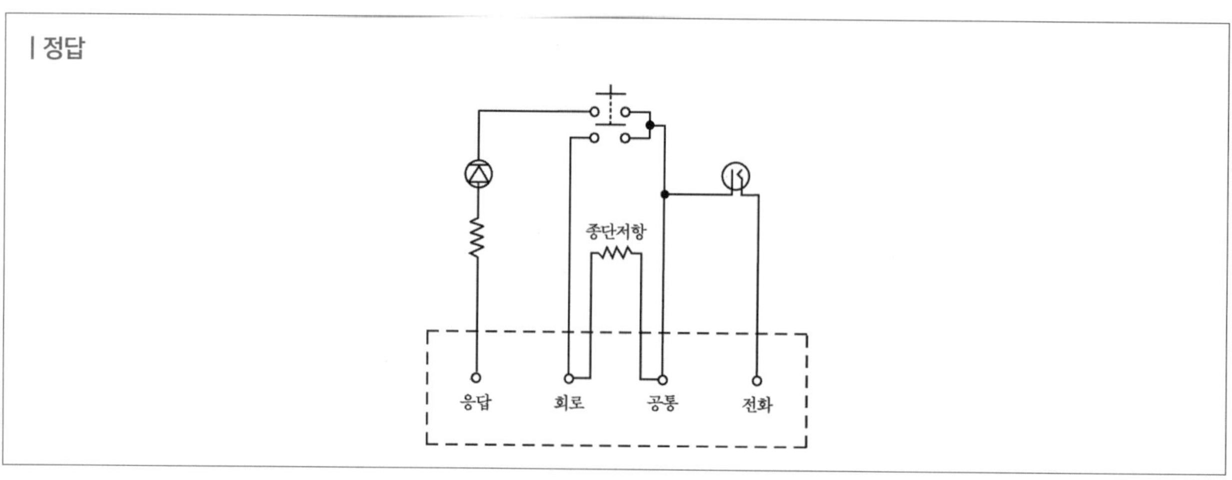

51. 다음에 주어진 부품 및 단자를 사용하여 P형수동발신기의 내부회로를 완성하고 각 단자에 대한 용도 및 기능을 설명하시오.

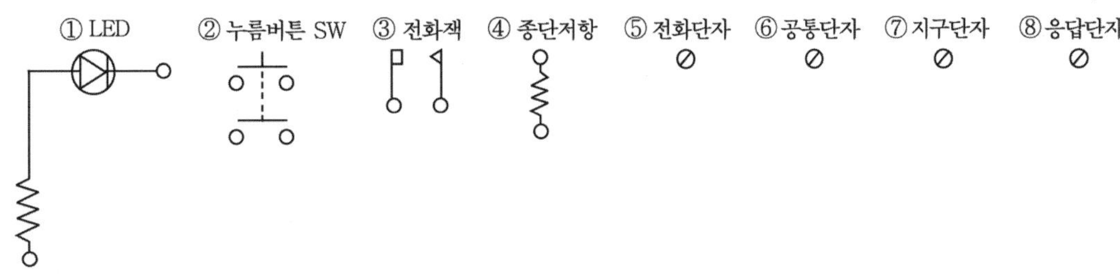

| 정답

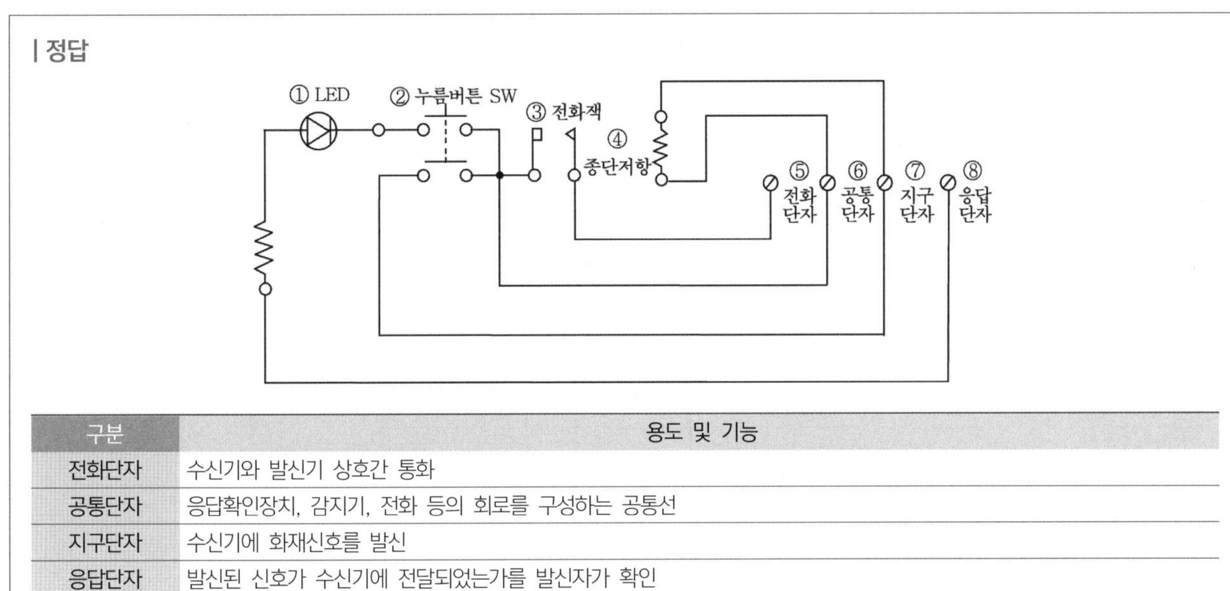

구분	용도 및 기능
전화단자	수신기와 발신기 상호간 통화
공통단자	응답확인장치, 감지기, 전화 등의 회로를 구성하는 공통선
지구단자	수신기에 화재신호를 발신
응답단자	발신된 신호가 수신기에 전달되었는가를 발신자가 확인

52. P형발신기에서 주어진 단자의 명칭을 쓰고 내부결선을 완성하여 각 단자와 연결하시오. 또한 LED, 푸시버튼 (push button), 전화잭의 기능을 간략하게 설명하시오.

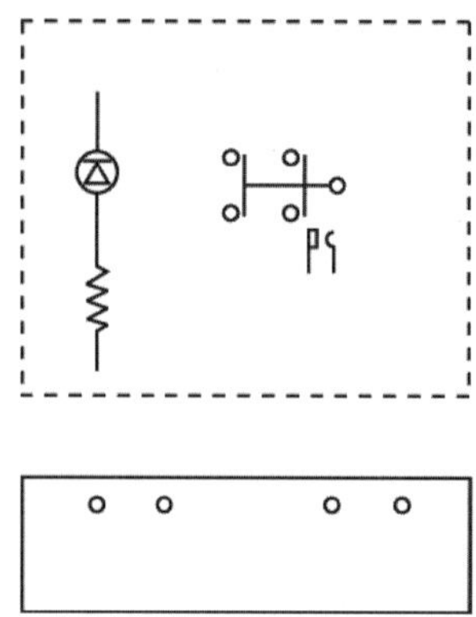

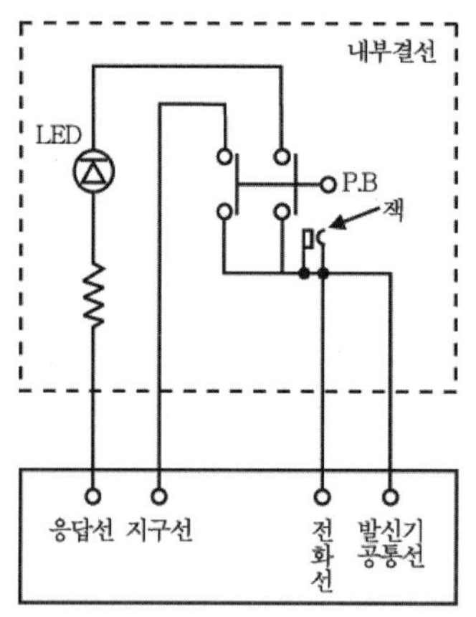

구분	기능
LED	발신된 신호가 수신기에 전달되었는가를 발신자가 확인하는 표시등
푸시버튼	수신기에 화재신호를 발신하는 스위치
전화잭	수신기와 발신기 상호간 통화

53. 그림은 P형수동발신기와 내부회로를 나타낸 것이다. 배선 중 옳지 못한 것을 찾아 옳게 연결하시오. 또한 주어진 그림과 같이 배선된 것을 그대로 P형수신기와 연결했을 경우 어떤 현상이 나타나는지 간단하게 설명하시오.

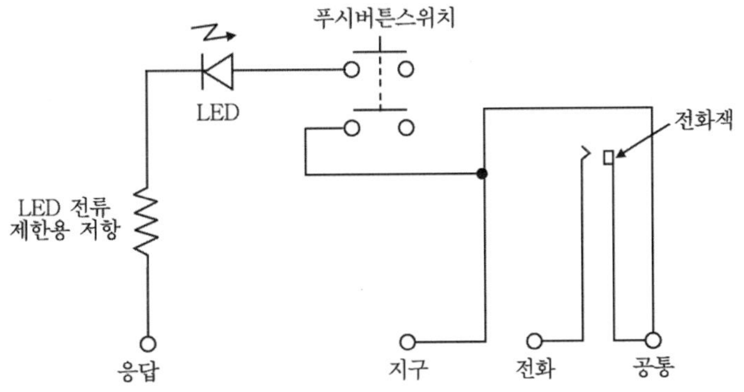

| 정답

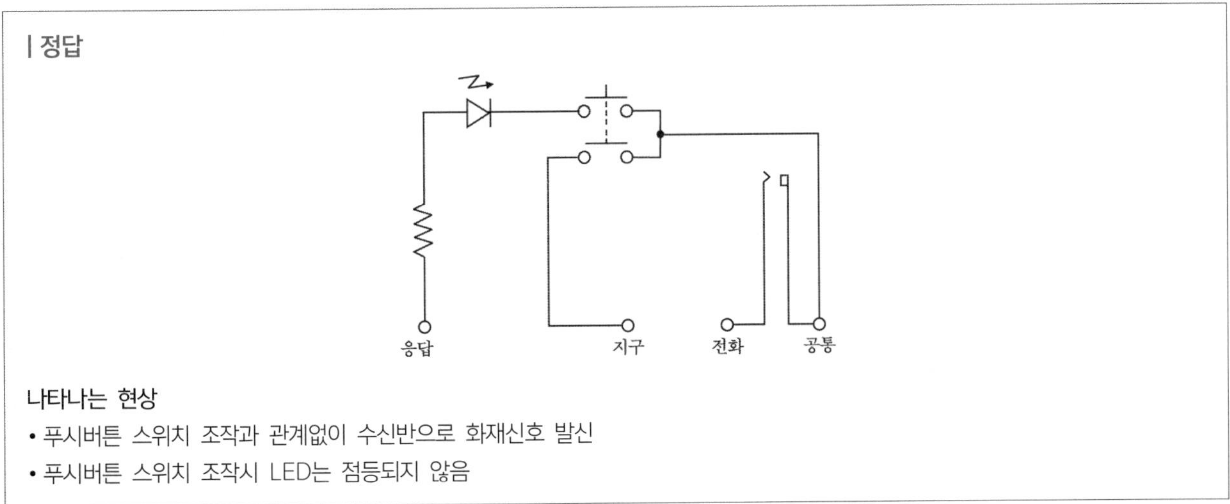

나타나는 현상
- 푸시버튼 스위치 조작과 관계없이 수신반으로 화재신호 발신
- 푸시버튼 스위치 조작시 LED는 점등되지 않음

54. 5층 이상으로서 연면적이 3,000[m^2]를 초과하는 소방대상물 또는 그 부분에 있어서 자동화재탐지설비의 음향장치는 어떻게 경보를 발할 수 있도록 설치되어야 하는지 설명하시오.

| 정답

발화층	경보층
2층 이상	발화층, 직상층
1층	발화층, 직상층, 지하층
지하층	발화층, 직상층, 기타 지하층

※ 2023.02.08까지

55. 다음은 자동화재탐지설비의 음향장치의 구조 및 성능에 대한 것이다. (　　) 안에 알맞은 말을 넣으시오.

(1) 정격전압의 (　　)[%] 전압에서 음향을 발할 수 있을 것
(2) 음량은 부착된 음향장치의 중심으로부터 1[m] 떨어진 위치에서 (　　)[dB] 이상이 되도록 할 것
(3) 감지기 또는 발신기의 작동과 (　　)하여 작동할 수 있는 것으로 할 것

| 정답

(1) 80
(2) 90
(3) 연동

56. 건물의 규모가 지상 5층 지하 2층이고, 연면적 5,000[m^2]인 소방대상물에서 지상 1층에서 발화한 경우 경보층을 쓰시오.

| 정답

발화층(1층), 그 직상층(2층) 및 지하층(지하 1층, 지하 2층)
※ 2023.02.08까지

57. 자동화재탐지설비의 음향장치의 설치기준에 대한 다음 각 물음에 답하시오.

(1) 정격전압의 최소 몇 [%] 전압에서 음향을 발할 수 있어야 하는가?
(2) 음량은 부착된 음향장치의 중심으로부터 1[m] 떨어진 위치에서 몇 [dB] 이상이 되는 것으로 하여야 하는가?
(3) 지하층을 제외한 5층 이상으로 연면적이 3,000[m^2]를 초과하는 소방대상물 또는 그 부분에 있어서는 어떻게 경보를 발하여야 하는가?

| 정답

(1) 80
(2) 90
(3)

발화층	경보층
2층 이상에서 발화	발화층 및 그 직상층
1층에서 발화	발화층, 그 직상층 및 지하층
지하층에서 발화	발화층, 그 직상층 및 기타 지하층

※ 2023.2.8까지

58. 지하 3층, 지상 7층, 연면적 5,000[m^2]인 사무실 건물의 지하 1층에서 화재가 발생하였을 경우, 어느 층에 한하여 경보를 발하여야 하는지 그 층들을 모두 쓰시오.

| 정답

- 발화층: 지하 1층
- 직상층: 지상 1층
- 기타 지하층: 지하 2, 3층

※ 2023.02.08까지

59. 자동화재탐지설비에서 정전압 24[V], 경종소비전력 2.88[W], 표시등 소비전력 1.44[W]일 때 그림을 참고하여 부하전류를 구하시오.

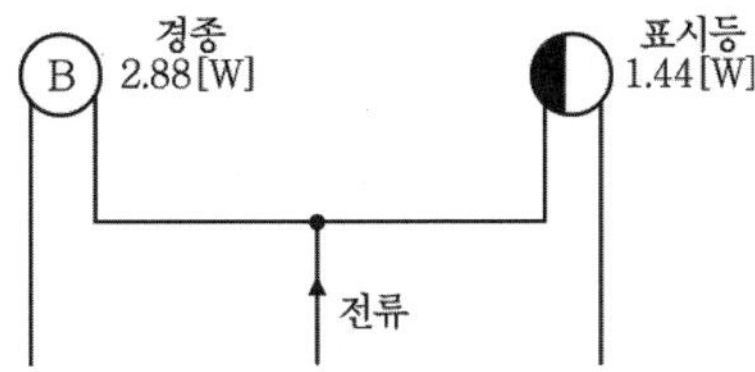

| 정답

- 경종에 흐르는 전류 $= \frac{2.88[W]}{24[V]} = 0.12[A]$
- 표시등에 흐르는 전류 $= \frac{1.44[W]}{24[V]} = 0.06[A]$
- 부하전류 $I[A] = 0.12 + 0.06 = 0.18[A]$

또는, 부하전류 $I[A] = \frac{2.88[W] + 1.44[W]}{24[V]} = 0.18[A]$

60. 그림과 같이 지구경종과 표시등을 공통선을 사용하여 작동시키려고 한다. 이때 공통선에 흐르는 전류는 몇 [A]인가? (단, 경종은 DC 24[V], 1.52[W]용이며, 표시등은 DC 24[V], 3.04[W]용이다.)

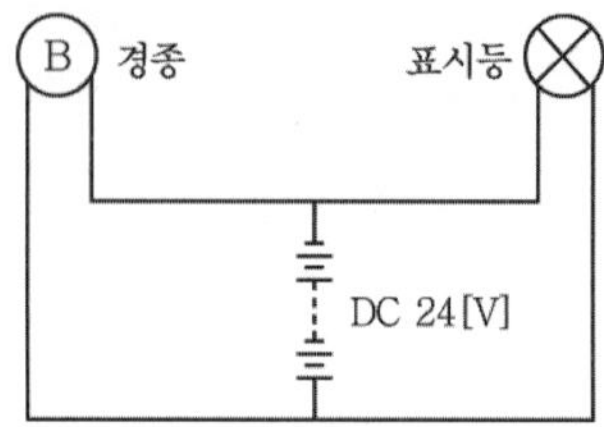

| 정답

공통선에 흐르는 전류: $I[\text{A}] = \dfrac{P[\text{W}]}{V[\text{V}]}$에서

$$= \frac{1.52+3.04}{24} = 0.19$$

$\therefore\ 0.19[\text{A}]$

61. 수신기와 지구경종과의 거리가 20[m]인 공장건물에서 화재가 발생하여 지구경종 5개를 동시에 명동시킬 때 선로에서의 전압강하는 몇 [V]가 되는가? (단, 경종 1개의 전류용량은 50[mA]이며, 전선 굵기는 1.6[mm]이다.)

| 정답

전압강하

1. 직류 2선식, 단상 2선식

$$e[\text{V}] = \frac{35.6\text{LI}}{1{,}000\text{A}}$$

2. 3상 3선식

$$e[\text{V}] = \frac{30.8\text{LI}}{1{,}000\text{A}}$$

3. 단상 3선식, 3상 4선식

$$e[\text{V}] = \frac{17.8\text{LI}}{1{,}000\text{A}}$$

직류 2선식 전압강하 $e[\text{V}] = \dfrac{35.6L[m]I[A]}{1{,}000A[mm^2]}$에서

$$= \frac{35.6 \times 20 \times 50 \times 10^{-3} \times 5}{1{,}000 \times \dfrac{\pi}{4} \times 1.6^2} = 0.088$$

$\therefore\ 0.09[\text{V}]$

62. 수신기와 200[m] 떨어진 지구경종 4개를 동시에 울릴 경우 선로의 전압강하는 몇 [V]인가? (단, 경종의 전압은 24[V], 용량은 1.44[VA], 수신기와 경종의 연결선은 1.6[mm] 단선 연동선이며, 전기저항은 다음 표와 같고, 주위 온도는 20℃라 한다.)

지름 [mm]	저기저항 [Ω/km]	지름 [mm]	저기저항 [Ω/km]	지름 [mm]	저기저항 [Ω/km]	지름 [mm]	저기저항 [Ω/km]
0.09	2500.6	0.40	130.1	1.6	8.753	6.5	0.5
0.10	2240.0	0.45	109.2	1.8	6.774	7.0	0.44
0.12	1556.0	0.50	67.27	2.0	5.487	8.0	
0.12	1143.0	0.55	72.58	2.3	4.149	9.0	
0.14	774.9	0.60	60.99	2.6	3.248	10.0	
0.16	691.3	0.65	51.96	3.2	2.614	12.0	
0.18	559.9	0.70	44.10	3.5	2.144		
0.20	423.4	0.80	34.30	4.0	1.792		
0.23	311.4	0.90	27.10	4.5	1.372		
0.26	266.4	1.0	21.85	5.0	1.004		
0.29	215.7	1.2	15.24	5.5	0.8779		
0.32	180.3	1.4	11.20	6.0	0.7256		

| 정답

$e[\mathrm{V}] = 2IR$

여기서, I: 전류[A]

R: 저항[Ω]

e: 전압강하[V]

전압강하$= 2 \times \dfrac{1.44 \times 4}{24} \times \dfrac{200}{1,000} \times 8.753 = 0.840[\mathrm{V}]$

$\therefore\ 0.84[\mathrm{V}]$

전류 $= 2 \times \dfrac{1.44 \times 4}{24} = 0.48[\mathrm{A}]$

저항 $= \dfrac{200}{1,000} \times 8.573 = 1.7506[\Omega]$

63. 자동화재탐지설비의 배선방법에 대한 다음 각 물음에 답하시오.

(1) GP형수신기의 감지기회로 배선에서 하나의 공통선에 접속할 수 있는 경계구역은 몇 개 이하로 하여야 하는가?

(2) 감지기회로의 도통시험을 위한 종단저항의 설치기준을 2가지만 쓰시오. (단, 설치장소, 전용함 안에 설치할 경우의 설치높이, 설치위치 등에 대하여 상세히 설명할 것)

| 정답

(1) 7경계구역 이하

(2) • 설치장소: 점검 및 관리가 쉬운 장소

• 설치높이: 전용함에 설치하는 경우 바닥으로부터 1.5[m] 이내에 설치

• 설치위치: 감지기회로 끝에 설치(종단감지기에 설치할 경우 구별이 쉽도록 해당감지기 기판 등에 별도 표시)

64. 감지기 회로의 종단저항 설치기준 3가지를 쓰시오.

| 정답

• 점검 및 관리가 쉬운 장소에 설치

• 전용함은 바닥으로부터 1.5[m] 이내에 설치

• 감지기 회로 끝에 설치하며 종단감지기에 설치하는 경우에는 기판 등에 별도 표시를 할 것

65. 자동화재탐지설비의 배선 설치기준 중 상시개로식의 배선에는 그 회로의 끝부분에 종단저항을 설치하여야 하는데 그 설치목적은 무엇인가?

| 정답

회로도통시험을 하기 위함

66. 자동화재탐지설비에 쓰이는 각 기기들에 관한 사항이다. 다음 각 물음에 답하시오.

(1) 종단저항의 설치기준 3가지를 쓰시오.

(2) 감지기의 설치 제외장소이다. (　　) 안에 알맞은 답을 써 넣으시오.

① 천장 또는 반자의 높이가 (　　)[m] 이상인 장소. 다만, 소방방재청장이 정하여 고시하는 장소를 제외한다.

② (　　) 욕조나 샤워시설이 있는 화장실 기타 이와 유사한 장소

③ (　　) 가스가 체류하고 있는 장소

(3) 공기관식 차동식 분포형 감지기의 설치기준에 대하여 다음 (　　) 안을 채우시오.

① 공기관 상호간의 거리는 (　　)[m] 이하가 되도록 할 것(단, 일반적인 경우임)

② 공기관은 도중에서 (　　)하지 아니하도록 할 것

③ 검출부는 바닥으로부터 (　　)[m] 이하의 위치에 설치할 것

(4) 방전코일(Discharge Coil)의 역할을 쓰시오.

| 정답

(1) • 점검 및 관리가 쉬운 장소에 설치
- 전용함은 바닥으로부터 1.5[m] 이내에 설치
- 감지기회로 끝에 설치하며 종단감지기에 설치하는 경우에는 기판 등에 별도 표시를 할 것

(2) ① 20
② 목욕실
③ 부식성

(3) ① 6
② 분기
③ 0.8[m] 이상 1.5

(4) 콘덴서 내에 충전된 잔류전하 방전

67. P형수신기와 감지기 및 회로시험용 누름버튼스위치간의 배선도를 보고 다음 각 물음에 답하시오. (단, N: 표시선, C: 공통선이다.)

(1) 회로시험용 누름버튼스위치는 무엇을 알아보기 위하여 설치하는 것인가?

(2) P형수신기로서 접속되는 회선 수가 1인 경우에 화재표시등 및 어떤 장치를 설치하지 않아도 되는지 그 장치를 쓰시오.

(3) P형수신기의 절연된 선로 간의 절연저항은 직류 500[V]의 절연저항계로 측정한 값이 몇 [MΩ] 이상이어야 하는가?

(4) 누름버튼스위치의 그림기호(접점기호)를 그리시오.

(5) 주전원이 정지되고 또한 정지되었다가 복귀되는 일련의 과정에서 P형수신기의 전원은 어떻게 유지되는 장치가 있어야 하는지를 상세히 설명하시오.

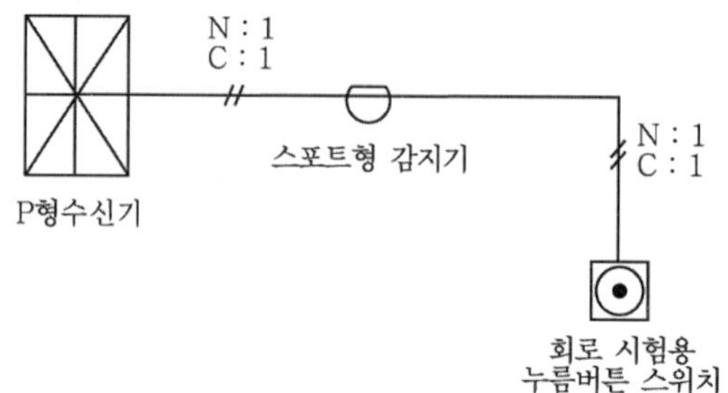

| 정답

(1) 감지기 배선의 단선 유무

(2) 화재표시등, 발신기등

(3) 20[MΩ] 이상

(4) (누름버튼스위치 접점기호)

(5) • 주전원 정지 시: 자동적으로 예비전원으로 전환
• 주전원 정상 복귀 시: 자동적으로 주전원으로 전환

68. 감지기회로에 대한 다음 각 물음에 답하시오.

(1) P형수신기 감지기회로의 전로저항은 몇 [Ω] 이하가 되도록 하여야 하는가?

(2) P형수신기의 감지기회로의 배선에 있어 공통선에 접속할 수 있는 경계구역은 몇 개 이하로 하여야 하는가?

(3) 수신기에서 0.5[km] 떨어진 장소의 감지기가 작동하였다. 이 때 감지기회로(전선, 벨, 수신기램프 등)에 소비된 전류는 600[mA]이다. 이 경우의 전압강하는 몇 [V]인가? (단, 전선은 1.2[mm]이고, 전류감소계수는 무시)

| 정답

(1) 50

(2) 7

(3) $e = \dfrac{35.6LI}{1{,}000A}[\mathrm{V}] = \dfrac{35.6 \times 0.5 \times 10^3 \times 600 \times 10^{-3}}{1{,}000 \times \dfrac{\pi}{4} \times 1.2^2}$

$= 9.443[\mathrm{V}]$

$\therefore\ 9.44[V]$

69. 자동화재탐지설비용 비상전원으로 사용되는 설비의 종류를 쓰시오.

| 정답

- 알칼리계 2차축전지
- 리튬계 2차축전지
- 무보수밀폐형충전지

70. P형 5회로 수신기가 설치된 건물이 있다. 각 수신회로의 성능을 검사하는 방법 4가지를 기술하시오.

| 정답

1. 화재표시작동시험
   ① 회로시험 스위치를 화재시험 측으로 조작하여 스위치 주의표시등의 점등을 확인한 후 회로선택 스위치를 회로별로 전환시키면서 화재표시등과 지구표시등이 차례로 점등되는가 알아본다.
   ② 감지기 또는 발신기를 차례로 동작시켜 경계구역과 지구표시등과의 접속상태를 확인한다.
2. 회로도통시험
   ① 회로도통시험 버튼을 누르면 전원 지시전압이 0[V]가 됨을 확인한다.
   ② 회로선택 스위치를 회로별로 전환시킨다.
   ③ 각 회선의 시험용 계기의 지시상황을 조사한다.
   ④ 종단저항의 접속 상황을 조사한다.
3. 동시작동시험
   ① 각 회선의 화재 작동을 복구시킴 없이 5회선을 동시에 작동시킨다.
   ② 회선이 증가될 때마다 전류를 조사한다.
   ③ 주음향장치 및 지구음향장치도 동작시키고 전류를 조사한다.
4. 예비전원시험
   ① 예비전원 스위치를 ON시킨다.
   ② 전압계의 지시값이 지정값 범위에 있나 확인한다.
   ③ 교류전원을 OFF시켜 자동전환릴레이의 동작 상황을 조사한다.
5. 저전압시험
   ① 전압조정기로 교류전원의 전압을 정격전압의 80[%] 이하로 한다.
   ② 축전지 설비인 경우에는 축전지 단자를 절환하여 정격 전압의 80[%] 이하로 한다.
   ③ 화재표시 작동시험에 준하여 실시하고 그 변화를 체크한다.
6. 비상전원시험
   ① 비상전원으로 축전지 설비를 사용하는 것에 대해 행한다.
   ② 충전용 전원을 OFF 상태로 하고 전압계의 지시값이 적정한가 확인한다.
   ③ 화재표시 작동시험에 준하여 실시하고 전압계의 지시값이 적정한가 확인한다.
   ④ 전환상황 및 복구동작이 정상인가 확인한다.
7. 회로저항시험
   ① 감지기회로의 공통선과 지구선 사이의 전로에 저항을 접속한다.
   ② 멀티테스터의 로터리 스위치를 저항[Ω]에 놓고 저항값을 측정한다. 이 때 전원은 반드시 OFF 상태여야 한다.
   ③ 회로저항값을 변화시키면서 회로의 변화를 살핀다.

71. 다음 각 물음에 답하시오.

(1) P형수신기의 예비전원을 시험하는 방법에 대하여 기술하시오.

(2) 양부 판단기준에 대하여 기술하시오.

> **| 정답**
>
> (1) 시험방법
>
> ① 예비전원시험 스위치를 시험 위치로 한다.
>
> ② 전압계의 지시 수치가 지정치 내의 범위일 것
>
> ③ 교류전원을 열어서 자동전환 릴레이의 작동상황을 조사한다.
>
> (2) 양부판정기준: 예비전원의 전압이나 용량, 절환상황 및 복구작동이 정상일 것

72. 다음 그림은 공기관식 차동식 분포형 감지기의 시험에 대한 것이다. 각 물음에 답하시오.

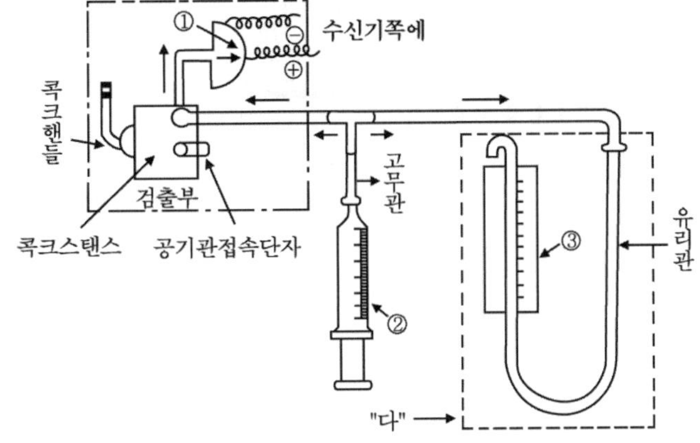

(1) 어떤 시험을 하기 위한 것인가?

(2) ①~③의 명칭은 각각 무엇인가?

(3) 위의 시험에서 가부판정의 기준은 무엇인가?

(4) (3)에서 기준치보다 낮을 경우 및 높을 경우에 일어나는 현상을 쓰시오.

> **| 정답**
>
> (1) 접점수고시험
>
> (2) ① 다이어프램
>
> ② 공기주입시험기
>
> ③ 마노미터
>
> (3) 검출부에 명시되어 있는 수고치 범위 내일 것
>
> (4) 낮을 경우: 동작시간이 빨라진다.
>
> 높을 경우: 동작시간이 느려진다.

73. 그림은 공기관식 차동식 분포형 감지기의 유통시험에 관한 것이다. 각 물음에 답하시오.

(1) ①~③의 명칭은 각각 무엇인가?

(2) 이 시험에서 확인할 수 있는 것을 3가지 쓰시오.

(3) 시험 시 검출부 시험공 또는 공기관의 한쪽 끝에 테스트 펌프를 접속시킨다면 다른 한쪽 끝에는 무엇을 접속시키는가?

(4) 테스트 펌프로 공기를 불어넣어 마노미터의 수위를 100[mm]까지 상승시켰다면 유통시간은 어떻게 설정하는가?

(5) ③의 최소길이와 최대길이는 각각 몇 [mm]인가?

(6) ③의 굵기(두께)와 외경은 각각 몇 [mm]인가?

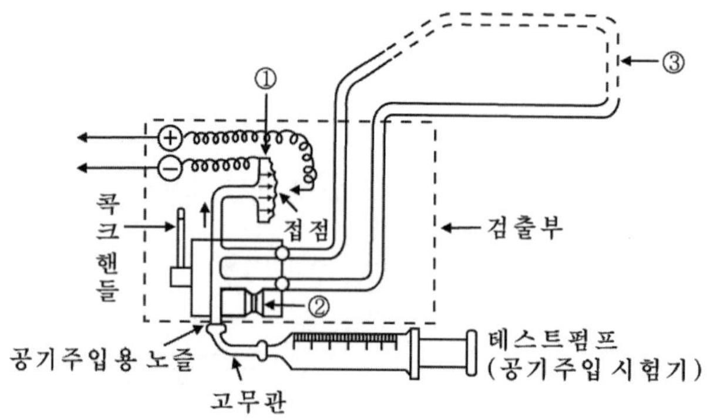

| 정답

(1) ① 다이어프램
② 리크공
③ 가건물 및 천장 안에 설치하는 공기관

(2) ① 공기관의 누설
② 공기관의 막힘
③ 공기관의 길이
④ 공기관의 찌그러짐

(3) 마노미터

(4) 송기구를 열었을 때부터 수위가 50[mm]까지 떨어지는 시간을 측정

(5) 최소길이: 20[m]
최대길이: 100[m]

(6) 굵기(두께): 0.3[mm] 이상
외경: 1.9[mm] 이상

74. 차동식 분포형 감지기의 공기관이 새는 곳이 있을 경우 이를 측정하기 위한 측정기는 무엇인가?

| 정답

마노미터, 공기주입시험기, 초시계

75. 자동화재탐지설비에서 공기관식 차동식 분포형 감지기를 설치하였다. 현장에서 시험에 사용하는 공구 이외의 시험용구를 3가지 쓰시오.

| 정답

마노미터, 공기주입시험기, 초시계

76. 어느 건물의 자동화재탐지설비의 수신기를 보니 스위치 주의등이 점멸하고 있었다. 어떤 경우에 점멸하는지 그 원인을 3가지만 예를 들어 설명하시오.

| 정답

스위치 주의등은 수신반 전면에 설치된 각종 시험스위치를 시험위치로 조작된 경우에 점멸되며(깜빡거림) 원래의 상태로 복구시키는 경우 소멸된다.

- 시험스위치가 정상의 위치에 있지 않고 시험위치에 있는 경우
- 시험을 하기 위하여 시험스위치를 시험위치에 넣는 경우
- 시험을 하고난 후 정상의 위치로 복구시키지 않는 경우

77. 자동화재탐지설비에 사용되는 감지기의 절연저항시험을 하려고 한다. 사용기기와 판정기준은 무엇인가? (단, 감지기의 절연된 단자간의 절연저항 및 단자와 외함간의 절연저항이며 정온식 감지선형 감지기는 제외한다.)

| 정답

- 사용기기: 직류 500[V]용의 절연저항계
- 판정기준: 측정한 값이 50[MΩ] 이상이면 정상

78. 자동화재탐지설비를 유지관리하는 데 반드시 확인되어야 할 사항을 4가지만 쓰시오.

| 정답

- 비치물은 잘 비치되어 있는가?
- 조작상 장애물은 없는가?
- 예비품은 비치되어 있는가?
- 조작스위치는 정상위치에 있는가?

79. P형수신기와 R형수신기의 특성을 다음 표에 비교하여 설명하시오.

형식	P형 시스템	R형 시스템
(1) 신호전달방식(전송)		
(2) 배관배선방식		
(3) 유지관리		
(4) 수신반가격		

| 정답

형식	P형시스템	R형시스템
(1)	전회로가 개별 신호선방식에 의한 공통의 신호를 수신	각 회로별로 다중 전송방식에 의한 고유의 신호 수신
(2)	회로가 증설되면 기기로부터 수신반까지 배관·배선을 추가로 설치하여야 함	회로 증설시 중계기 예비회로를 사용 기기로부터 중계기까지 배관 배선을 설치함
(3)	간선의 배선수가 많으므로 유지관리가 어렵고 수신반 내부회로 연결이 복잡하여 수리가 어려움	간선수가 적으므로 유지관리가 쉽고 내부부품이 모듈화(module)되어 수리가 쉬움
(4)	회로수에 제한이 있고 가격이 저가임	회로수에 제한이 없고 가격이 비쌈

[P형 및 R형수신기의 비교]

비교 항목	P형수신기	R형수신기	비고
신호전달방식	개별신호선방식	다중통신방식	
회로방식	반도체 및 릴레이방식	컴퓨터처리방식	
중계기	불요	필요	
표시방법	지구창방식 (지도식 표시도 가능)	디지털 표시와 액정 메시지 표시	R형을 P형과 같이 지구창 표시 또는 지도식 표시를 할 경우 R → P변환기 필요
도통시험	감지기 말단까지 시험	중계기까지 감시	말단까지 가능한 R형도 있음
신호의 종류	전회선 공통	회선마다 고유	공통신호의 것도 있음

[P형 및 R형시스템 구성의 비교]

시스템항목	P형시스템	R형시스템
(1) 거리에 따른 전압강하 문제	경종, 표시등 및 사이렌 등은 소비전력이 크므로 선로의 길이에 따라 전압강하가 발생되므로 굵은 전선을 포설해야 함	각 동별 중계기로부터 부하전원을 공급받으므로 단말기까지의 거리가 단축되어 굵은 전선을 사용치 않더라도 전압강하의 우려가 없음
(2) 증축시 회로 증설	LOCAL 기기장치를 방재실까지 연결해야 하며 별도의 수신반을 설치하거나 증축을 예상하여 대용량의 P형수신반을 준비해야 함	LOCAL 기기는 동별 중계기에 연결하고 중계기와 수신반 사이에는 신호선로만 연결함
(3) 내부구조 변경에 따른 회로 수정	회로의 증설시에는 신규 수신반을 설치해야 하며 회로의 변경시에는 수신기 내부의 HARD WARE 부분을 수정해야 함	회로의 증설시에는 확장 CARD를 추가 삽입하고 회로 변경시에는 PROGRAM의 수정으로 간단히 처리됨
(4) 설치공사 및 유지관리	각동의 기기장치와 방재센터간을 실선으로 직접 연결해야 하므로 수백가닥의 전선이 필요하게 되므로 설치공사 및 유지관리가 어려움 ▶ **화재표시방법**: LAMP 점등식	각동의 중계기와 방재센터 사이에는 8가닥의 배선으로 연결되며 LOCAL기기장치는 중계기에 접속하여 정보를 송수신하므로 설치공사 및 유지관리가 쉬움 ▶ **화재표시방법**: LAMP 점등식, CRT 화면 표시, PRINTER 기록
(5) 선로 고장 검출	수신기와 감지기간 선로상태는 도통시험 스위치에 의하여 수동으로 주기적인 체크를 해야 함	서로의 단선발생을 자동으로 검출하여 수신반에 경보하고 PRINTER에 기록함으로써 감지기의 단선으로 인한 실보를 방지할 수 있음
(6) 방재반 이설문제	수신기를 이설할 경우에는 각종 소방용 기기장치에 연결되어 있는 전체선로를 신규로 포설하여 접속해야 함	중계기 간선(약 10가닥)과 PUMP제어용 간선만 중간에서 분기배선하면 됨

80. 다음은 P형수동발신기의 외형을 나타낸 그림이다. ①, ②의 명칭을 쓰고, 그 용도를 간략하게 설명하시오.

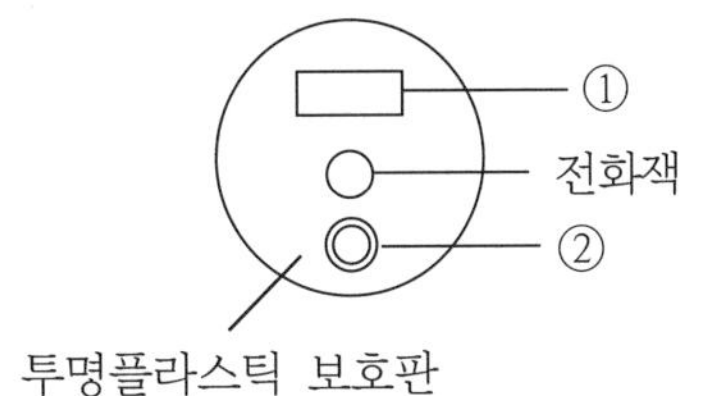

| 정답

① 응답등: 화재신호가 수신반에 전달되었는가를 발신자가 확인하는 등화

② 누름스위치: 화재를 발견한 자가 수동으로 화재신호를 발신하는 스위치

81. 자동화재탐지설비의 R형수신기에 대한 각 물음에 답하시오.

(1) 쉴드선을 사용하는 목적을 쓰시오.
(2) 쉴드선을 서로 꼬아서 사용하는 이유를 쓰시오.
(3) 쉴드선의 종류 2가지를 쓰시오.
(4) R형수신기에서 사용하는 통신방식 중 PCM 변조방식에 대해서 쓰시오.

| 정답

(1) 전자파의 방해 방지
(2) 자계 상쇄
(3) • 내열성 케이블(H-CVV-SB)
• 난연성 케이블(FR-CVV-SB)
(4) 신호를 디지털데이터로 변환하여 전송하기 위해서 모든 정보를 0과 1의 디지털데이터로 변환하여 8비트의 펄스로 변환시켜 선로를 이용하여 송수신하는 방식

82. 다음은 자동화재탐지설비의 감지기를 나타낸 것이다. 형식별 특성에 대하여 쓰시오.

(1) 다신호식
(2) 아날로그식
(3) 축적형

| 정답

(1) 일정시간 간격을 두고 각각 다른 2개 이상의 화재신호를 발한다.
(2) 주위의 온도 또는 연기량의 변화에 따라 각각 다른 전류치 또는 전압치 등의 출력을 발한다.
(3) 일정농도 이상의 연기가 일정시간 연속하는 것을 전기적으로 검출함으로써 작동한다.

83. 그림은 자동화재탐지설비의 R형수신기에 다이오드 메트릭스를 사용하여 경계구역번호를 표시한 일부회로이다. 다이오드를 추가하여 메트릭스 회로를 완성하시오.

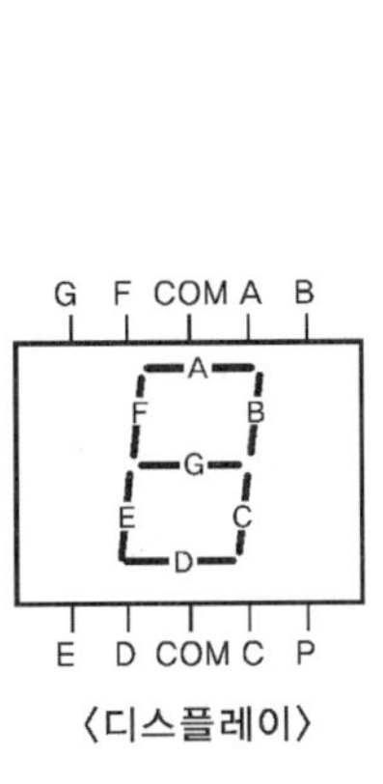

〈디스플레이〉

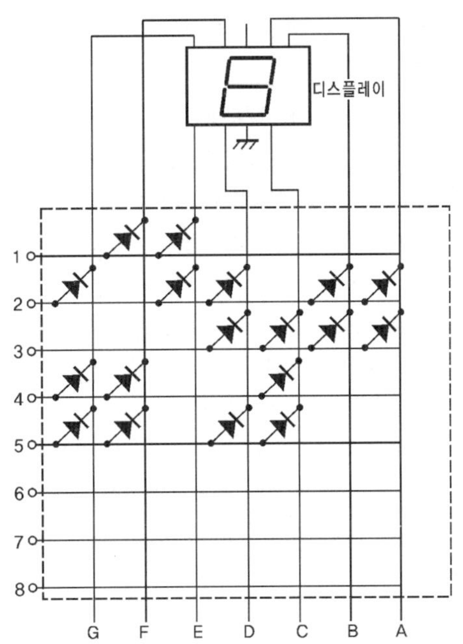

| 정답

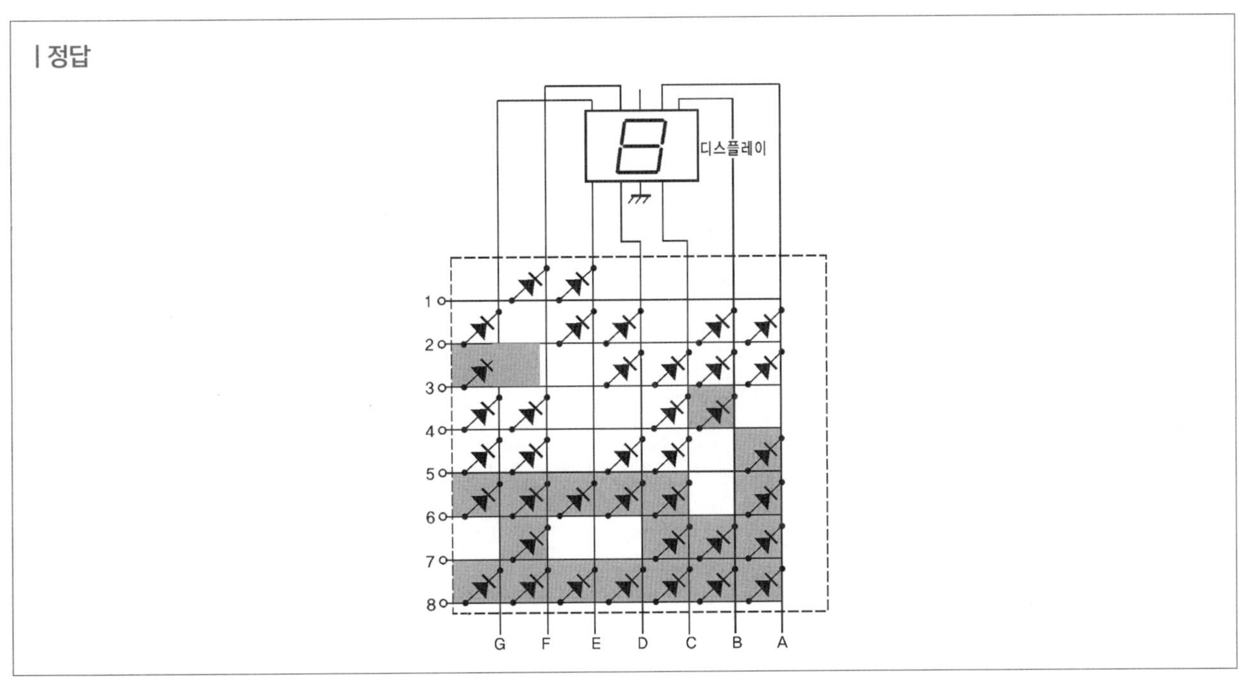

84. 자동화재탐지설비의 구성기기에 관한 설명이다. ( ) 안을 채우시오.

(1) ( )라 함은 감지기 또는 발신기로부터 발하여지는 신호를 직접 또는 중계기를 통하여 공통신호로서 수신하여 화재의 발생을 당해 소방대상물의 관계자에게 경보하여 주는 것을 말한다.

(2) ( )라 함은 감지기 또는 발신기로부터 발하여지는 신호를 직접 또는 중계기를 통하여 고유신호로서 수신하여 화재의 발생을 당해 소방대상물의 관계자에게 경보하여 주는 것을 말한다.

(3) ( )라 함은 감지기 또는 발신기 등으로부터 발하여지는 신호를 직접 또는 중계기를 통하여 고유신호로서 수신하여 화재의 발생을 당해 소방대상물의 관계자에게 경보하여 주고 제어기능을 수행하는 것을 말한다.

(4) ( )는 축적시간 동안 지구표시장치의 점등 및 주음향장치를 명동시킬 수 있으며 화재신호 축적시간은 5초 이상 60초 이내이어야 하고, 공칭 축적시간은 10초 이상 60초 이내에서 10초 간격으로 한다.

(5) ( )는 아날로그식 감지기로부터 출력된 신호를 수신한 경우 예비표시 및 화재표시를 표시함과 동시에 입력신호량을 표시할 수 있어야 하며 또한 작동레벨을 설정할 수 있는 조정장치가 있어야 한다.

(6) ( )라 함은 수신기 및 가스누설경보기의 기능을 각각 또는 함께 가지고 있는 제품으로 수신기 및 가스누설경보기의 형식승인기준에서 규정한 수신기 또는 가스누설경보기의 구조 및 기능을 단순화시켜 "수신부 · 감지부", "수신부 · 탐지부", "수신부 · 감지부 · 탐지부" 등으로 각각 구성되거나 여기에 중계부가 함께 구성되어 화재발생 또는 가연성가스가 누설되는 것을 자동적으로 탐지하여 관계자 등에게 경보하여 주는 기능 또는 도난경보, 원격제어기능 등이 복합적으로 구성된 제품을 말한다.

| 정답

(1) P형수신기
(2) R형수신기
(3) R형복합식수신기
(4) 축적형수신기
(5) 아날로그식 수신기
(6) 간이형수신기

85. 다음 각 물음에 답하시오.

(1) 공기관식 차동식 분포형 감지기의 공기관의 재질은 무엇인가?

(2) 그림과 같이 차동식 스포트형 감지기 A, B, C, D가 있다. 배선을 전부 보내기배선으로 할 경우 박스와 감지기 "C" 사이의 배선 가닥 수는 몇 본인가?

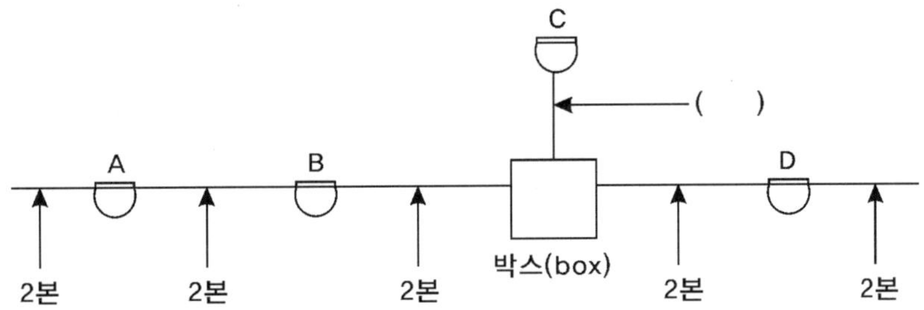

| 정답

(1) 구리 또는 동

(2) 4본

86. 공기관식 차동식 분포형 감지기의 수열부와 검출부의 구성요소를 쓰시오.

| 정답

- 수열부: 공기관
- 검출부: 다이어프램, 공기실, 리크공, 접점, 시험공, 공기관 접속단자, 콕크핸들

87. 감지기에 대한 다음 각 물음에 답하시오.

(1) 차동식 감지기 중 일국소의 열효과에 의하여 작동되는 감지기는 어떤 종류의 감지기인가?
(2) 정온식 감지기 중 일국소의 주위 온도가 일정한 온도 이상이 되는 경우에 작동하는 것으로서 외관이 전선으로 되어 있지 않은 감지기는 어떤 종류의 감지기인가?
(3) 연기감지기 중 이온전류가 변화하여 작동하는 감지기는 어떤 종류의 감지기인가?
(4) 차동식 분포형 감지기 중 공기관식의 주요 구성요소 4가지를 쓰시오.
(5) 공기관식 감지기의 검출부 내부의 다이어프램이 부식되어 구멍이 생겼을 때 어떤 현상이 발생되는가?

| 정답

(1) 차동식 스포트형
(2) 정온식 스포트형
(3) 이온화식
(4) 다이어프램, 공기실, 리크공, 접점, 공기관, 공기관 접속단자, 시험장치
(5) 동작시간이 길어진다.

88. 자동화재탐지설비의 감지체제의 LAN 통신망을 구축하고자 한다. 근거리 통신망 중 위상의 형상 3가지를 구분하여 그림으로 나타내시오.

• 링형 구조 • 스타형 구조 • 버스형 구조

| 정답

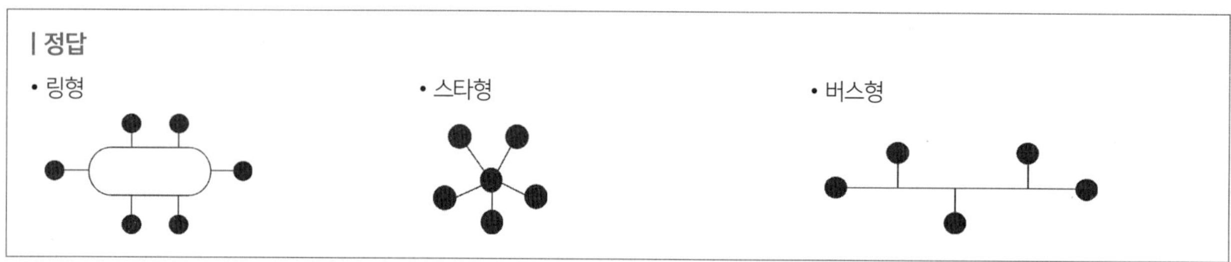

89. 자동화재탐지설비 공사 완공 시 현장시험방법 중, 배선의 기능시험 종류 3가지를 쓰시오.

| 정답

• 도통시험
• 화재표시작동시험
• 회로저항시험

90. 수위실에서 460[m] 떨어진 지하 1층, 지상 7층의 연면적 5,000[m^2]의 공장에 자동화재탐지설비를 설치하였다. 각 층에 2회로 씩 16회로일 때 다음 각 물음에 답하시오. (단, 표시등 30[mA]/개 , 경종 50[mA]/개를 소비하고, 전선은 HIV 1.6[mm]를 사용하며 전선의 단면적은 2[mm^2]로 한다.)

(1) 표시등의 총 소비전류는 몇 [A]인가?

(2) 지상 1층에서 발화됐을 때 경종의 소비전류는 몇 [A]인가?

(3) 수위실과 공장 간의 전압강하는 몇 [V]인가? (단, 고유저항은 0.0178[Ω · mm^2/m])

| 정답

(1) 표시등전류 $= 30 \times 16 \times 10^{-3} = 0.480 \;\therefore 0.48(\mathrm{A})$

(2) 경종전류 $= 50 \times 2 \times 3 \times 10^{-3} = 0.300 \;\therefore 0.30(\mathrm{A})$

(3) 전압강하 $= 2IR = 2 \times (0.48 + 0.3) \times 0.0178 \times \dfrac{460}{2} = 6.386$

$\therefore 6.39(\mathrm{V})$

91. 다음은 차동식, 보상식, 정온식 감지기의 동작 특성 그래프이다. 이 그래프를 보고 ①, ②, ③이 표시하는 감지기를 쓰시오. (단, T: 급격한 온도상승, M: 일시적 온도상승, S: 완만한 온도상승이다.)

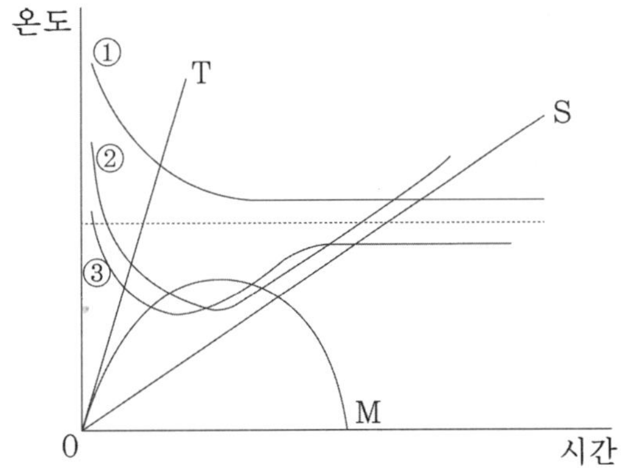

| 정답

① 정온식

② 차동식

③ 보상식

92. 다음 용어의 우리말 명칭 또는 영어 원문를 쓰시오.

(1) MDF

(2) LAN

(3) PBX

(4) CAD

(5) CVCF

(6) CCFL

(7) ELB

| 정답

(1) 우리말 명칭: 주배전반
영어 원문: Main Distribution Frame

(2) 우리말 명칭: 구내정보통신망 또는 근거리통신망
영어 원문: Local Area Network

(3) 우리말 명칭: 사설교환기
영어 원문: Private Branch eXchange

(4) 우리말 명칭: 컴퓨터 이용 설계 또는 컴퓨터 지원 설계
영어 원문: Computer Aided Design

(5) 우리말 명칭: 정전압 정주파수 공급 장치
영어 원문: Constant Voltage Constant Frequency

(6) 우리말 명칭: 냉음극형광램프
영어 원문: Cold Cathode Florescent Lamp

(7) 우리말 명칭: 누전차단기
영어 원문: Electric Leak circuit Breaker

93. 분산형 중계기의 설치장소를 4가지 쓰시오.

| 정답

- 소화전함 내부
- 발신기세트 내부
- 슈퍼비조리반 내부
- 댐퍼 수동조작함 내부

94. **다음의 그림과 같은 감지기를 보고 물음에 답하시오.**

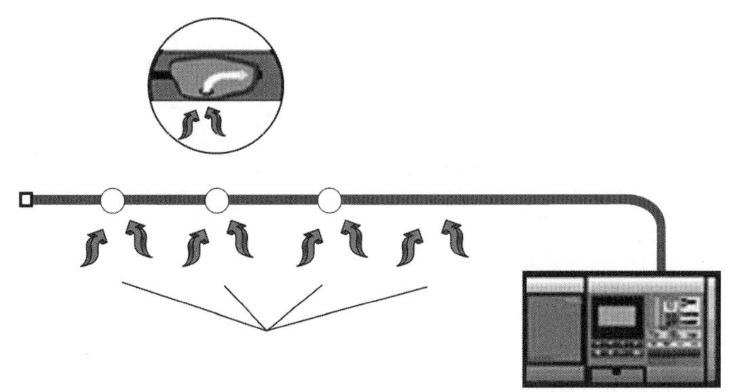

(1) 감지기의 명칭을 쓰시오.
(2) 위의 감지기는 연소생성물 중 어느 것을 감지하는가?
(3) 주요 설치장소를 쓰시오.
(4) 말단 공기흡입구에서 수신기까지 연기를 보내는 데 걸리는 시간은 몇 초인가?

| 정답

(1) 광전식 공기흡입형 연기감지기
(2) 연기 입자
(3) 전산실 및 반도체공장 등
(4) 120초 이하

95. **공기관식 차동식 분포형 감지기 설치 시 공기관 길이가 270[m]인 경우 검출부는 몇 개가 소요되는가? (단, 하나의 검출부에 접속하는 공기관의 길이는 최대길이를 적용한다.)**

| 정답

검출부 개수 $= \frac{\text{공기관 길이(m)}}{\text{100(m)}} = \frac{270}{100} = 2.7$

소수 발생 시 1을 절상하므로 3개

96. 수동 발신기와 감지기와 수신기로 이어지는 회로가 잘못 그려져 있다. 이것을 올바르게 고쳐서 그리시오. (단, 종단저항은 발신기함에 내장되도록 설치한다.)

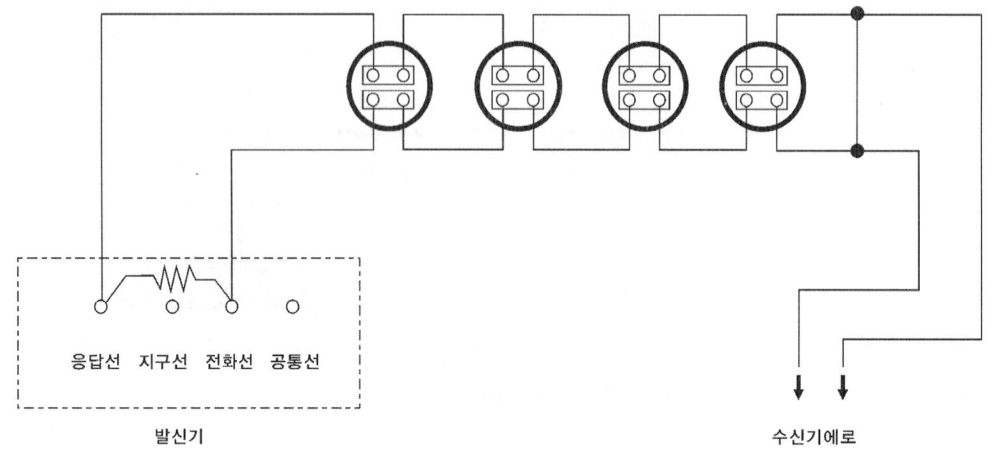

| 정답

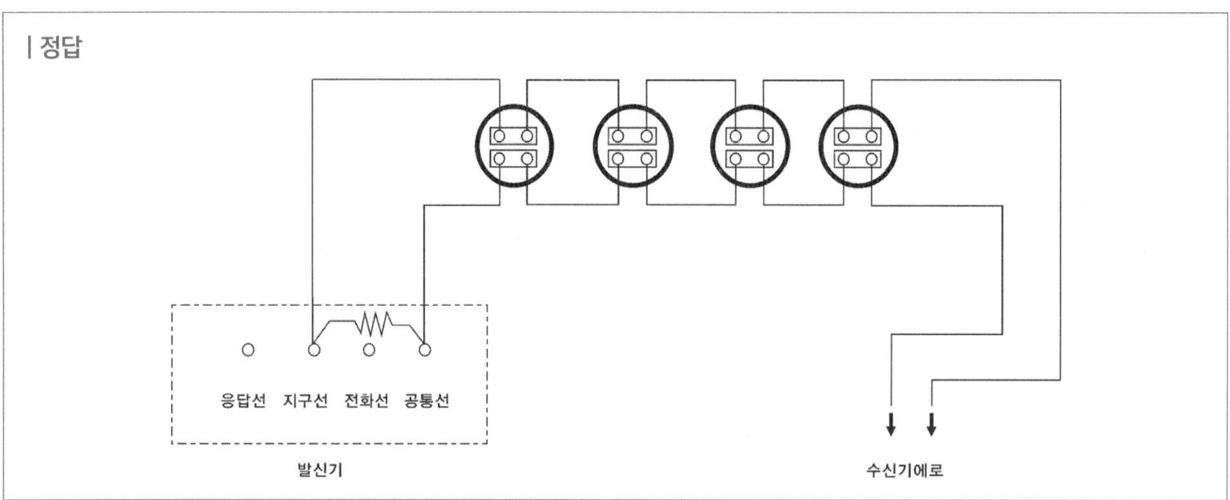

97. **다신호식 감지기와 아날로그식 감지기의 형식별 특성(화재신호 출력방식)에 대해 쓰시오.**

(1) 다신호식 감지기
(2) 아날로그식 감지기

| 정답

(1) 다신호식 감지기: 1개의 감지기 내에 서로 다른 종별 또는 감도 등의 기능을 갖춘 것으로서 일정 시간 간격을 두고 각각 다른 2개 이상의 화재신호를 발하는 감지기
(2) 아날로그식 감지기: 주위의 온도 또는 연기의 양의 변화에 따라 각각 다른 전류값 또는 전압값 등의 출력을 발하는 감지기

98. **일과성 비화재보 방지대책 5가지를 쓰시오.**

| 정답

- 축적방식의 감지기 사용
- 복합형 감지기 사용
- 다신호식 감지기 사용
- 아날로그식 감지기 사용
- 광전식 분리형 감지기 사용

99. **화재발생 시 화재를 검출하기 위하여 감지기를 설치한다. 이때 축적 기능이 없는 것으로 설치하여야 하는 경우를 3가지 기술하시오.**

| 정답

- 교차회로방식에 사용되는 감지기
- 급속한 연소 확대가 우려되는 장소에 사용되는 감지기
- 축적기능이 있는 수신기에 연결하여 사용되는 감지기

100. **자동화재탐지설비의 수신기 전면에 있는 발신기등은 어떤 경우에 점등되는가?**

| 정답

발신기 누름스위치가 조작된 경우

101. 자동화재탐지설비의 수신기 전면에 있는 스위치주의등에 대하여 물음에 답하시오.

(1) 도통시험스위치 조작 시 스위치주의등 점등 여부
(2) 예비전원시럼스위치 조작 시 스위치주의등 점등 여부
(3) 동작시험시험스위치 조작 시 스위치주의등 점등 여부
(4) 복구(또는 화재복구)스위치 조작 시 스위치주의등 점등 여부

| 정답
(1) 점등함
(2) 점등 여부와 관계 없음
(3) 점등함
(4) 점등 여부와 관계 없음

102. 자동화재탐지설비의 내화배선 시공에 사용되는 전선의 종류 3개를 쓰시오.

| 정답
- 450/750V 저독성 난연 가교 폴리올레핀 절연 전선
- 0.6/1KV 가교 폴리에틸렌 절연 저독성 난연 폴리올레핀 시스 전력 케이블
- 6/10kV 가교 폴리에틸렌 절연 저독성 난연 폴리올레핀 시스 전력용 케이블
- 가교 폴리에틸렌 절연 비닐시스 트레이용 난연 전력 케이블
- 0.6/1kV EP 고무절연 클로로프렌 시스 케이블
- 300/500V 내열성 실리콘 고무 절연 전선(180℃)
- 내열성 에틸렌-비닐 아세테이트 고무 절연 케이블
- 버스닥트(Bus Duct)

103. 자동화재탐지설비에 대하여 종합점검을 하려고 한다. 점검기구 명칭을 쓰시오.

| 정답
- 열감지기시험기
- 연감지기시험기
- 공기주입시험기
- 절연저항계
- 전류전압측정계

104. 자동화재탐지설비의 수신기 점검사항을 5가지만 쓰시오.

| 정답

- 수신기의 종류 및 규격
- 비화재보의 방지 기능
- 감지기 또는 발신기 작동의 구분 및 경계구역 표시
- 경계구역 당 하나의 표시등 배치상태
- 조작스위치의 높이
- 다른 방재설비반과의 연동 기능
- 수신기가 2 이상 설치된 경우 통화장치 기능
- 음향기구의 음색·음량 및 소음과의 구별 여부

105. 층수가 11층 이상인 소방대상물의 경보층을 빈칸에 ● 표시 하시오.

5층					
4층					
3층					
2층	화재발생 ●				
1층		화재발생 ●			
지하1층			화재발생 ●		
지하2층				화재발생 ●	
지하3층					화재발생 ●

| 정답

5층	●	●			
4층	●	●			
3층	●	●			
2층	화재발생 ●	●			
1층		화재발생 ●	●		
지하1층		●	화재발생 ●	●	●
지하2층		●	●	화재발생 ●	●
지하3층		●	●	●	화재발생 ●

※ 2023.02.08일까지

Chapter 02 자동화재속보설비

1 개요

자동화재속보설비는 소방대상물의 화재 발생시 신속히 소방관서에 통보하기 위한 설비로 사람의 힘을 빌리지 않아도 화재가 발생하면 자동적으로 119화재신고를 소방관서에 통보하는 설비이다.

1. 종류

(1) A형 화재 속보기

P형수신기로부터 발하는 화재신호를 수신하여 20초 이내에 소방대상물의 위치를 3회 이상 소방관서에 자동적으로 통보하여 주는 것으로 지구등은 없다.

(2) B형 화재 속보기

P형수신기와 A형 화재 속보기의 기능을 통합한 것으로, 감지기 · 발신기의 신호 또는 중계기를 통하여 송신된 신호를 수신하여 화재발생을 당해 특정소방대상물의 관계자에게 통보해준다. 또한 20초 이내에 관할 소방관서에 특정소방대상물의 위치를 3회 이상 자동으로 통보해 주며, 지구등, 단락시험장치 및 도통시험 장치가 존재한다.

2. 동작순서

자동화재탐지설비가 화재신호를 수신하면 오보를 방지하기 위하여 화재신호를 5~7초 지연한 후 계속 화재신호가 수신되면 기기의 주 계전기가 동작되어 상용전화 선로를 차단하고, 속보기에서 전화회선이 자동적으로 펄스 송출 신호는 정지되면서 무접점으로 녹음 세트에 전환되어 녹음재생 출력이 송화에 유도되고 일반가입 전화회선에 의하여 화재발생 장소를 소방관서에 신고하게 된다. 녹음 테이프는 5분 이상 계속하여 통보할 수 있는 용량을 가져야 하며, 신고가 끝나면 일반전화 선로로 자동복귀되면서 "신고 끝"이란 램프가 점등되어 속보기의 동작은 완료된다.

2 설치대상

특정소방대상물	연면적, 바닥면적, 층수	수용인원	저장, 취급량
노유자 생활시설, 「문화재보호법」 제23조에 따라 보물 또는 국보로 지정된 목조건축물, 근린생활시설 중 (의원 · 치과의원 · 한의원으로 입원실이 있는 시설, 조산원, 산후조리원), 의료시설 중 [종합병원, 병원, 치과병원, 한방병원, 요양병원(정신병원과 의료재활시설은 제외)], 판매시설 중 전통시장			
노유자시설, 수련시설(숙박시설이 있는 건축물만 해당), 정신병원 및 의료재활시설	바닥면적이 500m^2 이상		

3 설치기준

(1) 자동화재탐지설비와 연동으로 작동하여 자동적으로 화재발생 상황을 소방관서에 전달되는 것으로 할 것. 이 경우 부가적으로 특정소방대상물의 관계인에게 화재발생상황을 전달되도록 할 수 있다.

(2) 조작스위치는 바닥으로부터 0.8m 이상 1.5m 이하의 높이에 설치할 것

(3) 속보기는 소방관서에 통신망으로 통보하도록 하며, 데이터 또는 코드전송방식을 부가적으로 설치할 수 있다. 단, 데이터 및 코드전송방식의 기준은 소방청장이 정하여 고시한 「자동화재속보설비의 속보기의 성능인증 및 제품검사의 기술기준」에 따른다.

(4) 문화재에 설치하는 자동화재속보설비는 (1)의 기준에도 불구하고 속보기에 감지기를 직접 연결하는 방식(자동화재탐지설비 1개의 경계구역에 한함)으로 할 수 있다.

(5) 속보기는 소방청장이 정하여 고시한 「자동화재속보설비의 속보기의 성능인증 및 제품검사의 기술기준」에 적합한 것으로 설치하여야 한다.

4 설치 제외

방재실 등 화재 수신반이 설치된 장소에 24시간 화재를 감시할 수 있는 사람이 근무하고 있는 경우에는 자동화재속보설비를 설치하지 않을 수 있다.

출제예상문제

01. 자동화재속보설비의 스위치는 바닥으로부터 어느 정도의 높이(몇 [m] 이상 몇 [m] 이하)에 설치하여야 하는지 쓰시오.

| 정답

0.8[m] 이상 1.5[m] 이하

02. 자동화재속보설비에 관한 것이다. 물음에 답하시오.

(1) 연동되어야 할 설비를 쓰시오.

(2) 조작스위치의 높이는 바닥으로부터 몇 [m] 이상 몇 [m] 이하에 설치하는지 그 높이를 쓰시오.

| 정답

(1) 자동화재탐지설비

(2) 0.8[m] 이상 1.5[m] 이하

Chapter 03

누전경보기

1 개요

누전경보기는 600[V] 이하인 전기 배선이나 전기기기의 부하측이 사고로 인하여 누전이 발생할 경우 자동적으로 경보를 발할 수 있도록 한 설비로서 누설전류를 검출하는 변류기(CT), 누설전류를 받아 증폭하는 수신기, 경보를 발하는 음향장치 및 차단기 등으로 구성되어 있다.

2 설치대상

누전경보기를 설치하여야 할 특정소방대상물(내화구조가 아닌 건축물로서 벽, 바닥 또는 반자의 전부나 일부를 불연재료 또는 준불연재료가 아닌 재료에 철망을 넣어 만든 것에 한함)은 다음과 같다.

> 계약 전류용량(동일 건축물에 계약종별이 다른 전기가 공급되는 경우에는 그중 최대 계약 전류용량을 말함)이 100[A]를 초과하는 것

3 용어의 정의

(1) 누전경보기

내화구조가 아닌 건축물로서 벽, 바닥 또는 천장의 전부나 일부를 불연재료 또는 준불연재료가 아닌 재료에 철망을 넣어 만든 건물의 전기설비로부터 누설전류를 탐지하여 경보를 발하며 변류기와 수신부로 구성된 것을 말한다.

(2) 수신부

변류기로부터 검출된 신호를 수신하여 누전의 발생을 당해 소방대상물의 관계인에게 경보하여 주는 것(차단기구를 갖는 것을 포함)을 말한다.

(3) 변류기

경계전로의 누설전류를 자동적으로 검출하여 이를 누전경보기의 수신부에 송신하는 것을 말한다.

4 작동원리

(1) 작동원리

변압기 2차측 비접지측 전로 → 누전점 → 대지 → 제2종접지선

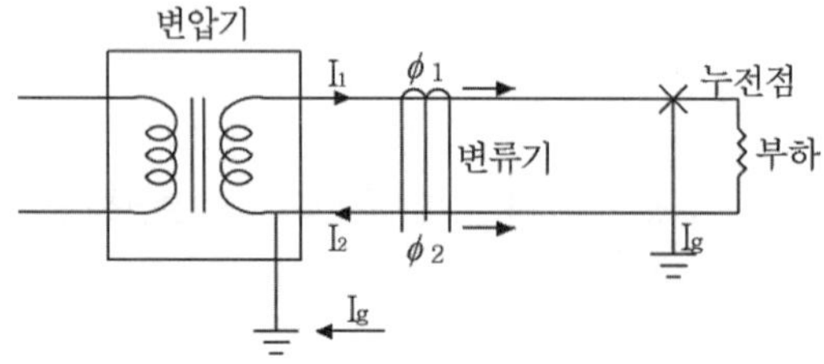

누설전류가 없는 경우에는 그림과 같이 회로에 흐르는 왕로전류 I_1과 귀로전류 I_2는 같고 왕로전류 I_1에 의한 자속 φ_1과 귀로전류 I_2에 의한 자속 φ_2는 $\varphi_1 = \varphi_2$가 되고 서로 상쇄하고 있다. 누전이 발생하고 누설전류 I_g가 흐르면 왕로전류 I_1이 되고 귀로전류는 왕로전류 I_1보다 작은 $I_1 - I_g$가 되어 누설전류 I_g에 의한 자속이 생기게 되어 변류기에 유기전압을 유도시킨다. 수신기는 이 전압을 증폭하여 입력 신호로 하여 릴레이를 동작시켜 경보를 발한다. 이때 누설전류 I_g의한 유기전압의 식은 다음과 같다.

$$E = 4.44 f N_2 \varphi_g \times 10^{-8} [\mathrm{V}]$$

여기서 f : 주파수[Hz]
N_2: 변류기2차권수[회]
φ_g: 누설자속[Wb]
E : 유기전압[V]

(2) 3상식

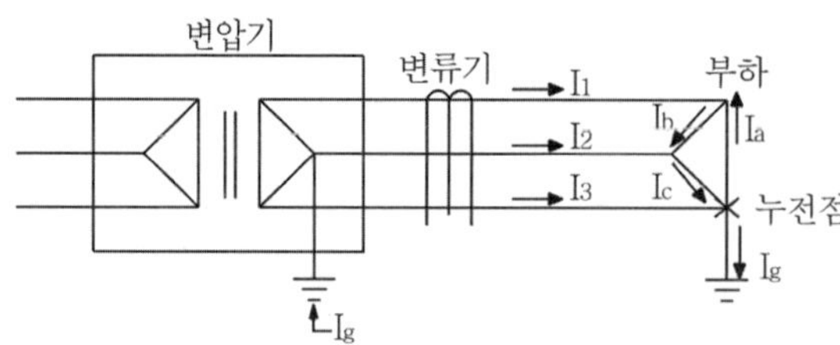

그림은 3상 3선식으로 누설전류가 없을 때는

$I_1 = I_b - I_a,\ I_2 = I_c - I_b,\ I_3 = I_a - I_c$

$\therefore\ I_1 + I_2 + I_3 = 0$

만일 누전사고가 생기면 $I_1 = I_b - I_a,\ I_2 = I_c - I_b,\ I_3 = I_a - I_c,\ I_g = I_1 + I_2 + I_3$라는 누설전류가 발생되고 누설전류 I_g는 φ_g라는 자속을 발생시켜 φ_g로 말미암아 앞에서 설명한 단상의 경우와 마찬가지로 영상변류기의 유기전압을 유기시켜 이 유기전압을 증폭하여 경보를 발하여 주는 것이다. 또한 3상 4선식일 경우 4선이 모두 영상변류기에 관통시켜야 하나 제2종 접지선 1선만 관통시킬 수도 있다.

5 수신기 내부구조

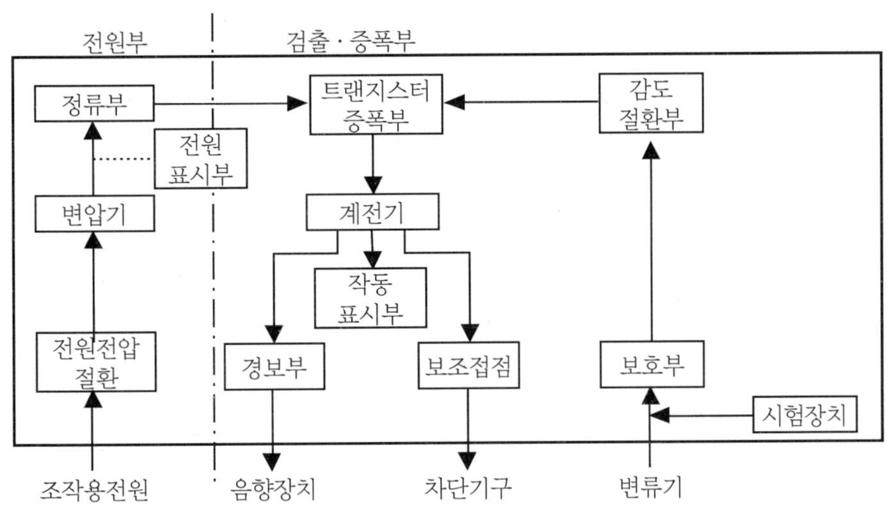

6 변류기의 오설치와 바른 설치의 예

(1)

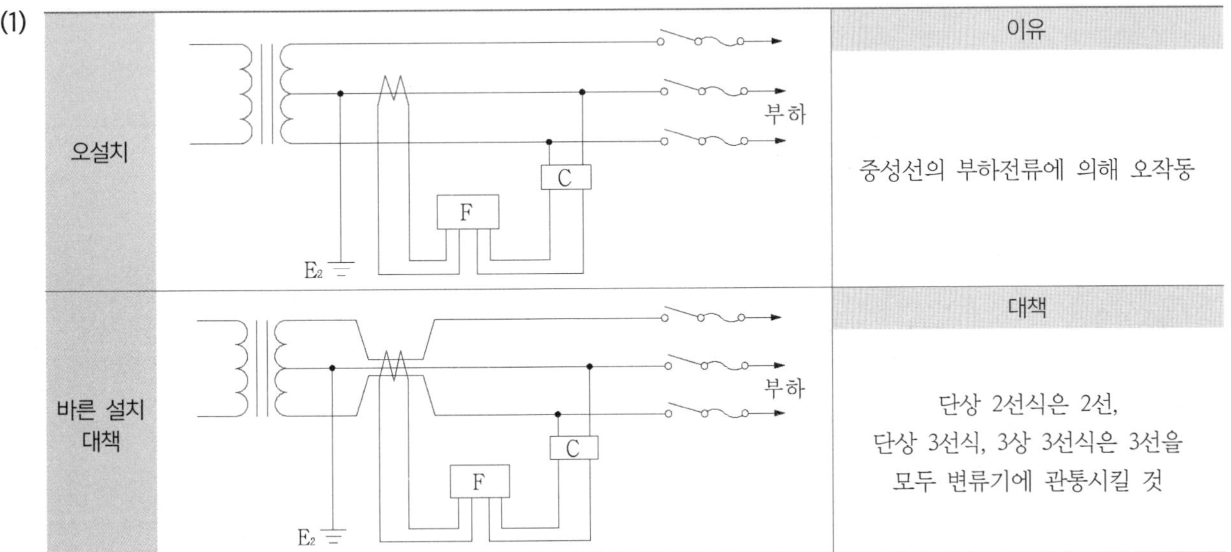

오설치
부하
C
F
E2
이유
중성선의 부하전류에 의해 오작동
바른 설치 대책
부하
C
F
E2
대책
단상 2선식은 2선,
단상 3선식, 3상 3선식은 3선을
모두 변류기에 관통시킬 것

(2)

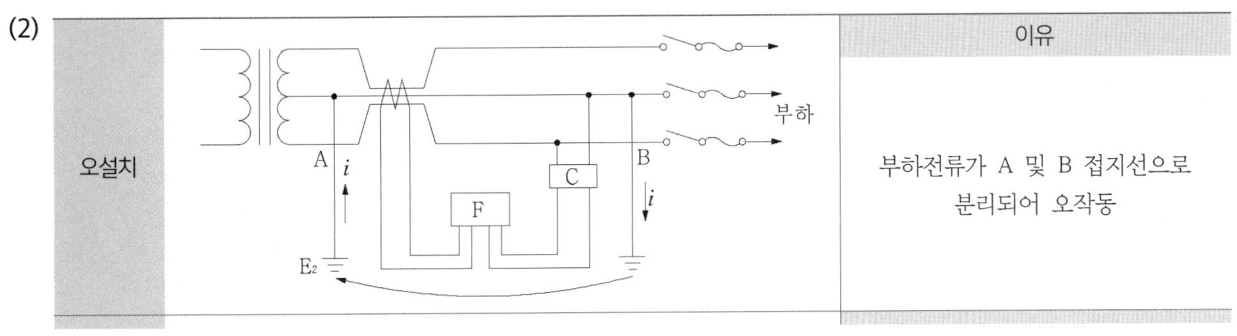

바른 설치 대책	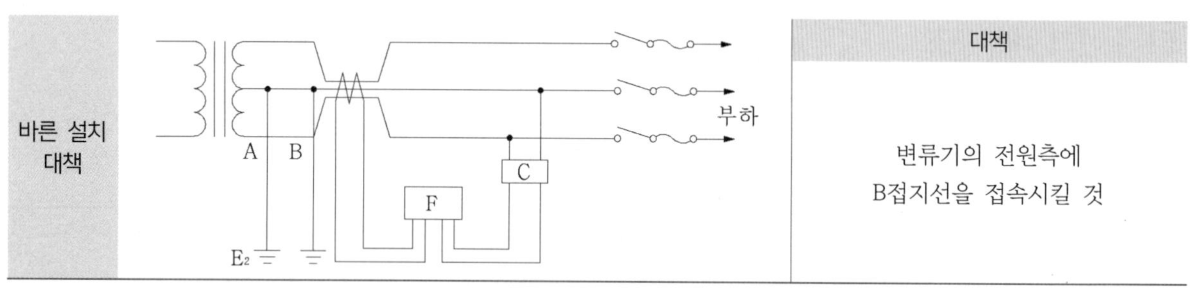	대책 변류기의 전원측에 B접지선을 접속시킬 것

(3)

오설치	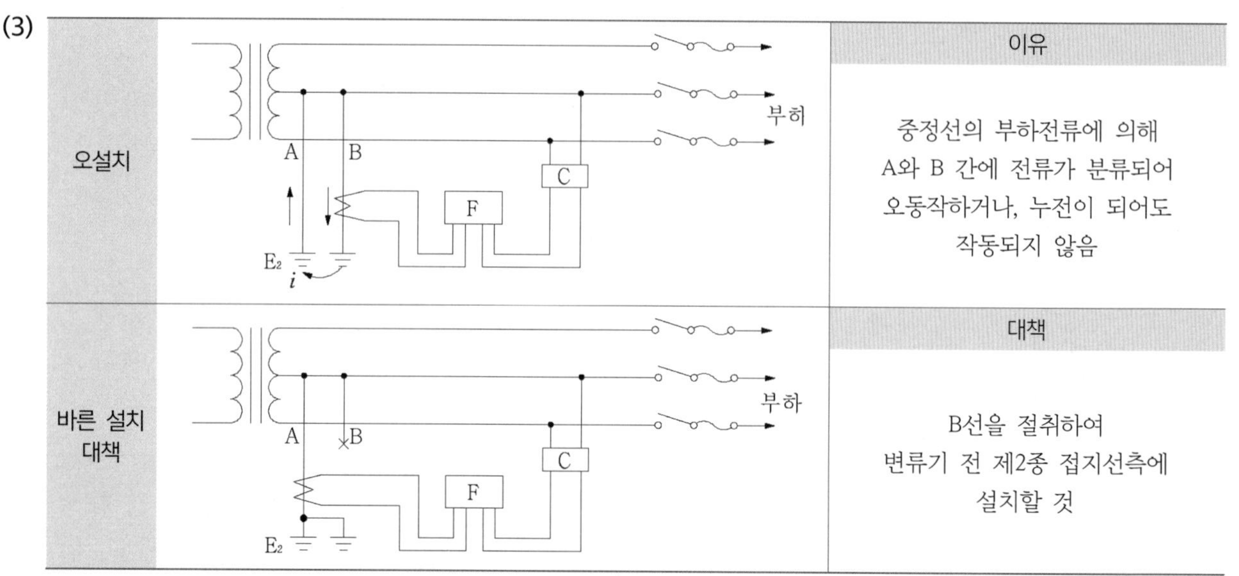	이유 중정선의 부하전류에 의해 A와 B 간에 전류가 분류되어 오동작하거나, 누전이 되어도 작동되지 않음
바른 설치 대책		대책 B선을 절취하여 변류기 전 제2종 접지선측에 설치할 것

(4)

오설치	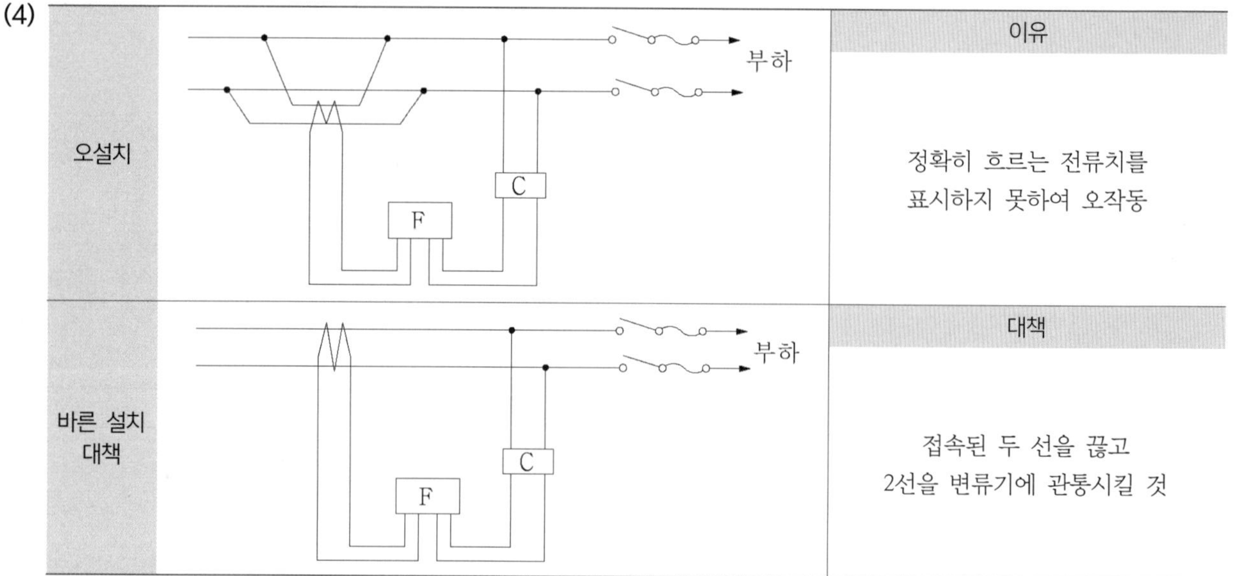	이유 정확히 흐르는 전류치를 표시하지 못하여 오작동
바른 설치 대책		대책 접속된 두 선을 끊고 2선을 변류기에 관통시킬 것

(5)

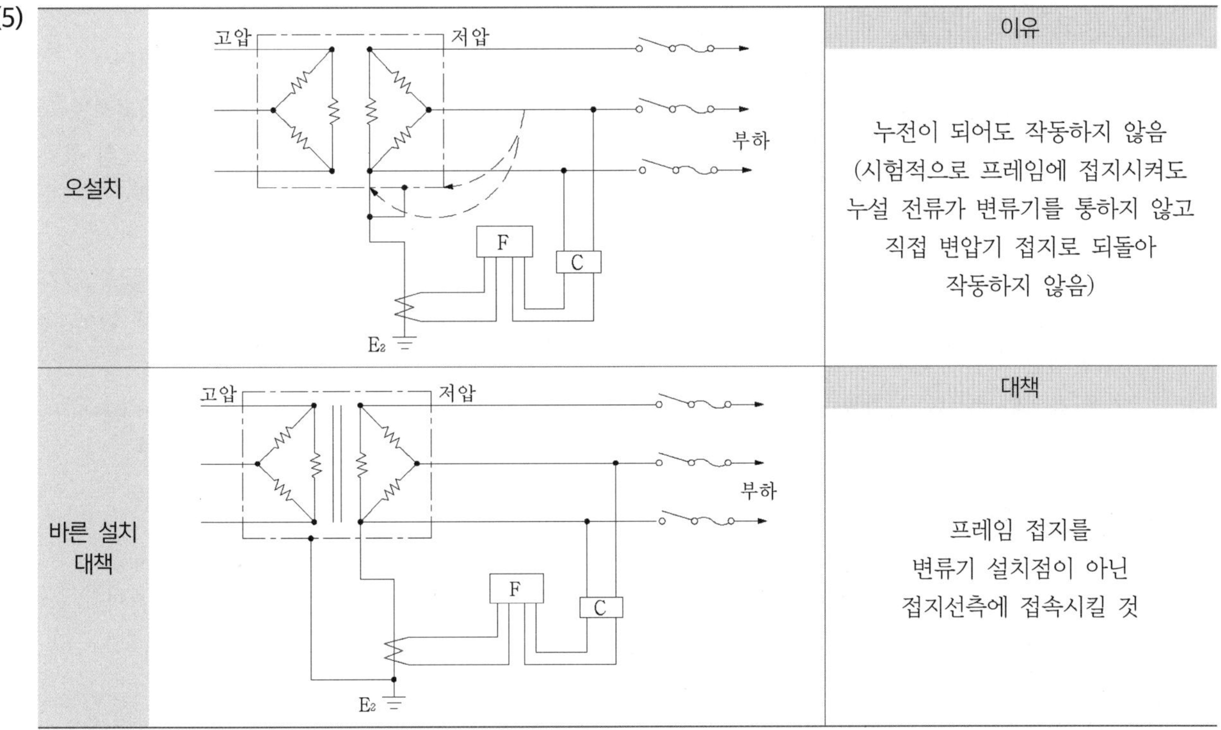

	이유
오설치	누전이 되어도 작동하지 않음 (시험적으로 프레임에 접지시켜도 누설 전류가 변류기를 통하지 않고 직접 변압기 접지로 되돌아 작동하지 않음)
바른 설치 대책	**대책** 프레임 접지를 변류기 설치점이 아닌 접지선측에 접속시킬 것

(6)

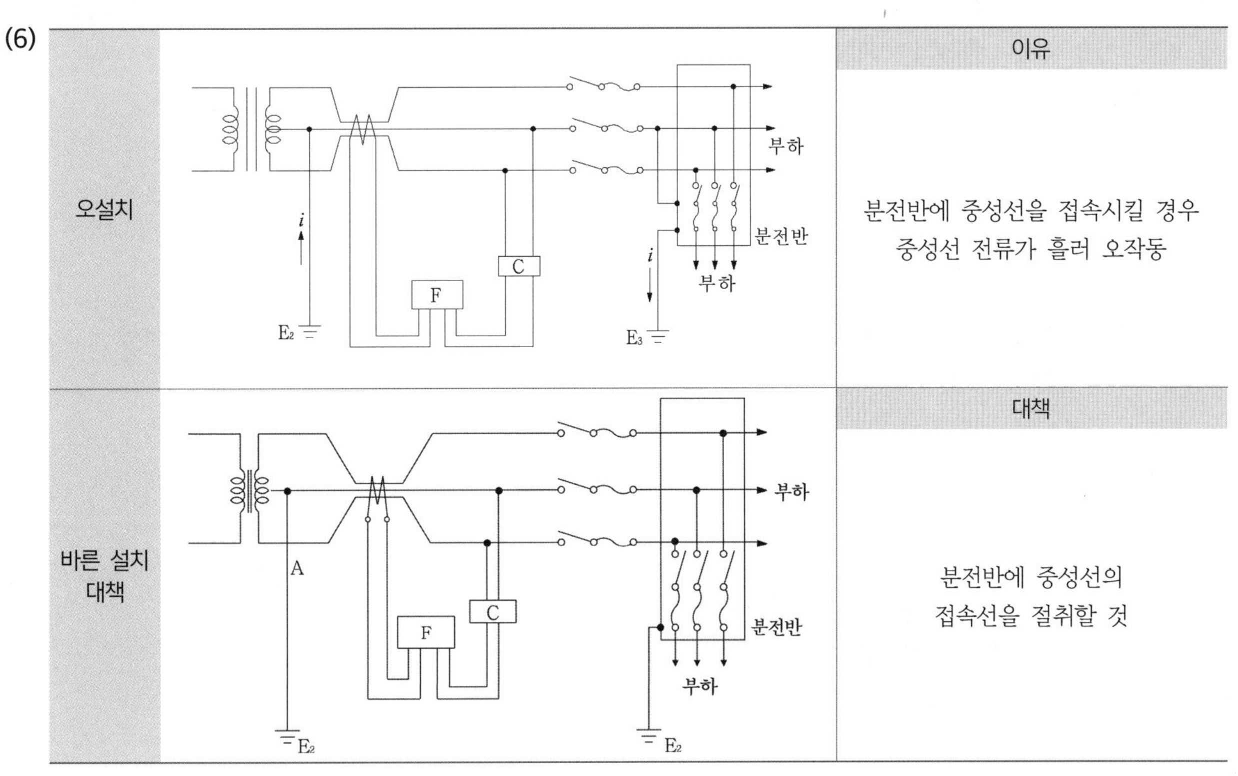

	이유
오설치	분전반에 중성선을 접속시킬 경우 중성선 전류가 흘러 오작동
바른 설치 대책	**대책** 분전반에 중성선의 접속선을 절취할 것

7 누전경보기 설치방법

(1) 경계전로의 정격전류가 60A를 초과하는 전로에 있어서는 1급 누전경보기를, 60A 이하의 전로에 있어서는 1급 또는 2급 누전경보기를 설치할 것. 다만, 정격전류가 60A를 초과하는 경계전로가 분기되어 각 분기회로의 정격전류가 60A 이하로 되는 경우 당해 분기회로마다 2급 누전경보기를 설치한 때에는 당해 경계전로에 1급 누전경보기를 설치한 것으로 본다.

(2) 변류기는 소방대상물의 형태, 인입선의 시설방법 등에 따라 옥외 인입선의 제1지점의 부하측 또는 제2종 접지선측의 점검이 쉬운 위치에 설치할 것. 다만, 인입선의 형태 또는 소방대상물의 구조상 부득이한 경우에 있어서는 인입구에 근접한 옥내에 설치할 수 있다.

(3) 변류기를 옥외의 전로에 설치하는 경우에는 옥외형의 것을 설치할 것

8 수신부 설치장소

(1) 누전경보기의 수신부는 옥내의 점검에 편리한 장소에 설치하되, 가연성의 증기 · 먼지 등이 체류할 우려가 있는 장소의 전기회로에는 당해 부분의 전기회로를 차단할 수 있는 차단기구를 가진 수신부를 설치하여야 한다. 이 경우 차단기구의 부분은 당해 장소 외의 안전한 장소에 설치하여야 한다.

(2) 누전경보기의 수신부는 다음 각 호의 장소외의 장소에 설치하여야 한다. 다만, 당해 누전경보기에 대하여 방폭 · 방식 · 방습 · 방온 · 방진 및 정전기 차폐 등의 방호조치를 한 것에 있어서는 그러하지 아니하다.

① 가연성의 증기 · 먼지 · 가스 등이나 부식성의 증기 · 가스 등이 다량으로 체류하는 장소
② 화약류를 제조하거나 저장 또는 취급하는 장소
③ 습도가 높은 장소
④ 온도의 변화가 급격한 장소
⑤ 대전류회로 · 고주파 발생회로 등에 따른 영향을 받을 우려가 있는 장소

(3) 음향장치는 수위실 등 상시 사람이 근무하는 장소에 설치하여야 하며, 그 음량 및 음색은 다른 기기의 소음 등과 명확히 구별할 수 있는 것으로 하여야 한다.

9 전원

(1) 전원은 분전반으로부터 전용회로로 하고, 각 극에 개폐기 및 15A 이하의 과전류차단기(배선용 차단기에 있어서는 20A 이하의 것으로 각 극을 개폐할 수 있는 것)를 설치할 것

(2) 전원을 분기할 때에는 다른 차단기에 따라 전원이 차단되지 아니하도록 할 것

(3) 전원의 개폐기에는 누전경보기용임을 표시한 표지를 할 것

출제예상문제

01. 누전경보기에 대한 다음 (　　) 안을 채우시오.

(1) 전원은 분전반으로부터 전용회로로 하고, 각 극에 개폐기 및 (①)[A] 이하의 과전류차단기를 설치할 것
(2) 변류기는 소방대상물의 형태, 인입선의 시설방법 등에 따라 옥외인입선의 제1지점의 (②) 측 또는 제 (③) 종 접지선측의 점검이 쉬운 위치에 설치할 것
(3) 경계전로의 정격전류가 (④)[A]를 초과하는 전로에 있어서는 1급 누전경보기를 설치할 것
(4) 누전경보기의 수신기는 (⑤) 회로, (⑥) 회로 등에 대한 영향을 받을 우려가 있는 장소에는 설치하지 않도록 할 것

| 정답

(1) ① 15
(2) ② 부하
③ 2
(3) ④ 60
(4) ⑤ 대전류
⑥ 고주파 발생

02. 누전경보기에 대한 그림을 보고 다음 각 물음에 답하시오.

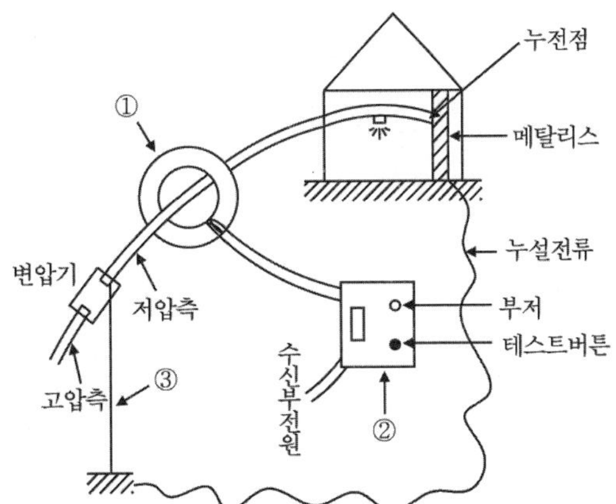

(1) ①~③에 대한 명칭을 쓰되, ③은 종별까지 상세히 쓰시오.
(2) 누전경보기는 사용전압 몇 [V] 이하인 경계전로의 누설전류를 검출하는가?
(3) 누전경보기의 공칭작동전류치는 몇 [mA] 이하이어야 하는가?
(4) 전원은 각 극에 개폐기 및 몇 [A] 이하의 과전류 차단기를 설치하여야 하는가? 또한 배선용 차단기로 할 경우 몇 [A] 이하의 것으로 각 극이 개폐가 가능하여야 하는가?

| 정답

(1) ① 변류기 ② 수신부 ③ 제2종 접지선
(2) 600[V]
(3) 200[mA]
(4) 15[A] 이하의 과전류 차단기
20[A] 이하의 배선용 차단기

03. 누전경보기에 대한 다음 설명 중 (   ) 안에 알맞은 내용을 쓰시오.

(1) 사용전압이 최소 (①)%인 전압에서 소리를 내어야 한다.
(2) 변류기는 구조에 따라 (②)형과 (③)형으로 구분하고, 수신부와의 상호 호환성 유무에 따라 호환성형 및 비호환성형으로 구분한다.
(3) 누전경보기의 공칭작동전류치는 (④)mA 이하이어야 한다.
(4) 수신부는 절연된 충전부와 외함간 및 차단기구의 개폐부의 절연저항을 직류 500V의 절연저항계로 측정하는 경우 (⑤)MΩ 이상이어야 한다.

| 정답

(1) ① 80
(2) ② 옥외
③ 옥내
(3) ④ 200
(4) ⑤ 5

04. 다음과 같은 기호가 뜻하는 바를 상세히 설명하시오.

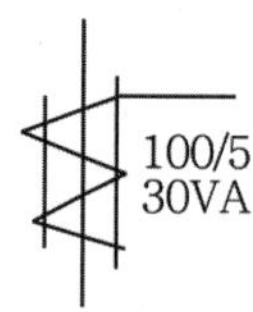

| 정답

변류비가 100/5이고 정격용량이 30[VA]인 영상변류기 1개

05. ZCT의 명칭과 그 용도를 설명하시오.

| 정답

▸ 영상변류기(ZCT) 그림기호

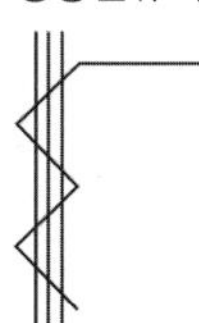

용도: 전기설비에서는 지락전류를 검출하는 기기로 사용되나 소방설비에서는 누설전류를 검출하는 기기로 통상 사용된다.

▸ 변류기(CT) 그림기호

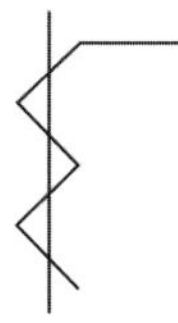

용도: 대전류 계측에 사용

- 명칭: 영상변류기
- 용도: 누설전류 자동 검출

06. 누전경보기에 대한 다음 각 물음에 답하시오.

(1) 1급과 2급 누전경보기를 구분 사용하는 경계전로의 정격전류는 몇 A인가?

(2) 전원은 분전반으로부터 전용회로로 한다. 각 극에는 무엇을 설치하여야 하는가?

(3) CT의 명칭은 무엇이며 이것을 점검하고자 할 때 2차 측은 어떻게 하여야 하는가?

| 정답

(1) 60

(2) 개폐기 및 15A 이하의 과전류차단기(20A 이하의 배선용 차단기)

(3) 명칭: 변류기
점검하고자 할 때: 2차 측을 단락시킨다.

07. 경계전로의 정격전류가 몇 [A]를 초과하는 전로에는 1급 누전경보기를 설치하는가?

| 정답

- 1급 누전경보기: 60[A] 초과
- 2급 누전경보기: 60[A] 이하

∴ 60[A]

08. 정격전류 100[A]인 경계전로에 2급 누전경보기를 설치하고자 한다. 어떻게 설치하는지 그림을 보고 도시하시오. (단, 변류기는 ×와 같이 표기하시오)

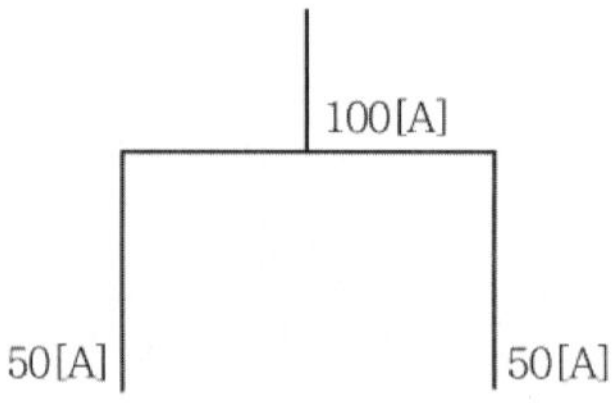

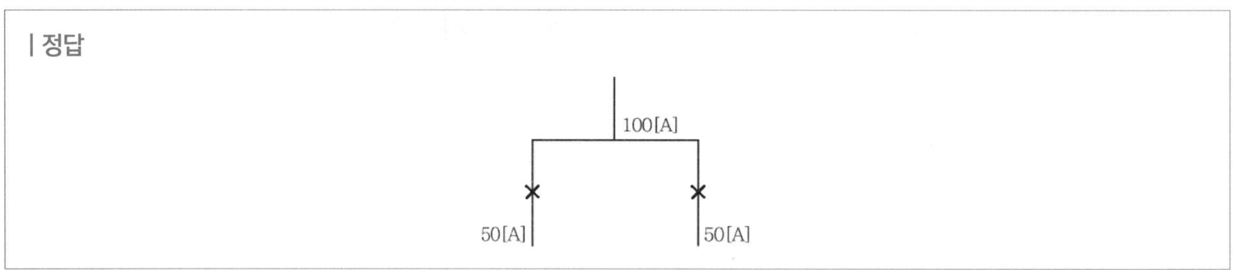

09. 그림과 같은 전로에 누전경보기를 설치하고자 한다. 다음 요구사항대로 누전경보기를 설치하시오. (단, 누전경보기는 로 표현할 것)

(1) 1급 누전경보기를 설치하시오.

(2) 2급 누전경보기를 설치하시오.

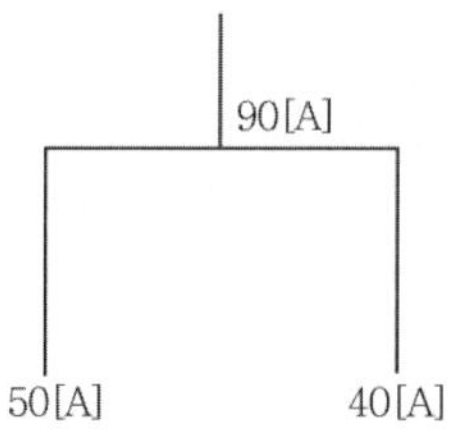

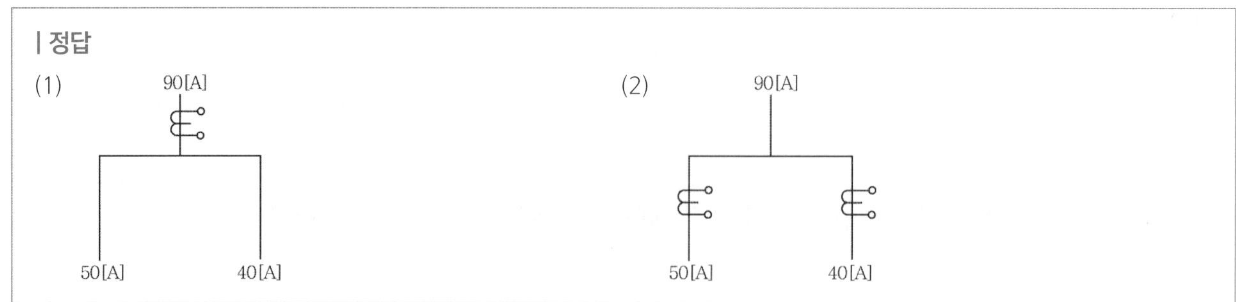

10. 1급 누전경보기의 수신부는 시험장치가 설치되어 있다. 이것으로 무엇을 시험할 수 있는지 2가지로 구분하여 설명하시오.

| 정답

- 도통시험: 도통시험 스위치를 시험위치에 놓고 회로 선택 스위치를 차례대로 전환시켜 접속유무를 확인한다. 이상시에는 도통 감시등이 점등된다.
- 동작시험: 동작시험 스위치를 시험위치에 놓고 회로 선택 스위치를 차례대로 전환시켜 누전시와 같은 작동상황을 점검한다.

11. 누전경보기에 사용되는 변류기의 1차권선과 2차권선 간의 절연저항 측정에 사용되는 측정기구와 양부판정에 대한 기준을 설명하시오.

| 정답

- 측정기구: 직류 500V의 절연저항계
- 양부판정: 측정된 절연저항값이 5MΩ 이상이면 적합

12. 누전경보기의 수신부에 대한 절연저항시험은 어떻게 하는지 다음과 같이 구분하여 구체적으로 답하시오.

(1) 측정개소
(2) 측정계기
(3) 절연저항의 적정성 판단의 정도

| 정답

(1) ① 절연된 충전부와 외함
　② 차단기구의 개폐부
(2) 직류 500V 절연저항계
(3) 5MΩ 이상

13. 누전경보기의 기능을 시험하기 위하여 시험용 푸시버튼 스위치를 눌렀으나 경보기는 작동하지 않았다. 이 경우 예측되는 고장 원인을 3가지만 쓰시오.

| 정답

- 수신기의 고장
- 수신기와 변류기 배선의 단선
- 시험용 푸시버튼 스위치 접촉 불량

14. 그림은 누전경보기의 시설을 예시한 도면이다. 이 도면을 보고 다음 각 물음에 답하시오.

(1) 도면의 ①, ②에 해당되는 기구의 명칭은 무엇인가?

(2) 그림기호 ③, ④의 명칭은 무엇인가?

(3) 그림기호 ④ 대신에 과전류차단기를 설치한다면 그 용량은 몇 A 이하의 것이어야 하는가? 또 배선용 차단기일 경우에는 몇 A 이하의 것이어야 하는가?

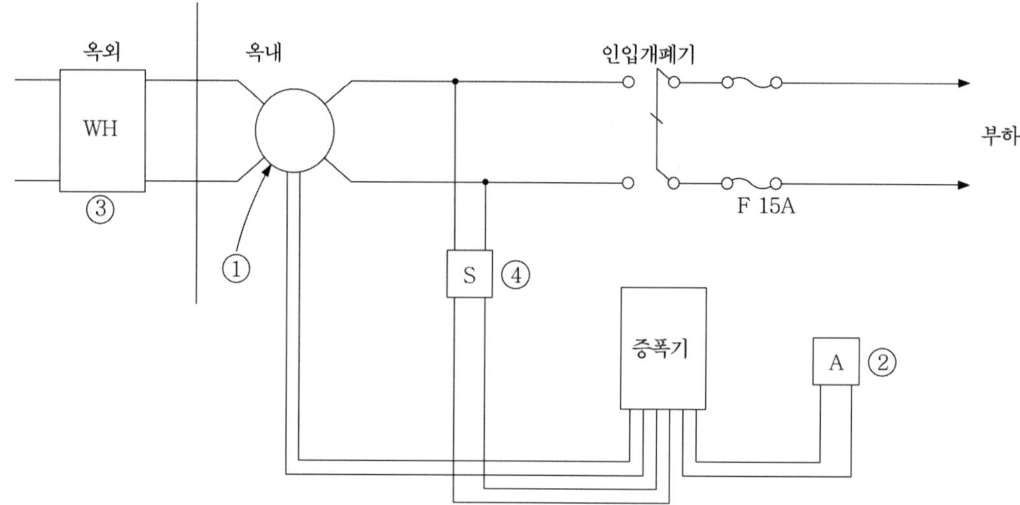

| 정답

(1) ① 변류기
② 경보기

(2) ③ 전력량계
④ 개폐기

(3) 과전류차단기: 15A 이하
배선용 차단기: 20A 이하

15. 누전경보기의 수신기 내부구조를 블록도로 나타낸 것이다. 이 그림을 보고 다음 각 물음에 답하시오.

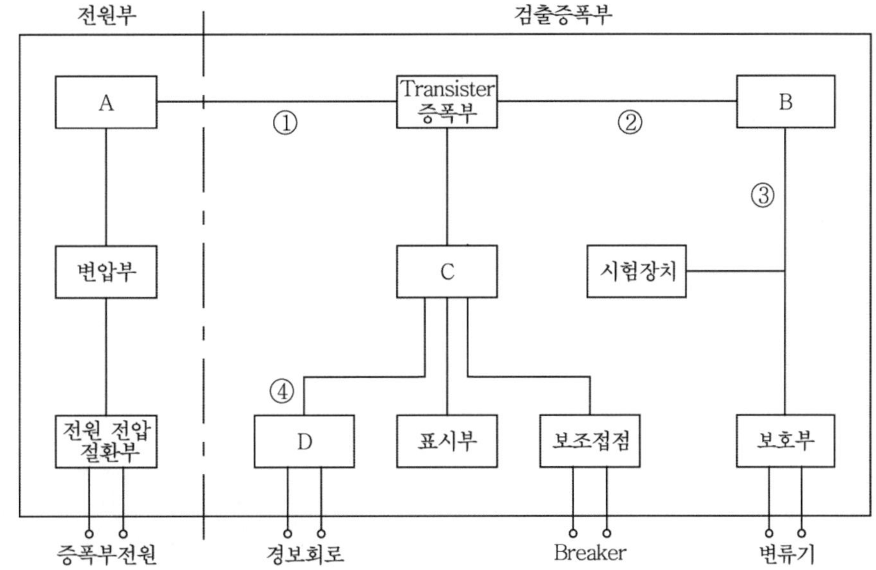

(1) A~D에 들어갈 각각의 장치명을 쓰시오.

(2) ①~④의 신호전달방향을 화살표로 표시하시오.

(3) 전원부의 회로구성은 그림과 같다.

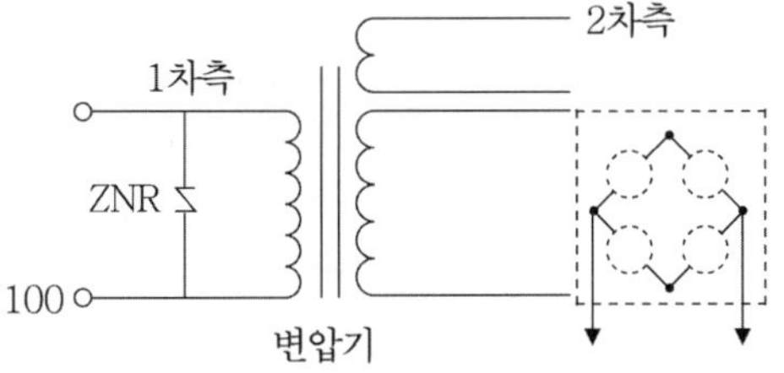

㉠ 전류가 흐를 수 있도록 ( )에 Diode를 사용하여 접속하시오.

㉡ 1차 측에 설치된 ZNR의 목적은 무엇인가?

(4) B는 조작부분이 상자 외면에 노출되지 않도록 하는 구조이어야 하는 바, 조정범위의 상한전류는 몇 A 이하로 하여야 하는가?

(5) 다음 그림과 같이 구성되는 장치는 무엇인가?

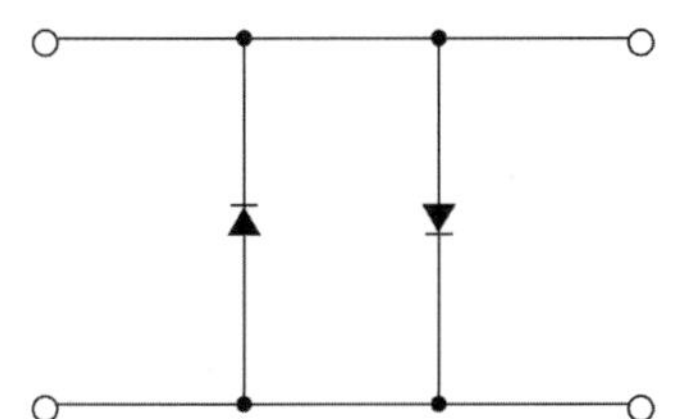

| 정답

(1) A 정류부
B 감도절환부
C 계전기
D 경보부

(2) ① →

② ←

③ ↑

④ ↓

(3) ㉠

㉡ 낙뢰 발생 시 충격파로부터 수신기 보호

(4) 1

(5) 바리스터

16. 다음 그림은 3상3선식 전기회로에 변류기를 설치하고, 이의 작동원리를 표시한 것이다. 누전되고 있다고 할 때 다음 각 물음에 답하시오.

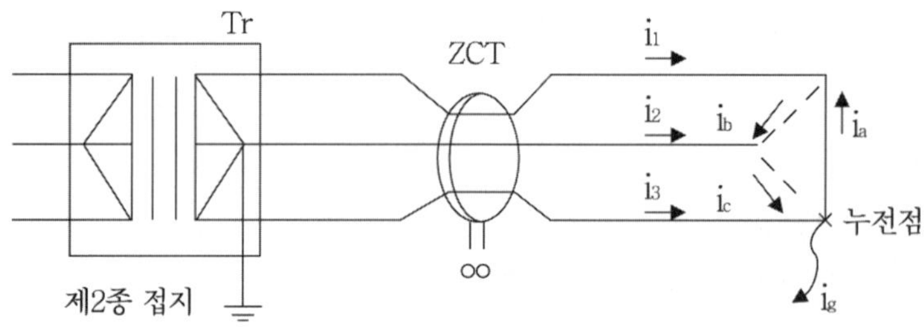

(1) 전류값 I_1, I_2, I_3는?

(2) I_1, I_2, I_3의 합은?

| 정답

(1) $I_1 = i_b - i_a$, $I_2 = i_c - i_b$, $I_3 = i_a - i_c + i_g$

(2) $I_1 + I_2 + I_3 = i_b - i_a + i_c - i_b + i_a - i_c + i_g = i_g$

17. 도면은 누전경보기에 설치하는 회로이다. 이 회로를 보고 다음 각 물음에 답하시오. (단, 도면에 잘못된 부분을 모두 정상회로로 수정한 것으로 가정하고 답할 것)

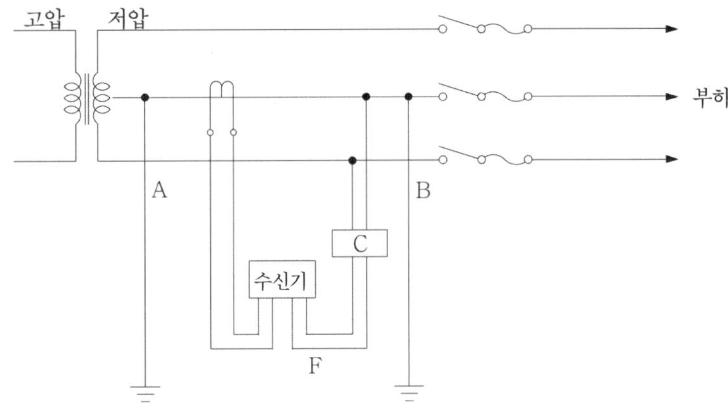

(1) 회로에서 틀린 부분을 2가지만 지적하여 바른 방법을 설명하시오.

(2) A의 접지선에 접지하여야 할 접지의 종류는 무엇이며, 또 이때의 접지저항값의 계산식은 무엇인가?

(3) 회로에서의 수신기는 경계전로의 전류가 몇 A 초과의 것이어야 하는가?

(4) 회로의 음향장치에서 음량은 음향장치의 중심으로부터 1m 떨어진 위치에서 몇 dB 이상이 되어야 하는가?

(5) 회로에서 Ⓒ에 사용되는 과전류차단기의 용량은 몇 A 이하이어야 하는가?

(6) 회로의 음향장치는 정격전압의 몇 % 전압에서 음향을 발할 수 있어야 하는가?

(7) 회로에서 변류기의 절연저항을 측정하였을 경우 절연저항값은 몇 MΩ 이상이어야 하는가? (단, 1차 코일 또는 2차 코일과 외부 금속부와의 사이로 차단기의 개폐부에 DC 500V 메가 사용)

(8) 누전경보기의 공칭작동 전류치는 몇 mA 이하이어야 하는가?

| 정답

(1) • 중성선 부하전류에 의해 오작동을 하므로 3선을 모두 변류기 안에 관통시킨다.
• 부하전류가 A 및 B 접지선이 분류되어 오작동하므로 B 접지선을 변류기 전원 측에 설치한다.

[수정된 회로]

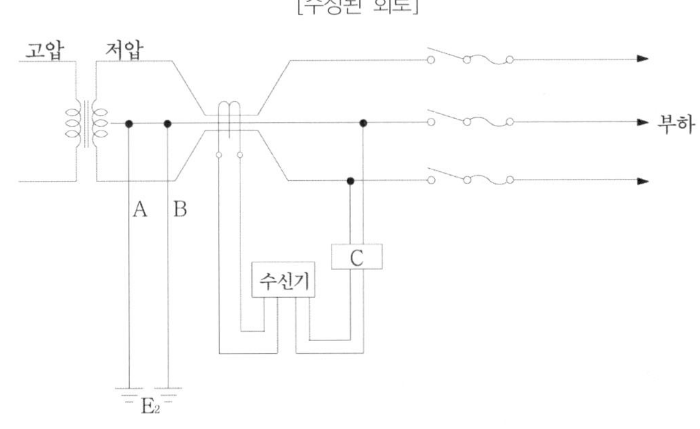

(2) 제2종접지, 계산식 $= \dfrac{150\text{V}}{1\text{선지락전류}[\text{A}]}$

(3) 60	(4) 70	(5) 15A 이하
(6) 80%	(7) 5MΩ 이상	(8) 200mA 이하

18. 다음은 누전경보기의 구성도이다. 각 부의 명칭을 쓰시오.

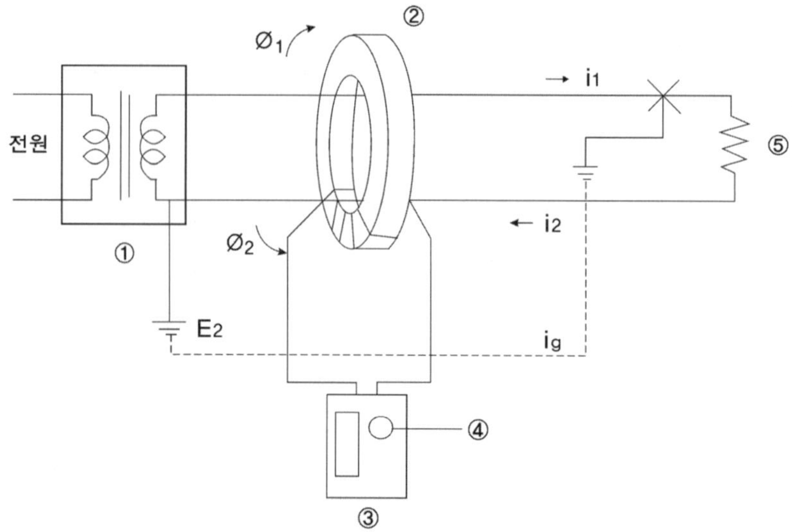

| 정답

① 변압부
② 변류기
③ 수신부
④ 경보부
⑤ 부하

19. 누전경보기의 수신기 증폭부의 방식 3가지를 쓰시오.

| 정답

- 매칭트랜스 또는 트랜지스터를 조합하여 증폭시켜 계전기를 동작시키는 방식
- 트랜지스터 또는 IC로 증폭하여 계전기를 동작시키는 방식
- 트랜지스터 또는 IC와 미터릴레이를 증폭시켜 계전기를 동작시키는 방식

20. 다음은 누전경보기의 수신기 구조의 계통도이다. 빈 곳을 완성하시오.

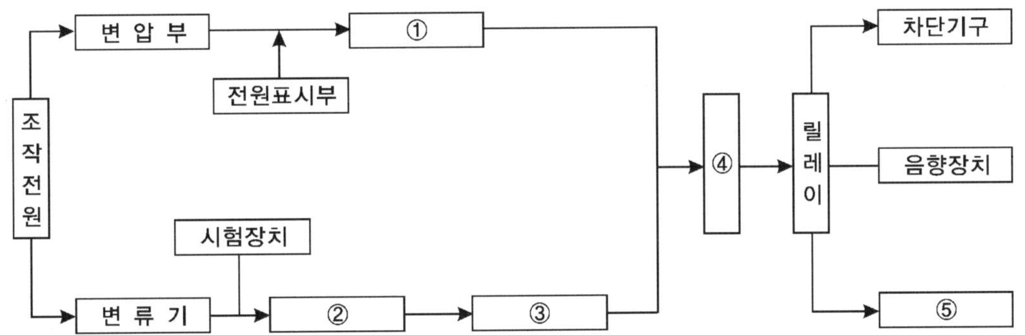

| 정답

① 정류부
② 보호부
③ 감도절환부
④ 증폭부
⑤ 누전표시부

21. 그림은 단상3선식 전기회로에 누전경보기를 설치한 예이다. 이 그림을 보고 다음 각 물음에 답하시오.

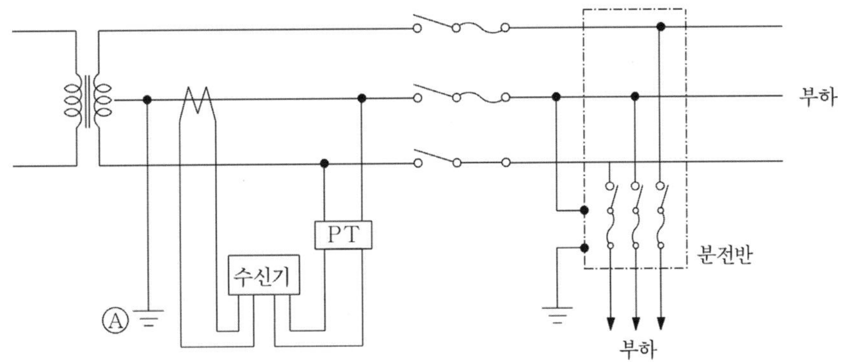

(1) 그림에서 잘못 도해된 부분을 3가지만 지적하고 잘못된 사유를 설명하시오.
(2) 단상3선식의 중성선에서 퓨즈를 설치하지 않고 동선으로 직결한다. 그 이유를 기술하시오.

| 정답

(1) • 변류기에 중성선만 관통시킨 경우 중성선전류에 의해 오작동하므로 변류기에 3선을 모두 관통시킬 것
• 중성선을 분전반 외함에 접속시킬 경우 중성선 전류에 의해 오작동하므로 중성선에서 분전반 외함에 접속시킨 배선을 절취할 것
• PT를 설치하는 경우 누전회로가 차단되지 않으므로 과전류차단기를 설치할 것
(2) 중성선 퓨즈 단선시 전압 불평형으로 인한 기기 소손 방지

22. 누전경보기에서 CT, 100/5, 50VA라고 쓰여져 있다. 이 때 각 물음에 답하시오.

(1) CT의 우리말 명칭을 쓰시오.

(2) 100/5에서 100의 의미와 5의 의미를 쓰시오.

(3) 50VA는 CT에서 어떤 것을 의미하는지 설명하시오.

| 정답

(1) 변류기

(2) 100의 의미: 1차 전류
5의 의미: 2차 전류

(3) 정격용량

23. 다음의 <보기>를 참고하여 누전경보기의 작동개요 순서를 차례대로 쓰시오.

<보기>

① 관계자에게 경보, 누전 표시 및 회로 차단
② 수신기 전압증폭
③ 누전전류에 의한 자속발생
④ 변류기에 유도전압 유기
⑤ 누전점 발생
⑥ 릴레이 작동

| 정답

⑤ → ③ → ④ → ② → ⑥ → ①

Chapter 04

비상경보설비 및 비상방송설비

1 비상경보설비

화재상황 시 발신기를 통하여 당해 소방대상물의 관계자에게 화재의 발생을 통보하여 주며, 경종 또는 사이렌으로 각 층의 거주자에게 통보하는 경보설비이다.

2 비상경보설비의 설치대상

소방대상물	연면적, 바닥면적, 길이	수용인원	저장, 취급량
특정소방대상물(사람이 거주하지 아니하거나 벽이 없는 축사 제외)	연면적 400m^2 이상		-
지하층 또는 무창층	바닥면적 150m^2 이상		
지하층 또는 무창층의 공연장	바닥면적 100m^2 이상		
지하가 중 터널	길이 500m 이상		
근로자가 작업하는 옥내작업장		50명 이상	

3 비상경보설비의 종류

(1) 비상벨

(2) 자동식 사이렌

4 비상경보설비의 용어 정의

(1) 비상벨설비

화재발생 상황을 경종으로 경보하는 설비

(2) 자동식사이렌설비

화재발생 상황을 사이렌으로 경보하는 설비

(3) 단독경보형감지기

화재발생 상황을 단독으로 감지하여 자체에 내장된 음향장치로 경보하는 감지기

(4) 발신기

화재발생 신호를 수신기에 수동으로 발신하는 장치

(5) 수신기

발신기에서 발하는 화재신호를 직접 수신하여 화재의 발생을 표시 및 경보하여 주는 장치

5 비상경보설비의 설치기준

"자동화재탐지설비 준용"

6 단독경보형감지기의 설치기준

(1) 각 실(이웃하는 실내의 바닥면적이 각각 $30m^2$ 미만이고 벽체의 상부의 전부 또는 일부가 개방되어 이웃하는 실내와 공기가 상호유통되는 경우에는 이를 1개의 실로 봄)마다 설치하되, 바닥면적이 $150m^2$를 초과하는 경우에는 $150m^2$마다 1개 이상 설치할 것
(2) 최상층의 계단실의 천장(외기가 상통하는 계단실의 경우를 제외)에 설치할 것
(3) 건전지를 주전원으로 사용하는 단독경보형감지기는 정상적인 작동상태를 유지할 수 있도록 건전지를 교환할 것
(4) 상용전원을 주전원으로 사용하는 단독경보형감지기의 2차전지는 규정에 따른 성능시험에 합격한 것을 사용할 것

7 비상방송설비의 설치대상

소방대상물	연면적 또는 길이	수용인원	저장, 취급량
특정소방대상물	$3,500m^2$ 이상		-
지하층을 제외한 층수가 11층 이상			
지하층의 층수가 3층 이상			

8 비상방송설비의 용어 정의

(1) 확성기

소리를 크게 하여 멀리까지 전달될 수 있도록 하는 장치로, 일명 스피커

(2) 음량조절기

가변저항을 이용하여 전류를 변화시켜 음량을 크게 하거나 작게 조절할 수 있는 장치

(3) 증폭기

전압전류의 진폭을 늘려 감도를 좋게 하고 미약한 음성전류를 커다란 음성전류로 변화시켜 소리를 크게 하는 장치

9 비상방송설비의 설치기준

(1) 확성기의 음성입력은 3와트(실내에 설치하는 것에 있어서는 1와트) 이상일 것

(2) 확성기는 각층마다 설치하되, 그 층의 각 부분으로부터 하나의 확성기까지의 수평거리가 25미터 이하가 되도록 하고, 당해 층의 각 부분에 유효하게 경보를 발할 수 있도록 설치할 것

(3) 음량조정기를 설치하는 경우 음량조정기의 배선은 3선식으로 할 것

(4) 조작부의 조작스위치는 바닥으로부터 0.8미터 이상 1.5미터 이하의 높이에 설치할 것

(5) 조작부는 기동장치의 작동과 연동하여 당해 기동장치가 작동한 층 또는 구역을 표시할 수 있는 것으로 할 것

(6) 증폭기 및 조작부는 수위실 등 상시 사람이 근무하는 장소로서 점검이 편리하고 방화상 유효한 곳에 설치할 것

(7) 층수가 11층(공동주택의 경우에는 16층) 이상의 특정소방대상물은 다음의 기준에 따라 경보를 발할 수 있도록 해야 한다.

① 2층 이상의 층에서 발화한 때에는 발화층 및 그 직상 4개층에 경보를 발할 것

② 1층에서 발화한 때에는 발화층 · 그 직상 4개층 및 지하층에 경보를 발할 것

③ 지하층에서 발화한 때에는 발화층 · 그 직상층 및 기타의 지하층에 경보를 발할 것

(8) 다른 방송설비와 공용하는 것에 있어서는 화재시 비상경보 외의 방송을 차단할 수 있는 구조로 할 것

(9) 다른 전기회로에 의하여 유도장애가 생기지 아니하도록 할 것

(10) 하나의 소방대상물에 2 이상의 조작부가 설치되어 있는 때에는 각각의 조작부가 있는 장소 상호간에 동시통화가 가능한 설비를 설치하고, 어느 조작부에서도 당해 소방대상물의 전구역에 방송을 할 수 있도록 할 것

(11) 기동장치에 의한 화재신고를 수신한 후 필요한 음량으로 방송이 개시될 때까지의 소요시간은 10초 이하로 할 것

(12) 음향장치는 다음의 기준에 따른 구조 및 성능의 것으로 하여야 한다.

① 정격전압의 80% 전압에서 음향을 발할 수 있는 것을 할 것

② 자동화재탐지설비의 작동과 연동하여 작동할 수 있는 것으로 할 것

10 비상방송설비의 배선기준

(1) 화재로 인하여 하나의 층의 확성기 또는 배선이 단락 또는 단선되어도 다른 층의 화재통보에 지장이 없도록 할 것

(2) 전원회로의 배선은 내화배선에 의하고 그밖의 배선은 내화배선 또는 내열배선으로 할 것

(3) 전원회로의 전로와 대지 사이 및 배선 상호간의 절연저항은 「전기사업법」에 따른 기술기준이 정하는 바에 의할 것

(4) 배선은 다른 전선과 별도의 관 · 닥트(절연효력이 있는 것으로 구획한 때에는 그 구획된 부분은 별개의 닥트로 봄) 몰드 또는 풀박스 등에 설치할 것 다만, 60[V] 미만의 약전류 회로에 사용하는 전선으로서 각각의 전압이 같을 때는 그러하지 아니하다.

11 비상방송설비의 상용전원 설치기준

(1) 전원은 전기가 정상적으로 공급되는 축전지, 전기저장장치(외부 전기에너지를 저장해 두었다가 필요한 때 전기를 공급하는 장치) 또는 교류전압의 옥내 간선으로 하고, 전원까지의 배선은 전용으로 할 것

(2) 개폐기에는 "비상방송 설비용"이라고 표시한 표지를 할 것

(3) 비상방송 설비에는 그 설비에 대한 감시상태를 60분간 지속한 후 유효하게 10분 이상 경보할 수 있는 축전지설비(수신기에 내장하는 경우를 포함) 또는 전기저장장치(외부전기에너지를 저장해두었다가 필요할 때 전기를 공급하는 장치)를 설치하여야 한다.

출제예상문제

01. 비상시 경보를 발할 수 있는 비상경보설비 2가지를 쓰시오.

| 정답
- 비상벨설비
- 자동식사이렌설비

02. 비상경보설비에 사용되는 축전지 설비의 절연저항시험은 직류 500[V]의 절연저항계로 측정하여 다음의 경우 몇 [MΩ] 이상이어야 하는가?

(1) 축전지설비의 절연된 충전부와 외함간의 절연저항
(2) 축전지설비의 교류입력 측과 외함간의 절연저항
(3) 축전지설비의 절연된 선로간의 절연저항

| 정답
(1) 5 [MΩ] 이상
(2) 20 [MΩ] 이상
(3) 20 [MΩ] 이상

03. 비상방송설비에 대한 다음 각 물음에 답하시오.

(1) 음량조정기를 설치하는 경우 음량조정기의 배선은 몇 선식으로 하여야 하는가?
(2) 조작부의 조작스위치는 바닥으로부터 몇 [m] 이상, 몇 [m] 이하의 높이에 설치하여야 하는가?
(3) 16층 건물의 5층에서 발화한 때에는 몇 층에서 우선적으로 경보를 발할 수 있도록 하여야 하는가?
(4) 기동장치에 의한 화재신고를 수신한 후 필요한 음량으로 방송이 개시될 때까지의 소요시간은 몇 초 이하로 하여야 하는가?

| 정답
(1) 3선식
(2) 0.8 [m] 이상 1.5 [m] 이하
(3) 발화층(5층), 그 직상 4개층[(6, 7, 8, 9)층]
(4) 10초 이하

04. 비상경보설비 및 비상방송설비에 대한 다음 각 물음에 답하시오.

(1) 비상벨설비 또는 자동식사이렌설비는 부식성가스 또는 습기 등으로 인하여 부식의 우려가 없는 장소에 설치하되, 바닥으로부터 몇 [m] 이상 몇 [m] 이하의 높이에 설치하여야 하는가?

(2) 단독경보형 감지기는 소방대상물의 각 층마다 설치하여야 한다. 바닥면적이 600m²인 경우에는 최소 몇 개를 설치하여야 하는가?

(3) 비상방송설비에서 음량조정기를 설치하는 경우 음량조정기와 배선은 어떻게 하여야 하는가?

(4) 지하 2층, 지상 7층 건물에서 5층의 확성기의 배선이 단락 또는 단선되었다. 화재통보에 지장이 없어야 하는 층을 모두 적으시오.

| 정답

비상방송설비 배선

화재로 인하여 하나의 층의 확성기 또는 배선이 단락 또는 단선되어도 다른 층의 화재통보에 지장이 없도록 할 것

(1) 0.8[m] 이상 1.5[m] 이하

(2) 개수 $= \frac{600\text{m}^2}{150\text{m}^2} = 4$개

(3) 3선식

(4) 지하(1, 2)층, 1층, 2층, 3층, 4층, 6층, 7층

05. 비상방송설비의 설치기준에 대한 각 물음에 답하시오.

(1) 확성기는 몇 개 층마다 설치하는가?

(2) 음량조정기를 설치하는 경우 음량조정기의 배선은 몇 선식으로 하는가?

(3) 조작부의 조작스위치는 바닥으로부터 몇 [m] 이상, 몇 [m] 이하의 높이에 설치하는가?

(4) 다음과 같은 층에서 발화한 경우 우선적으로 경보를 발하여야 할 층은 몇 층인가? (단, 지상 15층, 지하 5층 건물임)

① 1층

② 5층

③ 지하 2층

| 정답

(1) 각 층마다

(2) 3선식

(3) 0.8[m] 이상 1.5[m] 이하

(4) ① 1층: 발화층(1층), 그 직상 4개층[(2, 3, 4, 5)층] 및 지하층(지하 1, 2, 3, 4, 5층)

② 5층: 발화층(5층) 및 그 직상 4개층[(6, 7, 8, 9)층]

③ 지하 2층: 발화층(지하 2층), 그 직상층(지하 1층) 및 기타 지하층(지하 3, 4, 5층)

06. 비상방송설비에 대한 설치기준의 (   ) 안에 알맞는 내용을 쓰시오.

(1) 확성기의 음성입력은 (①)[W](실내에 설치하는 것에 있어서 1[W] 이상일 것)

(2) 음량조정기를 설치하는 경우 음량조정기의 배선은 (②)으로 할 것

(3) 기동장치에 의한 화재신고를 수신한 후 필요한 음량으로 방송이 개시될 때까지의 소요시간은 (③)초 이하로 할 것

(4) 조작부의 조작스위치는 바닥으로부터 (④)[m] 이상 (⑤)[m] 이하의 높이에 설치할 것

| 정답

(1) ① 3

(2) ② 3선식

③ 10

(3) ④ 0.8

⑤ 1.5

07. 다음은 경보설비인 비상방송설비에 대한 구성도이다. 다음 각 물음에 답하시오.

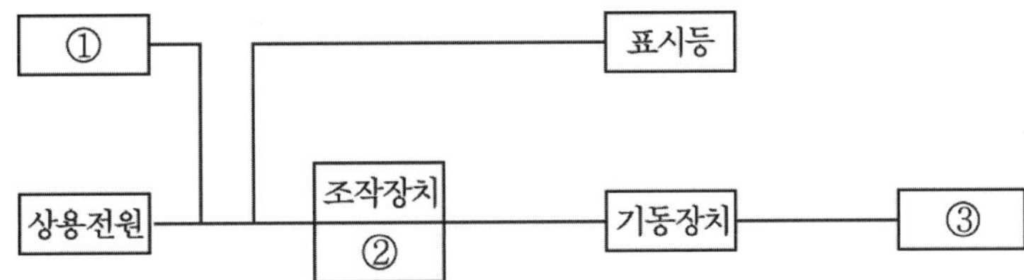

(1) ①~③의 명칭은 무엇인가?

(2) 기동장치를 기동하는 전원의 전압은 몇 V인가?

(3) 비상방송설비에 음량조정기를 설치하는 경우 음량조정기의 배선은 몇 선으로 하는가?

(4) 기동장치상부에 설치하는 표시등의 표시색상은 어떻게 하여야 하는가?

(5) ③을 옥외에 설치할 때 음성입력은 얼마인가?

(6) 구성도와 같은 방송설비가 동작할 때 경보를 우선적으로 발하여야 하는 층은 몇 층인가? (단, 화재층은 1층)

| 정답

(1) ① 비상전원 ② 증폭부 ③ 스피커

(2) 직류전원 24V

(4) 3선식

(5) 적색

(6) 3W 이상

(7) 발화층, 그 직상 4개층 및 지하층

08. 비상방송설비의 설치기준에 대한 다음 각 물음에 답하시오.

(1) 기동장치에 의한 화재신고를 수신한 후 필요한 음량으로 방송이 개시될 때까지의 소요시간은 몇 초 이하로 하여야 하는가?

(2) 16층 건물의 5층에서 화재가 발생할 때에 우선적으로 경보를 발하여야 할 층은 몇 층인가?

(3) 확성기를 실내에 설치할 때 그 음성입력은 몇 [W] 이상이어야 하는가?

| 정답

(1) 10

(2) 5층, 6층, 7층, 8층, 9층

(3) 1

09. 비상방송설비에 대한 다음 각 물음에 답하시오.

(1) 비상방송설비의 계통도를 완성하시오.

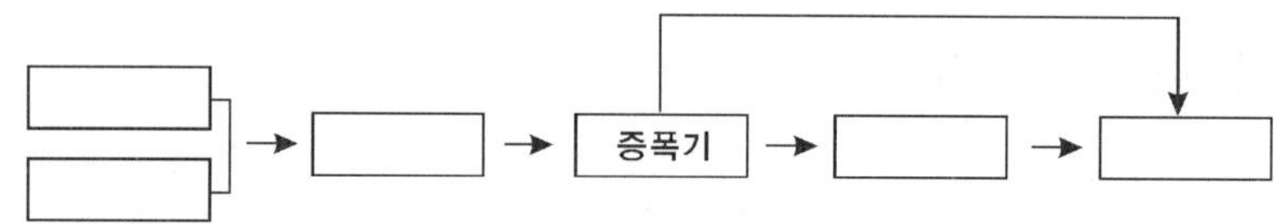

(2) 확성기의 음성입력은 몇 [W] 이상이어야 하는가?

(3) 지상 21층 지하 5층인 건물이 있다. 1층에서 화재가 발생할 때에 우선적으로 경보를 발생하여야 하는 층은 몇 층인가?

| 정답

(1)

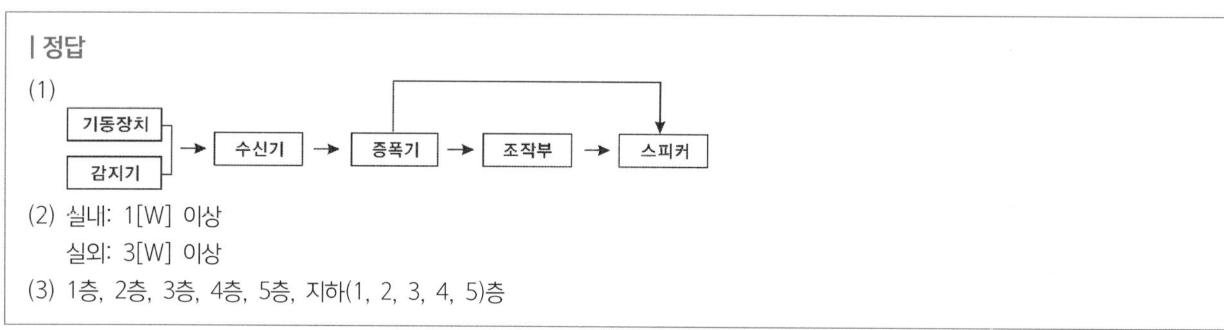

(2) 실내: 1[W] 이상
실외: 3[W] 이상

(3) 1층, 2층, 3층, 4층, 5층, 지하(1, 2, 3, 4, 5)층

10. 비상방송설비에서 음량조정(절)기의 용어정의 및 배선방식을 쓰시오.

| 정답

- 음량조정(절)기: 가변저항을 이용하여 전류를 변화시켜 음량을 크게 하거나 작게 조정(절)할 수 있는 장치
- 배선방식: 3선식

11. 비상방송설비의 확성기(Speaker)회로에 음량조정기를 설치하고자 한다. 결선도를 그리시오.

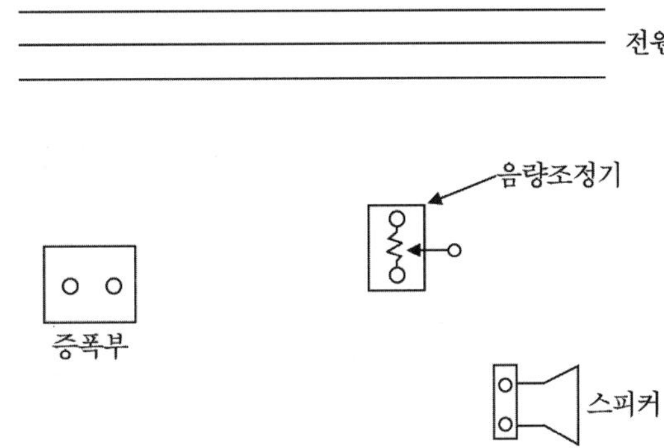

| 정답

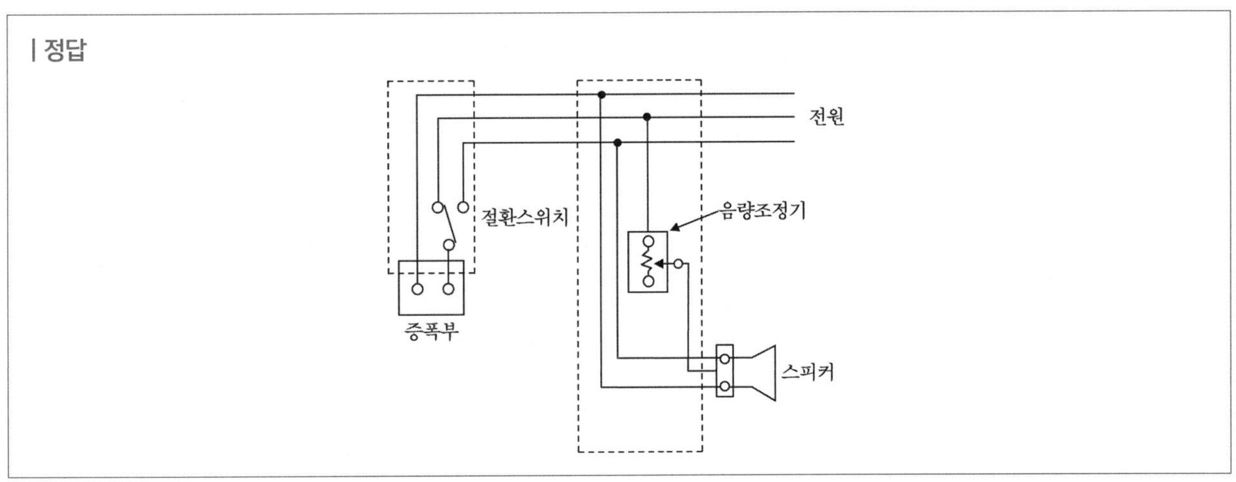

12. 다음 비상방송설비의 음량통보장치의 스피커, 음량조정장치 간(㉮~㉷)의 최소 전선 가닥 수를 쓰시오. (스피커 회로는 1회로로 본다.)

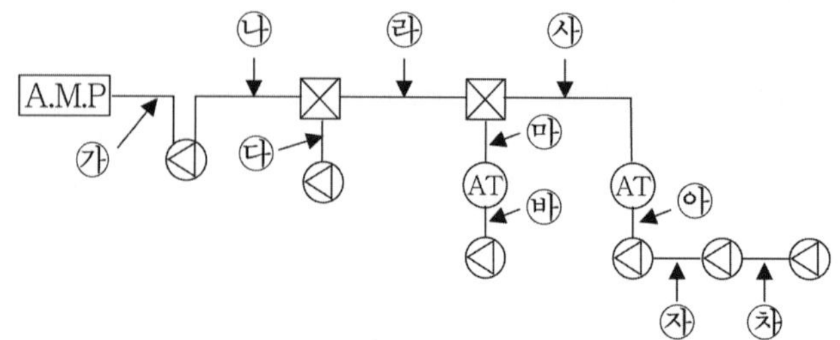

| 정답

㉮ 2

㉯ 2

㉰ 2

㉱ 2

㉲ 3

㉳ 3

㉴ 3

㉵ 3

㉶ 3

㉷ 3

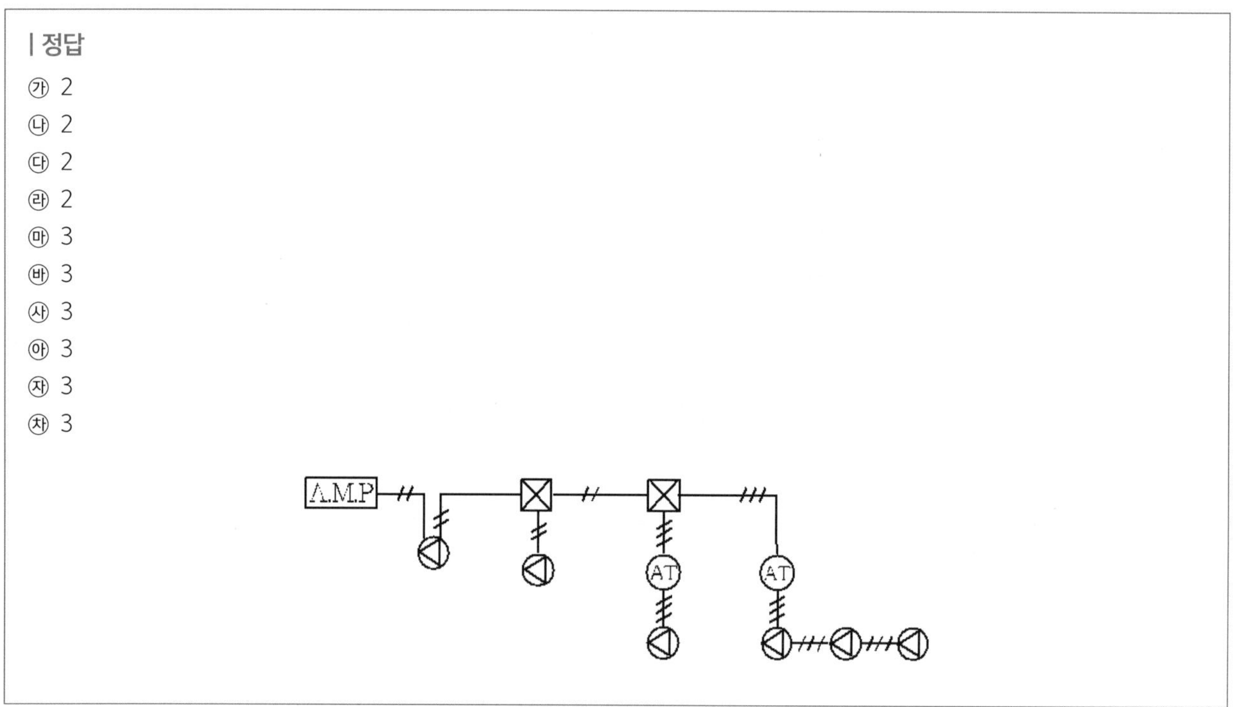

13. 우선경보방식의 비상방송설비 계통도이다. ①~⑤의 배선 수와 배선 용도를 쓰시오. (단, 비상방송과 업무용 방송 겸용이다.)

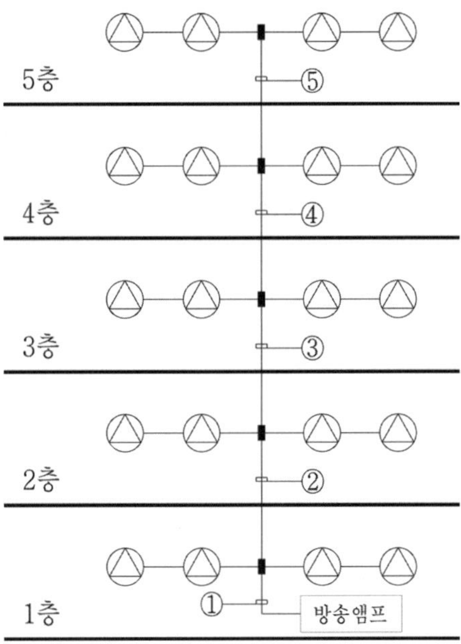

| 정답

구분	배선 수	배선의 용도
①	10	공통(5), 회로(5)
②	8	공통(4), 회로(4)
③	6	공통(3), 회로(3)
④	4	공통(2), 회로(2)
⑤	2	공통, 회로

Chapter 05 제연설비

1 개요

화재에 의한 사상자 중 연기에 의한 것이 큰 비중을 차지하고 있다. 때문에 화재 시에 있어서는 연기의 처리방법이 여러 가지로 논의되고 있다.

방연계획은 그 자체의 단독으로 존재하는 것이 아니고, 소화활동이나 피난계획과 관련하여 종합적인 방재계획으로 계획되어야 한다.

2 용어의 정의

(1) 제연구역

제연경계(제연설비의 일부인 천장을 포함)에 의해 구획된 건물내의 공간

(2) 예상제연구역

화재발생시 연기의 제어가 요구되는 제연구역

(3) 제연경계의 폭

제연경계의 천장 또는 반자로부터 그 수직하단까지의 거리

(4) 수직거리

제연경계의 바닥으로부터 그 수직하단까지의 거리

(5) 공동 예상제연구역

2개 이상의 예상제연구역

(6) 방화문

건축법시행령의 규정에 따른 방화문으로서 언제나 닫힌 상태를 유지하거나 화재로 인한 연기의 발생 또는 온도의 상승에 따라 자동적으로 닫히는 구조

(7) 유입풍도

예상제연구역으로 공기를 유입하도록 하는 풍도

(8) 배출풍도

예상제연구역의 공기를 외부로 배출하도록 하는 풍도

3 제연구역

1. 제연구역 구획

(1) 하나의 제연구역의 면적은 1,000m^2이내로 할 것
(2) 거실과 통로(복도를 포함)는 상호 제연구획할 것
(3) 통로상의 제연구역은 보행중심선의 길이가 60m를 초과하지 아니할 것
(4) 하나의 제연구역은 직경 60m 원내에 들어갈 수 있을 것
(5) 하나의 제연구역은 2개 이상 층에 미치지 아니하도록 할 것. 다만, 층의 구분이 불분명한 부분은 그 부분을 다른 부분과 별도로 제연구획하여야 한다.

2. 제연구역의 구획

(1) 구획은 보 · 제연 경계벽 및 벽으로 한다.
(2) 재질은 내화재료, 불연재료 또는 제연경계벽으로 성능을 인정받은 것으로서 화재 시 쉽게 변형·파괴되지 아니하고 연기가 누설되지 않는 기밀성 있는 재료로 할 것
(3) 제연경계는 제연경계의 폭이 0.6m 이상이고, 수직거리는 2m 이내이어야 한다. 다만, 구조상 불가피한 경우는 2m를 초과할 수 있다.
(4) 제연경계벽은 배연시 기류에 의하여 그 하단이 쉽게 흔들리지 아니하여야 하며, 또한 가동식의 경우에는 급속히 하강하며 인명에 위해를 주지 아니하는 구조일 것

4 배출기 설치기준

(1) 배출기의 배출능력은 배출량 이상이 되도록 할 것
(2) 배출기와 배출풍도의 접속부분에 사용하는 캔버스는 내열성(석면재료는 제외)이 있는 것으로 할 것
(3) 배출기의 전동기부분과 배풍기부분은 분리하여 설치하여야 하며, 배풍기 부분은 유효한 내열처리를 할 것

5 댐퍼의 종류

(1) 방연댐퍼(solenoid damper, motorized damper, SD)

연기감지기에 의해 연기가 검출되었을 때 자동적으로 폐쇄되는 댐퍼(damper)로서 전자식이나 전동기에 의해 작동된다.

(2) 방화댐퍼(fire damper, FD)

방화구획으로 결정된 방화벽이나 슬래브에 관통하는 닥트(duct) 내부에 설치하는 것으로 화재 발생시 연기감지기 또는 퓨즈메탈의 용융과 동시에 자동적으로 닫혀 연소를 방지하는 댐퍼(damper)이다.

(3) **풍량조절 댐퍼(air control volum damper, 다익 damper, 버터플라이 damper, VD)**

닥트(duct) 속의 풍량조절 및 개폐에 사용하는 댐퍼(damper)

(4) **퓨즈댐퍼(fuse damper)**

폐쇄형 헤드(Head)의 퓨즈블링크의 작동원리와 같이 온도에 의해서 퓨즈가 용융되어서 자동적으로 폐쇄되는 댐퍼(damper)

6 비상전원

1. 종류

자가발전설비, 축전지설비, 전기저장장치

2. 비상전원 설치기준

(1) 점검이 편리하고 화재 및 침수 등의 재해로 인한 피해를 받을 우려가 없는 곳에 설치
(2) 제연설비를 유효하게 20분 이상 작동할 수 있을 것
(3) 상용전원으로부터 전력공급이 중지된 경우 자동으로 비상전원으로부터 전력을 공급받을 수 있을 것
(4) 비상전원 설치장소는 다른 장소와 방화구획 할 것
(5) 비상전원을 실내에 설치하는 경우 실내에 비상조명등을 설치할 것

7 제연설비 설치 제외

공기조화설비가 제연설비기준에 적합하고 평상시 공기조화기능이 화재 시 자동적으로 즉시 제연기능으로 전환되는 경우

출제예상문제

01. 제연설비의 배출기의 설치기준에 관한 다음 (　　) 안에 알맞은 내용을 쓰시오.

- 배출기와 배출풍도의 접속부분에 사용하는 캔버스는 석면 등 (①)이 있는 것으로 할 것
- 배출기의 전동기 부분과 (②) 부분은 분리하여 설치하여야 하며 유효한 (③) 처리를 할 것

| 정답

① 내열성
② 배풍기
③ 내열

02. 풍량이 300[m³/min]이며, 전풍압이 35[mmHg]인 제연설비용 팬(FAN)을 운전하는 전동기의 소요출력은 몇 [kW]인가? (단, FAN의 효율은 70%이며, 여유계수 K는 1.21이다)

| 정답

$$P[\text{kW}] = \frac{Q[\text{m}^3/\text{min}] \times \text{P}_\text{r}[\text{mmAq}] \times K}{6{,}120 \times E}$$

$$= \frac{300\left(\frac{35}{760} \times 10{,}330\right) \times 1.21}{6{,}120 \times 0.7} = 40.309$$

$$= 40.31[\text{kW}]$$

표준대기압 0[℃] 1[atm] = 1.0332[kg(f)/cm²] = 10,332[kg(f)/m²] = 10.33[mH_2O]
= 10,330[mmH_2O] = 76[cmHg] = 760[mmHg]

- 전풍압이 [mmHg]인 경우

$$P[\text{kg(f)/m}^2] = \frac{P_r[\text{mmHg}]}{760[\text{mmHg}]} \times 10{,}332[\text{kg}_{(\text{f})}/\text{m}^2]$$

- 전풍압이 [mmH_2O] 또는 [mmAq]인 경우

$$P[\text{kg(f)/m}^2] = \frac{P_r[\text{mmH}_2\text{O}]\ \text{또는}\ [\text{mmAq}]}{10{,}330} \times 10{,}332[\text{kg}_{(\text{f})}/\text{m}^2]$$

그러므로 전풍압이 수두압[mmH_2O, mmAq]인 경우에는 P_r에 해당수치를 대입하면 된다.

- 팬(fan) 동력

$$P = \frac{Q \times P_r \times k}{102 \times 60 \times \eta \times \eta}[\text{kW}]$$

여기서, P: 팬동력[kW]　　Q: 풍량[m³/min]
P_r: 전풍압[mmAq]　　k: 전달계수 (k = 1 + 여유율)

Chapter 06

비상콘센트설비

1 개요

고층 건축물은 구조상 특수성 때문에 창문이 거의 닫혀있는 상태가 되어 있는 경우가 많아 일단 불이 나면 연기가 건축물 내를 가득 채우게 되므로, 내부에 있는 사람의 피난이나 초기 소화활동에 많은 지장을 초래할 우려가 있다. 또 고층 부분에는 사다리차도 기능을 발휘할 수 없기 때문에 소방관의 소화활동에도 저해를 받는 상태이다. 때문에 고층 건축물에는 당연히 다른 일반 건축물에 비하여 보다 많은 방재설비가 필요하다.
비상콘센트설비는 이러한 고층건물이나 지하층의 화재시 소방서에서 보유하고 있는 진화장비 중 전기를 동력으로 하는 소화기구의 전원을 확보하는 설비이다.

2 설치대상

특정소방대상물	연면적, 바닥면적 또는 길이	수용인원	저장, 취급량
층수가 11층 이상인 특정소방대상물의 경우에는 11층 이상의 층			
지하층의 층수가 3층 이상이고, 지하층 바닥면적의 합계가 1,000[m^2] 이상인 것은 지하층의 모든 층			
터널	500m 이상		

3 구성

비상콘센트설비는 상용전원, 비상전원, 내화구조 내부 등에 배선한 전선, 단상용 비상콘센트, 표시등, 과전류 보호장치, 기타 콘센트류를 수납하는 보호상자 등으로 구성되고 있다.

4 용어의 정의

(1) 저압

직류는 1.5kV 이하, 교류는 1kV 이하인 것

(2) 고압

직류는 1.5kV를, 교류는 1kV를 초과하고, 7kV 이하인 것

(3) 특별고압

7kV를 초과하는 것

5 설치기준

1. 전원 설치기준

(1) 상용전원회로의 배선은 저압수전인 경우에는 인입개폐기의 직후에서, 특고압수전 또는 고압수전인 경우에는 전력용변압기 2차측의 주차단기 1차측 또는 2차측에서 분기하여 전용배선으로 할 것

(2) 지하층을 제외한 층수가 7층 이상으로서 연면적이 2,000m^2 이상이거나 지하층의 바닥면적의 합계가 3,000m^2 이상인 특정소방대상물의 비상콘센트설비에는 자가발전설비, 비상전원수전설비 또는 전기저장장치를 비상전원으로 설치할 것. 다만, 2 이상의 변전소에서 전력을 동시에 공급받을 수 있거나 하나의 변전소로부터 전력의 공급이 중단되는 때에는 자동으로 다른 변전소로부터 전력을 공급받은 수 있도록 상용전원을 설치한 경우에는 비상전원을 설치하지 아니할 수 있다.

(3) 자가발전설비 설치기준

① 점검에 편리하고 화재 및 침수 등의 재해로 인한 피해를 받을 우려가 없는 곳에 설치
② 비상콘센트설비를 유효하게 20분 이상 작동시킬 수 있는 용량
③ 상용전원으로부터 전력의 공급이 중단된 때에는 자동으로 비상전원으로부터 전력을 공급받을 수 있도록 할 것
④ 비상전원의 설치장소는 다른 장소와 방화구획 할 것
⑤ 비상전원을 실내에 설치하는 때에는 그 실내에 비상조명등을 설치

2. 전원회로 설치기준

(1) 비상콘센트설비의 전원회로는 단상교류 220V인 것으로서, 그 공급용량은 1.5KVA 이상인 것으로 할 것

(2) 전원회로는 각층에 있어서 2 이상이 되도록 설치할 것. 다만, 설치하여야 할 층의 비상콘센트가 1개인 때에는 하나의 회로로 할 수 있다.

(3) 전원회로는 주배전반에서 전용회로로 할 것. 다만, 다른 설비의 회로의 사고에 따른 영향을 받지 아니하도록 되어있는 것에 있어서는 그러하지 아니하다.

(4) 전원으로부터 각층의 비상콘센트에 분기되는 경우에는 분기배선용 차단기를 보호함 안에 설치할 것

(5) 콘센트마다 배선용 차단기(KS C 8321)를 설치하여야 하며, 충전부가 노출되지 아니하도록 할 것

(6) 개폐기에는 "비상콘센트"라고 표시한 표지를 할 것

(7) 비상콘센트용의 풀박스 등은 방청도장을 한 것으로서, 두께 1.6mm 이상의 철판으로 할 것

(8) 하나의 전용회로에 설치하는 비상콘센트는 10개 이하로 할 것. 이 경우 전선의 용량은 각 비상콘센트(비상콘센트가 3개 이상인 경우에는 3개)의 공급용량을 합한 용량 이상의 것으로 하여야 한다.

3. 비상콘센트의 플러그접속기

접지형2극 플러그접속기(KS C 8305)를 사용하여야 한다.

4. 접지공사

비상콘센트의 플러그접속기의 칼받이의 접지극에는 접지공사를 하여야 한다.

5. 비상콘센트의 설치기준

(1) 바닥으로부터 높이 0.8m 이상 1.5m 이하의 위치에 설치할 것

(2) 비상콘센트의 배치는 아파트 또는 바닥면적이 1,000m^2 미만인 층에 있어서는 계단의 출입구(계단의 부속실을 포함하며 계단이 2 이상 있는 경우에는 그중 1개의 계단을 말함)로부터 5m이내에, 바닥면적 1,000m^2 이상인 층(아파트를 제외)에 있어서는 각 계단의 출입구 또는 계단부속실의 출입구(계단의 부속실을 포함하며 계단이 3 이상 있는 층의 경우에는 그중 2개의 계단을 말함)로부터 5m이내에 설치하되, 그 비상콘센트로부터 그 층의 각 부분까지의 거리가 다음 각목의 기준을 초과하는 경우에는 그 기준 이하가 되도록 비상콘센트를 추가하여 설치할 것

① 지하상가 또는 지하층의 바닥면적의 합계가 3,000m^2 이상인 것은 수평거리 25m

② ①에 해당하지 아니하는 것은 수평거리 50m

6 보호함 설치기준

(1) 보호함에는 쉽게 개폐할 수 있는 문을 설치할 것

(2) 보호함 표면에 "비상콘센트"라고 표시한 표지를 할 것

(3) 보호함 상부에 적색의 표시등을 설치할 것. 다만, 비상콘센트의 보호함을 옥내소화전함 등과 접속하여 설치하는 경우에는 옥내소화전함 등의 표시등과 겸용할 수 있다.

7 절연저항시험 및 절연내력시험

(1) 전원부와 외함 사이를 측정할 것

(2) 절연저항은 전원부와 외함 사이를 500V 절연저항계로 측정할 때 20MΩ 이상일 것

(3) 절연내력은 전원부와 외함 사이에 정격전압이 150V 이하인 경우에는 1,000V의 실효전압을, 정격전압이 150V를 넘는 경우에는 그 정격전압에 2를 곱하여 1,000을 더한 실효전압을 가하는 시험에서 1분 이상 견디는 것으로 할 것

8 배선기준

(1) 전원회로의 배선은 내화배선으로, 그 밖의 배선은 내화배선 또는 내열배선으로 할 것

(2) 내화배선 및 내열배선에 사용하는 전선 및 설치방법은 옥내소화전설비의 화재안전기준(NFSC 102) 별표 1의 기준에 따를 것

출제예상문제

01. 비상콘센트 설비의 전원회로별 전압과 그 공급용량의 설치기준을 쓰시오.

| 정답

단상교류: 220V로서 공급용량이 1.5KVA 이상일 것

02. 비상콘센트설비의 전원회로에 대한 주어진 표를 완성하시오.

구분	전압	용량

| 정답

구분	전압	용량
단상교류 전원	220[V]	1.5[KVA] 이상

03. 비상콘센트설비의 전원회로에 대한 표를 완성하시오.

구분	전압	용량

| 정답

구분	전압	용량
단상교류 전원	220[V]	1.5[KVA] 이상

04. 비상콘센트설비에 대한 다음 각 물음에 답하시오.

(1) 전원회로는 단상교류 220[V]인 경우 그 공급용량이 몇 [KVA] 이상인 것으로 하여야 하는가?
(2) 하나의 전용회로에 설치하는 비상콘센트는 몇 개 이하로 하여야 하는가?
(3) 비상콘센트의 플러그접속기의 칼받이의 접지극에는 제 몇 종 접지공사를 하여야 하는가?
(4) 비상콘센트의 그림기호를 그리시오.

| 정답

(1) 1.5[KVA] 이상
(2) 10개
(3) 제3종 접지공사
(4) 

05. 비상콘센트설비의 전원회로 공급용량은 얼마인가?

| 정답

단상교류전원: 1.5KVA 이상

06. 비상콘센트설비에 대한 다음 각 물음에 답하시오.

(1) 전원회로의 배선은 어떤 종류의 배선으로 하는가?
(2) 전원으로부터 각층의 비상콘센트에 분기되는 경우, 보호함 안에 반드시 설치되어야 할 보호용 설비는?

| 정답

(1) 내화배선
(2) 분기배선용 차단기

07. 비상콘센트에 전력을 공급하는 비상콘센트설비의 전원회로에 대한 다음 각 물음에 답하시오.

(1) 단상교류인 경우에 이용되는 전압을 쓰시오.

(2) 전원회로는 각 층에 있어서 전압별로 몇 개 이상이 되도록 설치하여야 하는가?

(3) 하나의 전용회로에 설치하는 비상콘센트가 10개이다. 이 경우 전선의 용량은 최소 몇 개의 비상콘센트 공급용량을 합한 용량 이상의 것으로 하여야 하는가?

| 정답

(1) 단상교류: 220[V]

(2) 2개

(3) 3개

08. 비상콘센트를 11층에 2개소, 12층에 2개소, 13층에 1개소 등 모두 5개를 설치하려고 한다. 전압별로 몇 회로를 설치하여야 하는가?

| 정답

단상교류 220V: 2회로

각층에 있어서 비상콘센트의 법정 설치개수가 2개 이상인 경우에는 2회로로 구성해야 한다.

09. 비상콘센트의 상용전원회로의 배선은 다음의 경우에 어디에서 분기하여 전용배선으로 하는지를 설명하시오.

(1) 저압수전인 경우

(2) 특별고압수전 또는 고압수전인 경우

| 정답

(1) 저압수전: 인입개폐기 직후에서 분기

(2) 특별고압수전 또는 고압수전: 전력용 변압기 2차측 주차단기의 1차측에서 분기 또는 주차단기 2차측에서 분기

10. 비상콘센트설비에 대한 다음 각 물음에 답하시오.

(1) 절연저항은 어디와 어디 사이를 500V 절연저항계로 측정할 때 20MΩ 이상이어야 하는가?

(2) 비상콘센트를 지하층 및 지하층을 제외한 층수가 몇 층 이상의 각 층마다 설치하여야 하는가?

| 정답

(1) 전원부와 외함

(2) 11층

11. 비상콘센트설비의 전원 및 콘센트 등에 의한 다음 각 물음에 답하시오.

(1) 상용전원회로의 배선은 다음의 경우 어느 곳에서 분기하여 전용배선으로 하여야 하는가?

① 저압수전인 경우

② 고압수전인 경우

③ 특고압수전인 경우

(2) 비상콘센트설비의 전원부와 외함 사이의 절연저항은 전원부와 외함 사이를 500V 절연저항계로 측정할 때 몇 MΩ 이상이어야 하는가?

(3) 하나의 전용회로에 설치하는 비상콘센트는 몇 개 이하로 하여야 하는가?

(4) 비상콘센트의 그림기호를 그리시오.

| 정답

(1) ① 저압수전인 경우: 인입개폐기 직후

② 고압수전인 경우: 전력용변압기 2차측 주차단기의 1차측 또는 주차단기 2차측

③ 특고압수전인 경우: 전력용변압기 2차측 주차단기의 1차측 또는 주차단기 2차측

(2) 20MΩ 이상

(3) 10개 이하

(4)

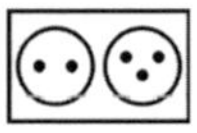

12. 비상콘센트를 보호하기 위하여 비상콘센트 보호함을 설치하여야 한다. 이 보호함에 반드시 설치 또는 조치하여야 할 시설기준을 3가지 쓰시오.

| 정답

- 개폐할 수 있는 문을 설치할 것
- 표면에 비상콘센트라고 표지할 것
- 상부에 적색의 표시등 설치

13. 비상콘센트설비에 대한 다음 각 물음에 답하시오.

(1) 하나의 전용회로에 설치하는 비상콘센트는 몇 개 이하로 하여야 하는가?

(2) 비상콘센트설비의 전원으로부터 각 층의 비상콘센트에 분기되는 경우에는 비상콘센트의 보호함 안에 어떤 보호기기를 반드시 설치하여야 하는가?

(3) 일정규모 이상인 소방대상물의 비상콘센트설비에는 자가발전설비 또는 비상전원수전설비를 비상전원으로 설치하여야 한다. 그러나 이와 같은 비상전원을 설치하지 않아도 될 경우가 있는데, 어떤 전원을 어떤 방법으로 설치하였을 경우인지 2가지로 요약하여 설명하시오.

| 정답

(1) 10개 이하

(2) 분기배선용 차단기

(3) • 2 이상의 변전소에서 전력을 동시에 공급받는 상용전원을 설치한 경우
• 하나의 변전소로부터 전력의 공급이 중단된 때에 자동으로 다른 변전소로부터 전력을 공급받는 상용전원을 설치한 경우

14. 그림과 같이 비상콘센트설비가 설치된 건물이 있다. 공사방법은 금속관공사로 하고 사용전선은 동선을 사용한다. 주어진 조건 및 표를 참조하여 다음 각 물음에 답하시오. (단, 주위온도는 30℃ 이하로 하고 최고 허용온도는 60℃이며, 접지선은 별도의 공사를 하고, 역률은 각 100%로 한다.)

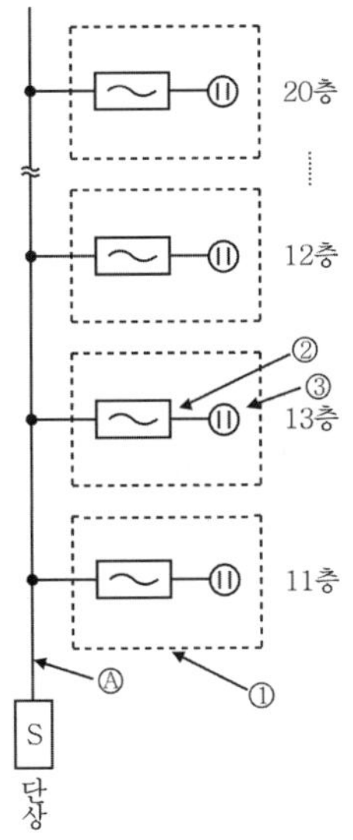

(1) ①~③의 명칭은 무엇인가?

(2) ③의 설치 높이는 몇 m인가?

| 정답

(1) ① 비상콘센트 보호함 ② 배선용 차단기 ③ 접지형 2극 플러그 접속기

(2) 바닥으로부터 0.8m 이상 1.5m 이하

Chapter 07

무선통신보조설비

1 개요

무선통신보조설비는 지하가의 화재시 안테나의 복사하는 공간파가 지하가 속에서 현저하게 감쇄하여 통신 불능의 상태가 되므로, 누설동축 케이블 등을 사용하여 지상 및 지하가 사이의 소방대 상호간의 무선연락을 용이하게 하기 위한 설비이다.

2 설치대상

특정소방대상물	연면적, 바닥면적 또는 길이	수용인원	저장, 취급량
지하가(터널은 제외)	1천m^2 이상		
지하층의 바닥면적의 합계	3천m^2 이상		
지하층의 층수가 3층 이상이고 지하층의 바닥면적의 합계	1천m^2 이상		
공동구			
터널	500m 이상		
층수가 30층 이상인 것으로서 16층 이상 부분의 모든 층			

3 종류

소방용 무선통신보조설비에는 공중선방식과 누설동축케이블방식이 있다.

방식	설비비	통화범위	미관
공중선 방식	저가	안테나의 위치에 따라 영향 받음	좋음
누설동축케이블 방식	고가	넓음	노출이 많아 미관상 나쁨

4 구성

무선기 접속 단자함, 내열 동축케이블, 분배기, 내열 누설 동축케이블, 케이블 콘넥터, 무반사 종단저항 등으로 구성된다.

5 용어의 정의

(1) 누설동축케이블

동축케이블의 외부도체에 가느다란 홈을 만들어서 전파가 외부로 새어나갈 수 있도록 한 케이블

(2) 분배기

신호의 전송로가 분기되는 장소에 설치하는 것으로 임피던스 매칭(Matching)과 신호 균등분배를 위해 사용하는 장치

(3) 분파기

서로 다른 주파수의 합성된 신호를 분리하기 위해서 사용하는 장치

(4) 혼합기

두 개 이상의 입력신호를 원하는 비율로 조합한 출력이 발생하도록 하는 장치

(5) 증폭기

신호 전송 시 신호가 약해져 수신이 불가능해지는 것을 방지하기 위해서 증폭하는 장치

6 무선통신보조설비 설치 제외

지하층으로서 소방대상물의 바닥부분 2면 이상이 지표면과 동일하거나 지표면으로부터의 깊이가 1m 이하인 경우에는 해당 층에 한하여 무선통신보조설비를 설치하지 아니할 수 있다.

7 누설동축케이블 등의 설치기준

(1) 소방전용 주파수대에서 전파의 전송 또는 복사에 적합한 것으로서 소방전용의 것으로 할 것. 다만, 소방대 상호간의 무선연락에 지장이 없는 경우에는 다른 용도와 겸용할 수 있다.
(2) 누설동축케이블과 이에 접속하는 안테나 또는 동축케이블과 이에 접속하는 안테나에 따른 것으로 할 것
(3) 누설동축케이블 및 동축케이블은 불연 또는 난연성의 것으로서 습기에 따라 전기의 특성이 변질되지 아니하는 것으로 하고, 노출하여 설치한 경우에는 피난 및 통행에 장애가 없도록 할 것
(4) 누설동축케이블 및 동축케이블은 화재에 따라 당해 케이블의 피복이 소실된 경우에 케이블 본체가 떨어지지 아니하도록 4m이내마다 금속제 또는 자기제등의 지지금구로 벽 · 천장 · 기둥등에 견고하게 고정시킬 것. 다만, 불연재료로 구획된 반자안에 설치하는 경우에는 그러하지 아니하다.
(5) 누설동축케이블 및 안테나는 금속판 등에 따라 전파의 복사 또는 특성이 현저하게 저하되지 아니하는 위치에 설치할 것
(6) 누설동축케이블 및 안테나는 고압의 전로로부터 1.5m 이상 떨어진 위치에 설치할 것. 다만, 당해 전로에 정전기 차폐장치를 유효하게 설치한 경우에는 그러하지 아니하다.
(7) 누설동축케이블 또는 동축케이블의 끝부분에는 무반사 종단저항을 견고하게 설치할 것

8 임피던스

누설동축케이블 또는 동축케이블의 임피던스는 50Ω으로 하고, 이에 접속하는 공중선 · 분배기 기타의 장치는 당해 임피던스에 적합한 것으로 하여야 한다.

9 무선기기 접속단자 설치기준

(1) 지상에서 유효하게 소방활동을 할 수 있는 장소 또는 수위실 등 상시 사람이 근무하고 있는 장소에 설치할 것
(2) 단자는 한국산업규격에 적합한 것으로 하고, 바닥으로부터 높이 0.8m 이상 1.5m 이하의 위치에 설치할 것
(3) 지상에 설치하는 접속단자는 보행거리 300m 이내마다 설치하고, 다른 용도로 사용되는 접속단자에서 5m 이상의 거리를 둘 것
(4) 지상에 설치하는 단자를 보호하기 위하여 견고하고 함부로 개폐할 수 없는 구조의 보호함을 설치하고, 먼지 · 습기 및 부식등에 따라 영향을 받지 아니하도록 조치할 것
(5) 단자의 보호함의 표면에 "무선기 접속단자"라고 표시한 표지를 할 것

10 옥외안테나

(1) 건축물, 지하가, 터널 또는 공동구의 출입구(「건축법 시행령」 제39조에 따른 출구 또는 이와 유사한 출입구를 말함) 및 출입구 인근에서 통신이 가능한 장소에 설치할 것
(2) 다른 용도로 사용되는 안테나로 인한 통신장애가 발생하지 않도록 설치할 것
(3) 옥외안테나는 견고하게 설치하며 파손의 우려가 없는 곳에 설치하고 그 가까운 곳의 보기 쉬운 곳에 "무선통신보조설비 안테나"라는 표시와 함께 통신 가능거리를 표시한 표지를 설치할 것
(4) 수신기가 설치된 장소 등 사람이 상시 근무하는 장소에는 옥외 안테나의 위치가 모두 표시된 옥외안테나 위치표시도를 비치할 것

11 분배기 · 분파기 및 혼합기의 설치기준

(1) 먼지 · 습기 및 부식등에 따라 기능에 이상을 가져오지 아니하도록 할 것
(2) 임피던스는 50Ω의 것으로 할 것
(3) 점검에 편리하고 화재 등의 재해로 인한 피해의 우려가 없는 장소에 설치할 것

12 증폭기의 설치기준

(1) 전원은 전기가 정상적으로 공급되는 축전지, 전기저장장치 또는 교류전압 옥내간선으로 하고, 전원까지의 배선은 전용으로 할 것
(2) 증폭기의 전면에는 주 회로의 전원이 정상인지의 여부를 표시할 수 있는 표시등 및 전압계를 설치할 것
(3) 증폭기에는 비상전원이 부착된 것으로 하고 당해 비상전원 용량은 무선통신보조설비를 유효하게 30분 이상 작동시킬 수 있는 것으로 할 것
(4) 증폭기 및 무선중계기를 설치하는 경우에는 「전파법」에 따른 적합성평가를 받은 제품으로 설치하고 임의로 변경하지 않도록 할 것
(5) 디지털 방식의 무전기를 사용하는 데 지장이 없도록 설치할 것

출제예상문제

01. 무선통신보조설비의 누설동축케이블 등의 설치기준에 대한 다음 각 물음에 답하시오.

(1) 누설동축케이블은 화재에 의하여 당해 케이블의 피복이 소실된 경우에 케이블 본체가 떨어지지 아니하도록 4[m] 이내마다 금속제 또는 자기제 등의 지지금구로 벽, 천장, 기둥 등에 견고하게 고정시켜야 한다. 다만, 어떤 경우에 그렇게 하지 않아도 되는가?

(2) 누설동축케이블의 끝부분에는 어떤 종류의 종단저항을 견고하게 설치하여야 하는가?

(3) 누설동축케이블 및 안테나는 고압의 전로로부터 몇 [m] 이상 떨어진 위치에 설치하여야 하는가?

(4) 누설동축케이블 또는 동축케이블의 임피던스는 몇 [Ω]으로 하는가?

| 정답

(1) 불연재료로 구획된 반자 안에 설치하는 경우

(2) 무반사 종단저항

(3) 1.5[m]

(4) 50[Ω]

02. 무선통신보조설비에 대한 다음 각 물음에 답하시오.

(1) 누설동축케이블은 몇 [m] 이내마다 금속제 또는 자기제 등의 지지금구로 벽, 천장, 기둥 등에 견고하게 고정시켜야 하는가?

(2) 누설동축케이블, 분배기, 분파기, 혼합기 등의 임피던스는 몇 [Ω]의 것으로 하여야 하는가?

(3) 증폭기에 사용되는 비상전원용량은 무선통신보조설비를 유효하게 몇 분 이상 작동시킬 수 있는 것으로 하여야 하는가?

| 정답

(1) 4[m]

(2) 50[Ω]

(3) 30분

03. 무선통신보조설비의 누설동축케이블 등에 관한 다음 (   ) 안에 알맞은 말은?

(1) 누설동축케이블 및 안테나는 고압의 전로로부터 1.5m 이상 떨어진 위치에 설치할 것. 다만 당해 전로에 (①) 장치를 유효하게 설치한 경우에는 그러하지 아니하다.

(2) 누설동축케이블의 끝부분에는 (②)을 견고하게 설치할 것

(3) 누설동축케이블 또는 동축케이블의 임피던스는 (③)Ω으로 하고, 이에 접속하는 공중선, 분배기 기타의 장치는 당해 임피던스에 적합한 것으로 하여야 한다.

(4) 누설동축케이블은 화재에 의하여 당해 케이블의 피복이 소실된 경우에 케이블 본체가 떨어지지 아니하도록 (④)m 이내마다 금속제 또는 자기제 등의 지지금구로 벽, 천장, 기둥 등에 견고하게 고정시킬 것. 다만 불연재료로 구획된 반자 안에 설치하는 경우에는 그러하지 아니하다.

| 정답

(1) ① 정전기 차폐
(2) ② 무반사 종단저항
(3) ③ 50
(4) ④ 4

04. 무선통신보조설비에서 증폭기를 설치하는 경우 증폭기에는 비상전원이 부착되어야 한다. 이때 비상전원의 용량은 무선통신보조설비를 유효하게 몇 분 이상 작동시킬 수 있어야 하는가?

| 정답

30분

05. 무선통신보조설비에 대한 다음 각 물음에 답하시오.

(1) 누설동축케이블의 끝부분에는 어떤 것을 견고하게 설치하여야 하는가?

(2) 증폭기를 설치할 때 비상전원이 부착된 것으로 하여야 한다. 이때 당해 비상전원용량은 무선통신보조설비를 유효하게 몇 분 이상 작동시킬 수 있어야 하는가?

(3) 무선기기 접속단자는 바닥으로부터 높이 몇 m 이상 몇 m 이하의 위치에 설치하여야 하는가?

(4) 증폭기의 전면에는 주회로의 전원이 정상인지의 여부를 표시할 수 있는 것으로서 어떤 것을 설치하여야 하는가?

| 정답

(1) 무반사 종단저항
(2) 30분
(3) 0.8m 이상 1.5m 이하
(4) 표시등 및 전압계

06. 무선통신보조설비의 증폭기 설치기준 3가지를 쓰시오.

| 정답

- 전원은 전기가 정상적으로 공급되는 축전지, 전기저장장치 또는 교류전압 옥내 간선으로 하고 전용배선으로 할 것
- 증폭기 전면에는 주회로의 전원이 정상인지 여부를 표시할 수 있는 표시등 및 전압계를 설치할 것
- 증폭기에는 비상전원이 부착된 것으로 하고 당해 비상전원용량은 무선통신보조설비를 유효하게 30분 이상 작동시킬 수 있을 것

07. 무선통신보조설비에 사용되는 무반사종단저항의 설치위치 및 설치목적을 쓰시오.

| 정답

- 위치: 누설동축케이블 끝
- 목적: 전송로로 전송되는 전자파가 반사되어 교신을 방해하는 것을 방지

08. 무선통신보조설비의 분배기 등의 설치기준 3가지를 쓰시오.

| 정답

- 임피던스는 50Ω의 것으로 할 것
- 점검에 편리하고 화재 등의 재해로 인한 피해의 우려가 없는 장소에 설치할 것
- 먼지 · 습기 및 부식 등에 따라 기능에 이상을 가져오지 아니하도록 할 것

09. 무선통신보조설비의 누설동축케이블에 표기되어 있는 의미를 보기와 같이 쓰시오.

LCX - FR - SS - 20D - 146
[보기] 6: 결합손실

| 정답

- LCX: 누설동축케이블
- FR: 난연성
- SS: 자기지지
- 20: 절연체 외경(mm)
- D: 특성임피던스 50(Ω)
- 14: 사용 주파수

Chapter 08 유도등 및 비상조명등 설비

1 개요 및 종류

유도등설비라 함은 화재발생시 인명의 안전을 위하여 비상탈출구 또는 피난을 위한 설비까지 안전하게 대피할 수 있도록 등화나 표지등을 이용한 피난구유도등, 통로유도등, 객석유도등 등을 말한다.

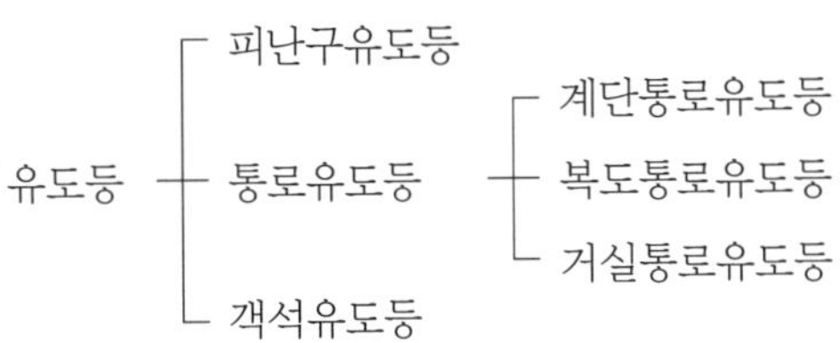

유도표지 – 발광유도표지, 축광유도표지

2 설치대상

(1) 피난구유도등, 통로유도등 및 유도표지

특정소방대상물에 설치한다. 다만, 다음의 어느 하나에 해당하는 경우는 제외한다.

① 지하가 중 터널

② 동물 및 식물 관련 시설 중 축사로서 가축을 직접 가두어 사육하는 부분

(2) 객석유도등

다음의 어느 하나에 해당하는 특정소방대상물에 설치한다.

① 유흥주점영업시설(「식품위생법 시행령」의 유흥주점영업 중 손님이 춤을 출 수 있는 무대가 설치된 카바레, 나이트클럽 또는 그 밖에 이와 비슷한 영업시설만 해당)

② 문화 및 집회시설

③ 종교시설

④ 운동시설

(3) 피난유도선

화재안전기준으로 정하는 장소에 설치한다.

(4) 비상조명등

① 지하층을 포함하는 층수가 5층 이상인 건축물로서 연면적 3천m^2 이상인 경우에는 모든 층

② 지하층 또는 무창층의 바닥면적이 450m^2 이상인 경우에는 해당 층

③ 지하가 중 터널로서 그 길이가 500m 이상인 것

(5) 휴대용 비상조명등

① 숙박시설

② 수용인원 100명 이상의 영화상영관, 판매시설 중 대규모점포, 철도 및 도시철도 시설 중 지하역사, 지하가 중 지하상가

3 배선의 연결

배선의 연결은 크게 2선식과 3선식으로 구분할 수 있으며 이에 대한 차이점은 다음과 같다.

2선식 배선	3선식 배선
• 점멸기에 의거 소등하게 되면 자동적으로 예비전원에 의한 점등이 20분 이상 지속한 후 소등된다. • 소등하게 되면 예비전원에 자동충전이 아니되므로 유도등으로서 기능을 상실하게 된다.	• 점멸기에 의거 소등하게 되면 유도등은 소등되나 예비전원에 충전은 계속되고 있는 상태이다. • 정전 또는 단선이 되어 교류 전압(AC)에 의한 전원공급이 아니되면 자동적으로 예비전원에 의거 20분 이상 점등이 된다.

4 용어의 정의

(1) 유도등

화재 시에 피난을 유도하기 위한 등으로서 정상상태에서는 상용전원에 따라 켜지고 상용전원이 정전되는 경우에는 비상전원으로 자동 전환되어 켜지는 등

(2) 피난구유도등

피난구 또는 피난경로로 사용되는 출입구를 표시하여 피난을 유도하는 등

(3) 통로유도등

피난통로를 안내하기 위한 유도등으로 복도통로유도등, 거실통로유도등, 계단통로유도등을 말함

(4) 복도통로유도등

피난통로가 되는 복도에 설치하는 통로유도등으로서 피난구의 방향을 명시하는 것

(5) 거실통로유도등

거주, 집무, 작업, 집회, 오락 그밖에 이와 유사한 목적을 위하여 계속적으로 사용하는 거실, 주차장 등 개방된 통로에 설치하는 유도등으로 피난의 방향을 명시하는 것

(6) 계단통로유도등

피난통로가 되는 계단이나 경사로에 설치하는 통로유도등으로 바닥면 및 디딤 바닥면을 비추는 것

(7) 객석유도등

객석의 통로, 바닥 또는 벽에 설치하는 유도등

(8) 피난구유도표지

피난구 또는 피난경로로 사용되는 출입구를 표시하여 피난을 유도하는 표지

(9) 통로유도표지

피난통로가 되는 복도, 계단등에 설치하는 것으로서 피난구의 방향을 표시하는 유도표지

5 설치장소별 적응 유도등 · 유도표지의 종류

설치장소	유도등 및 유도표지의 종류
1. 공연장 · 집회장(종교집회장 포함) · 관람장 · 운동시설	• 대형피난구유도등 • 통로유도등 • 객석유도등
2. 유흥주점영업시설(유흥주점영업 중 손님이 춤을 출 수 있는 무대가 설치된 카바레, 나이트클럽 또는 그 밖에 이와 비슷한 영업시설만 해당)	• 대형피난구유도등 • 통로유도등 • 객석유도등
3. 위락시설 · 판매시설 및 운수시설 · 관광숙박업 · 의료시설 · 장례식장, 방송통신시설 · 전시장 · 지하상가 · 지하철역사	• 대형피난구유도등 • 통로유도등
4. 숙박시설(관광숙박업 제외) · 오피스텔	• 중형피난구유도등 • 통로유도등
5. 지하층 · 무창층 또는 층수가 11층 이상인 특정소방대상물	• 중형피난구유도등 • 통로유도등
6. 근린생활시설 · 노유자시설 · 업무시설 · 발전시설 · 종교시설(집회장 용도로 사용하는 부분 제외) · 교육연구시설 · 수련시설 · 공장 · 창고시설 · 교정 및 군사시설(국방 · 군사시설 제외) · 기숙사 · 자동차정비공장 · 운전학원 및 정비학원 · 다중이용업소 · 복합건축물 · 아파트	• 소형피난유도등 • 통로유도등
7. 그 밖의 것	• 피난구유도표지 • 통로유도표지

6 피난구유도등 설치기준

(1) 피난구유도등 설치장소

① 옥내로부터 직접 지상으로 통하는 출입구 및 그 부속실의 출입구
② 직통계단 · 직통계단의 계단실 및 그 부속실의 출입구
③ ① 및 ②의 규정에 따른 출입구에 이르는 복도 또는 통로로 통하는 출입구
④ 안전구획된 거실로 통하는 출입구

(2) 피난구유도등은 피난구의 바닥으로부터 높이 1.5m 이상으로서 출입구에 인입하도록 설치하여야 한다.

(3) 피난층으로 향하는 피난구의 위치를 안내할 수 있도록 출입구 인근 천장에 설치된 피난구유도등의 면과 수직이 되도록 피난구유도등을 추가로 설치하여야 한다. 다만, 설치된 피난구유도등이 입체형인 경우에는 그러하지 아니하다.

7 통로유도등 설치기준

(1) 복도통로유도등 설치기준

① 복도에 설치하되 피난구유도등이 설치된 출입구의 맞은편 복도에는 입체형으로 설치하거나, 바닥에 설치할 것
② 구부러진 모퉁이 및 통로유도등을 기점으로 보행거리 20m마다 설치할 것
③ 바닥으로부터 높이 1m 이하의 위치에 설치할 것. 다만, 지하층 또는 무창층의 용도가 도매시장 · 소매시장 · 여객자동차터미널 · 지하역사 또는 지하상가인 경우에는 복도 · 통로 중앙부분의 바닥에 설치하여야 한다.
④ 바닥에 설치하는 통로유도등은 하중에 따라 파괴되지 아니하는 강도의 것으로 할 것

(2) 거실통로유도등 설치기준

① 거실의 통로에 설치할 것. 다만, 거실의 통로가 벽체 등으로 구획된 경우에는 복도통로유도등을 설치하여야 한다.
② 구부러진 모퉁이 및 보행거리 20m마다 설치할 것
③ 바닥으로부터 높이 1.5m 이상의 위치에 설치할 것. 다만, 거실통로에 기둥이 설치된 경우에는 기둥부분의 바닥으로부터 높이 1.5m 이하의 위치에 설치할 수 있다.

(3) 계단통로유도등 설치기준

① 각층의 경사로참 또는 계단참마다(1개층에 경사로참 또는 계단참이 2 이상 있는 경우에는 2개의 계단참마다) 설치할 것
② 바닥으로부터 높이 1m 이하의 위치에 설치할 것

(4) 통행에 지장이 없도록 설치할 것
(5) 주위에 이와 유사한 등화광고물 · 게시물 등을 설치하지 아니할 것

8 객석유도등 설치기준

(1) 객석유도등은 객석의 통로, 바닥 또는 벽에 설치하여야 한다.
(2) 객석 내의 통로가 경사로 또는 수평로 되어 있는 부분에 있어서는 다음의 식에 의하여 산출한 수(소수점 이하의 수는 1로 봄)의 유도등을 설치하여야 한다.

$$\text{설치개수} = \frac{\text{객석의 통로의 직선부분의 길이[m]}}{4} - 1$$

(3) 객석 내의 통로가 옥외 또는 이와 유사한 부분에 있는 경우에는 통로 전체에 미칠 수 있는 수의 유도등을 설치하여야 한다.

9 유도표지 설치기준

1. 유도표지 설치기준

(1) 계단에 설치하는 것을 제외하고는 각층마다 복도 및 통로의 각 부분으로부터 하나의 유도표지까지의 보행거리가 15m 이하가 되는 곳과 구부러진 모퉁이의 벽에 설치할 것
(2) 피난구유도표지는 출입구 상단에 설치하고, 통로유도표지는 바닥으로부터 높이 1m 이하의 위치에 설치할 것
(3) 주위에는 이와 유사한 등화·광고물·게시물 등을 설치하지 아니할 것
(4) 유도표지는 부착판 등을 사용하여 쉽게 떨어지지 아니하도록 설치할 것
(5) 축광방식의 유도표지는 외광 또는 조명장치에 의하여 상시 조명이 제공되거나 비상조명등에 의한 조명이 제공되도록 설치할 것

2. 피난방향을 표시하는 통로유도등을 설치한 부분에 있어서는 유도표지를 설치하지 아니할 수 있다.

10 피난유도선 설치기준

1. 축광방식 피난유도선

(1) 구획된 각 실로부터 주출입구 또는 비상구까지 설치할 것
(2) 바닥으로부터 높이 50cm 이하의 위치 또는 바닥 면에 설치할 것
(3) 피난유도 표시부는 50cm 이내의 간격으로 연속되도록 설치
(4) 부착대에 의하여 견고하게 설치할 것
(5) 외광 또는 조명장치에 의하여 상시 조명이 제공되거나 비상조명등에 의한 조명이 제공되도록 설치할 것

2. 광원점등방식 피난유도선

(1) 구획된 각 실로부터 주출입구 또는 비상구까지 설치할 것
(2) 피난유도 표시부는 바닥으로부터 높이 1m 이하의 위치 또는 바닥 면에 설치할 것
(3) 피난유도 표시부는 50cm 이내의 간격으로 연속되도록 설치하되 실내장식물 등으로 설치가 곤란할 경우 1m 이내로 설치할 것
(4) 수신기로부터의 화재신호 및 수동조작에 의하여 광원이 점등되도록 설치할 것
(5) 비상전원이 상시 충전상태를 유지하도록 설치할 것
(6) 바닥에 설치되는 피난유도 표시부는 매립하는 방식을 사용할 것
(7) 피난유도 제어부는 조작 및 관리가 용이하도록 바닥으로부터 0.8m 이상 1.5m 이하의 높이에 설치할 것

11 유도등 전원기준

(1) 유도등의 전원은 축전지, 전기저장장치 또는 교류전압의 옥내간선으로 하고, 전원까지의 배선은 전용으로 하여야 한다.

(2) 비상전원의 기준

① 축전지로 할 것

② 유도등을 20분 이상 유효하게 작동시킬 수 있는 용량으로 할 것. 다만, 다음 각목의 소방대상물의 경우에는 그 부분에서 피난층에 이르는 부분의 유도등을 60분 이상 유효하게 작동시킬 수 있는 용량으로 하여야 한다.

㉠ 지하층을 제외한 층수가 11층 이상의 층

㉡ 지하층 또는 무창층으로서 용도가 도매시장 · 소매시장 · 여객자동차터미널 · 지하역사 또는 지하상가

(3) 배선의 기준

① 유도등의 인입선과 옥내배선은 직접 연결할 것

② 유도등은 전기회로에 점멸기를 설치하지 아니하고 항상 점등상태를 유지할 것. 다만, 소방대상물 또는 그 부분에 사람이 없거나 다음에 해당하는 장소로서 3선식 배선에 따라 상시 충전되는 구조인 경우에는 그러하지 아니하다.

㉠ 외부광(光)에 따라 피난구 또는 피난방향을 쉽게 식별할 수 있는 장소

㉡ 공연장, 암실(暗室) 등으로서 어두어야 할 필요가 있는 장소

㉢ 소방대상물의 관계인 또는 종사원이 주로 사용하는 장소

(4) 3선식 배선에 따라 상시 충전되는 유도등의 전기회로에 점멸기를 설치하는 경우에 점등되는 경우

① 자동화재탐지설비의 감지기 또는 발신기가 작동되는 때

② 비상경보설비의 발신기가 작동되는 때

③ 상용전원이 정전되거나 전원선이 단선되는 때

④ 방재업무를 통제하는 곳 또는 전기실의 배전반에서 수동으로 점등하는 때

⑤ 자동소화설비가 작동되는 때

12 유도등 및 유도표지의 설치 제외

(1) 피난구유도등 설치 제외

① 바닥면적이 1,000m^2 미만인 층으로서 옥내로부터 직접 지상으로 통하는 출입구(외부의 식별이 용이한 경우에 한함)

② 대각선 길이가 15m 이내인 구획된 실의 출입구

③ 거실 각 부분으로부터 하나의 출입구에 이르는 보행거리가 20m 이하이고 비상조명등과 유도표지가 설치된 거실의 출입구

④ 출입구가 3 이상 있는 거실로서 그 거실 각 부분으로부터 하나의 출입구에 이르는 보행거리가 30m 이하인 경우에는 주된 출입구 2개소외의 출입구(유도표지가 부착된 출입구를 말함). 다만, 공연장 · 집회장 · 관람장 · 전시장 · 판매시설 · 운수시설 · 숙박시설 · 노유자시설 · 의료시설 · 장례식장의 경우에는 그러하지 아니하다.

(2) 통로유도등 설치 제외

① 구부러지지 아니한 복도 또는 통로로서 길이가 30m 미만인 복도 또는 통로

② ①에 해당하지 아니하는 복도 또는 통로로서 보행거리가 20m 미만이고 그 복도 또는 통로와 연결된 출입구 또는 그 부속실의 출입구에 피난구유도등이 설치된 복도 또는 통로

(3) 객석유도등 설치 제외

① 주간에만 사용하는 장소로서 채광이 충분한 객석

② 거실 등의 각 부분으로부터 하나의 거실출입구에 이르는 보행거리가 20m 이하인 객석의 통로로서 그 통로에 통로유도등이 설치된 객석

(4) 유도표지 설치 제외

① 유도등이 규정에 적합하게 설치된 출입구·복도·계단 및 통로

② 피난구유도등 및 통로유도등이 설치된 출입구·복도·계단 및 통로

13 비상조명등의 용어 정의

(1) 비상조명등

화재발생 등에 따른 정전 시에 안전하고 원활한 피난활동을 할 수 있도록 거실 및 피난통로 등에 설치되어 자동 점등되는 조명등

(2) 휴대용 비상조명등

화재발생 등으로 정전시 안전하고 원활한 피난을 위하여 피난자가 휴대할 수 있는 조명등

14 비상조명등 설치기준

(1) 소방대상물의 각 거실과 그로부터 지상에 이르는 복도·계단 및 그 밖의 통로에 설치할 것

(2) 조도는 비상조명등이 설치된 장소의 각 부분의 바닥에서 1lx 이상이 되도록 할 것

(3) 예비전원을 내장하는 비상조명등에는 평상시 점등여부를 확인할 수 있는 점검스위치를 설치하고 당해 조명등을 유효하게 작동시킬 수 있는 용량의 축전지와 예비전원 충전장치를 내장할 것

(4) 예비전원을 내장하지 아니하는 비상조명등의 비상전원은 자가발전설비, 축전지설비 또는 전기저장장치를 다음의 기준에 따라 설치하여야 한다.

① 점검에 편리하고 화재 및 침수 등의 재해로 인한 피해를 받을 우려가 없는 곳에 설치할 것

② 상용전원으로부터 전력의 공급이 중단된 때에는 자동으로 비상전원으로부터 전력을 공급받을 수 있도록 할 것

③ 비상전원의 설치장소는 다른 장소와 방화구획 할 것. 이 경우 그 장소에는 비상전원의 공급에 필요한 기구나 설비외의 것(열병합발전설비에 필요한 기구나 설비는 제외)을 두어서는 아니된다.

④ 비상전원을 실내에 설치하는 때에는 그 실내에 비상조명등을 설치할 것

(5) 비상전원은 비상조명등을 20분 이상 유효하게 작동시킬 수 있는 용량으로 할 것. 다만, 다음의 소방대상물의 경우에는 그 부분에서 피난층에 이르는 부분의 비상조명등을 60분 이상 유효하게 작동시킬 수 있는 용량으로 하여야 한다.

① 지하층을 제외한 층수가 11층 이상의 층

② 지하층 또는 무창층으로서 용도가 도매시장 · 소매시장 · 여객자동차터미널 · 지하역사 또는 지하상가

(6) 비상조명등의 설치면제 요건에서 "그 유도등의 유효범위안의 부분"이라 함은 유도등의 조도가 바닥에서 1lx 이상이 되는 부분을 말한다.

15 휴대용 비상조명등 설치기준

(1) 설치장소

① 숙박시설 또는 다중이용업소에는 객실 또는 영업장안의 구획된 실마다 잘 보이는 곳(외부에 설치시 출입문 손잡이로부터 1m 이내 부분)에 1개 이상 설치

② 대규모 점포(지하상가, 지하역사 제외)와 영화상영관에는 보행거리 50m 이내마다 3개 이상 설치

③ 지하상가 및 지하역사에는 보행거리 25m 이내마다 3개 이상 설치

(2) 설치높이는 바닥으로부터 0.8m 이상 1.5m 이하의 높이에 설치할 것

(3) 어둠속에서 위치를 확인할 수 있도록 할 것

(4) 사용 시 자동으로 점등되는 구조일 것

(5) 외함은 난연성능이 있을 것

(6) 건전지를 사용하는 경우에는 방전방지조치를 하여야 하고, 충전식 배터리의 경우에는 상시 충전되도록 할 것

(7) 건전지 및 충전식 배터리의 용량은 20분 이상 유효하게 사용할 수 있는 것으로 할 것

16 비상조명등 설치 제외

1. 비상조명등 설치 제외

(1) 거실의 각 부분으로부터 하나의 출입구에 이르는 보행거리가 15m이내인 부분

(2) 의원 · 경기장 · 공동주택 · 의료시설 · 학교의 거실

2. 휴대용 비상조명등 설치 제외

지상 1층 또는 피난층으로서 복도 · 통로 또는 창문 등의 개구부를 통하여 피난이 용이한 경우 또는 숙박시설로서 복도에 비상조명등을 설치한 경우

출제예상문제

01. 유도등의 전원에 대한 다음 각 물음에 답하시오.

(1) 전원으로 이용되는 것을 3가지 쓰시오.

(2) "비상전원"은 어느 것으로 하며, 그 용량은 당해 유도등을 유효하게 몇 분이상 작동시킬 수 있어야 하는가?

| 정답

(1) ① 축전지
② 교류전압 옥내간선
③ 전기저장장치

(2) 축전지, 20분

02. 유도등 설치에 관한 다음 각 물음에 답하시오.

(1) 피난구유도등은 피난구의 바닥으로부터 몇 [m] 이상의 곳에 설치하여야 하는가?

(2) 통로유도등을 바닥에 매설했을 때의 조도는 어떤 위치에 측정하여 몇 [lx] 이상이어야 하는지를 설명하시오.

(3) 유도등의 전원은 어떤 종류의 전원으로 하여야 하며, 전원까지의 배선방법은 어떻게 하여야 하는지를 설명하시오.

(4) 유도등의 비상전원의 종류와 용량 등에 관한 기준을 설명하시오.

| 정답

(1) 1.5[m] 이상

(2) 통로유도등의 직상부 1[m] 높이에서 측정하여 1[lx] 이상

(3) 전원: 축전지, 전기저장장치 또는 교류전압 옥내간선
배선방법: 전용배선

(4) 비상전원 종류: 축전지
용량: 당해 유도등을 유효하게 20분 이상 작동시킬 것

03. 피난구유도등에 대한 다음 각 물음에 답하시오.

(1) 피난구유도등은 바닥으로부터 높이 몇 [m] 이상의 곳에 설치하여야 하는가?

(2) 피난구유도등의 식별도는 상용전원으로 등을 켜는 경우에는 직선거리 몇 [m]의 거리에서 문자 및 색채를 쉽게 식별할 수 있는 것으로 하여야 하는가?

(3) 피난구유도등은 어떤 장소에 반드시 설치하여야 하는지 그 기술기준을 3가지 쓰시오. (단, 유사한 장소 또는 내용별로 묶어서 답하도록 함)

| 정답

(1) 1.5[m]

(2) 30[m]

(3) ① 옥내로부터 직접 지상으로 통하는 출입구 및 그 부속실의 출입구
② 직통계단, 직통계단의 계단실 및 그 부속실의 출입구
③ ①, ②의 출입구에 이르는 복도 또는 통로로 통하는 출입구
④ 안전구획된 거실로 통하는 출입구

04. 피난구유도등은 어떤 장소에 반드시 설치하여야 하는지 그 기준을 4가지 쓰시오.

| 정답

① 옥내로부터 직접 지상으로 통하는 출입구 및 그 부속실의 출입구
② 직통계단, 직통계단의 계단실 및 그 부속실의 출입구
③ ①, ②의 출입구에 이르는 복도 또는 통로로 통하는 출입구
④ 안전구획된 거실로 통하는 출입구

05. 피난구유도등 대형 20개를 천장노출 배관배선하여 설치할 때 분기회로 배선용 차단기 용량은 몇 [A]이며, 사용할 수 있는 전선관 및 전선은 무엇인가?

| 정답

- 배선용 차단기: 20[A]
- 전선관: 후강전선관
- 전선: 450/750V 저독성 난연가교 폴리올레핀 절연전선

06. 통로유도등의 설치에 관한 다음 각 물음에 답하시오.

(1) 통로유도등을 설치하여야 할 곳에 대한 가장 기본적인 원칙을 간단히 설명하시오. (단, 복도, 거실, 계단통로유도등으로 구분하여 설명하지 말고 통로유도등에 대해 총괄적으로 설명할 것)

(2) 계단통로유도등은 어느 곳에 설치하여야 하는지 그 설치기준을 상세히 설명하시오.

(3) 거실통로유도등은 구부러진 모퉁이 및 보행거리 몇 [m]마다 설치하여야 하는가?

(4) 복도통로유도등은 바닥으로부터 높이 몇 [m] 이하의 위치에 설치하여야 하는가?

| 정답

(1) 소방대상물의 각 거실과 그로부터 지상에 이르는 복도 또는 계단의 통로에 설치

(2) 각 층의 경사로참 또는 계단참마다 설치(1개층에 참이 2 이상 있는 경우 2개의 참마다 설치)

(3) 20[m]

(4) 1[m]

07. 객석유도등에 관한 사항이다. ( ) 안을 완성하시오.

(1) 객석유도등은 객석의 (①), 바닥 또는 (②)에 설치하여야 한다.

(2) 객석유도등의 조도는 통로바닥의 중심선에서 측정하여 (③)[lx] 이상이어야 한다.

| 정답

(1) ① 통로

② 벽

(2) ③ 0.2

08. 객석통로의 직선부분의 길이가 17[m]인 경우 객석유도등의 최소 설치개수는 몇 개인가?

| 정답

$$설치개수[개] = \frac{직선거리[m]}{4} - 1$$

$$= \frac{17}{4} - 1 = 3.25$$

소수는 1을 절상하므로 4개이다.

09. 길이 18[m]의 통로에 객석유도등을 설치하려고 한다. 이때 필요한 객석유도등의 수량은 몇 개인가?

| 정답

$$\text{객석유도등 개수[개]} = \frac{\text{직선거리[m]}}{4} - 1\text{에서}$$

$$= \frac{18}{4} - 1 = 3.5$$

∴ 소수는 1을 절상하므로 4개

10. 객석의 통로의 직선부분의 길이가 13[m]일 경우 객석유도등의 최소 설치개수를 산정하시오.

| 정답

$$\text{개수[개]} = \frac{\text{직선거리[m]}}{4} - 1\text{에서}$$

$$= \frac{13}{4} - 1 = 2.25$$

∴ 소수는 1을 절상하므로 3개

11. 3선식 배선에 의하여 상시 충전되는 유도등의 전기회로에 점멸기를 설치하는 경우에는 어떤 때에 점등되도록 하여야 하는지 그 기준을 3가지만 쓰시오.

| 정답

- 자동화재탐지설비에서 감지기, 발신기가 작동하는 경우
- 비상경보설비에서 발신기가 작동하는 경우
- 자동식 소화설비가 작동하는 경우
- 상용전원이 정전되거나 전원선이 단선되는 경우
- 방재업무를 통제하는 곳 또는 전기실의 배전반에서 수동으로 점등하는 경우

12. 유도등설비에 사용되는 축전지의 공칭용량, 충전전류용량 등의 시험에 관한 다음 각 물음에 답하시오.

(1) 공칭용량은 10시간율 전류로 10시간을 방전한 후 10시간율 전류로서 공칭용량의 150[%]에 상당하는 충전을 하고, 다시 5시간율 전류로 방전종지 전압까지 방전하는 경우 몇 시간 이상 연속방전이 되어야 하는가?

(2) 충전전류용량은 당해 유도등의 공칭용량의 150[%]까지 충전한 것을 12시간 비상점등한 후 정격전압으로 48시간 충전하는 경우 당해 유도등을 몇 분 이상 비상점등할 수 있는 용량이어야 하는가?

| 정답

(1) 1시간

(2) 20분

13. 분전반에서 30m의 거리에 20W, 100V인 유도등 20개를 설치하려고 한다. 전선의 굵기는 몇 mm^2 이상으로 해야 하는지 공칭단면적으로 표현하시오. (단, 배선방식은 $1\phi_2$W이며, 전압강하는 2% 이내이고 전선은 동선을 사용)

| 정답

$$A(\mathrm{mm}^2) = \frac{35.6L \times I}{1{,}000 \times e} = \frac{35.6 \times 30 \times 4}{1000 \times 100 \times 0.02} = 2.136$$

그러므로 2.5mm^2

$e = 100 \times 0.02 = 2\mathrm{V}$

$$I = \frac{P}{\mathrm{V}} = \frac{20 \times 20}{100} = 4(\mathrm{A})$$

14. 비상조명등 설치기준에 대한 다음 (　　) 안에 알맞은 내용을 쓰시오.

(1) 조도는 비상조명등이 설치된 각 부분의 바닥에서 (①)[lx] 이상이 되도록 하여야 한다.

(2) 예비전원을 내장하는 비상조명등에는 평상시 점등여부를 확인할 수 있는 (②)를 설치하고 당해 조명등을 (③)분 이상 유효하게 작동시킬 수 있는 용량의 (④)와 (⑤)를 내장하여야 한다.

| 정답

(1) ① 1

(2) ② 점검스위치

③ 20

④ 축전지

⑤ 예비전원 충전장치

15. 답안지의 미완성도면을 선으로 연결하여 다음 각 회로를 구성하시오.

(1) 자동화재탐지설비를 전원으로 공급하기 위한 양파정류회로로 구성

(2) FL, 10W 유도등의 내부회로 및 외부단자를 표시한 도면이다. 상용전원을 사용하여 평상시 유도등이 점등되면 유도등 내부 저장된 니켈 카드뮴 축전지에 충전전류를 흘리어 충전시키다가 상용전원 정전 시 유도등 내부에 내장된 배터리에 의해 유도등이 점등되도록 회로를 구성

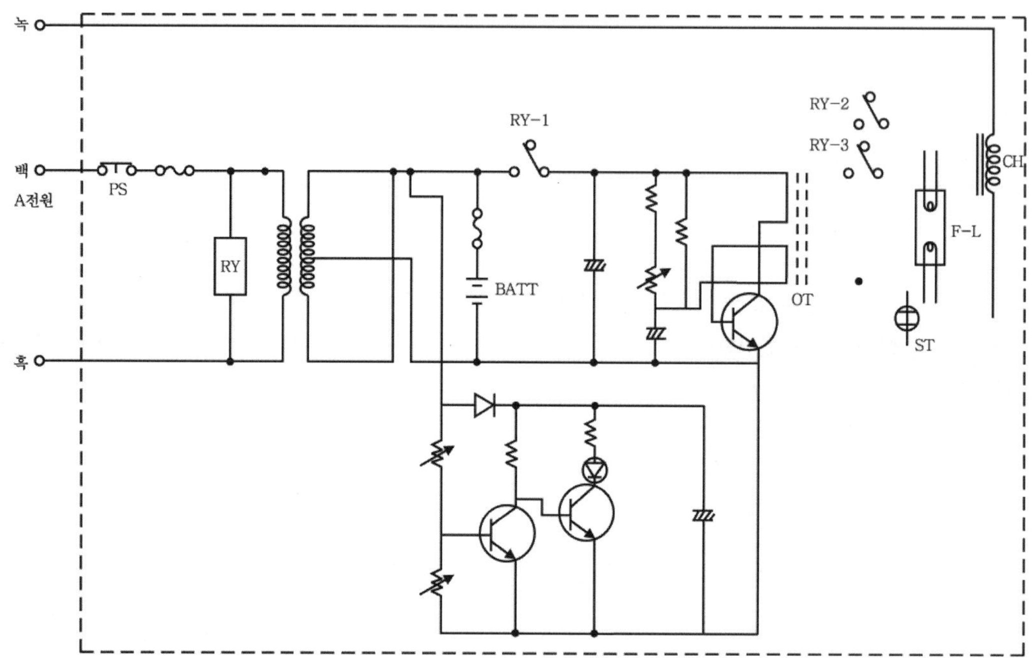

| 정답

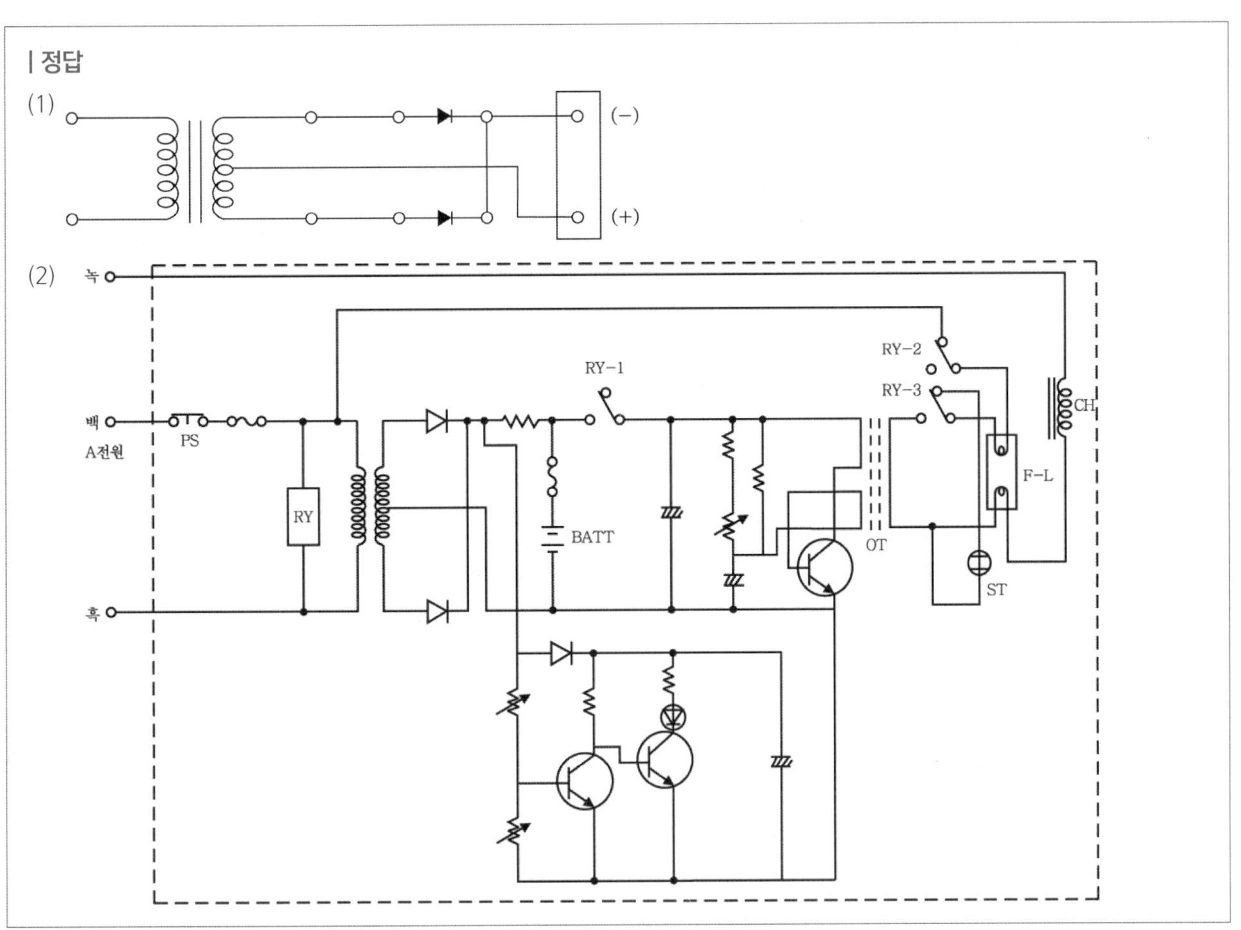

16. 다음 평면도 복도(빗금 친 부분)에 유도등을 설치하려고 한다. 그 위치를 ⓧ로 표시하시오.

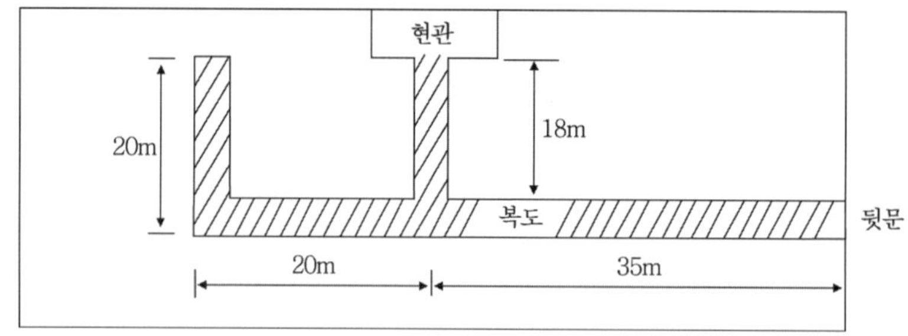

| 정답

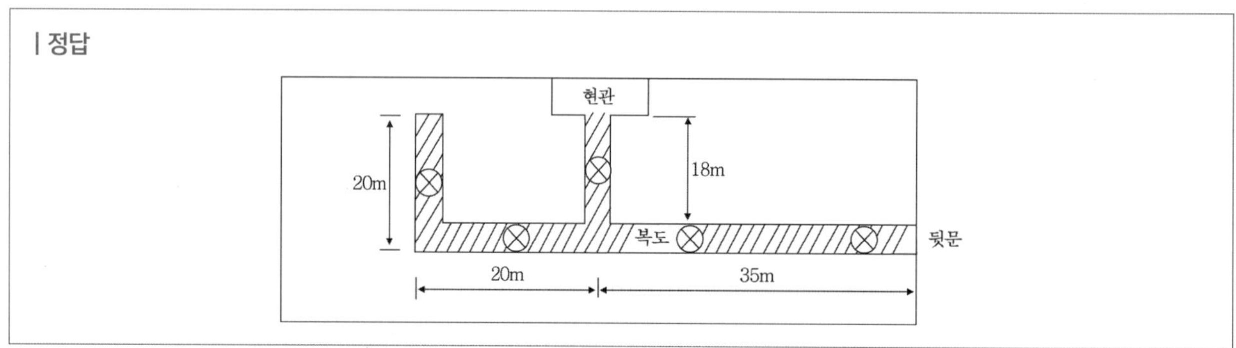

17. 그림과 같은 건축물의 평면도에 객석유도등을 설치하고자 한다. 다음 각 물음에 답하시오.

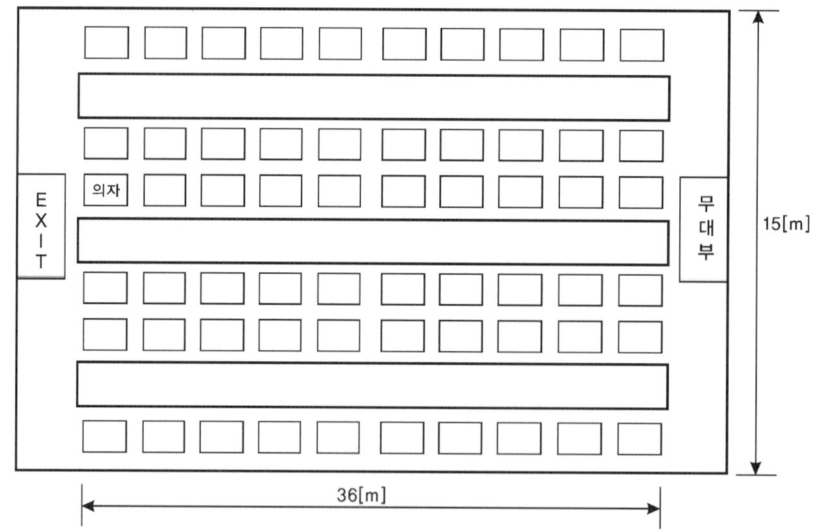

(1) 설치하여야 할 객석유도등의 수량을 산출하시오.

(2) 강당의 중앙 및 좌우 통로에 객석유도등을 도시하시오. (단, 유도등 표시는 ●로 표기할 것)

| 정답

(1) $\frac{36}{4} - 1 = 8$개, 통로가 3개 장소이므로 $8 \times 3 = 24$개

(2)

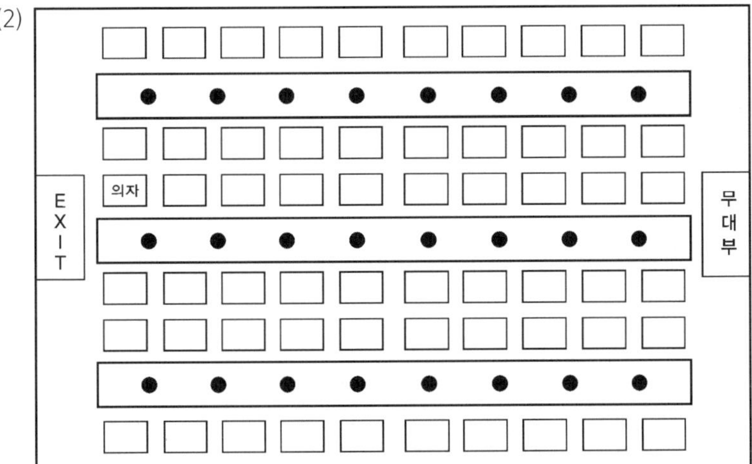

18. 조명설비에 대한 다음 각 물음에 답하시오.

(1) 모든 작업이 작업대(방바닥에서 0.85[m]의 높이)에서 행하여지는 작업장의 가로가 8[m] 세로가 12[m], 방바닥에서 천장까지의 높이가 3.8[m]인 방에서 조명기구를 천장에 설치하고자 한다. 이 방의 실지수는 얼마인가?

(2) 길이 15[m] 폭 10[m]인 방재센터의 조명률은 50[%] 40[W] 형광등 1등당 전광속이 2400[lm]일 경우, 조도를 400[lx]로 유지한다면 형광등(40[W]/2등용)은 몇 개가 필요한가? (단, 층고는 3.6[m]이며 조명유지율은 80[%])

| 정답

(1) 실지수$= \frac{XY}{H(X+Y)} = \frac{8 \times 12}{(3.8-0.85) \times (8+12)} = 1.627$

$\therefore 1.63$

(2) N(전등 1등의 개수) $= \frac{EA}{FUM} = \frac{400 \times 15 \times 10}{2400 \times 0.5 \times 0.8} = 62.5$

소수는 1을 절상하므로 63개

2등용 개수 $= \frac{63}{2} = 31.5$

소수는 1을 절상하므로 32개

19. 피난구유도등의 설치 제외 장소에 대하여 그 기준을 3가지만 쓰시오.

| 정답
- 대각선의 길이가 15m 이내인 구획된 실의 출입구
- 거실 각 부분으로부터 하나의 출입구에 이르는 보행거리가 20m 이하이고 비상조명등과 유도표지가 설치된 거실의 출입구
- 바닥면적이 1,000m^2 미만인 층으로 옥내로부터 직접 지상으로 통하는 출입구(외부의 식별이 용이한 경우에 한함)

20. 유도등의 2선식 배선과 3선식 배선의 미완성 결선도이다. 결선을 완성하고 두 결선방식을 비교하여 두 가지로 쓰시오.

2선식
전원
백
흑
녹
유도등

3선식
전원
원격
S/W
백
흑
녹
유도등

| 정답

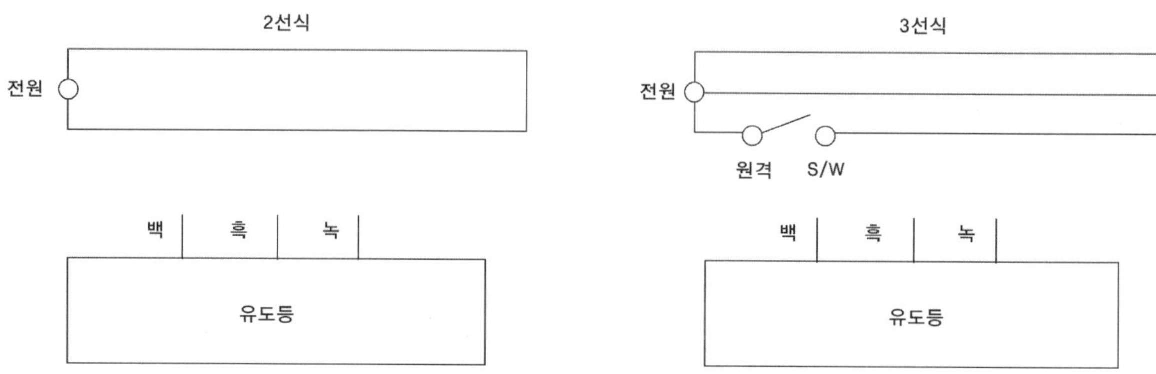

2선식
전원
백
흑
녹
유도등

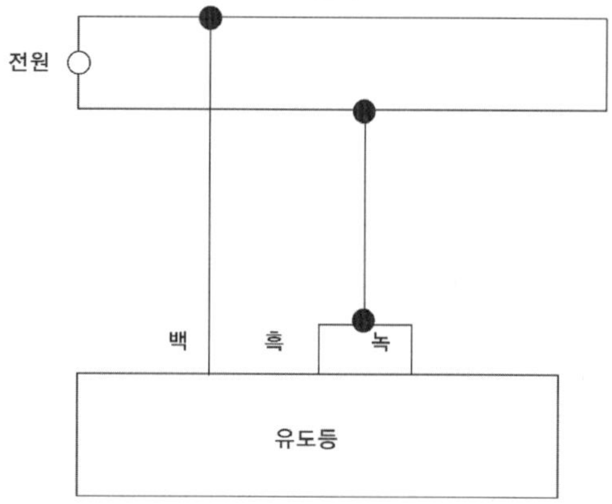

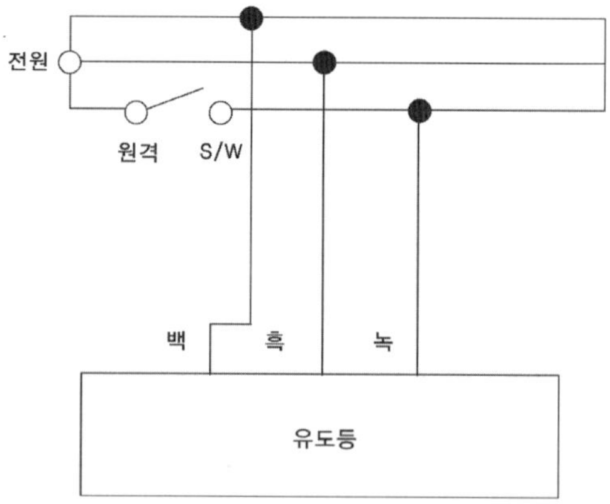

3선식
전원
원격
S/W
백
흑
녹
유도등

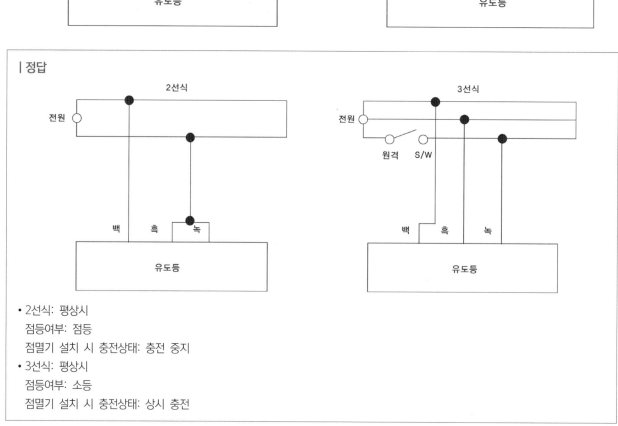

- 2선식: 평상시
  점등여부: 점등
  점멸기 설치 시 충전상태: 충전 중지
- 3선식: 평상시
  점등여부: 소등
  점멸기 설치 시 충전상태: 상시 충전

21. 유도등 및 유도표지의 용어의 정의를 쓰시오. (단, 화재안전기준을 적용)

(1) 피난구유도등
(2) 복도통로유도등
(3) 객석유도등
(4) 피난구유도표지
(5) 통로유도표지

| 정답

(1) 피난구유도등: 피난구 또는 피난경로로 사용되는 출입구를 표시하여 피난을 유도하는 등
(2) 복도통로유도등: 피난통로가 되는 복도에 설치하는 통로유도등으로서 피난구의 방향을 명시하는 것
(3) 객석유도등: 객석의 통로, 바닥 또는 벽에 설치하는 유도등
(4) 피난구유도표지: 피난구 또는 피난경로로 사용되는 출입구를 표시하여 피난을 유도하는 표지
(5) 통로유도표지: 피난통로가 되는 복도, 계단 등에 설치하는 것으로서 피난구의 방향을 표시하는 유도표지

22. 휴대용비상조명등의 설치높이 · 위치확인 · 점등구조 · 외함 및 용량 등에 대한 설치기준을 쓰시오.

| 정답

- 설치높이: 바닥으로부터 0.8m 이상 1.5m 이하의 높이
- 위치 확인: 어둠 속에서 위치 확인
- 점등구조: 사용 시 자동으로 점등되는 구조
- 외함: 난연성능이 있을 것
- 용량: 용량은 20분 이상 사용

23. 유도등의 비상전원의 종류 및 용량을 60분 이상으로 하여야 하는 경우를 기술하시오.

| 정답

- 종류: 축전지
- 60분 이상 용량: 지하층을 제외한 층수가 11층 이상의 층, 지하층 무창층으로 용도가 도매시장 · 소매시장 · 여객자동차터미널 · 지하역사 · 지하상가

24. **유도등설비에서 배선을 3선식으로 할 수 있는 경우를 3가지 기술하시오.**

| 정답

- 관계인 또는 종사원이 주로 사용되는 장소
- 어두워야 할 필요가 있는 장소
- 외부광에 따라 피난구 또는 피난방향을 쉽게 식별할 수 있는 장소

25. **설치하여야 할 유도등의 종류를 기술하시오. (단, 대형 · 중형 및 소형 등으로 구별할 필요가 있는 경우에는 구별하여 답할 것)**

(1) 공연장 · 집회장
(2) 위락시설 · 관광숙박시설
(3) 일반 숙박시설 · 오피스텔
(4) 근린생활시설 · 다중이용업소

| 정답

(1) 대형피난구유도등, 통로유도등, 객석유도등
(2) 대형피난구유도등, 통로유도등
(3) 중형피난구유도등, 통로유도등
(4) 소형피난구유도등, 통로유도등

Chapter 09

비상전원설비

1 설치목적

대부분의 소방설비에는 이를 유효하게 사용하기 위하여 전원을 필요로 하는데 한국전력공사에서 공급받는 상용전원이 정전되는 경우, 특정소방대상물에 화재가 발생하면 소화·경보·피난에 지장을 일으키게 되어 매우 위험하다.
근래에는 상용전원의 신뢰도가 많이 향상되었으나 천재지변이나 기기의 교체작업으로 인한 정전은 피할 수가 없다.
따라서 상용전원이 정전될 경우를 대비하여 비상전원설비를 필요로 한다.

2 설치대상

현행 화재안전기준·「건축법」 등에는 비상전원설비의 설치를 의무화한 설비가 규정되어 있는데 이러한 설비는 다음 표와 같다.

[법령의 규정에 의하여 비상전원이 필요한 설비]

관계법령	설비의 종류	설치대상	비고
소방법	옥내소화전설비	전부	축전지설비, 전기저장장치, 자가발전설비 (화재 시 펌프가 자동기동되도록 비상전원에 갈음하여 내연기관을 설치한 경우는 제외)
	스프링클러설비	전부	
	물분무등 소화설비	전부	
	포소화설비	전부	
	이산화탄소소화설비	전부	축전지설비, 자가발전설비, 전기저장장치
	할론소화설비	전부	
	분말소화설비	전부	
	자동화재탐지설비	전부	축전지설비, 전기저장장치
	누전경보기	(해당 없음)	
	자동화재속보설비	(해당 없음)	예비전원 필요
	비상경보설비	전부	축전지설비, 전기저장장치
	유도등	전부	축전지, 전기저장장치
	비상조명등	전부	자가발전설비, 축전지설비, 전기저장장치
	제연설비	전부	축전지설비, 자가발전설비, 전기저장장치
	연결송수관설비	전부	자가발전설비, 축전지설비, 전기저장장치
	연결살수설비	(해당 없음)	
	비상콘센트설비	전부	비상전원수전설비, 자가발전설비, 전기저장장치
	무선통신보조설비	전부	설비 자체에 부착(증폭기)

건축법	방화셔터	전부	
	비상용승강기	전부	
	배연설비	전부	
	비상급수설비	전부	

3 비상전원의 종류 및 요건

1. 종류

화재안전기준에 의하여 비상전원은 다음과 같이 3가지로 분류한다.

(1) 비상전원수전설비

(2) 자가발전설비

(3) **축전지설비**

다만, 내연기관에 의한 펌프(pump)를 사용하는 경우의 축전지설비는 내연기관 기동 및 제어용 축전지를 말한다.

2. 구비조건

비상전원은 다음의 기준에 의하여 설치하여야 한다.

(1) 비상전원은 소방설비를 유효하게 20분 이상 작동할 수 있는 용량의 것이어야 한다.

(2) 상용전원이 정전된 경우에 자동적으로 비상전원으로 전환되는 것이어야 한다.

(3) 축전지설비를 설치하는 경우에는 축전지실의 벽과의 거리가 0.1[m] 이상 되게 하고 침수의 우려가 없도록 하여야 한다.

참고 비상전원으로의 자동전환방법의 예

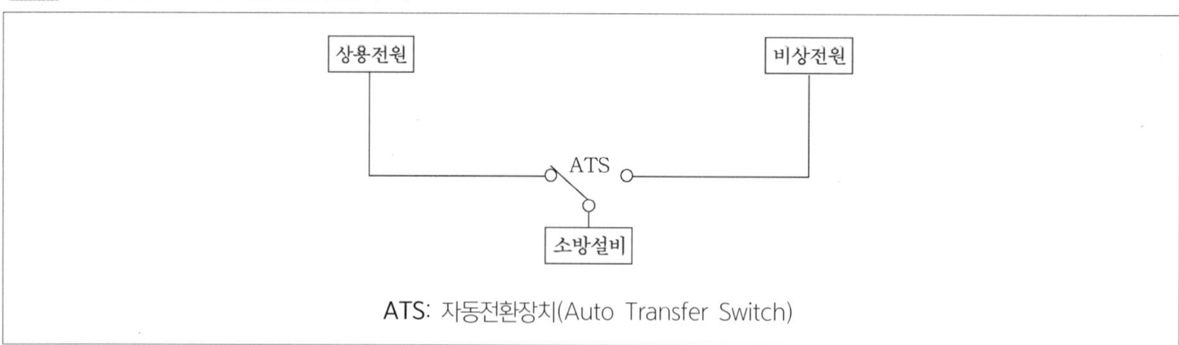

ATS: 자동전환장치(Auto Transfer Switch)

참고 소방설비용 차단기의 설치방법의 예

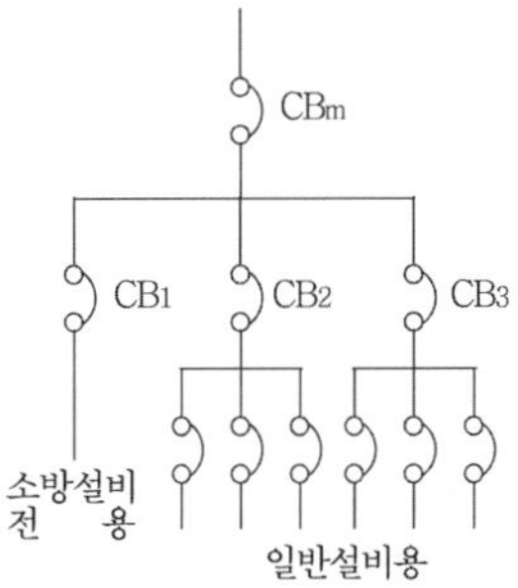

CB_m: 주차단기
CB_1: 소방설비전용 차단기
CB_2: 일반설비용 주차단기
CB_3: 일반설비용 주차단기
※ 주 CB_2 및 CB_3의 2차측에서 과전류 또는 단락사고가 발생한 경우 CB_m보다 CB_2 또는 CB_3가 먼저 차단되어서는 안 된다.

(4) 비상전원을 설치하는 장소에는 점검 및 조작에 필요한 조명설비와 비상전원의 표시를 하여야 한다.
(5) 비상전원수전설비는 다른 전기회로 등의 개폐기 또는 차단기에 의하여 차단되지 아니하도록 하여야 한다.
(6) 배선은 전기설비 기술기준에 관한 규칙에서 정한 것 외에 KSC 3328(600[V] 2종 비닐 절연전선) 또는 이와 동등 이상의 내열성을 가진 전선을 사용하고 내화구조로 된 주요 구조부에 매설하거나 이와 동등 이상의 내열효과가 있는 방법에 의하여 보호하도록 하여야 한다.

4 용어의 정의

(1) "일반전기사업자"라 함은 일반전기사업 또는 발전사업을 하기 위하여 허가를 받은 자를 말한다.
(2) "인입선"이라 함은 가공인입선 및 수용장소의 조영물의 옆면 등에 시설하는 전선으로서 그 수용장소의 인입구에 이르는 부분의 전선을 말한다.
(3) "인입구배선"이라 함은 인입선 연결점으로부터 특수장소내에 시설하는 인입개폐기에 이르는 배선을 말한다.
(4) "인입개폐기"라 함은 인입구에 가까운 곳으로서 쉽게 개폐할 수 있는 곳에 설치하는 개폐기를 말한다.
(5) "과전류차단기"라 함은 고압 또는 특별고압전로 중 기계기구 및 전선을 보호하기 위하여 설치하는 차단기 또는 저압옥내간선의 전원측 전로에 설치하는 차단기를 말한다.
(6) "소방회로"라 함은 소방부하에 전원을 공급하는 전기회로를 말한다.
(7) "일반회로"라 함은 소방회로 이외의 전기회로를 말한다.
(8) "수전설비"라 함은 전력수급용 계기용변성기·주차단장치 및 그 부속기기를 말한다.
(9) "변전설비"라 함은 전력용변압기 및 그 부속장치를 말한다.
(10) "전용큐비클식"이라 함은 소방회로 전용의 것으로서 수전설비, 변전설비, 그 밖의 기기 및 배선을 금속제 외함에 수납한 것을 말한다.
(11) "공용큐비클식"이라 함은 소방회로 및 일반회로 겸용의 것으로서 수전설비, 변전설비, 그 밖의 기기 및 배선을 금속제 외함에 수납한 것을 말한다.

(12) "전용배전반"이라 함은 소방회로 전용의 것으로서 개폐기, 과전류차단기, 계기, 그 밖의 배선용기기 및 배선을 금속제 외함에 수납한 것을 말한다.

(13) "공용배전반"이라 함은 소방회로 및 일반회로 겸용의 것으로서 개폐기, 과전류차단기, 계기, 그 밖의 배선용기기 및 배선을 금속제 외함에 수납한 것을 말한다.

(14) "전용분전반"이라 함은 소방회로 전용의 것으로서 분기 개폐기, 분기 과전류차단기, 그밖의 배선용기기 및 배선을 금속제 외함에 수납한 것을 말한다.

(15) "공용분전반"이라 함은 소방회로 및 일반회로 겸용의 것으로서 분기 개폐기, 분기 과전류차단기, 그 밖의 배선용기기 및 배선을 금속제 외함에 수납한 것을 말한다.

5 비상전원 수전설비

1. 인입 및 인입구배선

(1) 인입선은 특수장소에 화재가 발생할 경우에도 화재로 인한 손상을 받지 않도록 설치하여야 한다.

(2) 인입구배선은 소방기술기준에 관한 규정에 의한 내화배선으로 하여야 한다.

2. 전압에 의한 종류

비상전원 수전설비는 전력회사가 공급하는 상용전원을 이용하는 것으로서 특정소방대상물의 옥내화재에 의한 전기회로의 단락, 과부하에 견딜 수 있는 구조를 갖춘 수전설비를 말한다.

(1) 특별고압 또는 고압으로 수전하는 것

(2) 저압으로 수전하는 것으로 구분하는데

어느 것이나 전력회사의 배전선로로부터 당해 특정소방대상물의 수전설비까지의 전력인입선은 화재로부터 보호될 수 있도록 하여야 한다.

따라서 인입선은 가급적 지중전선로로 인입하고 부득이하여 가동으로 인입할 경우에는 소방대상물의 개구부에 직접 면하지 않는 옥측부분으로 인입하여야 한다.

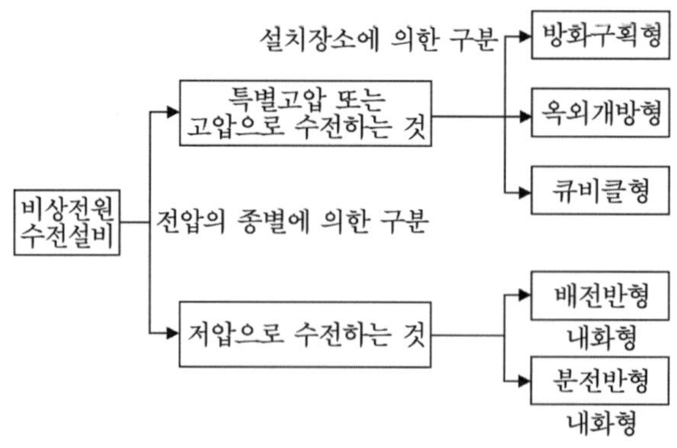

<비상전원 수전설비의 종류>

3. 특별고압 또는 고압으로 수전하는 방식

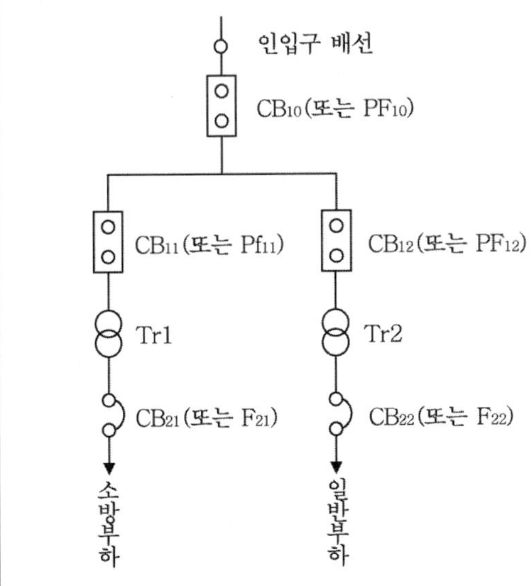

<전용의 전력용 변압기에서 소방부하에 전원을 공급하는 경우>

※ 주 1. 일반회로의 과부하 또는 단락사고시에 CB_{10}(또는 PF_{10})이 CB_{12}(또는 PF_{12}) 및 CB_{22}(또는 F_{22})보다 먼저 차단되어서는 아니된다.
2. CB_{11}(또는 PF_{11})은 CB_{12}(또는 PF_{12})와 동등 이상의 차단용량일 것

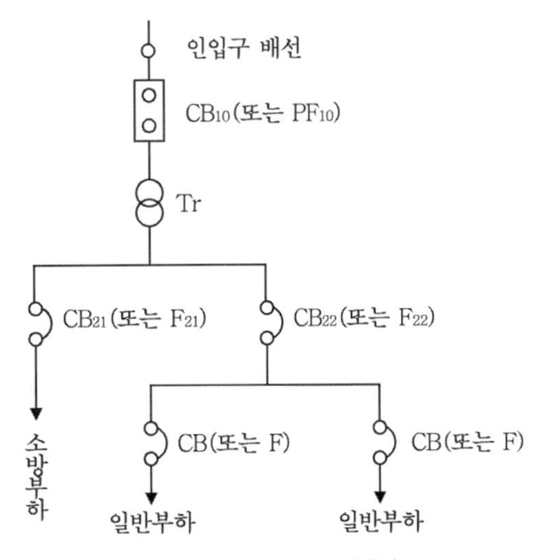

<공용의 전력용 변압기에서 소방부하에 전원을 공급하는 경우>

※ 주 1. 일반회로의 과부하 또는 단락사고시에 CB_{10}(또는 PF_{10})이 CB_{22}(또는 F_{22}) 및 CB(또는 F)보다 먼저 차단되어서는 아니된다.
2. CB_{21}(또는 F_{21})은 CB_{22}(또는 F_{22})와 동등 이상의 차단용량일 것

약호	명칭
CB	전력차단기
PF	전력퓨즈(고압 또는 특별고압용)
F	퓨즈
Tr	전력용 변압기

[그림 1] 고압 또는 특별고압 수전의 경우

(1) 방화구획형

① 전용의 방화구획 내에 설치하여야 한다.

② 소방회로배선은 일반회로배선과 불연성 격벽으로 구획하여야 한다. 다만, 소방회로배선과 일반회로배선을 15cm 이상 떨어져 설치한 경우는 그러하지 아니한다.

③ 일반회로에서 과부하, 지락사고 또는 단락사고가 발생한 경우에도 이에 영향을 받지 아니하고 계속하여 소방회로에 전원을 공급시켜 줄 수 있어야 한다.

④ 소방회로용 개폐기 및 과전류차단기에는 "소방시설용"이라는 표시를 하여야 한다.

⑤ 전기회로는 [그림 1]의 보기와 같이 결선하여야 한다.

(2) 옥외개방형

① 건축물의 옥상에 설치하는 경우에는 그 건축물에 화재가 발생할 경우에도 화재로 인한 손상을 받지 않도록 설치하여야 한다.

② 공지에 설치하는 경우에는 인접 건축물에 화재가 발생한 경우에도 화재로 인한 손상을 받지 않도록 설치하여야 한다.

③ 소방회로 배선은 일반회로배선과 불연성 격벽으로 구획하여야 한다. 다만, 소방회로배선과 일반회로 배선을 15cm 이상 떨어져 설치한 경우는 그러하지 아니한다.

④ 전기회로는 **[그림 1]**의 보기와 같이 결선한다.

(3) 큐비클형

① 전용큐비클 또는 공용큐비클식이어야 한다.

② 외함은 두께 2.3mm 이상의 강판과 이와 동등 이상의 강도와 내화성능이 있는 것으로 제작하여야 하며, 개구부(제3호에 게기하는 것은 제외)에는 갑종 방화문 또는 을종 방화문을 설치하여야 한다.

③ 다음 ㉠(옥외에 설치하는 것에 있어서는 ㉠ 내지 ㉢)에 해당하는 것은 외함에 노출하여 설치할 수 있다.

㉠ 표시등(불연성 또는 난연성재료로 덮개를 설치한 것에 한함)

㉡ 전선의 인입구 및 인출구

㉢ 환기장치

㉣ 전압계(퓨즈 등으로 보호한 것에 한함)

㉤ 전류계(변류기의 2차측에 접속된 것에 한함)

㉥ 계기용 전환스위치(불연성 또는 난연성 재료로 제작된 것에 한함)

④ 외함은 건축물의 바닥 등에 견고하게 고정하여야 한다.

⑤ 외함에 수납하는 수전설비, 변전설비 그 밖의 기기 및 배선은 다음 각목에 적합하게 설치하여야 한다.

㉠ 외함 또는 프레임(Frame) 등에 견고하게 고정하여야 한다.

㉡ 외함의 바닥에서 10cm(시험단자, 단자대 등의 충전부는 15cm) 이상의 높이에 설치하여야 한다.

⑥ 전선 인입구 및 인출구에는 금속관 또는 금속제 가요전선관을 쉽게 접속할 수 있도록 하여야 한다.

⑦ 환기장치는 다음 각목에 적합하게 설치하여야 한다.

㉠ 내부의 온도가 상승하지 않도록 환기장치를 하여야 한다.

㉡ 자연환기구의 개구부 면적의 합계는 외함의 한 면에 대하여 당해 면적의 3분의 1 이하이어야 하며, 하나의 통기구의 크기는 직경 10mm 이상의 둥근막대가 들어가서는 아니된다.

㉢ 자연환기구에 의하여 충분히 환기할 수 없는 경우에는 환기설비를 설치하여야 한다.

㉣ 환기구에는 금속망, 방화댐퍼 등으로 방화조치를 하고, 옥외에 설치하는 것은 빗물 등이 들어가지 않도록 하여야 한다.

⑧ 공용큐비클식의 소방회로와 일반회로에 사용되는 배선 및 배선용 기기는 불연재료로 구획하여야 한다.

4. 저압으로 수전하는 방식

일반전기사업자로부터 저압으로 수전하는 비상전원설비는 전용배전반(1 · 2종) · 공용배전반(1 · 2종) · 전용분전반(1 · 2종) 또는 공용분전반(1 · 2종)으로 하여야 한다.

(1) 배전반, 분전반 방식(1종)

① 외함은 두께 1.6mm(전면판 및 문은 2.3mm) 이상의 강판과 이와 동등 이상의 강도와 내화성능이 있는 것으로 제작하여야 한다.

② 외함의 내부는 외부의 열에 의해 영향을 받지 않도록 내열성 및 단열성이 있는 재료를 사용하여 단열하여야 한다. 한 단열부분은 열 또는 진동에 의하여 쉽게 변형되지 아니하여야 한다.

③ 다음에 해당하는 것은 외함에 노출하여 설치할 수 있다.

㉠ 표시등(불연성 또는 난연성 재료로 덮개를 설치한 것에 한함)

㉡ 전선의 인입구 및 인출구

④ 외함은 금속관 또는 금속제 가요전선관을 쉽게 접속할 수 있도록 하고, 당해 접속부분에는 단열조치를 하여야 한다.

⑤ 공용배전반 및 공용분전반의 경우 소방회로와 일반회로에 사용되는 배선 및 배선용 기기는 불연재료로 구획되어야 한다.

(2) 배전반, 분전반 방식(2종)

① 외함은 두께 1mm(함 전면의 면적이 1,000cm^{2}를 초과하고 2,000cm^2 미만인 경우에는 1.2mm, 2,000cm^{2}를 초과하는 경우에는 1.6mm) 이상의 강판과 이와 등등 이상의 강도와 내화성능이 있는 것으로 제작하여야 한다.

② (1)의 ③에 정한 것과 120℃의 온도를 가했을 때 이상이 없는 전압계 및 전류계는 외함에 노출하여 설치할 수 있다.

③ 단열을 위해 배선용 불연전용실내에 설치하여야 한다.

④ 그 밖의 제2종 배전반 및 제2종 분전반의 설치에 관하여는 (1)의 ④ 및 ⑤의 규정에 적합하여야 한다.

(3) 그 밖의 설치기준

① 일반회로에서 과부하 · 지락사고 또는 단락사고가 발생한 경우에도 이에 영향을 받지 아니하고 계속하여 소방회로에 전원을 공급시켜 줄 수 있어야 한다.

② 소방회로용 개폐기 및 과전류차단기에는 "소방시설용"이라는 표시를 하여야 한다.

③ 전기회로는 다음의 [그림 2]와 같이 결선하여야 한다.

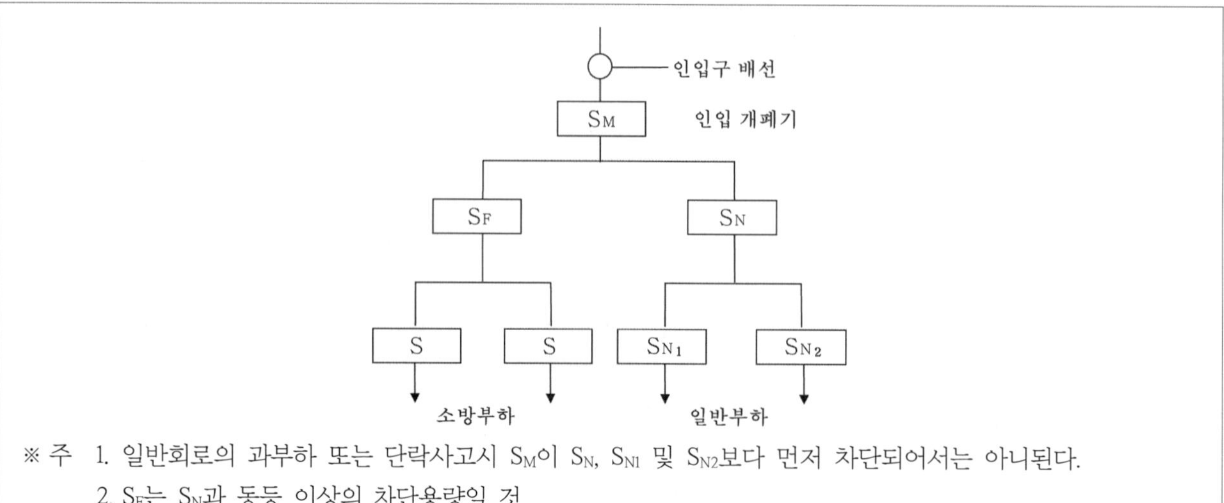

※ 주 1. 일반회로의 과부하 또는 단락사고시 S_M이 S_N, S_{N1} 및 S_{N2}보다 먼저 차단되어서는 아니된다.

2. S_F는 S_N과 동등 이상의 차단용량일 것

▶ S: 저압용 개폐기 및 과전류 차단기

[그림 2] 저압수전의 경우

6 축전지설비

비상전원으로서의 축전지설비는 상용전원이 정전되었을 때 자가발전설비가 시동하여 정격전압을 확립할 때까지의 중간전원으로서 사용되는 경우가 많다.

1. 축전지의 부하

자가발전설비에 비하여 축전지는 담당하는 부하의 종류가 적다. 그 이유는 발전기는 전력회사에서 공급하고 있는 전기방식과 같이 교류전원이므로 변압기를 사용할 수 있고 교류전동기에 대해서도 같은 조건으로 공급할 수 있기 때문이다. 따라서 이용도가 높지만, 축전지는 직류전원이며 일반적으로 발전기에 비하여 용량이 적으므로 전등용, 제어용, 통신용 등으로 그 사용범위가 한정된다.

2. 전지의 종류

전기를 발생하는 장치 중 화학에너지의 변화를 이용하는 것 또는 기계적인 가동부분이 거의 없는 것을 넓은 의미에서 전지라고 하는데, 일반적으로 물질의 화학적 변화에 의한 화학에너지를 전기에너지로 변환하여 외부회로에 전기를 공급하는 장치를 전지라 하며 1차전지와 2차전지로 나눈다.

(1) 1차전지

한 번 방전하면 구성물질을 교체하지 않는 한 다시 전지로 사용할 수 없는 것을 말하며, 대표적인 예는 건전지를 들 수 있다.

(2) 2차전지

이것은 축전지라고 하며 전기에너지를 화학에너지로 변환하여 저장(충전)하고 필요에 따라 이를 전기에너지로 다시 꺼내 쓸 수 있는(방전) 것이다. 1차전지와 크게 다른 점은 충방전이 가능하다는 것이고 대표적인 예로는 연축전지와 알카리축전지가 있다.

3. 충전장치

충전장치란 교류전력을 축전지의 충전에 적당한 직류전력으로 변환하는 장치로서 절연 변압기, 정류체 등으로 구성되어 있다. 예전의 충전장치는 세렌정류체와 가포화리액터를 조합한 것을 사용하였으나 전자공업의 발달로 인하여 다이리스터(thyristor)나 트랜지스터(transistor) 등의 정류체를 사용한 전자동정전압 충전장치가 개발되어 근래에는 대부분의 경우 이러한 방식의 것을 사용하고 있다.

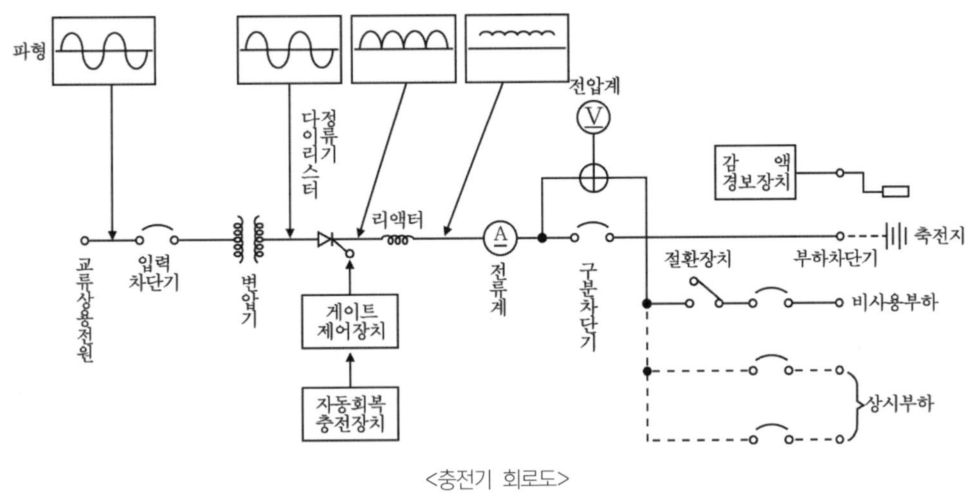

<충전기 회로도>

4. 역변환장치(인버터: inverter)

직류전력을 교류전력으로 변환하는 장치이다.

(1) 구조 및 기능

① 역변환장치는 반도체를 이용한 정지형으로 하여 방전회로 속에 넣을 것

② 역변환장치는 출력 점검 스위치 및 출력보호장치를 설치할 것

③ 역변환장치에 사용하는 부품은 양질의 것을 사용할 것

④ 발진 주파수는 무부하에서 정격부하까지 변동된 경우 및 축전지의 단자 전압이 ±10% 범위 내에서 변동된 경우에 있어서 정격주파수 5% 범위 이내일 것

⑤ 역변환장치의 출력파형은 무부하에서 정격부하까지 변동된 경우에 있어서 유해한 일그러짐이 발생되지 않는 것일 것

(2) 역변환장치 회로도

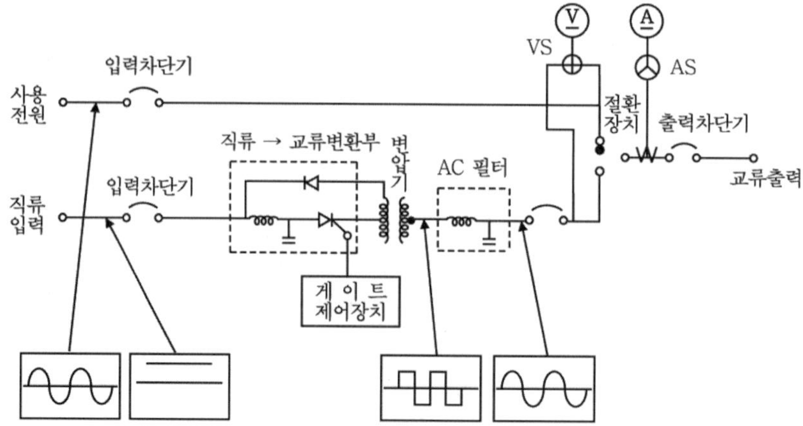

5. 설치위치

(1) 온도변화가 급격한 장소에 설치하지 말 것

(2) 직사일광을 받는 장소에 설치하지 말 것

(3) 내산성의 바닥 위 또는 받침대 위에 설치할 것(알칼리 축전지는 제외)

6. 내부구조(큐비클식)

(1) 기기 및 배선등은 외함, 프레임 등에 견고하게 고정시킬 것

(2) 기기 및 배선은 외함의 바닥면으로부터 10cm 이상의 위치에 수납할 것

(3) 축전지를 수납하는 부분은 다른 부분과 방화상 유효하게 구획시킬 것

(4) 연축전지를 수납하는 경우에는 연축전지를 놓는 부분에 내산성능이 있는 도장을 할 것

7. 환기

(1) 설치기준

① 환기 닥트 또는 환풍기 등에 의한 강제 환기 또는 갤러리 등에 의한 자연환기가 이루어지는 장치를 설치할 것

② 환기 닥트를 설치하는 경우에는 닥트가 축전지실을 관통하는 부분에 방화댐퍼를 설치할 것

③ 환풍기를 설치하는 경우에는 토출용의 것은 강철제 자동개폐셔터를, 흡입용의 것은 방화댐퍼를 설치할 것

④ 갤러리 등 자연환기에는 방화댐퍼를 설치할 것

(2) 환기량

환기량을 $V[m^3/h]$라고 하면

$$V = \text{희석률}\left(\frac{100}{3.8}\right) \times \text{수소가스량}\left(\frac{0.21}{Ah}\right) \times \text{안전률}(5) \times \text{셀수(개)}$$

$$\text{충전전류}[0.1C(A)] = 5.5 \times \text{셀수} \times \text{공칭용량}[AH]\text{의 수치} \times \frac{1}{1000}[m^3/h]$$

① 희석률은 수소가 3.8% 이상 되면 폭발할 위험이 있기 때문에 정한다.

② 수소가스량은 셀 수, AH당, 1A의 충전전류로서 1시간에 발생하는 수소가스량으로 0℃, 1기압의 경우 0.42l로 한 것이다.

③ 충전전류는 축전지 공칭용량의 값의 0.1배의 전류로 한다. C는 축전지의 공칭용량의 값이다.

8. 기기 등

(1) 축전지가 전도되지 않도록 설치할 것

(2) 축전지설비에는 화재예방 상 및 보수, 점검상 필요한 보유거리를 표와 같이 보유하여야 한다.

구분		보유거리
충전 장치	조작면	1.0m 이상
	점검면	0.6m 이상
	환기구 설치면	0.2m 이상
축전지	점검면	0.6m 이상
	열의 상호간	0.6m 이상(받침대 등에 설치하는 경우로서 축전지 상단 높이가 바닥에서 1.6m를 넘는 것은 1.0m)
	기타	0.1m 이상

9. 표지

(1) 보기 쉬운 곳에 "축전지설비"라는 표지를 할 것(그림 참조)

(2) 관계자 이외의 자가 출입하지 못하도록 출입구 등에 출입금지라는 뜻을 표시할 것

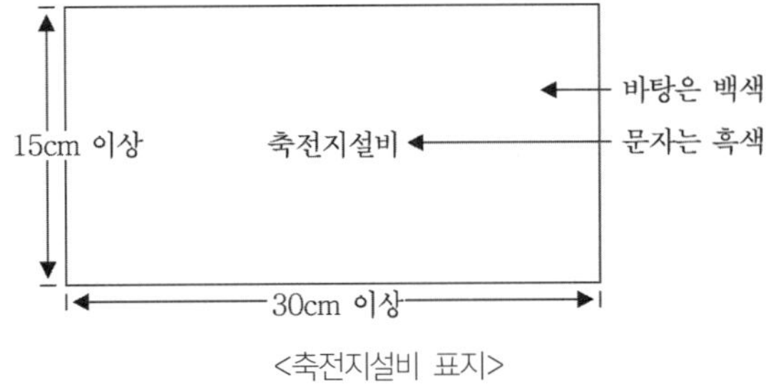

<축전지설비 표지>

10. 구조 및 기능(일반)

(1) 축전지설비는 자동적으로 충전되는 것으로 하고, 충전전원의 전압이 정격전압의 ±10[%]의 범위 내에서 변동이 있더라도 충전기능에 이상이 없을 것

(2) 축전지설비에는 과충전 방지장치를 설치할 것

(3) 축전지설비에서 소방설비에 이르는 배선의 도중에 용이하게 균등충전을 할 수 있는 장치를 설치할 것. 다만, 균등충전을 하지 않더라도 기능에 지장이 없는 것에 있어서는 이에 해당하지 않는다.

(4) 축전지설비에서 자동화재탐지설비의 수신기에 이르는 배선의 각 극에 개폐기 및 과전류차단기를 설치할 것

(5) 0[℃]에서 50[℃] 범위까지의 주위 온도에서 기능에 이상이 발생하지 않는 것일 것

(6) 용량은 방전종지전압(축전지의 공칭 전압의 80[%]의 전압)이 될 때까지 방전한 후 24시간을 충전하고, 그 후 충전을 하지 않고 1시간 감시상태를 계속한 직후에 소방설비를 20분간 이상 유효하게 작동할 수 있을 만큼 방전량을 유지할 수 있는 것일 것

(7) 축전지설비에는 당해설비의 출력전압과 출력전류를 감시할 수 있는 전압계 및 전류계를 설치할 것

11. 축전지 구조 및 기능

(1) 축전지의 단전지 공칭전압은 연축전지에 있어서는 2[V], 알칼리 축전지에 있어서는 1.2[V]일 것
(2) 축전지는 액면이 용이하게 확인될 수 있는 구조로 하고, 또한 산기성 연기나 알칼리기성 연기가 나올 우려가 있는 것에 있어서는 방산무장치 또는 알칼리무 방지장치가 설치되어 있을 것
(3) 축전지의 용량은 충전을 하지 않고 1시간 이상 감시상태를 계속한 직후에 있어서 20분 이상 방전할 수 있는 것일 것
(4) 축전지의 감액을 알리는 경보장치가 설치되어 있을 것. 다만, 보액의 필요가 없는 것에 있어서는 이에 해당하지 않는다.

12. 충전장치 구조 및 기능

(1) 자동적으로 충전할 수 있고, 또한 충전완료 후에는 자동적으로 트리클충전 또는 부동충전방식으로 전환되는 것일 것
(2) 충전장치의 입력 쪽에는 개폐기 및 과전류차단기를 설치할 것
(3) 충전장치회로에 이상이 발생한 경우, 축전지 및 방전회로의 기능에 영향을 미치지 않도록 과전류차단기를 설치할 것
(4) 충전중이라는 뜻을 표시하는 장치를 설치할 것
(5) 축전지의 충전상태를 점검할 수 있는 장치를 설치할 것
(6) 충전부와 외함과의 사이의 절연저항은 직류 500[V]의 절연저항 측정기로 측정한 측정치가 5[MΩ] 이상일 것
(7) 충전부와 외함과의 사이의 절연내력은 50[Hz] 또는 60[Hz]의 정현파에 가까운 실효 전압 250[V](사용전압이 30[V] 이상 60[V] 이하인 것에 있어서는 500[V], 60[V] 이상 150[V] 이하인 것에 있어서는 1,000[V], 150[V] 이상인 것에 있어서는 사용전압에 2를 곱하여 얻은 식에 1,000을 더한 값)의 교류전압을 걸었을 경우, 1분간 이상 이에 견딜 수 있는 것일 것
(8) 충전장치에 그 최대 사용전압으로 최대 사용전류를 흐르게 하였을 경우 온도계법에 따라 측정한 각 측정장소의 온도상승치가 다음 표에 정하는 수치를 넘지 않을 것

측정장소		온도상승수치[℃]
변압기		70
정류체	세렌	45
	실리콘	105
	사이리스터	65
단자부분		50

(9) 상용전원이 정전된 경우에 자동적으로 축전지 설비로 전환되는 장치의 양단에 정격전압을 걸어서 전환작동을 10,000회 반복하여도 그 기능에 이상이 발생하지 않는 것일 것

13. 축전지의 종류

(1) 납축전지

납축전지는 자동차용이 아닌 것으로서 다음 중 어느 하나에 해당하는 것으로 하여야 한다.

① 밀폐형 고정용 납축전지
② 클래드식 고정용 납축전지
③ 페이스트식 고정용 납축전지
④ 고율방전용 페이스트식 고정용 납축전지

(2) 알칼리축전지

알칼리축전지는 다음 중 어느 하나에 해당하는 것으로 하여야 한다.

① 밀폐형 니켈카드뮴축전지
② 벤디드형 알칼리축전지
③ 실디드형 고정용 알칼리축전지

14. 축전지의 특성

종별		연축전지		알칼리축전지	
형식명		클래드식 (CS형)	페이스트식 (HS형)	포케트식 (AL, AM, AMH, AH형)	소결식 (AH, AMH형)
작용물질	양극	이산화연(PbO_2)		수산화 니켈($NiOOH$)	
	음극	연(Pb)		카드뮴(Cd)	
	전해액	황산(H_2SO_4)		가성가리(KOH)	
전해액비중		1.215(20[℃])	1.240(20[℃])	1.20~1.30(20[℃])	
반응식		양극 음극 방전 양극 음극 $PbO_2 + {}_2H_2SO_4 + Pb \rightleftarrows PbO_2 + 2H_2O + PbSO$ 충전		양극 음극 방전 양극 음극 $2NiOOH + 2H_2O + Cd \rightleftarrows 2Ni(OH)_2 + Cd(OH)_2$ 충전	
기전력		2.05~2.08[V]		1.32[V]	
공칭 전압		2.0[V]		1.2[V]	
공칭 용량		10시간율[Ah]		5시간율[Ah]	
셀수	100[V]	50~55 셀		80~86 셀	
	60[V]	30~31 셀		50~52 셀	
	48[V]	24~25 셀		40~42 셀	
	24[V]	12~13 셀		20~21 셀	
방전 특성		보통	고율 방전에 우수함	보통(고율 방전 특성이 좋은 것도 있음)	특히 고율 방전 특성이 우수함
수명		길	약간 짧은 편	길	길
자가발전		보통	보통	약간 적은 편	약간 적은 편
특징		경제적	• 고율 방전 특성이 좋음 • 경제적	기계적으로 견고, 방치나 과방전에 견딤	• 고율 방전 특성이 좋음 • 소형임(부피소)

15. 충전방식

(1) 보통충전

필요할 때마다 표준시간율로 소정의 충전을 하는 방식

(2) 급속충전

비교적 단시간에 보통 충전전류의 2~3배의 전류로 충전하는 방식

(3) 부동충전

전지의 자기방전을 보충함과 동시에 상용 부하에 대한 전력 공급은 충전기가 부담하도록 하되, 충전기가 부담하기 어려운 일시적인 대전류 부하는 축전지로 하여금 부담하게 하는 방식

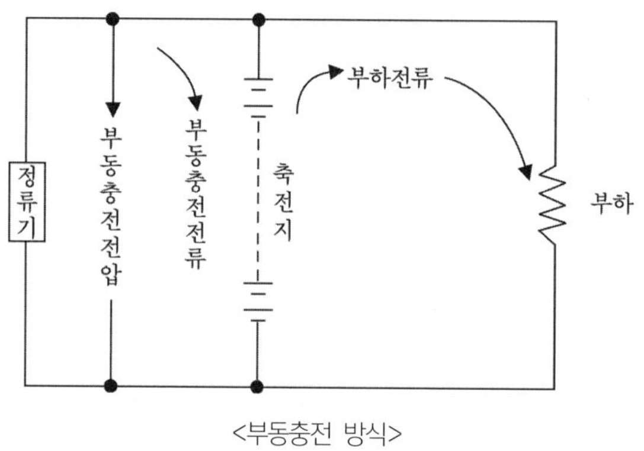

<부동충전 방식>

(4) 균등충전

부동충전방식에 의하여 사용할 때 각 전해조에서 일어나는 전위차를 보정하기 위하여 1~3개월마다 1회, 정전압(연축전지 2.4~2.5[V/cell], 알칼리 축전지 1.45~1.5[V/cell]으로 10~12시간 충전하여, 각 전해조의 용량을 균일화하기 위하여 행하는 방식

(5) 세류충전(토리클충전)

자기 방전량만을 항상 충전하는 부동충전방식의 일종

16. 계산

(1) 축전지 용량 C [Ah]

$$C=\frac{l}{L}[K_1I_1+K_2(I_2-I_1)+K_3(I_3-I_2)+\cdots\cdots+K_n(I_n-I_{n-1})]\ [\text{Ah}]$$

여기서, L: 보수율(일반적으로 0.8)
K: 용량환산 시간계수
I : 방전전류[A]

(2) 전지개수 N[개]

$$N=\frac{V}{V_B}[\text{개}]$$

여기서, V: 부하의 정격전압[V]
V_B: 축전지의 공칭전압[V/cell]

(3) 2차전류(충전전류) I[A]

$$I[\text{A}]=\frac{\text{정격용량[Ah]}}{\text{표준 방전률[Ah]}}+\frac{\text{상시부하[W]}}{\text{표준전압[V]}}$$

여기서, 표준방전률은 연축전지: 10[Ah]
알칼리축전지: 5[Ah]

(4) 허용최저전압 V [V]

$$V=\frac{V_a+V_c}{N}$$

여기서, V_a: 부하의 허용최저전압[V]
V_c: 축전지와 부하간의 전선 전압강하[V]
N: 직렬로 접속된 전지의 개수

7 자가발전설비

1. 종류

(1) 발전기로 발전을 하기 위해서는 이 발전기를 회전시켜 주는 장치가 필요한데 자가발전설비의 원동기로는 다음과 같은 장점이 있는 내연기관을 주로 사용한다.
① 기동이 빠르다.
② 동작이 확실하고 신뢰성이 높다.
③ 자동운전이 용이하다.
④ 취급과 보수가 용이하다.
⑤ 효율이 좋다.

(2) 내연기관은 보통 디젤기관(Diesel Engine)과 가솔린기관(Gasoline Engine)으로 나누어지는데 이들의 특징은 다음의 표와 같다.

구분 \ 종류	디젤기관	가솔린기관
부피	큼	작음
운전소음	큼	작음
기동특성	주위온도에 영향을 많이 받음	주위온도에 영향을 작게 받음
사용연료	경유	휘발유
화재 위험성	비교적 안전	대용량인 경우 위험
옥내설치적합성여부	적합	소용량에 한하여 적합

2. 발전설비의 구성

디젤발전설비는 다음과 같은 장치로 구성된다.

(1) 디젤(Diesel Engine)

기관본체, 조속기(governer), 계측장치(회전계, 유압계, 수온계 등), 기동장치, 정지장치, 공통베드(bed) 등으로 이루어져 있다.

(2) 발전기

일반적으로 교류발전기(AC generator)가 많으며 발전기와 여과장치로 구성된다.

(3) 제어반

(4) 기동장치

① **공기식:** 공기압축기, 공기탱크(tank), 제어반
② **전기식:** 축전지, 충전장치

(5) 부속장치

① **연료공급장치**: 연료소출조, 연료저장탱크, 연료 이송펌프, 제어반
② 윤활장치
③ 냉각장치
④ 배기장치
⑤ 환기장치

3. 발전기 단선결선도의 예

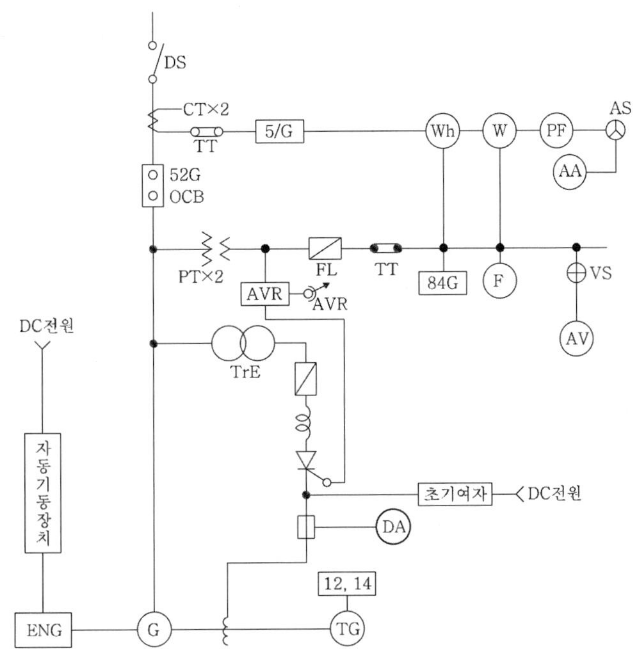

참고 기호

AA: 교류전류계
AS: 전류계 전환스위치
AV: 교류전압계
AVR: 자동전압조정기
CR: 사이리스터 정류기
CT: 변류기
DA: 직류전류계
DS: 단로기
ENG: 엔진
F: 주파수계
FE: 퓨즈(여자회로용)
FL: 퓨즈(저압용)

G: 발전기
LE: 3상리액터
OCB: 유입차단기
PT: 계기용 변압기
PF: 역률계
TG: 타코메터제너레이터
(회전수검출용)
TT: 시험단자
(●━●: 전압용)
(○━○: 전류용)
TrE: 변압기(여자용)
VAD: 전압조정기

VS: 전압계 전환스위치
W: 전력계
Wh: 전력량계
12, 14: 속도계전기
12: 과속도
14: 저속도
51G: 과전류계전기
52G: 차단기
84G: 전압릴레이(발전검출용)
: 전류계용 분류기

4. 설치위치

(1) 물이 침입하거나 침투할 우려가 없는 위치에 설치할 것

(2) 가연성 또는 부식성의 증기 또는 분진이 체류할 우려가 없는 위치에 설치할 것

(3) 옥내에 설치시 위치는 다음의 장소에 설치하지 말 것

① 폭발성 가스가 통상의 사용 상태에서도 집적할 우려가 있는 장소

② 수선, 보수 또는 누전 등의 원인으로 자주 폭발성 가스가 집적할 위험이 있는 장소

③ 가연성 가스 또는 가연성 액체를 상시 취급하면서 그 용기 또는 설비가 사고로 파손된 경우 또는 조작을 잘못한 경우에는 누출에 의한 위험이 발생하는 장소

④ 기계적 환기장치에 의해 폭발성 가스가 집적하지 않도록 하고 있지만 환기장치에 이상 또는 사고가 생긴 경우에 위험이 발생할 우려가 있는 장소

⑤ 위험한 농도의 폭발성 가스가 침입할 우려가 있는 장소

5. 구조

(1) 불연재료로 만든 벽, 기둥 및 반자(반자가 없는 경우에는 보 또는 천정)로서 구획되고 또한 창 및 출입구를 갑종방화문 또는 을종방화문(건축법에 규정한 것을 말함)으로 한 실내에 설치할 것. 다만, 발전설비의 주위에는 유효한 공간을 보유하는 등 방화상 지장이 없는 조치를 할 때에는 그러하지 아니하다.

(2) 벽, 바닥, 반자 또는 지붕 등은 비, 눈이 침입 또는 침투하지 않는 구조로 할 것

(3) 구획내에는 다른 용도에 사용하는 가스관, 수관, 유관 및 공조용 닥트 등을 설치하지 말 것. 다만, 건축물의 구조상 곤란한 경우로서 다음에 적합한 것에 대해서는 그러하지 아니하다.

① 수관, 공조용 닥트 등에 고압 배전반 및 고압모선의 직상부 및 측방으로부터 50cm 이상 이격되어 있는 것

② 수관 및 공조용 닥트에는 석면, 암면, 유리면 또는 몰탈 등으로 10mm 이상 피복된 것

③ 공조용 닥트 등이 구획을 관통하는 경우 관통부분에 자동식 방화댐퍼를 설치할 것

6. 환기

환기방법에는 강제환기와 자연환기의 2가지 방법이 있다. 환기의 목적은 발전설비로부터 발생하는 열에 의한 온도 상승을 방지하기 위하여 설치하는 것으로서 자연환기로 이 목적을 충분히 다할 수 있다면 반드시 강제환기를 필요로 하지 않지만 옥외에 직접 면하지 않는 장소에 설치하는 발전설비에는 강제환기가 필요하다.

(1) 발전설비에는 옥외로 통하는 유효한 환기 설비를 설치할 것

(2) 발전설비의 전용 불연 구획내의 온도가 40℃를 넘을 우려가 있는 경우에는 다음과 같은 환기 설비를 설치할 것

① 환기 장치는 직접 옥외로 통하는 구조의 것일 것. 다만, 환기에 유효하도록 공기를 흡입할 수 있는 경우는 그러하지 아니할 수 있다.

② 환기구에는 방화댐퍼, 갤러리 또는 철망 등의 방호조치를 할 것

(3) 강제환기

바닥면적의 환기량은 1m^2마다 1.0m^3/h 이상으로서 매분의 환기량은

환기량 $= \dfrac{1.0 \times \text{바닥면적}[m^2]}{60}$[$m^3$/min]

(4) 자연환기

바닥면적의 $\dfrac{1}{16} \sim \dfrac{1.5}{16}$ 이상의 개구부를 외기를 향해 설치할 것

7. 기기 등

(1) 기기, 배선 및 배전반 등은 각각 상호 방화상 유효한 여유를 보유할 것. 보유거리는 표에 의한다(큐비클 변전설비 제외).

(2) 큐비클식 변전설비 내부의 구조는 다음에 의할 것

① 기기 및 배선등은 외함, 프레임 등에 견고히 고정되어 있을 것

② 기기 및 배선은 외함의 바닥으로부터 10cm 이상의 위치에 수납되어 있을 것

(3) 기타 기기 및 배선 등은 전기공작물에 관한 법령(전기설비 기술기준)에 의할 것

[변전설비 기기 등의 보유거리]

배전반	조작면	1.0m 이상(단, 조작면이 상호 면하는 경우는 2m 이상)
	점검반	0.6m 이상(단, 점검에 지장이 없는 부분에 대하여는 예외)
	환기구설치면	0.2m 이상
변압기, 콘덴서 기타 이와 유사한 기기	점검면	0.6m 이상(단, 점검면이 상호 면하는 경우는 1.0m 이상)
	기타	0.1m 이상

8. 배기통

(1) 구조 또는 재질에 따라 지지를 지선 또는 철물 등으로 고정할 것

(2) 옥상돌출부에는 지붕면으로부터 수직거리를 0.6m 이상으로 할 것

(3) 배기통의 높이는 그 선단으로부터 수평거리 1m 이내에 건축물의 처마가 있을 경우, 그 처마로부터 0.6m 이상 높게 할 것

(4) 금속제 또는 불연재의 배기통은 지붕 속, 반자 속 바닥 밑에 있는 부분을 금속 이외의 불연재료로 방화상 유효하게 피복할 것

(5) 배기통은 목재 그 밖의 가연재로부터 0.15m 이상의 거리를 보유하여 설치할 것. 다만 두께가 0.1m 이상의 금속외의 불연재료로 피복한 부분에는 그러하지 아니하다.

(6) 가연성의 벽 · 바닥 · 반자 등을 관통하는 부분은 구멍돌을 삽입하거나 단열재료로 유효하게 피복할 것

9. 연료탱크

(1) 연료탱크 또는 연료장치는 사용 중 연료가 새거나 흘러넘치거나 또는 비산하지 않는 구조로 하며 동시에 연료탱크에 있어서는 진동 등에 따른 전도, 낙하 또는 연료의 유출을 방지할 수 있는 구조로 할 것

(2) 연료탱크는 내연기관과의 사이에 2m 이상의 수평거리를 보유하거나 또는 방화상 유효한 벽을 설치할 것
단, 유온이 현저히 상승될 우려가 없는 연료탱크에 대해서는 그러하지 아니하다.

(3) 연료탱크는 두께 1.2mm 이상(소량 위험물인 경우 2mm 이상)의 강판 또는 이와 동등 이상의 강도를 지닌 불연재료로 만들 것

(4) 연료탱크를 옥내에 설치할 경우에는 바닥·천정 벽을 불연재료로 만들 것

(5) 연료탱크의 받침대는 불연재료로 만들 것

(6) 연료탱크에는 긴급할 때 연료공급을 차단할 수 있는 유효한 개폐밸브를 탱크 직근에 설치할 것. 다만, 지하에 매설한 연료탱크에 있어서는 그러하지 아니하다.

(7) 연료탱크 또는 배관(연료의 입구 또는 출구)에는 유효한 여과장치를 설치할 것

(8) 연료를 예열하는 방식의 연료탱크 또는 배관을 직화로 예열하지 아니하는 구조로 하고 과도한 예열을 방지하는 조치를 할 것

(9) 연료탱크의 바깥면에는 방청조치가 실시되어 있을 것

(10) 연료탱크에는 계량장치가 부착되어 있을 것

(11) 연료탱크에는 유효한 통기관이 부착되어 있을 것

(12) 압력탱크에는 유효한 안전장치가 설치되어 있을 것

참고 **유온이 현저히 상승될 우려가 없는 경우란?**

유효한 환기설비등에 의해 연료탱크 부근의 실온이 연료의 인화온도에 도달하지 않는 경우이다.

10. 자동전환등

(1) 상용전원이 정전되었을 때는 자동적으로 상용전원에서 비상전원으로 전환되며 상용전원 정전 복구 시에는 자동적으로 비상전원에서 상용전원으로 전환될 수 있을 것

(2) 다른 설비와 겸용하는 것은 다른 설비의 전기회로에 의해 차단되지 않는 것으로 하며 개폐기에는 옥내소화전설비용(스프링클러설비용, 배연설비용, 비상콘센트설비용)이라는 뜻을 표시할 것

(3) **옥내소화전, 스프링클러, 물분무 등 소화설비의 비상전원(비상동력원으로서의 발전장치를 포함)의 성능기준**

① 상용전원과의 전환은 신속히 할 수 있는 것으로 할 것

② 연속해서 20분간 이상 공급할 수 있는 것으로 할 것

11. 조명 및 표지

(1) 조도

장소	최저조도[lx]
배전반 계기면	50
보조배전반 계기면, 배전반 뒷면	20
단로 부근	5

(2) 표지

① 보기 쉬운 곳에 발전설비라는 뜻을 표시할 것(그림 참조)

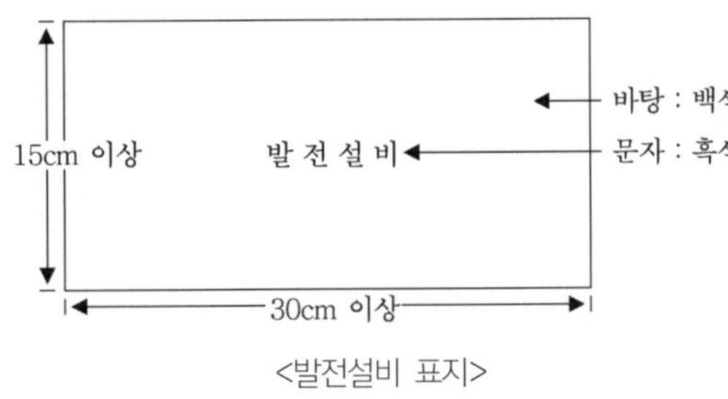

<발전설비 표지>

② 발전설비가 있는 실내에는 관계자 이외의 자를 함부로 출입하지 못하도록, 출입구 등에 출입금지라는 뜻을 표시할 것

12. 발전기의 용량 산정

발전기의 출력용량은 다음의 3가지 식으로 계산하여 그 중 최대의 값을 만족하는 용량으로 결정하여야 한다.

(1) 의미

① 정격운전상태에서 부하설비의 급전에 필요한 용량: P_{G1}

② 부하 중에서 최대의[기동 KVA]의 값을 갖는 전동기를 기동할 때의 허용전압강하를 고려한 용량: P_{G2}

③ 부하 중에서 최대의[기동시의 입력[kW]]값을 갖는 전동기 또는 전동기군을 최후에 기동할 때의 필요한 용량: P_{G3}

(2) 산정식

① P_{G1}의 산정식

발전기는 발전기의 부하로 예정된 부하에 모두 전력을 공급시켜 주어야 하므로 그 용량은 다음 식으로 구한 값 이상이어야 한다.

$$P_{G1} = \frac{P_1}{\eta \times PF_1} \times \alpha [\text{KVA}]$$

여기서, P_1: 부하의 출력합계[kW]

η: 부하의 총합효율(확실히 알 수 없을 경우에는 0.85로 함)

PF_1: 부하의 총합역률(확실히 알 수 없을 경우에는 0.8로 함)

α: 부하율(확실히 알 수 없을 경우에는 1.0으로 함)

② P_{G2}의 산정식

보통의 동력부하로 사용되는 유도전동기는 구조가 간단하고 특성이 매우 좋지만 기동전류가 크고 기동역률이 낮다는 결점이 있다. 이 때문에 출력용량이 큰 유도전동기는 기동시에 발전기단자에 큰 전압강하를 일으키는데 어떤 부하의 기동에 의하여 전기회로에 순시전압강하가 일어나게 되면,

㉠ 기동중인 전동기의 기동토크가 저하하여 기동시간이 길어지거나 경우에 따라 기동불능이 되기도 한다.

㉡ 이미 운전중인 다른 부하에 악영향을 주게되어 같은 전기계통에 접속되어 운전중인 부하의 전자개폐기, 보조계전기 등이 드롭아웃(Drop Out)되는 수가 있다. 따라서 이러한 악영향을 줄이기 위하여 전력계통의 순시전압강하 ΔV의 값은 0.2~0.3 이내가 되도록 할 필요가 있다.

$$P_{G2} = Pm \times \beta \times C \times Xd \times \frac{100 - \Delta V}{\Delta V}[\mathrm{KVA}]$$

$$= K_1 \times Pm[\mathrm{KVA}]$$

여기서, Pm: 부하전동기 또는 부하전동기군의 기동[KVA](출력[kW] × β × C)의 값이 최대인 전동기 출력[kW]

β: 전동기의 출력 1[kW]당 기동[KVA](확실하지 않은 경우에는 7.2를 적용)

C: 기동방식에 따른 계수

X'd: 발전기의 정수(확실하지 않은 경우에는 0.20~0.25를 적용)

ΔV: 발전기의 부하로 Pm을 투입할 때의 허용전압 강하율[%](일반적으로 0.25 이하이어야 하며, 비상용 승강기인 경우에는 0.2 이하를 적용)

이 식은 부하의 기동돌입전류가 클 경우 발전기의 용량도 크게 하지 않으면 전압강하도 커진다는 것을 의미한다. Pm의 값을 대입할 경우에는 부하군 중 최대의 기동 [KVA]의 값을 갖는 것(동시에 기동하는 것이 있으면 그 합계의 최대)으로 계산하지 않으면 안 된다. 이와 같이 발전기단자의 순시전압강하값은 전동기의 기동전류값이 좌우하므로 대용량의 전동기의 기동은 리액터기동, Y-Δ기동, 기동보상기에 의한 기동법 등을 채택하여 기동돌입전류를 줄일 필요가 있다. 그밖에 반드시 고려되어야 할 사항은 부하에 인가되는 실제의 전압은 발전기단자에서 부하단자까지의 배선에 의한 전압강하를 뺀 것이 되는데 이 값은 의외로 큰 경우가 있으므로 특히 유의할 필요가 있다.

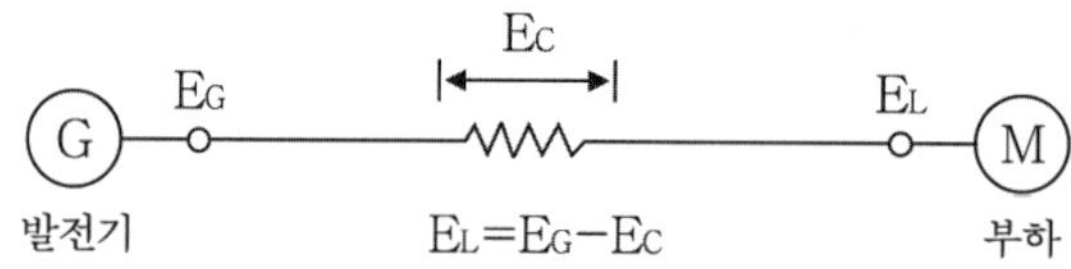

EL = EG - EC

여기서, EG: 발전기 단자전압

EC: 선로의 전압강하

EL: 부하의 단자전압

③ P_{G3}의 산정식

여러 부하를 차례로 기동해 가면 먼저 기동되어 정상운전하고 있는 것에 다른 기동돌입 부하가 가해지는데 이 경우에도 발전기는 계속하여 운전이 가능하여야 한다. 이 합계치가 최대로 될 때의 원동기 기관출력을 발전기 출력으로 환산한 값은 다음의 식과 같다.

$$P_{G3} = \left(\frac{P_L - P_n}{\eta_L} + P_n \times \beta \times C \times PF_s\right) \times \frac{1}{\cos\theta}[\text{KVA}]$$

여기서, P_L: 부하의 출력합계[kW]

P_n: (기동시의 입력[kW]의 값이 최대인 전동기 또는 전동기군의 출력[kW])

PF_s: Pn[kW] 전동기의 기동시 역률(확실하지 않은 경우에는 0.4를 적용)

η_L: 부하의 종합효율

cosθ: 발전기의 역률(확실하지 않은 경우에는 0.8을 적용)

13. 계산

(1) 발전기 출력 [KVA]

$$\text{발전기 출력} \geq \left(\frac{1}{\text{허용전압강하}} - 1\right) \times Xd \times \text{기동용량 [KVA]}$$

여기서, Xd: 발전기 과도리액턴스 (보통 25%~30%)

$$\text{기동용량[KVA]} = \sqrt{3} \times \text{정격전압[V]} \times \text{기동전류[A]} \times 10^{-3}$$

(2) 발전기 차단기 용량 [KVA]

$$\text{차단기 용량} = \frac{\text{발전기 출력[KVA]}}{Xd} \times 1.25$$

여기서, Xd: 과도리액턴스

(3) 연료소비량 Q [kg/h]

$$Q = \frac{\text{발전기 정격출력[KVA]} \times \cos\theta}{0.735 \times \eta_g} \times b \times 10^{-3}[\text{kg/h}][\text{kg/h}]$$

여기서, cosθ: 발전기의 역률

η_g: 발전기의 효율

b: 연료소비율 [g/ps · h]

참고 연료소비량의 단위가 [l/h]인 경우

$$Q_1 = Q \times \frac{1}{\text{비중}} = \frac{\text{발전기 정격출력[KVA]} \times \cos\theta}{0.735 \times \eta_g} \times b \times 10^{-3} \times \frac{1}{\text{비중}} [\text{l/h}]$$

(4) 디젤기관의 출력 [ps]

$$\text{기관의 출력} = \frac{\text{발전기 용량[KVA]} \times \cos\theta}{\eta_g} \times \frac{1}{0.735} [ps][\text{ps}]$$

여기서, cosθ: 역률(보통 80%)

ηg: 발전기의 효율

출제예상문제

01. 축전지의 자기방전을 보충하는 동시에 상용부하를 충전기가 부담하고 충전기가 부담하지 못하는 일시적인 대전류를 축전지가 부담하는 충전방식을 무슨 충전방식이라 하는가?

| 정답

부동충전방식

02. 비상용 조명부하가 40W 120등, 60W 50등이 있다. 방전시간은 30분이며 연축전지 HS형 54셀, 허용 최저 전압 90V, 최저 축전지 온도 5℃일 때 축전지 용량을 구하시오. (단, 전압은 100V이고 연축전지의 용량환산 시간 K는 표와 같으며, 보수율은 0.8이라고 한다.)

[연축전지의 용량환산시간 K(상단은 900~2,000Ah, 하단은 900Ah)]

형식	온도(℃)	10분			30분		
		1.6V	1.7V	1.8V	1.6V	1.7V	1.8V
CS	25	0.9 0.8	1.15 1.06	1.6 1.42	1.41 1.34	1.5 1.55	2.0 1.88
	5	1.15 1.1	1.35 1.25	2.0 1.8	1.75 1.75	1.85 1.8	2.45 2.35
	-5	1.35 1.25	1.6 1.5	2.65 2.25	2.05 2.05	2.2 2.2	3.1 3.0
HS	25	0.58	0.7	0.93	1.03	1.14	1.38
	5	0.62	0.74	1.05	1.11	1.22	1.54
	-5	0.68	0.82	1.15	1.2	1.35	1.68

| 정답

축전지 용량(Ah) = $\frac{K \cdot I}{L}$에서 V/셀 = $\frac{90}{54} = 1.666$

그러므로 약 1.7 V/셀

표에서 K = 1.22

$I[\text{A}] = \frac{P(\text{W})}{V(\text{V})} = \frac{(40 \times 120) + (60 \times 50)}{100}$

$= 78[\text{A}]$

축전지 용량 C (Ah) = $\frac{1.22 \times 78}{0.8} = 118.95\text{Ah}$

03. 알칼리 축전지의 정격용량은 60Ah, 상시부하 3 kW, 표준전압 100V인 부동충전방식인 충전기의 2차 전류는 몇 [A]인가?

| 정답

$$2차\ 전류[A] = \frac{정격용량(Ah)}{표준방전율(Ah)} + \frac{상시부하(W)}{표준전압(V)}$$
$$= \frac{60}{5} + \frac{3 \times 10^3}{100} = 12 + 30$$
$$= 42[A]$$

04. 직류전원설비에 대한 다음 각 물음에 답하시오.

(1) 축전지에는 수명이 있으며 또한 그 말기에 있어서도 부하를 만족하는 용량을 결정하기 위한 계수로서 보통 0.8로 하는 것을 무엇이라 하는가?

(2) 전지개수를 결정할 때 셀수를 N, 1셀당 축전지의 공칭전압을 V_B [V], 부하의 정격전압을 V [V], 축전지 용량 C [Ah]라 하면 셀수 N은 어떻게 표현되는가?

(3) 그림과 같이 구성되는 충전방식은 무슨 충전방식인가?

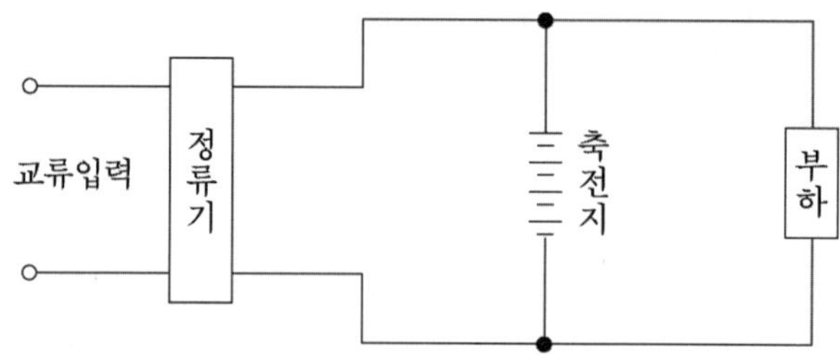

| 정답

(1) 보수율

(2) $N = \frac{V[V]}{V_B[V/cell]}$

(3) 부동충전방식

05. 직류전원설비에 대한 다음 각 물음에 답하시오.

(1) 축전지 용량을 구하는 식은 $C = \frac{1}{L}[K_1I_1 + K_2(I_2 - I_1) + K_3(I_3 - I_2) + \cdots\cdots]$ [Ah]로 표현된다. 여기에서 K_1, K_2, K_3 ⋯ 용량환산시간, I_1, I_2, I_3 ⋯ 방전전류라고 할 때 L은 무엇이라 하며, 이 값은 보통 얼마로 하는가?

(2) 전지의 자기방전을 보충함과 동시에 상용부하에 대한 전력공급은 충전기가 부담하도록 하되, 부담하기 어려운 일시적인 대전류부하는 축전지로 하여금 부담하게 하는 충전방식은 무엇인가?

(3) 연축전지와 알칼리축전지는 1셀(단위)당 몇 [V]인가?

| 정답

(1) L: 보수율　　　값: 0.8

(2) 부동충전방식

(3) 연축전지: 2.0[V]
　 알칼리축전지: 1.2[V]

06. 예비전원에 대한 다음 각 물음에 답하시오.

(1) 밀폐형축전지의 1셀당 정격전압은 몇 [V]로 하는가?

(2) 밀폐형축전지의 1셀당 방전종지전압은 몇 [V]로 하는가?

(3) 충전전원의 정전 시 또는 축전지 방전시험 시 이외의 평상상태에서는 축전지를 충전완료 상태로 유지하고 축전지의 용량을 유지하기 위해 충전을 하는 충전방식은 무엇인가?

(4) 1분간 2회선 작동함과 동시에 다른 회선을 감시하는 경우 및 10분간 2회선 작동함과 동시에 다른 회선을 감시하는 경우에 대한 예비전원용 축전지의 용량은 다음 <조건>에서 몇 [Ah]인가?

<조건>

- 작동시간에 대한 용량 환산 시간계수: 0.5
- 2회선 작동전류 및 다른 회선감시시의 전류: 80[A]
- 경년용량저하율: 0.8

| 정답

(1) 1.2 [V]

(2) 0.96 [V]

(3) 부동충전

(4) 축전지 용량 [Ah] $= \frac{1}{L}KI$에서

$$= \frac{1}{0.8} \times 0.5 \times 80 = 50[\text{Ah}]$$

소방전기시설의 시공 Part 02 해커스 소방설비기사 실기 전기 한권완성 핵심이론 + 기출문제

07. 상용전원 정전 시에 사용되는 비상전원(Emergency Power)과 상용전원 고장시에 사용되는 예비전원(Preparatory Power)의 가장 중요한 요소인 축전지설비에 관한 다음 각 물음에 답하시오.

(1) 연축전지와 알칼리축전지를 비교한 표이다. ①~⑤까지를 채우시오.

구분	연축전지	알칼리축전지
공칭용량	(①)[Ah]	(②)[Ah]
충전시간	길다	짧다
공칭전압	(③)[V]	1.2[V]
기전력	(④)[V]	(⑤)[V]
종류	클래드식, 페이스트식	소결식, 포케트식

(2) 축전지와 부하를 충전기에 병렬로 접속하여 사용하는 충전방식을 쓰시오.

(3) 연축전지 HS형의 충전 시에 발생하는 가스의 종류를 쓰시오.

| 정답

(1) ①: 10
②: 5
③: 2.0
④: 2.05~2.08
⑤: 1.32

(2) 부동충전방식

(3) 수소

08. 수신기의 예비전원으로 DC 24[V]인 Ni-Cd 축전지의 셀(Cell) 수는 몇 개인가?

| 정답

$$\text{셀수} = \frac{24[\text{V}]}{1.2[\text{V/cell}]} = 20\text{cell}$$

Ni-Cd(니켈 카드뮴) 축전지의 단전지 전압, 즉 1cell당 전압은 1.2[V]이다.

09. 예비전원용 연축전지와 알칼리축전지에 대한 다음 각 물음에 답하시오.

(1) 연축전지와 비교할 때 알칼리축전지의 장점 2가지와 단점 1가지를 쓰시오.

(2) 연축전지는 1단위당 2V로 계산하는데 알칼리축전지는 몇 V로 계산하는가?

(3) 일반적으로 그림과 같이 구성되는 충전방식은 무슨 충전방식인가?

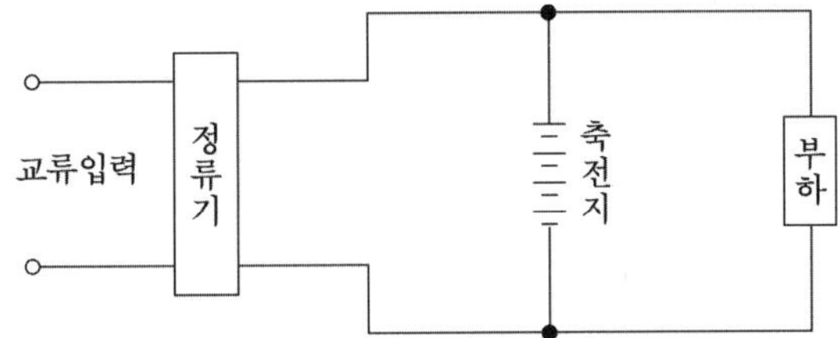

(4) 비상용 조명부하 200V용 60W 100등, 30W 70등이 있다. 방전시간 30분 축전지 HS형 100셀, 허용 최저 전압 195V, 최저 축전지 온도 5℃일 때 축전지 용량은 몇 [Ah]인가? (단, 조건에 따른 정격용량저하율은 0.8, 용량 환산시간 K는 1.22로 계산한다.)

| 정답

(1) ① 장점
- 과충전 및 과방전에 잘 견딘다.
- 기계적 강도가 크다.
- 수명이 길다.

② 단점
- 가격이 비싸다.
- 단자전압이 낮다.

(2) 1.2

(3) 부동충전

(4) 축전지 용량 [Ah] $= \frac{1}{L} K \cdot I$에서

$$= \frac{1}{0.8} \times 1.22 \times 40.5 = 61.762$$

$\therefore$ 61.76[Ah]

전류(A) $= \frac{P}{V}$에서

$$= \frac{(60 \times 100) + (30 \times 70)}{200} = 40.5(\text{A})$$

10. 예비전원설비로 이용되는 축전지에 대한 다음 각 물음에 답하시오.

(1) 축전지의 부하를 충전기에 병렬로 접속하여 사용하는 충전방식은 무엇인가?

(2) 비상용 조명부하 200V용, 50W 80등, 30W 70등이 있다. 방전시간은 30분이고, 축전지는 HS형 110 cell이며, 허용최저전압은 190V, 최저축전지 온도는 5℃일 때 축전지 용량은 몇 Ah이겠는가? (단, 경년용량저하율은 0.8, 용량환산시간은 1.2이다.)

(3) 연축전지와 알칼리축전지의 공칭전압은 몇 [V]인가?

| 정답

(1) 부동충전

(2) 축전지 용량[Ah] $= \dfrac{1}{\text{경년용량저하율(보수율)}} \times$ 용량환산시간 $\times$ 부하전류 $= \dfrac{1}{0.8} \times 1.2 \times 30.5 = 45.75$

부하전류[A] $= \dfrac{\text{전력}}{\text{전압}} = \dfrac{50 \times 80 + 30 \times 70}{200} = 30.5[\text{A}]$

(3) 연축전지 공칭전압: 2V

알칼리축전지 공칭전압: 1.2V

11. 예비전원설비에 대한 다음 각 물음에 답하시오.

(1) 부동충전방식에 대한 회로(개략적인 그림)를 간단히 그리시오.

(2) 축전지의 과방전 또는 방치상태에서 기능회복을 위하여 실시하는 것은 어떤 충전방식인가?

(3) 연축전지의 정격용량은 250Ah이고, 상시부하가 8kW이며, 표준전압이 100V인 부동충전방식의 충전기 2차 충전전류는 몇 A인가? (단, 축전지의 방전율은 10시간으로 한다.)

| 정답

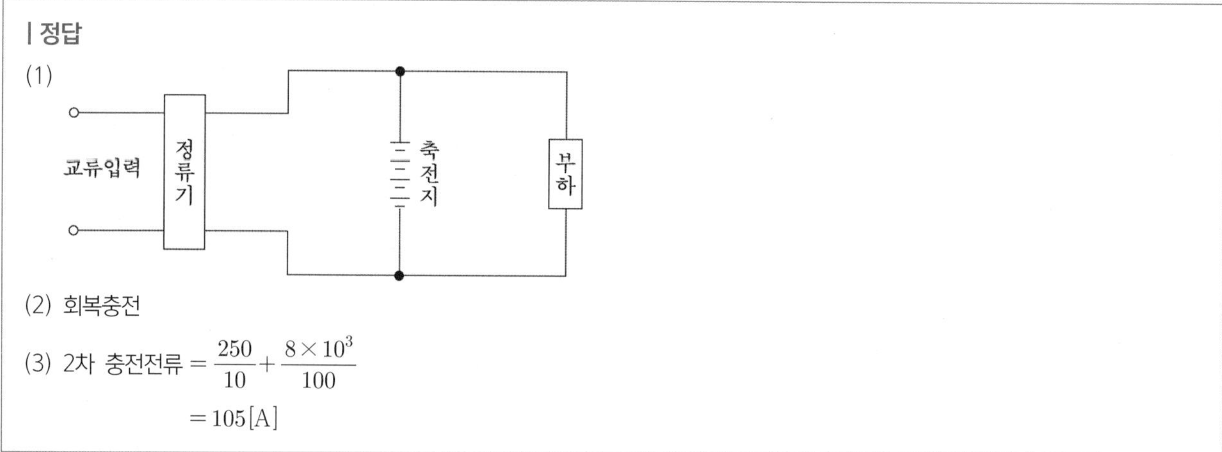

(1)
교류입력
정류기
축전지
부하
(2) 회복충전
(3) 2차 충전전류 $= \dfrac{250}{10} + \dfrac{8 \times 10^3}{100}$
$= 105[\text{A}]$

12. 축전지설비에 대한 다음 각 물음에 답하시오.

(1) 축전지에 수명이 있고 또한 그 말기에 있어서도 부하를 만족시키는 용량을 결정하기 위한 계수로서 보통 0.8로 하는 것을 무엇이라 하는가?

(2) 축전지와 부하를 충전기에 병렬로 접속하여 사용하는 충전방식은?

(3) 축전지의 과방전 및 방치상태, 가벼운 설페이션 현상 등이 생겼을 때 기능회복을 위하여 실시하는 충전방식은?

(4) 부하의 허용 최저전압이 95V, 축전지와 부하간 접속선의 전압강하가 3V일 때 직렬로 접속한 축전지의 개수가 50개라면 축전지 한 개의 허용 최저전압은 몇 V인가?

| 정답

(1) 보수율

(2) 부동충전

(3) 회복충전

(4) 허용최저전압(V) $= \frac{\text{부하 허용 최저전압} + \text{축전지 부하간 전압강하}}{\text{직렬로 접속한 전지 개수}} = \frac{95+3}{50} = 1.96[V]$

13. 비상용축전지설비의 축전지로 밀폐형 니켈 카드뮴전지를 사용하고 있다. 부하가 24V, 1.3A일 때 축전지의 필요한 용량은 몇 Ah인가? (단, 사용온도 20℃, 보수율 0.8, 30분 정격에서의 용량환산시간 K는 0.7이다.)

| 정답

축전지 용량을 C [Ah]라고 하면

$C = \frac{1}{L}KI$에서

$= \frac{1}{0.8} \times 0.7 \times 1.3 = 1.137[Ah]$

$\therefore$ 1.14[Ah]

14. 정격용량 60Ah인 연축전지를 상시부하 6kW, 표준전압 100V인 소방설비에 부동충전방식으로 시설하고자 한다. 충전기 2차 전류(충전전류)는 몇 A인가? (단, 연축전지의 방전율은 10시간율로 한다.)

| 정답

2차 전류 [A] $= \frac{\text{정격용량[Ah]}}{\text{표준방전율[Ah]}} + \frac{\text{상시부하[W]}}{\text{표준전압[V]}}$

$= \frac{60}{10} + \frac{6 \times 10^3}{100} = 66[A]$

15. 저압회로의 표준전압이 100V일 때 연축전지는 몇 셀 정도 있어야 비상시에 대처가 가능한가?

| 정답

50~55셀

구분		연축전지		알칼리축전지	
		클래드식(CS형)	페이스트형(HS형)	포켓식 A, AM, AMH, AH	소결식 CAH, AHH
방전특성		보통	고율 방전에 우수	보통	고율 방전에 우수
수명		길	약간 짧음	길	길
자기방전		보통	보통	약간 적음	약간 적음
특징		경제적	• 고율 방전 우수 • 경제적	기계적으로 견고함	• 고율 방전이 좋음 • 소형임
셀 수	24	12~13		20~21	
	48	24~25		40~42	
	60	30~31		50~52	
	100	50~55		80~86	
기전력		2.05~2.08		1.32	
공칭전압		2.0		1.2	
공칭용량		10시간		5시간	
전해액 비중		1.215 (20℃)	1.24 (20℃)	1.2~1.3	
반응		$PbO_2 + 2H_2SO_4 + Pb$ $PbSO_4 + 2H_2O + PbSO_4$		2Ni 수산화니켈 $OH + 2H_2O + Cd$ $2Ni(OH)_2 + Cd(OH)_2$	
전기적 강도		과충·방전에 약함		과충·방전에 강함	
기계적 강도		약함		강함	
가격		저렴		비쌈	
최대방전전류		1.5C		2C	10C

16. 100KVA 자가발전기용 차단기의 차단용량은 몇 KVA인가? (단, 발전기 과도리액턴스는 0.25이다.)

| 정답

$$\text{차단기 용량 (KVA)} = \frac{\text{발전기 출력}}{\text{과도리액턴스}} \times 1.25$$

$$= \frac{100}{0.25} \times 1.25$$

$$= 500(\text{KVA})$$

17. **연축전지가 여러 개 설치되어 그 정격용량이 200Ah인 축전지설비가 있다. 상시부하가 8kW이고 표준전압이 100V라고 할 때 다음 각 물음에 답하시오. (단, 축전지의 방전율은 10시간율로 한다.)**

(1) 연축전지가 몇 셀 정도 필요한가?
(2) 알칼리축전지의 공칭전압은 1단위당 1.2V이다. 연 축전지는 몇 V인가?
(3) 액면이 저하하여 극판이 노출되어 있다. 묽은 황산의 농도가 표준이라고 할 때 어떤 조치를 하여야 하는가?
(4) 부동충전방식에 의한 충전기의 2차 전류는 몇 A인가?

| 정답

(1) 50~55셀
(2) 2.0V
(3) 증류수 보충
(4) 2차 전류[A] = $\frac{200}{10}+\frac{8\times10^3}{100}=100[A]$

표준전압이 100[V]일 때 셀(Cell) 수는
① 연축전지인 경우: 50~55Cell
② 알칼리축전지인 경우: 80~86Cell

18. **유도 전동기 부하에 사용한 비상용 자가발전설비를 하려고 한다. 이 설비에 사용된 발전기의 조건을 보고 다음 각 물음에 답하시오.**

<발전기 조건>

- 기동용량: 700[KVA]
- 기동 시 전압강하: 20[%]까지 허용, 과도리액턴스: 25[%]

(1) 발전기 용량은 이론상 몇 [KVA] 이상의 것을 선정하여야 하는가?
(2) 발전기용 차단기의 차단용량은 몇 [KVA]인가? (단, 차단용량의 여유율은 25[%]를 계상한다.)

| 정답

(1) 발전기 용량[KVA] $\geq \left(\frac{1}{\text{허용전압강하}}-1\right)\times$ 기동용량 × 과도리액턴스에서

$\geq \left(\frac{1}{0.2}-1\right)\times 700\times 0.25 = 700[KVA]$

(2) 차단기 용량[KVA] $= \frac{\text{발전기 출력}}{\text{과도리액턴스}}\times 1.25$에서

$= \frac{700}{0.25}\times 1.25 = 3{,}500[KVA]$

19. 소방용 케이블과 다른 용도의 케이블을 배선전용실에 함께 배선할 때 다음 각 물음에 답하시오.

(1) 소방용 케이블은 내화성능을 갖는 배선전용실 등의 내부에 소방용이 아닌 케이블과 함께 노출하여 배선할 때, 소방용 케이블과 다른 용도의 케이블 간의 피복과 피복 간 이격거리는 몇 cm 이상이어야 하는가?

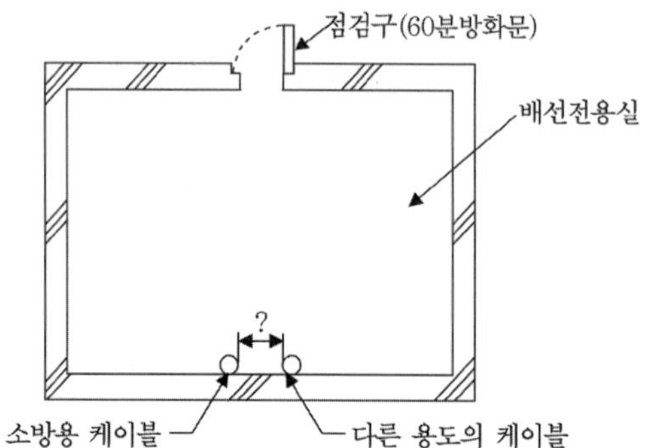

(2) 부득이하여 (1)과 같이 이격시킬 수 없어 불연성격벽을 설치할 경우에 격벽의 높이는 굵은 케이블 지름의 몇 배 이상이어야 하는가?

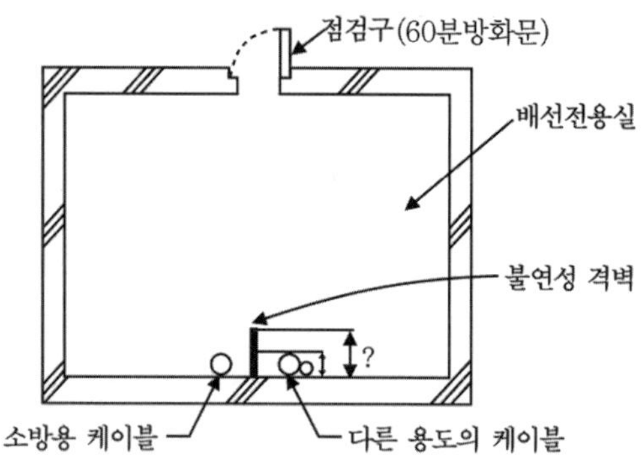

| 정답

(1) 15cm 이상
(2) 1.5배 이상

20. 비상전원설비로 축전지설비를 하고자 한다. 다음 각 물음에 답하시오.

(1) 연축전지의 고장과 불량현상이 다음과 같을 때 그 추정원인은 무엇이겠는가?

고장	불량현상	추정원인
초기고장	전셀의 전압 불균형이 크고, 비중이 낮다.	①
	단전지전압의 비중저하, 전압계 역전	②
우발고장	전해액 변색, 충전하지 않고 정지중에도 다량으로 가스 발생	③
	전해액의 감소가 빠르다.	④

(2) 연축전지의 정격용량이 100Ah이고, 상시부하가 15kW, 표준전압 100V인 부동충전방식의 충전기의 2차 충전 전류값은 몇 A이겠는가? (단, 상시부하의 역률은 1로 봄)

(3) 축전지에 수명이 있고 또한 그 말기에 있어서도 부하를 만족하는 용량을 결정하기 위한 계수로서 보통 0.8로 하는 것은 무엇이라 하는가?

(4) 축전지의 과방전 및 방치상태, 가벼운 설페이션 현상 등이 생겼을 때 기능회복을 위하여 실시하는 충전방식은 무엇인가?

| 정답

(1) ① 사용 개시 시의 충전보충 부족
② 역접속
③ 불순물의 혼입
④ 활동충전 전압이 높고, 실온이 높다.

(2) $I = \frac{100}{10} + \frac{15 \times 10^3}{100} = 160\text{A}$

(3) 보수율

(4) 회복충전

[연축전지의 고장, 불량현상 추정원인]

구분	현상	추정원인
초기 고장	① 전조, 뚜껑의 파손, 절연 이상저하	수송·설치 시의 충격으로 인해 파손
	② 접촉부의 온도상승, 변색	접속부의 접촉 불완전
	③ 전체 셀의 전압 불균형이 크고 비중이 낮음	사용 개시 시의 충전보충 부족
	④ 단전지 전압의 비중 저하, 전압계 역전	역접속
우발 고장	① 전체셀의 전압 불균일이 크고 비중이 낮음	• 부동 충전전압이 낮음 • 균등 충전의 부족 • 방전후의 회복충전 부족
	② 어떤 셀안이 전압, 비중이 극단적으로 낮음	국부단락
우발 고장	③ 전체 셀의 비중이 높음 전압은 정상	• 액면이 낮음 • 보수 시에 희류산 주입
	④ 충전중 비중이 낮고, 전압은 높음 방전중 전압은 낮고 용량이 감퇴	(설페이션) • 방전상태에서 장기간 방치 • 충전부족의 상태에서 장기간 사용 • 보수를 잊어 극수가 노출 • 불순물의 혼입

	⑤ 전해액 변색, 충전하지 않고 방치중에도 다량으로 가스가 발생	불순물의 혼입
	⑥ 전해액의 감소가 빠름	• 활동 충전전압이 높음 • 실온이 높음
	⑦ 접속부의 과열 또는 녹 발생	• 접속부의 압착 이완 • 접속부의 부식
	⑧ 축전지의 현저한 온도 상승 또는 소손	• 충전장치의 고장 • 과충전 • 액면저하로 인한 극판의 노출 • 교류분 전류의 유입이 큼
	⑨ 전조 뚜껑의 파손	• 외부에서의 충격 • 나화등의 접근으로 폭발
	⑩ 액구전, 배기전 등에서의 누액	• 과보수 • 마개의 조임상태 불량 • 패킹의 열화
	⑪ 양극 스트랩이 박리됨	• 충전부족의 상태에서 장기간 사용 • 고온에서 장기간 사용 • 충전전류에 충류분을 많이 포함하고 있음 • 충전하지 않고 장기간 방치
	⑫ 파스타식 극판의 활물질의 탈락, 격자의 절손, 클래드식 극판의 튜브 펑크	• 과충전, 과방전의 반복 사용 • 충전부족 상태에서 장기간 사용 • 고온에서 장기간 사용 • 보수를 잊어 극판 노출 • 불순물의 혼입
열화	양극수 부근의 뚜껑 균열	(극주부식) 극주 관통부의 기밀불량으로 인한 농담 전지 등의 원인에 의한 부식
마모	① 파스타식 극판의 활물질의 탈락, 격자의 절손, 클래드식 극판의 튜브 펑크	경년 열화에 의한 수명
	② 전압 비중의 불균열이 큼, 충전하면 회복되지만 단기간에 불균일이 커짐	경년 열화에 의한 수명

21. **도면은 발전기반 결선도로서 셀모타에 의한 기동을 나타낸 것이다. 이 도면을 보고 다음 각 물음에 답하시오.**

(1) 도면에서 ①~②에 해당하는 명칭의 제어약호는 무엇인가?

(2) 도면에서 ③~⑤의 우리말 명칭을 쓰시오.

(3) 도면의 ⑥~⑦은 무엇인가?

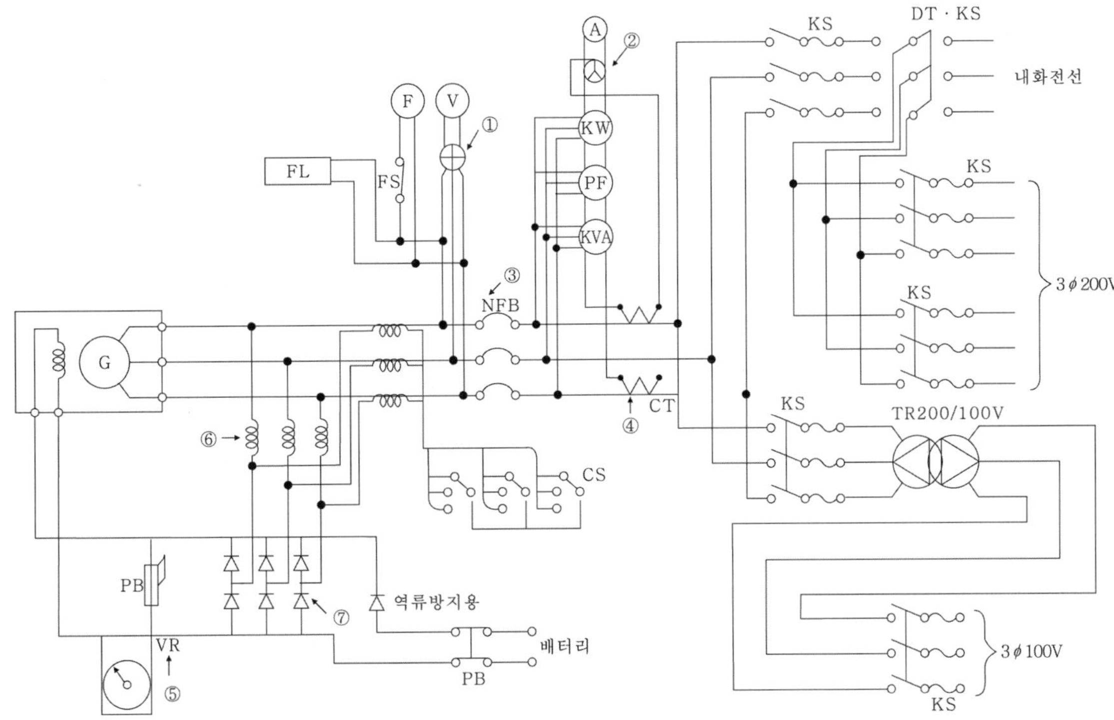

• CS: 부하시 전압조정기

• RB: 초기여자용 누름단추

| 정답

(1) ① VS

② AS

(2) ③ 배선용 차단기

④ 변류기

⑤ 전압 조정기

(3) ⑥ 3상 리액터

⑦ 3상 정류기

[배전반 부착기구]

번호	명칭	심벌		적요
		단선도용	복선도용	
5.1	계기용 전환개폐기	(a) (b)		• (a)는 전압 회로용에 쓰임 • (b)는 전류 회로용에 쓰임
5.2	전류계용 분류기			
5.3	시험용 전압단자	(a) (b) (c)		(a) (b) (c)
5.4	시험용 전류단자			<보기>

[계기 심벌]

명칭	심벌(기호)	명칭	심벌(기호)
전류계	A	전력계	KW
전압계	V	피상전력계	KVA
주파수계	F	전력량계	WH
역률계	PF	교류발전기	G

22. 비상전원설비에 대한 다음 물음에 답하시오.

(1) 상시전원의 정전 시에 상시전원에서 예비전원으로 바꾸는 경우로서 그 접속하는 부하 및 배선이 같을 경우 양전원의 접속단자에 반드시 사용해야 할 개폐기는 무엇인가?

(2) 비상용 자가발전기를 구입하여 비상시에 대처하고자 한다. 부하는 유도전동기 부하이고, 기동용량이 50[kVA]이며, 기동시의 전압강하는 25%까지 허용하고, 발전기의 과도리액턴스가 24%라면, 비상용 자가발전기의 용량은 몇 [kVA] 이상의 것을 사용하여야 하는가?

(3) 축전지와 부하를 충전지에 병렬로 접속하여 사용하는 충전방식은 무엇인가?

| 정답

(1) 자동절체개폐기

(2) 발전기 용량 PG[KVA]는

$$P_G = \left(\frac{1}{\text{전압강하}} - 1\right) \times \text{과도리액턴스} \times \text{기동용량[KVA]에서}$$

$$= \left(\frac{1}{0.25} - 1\right) \times 0.24 \times 50 = 36[\text{KVA}]$$

(3) 부동충전방식

[사용중의 충전]

사용과정에서의 충전은 물의 보충과 함께 수명이나 방전의 가부를 결정하는 요소가 되므로 신중히 다루어야 한다. 충전방식은 다음과 같다.

1. 보통충전: 필요할 때마다 표준시간율로 소정의 충전을 하는 방식이다.
2. 급속충전: 비교적 단시간에 보통 전류의 2~3배의 전류로 충전하는 방식이다.
3. 부동충전: 전지의 자기 방전을 보충함과 동시에 상용 부하에 대한 전력공급은 충전기가 부담하도록 하되, 충전기가 부담하기 어려운 일시적인 대전류 부하는 축전지로 하여금 부담하게 하는 방식이다. 부동 충전식은 일반적으로 거치용축전지 설비에서 많이 채용하는 방식인데, 그림에 그 회로를 나타내었다.

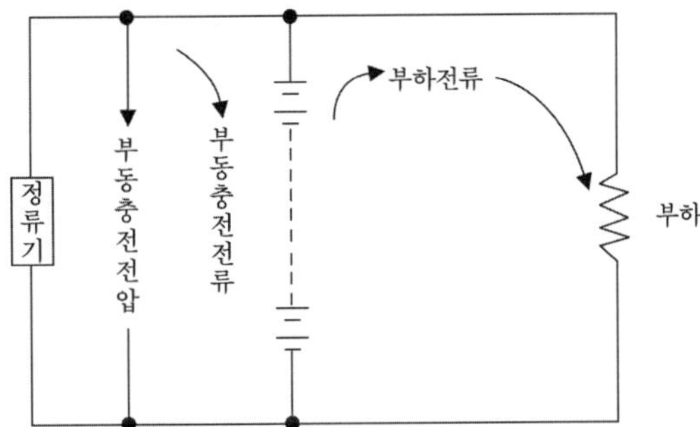

4. 균등충전: 부동충전방식에 의하여 사용할 때 각 전해조에서 일어나는 전위치를 보정하기 위하여 1~3개월마다 1회 정전압으로 10~12시간 충전하여 각 전해조의 용량을 균일화하는 방식이다.
5. 세류충전: 자기 방전량만을 항시 충전하는 부동충전방식의 일종이다.
6. 회복충전: 방전된 축전지를 용량이 충분히 회복될 때까지 충전하는 방식이다.

23. 비상용 전원설비로 축전지설비를 하려고 한다. 사용되는 부하의 방전전류와 시간특성곡선이 그림과 같을 때 다음 각 물음에 답하시오. (단, 축전지의 용량환산시간계수 K는 표에 의한다.)

[용량환산시간계수 K(온도 5℃)에서]

형식	최저사용전압(V/cell)	0.1분	1분	5분	10분	20분	30분	60분	120분
AH	1.10	0.30	0.46	0.56	0.66	0.87	1.04	1.56	2.60
	1.06	0.24	0.33	0.45	0.53	0.70	0.85	1.40	2.45
	1.00	0.20	0.27	0.37	0.45	0.60	0.77	1.30	2.30

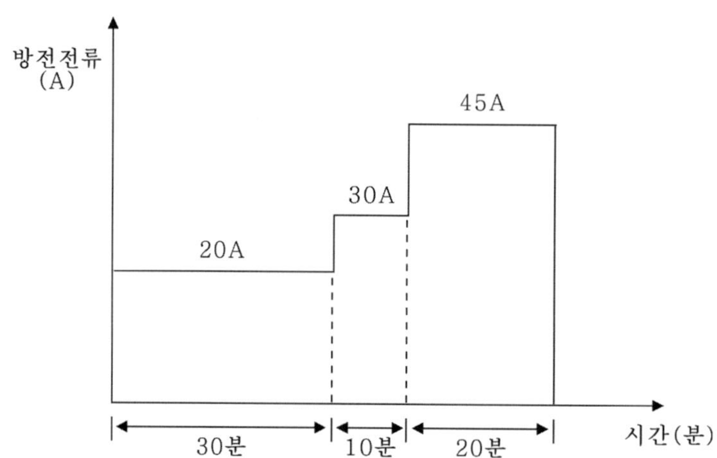

(1) 축전지에 수명이 있고 그 말기에 있어서도 부하를 만족시키는 용량을 결정하기 위한 계수로서 보통 그 값을 0.8로 하는 것을 무엇이라고 하는가?

(2) 단위전지의 방전종지전압(최저사용전압)이 1.06V일 때 축전지 용량은 몇 Ah가 필요한가?

(3) 연 축전지와 알칼리 축전지의 공칭전압은 각각 몇 V인가?

| 정답

(1) 보수율

(2) 축전지 용량 C[Ah]는

$$C = \frac{1}{L} \times K_1I_1 + K_2I_2 + K_3I_3 [\mathrm{Ah}]$$에서

$$\frac{1}{0.8} \times (0.85 \times 20 + 0.53 \times 30 + 0.70 \times 45)$$

= 80.5[Ah]

(3) 연축전지 공칭전압: 2.0[V]

알칼리축전지 공칭전압: 1.2[V]

24. 예비전원설비를 축전지설비로 하고자 한다. 축전지설비에 대한 다음 각 물음에 답하시오.

(1) 축전지설비의 구성은 일반적으로 크게 구분하여 축전지, 보안장치, 제어장치 등 네 가지로 구성된다. 나머지 한 가지는 무엇이겠는가?

(2) 연축전지를 사용할 때 축전지 전 셀의 전압 불균일이 크고 비중이 낮았다. 이러한 현상이 나타날 수 있는 추정원인을 2가지만 쓰시오.

(3) 상시전원의 정전 시에 상시전원에서 예비전원으로 바꾸기 위하여 양 전원의 접속점이 사용하는 개폐기는 어떤 종류의 개폐기를 사용하는가? (단, 접속되는 부하 및 배선은 같음)

| 정답

(1) 충전장치

(2) ① 부동충전 전압이 낮다.
   ② 균등충전의 부족

(3) 자동절체개폐기

25. 예비전원설비에 대한 다음 각 물음에 답하시오.

(1) 자가용 발전기의 여자방식으로 일반적으로 현재 가장 많이 사용되고 있는 여자방식은?

(2) 예비용으로 저압발전기를 시설할 경우, 부하에 이르는 전로에는 발전기의 가까운 곳에 개폐기 등을 시설하여야 한다. 어떠한 것들을 시설하여야 하는지 개폐기 외에 시설하여야 할 것들 3가지를 쓰시오.

(3) 상시전원의 정전 시에 상시전원에서 예비전원으로 바꾸는 경우에 그 접속하는 부하 및 배선이 같을 경우 양 전원의 접속점에 반드시 사용해야 할 개폐기의 종류는 어느 것인가?

| 정답

(1) 자여자방식

(2) 전압계, 전류계, 과전류차단기

(3) 자동절체개폐기

- 저압발전기: 예비전원으로 시설하는 저압발전기에서 부하에 이르는 전로에는 발전기에 가까운 곳에서 쉽게 개폐 및 점검을 할 수 있는 곳에 개폐기 · 과전류차단기 · 전압계를 시설하여야 한다.
- 고압발전기: 예비전원으로 시설하는 고압발전기에서 부하에 이르는 전로에는 발전기에 가까운 곳에 개폐기 · 과전류차단기 · 전압계 및 전류계를 시설하여야 한다.
- 축전지: 예비전원으로 시설하는 축전지에서 부하에 이르는 전로에는 개폐기 및 과전류차단기를 시설하여야 한다.
- 자동절환(절체)개폐기: 상시 전원의 정전 시에 상시전원에서 예비전원으로 절체하는 경우에 그 접속하는 부하 및 배선이 동일한 양전원의 접속점에 절체개폐기를 사용하여야 한다.

26. **비상용 전원설비를 축전지설비로 하고자 한다. 사용부하의 방전전류 - 시간특성곡선이 그림과 같을 때 다음 각 물음에 답하시오. [단, 용량환산시간 K값은 $K_1 = 0.85$(30분), $K_2 = 0.53$(10분), $K_3 = 0.70$(20분)이다.]**

(1) 보수율의 의미를 설명하고 이 값은 보통 얼마로 하는지를 밝히시오.

(2) 축전지와 부하를 충전기에 병렬로 접속하여 사용하는 충전방식을 쓰시오.

(3) 축전지의 용량은 몇 Ah 이상의 것을 택하여야 하는지 쓰시오.

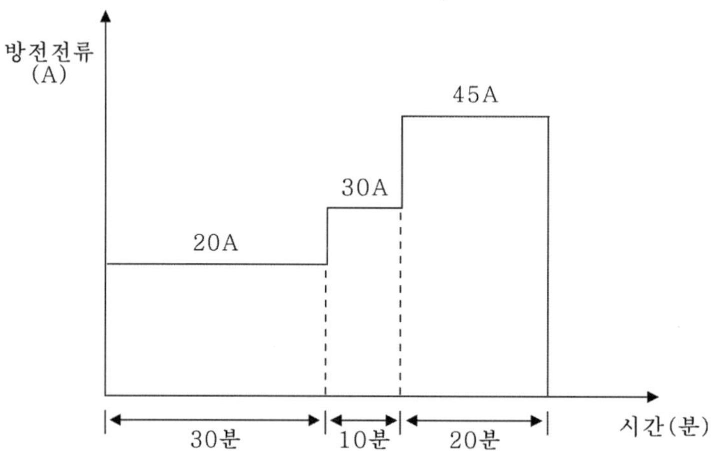

| 정답

(1) ① 보수율의 의미: 경년용량저하율

② 값: 0.8

(2) 부동충전

(3) 축전지용량 C[Ah]

$C = \frac{1}{L} \times (K_1I_1 + K_2I_2 + K_3I_3)$ [Ah]에서

$C = \frac{1}{0.8} \times (0.85 \times 20 + 0.53 \times 30 + 0.70 \times 45)$

$= 80.5$[Ah]

27. 그림은 UPS의 구성이다. 그림을 참고하여 물음에 답하시오.

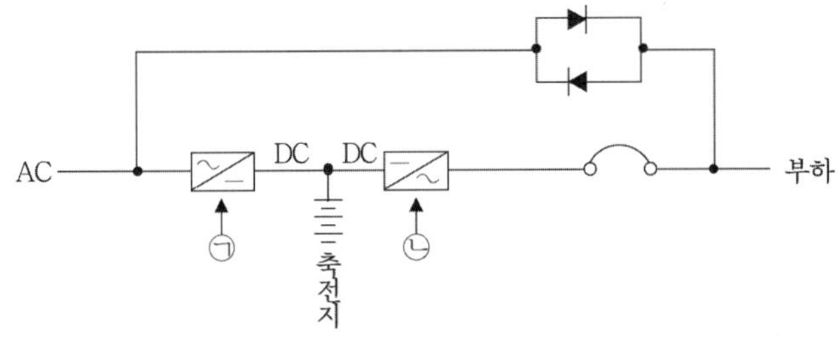

(1) UPS의 명칭을 쓰시오.

(2) CV, CF의 기능을 쓰시오.

(3) ㉠, ㉡의 적합한 명칭을 쓰시오.

| 정답

(1) 교류 무정전 전원장치

(2) CV: 기준전압과 비교하여 피드백제어로 일정전압을 유지

CF: 주파수를 일정하게 유지

(3) ㉠ 컨버터, ㉡ 인버터

28. 비상용전원설비를 축전지설비로 계획하고자 한다. (　　) 안에 알맞은 용어를 쓰시오.

축전지에는 연축전지와 알칼리 축전지가 있으며 각각의 방전특성에 따라 다른 종류가 많이 있다. 일반적으로 축전지 선정 시 장시간 일정전류를 취하는 부하에는 (㉠)축전지가 쓰이며 비교적 단시간에 대전류를 쓰는 경우나 소전류에서 대전류로 변하는 경우에는 방전 특성이 좋은 (㉡)축전지가 경제적이다.

| 정답

㉠ 연

㉡ 알칼리

29. 브리지형 전파정류회로와 출력전압의 파형을 그리시오. (단, 입력은 교류 상용전원이다.)

• 전파정류회로 • 출력전압파형

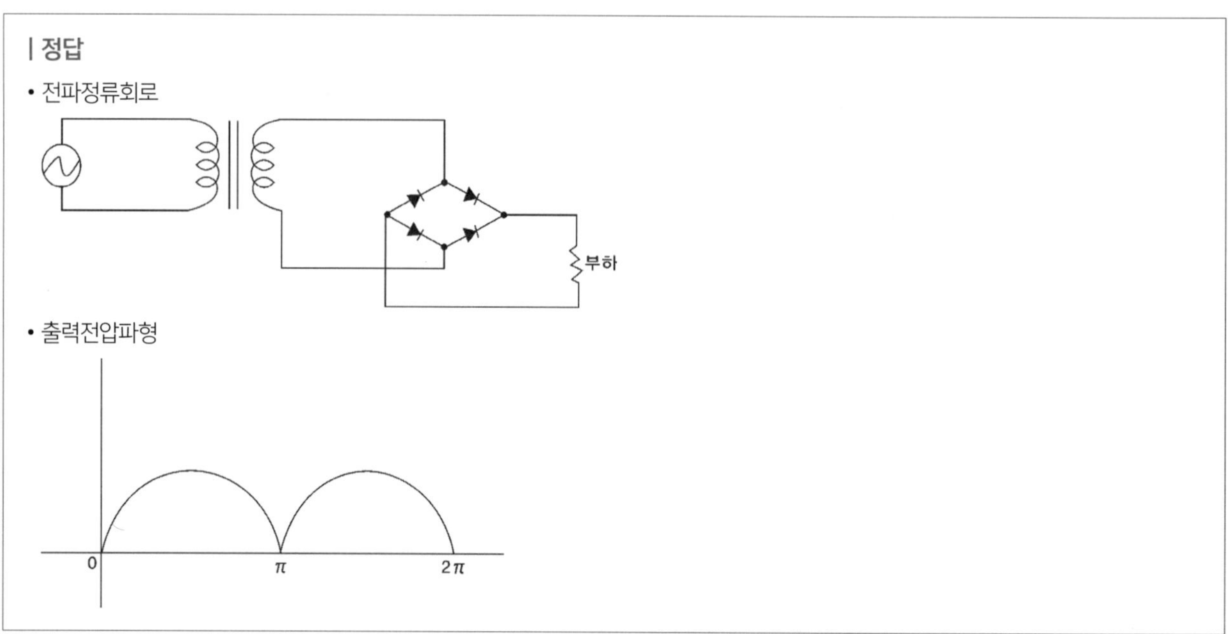

30. 소방시설용 비상전원수전설비에서 고압 또는 특별고압으로 수전하는 도면을 보고 다음 물음에 답하시오.

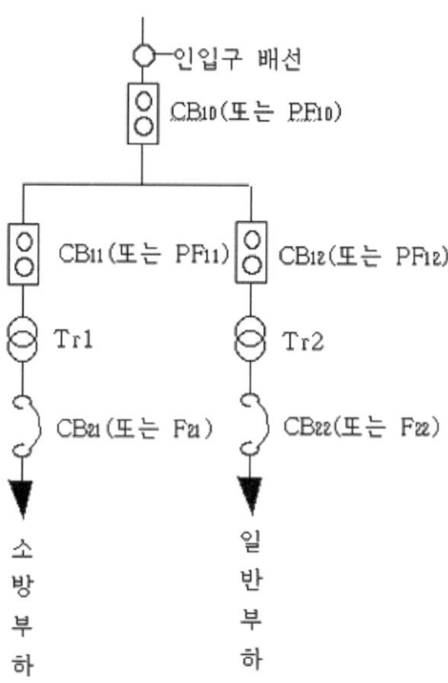

(1) 도면에 표시된 약호에 대한 명칭을 쓰시오.

약호	명칭	약호	명칭
CB		PF	
F		Tr	

(2) 일반회로에서 과부하 또는 단락 사고 시에 CB_{10}(또는 PF_{10})은 무엇보다 먼저 차단되어서는 안 되는지 쓰시오.

(3) CB_{11}(또는 PF_{11})은 어느 것과 동등 이상의 차단용량이어야 하는지 쓰시오.

| 정답

(1)

약호	명칭	약호	명칭
CB	전력차단기	PF	전력퓨즈(고압 또는 특별고압용)
F	퓨즈(저압용)	Tr	전력용변압기

(2) CB_{12}(또는 PF_{12}) 및 CB_{22}(또는 F_{22})

(3) CB_{12}(또는 PF_{12})

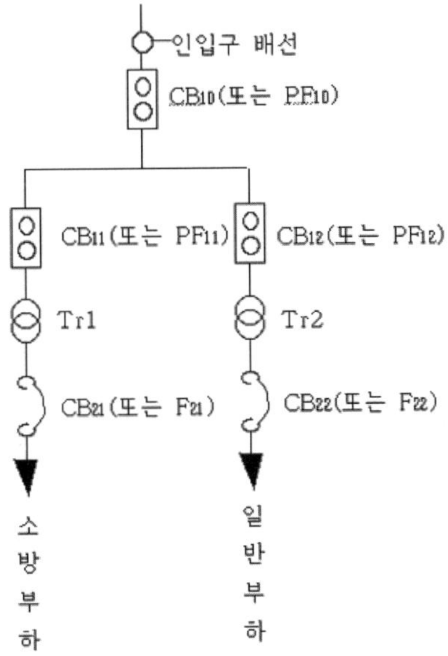

[전용의 전력용 변압기에서 소방부하에 전원을 공급하는 경우]

※ 주 1. 일반회로의 과부하 또는 단락사고 시에 CB_{10}(또는 PF_{10})이 CB_{12}(또는 PF_{12}) 및 CB_{22}(또는 F_{22})보다 먼저 차단되어서는 아니된다.

2. CB_{11}(또는 PF_{11})은 CB_{12}(또는 PF_{12})와 동등 이상의 차단용량일 것

약호	명칭
CB	전력차단기
PF	전력퓨즈(고압 또는 특별고압용)
F	퓨즈(저압용)
Tr	전력용변압기

31. 설비별로 사용할 수 있는 비상전원의 종류를 나타낸 것이다. 설비별로 설치할 비상전원의 종류를 찾아 빈칸에 ●표 하시오.

설비 명	자가발전설비	축전지설비	비상전원수전설비
옥내소화전, 이산화탄소소화설비, 비상조명등, 제연설비, 연결송수관			
스프링클러설비, 포소화설비			
자동화재탐지설비, 유도등, 비상방송설비			
비상콘센트설비			

| 정답

설비 명	자가발전설비	축전지설비	비상전원수전설비
옥내소화전, 이산화탄소소화설비, 비상조명등, 제연설비, 연결송수관	●	●	
스프링클러설비, 포소화설비	●	●	●
자동화재탐지설비, 유도등, 비상방송설비		●	
비상콘센트설비	●		●

Chapter 10 소화설비의 부대 전기설비

1 옥내소화전설비

1. 개요

옥내소화전설비는 건축물 내부의 화재를 진화하는 수계(水系)소화설비로서, 발화 초기에 자체요원에 의하여 사용되는 고정식 설비이다. 일반적으로 수원, 가압장치, 제어반, 기동장치, 배관, 개폐밸브, 소화전함, 호스 및 노즐로 구성되어 있다.

2. 펌프 기동방식

(1) 수동기동방식(on-off 스위치방식)

옥내소화전함에 설치된 기동스위치(botton)을 누르고 함에 설치된 앵글밸브를 열면 송수펌프가 기동되면서 방수가 되는 방식으로 소화전함에 on, off 스위치가 설치되어 있으며 주로 학교, 공장, 창고 등에 설치된다.

(2) 자동기동방식(기동용 수압개폐장치방식)

옥내소화전함에 설치된 방수구의 앵글밸브를 열면 배관 내의 걸려 있는 압력에 의하여 즉시 방사가 이루어지는 방식으로서 차있던 압력이 감소하면 이를 압력스위치가 감지하여 자동으로 가압송수펌프가 기동되어 계속 방수가 된다. 또한 학교, 공장, 창고 이외는 필히 자동기동방식으로 설치하여야 한다. 기동용수압개폐장치는 옥내소화전설비뿐만 아니라 스프링클러설비, 포소화설비, 물분무소화설비에서도 필수적인 기동방식이다.

3. 전원

(1) 상용전원회로의 배선

① 저압수전인 경우에는 인입개폐기의 직후에서 분기하여 전용배선으로 하여야 한다.

② 특고압수전 또는 고압수전일 경우에는 전력용 변압기 2차 측의 주차단기 1차 측에서 분기하여 전용배선으로 하여야 한다. 다만, 가압송수장치의 정격입력전압이 수전전압과 같은 경우에는 ①의 기준에 의한다.

(2) 비상전원 설치대상

① 지하층을 제외한 층수가 7층 이상으로서 연면적이 2,000[m^2] 이상인 것

② 특정소방대상물로서 지하층의 바닥면적의 합계가 3,000[m^2] 이상인 것

참고 비상전원을 설치하지 않아도 되는 조건

> 그 이상의 변전소에서 전력을 동시에 공급받을 수 있거나 하나의 변전소로부터 전력의 공급이 중단되는 때에는 자동으로 다른 변전소로부터 전원을 공급받을 수 있도록 상용전원을 설치한 경우

(3) 비상전원의 종류

자가발전설비, 축전지설비, 전기저장장치

(4) 비상전원 설치기준

① 점검에 편리하고 화재 및 침수 등의 재해로 인한 피해를 받을 우려가 없는 곳에 설치할 것

② 옥내소화전설비를 유효하게 20분 이상 작동할 수 있어야 할 것

③ 상용전원으로부터 전력의 공급이 중단된 때에는 자동으로 비상전원으로부터 전력을 공급받을 수 있도록 할 것

④ 비상전원(내연기관의 기동 및 제어용 축전기를 제외)의 설치장소는 다른 장소와 방화구획 할 것. 이 경우 그 장소에는 비상전원의 공급에 필요한 기구나 설비외의 것(열병합발전설비에 필요한 기구나 설비는 제외)을 두어서는 아니 된다.

⑤ 비상전원을 실내에 설치하는 때에는 그 실내에 비상조명등을 설치할 것

4. 제어반

(1) 감시제어반과 동력제어반 구분 설치하지 않아도 되는 조건

① 비상전원을 설치하지 않아도 되는 조건에 해당되는 옥내소화전설비

② 내연기관에 의한 가압송수장치를 사용하는 옥내소화전설비

③ 고가수조에 의한 가압송수장치를 사용하는 옥내소화전설비

④ 가압수조에 따른 가압송수장치를 사용하는 옥내소화전설비

(2) 감시제어반 기능

① 각 펌프의 작동여부를 확인할 수 있는 표시등 및 음향경보기능이 있어야 할 것

② 각 펌프를 자동 및 수동으로 작동시키거나 중단시킬 수 있어야 할 것

③ 비상전원을 설치한 경우에는 상용전원 및 비상전원의 공급 여부를 확인할 수 있어야 할 것

④ 수조 또는 물올림탱크가 저수위로 될 때 표시등 및 음향으로 경보할 것

⑤ 각 확인회로(기동용수압개폐장치의 압력스위치회로·수조 또는 물올림탱크의 감시회로)마다 도통시험 및 작동시험을 할 수 있어야 할 것

⑥ 예비전원이 확보되고 예비전원의 적합여부를 시험할 수 있어야 할 것

5. 배선

(1) 옥내소화전설비의 배선의 설치기준

① 비상전원으로부터 동력제어반 및 가압송수장치에 이르는 전원회로의 배선은 내화배선으로 할 것. 다만, 자가발전설비와 동력제어반이 동일한 실에 설치된 경우에는 자가발전기로부터 그 제어반에 이르는 전원회로의 배선은 그러하지 아니하다.

② 상용전원으로부터 동력제어반에 이르는 배선, 그 밖의 옥내소화전설비의 감시·조작 또는 표시등회로의 배선은 내화배선 또는 내열배선으로 할 것. 다만, 감시제어반 또는 동력제어반 안의 감시·조작 또는 표시등회로의 배선은 그러하지 아니하다.

(2) 내화배선 및 내열배선에 사용되는 전선 및 설치방법은 별표의 기준에 따른다.

(3) 옥내소화전설비의 과전류차단기 및 개폐기에는 "옥내소화전설비용"이라고 표시한 표지를 하여야 한다.

(4) 옥내소화전설비용 전기배선의 양단 및 접속단자에는 다음 각 호의 기준에 따라 표지하여야 한다.

① 단자에는 "옥내소화전단자"라고 표시한 표지를 부착할 것

② 옥내소화전설비용 전기배선의 양단에는 다른 배선과 식별이 용이하도록 표시할 것

참고 배선에 사용되는 전선의 종류 및 공사방법

1. 내화배선

사용전선의 종류	공사방법
1. 450/750V 저독성 난연 가교 폴리올레핀 절연 전선 2. 0.6/1KV 가교 폴리에틸렌 절연 저독성 난연 폴리올레핀 시스 전력 케이블 3. 6/10kV 가교 폴리에틸렌 절연 저독성 난연 폴리올레핀 시스 전력용 케이블 4. 가교 폴리에틸렌 절연 비닐시스 트레이용 난연 전력 케이블 5. 0.6/1kV EP 고무절연 클로로프렌 시스 케이블 6. 300/500V 내열성 실리콘 고무 절연전선(180℃) 7. 내열성 에틸렌-비닐 아세테이트 고무 절연 케이블 8. 버스닥트(Bus Duct) 9. 기타 전기용품안전관리법 및 전기설비기술기준에 따라 동등 이상의 내화성능이 있다고 주무부장관이 인정하는 것	금속관·2종 금속제 가요전선관 또는 합성 수지관에 수납하여 내화구조로 된 벽 또는 바닥 등에 벽 또는 바닥의 표면으로부터 25mm 이상의 깊이로 매설하여야 한다. 다만 다음 각목의 기준에 적합하게 설치하는 경우에는 그러하지 아니하다. 가. 배선을 내화성능을 갖는 배선전용실 또는 배선용 샤프트·피트·닥트 등에 설치하는 경우 나. 배선전용실 또는 배선용 샤프트·피트·닥트 등에 다른 설비의 배선이 있는 경우에는 이로부터 15cm 이상 떨어지게 하거나 소화설비의 배선과 이웃하는 다른 설비의 배선 사이에 배선지름(배선의 지름이 다른 경우에는 가장 큰 것을 기준으로 함)의 1.5배 이상의 높이의 불연성 격벽을 설치하는 경우
내화전선	케이블공사의 방법에 따라 설치하여야 한다.

2. 내열배선

사용전선의 종류	공사방법
1. 450/750V 저독성 난연 가교 폴리올레핀 절연 전선 2. 0.6/1KV 가교 폴리에틸렌 절연 저독성 난연 폴리올레핀 시스 전력 케이블 3. 6/10kV 가교 폴리에틸렌 절연 저독성 난연 폴리올레핀 시스 전력용 케이블 4. 가교 폴리에틸렌 절연 비닐시스 트레이용 난연 전력 케이블 5. 0.6/1kV EP 고무절연 클로로프렌 시스 케이블 6. 300/500V 내열성 실리콘 고무 절연전선(180℃) 7. 내열성 에틸렌-비닐 아세테이트 고무 절연 케이블 8. 버스닥트(Bus Duct) 9. 기타 전기용품안전관리법 및 전기설비기술기준에 따라 동등 이상의 내열성능이 있다고 주무부장관이 인정하는 것	금속관·금속제 가요전선관·금속닥트 또는 케이블(불연성닥트에 설치하는 경우에 한함) 공사방법에 따라야 한다. 다만, 다음 각목의 기준에 적합하게 설치하는 경우에는 그러하지 아니하다. 가. 배선을 내화성능을 갖는 배선전용실 또는 배선용 샤프트·피트·닥트 등에 설치하는 경우 나. 배선전용실 또는 배선용 샤프트·피트·닥트 등에 다른 설비의 배선이 있는 경우에는 이로부터 15cm 이상 떨어지게 하거나 소화설비의 배선과 이웃하는 다른 설비의 배선 사이에 배선지름(배선의 지름이 다른 경우에는 지름이 가장 큰 것을 기준으로 함)의 1.5배 이상의 높이의 불연성 격벽을 설치하는 경우
내화전선·내열전선	케이블공사의 방법에 따라 설치하여야 한다.

2 스프링클러소화설비

1. 개요

스프링클러설비는 화재가 발생할 경우에 건물내에 설치되어 있는 스프링클러헤드가 화재를 감지하여 헤드의 감열부분이 분해되어 이탈되면, 배관 내의 압력 수 또는 압축공기가 방출되어 배관 내의 압력이 저하하게 되며, 배관 내의 압력저하와 함께 경보밸브 및 가압송수장치가 자동으로 동작하여 물을 헤드로부터 방수시켜 화재를 자동으로 진압하는 소화설비이다.

2. 스프링클러설비의 종류

(1) 습식 스프링클러설비(Wet type sprinkler system)

송수펌프에서 폐쇄형 헤드까지 배관 내에 항상 물이 가압되어 있다가 화재 발생 시 폐쇄형 헤드가 열에 의하여 개방되어 소화하는 형태이다.

(2) 건식 스프링클러설비(Dry type sprinkler system)

송수펌프에서 건식밸브 1차측까지 배관 내에 항상 물이 가압되어 있고 2차측부터 폐쇄형 헤드까지는 압축공기 또는 질소가스로 압축되어 있다가 화재 발생 시 폐쇄형 헤드의 개방으로 소화하는 형태이다.

(3) 준비작동식 스프링클러설비(Pre-action sprinkler system)

송수펌프에서 준비작동밸브 1차측 배관 내에 항상 물이 가압되어 있고 준비작동밸브부터 폐쇄형 헤드까지는 대기압상태로 있다가 화재 발생 시 감지기에 의하여 준비작동 개방하여 헤드까지 물을 미리 송수시켜 놓고 열에 의하여 헤드가 개방되면 소화하는 형태이다.

3. 가압송수장치(펌프)

[전동기 또는 내연기관에 따른 펌프를 이용하는 가압송수장치의 설치기준(단, 가압송수장치의 주펌프는 전동기에 따른 펌프로 설치)]

(1) 쉽게 접근할 수 있고 점검하기에 충분한 공간이 있는 장소로서 화재 및 침수 등의 재해로 인한 피해를 받을 우려가 없는 곳에 설치할 것

(2) 동결방지조치를 하거나 동결의 우려가 없는 장소에 설치할 것

(3) 펌프는 전용으로 할 것. 다만, 다른 소화설비와 겸용하는 경우 각각의 소화설비의 성능에 지장이 없을 때에는 그러하지 아니하다.

(4) 펌프의 토출측에는 압력계를 체크밸브 이전에 펌프토출측 플랜지에서 가까운 곳에 설치하고, 흡입측에는 연성계 또는 진공계를 설치할 것. 다만, 수원의 수위가 펌프의 위치보다 높거나 수직회전축 펌프의 경우에는 연성계 또는 진공계를 설치하지 아니할 수 있다.

(5) 가압송수장치에는 정격부하 운전 시 펌프의 성능을 시험하기 위한 배관을 설치할 것. 다만, 충압펌프의 경우에는 그러하지 아니하다.

(6) 가압송수장치에는 체절운전 시 수온의 상승을 방지하기 위한 순환배관을 설치할 것. 다만, 충압펌프의 경우에는 그러하지 아니하다.

(7) 기동장치로는 기동용수압개폐장치 또는 이와 동등 이상의 성능이 있는 것으로 설치할 것. 다만, 기동용수압개폐장치 중 압력챔버를 사용할 경우 그 용적은 100L 이상의 것으로 할 것

(8) 수원의 수위가 펌프보다 낮은 위치에 있는 가압송수장치에는 물올림장치를 설치할 것

① 물올림장치에는 전용의 수조를 설치할 것

② 수조의 유효수량은 100L 이상으로 하되, 구경 15mm 이상의 급수배관에 따라 해당 수조에 물이 계속 보급되도록 할 것

(9) 기동용수압개폐장치를 기동장치로 사용하는 경우에는 충압펌프를 설치할 것

(10) 내연기관을 사용하는 경우 설치기준

① 제어반에 따라 내연기관의 자동기동 및 수동기동이 가능하고, 상시 충전되어 있는 축전지설비를 갖출 것

② 내연기관의 연료량은 펌프를 20분(층수가 30층 이상 49층 이하는 40분, 50층 이상은 60분) 이상 운전할 수 있는 용량일 것

(11) 가압송수장치에는 "스프링클러펌프"라고 표시한 표지를 할 것. 이 경우 그 가압송수장치를 다른 설비와 겸용하는 때에는 그 겸용되는 설비의 이름을 표시한 표지를 함께 하여야 한다.

4. 폐쇄형스프링클러설비의 방호구역 · 유수검지장치

[폐쇄형스프링클러헤드를 사용하는 설비의 방호구역(스프링클러설비의 소화범위에 포함된 영역) · 유수검지장치의 기준]

(1) 하나의 방호구역의 바닥면적은 3,000m^{2}를 초과하지 아니할 것. 다만, 폐쇄형 스프링클러설비에 격자형 배관방식(2 이상의 수평주행배관 사이를 가지배관으로 연결하는 방식을 말함)을 채택하는 때에는 3,700m^2 범위 내에서 펌프용량, 배관의 구경 등을 수리학적으로 계산한 결과 헤드의 방수압 및 방수량이 방호구역 범위 내에서 소화목적을 달성하는 데 충분할 것

(2) 하나의 방호구역에는 1개 이상의 유수검지장치를 설치하되, 화재 발생 시 접근이 쉽고 점검하기 편리한 장소에 설치할 것

(3) 하나의 방호구역은 2개 층에 미치지 아니하도록 할 것. 다만, 1개 층에 설치되는 스프링클러헤드의 수가 10개 이하인 경우와 복층형구조의 공동주택에는 3개 층 이내로 할 수 있다.

(4) 스프링클러헤드에 공급되는 물은 유수검지장치를 지나도록 할 것. 다만, 송수구를 통하여 공급되는 물은 그러하지 아니하다.

5. 개방형스프링클러설비의 방수구역 및 일제개방밸브의 기준

(1) 하나의 방수구역은 2개 층에 미치지 아니할 것

(2) 방수구역마다 일제개방밸브를 설치할 것

(3) 하나의 방수구역을 담당하는 헤드의 개수는 50개 이하로 할 것. 다만, 2개 이상의 방수구역으로 나눌 경우에는 하나의 방수구역을 담당하는 헤드의 개수는 25개 이상으로 할 것

6. 음향장치 및 기동장치의 설치기준

(1) 습식유수검지장치 또는 건식유수검지장치를 사용하는 설비에 있어서는 헤드가 개방되면 유수검지장치가 화재신호를 발신하고 그에 따라 음향장치가 경보되도록 할 것

(2) 준비작동식유수검지장치 또는 일제개방밸브를 사용하는 설비에는 화재감지기의 감지에 따라 음향장치가 경보되도록 할 것. 이 경우 화재감지기회로를 교차회로방식(하나의 준비작동식유수검지장치 또는 일제개방밸브의 담당구역 내에 2 이상의 화재감지기회로를 설치하고 인접한 2 이상의 화재감지기가 동시에 감지되는 때에 준비작동식유수검지장치 또는 일제개방밸브가 개방 · 작동되는 방식을 말한다)으로 하는 때에는 하나의 화재감지기회로가 화재를 감지하는 때에도 음향장치가 경보되도록 하여야 한다.

(3) 음향장치는 유수검지장치 및 일제개방밸브 등의 담당구역마다 설치하되 그 구역의 각 부분으로부터 하나의 음향장치까지의 수평거리는 25m 이하가 되도록 할 것

(4) 음향장치는 경종 또는 사이렌(전자식 사이렌을 포함)으로 하되, 주위의 소음 및 다른 용도의 경보와 구별이 가능한 음색으로 할 것. 이 경우 경종 또는 사이렌은 자동화재탐지설비 · 비상벨설비 또는 자동식사이렌설비의 음향장치와 겸용할 수 있다.

(5) 주음향장치는 수신기의 내부 또는 그 직근에 설치할 것

(6) 층수가 5층 이상으로서 연면적이 3,000m^2를 초과하는 특정소방대상물은 다음 각목에 따라 경보를 발할 수 있도록 하여야 한다.

① 2층 이상의 층에서 발화한 때에는 발화층 및 그 직상층에 경보를 발할 것
② 1층에서 발화한 때에는 발화층 · 그 직상층 및 지하층에 경보를 발할 것
③ 지하층에서 발화한 때에는 발화층 · 그 직상층 및 기타의 지하층에 경보를 발할 것

(7) **음향장치의 기준에 따른 구조 및 성능**

① 정격전압의 80% 전압에서 음향을 발할 수 있는 것으로 할 것
② 음량은 부착된 음향장치의 중심으로부터 1m 떨어진 위치에서 90dB 이상이 되는 것으로 할 것

7. 가압송수장치(펌프)의 작동기준

(1) 습식유수검지장치 또는 건식유수검지장치를 사용하는 설비에 있어서는 유수검지장치의 발신이나 기동용수압개폐장치에 의하여 작동되거나 또는 이 두 가지의 혼용에 따라 작동될 수 있도록 할 것

(2) 준비작동식유수검지장치 또는 일제개방밸브를 사용하는 설비에 있어서는 화재감지기의 화재감지나 기동용수압개폐장치에 따라 작동되거나 또는 이 두 가지의 혼용에 따라 작동할 수 있도록 할 것

8. 준비작동식유수검지장치 · 일제개방밸브의 작동기준

(1) 담당구역내의 화재감지기의 동작에 따라 개방 및 작동될 것

(2) **화재감지회로는 교차회로방식으로 할 것(단, 다음의 경우 제외)**

① 스프링클러설비의 배관 또는 헤드에 누설경보용 물 또는 압축공기가 채워지거나 부압식스프링클러설비의 경우
② **화재감지기를 다음의 감지기로 설치한 때**
㉠ 분포형 감지기
㉡ 정온식 감지선형 감지기

㉢ 광전식 분리형 감지기
㉣ 축적방식의 감지기
㉤ 불꽃감지기
㉥ 복합형 감지기
㉦ 아날로그방식의 감지기
㉧ 다신호방식의 감지기

(3) 준비작동식유수검지장치 또는 일제개방밸브의 인근에서 수동기동(전기식 및 배수식)에 따라서도 개방 및 작동될 수 있게 할 것

9. 발신기 설치기준(단, 자동화재탐지설비의 발신기가 설치된 경우에는 그러하지 아니함)

(1) 조작이 쉬운 장소에 설치하고, 스위치는 바닥으로부터 0.8m 이상 1.5m 이하의 높이에 설치할 것
(2) 특정소방대상물의 층마다 설치하되, 해당 특정소방대상물의 각 부분으로부터 하나의 발신기까지의 수평거리가 25m 이하가 되도록 할 것(단, 복도 또는 별도로 구획된 실로서 보행거리가 40m 이상일 경우에는 추가로 설치)
(3) 발신기의 위치를 표시하는 표시등은 함의 상부에 설치하되, 그 불빛은 부착 면으로부터 15°이상의 범위 안에서 부착지점으로부터 10m 이내의 어느 곳에서도 쉽게 식별할 수 있는 적색등으로 할 것

10. 상용전원(단, 가압수조방식으로서 모든 기능이 20분 이상 유효하게 지속될 수 있는 경우 제외)

(1) 저압수전인 경우에는 인입개폐기의 직후에서 분기하여 전용배선으로 하여야 하며, 전용의 전선관에 보호되도록 할 것
(2) 특별고압수전 또는 고압수전일 경우에는 전력용 변압기 2차측의 주차단기 1차측에서 분기하여 전용배선으로 하되, 상용전원의 상시공급에 지장이 없을 경우에는 주차단기 2차측에서 분기하여 전용배선으로 할 것. 다만, 가압송수장치의 정격입력전압이 수전전압과 같은 경우에는 (1)의 기준에 따른다.

11. 비상전원

(1) 비상전원 종류

① 자가발전설비
② 축전지설비
③ 전기저장장치
④ 비상전원수전설비(차고 · 주차장으로서 스프링클러설비가 설치된 부분의 바닥면적의 합계가 1,000m^2 미만인 경우)

(2) 비상전원 설치 제외

① 2 이상의 변전소에서 전력을 동시에 공급받을 수 있도록 상용전원을 설치한 경우
② 하나의 변전소로부터 전력의 공급이 중단되는 때에는 자동으로 다른 변전소로부터 전력을 공급받을 수 있도록 상용전원을 설치한 경우
③ 가압수조방식

(3) 자가발전설비 또는 축전지설비 설치기준

① 점검에 편리하고 화재 및 침수 등의 재해로 인한 피해를 받을 우려가 없는 곳에 설치할 것
② 스프링클러설비를 유효하게 20분 이상 작동할 수 있어야 할 것 <개정 2013.06.11>
③ 상용전원으로부터 전력의 공급이 중단된 때에는 자동으로 비상전원으로부터 전력을 공급받을 수 있도록 할 것
④ 비상전원(내연기관의 기동 및 제어용 축전기를 제외)의 설치장소는 다른 장소와 방화구획 할 것
⑤ 비상전원을 실내에 설치하는 때에는 그 실내에 비상조명등을 설치할 것
⑥ 옥내에 설치하는 비상전원실에는 옥외로 직접 통하는 충분한 용량의 급배기설비를 설치할 것

(4) 비상전원 출력용량 기준

① 비상전원 설비에 설치되어 동시에 운전될 수 있는 모든 부하의 합계 입력용량을 기준으로 정격출력을 선정할 것. 다만, 소방전원 보존형발전기를 사용할 경우에는 그러하지 아니하다.
② 기동전류가 가장 큰 부하가 기동될 때에도 부하의 허용 최저입력전압이상의 출력전압을 유지할 것
③ 단시간 과전류에 견디는 내력은 입력용량이 가장 큰 부하가 최종 기동할 경우에도 견딜 수 있을 것

(5) 자가발전설비의 정격출력용량

정격출력용량은 하나의 건축물에 있어서 소방부하의 설비용량을 기준으로 하고, ②의 경우 비상부하는 국토해양부장관이 정한 건축전기설비설계기준의 수용률 범위 중 최대값 이상을 적용한다.

① **소방전용 발전기**
소방부하용량을 기준으로 정격출력용량을 산정하여 사용하는 발전기

② **소방부하 겸용 발전기**
소방 및 비상부하 겸용으로서 소방부하와 비상부하의 전원용량을 합산하여 정격출력용량을 산정하여 사용하는 발전기

③ **소방전원 보존형 발전기**
소방 및 비상부하 겸용으로서 소방부하의 전원용량을 기준으로 정격출력용량을 산정하여 사용하는 발전기

12. 감시제어반 기능

(1) 각 펌프의 작동여부를 확인할 수 있는 표시등 및 유향경보기능이 있어야 할 것
(2) 각 펌프를 자동 및 수동으로 작동시키거나 중단시킬 수 있어야 할 것
(3) 비상전원을 설치한 경우에는 상용전원 및 비상전원의 공급여부를 확인할 수 있어야 할 것
(4) 수조 또는 물올림탱크가 저수위로 될 때 표시등 및 음향으로 경보할 것
(5) 예비전원이 확보되고 예비전원의 적합여부를 시험할 수 있어야 할 것

13. 도통시험 · 작동시험 회로

(1) 기동용 수압개폐장치의 압력스위치회로
(2) 수조 또는 물올림탱크의 저수위감시회로
(3) 유수검지장치 또는 일제개방밸브의 압력스위치회로
(4) 일제개방밸브를 사용하는 설비의 화재감지기회로
(5) 급수배관에 설치되어 급수를 차단할 수 있는 개폐밸브의 폐쇄상태 확인회로

14. 배선기준

(1) 내화배선

비상전원으로부터 동력제어반 및 가압송수장치에 이르는 전원회로배선은 내화배선으로 할 것(단, 자가발전설비와 동력제어반이 동일한 실에 설치된 경우에는 자가발전기로부터 그 제어반에 이르는 전원회로배선은 제외)

(2) 내화 · 내열배선(단, 감시제어반 또는 동력제어반 안의 감시 · 조작 또는 표시등회로의 배선은 제외)

① 상용전원으로부터 동력제어반에 이르는 배선

② 스프링클러설비의 감시 · 조작 또는 표시등회로의 배선

(3) 내화배선 및 내열배선에 사용되는 전선 및 설치방법

참고 배선에 사용되는 전선의 종류 및 공사방법

1. 내화배선

사용전선의 종류	공사방법
1. 450/750V 저독성 난연 가교 폴리올레핀 절연 전선 2. 0.6/1KV 가교 폴리에틸렌 절연 저독성 난연 폴리올레핀 시스 전력 케이블 3. 6/10kV 가교 폴리에틸렌 절연 저독성 난연 폴리올레핀 시스 전력용 케이블 4. 가교 폴리에틸렌 절연 비닐시스 트레이용 난연 전력 케이블 5. 0.6/1kV EP 고무절연 클로로프렌 시스 케이블 6. 300/500V 내열성 실리콘 고무 절연전선(180℃) 7. 내열성 에틸렌-비닐 아세테이트 고무 절연 케이블 8. 버스닥트(Bus Duct) 9. 기타 전기용품안전관리법 및 전기설비기술기준에 따라 동등 이상의 내화성능이 있다고 주무부장관이 인정하는 것	금속관 · 2종 금속제 가요전선관 또는 합성 수지관에 수납하여 내화구조로 된 벽 또는 바닥 등에 벽 또는 바닥의 표면으로부터 25mm 이상의 깊이로 매설하여야 한다. 다만 다음 각목의 기준에 적합하게 설치하는 경우에는 그러하지 아니하다. 가. 배선을 내화성능을 갖는 배선전용실 또는 배선용 샤프트 · 피트 · 닥트 등에 설치하는 경우 나. 배선전용실 또는 배선용 샤프트 · 피트 · 닥트 등에 다른 설비의 배선이 있는 경우에는 이로 부터 15cm 이상 떨어지게 하거나 소화설비의 배선과 이웃하는 다른 설비의 배선 사이에 배선지름(배선의 지름이 다른 경우에는 가장 큰 것을 기준으로 함)의 1.5배 이상의 높이의 불연성 격벽을 설치하는 경우
내화전선	케이블공사의 방법에 따라 설치하여야 한다.

2. 내열배선

사용전선의 종류	공사방법
1. 450/750V 저독성 난연 가교 폴리올레핀 절연 전선 2. 0.6/1KV 가교 폴리에틸렌 절연 저독성 난연 폴리올레핀 시스 전력 케이블 3. 6/10kV 가교 폴리에틸렌 절연 저독성 난연 폴리올레핀 시스 전력용 케이블 4. 가교 폴리에틸렌 절연 비닐시스 트레이용 난연 전력 케이블 5. 0.6/1kV EP 고무절연 클로로프렌 시스 케이블 6. 300/500V 내열성 실리콘 고무 절연전선(180℃) 7. 내열성 에틸렌-비닐 아세테이트 고무 절연 케이블 8. 버스닥트(Bus Duct) 9. 기타 전기용품안전관리법 및 전기설비기술기준에 따라 동등 이상의 내열성능이 있다고 주무부장관이 인정하는 것	금속관 · 금속제 가요전선관 · 금속닥트 또는 케이블(불연성닥트에 설치하는 경우에 한함) 공사방법에 따라야 한다. 다만, 다음 각목의 기준에 적합하게 설치하는 경우에는 그러하지 아니하다. 가. 배선을 내화성능을 갖는 배선전용실 또는 배선용 샤프트 · 피트 · 닥트 등에 설치하는 경우 나. 배선전용실 또는 배선용 샤프트 · 피트 · 닥트 등에 다른 설비의 배선이 있는 경우에는 이로부터 15cm 이상 떨어지게 하거나 소화설비의 배선과 이웃하는 다른 설비의 배선 사이에 배선지름(배선의 지름이 다른 경우에는 지름이 가장 큰 것을 기준으로 함)의 1.5배 이상의 높이의 불연성 격벽을 설치하는 경우
내화전선 · 내열전선	케이블공사의 방법에 따라 설치하여야 한다.

3 이산화탄소(CO_2)소화설비

1. 개요

(1) 이산화탄소소화설비는 화재에 대해 질식 및 냉각효과에 의한 소화를 목적으로 이산화탄소를 고압용기에 저장해 두었다가 화재 시 수동조작 및 자동기동에 의해 배관을 통하여 화점에 이산화탄소 가스를 분사하여 화재를 소화하는 설비이다.

(2) 보통 대기 중에는 체적비로 산소가 21[%] 차지하고 있는 바 이를 약 15[%] 이하로 감소시키면 연소가 계속적으로 되지 못하고 소화되는 원리를 이용한 것이다. 또한 불연성가스에는 CO_2, N_2, Ar, 후레온 등이 있으나 비교적 값이 저렴하고 기화팽창률이 큰 액화 CO_2 가스를 사용하고 있다.

2. CO_2소화설비의 종류

(1) 방출방식에 따른 종류

① 전역방출방식
② 국소방출방식
③ 호스릴방식(이동식)

(2) 전역방출방식(total flooding system)

고정식 이산화탄소 공급장치에 배관 및 분사헤드를 고정 설치하여 밀폐 방호구역 내에 이산화탄소를 방출하는 설비

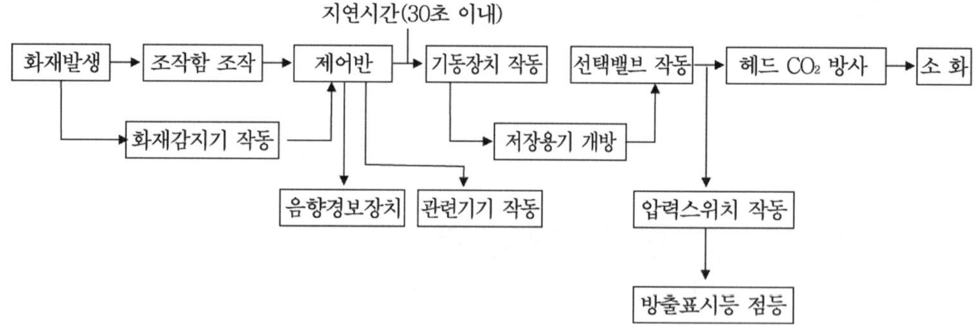

<전역방출방식 작동 계통도>

(3) 국소방출방식(local application system)

고정식 이산화탄소 공급장치에 배관 및 분사헤드를 설치하여 직접 화점에 이산화탄소를 방출하는 설비로 화재발생부분에만 집중적으로 소화약제를 방출하도록 설치하는 방식

(4) 호스릴방식(이동식)(hose reel system)

분사헤드가 배관에 고정되어 있지 않고 소화약제 저장용기에 호스를 연결하여 사람이 직접 화점에 소화약제를 방출하는 이동식 소화설비

3. 교차회로방식

하나의 방호구역 내에 2 이상의 화재감지기회로를 설치하고 인접한 2 이상의 화재감지기가 동시에 감지되는 때에는 이산화탄소소화설비가 작동하여 소화약제가 방출되는 방식

4. CO_2소화설비 기동장치

이산화탄소소화설비가 설치된 부분의 출입구 등의 보기 쉬운 곳에 소화약제의 방사를 표시하는 표시등을 설치하여야 한다.

(1) 수동식 기동장치

① 전역방출방식은 방호구역마다, 국소방출방식은 방호대상물마다 설치할 것
② 해당방호구역의 출입구부분 등 조작을 하는 자가 쉽게 피난할 수 있는 장소에 설치할 것
③ 기동장치의 조작부는 바닥으로부터 높이 0.8m 이상 1.5m 이하의 위치에 설치하고, 보호판 등에 따른 보호장치를 설치할 것
④ 기동장치에는 그 가까운 곳의 보기 쉬운 곳에 "이산화탄소소화설비 기동장치"라고 표시한 표지를 할 것
⑤ 전기를 사용하는 기동장치에는 전원표시등을 설치할 것
⑥ 기동장치의 방출용 스위치는 음향경보장치와 연동하여 조작될 수 있는 것으로 할 것

(2) 자동식 기동장치(자동화재탐지설비의 감지기작동과 연동)

① 자동식 기동장치에는 수동으로도 기동할 수 있는 구조로 할 것
② 전기식 기동장치로서 7병 이상의 저장용기를 동시에 개방하는 설비는 2병 이상의 저장용기에 전자 개방밸브를 부착할 것
③ **가스압력식 기동장치**
㉠ 기동용 가스용기 및 해당 용기에 사용하는 밸브는 25MPa 이상의 압력에 견딜 수 있는 것으로 할 것
㉡ 기동용 가스용기에는 내압시험압력의 0.8배부터 내압시험압력 이하에서 작동하는 안전장치를 설치할 것
㉢ 기동용 가스용기의 용적은 5L 이상으로 하고, 해당 용기에 저장하는 질소 등의 비활성기체는 6.0MPa 이상(21℃ 기준)의 압력으로 충전할 것
㉣ 기동용 가스용기에는 충전여부를 확인할 수 있는 압력게이지를 설치할 것

5. 제어반 및 화재표시반의 설치기준

단, 자동화재탐지설비의 수신기의 제어반이 화재표시반의 기능을 가지고 있는 것은 화재표시반 설치를 제외한다.

(1) 제어반은 수동기동장치 또는 감지기에서의 신호를 수신하여 음향경보장치의 작동, 소화약제의 방출 또는 지연 기타의 제어기능을 가진 것으로 하고, 제어반에는 전원표시등을 설치할 것

(2) 화재표시반은 제어반에서의 신호를 수신하여 작동하는 기능을 가진 것으로 하되, 다음의 기준에 따라 설치할 것

① 각 방호구역마다 음향경보장치의 조작 및 감지기의 작동을 명시하는 표시등과 이와 연동하여 작동하는 벨 · 부저 등의 경보기를 설치할 것. 이 경우 음향경보장치의 조작 및 감지기의 작동을 명시하는 표시등을 겸용할 수 있다.

② 수동식 기동장치는 그 방출용스위치의 작동을 명시하는 표시등을 설치할 것
③ 소화약제의 방출을 명시하는 표시등을 설치할 것
④ 자동식 기동장치는 자동·수동의 절환을 명시하는 표시등을 설치할 것

(3) 제어반 및 화재표시반의 설치장소는 화재에 따른 영향, 진동 및 충격에 따른 영향 및 부식의 우려가 없고 점검에 편리한 장소에 설치할 것

(4) 제어반 및 화재표시반에는 해당 회로도 및 취급설명서를 비치할 것

(5) 수동잠금밸브의 개폐여부를 확인할 수 있는 표시등을 설치할 것

(6) 자동화재 감지장치 설치기준

이산화탄소 소화설비에는 2개 이상의 감지기가 서로 연동하여 작동될 때에는 기동장치가 작동되도록 자동화재 감지장치를 설치하여야 하며, 자동화재감지장치의 감지기는 자동화재탐지설비 설치기준에 준하여 설치한다.

6. 음향경보장치 설치기준

(1) 이산화탄소소화설비의 음향경보장치 설치기준

① 수동식 기동장치를 설치한 것에 있어서는 그 기동장치에 조작과정에서 자동식 기동장치를 설치한 것에 있어서는 화재감지기와 연동하여 자동으로 경보를 발하는 것으로 하여야 한다.
② 소화약제의 방사 개시 후 1분 이상을 계속할 수 있는 것으로 하여야 한다.
③ 방호구역 또는 방호대상물이 있는 구역 안에 있는 자에게 유효하게 경보를 할 수 있는 것으로 하여야 한다.

(2) 방송에 의하여 경보장치를 설치한 경우의 설치기준

① 증폭기, 재생장치는 화재 시 연소의 우려가 없고 유지관리가 쉬운 장소에 설치하여야 한다.
② 방호구역 또는 방호대상물이 있는 구역의 각 부분으로부터 하나의 확성기까지의 수평거리는 25[m] 이하가 되도록 하여야 한다.
③ 제어반의 복구스위치를 조작하여도 경보를 계속 발할 수 있는 것이어야 한다.

7. 비상전원

(1) 비상전원의 종류

자가발전설비, 축전지설비(제어반에 내장하는 것 포함 또는 전기저장장치)(단, 호스릴이산화탄소소화설비 제외)

(2) 비상전원 설치 제외 경우

① 2 이상의 변전소에서 전력을 동시에 공급받을 수 있도록 상용전원을 설치한 경우
② 하나의 변전소로부터 전력의 공급이 중단되는 때에는 자동으로 다른 변전소로부터 전력을 공급받을 수 있도록 상용전원을 설치한 경우

(3) 비상전원 설치기준

① 점검에 편리하고 화재 및 침수 등의 재해로 인한 피해를 받을 우려가 없는 곳에 설치할 것
② 이산화탄소소화설비를 유효하게 20분 이상 작동할 수 있어야 할 것
③ 상용전원으로부터 전력의 공급이 중단된 때에는 자동으로 비상전원으로부터 전력을 공급받을 수 있도록 할 것
④ 비상전원의 설치장소는 다른 장소와 방화구획 할 것
⑤ 비상전원을 실내에 설치하는 때에는 그 실내에 비상조명등을 설치할 것

4 할론소화설비

1. 개요

이 설비는 할로겐화합물소화약제를 사용하여 가연물과 산소의 화학반응을 억제하고 냉각작용과 희석작용으로 소화하는 설비이다. 할론소화설비는 불소(F), 염소(Cl), 브롬(Br)과 같은 할로겐계 원소 중 하나 또는 몇 개의 원자를 함유하고 있으며, 화학적으로 대단히 안정된 우수한 소화성능을 가지고 있다.

2. CO_2소화설비의 준용

기동장치, 자동화재감지장치, 음향경보장치, 제어반, 비상전원 등은 CO_2소화설비를 준용한다.

5 포소화설비

1. 개요

포소화설비는 물과 포를 사용하고 포방출구를 통해 포수용액을 분출하는 것 이외에는 스프링클러설비와 거의 비슷하여 2[%], 3[%], 6[%]의 원액이 물과 합성하여 분출되면서 포(거품)를 만들어 연소부분을 덮어 불을 끄는 설비이다. 포소화설비는 일반적으로 수원, 가압송수장치, 포방출구, 포원액탱크, 혼합장치, 배관, 화재감지장치 등으로 구성되어 있다.

2. 포소화설비의 기동장치 설치기준

(1) 수동식 기동장치

① 직접조작 또는 원격조작에 따라 가압송수장치 · 수동식개방밸브 및 소화약제 혼합장치를 기동할 수 있는 것으로 할 것
② 2 이상의 방사구역을 가진 포소화설비에는 방사구역을 선택할 수 있는 구조로 할 것
③ 기동장치의 조작부는 화재 시 쉽게 접근할 수 있는 곳에 설치하되, 바닥으로부터 0.8m 이상 1.5m 이하의 위치에 설치하고, 유효한 보호장치를 설치할 것
④ 기동장치의 조작부 및 호스 접결구에는 가까운 곳의 보기 쉬운 곳에 각각 “기동장치의 조작부” 및 “접결구”라고 표시한 표지를 설치할 것
⑤ 차고 또는 주차장에 설치하는 포소화설비의 수동식 기동장치는 방사구역마다 1개 이상 설치할 것

⑥ 항공기격납고에 설치하는 포소화설비의 수동식 기동장치는 각 방사구역마다 2개 이상을 설치하되, 그 중 1개는 각 방사구역으로부터 가장 가까운 곳 또는 조작에 편리한 장소에 설치하고, 1개는 화재감지수신기를 설치한 감시실 등에 설치할 것

(2) 포소화설비의 자동식 기동장치

자동화재탐지설비의 감지기의 작동 또는 폐쇄형스프링클러헤드의 개방과 연동하여 가압송수장치 · 일제개방밸브 및 포 소화약제 혼합장치를 기동시킬 수 있도록 다음의 기준에 따라 설치하여야 한다. 다만, 자동화재탐지설비의 수신기가 설치된 장소에 상시 사람이 근무하고 있고, 화재 시 즉시 해당 조작부를 작동시킬 수 있는 경우에는 그러하지 아니하다.

① **폐쇄형스프링클러헤드를 사용하는 경우의 설치기준**

㉠ 표시온도가 79℃ 미만인 것을 사용하고, 1개의 스프링클러헤드의 경계면적은 20m^2 이하로 할 것

㉡ 부착면의 높이는 바닥으로부터 5m 이하로 하고, 화재를 유효하게 감지할 수 있도록 할 것

㉢ 하나의 감지장치 경계구역은 하나의 층이 되도록 할 것

② **화재감지기를 사용하는 경우의 설치기준**

㉠ 화재감지기는 「자동화재탐지설비의 화재안전기준(NFSC 203)」 제7조의 기준에 따라 설치할 것

㉡ **화재감지기 회로에는 다음의 기준에 따른 발신기를 설치할 것**

- 조작이 쉬운 장소에 설치하고, 스위치는 바닥으로부터 0.8m 이상 1.5m 이하 의 높이에 설치할 것
- 특정소방대상물의 층마다 설치하되, 해당 특정소방대상물의 각 부분으로부터 수평거리가 25m 이하가 되도록 할 것. 다만, 복도 또는 별도로 구획된 실로서 보행거리가 40m 이상일 경우에는 추가로 설치하여야 한다.
- 발신기의 위치를 표시하는 표시등은 함의 상부에 설치하되, 그 불빛은 부착 면으로부터 15°이상의 범위 안에서 부착지점으로부터 10m 이내의 어느 곳에서도 쉽게 식별할 수 있는 적색등으로 할 것

③ 동결우려가 있는 장소의 포소화설비의 자동식 기동장치는 자동화재탐지설비와 연동으로 할 것

3. 기동장치에 설치하는 자동경보장치

자동화재탐지설비에 따라 경보를 발할 수 있는 경우에는 음향경보장치를 설치하지 아니할 수 있다.

(1) 방사구역마다 일제개방밸브와 그 일제개방밸브의 작동여부를 발신하는 발신부를 설치할 것. 이 경우 각 일제개방밸브에 설치되는 발신부 대신 1개 층에 1개의 유수검지장치를 설치할 수 있다.

(2) 상시 사람이 근무하고 있는 장소에 수신기를 설치하되, 수신기에는 폐쇄형스프링클러헤드의 개방 또는 감지기의 작동여부를 알 수 있는 표시장치를 설치할 것

(3) 하나의 소방대상물에 2 이상의 수신기를 설치하는 경우에는 수신기가 설치된 장소 상호간에 동시 통화가 가능한 설비를 할 것

출제예상문제

01. 다음은 옥내소화전설비의 전원에 대한 설명이다. (　　) 안에 알맞은 내용을 쓰시오.

- 저압수전인 경우에는 인입개폐기의 직후에서 분기하여 (①)배선으로 하여야 한다.
- 옥내소화전설비의 비상전원은 (②), (③) 또는 전기저장장치를 설치하여야 한다. 또 비상전원은 당해 옥내소화전설비를 유효하게 (④)분 이상 작동할 수 있어야 한다.

| 정답

- ① 전용
- ② 축전지설비
  ③ 자가발전설비
  ④ 20

02. 11층 이상인 건물의 소방대상물에 옥내소화전설비를 하였다. 이 설비를 작동시키기 위한 전원 중 비상전원으로 설치할 수 있는 설비의 종류를 2가지 쓰시오.

| 정답

① 자가발전설비
② 축전지설비
③ 전기저장장치

03. 비상전원을 설치하여야 할 옥내소화전설비의 비상전원 설치기준을 4가지만 쓰시오.

| 정답

- 점검에 편리하고 화재 및 침수 등의 재해로 인한 피해를 받을 우려가 없는 곳에 설치할 것
- 옥내소화전설비를 유효하게 20분 이상 작동할 수 있을 것
- 상용전원으로부터 전력공급이 중단된 때에는 자동으로 비상전원으로부터 전력을 공급받을 수 있도록 할 것
- 비상전원을 실내에 설치한 때는 그 실내에 비상조명등을 설치할 것

04. 모터 콘트롤 센터(M.C.C)에서 소화전 펌프모터에 전기를 공급하고자 한다. 전동기 설비에 대한 물음에 답하시오. (단, 전압은 3상 200[V]이고 모터의 용량은 22[kW], 역률은 80[%]라고 한다.)

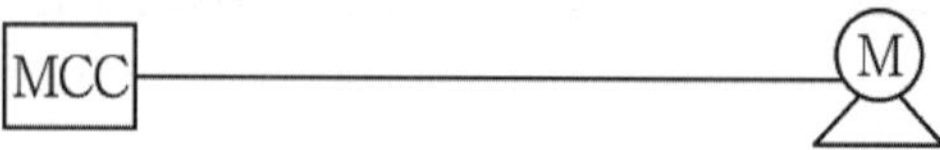

(1) 모터의 전부하 전류(Pull load current)는 몇 [A]인가?
(2) 모터의 역률을 95[%]로 개선하는 데 필요한 전력용 콘덴서의 용량은 몇 [KVA]인가?
(3) 전동기 외함의 접지는 제 몇 종 접지공사를 하여야 하는가?
(4) 배관은 후강전선관을 사용하고자 한다. 후강전선관 1본의 길이는 몇 [m]인가?

| 정답

(1) 전부하전류[A] = $\frac{P}{\sqrt{3}\ Vcos\theta}$ 에서

$= \frac{22 \times 10^3}{\sqrt{3} \times 200 \times 1.8} = 79.385$

∴ 79.39[A]

(2) 콘덴서 용량[KVA] = P[kW] × $\left(\frac{\sqrt{1-\cos 2\theta_1}}{\cos\theta_1} - \frac{\sqrt{1-\cos^2\theta_2}}{\cos\theta_2}\right)$에서

$= 22 \times \left(\frac{\sqrt{1-0.8^2}}{0.8} - \frac{\sqrt{1-0.95^2}}{0.95}\right) = 9.268$

∴ 9.27[KVA]

(3) 제3종 접지공사

(4) 3.66[m]

05. 유량 1[m^3/sec], 전양정 10[m]인 소화전 펌프용 전동기의 용량[kW]을 구하시오. (단, 전동기의 역률은 80[%], 효율은 85[%], 여유계수는 1.21이다.)

| 정답

전동기 용량을 P[kW] $= \frac{1000 \times 1 \times 10 \times 1.21}{102 \times 0.85} = 139.561$

∴ 139.56[kW]

06. 수량 $10m^3$/min, 양정 50m인 소화전 펌프 전동기의 용량은 몇 kW인가? (단, 펌프효율 η = 85%, 설계상 계수 = 1.1이다.)

| 정답

전동기 용량을 P[kW]라고 하면

P $= \frac{1000 \times 10 \times 50 \times 1.1}{102 \times 60 \times 0.85} = 105.728$

∴ 105.73[kW]

[전동기 용량의 계산]

$P = \frac{rQHK}{102 \times 60\eta} = \frac{1000QHK}{102 \times 60\eta}$[kW]

$P = \frac{rQHK}{76 \times 60\eta} = \frac{1000QHK}{76 \times 60\eta}$[HP]

$P = \frac{rQHK}{75 \times 60\eta} = \frac{1000QHK}{75 \times 60\eta}$[PS]

여기서 r: 물의 비중량으로 1000[kgf/m^3]

Q: 유량 [m^3/min]

H: 전양정 [m]

k: 전달계수 (k = 1 + 여유율)

η: 효율

07. 유량 20[m^3/min], 양정 30[m]인 소화전 펌프 전동기의 용량은 몇 [kw]인가? (단, 펌프효율 η = 85%, 여유계수 k = 1.2이다.)

| 정답

전동기 용량 P[kW] $= \frac{1000 \times 20 \times 30 \times 1.2}{102 \times 60 \times 0.85} = 139.408$

∴ 138.41[kW]

[P[HP]인 경우로서 유량이 분당 유량인 경우]

P[HP] $= \frac{rQHK}{76 \times 60\eta}$

$= \frac{1000 \cdot Q \cdot H \cdot K}{76 \times 60\eta}$

08. 양수량이 매분 15m³이고, 총양정이 10m인 펌프용 전동기의 용량은 몇 kW이겠는가? (단, 펌프효율은 65%이고, 여유계수는 1.12로 한다.)

| 정답

전동기 용량 P[kW] $= \frac{1000 \times 15 \times 10 \times 1.12}{102 \times 60 \times 0.65} = 42.232$

∴ 42.23[kW]

09. 양수량이 매분 20m³이며, 총양정이 10m인 곳에 사용하는 펌프용 전동기의 용량은 몇 kW를 사용하면 되겠는가? (단, 펌프효율은 65%이고, 여유계수k는 1.15이다.)

| 정답

전동기 용량 P [kW] $= \frac{1000 \times 20 \times 10 \times 1.15}{102 \times 60 \times 0.65} = 57.817$

∴ 57.82[kW]

10. 지상 10m 되는 1,000m³의 저수조에 양수하는 데 15kW 용량의 전동기를 사용한다면, 얼마 후에 저수조에 물이 가득 차겠는지 쓰시오. (단, 전동기의 효율은 80%이고 여유계수는 1.2이다.)

| 정답

t[min] $= \frac{1000 \times 1000 \times 10 \times 1.2}{102 \times 60 \times 0.8 \times 15} = 163.398$

∴ 163.40[min]

$P = \frac{1000Q[\mathrm{m^3/min}]\mathrm{HK}}{102 \times 60\eta}$ [kW]에서

t[min] $= \frac{1000Q[\mathrm{m^3}]HK}{102 \times 60 \cdot \eta P[\mathrm{KW}]}$

11. 지상 20[m] 되는 곳에 300[m^3]의 저수조가 있다. 이곳에 10[HP]의 전동기를 사용하여 양수한다면 저수조에는 약 몇 분 후에 물이 가득 차겠는가? (단, 펌프의 효율은 70[%]이고, 여유계수는 1.2이다.)

| 정답

$$t\,[\text{min}] = \frac{1000\,Q[\text{m}^3]HK}{76 \times 60 \cdot \eta P[\text{HP}]}$$ 에서

$$= \frac{1000 \times 300 \times 20 \times 1.2}{76 \times 60 \times 0.7 \times 10}$$

$= 225.563$

$\therefore$ 225.56[min]

12. 지상 31[m] 되는 곳에 수조가 있다. 이 수조에 분당 12[m^3]의 물을 양수하는 펌프용 전동기를 설치하여 3상 전력을 공급하려고 한다. 펌프효율이 65%이고 펌프축동력에 10%의 여유를 준다고 할 때, 다음 각 물음에 답하시오. (단, 펌프용 3상 농형유도전동기의 역률은 100%로 가정한다.)

(1) 펌프용 전동기의 용량은 몇 [kW]인가?

(2) 3상 전력을 공급하고자 단상변압기 2대를 V결선하여 이용하고자 한다. 단상변압기 1대의 용량은 몇 KVA인가?

| 정답

(1) $$P = \frac{1000 \times 12 \times 31 \times (1+0.1)}{102 \times 60 \times 0.65} = 10.865$$

$\therefore$ 102.87[kW]

(2) $P_V = \sqrt{3}\,P_a \cos\theta$에서

$$P_a = \frac{P_V}{\sqrt{3}\cos\theta} = \frac{102.865}{\sqrt{3}} = 59.392$$

$\therefore$ 59.39[KVA]

V결선시 변압기 출력을 P_V[kW]라 하면

$P_V = \sqrt{3}\,VI\cos\theta = \sqrt{3}\,P_a[kW]$

여기서, P_a: 변압기 1대 용량

$$\therefore P_a = \frac{P_V}{\sqrt{3}\cos\theta}$$ [KVA]

13. 역률 0.6, 출력 100[HP]인 소방펌프용 전동기 부하가 있다. 이것과 병렬로 전력용 콘덴서를 설치하여 역률을 0.9로 개선하려면 몇 [KVA]의 전력용 콘덴서가 필요한가?

| 정답

$$Q_C[\mathrm{KVA}] = P[\mathrm{kW}] \cdot \left(\frac{\sqrt{1-\cos^2\theta_1}}{\cos\theta_1} - \frac{\sqrt{1-\cos^2\theta_2}}{\cos\theta_2}\right)$$

$$= 100 \times 0.746 \times \left(\frac{\sqrt{1-0.6^2}}{0.6} - \frac{\sqrt{1-0.9^2}}{0.9}\right)$$

$= 63.34[\mathrm{KVA}]$

여기서, $\cos\theta_1$: 개선 전 역률, $\cos\theta_2$: 개선 후 역률

14. 소방용 3상 유도전동기 부하가 100[kW]이고, 역률이 60[%]라고 한다. 역률을 90[%]로 개선하기 위한 전력용 콘덴서의 용량은 몇 [KVA]가 필요한가?

| 정답

$$Q_C[\mathrm{KVA}] = P[\mathrm{kW}] \cdot \left(\frac{\sqrt{1-\cos^2\theta_1}}{\cos\theta_1} - \frac{\sqrt{1-\cos^2\theta_2}}{\cos\theta_2}\right)$$

$$= 100 \times \left(\frac{\sqrt{1-0.6^2}}{0.6} - \frac{\sqrt{1-0.9^2}}{0.9}\right)$$

$= 84.901$

$\therefore 84.90[\mathrm{KVA}]$

여기서, $\cos\theta_1$: 개선 전 역률, $\cos\theta_2$: 개선 후 역률

15. 역률 0.6, 출력 240[kW]인 소방펌프용 전동기 부하가 있다. 이것과 병렬로 전력용 콘덴서를 설치하여 합성역률을 0.8로 개선하려고 한다. 이때 소요되는 콘덴서의 용량은 몇 [kVA]인가?

| 정답

$$Q_C[\mathrm{KVA}] = P[\mathrm{kW}] \cdot \left(\frac{\sqrt{1-\cos^2\theta_1}}{\cos\theta_1} - \frac{\sqrt{1-\cos^2\theta_2}}{\cos\theta_2}\right)$$

$$= 240 \times \left(\frac{\sqrt{1-0.6^2}}{0.6} - \frac{\sqrt{1-0.8^2}}{0.8}\right) = 140$$

$\therefore 140[\mathrm{kVA}]$

16. 일제개방밸브의 작동기준에 대하여 2가지만 쓰시오.

| 정답

• 담당 구역내의 화재감지기의 동작에 의하여 개방 작동될 것
• 일제개방밸브의 인근에서 수동기동(전기식 및 배수식)에 의하여도 개방 작동될 것

17. 토출량 2,400[ℓpm], 양정 100[m]인 스프링클러설비용 가압펌프의 동력은 몇 [kW]인가? (단, 펌프의 효율은 0.65, 축동력 전달계수는 1.1이다.)

| 정답

$P = \frac{rQHK}{102 \times 60 \times \eta \times \eta} = \frac{1000QHK}{102 \times 60 \cdot \eta}[\mathrm{KW}]$에서

$= \frac{1000 \times 2400 \times 10^{-3} \times 100 \times 1.1}{102 \times 60 \times 0.65}$

= 66.365[kW]

∴ 66.37[kW]

18. 방재반에서 200[m] 떨어진 곳에 데류지밸브(deluge valve)가 설치되어 있다. 데류지밸브에 부착되어 있는 솔레노이드밸브(solenold valve)에 전류를 흘리어 밸브를 작동시킬 때 선로의 전압강하는 몇 V가 되겠는가? (단, 선로의 굵기는 5.5[mm^2], 솔레노이드 작동전류는 1[A]이다.)

| 정답

$e[\mathrm{V}] = \frac{35.6 \cdot L \cdot I}{1{,}000 \times A}$

$= \frac{35.6 \times 200 \times 1}{1000 \times 5.5}$

= 1.294[V]

∴ 1.29[V]

직류 2선식, 단상 2선식 전압강하를 e[V]라 하면

$e = \frac{35.6LI}{1{,}000A}$

여기서, L: 거리 [m]

I: 부하전류[A]

A: 전선단면적[mm^2]

19. 제어반으로부터 전선관 거리가 100[m] 떨어진 위치에 포소화설비의 일제개방반이 있고 바로 옆에 기동용 솔레노이드 밸브가 있다. 제어반 출력단자에서의 전압강하는 없다고 가정했을 때, 이 솔레노이드가 기동할 때의 솔레노이드 단자전압은 얼마나 되겠는가? (단, 제어회로전압은 24[V]이며, 솔레노이드의 정격전류는 2.0[A]이고 배선의 [km]당 전기저항의 값은 상온에서 8.8Ω이라고 한다.)

| 정답

단자전압을 V[V]라고 하면

$$V = E - I \cdot r = 24 - 2 \times \frac{100 \times 2}{1,000} \times 8.8 = 20.48[\mathrm{V}]$$

∴ 20.48[V]

20. 3ϕ, 380[V], 60[Hz], 2P, 75[HP]의 스프링클러 펌프와 직결된 전동기가 있다. 이 전동기의 동기속도를 구하시오.

| 정답

동기속도 $= \dfrac{120f}{P}$ 에서

$$= \frac{120 \times 60}{2} = 3,600[\mathrm{rpm}]$$

- 동기속도를 [rpm]이라 하면

$N_S = \dfrac{120f}{P}$ [rpm]

여기서, f: 주파수[Hz]

P: 극수

- 회전속도를 N[rpm]이라 하면

$N = \dfrac{120f}{P}(1-S)$ [rpm]

여기서, f: 주파수[Hz]

P: 극수

S: 슬립

21. 3상 380[V] 30[kW] 스프링클러 펌프 유도전동기 기동방식은 일반적으로 어떤 방식이 이용되며 전동기의 역률이 60[%]일 때, 역률을 90[%]로 개선할 수 있는 전력용 콘덴서의 용량은 몇 [KVA]이겠는가?

| 정답

- 기동방식: 기동보상기 기동법
- 콘덴서 용량[KVA] $= P[kW] \cdot \left(\frac{\sqrt{1-\cos^2\theta_1}}{\cos\theta_1} - \frac{\sqrt{1-\cos^2\theta_2}}{\cos\theta_2}\right)$에서

$$= 30 \cdot \left(\frac{\sqrt{1-0.6^2}}{0.6} - \frac{\sqrt{1-0.9^2}}{0.9}\right) = 25.470$$

∴ 25.47[KVA]

[전동기 기동법]

① 전전압기동(직입기동): 전동기 용량이 3.75[kW] 이하(5[HP] 이하)에 채택되는 기동방식)

② Y-△기동: 전동기 용량이 5[kW] 이상 15[kW] 이하(7.5[HP]~20[HP])에 채택되는 기동방식

③ 기동보상기 기동: 전동기 용량이 15[kW] 이상(20[HP])에 채택되는 기동방식

22. 할론소화설비, 분말소화설비, 이산화탄소소화설비 등에 사용되는 교차회로 방식의 목적을 쓰고, 간단한 그림을 그리고 설명하시오.

| 정답

- 목적: 감지기 오동작으로 인한 설비의 작동방지
- 도해

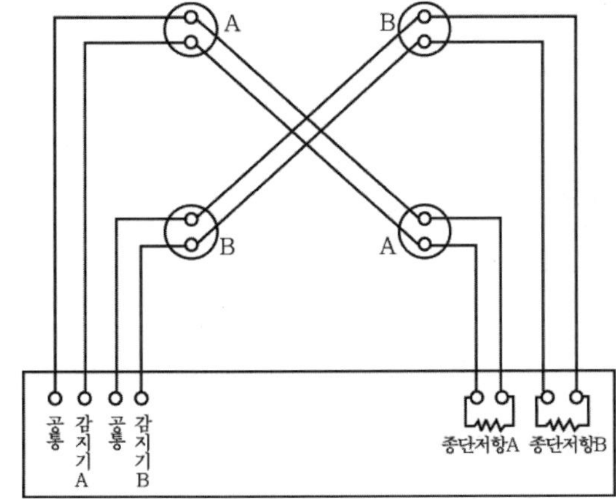

- 교차회로 방식: 하나의 방호구역내에 2 이상의 화재감지기 회로를 구성하여 인접한 2 이상의 화재감지기가 동시 작동 시 설비를 작동시키는 회로방식

23. 통신설비 할론가스소화설비의 자동기동장치로 화재감지기를 설치하였을 경우 다음 물음에 답하시오.

(1) 화재감지기 회로방식은 어떻게 하여야 하는가?

(2) 사용할 수 있는 감지기 종류를 3가지만 쓰시오.

| 정답

(1) 교차회로방식

(2) 광전식 스포트형 감지기, 연복합형 감지기, 광전식 분리형 감지기

[감지기 적응성]

전화기계실, 통신기실, 전산기실, 기계제어실, 케이블 샤프트 등은 연기감지기(특히 광전식)를 사용할 것

24. 다음 그림은 할론소화설비 기동용 연기감지기의 회로를 잘못 결선한 그림이다. 잘못 결선된 부분을 바로잡아 옳은 결선도를 그리고 잘못 결선한 이유를 설명하시오. (단, 종단저항은 제어반 내에 설치된 것으로 본다.)

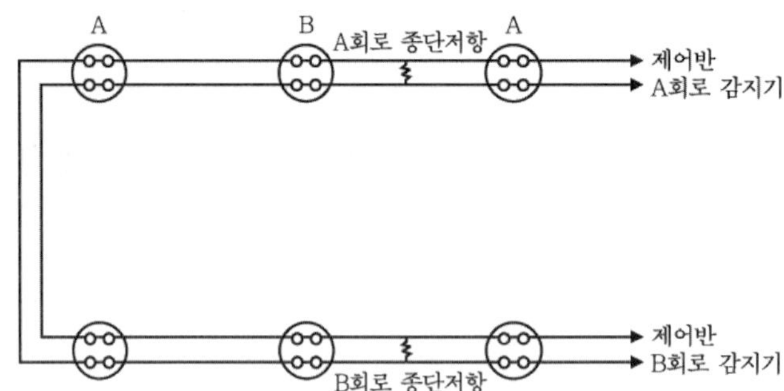

| 정답

• 하나의 방호구역 내에 2회로 이상으로 교차회로방식을 채택해야 함

• 종단저항은 감지기 회로 끝에 설치해야 함

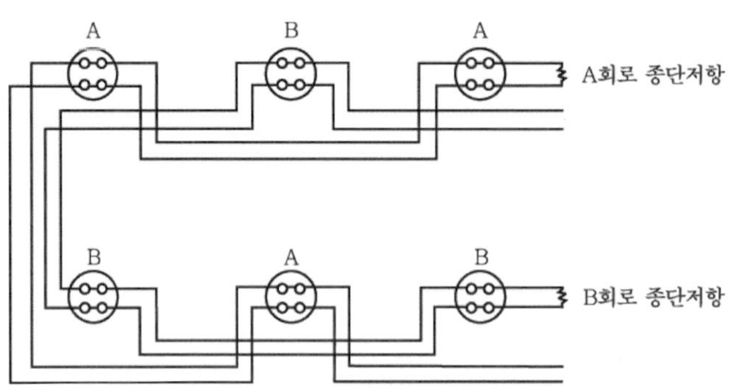

25. 할론 1301 설비에 설치되는 사이렌과 방출표시등의 설치 위치와 설치 목적을 간단하게 설명하시오.

| 정답

(1) 사이렌
  ① 설치 위치: 방호구역 내에 1개 이상
  ② 설치 목적: 화재 발생 시 방호구역 내의 인원을 대피시키기 위함

(2) 방출표시등
  ① 설치 위치: 방호구역 외의 출입구 상부에 설치
  ② 설치 목적: 방호구역 내로 진입을 금지시키기 위함

26. 수신기로부터 배선거리 100m의 위치에 모터 사이렌이 접속되어 있다. 사이렌이 명동될 때의 사이렌의 단자 전압을 구하시오. (단, 수신기는 정전압 출력이라 하고 전선은 1.6mm HIV 전선이며, 사이렌의 정격전력은 48W라고 가정하고, 전압변동에 의한 부하전류의 변동은 무시하며 1.6mm 동선의 km당 전기저항은 8.75Ω이라고 한다.)

| 정답

$$V = E - I \cdot r$$
$$= 24 - \left\{\frac{48}{24} \times \left(\frac{100 \times 2}{1000} \times 8.75\right)\right\}$$
$$= 20.50[\mathrm{V}]$$
$$I = \frac{P}{V} = \frac{48}{24} = 2A$$
$$r = \frac{100 \times 2}{1000} \times 8.75$$
$$= 1.75\Omega$$

27. 할론소화설비의 구역 방출표시는 어떻게 이루어지는지 간단히 설명하시오.

| 정답

방출된 할론가스의 압력에 의해 압력스위치가 작동하여 방출표시등을 점등시킴

[약제 방출 시 방출표시등 점등 경로]

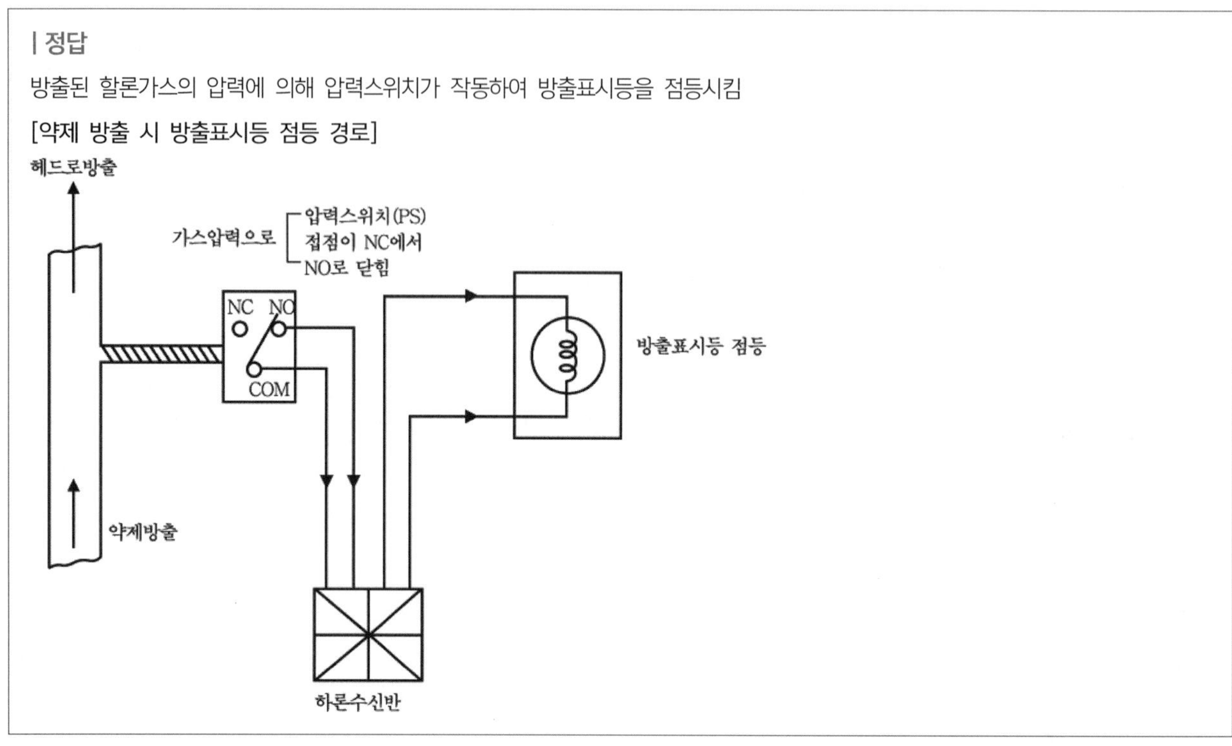

28. 옥내소화전설비를 가압송수장치를 기동하는 데 필요한 전기적인 기기장치 등을 소화전함의 상부에 취부하려고 한다. 반드시 취부하여야 할 것 3가지를 쓰시오.

| 정답

- 기동표시등
- ON 스위치
- 위치표시등

29. 매분 15m³의 물을 높이 18m인 물탱크에 양수하려고 한다. 주어진 조건을 이용하여 다음 물음에 답하시오.

<조건>

- 펌프와 전동기의 합성효율 60%이다.
- 전동기의 전부하 역률은 80%이다.
- 펌프의 축동력은 15%의 여유를 둔다고 한다.

(1) 필요한 전동기의 용량은 몇 [kW]인가?

(2) 부하용량은 몇 [kVA]인가?

(3) 전력공급은 단상변압기 2대를 사용하여 V결선하여 공급한다면 변압기 1대의 용량은 몇 [kVA]인가?

| 정답

(1) 전동기 용량을 P[kW]라고 하면

$$P = \frac{rQHK}{102 \times 60\eta} = \frac{1000QHK}{102 \times 60\eta} \text{에서}$$

$$= \frac{1000 \times 15 \times 18 \times (1+0.15)}{102 \times 60 \times 0.6} = 84.558$$

∴ 84.56[kW]

(2) 부하용량 P_a[kVA]에서

$$P_a = \frac{\text{유효전력}}{\text{역률}} = \frac{P}{\cos\theta} \text{에서}$$

$$= \frac{84.56}{0.8} = 105.700$$

∴ 105.70[kVA]

(3) 변압기 1대용량 P_V[kVA]에서

$$P_V = \frac{P}{\sqrt{3}\cos\theta} = \frac{P_a}{\sqrt{3}} \text{에서}$$

$$= \frac{105.70}{\sqrt{3}} = 61.025$$

∴ 61.03[kVA]

30. 이산화탄소소화설비의 제어반에서 수동으로 기동스위치를 조작한 후 기동용기가 개방되지 않는 전기적 원인을 4가지 쓰시오. (단, 제어반의 회로기판은 정상이다.)

| 정답

- 제어반에 공급되는 전원차단
- 기동스위치의 접점불량
- 기동용 시한계전기(타이머)의 불량
- 제어반에서 기동용 솔레노이드에 연결된 배선의 단선
- 제어반에서 기동용 솔레노이드에 연결된 배선의 오접속
- 기동용 솔레노이드의 코일 단선
- 기동용 솔레노이드의 절연파괴

31. 화재감지기 회로를 교차회로방식으로 하지 않아도 되는 감지기 종류를 5가지 쓰시오.

| 정답

- 불꽃감지기
- 정온식 감지선형 감지기
- 분포형 감지기
- 복합형 감지기
- 광전식 분리형 감지기
- 아날로그방식의 감지기
- 다신호방식의 감지기
- 축적방식의 감지기

32. 준비작동식 스프링클러소화설비이다. 다음 물음에 답하시오.

(1) 교차회로방식이 무엇인지 설명하시오.

(2) 감시제어반에서 도통시험 및 작동시험을 하여야 할 곳을 5가지를 쓰시오.

| 정답

(1) 하나의 준비작동식 유수검지장치의 담당구역 내에 2 이상의 화재감지기회로를 설치하고 인접한 2 이상의 화재감지기가 동시에 감지되는 때에 준비작동식 유수검지장치가 개방·작동되는 방식

(2)
- 기동용 수압개폐장치의 압력스위치회로
- 수조 또는 물올림탱크의 저수위감시회로
- 준비작동식 유수검지장치의 압력스위치회로
- 일제개방밸브를 사용하는 설비의 화재감지기회로
- 급수 개폐표시형밸브의 폐쇄상태 확인회로

33. 다음은 이산화탄소 소화설비에 대한 설명이다. (   ) 안에 알맞은 용어를 쓰거나 물음에 답하시오.

(1) 전역방출방식에 있어서는 (①)마다, 국소방출방식에 있어서는 (②)마다 설치할 것
(2) 기동장치의 조작부 설치 높이를 쓰시오.
(3) 자동식 기동장치의 타이머를 순간 정지시키는 기능의 스위치(비상스위치)를 설치하는 목적을 쓰시오.

| 정답

(1) ① 방호구역 ② 방호대상물
(2) 바닥으로부터 높이 0.8m이상 1.5[m] 이하
(3) 기동스위치 오작동으로 소화약제의 방출을 지연시키기 위함

34. 전동기의 종합점검 시 점검하여야 할 점검항목을 3가지만 쓰시오.

| 정답

- 베이스에 고정 및 커플링 결합 상태
- 원활한 회전 여부
- 운전 시 과열 발생 여부
- 베어링부의 윤활유 충진 상태 및 변질 여부
- 본체의 방청의 보존 상태

Part 03

소방전기시설의 운용관리

Chapter 01 시퀀스제어

Chapter 02 기계기구 · 회로점검 및 조작

Chapter 03 기술공무관리

Chapter 01 시퀀스제어

1 용어

(1) 개로(open, off)

전기회로의 일부 또는 전부를 스위치, 계전기 등으로 여는 것이다.

(2) 폐로(close, on)

전기회로의 일부 또는 전부를 스위치, 계전기 등으로 닫는 것이다.

(3) 여자(exciting)

전자계전기, 전자개폐기 등의 전자코일에 전류가 흘러서 전자석이 되는 것이다.

(4) 소자(demagnetizing)

전자코일에 흐르고 있는 전류를 차단하여 자기력을 잃게 하는 것이다.

(5) 기동(starting)

기기 또는 장치를 정지 상태에서 운전 상태로 하는 것이다.

(6) 운전(running)

기기 또는 장치가 소정의 작용을 하고 있는 상태이다.

(7) 차단(break)

개폐기류를 조작하여 전기회로를 열어 전류가 통하지 않는 상태로 유지하는 것이다.

(8) 투입(closing)

개폐기류를 조작하여 전기회로를 닫아, 전류를 통하는 상태가 되도록 하는 것이다.

(9) 연동(interlock)

복수의 동작을 관련시키는 것으로, 어떤 조건이 갖추어졌을 때 동작을 진행 또는 유지시키는 것이다.

2 제어용 기기

1. 수동스위치

수동스위치는 사람이 손으로 조작하여 제어장치에 신호를 넣어 주는 기구로서, 복귀형 수동스위치와 유지형 수동스위치가 있다.

(1) 복귀형 수동스위치(PBS)

복귀형 수동스위치는 누르고 있는 동안만 회로가 닫히고, 놓으면 즉시 본래대로 돌아오는 스위치로서 누름버튼스위치가 대표적인 예이다.

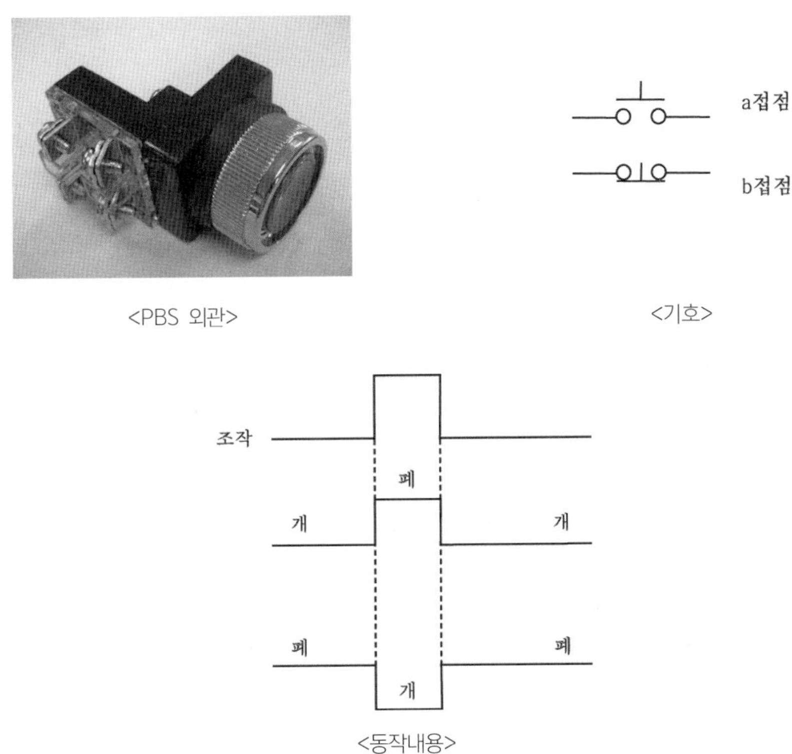

<PBS 외관>

<기호>

<동작내용>

① a 접점의 작동

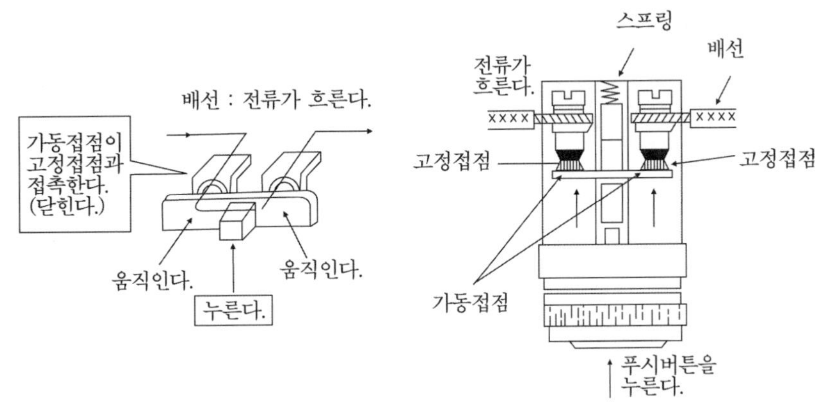

② b 접점의 작동

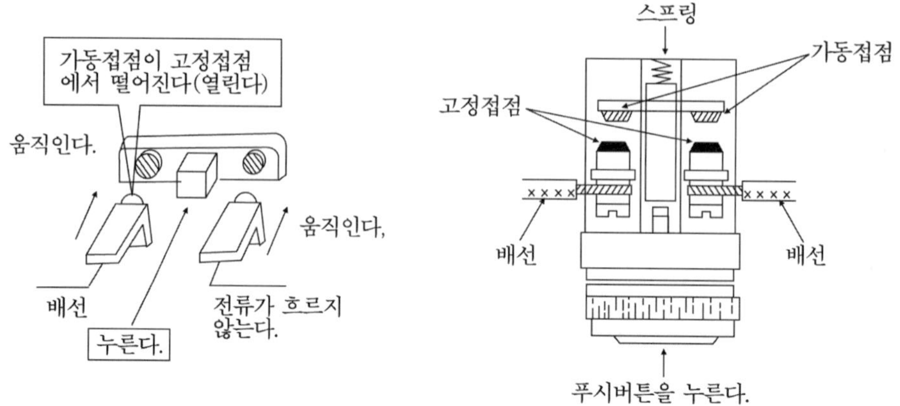

(2) 유지형 수동스위치(PBS)

유지형 수동스위치는 사람이 수동으로 조작을 하면, 반대로 조작할 때까지 접점의 개폐 상태가 그대로 유지되는 스위치로 셀렉터 스위치(selector switch), 나이프 스위치(knife switch) 등이 있다.

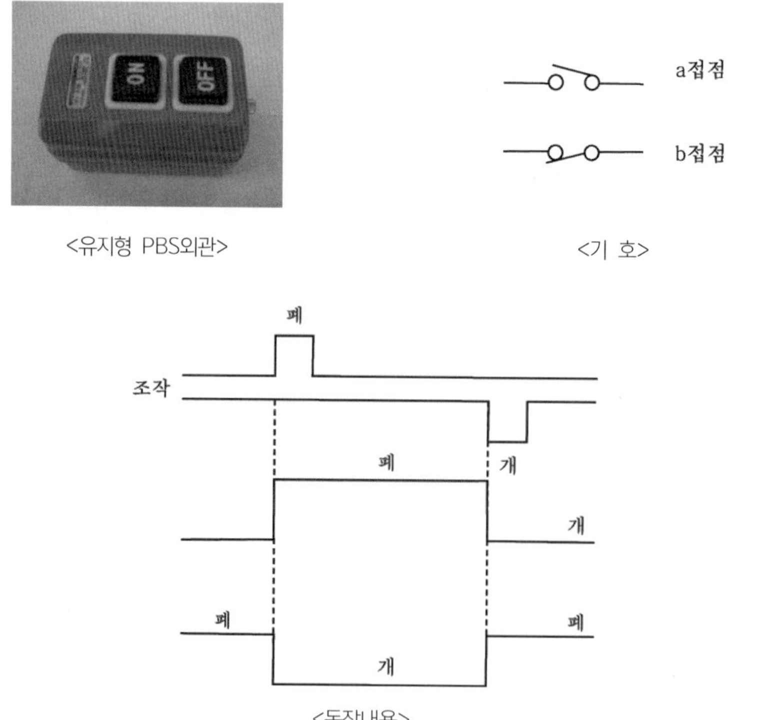

<유지형 PBS외관>

<기 호>

<동작내용>

2. 검출스위치

검출스위치는 제어대상의 상태 또는 변화를 검출하기 위한 것으로서 위치, 액면, 압력, 온도, 전압 그 밖의 여러 가지 제어량을 검출하여 전기적 신호로 바꾸어 주는 스위치이다.

(1) 리밋스위치(Limit Switch: LS)

리밋스위치는 기계적 운동을 전기적 신호로 바꾸어 주는 것으로 기계량의 검출에 사용된다(방화셔터, 탬퍼스위치 등).

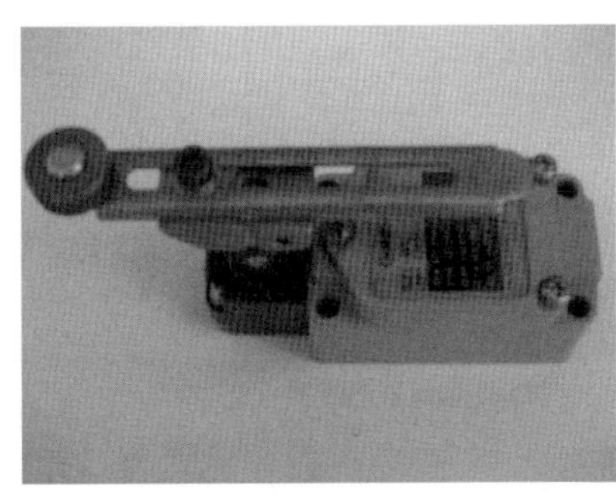

<리밋스위치 외관>

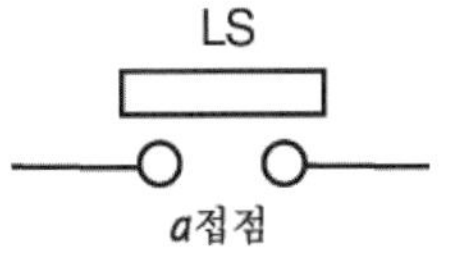

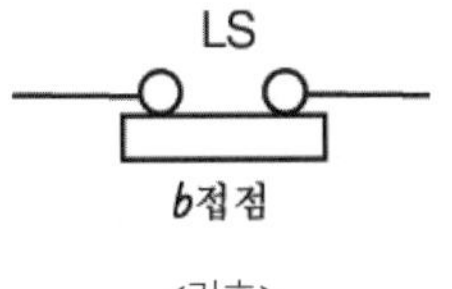

<기호>

(2) 액면스위치

액면을 검출하기 위한 액면스위치는 검출방식에 따라 플로트(float)식, 전극식(floatless)으로 나눈다.

<floatless S/W 외관>

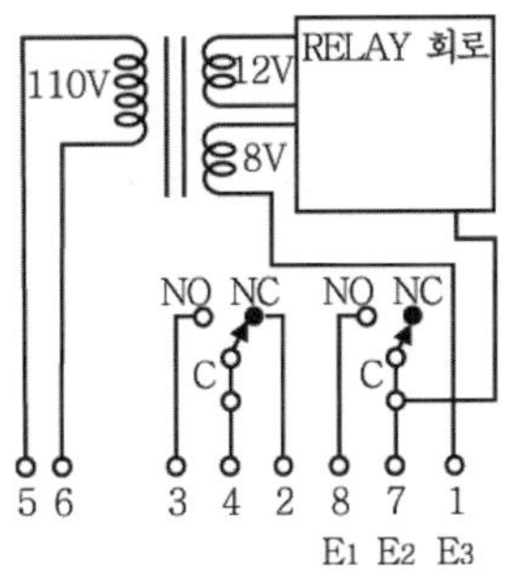

<내부결선도>

3. 제어용 계전기

(1) 전자계전기(electro magnetic relay)

전자계전기는 전자력에 의하여 접점을 개폐하는 스위치의 기능을 가지는 장치를 말하는 것으로서 기본 구조에 따라 힌지형(hinge type), 플런저형(plunger type)으로 나눈다.

① 힌지형 전자계전기

힌지형은 전자석과 접점기구로 구성되어 있으며 동작은

┌ 코일이 여자되면 a 접점은 폐로되고 b접점은 개로 ┐
└ 코일이 소자되면 a 접점은 개로되고 b접점은 폐로 ┘

되는 계전기로 일반적으로 제어계전기라 한다.

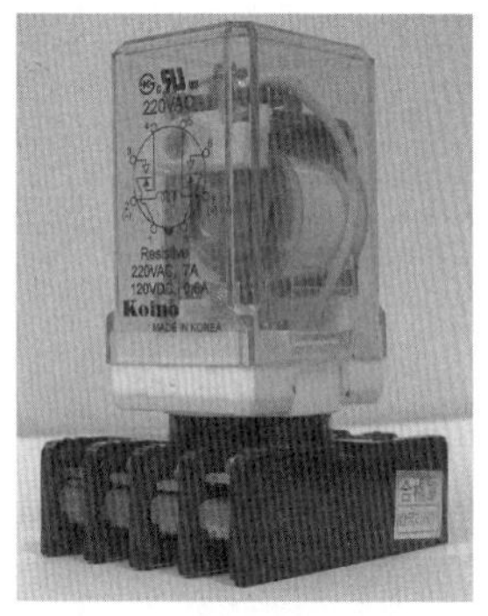
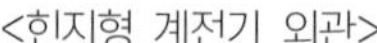
<힌지형 계전기 외관>

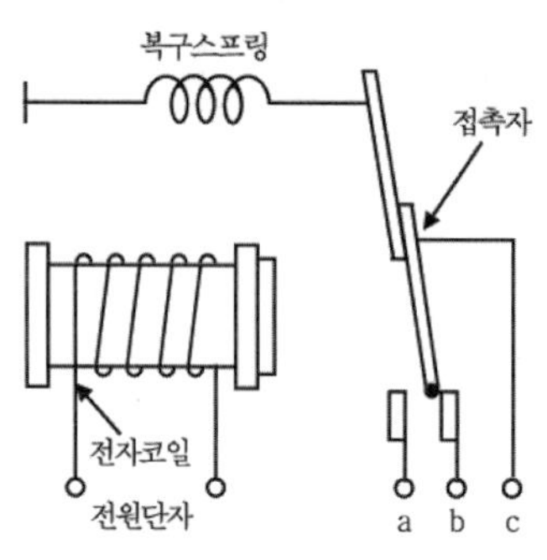

<구조>

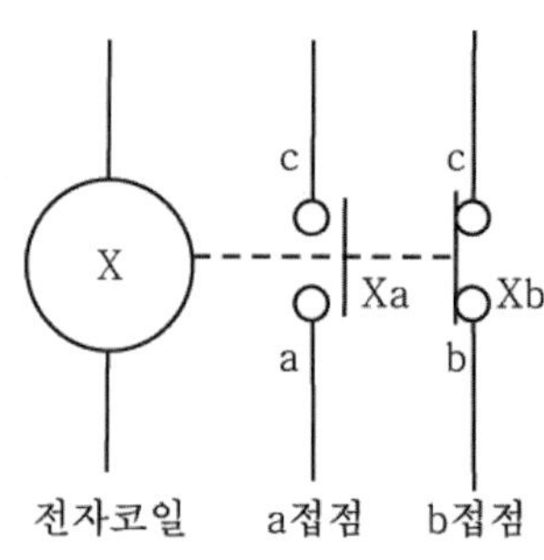

<구조>

아래 그림은 전자계전기 a 접점과 b 접점을 사용하여 전등점멸회로를 구성한 예를 시퀀스도로 보여 주고 있다. 전자계전기의 a 접점 회로에는 적색등을 접속하고, b 접점 회로에는 녹색등을 접속한 다음 전자코일의 회로에는 a 접점 푸시버튼 스위치를 연결하여 회로를 개폐한다. 이 회로에서 a 접점 푸시버튼 스위치를 누르면 전자코일이 여자되고, 접점들이 동작하여 적색등은 켜지고 녹색등은 꺼지게 된다. 또한, 누르고 있던 푸시버튼 스위치에서 손을 떼면 전자코일은 여자 상태를 잃고 접점들은 원래 상태로 복귀되어 적색등은 꺼지고 녹색등은 다시 켜진다.

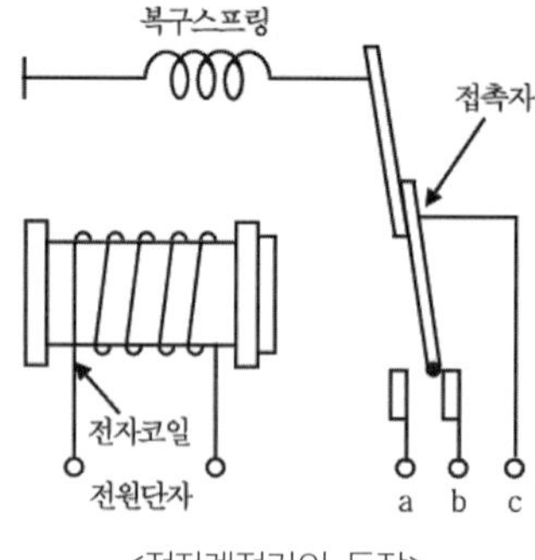

<전자계전기의 동작>

② 플런저형 전자계전기

플런저형은 구조와 같이 플런저라 하는 가동철심, 고정철심과 접점기구로 구성되어 있으며

┌ 코일이 여자되면 가동철심이 고정철심에 흡인되며(a 접점: 폐로, b 접점: 개로) ┐
└ 코일이 소자되면 가동철심은 복귀스프링의 힘에 의하여 복귀하는(a 접점: 개로, b접점: 폐로) ┘

직선운동을 하여 접점이 개폐되는 계전기이다. 기호는 힌지형과 동일하다.

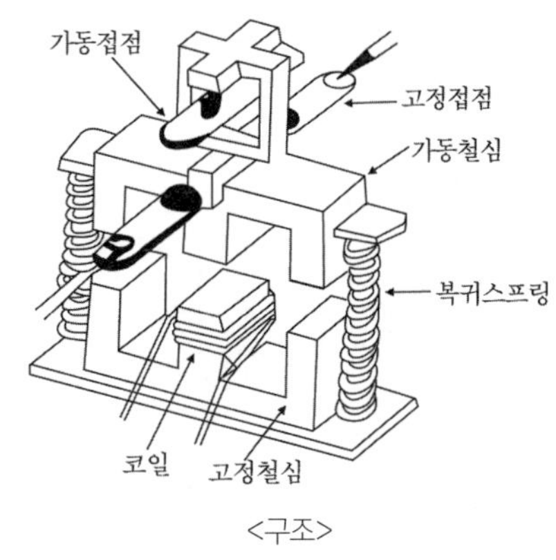

<구조>

(2) 전자접촉기(MC)

전자접촉기(Electromagnetic Contactor)는 전자계전기와 같이 전자석에 의한 철편의 흡인력을 이용해서 접점을 개폐하는 기능을 가진 기기로서 전자계전기에 비해 개폐하는 회로의 전력이 매우 큰 회로에 사용되며, 빈번한 개폐 조작에도 충분히 견딜 수 있는 구조로 되어 있다.

전자접촉기는 전자 코일과 여러 개의 접점으로 구성되어 있으며, 주접점은 주회로의 큰 전류를 개폐하고, 보조접점은 제어회로 전류를 개폐하게 된다.

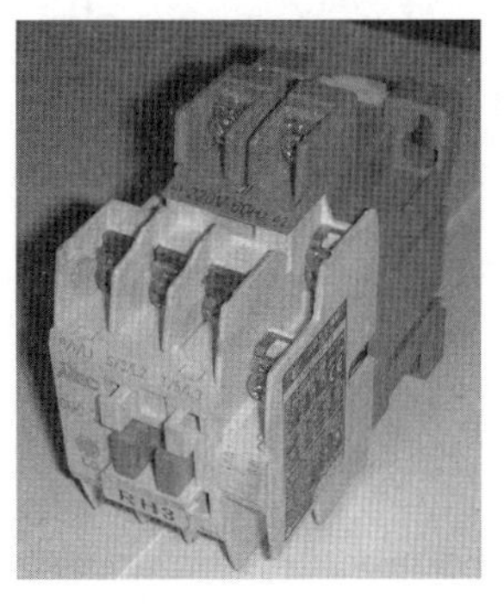

<전자접촉기 외관>

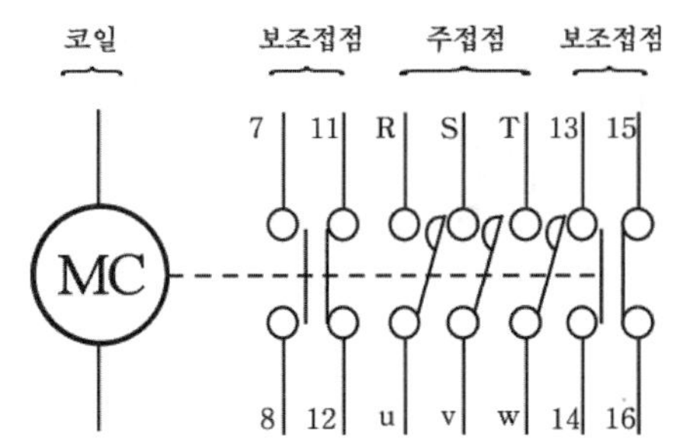

<전자접촉기의 기호>

그림은 전자접촉기의 전자코일과 접점의 그림기호로서 전자 코일에 전류가 흐르면 고정 철심과 가동 철심 사이에 자속이 통하여 자기 회로를 형성하고, 고정 철심은 전자석이 되어 가동 철심은 고정 철심에 붙게 된다.

이때

┌ 주접점이 닫히며(폐로) ┐
└ 보조접점 중 a 접점은 폐로되고 ┘
b 접점은 개로된다.

(3) 열동형 과전류 계전기(THR)

열동형 과전류 계전기는 히터와 바이메탈을 결합하여 만든 것으로, 히터부분에 과전류가 흐르면 바이메탈이 일정량 이상 구부러져서, 이것에 연동하는 접점이 동작하여 회로를 끊어주는 역할을 하는 계전기로서 전동기소손을 방지할 목적으로 많이 사용된다.

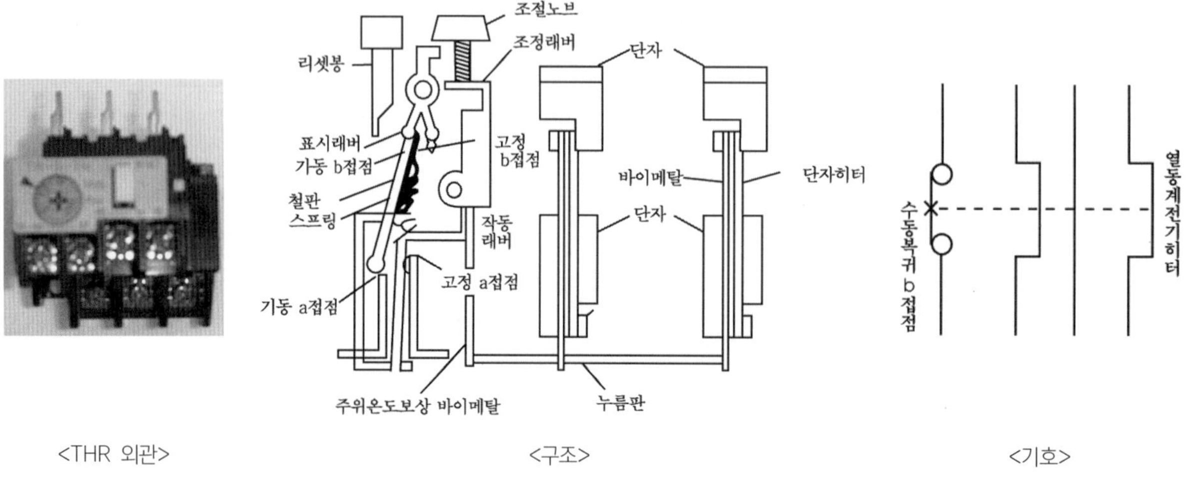

<THR 외관> <구조> <기호>

(4) 전자개폐기(electroMagnetic Switch: MS)

전자개폐기는 전자접촉기(MC)에 열동형 과전류 계전기(THR)를 조합한 것을 말하며 전동기등의 과부하 보호장치를 가진 주회로용 스위치를 말한다.

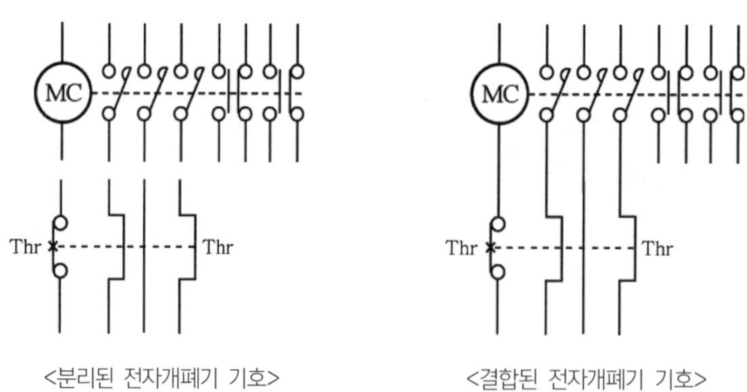

<분리된 전자개폐기 기호> <결합된 전자개폐기 기호>

(5) 한시계전기(TLR)

전원을 넣은 후 미리 정해진 시간이 경과한 후에 회로를 전기적으로 개폐하는 접점을 가진 릴레이를 말하며 전동기식 타이머, 공기식 타이머, 오일식 타이머 등의 기계식 타이머와 전자회로에 콘덴서와 저항의 시상수(time constant)를 이용한 전자식 IC타이머가 사용되고 있다. 이러한 타이머는 시간지연회로라 하며 접점이 일정한 시간만큼 늦게(지연) 개폐된다.

<전자식 IC타이머 외관>

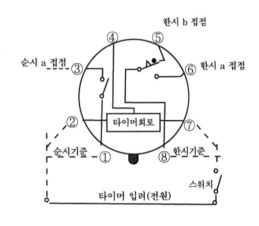

<내부접속도>

한시접점은 아래 그림에서 시간 t_1에서 계전기의 여자전압이 인가되면, 시간 t_2에서 계전기의 접점이 닫힌다고(폐로) 할 때 $t_2 - t_1$이 지연시간이다.

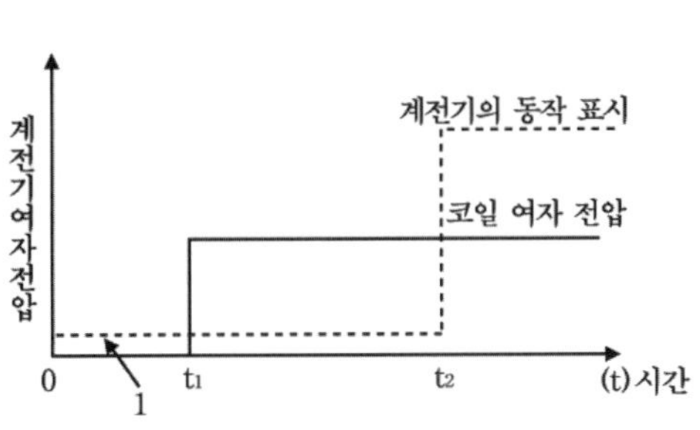

<한시적 접점>

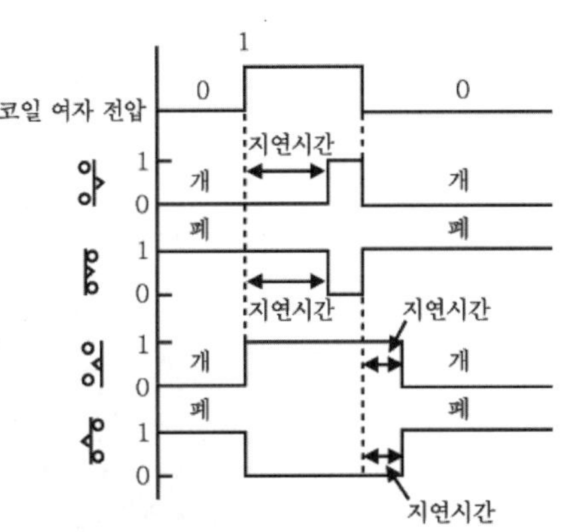

<한시접점의 종류>

구분	접점명	그림기호	시간적 동작 내용
계전기 코일			소자 여자 소자 여자
순시 동작-순시 복귀의 접점	a		개 폐 개 폐
	b		폐 개 폐 개
한시 동작-순시 복귀의 접점	a		개 폐 개 폐
	b		
순시 동작-한시 복귀의 접점	a		개 폐 개 폐
	b		

4. 배선용 차단기(Molded-Case Circuit Breaker: MCCB)

(1) 배선용 차단기

배선용 차단기란 개폐기구, 트립장치 등을 절연물 용기 속에 일체로 조립한 기중차단기로 부하전류의 개폐를 하는 전원 스위치로 사용하는 외에 단락전류에 대해서는 즉시, 과전류에 대해서는 전기회로 또는 모터의 열 특성에 맞추어 반한시 특성을 갖고 작동하여 확실하고 안전하게 회로를 보호하는 것으로서 일명 NFB라고도 한다.

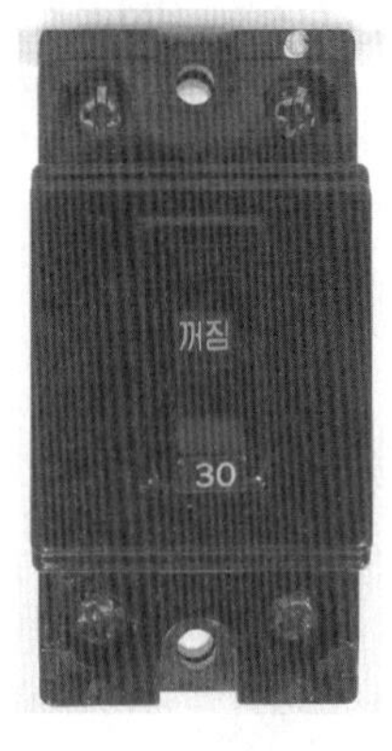

<배선용 차단기의 외관>

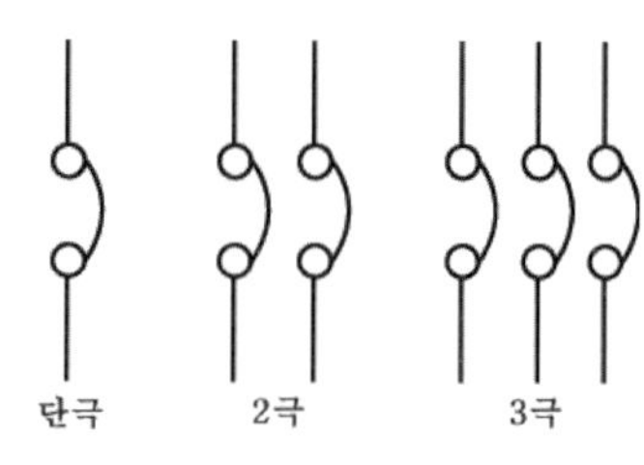

<기호>

(2) 특징

① 과전류, 단락전류에 대한 차단성능이 우수하다.
② 동작시 수동으로 복귀가 간단하다.
③ 퓨즈가 필요치 않다.
④ 기기의 신뢰도가 크다.
⑤ 기기의 수명이 길다.

5. 단자대(terminal block)

전류가 출입하는 출입구를 터미널 블록 또는 단자대라 한다. 접속하는 방법에는 압착단자에 의한 방법, 링고리에 의한 방법, 누름판 압착방법 등 여러가지가 있다.

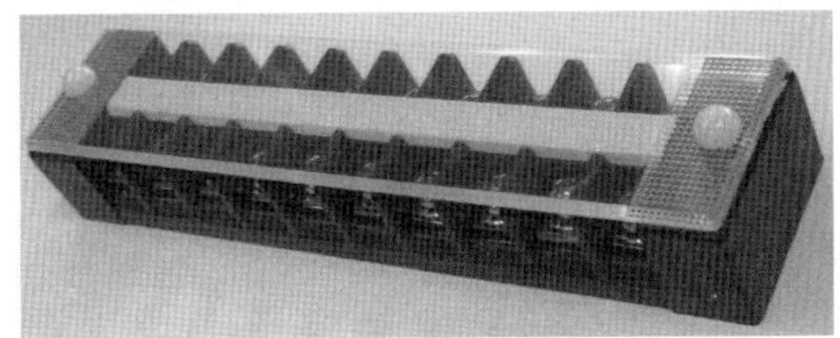

<단자대 외관>

3 접점

개폐접점 명칭		그림기호		설명
		a 접점	b 접점	
수동조작개폐기 접점	전력용 접점			접점조작을 개로나 폐로로 수동으로 하는 접점 예 나이프 스위치 등
	수동조작 자동복귀 접점 (푸시형)			수동조작하면 폐로 또는 개로되지만, 손을 떼면 스프링 등의 힘으로 자동적으로 복귀되는 접점(자동복귀하므로 특히 자동복귀의 표시는 불필요)
전자릴레이 접점	계전기 접점			전자릴레이가 여자(전자코일에 전류를 보냄)되면, a 접점은 닫히고 b 접점은 열리고, 소자(전자코일의 전류를 끊음)되면 본래의 상태로 복귀하는 접점
	수동복귀 접점			전자릴레이가 여자되면 폐(a 접점) 또는 개(b 접점)하지만, 소자해도 기계적 또는 자기적으로 유지해서 다시 수동으로 복귀조작을 하거나, 전자코일을 여자하지 않으면 본래의 상태로 돌아가지 않는 접점 예 수동복귀의 열동계전기 접점

한시릴레이 접점	한시동작 접점			전자릴레이 중 소정의 입력이 주어진 후 접점이 폐로 또는 개로하는데, 특히 시간 간격을 둔 것을 시한릴레이(타이머)라고 함 • 한시동작 접점: 시한릴레이가 동작할 때 시간지연(시한)이 생기는 접점 • 한시복귀 접점: 시한릴레이가 복귀할 때 시간지연(시한)을 일으키는 접점
	한시복귀 접점			

4 자동제어기구의 번호와 기능

기구번호	기구 이름	기능
2	시동 또는 닫아 주는 시한계전기	시동 또는 닫아 주어 개시 전에 시간의 여유를 주는 것
3	조작개폐기	기기를 조작하는 것
4	주제어회로용 접촉기 또는 계전기	주제어 회로를 개폐하는 것
27	교류 부족 전압 계전기	교류 전압이 부족할 때 동작하는 것
33	위치 스위치 또는 위치 검출기	위치와 관련하여 개폐하는 것
43	제어회로 전환 접촉기, 개폐기 또는 계전기	자동에서 수동으로 바꾸는 것과 같이 제어회로를 전환하는 것
49	회전기의 온도 계전기	회전기의 온도가 예정 온도보다 높거나 낮을 때 동작하는 것
52	교류 차단기 또는 접촉기	교류 회로를 차단하는 것
62	정지 또는 열어 주는 시한계전기	정지 또는 열어 주어 개시 전에 시간의 여유를 주는 것
88	보조기계용 접촉기 또는 개폐기	보조 기계의 운전용 접촉기 또는 개폐기
89	단로기	직류 또는 교류 회로용 단로기

5 기본회로

1. 자기유지회로

이 회로는 기동용 푸시버튼스위치 PB_1을 누르면, 전자 계전기의 코일 MC가 여자된다. 이 때, 코일이 여자됨에 따라 a 접점이 닫혀 자기 유지회로가 형성되고, PB_1에서 손을 떼더라도 코일 MC는 계속 여자된다. 반면에 정지용 푸시버튼 스위치 PB_2를 누르면 코일 MC를 여자시키던 전류는 끊어지고 자기 유지가 해제되며, PB_1을 다시 누르는 경우에만 자기 유지회로가 다시 형성된다. 이와 같은 자기유지회로는 전동기의 기동, 정지운전회로에 매우 많이 사용되는 회로이다.

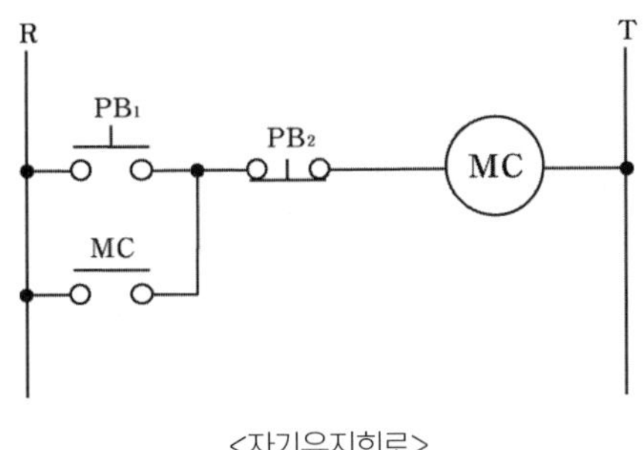

<자기유지회로>

2. 인터록(interlock)회로

인터록(interlock)회로란, 2개의 계전기 중에서 먼저 여자된 쪽에 우선 순위가 주어지고, 다른 쪽의 동작을 금지하는 회로로서 그림과 같이 코일 R_1을 여자시키면 코일 R_2를 여자시킬 수 없고, 이와는 반대로 코일 R_2를 여자시키면 코일 R_1을 여자시킬 수 없다. 단지 정지용 푸시버튼 스위치 PB_3을 눌러서 우선적으로 여자된 코일을 해제한 다음에는 다른 코일을 여자시킬 수 있다. 이와 같은 인터록회로는 전동기의 정 · 역운전회로에 많이 사용된다.

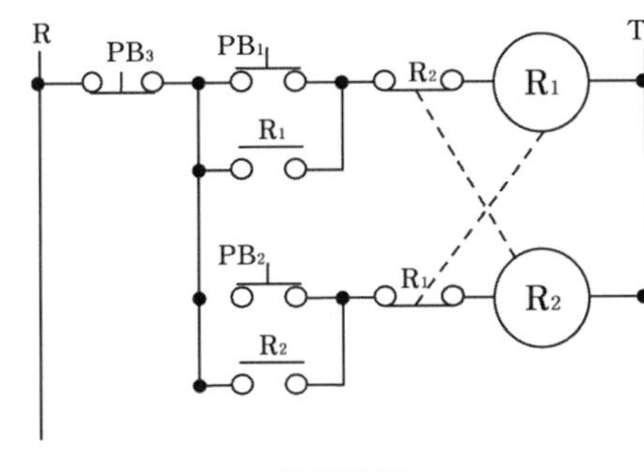

<인터록회로>

3. 병렬우선회로

2개의 입력 중 먼저 동작한 쪽이 우선하고 다른 계전기의 동작을 금지하는 회로이다.

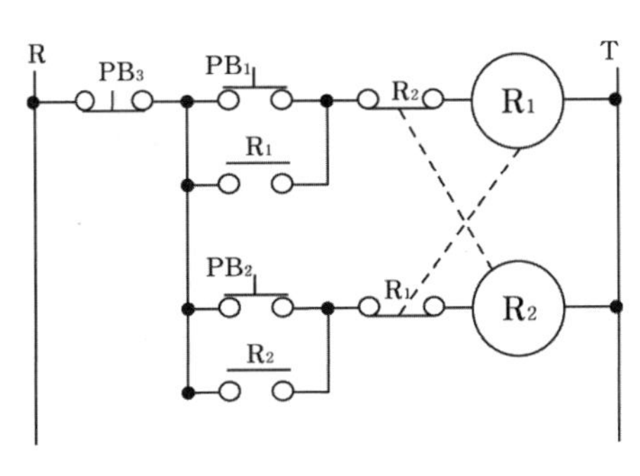

<시퀀스도>

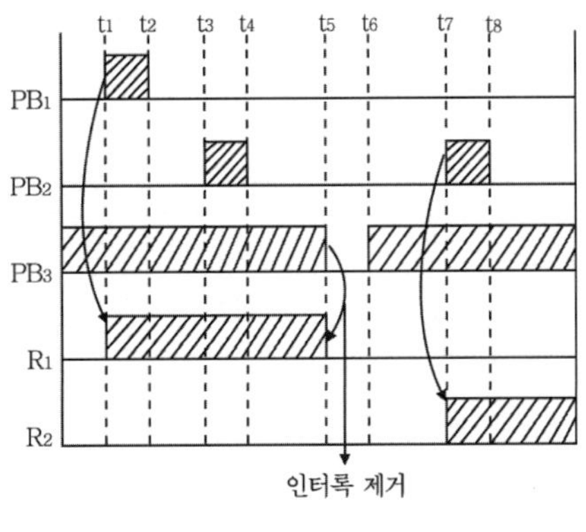

<타임차트>

참고 동작설명

전자릴레이 R_1과 전자릴레이 R_2의 b 접점과 직렬로 접속시키고, 전자릴레이 R_2와 전자릴레이 R_1의 b 접점을 직렬로 접속시켜 입력신호가 우선한 전자릴레이가 먼저 동작하여 다른 계전기쪽의 회로를 개로시켜 동작을 금지시킨다.

4. 신입력우선회로

먼저 진행되고 있는 조건을 해제하고 새로 주어진 입력신호가 항상 우선하는 회로이다.

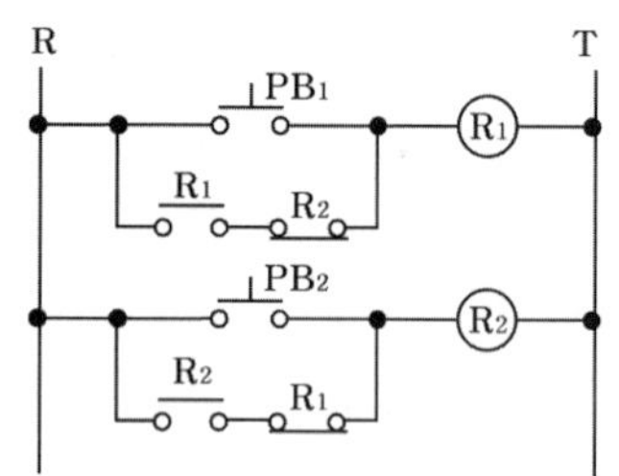

<시퀀스도>

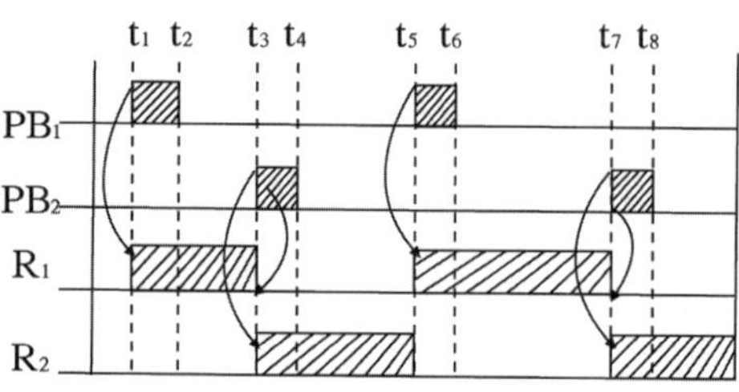

<타임차트>

참고 동작설명

나중에 ON조작을 한 PB의 회로가 우선되고 지금까지 동작하고 있던 회로는 정지한다.

5. 직렬우선회로

전원 측에 가까운 계전기부터 순차적으로 동작되어 나가는 회로를 말한다.

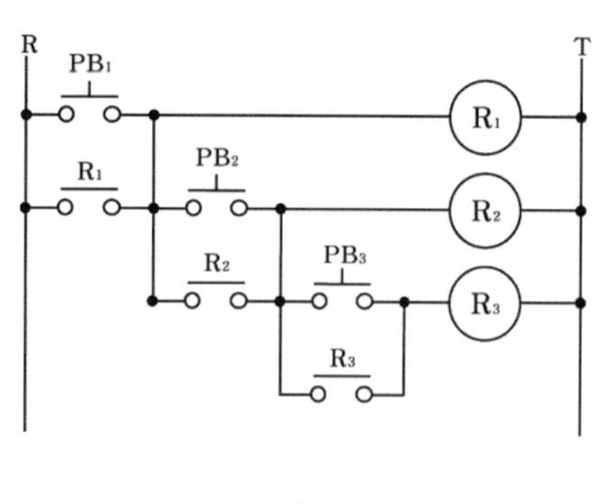

<시퀀스도>

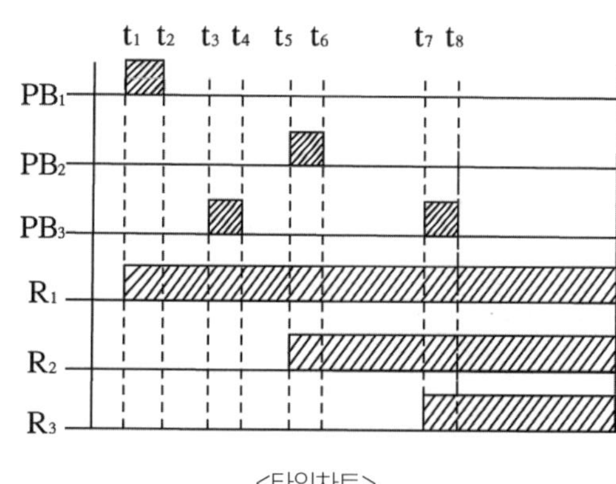

<타임차트>

6. 반복동작회로

타이머 2개를 이용하여 각각의 타이머에 주어진 설정 시간에 따라서 ON과 OFF를 반복하여 동작하는 회로를 반복동작회로라고 한다.

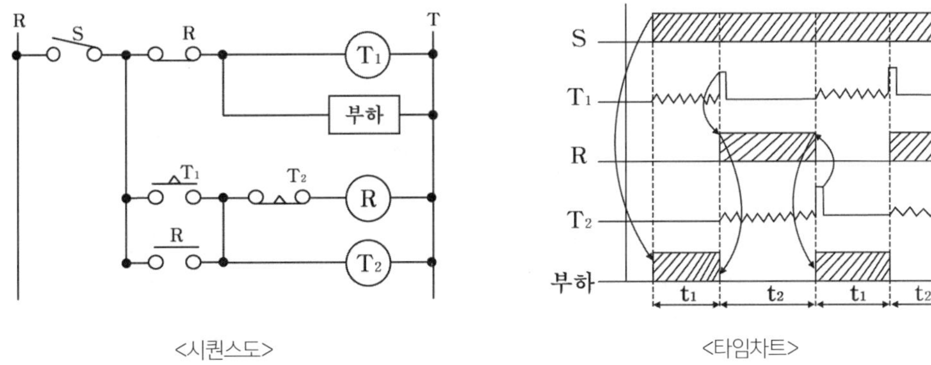

<시퀀스도> <타임차트>

참고 동작설명

(1) **시간 t_1**: 스위치 S의 ON과 동시에 타이머 T_1에 전류가 흐른다.
(2) **시간 t_2**: 타이머 T_1의 a 접점이 닫히고, 계전기 R을 여자한다. → 계전기 R의 b 접점이 열리고 타이머 T_1으로 흐르는 전류를 차단시키는 것과 동시에 계전기 R의 a 접점이 닫혀서, 부하와 타이머 T_2에 전류가 흐른다.
(3) **시간 t_1**: 타이머 T_2의 b 접점이 열리고 계전기 R을 소자한다. → 회로는 t_1의 상태로 복귀하고, 다시 타이머 T_1에 전류가 흐르기 시작한다.

이와 같은 회로는 연속 운전을 할 필요가 없는 환기 팬(fan)의 자동 반복운전이나 부품의 가공시간 중에만 정지시키는 콘베어의 자동 간헐 운전등에 이용할 수 있다.

7. 일정시간 동작회로

스위치 PB를 ON하면 계전기 R이 여자되어 자기 유지되는 것과 동시에 타이머와 부하에 전류가 흐른다. 그리고, 일정 시간이 지나면 타이머의 b 접점이 열리고, 자기 유지회로를 해제하여 부하에 흐르는 전류를 차단한다. 즉, PB를 ON하는 것과 동시에 동작하고, 타이머의 설정 시간 후에 정지하는 것을 일정시간 동작회로라 한다.

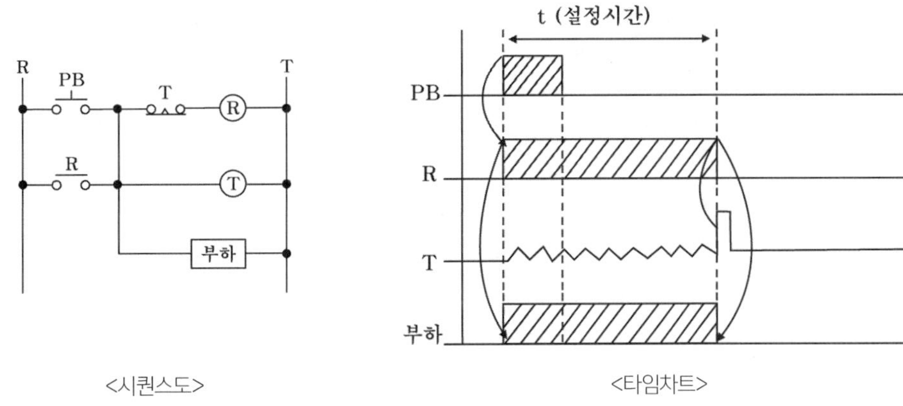

<시퀀스도> <타임차트>

6 전동기(모터)운전 시퀀스회로의 예

1. 원방조작에 의한 기동

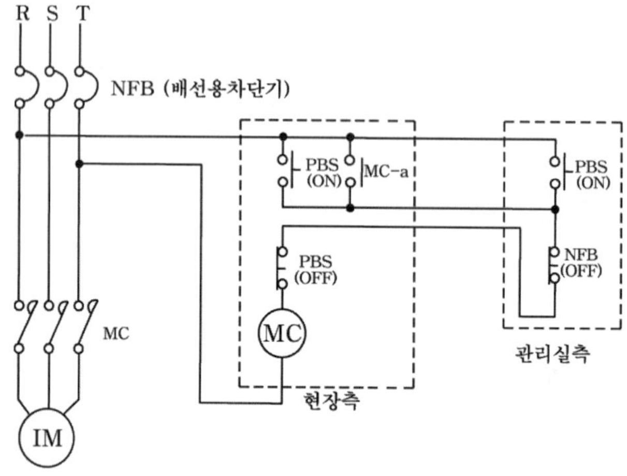

참고 동작설명

(1) 전동기 주회로의 배선용 차단기 NFB를 폐로시키고, 현장측 또는 관리실측의 PBS(ON)를 누르면 MC(전자접촉기)가 동작하여 MC-a(자기유지 접점)가 폐로되어 MC가 여자된다.
(2) MC가 여자되면 MC 주접점이 폐로되어 전동기가 동작된다.
(3) 현장측 또는 관리실측의 PBS(OFF)를 누르면 회로가 개로되어 MC가 소자되고 전동기가 정지하며 복구된다.

2. 전전압 기동

전동기 출력이 5[KW] 미만의 소형 전동기에 채택되는 기동방식이다.

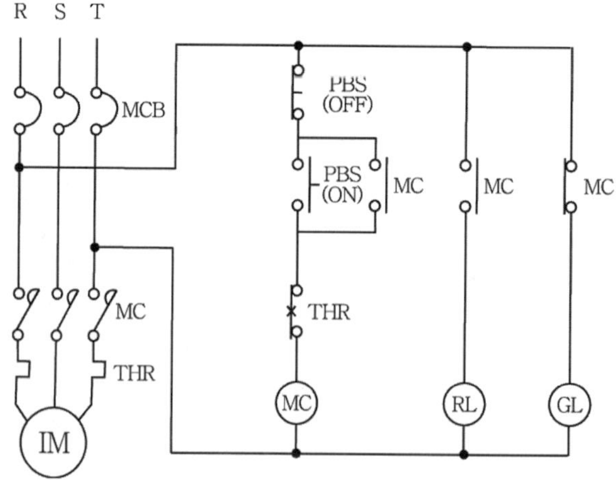

참고 동작설명

(1) 전동기 주회로의 배선용 차단기 MCB를 폐로시키면 GL(녹색표시등)이 점등된다.
(2) PBS(ON)를 누르면 MC(전자접촉기)가 동작하여 a 접점을 폐로시키므로 자기 유지됨과 동시에 RL(적색표시등)이 점등된다.
(3) MC(전자접촉기) 주접점이 폐로되므로 전동기는 기동된다.
(4) 전동기에 과부하 전류가 흐르면 THR(열동계전기)이 동작하여 b 접점이 개로되므로 MC가 소자되어 전동기가 정지된다.
(5) PBS(OFF)를 누르면 회로가 개로되어 MC가 소자되고 전동기가 정지하며 복구된다.

3. Y-Δ 기동

전동기 출력이 5[KW] 이상 15[KW] 이하에 채택되는 기동방식으로, Y로 기동하고 설정시간 후에 Δ로 운전하는 방식이다.

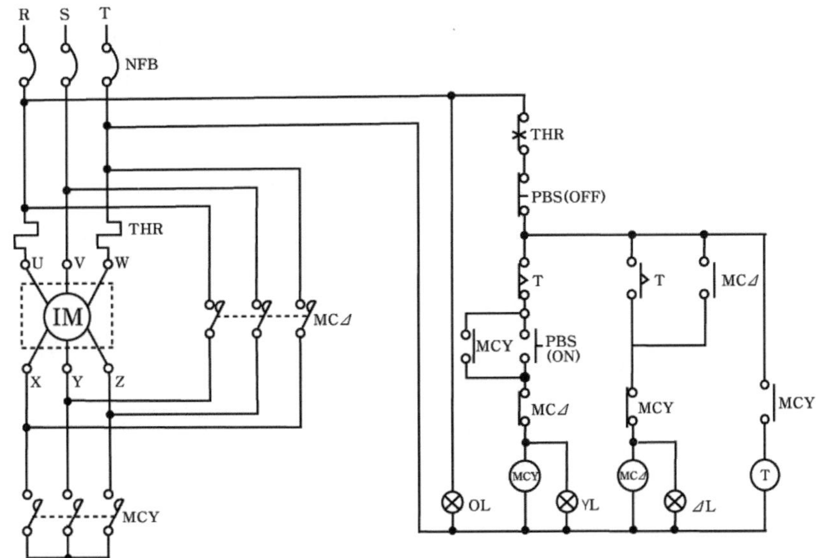

참고 동작설명

(1) 전동기 주회로의 배선용 차단기(NFB)를 투입하면 OL 표시등이 점등된다.
(2) PBS(ON)를 누르면 MCY(Y용 전자접촉기)가 동작하여 a 접점은 폐로되고 b 접점은 개로되며, 자기유지와 YL 표시등이 점등된다.
(3) MCY의 a 접점이 폐로되면 T(시한계전기, 타이머)가 동작하여 설정시간 동안 Y로 기동하고, 설정시간 후 MCΔ(Δ용 전자접촉기)로 운전된다.
(4) 전동기에 과부하 전류가 흐르면 THR(열동계전기)이 동작하여 b 접점이 개로되므로 전동기는 정지한다.
(5) PBS(OFF)를 누르면 회로가 개로되어 전동기가 정지하며 회로 전체가 원래대로 복구된다.

4. 정 · 역운전회로

정 · 역운전회로인 그림에서 배선용 차단기 MCB를 투입하고 정전용 푸시버튼 스위치 PB(F)를 누르면 전자접촉기 코일 MC(F)가 여자되어 주접점 MC(F)와 보조접점 MC(F)-a가 닫히고, 보조접점 MC(F)-b는 열리게 된다. 주접점 MC(F)가 닫히면 유도 전동기 IM은 정방향으로 운전이 되고, 정전 표시등 RL이 켜진다. 전동기의 회전방향을 바꾸기 위해서는 정지용 푸시버튼 스위치 STP를 눌러 전동기의 작동을 정지시킨 후, 역전용 푸시버튼 스위치 PB(R)를 누르면, 전자접촉기 코일 MC(R)가 여자되어 주접점 MC(R)와 보조접점 MC(R)-a는 닫히고, 보조접점 MC(F)-b는 열리게 된다. 주접점 MC(R)가 닫히면 유도전동기 IM은 역방향으로 운전이 되고, 역전표시등 OL이 켜진다.

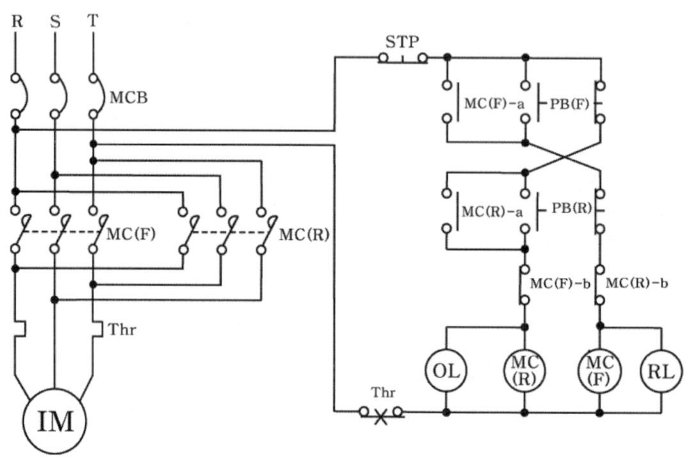

5. 양수제어회로

절환스위치에 의하여 양수펌프를 자동 또는 수동으로 제어하는 회로이다.

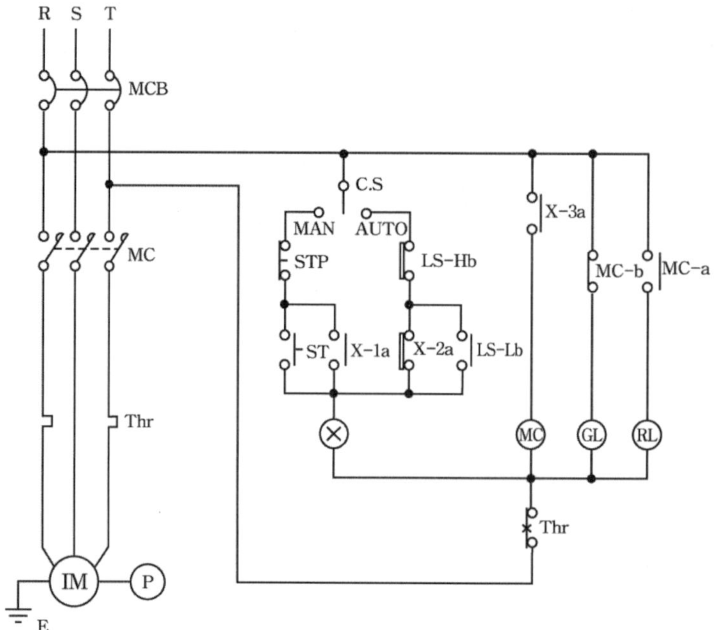

참고

(1) **배선용 차단기 MCB**: 회로에 전원을 투입한다.
(2) **전자접촉기 (MC)**: 모터의 주회로의 차단 및 연결에 사용된다.
(3) **열동형 계전기 Thr**: 과부하 시 회로를 차단시킨다.
(4) **보조릴레이 ⓧ**: 전자접촉기의 보조 작동을 행한다.
(5) **플로우트 스위치 LS-H**: 고수위 스위치로 탱크에 물이 최고 설정치 이상일 때 작동된다.
(6) **플로우트 스위치 LS-L**: 저수위 스위치로 탱크에 물이 최저수위 이상일 때 작동된다.
(7) **표시등 (GL) (RL)**: 정지 표시에는 (GL)이 쓰이고 작동 표시에는 (RL)이 쓰인다.

참고 동작설명(수동작동 시)

(1) 회로에 전원을 투입하기 위하여 배선용 차단기 MCB를 닫는다.
(2) 배선용 차단기 MCB를 넣으면 전원표시등 (GL)이 점등된다.
(3) 절환스위치 C.S를 수동쪽(MAN쪽)으로 한다.
(4) 기동스위치 ST를 눌러 회로에 전류를 흐르게 한다.
(5) ST를 누르면 릴레이 ⓧ가 작동된다.
(6) 릴레이 ⓧ가 작동되면 릴레이 ⓧ의 a 접점 X-1a가 닫히어 자기 유지된다.
(7) 동시에 ⓧ의 a 접점 X-3a도 닫힌다.
(8) X-3a가 닫히면 전자접촉기 (MC)가 작동된다.
(9) 전자접촉기 (MC)가 작동하면 주접점 MC가 닫힌다.
(10) 주접점 MC가 닫히면 모터 (IM)이 작동하고 펌프 ⓟ가 작동하여 양수가 시작된다.
(11) 전자접촉기 (MC)의 작동에 의하여 (MC)의 a 접점 MC-a가 닫힌다.
(12) MC-a가 닫히면 작동표시등 (RL)이 점등된다.
(13) 전자접촉기 (MC)의 작동에 의하여 (MC)의 b 접점 MC-b가 열린다.
(14) MC-b가 열리면 전원표시등 (GL)이 소등된다.

참고 동작설명(자동작동 시)

(1) 먼저 전원표시등 (GL)이 점등하고 있다.
(2) 절환스위치 C.S를 자동쪽(AUTO쪽)으로 한다.
(3) 하한스위치와 상한스위치의 접점 b 접점이므로 릴레이 ⓧ가 작동한다.
(4) 릴레이 ⓧ가 작동되면 릴레이 ⓧ의 a 접점 X-2a가 닫히어 자기 유지된다.
(5) 동시에 ⓧ와 a 접점 X-3a도 닫힌다.
(6) X-3a가 닫히면 전자접촉기 (MC)가 작동한다.
(7) 전자접촉기 (MC)가 작동하면 주접점 MC가 닫힌다.
(8) 주접점 MC가 닫히면 모터 (IM)이 작동하고 펌프 ⓟ가 작동하여 양수가 시작된다.
(9) 전자접촉기 (MC)의 작동에 의하여 (MC)의 a 접점 MC-a가 닫힌다.

(10) MC-a가 닫히면 작동표시등 (RL)이 점등된다.
(11) 전자접촉기 (MC)의 작동에 의하여 (MC)의 b 접점 MC-b가 열린다.
(12) MC-b가 열리면 전원표시등 (GL)이 소등된다.
(13) 물의 수위가 높아지면 하한스위치를 연다(그러나 자기 유지접점 X-2a에 의하여 계속 작동됨).
(14) 물의 수위가 상한스위치의 이상이 되면 릴레이의 전원을 차단시킨다(작동 중지).

6. 플로트리스 액면 릴레이 급수제어

액면 플로트리스 릴레이를 사용, 자동으로 제어하여 급수탱크에 전동펌프로 물을 퍼올리는 회로이며, 전극이 물속에 침수되어 전류가 흐르므로 저전압으로 하여 사용한다.

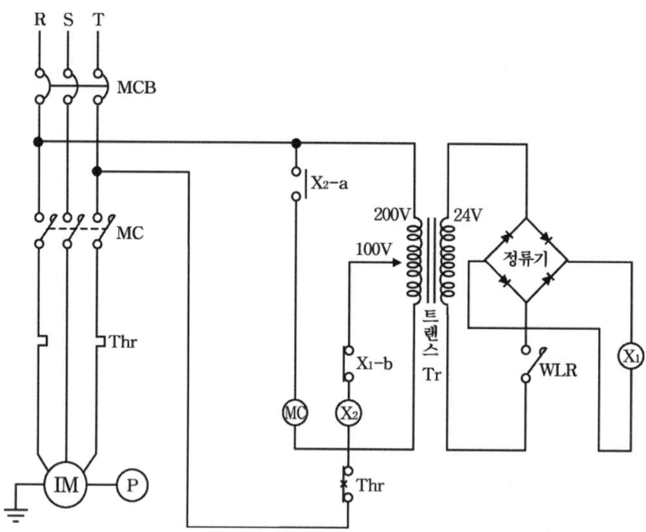

참고

(1) **배선용 차단기 MCB**: 회루에 전원을 투입한다.
(2) **전압강하 트랜스**: 전압의 변환에 사용된다(220V에서 100V 또는 24V로 전환).
(3) **열동형 계전기 Thr**: 과부하시 회로의 차단에 사용된다.
(4) **양수펌프 Ⓟ**: 물을 끌어올리는 일을 한다.
(5) **전자접촉기 (MC)**: 주회로의 차단 및 연결에 사용된다.
(6) **보조릴레이 (X_1) (X_2)**: 플로우트리스의 작동으로 접점이 작동되며 전자접촉기의 작동을 보조한다.
(7) **수위접점 WLR**: 플로우트리스의 접점을 나타내며(실제는 통전상태) 보조릴레이를 작동시킨다.
(8) **브리지 정류기**: 교류를 직류로 바꾸는 일을 하며 브리지 회로가 많이 쓰인다.

참고 동작설명

(1) 회로에 전원을 투입하기 위하여 배선용 차단기 MCB를 넣는다.
(2) 탱크에 물이 부족되면 플로우트리스 스위치 WLR의 접점에 전류가 흐르지 않는다.
(3) 따라서 릴레이 (X_1) 이 작동되지 않는다.
(4) 릴레이 (X_1) 이 작동하지 않으므로 (X_1) 의 b 접점 X_1-b가 닫힌다.
(5) X_1-b가 닫히면 릴레이 (X_2) 가 작동된다.
(6) 릴레이 (X_2) 가 작동되면 릴레이 (X_2) 의 a 접점 X_2-a가 닫힌다.
(7) X_2-a가 닫히면 전자접촉기 (MC) 가 작동된다.
(8) 전자접촉기 (MC) 가 작동되면 주접점 MC가 닫힌다.
(9) 주접점 MC가 닫히면 전류가 흘러 전동기 (IM) 이 기동된다.
(10) 전동기가 기동되면 축으로 연결된 펌프 Ⓟ가 작동하여 물을 양수한다.

7. 플로트리스 액면 릴레이 배수제어

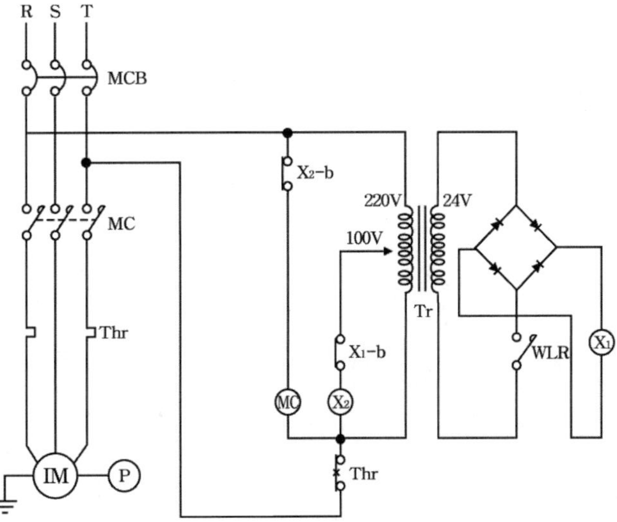

참고

(1) **배수펌프** Ⓟ: 오수를 퍼내는 데 사용된다.
(2) **전압강하 트랜스 Tr**: 전압의 변환에 사용된다(220V에서 100V 또는 24V로 전환).

참고 동작설명

> 탱크에 물이 적으면 X_2-b가 열려서 모터는 정지된다.
> (1) 회로에 전원을 투입하기 위하여 배선용 차단기 MCB를 넣는다.
> (2) 탱크에 물이 수위 이상이 되면 플로우트리스 스위치 WLR 접점에 전류가 흐른다.
> (3) WLR에 전류가 흐르면 24V용 릴레이 (X_1)이 작동된다.
> (4) 릴레이 (X_1)이 작동되면 (X_1)의 b 접점 X_1-b가 열린다.
> (5) X_1-b가 열리면 100V용 릴레이 (X_2)의 작동이 중지된다.
> (6) 릴레이 (X_2)의 작동이 중지되면 (X_2)의 b접점 X_2-b가 닫힌다.
> (7) X_2-b가 닫히면 전자접촉기 (MC)가 작동된다.
> (8) 전자접촉기 (MC)가 작동되면 주접점 MC가 닫힌다.
> (9) 주접점 MC가 닫히면 유도전동기 (IM)이 기동된다.
> (10) 유도전동기 (IM)의 작동이 시작되면 축으로 연결된 펌프 Ⓟ가 작동하여 물을 배수한다.

8. 상용전원과 비상용전원의 자동절환 제어회로

정전으로 인하여 기능이 마비되어서는 안되는 설비에 대해서 상용전원과 비상용 전원을 설치하여 무정전 전력을 공급시키게 만든 간단한 제어방식이다.

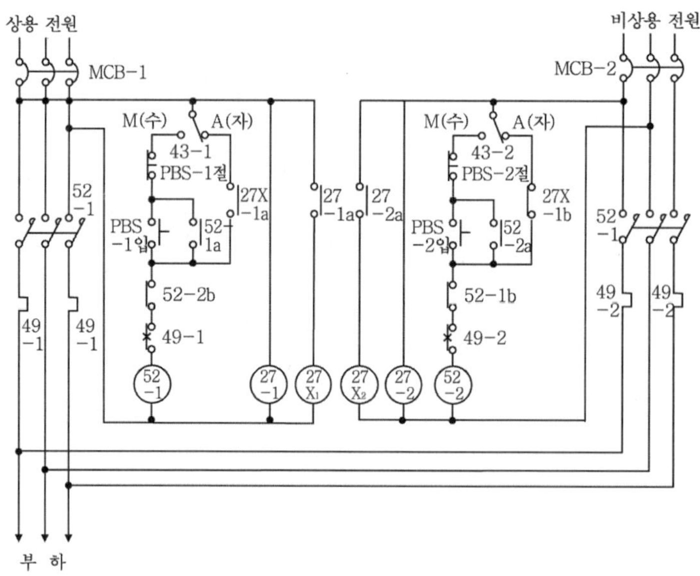

참고 문자기호

MCB-1, MCB-2: 배선용 차단기	27-1, 27-2: 부족 전압계전기
52-1, 52-2: 전자접촉기	PBS-1입, PBS-2입: 기동 버튼스위치
49-1, 49-2: 열동형 계전기	PBS-1절, PBS-2절: 정지 버튼스위치
43-1, 43-2: 절환스위치	

참고 동작설명

(1) 상용전원 스위치 MCB-1을 투입한다.
(2) 비상용 전원스위치 MCB-2를 투입한다.
(3) 절환스위치 43-1을 A(자동)측에 투입한다.
(4) 비상용 회로의 절환 스위치 43-2를 A(자동)측에 투입한다.
(5) MCB-1 투입 시 부족 전압계전기 27-1에 정격전압이 걸리면 a 접점 27-1a가 ON되는 동시에 보조계전기 27X1이 동작한다.
(6) a 접점 27X1a가 ON되어 상용전원용 전자접촉기 52-1이 동작해서 부하에 전력을 공급한다.
(7) 전자접촉기 52-1이 동작하면 비상용 전원회로의 b 접점 52-1b가 OFF, 즉 인터로크된다.
(8) 상용전원이 정전되거나, 전압이 하강하면 부족 전압계전기 27-1이 복귀되는 동시에 상용전원회로의 모든 접점이 복귀된다.
(9) 상용전원용 전자접촉기 52-1도 복귀되므로 부하에 공급하는 전력이 중지된다.
(10) 52-1이 복귀하면 비상용 전원회로에 있는 보조 b 접점 52-1b가 ON되어 비상용 전자접촉기 52-2를 동작시킨다.
(11) 주접점 52-2가 ON되므로 비상용 전원에서 부하에 전력을 공급할 수가 있게 된다.
(12) 52-2가 동작하면 상용전원회로에 있는 보조 b 접점 52-2b가 OFF, 즉 인터로크된다.

7 논리회로의 종류

1. AND 회로(논리곱) - 입력신호 A, B가 모두 1일 때 출력 신호가 1인 논리곱 회로

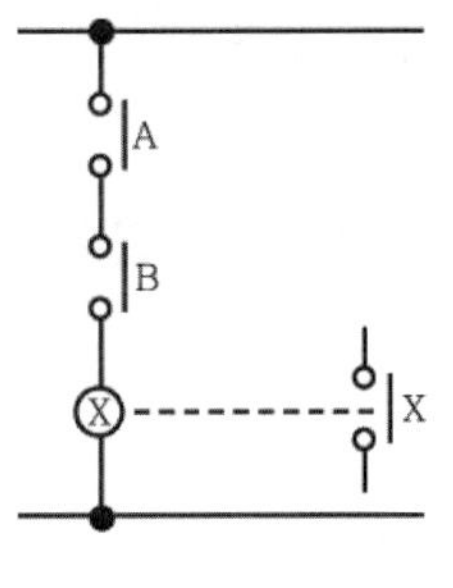

<유접점 시퀀스>

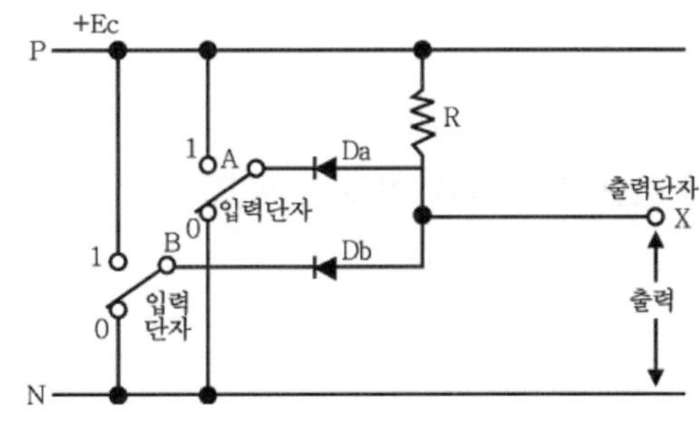

<무접점 시퀀스>

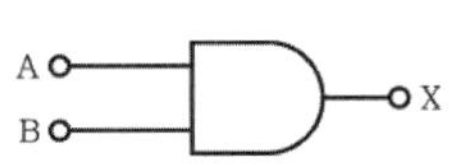

<논리기호>

$$X = A \cdot B$$

<논리식>

입력		출력
A	B	X
0	0	0
1	0	0
0	1	0
1	1	1

<진리표>

2. OR 회로(논리합) - 입력신호 A 또는 B의 어느 한쪽 또는 양쪽이 모두 1일 때 출력 신호가 1인 논리합 회로

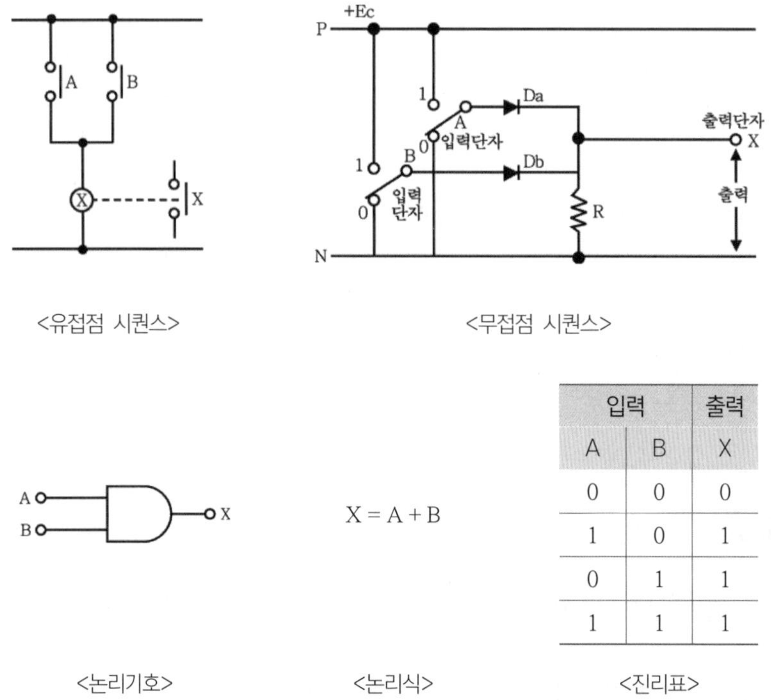

입력		출력
A	B	X
0	0	0
1	0	1
0	1	1
1	1	1

<유접점 시퀀스> <무접점 시퀀스>

<논리기호> <논리식> <진리표>

3. NOT 회로(부정) - 입력과 출력의 상태가 반대로 되는 상태 즉, 입력이 1이면 출력은 0 입력이 0이면 출력이 1인 부정회로

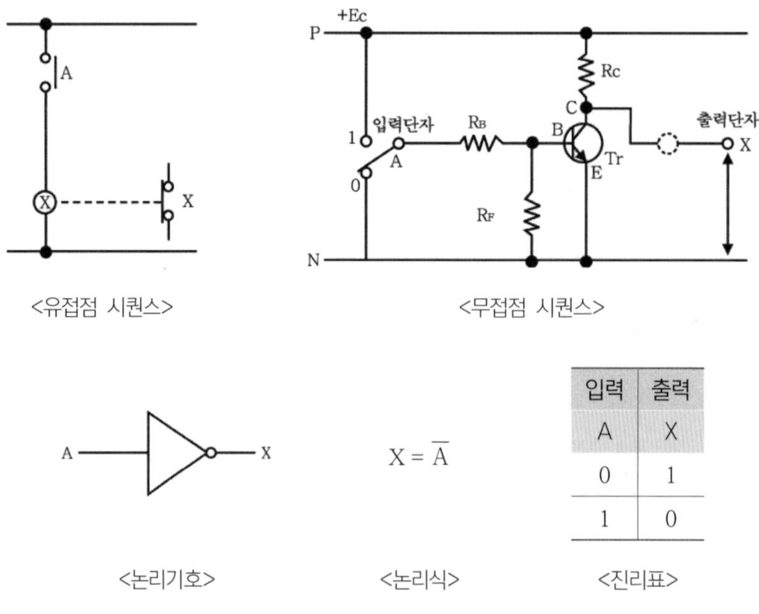

입력	출력
A	X
0	1
1	0

<유접점 시퀀스> <무접점 시퀀스>

<논리기호> <논리식> <진리표>

4. NOR 회로 - OR 회로와 NOT 회로의 조합으로서 OR 회로를 부정하는 회로

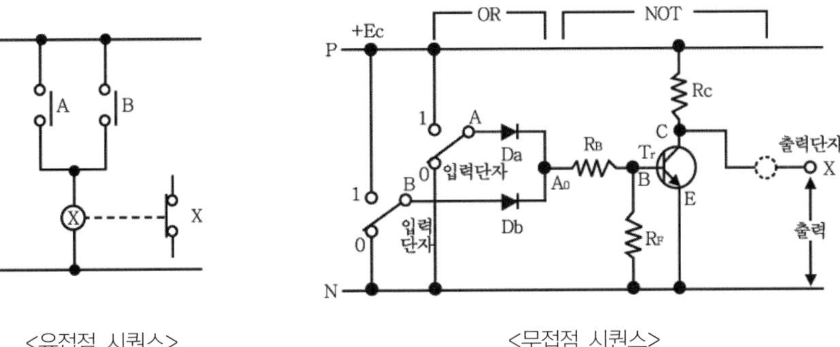

<유접점 시퀀스> <무접점 시퀀스>

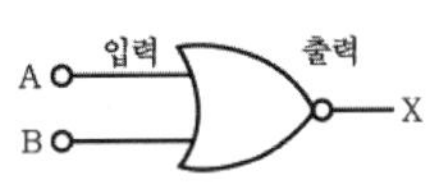

X = A + B

입력		출력
A	B	X
0	0	1
1	0	0
0	1	0
1	1	0

<논리기호> <논리식> <진리표>

5. NAND 회로 - AND 회로와 NOT 회로의 조합으로서 AND 회로를 부정하는 회로

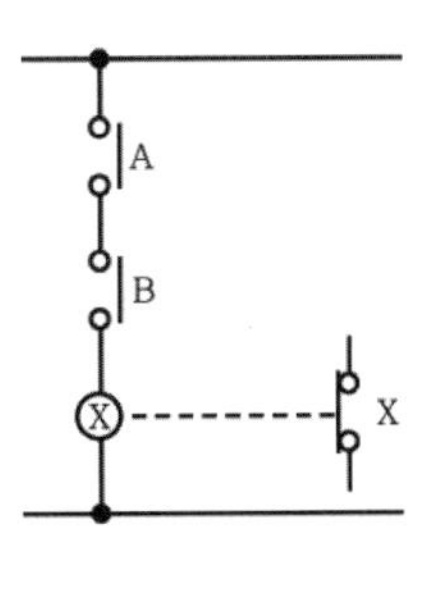

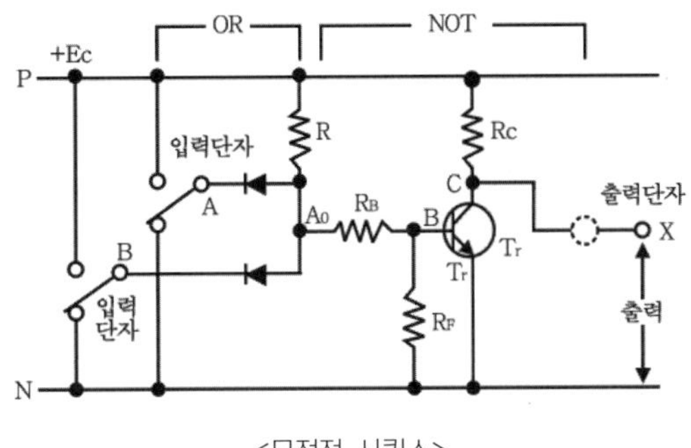

<유접점 시퀀스> <무접점 시퀀스>

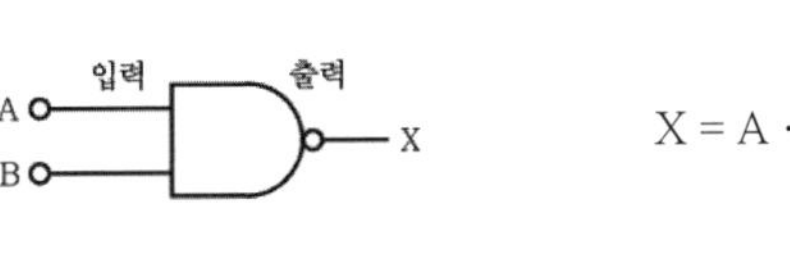

X = A · B

입력		출력
A	B	X
0	0	1
1	0	1
0	1	1
1	1	0

<논리기호> <논리식> <진리표>

8 불대수의 논리연산

1. 공리

불대수의 기본 연산 정의에서는 다음 네 가지 공리가 나온다.

<공리 1> A = 1이 아니면 A = 0 (회로 접점이 폐로 아니면 개로 상태)
A = 0이 아니면 A = 1 (회로 접점이 개로 아니면 폐로 상태)

<공리 2> 1 + 1 = 1 (두 개의 입력신호를 동시에 주므로 출력은 나옴)
0 · 0 = 0 (입력 신호 두 개를 동시에 안 주므로 출력은 안 나옴)

<공리 3> 0 + 0 = 0 (입력 신호를 하나도 안 주므로 출력은 안 나옴)
1 · 1 = 1 (두 개의 입력신호를 동시에 주므로 출력은 나옴)

<공리 4> 0 + 1 = 1 (입력 신호를 하나만 주어도 출력은 나옴)
1 · 0 = 0 (입력 신호 두 개를 동시에 안 주므로 출력은 안 나옴)

2. 법칙명과 논리식

법칙명	논리식	법칙명	논리식
"1"과 "0"의 법칙	A+0=A A · 1=A A+1=1 A · 0=0	결합의 법칙	A+(B+C)=(A+B)+C A · (B · C)=(A · B) · C
동일의 법칙	A+A=A A · A=A	분배의 법칙	A · (B+C)=A · B+A · C A+B · C=(A+B) · (A+C)
부정의 법칙	$A+\overline{A}=1$ $A \cdot \overline{A}=0$ $\overline{\overline{A}}=A$	흡수의 법칙	$(A+\overline{B}) \cdot B=A \cdot B$ $(A \cdot \overline{B})+B=A+B$ A+A · B=A A · (A+B)=A
교환의 법칙	A+B=B+A A · B=B · A	드 모르간의 정리	$\overline{A+B}=\overline{A} \cdot \overline{B}$ $\overline{A \cdot B}=\overline{A}+\overline{B}$

3. 불대수의 정리

<정리 1> $A + 0 = A$

증명 $A = 1$일 때에는 $1 + 0 = 1$

$A = 0$일 때에는 $0 + 0 = 0$이 되므로, $A + 0$은 항상 A와 같다.

<보기 1> <정리 1>에 의해서, $X \cdot \overline{Y} + Z + 0 = X \cdot \overline{Y} + Z$가 된다.

<정리 2> $A \cdot 1 = A$

증명 $A = 1$일 때에는 $1 \times 1 = 1$

$A = 0$일 때에는 $0 \times 1 = 0$이 되므로, $A \cdot 1$은 A와 같다.

<정리 3> $A + 1 = 1$

증명 $A = 1$일 때에는 $1 + 1 = 1$

$A = 0$일 때에는 $0 + 1 = 1$이 되므로, $A + 1$은 항상 1이다.

<보기 2> <정리 3>에 의해서, $X \cdot \overline{Y} + Z + 1 = 1$이 된다.

<정리 4> $A \cdot 0 = 0$

증명 $A = 1$일 때에는 $1 \times 0 = 0$

$A = 0$일 때에는 $0 \times 0 = 0$이 되므로, $A \cdot 0$은 항상 0이다.

<정리 5> $A + A = A$

증명 $A = 1$일 때에는 $1 + 1 = 1$

$A = 0$일 때에는 $0 + 0 = 0$

즉, 변수 자신과 같은 것을 OR 연산하면 결과는 변수 자체와 같아진다.

<보기 3> <정리 5>에 의해서, $(X \cdot \overline{Y} \cdot Z) + (X \cdot \overline{Y} \cdot Z) + (X \cdot \overline{Y} \cdot Z) = X \cdot \overline{Y} \cdot Z$가 된다.

<정리 6> $A \cdot A = A$

증명 $A = 1$일 때에는 $1 \times 1 = 1$

$A = 0$일 때에는 $0 \times 0 = 0$

이 되므로, 같은 것끼리 AND 연산하면 그 자체와 같아진다.

<보기 4> <정리 6>에 의해서, $(X\overline{Y}\,\overline{Y} + Z) \cdot (X\overline{Y} + Z) = (X\overline{Y} + Z) \cdot (X\overline{Y} + Z) = X\overline{Y} + Z$가 된다.

<정리 7> $A + \overline{A} = 1$

증명 $A = 1$일 때에는 $1 + \overline{1} = 1 + 0 = 1$

$A = 0$일 때에는 $0 + \overline{0} = 0 + 1 = 1$

즉, $A + \overline{A}$는 2개의 항 중에서 하나는 반드시 1이 되므로, 이들을 OR 연산하면 그 결과는 1이다.

<보기 5> <정리 7>에 의해서, $X + \overline{X} + Y = 1$이 된다.

<정리 8> $A \cdot \overline{A} = 0$

증명 $A = 1$일 때에는 $1 \times \overline{1} = 1 \times 0 = 0$

$A = 0$일 때에는 $0 \times \overline{0} = 0 \times 1 = 0$

즉, A와 $\overline{A}$ 중에서 하나는 반드시 0이 되므로, 0과 어떤 것을 AND 연산해도 그 결과는 0이 된다.

<보기 6> <정리 8>에 의해서, $X\overline{X} + Y = Y$가 된다.

<정리 9> $\overline{\overline{A}} = A$

증명 A = 1일 때에는 $\overline{\overline{1}} = \overline{0} = 1$

A = 0일 때에는 $\overline{\overline{0}} = \overline{1} = 0$

즉, 어떤 변수이든지 두 번 NOT 연산하면 변수 자신과 같아진다.

<정리 10> $A + A \cdot B = A$

증명 $A + A \cdot B = A \cdot 1 + A \cdot B = A \cdot (1 + B) = A \cdot 1 = A$

<정리 11> $A \cdot (A + B) = A$

증명 $A \cdot (A + B) = (A + 0) \cdot (A + B)$ (<정리 1>에 의해서)

$= A \cdot A + A \cdot B + O \cdot A + O \cdot B$ (분배법칙에 의해서)

$= A + A \cdot B + O \cdot A + O \cdot B$

$= A + A \cdot B$ (<정리 4>에 의해서)

$= A$ (<정리 10>에 의해서)

<정리 12> $(A + B) \cdot (A + C) = A + B \cdot C$

증명 $(A + B) \cdot (A + C) = A \cdot A + A \cdot C + A \cdot B + B \cdot C$ (분배법칙에 의해서)

$= (A + A \cdot C) + A \cdot B + B \cdot C$

$= A + A \cdot B + B \cdot C$ (<정리 10>에 의해서)

$= A + B \cdot C$ (<정리 10>에 의해서)

<정리 13> $(A + \overline{B}) \cdot B = A \cdot B$

증명 $(A + \overline{B}) \cdot B = A \cdot B + B \cdot \overline{B} = A \cdot B$

<정리 14> $A \cdot \overline{B} + B = A + B$

증명 $A \cdot \overline{B} + B = A \cdot \overline{B} + B \cdot (1 + A)$

$= A \cdot \overline{B} + B + A \cdot B$

$= A \cdot \overline{B} + A \cdot B + B$

$= A \cdot (\overline{B} + B) + B$

$= A + B$

<정리 15> $A \cdot B + A \cdot \overline{B} = A$

증명 $A \cdot B + A \cdot \overline{B} = A \cdot (B + \overline{B}) = A \cdot 1 = A$

<정리 16> $(A + B) \cdot (A + \overline{B}) = A$

증명 $(A + B) \cdot (A + \overline{B}) = AA + A\overline{B} + AB + B\overline{B}$ (분배법칙에 의해서)

$= A + A\overline{B} + AB + 0$

$= A + A(\overline{B} + B)$

$= A + A \cdot 1$ (<정리 7>에 의해서)

$= A + A$ (<정리 2>에 의해서)

$= A$ (<정리 6>에 의해서)

<정리 17> $A \cdot C + \overline{A} \cdot B \cdot C = A \cdot C + B \cdot C$

증명 $A \cdot C + \overline{A} \cdot B \cdot C = C \cdot (A + \overline{A} \cdot B)$

$= C \cdot (A + B)$ (<정리 14>에 의해서)

$= A \cdot C + B \cdot C$

<정리 18> $(A + C) \cdot (\overline{A} + B + C) = (A + C) \cdot (B + C)$

증명 $(A + C) \cdot (\overline{A} + B + C) = A\overline{A} + AB + AC + \overline{A}C + BC + CC$

$= AB + AC + BC + \overline{A}C + C$

$= AB + AC + BC + C$

$= (A + C) \cdot (B + C)$ (분배법칙에 의해서)

<정리 19> $A \cdot B + \overline{A} \cdot C = (A + C) \cdot (\overline{A} + B)$

증명 $A \cdot B + \overline{A} \cdot C = AB \cdot (1 + C) + \overline{A}C \cdot (1 + B)$ (<정리 2, 3>에 의해서)

$= AB + ABC + \overline{A}C + \overline{A}BC$

$= AB + \overline{A}C + BC \cdot (A + \overline{A})$

$= AB + \overline{A}C + BC$

$= A\overline{A} + AB + \overline{A}C + BC$

$= (A + C) \cdot (\overline{A} + B)$ (분배법칙에 의해서)

<정리 20> $(A + B) \cdot (\overline{A} + C) = A \cdot C + \overline{A} \cdot B$

증명 $(A + B) \cdot (\overline{A} + C) = A\overline{A} + AC + \overline{A}B + BC$

$= AC + \overline{A}B + BC$

$= AC + \overline{A}B + BC \cdot (A + \overline{A})$

$= AC + \overline{A}B + ABC + \overline{A}BC$

$= AC \cdot (1 + B) + \overline{A}B \cdot (1 + C)$

$= A \cdot C\overline{A} \cdot B$

4. 식의 간단화

(1) $A + A \cdot B = A \leftarrow A + AB = A(1 + B) = A \cdot 1 = A \rightarrow (1 + B) = 1$

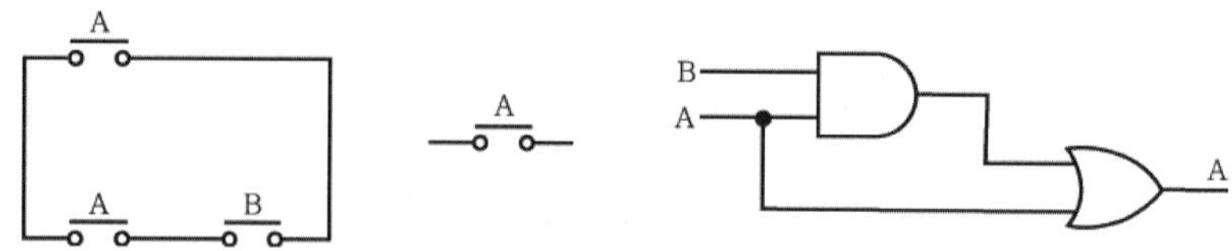

A · B(직렬)와 A의 병렬, A AND B에 OR A, B는 관계 없다.

(2) $A(A + B) = A$

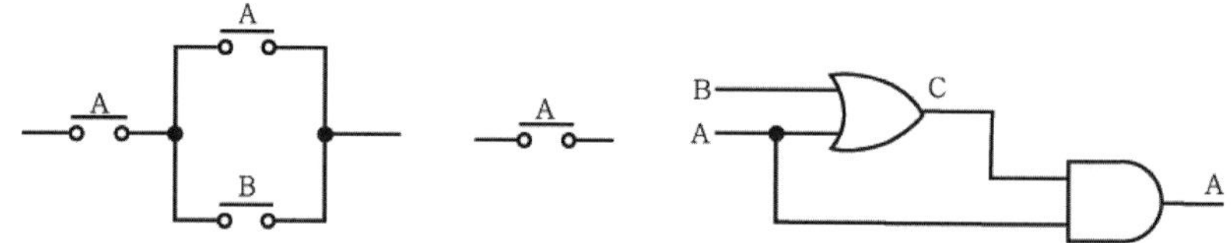

A + B(병렬)에 A직렬, A OR B에 AND A, B는 관계 없다.

(3) $A + \overline{A} \cdot B = A + B$

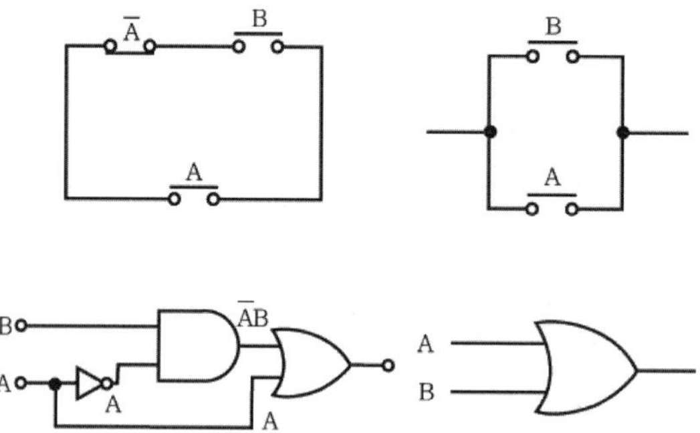

$\overline{A}$ · B직렬과 A병렬, $\overline{A}$ AND B에 OR A, $\overline{A}$는 관계 없다.

(4) $A \cdot (\overline{A} + B) = A \cdot B \leftarrow A \cdot \overline{A} + A \cdot B,\ A \cdot \overline{A} = 0$

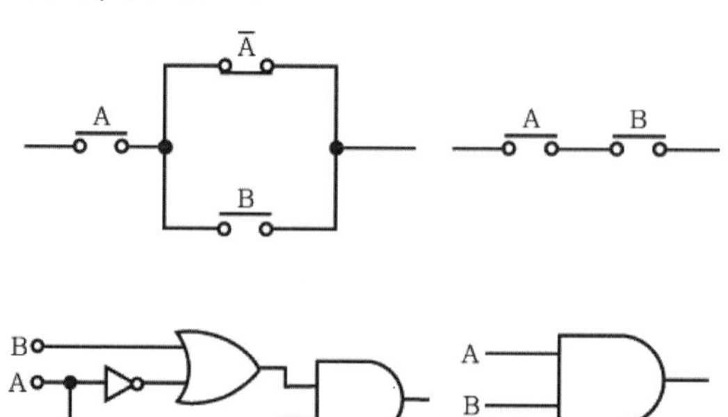

$\overline{A}$ + B병렬과 A직렬, $\overline{A}$ OR B에 OR AND A, $\overline{A}$는 관계 없다.

8. NAND, NOR을 사용한 논리회로

NAND, NOR 논리회로는 만능형의 기본 논리회로이며, 이들의 회로를 사용함으로써 여러 가지 논리를 실현시킬 수가 있다.

(1) NAND 시퀀스

NAND 논리회로를 이해하기 위하여서는 논리를 구성하는 회로의 기본적 성질을 알아 둘 필요가 있다.
그림의 (a)에 나타낸 3입력 NAND 논리회로에 대해서 생각해 보자.

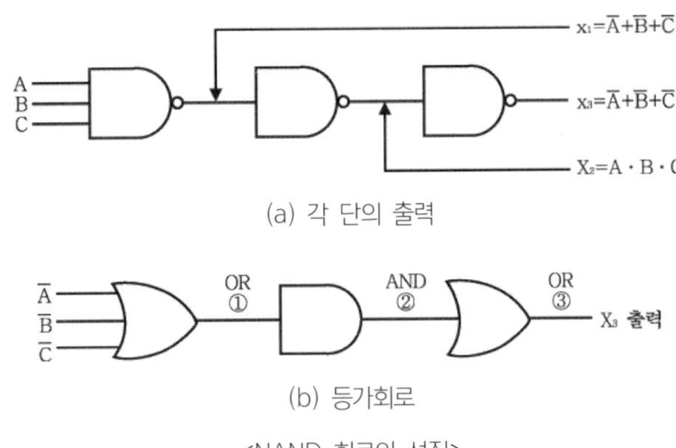

(a) 각 단의 출력

(b) 등가회로

<NAND 회로의 성질>

$x_1 = \overline{A \cdot B \cdot C} = \overline{A} + \overline{B} + \overline{C}$

$x_2 = \overline{x_1} = \overline{\overline{A} + \overline{B} + \overline{C}} = A \cdot B \cdot C$

$x_3 = \overline{x_2} = \overline{A \cdot B \cdot C} = \overline{A} + \overline{B} + \overline{C}$

가 되며, 그림의 (b)는 (a)의 등가회로이다.

여기서 NAND 회로의 일반적 성질은 다음과 같다.

① 출력 측에서 보아 홀수 번호에 해당하는 NAND의 출력은 OR로서 동작하고 각기 보수형으로 나타난다.

② 출력 측에서 보아 짝수 번호에 해당하는 NAND의 출력은 AND로 동작하고 보수가 아닌 원형으로 출력에 나타난다.

이와 같은 관계를 알고 있으면 실제의 논리 시퀀스를 보는 데 매우 편리하다.

확인 예제

그림에 나타낸 회로의 출력을 입력 변수로 표현시키고 AND와 OR 회로를 사용한 등가회로를 그리시오.

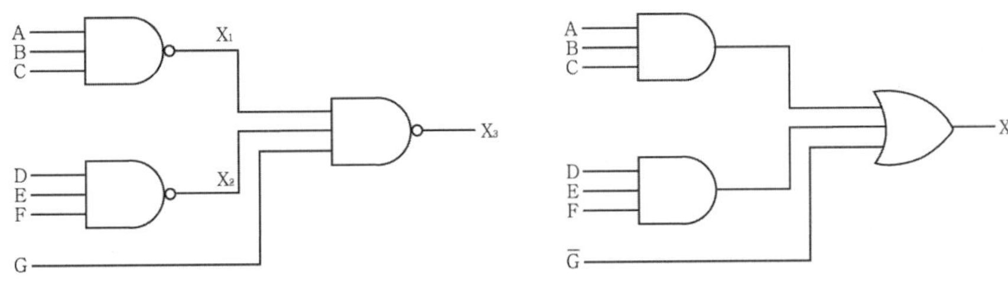

해설 $x_1 = \overline{A} + \overline{B} + \overline{C}$

$x_2 = \overline{D} + \overline{E} + \overline{F}$

$x_3 = \overline{x_1} + \overline{x_2} + \overline{G} = \overline{(\overline{A} + \overline{B} + \overline{C})} + \overline{(\overline{D} + \overline{E} + \overline{F})} + \overline{G}$

$= A \cdot B \cdot C + D \cdot E \cdot F + \overline{G}$

(2) NOR 시퀀스

그림의 (a)에 나타낸 3입력 NOR 논리회로에 대해서 생각해 보자.

$y_1 = \overline{A + B + C} = \overline{A} \cdot \overline{B} \cdot \overline{C}$

$y_2 = \overline{y_1} = \overline{\overline{A} \cdot \overline{B} \cdot \overline{C}} = A + B + C$

$y_3 = \overline{y_2} = \overline{A + B + C} = \overline{A} \cdot \overline{B} \cdot \overline{C}$가 되며,

그림의 (b)는 (a)의 등가회로이다.

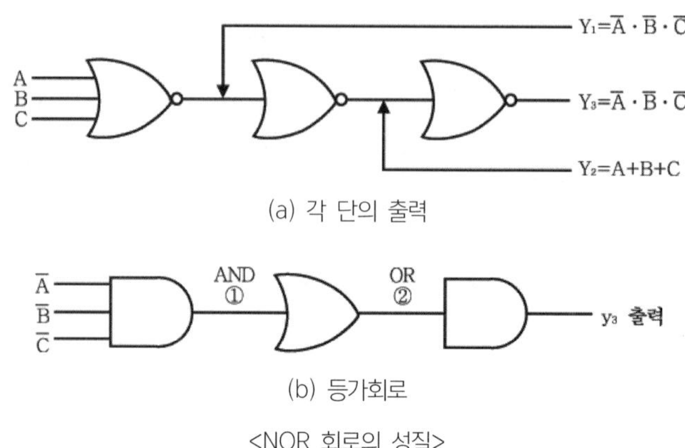

(a) 각 단의 출력

(b) 등가회로

<NOR 회로의 성질>

이상의 해석에서 NOR 회로의 일반적인 성질은 다음과 같다.

① 출력측에서 보아 홀수 번호에 해당하는 NOR의 출력은 AND로서 동작하고 각기 보수형으로 나타난다.

② 출력측에서 보아 짝수 번호에 해당하는 NOR의 출력은 OR로서 동작하고 보수가 아닌 원형으로 출력에 나타난다.

확인 예제

그림에 나타낸 회로의 출력을 입력 변수로 표현시키고 AND와 OR 회로를 사용한 등가회로를 그리시오.

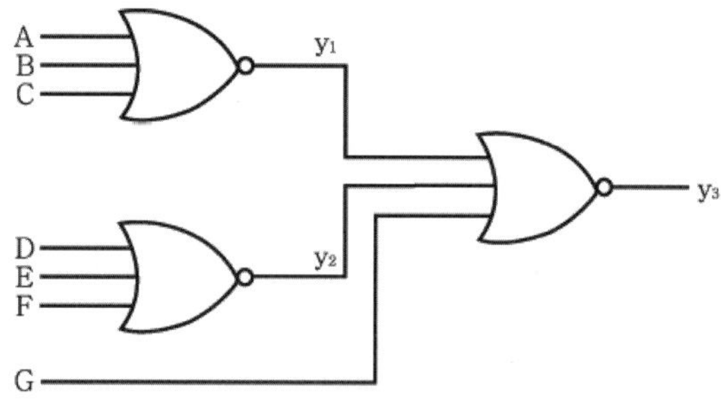

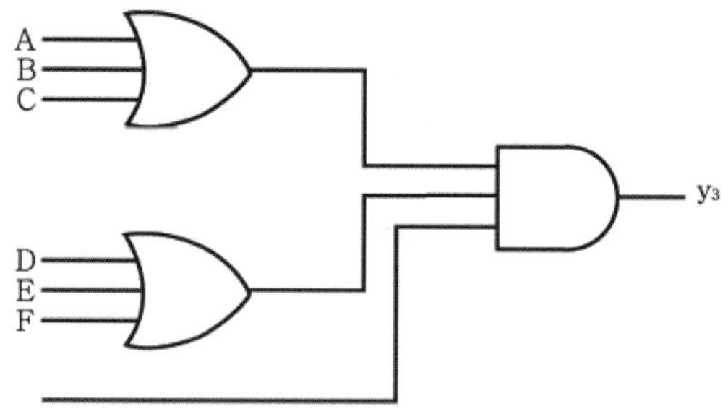

해설 $y_1 = \overline{A} \cdot \overline{B} \cdot \overline{C}$, $y_2 = \overline{D} \cdot \overline{E} \cdot \overline{F}$

$y_3 = \overline{y_1} \cdot \overline{y_2} \cdot \overline{G} = \overline{(\overline{A} \cdot \overline{B} \cdot \overline{C})}\,\overline{(\overline{D} \cdot \overline{E} \cdot \overline{F})}\,\overline{G}$

$= (A + B + C)\ (D + E + F)\overline{G}$

$x_1 = \overline{A} + \overline{B} + \overline{C}$, $x_2 = \overline{D} + \overline{E} + \overline{F}$

$x_3 = \overline{x_1} + \overline{x_2} + \overline{G} = \overline{(\overline{A} + \overline{B} + \overline{C})} + \overline{(\overline{D} + \overline{E} + \overline{F})} + \overline{G}$

$= A \cdot B \cdot C + D \cdot E \cdot F + \overline{G}$

9 배선공사의 시퀀스

구분	배선도	전선접속도	구분	배선도	전선접속도
(가) 1등을 하나의 스위치로 점멸하는 경우	(단극 스위치) 2 (2극 스위치)		(라) 2등을 별개의 스위치로 점멸하는 경우		
			(마) 1등을 두 곳에서 점멸하는 경우	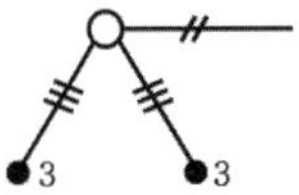 3 3	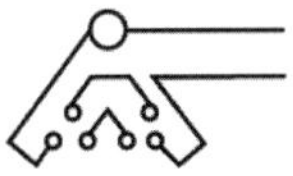
(나) 2등을 하나의 스위치로 점멸하는 경우			(바) 2등을 한꺼번에 두 곳에서 점멸하는 경우	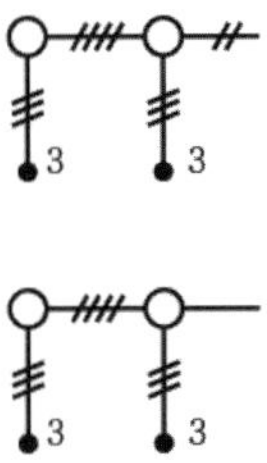 3 3 3 3	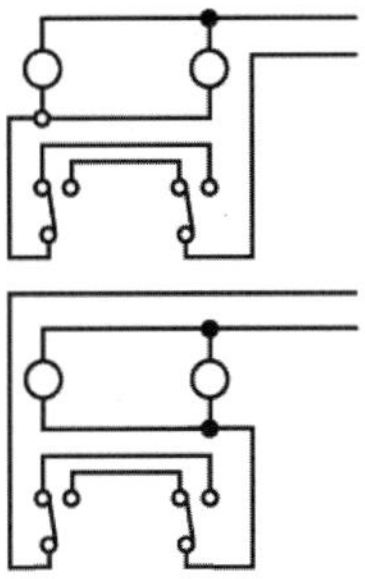
(다) (나)의 보기에서 콘센트가 있는 경우			(사) 1등을 세 곳에서 점멸하는 경우	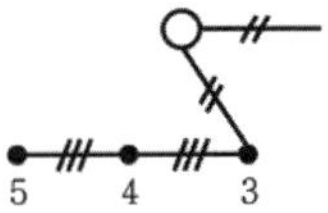 5 4 3	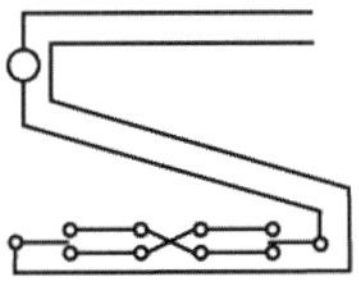

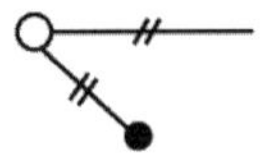

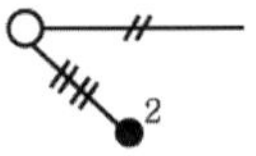

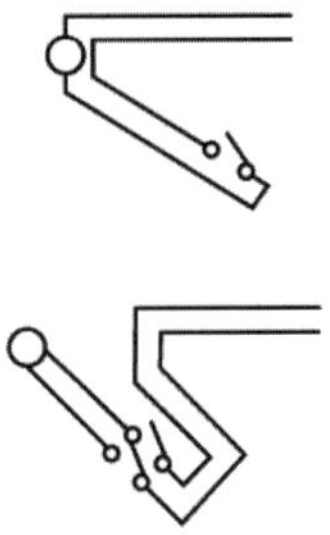

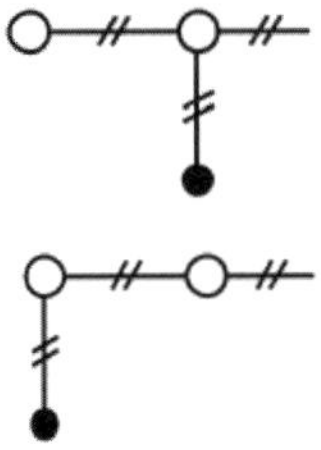

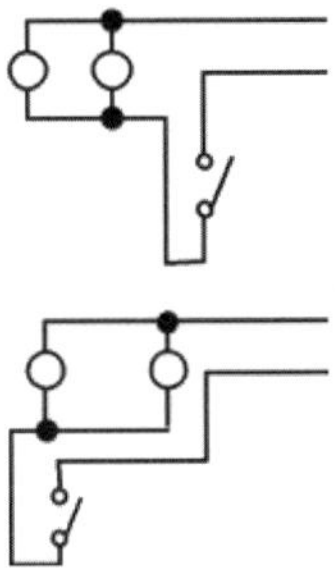

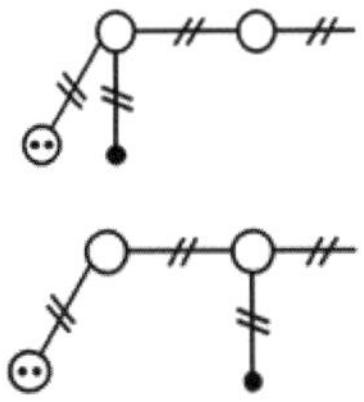

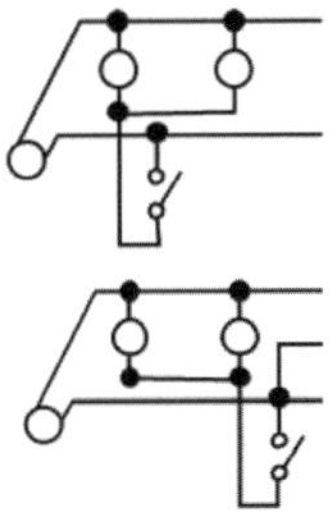

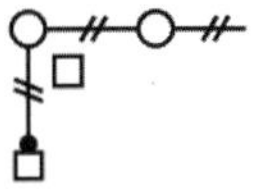

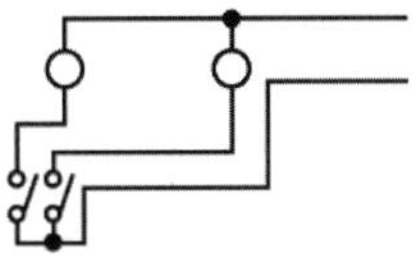

※ 비고

∘ : 전등 •: 스위치(표시가 없는 것은 단극, 2는 2극, 3은 3로, 4는 4로) ⊙: 콘센트

출제예상문제

01. 유도전동기 (IM) 을 현장측과 관리실측 어느 쪽에서도 기동 및 정지제어가 가능하도록 배선하시오. [단, 푸시버튼스위치 기동용 2개, 정지용 2개, 전자접촉기 a접점 1개(자기유지용)을 사용할 것]

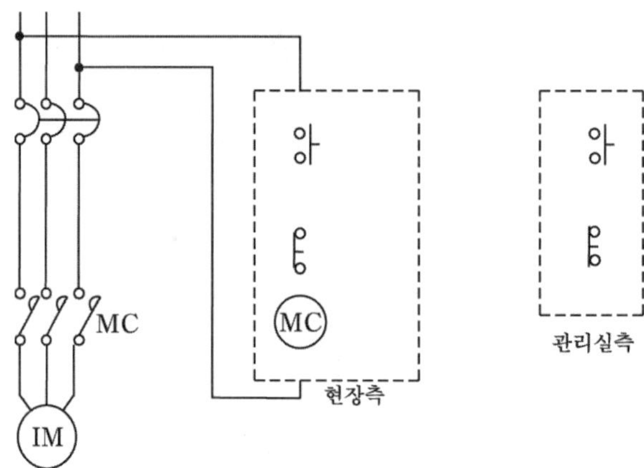

| 정답

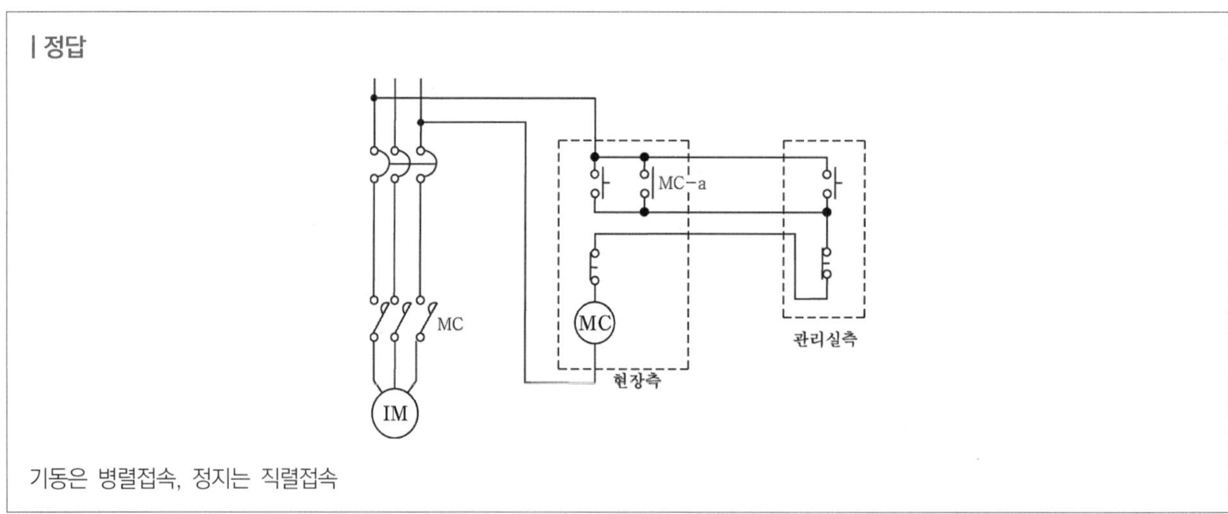

기동은 병렬접속, 정지는 직렬접속

02. 송풍기용 유도전동기의 운전을 현장인 전동기 옆에서도 할 수 있고, 멀리 떨어져 있는 제어실에서도 할 수 있는 시퀀스제어 회로도를 완성시키시오.

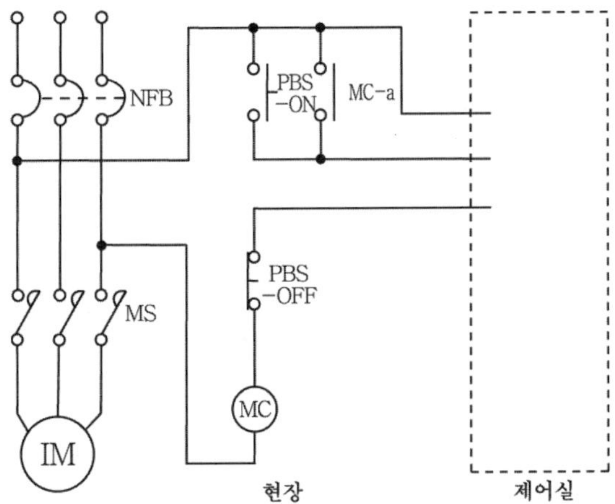

| 정답

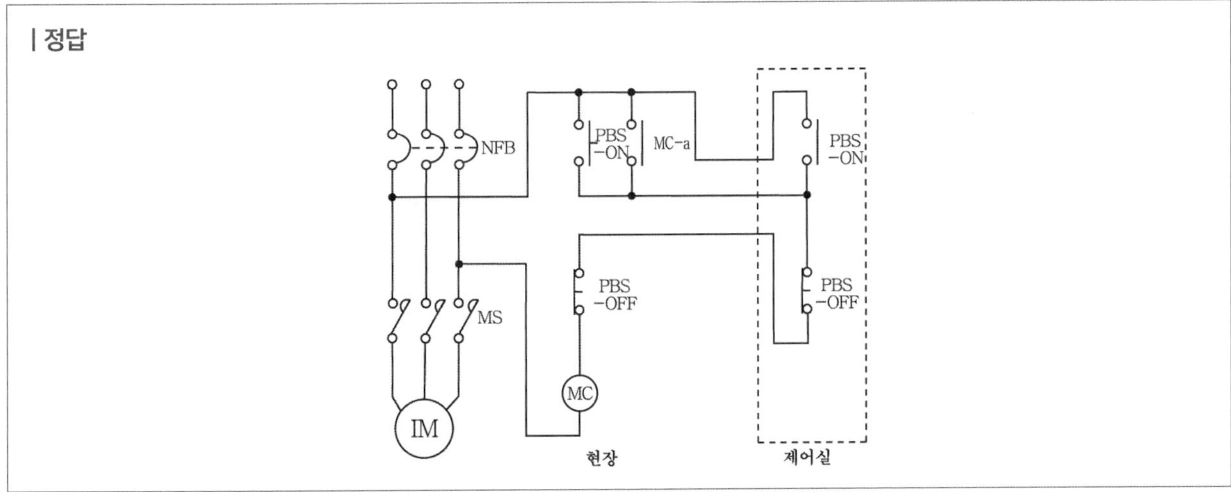

03. 급수용 유도전동기의 운전을 현장인 전동기 옆에서도 할 수 있고, 멀리 떨어진 제어실에서도 할 수 있는 시퀀스 회로를 구성하시오. [단, 사용버튼은 누름버튼스위치 ON용(PB-ON) 2개, 누름버튼스위치 OFF용(PB-OFF) 2개, 전자접촉기의 보조 a 접점 1개를 사용한다.]

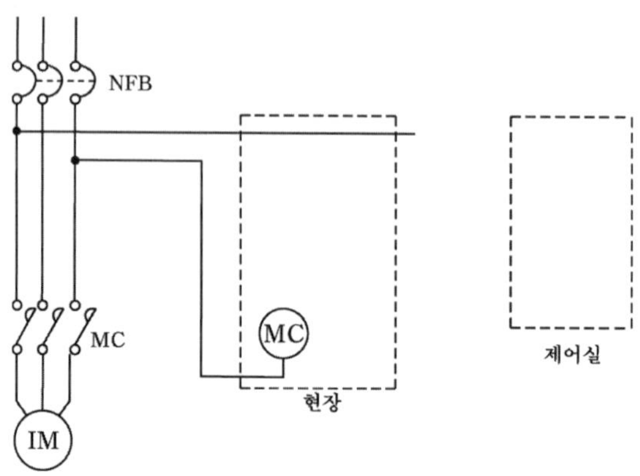

| 정답

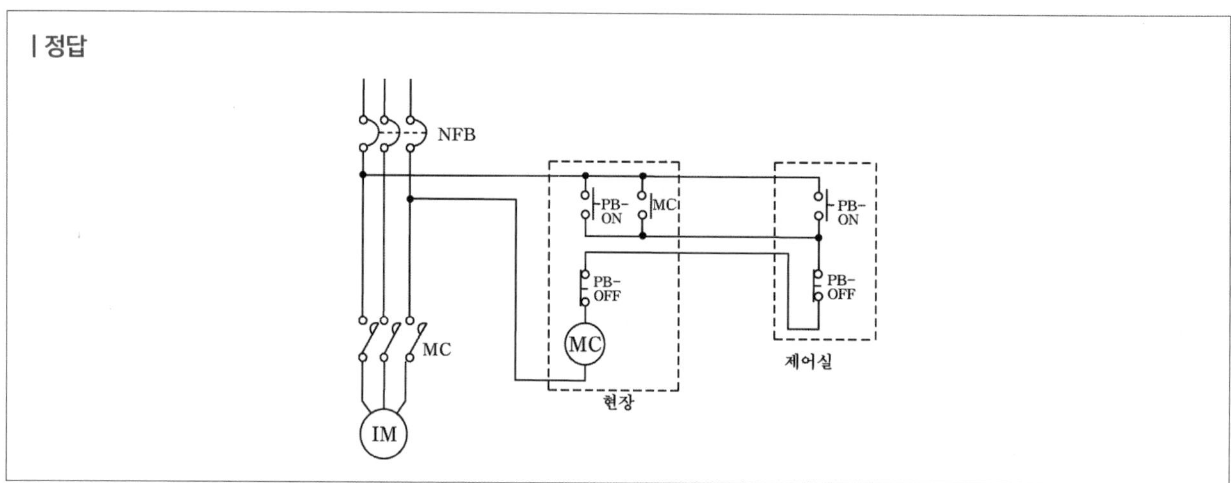

04. 그림과 같이 미완성된 3상 유도전동기의 전전압기동 조작회로를 완성하시오.

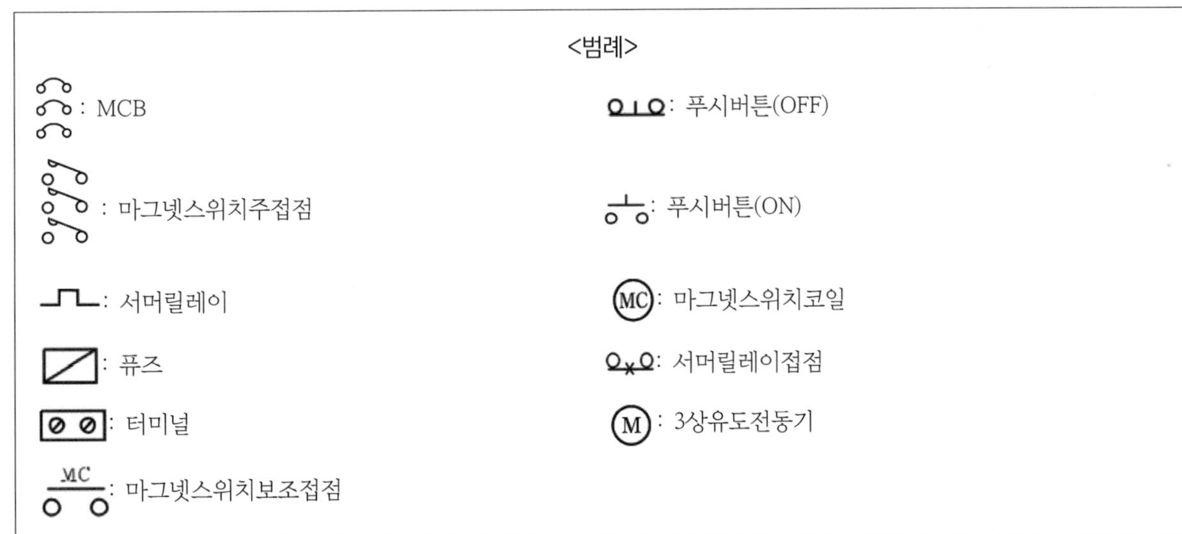

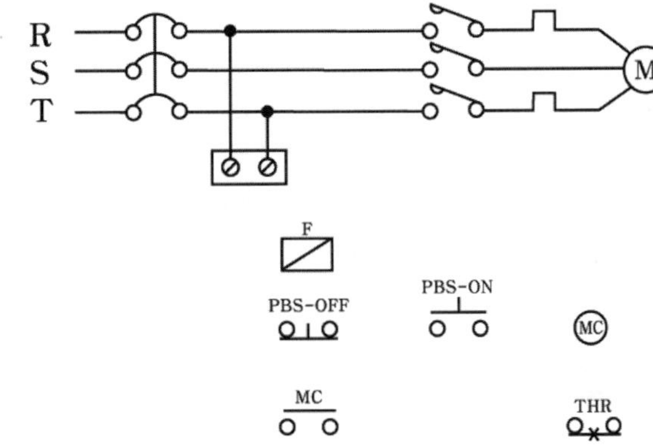

| 정답

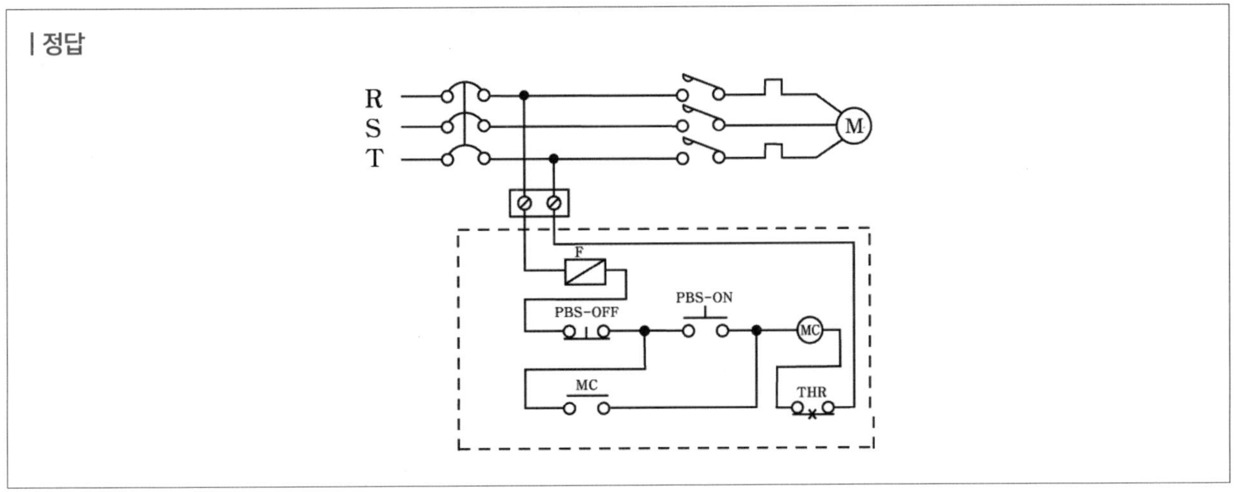

05. 도면은 Y-Δ 기동회로의 미완성회로이다. 이 회로를 보고 다음 각 물음에 답하시오.

(1) 주회로 부분의 미완성된 Y-Δ 회로를 완성하시오.

(2) 누름버튼스위치 PB_1을 누르면 어느 램프가 점등되는가?

(3) 전자개폐기 Ⓜ₁ 이 동작되고 있는 상태에서 PB_2를 눌렀을 때 어느 램프가 점등되는가?

(4) 전자개폐기 Ⓜ₁ 이 동작되고 있는 상태에서 PB_3를 눌렀을 때 어느 램프가 점등되는가?

(5) Thr은 무엇을 나타내는가?

(6) NFB의 명칭은 무엇인가?

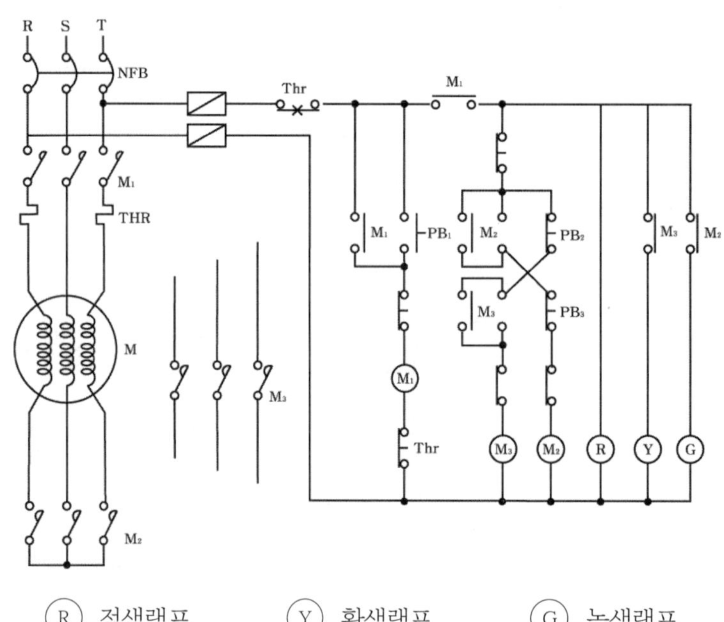

Ⓡ 적색램프 Ⓨ 황색램프 Ⓖ 녹색램프

| 정답

(1)

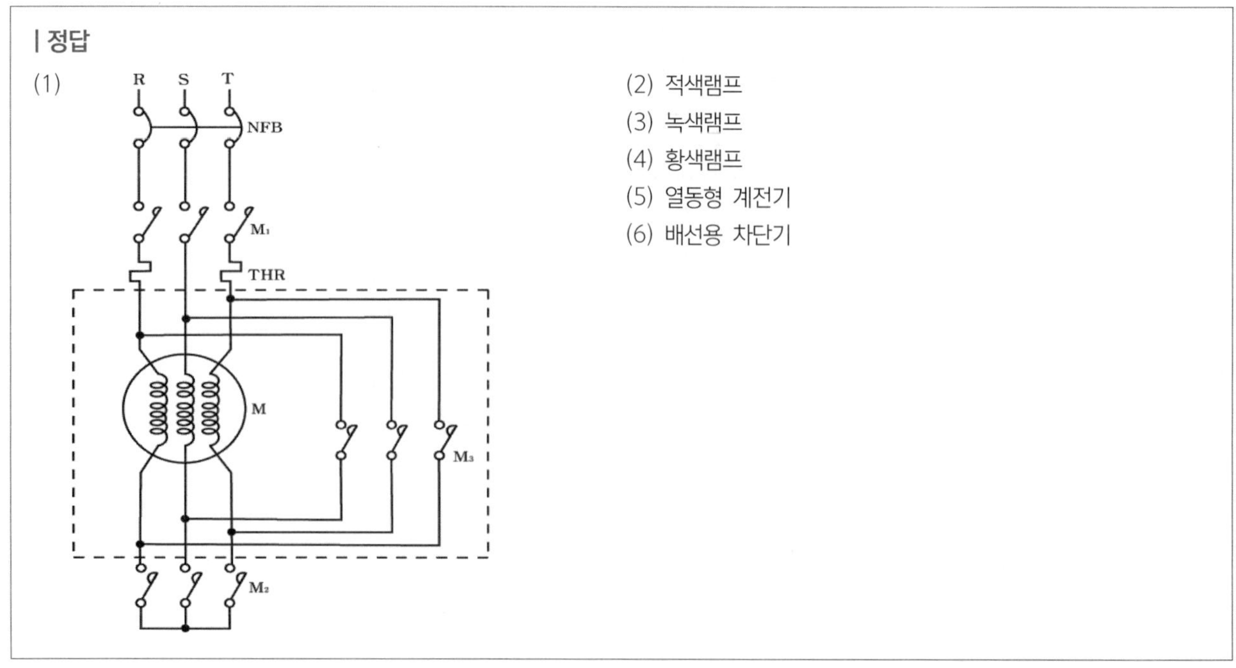

(2) 적색램프

(3) 녹색램프

(4) 황색램프

(5) 열동형 계전기

(6) 배선용 차단기

06. 도면은 3상 농형 유동전동기의 Y-Δ 기동방식의 미완성 시퀀스 도면이다. 이 도면을 보고 다음 각 물음에 답하시오.

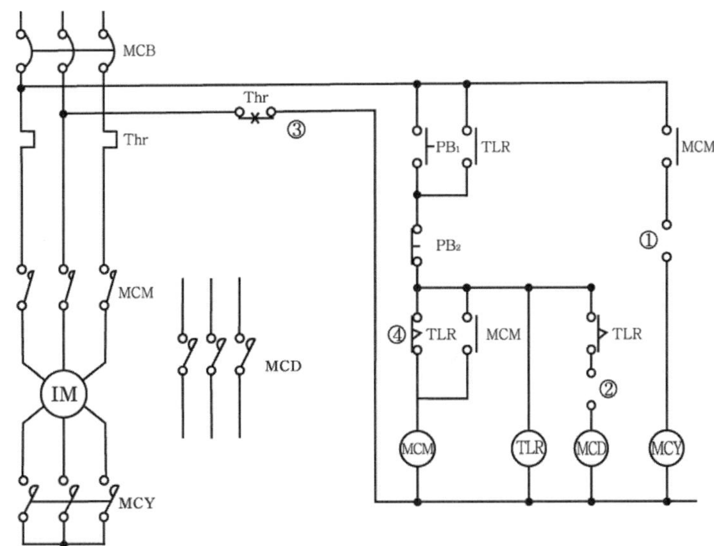

(1) 이 기동을 채용하는 이유는 무엇 때문인가?

(2) 제어회로의 미완성부분 ①, ②에 Y-Δ 운전이 가능하도록 접점 및 접점기호를 표시하시오.

(3) ③, ④의 접점명칭을 우리말로 쓰시오.

(4) 주접점부분의 미완성부분(MCD 부분)의 회로를 완성하시오.

| 정답

(1) 기동전류를 작게 하기 위함

(2) ① MCD ② MCY

(3) ③ 열동형 계전기의 수동복귀 b 접점, ④ 시한계전기의 한시동작 순시복귀 b 접점

(4)

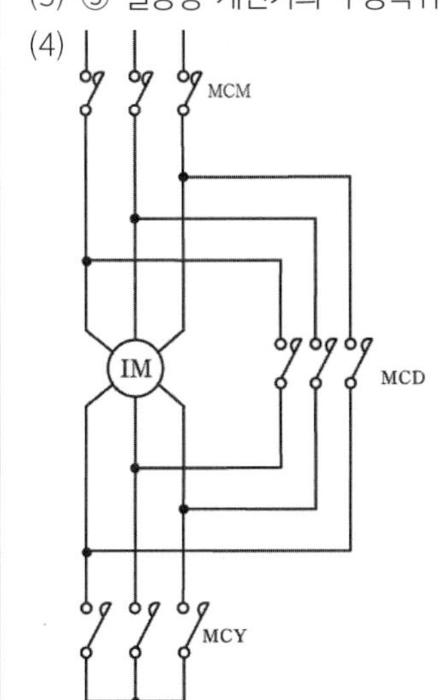

07. 이 그림은 옥상에 설치된 탱크에 물을 올리는 데 사용되는 양수펌프의 수동 및 자동제어 운전 회로도이다. ①~⑦까지의 명칭을 쓰고 각각의 기능을 설명하시오.

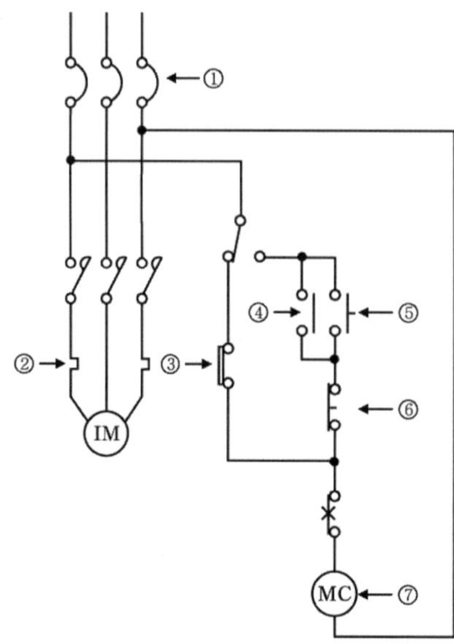

| 정답

(1) 명칭

① 배선용 차단기

② 열동형 계전기의 히터

③ 플로트 스위치 b 접점

④ 전자접촉기 보조 a 접점

⑤ 푸시버튼 스위치 a 접점

⑥ 푸시버튼 스위치 b 접점

⑦ 전자접촉기의 코일

(2) 기능

① 전원개폐

② 과전류 검출

③ 자동운전 시 수조의 수위가 고수위가 될 때 전동기 정지

④ 전자접촉기 작동 시 폐로되어 자기유지시킴

⑤ 전동기를 수동으로 기동

⑥ 전동기를 수동으로 정지

⑦ 전자석의 흡인력을 이용하여 접점 개폐

08. 그림은 플로트스위치에 의한 펌프모터의 레벨제어에 대한 시퀀스도면의 일부분이다. 도면을 보고 다음 각 물음에 답하시오.

(1) 미완성부분의 도면을 다음의 <동작조건>에 맞도록 완성하시오.

> <동작조건>
> 자동인 경우에는 플로트스위치에 의하여 자동동작되고, 수동인 경우에는 NFB 투입 시 GL 램프가 점등되고, PB-ON 스위치를 ON(투입)하면 GL램프 소등, RL램프가 점등되고, 펌프모터가 동작, PB-OFF 스위치를 동작(회로차단)시키면 펌프모터가 멈추고 GL 램프가 점등 "49"가 동작되면 자동, 수동 모두 동작 불가

(2) 도면에 사용된 기호 "49"와 "88"의 명칭은 무엇인가?

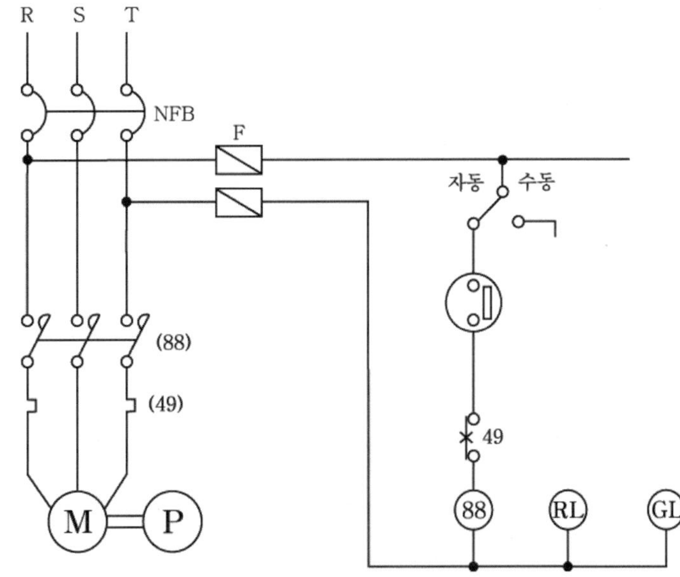

| 정답

(1)

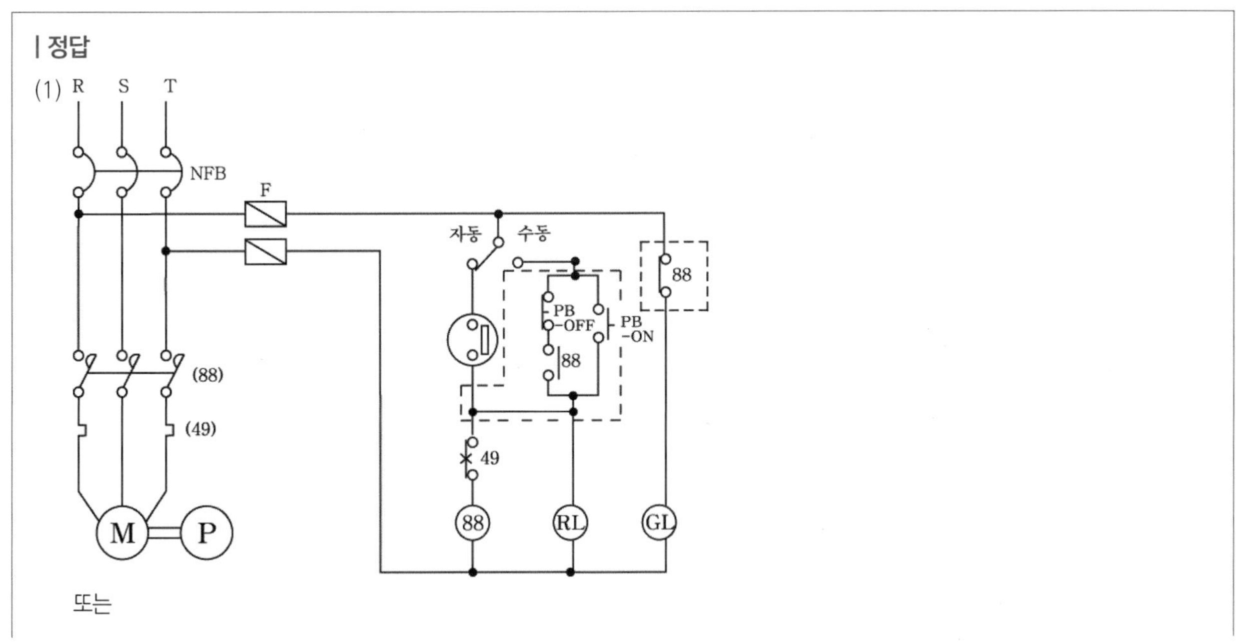

또는

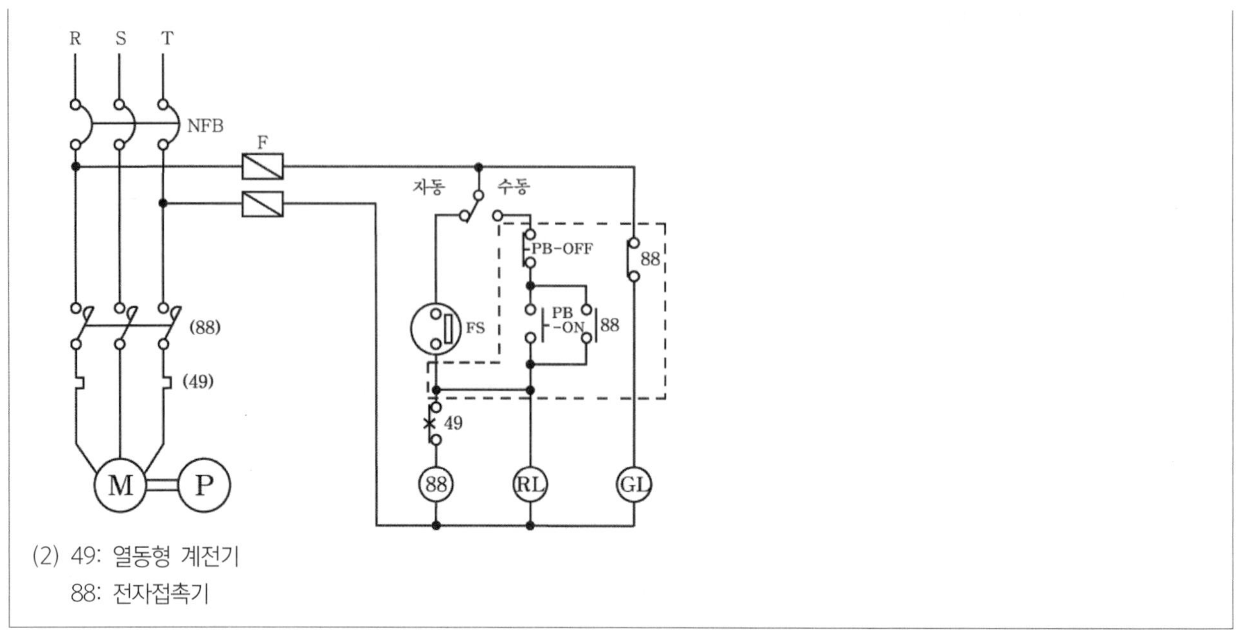

(2) 49: 열동형 계전기
88: 전자접촉기

09. 그림은 플로트스위치에 의한 펌프모터의 레벨제어에 대한 미완성도면이다. 다음 각 물음에 답하시오.

(1) 다음 조건을 이용하여 도면을 완성하시오.

(2) 49와 NFB의 우리말 명칭은 무엇인가?

<동작조건>

① 전원이 인가되면 (GL) 램프가 점등된다.

② 자동일 경우 플로우트스위치가 붙으면(동작하면) (RL) 램프가 점등되고, 전자접촉기 (88)이 여자되어 (GL) 램프가 소등되며, 펌프모터가 동작한다.

③ 수동일 경우 누름버튼스위치 PB-ON을 ON시키면 전자접촉기 (88)이 여자되어 (RL) 램프가 점등되고, (GL) 램프가 소등되며 펌프모터가 동작한다.

④ 수동일 경우 누름버튼스위치 PB-OFF을 OFF시키거나 계전기 49가 동작하면 (RL) 램프가 소등되고, (GL) 램프가 점등되며 펌프모터가 정지된다.

<기구 및 접점 사용조건>

(88) 1개, 88-a접점 1개, 88-b접점 1개, PB-ON접점 1개, PB-OFF접점 1개, (RL) 램프 1개, (GL) 램프 1개, 계전기 49-b접점 1개, 플로우트스위치 FS 1개(심벌)

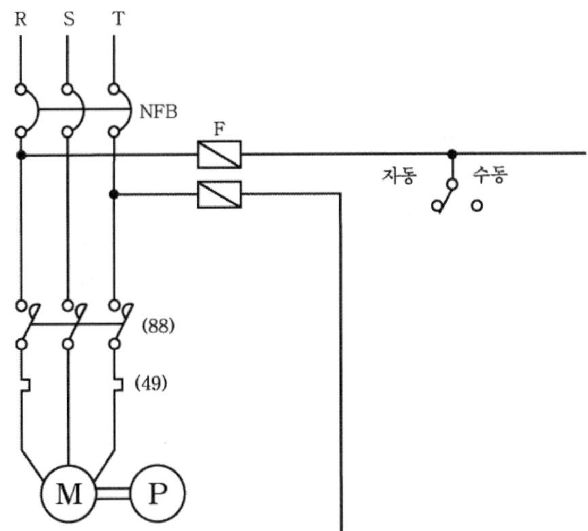

| 정답

(1)

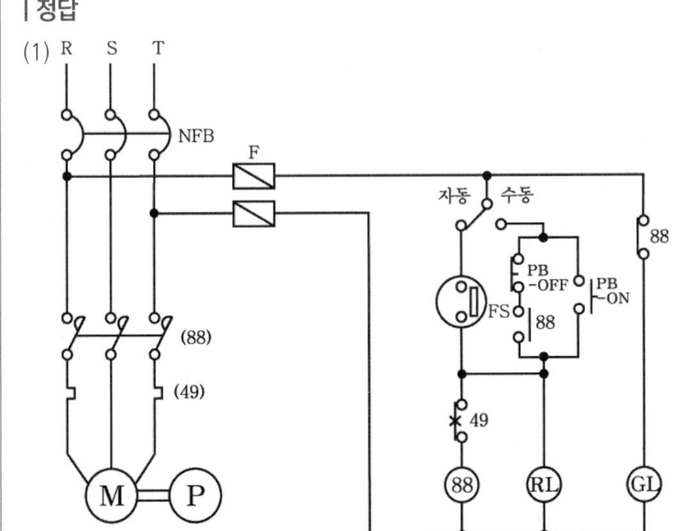

(2) 49: 열동형 계전기

NFB: 배선용 차단기

(1)의 정답은 <그림 1>, <그림 2>와 같이 작동하여도 무방하다.

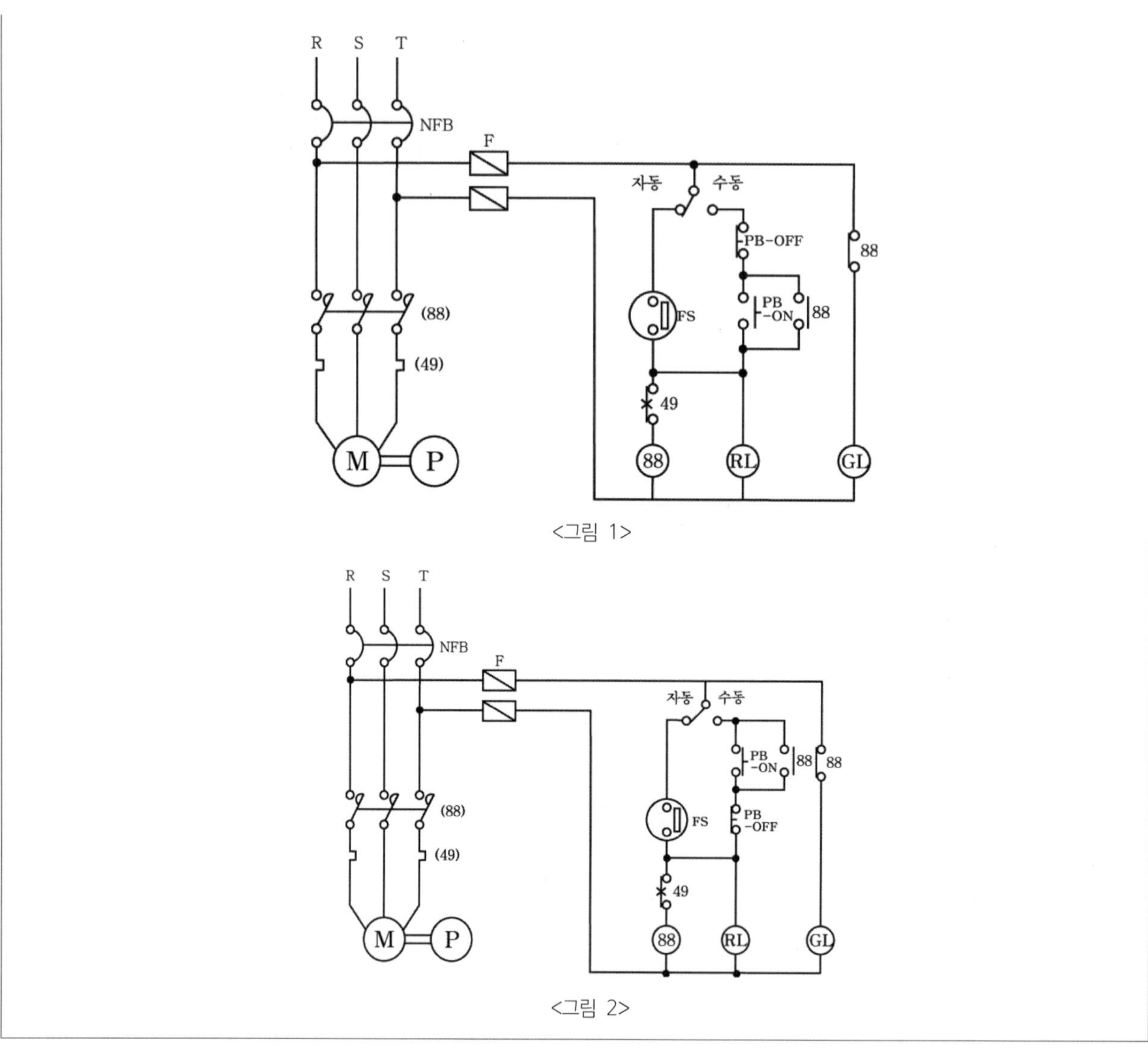

<그림 1>

<그림 2>

10. **다음은 플로우트스위치에 의한 펌프모터의 레벨제어에 관한 미완성 도면이다. 이 도면을 보고 다음 각 물음에 답하시오.**

(1) 배선용 차단기 NFB의 명칭을 원어(또는 원어에 대한 우리말 발음)으로 쓰고 이 차단기의 특징을 쓰시오.

(2) 제어반의 "49"의 명칭은 무엇인가?

(3) 동작접점을 수동으로 연결하였을 때 누름버튼스위치(PBS-ON, PBS-OFF)와 전자접촉기 접점으로 제어회로를 구성하시오. (단, 전원을 투입하면 GL램프가 점등되나, PBS-ON 스위치를 ON하면 GL램프가 소등되고 RL램프가 점등된다.)

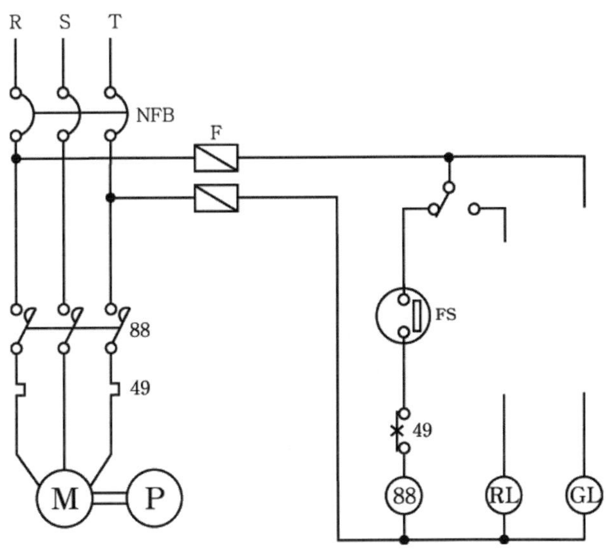

| 정답

(1) ① 명칭: No Fuse Breaker 또는 노 퓨즈 브레이커

② 특징

- 기기의 신뢰도가 크다.
- 과전류에 대한 차단성능이 우수하다.
- 동작 시 수동으로 복귀가 간단하다.
- 퓨즈가 필요하지 않다.
- 기기의 수명이 길다.

(2) 열동형 계전기

(3)

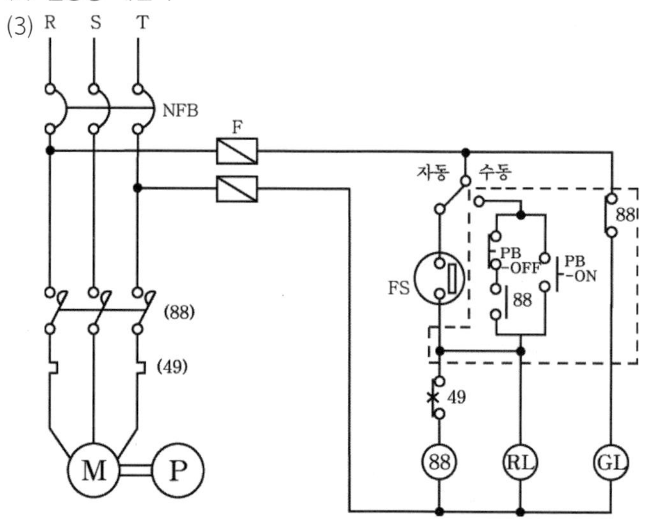

또는

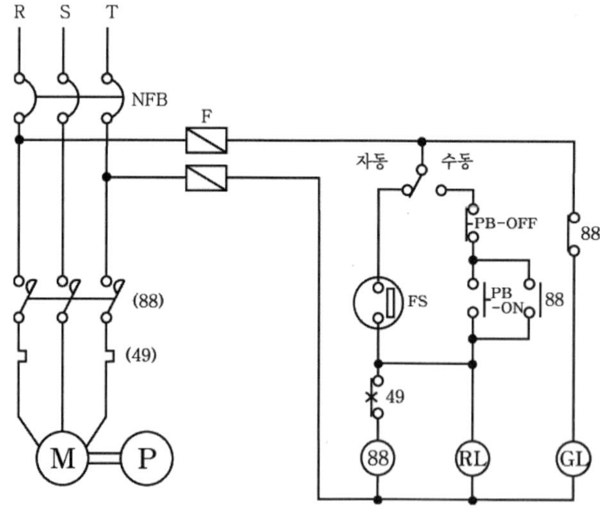

11. 그림은 과전류, 이상정지 등의 이상을 통보함과 동시에 표시하는 경보회로이다. 예를 들어 정지를 허용하지 않는 전동기의 과부하 경보장치를 생각한 경우 등에 이용된다. 도면을 보고 다음 각 물음에 답하시오.

(1) "49"는 무엇을 의미하는가?

(2) PB-1, PB-2, PB-3의 용도를 구분하여 설명하시오.

(3) MC와 Ⓐ, Ⓑ는 무엇인가?

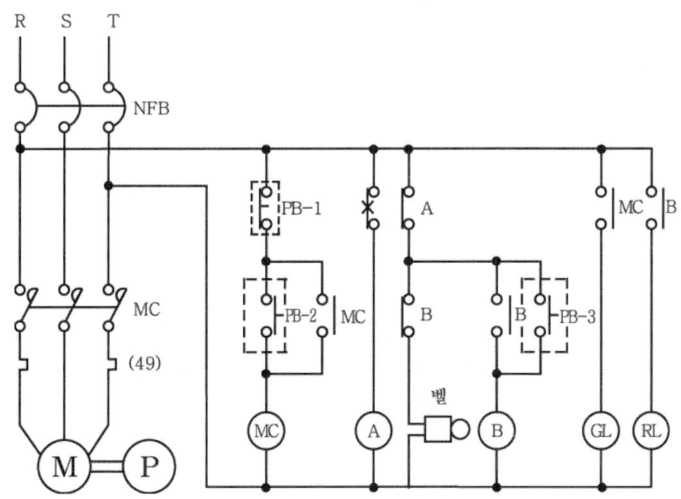

| 정답

(1) 열동형 계전기

(2) PB1: 전동기 수동 정지용

PB2: 전동기 수동 기동용

PB3: 벨 정지용

(3) MC: 전자접촉기

Ⓐ · Ⓑ: 전자릴레이의 코일

12. 그림과 같은 시퀀스회로에서 X접점이 닫혀서 폐회로가 될 때 타이머 T_1(설정시간 t_1), T_2(설정시간 t_2), 릴레이 R, 신호등 PL에 대한 다음 차트를 완성하시오. (단, 설정시간 이외의 시간지연은 없다고 본다.)

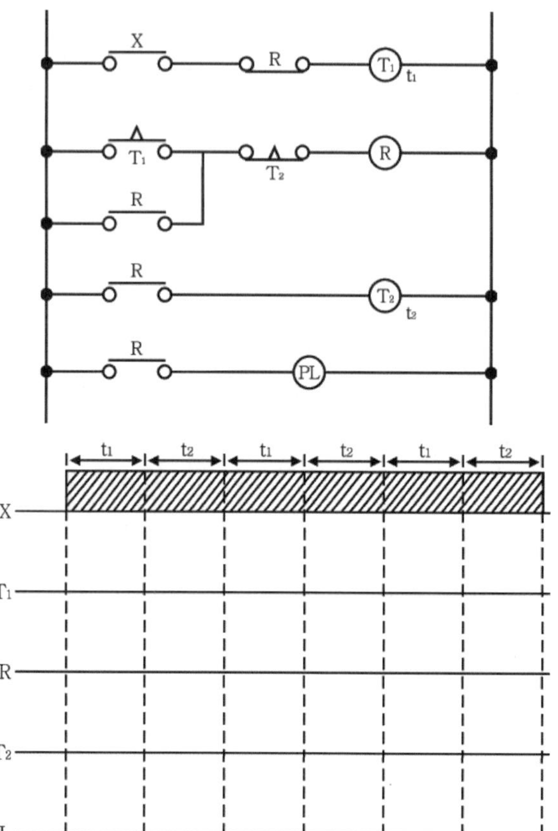

| 정답

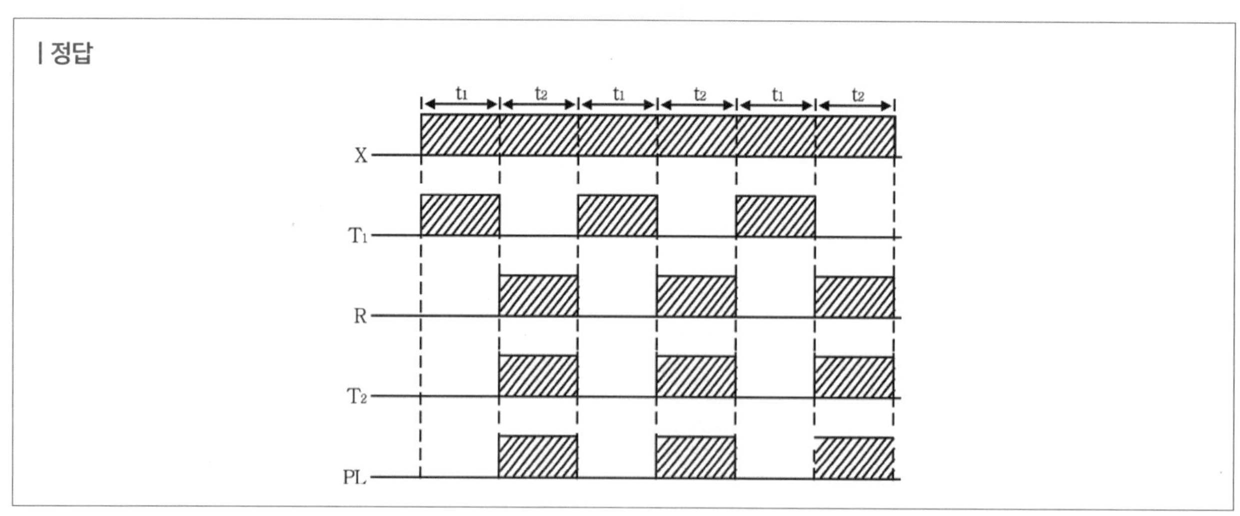

13. 3상 유도전동기의 전전압 기동방식 시퀀스도이다. <조건>과 부품들을 사용해서 완성하시오. (단, 조작회로는 220[V]로 구성하며 푸시버튼스위치는 On용 1개, Off용 1개를 사용한다.)

<조건>

- 전자접촉기(MC) 및 그 보조접점을 사용한다.
- 녹색램프(GL)는 전원표시등으로 사용하며 전동기 운전 시에는 소등되도록 한다.
- 적색램프(RL)는 운전 시의 표시등으로 사용한다.
- 퓨즈를 심벌로 그려 넣는다.
- 부저는 열동계전기가 동작된 다음에 리셋트 버튼을 누를 때까지 계속 울리도록 C 접점을 사용해서 그리도록 한다.

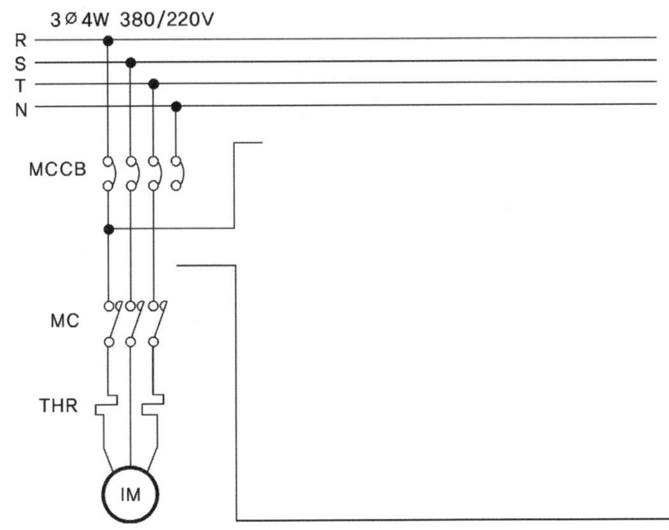

| 정답

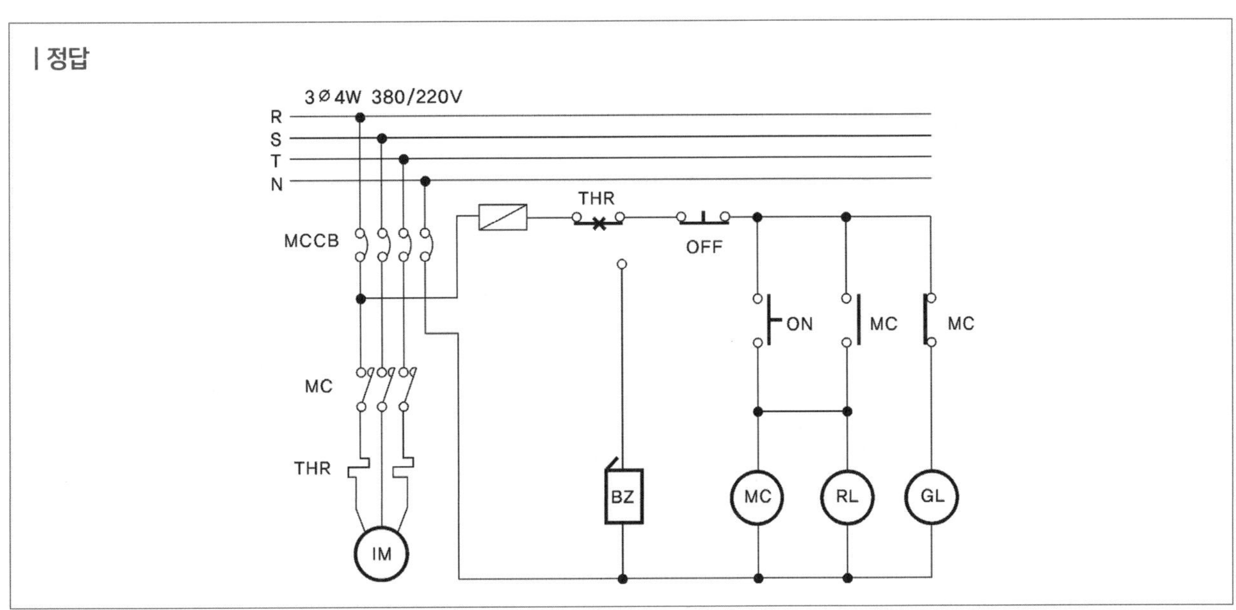

14. 그림의 도면은 타이머에 의한 전동기의 교대운전이 가능하도록 설계된 전동기의 시퀀스 회로이다. 이 도면을 이용하여 다음 각 물음에 답하시오.

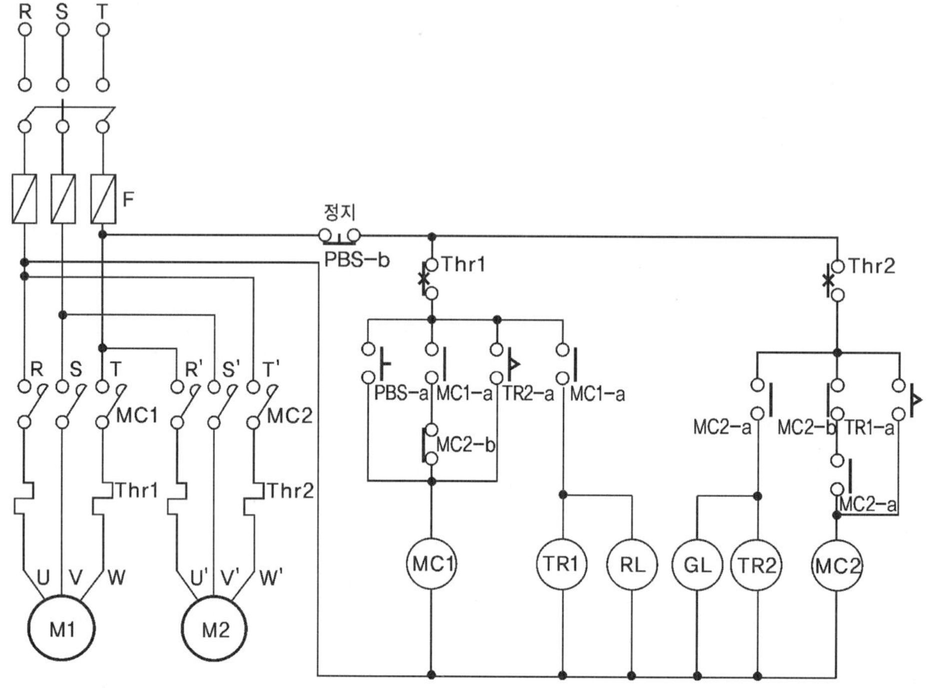

(1) 도면에서 제어회로 부분에 잘못된 곳이 있다. 이곳을 지적하고 올바르게 고치는 방법을 설명하시오.

(2) 타이머 TR1이 2시간, 타이머 TR2가 4시간으로 각각 세팅이 되어 있다면 하루에 전동기 M_1과 M_2는 몇 시간씩 운전되는가?

① M_1:

② M_2:

(3) 도면의 나이프스위치 KS와 퓨즈 F가 합쳐진 기능을 갖은 것을 사용하려고 한다. 어느 것을 사용해야 되는지 한 가지만 쓰시오.

| 정답

(1)

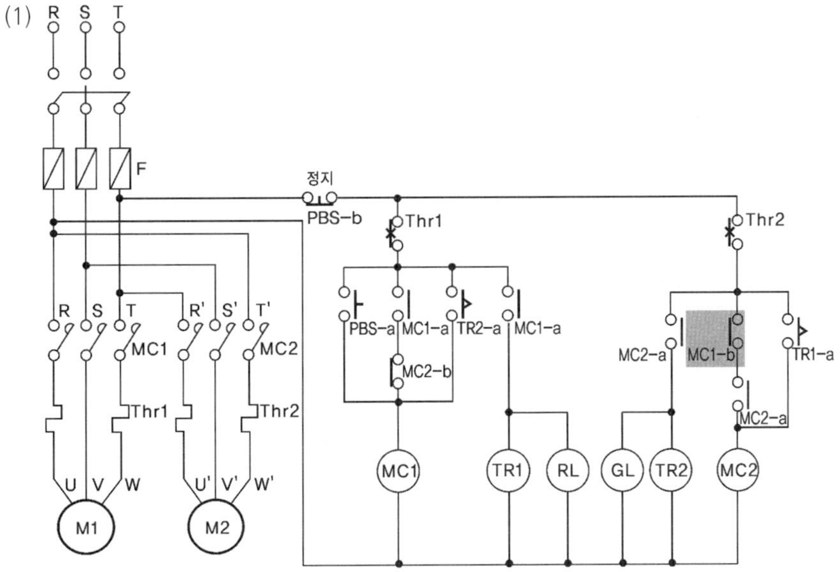

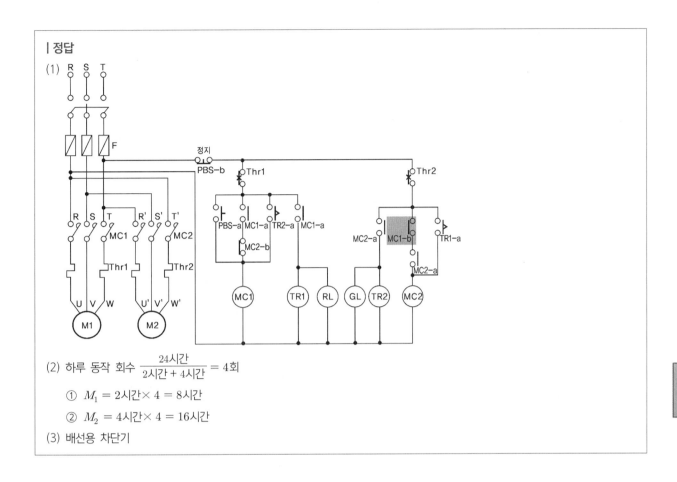

(2) 하루 동작 회수 $\frac{24시간}{2시간 + 4시간} = 4회$

① $M_1 = 2시간 \times 4 = 8시간$

② $M_2 = 4시간 \times 4 = 16시간$

(3) 배선용 차단기

15. 도면은 Y-△ 기동회로의 미완성 회로이다. 이 회로를 보고 다음 각 물음에 답하시오.

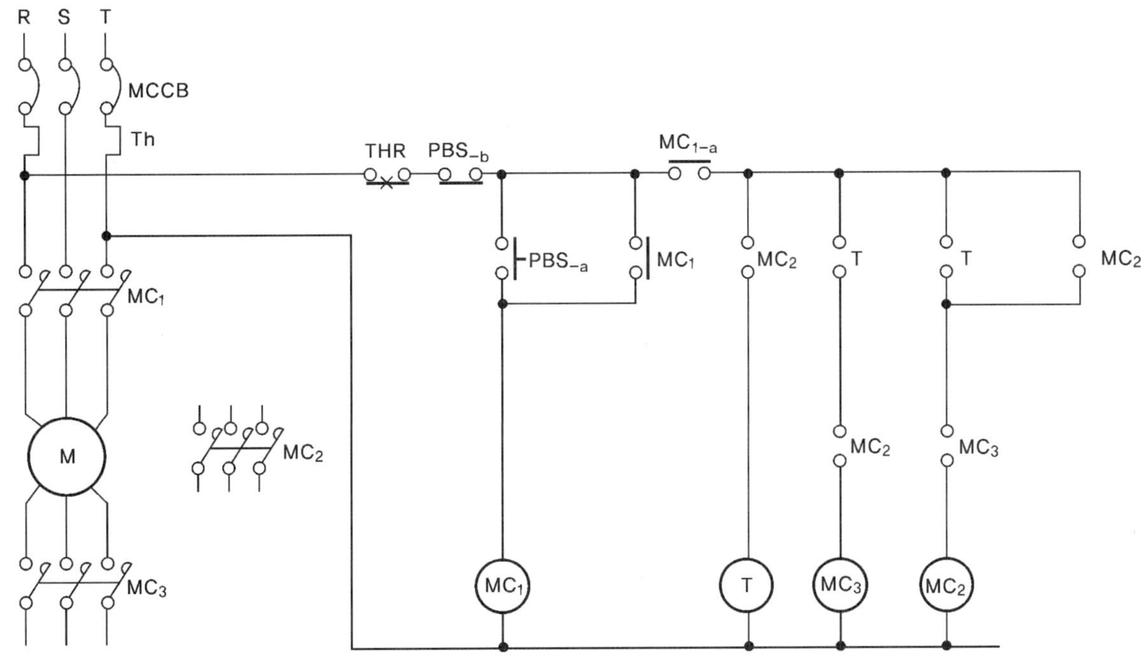

(1) 도면의 미완성 부분을 완성하고 접점을 표시하시오.

(2) 이 기동방식을 채용하는 이유는 무엇인가?

(3) 회로의 동작설명에 관한 사항이다. (   ) 안을 채우시오.

① 기동용 푸시버튼스위치 PBS_{-a}를 누르면 전자개폐기 (   )이 여자되어 MC_{1-a} 접점에 의해 전자개폐기 (   )가 여자된다.

② 타이머의 설정된 시간이 지난 후 (   )접점에 의해 전자개폐기 (   )가 소자되고 (   )접점에 의해 전자개폐기 (   )가 여자된다.

③ 전동기의 Y결선과 △결선의 동시투입을 방지하기 위하여 인터록접점 (   )와 (   )가 있다.

④ 운전 중 과부하가 걸리면 (   )이 작동하여 전동기를 정지시킨다.

| 정답

(1)

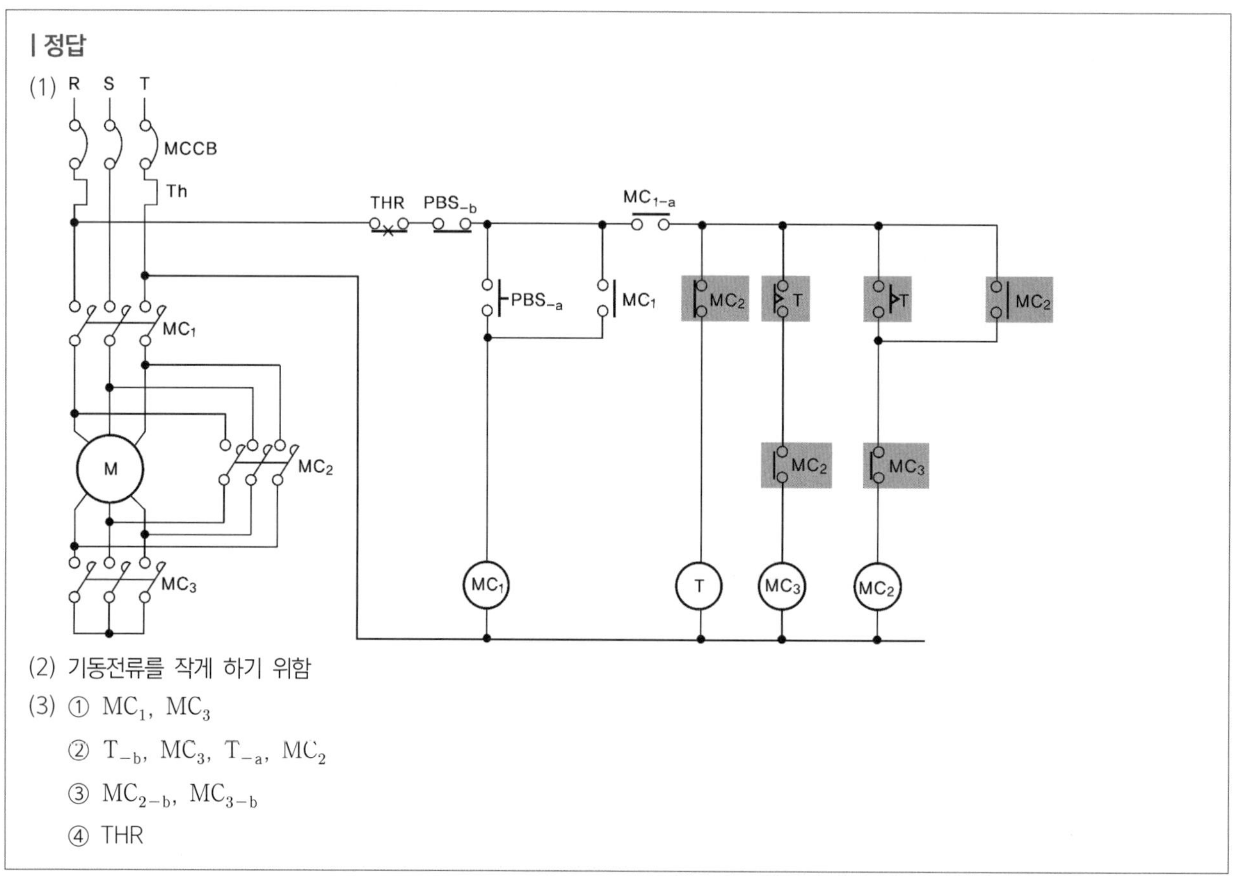

(2) 기동전류를 작게 하기 위함

(3) ① MC_1, MC_3

② T_{-b}, MC_3, T_{-a}, MC_2

③ MC_{2-b}, MC_{3-b}

④ THR

16. 그림은 3상 유도전동기의 기동 조작회로이다. 이 도면을 타이머의 설정시간 후 타이머와 릴레이 X가 소자되도록 하고, 타이머 소자 후에도 모터 M이 계속 동작하도록 도면을 다시 그리시오.

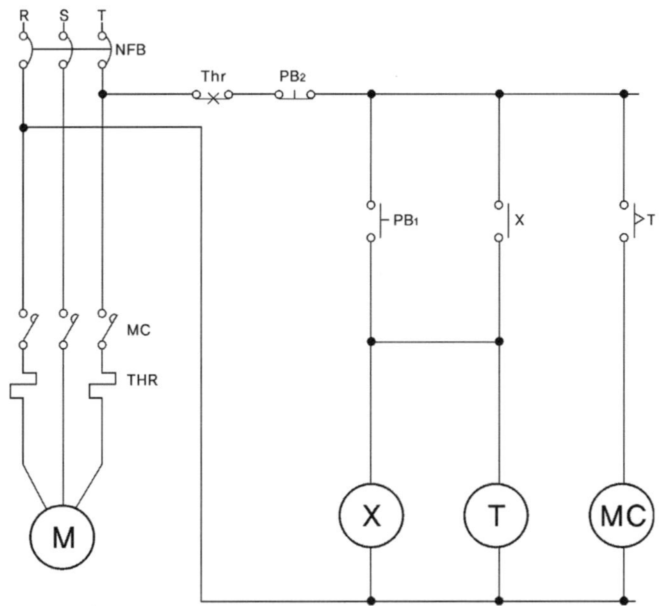

| 정답

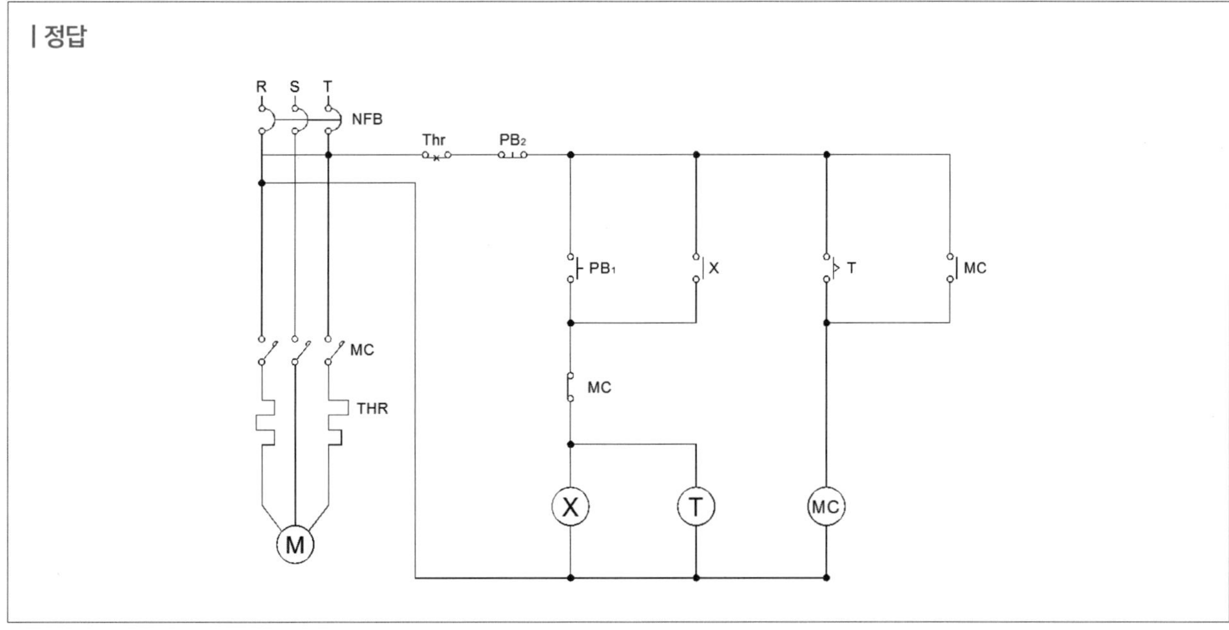

17. 도면은 상용전원과 예비전원의 절환회로이다. 미완성된 부분을 완성하시오.

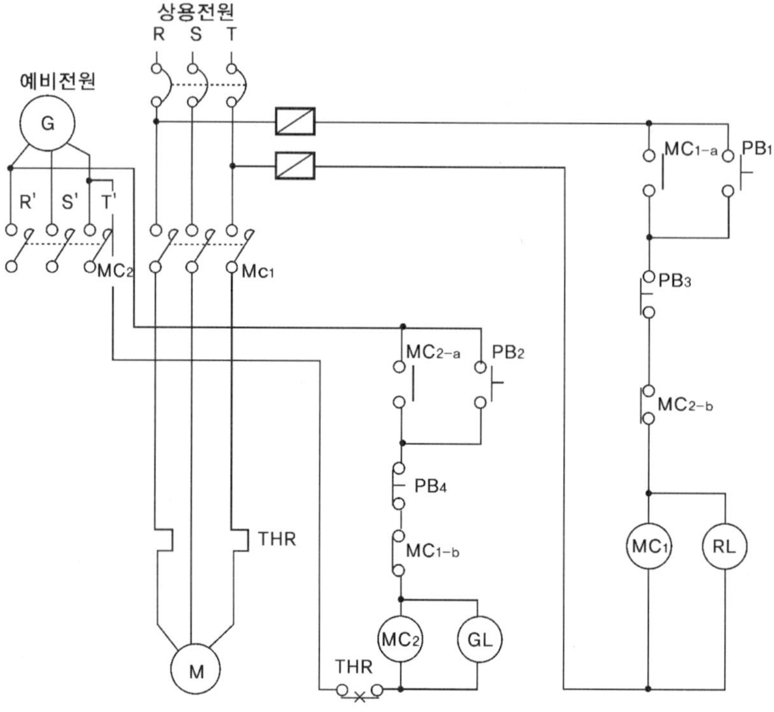

| 정답

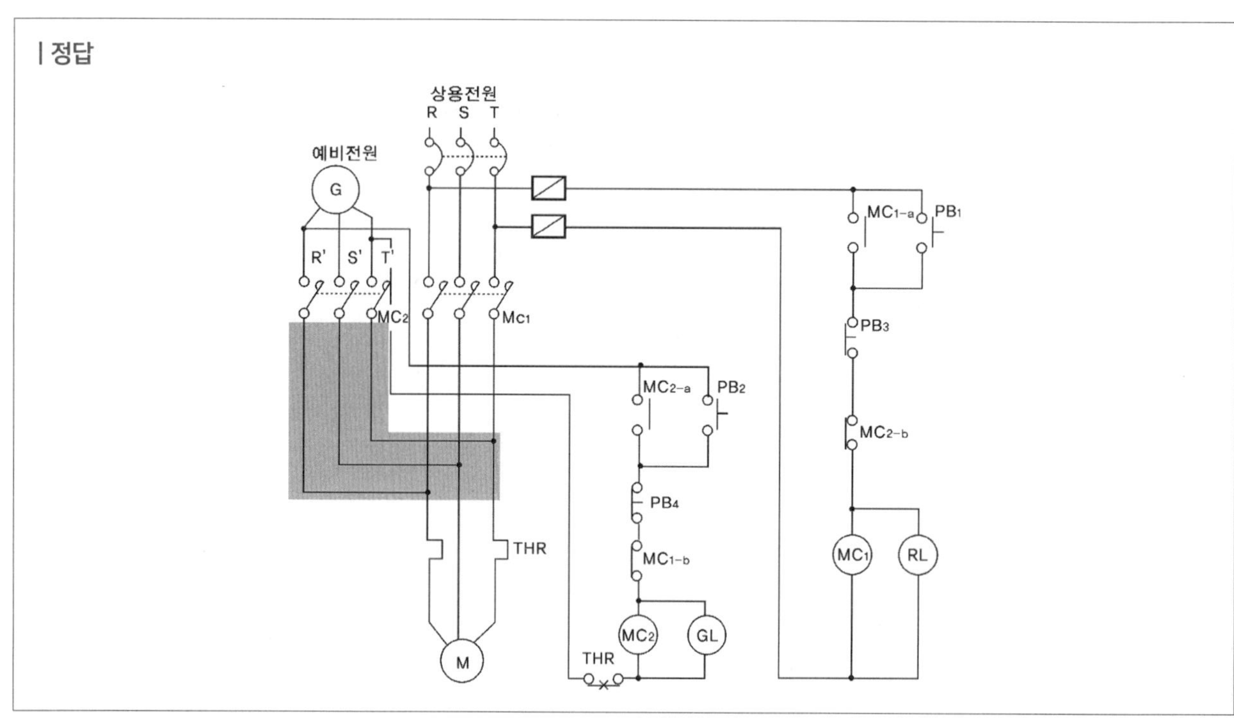

18. 그림은 전극식 레벨제어로서 플로트가 없는 스위치에 의한 자동급수제어회로이다. 이 도면을 보고 다음 각 물음에 답하시오.

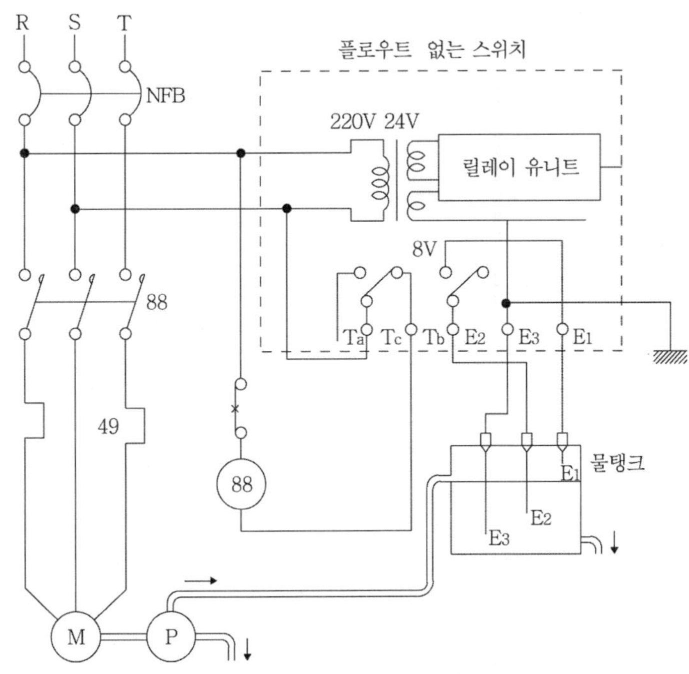

(1) 자동급수제어회로의 일부분을 변경하는 것만으로도 자동배수제어회로가 된다. 어떤 접속을 변경하면 되는가?
(2) 플로트스위치에 의한 제어와 비교할 때 장점을 2가지만 설명하시오.
(3) 전극 E_1, E_2, E_3를 접속하는 배선에 접지를 하고자 한다. 어느 쪽에 접지를 하면 되는가?
(4) 제어기구번호 49와 88의 명칭은 무엇인가?

| 정답

(1)

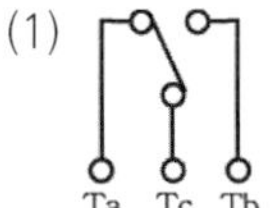

(2) • 동작이 확실하다.
• 수명이 길다.

(3) E_3

(4) 49: 열동계전기
88: 전자접촉기

[플로트리스스위치]

플로트리스스위치는 플로트(float)를 쓰지 않고 액체 내에 전류가 흘러 그 변화로 액면을 제어하는 것으로, 전극 간에 흐르는 전류의 변화를 증폭하여 전자계전기를 동작시키는 것이다.

[급수제어 전극 유지기]

- 전동펌프의 정지는 전동펌프의 운전에 의해 급수되어 수조의 수위가 플로트리스스위치의 전극 E_1까지 달하면 전극 E_1과 E_2, E_3이 도통되어 전동펌프는 정지하여 급수를 멈춘다. 전동펌프의 정지는 수조의 수위가 전극 E_2보다 낮을 때까지 계속된다.
- 전동펌프의 기동은 수조의 물을 사용함으로써 수위를 플로트리스스위치의 전극 E_2보다 내리면, 전극 E_2(E_1)와 E_3의 도통이 없어져 전동펌프는 기동하여 수조에 급수한다. 전동펌프의 운전은 수조의 수위가 전극 E_1에 달할 때까지 계속된다.

• 그림은 배수조 수위와 운전 정지 방법이다.

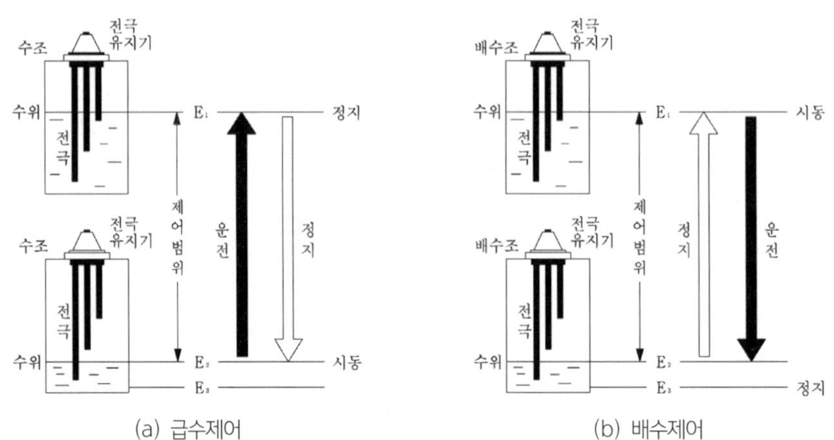

<배수조 수위와 운전 정지>

[배수제어 전극 유지기]

• 전동펌프의 기동: 배수조에 물이 차서 수위가 플로트리스스위치 전극 E_1까지 달하면 전동펌프가 기동하여 배수를 한다.

• 전동펌프의 정지: 전동펌프의 운전에 의해 배수조의 수위가 플로트리스스위치 전극 E_1의 아래가 되면 전동펌프는 정지하고 배수를 멈춘다. 전동펌프의 정지는 배수조 수위가 전극 E_1에 오르기까지 계속된다.

그러므로 급수제어에서 배수제어로 전환하고자 할 때는 접점을 b 접점에서 a 접점으로 배선하면 된다. 전극유지기 E_3는 탱크 최하단까지 설치하고 반드시 접지하는 것에 주의해야 한다.

19. 도면은 농형 3상 유도전동기의 정 · 역전제어의 미완성 회로이다. 동작조건과 도면을 이용하여 다음 각 물음에 답하시오.

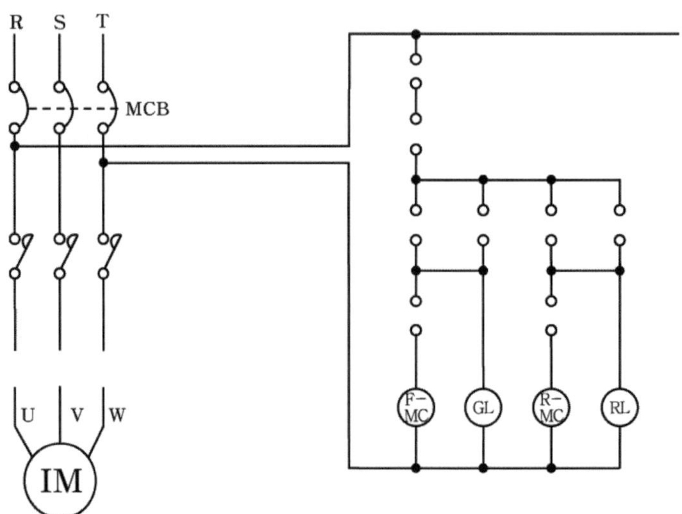

<동작조건>

- F-MC는 정전용 전자접촉기, R-MC는 역전용 전자접촉기이다.
- GL램프는 정전용 표시램프, RL램프는 역전용 표시램프이다.
- PBS-1은 a접점으로 정전용 눌름스위치, PBS-2의 a접점은 역전용 눌름스위치, PBS-3는 b접점으로 정지용 눌름스위치이다.
- PBS-1을 ON하면, F-MC가 여자되어, 전동기 IM이 정회전하며, GL이 점등한다.
- PBS-1에서 손을 떼어도 회로는 자기유지되어, 전동기는 계속 정회전하며, GL램프는 계속 점등된다.
- PBS-2를 ON하여도 전동기는 계속 정회전되며, GL은 계속 점등한다.
- 역회전을 시키기 위해서는 PBS-3를 OFF하여 전동기를 정지시킨 다음, PBS-2를 ON하여야 한다.
- PBS-3를 OFF하고, PBS-2를 ON하면, 전동기는 역회전하며, RL램프가 점등하게 된다. 이 때에 눌름버튼스위치에서 손을 떼어도 회로는 자기유지되어 계속 역회전하며, RL램프도 계속 점등된다.
- 정회전에서는 역회전되지 않도록 되어 있고, 반대로 역회전 시에도 정회전되지 않도록 되어 있다.
- 전동기가 과부하되어 과전류가 흐를 때, THR이 동작되어 회로를 차단시키며, 전동기는 멈추게 된다.

(1) 배선용차단기 MCB의 주된 역할을 설명하시오.
(2) 열동형과전류계전기 THR과 그의 접점(b 접점)을 회로도에 그려 넣으시오.
(3) 정 · 역이 가능하도록 주회로 부분의 R-MC 주접점을 그려 넣으시오.
(4) 보조회로의 F-MC의 보조접점과 R-MC의 보조접점을 그려서 동작조건이 만족하도록 미완성 회로를 완성하시오.

| 정답

(1) 주전원 개폐

(2)~(4)

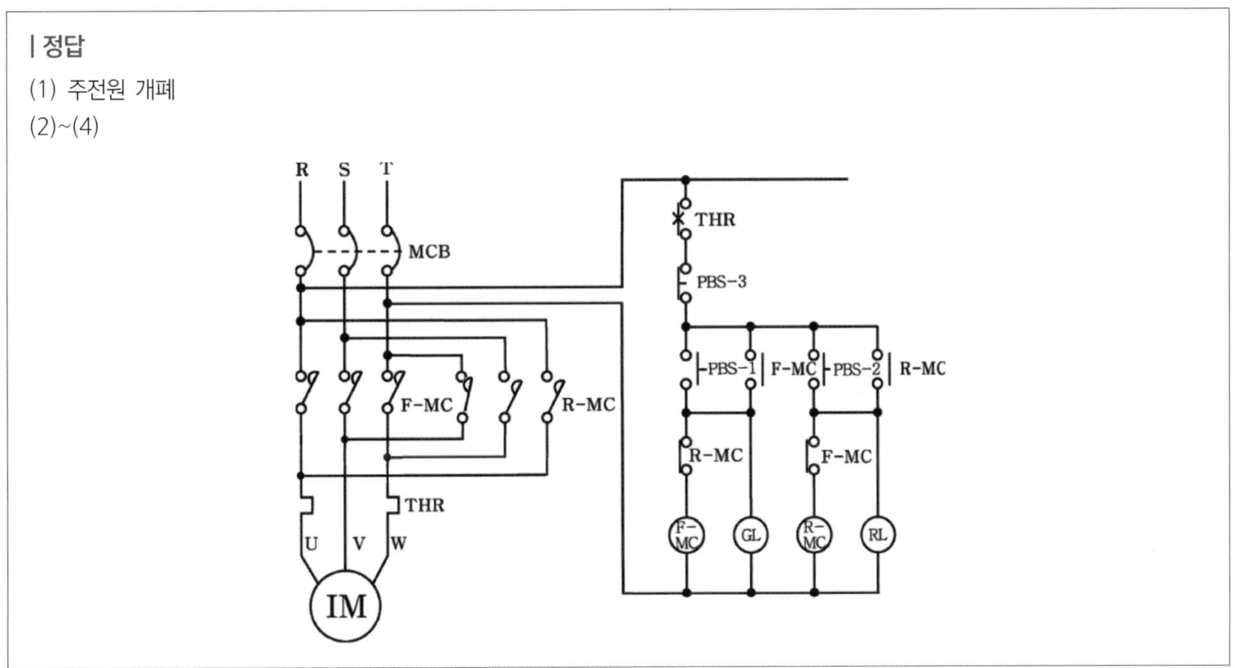

20. 도면과 같은 회로를 누름버튼스위치 PB_1 또는 PB_2 중 어느 것인가 먼저 ON 조작된 측의 램프만 점등되는 병렬우선회로가 되도록 고쳐서 그리시오. (단, PB_1 측의 계전기는 R_1, 램프는 L_1이며, PB_2 측의 계전기는 R_2, 램프는 L_2이다.)

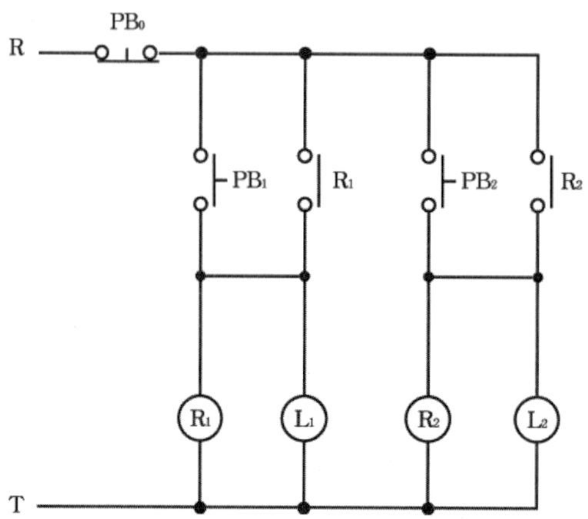

| 정답

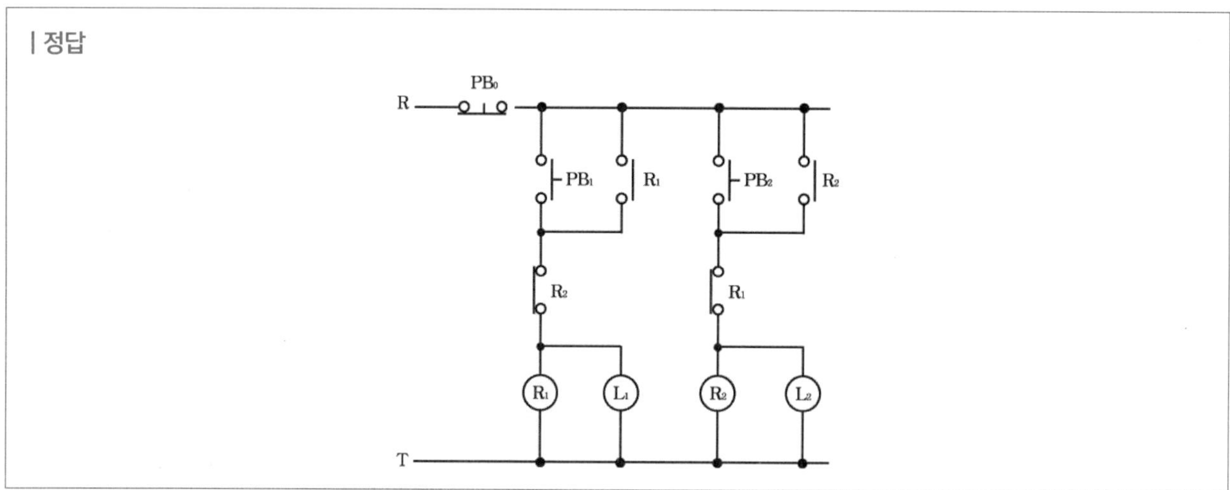

21. 옥내소화전설비의 시퀀스 도면이다. 다음 물음에 답하시오.

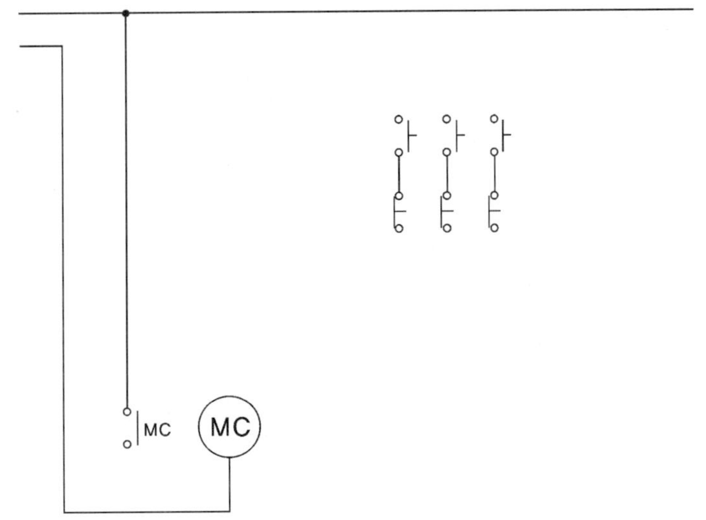

<조건>

- 각층에는 옥내소화전 1개가 설치되어 있다.
- 이미 그려져 있는 부분은 수정하지 않는다.
- 그려진 접점을 삭제하거나 별도로 접점을 추가하지 않는다.

(1) MCCB의 우리말 명칭을 쓰시오.

(2) 각층에서 수동기동 및 정지가 가능하도록 도면을 완성하시오.

| 정답

(1) 배선용 차단기

(2)

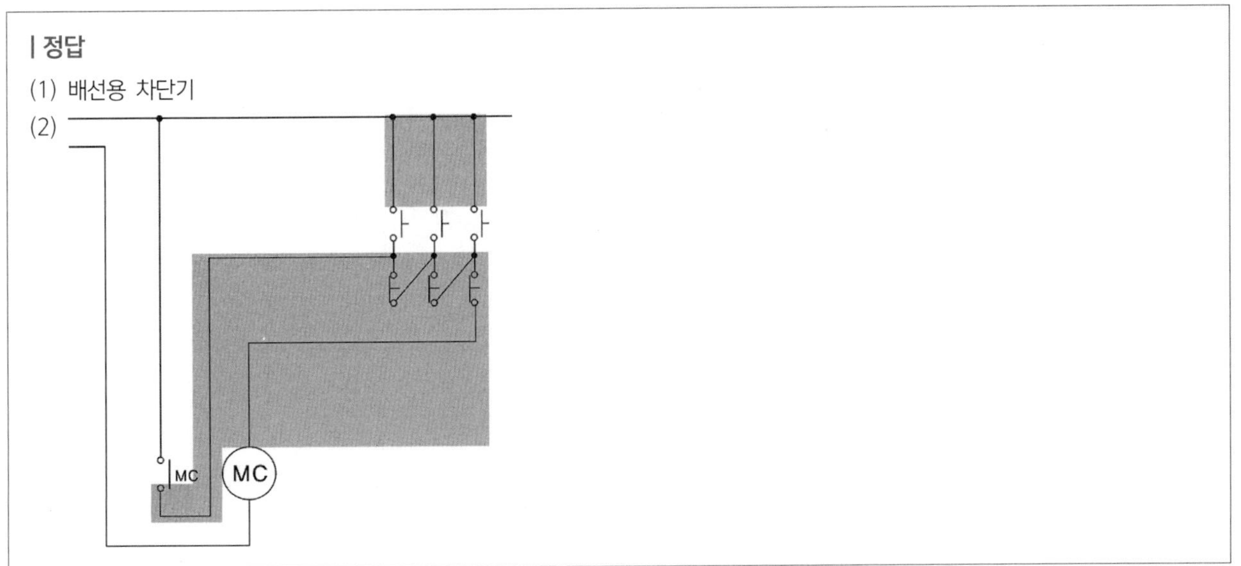

22. 그림은 급수펌프를 전극에 의하여 자동운전하기 위한 시퀀스도이다. 그림을 이용하여 다음 각 물음에 답하시오. [단, (3)과 (4)의 문항은 한 도면으로 작성할 것]

(1) 49와 88의 명칭을 우리말로 표현하시오.

(2) 도면의 옥상탱크는 지상 20m 위치에 설치되어 있고, 이 옥상탱크의 용량은 300m³이라고 한다. 이 옥상탱크에 물을 양수하는 데 10마력의 전동기를 사용한다면 몇 분 후에 물이 가득차겠는가? (단, 펌프의 효율은 70%이고, 여유계수는 1.25)

(3) 주회로 부분에 NFB, 88의 주접점, 49를 설치하여 도면을 작성하시오.

(4) 제어회로에 정지 시에는 (GL)등, 운전 시에는 (RL)등이 점등되도록 (GL)등과 (RL)등을 설치하시오.

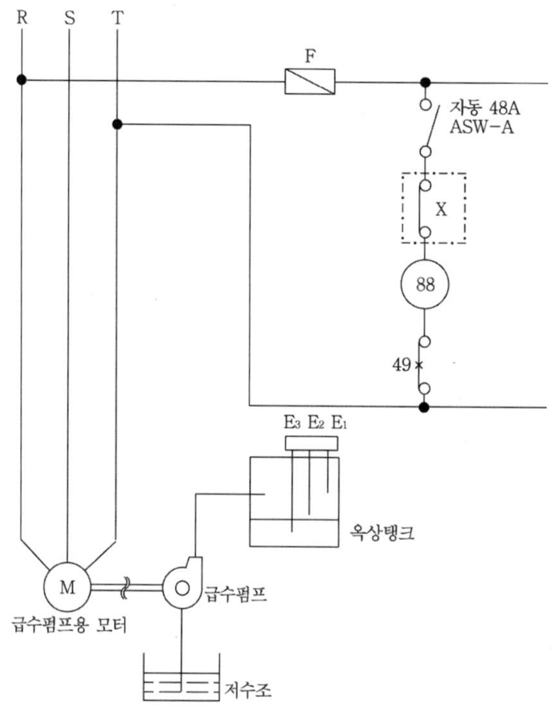

| 정답

(1) 49: 열동계전기

88: 전자접촉기

(2) 시간 t[min]는

$$t = \frac{1000 \times QHK}{76 \times 60\eta P[\text{HP}]}\text{[min]에서}$$

$$= \frac{1000 \times 300 \times 20 \times 1.25}{76 \times 60 \times 0.7 \times 10} = 234.962$$

∴ 234.96[min]

(3), (4)

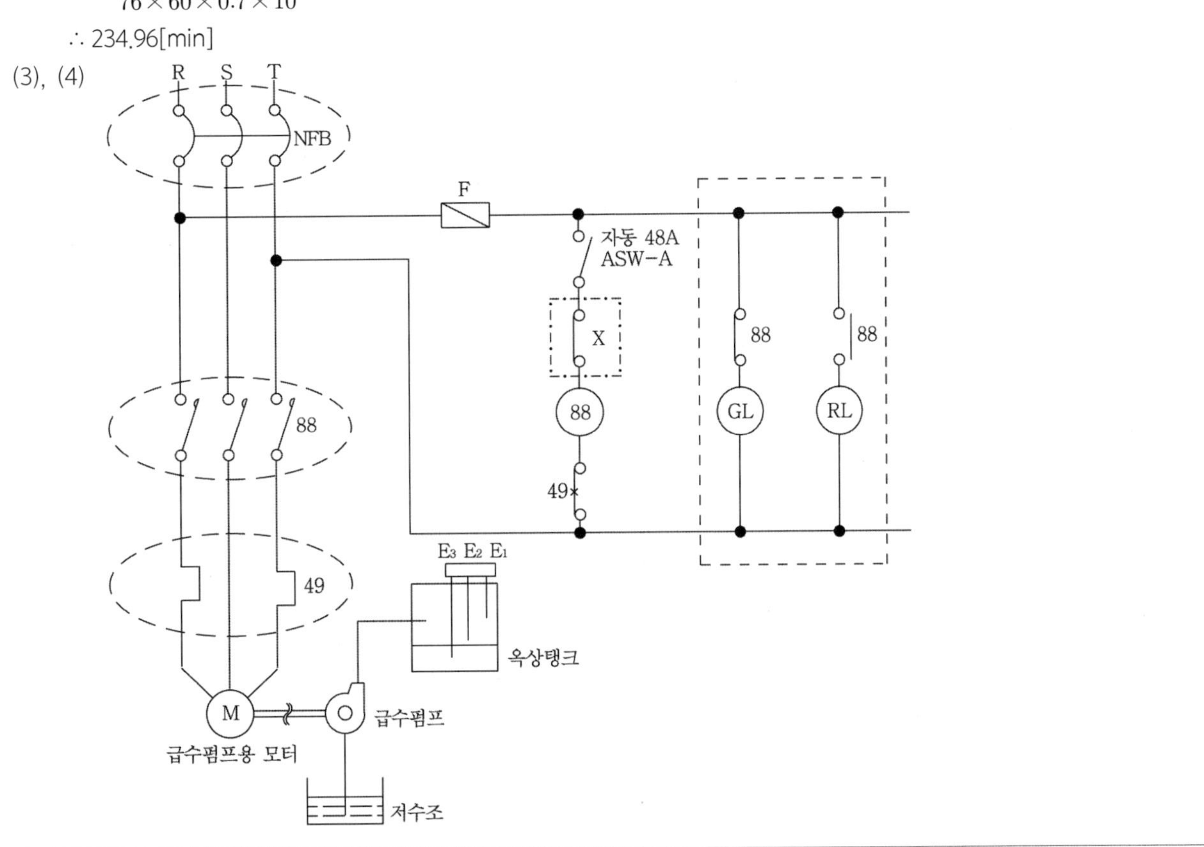

23. 그림과 같이 미완성된 3상 유도전동기의 전전압기동 조작회로를 완성하시오.

<범례>

: MCB	: 푸시버튼(OFF)
: 마그넷스위치주접점	: 푸시버튼(ON)
: 서머릴레이	(MC): 마그넷스위치고일
: 퓨즈	: 서머릴레이접점
: 터미널	(M): 3상유도전동기
MC: 마그넷스위치보조접점	

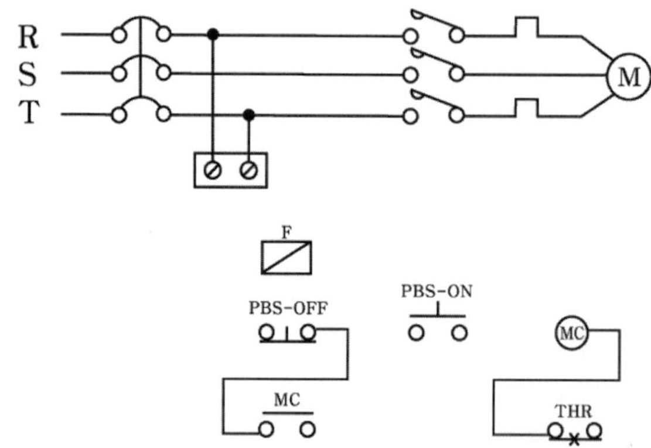

| 정답

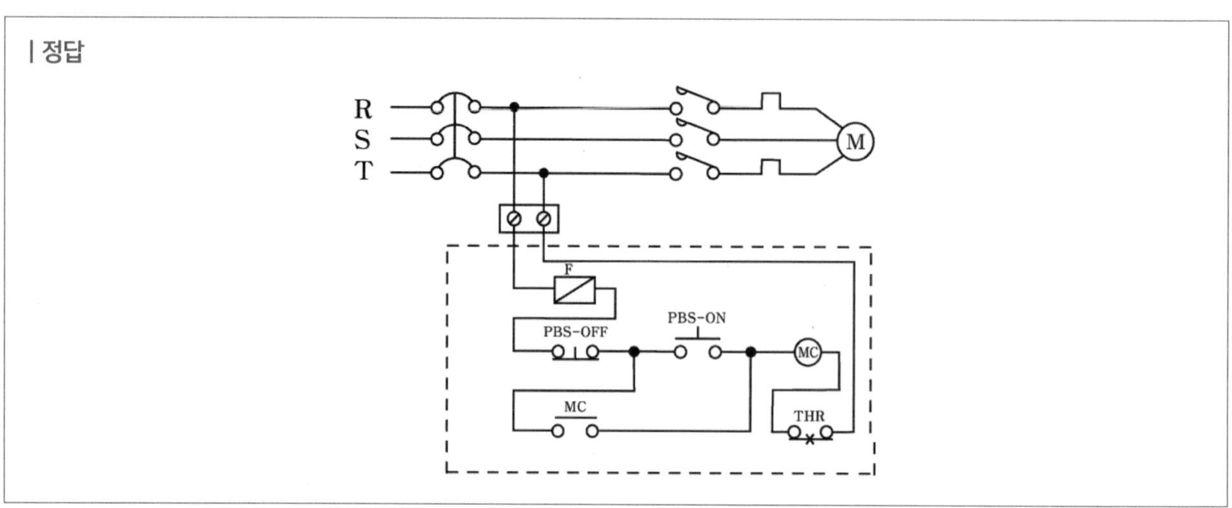

24. 그림은 6개의 접점을 가진 릴레이회로이다. 이 회로의 논리식을 쓰고, 이것을 2개의 접점을 가진 간단한 식으로 표현하고, 릴레이접점회로와 논리회로를 그리시오.

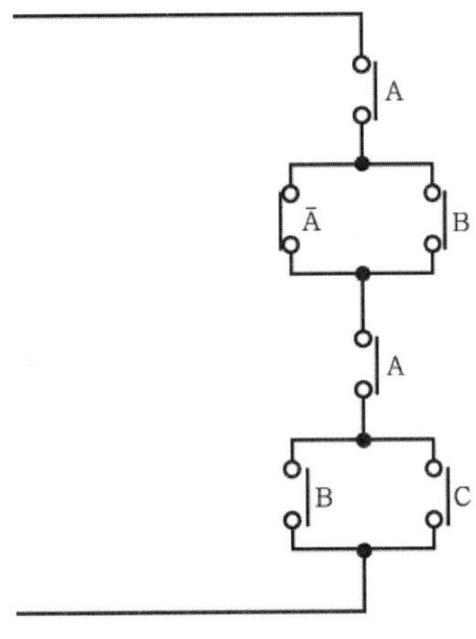

(1) 6개의 접점을 이용하여 논리식을 쓰시오.
(2) 2개의 접점을 이용하여 논리식을 쓰시오.
(3) 릴레이접점회로를 그리시오.
(4) 논리회로를 그리시오.

| 정답

(1) $A \cdot (\overline{A} + B) \cdot A \cdot (B + C)$

(2) $A \cdot B$

(3) 릴레이접점회로

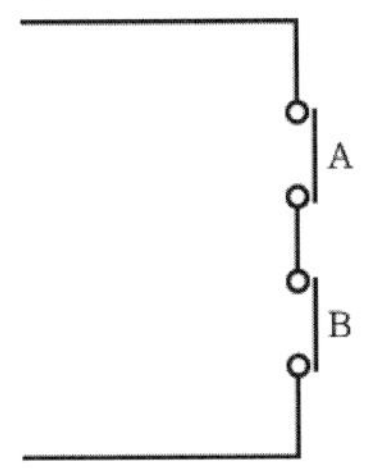

(4) 논리회로

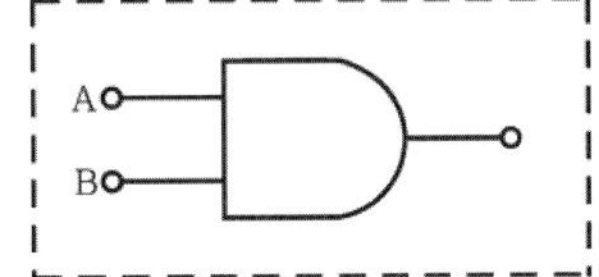

간략화된 식

$A \cdot (\overline{A} + B) \cdot A \cdot (B + C)$

$= (A\overline{A} + AB) \cdot (AB + AC) = AB \cdot (AB + AC)$

$= ABAB + ABAC = AB \cdot (1 + C)$

$= AB \cdot 1$

$= AB$

(여기서, $A \cdot \overline{A} = 0$, $A \cdot A = A$, $B \cdot B = B$)

25. 릴레이접점회로가 그림과 같을 때 이것을 AND, OR, NOT 등의 논리회로를 사용하여 논리회로를 작성하시오.

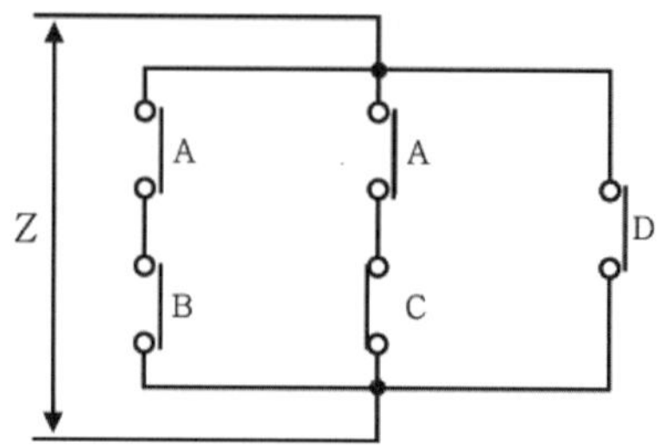

| 정답

26. 그림은 10개의 접점을 가진 스위칭회로이다. 이 회로의 접점수를 최소화하여 스위칭회로를 그리시오.

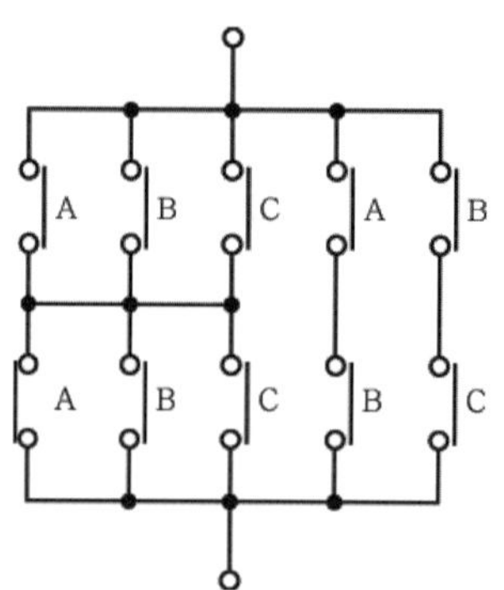

| 정답

스위칭회로

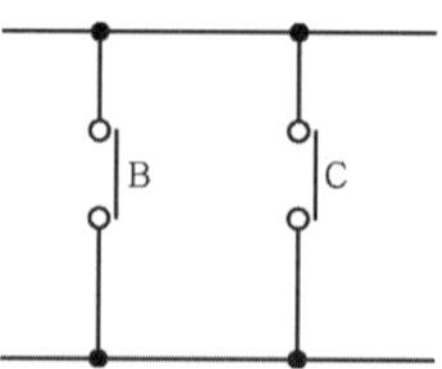

$X = (A + B + C) \cdot (\overline{A} + B + C) + AB + BC$

$= A\overline{A} + AB + AC + \overline{A}B + BB + BC + C\overline{A} + CB + CC + AB + BC$

$= B \cdot (1 + A + \overline{A} + C + A) + C \cdot (1 + B) = B \cdot 1 + C \cdot 1$

$= B + C$

27. 주어진 논리대수식을 릴레이회로(유접점회로) 및 논리회로(무접점회로)로 바꾸어 그리시오.

(1) $Z = AB + \overline{A}\,\overline{B}$

(2) $A\overline{B} + \overline{A}B$

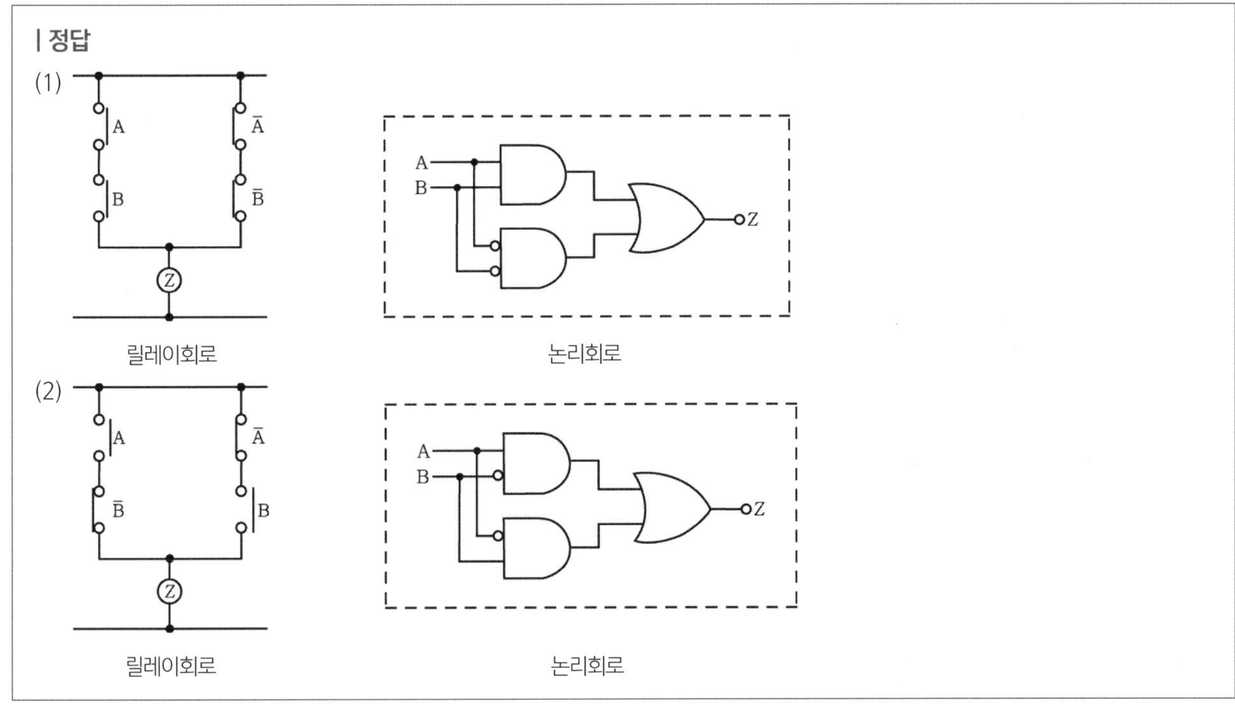

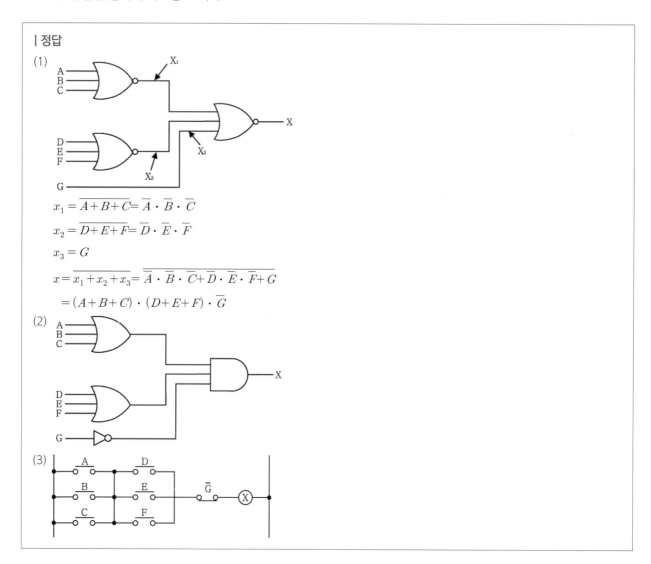

28. 그림과 같은 논리회로를 보고 다음 각 물음에 답하시오.

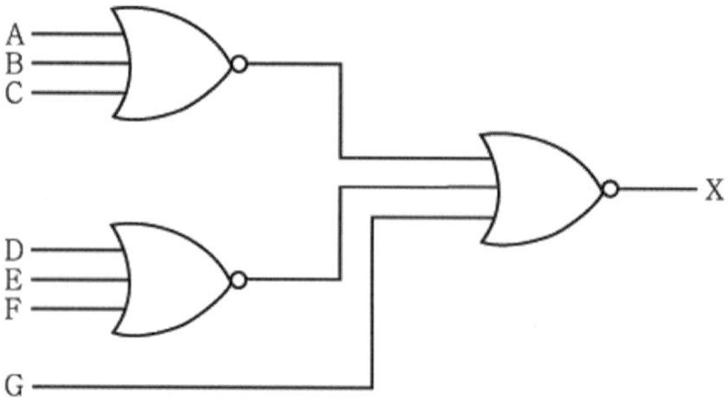

(1) 논리식으로 표현하시오.

(2) AND, OR, NOT 회로를 이용한 등가회로를 그리시오.

(3) 유접점(릴레이)회로를 그리시오.

| 정답

(1)

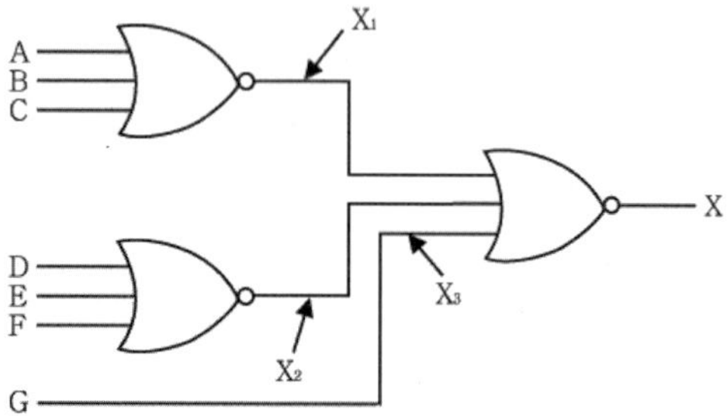

$x_1 = \overline{A+B+C} = \overline{A} \cdot \overline{B} \cdot \overline{C}$

$x_2 = \overline{D+E+F} = \overline{D} \cdot \overline{E} \cdot \overline{F}$

$x_3 = G$

$x = \overline{x_1 + x_2 + x_3} = \overline{\overline{A} \cdot \overline{B} \cdot \overline{C} + \overline{D} \cdot \overline{E} \cdot \overline{F} + G}$

$= (A+B+C) \cdot (D+E+F) \cdot \overline{G}$

(2)

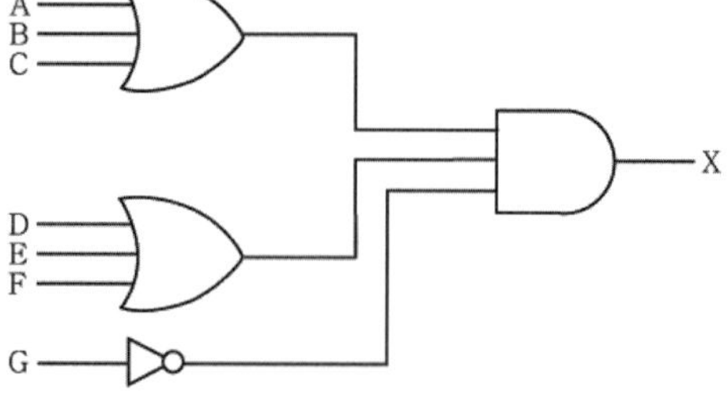

(3)

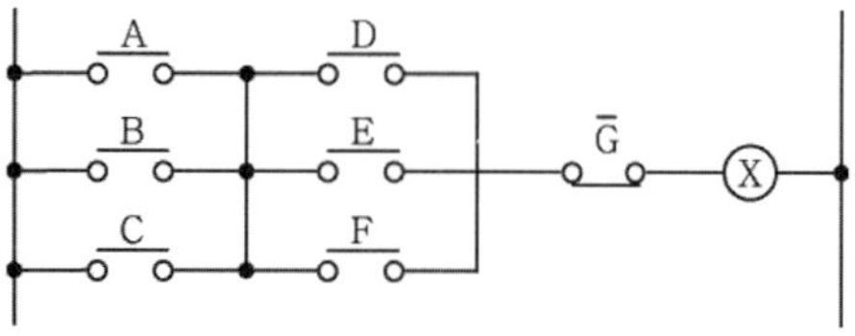

29. 논리식 Z = (A + B + C) · (A · B · C + D)를 릴레이회로(유접점회로)와 논리회로(무접점회로)로 바꾸시오.

| 정답

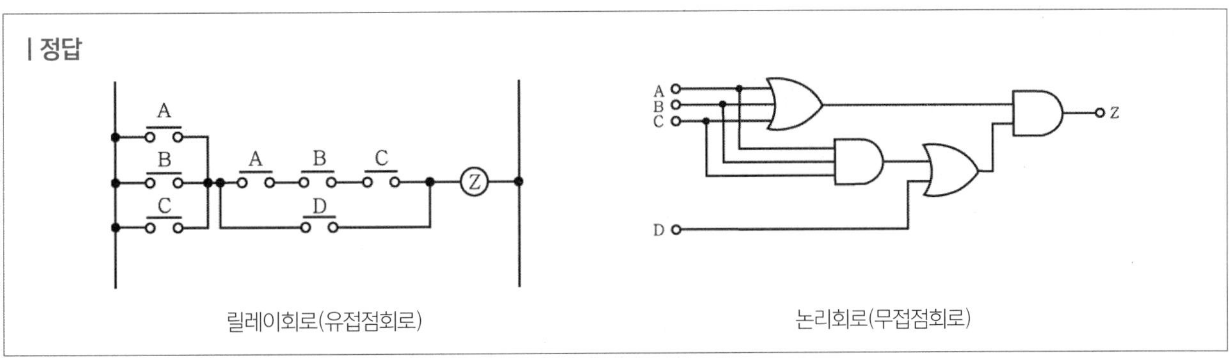

30. 그림과 같이 2개의 등을 하나의 스위치로 동시에 점멸이 가능하도록 하려고 한다. 도면을 이용하여 다음 각 물음에 답하시오.

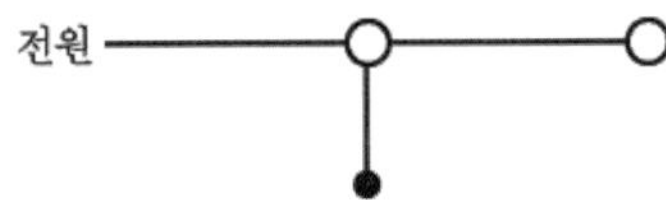

(1) • 의 명칭을 구체적으로 쓰시오.
(2) 배선에 배선 가닥 수를 표시하시오.
(3) 전선접속도(실제배선도)를 그리시오.

| 정답

(1) 단극스위치

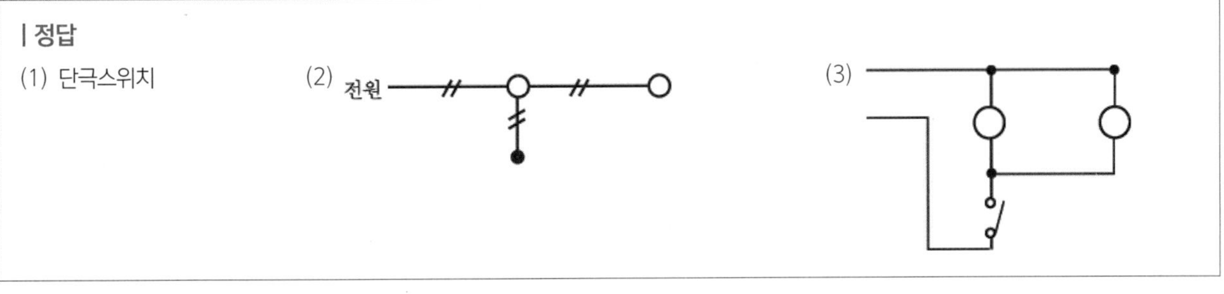

31. 3개의 입력 A, B, C 중 먼저 작동한 입력이 우선동작하고, 출력 X_A, X_B, X_C를 나타낸다. 이 경우 먼저 작동한 출력신호에 의해 그 후에 작동한 입력신호의 출력은 없다고 할 때, 그림의 타임차트를 보고 다음 각 물음에 답하시오.

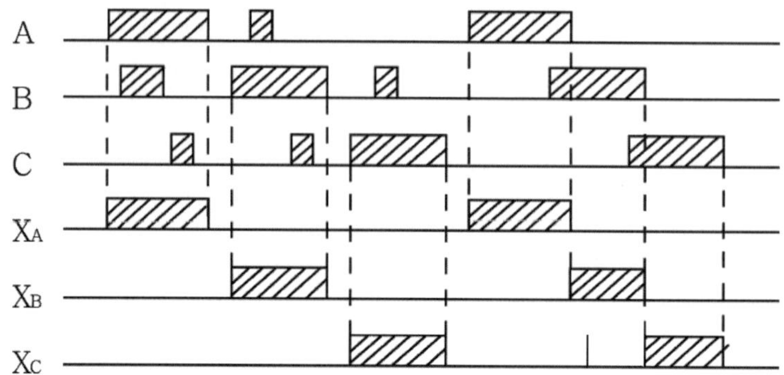

(1) 타임차트를 이용하여 출력 X_A, X_B, X_C의 논리식을 쓰시오.

(2) 타임차트와 같은 동작이 이루어지도록 유접점회로 및 무접점회로를 그리시오.

| 정답

(1) 논리식 $X_A = A \cdot \overline{X_B} \cdot \overline{X_C}$

$X_B = B \cdot \overline{X_A} \cdot \overline{X_C}$

$X_C = C \cdot \overline{X_A} \cdot \overline{X_B}$

(2)

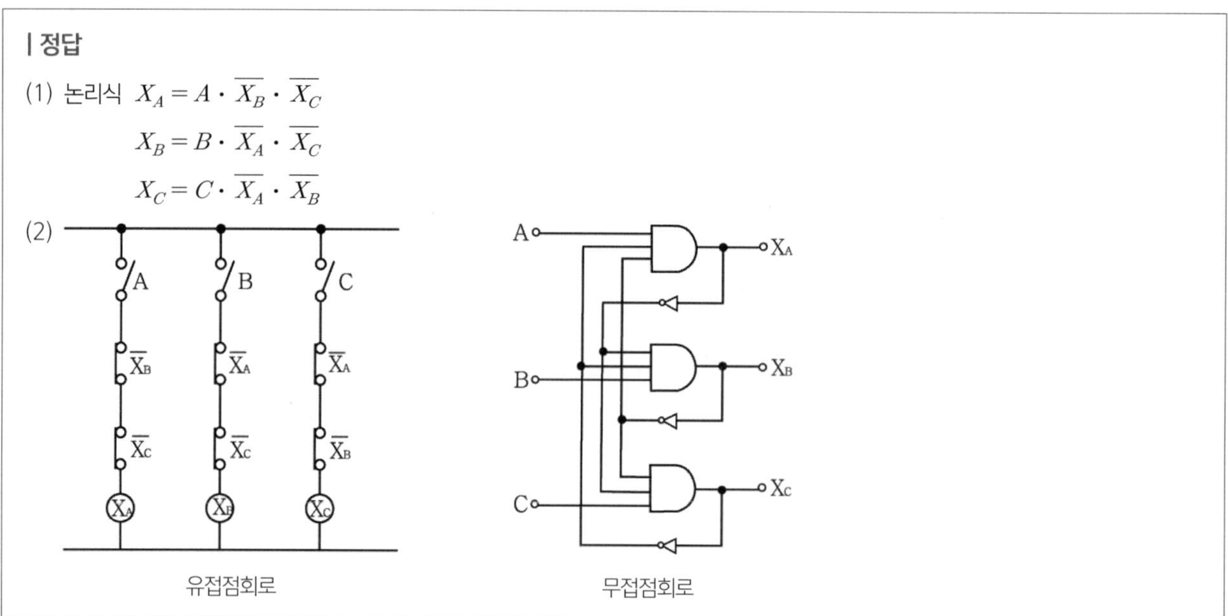

32. 그림과 같은 논리회로를 보고 다음 각 물음에 답하시오.

(1) 회로에서 X_1 과 X_2의 관계를 무엇이라 하는가?

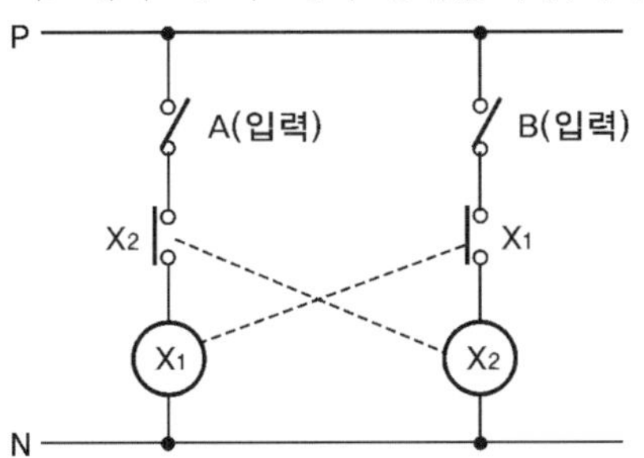

(2) 회로에 대한 논리회로를 완성하시오.

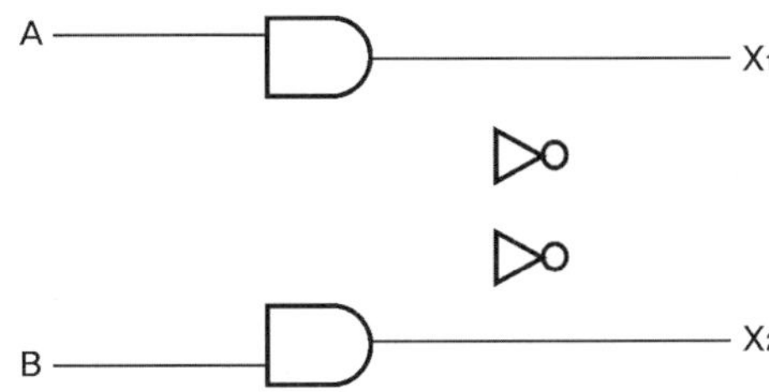

(3) 회로의 동작상황을 보고 타임차트를 완성하시오.

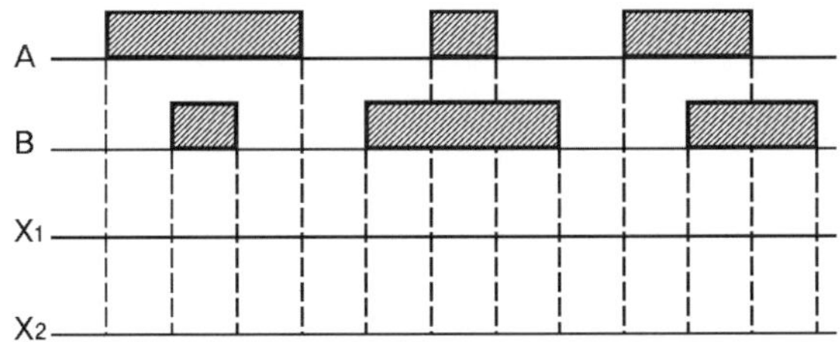

| 정답

(1) 인터로크

(2)

(3)

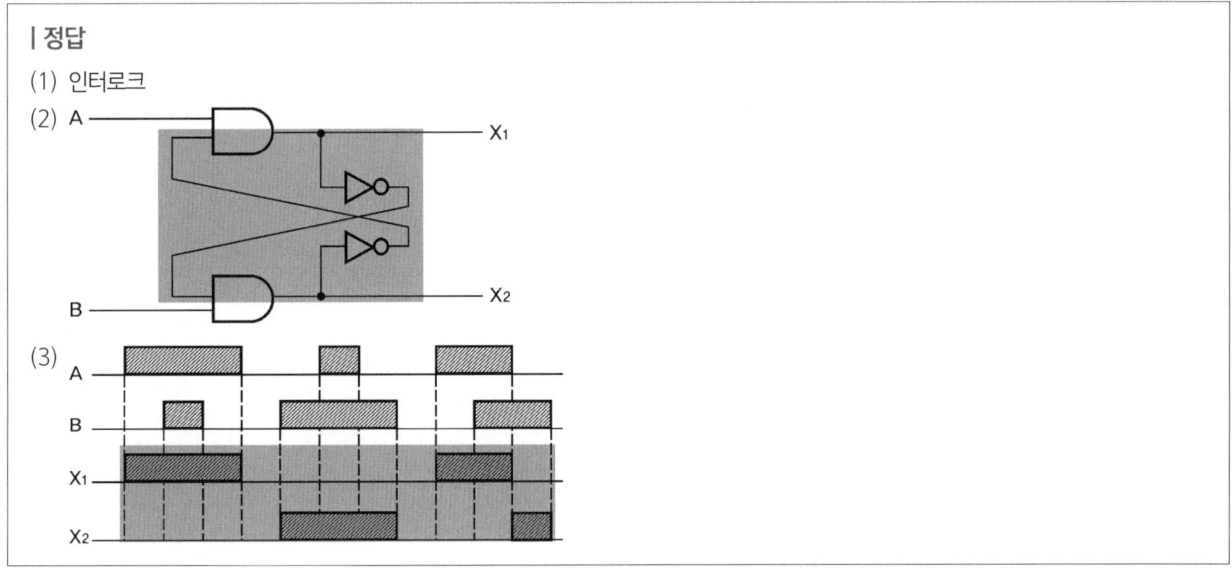

33. 다음의 표와 같이 두 입력 A와 B가 주어질 때 주어진 논리소자의 명칭과 출력에 대한 진리표이다. 표를 완성하시오.

명칭		AND							
입력									
A	B								
0	0	0							
0	1	0							
1	0	0							
1	1	1							

| 정답

명칭		AND	OR	NAND	NOR	NOR	OR	NAND	AND
입력									
A	B								
0	0	0	0	1	1	1	0	1	0
0	1	0	1	1	0	0	1	1	0
1	0	0	1	1	0	0	1	1	0
1	1	1	1	0	0	0	1	0	1

34. 그림과 같이 1개의 등을 2개소에서 점멸이 가능하도록 하려고 한다. 다음 물음에 답하시오.

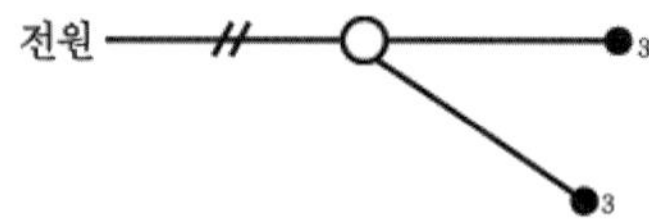

(1) ●3 의 명칭을 구체적으로 쓰시오.

(2) 배선의 배선 가닥 수를 표시하시오.

(3) 배선접속도(실체배선도)를 그리시오.

| 정답

(1) 3로 스위치

(2)

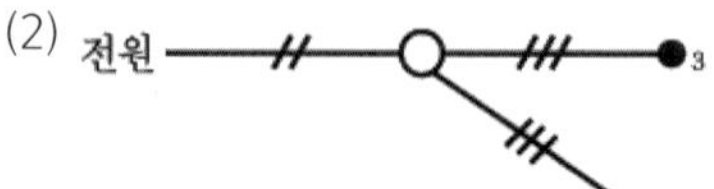

(3)

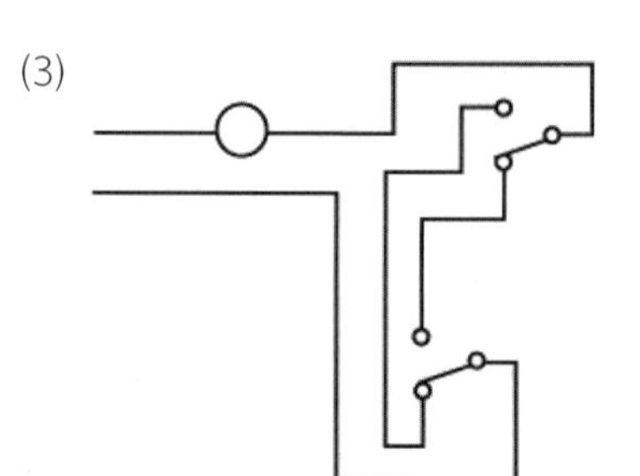

Chapter 02 기계기구 · 회로점검 및 조작

※ 본 Chapter는 문제풀이만으로도 실기 시험에 대비한 학습이 가능하므로 엄선된 출제예상문제를 수록하였습니다.

01. 회로시험기(전류 · 전압측정계)의 0점 조정방법에 대해 설명하시오.

| 정답

제측정을 하기 전에 반드시 바늘의 위치가 0점에 고정되어 있는가를 확인한다.
그렇지 않은 경우에는 0점 조정나사를 돌려 0점에 맞춘다.

02. 자동화재탐지설비에서 전원측의 교류전압을 회로시험기를 이용하여 측정하려고 한다. 측정방법을 설명하시오.

| 정답

교류전압(ACV) 측정

① 적색도선을 (+)단자에 흑색도선을 (-)단자에 접속시킨다.
② 회로전환스위치를 [ACV]의 위치에 고정시키고 도선의 시험막대를 피측정회로 양단에 각각 연결시킨 후, [AC] 눈금상의 수치를 읽는다.

03. 전류전압측정계 사용 시 주의사항에 대하여 쓰시오.

| 정답

① 측정 시 시험기는 수평으로 놓아야 한다.
② 측정범위가 미지수일 경우 눈금의 최대범위에 놓고 시작하여 한 단계씩 범위를 낮추어 가야 한다.
③ 선택스위치가 [DC mA]에 있을 때는 AC전압이 걸리지 않도록 한다.
④ 어떤 장비의 회로저항을 측정할 때는 측정 전에 장비용 전원을 반드시 차단해야 한다.

04. 교류전압 220[V]인 그림과 같은 옥내배선이 있다. 옥내배선 L_1과 L_2의 절연저항을 측정하고자 할 때, 절연저항 측정방법과 판정기준을 설명하시오. (단, 절연저항계는 전자식이다.)

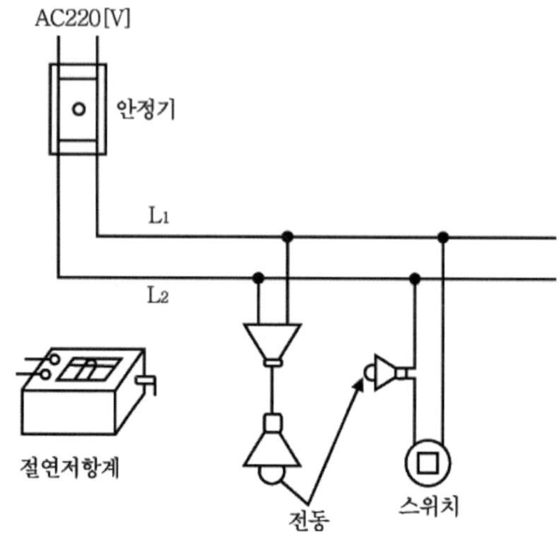

| 정답

(1) 측정방법

① NFB를 개방시킨다.

② 각 전등과 다른 부하를 배선으로부터 떼어 놓는다. 그리고 각 스위치를 열어 놓는다.

③ 절연저항계를 수평이 되도록 놓고 E와 L을 개방하고 버튼을 누르면 지침이 ∞, 단락시켰을 때 0을 가리키는지를 확인한다.

④ 절연저항계의 E 및 L 단자에 옥내배선 L_1 및 L_2를 각각 연결한다.

⑤ 절연저항계의 버튼을 눌러 배선의 단락여부를 확인한다.

⑥ 배선회로가 단락되지 않았으면 버튼을 다시 눌러 절연저항계의 바늘의 지시값을 읽는다.

(2) 판정기준: 절연저항값이 0.2[MΩ] 이상이면 정상이다.

05. 콜라시 브리지법에 의해 그림과 같이 접지저항을 측정하였을 경우 접지판 X의 접지저항값은 몇 [Ω]인가? (단, Rab = 70Ω Rca = 95Ω Rbc = 125Ω이다.)

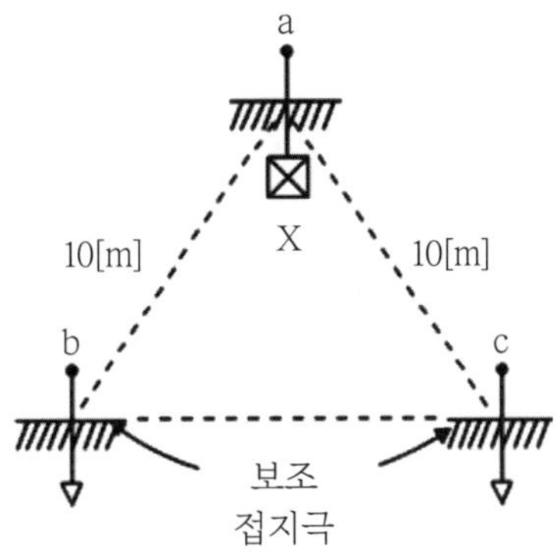

| 정답

Ra + Rb = 70[Ω]

Rc + Ra = 95[Ω]

Rb + Rc = 125[Ω]에서

2(Ra + Rb + Rc) = 70 + 95 + 125

$Ra + Rb + Rc = \frac{290}{2} = 145[\Omega]$

$$\begin{array}{rr} \therefore & Ra + Rb + Rc = 145 \\ - & Rb + Rc = 125 \\ \hline & Ra \qquad\qquad = 20[\Omega] \end{array}$$

∴ X = 20[Ω]

06. 자동화재탐지설비를 점검하고자 한다. 이때 필요한 점검기구 3가지를 쓰시오.

| 정답

- 열감지기 시험기
- 연감지기 시험기
- 절연저항계

설비명	점검기구명
자동화재탐지설비	열감지기 시험기, 연감지기 시험기, 공기주입 시험기, 절연저항계 전류 · 전압측정계, 감지기 시험기 연결폴대, 음향계

소방전기시설의 운용관리 Part 03 해커스 소방설비기사 실기 전기 한권완성 핵심이론 + 기출문제

07. **인가요소 측정에 관한 다음 물음에 답하시오.**

(1) 혹크온 메타로 측정하는 값은?

(2) 옥내 전등선의 절연저항을 측정하는 데 사용되는 계기는?

(3) 접지저항을 측정할 때 사용되는 브리지는?

| 정답

(1) 교류전류

(2) 절연저항계(메거)

(3) 콜라시 브리지

08. **옥내소화전설비에서 3상 회로 검상 시험방법 및 판정기준을 쓰시오.**

| 정답

(1) 시험방법

① 검상기의 클립을 모터등의 회전기기에 접속한다.

② 검상기의 AC코드를 전원에 연결한다.

③ 전원스위치를 ON시키고 회전판의 동작유무를 확인한다.

(2) 판정기준

R, S, T의 상순이 바뀌면 검상기의 회전판이 돌지 않는다.

09. **다음은 전기화재 경보기의 정비점검 시에 행하는 점검사항이다. 이들 시험에 필요한 시험기 또는 측정기로 적당한 것을 쓰시오.**

(1) 누설전류의 검출시험

(2) 배선 및 충전부와 대지간의 절연상태의 측정

(3) 경보 부저(Buzzer)의 음압시험

(4) 수신기에 의한 외부배선 및 퓨즈(fuse), 표시등 외부 부저(Buzzer) 등의 도통시험

| 정답

(1) 누전계

(2) 절연저항계(메거)

(3) 음량계

(4) 회로시험기(테스터)

10. 다음 그림은 접지저항계를 나타내고 있다. 그림을 보고 각 물음에 답하시오.

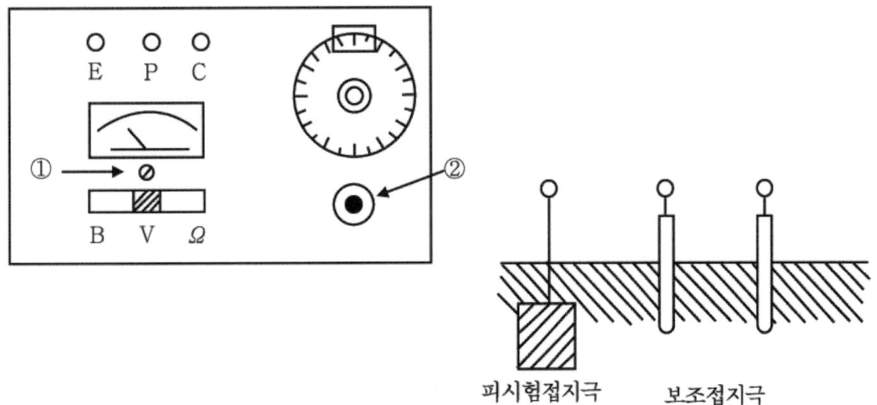

(1) ①의 명칭을 쓰시오.
(2) ②의 명칭을 쓰시오.
(3) 미완성된 결선을 완성하시오.

| 정답

(1) 0점 조정기
(2) 푸시버튼스위치
(3)

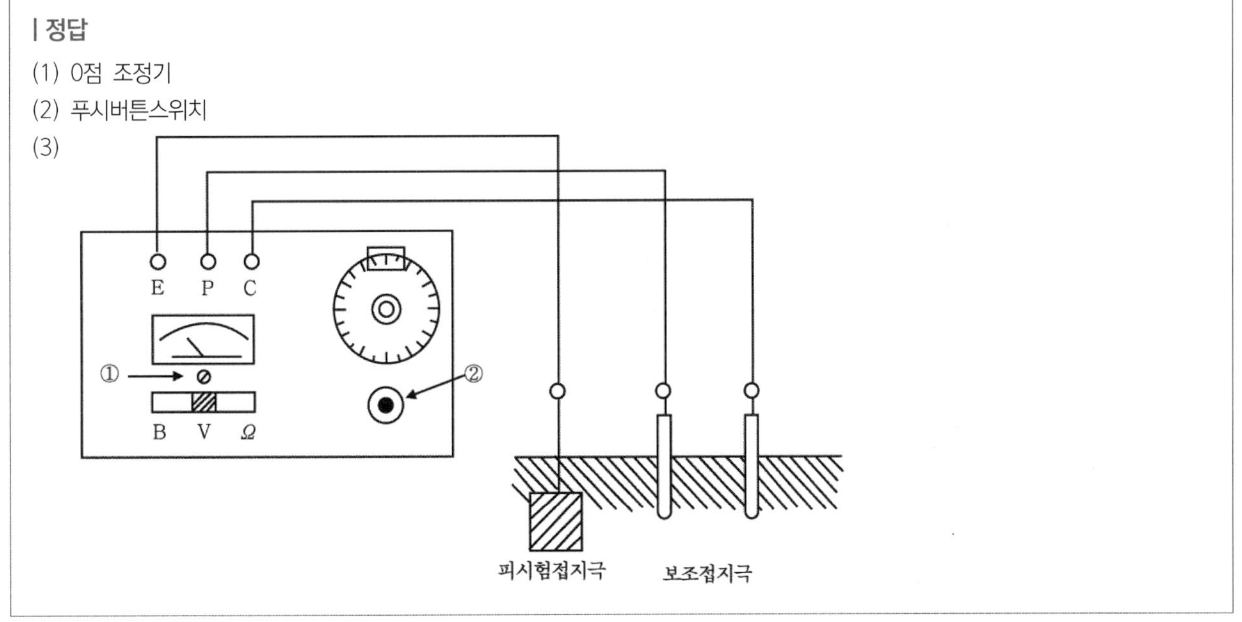

Chapter 03 기술공무관리

※ 본 Chapter는 문제풀이만으로도 실기 시험에 대비한 학습이 가능하므로 엄선된 출제예상문제를 수록하였습니다.

01. 전선의 약호인 HIV, IV의 명칭을 쓰시오.

| 정답

① HIV: 600[V] 2종 비닐절연전선

② IV: 600[V] 비닐절연전선

02. 전선을 접속할 때 주의사항을 3가지만 쓰시오.

| 정답

① 전선의 강도를 20% 이상 감소시키지 않을 것

② 접속부분의 전기저항을 증가시키지 않을 것

③ 접속 슬리브, 전선접속기류를 사용하여 접속하거나 납땜할 것

03. 전압강하에 대해서 간단히 설명하고, 또한 분기회로에서의 전압강하는 공급전압의 몇 % 이내로 하는지를 쓰시오.

| 정답

① 전압강하: 전선에 전류를 흐르게 하면 전선의 저항 때문에 전압이 강하되는 것을 말한다.

② 분기회로전압강하: 2%

04. 퓨즈의 역할을 크게 2가지로 설명하시오.

| 정답

① 과전류차단

② 단락전류차단

05. <보기>의 표는 전기사용 장소의 사용전압이 저압인 전로의 전선 상호간 및 전로와 대지 사이의 절연저항에 대한 것이다. ①, ②에 적합한 사항을 쓰시오.

<보기>

전로의 사용전압	DC시험전압	절연저항
SELV, PELV	(①)[V]	(②)[MΩ]
FELV, 500[V]이하	500[V]	1.0[MΩ]
500[V]초과	1000[V]	1.0[MΩ]

| 정답

① 250[V]

② 0.5[MΩ]

참고

1. ELV(특별저압, Extra low voltage): 인체에 위험을 초래하지 않을 정도의 저압으로 2차측전압이 AC 50[V], DC 120[V]이하인 것
2. SELV(안전특별저압, Safety-ELV): 비접지회로방식의 특별저압으로 1차와 2차가 전기적으로 절연된 회로
3. PELV(보호특별저압, Protected-ELV): 접지회로방식의 특별저압으로 1차와 2차가 전기적으로 절연된 회로
4. FELV(기능특별저압, Functional-ELV): 단권변압기 등 1차와 2차가 전기적으로 절연되지 않은 회로

06. 전선의 굵기를 정할 때 우선적으로 고려하여야 할 사항 3가지를 쓰시오.

| 정답

① 허용전류

② 기계적 강도

③ 전압강하

07. 콘덴서회로에 방전코일을 넣는 목적은 무엇인가?

| 정답

콘덴서내의 잔류전하를 방전시키기 위함

08. 과전류차단기로서 저압전로에 사용되는 20[A]의 배선용 차단기는 정격전류의 2배의 전류가 흐를 때, 몇 분 이내에 자동차단되어야 하는가?

| 정답

2분

09. 배선용 차단기(Molded-Cass Circuit Breaker)의 특징 5가지를 쓰시오.

| 정답

① 소형이고 경량이다.
② 기기의 신뢰도가 크다.
③ 과전류에 대한 차단성능이 우수하다.
④ 동작 시 수동으로 복귀가 간단하다.
⑤ 퓨즈가 필요하지 않다.
⑥ 기기의 수명이 길다.

10. 폭 15m, 길이 20m인 사무실의 조도를 400lx로 할 경우 전광속 4,900lm의 형광등(40W/2등용)을 시설한 경우, 비상발전기에 연결되는 부하는 몇 VA이며 이 사무실의 회로는 몇 회로를 하여야 하는가? (단, 사용전압은 220V이고, 40W 형광등 1등당 전류는 0.15A, 조명률은 50%, 감광보상률은 1.3이다.)

| 정답

FUN = EAD에서

N(개) = $\frac{EAD}{FU}$

= $\frac{400\times(15\times20)\times1.3}{4{,}900\times0.5}=63.673$

소수는 1을 절상하므로 64개

부하용량(VA) = 220 × 0.15 × 64 × 2

= 4,224VA

회로수 = $\frac{4{,}224\text{VA}}{3{,}300\text{VA}}$

= 1.28

소수는 1을 절상하므로 2회로

11. 150[KVA] 단상변압기 3대를 Δ결선하여 사용하다가 1대의 변압기가 소손되어 이것을 제거시키고 V결선으로 운전한다면 몇 [KVA] 부하까지 연결할 수 있겠는가?

| 정답

Pv = $\sqrt{3}$ P에서

= $\sqrt{3}$ ×150

= 259.807

∴ 259.81[KVA]

12. 단상변압기 2대를 V결선하고 정격출력 11[kW], 역률 0.8, 효율 0.85의 3상 유도전동기를 운전하려는 경우 변압기 1대의 용량은 몇 [KVA] 이상의 것으로 해야 하는가?

| 정답

Pv = $\sqrt{3}$ P = $\sqrt{3}$ VI cos θ = $\sqrt{3}$ Pa cosθ에서 효율이 있으므로

Pv = $\sqrt{3}$ Pa cosθη이므로

Pa = $\dfrac{Pv}{\sqrt{3}\cos\theta \cdot \eta} = \dfrac{11}{\sqrt{3}\times 0.8\times 0.85} = 9.339$

∴ 9.40[KVA] 이상

13. 후강전선관 배관에서 콘크리트 슬라브에 매입이 허용되는 전선관의 두께는 일반적으로 몇 mm 이상인가?

| 정답

1.2

14. 금속관 관단의 관구를 리이밍하고 부싱을 사용하여 배관공사를 시행하는 이유를 간단하게 설명하시오.

| 정답

전선의 절연피복 손상을 방지하기 위함

15. 금속관 공사 때 사용되는 부속품이다. 번호에 해당하는 부품의 명칭을 쓰고 용도를 설명하시오.

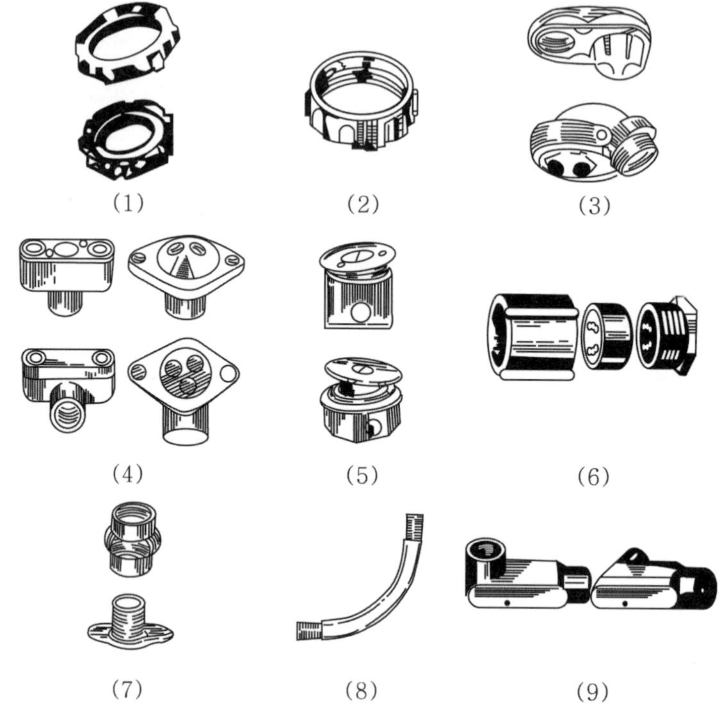

| 정답

(1) 로크너트: 박스에 금속관을 고정할 때 사용
(2) 절연 부싱: 전선의 절연피복을 보호하기 위해 금속관 끝에 취부하여 사용
(3) 엔트런스 캡: 저압 가공 인입선의 인입구 사용
(4) 터미널 캡: 저압 가공 인입선에서 금속관 공사로 옮겨지는 곳 또는 금속관으로부터 전선을 뽑아 전동기 단자부분에 접속할 때 사용
(5) 플로어 박스: 바닥 밑으로 매입 배선 시 사용
(6) 유니언 커플링: 금속관 상호 접속용으로 관이 고정되어 있을 때 사용
(7) 픽스쳐스터드와 히키: 무거운 조명기구를 파이프로 매달 때 사용
(8) 노멀밴드: 파이프의 굴곡부의 관상호의 접속에 사용
(9) 유니버설 엘보: 배관이 직각으로 구부러지는 경우에 접속관으로 사용(노출 배관에서 관을 직각으로 굽히는 곳에 사용)

16. 다음은 금속관 공사에 필요한 재료들이다. <보기>를 참고하여 정확한 답안을 찾아 물음에 답하시오.

<보기>
유니버설 엘보, 엔트런스 캡, 노멀밴드, 링레듀서, 픽스쳐스터드

(1) 저압가공 인입구에서 사용하는 재료를 쓰시오.
(2) 배관을 직각으로 굽히는 곳에 관 상호간의 접속하는 재료를 쓰시오.
(3) 노출 배관 공사시 관을 직각으로 굽히는 곳에 사용하는 재료를 쓰시오.
(4) 무거운 기구를 복스에 취부할 때 사용하는 재료를 쓰시오.
(5) 금속관을 아우트레트 복스에 로크 너트만으로 고정하기 어려울 때 보조적으로 사용하는 재료를 쓰시오.

| 정답
(1) 엔트런스 캡
(2) 노멀밴드
(3) 유니버설 엘보
(4) 픽스쳐스터드
(5) 링레듀서

17. 소방설비의 배선을 금속배관공사로 시공할 때 다음 (　　) 안에 알맞은 내용을 쓰시오.

(1) 금속관 상호 간의 접속은 (①)으로 접속할 것. 이 경우 조임 등은 확실하게 할 것
(2) 금속관과 박스, 기타 이와 유사한 것과 접속하는 경우로서 틀어 끼우는 방법에 의지하지 아니할 때는 (②) 2개를 사용하여 박스 또는 케비넷 접촉부분의 양측을 조일 것. 다만 부싱 등으로 견고하게 부착할 경우에는 (②)를 생략할 수 있다.
(3) 금속관은 조영재에 따라서 시설하는 경우는 (③) 또는 (④) 등으로 견고하게 지지하고, 그 간격은 (⑤)m 이하로 하는 것이 바람직하다.
(4) 관의 굴곡개소가 많은 경우 또는 관의 길이가 30m를 초과하는 경우에는 (⑥)를 설치하는 것이 바람직하다.
(5) (⑦), 티, 크로스 등은 조영재에 은폐시켜서는 아니된다. 다만, 그 부분을 점검할 수 있는 경우에는 그러하지 아니하다.

| 정답
(1) ① 커플링
(2) ② 로크너트
(3) ③ 새들　④ 행거　⑤ 2
(4) ⑥ 풀박스
(5) ⑦ 유니버설 엘보

18. 저압옥내배선의 금속관공사에 있어서 금속관과 박스 그 밖의 부속품은 다음 각 호에 의하여 시설하여야 한다. (　　)안에 알맞은 내용을 쓰시오.

- 사용전압이 400V 미만인 경우의 금속관 및 부속품 등은 제 (①)종 접지공사로 접지하여야 한다. 다만, 다음의 경우에는 당해 접지공사를 생략할 수 있다.
- 금속관배선의 대지전압이 150V 이하인 경우로서 다음의 장소에 길이(2본 이상의 금속관을 접속하여 사용하는 경우에는 그 전체길이를 말함) (②)m 이하의 금속관을 시설하는 경우
  - 건조한 장소
  - 사람이 쉽게 접촉될 우려가 없는 장소
- 금속관배선의 대지전압이 150V를 초과하는 경우로서 길이 (③)m 이하의 금속관을 (④)한 장소에 시설하는 경우

| 정답

- ① 3
- ② 8
- ③ 4
  ④ 건조

19. 금속관공사에 사용되는 다음 자재의 명칭을 쓰시오.

(1) 전선의 절연피복을 보호하기 위하여 금속관 끝에 취부하여 사용

(2) 금속관 상호접속용으로 관이 고정되어 있을 때 사용

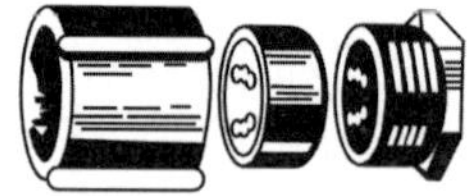

(3) 배관의 직각 굴곡부에 사용

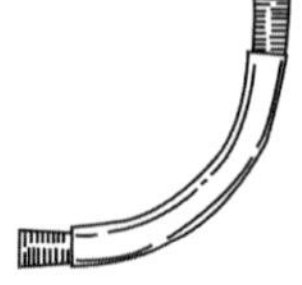

(4) 노출배관 공사에서 관을 직각으로 굽히는 곳에 사용

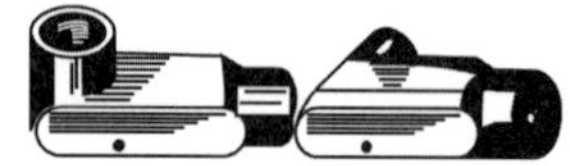

| 정답

(1) 부싱
(2) 유니언 커플링
(3) 노멀밴드
(4) 유니버설 엘보

20. 저압옥내배선의 합성수지관공사에 있어서 관 및 박스, 기타의 부속품은 다음 기준에 의하여 시설하여야 한다. 다음 (　　) 안에 알맞은 내용을 쓰시오.

- 관 상호 및 관과 박스와는 접속 시에 삽입하는 깊이를 관 바깥지름의 (①)배(접착제를 사용하는 경우에는 0.8배) 이상으로 하고 또한 삽입접속으로 견고하게 접속하여야 한다.
- 관을 새들 등으로 지지하는 경우에는 그 지지점간의 거리는 (②)m 이하로 하고 또한 그 지지점은 (③), 관과 (④)와의 접속점 및 관 상호 접속점에서 가까운 곳에 시설하여야 한다.
- 습기가 많은 장소 또는 물기가 있는 장소에 시설하는 경우에는 (⑤)장치를 할 것
  저압옥내배선의 사용전압이 400V 미만인 경우에 합성수지관을 금속제 박스에 접속하여 사용하는 때는 제 (⑥)종 접지공사를 할 것. 다만, 다음에 해당하는 경우에는 그러하지 아니하다.
  - 건조한 장소에 시설하는 경우
  - 옥내배선의 사용전압이 직류 300V 또는 교류 대지전압이 (⑦)V 이하인 경우에 쉽게 접촉할 우려가 없도록 시설할 경우

| 정답

- ① 1.2
- ② 1.5
  ③ 관의 끝
  ④ 박스
- ⑤ 방습
  ⑥ 3
  ⑦ 150

21. 경질비닐전선관(KSC 8431)의 장점 3가지만 열거하고 경질비닐전선관 1본의 길이는 얼마인지 답하시오.

| 정답

(1) 장점

① 관 자체가 절연물이므로 누전이나 감전의 위험이 없다.

② 내식성이 크다.

③ 관자체가 비자성체이므로 접지가 불필요하다.

④ 무게가 가볍고 운반시공이 편리하다.

(2) 1본의 길이: 4m

22. 배관공사에 대한 다음 각 물음에 답하시오.

(1) 합성수지관 1본과 금속관 1본의 길이는 각각 몇 [m]로 생산되고 있는가?

(2) 금속관과 박스를 접속할 때에는 어떤 재료를 사용하며, 접속 1개소에 몇 개를 사용하는가?

(3) 강재전선관공사 중 노출배관공사에서 관을 직각으로 굽히는 곳에 사용하는 것으로서 3방향으로 분기할 수 있는 T형과 4방향으로 분기할 수 있는 크로스(cross)형이 있는 자재의 명칭은 무엇인가?

| 정답

(1) 합성수지관: 4[m], 금속관: 3.66[m]

(2) 로크너트, 2개

(3) 유니버설 엘보

23. 금속관과 합성수지관 1본의 길이는 각각 몇 [m]인지 쓰시오.

| 정답

① 금속관: 3.66[m]

② 합성수지관: 4[m]

24. 배관공사에 대한 다음 각 물음에 답하시오.

(1) 합성수지관 1본과 금속관 1본의 길이는 각각 몇 m로 생산되고 있는가?

(2) 금속관과 박스를 접속할 때에는 어떤 재료를 사용하며, 접속 1개소에 몇 개를 사용하는가?

(3) 강재전선관공사중 노출배관공사에서 관을 직각으로 굽히는 곳에 사용하는 것으로서 3방향으로 분기할 수 있는 T형과 4방향으로 분기할 수 있는 크로스(cross)형이 있는 자재의 명칭은 무엇인가?

(4) 감지기 회로 및 부속회로 전로의 대지 사이 및 배선 상호간의 절연저항은 1경계구역마다 250V의 절연저항측정기를 사용하여 측정하였을 때 몇 MΩ 이상이 되어야 하는가?

| 정답

(1) 합성수지관: 4 m
금속관: 3.66 m

(2) 로크너트, 2개

(3) 유니버설 엘보

(4) 0.1MΩ 이상

25. 그림은 금속관공사를 나타낸 것이다. 다음 물음에 답하시오.

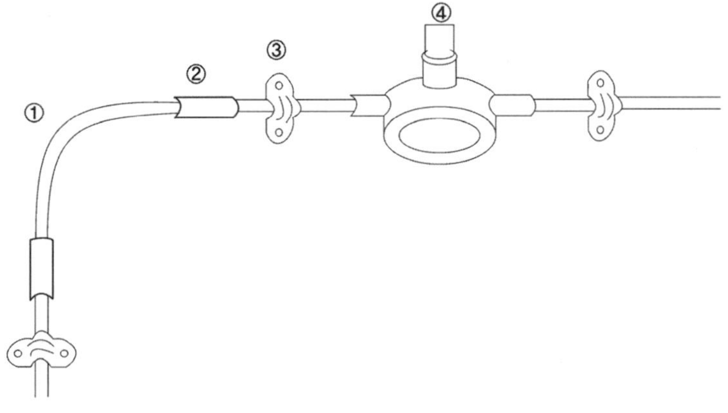

(1) ①~④에 들어가야 하는 부품명칭을 쓰시오.

(2) 노출배관으로 시공할 경우 ①을 대체할 재료는 무엇인가?

| 정답

(1) ① 노멀밴드
② 커플링
③ 새들
④ 환형 3방출 정크션박스

(2) 유니버설 엘보

26. 그림과 같이 소방부하가 연결된 회로가 있다. A점과 B점의 전압은 몇 [V]인가? (단, 공급전압은 24[V]이며 단상 2선식이다.)

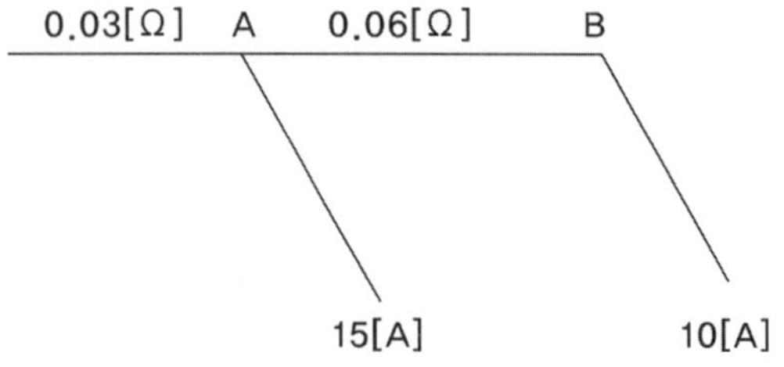

| 정답

$e_A = 2IR = 2\times(15+10)\times0.03 = 1.5(\mathrm{V})$, $V_A = 24-1.5 = 22.5(\mathrm{V})$

$e_B = 2IR = 2\times10\times0.06 = 1.2(\mathrm{V})$, $V_B = 22.5-1.2 = 21.3(\mathrm{V})$

27. 저압 옥내배선의 금속관공사에 있어서 금속관과 박스, 그 밖의 부속품은 다음에 의하여 시설하여야 한다. (　　) 안에 알맞은 말을 쓰시오.

- 금속관을 구부릴 때 금속관의 단면이 심하게 (①)되지 아니하도록 구부려야 하며 그 안측의 (②)은 안지름의 (③)배 이상이 되어야 한다.
- 아우트렛박스 사이 또는 전선 인입구를 가지는 기구 사이의 금속관에는 (④) 개소를 초과하는 (⑤) 굴곡개소를 만들어서는 아니된다. 굴곡개소가 많은 경우 또는 관의 길이가 (⑥)[m]를 넘는 경우에는 (⑦)를 설치하는 것이 바람직하다.

| 정답

- ① 변형
  ② 반지름
  ③ 6
- ④ 3
  ⑤ 직각 또는 직각에 가까운
  ⑥ 30
  ⑦ 풀박스

28. 접지공사에서 접지봉과 접지선을 연결하는 방법 3가지를 쓰고 이 중 내구성이 가장 좋은 방법을 고르시오.

| 정답

① 연결방법: 용융접속, 납땜접속, 압착접속
② 내구성이 좋은 방식: 용융접속

29. 소방펌프용 전동기의 명판에는 절연물의 최고 허용 온도를 기호로 표기하고 있다. 다음 표의 빈 칸을 완성하시오.

절연의 종류	Y	A	E	(①)	F	(②)	C
최고허용온도[℃]	90	(③)	120	(④)	(⑤)	180	180[℃] 초과

| 정답

① B
② H
③ 105
④ 130
⑤ 155

30. 가요전선관공사에서 다음에 사용되는 재료의 명칭은 무엇인가?

(1) 가요전선관과 복스의 연결
(2) 가요전선관과 스틸전선관 연결
(3) 가요전선관과 가요전선관 연결

| 정답

(1) 스트레이트 복스 커넥터
(2) 컴비네이션 커플링
(3) 스플리트 커플링

2025 최신개정판

해커스 소방설비기사 실기 전기 한권완성 핵심이론

개정 3판 1쇄 발행 2025년 1월 3일

지은이	김진성
펴낸곳	㈜챔프스터디
펴낸이	챔프스터디 출판팀
주소	서울특별시 서초구 강남대로61길 23 ㈜챔프스터디
고객센터	02-537-5000
교재 관련 문의	publishing@hackers.com
동영상강의	pass.Hackers.com
ISBN	핵심이론: 978-89-6965-546-2 (14530) 세트: 978-89-6965-545-5 (14530)
Serial Number	03-01-01

해커스

소방설비기사

실기 전기

한권완성 핵심이론

해커스 소방설비기사 실기 교재

해커스
소방설비기사 실기 전기
한권완성 핵심이론+기출문제

해커스
소방설비기사 실기 기계
한권완성 핵심이론+기출문제

해커스 소방설비산업기사 실기 교재

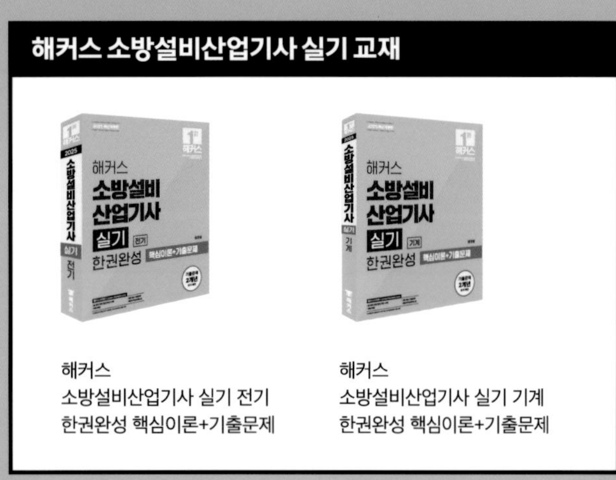

해커스
소방설비산업기사 실기 전기
한권완성 핵심이론+기출문제

해커스
소방설비산업기사 실기 기계
한권완성 핵심이론+기출문제

2025 최신개정판

주간동아 선정 2022 올해의 교육브랜드 파워
온·오프라인 자격증 부문 1위

해커스 소방설비기사 실기 전기 한권완성

기출문제

김진성

기출문제 2개년 추가 제공

해커스자격증 | pass.Hackers.com

· 본 교재 인강(할인쿠폰 수록)
· 무료 특강
· 무료 최신 기출문제
· 족집게 핵심요약노트

* [2개년 추가 제공] 2019~2018년, PDF 제공(교재 내 경로 수록)

2025 최신개정판

해커스

소방설비기사 실기 전기

한권완성 기출문제

목차

핵심이론

PART 01 소방전기시설의 설계

Chapter 01 설계의 개요 18
출제예상문제 50

Chapter 02 수신기별(P형) 간선구성 56
출제예상문제 69

Chapter 08 유도등 및 비상조명등 설비 265
출제예상문제 273

Chapter 09 비상전원설비 285
출제예상문제 309

Chapter 10 소화설비의 부대 전기설비 331
출제예상문제 345

PART 02 소방전기시설의 시공

Chapter 01 자동화재탐지설비 146
출제예상문제 161

Chapter 02 자동화재속보설비 214
출제예상문제 216

Chapter 03 누전경보기 217
출제예상문제 223

Chapter 04 비상경보설비 및 비상방송설비 235
출제예상문제 239

Chapter 05 제연설비 246
출제예상문제 249

Chapter 06 비상콘센트설비 250
출제예상문제 253

Chapter 07 무선통신보조설비 258
출제예상문제 262

PART 03 소방전기시설의 운용관리

Chapter 01 시퀀스 제어 362
출제예상문제 394

Chapter 02 기계기구 · 회로점검 및 조작 431

Chapter 03 기술공무관리 436

기출문제

2024년 제1회 4

2024년 제2회 13

2024년 제3회 23

2023년 제1회 32

2023년 제2회 40

2023년 제4회 51

2022년 제1회 63

2022년 제2회 74

2022년 제4회 84

2021년 제1회 98

2021년 제2회 109

2021년 제4회 122

2020년 제1회 135

2020년 제2회 146

2020년 제3회 157

2020년 제4회 166

2020년 제5회 179

더 많은 기출문제를 풀어보고 싶다면?

> 2019 ~ 2018년 기출문제는 아래 경로에서 확인하실 수 있습니다.
해커스자격증 PC 사이트(pass.Hackers.com) 접속 ▶ 사이트 상단 [교재정보] 메뉴 클릭 ▶ [교재 MP3/자료] 클릭 ▶ [소방설비기사] 기출문제 파일 다운로드

> 모바일의 경우 QR 코드로 접속이 가능합니다.

모바일 해커스자격증 (pass.Hackers.com) 바로가기 ▲

2024년 | 제1회

01. 연축전지와 알칼리 축전지에 대한 다음 각 물음에 답하시오.

(1) 다음 연축전지에 대한 반응식 중 (　　) 안에 들어갈 내용을 쓰시오.

$$PbO_2 + 2H_2SO_4 + Pb \underset{\text{충전}}{\overset{\text{방전}}{\rightleftarrows}} (\quad) + 2H_2O + PbSO_4$$

(2) 연축전지와 알칼리축전지의 공칭전압은 각각 얼마인지 쓰시오.

① 연축전지

② 알칼리축전지

(3) 그림과 같은 충전방식은 무엇인지 쓰시오.

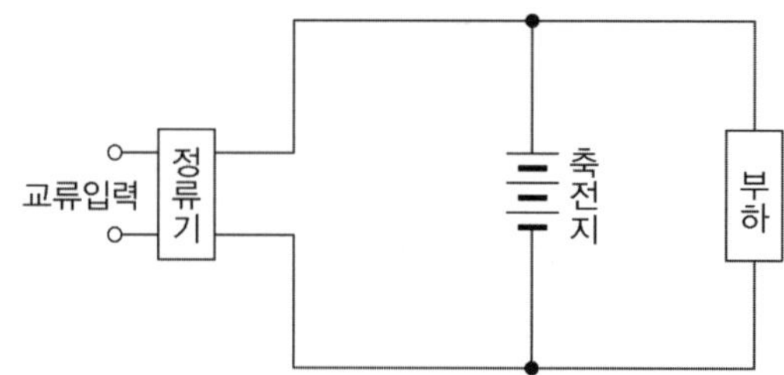

(4) 200V의 비상용 조명부하를 60W 100등, 30W 70등을 설치하려고 한다. 연축전지 HS형 100cell, 방전시간은 30분, 최저축전지온도는 5℃, 최저허용전압은 195V일 때 점등에 필요한 축전지의 용량을 계산하시오. (단, 보수율은 0.8, 용량환산시간계수는 1.2이다.)

| 정답

(1) $PbSO_4$

(2) ① 2V/cell　② 1.2V/cell

(3) 부동충전방식

(4) $P = VI[W]$

$$I = \frac{P}{V} = \frac{60 \times 100 + 30 \times 70}{200} = 40.5\ [A]$$

$$C = \frac{1}{L}KI[\text{Ah}]$$

$$= \frac{1}{0.8} \times 1.2 \times 40.5$$

$$= 60.75\text{Ah}$$

02. **부착높이 15m 이상 20m 미만에 설치가 가능한 감지기를 4가지 쓰시오.**

| 정답

① 이온화식 1종
② 연기복합형
③ 불꽃감지기
④ 광전식(스포트형, 분리형, 공기흡입형) 1종

03. **다음은 비상콘센트설비의 화재안전성능기준에 대한 내용이다. 각 물음에 답하시오.**

(1) 하나의 전용회로에 설치하는 비상콘센트가 7개이다. 이 경우 전선의 용량은 비상콘센트 몇 개의 공급용량을 합한 용량 이상의 것으로 해야 하는지 쓰시오.
(2) 비상콘센트의 보호함 상부에 설치하는 표시등의 색은 무슨 색인지 쓰시오.
(3) 비상콘센트설비의 전원부와 외함 사이를 500V 절연저항계로 측정한 결과 30MΩ으로 측정되었다. 절연저항의 적합여부와 그 이유를 쓰시오.

| 정답

(1) 3개
(2) 적색
(3) 적합여부: 적합, 이유: 20MΩ 이상에 해당하므로

04. **그림과 같은 시퀀스회로에서 푸시버튼스위치 PB를 누르고 있을 때 타이머 T_1, T_2, 릴레이 X_1, X_2, 표시등 PL에 대한 타임차트를 완성하시오. (단, T_1은 1초, T_2는 2초이며 버튼을 누르는 기계적인 시간지연은 없다.)**

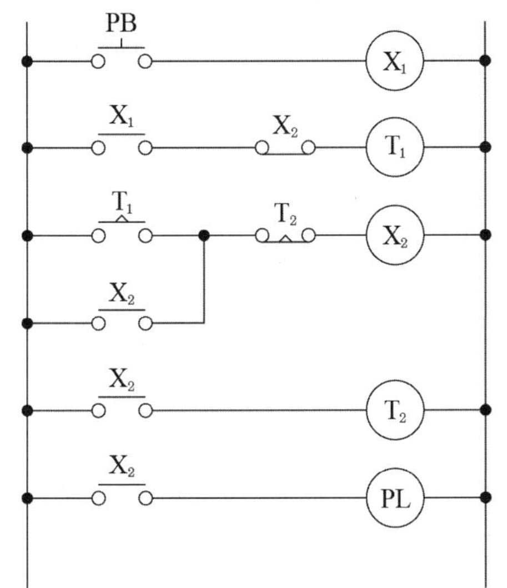

PB														
X_1														
T_1														
X_2														
T_2														
PL														

| 정답

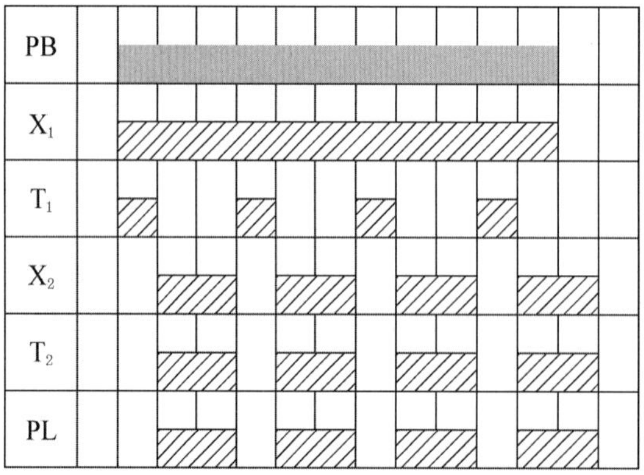

PB
X_1
T_1
X_2
T_2
PL

05. 다음의 표와 같이 두 입력 A와 B가 주어질 때 주어진 논리소자의 명칭과 출력에 대한 진리표를 완성하시오.

명칭		AND	①	②	③	④	⑤	⑥	⑦
입력		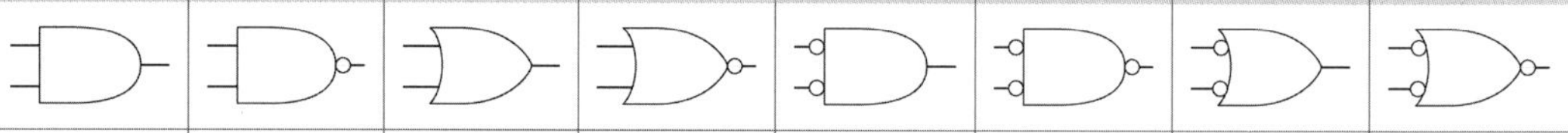							
A	B								
0	0	0							
0	1	0							
1	0	0							
1	1	1							

| 정답

명칭		AND	NAND	OR	NOR	NOR	OR	NAND	AND
입력		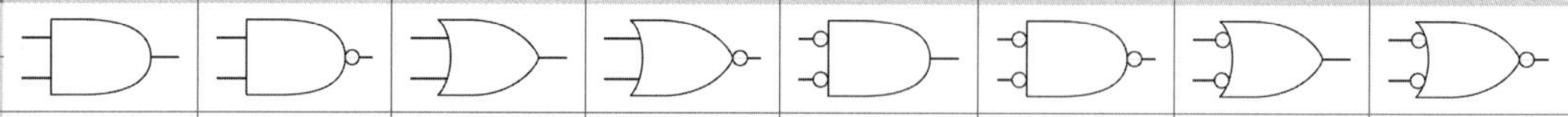							
A	B								
0	0	0	1	0	1	1	0	1	0
0	1	0	1	1	0	0	1	1	0
1	0	0	1	1	0	0	1	1	0
1	1	1	0	1	0	0	1	0	1

06. **다음은 비상경보설비 및 단독경보형감지기의 화재안전기술기준 중 설치기준에 대한 내용이다. ( ) 안에 들어갈 내용을 쓰시오.**

> (1) 각 실마다 설치하되, 바닥면적이 (①)m^2를 초과하는 경우에는 (②)m^2마다 (③)이상 설치할 것
> (2) 계단실은 최상층의 (④) 천장에 설치할 것
> (3) (⑤)를 주전원으로 사용하는 단독경보형감지기는 정상적인 작동상태를 유지할 수 있도록 주기적으로 건전지를 교환할 것
> (4) 상용전원을 주전원으로 사용하는 단독경보형감지기의 (⑥)는 제품검사에 합격한 것을 사용할 것

| 정답

① 150
② 150
③ 1개
④ 계단실
⑤ 건전지
⑥ 2차전지

07. **특정소방대상물에 공기관식 차동식 분포형 감지기를 설치하고자 한다. 다음 물음에 답하시오.**

(1) 일반구조일 경우와 내화구조일 경우의 공기관 상호간의 거리는 각각 몇 m 이하이어야 하는지 쓰시오.
① 일반구조
② 내화구조
(2) 하나의 검출 부분에 접속하는 공기관의 길이는 몇 m 이하이어야 하는지 쓰시오.
(3) 검출부의 설치 높이 조건을 쓰시오.
(4) 공기관의 노출 부분은 감지구역마다 몇 m 이상이어야 하는지 쓰시오.

| 정답

(1) ① 6m
② 9m
(2) 100m
(3) 바닥으로부터 0.8m 이상 1.5m 이하
(4) 20m

08. 비상방송을 할 때 자동화재탐지설비의 지구음향장치 작동을 정지시킬 수 있는 미완성 결선도를 완성하시오.

<조건>

① PB-on 스위치가 눌리거나 감지기 LS가 동작하면 릴레이 X_1이 여자되어 자기유지된다.
② 릴레이 X_1이 여자됨에 따라 지구경종이 작동한다.
③ 자동전환스위치가 비상방송설비로 전환되면 릴레이 X_2가 여자되어 지구경종이 중지한다. 평상시에는 자동전환 스위치가 자동화재탐지설비에 연결되어 있다.
④ PB-off 스위치가 눌리면 릴레이 X_1이 소자된다.

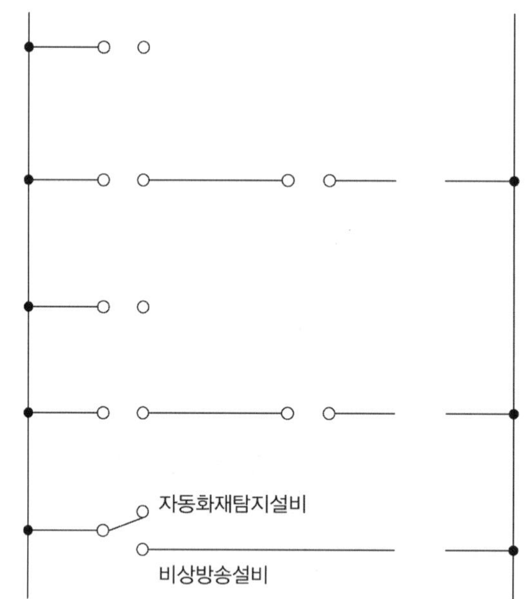

| 정답

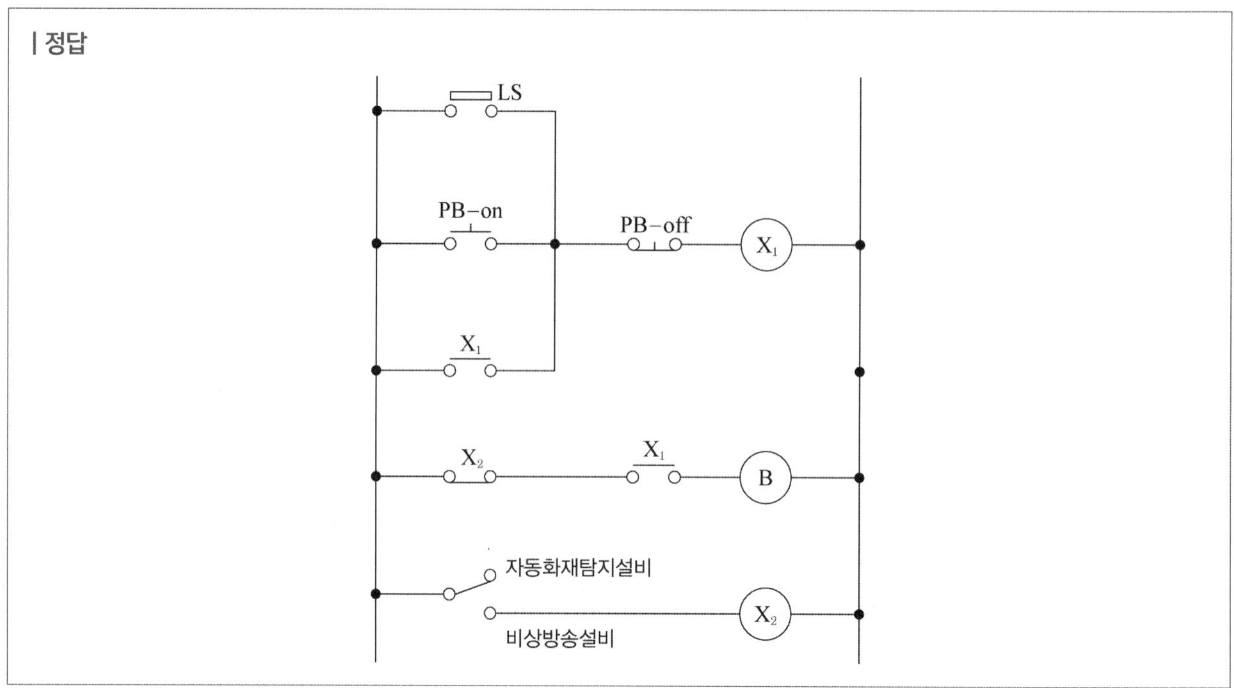

09. 극수 4극, 60Hz인 유도전동기에 대한 다음 물음에 답하시오.

(1) 동기속도를 구하시오.

(2) 회전수가 1730rpm일 때, 슬립[%]을 구하시오.

| 정답

(1) $N_S = \frac{120f}{P} = \frac{120 \times 60}{4} = 1800\text{rpm}$

(2) $N = N_S(1-S)$

$1 - S = \frac{N}{N_S}$

$S = 1 - \frac{N}{N_S} = 1 - \frac{1730}{1800} = 0.03888 = 3.888 = 3.89\%$

10. 가로 20m, 세로 15m인 방재센터에 동일한 조명이 40개가 설치되어 있다. 이때 광속을 계산하시오. (단, 평균조도는 100lx, 조명율 50%, 유지율은 85%이다.)

| 정답

광속 $F = \frac{A \times E}{U \times N \times M} = \frac{(20 \times 15) \times 100}{0.5 \times 40 \times 0.85} = 1764.705[\text{lm}] = 1764.71[\text{lm}]$

11. 지상 10m 높이에 1000m^{3}의 저수조가 있다. 이 저수조에 양수하기 위해 펌프효율이 65%, 여유계수가 1.2, 용량이 15kW인 전동기를 사용한다면 몇 분 후에 저수조에 물이 가득 차는지 계산하시오.

| 정답

$P = \frac{9.8QH}{\eta}K[kW]$

$t = \frac{9.8QH}{P\eta}K = \frac{9.8 \times 1000 \times 10}{15 \times 0.65} \times 1.2 = 12061.538[s] = 201.025 = 201.03[\text{분}]$

12. 자동화재탐지설비 및 시각경보장치의 화재안전기술기준 중 감지기회로의 도통시험을 위한 종단저항 설치기준 3가지를 쓰시오.

| 정답

① 점검 및 관리가 쉬운 장소에 설치할 것

② 전용함을 설치하는 경우 그 설치 높이는 바닥으로부터 1.5m 이내로 할 것

③ 감지기 회로의 끝부분에 설치하며, 종단감지기에 설치할 경우에는 구별이 쉽도록 해당 감지기의 기판 및 감지기 외부 등에 별도의 표시를 할 것

13. 다음은 누전경보기의 화재안전기술기준 중 설치방법에 대한 내용이다. 다음 빈칸에 알맞은 내용을 넣으시오.

경계전로의 정격전류가 (①)를 초과하는 전로에 있어서는 1급 누전경보기를, (①) 이하의 전로에 있어서는 (②) 누전경보기 (③) 누전경보기를 설치할 것. 다만, 정격전류가 (①)를 초과하는 경계전로가 분기되어 각 분기회로의 정격전류가 (①) 이하로 되는 경우 당해 분기회로마다 (③) 누전경보기를 설치한 때에는 당해 경계전로에 (②) 누전경보기를 설치한 것으로 본다.

| 정답

① 60A

② 1급

③ 2급

14. 다음은 비상콘텐트설비의 화재안전기술기준에 대한 내용이다. ( ) 안에 들어갈 내용을 쓰시오.

(1) 비상콘센트설비의 전원회로는 단상교류 (①) 인 것으로서, 그 공급용량은 1.5kVA 이상인 것으로 할 것

(2) 비상콘센트의 플러그접속기는 (②) 플러그접속기(KS C 8305)를 사용해야 한다.

(3) 비상콘센트의 플러그접속기의 (③)에는 접지공사를 해야 한다.

| 정답

① 220V

② 접지형 2극

③ 칼받이의 접지극

15. 3로스위치 2개를 설치하였을 경우 접속과 미접속 예시를 참고하여 점등 및 소등이 되도록 다음 미완성 배선도를 완성하시오.

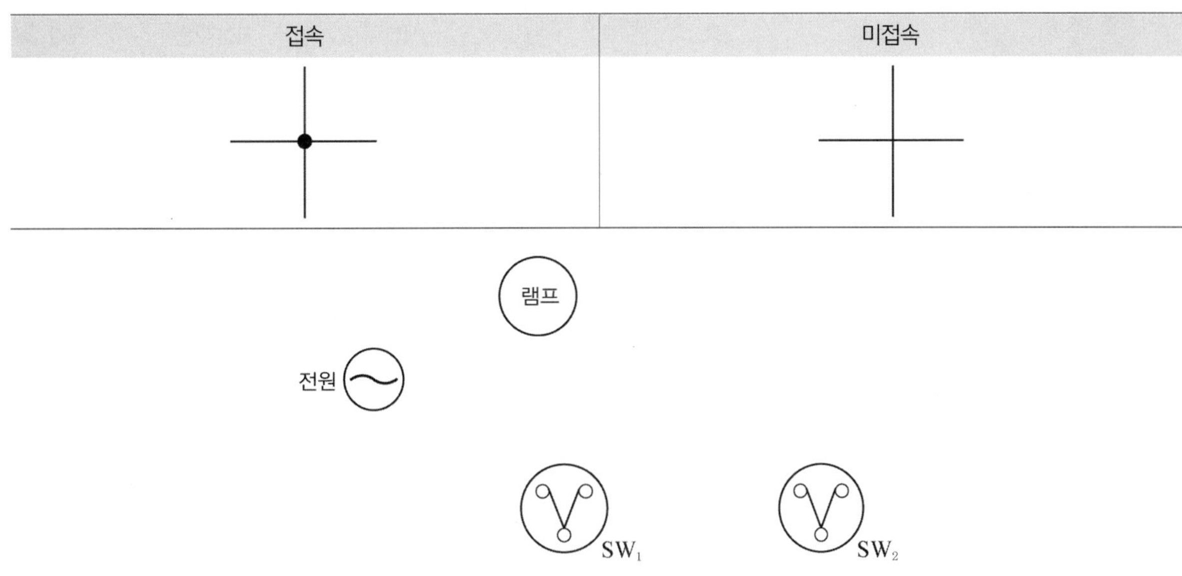

| 정답

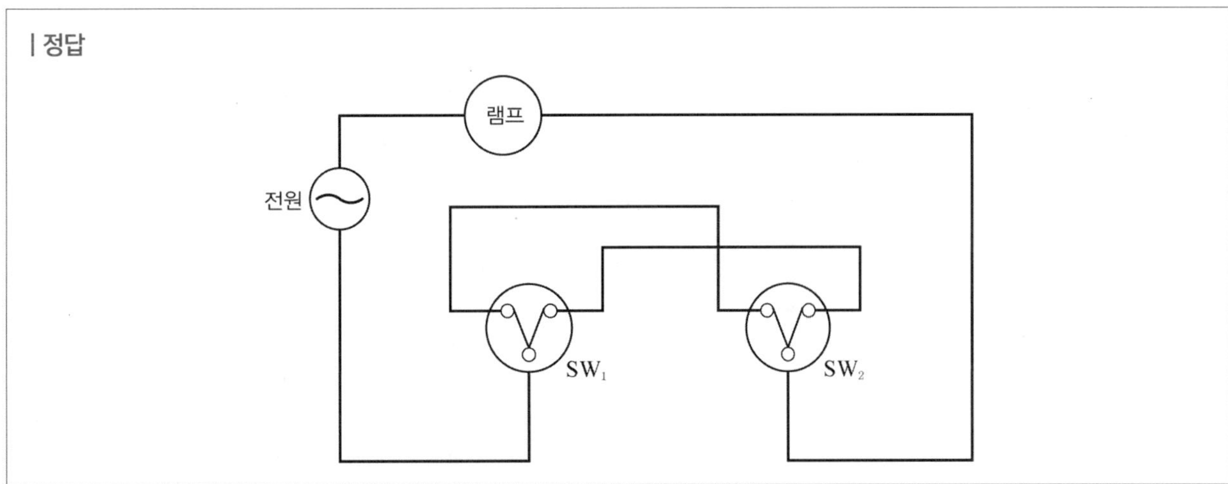

16. 누전경보기의 화재안전기술기준 중 전원에 대한 기준을 3가지 쓰시오.

| 정답

① 전원은 분전반으로부터 전용회로로 하고, 각 극에 개폐기 및 15A 이하의 과전류차단기(배선용 차단기에 있어서는 20A 이하의 것으로 각 극을 개폐할 수 있는 것)를 설치할 것
② 전원을 분기할 때에는 다른 차단기에 따라 전원이 차단되지 않도록 할 것
③ 전원의 개폐기에는 '누전경보기용'이라고 표시한 표지를 할 것

17. 지하 3층, 지상 11층인 어느 특정소방대상물에 설치된 자동화재탐지설비의 음향장치의 설치기준에 대한 내용이다. 아래 표와 같이 화재가 발생하였을 경우 우선적으로 경보해야 하는 층을 모두 표시하시오. (단, 공동주택은 제외한다.)

구분	3층 화재 시	2층 화재 시	1층 화재 시	지하 1층 화재 시	지하 2층 화재 시	지하 3층 화재 시
7층						
6층						
5층						
4층						
3층	●					
2층		●				
1층			●			
지하 1층				●		
지하 2층					●	
지하 3층						●

| 정답

구분	3층 화재 시	2층 화재 시	1층 화재 시	지하 1층 화재 시	지하 2층 화재 시	지하 3층 화재 시
7층	●					
6층	●	●				
5층	●	●	●			
4층	●	●	●			
3층	●	●	●			
2층		●	●			
1층			●	●		
지하 1층			●	●	●	●
지하 2층			●	●	●	●
지하 3층			●	●	●	●

2024년 | 제2회

01. 다음은 자동화재탐지설비의 화재안전기준에서의 배선에 대한 내용이다. 각 물음에 답하시오.

(1) 감지기회로 및 부속회로의 전로와 대지 사이 및 배선 상호간의 절연저항은 1경계구역마다 직류 250V의 절연저항측정기를 사용하여 측정하였을 때 절연저항이 몇 MΩ 이상이 되도록 해야 하는지 쓰시오.

(2) GP형 수신기의 감지기회로 배선에 있어서 하나의 공통선에 접속할 수 있는 경계구역은 몇 개 이하이어야 하는지 쓰시오.

(3) 감지기회로의 종단저항 설치기준을 2가지 쓰시오.

| 정답

(1) 0.1MΩ 이상

(2) 7개 이하

(3) ① 점검 및 관리가 쉬운 장소에 설치할 것

② 전용함을 설치하는 경우 그 설치 높이는 바닥으로부터 1.5m 이내로 할 것

③ 감지기 회로의 끝부분에 설치하며, 종단감지기에 설치할 경우에는 구별이 쉽도록 해당 감지기의 기판 및 감지기 외부 등에 별도의 표시를 할 것

02. 다음은 특정소방대상물의 평면도 및 조건을 보고 각 물음에 답하시오.

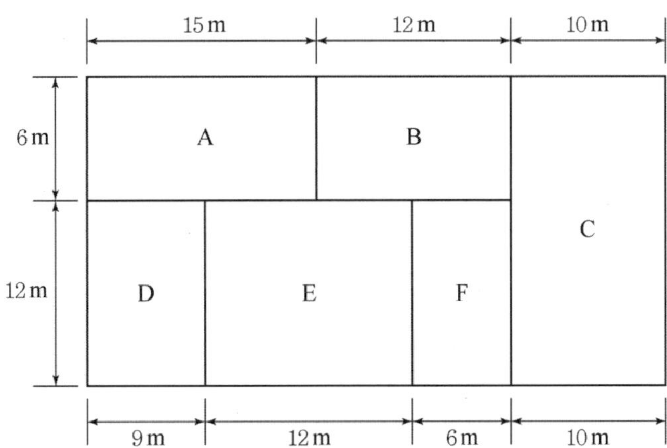

- 건축물의 주요구조부는 내화구조이다.
- 층의 높이는 4.5m이다.
- 차동식 스포트형 감지기 1종을 설치한다.

(1) 각 실별로 설치해야 할 감지기의 수량을 계산하시오.

(2) 총 경계구역수를 계산하시오.

| 정답

(1) 설치해야 할 감지기 수량

① A실$=\dfrac{15\times6}{45}=2$ ∴ 2개

② B실$=\dfrac{12\times6}{45}=1.6$ ∴ 2개

③ C실$=\dfrac{10\times18}{45}=4$ ∴ 4개

④ D실$=\dfrac{9\times12}{45}=2.4$ ∴ 3개

⑤ E실$=\dfrac{12\times12}{45}=3.2$ ∴ 4개

⑥ F실$=\dfrac{6\times12}{45}=1.6$ ∴ 2개

(2) 총 경계구역수

$$N=\frac{(15+12+10)\times(6+12)}{600}=1.11$$

∴ 2경계구역

03. 지상 25m 높이에 수조가 있다. 이 수조에 분당 20m^{3}의 물을 양수하는 펌프용 전동기를 설치하여 3상 전력을 공급하고자 할 때, 단상변압기 2대로 V결선하여 이용하고자 한다. 단상변압기 1대의 용량은 몇 kVA인지 계산하시오. (단, 펌프 효율은 70%, 펌프측 동력에 15%의 여유를 두고, 펌프용 3상 농형 유도전동기의 역률은 85%로 가정한다.)

| 정답

$$P_v=\frac{9.8QH}{\eta}K$$

$$=\frac{9.8\times20\times25}{0.7\times60}\times1.15=134.17\text{kW}$$

$$P_v=\sqrt{3}P\cos\theta$$

$$P=\frac{P_v}{\sqrt{3}\cos\theta}=\frac{134.17}{\sqrt{3}\times0.85}=91.133=91.13[kVA]$$

04. 아래 차동식 스포트형 감지기의 구조 중 각 번호에 알맞은 명칭을 쓰시오.

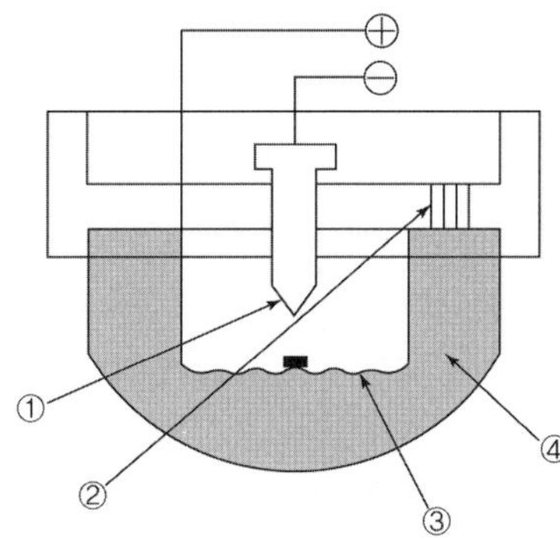

| 정답

① 고정접점
② 리크홀 / 리크공 / 리크구멍
③ 다이어프램
④ 감열실 / 공기실

05. 소방시설 설치 및 관리에 관한 법령상 가스누설경보기를 설치해야 하는 대상을 5가지 쓰시오. (단, 가스시설이 설치된 경우만 해당한다.)

| 정답

① 문화 및 집회시설
② 종교시설
③ 판매시설
④ 운수시설
⑤ 의료시설
⑥ 노유자시설
⑦ 수련시설
⑧ 운동시설
⑨ 숙박시설
⑩ 창고시설 중 물류터미널
⑪ 장례시설

06. 화재안전기준에 따른 내화배선의 공사방법에 대한 내용 중 (　　) 안에 들어갈 내용을 쓰시오.

(1) 금속관 · 2종 금속제 가요전선관 또는 (①)에 수납하여 내화구조로 된 벽 또는 바닥 등에 벽 또는 바닥의 표면으로부터 (②) 이상의 깊이로 매설해야 한다. 다만, 다음의 기준에 적합하게 설치하는 경우에는 그렇지 않다.
　㉠ 배선을 내화성능을 갖는 배선전용실 또는 배선용 샤프트 · 피트 · 덕트 등에 설치하는 경우
　㉡ 배선전용실 또는 배선용 샤프트 · 피트 · 덕트 등에 다른 설비의 배선이 있는 경우에는 이로부터 (③) 이상 떨어지게 하거나 소화설비의 배선과 이웃하는 다른 설비의 배선 사이에 배선지름(배선이 다른 경우에는 가장 큰 것을 기준으로 한다)의 (④) 이상의 높이에 불연성 격벽을 설치하는 경우
(2) 내화전선은 (⑤)공사의 방법에 따라 설치해야 한다.

| 정답

① 합성수지관
② 25mm
③ 15㎝
④ 1.5배
⑤ 케이블

07. 누전경보기의 형식승인 및 제품검사의 기술기준에 대한 다음 각 물음에 답하시오.

(1) 전구는 사용전압의 몇 %인 교류전압을 20시간 연속하여 가하는 경우 단선, 현저한 광속변화, 흑화, 전류의 저하 등이 발생하지 않아야 하는지 쓰시오.
(2) 전구는 몇 개 이상을 병렬로 접속하여야 하는지 쓰시오.
(3) 누전경보기의 공칭작동전류치는 몇 mA 이하이어야 하는지 쓰시오.

| 정답

(1) 130%
(2) 2개
(3) 200mA

08. **자동화재탐지설비의 발신기에서 표시등 = 30mA/1개, 경종 = 50mA/1개로 1회로당 80mA의 전류가 소모되며, 지하 1층, 지상 5층의 각 층별 2회로씩 총 12회로인 공장에서 P형 수신반 최말단 발신기까지 600m 떨어져 있을 때 다음 각 물음에 답하시오.**

(1) 표시등 및 경종의 최대소요전류[A]와 총 소요전류[A]를 계산하시오.

(2) $2.5mm^2$의 전선을 사용한 경우 최말단 경종 동작시 전압강하를 계산하시오.

(3) 자동화재탐지설비의 음향장치는 정격전압의 몇 % 전압에서 음향을 발할 수 있어야 하는지 쓰시오.

(4) (2)의 계산에 의한 작동여부를 쓰시오.

| 정답

(1) 표시등 및 경종의 최대소요전류와 총 소요전류

① 표시등의 최대소요전류

$30\text{mA} \times 12 = 360\text{mA} = 0.36\text{A}$

② 경종의 최대소요전류

$50\text{mA} \times 12 = 600\text{mA} = 0.6\text{A}$

③ 총 소요전류

$0.36 + 0.6 = 0.96\text{A}$

(2) $e = \dfrac{35.6LI}{1000\text{A}} = \dfrac{35.6 \times 600 \times (0.36 + 0.1)}{1000 \times 2.5} = 3.93\text{V}$

(3) 80%

(4) 정상적 작동

$24\,V - 3.93\,V = 20.07\,V$는 $24\,V \times 0.8 = 19.2\,V$ 이상이므로 정상 작동

09. **P형 1급 수신기와 감지기와의 배선회로에서 종단저항은 4.7kΩ, 배선저항은 28Ω, 릴레이저항은 12Ω이며 회로전압이 24V일 때 다음 각 물음에 답하시오.**

(1) 감시상태의 감시전류는 몇 mA인지 계산하시오.

(2) 감지기가 동작할 때의 동작전류는 몇 mA인지 계산하시오.

| 정답

(1) $\dfrac{24}{12 + (4.7 \times 10^3) + 28} = 5.063 \times 10^{-3}[\text{A}] = 5.06[\text{mA}]$

(2) $\dfrac{24}{12 + 28} = 0.6[\text{A}] = 600[\text{mA}]$

10. **옥내소화전설비의 비상전원으로 자가발전설비, 축전지설비 또는 전기저장장치를 설치할 때 비상전원 설치기준을 3가지 쓰시오.**

| 정답

① 옥내소화전설비를 유효하게 20분 이상 작동할 수 있어야 할 것
② 비상전원을 실내에 설치하는 때에는 그 실내에 비상조명등을 설치할 것
③ 점검에 편리하고 화재 및 침수 등의 재해로 인한 피해를 받을 우려가 없는 곳에 설치할 것
④ 상용전원으로부터 전력의 공급이 중단된 때에는 자동으로 비상전원으로부터 전력을 공급받을 수 있도록 할 것
⑤ 비상전원(내연기관의 기동 및 제어용 축전기 제외)의 설치장소는 다른 장소와 방화구획을 할 것. 이 경우 그 장소에는 비상전원의 공급에 필요한 기구나 설비 외의 것(열병합발전설비에 필요한 기구나 설비 제외)을 두어서는 안 된다.

11. **다음은 내화구조인 특정소방대상물에 설치된 공기관식 차동식 분포형 감지기의 도면이다. 각 물음에 답하시오.**

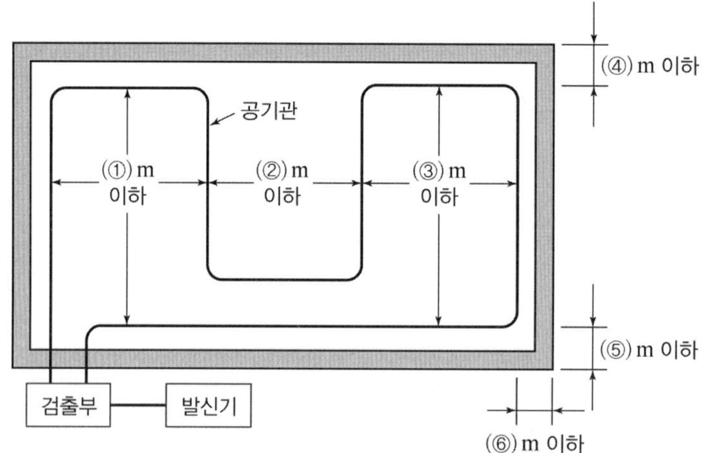

(1) 공기관과 감지구역의 각 변과의 수평거리와 공기관 상호 간의 거리에 대해 ( ) 안에 들어갈 내용을 쓰시오.
(2) 발신기에 종단저항을 설치하는 경우 검출부와 발신기간의 배선수를 표시하시오.
(3) 공기관의 노출부분은 감지구역마다 몇 m 이상이 되도록 해야 하는지 쓰시오.
(4) 하나의 검출부에 접속하는 공기관의 길이는 몇 m 이하가 되도록 해야 하는지 쓰시오.
(5) 검출부는 몇 도 이상 경사되지 않도록 설치해야 하는지 쓰시오.
(6) 검출부의 설치높이를 쓰시오.
(7) 공기관의 재질을 쓰시오.

| 정답

(1) ① 9

② 9

③ 9

④ 1.5

⑤ 1.5

⑥ 1.5

(2)

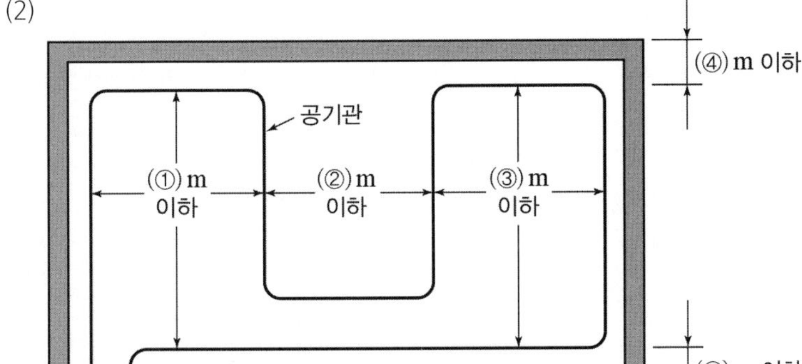

(3) 20m 이상

(4) 100m 이하

(5) 5도 이상

(6) 바닥으로부터 0.8m 이상 1.5m 이하

(7) 구리 또는 동

12. 다음 한국전기설비규정(KEC)에서 규정하는 전기적 접속에 대한 내용 중 (　　) 안에 들어갈 내용을 쓰시오.

(1) 배선설비가 바닥, 벽, 지붕, 천장, 칸막이, 중공벽 등 건축구조물을 관통하는 경우 배선설비가 통과한 후에 남는 개구부는 관통 전의 건축구조 각 부재에 규정된 (①)에 따라 밀폐하여야 한다.
(2) 내화성능이 규정된 건축구조부재를 관통하는 (②)는 (1)에서 요구한 외부의 밀폐와 마찬가지로 관통 전에 각 부의 내화등급이 되도록 내부도 밀폐하여야 한다.
(3) 관련 제품 표준에서 자기소화성으로 분류되고 최대 내부단면적이 (③)mm^2 이하인 전선관, 케이블트렁킹 및 (④)은 다음과 같은 경우라면 내부적으로 밀폐하지 않아도 된다.
㉠ 보호등급 IP33에 관한 KS C IEC 60529(외곽의 방진 보호 및 방수 보호 등급)의 시험에 합격한 경우
㉡ 관통하는 건축 구조체에 의해 분리된 구획의 하나 안에 있는 배선설비의 단말이 보호등급 IP33에 관한 KS C IEC 60529(외함의 밀폐 보호등급 구분(IP코드))의 시험에 합격한 경우
(4) 배선설비는 그 용도가 (⑤)을 견디는데 사용되는 건축구조부재를 관통해서는 안 된다. 다만, 관통 후에도 그 부재가 (⑤)에 견디는 것을 보증할 수 있는 경우는 제외한다.

| 정답

① 내화등급
② 배선설비
③ 710
④ 케이블덕팅시스템
⑤ 하중

13. 이산화탄소소화설비의 음향경보장치 설치에 대한 다음 각 물음에 답하시오.

(1) 방호구역 또는 방호대상물이 있는 구획의 각 부분으로부터 하나의 확성기까지의 수평거리는 몇 m 이하로 해야 하는지 쓰시오.
(2) 소화약제의 방사 개시 후 몇 분 이상 경보를 발하여야 하는지 쓰시오.

| 정답

(1) 25m 이하
(2) 1분 이상

14. 다음은 비상콘센트를 보호하기 위한 비상콘센트 보호함의 설치기준이다. (　　) 안에 들어갈 내용을 쓰시오.

> (1) 보호함에는 쉽게 개폐할 수 있는 (①)을 설치할 것
> (2) 보호함 표면에 (②)라고 표시한 표지를 할 것
> (3) 보호함 상부에 (③)의 표시등을 설치할 것. 다만, 비상콘센트 보호함을 (④)등과 접속하여 설치하는 경우에는 (④)등의 표시등과 겸용할 수 있다.

| 정답

① 문
② 비상콘센트
③ 적색
④ 옥내소화전함

15. 비상콘센트설비의 상용전원회로의 배선은 다음의 경우에 어디에서 분기하여 전용배선으로 하는지를 설명하시오.

(1) 저압수전인 경우
(2) 특고압수전 또는 고압수전인 경우

| 정답

(1) 인입개폐기의 직후
(2) 전력용변압기 2차측의 주차단기 1차측 또는 2차측

16. 열전대식 차동식분포형 감지기는 제어백 효과를 이용한 감지기이다. 다음 각 물음에 답하시오.

(1) 제어백효과에 대해 설명하시오.
(2) 열전대의 정의를 쓰시오.
(3) 열전대의 재료로 가장 우수한 금속을 쓰시오.

| 정답

(1) 서로 다른 두 금속을 접속하여 접속점에 온도차를 주면 열기전력이 발생하는 효과
(2) 서로 다른 종류의 금속을 접속한 것으로 열전효과를 일으키는 금속선
(3) 백금

17. 아래 논리회로에 대한 다음 각 물음에 답하시오.

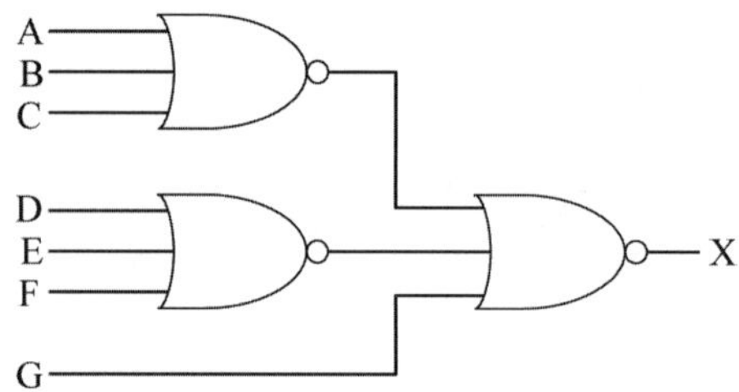

(1) 논리식으로 가장 간단히 표현하시오. (단, 간소화 과정도 쓰시오.)

(2) AND, OR, NOT 회로를 이용한 등가회로도로 그리시오.

(3) 유접점회로로 그리시오.

| 정답

(1) $X = \overline{\overline{A+B+C} + \overline{D+E+F} + G}$

$= (A+B+C) \cdot (D+E+F) \cdot \overline{G}$

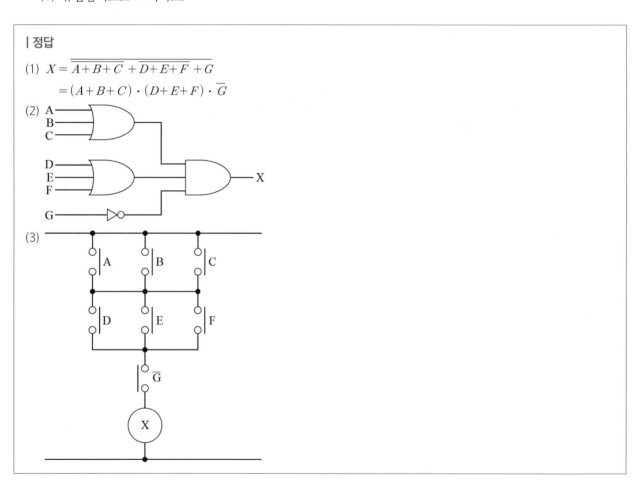

(2)

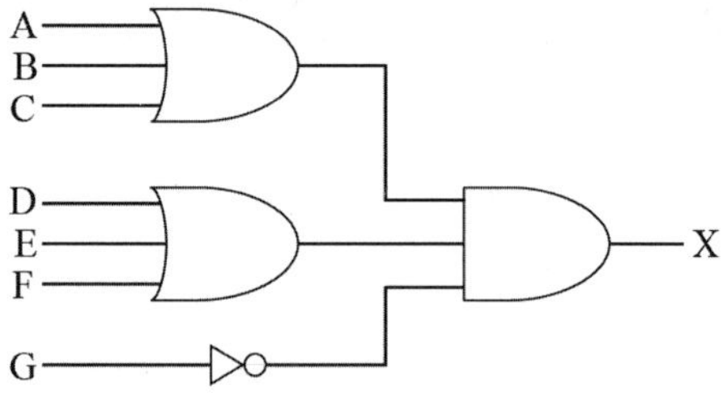

(3)

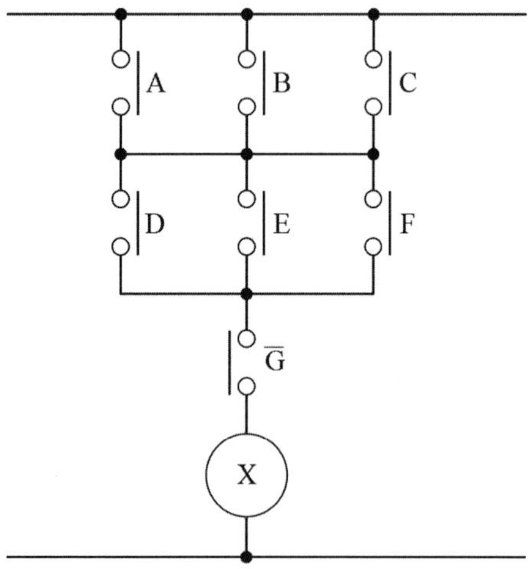

2024년 | 제3회

01. 다음 도면은 유도전동기 기동 · 정지회로의 미완성 도면이다. 다음 각 물음에 답하시오.

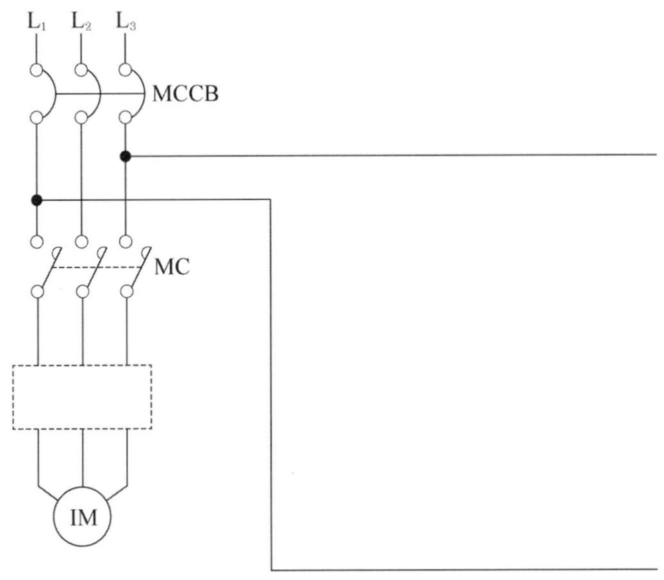

[동작설명]
① 전원을 투입하면 표시램프 GL이 점등되도록 한다.
② 전동기 기동용 푸버튼스위치를 누르면 전자접촉기 MC가 여자되고, MC-a접점에 의해 자기유지되며 RL이 점등된다. 동시에 전동기가 기동되고, GL등이 소등된다.
③ 전동기가 정상운전 중 정지용 푸시버튼스위치를 누르거나 열동계전기가 작동되면 전동기는 정지하고 최초의 상태로 복귀한다.

(1) 주어진 [보기]의 접점을 이용하여 보조회로(제어회로)를 완성하시오.

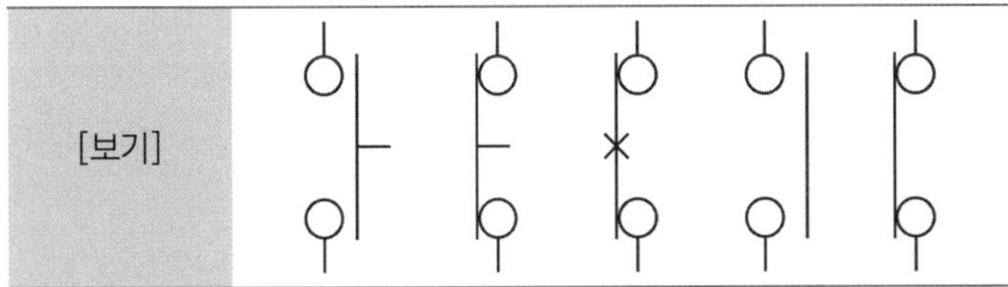

(2) 주회로에 대한 점선의 내부를 주어진 도면에 완성하시오.
(3) 열동계전기(THR)는 어떤 경우에 작동하는지 쓰시오.

| 정답

(1), (2)

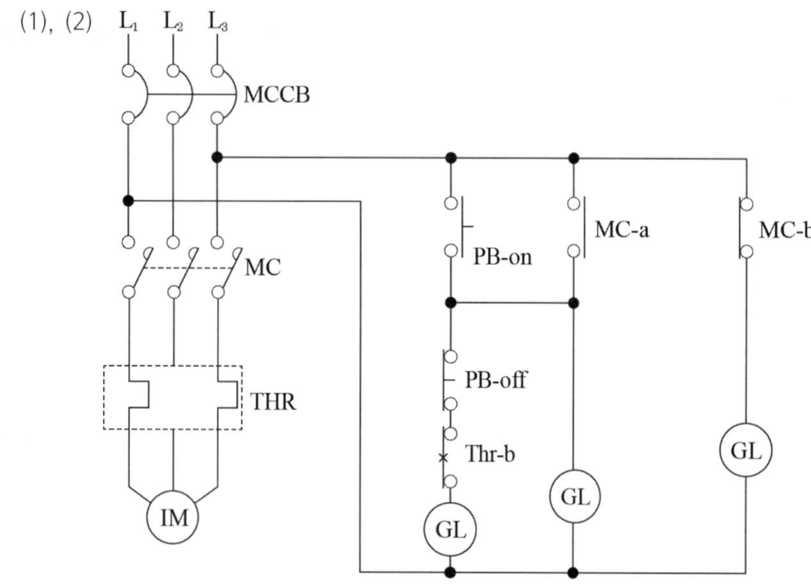

(3) ① 전동기에 과전류가 흐를 때

② 전류조정 다이얼 설정치를 정격전류보다 낮게 설정했을 때

02. 예비전원설비로 이용되는 축전지에 대한 다음 각 물음에 답하시오.

(1) 자기방전량만을 항상 충전하는 방식의 명칭을 쓰시오.

(2) 비상용 조명부하 200V용, 50W 80등, 30W 70등이 있다. 방전시간은 30분이고, 축전지는 HS형 110cell이며, 허용최저전압은 190V, 최저축전지온도가 5℃일 때 축전지용량[Ah]를 계산하시오.

(3) 연축전지와 알칼리축전지의 공칭전압[V]을 각각 쓰시오.

| 정답

(1) 세류충전방식(트리클충전방식)

(2) $I = \frac{P}{V} = \frac{(50 \times 80) + (30 \times 70)}{200} = 30.5\text{A}$

$C = \frac{1}{L}KI = \frac{1}{0.8} \times 1.2 \times 30.5 = 45.75\text{Ah}$

(3) ① 연축전지: 2V

② 알칼리축전지: 1.2V

03. 3상 380V, 기동전류 135A, 기동토크 150%인 전동기가 있다. 이 전동기를 Y-△ 기동시 기동전류[A]와 기동토크[%]를 계산하시오.

| 정답

기동전류: $135[A] \times \frac{1}{3} = 45[A]$

기동토크: $150 \times \frac{1}{3} = 50[\%]$

04. 연기감지기에 대한 다음 각 물음에 답하시오.

(1) 광전식 스포트형 감지기(산란광식)의 작동원리를 쓰시오.

(2) 광전식 분리형 감지기(감광식)의 작동원리를 쓰시오.

(3) 광전식 스포트형 감지기의 적응장소를 2가지 쓰시오. (단, 연기가 멀리 이동하여 감지기에 도달하는 장소로 한다.)

| 정답

(1) 화재발생시 연기입자에 의해 산란된 빛이 수광부 내로 들어오는 것을 감지하는 것

(2) 화재발생시 연기입자에 의해 수광부의 수광량이 감소하므로 이를 검출하여 화재신호를 발하는 것

(3) ① 계단
② 경사로

05. 어떤 건물의 사무실 바닥면적이 700m^{2}이고, 천장높이가 4m로서 내화구조이다. 이 사무실에 차동식 스포트형(2종) 감지기를 설치하려 할 때 최소 몇 개가 필요한지 계산하시오.

| 정답

$N = \frac{700}{35} = 20$ 개

06. 전부하시 출력 8kW, 출력 2kW에서의 효율이 80%가 되는 전동기가 있다.

(1) 전부하시 출력 8kW와 출력 2kW 전동기의 동손의 관계를 쓰시오.

(2) 전부하시 철손[kW]과 동손[kW]를 구하시오.

| 정답

(1) 동손은 부하의 제곱에 비례하므로

Pc : 8kW일 때 동손, Pc' : 2kW일 때 동손 이면

$$Pc = 4^2 Pc' = 16Pc', Pc' = (\frac{1}{4})^2 Pc = \frac{1}{16}Pc$$

(2) • 전부하시

철손 : x, 동손 : y

• 1/4부하시

철손: x, 동손 : (1/16)y

• 전동기 효율 $= \frac{\text{출력}}{\text{입력}} = \frac{\text{출력}}{\text{출력}+\text{손실}}$

① 전부하시

$$\frac{8}{8+x+y} = 0.8 = \frac{8}{10},\ x+y=2 \text{ ……………… ①}$$

② 1/4부하시

$$\frac{2}{2+x+\frac{1}{16}y} = 0.8 = \frac{8}{10},\ x+\frac{1}{16}y = 0.5 \text{ ……… ②}$$

①과 ②에서

$$(x+y=2)-(x+\frac{1}{16}y=0.5),$$

$$y=\frac{16}{15}\times 1.5 = 1.6 \text{ ……………… ③}$$

③을 ①에 대입

$x+1.6=2,\ x=0.4$

∴ 철손: $0.4[kW]$, 동손: $1.6[kW]$

07. 가로 15m, 세로 5m인 특정소방대상물에 이산화탄소소화설비를 설치하려고 한다. 연기감지기의 최소 개수를 계산하시오. (단, 감지기의 설치 높이는 3m이다.)

| 정답

회로별 감지기 수량$=\frac{15\times 5}{150}=0.5=1$개, 교차회로방식이므로 2개

08. 역률 80%, 용량 100kVA인 소화펌프전동기가 있다. 여기에 역률 60%, 용량 50kVA의 전동기를 추가로 설치하려고 할 때 전동기 합성 역률을 90%로 개선하려면 필요한 전력용 콘덴서의 용량[kVA]를 계산하시오.

| 정답

합성 유효전력

$100 \times 0.8 + 50 \times 0.6 = 110[kW]$

합성 무효전력

$100 \times 0.6 + 50 \times 0.8 = 100[kVar]$

피상전력

$\sqrt{110^2 + 100^2} = 148.66[kVA]$

합성역률

$\frac{110}{148.66} = 0.739 = 74\%$

$$Q = P\left(\frac{\sqrt{1-\cos\theta_1^2}}{\cos\theta_1} - \frac{\sqrt{1-\cos\theta_2^2}}{\cos\theta_2}\right)$$

$$= 110 \times \left(\frac{\sqrt{1-0.74^2}}{0.74} - \frac{\sqrt{1-0.9^2}}{0.9}\right) = 46.706 = 46.71[\mathrm{kVA}]$$

09. 한국전기설비규정(KEC)에서 규정하는 금속관공사의 시설조건에 대한 내용 중 (　　) 안에 들어갈 알맞은 내용을 쓰시오.

(1) 전선은 절연전선[(①)을 제외한다]일 것

(2) 전선은 (②)일 것. 단, 다음의 것은 적용하지 않는다.

㉠ 짧고 가는 금속관에 넣은 것

㉡ 단면적 (③)mm^2(알루미늄선은 16mm^2) 이하의 것

(3) 전선은 금속관 안에서 (④)이 없도록 할 것

(4) 관의 끝부분에는 전선의 피복을 손상하지 않도록 (⑤)을 사용할 것

| 정답

① 옥외용 비닐절연전선

② 연선

③ 10

④ 접속점

⑤ 부싱

10. 누전경보기의 형식승인 및 제품검사의 기술기준을 참고하여 다음 각 물음에 답하시오.

(1) 감도조정장치를 가지는 누전경보기의 최대치는 몇 [A]인지 쓰시오.

(2) 변류기의 전로개폐시험에 대한 다음 설명 중 (   ) 안에 들어갈 알맞은 내용을 쓰시오.

> 변류기는 출력단자에 부하저항을 접속하고, 경계전로에 당해 변류기의 정격전류의 150%인 전류를 흘린 상태에서 경계전로의 개폐를 (   )회 반복하는 경우 그 출력전압치는 공칭작동전류치의 42%에 대응하는 출력전압치 이하이어야 한다.

(3) 변류기는 DC 500V의 절연저항계로 시험을 하는 경우 5MΩ 이상이어야 한다. 측정위치를 3곳 쓰시오.

| 정답

(1) 1A

(2) 5

(3) ① 절연된 1차권선과 2차권선간
② 절연된 1차권선과 외부금속부간
③ 절연된 2차권선과 외부금속부간

11. 다음 도면을 참고하여 다음 각 물음에 답하시오.

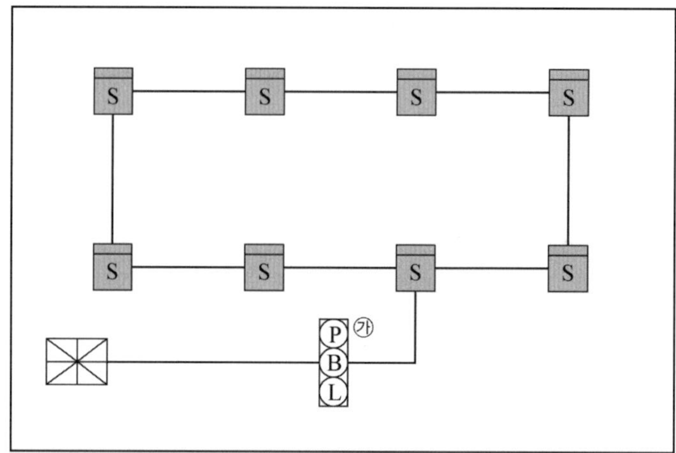

(1) ㉮는 수동으로 화재신호를 발신하는 P형 발신기세트이다. 발신기세트와 수신기간의 배선길이가 15m인 경우 전선은 총 몇 m가 필요한지 계산하시오.

(2) 건물에 설치된 감지기가 2종인 경우 8개의 감지기가 최대로 감지할 수 있는 감지구역의 바닥면적 합계를 계산하시오. (단, 천장 높이는 5m이다.)

(3) 감지기와 감지기간, 감지기와 P형 발신기세트간의 길이가 각각 10m인 경우 전선관 및 전선물량을 계산하시오.

| 정답

(1) $15m \times 6 = 90m$

(2) $8 \times 75m^2 = 600m^2$

(3)

품명	규격	산출과정	물량[m]
전선관	16C	10m×9=90m	90m
전선	$2.5mm^2$	(10m×2×8)+(10m×4×1)=200m	200m

12. 비상조명등의 설치기준에 대한 다음 각 물음에 답하시오.

(1) 다음 내용의 (   ) 안에 들어갈 알맞은 내용을 쓰시오.

- 조도는 비상조명등이 설치된 장소의 각 부분의 바닥에서 (①) 이상이 되도록 할 것
- 예비전원을 내장하는 비상조명등에는 평상시 점등 여부를 확인할 수 있는 (②)를 설치하고 해당 조명등을 유효하게 작동시킬 수 있는 용량의 축전지와 예비전원 충전장치를 내장할 것

(2) 예비전원을 내장하지 않은 비상조명등의 비상전원 설치기준을 2가지 쓰시오.

| 정답

(1) ① 1[lx]

② 점검스위치

(2) ① 점검에 편리하고 화재 및 침수 등의 재해로 인한 피해를 받을 우려가 없는 곳에 설치할 것

② 상용전원으로부터 전력의 공급이 중단된 때에는 자동으로 비상전원으로부터 전력을 공급받을 수 있도록 할 것

13. 다음은 국가화재안전기준에서 정하는 옥내소화전설비의 전원 및 비상전원 설치기준에 대한 설명이다. (   ) 안에 들어갈 알맞은 내용을 쓰시오.

(1) 비상전원은 옥내소화전설비를 유효하게 (①)분 이상 작동할 수 있어야 한다.
(2) 비상전원을 실내에 설치하는 때에는 그 실내에 (②)을(를) 설치하여야 한다.
(3) 상용전원이 저압수전인 경우에는 (③)의 직후에서 분기하여 전용 배선으로 한다.

| 정답

① 20
② 비상조명등
③ 인입개폐기

14. 단독경보형 감지기의 설치기준에 대한 설명 중 (　　) 안에 들어갈 알맞은 내용을 쓰시오.

- 각 실마다 설치하되, 바닥면적이 (①)m^2를 초과하는 경우에는 (①)m^2마다 1개 이상 설치할 것
- 이웃하는 실내의 바닥면적이 각각 (②)m^2 미만이고 벽체 상부의 전부 또는 일부가 개방되어 이웃하는 실내와 공기가 상호유통되는 경우에는 이를 (③)개의 실로 본다.
- 최상층의 (④)의 천장[외기가 상통하는 (④)의 경우 제외]에 설치할 것
- 상용전원을 주전원으로 사용하는 단독경보형감지기의 (⑤)는 법 제40조에 따라 제품검사에 합격한 것을 사용할 것

| 정답

① 150
② 30
③ 1
④ 계단실
⑤ 2차전지

15. 소방시설 설치 및 관리에 관한 법률 시행령에 따른 소방시설의 분류 중 경보설비의 종류를 3가지 쓰시오.

| 정답

① 단독경보형 감지기
② 비상경보설비
③ 자동화재탐지설비
④ 시각경보기
⑤ 화재알림설비
⑥ 비상방송설비
⑦ 자동화재속보설비
⑧ 통합감시시설
⑨ 누전경보기
⑩ 가스누설경보기

16. 특정소방대상물에 설치된 소방시설 등을 구성하는 전부 또는 일부를 개설, 이전 또는 정비하는 소방시설공사의 착공신고 대상을 3가지 쓰시오.

| 정답

① 수신반

② 소화펌프

③ 동력(감시)제어반

17. 다음은 휘트스톤 브리지 평형회로이다. 평형조건을 만족하도록 하는 R_2의 조건을 계산하시오.

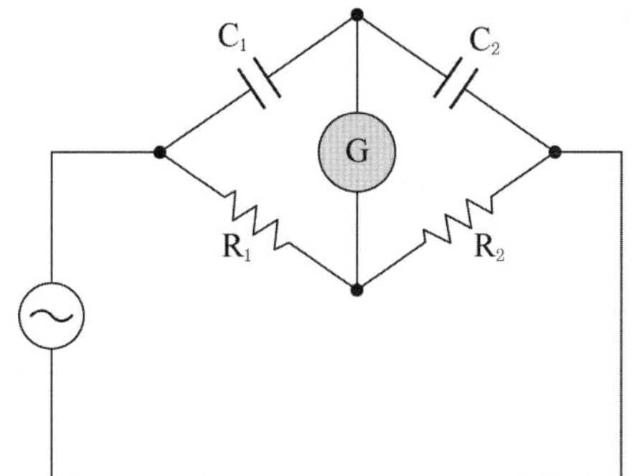

| 정답

$$X_c = \frac{1}{\omega C}$$

$$\frac{1}{\omega C_1} \times R_2 = \frac{1}{\omega C_2} \times R_1$$

$$\therefore \; R_2 = \frac{C_1}{C_2} R_1$$

18. 자동화재탐지설비 수신기의 동시작동시험의 목적을 쓰시오.

| 정답

감지기회로가 동시에 수회선 작동하더라도 수신기의 기능에 이상이 없는지 여부를 확인

2023년 | 제1회

01. 피난구유도등에 대한 내용이다. 다음 각 물음에 답하시오.

(1) 설치하여야 하는 장소 3가지를 쓰시오.
(2) 피난구유도등은 피난구의 바닥으로부터 높이 몇 m 이상의 곳에 설치하여야 하는가?
(3) 피난구유도등의 바탕색과 문자색은 무엇인지 쓰시오.

| 정답

(1) ① 옥내로부터 직접 지상으로 통하는 출입구 및 그 부속실의 출입구
② 직통계단 · 직통계단의 계단실 및 그 부속실의 출입구
③ 안전구획된 거실로 통하는 출입구
④ 출입구에 이르는 복도 또는 통로로 통하는 출입구
(2) 1.5m 이상
(3) 녹색바탕, 백색문자

02. 복도통로유도등의 설치기준 4가지를 쓰시오.

| 정답

① 복도에 설치할 것
② 구부러진 모퉁이 및 보행거리 20m마다 설치할 것
③ 바닥으로부터 높이 1m 이하의 높이에 설치할 것
④ 바닥에 설치하는 통로유도등은 하중에 따라 파괴되지 아니하는 강도의 것으로 할 것

03. 시각경보기를 설치하여야 하는 특정소방대상물을 3가지 쓰시오.

| 정답

① 근린생활시설 ② 문화 및 집회시설 ③ 종교시설
④ 판매시설 ⑤ 운수시설 ⑥ 운동시설
⑦ 위락시설 ⑧ 물류터미널 ⑨ 의료시설
⑩ 노유자시설 ⑪ 업무시설 ⑫ 숙박시설
⑬ 발전시설 및 장례식장 ⑭ 도서관 ⑮ 방송국
⑯ 지하상가

04. 예비전원으로 사용되는 축전지설비에 대한 다음 각 물음에 답하시오.

(1) 부동충전방식에 대한 회로(개략적인 그림)를 그리시오.

(2) 축전지의 과방전 또는 방치상태에서 기능회복을 위하여 실시하는 것은 어떤 충전방식인가?

(3) 연축전지의 정격용량은 250Ah이고 상시 부하가 8kW이며 표준전압이 100V인 부동충전방식의 충전기 2차 충전전류는 몇 A인가? (단, 축전지의 방전율은 10시간율로 한다.)

| 정답

(1) 부동충전방식에 대한 회로

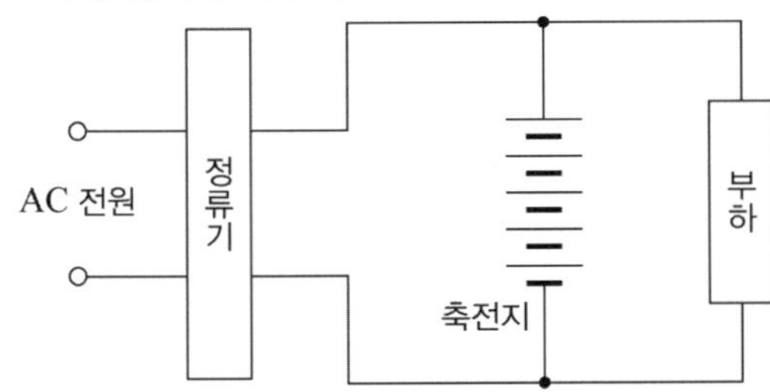

(2) 회복충전방식

(3) 2차 충전전류

• 계산과정: $\frac{250}{10}+\frac{8\times10^3}{100}=105\,\text{A}$

• 답: 105A

05. 다음은 비상방송설비의 화재안전성능기준 및 기술기준의 내용이다. 다음 각 물음에 답하시오.

(1) 음량조절기의 정의를 쓰시오.

(2) (　　) 안에 알맞은 말을 쓰시오.

- 확성기는 각 층마다 설치하되, 그 층의 각 부분으로부터 하나의 확성기까지의 수평거리가 (①)m 이하가 되도록 하고, 해당 층의 각 부분에 유효하게 경보를 발할 수 있도록 설치할 것
- 음량조정기를 설치하는 경우 음량조정기의 배선은 (②)선식으로 할 것
- 확성기의 음성입력은 3W(실내에 설치하는 것에 있어서는 (③)W) 이상일 것

(3) 기동장치에 따른 화재신호를 수신한 후 필요한 음량으로 화재발생상황 및 피난에 유효한 방송이 자동으로 개시될 때까지의 소요시간은 몇 초 이하로 하여야 하는가?

| 정답

(1) 가변저항을 이용하여 전류를 변화시켜 음량을 크게 하거나 작게 조절할 수 있는 장치

(2) ① 25

② 3

③ 1

(3) 10초 이하

06. 비상용 전원설비로 축전지설비를 하려고 한다. 사용되는 부하의 방전전류 – 시간특성곡선이 아래와 같을 때 조건을 참조하여 다음 각 물음에 답하시오.

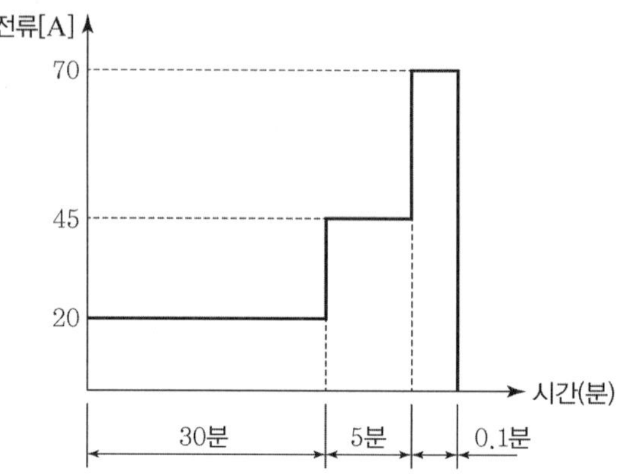

<조건>

① 사용축전지는 AH형 알칼리축전지
② 최저축전지온도: 5℃
③ 허용최저전압: 1.06V/cell
④ 용량환산시간계수는 아래와 같다.

<용량환산시간계수 K(온도 5℃)에서>

형식	최저사용전압 [V/cell]	0.1분	1분	5분	10분	20분	30분	60분	120분
AH	1.10	0.30	0.46	0.56	0.66	0.87	1.04	1.56	2.60
	1.06	0.24	0.33	0.45	0.53	0.70	0.85	1.40	2.45
	1.00	0.20	0.27	0.37	0.45	0.60	0.77	1.30	2.30

(1) 보수율이란 무엇이며 일반적으로 그 값은 보통 얼마를 적용하는가?
(2) 연축전지와 알칼리축전지의 공칭전압[V]을 쓰시오.
(3) 축전지용량[Ah]을 구하시오.

| 정답

(1) ① 보수율: 경년용량 저하율
② 보수율의 값: 0.8

(2) ① 연축전지: 2V
② 알칼리축전지: 1.2V

(3) 축전지용량

• 계산과정: $\frac{1}{0.8} \times \{0.85 \times 20 + 0.45 \times (45 - 20) + 0.24 \times (70-45)\} = 45.813 \quad \therefore \ 45.81\text{Ah}$

• 답: 45.81Ah

07. 가스누설경보기에 관한 다음 각 물음에 답하시오.

(1) 가스의 누설을 표시하는 표시등 및 가스가 누설된 경계구역의 위치를 표시하는 표시등은 등이 켜질 때 어떤 색으로 표시되어야 하는가?

(2) 경보기는 구조에 따른 무슨 형과 무슨 형으로 구분하는가?

(3) 가스누설경보기 중 가스누설을 검지하여 중계기 또는 수신부에 가스누설의 신호를 발신하는 부분 또는 가스 누설을 검지하여 이를 음향으로 경보하고 동시에 중계기 또는 수신부에 가스누설의 신호를 발신하는 부분은 무엇인가?

| 정답

(1) 황색
(2) 단독형, 분리형
(3) 탐지부

08. 다음은 비상조명등의 설치기준에 관한 사항이다. 다음 (   ) 안을 완성하시오.

- 예비전원을 내장하는 비상조명등에는 평상시 점등 여부를 확인할 수 있는 (①)를 설치하고 해당 조명등을 유효하게 작동시킬 수 있는 용량의 (②)와 (③)를 내장할 것
- 비상전원은 비상조명등을 (④)분 이상 유효하게 작동시킬 수 있는 용량으로 할 것. 다만, 다음의 특정소방대상물의 경우에는 그 부분에서 피난층에 이르는 부분의 비상조명등을 (⑤)분 이상 유효하게 작동시킬 수 있는 용량으로 하여야 한다.
  - 지하층을 제외한 층수가 11층 이상의 층
  - 지하층 또는 무창층으로서 용도가 도매시장 · 소매시장 · 여객자동차터미널 · 지하역사 또는 지하상가

| 정답

① 점검스위치
② 축전지
③ 예비전원 충전장치
④ 20
⑤ 60

09. 비상콘센트설비에 대한 다음 각 물음에 답하시오.

(1) 설치목적을 쓰시오.
(2) 전원회로는 단상교류 220V인 것으로서 공급용량은 몇 kVA 이상이어야 하는가?
(3) 비상콘센트의 플러그접속기는 어떤 접지공사를 해야 하는가?
(4) 220V 전원에 1kW 송풍기를 연결 운전하는 경우 회로에 흐르는 전류[A]를 구하시오. (단, 역률은 90%이다.)

| 정답

(1) 소방대가 보유하고 있는 진화장치 중 전기를 동력으로 하는 장비의 전원확보
(2) 1.5
(3) 칼받이의 접지극에 접지공사를 한다.
(4) • 계산과정: $\frac{1\times10^3}{220\times0.9}=5.05\text{A}$
• 답: 5.05A

10. 펌프용 전동기로 매분당 $5m^3$의 물을 높이 30m인 탱크에 양수하려고 한다. 이때 전동기의 용량은 몇 kW인가? (단, 전동기 효율은 72%이고 여유계수는 1.25이다.)

| 정답

• 계산과정: $\frac{1{,}000\times5\times30\times1.25}{102\times60\times0.72}=42.551$ ∴ 42.55kW
• 답: 42.55kW

11. 자동화재탐지설비에서 P형 수신기와 R형 수신기의 기능을 2가지씩 적으시오.

| 정답

(1) P형 수신기의 기능
① 예비전원 정전 및 복구 시 자동절환 기능
② 예비전원의 양부시험 기능
③ 수신기와 감지기와의 외부회로 도통시험 기능
④ 화재표시등이나 각종 경종 작동시험 기능
(2) R형 수신기의 기능
① 감지기의 감지구역을 포함한 경계구역을 자동적으로 판별할 수 있는 기록장치 기능
② 화재표시등이나 각종 경종 작동시험 기능
③ 수신기와 감지기와의 외부회로 도통시험 기능
④ 예비전원의 양부시험 기능
⑤ 예비전원 정전 및 복구 시 자동절환 기능

12. 다음 그림은 단상 2선식의 회로이다. V_A가 100V일 때, V_B와 V_C의 단자전압을 구하시오. (단, 한 선당의 저항은 $R_{AB} = 0.03\Omega$, $R_{BC} = 0.06\Omega$이다.)

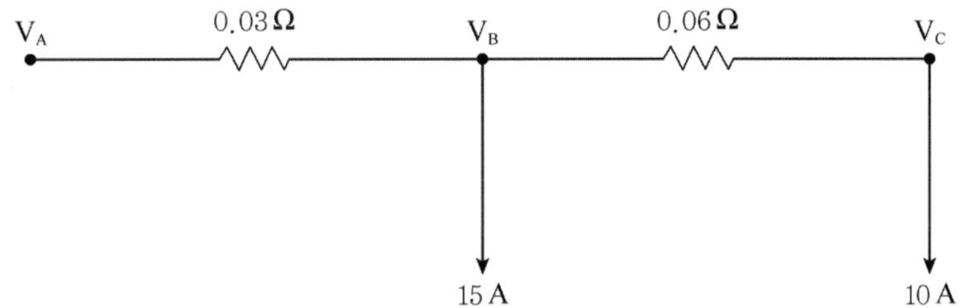

| 정답

(1) V_B의 단자전압

- 계산과정: $V_A - 2IR = 100 - (2 \times 25 \times 0.03) = 98.5\text{V}$
- 답: 98.5V

(2) V_C의 단자전압

- 계산과정: $V_B - 2IR = 98.5 - (2 \times 10 \times 0.06) = 97.3\text{V}$
- 답: 97.3V

13. 무선통신보조설비의 설치기준에 관한 다음 빈칸을 채우시오.

(1) 누설동축케이블의 끝 부분에는 (ⓐ)을 견고하게 설치할 것
(2) 누설동축케이블 및 동축케이블은 화재에 따라 해당 케이블의 피복이 소실된 경우에 케이블 본체가 떨어지지 않도록 (ⓑ)m 이내마다 금속제 또는 자기제 등의 지지금구로 벽, 천장, 기둥 등에 견고하게 고정시킬 것(불연 재료로 구획된 반자 안에 설치하는 경우는 제외)
(3) 누설동축케이블 및 안테나는 고압의 전로로부터 (ⓒ)m 이상 떨어진 위치에 설치할 것(해당 전로에 정전기 차폐장치를 유효하게 설치한 경우는 제외)
(4) 증폭기의 전면에는 주회로의 전원의 정상 여부를 표시할 수 있는 (ⓓ) 및 (ⓔ)를 설치할 것

| 정답

ⓐ 무반사 종단저항
ⓑ 4
ⓒ 1.5
ⓓ 표시등
ⓔ 전압계

14. 다음은 감지기의 종류에 대한 내용이다. 각 설명에 해당되는 알맞은 답을 적으시오.

(1) 1개의 감지기 내에 서로 다른 종별 또는 감도 등의 기능을 갖춘 것으로서 일정시간 간격을 두고 각각 다른 2개 이상의 화재신호를 발하는 감지기

(2) 주위의 온도 또는 연기의 양의 변화에 따라 각각 다른 전류치 또는 전압치 등의 출력을 발하는 방식의 감지기

| 정답

(1) 다신호식 감지기 (2) 아날로그식 감지기

15. 다음은 화재안전성능기준 및 기술기준에 대한 내용이다. 다음 각 물음에 답하시오.

(1) 조작부의 조작스위치는 바닥으로부터 몇 m 높이에 설치하여야 하는가?

(2) 바닥면적 600m^2 특정소방대상물에 단독경보형감지기를 설치하고자 한다. 몇 개 이상을 설치하여야 하는가?

(3) 증폭기의 정의를 적으시오.

(4) 지하 2층에서 지상 7층까지의 특정소방대상물에서, 5층은 단선이 되었을 경우 일제경보방식일 때 비상방송설비가 작동하는 층을 모두 적으시오.

| 정답

(1) 0.8m 이상 1.5m 이하

(2) 4개

(3) 전압전류의 진폭을 늘려 감도를 좋게 하고 미약한 음성전류를 커다란 음성전류로 변화시켜 소리를 크게 하는 장치

(4) 지하 2층 ~ 지상 4층, 지상 6층, 지상 7층

16. 다음 각 물음에 답하시오.

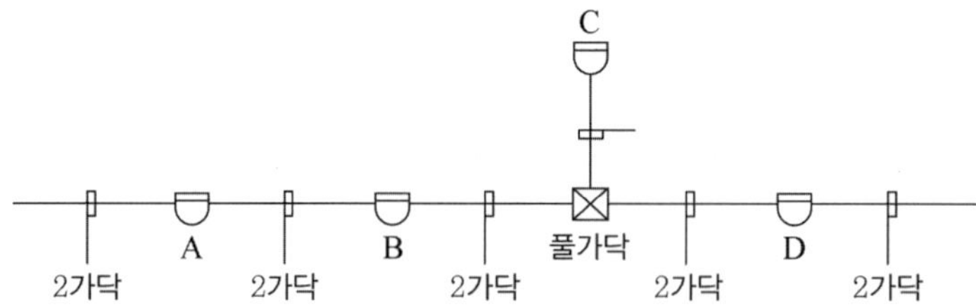

(1) 공기관식 차동식 분포형 감지기의 공기관의 재질은?

(2) 그림과 같이 차동식 스포트형 감지기 A, B, C, D가 있다. 배선을 전부 보내기방식으로 배선할 경우 풀박스와 감지기 "C" 사이의 배선은 몇 가닥인가?

| 정답

(1) 동 또는 구리 (2) 4가닥

17. 다음은 자동화재탐지설비의 P형수신기의 미완성 결선도이다. 수신기의 단자에 알맞게 각 기기장치를 연결하시오. (단, 발신기의 단자는 왼쪽으로부터 응답, 지구, 지구공통이다.)

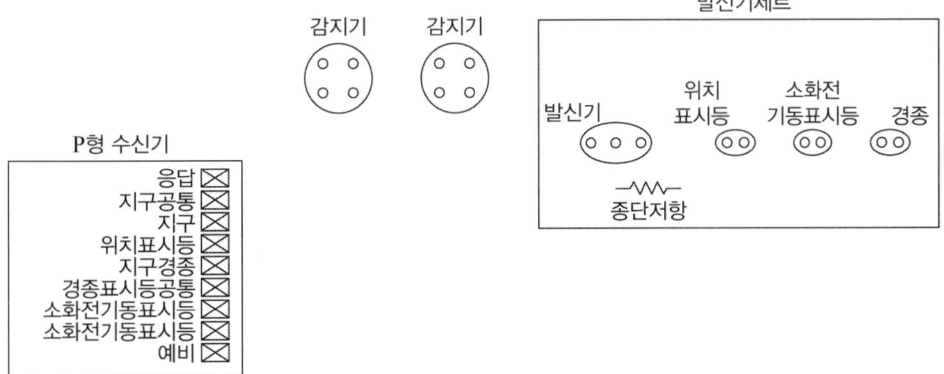

| 정답

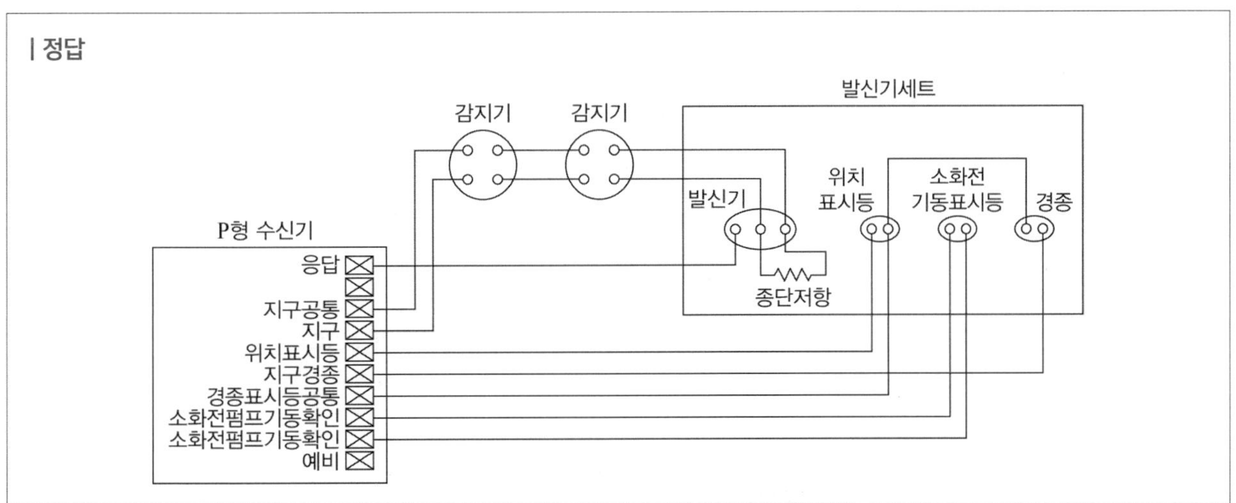

18. 비상콘센트설비의 설치기준에 관한 내용이다. 빈칸에 알맞은 내용을 적으시오.

> (1) 하나의 전용회로에 설치하는 비상콘센트는 (ⓐ)개 이하로 할 것. 이 경우 전선의 용량은 각 비상콘센트(비상콘센트가 (ⓑ)개 이상인 경우에는 (ⓑ)개)의 공급용량을 합한 용량 이상의 것으로 해야 한다.
> (2) 전원회로의 배선은 (ⓒ)으로, 그 밖의 배선은 (ⓒ) 또는 (ⓓ)으로 할 것

| 정답

ⓐ 10
ⓑ 3
ⓒ 내화배선
ⓓ 내열배선

2023년 | 제2회

01. P형 수신기와 감지기가 연결된 선로에서 선로저항이 50Ω이고, 릴레이저항이 1000Ω, 회로의 전압이 DC 24V이고 감시전류가 2mA인 경우 종단저항값[Ω]과 감지기가 작동할 때 흐르는 전류는 몇 mA인가?

| 정답

(1) 종단저항값

- 계산과정: 전체저항 = $\frac{24}{2\times10^{-3}} = 12{,}000\,\Omega$

  종단저항 = 12,000 - 50 - 1000 = 10,950Ω
- 답: 10,950Ω

(2) 감지기 작동시 흐르는 전류

- 계산과정: $\frac{24}{50+1{,}000}\times1{,}000 = 22.857$ ∴ 22.86mA
- 답: 22.86mA

02. 다음은 자동화재탐지설비 및 시각경보장치의 화재안전성능기준에 관련된 내용이다. 연기감지기 설치기준에 알맞은 내용을 ( ) 안에 쓰시오.

(1) 감지기의 부착높이에 따라 다음 표에 따른 바닥면적마다 1개 이상으로 할 것

부착높이[m]	감지기 종류	
	1종 및 2종	3종
4m 미만	(①)m^2	(②)m^2
4m 이상 (③)m 미만	$75m^2$	-

(2) 감지기는 복도 및 통로에 있어서는 보행거리 (④)m(3종에 있어서는 (⑤)m)마다, 계단 및 경사로에 있어서는 수직거리 (⑥)m(3종에 있어서는 (⑦)m)마다 1개 이상으로 할 것

(3) 감지기는 벽 또는 보로부터 (⑧)m 이상 떨어진 곳에 설치할 것

| 정답

① 150
② 50
③ 20
④ 30
⑤ 20
⑥ 15
⑦ 10
⑧ 0.6

03. 다음은 상용전원 정전시 예비전원으로 절환되고 상용전원 복구시 자동으로 예비전원에서 상용전원으로 절환되는 시퀀스제어회로의 미완성도이다. 다음의 제어동작에 적합하도록 시퀀스제어도를 완성하시오.

<동작조건>

① MCCB를 투입한 후 PB_1을 누르면 MC_1이 여자되고 주접점 MC_{-1}이 닫히고 상용전원에 의해 전동기 M이 회전하고 표시등 RL이 점등된다. 또한 보조접점 MC_{1-a}가 폐로되어 자기유지회로가 구성되고 MC_{1-b}가 개로되어 MC_2가 작동하지 않는다.

② 상용전원으로 운전 중 PB_3을 누르면 MC_1이 소자되어 전동기는 정지하고 상용전원 운전표시등 RL은 소등된다.

③ 상용전원의 정전시 PB_2를 누르면 MC_2가 여자되고 주접점 MC_{-2}가 닫혀 예비전원에 의해 전동기 M이 회전하고 표시등 GL이 점등된다. 또한 보조접점 MC_{2-a}가 폐로되어 자기유지회로가 구성되고 MC_{2-b}가 개로되어 MC_1이 작동하지 않는다.

④ 예비전원으로 운전 중 PB_4를 누르면 MC_2가 소자되어 전동기는 정지하고 예비전원 운전표시등 GL은 소등된다.

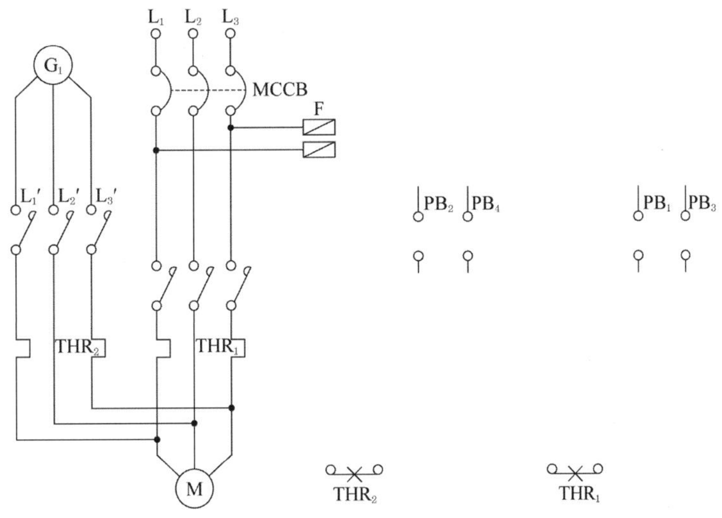

| 정답

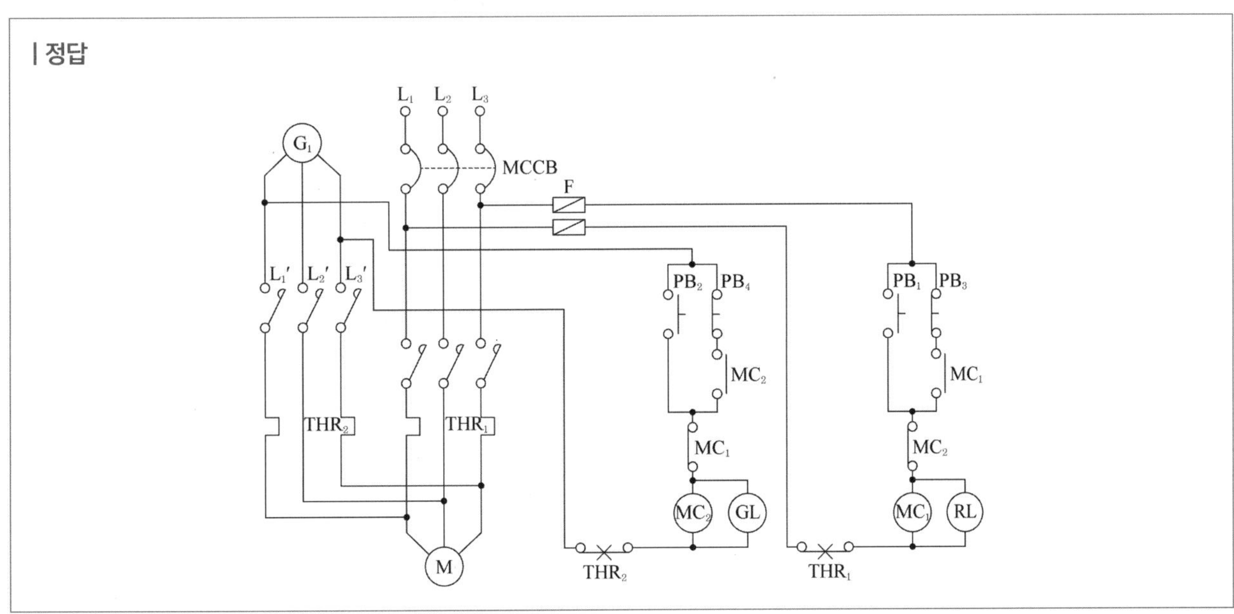

04. 그림은 자동화재탐지설비와 프리액션 스프링클러설비의 계통도이다. 그림을 보고 다음 각 물음에 답하시오. (단, 감지기공통선과 전원공통선은 분리해서 사용하고, 발신기의 경우 화재가 발생하여 단락되었을 경우 경보에 지장을 주지 않을 유효한 조치를 하였다고 본다. 또한, 수신기와 SVP 사이에는 전화선은 없다고 가정한다.)

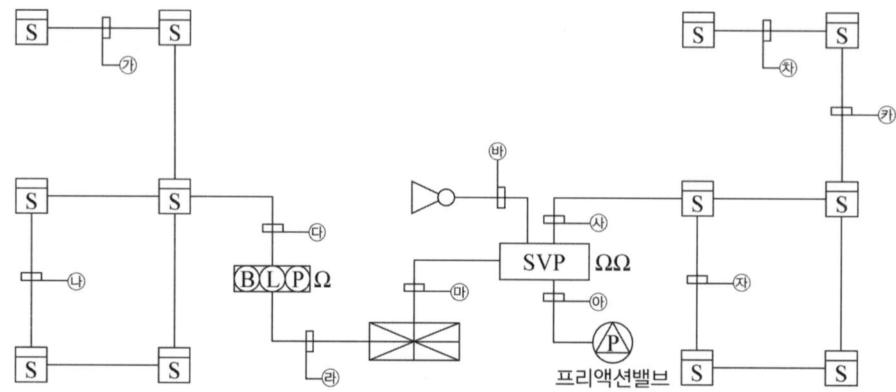

(1) 그림을 보고 ㉮~㉸까지의 가닥수를 쓰시오.

(2) ㉲의 가닥수와 배선내역을 쓰시오. (단, 프리액션밸브용 압력스위치, 탬퍼스위치 및 솔레노이드 밸브의 공통선은 1가닥을 사용한다.)

| 정답

(1) ㉮ 4가닥　　㉯ 2가닥

㉰ 4가닥　　㉱ 6가닥

㉲ 9가닥　　㉳ 2가닥

㉴ 8가닥　　㉵ 4가닥

㉶ 4가닥　　㉷ 4가닥

㉸ 8가닥

(2) ① 가닥수: 9가닥

② 배선내역: 전원 (+), 전원 (-), 감지기공통, 감지기A, 감지기B, 밸브기동, 밸브주의, 밸브개방 확인, 사이렌

05. 무선통신보조설비의 화재안전성능기준에 명시된 용어이다. 알맞은 정의를 설명하시오

(1) 분배기

(2) 분파기

(3) 혼합기

| 정답

(1) 신호의 전송로가 분기되는 장소에 설치하는 것으로 임피던스 매칭(Matching)과 신호 균등분배를 위해 사용하는 장치

(2) 서로 다른 주파수의 합성된 신호를 분리하기 위해서 사용하는 장치

(3) 2 이상의 입력신호를 원하는 비율로 조합한 출력이 발생하도록 하는 장치

06. 내화구조인 건물에 차동식 스포트형 2종 감지기를 설치할 경우 다음 각 물음에 답하시오. (단, 감지기가 부착되어 있는 천장의 높이는 3.8m이다.)

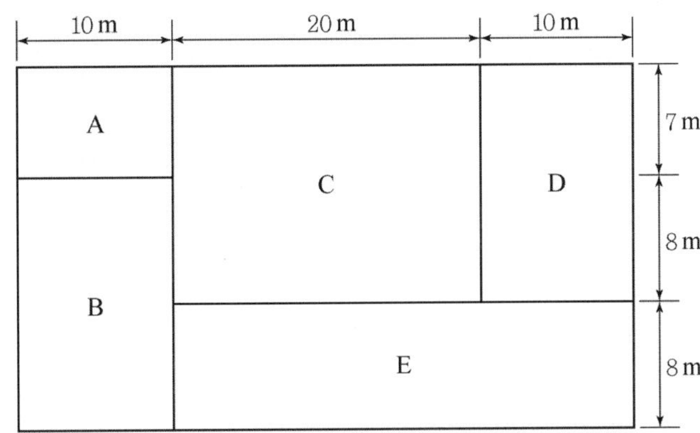

(1) 다음 각 실에 필요한 감지기의 수량을 산출하시오.

① A실(계산과정 및 답)

② B실(계산과정 및 답)

③ C실(계산과정 및 답)

④ D실(계산과정 및 답)

⑤ E실(계산과정 및 답)

(2) 실 전체의 경계구역수를 선정하시오.

| 정답

(1) 감지기 개수

① A실: $\frac{10\times7}{70}=1$개

② B실: $\frac{10\times(8+8)}{70}=2.29$ ∴ 3개

③ C실: $\frac{20\times(7+8)}{70}=4.29$ ∴ 5개

④ D실: $\frac{10\times15}{70}=2.14$ ∴ 3개

⑤ E실: $\frac{(20+10)\times8}{70}=3.43$ ∴ 4개

(2) 경계구역수

• 계산과정: $\frac{(10+20+10)\times(7+8+8)}{600}=1.53$ ∴ 2경계구역

• 답: 2경계구역

07. 아래 그림과 같은 논리회로를 보고 각 물음에 답하시오.

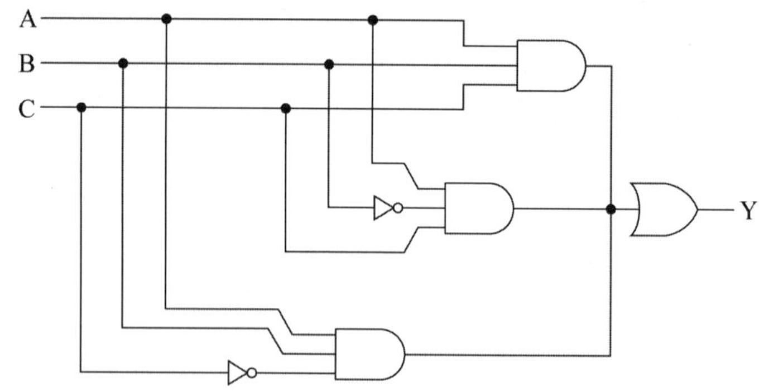

(1) 논리식으로 가장 간단히 표현하시오.

(2) (1)의 논리식으로 다음 그림의 유접점 시퀀스회로를 완성하시오. (단, 접점이 가장 적은 것으로 그리시오.)

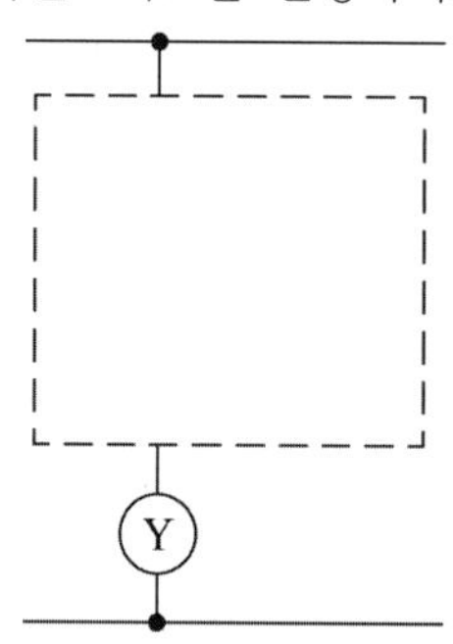

(3) (1)의 논리식으로 다음 그림의 무접점 논리회로를 그리시오.

| 정답

(1) $Y = ABC + A\overline{B}C + AB\overline{C}$

$= AB \cdot (C + \overline{C}) + A\overline{B}C$

$= A(B + \overline{B}C)$

$= A[(B + \overline{B})(B + C)]$

$= A(B + C)$

(2) 유접점 시퀀스회로

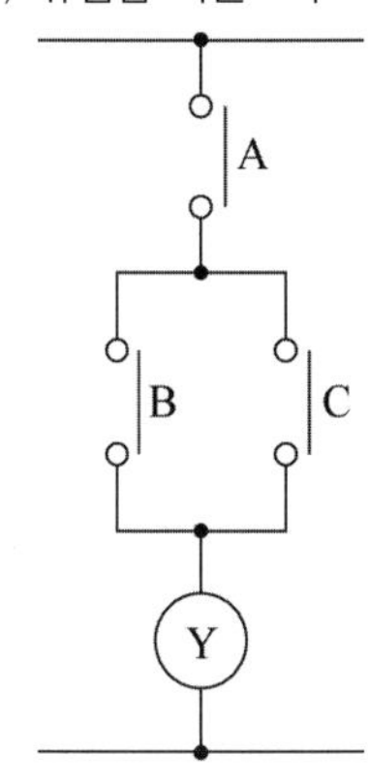

(3) 무접점 논리회로

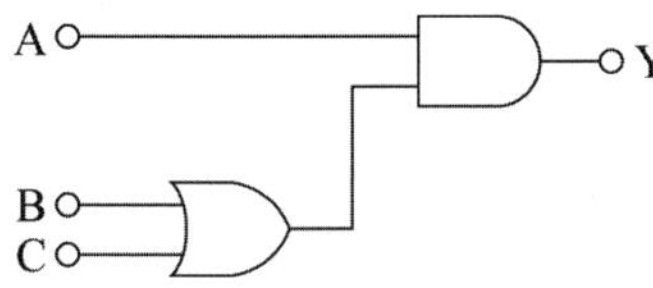

08. 아래 그림을 보고 자동화재탐지설비의 경계구역의 수를 구하시오. (단, 각 경계구역의 계산과정을 나타내시오.)

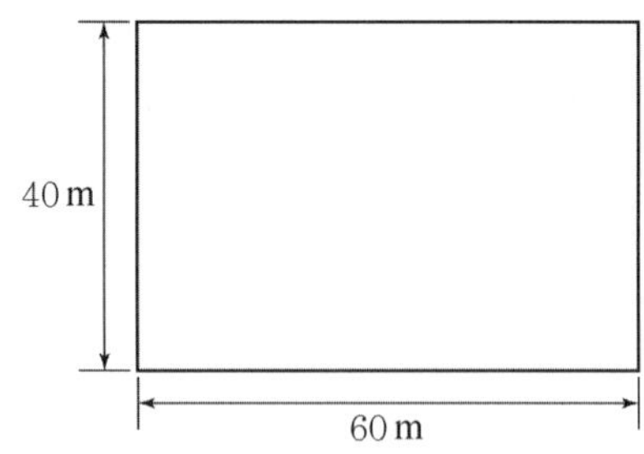

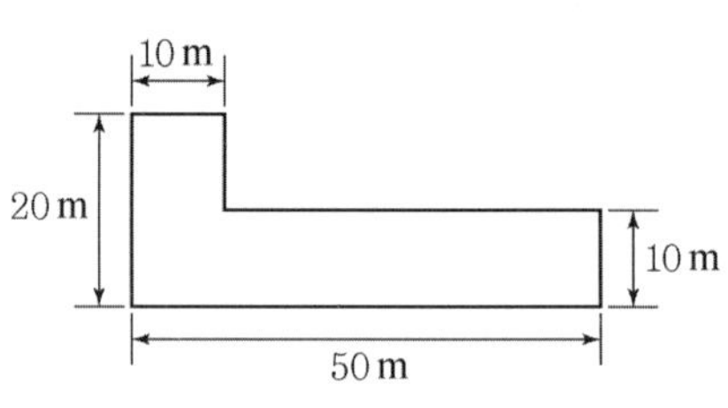

| 정답

(1) 경계구역수

- 계산과정: $\frac{60 \times 40}{600} = 4$경계구역
- 답: 4경계구역

(2) 경계구역수

- 계산과정: $\frac{(10 \times 10) + (50 \times 10)}{600} = 1$경계구역
- 답: 1경계구역

09. 다음 표는 소화설비별로 사용할 수 있는 비상전원의 종류를 나타낸 것이다. 각 소화설비별로 설치하여야 하는 비상전원을 찾아 빈칸에 ○표 하시오.

설비명	자가발전설비	축전지설비	비상전원수전설비
옥내소화전설비, 물분무소화설비, 이산화탄소소화설비, 할론소화설비, 비상조명등, 제연설비, 연결송수관설비			
스프링클러설비			
자동화재탐지설비, 비상경보설비, 유도등, 비상방송설비			
비상콘센트설비			

| 정답

설비명	자가발전설비	축전지설비	비상전원수전설비
옥내소화전설비, 물분무소화설비, 이산화탄소소화설비, 할론소화설비, 비상조명등, 제연설비, 연결송수관설비	○	○	
스프링클러설비	○	○	○
자동화재탐지설비, 비상경보설비, 유도등, 비상방송설비		○	
비상콘센트설비	○	○	○

10. 비상전원으로 (연)축전지설비를 설치하려고 한다. (연)축전지의 정격용량이 200Ah이고, 비상용 조명부하가 6kW, 사용전압은 100V이다. 다음 각 물음에 답하시오.

(1) 축전지의 설치에 필요한 연축전지에 1개의 여유를 둔다고 하였을 때, 셀의 개수[cell]는?

(2) 납축전지를 방전상태로 오랫동안 방치하거나, 충전시 전해액에 불순물이 혼입되었을 때 음극판에 발생하는 현상은 무엇인가?

(3) (2)의 음극에 발생되는 가스의 명칭은 무엇인가?

| 정답

(1) 축전지의 설치에 필요한 연축전지에 1개의 여유를 둔다고 하였을 때, 셀의 개수[cell]

- 계산과정: $\frac{100\mathrm{V}}{2\mathrm{V/cell}}+1=51\mathrm{cell}$
- 답: 51cell

(2) 설페이션 현상

(3) 수소가스

11. 다음 그림은 P형수신기의 1개의 경계구역에 대한 결선도이다. ① ~ ⑤에 알맞은 것을 적으시오.

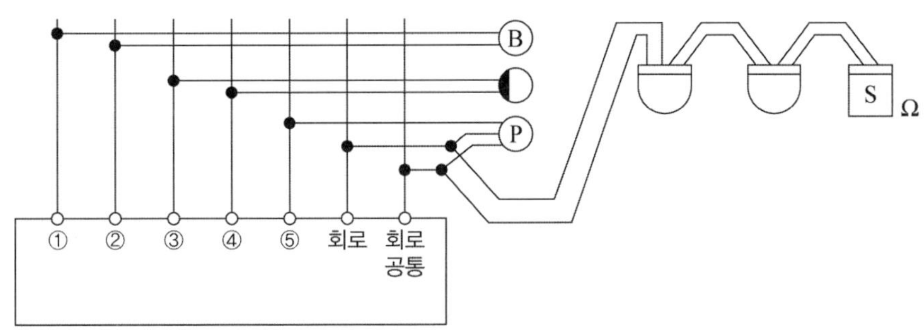

| 정답

① 경종

② 경종공통

③ 표시등

④ 표시등공통

⑤ 응답

12. 다음 소방시설 그림기호의 명칭을 쓰시오.

(1) RM　　(2) SVP

(3) PAC　　(4) AMP

| 정답

(1) 가스계소화설비의 수동조작함
(2) 프리액션밸브 수동조작함
(3) 소화가스 패키지
(4) 증폭기

13. 단상 2선식의 전원공급방식이고, 220V, 2.2kW인 분전반이 있다. 60m 떨어진 거리에 전기히터를 설치하려고 할 때, 전압강하를 1% 이내로 하려면 전선의 최소단면적[mm^2]은 얼마 이상으로 하면 되는지 계산하시오.

| 정답

- 계산과정: 전압강하 = 220 × 0.01 = 2.2V

$$전류 = \frac{2.2\times10^3}{220} = 10A$$

$$전선굵기 = \frac{35.6\times60\times10}{1,000\times2.2} = 9.709 \quad \therefore\ 9.71mm^2$$

- 답: $9.71mm^2$

14. 금속관 공사에 사용되는 부속품에 대한 설명이다. 명칭을 쓰시오.

명칭	기능
①	전선의 절연피복을 보호하기 위해 박스 내 금속관의 끝에 취부하여 사용하는 부품
②	관이 고정되어 있을 때 금속관 상호간을 접속하는 데 사용하는 부품
③	매입된 금속관을 직각으로 굽히는 곳에 사용하는 부품
④	노출된 금속관 상호간을 연결하거나 직각으로 연결하는 데 사용하는 부품

| 정답

① 부싱
② 유니언 커플링
③ 노멀벤드
④ 유니버셜 엘보

15. 다음은 제연설비의 화재안전성능기준 중 제연설비의 설치장소에 관한 내용이다. (　　) 안에 알맞은 답을 쓰시오.

> (1) 하나의 제연구역의 면적은 (①)m^2로 할 것
> (2) 통로상의 제연구역은 보행중심선의 길이가 (②)m를 초과하지 않을 것
> (3) 하나의 제연구역은 직경 (③)m 원내에 들어갈 수 있을 것
> (4) 하나의 제연구역은 (④) 이상의 층에 미치지 않도록 할 것. 다만, 층의 구분이 불분명한 부분은 그 부분을 다른 부분과 별도로 제연구획 해야 한다.
> (5) 제연구역의 구획은 보 · 제연경계벽 및 벽(화재 시 자동으로 구획되는 가동벽 · 방화셔터 · 방화문을 포함한다.)으로 하되, 다음 기준에 적합해야 한다.
> ㉠ 재질은 (⑤), (⑥) 또는 제연경계벽으로 성능을 인정받은 것으로서 화재 시 쉽게 변형 · 파괴되지 아니하고 연기가 누설되지 않는 기밀성 있는 재료로 할 것
> ㉡ 제연경계는 제연경계의 폭이 (⑦)m 이상이고, 수직거리는 (⑧)m 이내일 것

| 정답

① 1,000	② 60
③ 60	④ 2
⑤ 내화재료	⑥ 불연재료
⑦ 0.6	⑧ 2

16. 피난유도선의 종류 중 광원점등방식의 피난유도선의 설치기준을 3가지 쓰시오.

| 정답

① 구획된 각 실로부터 주출입구 또는 비상구까지 설치할 것
② 피난유도 표시부는 바닥으로부터 높이 1m 이하의 위치 또는 바닥면에 설치할 것
③ 피난유도 표시부는 50cm 이내의 간격으로 연속되도록 설치하되 실내장식물 등으로 설치가 곤란할 경우 1m 이내로 설치할 것
④ 수신기로부터의 화재신호 및 수동조작에 의하여 광원이 점등되도록 설치할 것
⑤ 비상전원이 상시 충전상태를 유지하도록 설치할 것
⑥ 바닥에 설치되는 피난유도 표시부는 매립하는 방식을 사용할 것
⑦ 피난유도 제어부는 조작 및 관리가 용이하도록 바닥으로부터 0.8m 이상 1.5m 이하의 높이에 설치할 것

17. 다음은 소방시설 설치 및 관리에 관한 법률 시행령 별표4의 내용이다. 자동화재탐지설비를 설치하여야 하는 특정소방대상물 중 모든 층에 자동화재탐지설비를 설치한다고 하였을 때, 해당 표를 작성하시오. (단, 연면적이 포함되지 않는 시설이 있다면 해당없음 또는 전부해당 이라고 적을 것)

설치장소	연면적[m^2]
장례시설	
묘지관련시설	
근린생활시설(단, 목욕장은 제외한다.)	
노유자 생활시설	
노유자시설(단, 노유자 생활시설은 제외한다.)	

| 정답

설치장소	연면적[m^2]
장례시설	600m^2 이상
묘지관련시설	2,000m^2 이상
근린생활시설(단, 목욕장은 제외한다.)	600m^2 이상
노유자 생활시설	전부 해당
노유자시설(단, 노유자 생활시설은 제외한다.)	400m^2 이상

18. 감지기회로의 배선에 대한 다음 각 물음에 답하시오.

(1) 송배전식에 대하여 설명하시오.

(2) 교차회로의 방식에 대하여 설명하시오.

(3) 교차회로방식의 적용설비 2가지만 쓰시오. (단, 두 가지가 모두 맞아야 정답으로 인정된다.)

| 정답

(1) 감지기 배선 도중에서 분기하지 않고 배선하는 방식

(2) 하나의 방호구역 내에 둘 이상의 화재감지기회로를 설치하고 인접한 둘 이상의 화재감지기에 화재가 감지되는 때에 소화설비가 작동하는 방식

(3) ① 분말소화설비
② 할론소화설비
③ 이산화탄소소화설비
④ 준비작동식 스프링클러설비
⑤ 일제살수식 스프링클러설비
⑥ 할로겐화합물 및 불활성기체 소화설비

2023년 | 제4회

01. 다음은 자동화재탐지설비 및 시각경보장치의 화재안전기술기준에 따른 감지기의 설치 제외장소에 대한 내용이다. (　　) 안에 알맞은 답을 쓰시오.

(1) 천장 또는 반자의 높이가 (①) 이상인 장소. 다만, 감지기로서 부착 높이에 따라 적응성이 있는 장소는 제외한다.
(2) 헛간 등 외부와 기류가 통하는 장소로서 감지기에 따라 (②)을 유효하게 감지할 수 없는 장소
(3) (③)가 체류하고 있는 장소
(4) 고온도 및 (④)로서 감지기의 기능이 정지되기 쉽거나 감지기의 유지관리가 어려운 장소
(5) 목욕실 · 욕조나 샤워시설이 있는 화장실 · 기타 이와 유사한 장소
(6) 파이프덕트 등 그 밖의 이와 비슷한 것으로서 (⑤)개 층마다 방화구획된 것이나 수평단면적이 (⑥) 이하인 것
(7) 먼지 · 가루 또는 (⑦)가 다량으로 체류하는 장소 또는 주방 등 평상시 연기가 발생하는 장소(연기감지기에 한한다)
(8) 프레스공장 · 주조공장 등 (⑧)로서 감지기의 유지관리가 어려운 장소

| 정답

① 20m
② 화재 발생
③ 부식성가스
④ 저온도
⑤ 2
⑥ $5m^2$
⑦ 수증기
⑧ 화재 발생의 위험이 적은 장소

02. 다음은 이산화탄소소화설비의 화재안전성능기준에 따른 음향경보장치의 설치기준에 대한 내용이다. (　　) 안에 알맞은 말을 쓰시오.

(1) (①)를 설치한 것은 그 기동장치의 조작과정에서, (②)를 설치한 것은 화재감지기와 연동하여 (③)으로 경보를 발하는 것으로 할 것
(2) 소화약제의 방출개시 후 (④) 경보를 계속할 수 있는 것으로 할 것

| 정답

① 수동식 기동장치
② 자동식 기동장치
③ 자동
④ 1분 이상

03. 이산화탄소소화설비에서 자동식 기동장치의 화재감지기는 교차회로방식으로 설치해야 한다. 감지기 A, B를 교차회로방식으로 구성하는 경우 다음 각 물음에 답하시오.

(1) 작동출력의 신호를 C라고 할 경우, 논리식을 쓰시오.

(2) 상기 논리식에 대응하는 무접점 회로를 그리시오.

A —

— C

B —

(3) 이 회로의 진리표를 완성하시오.

입력신호		출력신호
A	B	C
0	0	
0	1	
1	0	
1	1	

| 정답

(1) $C = A \cdot B$

(2) 무접점 회로

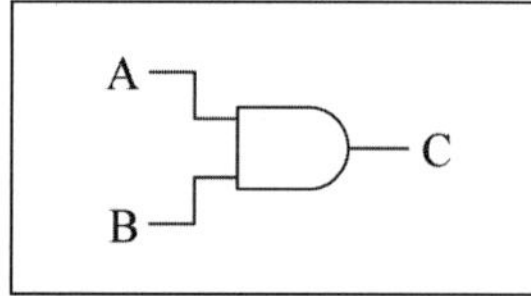

(3)

입력신호		출력신호
A	B	C
0	0	0
0	1	0
1	0	0
1	1	1

04. 무선통신보조설비의 누설동축케이블의 기호를 보기에서 찾아 쓰시오

LCX(①) - FR(②) - SS(③) - 20(④) D(⑤) - 14(⑥) 6(⑦)

예 ⑦ 결합손실 표시

<보기>
난연성(내열성), 사용주파수, 절연체 외경, 자기지지, 누설동축케이블, 특성임피던스

| 정답

① 누설동축케이블
② 난연성(내열성)
③ 자기지지
④ 절연체 외경
⑤ 특성임피던스
⑥ 사용주파수

05. 특정소방대상물에 설치된 소방시설등을 구성하는 전부 또는 일부를 개설, 이전 또는 정비하는 소방시설공사의 착공신고 대상 3가지를 쓰시오. (단, 고장 또는 파손 등으로 인하여 작동시킬 수 없는 소방시설을 긴급히 교체하거나 보수하여야 하는 경우에는 신고하지 않을 수 있다.)

| 정답

① 수신반
② 소화펌프
③ 동력(감시)제어반

06. 정온식 스포트형 감지기의 열감지방식을 5가지 적으시오.

| 정답

① 바이메탈을 이용한 방식
② 금속의 팽창계수를 이용한 방식
③ 액체(기체)의 팽창을 이용한 방식
④ 가용절연물을 이용한 방식
⑤ 감열반도체소자를 이용한 방식

07. 다음은 Y-△회로의 3상 농형 유도전동기의 시퀀스회로이다. 다음 각 물음에 답하시오.

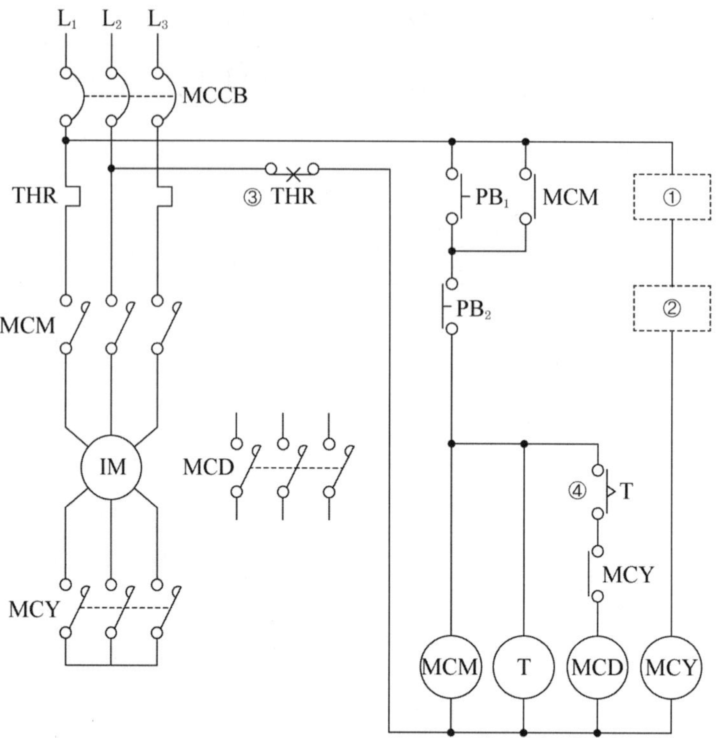

(1) Y-△회로를 사용하는 이유를 적으시오.

(2) ①과 ②에 들어갈 알맞은 기호를 그리시오.

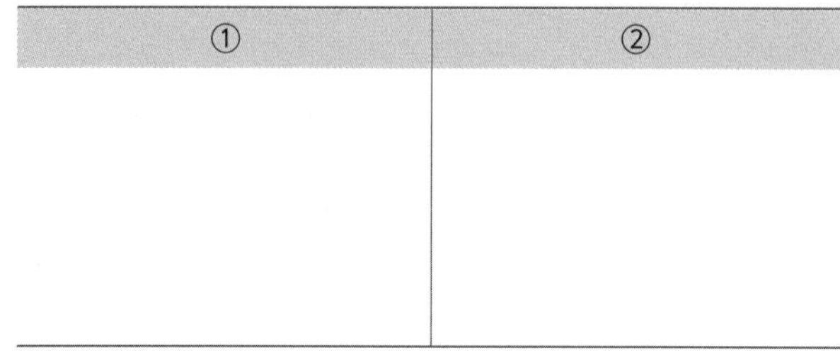

①	②

(3) ③과 ④의 우리말 명칭을 적으시오.

(4) 미완성회로를 완성하시오.

| 정답

(1) 기동전류를 작게 하기 위하여

(2)

①	②
T	MCD

(3) ③ 열동계전기의 수동복귀 b접점
④ 한시동작 순시복귀 a접점

(4) 도면

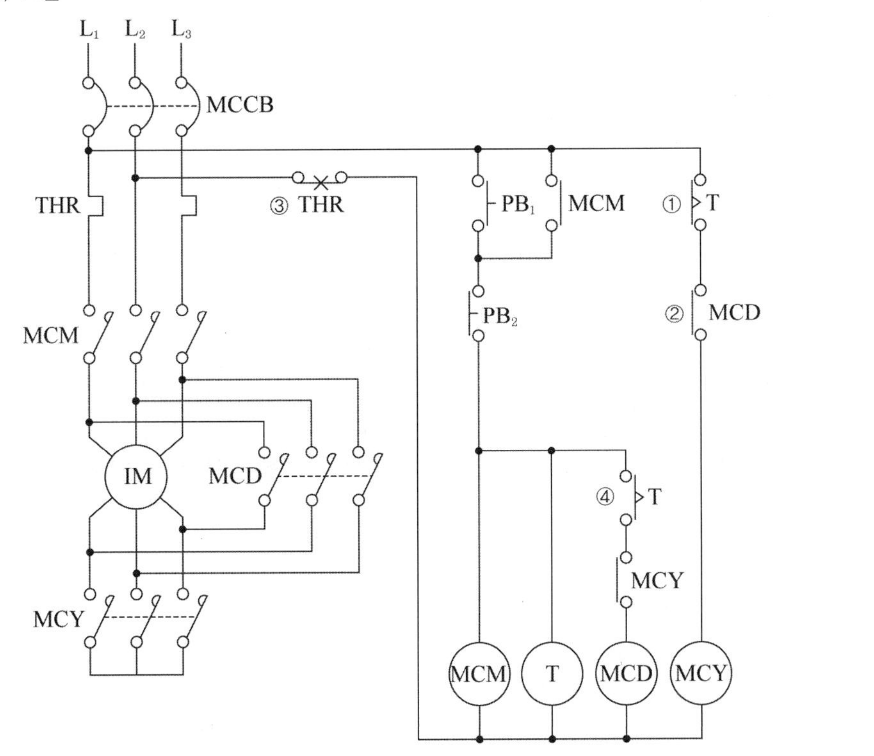

08. 극수변환식 3상 농형 유도전동기가 있다. 고속측은 4극이고 정격출력은 90kW이다. 저속측은 1/3 속도라면 저속측의 극수와 정격출력은 몇 kW인지 계산하시오. (단, 슬립 및 정격토크는 저속측과 고속측이 같다고 본다.)

| 정답

(1) 극수

• 계산과정: $\frac{P}{4}=\frac{\frac{1}{\frac{1}{3}N_S}}{\frac{1}{N_S}}=3$

$P=4\times3=12$극

• 답: 12극

(2) 정격출력

• 계산과정: $90 : N=P' : \frac{1}{3}N$

$P'=\frac{90\times\frac{1}{3}N}{N}=30\text{kW}$

• 답: 30kW

09. 거실의 높이가 바닥으로부터 20m 이상인 곳에 설치할 수 있는 감지기의 종류를 2가지만 쓰시오.

| 정답

① 불꽃감지기

② 광전식(분리형, 공기흡입형) 중 아날로그방식

10. 다음은 차동식 스포트형 감지기(1종)를 A ~ D에 설치하고, 복도에는 연기감지기(2종)를 설치하려고 한다. 다음 각 물음에 답하시오. (단, 높이는 3.4m이고 내화구조이며 복도의 보행거리는 50m이다.)

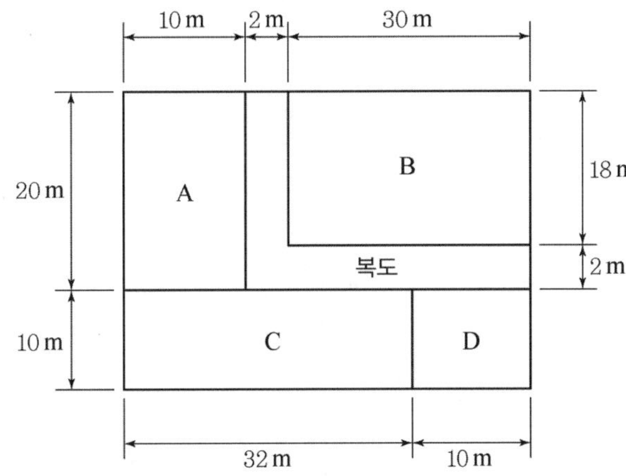

(1) 차동식 스포트형 감지기(1종)에 대한 다음 표를 완성하시오.

구역	계산 내용	감지기 갯수
A구역		
B구역		
C구역		
D구역		

(2) 연기감지기(2종)에 대한 다음 표를 완성하시오.

구역	계산 내용	감지기 갯수
복도		

| 정답

(1) 차동식 스포트형 감지기(1종)

구역	계산 내용	감지기 갯수
A구역	$\frac{10\text{m}\times 20\text{m}}{90\text{m}^2} = 2.22$ ∴ 3개	3개
B구역	$\frac{30\text{m}\times 18\text{m}}{90\text{m}^2} = 6$개	6개
C구역	$\frac{32\text{m}\times 10\text{m}}{90\text{m}^2} = 3.56$ ∴ 4개	4개
D구역	$\frac{10\text{m}\times 10\text{m}}{90\text{m}^2} = 1.11$ ∴ 2개	2개

(2) 연기감지기(2종)

구역	계산 내용	감지기 갯수
복도	$\frac{50\text{m}}{30\text{m}} = 1.67$ ∴ 2개	2개

11. 다음은 옥내소화전함에 발신기세트를 추가한 설비의 도면이다. 다음 각 물음에 답하시오. (단, 가압송수장치를 기동용 수압개폐방식으로 사용하고 발신기의 경우 화재가 발생하여 단락되었을 경우 경보에 지장을 주지 않을 유효한 조치를 하였다고 본다. 또한 전화선은 제외한다.)

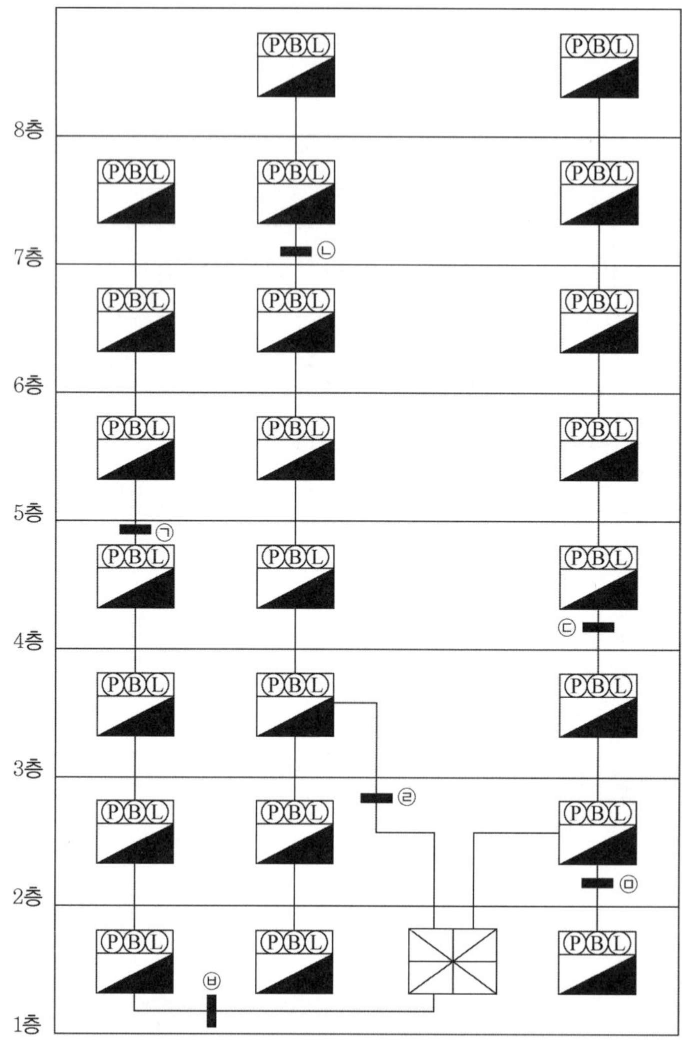

(1) ㉠~㉥의 전선 가닥수를 적으시오.

(2) 설치된 수신기는 몇 회로용인가?

(3) 음향장치의 기준에 따른 구조 및 성능에 대한 각 물음에 답하시오.

① 정격전압의 몇 % 전압에서 음향을 발할 수 있는 것으로 해야 하는가?

② 음향의 크기는 부착된 음향장치의 중심으로부터 1m 떨어진 위치에서 몇 dB 이상이 되는 것으로 해야 하는가?

| 정답

(1) ㉠ 10　　㉡ 9
　㉢ 12　　㉣ 16
　㉤ 8　　㉥ 14

(2) 23회로 이상

(3) ① 80%　　② 90dB

12. 다음은 무선통신보조설비 중 중계기의 회로이다. 다음 각 물음에 답하시오.

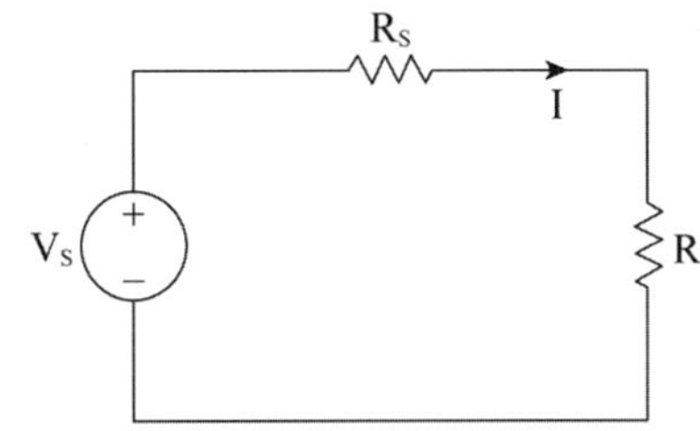

(1) 최대전력을 부하저항에 걸리게 하기 위한 식을 쓰시오.

(2) 부하저항에 흐르는 최대전력은?

| 정답

(1) $R_s = R_L$

(2) 최대전력

• 계산과정: $P = VI = I^2 R_L$

$$= \left(\frac{V_s}{R_s + R_L}\right)^2 \times R_L = \frac{V_s^2}{4R_L^2} \times R_L = \frac{V_s^2}{4R_L}(\mathrm{W})$$

• 답: $\frac{V_s^2}{4R_L}(\mathrm{W})$

13. 무선통신보조설비의 화재안전기술기준에 대한 다음 물음에 답하시오.

(1) 증폭기의 전원의 종류 및 배선에 대해 쓰시오.
(2) 주회로 전원의 정상 여부를 표시할 수 있는 것으로 증폭기의 전면에 설치하는 것 2가지를 쓰시오.
(3) 증폭기의 비상전원 용량은 무선통신보조설비를 유효하게 몇 분 이상 작동시킬 수 있는 것으로 해야 하는가?

| 정답

(1) 상용전원은 전기가 정상적으로 공급되는 축전지설비, 전기저장장치 또는 교류전압의 옥내 간선으로 하고, 전원까지의 배선은 전용으로 할 것
(2) 표시등, 전압계
(3) 30분

14. 다음은 자동화재탐지설비 및 시각경보장치의 화재안전성능기준에 따른 배선에 대한 내용이다. ( ) 안에 알맞은 말을 쓰시오.

(1) 감지기 상호간 또는 감지기로부터 수신기에 이르는 감지기회로의 배선의 경우에는 아날로그방식, R형수신기용 등으로 사용되는 것은 (①)의 방해를 받지 않는 것으로 배선하고, 그 외의 일반배선을 사용할 때에는 내화배선 또는 내열배선으로 할 것
(2) 감지기 사이의 회로의 배선은 (②)으로 할 것
(3) 전원회로의 전로와 대지 사이 및 배선 상호간의 절연저항은 「전기사업법」 제67조에 따른 기술기준이 정하는 바에 의하고, 감지기회로 및 부속회로의 전로와 대지 사이 및 배선 상호간의 절연저항은 1경계구역마다 (③)의 절연저항측정기를 사용하여 측정한 절연저항이 (④) 이상이 되도록 할 것
(4) 자동화재탐지설비의 감지기회로의 전로저항은 (⑤) 이하가 되도록 해야 하며, 수신기의 각 회로별 종단에 설치되는 감지기에 접속되는 배선의 전압은 감지기 정격전압의 80% 이상이어야 할 것

| 정답

① 전자파
② 송배전식
③ 직류 250V
④ 0.1MΩ
⑤ 50Ω

15. 유도등 및 유도표지의 화재안전성능기준에 따른 광원점등방식의 피난유도선 설치기준 5가지를 쓰시오.

| 정답

① 구획된 각 실로부터 주출입구 또는 비상구까지 설치할 것
② 피난유도 표시부는 바닥으로부터 높이 1m 이하의 위치 또는 바닥면에 설치할 것
③ 피난유도 표시부는 50cm 이내의 간격으로 연속되도록 설치하되 실내장식물 등으로 설치가 곤란할 경우 1m 이내로 설치할 것
④ 수신기로부터의 화재신호 및 수동조작에 의하여 광원이 점등되도록 설치할 것
⑤ 비상전원이 상시 충전상태를 유지하도록 설치할 것
⑥ 바닥에 설치되는 피난유도 표시부는 매립하는 방식을 사용할 것
⑦ 피난유도 제어부는 조작 및 관리가 용이하도록 바닥으로부터 0.8m 이상 1.5m 이하의 높이에 설치할 것

16. 유도등 및 비상조명등의 화재안전기술기준에서 비상전원을 60분 이상 유효하게 작동시킬 수 있어야 하는 특정소방대상물 두 가지를 적으시오.

| 정답

① 지하층을 제외한 층수가 11층 이상의 층
② 지하층 또는 무창층으로서 용도가 도매시장 · 소매시장 · 여객자동차터미널 · 지하역사 또는 지하상가

17. 다음의 경보설비에 관련된 알맞은 내용을 적으시오.

(1) 경보설비의 정의를 적으시오.
(2) 경보설비의 종류 6가지를 적으시오.

| 정답

(1) 화재발생 사실을 통보하는 기계 · 기구 또는 설비
(2) ① 단독경보형 감지기
② 비상경보설비
③ 자동화재탐지설비
④ 시각경보기
⑤ 가스누설경보기
⑥ 비상방송설비
⑦ 자동화재속보설비
⑧ 통합감시시설
⑨ 누전경보기
⑩ 화재알림설비

18. 자동화재탐지설비의 평면을 나타낸 도면이다. 이 도면을 보고 다음 각 물음에 답하시오. (단, 각 실은 이중천장이 없는 구조이며, 전선관은 16mm 후강스틸전선관을 사용하여 콘크리트 내 매입 시공한다.)

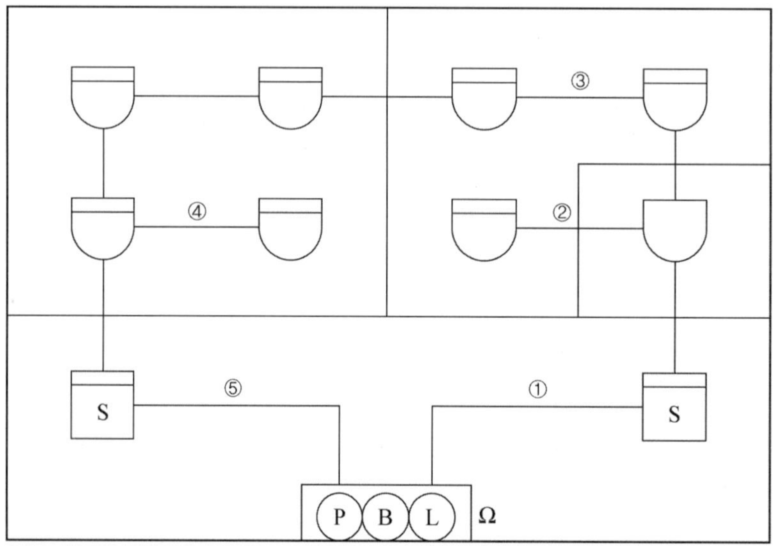

(1) 시공에 소요되는 로크너트와 부싱의 소요개수는?

(2) 각 감지기 사이 및 감지기와 발신기세트(①~⑤) 사이에 배선되는 전선의 가닥수는?

①	②	③	④	⑤

| 정답

(1) ① 로크너트: 44개

② 부싱: 22개

(2) 전선가닥수

①	②	③	④	⑤
2	4	2	4	2

2022년 | 제1회

01. 아래 그림을 보고 자동화재탐지설비의 경계구역의 수를 구하시오.

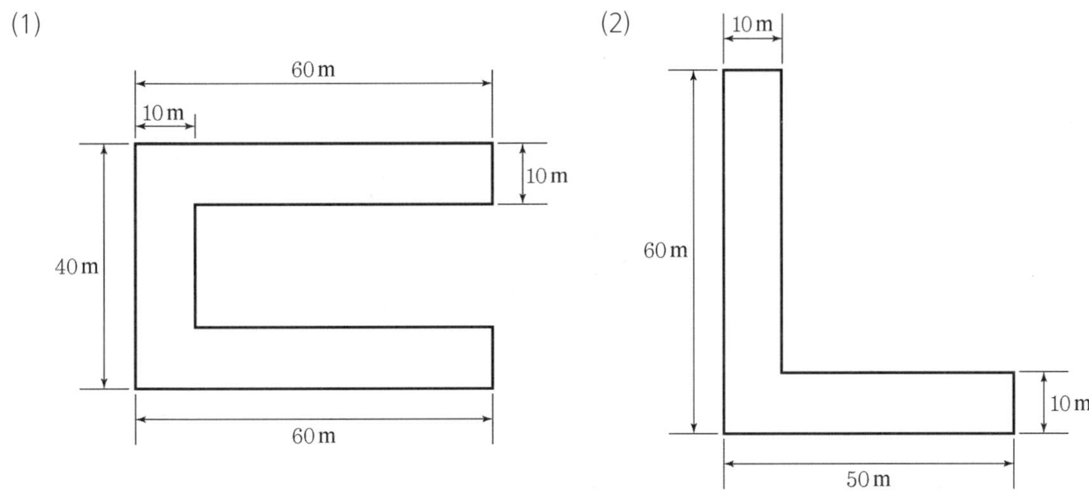

| 정답

(1) • 계산과정: $\frac{60\,\text{m}}{50\,\text{m}} = 1.2$ ∴ 2경계구역, 2개 장소이므로 4경계구역

• 답: 4경계구역

(2) • 계산과정: $\frac{60\,\text{m}}{50\,\text{m}} = 1.2$ ∴ 2경계구역

• 답: 2경계구역

02. 자동화재탐지설비의 중계기에 대한 설치기준을 3가지 쓰시오.

| 정답

① 수신기에서 직접 감지기회로의 도통시험을 하지 않는 것에 있어서는 수신기와 감지기 사이에 설치할 것
② 조작 및 점검에 편리하고 화재 및 침수 등의 재해로 인한 피해를 받을 우려가 없는 장소에 설치할 것
③ 수신기에 따라 감시되지 않는 배선을 통하여 전력을 공급받는 것에 있어서는 전원입력측의 배선에 과전류 차단기를 설치하고 해당 전원의 정전이 즉시 수신기에 표시되는 것으로 하며, 상용전원 및 예비전원의 시험을 할 수 있도록 할 것

03. 다음은 소방시설용 비상전원수전설비의 화재안전기술기준의 큐비클형 설치기준이다. (   ) 안에 알맞은 답을 쓰시오.

> (1) (①) 또는 공용큐비클식으로 설치할 것
> (2) 외함은 두께 (②)mm 이상의 강판과 이와 동등 이상의 강도와 (③)이 있는 것으로 제작해야 하며, 개구부에는 (④)방화문, (⑤)방화문 또는 (⑥)방화문으로 설치할 것
> (3) 외함에 수납하는 수전설비, 변전설비와 그 밖의 기기 및 배선은 외함의 바닥에서 (⑦)cm(시험단자, 단자대 등의 충전부는 (⑧)cm) 이상의 높이에 설치할 것

| 정답

① 전용큐비클	② 2.3
③ 내화성능	④ 60분+
⑤ 60분	⑥ 30분
⑦ 10	⑧ 15

04. 수신기로부터 배선거리가 100m인 위치에 제연설비의 댐퍼가 설치되어 있다. 댐퍼가 동작할 때 전압강하는 몇 V인지 계산하시오. (단, 수신기는 정전압 출력이고 단상 2선식이며 전선은 지름 1.5mm HFIX전선이며 소모전류는 1A이다.)

| 정답

- 계산과정: $\dfrac{35.6 \times 100 \times 1}{1,000 \times (\frac{\pi}{4} \times 1.5^2)} = 2.01\text{V}$
- 답: 2.01V

05. 아래 그림과 같은 복도 중심선의 길이가 90m인 구부러진 복도에 연기감지기 2종과 연기감지기 3종을 각각 설치하고자 한다. 각각의 도면에 소방도시기호를 이용하여 연기감지기를 그려 넣고 복도 끝과 감지기간 및 감지기 상호간의 설치간격[m]을 도면상에 표기하시오.

(1) 연기감지기 2종 설치 시

30 m
60 m

(2) 연기감지기 3종 설치 시

30 m
60 m

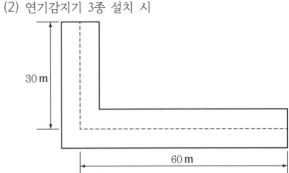

| 정답

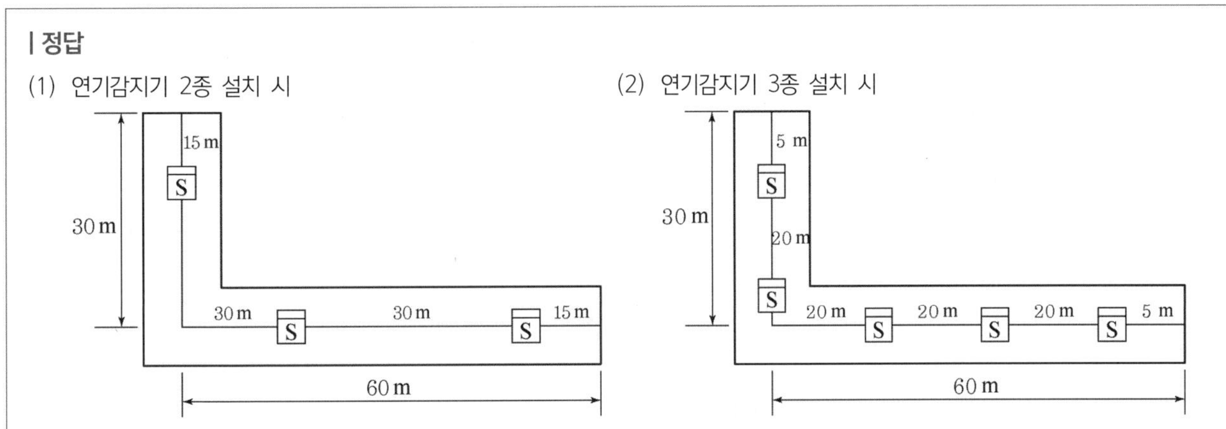

06. 가요전선관 공사에서 다음에 사용되는 재료의 명칭은 무엇인가?

(1) 가요전선관과 박스의 연결
(2) 가요전선관과 스틸전선관의 연결
(3) 가요전선관과 가요전선관의 연결

| 정답

(1) 스트레이트박스 커넥터
(2) 콤비네이션 커플링
(3) 스플리트 커플링

07. 다음 각 물음에 답하시오.

(1) 다음 회로에서 램프 L의 작동을 주어진 타임차트에 표시하시오. (단, PB: 누름버튼스위치, LS: 리미트스위치, X: 릴레이)

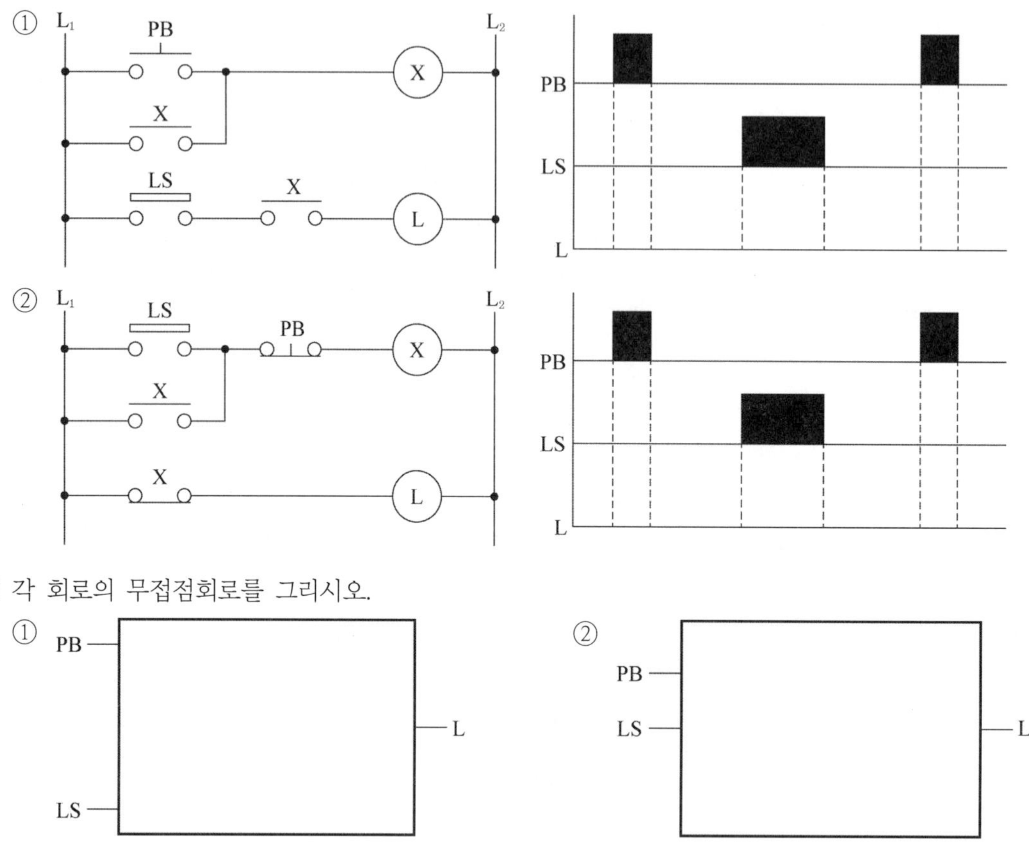

(2) 각 회로의 무접점회로를 그리시오.

① PB, LS → L

② PB, LS → L

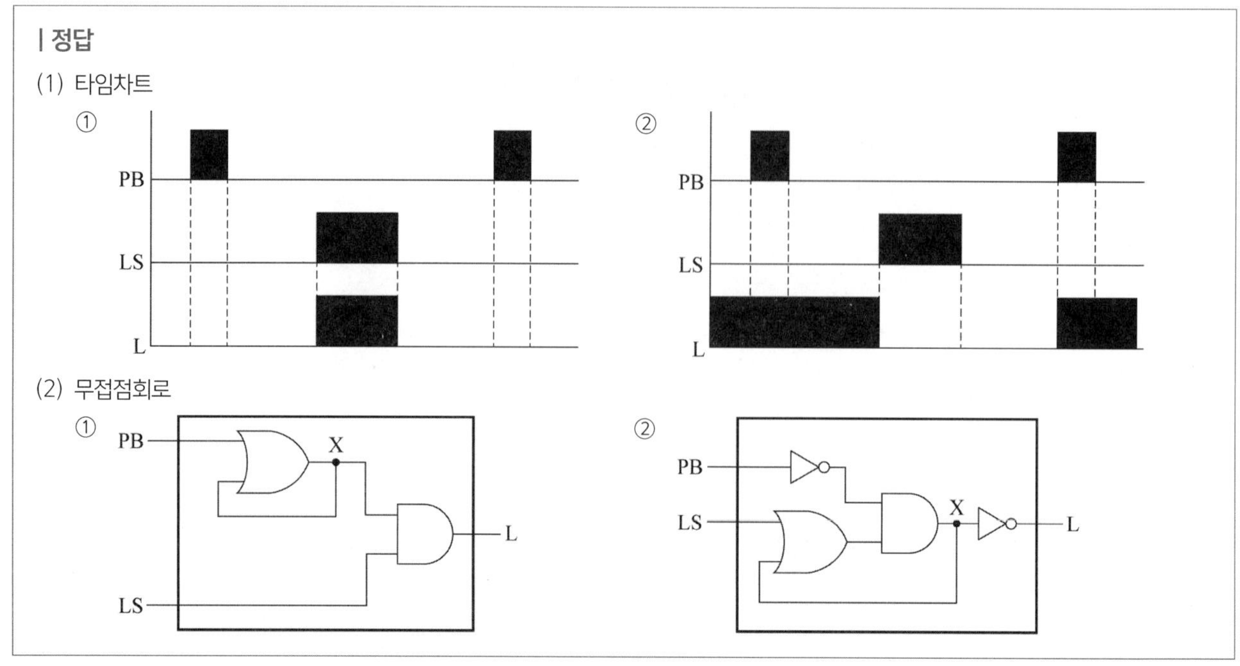

08. 비상방송설비의 확성기(Speaker)회로에 음량조정기를 설치하고자 한다. 결선도를 그리시오.

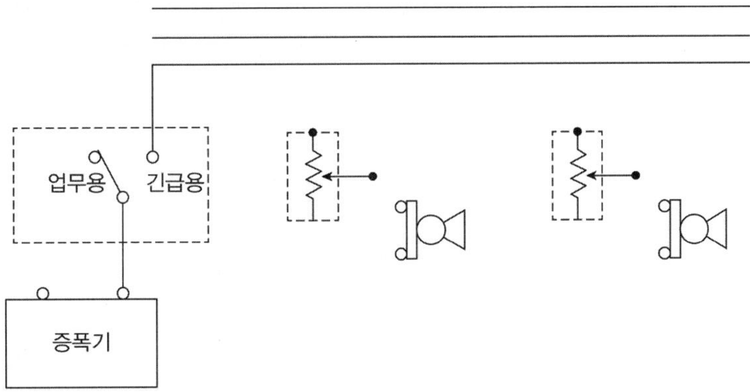

| 정답

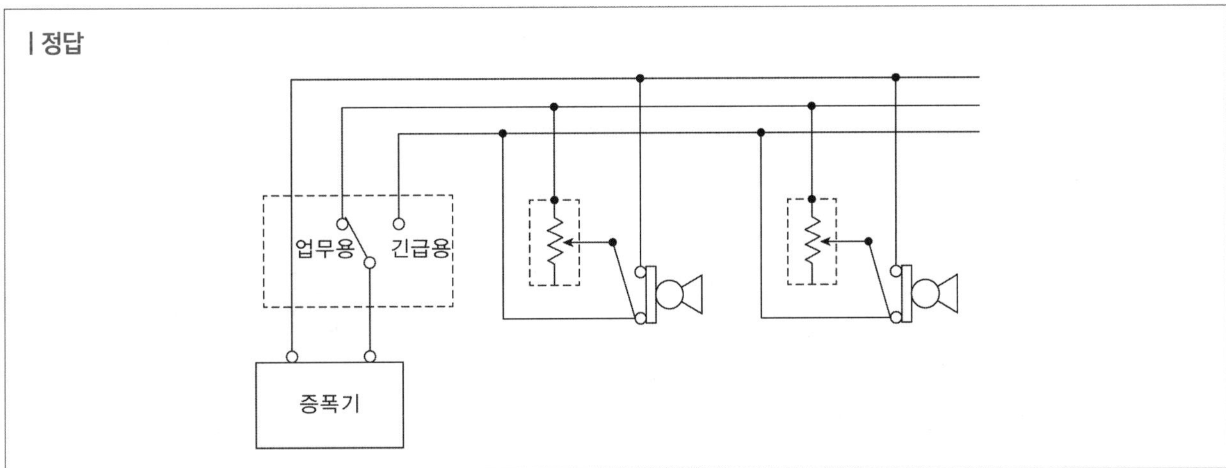

09. 다음은 비상콘센트설비의 전원회로의 설치기준이다. 각 물음에 알맞은 답을 쓰시오.

(1) 전원회로의 종류, 전압 및 공급용량을 쓰시오.
(2) 전원으로부터 각 층의 비상콘센트에 분기되는 경우에 보호함 안에 설치하는 것은 무엇인지 쓰시오.
(3) 전원회로의 배선은 어떤 배선인지 쓰시오.

| 정답

(1) ① 종류: 단상교류전원
② 전압: 220V
③ 공급용량: 1.5kVA 이상
(2) 분기배선용 차단기
(3) 내화배선

10. 주어진 동작설명이 적합하도록 미완성된 시퀀스 제어회로를 완성하시오. (단, 각 접점 및 스위치에는 접점 명칭을 반드시 기입하도록 하며, PB-on 1개, PB-off 1개, MC-a 1개, T-a 1개, T-b 1개, THR-a 1개, THR-b 1개, MC 1개, T 1개, RL 1개, GL 1개, YL 1개를 사용한다.)

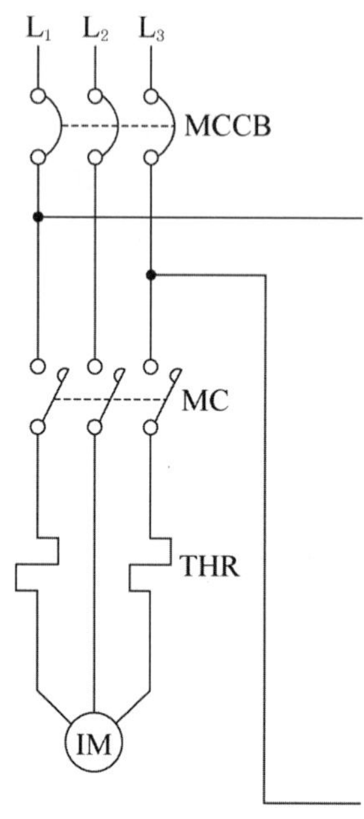

<동작조건>

① 전원을 투입하면 표시램프 GL이 점등되도록 한다.

② 전동기 운전용 누름버튼스위치 PB-on을 누르면 전자접촉기 MC가 여자되어 전동기가 기동되며, 동시에 전자접촉기 보조 a접점인 MC-a 접점에 의하여 전동기 운전표시등 RL이 점등된다. 이때 전자접촉기 b접점인 MC-b에 의하여 GL이 소등되며 또한 타이머 T가 통전되어 타이머 설정시간 후에 타이머 b접점 T-b가 떨어지므로 전자접촉기 MC가 소자되어 전동기가 정지하고, 모든 접점은 PB-on를 누르기 전의 상태로 복귀한다.

③ 전동기가 정상운전 중이라도 정지용 누름버튼스위치 PB-off를 누르면 PB-on을 누르기 전의 상태로 된다.

④ 전동기에 과전류가 흐르면 열동계전기 접점인 THR-b 접점이 떨어져서 전동기는 정지하고 모든 접점은 PB-on을 누르기 전의 상태로 복귀한다. 이때 경고등 YL이 점등된다.

| 정답

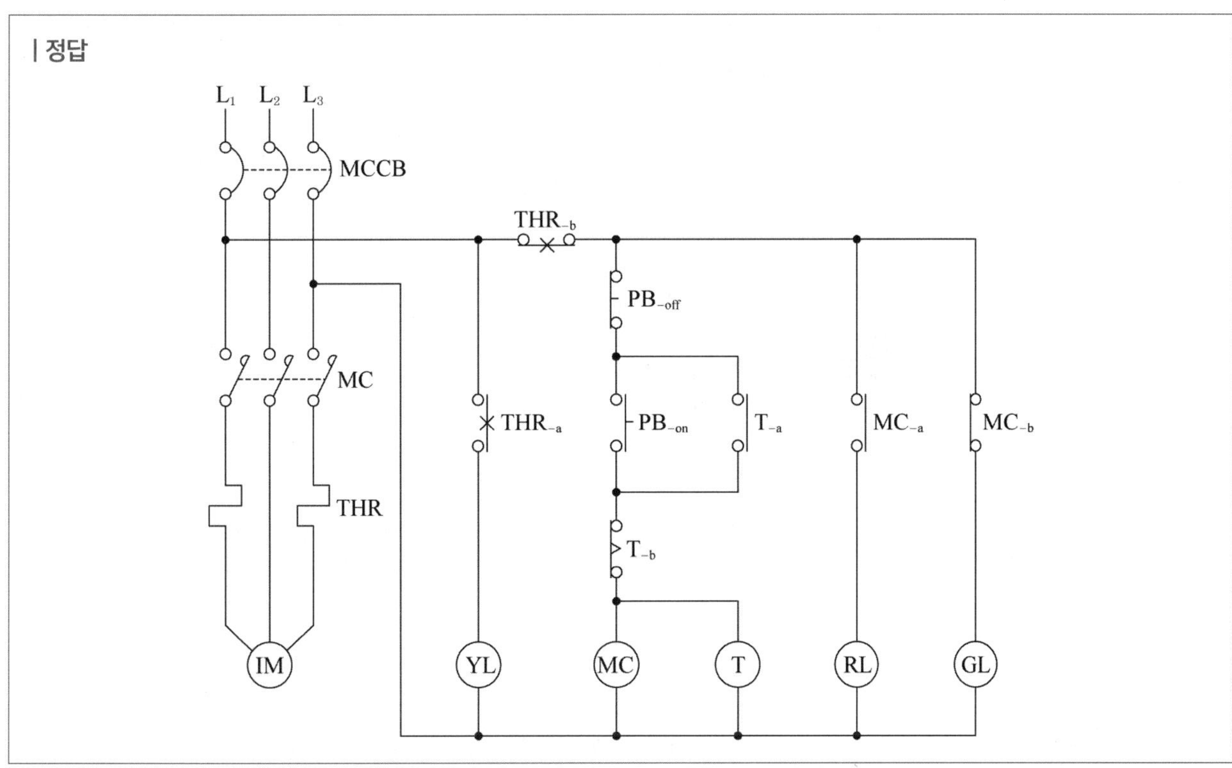

11. 다음 소방시설의 도시기호를 보고 명칭을 쓰시오.

명칭	①	②	③	④
도시기호				

| 정답

① 수신기
② 제어반
③ 부수신기
④ 표시반

12. 다음은 옥내소화전설비를 겸용한 자동화재탐지설비의 계통도이다. 기호 ①~⑤의 최소 전선가닥수를 구하시오. (단, 옥내소화전은 기동용 수압개폐장치를 이용하는 방식을 채택하였다.)

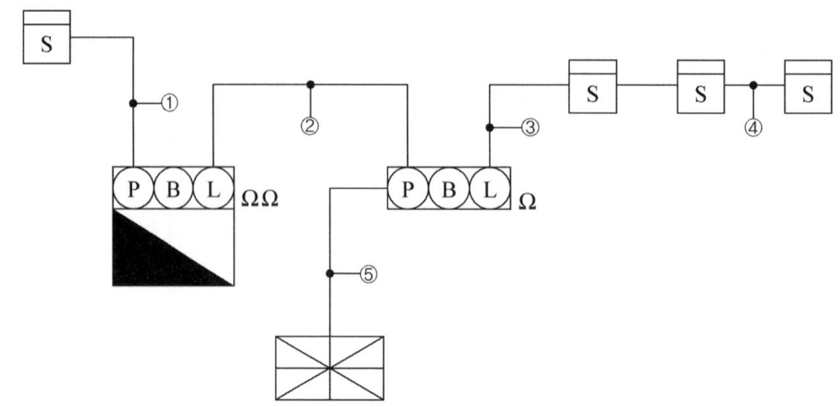

번호	①	②	③	④	⑤
가닥수					

| 정답

번호	①	②	③	④	⑤
가닥수	4	9	4	4	10

13. 누전경보기의 형식승인 및 제품검사의 기술기준에 대한 다음 각 물음에 답하시오.

(1) 변류기의 절연저항을 시험하는 경우 시험기기의 명칭과 판정기준을 쓰시오.

(2) 감도조정장치의 조정범위의 최소치와 최대치를 쓰시오.

(3) 누전경보기의 공칭작동전류치는 몇 mA 이하이어야 하는지 쓰시오.

| 정답

(1) ① 시험기기의 명칭: DC 500V의 절연저항계

② 판정기준: 5MΩ 이상

(2) ① 최소치: 200mA 이하

② 최대치: 1A

(3) 200mA 이하

14. 3선식 배선에 의하여 상시 충전되는 유도등의 전기회로에 점멸기를 설치하는 경우에는 어느 때에 점등되도록 해야 하는지 그 기준을 5가지 쓰시오.

| 정답

① 자동화재탐지설비의 감지기 또는 발신기가 작동되는 때
② 비상경보설비의 발신기가 작동되는 때
③ 상용전원이 정전되거나 전원선이 단선되었을 때
④ 방재업무를 통제하는 곳 또는 전기실의 배전반에서 수동으로 점등하는 때
⑤ 자동소화설비가 작동되는 때

15. 자동화재탐지설비를 설치해야 하는 특정소방대상물(연면적, 바닥면적 등의 기준)에 대한 다음 (　　) 안을 완성하시오. (단, 전부 필요한 경우에는 '전부'라고 쓰고, 필요 없는 경우에는 '필요 없음'이라고 답할 것)

특정소방대상물	연면적 기준	특정소방대상물	연면적 기준
복합건축물	(　　)	교육연구시설 (　　)	(　　)
판매시설	(　　)	판매시설 중 전통시장	(　　)
업무시설	(　　)		

| 정답

특정소방대상물	연면적 기준	특정소방대상물	연면적 기준
복합건축물	$600m^2$ 이상	교육연구시설 (　　)	$2,000m^2$ 이상
판매시설	$1,000m^2$ 이상	판매시설 중 전통시장	전부
업무시설	$1,000m^2$ 이상		

16. 길이 60m의 통로에 객석유도등을 설치하려고 한다. 이때 필요한 객석유도등의 수량은 최소 몇 개인가?

| 정답

- 계산과정: $\frac{60}{4} - 1 = 14$개
- 답: 14개

17. 다음은 어느 특정소방대상물의 평면도이다. 건축물은 내화구조이고 감지기의 부착높이는 5m일 때 다음 각 물음에 답하시오.

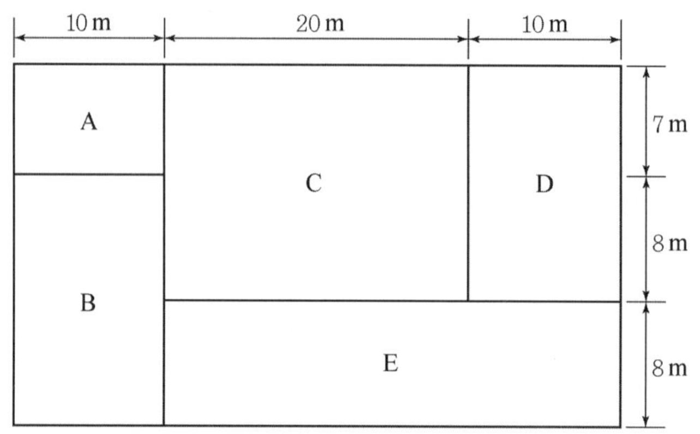

(1) 연기감지기 2종을 설치할 경우 각 실에 소요되는 수량을 산출하시오.

실 구분	계산과정	소요개수
A		
B		
C		
D		
E		

(2) 도면 전체에 대한 경계구역수를 계산하시오.

| 정답

(1) 감지기 수량

실 구분	계산과정	소요개수
A	$\frac{10\times7}{75}=0.93$ ∴ 1개	1개
B	$\frac{10\times(8+8)}{75}=2.13$ ∴ 3개	3개
C	$\frac{20\times(7+8)}{75}=$ 4개	4개
D	$\frac{10\times(7+8)}{75}=$ 2개	2개
E	$\frac{(20+10)\times8}{75}=3.2$ ∴ 4개	4개

(2) 경계구역수

- 계산과정: $\frac{(10+20+10)\times(7+8+8)}{600}=1.53$ ∴ 2경계구역
- 답: 2경계구역

18. 다음 도면은 준비작동식 스프링클러 소화설비에 사용되는 슈퍼비조리판넬(Super Visory Panel)의 결선 회로도의 미완성 도면이다. 다음 물음에 답하시오.

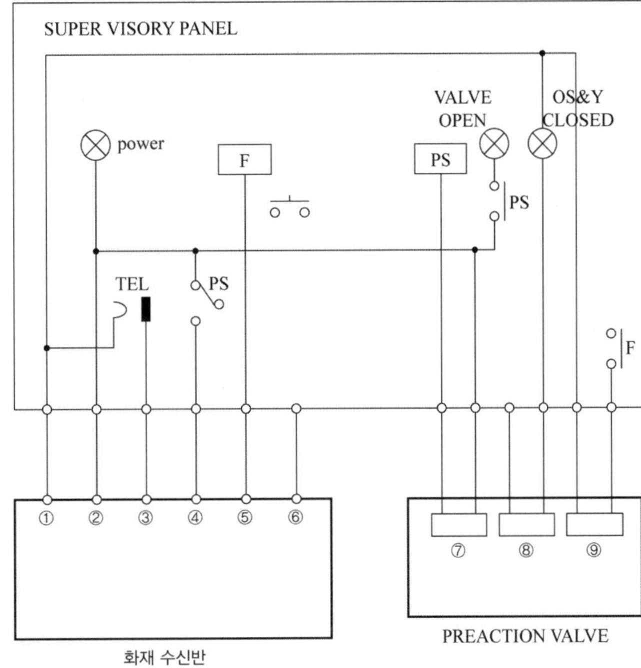

(1) 미완성된 결선도를 완성하시오.

(2) 계통도에 표시된 ①~⑨까지의 명칭을 쓰시오.

| 정답

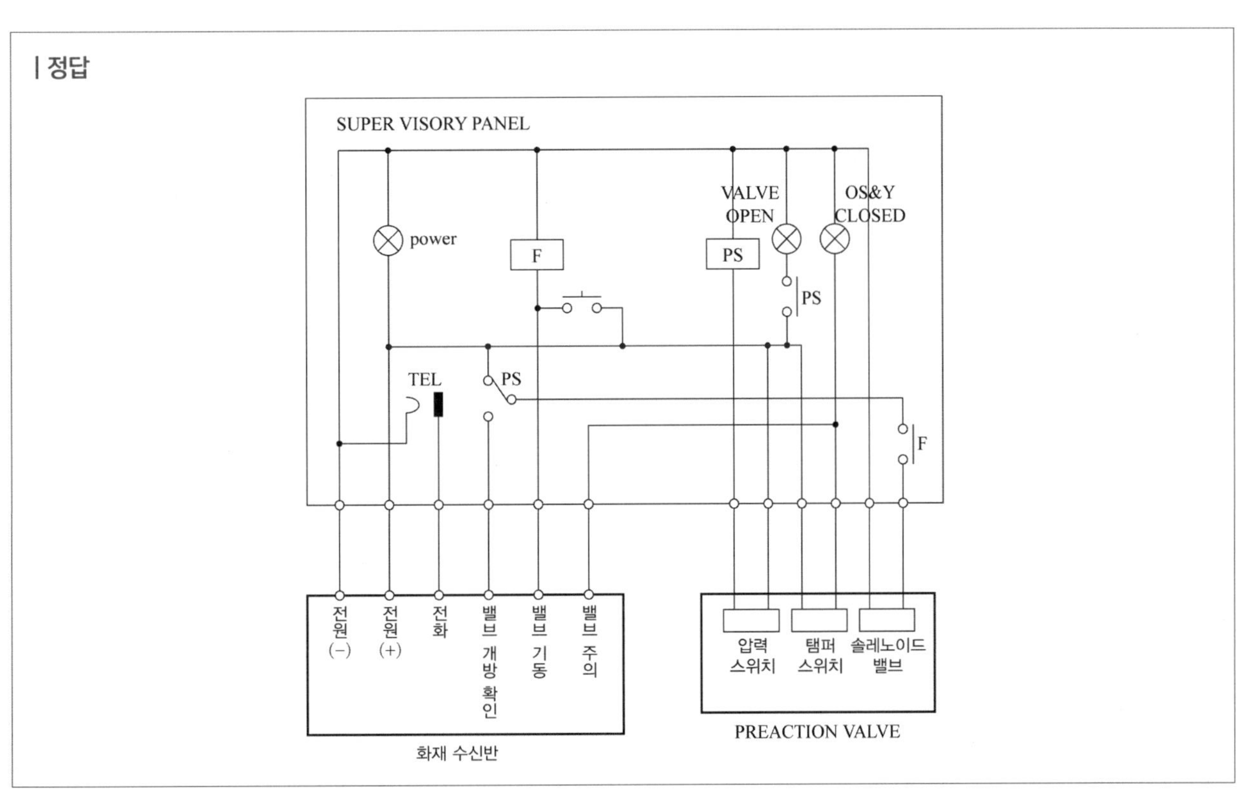

2022년 | 제2회

01. 다음은 비상방송설비의 화재안전기술기준에서 사용하는 용어의 정의에 관한 것으로 다음 설명에 해당하는 용어를 쓰시오.

(1) 가변저항을 이용하여 전류를 변화시켜 음량을 크게 하거나 작게 조절할 수 있는 장치를 말한다.
(2) 소리를 크게 하여 멀리까지 전달될 수 있도록 하는 장치로써 일명 스피커를 말한다.
(3) 전압전류의 진폭을 늘려 감도를 좋게 하고 미약한 음성전류를 커다란 음성전류로 변화시켜 소리를 크게 하는 장치를 말한다.

| 정답
(1) 음량조절기
(2) 확성기
(3) 증폭기

02. 교차회로방식으로 감지기를 설치하여야 하는 소화설비의 종류 5가지를 쓰시오.

| 정답
(1) 분말소화설비
(2) 할론소화설비
(3) 이산화탄소소화설비
(4) 준비작동식 스프링클러설비
(5) 일제살수식 스프링클러설비
(6) 할로겐화합물 및 불활성기체 소화설비

03. 다음 소방시설 그림기호의 명칭을 쓰시오.

(1)
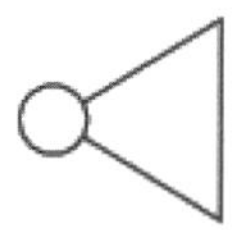

(2)
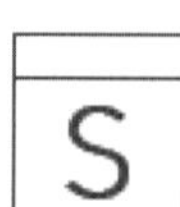

(3)
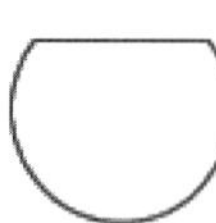

(4)

| 정답
(1) 사이렌
(2) 연기감지기
(3) 정온식 스포트형 감지기
(4) 비상벨

04. 아래 그림과 같이 감지기가 설치되었을 때 실제 배선도를 완성하시오.

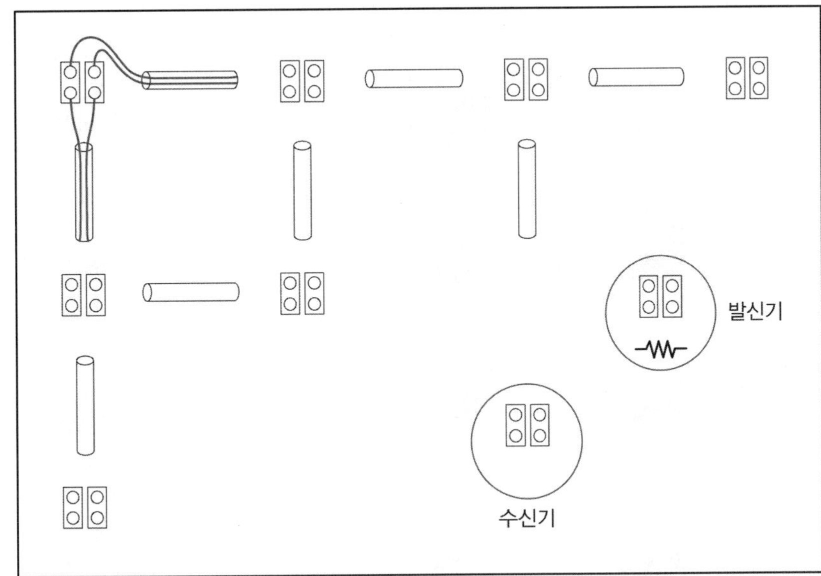

| 정답

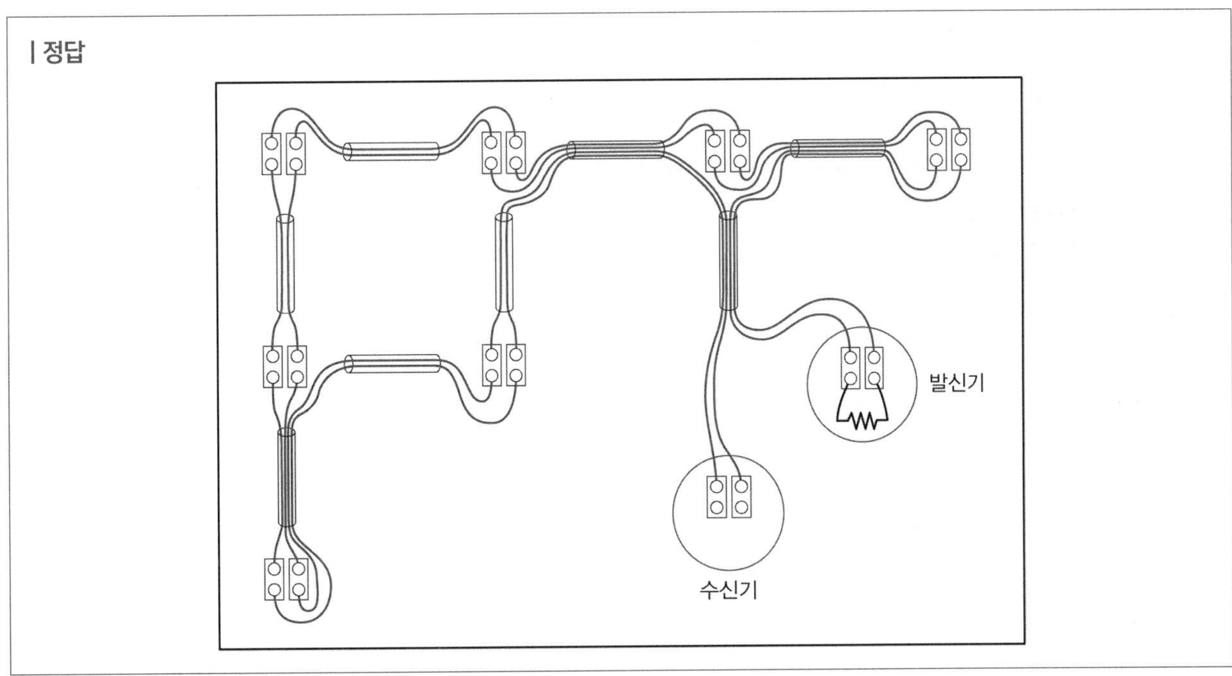

05. 다음 도면은 기동용 수압개폐장치를 사용하는 자동기동방식의 옥내소화전설비와 P형 1급 발신기세트를 설치한 것이다. 각 물음에 답하시오.

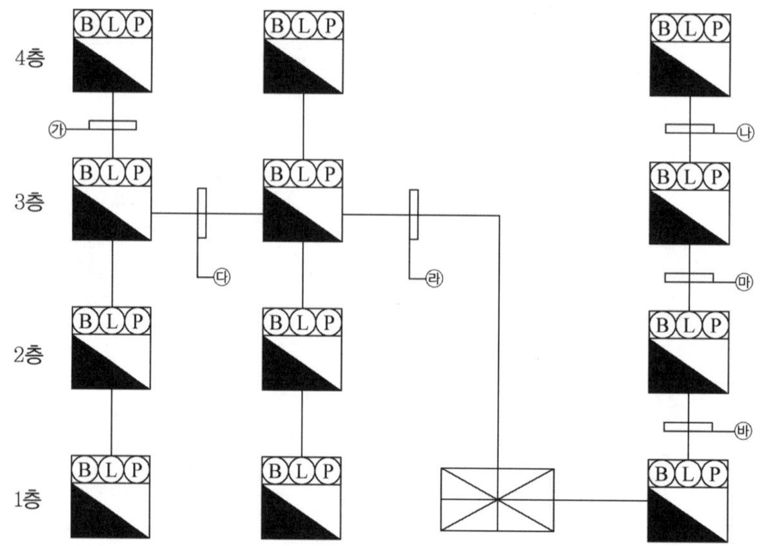

(1) ㉮~㉳의 전선 가닥수를 구하시오.

번호	㉮	㉯	㉰	㉱	㉲	㉳
가닥수						

(2) 감지기회로의 도통시험을 위한 종단저항의 설치기준 3가지를 쓰시오.

(3) 감지기회로의 전로저항은 몇 Ω 이하이어야 하는가?

(4) 수신기의 각 회로별 종단에 설치되는 감지기에 접속되는 배선의 전압은 감지기 정격전압의 몇 % 이상이어야 하는가?

| 정답

(1) 전선 가닥수

번호	㉮	㉯	㉰	㉱	㉲	㉳
가닥수	8	8	11	16	9	10

(2) 종단저항의 설치기준
① 점검 및 관리가 쉬운 장소에 설치할 것
② 전용함을 설치하는 경우 그 설치높이는 바닥으로부터 1.5m 이내로 할 것
③ 감지기 회로의 끝부분에 설치하며, 종단감지기에 설치할 경우에는 구별이 쉽도록 해당 감지기의 기판 및 감지기 외부 등에 별도의 표시를 할 것

(3) 50Ω 이하

(4) 80% 이상

06. 다음은 옥내소화전설비의 감시제어반의 기능에 대한 기준이다. (   ) 안에 알맞은 답을 쓰시오.

> (1) 각 펌프의 작동여부를 확인할 수 있는 (①) 및 (②)기능이 있어야 할 것
> (2) 수조 또는 물올림수조가 (③)로 될 때 표시등 및 음향으로 경보할 것
> (3) 각 확인회로(기동용 수압개폐장치의 압력스위치회로 · 수조 또는 물올림수조의 저수위감시회로 · 개폐밸브의 폐쇄상태 확인회로를 말한다)마다 (④)시험 및 (⑤)시험을 할 수 있어야 할 것

| 정답

① 표시등
② 음향경보
③ 저수위
④ 도통
⑤ 작동

07. 다음은 비상방송설비의 화재안전기술기준이다. (   ) 안에 알맞은 답을 쓰시오.

> (1) 확성기의 음성입력은 3W(실내에 설치하는 것에 있어서는 (①)W) 이상일 것
> (2) 확성기는 각층마다 설치하되, 그 층의 각 부분으로부터 하나의 확성기까지의 수평거리가 (②)m 이하가 되도록 하고, 해당 층의 각 부분에 유효하게 경보를 발할 수 있도록 설치할 것
> (3) 음량조정기를 설치하는 경우 음량조정기의 배선은 (③)선식으로 할 것
> (4) 조작부의 조작스위치는 바닥으로부터 (④)m 이상 (⑤)m 이하의 높이에 설치할 것

| 정답

① 1
② 25
③ 3
④ 0.8
⑤ 1.5

08. P형수신기의 예비전원을 시험하는 방법과 양부판단의 기준에 대하여 설명하시오.

| 정답

(1) 시험방법
  ① 예비전원시험 스위치를 시험 위치로 한다.
  ② 전압계의 지시 수치가 지정치 내의 범위일 것
  ③ 교류전원을 열어서 자동전환 릴레이의 작동상황을 조사한다.
(2) 양부판정기준: 예비전원의 전압이나 용량, 절환상황 및 복구작동이 정상일 것

09. 다음은 유도등의 비상전원에 대한 사항이다. 각 물음에 답하시오.

(1) 비상전원은 어느 것으로 하며 그 용량은 해당 유도등을 유효하게 몇 분 이상 작동시킬 수 있어야 하는가?

(2) 유도등의 설치장소가 지하층으로서 도매시장인 경우 비상전원의 용량은 유도등을 유효하게 몇 분 이상 작동시킬 수 있어야 하는가?

| 정답

(1) ① 비상전원: 축전지

② 용량: 20분 이상

(2) 60분 이상

10. 전압은 3상 380V, 전동기의 용량은 15kW인 스프링클러설비용 펌프의 유도전동기가 있다. 전동기 역률이 85%일 때 역률을 95%로 개선하고자 하는 경우 각 물음에 답하시오.

(1) 필요한 전력용 콘덴서의 용량[kVA]을 구하시오.

(2) 주파수가 60Hz인 경우에 콘덴서의 용량[μF]을 구하시오.

| 정답

(1) 전력용 콘덴서의 용량

- 계산과정: $15 \times (\frac{\sqrt{1-0.85^2}}{0.85} - \frac{\sqrt{1-0.95^2}}{0.95}) = 4.37\text{kVA}$
- 답: 4.37kVA

(2) 콘덴서의 용량

- 계산과정: $\frac{4.37 \times 10^3}{2\pi \times 60 \times 380^2} \times 10^6 = 80.28\mu\text{F}$
- 답: 80.28μF

11. 아래 그림을 보고 자동화재탐지설비의 경계구역의 수를 구하시오.

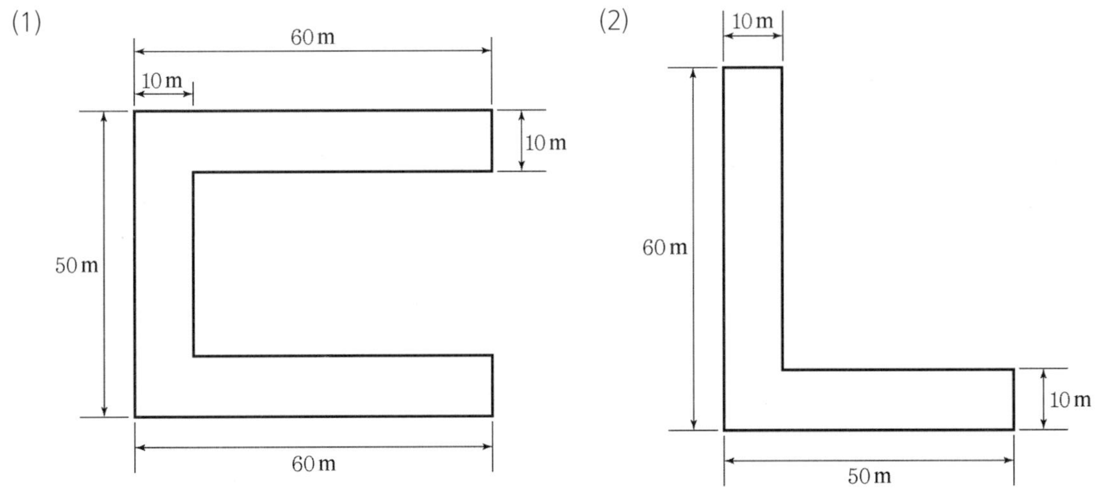

| 정답

(1) • 계산과정: $\frac{60\,\text{m}}{50\,\text{m}} = 1.2$ ∴ 2경계구역, 2개 장소이므로 4경계구역

• 답: 4경계구역

(2) • 계산과정: $\frac{60\,\text{m}}{50\,\text{m}} = 1.2$ ∴ 2경계구역

• 답: 2경계구역

12. P형 1급 수신기와 감지기간의 배선회로에서 종단저항은 11kΩ, 릴레이저항은 500Ω, 배선저항은 40Ω이다. 회로의 전압이 직류 24V일 때 다음 각 물음에 답하시오.

(1) 감시상태의 감시전류는 몇 mA인가?

(2) 감지기가 동작할 때의 동작전류는 몇 mA인가?

| 정답

(1) 감시전류

• 계산과정: $\frac{24}{500 + 40(11 \times 10^3)} \times 1{,}000 = 2.079$ ∴ 2.08mA

• 답: 2.08mA

(2) 동작전류

• 계산과정: $\frac{24}{500 + 40} \times 1{,}000 = 44.444$ ∴ 44.44mA

• 답: 44.44mA

13. 다음 설명을 보고 동작이 가능하도록 미완성 도면을 완성하시오.

<동작조건>

① 전원을 인가하면 GL램프가 점등된다.
② 푸시버트스위치 a접점을 누르면 전자접촉기 MC가 여자되어 주접점 MC가 닫히고, 전동기가 회전하는 동시에 GL램프가 소등되며 RL램프가 점등된다. 이때 손을 떼어도 동작은 계속된다.
③ 푸시버튼스위치 b접점을 누르면 전동기가 정지하고 RL램프가 소등되며 GL램프가 다시 점등된다.

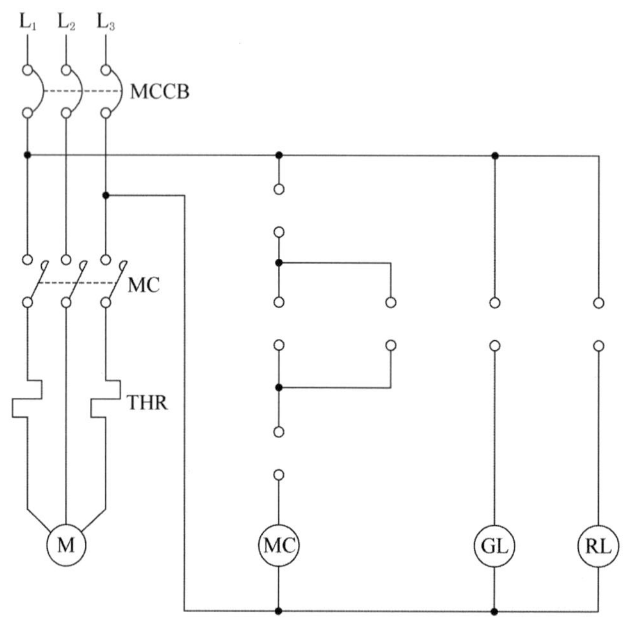

| 정답

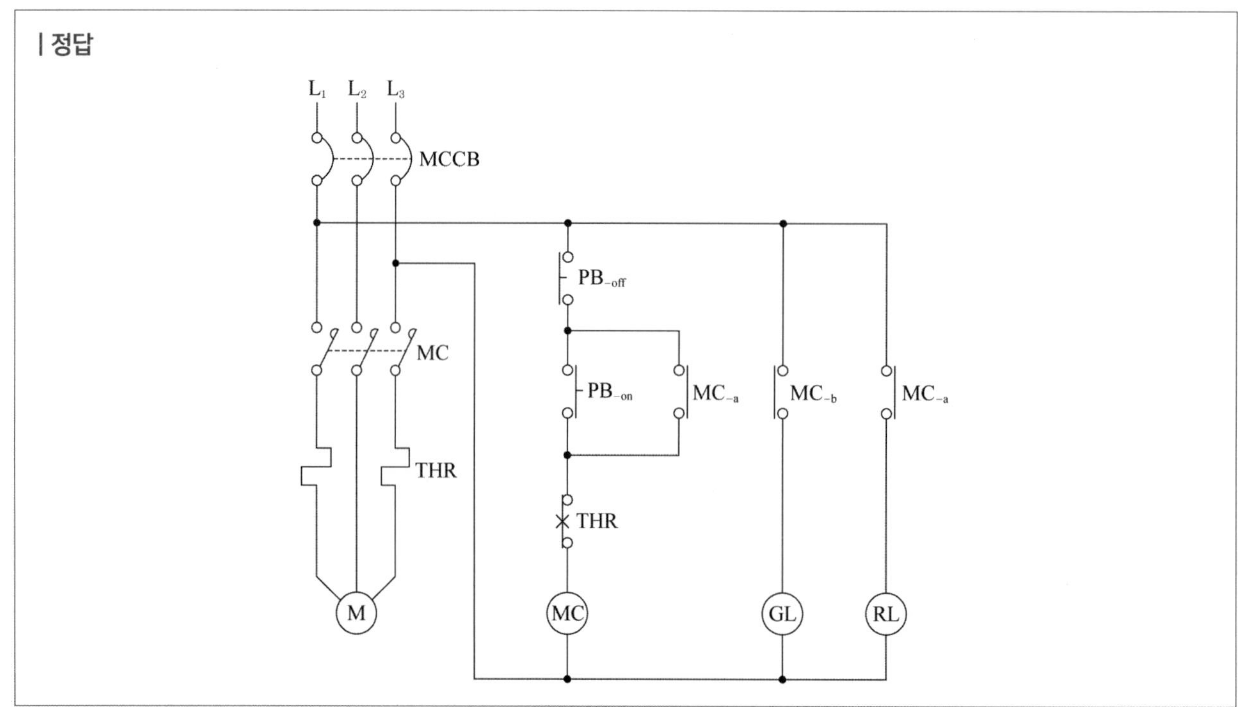

14. 다음 도면과 같은 장소에 차동식 스포트형 감지기(2종)를 설치하는 경우와 광전식 스포트형 감지기(2종)를 설치하는 경우 다음 각 물음에 답하시오. (단, 주요구조부는 내화구조이며, 감지기의 부착높이는 3.3m이다.)

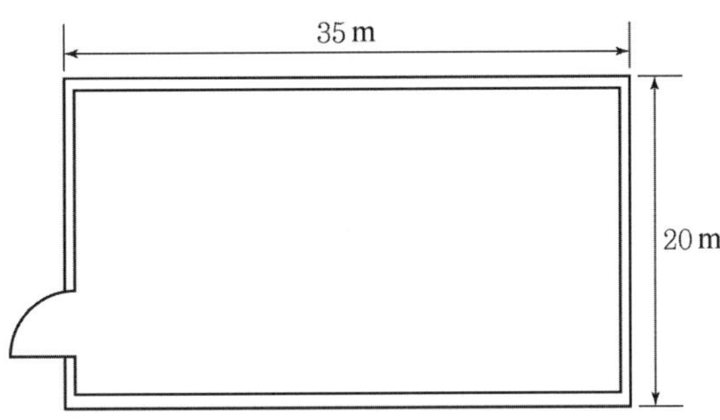

(1) 차동식 스포트형 감지기(2종)의 소요개수를 구하시오.
(2) 광전식 스포트형 감지기(2종)의 소요개수를 구하시오.

| 정답

(1) 차동식 스포트형 감지기(2종)

- 계산과정: $\frac{35\text{m} \times 20\text{m}}{70\text{m}^2} = 10$개
- 답: 10개

(2) 광전식 스포트형 감지기(2종)

- 계산과정: $\frac{35\text{m} \times 20\text{m}}{150\text{m}^2} = 4.66$ ∴ 5개
- 답: 5개

15. 수신기에서 60m 떨어진 곳에 지하 1층, 지상 6층이고 연면적 5000m^{2}인 공장에 자동화재탐지설비를 설치하였다. 지상 1층에서 발화된 경우 수신기와 공장간 소모된 전류는 400mA이다. 전압강하[V]를 구하시오. (단, 전선의 직경은 1.5mm이다.)

| 정답

- 계산과정: $\frac{35.6 \times 60 \times 400 \times 10^{-3}}{1000 \times (\frac{\pi}{4} \times 1.5^2)} = 0.483$ ∴ 0.5V
- 답: 0.5V

16. 토출량 2400LPM, 양정이 100m인 스프링클러설비용 펌프의 전동기 모터 소요동력[kW]을 계산하시오. (단, 효율은 65%, 전달계수는 1.1이다.)

| 정답

- 계산과정: $\frac{1000 \times 2400 \times 10^{-3} \times 100 \times 1.1}{102 \times 60 \times 0.65} = 66.365$ ∴ 66.37kW
- 답: 66.37kW

17. 스프링클러설비에는 제어반을 설치하되, 감시제어반과 동력제어반으로 구분하여 설치해야 한다. 다만, 다음의 어느 하나에 해당하는 경우에는 감시제어반과 동력제어반으로 구분하여 설치하지 않을 수 있다. ( ) 안에 알맞은 답을 쓰시오.

(1) 다음의 어느 하나에 해당하지 않는 특정소방대상물에 설치되는 경우
　㉠ 지하층을 제외한 층수가 (①)층 이상으로서 연면적이 (②)m^2 이상인 것
　㉡ ㉠에 해당하지 않는 특정소방대상물로서 지하층의 바닥면적 합계가 (③)m^2 이상인 것
(2) (④)에 따른 가압송수장치를 사용하는 경우
(3) (⑤)에 따른 가압송수장치를 사용하는 경우
(4) (⑥)에 따른 가압송수장치를 사용하는 경우

| 정답

① 7
② 2,000
③ 3,000
④ 내연기관
⑤ 고가수조
⑥ 가압수조

18. 아래의 진리표를 보고 각 물음에 답하시오.

A	B	C	Y_1	Y_2
0	0	0	1	0
0	0	1	0	1
0	1	0	1	1
0	1	1	0	1
1	0	0	1	0
1	0	1	0	1
1	1	0	0	1
1	1	1	0	1

(1) 논리식을 간소화하여 나타내시오.
(2) 논리식을 무접점회로로 그리시오.
(3) 논리식을 유접점회로로 그리시오.

| 정답

(1) 논리식

① $Y_1 = \overline{C}(\overline{A} + \overline{B})$

② $Y_2 = B + C$

(2) 무접점회로

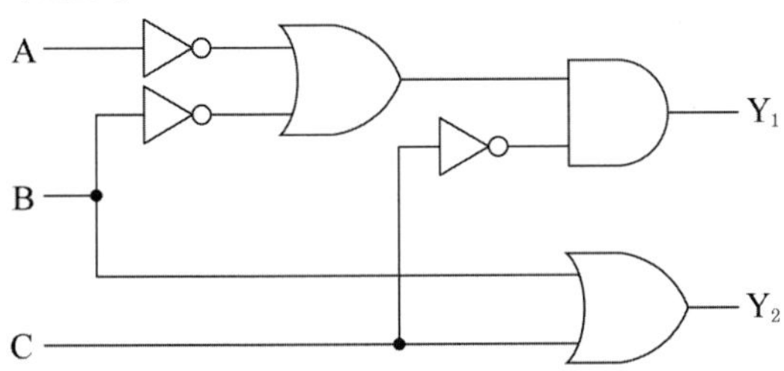

(3) 유접점회로

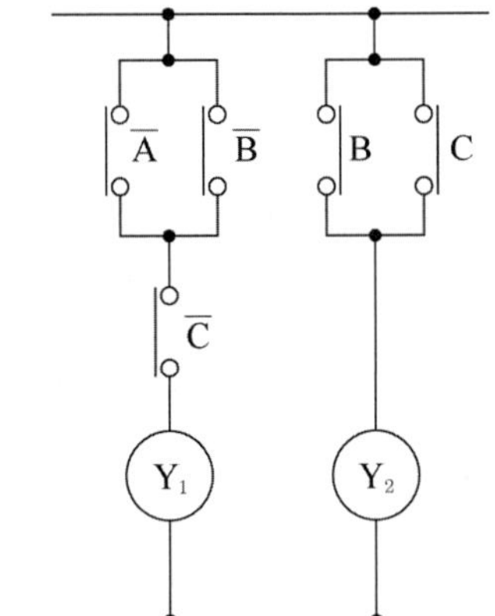

2022년 | 제4회

01. 아래 그림과 같이 방전 전류가 시간과 함께 감소하는 패턴의 축전지 용량을 계산하시오. (이때, 용량환산시간 계수 K는 아래 표와 같으며 보수율은 0.8을 적용한다.)

시간	10분	20분	30분	60분	100분	110분	120분	170분	180분	200분
용량환산 시간계수 [K]	1.30	1.45	1.75	2.55	3.45	3.65	3.85	4.85	5.05	5.30

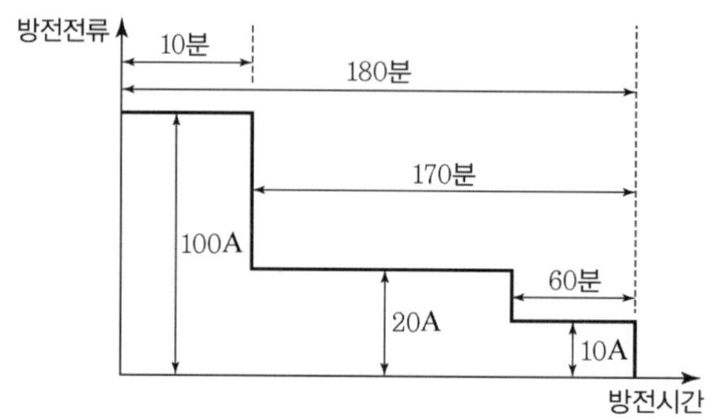

| 정답

① $C_1 = \frac{1}{0.8} \times 1.30 \times 100 = 162.5\text{Ah}$

② $C_2 = \frac{1}{0.8} \times [3.85 \times 100 + 3.65 \times (20 - 100)] = 116.25\text{Ah}$

③ $C_3 = \frac{1}{0.8} \times [5.05 \times 100 + 4.85 \times (20 - 100) + 2.55 \times (10 - 20)] = 114.38\text{Ah}$

C_1, C_2, C_3 중 큰 값을 결정하여야 하므로 답은 162.5Ah

02. 토출량 3000LPM, 양정이 80m인 스프링클러설비용 펌프의 전동기 모터 소요동력[kW]을 계산하시오. (단, 효율은 70%, 전달계수는 1.15이다.)

| 정답

- 계산과정: $\frac{1,000 \times 3,000 \times 10^{-3} \times 810 \times 1.15}{102 \times 60 \times 0.7} = 64.425$ ∴ 64.43kW
- 답: 64.43kW

03. 다음은 할론소화설비에 대한 내용이다. 주어진 조건을 이용하여 다음 각 물음에 답하시오.

<조건>
① 연기감지기 4개, 방출표시등 1개, 사이렌 1개, RM 1개를 설치한다.
② 종단저항을 표기해야 한다.

(1) 할론소화설비에 대한 부대 전기설비의 평면도를 완성하고, 각 개소마다 전선의 가닥수를 표시하시오.

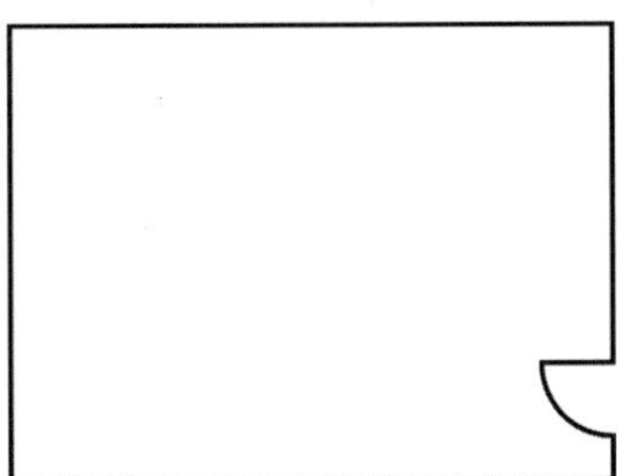

(2) 수동조작함과 수신반 사이의 배선에 대한 전선의 용도를 쓰시오.

| 정답

(1) 평면도

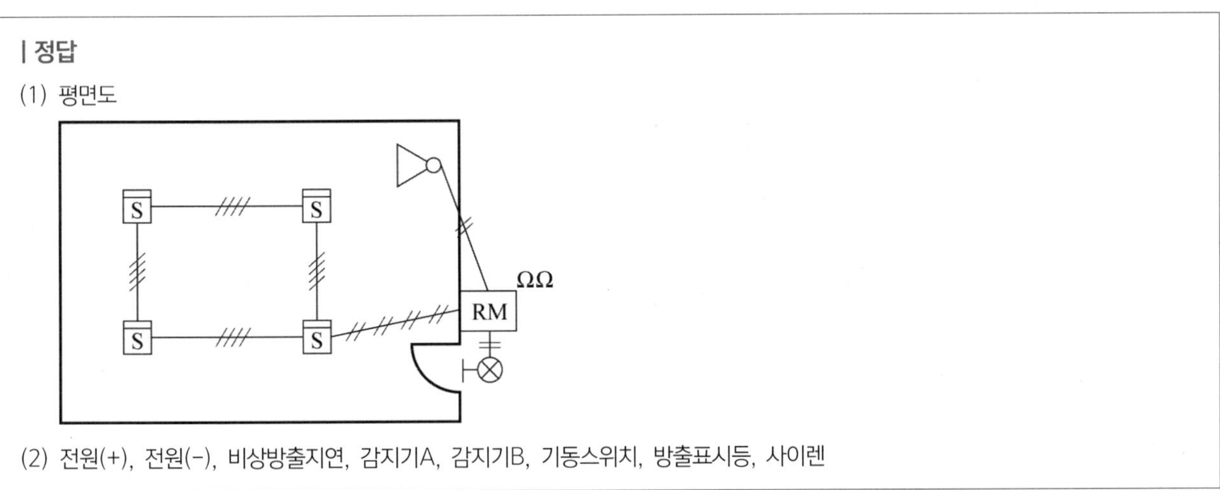

(2) 전원(+), 전원(-), 비상방출지연, 감지기A, 감지기B, 기동스위치, 방출표시등, 사이렌

04. 무선통신보조설비에 사용되는 무반사 종단저항의 설치목적을 쓰시오.

| 정답

전송로로 전송되는 전자파가 반사되어 교신을 방해하는 것을 방지

05. 아래 그림은 PB-on 스위치를 누른 후 일정시간이 지나면 전동기 M이 운전되는 회로이다. 여기에서 사용된 타이머 T는 입력신호가 소멸되었을 경우 열려서 이탈되는 형식인데 한시접점이 동작함과 동시에 복귀되는 형식의 것을 사용할 경우 이 회로는 어떻게 수정되어야 하는지 회로를 수정하시오.

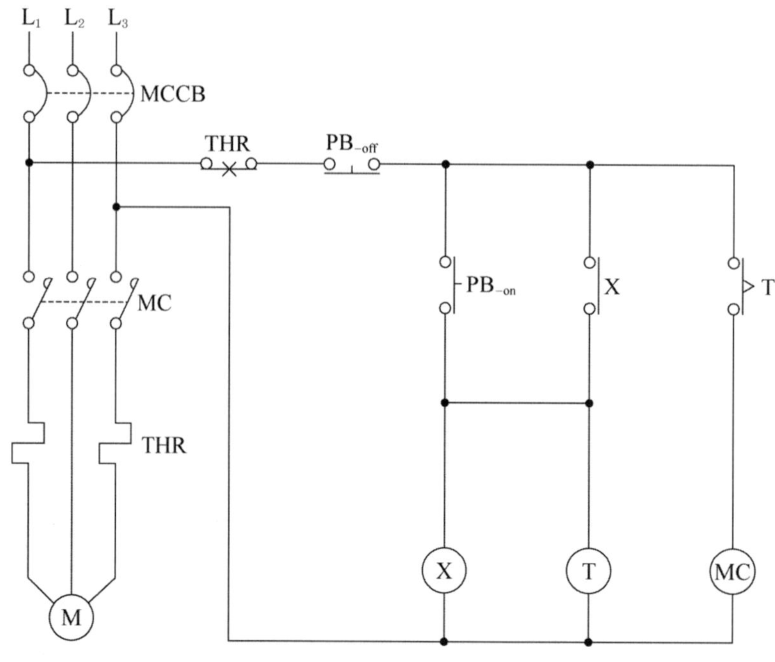

| 정답

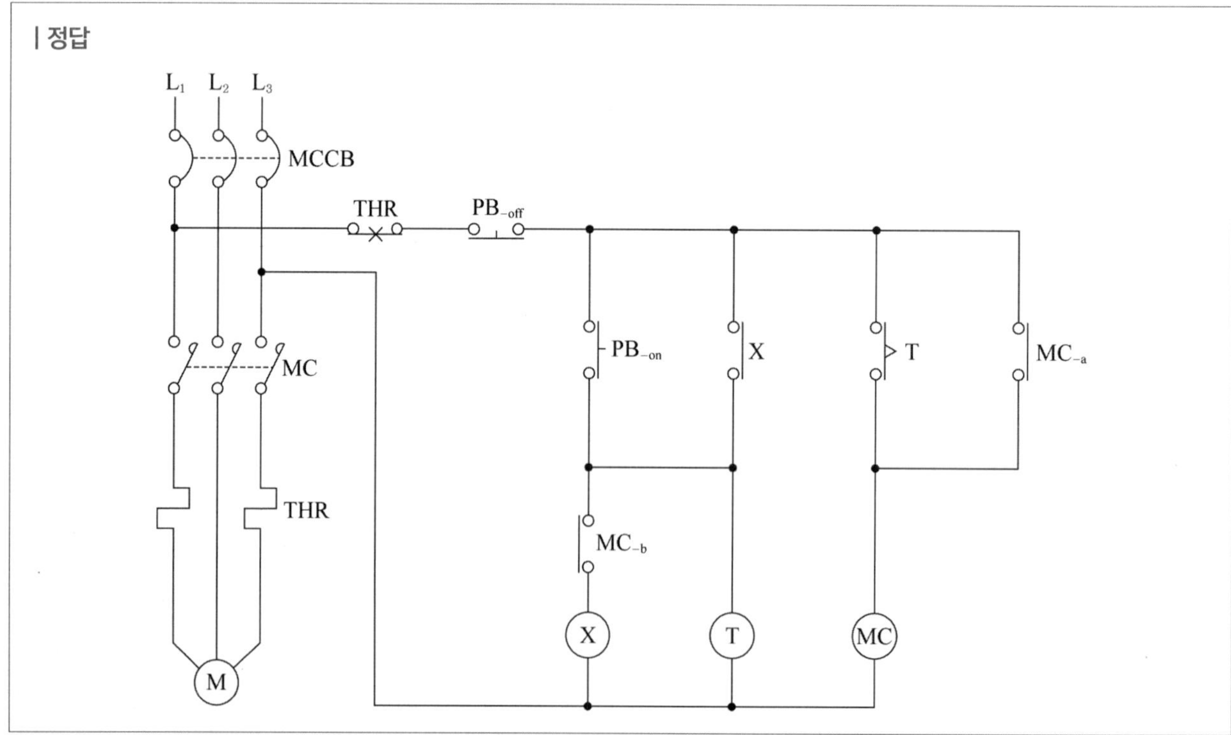

06. 다음 그림과 같이 지하 1층에서 지상 5층까지 각 층의 평면이 동일하고, 각 층의 높이가 4m인 학원건물에 자동화재탐지설비를 설치한 경우이다. 다음 물음에 답하시오.

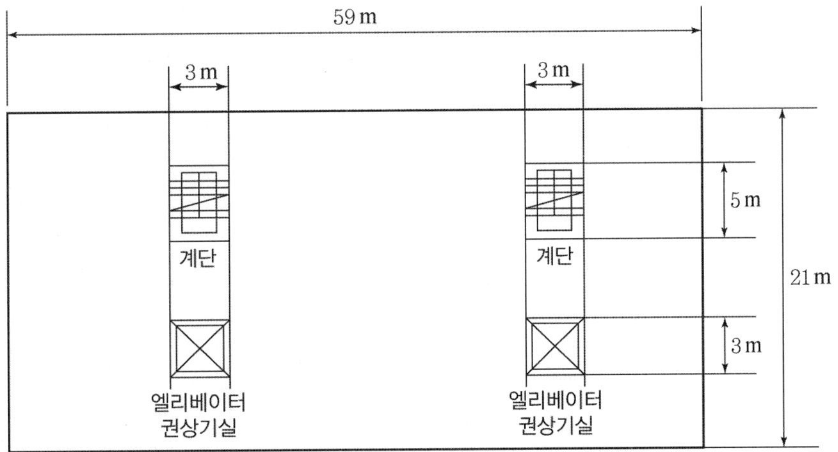

(1) 하나의 층에 대한 자동화재탐지설비의 수평 경계구역수를 구하시오.

(2) 본 소방대상물 자동화재탐지설비의 수평 및 수직 경계구역수를 구하시오.

□ 수평경계구역

□ 수직경계구역

(3) 본 건물에 설치해야 하는 수신기의 형별을 쓰시오.

(4) 계단감지기는 각각 몇 층에 설치해야 하는지 쓰시오.

(5) 엘리베이터 권상기실 상부에 설치해야 하는 감지기의 종류를 쓰시오.

| 정답

(1) • 계산과정: $\frac{(59\times21)-(3\times5\times2)-(3\times3\times2)}{600}=1.985$ ∴ 2경계구역

• 답: 2경계구역

(2) □ 수평경계구역

• 계산과정: 2 × 6 = 12경계구역

• 답: 12경계구역

□ 수직경계구역

• 계산과정

- 계단: $\frac{4\times6}{45}=0.53$ ∴ 1경계구역 2개의 장소이므로 = 2경계구역

- 엘리베이터 2경계구역 ∴ 2 + 2 = 4경계구역

• 답: 4경계구역

(3) P형 수신기

(4) 지상 2층, 지상 5층

(5) 연기감지기 1종 또는 2종

07. 그림과 같이 구획된 철근 콘크리트 건물의 공장이 있다. 다음 표에 따라 자동화재탐지설비의 감지기를 설치하고자 한다. 다음 각 물음에 답하시오.

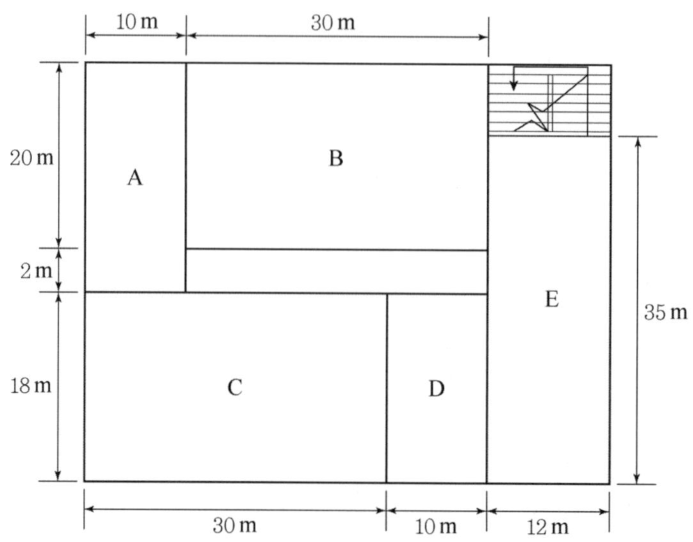

(1) 다음 표를 보고 필요한 감지기의 개수를 구하시오.

구역	설치높이	감지기의 종류	계산식	개수
A구역	3.5m	연기감지기 2종		
B구역	3.5m	연기감지기 2종		
C구역	4.5m	연기감지기 2종		
D구역	3.8m	정온식 스포트형 감지기 1종		
E구역	3.8m	차동식 스포트형 감지기 2종		

(2) 도면에 감지기를 배치하시오.

| 정답

(1) 감지기의 개수

구역	설치높이	감지기의 종류	계산식	개수
A구역	3.5m	연기감지기 2종	$\frac{10\times22}{150}=1.47$ ∴ 2개	2개
B구역	3.5m	연기감지기 2종	$\frac{30\times20}{150}=4$개	4개
C구역	4.5m	연기감지기 2종	$\frac{30\times18}{75}=7.2$ ∴ 8개	8개
D구역	3.8m	정온식 스포트형 감지기 1종	$\frac{10\times18}{60}=3$개	3개
E구역	3.8m	차동식 스포트형 감지기 2종	$\frac{12\times35}{70}=6$개	6개

(2) 감지기 배치도

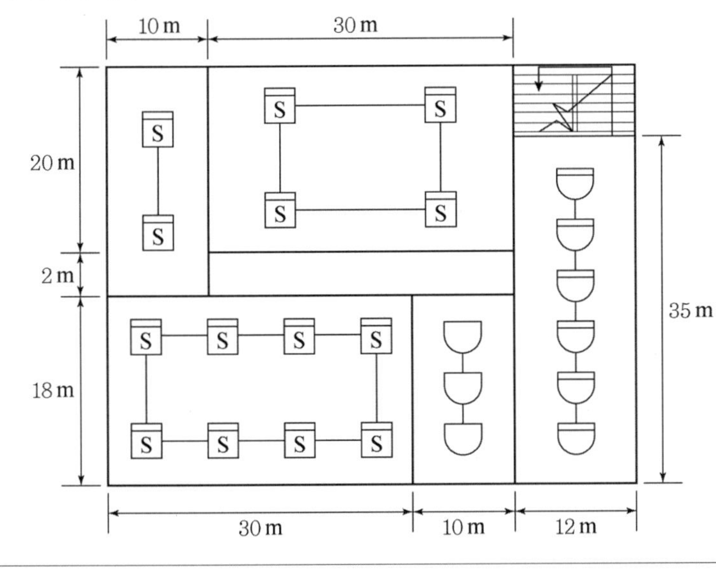

08. 다음과 같이 총 길이가 2,800m인 지하구에 자동화재탐지설비를 설치하는 경우 다음 물음에 답하시오.

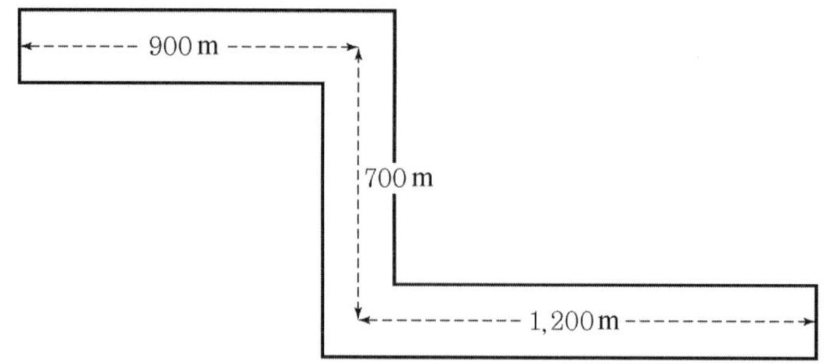

(1) 최소경계구역은 몇 개로 구분해야 하는지 계산하시오.

(2) 지하구에 설치하는 감지기는 먼지 · 습기 등의 영향을 받지 않고 (　　)(1m 단위)과 온도를 확인할 수 있는 것을 설치해야 한다. (　　) 안에 알맞은 내용을 쓰시오.

(3) 지하구에 설치할 수 있는 감지기의 종류 2가지만 쓰시오.

| 정답

(1) 경계구역수

- 계산과정: $\frac{2{,}800\text{m}}{700\text{m}} = 4$개
- 답: 4개

(2) 발화지점

(3) ① 불꽃감지기
② 정온식 감지선형 감지기
③ 분포형 감지기
④ 복합형 감지기
⑤ 광전식 분리형 감지기
⑥ 아날로그방식의 감지기
⑦ 다신호방식의 감지기
⑧ 축적방식의 감지기

09. 아래 그림은 10개의 접점을 가진 스위칭회로이다. 이 회로의 접점수를 최소화하여 스위칭회로를 그리시오. (단, 논리식을 최대한 간략화하는 과정을 기술하시오.)

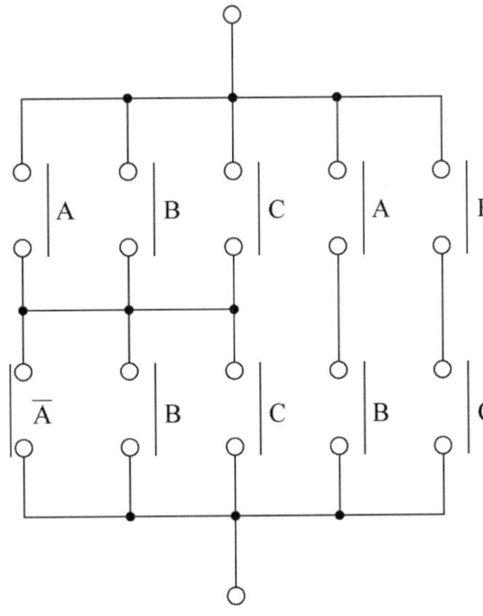

| 정답

(1) 논리식

$(A+B+C)(\overline{A}+B+C)+AB+BC$

$=A\overline{A}+AB+AC+B\overline{A}+BB+BC+C\overline{A}+CB+CC+AB+BC$

$=B(1+A+\overline{A}+C+A+C)+C(1+A+\overline{A})$

$=B+C$

(2) 유접점회로

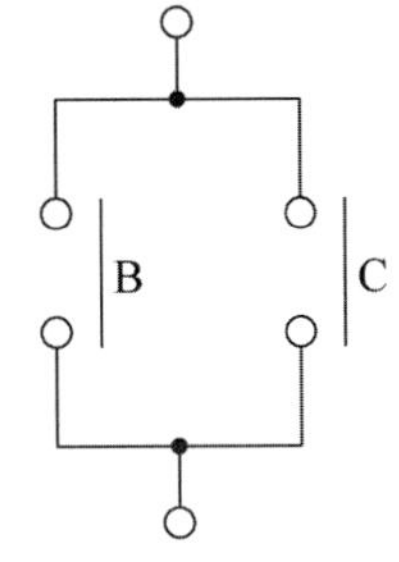

10. 소방용 케이블과 다른 용도의 케이블을 배선전용실에 함께 배선할 때 다음 각 물음에 답하시오.

(1) 소방용 케이블을 내화성능을 갖는 배선전용실 등의 내부에 소방용이 아닌 케이블과 함께 노출하여 배선할 때 소방용 케이블과 다른 용도의 케이블 간의 피복과 피복간의 이격거리는 몇 cm 이상이어야 하는가?

(2) 부득이하여 "(1)"과 같이 이격시킬 수 없어 불연성 격벽을 설치할 경우에 격벽의 높이는 굵은 케이블 지름의 몇 배 이상이어야 하는가?

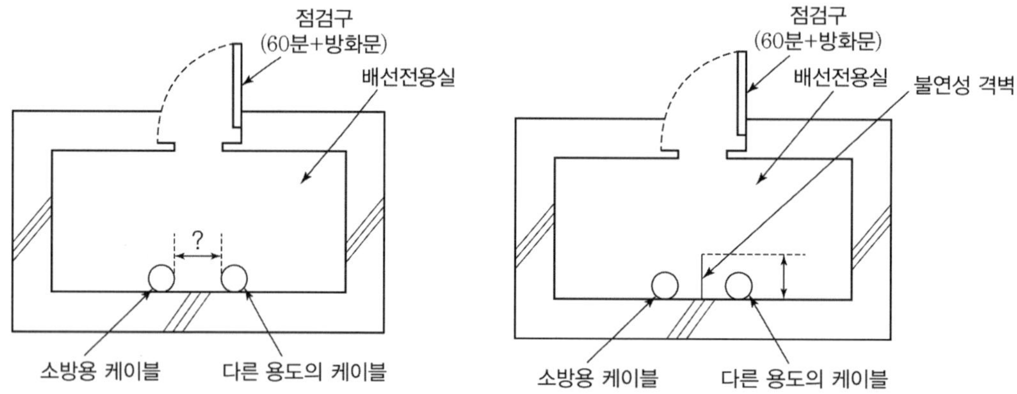

| 정답

(1) 15cm 이상
(2) 1.5배 이상

11. 화재 발생 시 화재를 검출하기 위하여 감지기를 설치한다. 이때 축적기능이 없는 감지기로 설치해야 하는 경우 3가지만 쓰시오.

| 정답

① 교차회로방식에 사용되는 감지기
② 급속한 연소 확대가 우려되는 장소에 사용되는 감지기
③ 축적기능이 있는 수신기에 연결하여 사용하는 감지기

12. **주요구조부가 비내화구조인 특정소방대상물에 공기관식 차동식 분포형 감지기를 설치하고자 한다. 다음 각 물음에 답하시오.**

(1) 감지구역마다 공기관의 노출 부분의 길이는 몇 m 이상이어야 하는가?
(2) 하나의 검출 부분에 접속하는 공기관의 길이는 몇 m 이하이어야 하는가?
(3) 공기관과 감지구역의 각 변과의 수평거리는 몇 m 이하이어야 하는가?
(4) 공기관 상호간의 거리는 몇 m 이하이어야 하는가?
(5) 공기관의 두께 및 바깥지름은 각각 몇 mm 이상이어야 하는가?

| 정답

(1) 20m 이상
(2) 100m 이하
(3) 1.5m 이하
(4) 6m 이하
(5) ① 두께: 0.3mm 이상
② 바깥지름: 1.9mm 이상

13. **비상방송설비의 음향장치의 설치기준에 대한 사항이다. 설치기준에 관하여 다음 각 물음에 답하시오.**

(1) 다음은 우선경보방식에 대한 조건이다. ( ) 안에 알맞은 답을 쓰시오.
□ 층수가 (㉮)층[공동주택의 경우 (㉯)층] 이상의 특정소방대상물
(2) 발화층에 대한 경보층의 구체적인 경우를 3가지로 구분하여 쓰시오.
① 지상 2층 발화 시
② 지상 1층 발화 시
③ 지하층 발화 시

| 정답

(1) ㉮ 11
㉯ 16
(2) ① 발화층, 그 직상 4개층
② 발화층, 그 직상 4개층, 지하층
③ 발화층, 그 직상층, 기타 지하층

14. 다음은 이산화탄소소화설비의 간선계통도이다. 각 물음에 답하시오. (단, 감지기공통선과 전원공통선은 각각 분리해서 사용하는 조건이다.)

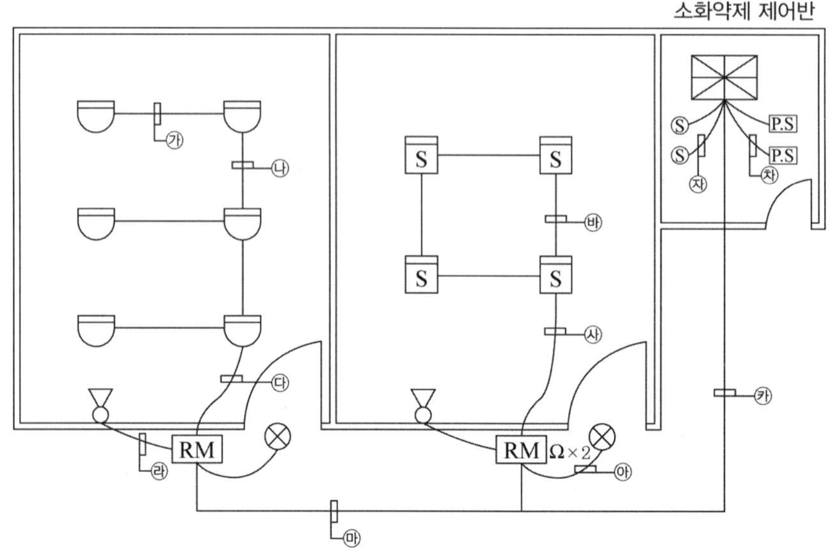

(1) ㉮ ~ ㉸까지의 배선 가닥수를 쓰시오.

(2) ㉲의 배선별 용도를 쓰시오. (단, 해당 배선 가닥수까지만 기록)

번호	배선의 용도	번호	배선의 용도
1		6	
2		7	
3		8	
4		9	
5		10	

(3) ㉸의 배선 중 ㉲의 배선과 병렬로 접속하지 않고 추가해야 하는 배선의 용도를 쓰시오.

번호	배선의 용도
1	
2	
3	
4	
5	

| 정답

(1) ㉮ 4가닥 ㉯ 8가닥
㉰ 8가닥 ㉱ 2가닥
㉲ 9가닥 ㉳ 4가닥
㉴ 8가닥 ㉵ 2가닥
㉶ 2가닥 ㉷ 2가닥
㉸ 14가닥

(2)

번호	배선의 용도	번호	배선의 용도
1	전원 ⊕	6	감지기 B
2	전원 ⊖	7	기동스위치
3	비상방출지연	8	사이렌
4	감지기공통	9	방출표시등
5	감지기 A	10	

(3)

번호	배선의 용도
1	감지기 A
2	감지기 B
3	기동스위치
4	사이렌
5	방출표시등

15. 다음은 비상조명등의 설치기준이다. ( ) 안에 알맞은 답을 쓰시오.

비상전원은 비상조명등을 (①)분 이상 유효하게 작동시킬 수 있는 용량으로 할 것. 다만, 다음의 특정소방대상물의 경우에는 그 부분에서 피난층에 이르는 부분의 비상조명등을 (②)분 이상 유효하게 작동시킬 수 있는 용량으로 해야 한다.

- 지하층을 제외한 층수가 (③)층 이상의 층
- 지하층 또는 무창층으로서 용도가 도매시장 · 소매시장 · 여객자동차터미널 · 지하역사 또는 지하상가

| 정답

① 20
② 60
③ 11

16. 다음은 할론소화설비의 수동조작함에서 할론제어반까지의 결선도를 나타낸 것이다. 주어진 조건과 도면을 참고하여 다음 각 물음에 답하시오.

<조건>

① 전선의 가닥수는 최소 가닥수로 한다.
② 복구스위치 및 도어스위치는 없는 것으로 한다.
③ 감지기공통선은 전원공통선으로 사용한다.

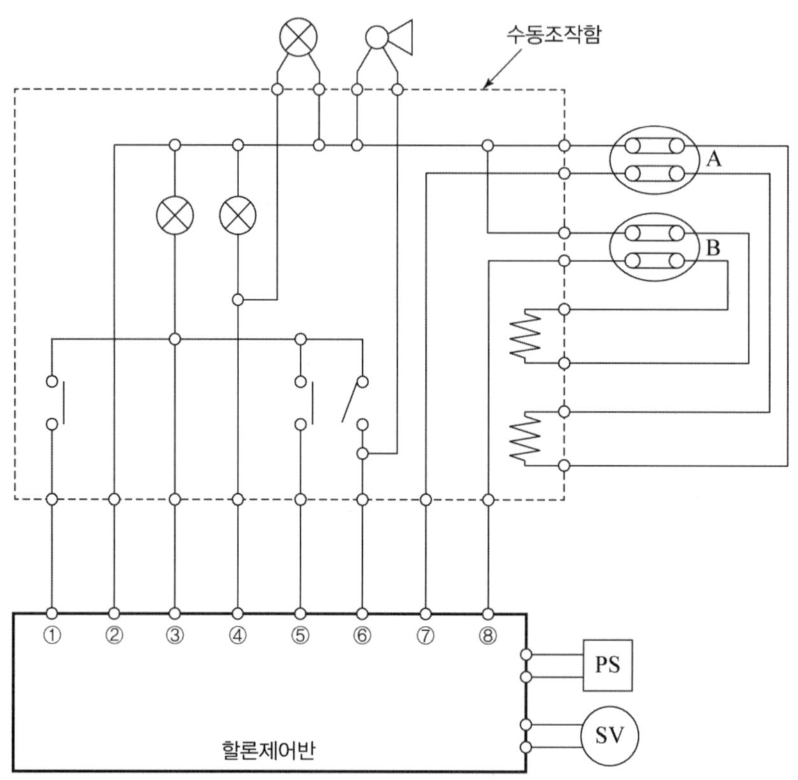

(1) ①~⑧에 해당되는 전선의 용도에 대한 명칭을 쓰시오. (단, 같은 용도의 전선이라도 구분이 가능한 것은 구체적인 구분을 하도록 하시오.)

①	②	③	④	⑤	⑥	⑦	⑧

(2) 도면에서 PS에 사용되는 배선의 굵기[mm^2]를 쓰시오.

| 정답

(1) 전선의 용도

①	②	③	④	⑤	⑥	⑦	⑧
비상방출지연	전원(-)	전원(+)	방출표시등	기동스위치	사이렌	감지기A	감지기B

(2) $2.5mm^2$

17. 아래 조건을 참조하여 배선도를 그림기호로 나타내시오.

<조건>

① 배선은 천장은폐배선이다.
② 전선의 가닥수는 4가닥이며 굵기는 $1.5mm^2$이다.
③ 전선의 종류는 450/750V 저독성 난연 가교폴리올레핀 절연전선이다.
④ 전선관은 후강전선관이며 굵기는 22mm이다.

| 정답

——////——

HFIX 1.5(22)

18. 3상 380V, 30kW 스프링클러펌프용 유도전동기가 있다. 전동기의 역률이 60%일 때 역률을 90%로 개선할 수 있는 전력용 콘덴서의 용량은 몇 kVA이겠는가?

| 정답

• 계산과정: $30 \times (\frac{\sqrt{1-0.6^2}}{0.6} - \frac{\sqrt{1-0.9^2}}{0.9}) = 25.470$ ∴ 25.47kVA

• 답: 25.47kVA

2021년 | 제1회

01. 다음은 내화구조로 된 업무용 빌딩의 2층 평면도이다. 다음 물음에 답하시오. (단, 층고는 3.5m로 한다.)

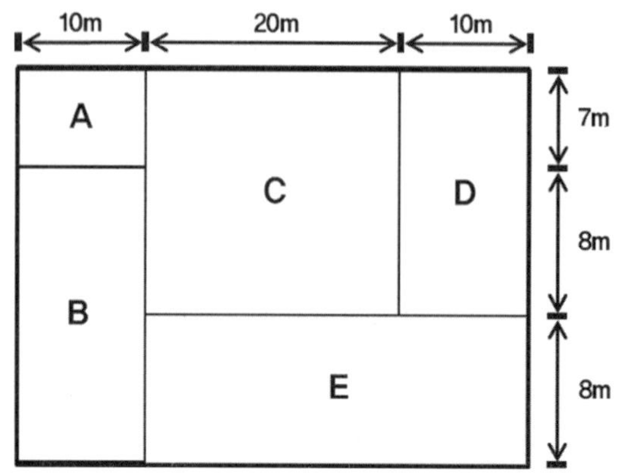

(1) 차동식스포트형 1종 감지기를 설치시, 각 실에 설치하여야 하는 감지기의 수량을 산출하시오.

기호	산출과정	설치수량[개]
A		
B		
C		
D		
E		

(2) 해당 평면도의 경계구역을 구하시오.

| 정답

(1)

기호	산출과정	설치수량[개]
A	$\frac{10\text{m}\times 7\text{m}}{90\text{m}^2}=0.777 \quad \therefore 1$	1
B	$\frac{10\text{m}\times(8+8)\text{m}}{90\text{m}^2}=1.77 \quad \therefore 1$	2
C	$\frac{20\text{m}\times(7+8)\text{m}}{90\text{m}^2}=3.33 \quad \therefore 4$	4
D	$\frac{10\text{m}\times(7+8)\text{m}}{90\text{m}^2}=1.66 \quad \therefore 2$	2
E	$\frac{(20+10)\text{m}\times 8\text{m}}{90\text{m}^2}=2.66 \quad \therefore 3$	3

(2) • 계산과정: $\frac{(10+20+10)\text{m}\times(7+8+8)\text{m}}{600\text{m}^2}=1.53$

• 답: 2경계구역

02. 다음은 스프링클러설비의 블록다이어그램이다. 각 구성요소 간 배선을 내화배선, 내열배선, 일반배선으로 구분하여 블록다이어그램을 완성하시오. (단, ▬▬▬▬: 내화배선, ▨▨▨▨: 내화 또는 내열배선, ────: 일반배선으로 나타낸다.)

원격기동장치	수신부	경보장치

전원	제어반	전동기	펌프	유수검지장치 / 압력검지장치	헤드

| 정답

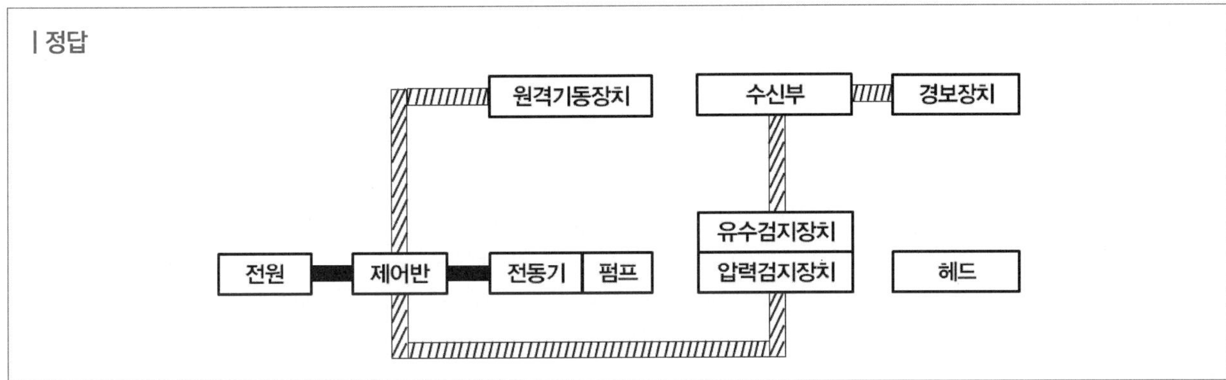

03. P형발신기를 손으로 눌러서 경보를 발생시킨 뒤 수신기에서 복구스위치를 눌렀는데도 화재신호가 복구되지 않았다. 그 원인과 해결방법을 쓰시오.

| 정답

① 원인: P형발신기의 누름스위치가 복구되지 않았기 때문에

② 해결방법: P형발신기 누름스위치를 재조작하여 복구시킨 후 수신기에서 복구스위치를 조작한다.

04. 3상, 380V, 100HP 스프링클러펌프의 유도전동기이다. 전동기의 역률이 60%일 때 역률을 90%로 개선할 수 있는 전력용 콘덴서의 용량은 몇 kVA인지 구하시오.

| 정답

- 계산과정: $100 \times 0.746 \times \left(\frac{\sqrt{1-0.6^2}}{0.6} - \frac{\sqrt{1-0.9^2}}{0.9} \right) = 63.336$ ∴ 63.34kVA
- 답: 63.34kVA

05. 유도등에 대한 다음 물음에 답하시오.

(1) 거실통로유도등의 설치높이를 바닥으로부터 1.5m 이하의 위치에 설치할 수 있는 경우에 대하여 쓰시오.
(2) 피난구유도등과 복도통로유도등의 표시면의 색은 무엇인지 쓰시오.

| 정답

(1) 거실통로에 기둥이 설치된 경우
(2) ① 피난구유도등: 녹색바탕에 백색문자
② 복도통로유도등: 백색바탕에 녹색문자

06. 다음은 자동화재탐지설비의 배선 공사방법 중 내화배선의 공사방법에 대한 설명이다. ( ) 안에 알맞은 내용을 쓰시오.

금속관 · (①) 또는 (②)에 수납하여 (③)로 된 벽 또는 바닥 등에 벽 또는 바닥의 표면으로부터 (④)의 깊이로 매설하여야 한다.
(1) 배선을 내화성능을 갖는 배선전용실 또는 배선용 샤프트 · 피트 · 닥트 등에 설치하는 경우
(2) 배선전용실 또는 배선용 샤프트 · 피트 · 닥트 등에 다른 설비의 배선이 있는 경우에는 이로부터 15cm 이상 떨어지게 하거나 소화설비의 배선과 이웃하는 다른 설비의 배선 사이에 배선지름(배선의 지름이 다른 경우에는 지름이 가장 큰 것을 기준으로 한다)의 1.5배 이상의 높이의 불연성 격벽을 설치하는 경우

| 정답

금속관 · ① **합성수지관** 또는 ② **2종 금속제가요전선관**에 수납하여 ③ **내화구조**로 된 벽 또는 바닥 등에 벽 또는 바닥의 표면으로부터 ④ **25mm**의 깊이로 매설하여야 한다.
(1) 배선을 내화성능을 갖는 배선전용실 또는 배선용 샤프트 · 피트 · 닥트 등에 설치하는 경우
(2) 배선전용실 또는 배선용 샤프트 · 피트 · 닥트 등에 다른 설비의 배선이 있는 경우에는 이로부터 15cm 이상 떨어지게 하거나 소화설비의 배선과 이웃하는 다른 설비의 배선 사이에 배선지름(배선의 지름이 다른 경우에는 지름이 가장 큰 것을 기준으로 한다)의 1.5배 이상의 높이의 불연성 격벽을 설치하는 경우

07. 다음의 조건에서 설명하는 감지기의 명칭을 쓰시오. (단, 종별은 제외한다.)

<조건>

① 공칭작동온도: 75℃
② 작동방식: 반전바이메탈식, 60V, 0.1A
③ 부착높이: 6m 미만

| 정답

정온식스포트형 감지기

08. 다음은 자동화재탐지설비의 계통도이다. 주어진 조건을 참조하여 다음 각 물음에 답하시오.

※ 2022년 12월 1일부터 개정된 화재안전기준이 시행되었으므로, 해당 문제는 더 이상 성립하지 않습니다.

<조건>

㉠ 설비의 설계는 경제성을 고려하여 산정한다.

㉡ 건물의 연면적은 5,000m^2이다.

㉢ 감지기 공통선은 별도로 한다.

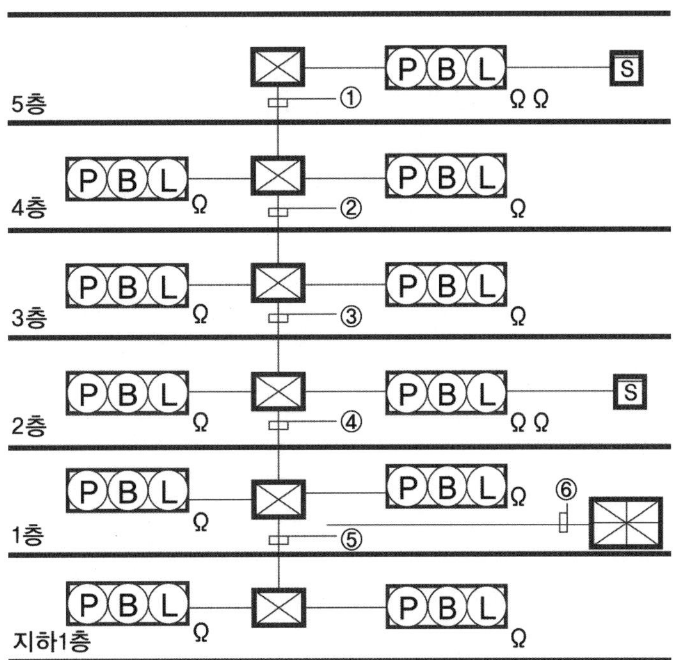

(1) 도면에서 ①~⑥의 전선가닥수를 각각 구하시오.

(2) 발신기세트에 기동용 수압개폐장치를 사용하는 옥내소화전이 설치될 경우 추가되는 전선의 가닥수와 배선의 용도를 쓰시오.

(3) 발신기세트에 ON-OFF 방식의 옥내소화전이 설치될 경우 소요되는 가닥수는 총 몇 가닥인가? (단, 스위치 공통선과 표시등 공통선을 별도로 사용한다)

| 정답

(1) ① 8
② 12
③ 16
④ 22
⑤ 8
⑥ 30

참고

구분	회로선	회로공통선	경종선	경종표시등 공통선	표시등선	응답선	전화선	기동확인 표시등	합계
①	2	1	1	1	1	1	1		8
②	4	1	2	2	1	1	1		12
③	6	1	3	3	1	1	1		16
④	9	2	4	4	1	1	1		22
⑤	2	1	1	1	1	1	1		8
⑥	13	2	6	6	1	1	1		30

(2) 가닥수: 2가닥
배선의 용도: 공통, 기동확인표시
(3) 12가닥

09. 이산화탄소소화설비의 음향경보장치에 대한 각 물음에 답하시오.

(1) 방호구역 또는 방호대상물이 있는 구획의 각 부분으로부터 하나의 확성기까지의 수평거리는 몇 m 이하로 하여야 하는가?
(2) 소화약제의 방사개시 후 몇 분 이상 경보를 발하여야 하는가?

| 정답

(1) 25m 이하
(2) 1분 이상

10. 20W 중형 피난구유도등 30개가 AC 220V에서 점등되었다면 소요되는 전류는 몇 A인가? (단, 유도등의 역률은 70%이고 충전되지 않은 상태이다.)

| 정답

- 계산과정: 전류 = $\frac{20 \times 30}{220 \times 0.7}$ = 3.896 ∴ 3.9A
- 답: 3.9A

11. 3개의 입력 A, B, C 중 먼저 작동한 입력이 우선동작하고, 출력 X_A, X_B, X_C를 나타낸다. 이 경우 먼저 작동한 출력신호에 의해 그 후에 작동한 입력신호의 출력은 없다고 할 때 그림의 타임챠트를 보고 다음 각 물음에 답하시오.

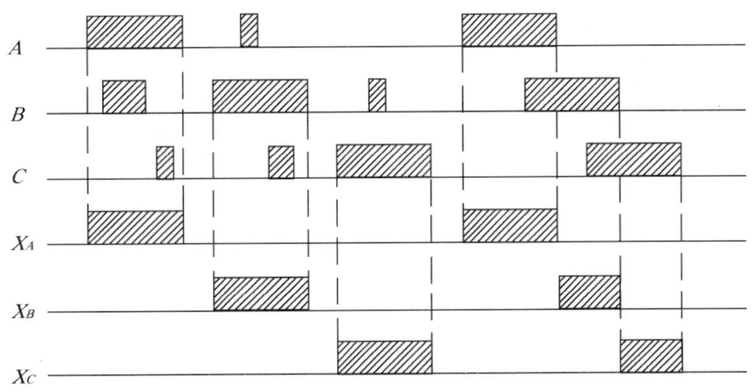

(1) 타임챠트를 이용하여 출력 X_A, X_B, X_C의 논리식을 쓰시오.

(2) 타임챠트와 같은 동작이 이루어지도록 유접점회로 및 무접점회로를 그리시오.

| 정답

(1) ① $X_A = A \cdot \overline{X_B} \cdot \overline{X_C}$

② $X_B = B \cdot \overline{X_A} \cdot \overline{X_C}$

③ $X_C = C \cdot \overline{X_A} \cdot \overline{X_B}$

(2) ① 유접점회로 ② 무접점회로

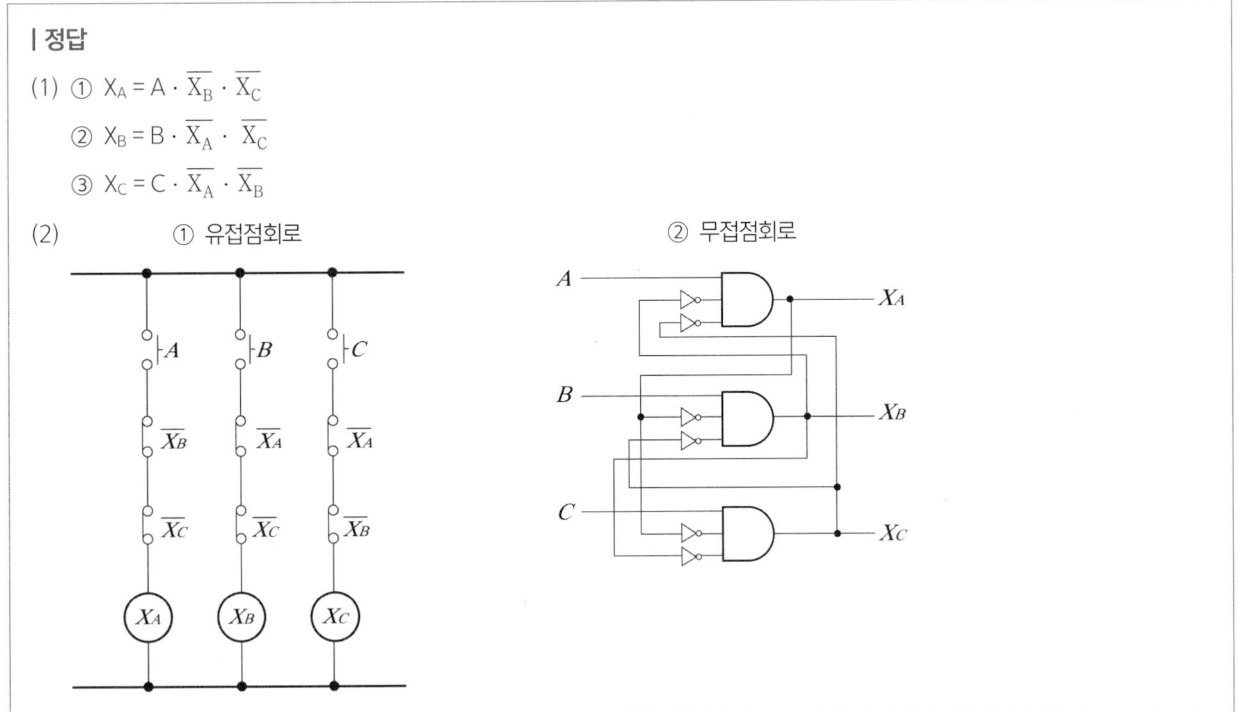

12. 도면은 3상농형 유동전동기의 Y - Δ 기동방식의 미완성 시퀀스 도면이다. 이 도면을 보고 다음 각 물음에 답하시오.

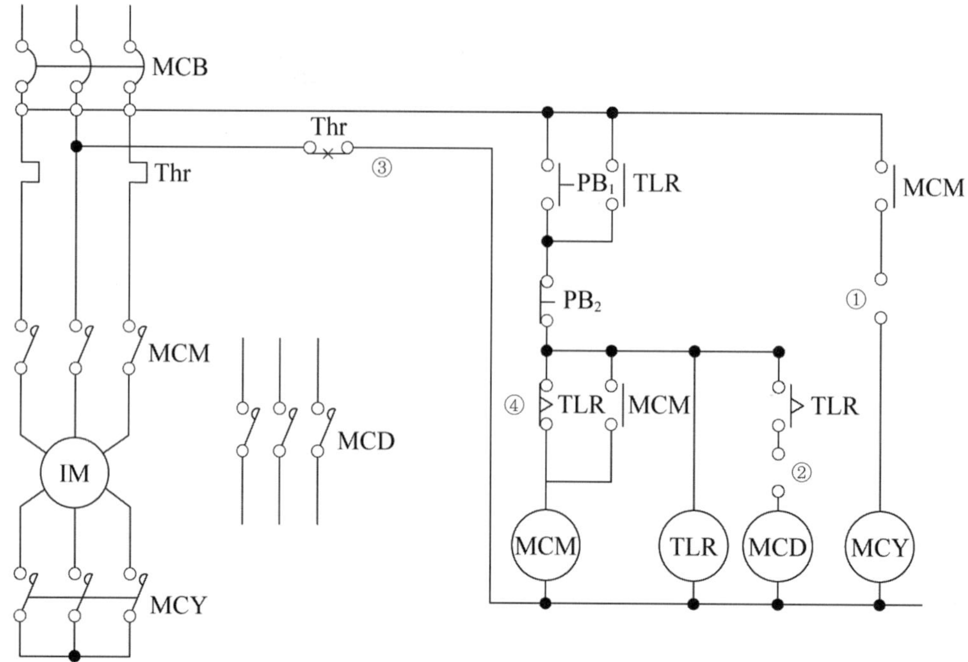

(1) 제어회로의 미완성부분 ①, ②에 Y - Δ 운전이 가능하도록 접점 및 접점기호를 표시하시오.

(2) ③, ④의 접점 명칭은? (우리말로 쓰시오)

(3) 주접점부분의 미완성부분(MCD 부분)의 회로를 완성하시오.

| 정답

(1) ① MCD

② MCY

(2) ③ 열동형계전기의 수동복귀 b접점

④ 시한계전기의 한시동작 순시복귀 b접점

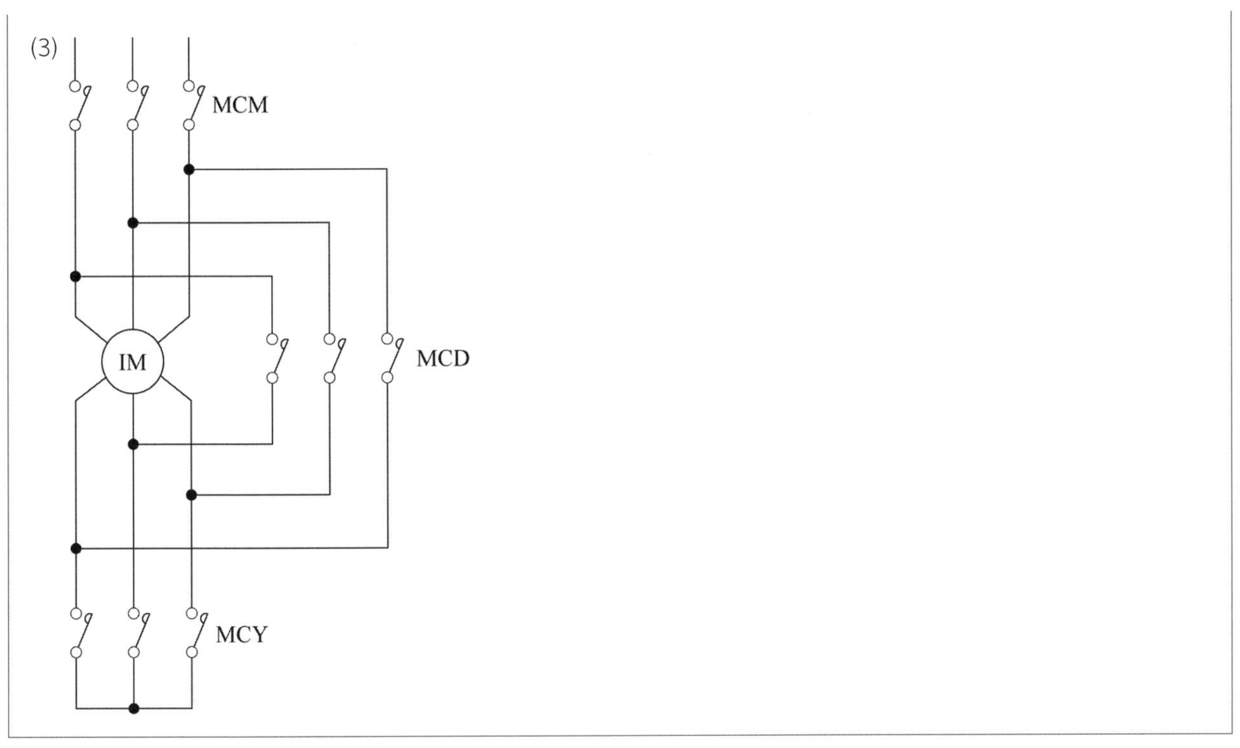

13. 그림의 도면은 타이머에 의한 전동기의 교대운전이 가능하도록 설계된 전동기의 시퀀스회로이다. 이 도면을 이용하여 다음 각 물음에 답하시오.

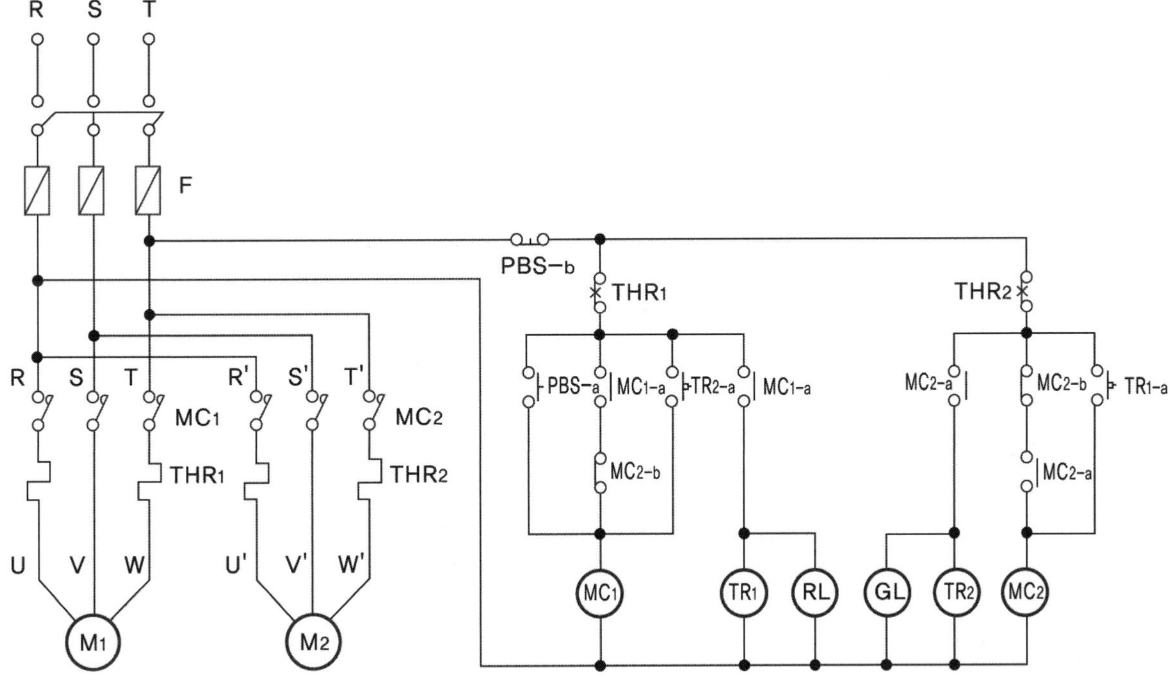

(1) 도면에서 제어회로 부분에 잘못된 곳이 있다. 이곳을 지적하고 올바르게 고치는 방법을 설명하시오.

(2) 타이머 TR_1이 2시간, 타이머 TR_2가 4시간으로 각각 세팅이 되어 있다면 하루에 전동기 M_1과 M_2는 몇 시간씩 운전되는가?

① M_1

② M_2

(3) 도면의 나이프스위치 KS와 퓨즈 F가 합쳐진 기능을 갖는 것을 사용하려고 한다. 어느 것을 사용해야 되는지 한 가지만 쓰시오.

| 정답

(1)

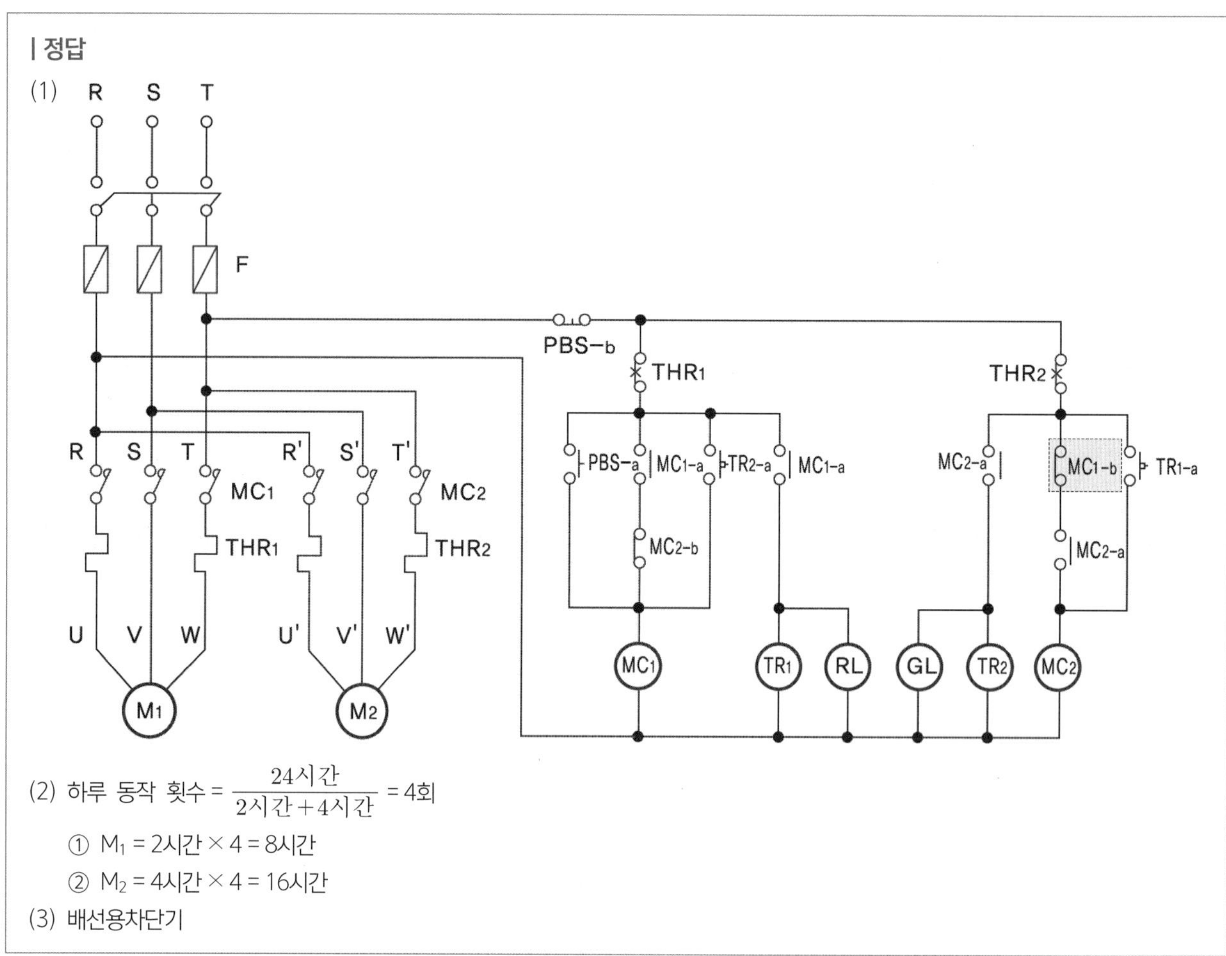

(2) 하루 동작 횟수 = $\frac{24시간}{2시간+4시간}$ = 4회

① M_1 = 2시간 × 4 = 8시간

② M_2 = 4시간 × 4 = 16시간

(3) 배선용차단기

14. 비상콘센트설비를 설치하여야 하는 특정소방대상물 3가지를 쓰시오.

| 정답

(1) 층수가 11층 이상인 것

(2) 지하층의 층수가 3개층 이상이고, 바닥 면적의 합계가 1,000m^2 이상인 것

(3) 터널길이 500m 이상인 것

15. 다음은 할론(Halon)소화설비의 수동조작함에서 할론제어반까지의 결선도 및 계통도(3Zone)에 대한 것이다. 주어진 조건을 참조하여 각 물음에 답하시오.

<조건>

① 전선의 가닥수는 최소한으로 한다.
② 복구스위치 및 도어스위치는 없는 것으로 한다.

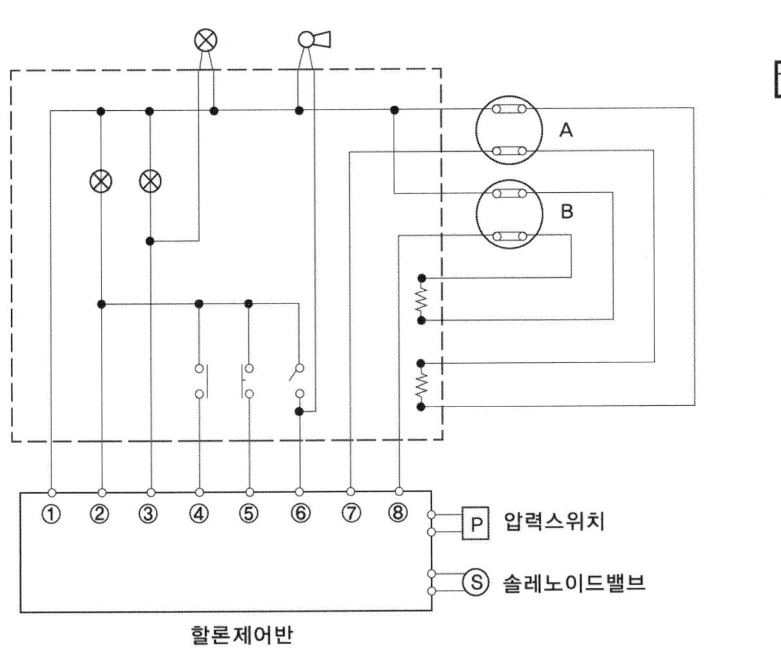

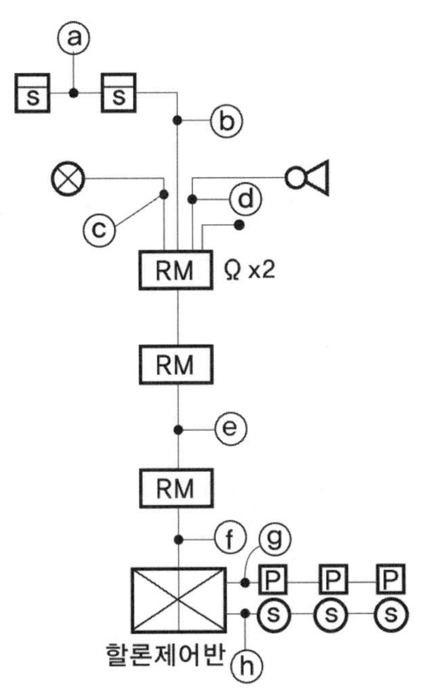

(1) ①~⑧의 전선 명칭은?
(2) ⓐ~ⓗ의 전선 가닥수는?

| 정답

(1) ① 전원(-) ② 전원(+)
③ 방출표시등 ④ 기동
⑤ 비상방출정지 ⑥ 사이렌
⑦ 감지기 A ⑧ 감지기 B

(2) ⓐ 4 ⓑ 8
ⓒ 2 ⓓ 2
ⓔ 13 ⓕ 18
ⓖ 4 ⓗ 4

16. 지상 31m 되는 곳에 수조가 있다. 이 수조에 분당 $12m^3$의 물을 양수하는 펌프용 전동기를 설치하여 3상전력을 공급하려고 한다. 펌프효율이 65%이고, 펌프축동력에 10%의 여유를 준다고 할 때 다음 각 물음에 답하시오. (단, 펌프용 3상농형유도전동기의 역률은 100%로 가정한다.)

(1) 펌프용 전동기의 용량은 몇 kW인가?

(2) 3상전력을 공급하기 위해 단상변압기 2대를 V결선하여 이용하고자 한다. 단상변압기 1대의 용량은 몇 kVA인가?

| 정답

(1) • 계산과정: $\frac{1000 \times 12 \times 31 \times (1+0.1)}{102 \times 60 \times 0.65} = 102.865$ ∴ 102.87kW

• 답: 102.87kW

(2) • 계산과정: $\frac{102.87}{\sqrt{3}} = 59.392$ ∴ 59.39kVA

• 답: 59.39kVA

17. 화재안전기준에 따른 경계구역, 감지기, 시각경보장치의 용어의 정의에 대하여 쓰시오.

| 정답

① 경계구역: 특정소방대상물 중 화재신호를 발신하고 그 신호를 수신 및 유효하게 제어할 수 있는 구역

② 감지기: 화재 시 발생하는 열, 연기, 불꽃 또는 연소생성물을 자동적으로 감지하여 수신기에 발신하는 장치

③ 시각경보장치: 자동화재탐지설비에서 발하는 화재신호를 시각경보기에 전달하여 청각장애인에게 점멸형태의 시각경보를 하는 것

18. 공기관식 차동식분포형 감지기의 공기관 길이가 370m일 때, 검출부의 수량을 구하시오. (단, 하나의 검출부에 접속하는 공기관의 길이는 최대길이를 적용할 것)

| 정답

• 계산과정: 검출부 개수 = $\frac{370m}{100m} = 3.7$ ∴ 4개

• 답: 4개

2021년 | 제2회

01. 다음의 진리표를 보고 물음에 답하시오.

입력			출력	
A	B	C	Y_1	Y_2
0	0	0	1	0
0	0	1	0	1
0	1	0	1	1
0	1	1	0	1
1	0	0	1	0
1	0	1	0	1
1	1	0	0	1
1	1	1	0	1

(1) 간략화한 논리식을 쓰시오.

① Y_1

② Y_2

(2) 간략화한 무접점회로를 그리시오.

A○ ○Y_1

B○

C○ ○Y_2

(3) 간략화한 유접점회로를 그리시오.

| 정답

(1) ① $Y_1 = (\overline{A} + \overline{B}) \cdot \overline{C}$

② $Y_2 = B + C$

(2)

(3)

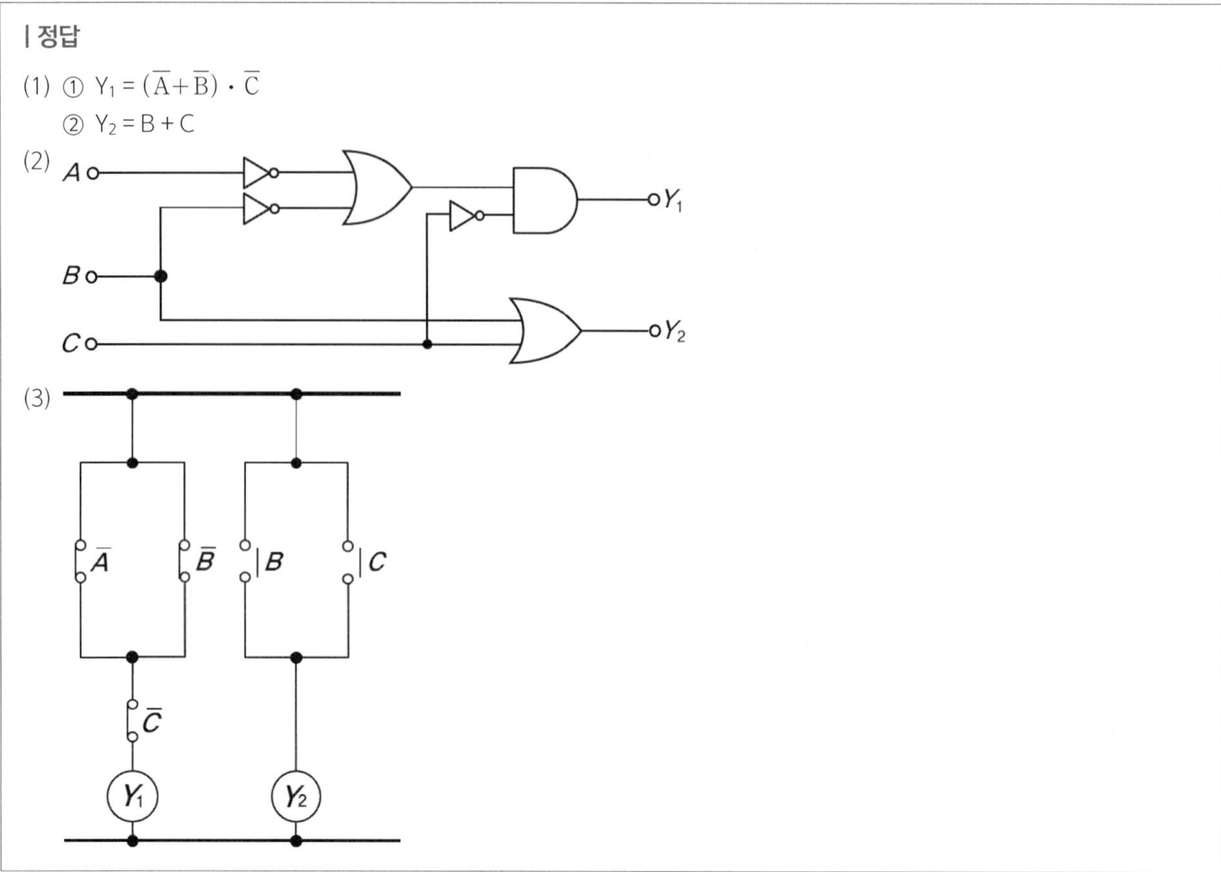

02. 단독경보형감지기의 설치기준에 대한 다음 (　　) 안에 알맞은 단어를 쓰시오.

(1) 각 실마다 설치하되, 바닥면적이 (①)m^2를 초과하는 경우에는 (①)m^2마다 1개 이상 설치할 것
(2) 이웃하는 실내의 바닥면적이 각각 30m^2 미만이고 벽체의 상부의 전부 또는 일부가 개방되어 이웃하는 실내와 공기가 상호유통되는 경우에는 이를 (②)개의 실로 본다.
(3) 최상층의 (③)의 천장(외기가 상통하는 (③)의 경우를 제외한다)에 설치할 것
(4) 건전지를 주전원으로 사용하는 단독경보형감지기는 정상적인 (④)를 유지할 수 있도록 건전지를 교환할 것
(5) 상용전원을 주전원으로 사용하는 단독경보형감지기의 (⑤)는 제품검사에 합격한 것을 사용할 것

| 정답

(1) 각 실마다 설치하되, 바닥면적이 ① **150**m^2를 초과하는 경우에는 ① **150**m^2마다 1개 이상 설치할 것
(2) 이웃하는 실내의 바닥면적이 각각 30m^2 미만이고 벽체의 상부의 전부 또는 일부가 개방되어 이웃하는 실내와 공기가 상호유통되는 경우에는 이를 ② **1**개의 실로 본다.
(3) 최상층의 ③ **계단실**의 천장(외기가 상통하는 ③ **계단실**의 경우를 제외한다)에 설치할 것
(4) 건전지를 주전원으로 사용하는 단독경보형감지기는 정상적인 ④ **작동상태**를 유지할 수 있도록 건전지를 교환할 것
(5) 상용전원을 주전원으로 사용하는 단독경보형감지기의 ⑤ **2차전지**는 제품검사에 합격한 것을 사용할 것

03. 가압송수장치를 기동용 수압개폐장치로 사용하는 옥내소화전함과 P형발신기 세트를 다음과 같이 설치하였다. 다음 물음에 답하시오.

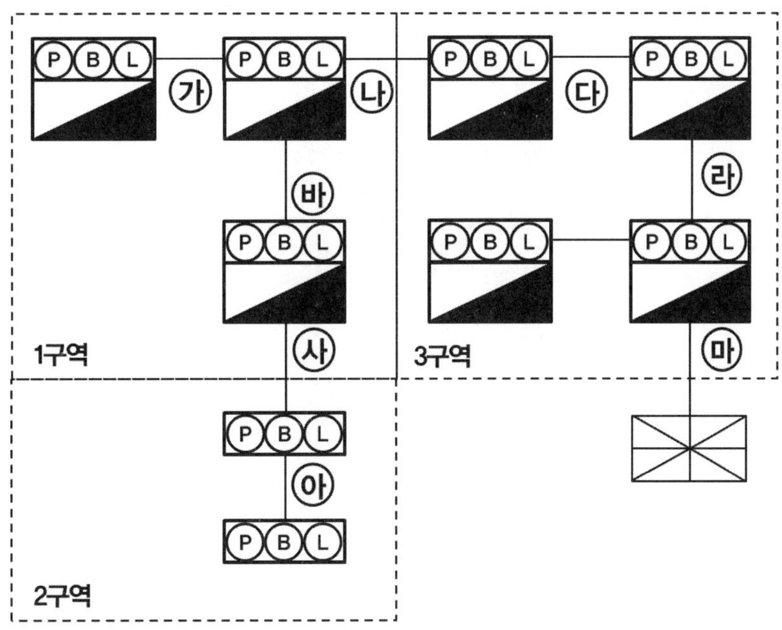

(1) 다음 표의 빈칸의 전선가닥수를 명시하시오. (단, 경보방식은 구역별로 구분하여 울리도록 하며, 가닥수가 필요 없는 곳은 빈칸으로 두시오.)

구분	회로선	회로공통선	경종선	경종표시등 공통선	표시등선	응답선	전화선	기동확인 표시등	합계
㉮	1	1	1	1	1	1	1	2	9
㉯	5	1	2	1	1	1	1	2	14
㉰	6	1	3	1	1	1	1	2	16
㉱	7	1	3	1	1	1	1	2	17
㉲									
㉶	3	1	2	1	1	1	1	2	12
㉳	2	1	1	1	1	1	1		8
㉴									

(2) 다음은 수신기 설치기준에 대한 설명이다. ( ) 안에 알맞은 말을 넣으시오.

㉠ 수신기가 설치된 장소에는 (①)을(를) 비치할 것
㉡ 수신기의 (②)는 그 음량 및 음색이 다른 기기의 소음 등과 명확히 구별할 것
㉢ 수신기는 (③)·(④) 또는 (⑤)가 작동하는 경계구역을 표시할 수 있을 것

| 정답

(1)

구분	회로선	회로공통선	경종선	경종표시등 공통선	표시등선	응답선	전화선	기동확인 표시등	합계
㉮	9	2	3	1	1	1	1	2	20
㉯	1	1	1	1	1	1	1		27

참고

구분	회로선	회로공통선	경종선	경종표시등 공통선	표시등선	응답선	전화선	기동확인 표시등	합계
㉮	1	1	1	1	1	1	1	2	9
㉯	5	1	2	1	1	1	1	2	14
㉰	6	1	3	1	1	1	1	2	16
㉱	7	1	3	1	1	1	1	2	17
㉲	9	2	3	1	1	1	1	2	20
㉳	3	1	2	1	1	1	1	2	12
㉴	2	1	1	1	1	1	1		8
㉵	1	1	1	1	1	1	1		7

(2) ㉠ 수신기가 설치된 장소에는 ① **경계구역일람도**를 비치할 것

㉡ 수신기의 ② **음향기구**는 그 음량 및 음색이 다른 기기의 소음 등과 명확히 구별할 것

㉢ 수신기는 ③ **감지기** · ④ **발신기** 또는 ⑤ **중계기**가 작동하는 경계구역을 표시할 수 있을 것

04. **P형수신기와 감지기와의 배선회로에서 배선저항[Ω] 및 감지기가 동작할 때의 전류(동작전류)[mA]는 얼마인지 구하시오. (단, 감시전류는 2mA, 릴레이 저항은 950Ω, 종단저항은 11kΩ이다.)**

| 정답

(1) • 계산과정: 배선저항 = $\frac{24}{2\times10^{-3}}-(11\times10^{3}+950)$ = 50Ω

• 답: 50Ω

(2) • 계산과정: 동작전류 = $\frac{24}{950+50}\times10^{3}$ = 24 ∴ 24mA

• 답: 24mA

05. 그림은 브리지형 전파정류회로의 미완성된 도면을 나타낸 것이다. 다음 물음에 답하시오. (단, 입력은 교류 상용전원, 권수비는 1 : 1, 평활회로는 없는 것으로 한다.)

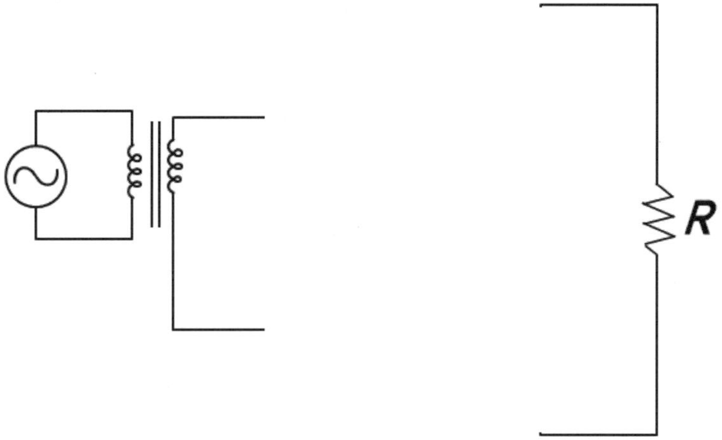

(1) 미완성된 전파정류회로를 완성하시오.

(2) 정류된 출력전압의 파형을 그리시오.

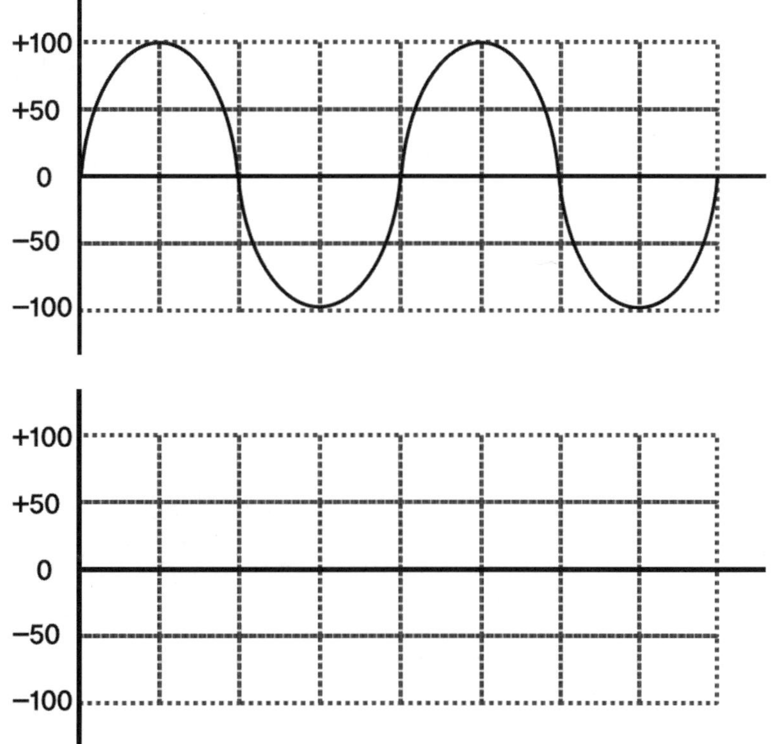

| 정답

(1)

(2)

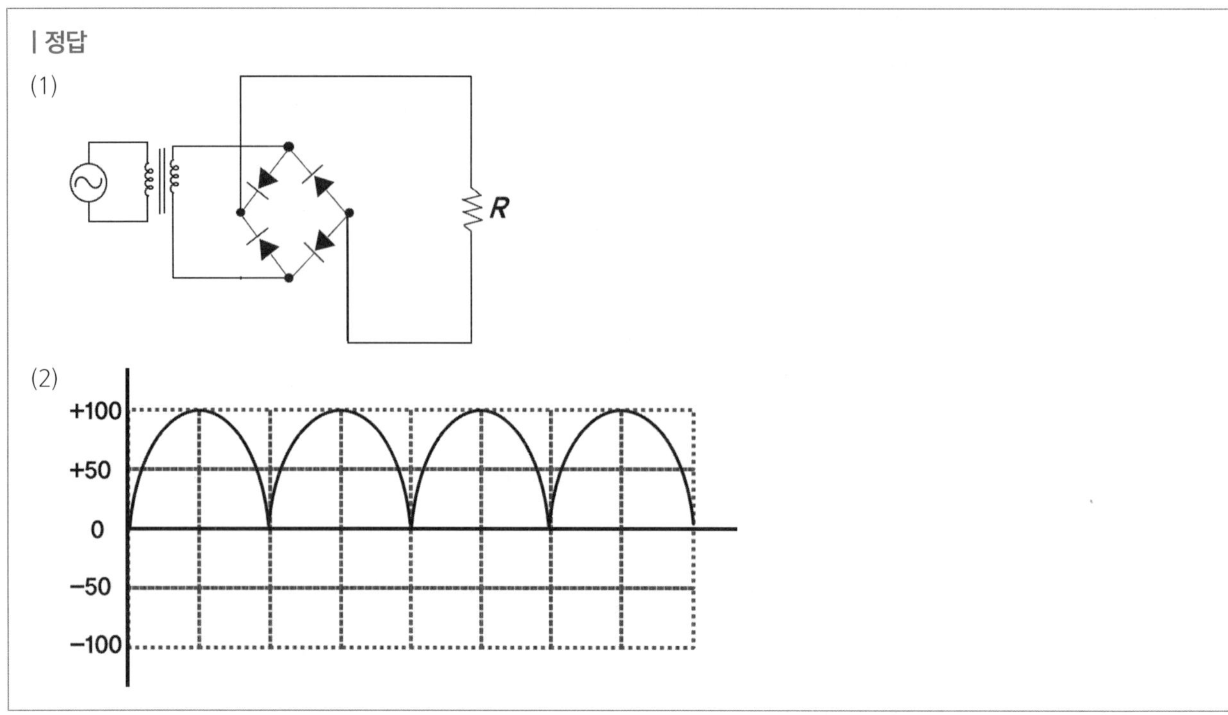

06. 누전경보기에 대한 다음 각 물음에 답하시오.

(1) 1급과 2급 누전경보기를 구분사용하는 경계전로의 정격전류는 몇 A인가?
(2) 전원은 분전반으로부터 전용회로로 한다. 각극에는 무엇을 설치하여야 하는가?
(3) 변류기에 대한 용어의 정의를 쓰시오.

| 정답

(1) 60A
(2) 개폐기 및 15A 이하의 과전류차단기(20A 이하의 배선용 차단기)
(3) 경계전로의 누설전류를 자동적으로 검출하여 이를 누전경보기의 수신부에 송신하는 것

07. 청각장애인을 위한 경보장치인 시각경보장치의 설치기준 3가지를 쓰시오.

| 정답

① 복도 · 통로 · 청각장애인용 객실 및 공용으로 사용하는 거실에 설치하며, 각 부분으로부터 유효하게 경보를 발할 수 있는 위치에 설치할 것
② 설치높이는 바닥으로부터 2m 이상 2.5m 이하의 장소에 설치할 것. 다만, 천장의 높이가 2m 이하인 경우에는 천장으로부터 0.15m 이내의 장소에 설치할 것
③ 공연장 · 집회장 · 관람장 또는 이와 유사한 장소에 설치하는 경우에는 시선이 집중되는 무대부 부분 등에 설치할 것

08. 금속관공사에 사용되는 다음 자재의 용도를 설명하시오.

(1) 부싱
(2) 유니언커플링
(3) 유니버설엘보우

| 정답

(1) 전선 도입 시 전선의 절연피복 보호용
(2) 금속관 상호접속용으로 관이 고정되어 있을 때 사용
(3) 노출배관공사에서 관을 직각으로 굽히는 곳에 사용

09. 다음은 내화구조물로 된 업무용 빌딩의 지하 1층 평면도이다. 다음 물음에 답하시오.

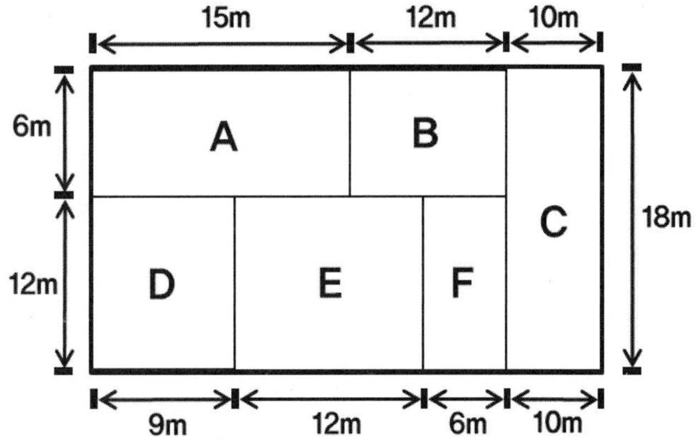

(1) 각 실에 설치하여야 하는 감지기의 수량을 산출하시오.

기호	실의 용도	설치높이[m]	적응감지기	산출과정	설치수량[개]
A	서고	4.2	차동식스포트형 1종감지기		
B	휴게실	4.2	차동식스포트형 1종감지기		
C	전산실	4.5	광전식스포트형 1종감지기		
D	주방	3.8	정온식스포트형 1종감지기		
E	사무실(1)	3.8	차동식스포트형 2종감지기		
F	사무실(2)	3.8	차동식스포트형 2종감지기		

(2) 해당 평면도의 경계구역을 구하시오.

| 정답

(1)

기호	실의 용도	설치높이[m]	적응감지기	산출과정	설치수량[개]
A	서고	4.2	차동식스포트형 1종감지기	$\frac{15m \times 6m}{45m^2}=2$	2
B	휴게실	4.2	차동식스포트형 1종감지기	$\frac{12m \times 6m}{45m^2}=1.6$ ∴ 2	2
C	전산실	4.5	광전식스포트형 1종감지기	$\frac{10m \times 18m}{75m^2}=2.4$ ∴ 3	3
D	주방	3.8	정온식스포트형 1종감지기	$\frac{12m \times 9m}{60m^2}=1.8$ ∴ 2	2
E	사무실 (1)	3.8	차동식스포트형 2종감지기	$\frac{12m \times 12m}{70m^2}=2.05$ ∴ 3	3
F	사무실 (2)	3.8	차동식스포트형 2종감지기	$\frac{12m \times 6m}{70m^2}=1.02$ ∴ 2	2

(2) • 계산과정: $\frac{(15+12+10)m \times 18m}{600m^2}=1.11$ ∴ 2경계구역

• 답: 2경계구역

10. 층수가 31층인 특정소방대상물에 비상콘센트를 설치하려고 한다. 설치층에 비상콘센트 1개를 설치한다고 할 때 전용회로는 최소 몇 회로인가?

| 정답

• 계산과정: 전용회로 수 = 21/10 = 2.1 ∴ 3회로

• 답: 3회로

11. 유도전동기 (IM)을 현장측과 관리실측 어느 쪽에서도 기동 및 정지제어가 가능하도록 배선하시오. [단, 푸시버튼스위치 기동용 2개, 정지용 2개, 전자접촉기 a접점 1개(자기유지용)을 사용할 것]

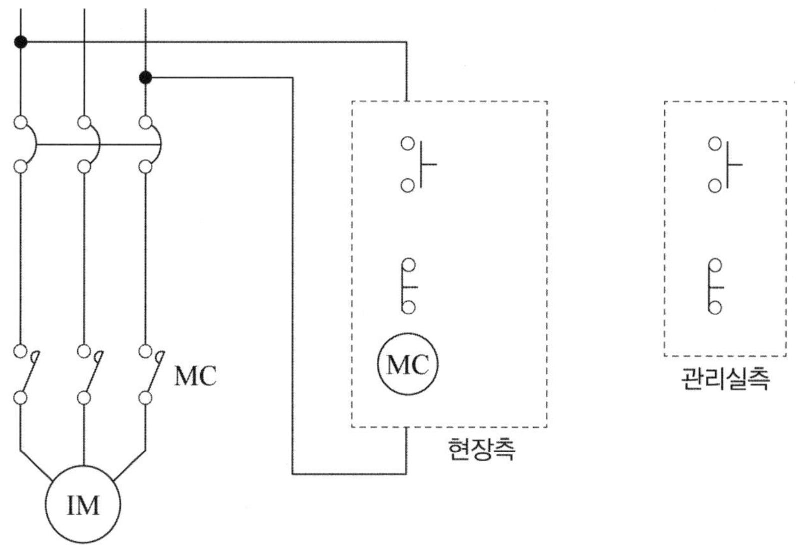

| 정답

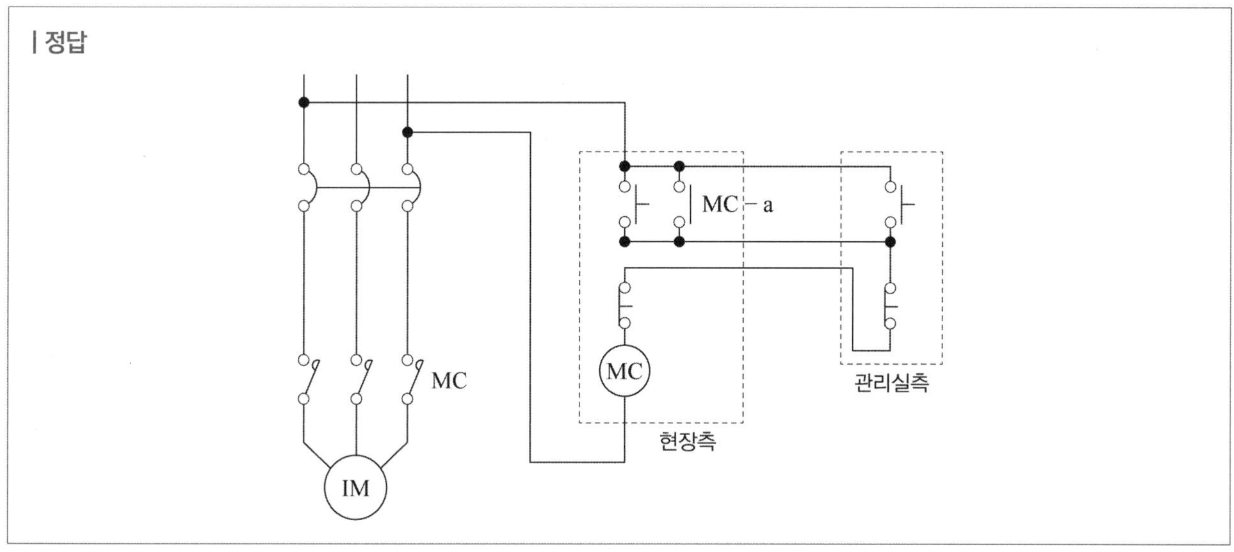

12. 비상경보용으로 방송설비를 설치시 음량조정기를 설치하는 경우에는 3선식 배선으로 하여야 한다. 음량조정기 3선식 배선도를 완성하시오.

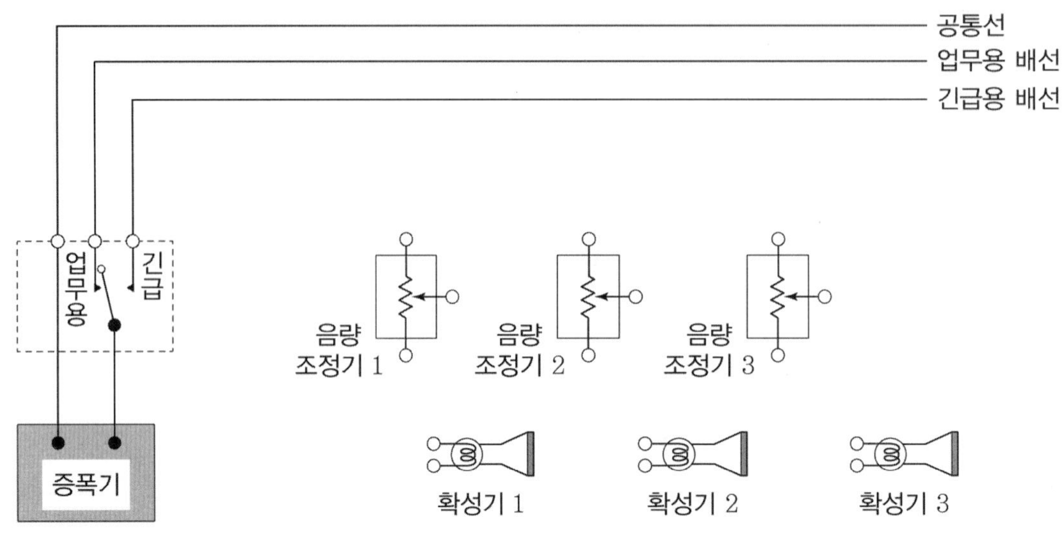

| 정답

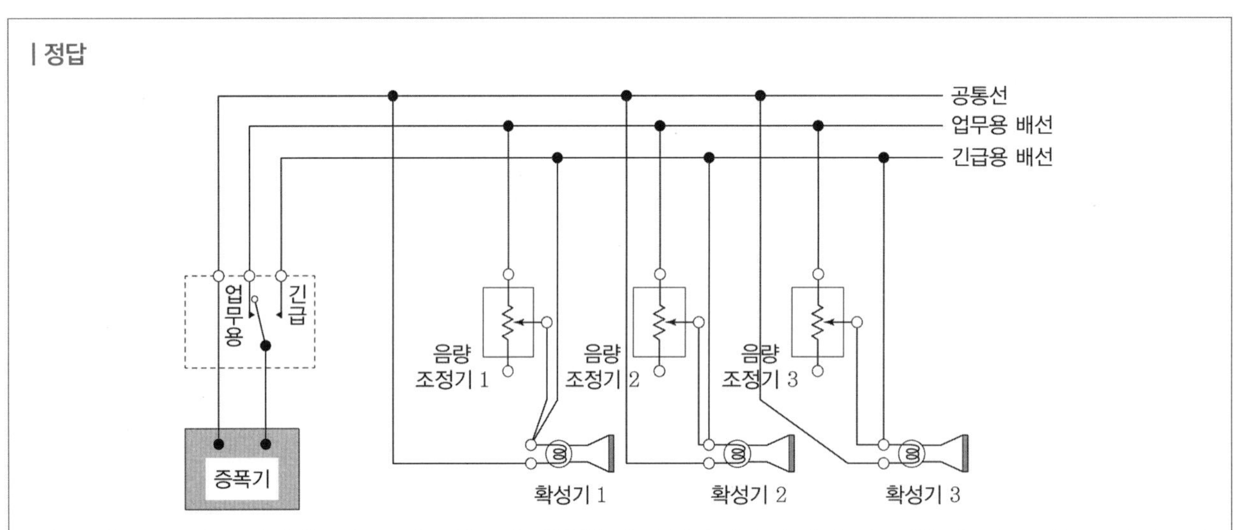

13. 자동화재탐지설비에서 일시적으로 발생한 열 · 연기 또는 먼지 등으로 인하여 감지기가 화재신호를 발신할 우려가 있는 때에는 축적기능 등이 있는 수신기를 설치해야 한다. 이 경우에 해당하는 장소 3곳을 쓰시오. (단, 축적형감지기가 설치된 장소에는 감지기회로의 감시전류를 단속적으로 차단시켜 화재를 판단하는 방식 외의 것을 말한다.)

| 정답

① 지하층 · 무창층 등으로서 환기가 잘되지 않는 장소
② 실내면적이 $40m^2$ 미만인 장소
③ 감지기의 부착면과 실내바닥과의 거리가 2.3m 이하인 장소

14. 다음은 자동화재탐지설비의 심벌이다. 심벌의 명칭을 쓰시오.

(1) 

(2) 

(3) 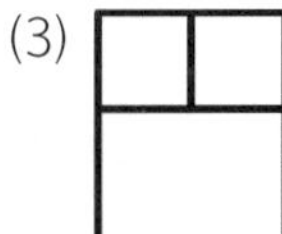

(4) 

| 정답

(1) 감지선
(2) 정온식스포트형 감지기
(3) 중계기
(4) 경보벨

15. 비상방송설비의 설치기준에 대한 다음 각 물음에 답하시오.

(1) 기동장치에 의한 화재신고를 수신한 후 필요한 음량으로 방송이 개시될 때까지의 소요시간은 몇 초 이하로 하여야 하는가?

(2) 11층 업무시설의 5층에서 화재가 발생할 때에 우선적으로 경보를 발하여야 할 층은?

(3) 확성기를 실내에 설치할 때 그 음성입력은 몇 W 이상이어야 하는가?

(4) 조작부의 조작스위치는 바닥으로부터 몇 m 이상 몇 m 이하의 높이에 설치하는가?

(5) 음향장치는 정격전압의 몇 % 전압에서 음향을 발할 수 있는 것으로 하여야 하는가?

| 정답

(1) 10초 이하

(2) 5층, 6층, 7층, 8층, 9층

(3) 1W 이상

(4) 0.8m 이상 1.5m 이하

(5) 80%

16. 「화재예방, 소방시설 설치 · 유지 및 안전관리에 관한 법령」상 특정소방대상물의 관계인이 자동화재탐지설비를 설치하여야 하는 면적 기준을 적으시오. (단, 용도만 해당되어도 설치대상인 경우에는 "전부"라 한다.)

특정소방대상물	설치대상 기준
근린생활시설(목욕탕 제외)	
근린생활시설 중 목욕탕	
의료시설(정신의료기관, 요양병원 제외)	
정신의료기관(창살이 설치되어 있지 않다)	
요양병원(정신병원과 의료재활시설 제외)	

| 정답

특정소방대상물	설치대상 기준
근린생활시설(목욕탕 제외)	연면적 600m^2 이상
근린생활시설 중 목욕탕	연면적 1000m^2 이상
의료시설(정신의료기관, 요양병원 제외)	연면적 600m^2 이상
정신의료기관(창살이 설치되어 있지 않다)	바닥면적의 합계가 300m^2 이상
요양병원(정신병원과 의료재활시설 제외)	전부

17. 무선통신보조설비에 사용되는 무반사종단저항의 설치위치 및 설치목적을 쓰시오.

| 정답

① 설치위치: 누설동축케이블 끝
② 설치목적: 전송로로 전송되는 전자파가 반사되어 교신을 방해하는 것을 방지

18. 다음은 감지기의 설치기준에 대한 설명이다. (   ) 안에 알맞은 내용을 쓰시오.

(1) 차동식분포형 감지기를 제외한 감지기는 실내로의 공기유입구로부터 (①)m 이상 떨어진 위치에 설치할 것
(2) 정온식감지기는 주방·보일러실 등으로서 다량의 화기를 취급하는 장소에 설치하되, 공칭작동온도가 최고주위온도보다 (②)℃ 이상 높은 것으로 설치할 것
(3) 보상식스포트형 감지기는 정온점이 감지기 주위의 평상시 최고온도보다 (③)℃ 이상 높은 것으로 설치할 것
(4) 스포트형감지기는 (④)도 이상 경사되지 아니하도록 부착할 것

| 정답

(1) 차동식분포형 감지기를 제외한 감지기는 실내로의 공기유입구로부터 ① 1.5m 이상 떨어진 위치에 설치할 것
(2) 정온식감지기는 주방·보일러실 등으로서 다량의 화기를 취급하는 장소에 설치하되, 공칭작동온도가 최고주위온도보다 ② 20℃ 이상 높은 것으로 설치할 것
(3) 보상식스포트형 감지기는 정온점이 감지기 주위의 평상시 최고온도보다 ③ 20℃ 이상 높은 것으로 설치할 것
(4) 스포트형감지기는 ④ 45도 이상 경사되지 아니하도록 부착할 것

2021년 | 제4회

01. 비상용전원설비로 축전지설비를 하려고 한다. 사용되는 부하의 방전전류와 시간특성곡선이 그림과 같을 때 다음 각 물음에 답하시오. (단, 축전지의 용량환산시간계수 K는 표에 의한다.)

<용량환산시간계수 K(온도 5℃)에서>

형식	최저사용전압 [V/cell]	0.1분	1분	5분	10분	20분	30분	60분	120분
AH	1.10	0.30	0.46	0.56	0.66	0.87	1.04	1.56	2.60
	1.06	0.24	0.33	0.45	0.53	0.70	0.85	1.40	2.45
	1.00	0.20	0.27	0.37	0.45	0.60	0.77	1.30	2.30

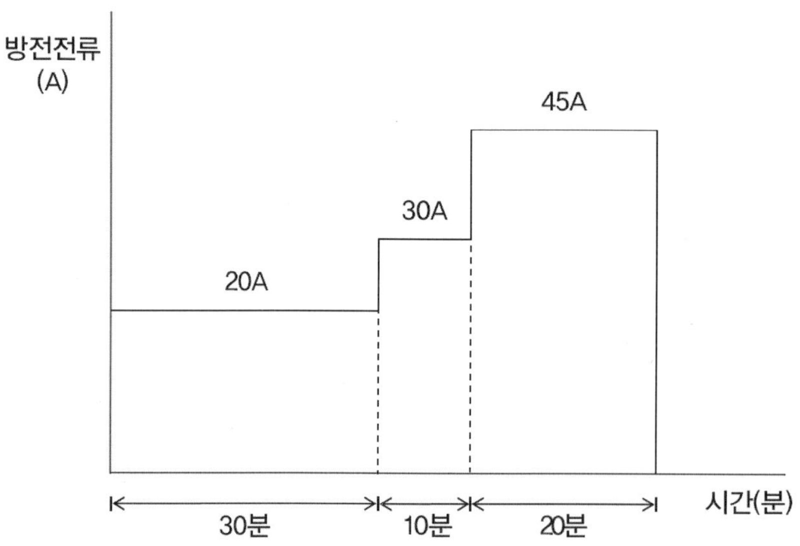

(1) 단위전지의 방전종지전압(최저사용전압)이 1.06V일 때 축전지 용량은 몇 Ah가 필요한가?

(2) 연축전지의 불량현상으로 전해액 변색, 충전하지 않고 정지 중에도 다량으로 가스가 발생하는 추정원인을 쓰시오.

(3) 부동충전방식을 간략하게 도시하시오.

| 정답

(1) • 계산과정: 축전지 용량 C [Ah] $= \frac{1}{L} \times (K_1I_1 + K_2I_2 + K_3I_3)$

$$= \frac{1}{0.8} \times (0.85 \times 20 + 0.53 \times 30 + 0.70 \times 45) = 80.5\text{Ah}$$

• 답: 80.5Ah

(2) 불순물의 혼입

(3)

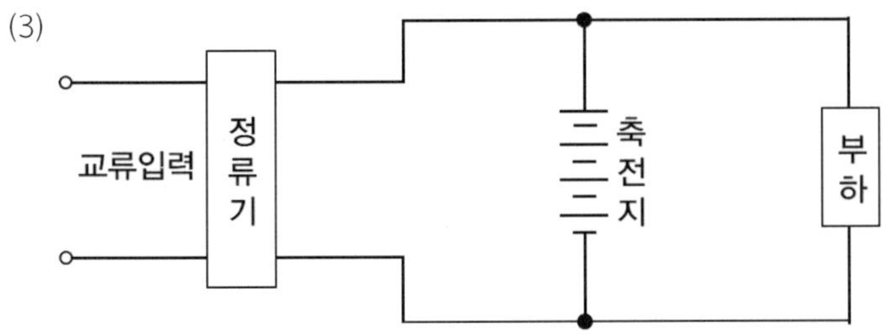

02. 다음 논리도를 보고 물음에 답하시오.

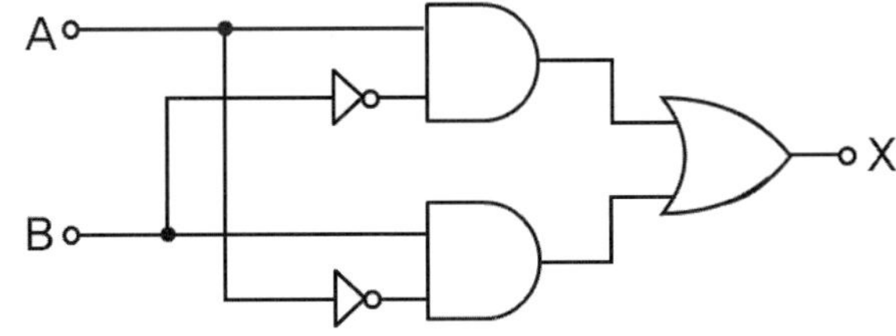

(1) 논리식을 쓰시오.

(2) 유접점 릴레이회로를 그리시오.

(3) 타임챠트를 완성하시오.

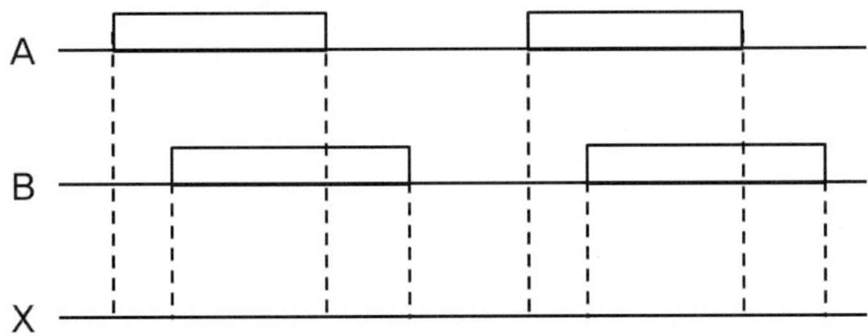

(4) 진리표를 완성하시오.

A	B	X

| 정답

(1) $A\overline{B}+\overline{A}B=X$

(2)

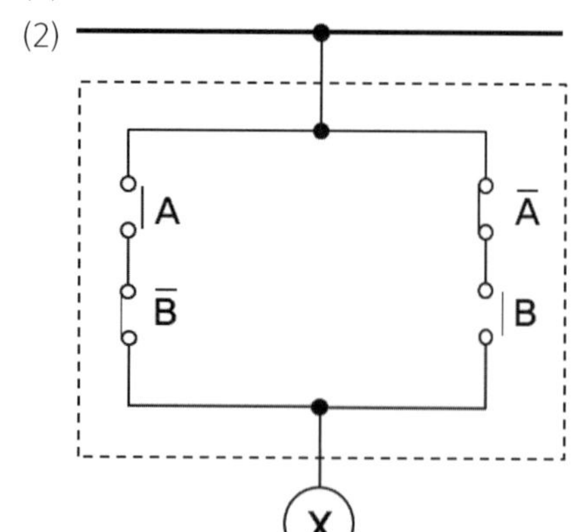

(3)

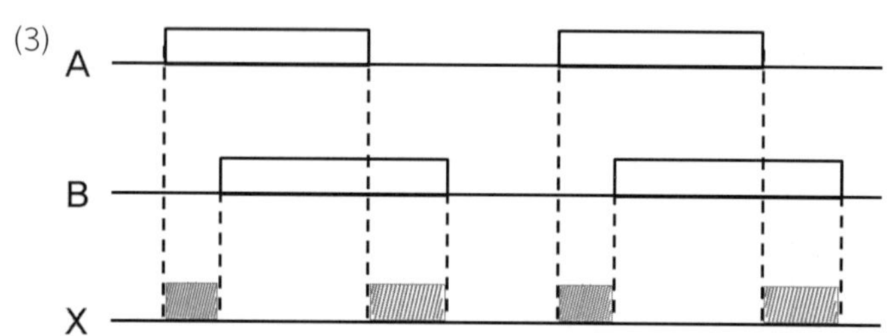

(4)

A	B	X
0	0	0
1	0	1
0	1	1
1	1	0

참고

A	B	X
0	0	$0\times\overline{0}+\overline{0}\times0=0\times1+1\times0$ $=0+0=0$
1	0	$1\times\overline{0}+\overline{1}\times0=1\times1+0\times0$ $=1+0=1$
0	1	$0\times\overline{1}+\overline{0}\times1=0\times0+1\times1$ $=0+1=1$
1	1	$1\times\overline{1}+\overline{1}\times1=1\times0+0\times1$ $=0+0=0$

03. 3선식 배선에 의하여 상시 충전되는 유도등의 전기회로에 점멸기를 설치하는 경우에는 어떤 때에 점등되도록 하여야 하는지 그 기준을 5가지 쓰시오.

| 정답

① 자동화재탐지설비에서 감지기, 발신기가 작동하는 경우
② 비상경보설비에서 발신기가 작동하는 경우
③ 자동식소화설비가 작동하는 경우
④ 상용전원이 정전되거나 전원선이 단선되는 경우
⑤ 방재업무를 통제하는 곳 또는 전기실의 배전반에서 수동으로 점등하는 경우

04. 감지기 회로의 종단저항 설치기준 3가지를 쓰시오.

| 정답

① 점검 및 관리가 쉬운 장소에 설치할 것
② 전용함은 바닥으로부터 1.5m 이내에 설치할 것
③ 감지기 회로 끝에 설치하며 종단감지기에 설치하는 경우에는 기판 등에 별도표시를 할 것

05. 자동화재탐지설비의 P형수신기 전면에 설치된 예비전원감시등이 점등되고 있다. 점등되는 이유 4가지를 쓰시오.

| 정답

① 예비전원 불량
② 예비전원 연결 커넥터 접속불량
③ 예비전원 퓨즈단선
④ 예비전원 충전회로 고장

06. 누전경보기의 형식승인 및 제품검사의 기술기준상 다음 물음에 답하시오.

(1) 공칭작동전류치의 의미를 쓰시오.
(2) 공칭작동전류치는 몇 mA 이하인가?

| 정답

(1) 누전경보기를 작동시키기 위하여 필요한 누설전류의 값으로서 제조자에 의하여 표시된 값
(2) 200mA 이하

07. 축광방식의 피난유도선의 설치기준 3가지를 쓰시오.

| 정답

① 구획된 각 실로부터 주출입구 또는 비상구까지 설치할 것
② 바닥으로부터 높이 50cm 이하의 위치 또는 바닥면에 설치할 것
③ 피난유도표시부는 50cm 이내의 간격으로 연속되도록 설치할 것
④ 부착대에 의하여 견고하게 설치할 것
⑤ 외광 또는 조명장치에 의하여 상시 조명이 제공되거나 비상조명등에 의한 조명이 제공되도록 설치할 것

08. 할론소화설비에 설치하는 방출표시등과 사이렌의 설치위치와 설치목적을 간단하게 설명하시오.

| 정답

(1) 방출표시등
  ① 설치위치: 방호구역 외의 출입구 상부
  ② 설치목적: 소화약제 방출 시 방호구역 내로 진입 금지
(2) 사이렌
  ① 설치위치: 방호구역 내
  ② 설치목적: 화재시 방호구역 내의 인원 대피

09. 각층의 높이가 4m인 지하 2층, 지상 4층 특정소방대상물에 자동화재탐지설비의 경계구역을 설정할 때, 다음 물음에 답하시오.

(1) 층별 바닥면적이 그림과 같을 때 자동화재탐지설비의 경계구역을 최소 몇 개로 구분하여야 하는지 산출식과 경계구역에 대한 다음 표를 완성하시오. (단, 계단 경사로 및 피트 등의 수직경계구역의 면적은 제외한다.)

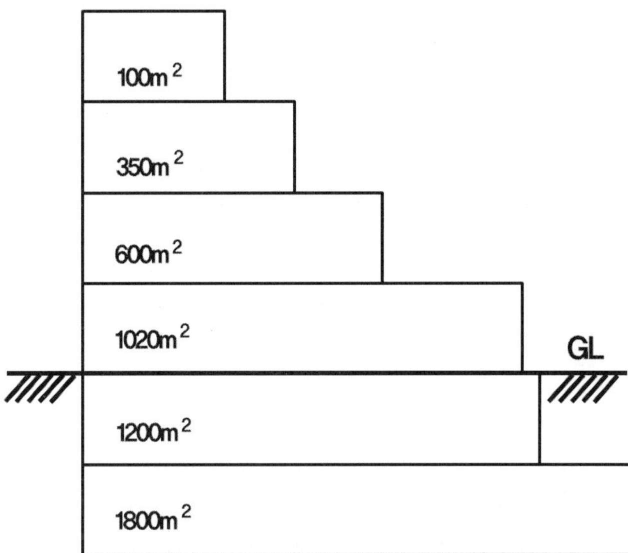

층별	산출식	경계구역 수
4층		
3층		
2층		
1층		
지하 1층		
지하 2층		
경계구역의 합계		

(2) 본 특정소방대상물에 엘리베이터와 계단이 각각 1개씩 설치되어 있는 경우 P형수신기는 몇 회로용을 설치하여야 하는지 산출식과 회로수를 쓰시오.

산출식	P형 수신기 회로수

| 정답

(1)

층별	산출식	경계구역 수
4층	3층과 함께 산정함	
3층	면적 = 100(4층) + 350(3층) = 450(2개층면적) ≤ 500 = 1	1
2층	600/600 = 1	1
1층	1020/600 = 1.7	2
지하 1층	1200/600 = 2	2
지하 2층	1800/600 = 3	3
경계구역의 합계		9

(2)

산출식	P형 1급 수신기 회로수
① 수평경계구역: 9회로 ② 계단: 2회로 ③ 엘리베이터 승강로: 1회로 ∴ 합계: 12회로	12회로 이상 수신기 사용

10. 그림과 같은 시퀀스회로에서 X 접점이 닫혀 폐회로가 될 때 타이머 T_1(설정시간 t_1), T_2(설정시간 t_2), 릴레이 R, 신호등 PL에 대한 다음 차트를 완성하시오. (단, 설정시간 이외의 시간지연은 없다고 본다.)

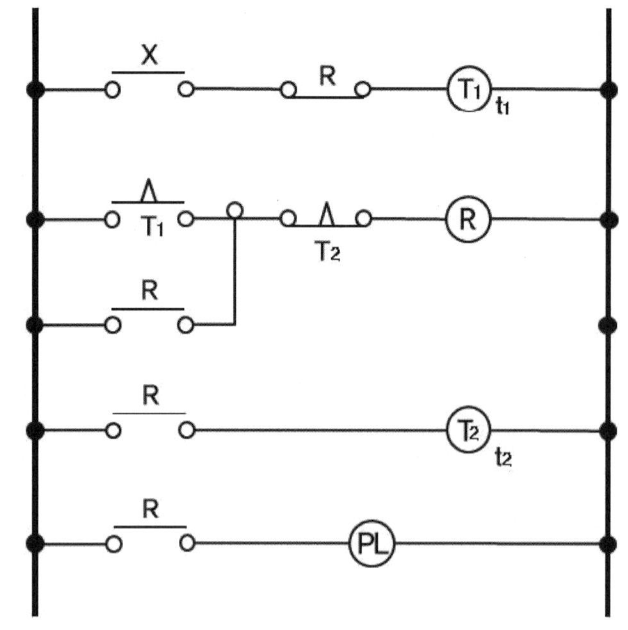

| 정답

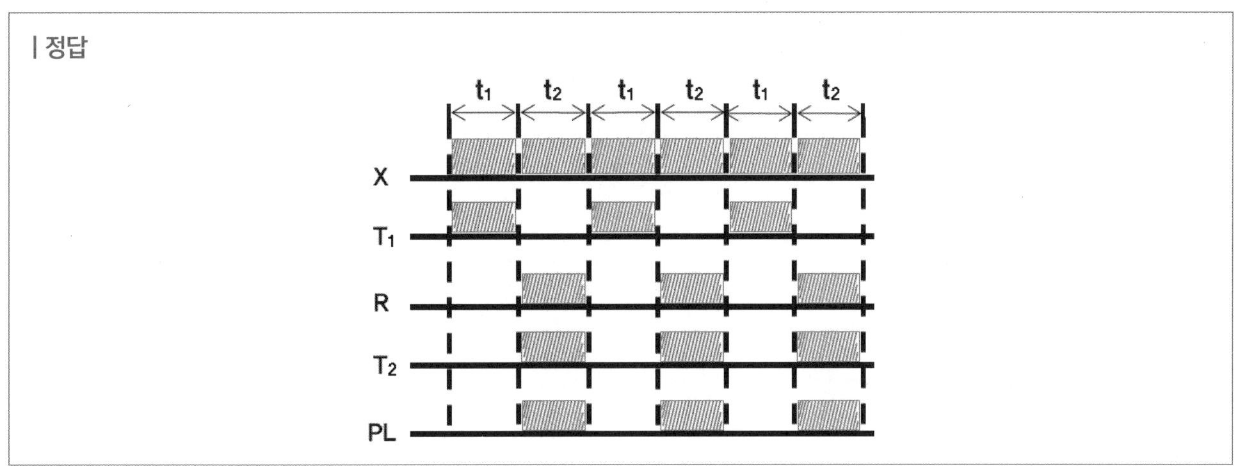

11. 도면은 Y - Δ 기동회로의 미완성회로이다. 이 회로를 보고 다음 각 물음에 답하시오.

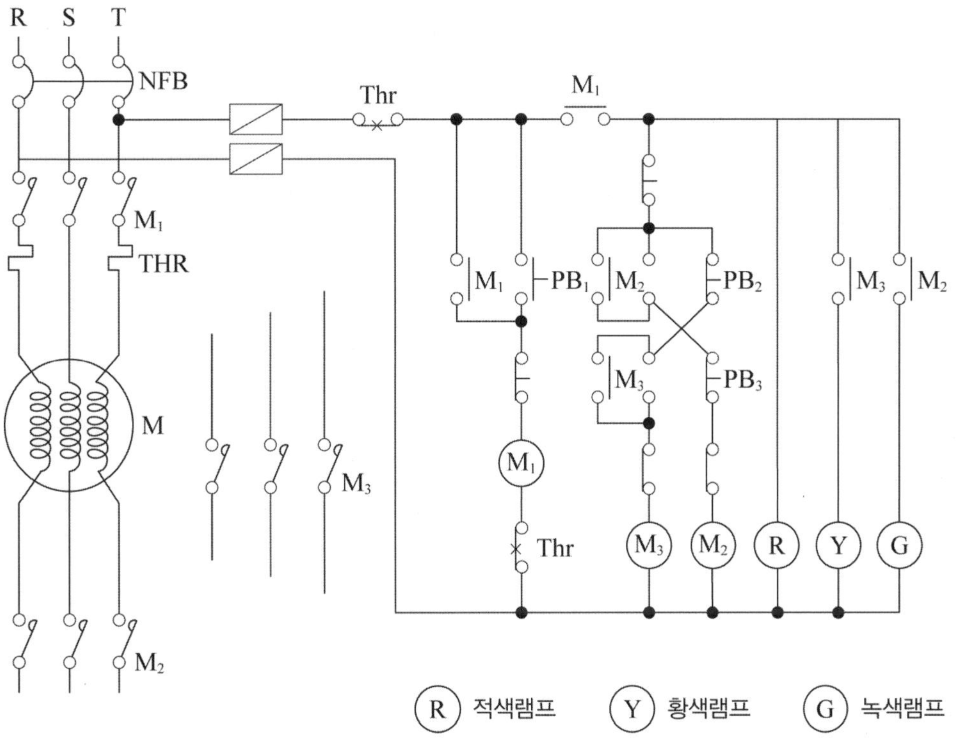

Ⓡ 적색램프 Ⓨ 황색램프 Ⓖ 녹색램프

(1) 주회로 부분의 미완성된 Y - Δ 회로를 완성하시오.

(2) 누름버튼스위치 PB_1을 누르면 어느 램프가 점등되는가?

(3) 전자개폐기 (M_1) 이 동작되고 있는 상태에서 PB_2를 눌렀을 때 어느 램프가 점등되는가?

(4) 전자개폐기 (M_1) 이 동작되고 있는 상태에서 PB_3를 눌렀을 때 어느 램프가 점등되는가?

(5) Thr은 무엇을 나타내는가?

(6) NFB의 명칭은 무엇인가?

| 정답

(1)

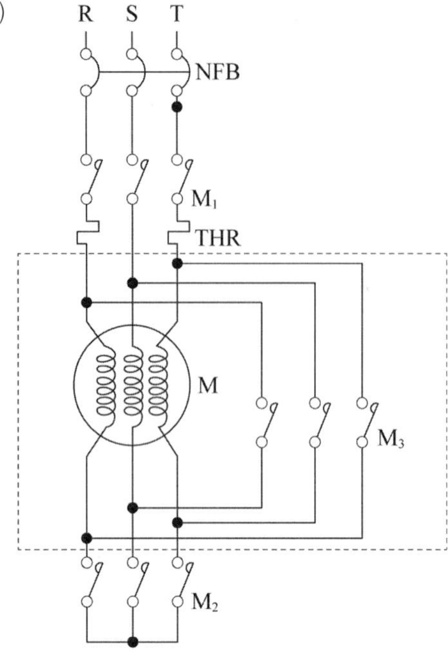

(2) 적색램프

(3) 녹색램프

(4) 황색램프

(5) 열동형계전기

(6) 배선용 차단기

12. P형수신기와 감지기와의 배선회로에서 배선회로저항이 50Ω, 릴레이저항이 800Ω, 종단저항이 10kΩ이고 상시감시 전류는 2mA라고 할 때, 다음 각 물음에 답하시오.

(1) 수신기의 단자전압은 몇 V인가?

(2) 감지기가 동작할 때 회로에 흐르는 전류는 몇 mA인가?

| 정답

(1) • 계산과정: 단자전압[V] = $2 \times 10^{-3} \times (50 + 800 + 10 \times 10^3) = 21.7\text{V}$

• 답: 21.7V

(2) • 계산과정: 동작전류[mA] = $\dfrac{24}{50 + 800} \times 10^3 = 28.235$ ∴ 28.24mA

• 답: 28.24mA

13. 3상 380V 100kW, 역률 70%인 스프링클러소화펌프와 직결된 유도전동기가 있다. 변류비가 300/5일 때, 2차전류[A]를 구하시오.

| 정답

• 계산과정: 전류[A] = $\dfrac{100\times10^3}{\sqrt{3}\times380\times0.7}=217.048$ ∴ 217.05A

2차전류[A] = $\dfrac{217.05}{\dfrac{300}{5}}$ = 3.617 ∴ 3.62A

• 답: 3.62A

14. 다음은 자동화재탐지설비의 전원회로배선인 내화배선공사방법을 나타낸 것이다. (　　) 안에 알맞은 단어를 쓰시오.

> 금속관 · 2종 금속제 가요전선관 또는 합성수지관에 수납하여 내화구조로 된 벽 또는 바닥 등에 벽 또는 바닥의 표면으로부터 (①) 이상의 깊이로 매설하여야 한다. 다만 다음의 기준에 적합하게 설치하는 경우에는 그렇지 않다.
> (1) 배선을 (②)을(를) 갖는 배선전용실 또는 배선용 샤프트 · 피트 · 닥트 등에 설치하는 경우
> (2) 배선전용실 또는 배선용 샤프트 · 피트 · 닥트 등에 다른 설비의 배선이 있는 경우에는 이로부터 (③) 이상 떨어지게 하거나 소화설비의 배선과 이웃하는 다른 설비의 배선사이에 배선지름(배선의 지름이 다른 경우에는 가장 큰 것을 기준으로 한다)의 (④) 이상의 높이의 (⑤)을(를) 설치하는 경우

| 정답

금속관 · 2종 금속제 가요전선관 또는 합성수지관에 수납하여 내화구조로 된 벽 또는 바닥 등에 벽 또는 바닥의 표면으로부터 ① **25mm** 이상의 깊이로 매설하여야 한다. 다만 다음의 기준에 적합하게 설치하는 경우에는 그렇지 않다.

(1) 배선을 ② **내화성능**을 갖는 배선전용실 또는 배선용 샤프트 · 피트 · 닥트 등에 설치하는 경우

(2) 배선전용실 또는 배선용 샤프트 · 피트 · 닥트 등에 다른 설비의 배선이 있는 경우에는 이로부터 ③ **15cm** 이상 떨어지게 하거나 소화설비의 배선과 이웃하는 다른 설비의 배선사이에 배선지름(배선의 지름이 다른 경우에는 가장 큰 것을 기준으로 한다)의 ④ **1.5배** 이상의 높이의 ⑤ **불연성 격벽**을 설치하는 경우

15. 다음은 자동화재탐지설비의 평면을 나타낸 도면이다. 다음 도면을 보고 물음에 답하시오. (단, 각 실은 이중천장이 없는 구조이며, 전선관은 후강스틸전선관을 사용, 콘크리트 내 매입 시공한다.)

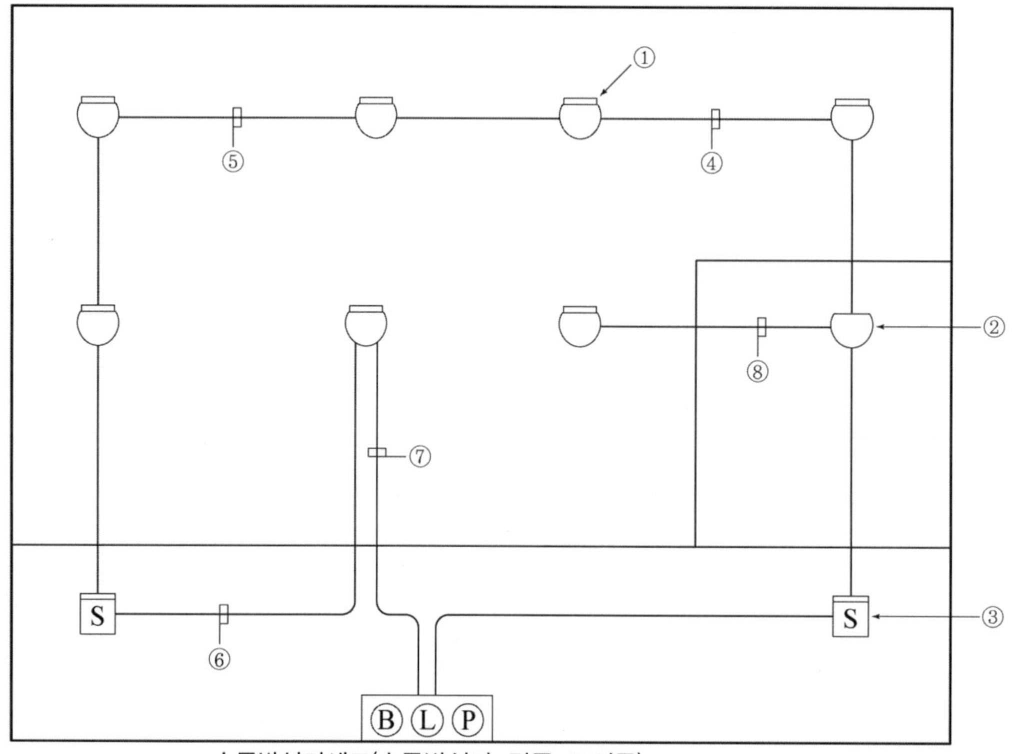

수동발신기세트(수동발신기, 경종, 표시등)

(1) 시공시 소요되는 16mm 로크너트와 부싱의 소요개수를 각각 산출하시오.

(2) 도면에서 화살표로 표시된 ①~③의 감지기 명칭을 쓰시오.

(3) 배선구간 ④~⑧에 적합한 가닥수를 쓰시오.

| 정답

(1) 로크너트: 44개
부싱: 22개

(2) ① 차동식스포트형 감지기
② 정온식스포트형 감지기
③ 연기감지기

(3) ④ 2가닥
⑤ 2가닥
⑥ 2가닥
⑦ 2가닥
⑧ 4가닥

16. 다음은 자동화재탐지설비의 평면도에 차동식스포트형 감지기 2종 및 광전식스포트형 감지기 2종을 설치하려고 한다. 도면을 보고 감지기 개수를 구하시오. (단, 주요구조부는 내화구조이며 설치 높이는 5m로 한다.)

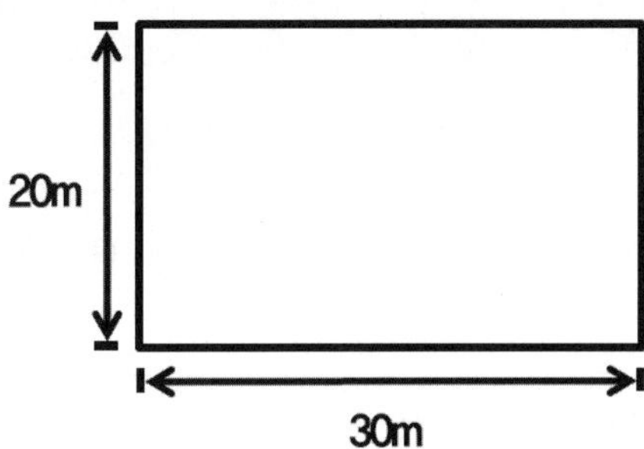

(1) 차동식스포트형 감지기 2종

- 계산과정:
- 답:

(2) 광전식스포트형 감지기 2종

- 계산과정:
- 답:

| 정답

(1) 차동식스포트형 감지기 2종

- 계산과정: $\frac{20 \times 30}{35} = 17.14$ $\therefore$ 18개
- 답: 18개

(2) 광전식스포트형 감지기 2종

- 계산과정: $\frac{20 \times 30}{75} = 8$개
- 답: 8개

17. 특정소방대상물 및 설치장소별 적응유도등을 나타낸 것이다. (　　) 안에 해당하는 유도등의 종류를 쓰시오.

설치장소	유도등 및 유도표지의 종류 (예시: 대형피난구유도등)
1. 공연장 · 집회장(종교집회장 포함) · 관람장 · 운동시설	• 통로유도등 • 객석유도등
2. 유흥주점영업시설(유흥주점영업 중 손님이 춤을 출 수 있는 무대가 설치된 카바레, 나이트클럽 또는 그밖에 이와 비슷한 영업시설만 해당)	• (①) • 통로유도등 • 객석유도등
3. 위락시설 · 판매시설 및 운수시설 · 관광숙박업 · 의료시설 · 장례식장, 방송통신시설 · 전시장 · 지하상가 · 지하철역사	• (②) • 통로유도등
4. 숙박시설(관광숙박업 제외) · 오피스텔	• (③) • 통로유도등
5. 지하층 · 무창층 또는 층수가 11층 이상인 특정소방대상물	• (④) • 통로유도등
6. 근린생활시설 · 노유자시설 · 업무시설 · 발전시설 · 종교시설(집회장 용도로 사용하는 부분 제외) · 교육연구시설 · 수련시설 · 공장 · 창고시설 · 교정 및 군사시설(국방 · 군사시설 제외) · 기숙사 · 자동차정비공장 · 운전학원 및 정비학원 · 다중이용업소 · 복합건축물 · 아파트	• (⑤) • 통로유도등

| 정답

설치장소	유도등 및 유도표지의 종류 (예시: 대형피난구유도등)
1. 공연장 · 집회장(종교집회장 포함) · 관람장 · 운동시설	• 통로유도등 • 객석유도등
2. 유흥주점영업시설(유흥주점영업 중 손님이 춤을 출 수 있는 무대가 설치된 카바레, 나이트클럽 또는 그밖에 이와 비슷한 영업시설만 해당)	• ① 대형피난구유도등 • 통로유도등 • 객석유도등
3. 위락시설 · 판매시설 및 운수시설 · 관광숙박업 · 의료시설 · 장례식장, 방송통신시설 · 전시장 · 지하상가 · 지하철역사	• ② 대형피난유도등 • 통로유도등
4. 숙박시설(관광숙박업 제외) · 오피스텔	• ③ 중형피난유도등 • 통로유도등
5. 지하층 · 무창층 또는 층수가 11층 이상인 특정소방대상물	• ④ 중형피난유도등 • 통로유도등
6. 근린생활시설 · 노유자시설 · 업무시설 · 발전시설 · 종교시설(집회장 용도로 사용하는 부분 제외) · 교육연구시설 · 수련시설 · 공장 · 창고시설 · 교정 및 군사시설(국방 · 군사시설 제외) · 기숙사 · 자동차정비공장 · 운전학원 및 정비학원 · 다중이용업소 · 복합건축물 · 아파트	• ⑤ 소형피난유도등 • 통로유도등

2020년 | 제1회

01. 다음은 누전경보기의 구성요소와 기능에 관한 표이다. 빈칸을 채우시오.

구성요소	기능

| 정답

구성요소	기능
수신기	누설전류를 받아 증폭
변류기	누설전류를 자동 검출
음향장치	누전시 관계인에게 경보
차단기구	누전회로 차단

02. 주요구조부가 비내화구조인 특정소방대상물에 공기관식 차동식분포형 감지기를 설치하고자 한다. 다음 각 물음에 답하시오.

(1) 감지구역마다 공기관의 노출 부분의 길이는 몇 m 이상이어야 하는가?
(2) 하나의 검출 부분에 접속하는 공기관의 길이는 몇 m 이하이어야 하는가?
(3) 공기관과 감지구역의 각 변과의 수평거리는 몇 m 이하이어야 하는가?
(4) 공기관 상호 간의 거리는 몇 m 이하이어야 하는가?
(5) 공기관의 두께 및 바깥지름은 각각 몇 mm 이상이어야 하는가?

| 정답

(1) 20m 이상
(2) 100m 이하
(3) 1.5m 이하
(4) 6m 이하
(5) ① 두께: 0.3mm 이상
② 바깥지름: 1.9mm 이상

03. 다음은 한국전기설비규정(KEC) 중 전선의 식별에 따른 상(문자)과 색상을 나타낸 표이다. 번호에 따라 알맞은 답을 쓰시오.

상(문자)	색상
L1	①
L2	②
L3	③
N	④
보호도체	녹색 - 노란색

| 정답

상(문자)	색상
L1	① 갈색
L2	② 흑색
L3	③ 회색
N	④ 청색
보호도체	녹색 - 노란색

04. P형수신기와 감지기간의 배선회로에서 종단저항은 11kΩ, 릴레이저항은 550Ω, 배선저항은 50Ω이다. 회로의 전압이 직류 24V일 때 다음 각 물음에 답하시오.

(1) 감시상태의 감시전류는 몇 mA인가?
- 계산과정:
- 답:

(2) 감지기가 동작할 때의 동작전류는 몇 mA인가?
- 계산과정:
- 답:

| 정답

(1) 감시전류
- 계산과정: $\frac{24}{550+50+11\times10^3}\times10^3=2.068$ ∴ 2.07mA
- 답: 2.07mA

(2) 동작전류
- 계산과정: $\frac{24}{550+50}\times10^3=40\text{mA}$
- 답: 40mA

05. 그림은 자동방화문(Auto Door Release)설비의 자동방화문 결선도 및 계통도에 대한 것이다. 조건을 참조하여 각 물음에 답하시오.

<조건>

㉠ 전선의 가닥수는 최소로 한다.
㉡ 방화문 감지기회로는 제외한다.
㉢ 자동방화문설비는 층별로 동일하다.

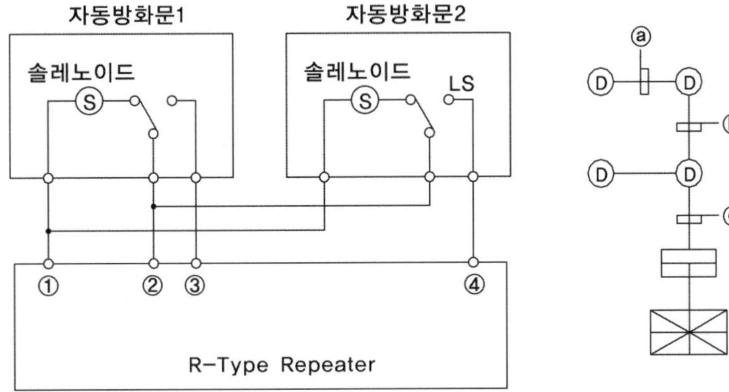

(1) ①~④ 배선의 용도를 쓰시오.
(2) ⓐ~ⓒ의 전선가닥수와 용도를 쓰시오.

| 정답

(1) ① 기동
② 공통
③ 기동확인 1
④ 기동확인 2

(2) ⓐ 3, 공통, 기동, 기동확인
ⓑ 4, 공통, 기동, 기동확인 2
ⓒ 7, 공통, 기동 2, 기동확인 4

06. 차동식분포형 감지기의 종류를 3가지만 쓰시오.

| 정답

① 공기관식
② 열전대식
③ 열반도체식

07. P형수동발신기에서 주어진 단자의 명칭을 쓰고 내부결선을 완성하여 각 단자와 연결하시오. 또한 LED, 푸시버튼(push button), 전화잭의 기능을 간략하게 설명하시오.

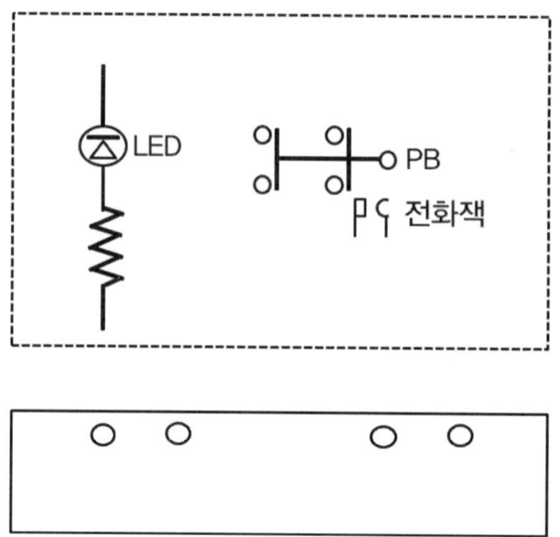

| 정답

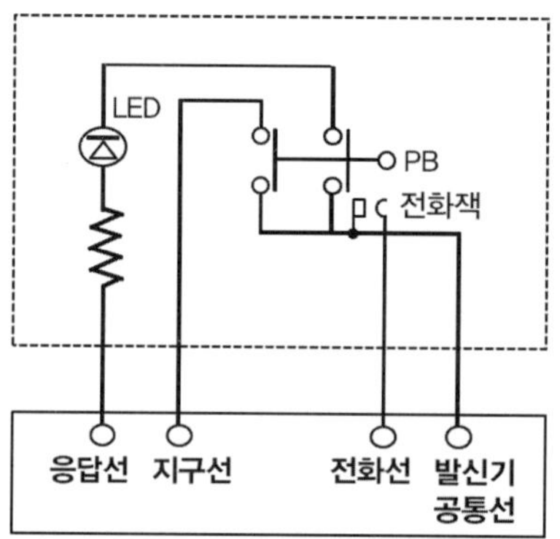

① LED: 발신된 신호가 수신기에 전달되었는가를 발신자가 확인하는 표시등
② 푸시버튼: 수신기에 화재신호를 발신하는 스위치
③ 전화잭: 수신기와 발신기 상호간 통화

08. 다음 도면은 자동화재탐지설비와 준비작동식 스프링클러설비가 함께 설치된 계통도이다. 도면을 참조하여 각 물음에 답하시오. (단, 전원공통선과 감지기 공통선은 분리하여 사용하고 프리액션밸브에 설치하는 압력스위치, 탬퍼스 위치, 솔레노이드밸브의 공통선은 1가닥을 사용한다.)

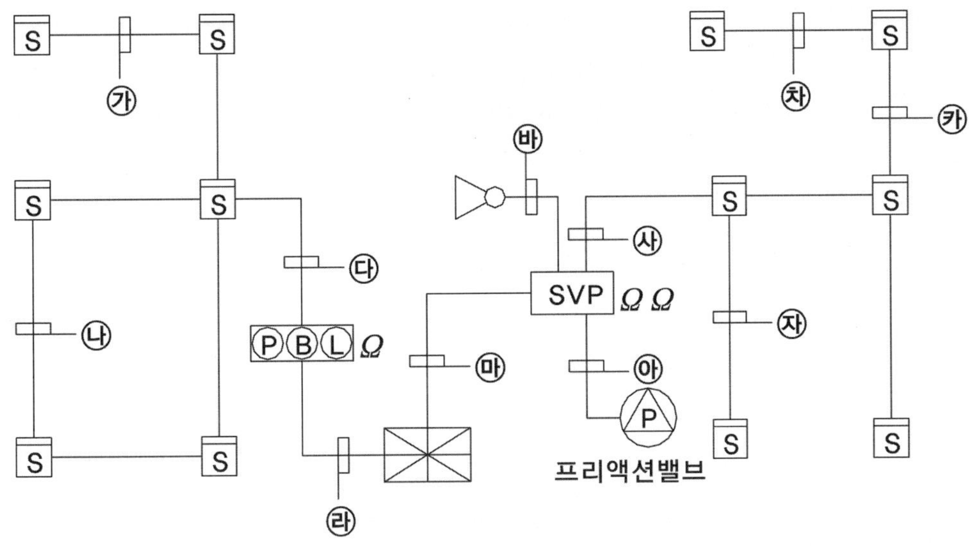

(1) 도면을 보고 아래 빈칸에 ㉮~㉸까지의 배선 가닥수를 쓰시오.

번호	㉮	㉯	㉰	㉱	㉲	㉳	㉴	㉵	㉶	㉷	㉸
가닥수											

(2) 기호 ㉲의 배선용 용도를 쓰시오(해당 가닥수까지만 기록).

| 정답

(1)

번호	㉮	㉯	㉰	㉱	㉲	㉳	㉴	㉵	㉶	㉷	㉸
가닥수	4	2	4	6	9	2	8	4	4	4	8

(2) 전원(+, −), PS, TS, SV, 사이렌, 감지기공통, 감지기(A, B)

09. 비상방송설비의 음향장치는 정격전압의 몇 % 전압에서 음향을 발할 수 있는 것으로 하여야 하는가?

| 정답

80%

10. 차동식스포트형 · 보상식스포트형 및 정온식스포트형 감지기는 부착높이 및 특정소방대상물에 따라 다음 표에 따른 기준으로 바닥면적마다 1개 이상을 설치하여야 한다. 표의 ㉮ ~ ㉵에 알맞은 내용을 쓰시오.

[단위: m^2]

부착높이 및 특정소방대상물의 구분		감지기의 종류						
		차동식스포트형		보상식스포트형		정온식스포트형		
		1종	2종	1종	2종	특종	1종	2종
4m 미만	주요구조부를 내화구조로 한 특정소방대상물 또는 그 부분	90	70	㉮	70	㉯	60	20
	기타구조의 특정소방대상물 또는 그 부분	㉰	40	50	㉱	40	30	15
4m 이상 8m 미만	주요구조부를 내화구조로 한 특정소방대상물 또는 그 부분	45	㉲	45	35	35	㉳	-
	기타구조의 특정소방대상물 또는 그 부분	30	25	30	㉴	25	㉵	-

| 정답

[단위: m^2]

부착높이 및 특정소방대상물의 구분		감지기의 종류						
		차동식스포트형		보상식스포트형		정온식스포트형		
		1종	2종	1종	2종	특종	1종	2종
4m 미만	주요구조부를 내화구조로 한 특정소방대상물 또는 그 부분	90	70	㉮ 90	70	㉯ 70	60	20
	기타구조의 특정소방대상물 또는 그 부분	㉰ 50	40	50	㉱ 40	40	30	15
4m 이상 8m 미만	주요구조부를 내화구조로 한 특정소방대상물 또는 그 부분	45	㉲ 35	45	35	35	㉳ 30	-
	기타구조의 특정소방대상물 또는 그 부분	30	25	30	㉴ 25	25	㉵ 15	-

11. 청각장애인용 시각경보장치의 설치기준을 4가지 쓰시오.

| 정답

① 복도 · 통로 · 청각장애인용 객실 및 공용으로 사용하는 거실에 설치하며, 각 부분으로부터 유효하게 경보를 발할 수 있는 위치에 설치할 것
② 공연장 · 집회장 · 관람장 또는 이와 유사한 장소에 설치하는 경우에는 시선이 집중되는 무대부 부분 등에 설치할 것
③ 설치높이는 바닥으로부터 2m 이상 2.5m 이하의 장소에 설치할 것
④ 시각경보장치의 광원은 전용의 축전지설비 또는 전기저장장치에 의하여 점등되도록 할 것

12. 토출량 2400LPM, 양정이 100m인 스프링클러설비용 펌프의 전동기 모터 소요동력[kW]을 계산하시오. (단, 효율은 60%, 전달계수는 1.1이다.)

| 정답

• 계산과정: $\dfrac{1000\times2400\times10^{-3}\times100\times1.1}{102\times60\times0.6}=71.895$ ∴ 71.90kW

• 답: 71.90kW

13. 다음 그림은 P형수신기의 1개의 경계구역에 대한 결선도이다. 결선도를 참조하여 다음 각 물음에 답하시오.

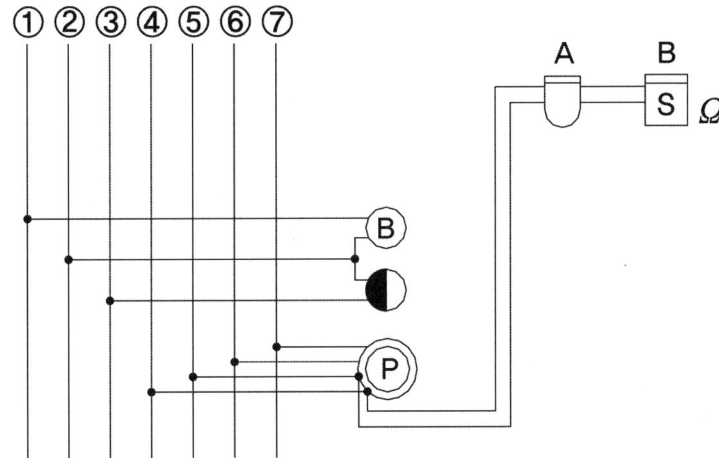

(1) ①~⑥의 배선에 대한 명칭을 쓰시오. (단, ④는 신호선, ⑦은 응답선이다.)
(2) 발신기의 위치표시등의 점멸상태는 어떻게 되어 있어야 하는지 그 상태를 설명하시오.
(3) 지상층의 경계구역이 증가할 때마다 추가되는 배선들의 명칭을 쓰시오. (단, 발화층 및 직상층 우선경보방식임.)
(4) 감지기 A, B는 발신기의 어느 선과 연결해야 하는지 그 선의 명칭을 쓰시오.
(5) 회로에 사용되는 전원의 종류는 무엇이며 전압은 몇 V를 사용하는가?

| 정답

(1) ① 경종선
② 경종 및 표시등 공통선
③ 표시등선
⑤ 발신기공통선
⑥ 전화선
(2) 평상시: 점등
(3) 발신기공통선, 경종선, 신호선
(4) 발신기공통선, 신호선
(5) 직류전원, 24V

14. 그림과 같이 1개의 등을 2개소에서 점멸이 가능하도록 하려고 한다. 다음 물음에 답하시오.

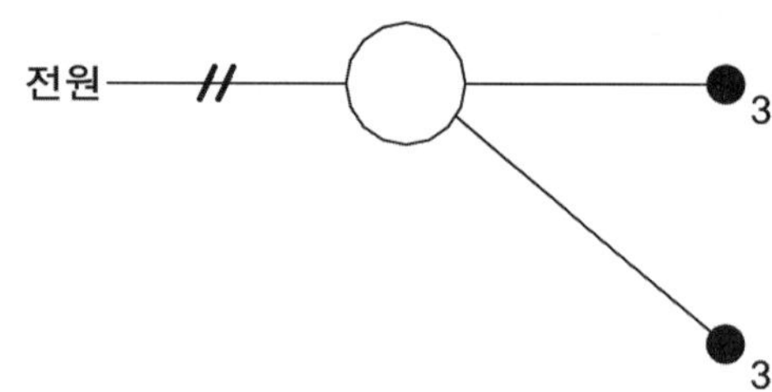

(1) ●₃ 의 명칭을 구체적으로 쓰시오.
(2) 배선의 배선가닥수를 표시하시오.
(3) 배선접속도(실체배선도)를 그리시오.

| 정답

(1) 3로 스위치

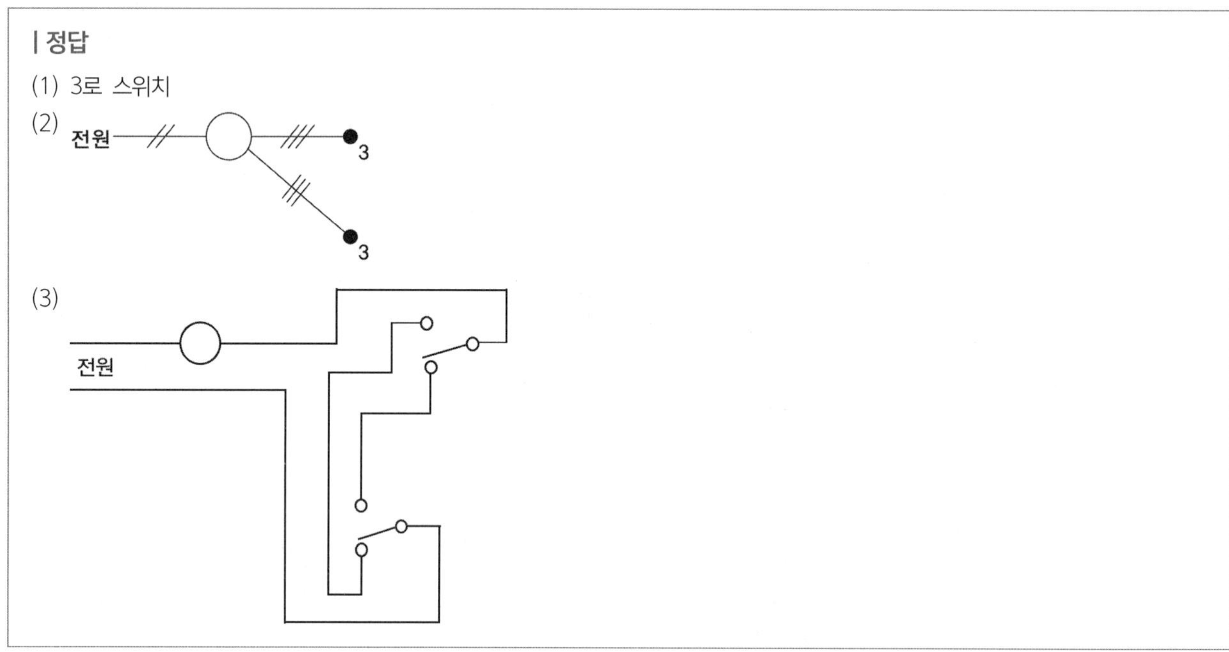

15. 무선통신보조설비의 누설동축케이블에 표기되어있는 기호의 의미를 보기에서 찾아 [예]를 참조하여 쓰시오.

LCX − FR − SS − 20 D − 14 6
① ② ③ ④ ⑤ ⑥⑦

예 ⑦: 결합손실표시수

<보기>
절연체 외경 자기지지 누설동축케이블 특성임피던스 사용주파수 난연성(내열성)

| 정답

① 누설동축케이블
② 난연성
③ 자기지지
④ 절연체 외경[mm]
⑤ 특성임피던스 50Ω
⑥ 사용주파수

16. 비상전원으로 연축전지설비를 설치하려고 한다. 비상용 조명부하는 6kW의 용량을 사용하고 사용전압은 100V이다. 다음 각 물음에 답하시오.

(1) 축전지의 설치에 필요한 셀[cell]의 수는?
(2) 납축전지를 방전상태로 오랫동안 방치해두면 극판의 황산납이 회백색으로 변하며 내부저항이 대단히 증가하여 충전시 전해액의 온도상승이 크고 황산의 비중 상승이 낮으며 가스의 발생이 심해진다. 따라서 전지의 용량이 감소되고 수명을 단축시키는 현상은 무엇인가?
(3) (2)의 현상 때 발생되는 가스의 명칭은 무엇인가?

| 정답

(1) • 계산과정: $\frac{100}{2}$ = 50cell
• 답: 50cell
(2) 설페이션현상
(3) 수소

17. 그림은 3상 유도전동기의 기동 조작회로이다. 이 도면을 타이머의 설정시간 후 타이머와 릴레이 X가 소자되도록 하고 타이머 소자 후에도 모터 M이 계속 동작하도록 도면을 다시 그리시오.

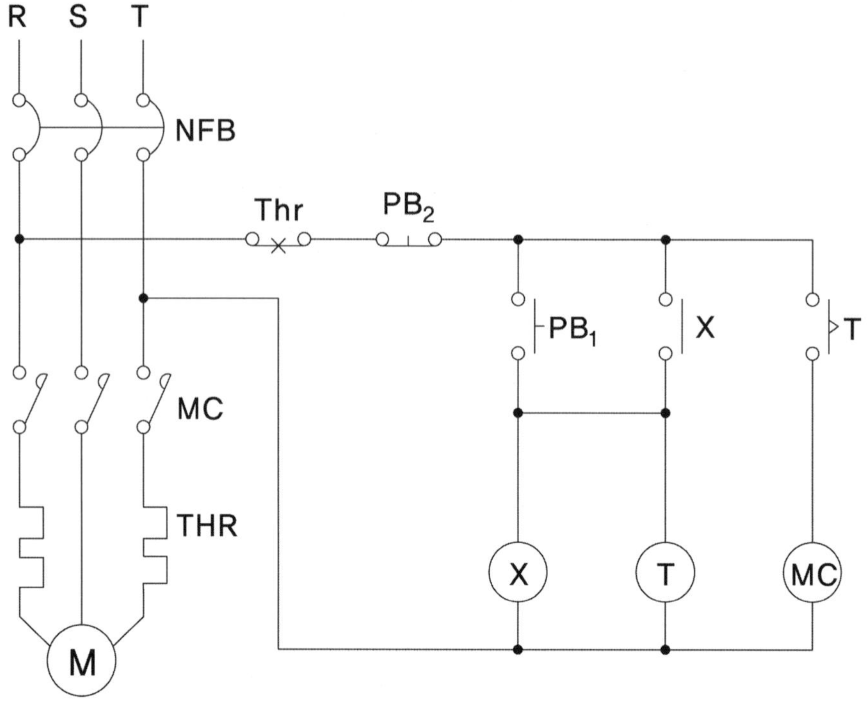

| 정답

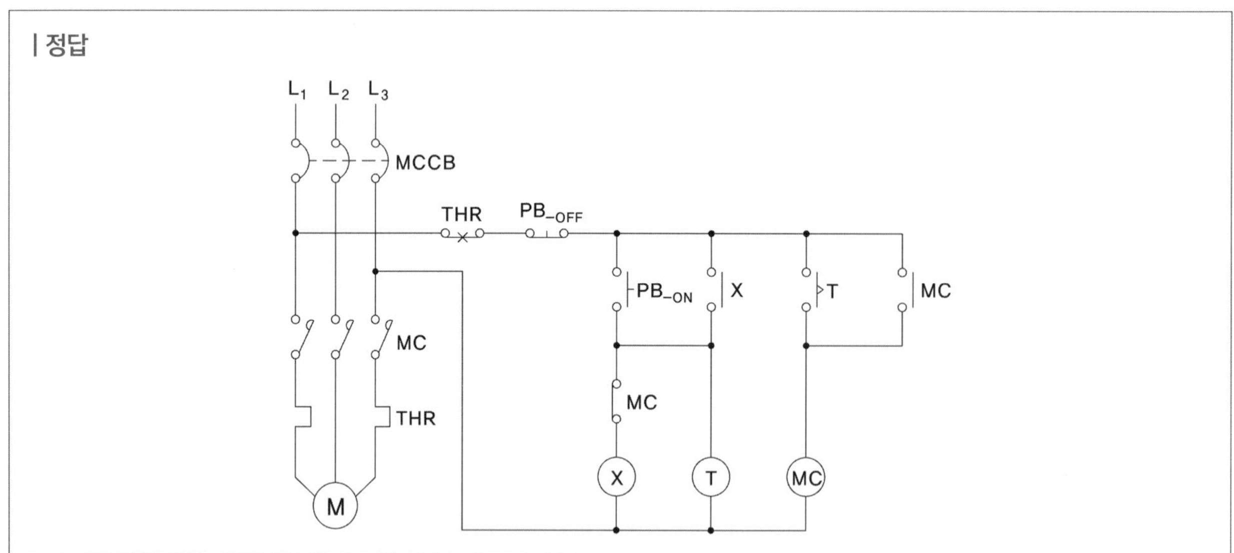

18. 그림과 같은 논리회로를 보고 다음 각 물음에 답하시오.

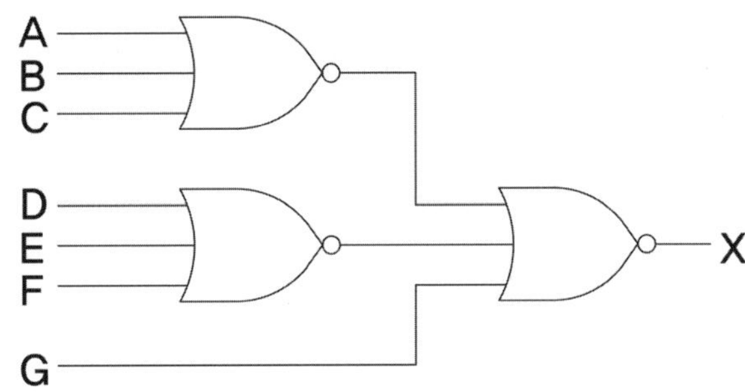

(1) 논리식으로 표현하시오.

(2) AND, OR, NOT 회로를 이용한 등가회로를 그리시오.

(3) 유접점(릴레이)회로를 그리시오.

| 정답

(1)

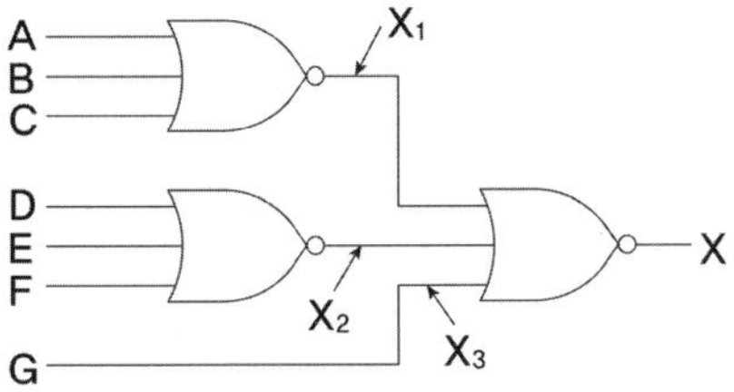

$x_1 = \overline{A+B+C} = \overline{A} \cdot \overline{B} \cdot \overline{C}$

$x_2 = \overline{D+E+F} = \overline{D} \cdot \overline{E} \cdot \overline{F}$

$x_3 = G$

$x = \overline{x_1 + x_2 + x_3}$

$= \overline{\overline{A} \cdot \overline{B} \cdot \overline{C} + \overline{D} \cdot \overline{E} \cdot \overline{F} + G}$

$= (A+B+C) \cdot (D+E+F) \cdot \overline{G}$

(2)

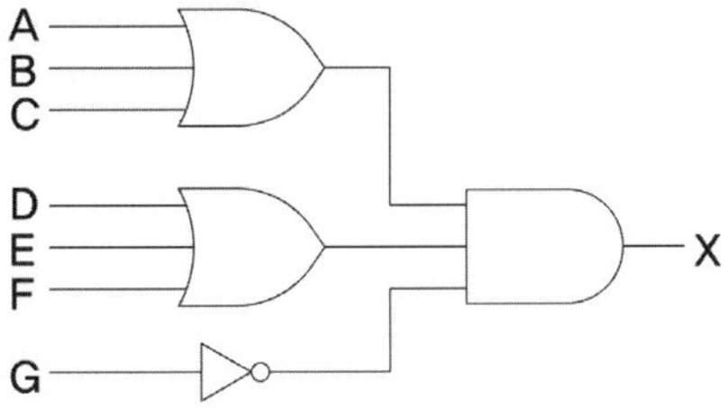

(3)

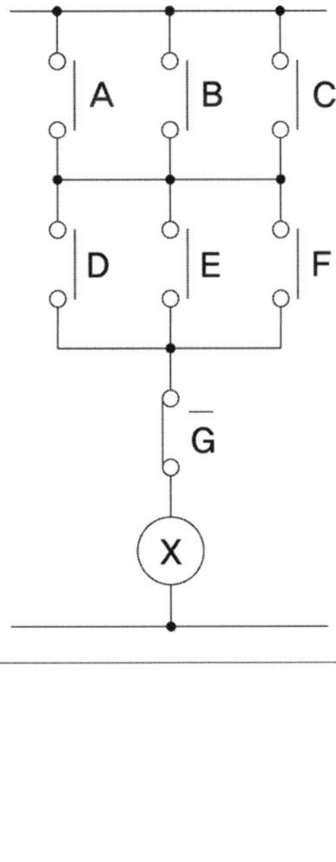

2020년 | 제2회

01. 다음은 자동화재탐지설비의 중계기 설치기준이다. (   ) 안에 알맞은 답을 쓰시오.

(1) 수신기에서 직접 감지기회로의 (①)을 행하지 아니하는 것에 있어서는 수신기와 감지기 사이에 설치할 것
(2) 조작 및 점검에 편리하고 화재 및 침수 등의 재해로 인한 피해를 받을 우려가 없는 장소에 설치할 것
(3) 수신기에 따라 감시되지 아니하는 배선을 통하여 전력을 공급받는 것에 있어서는 전원입력측의 배선에 (②)를 설치하고 해당 전원의 정전이 즉시 수신기에 표시되는 것으로 하며 (③) 및 (④)의 시험을 할 수 있도록 할 것

| 정답

(1) 수신기에서 직접 감지기회로의 ① **도통시험**을 행하지 아니하는 것에 있어서는 수신기와 감지기 사이에 설치할 것
(2) 조작 및 점검에 편리하고 화재 및 침수 등의 재해로 인한 피해를 받을 우려가 없는 장소에 설치할 것
(3) 수신기에 따라 감시되지 아니하는 배선을 통하여 전력을 공급받는 것에 있어서는 전원입력측의 배선에 ② **과전류차단기**를 설치하고 해당 전원의 정전이 즉시 수신기에 표시되는 것으로 하며 ③ **상용전원** 및 ④ **예비전원**의 시험을 할 수 있도록 할 것

02. 리크홀(구멍)을 사용하는 차동식스포트형 감지기에 있어서 리크홀이 수축된 경우와 리크홀이 확장된 경우 작동 특성상 나타나는 현상에 대하여 쓰시오.

(1) 리크홀(구멍)이 수축된 경우
(2) 리크홀(구멍)이 확장된 경우

| 정답

(1) 작동시간이 빨라진다.
(2) 작동시간이 느려진다.

03. 토출량 2400LPM, 양정이 90m인 스프링클러설비용 펌프의 전동기 모터 소요동력[kW]을 계산하시오. (단, 효율은 70%, 전달계수는 1.1이다.)

| 정답

• 계산과정: $\dfrac{1000 \times 2400 \times 10^{-3} \times 90 \times (1+0.1)}{102 \times 60 \times 0.7} = 55.462$ $\therefore$ 55.46kW

• 답: 55.46kW

04. 다음 옥내소화전설비의 비상전원에 대한 내용이다. 각 물음에 답하시오.

(1) 옥내소화전설비에 비상전원을 설치하여야 하는 경우이다. (   ) 안에 알맞은 답을 쓰시오.

- 층수가 7층 이상으로서 연면적이 (①)m^2 이상인 것
- 지하층의 바닥면적의 합계가 (②)m^2 이상인 것

(2) 옥내소화전설비의 비상전원은 자가발전설비, 축전지설비 또는 전기저장장치로서 다음의 기준에 따라 설치하여야 한다. (   ) 안에 알맞은 답을 쓰시오.

- 점검에 편리하고 화재 및 침수 등의 재해로 인한 피해를 받을 우려가 없는 곳에 설치할 것
- 옥내소화전설비를 유효하게 (③) 이상 작동할 수 있어야 할 것
- 상용전원으로부터 전력의 공급이 중단된 때에는 (④)으로 비상전원으로부터 전력을 공급받을 수 있도록 할 것
- 비상전원의 설치장소는 다른 장소와 (⑤) 할 것. 이 경우 그 장소에는 비상전원의 공급에 필요한 기구나 설비 외의 것을 두어서는 아니 된다.
- 비상전원을 실내에 설치하는 때에는 그 실내에 (⑥)을 설치할 것

| 정답

(1)
- 층수가 7층 이상으로서 연면적이 ① **2,000m^2** 이상인 것
- 지하층의 바닥면적의 합계가 ② **3,000m^2** 이상인 것

(2)
- 점검에 편리하고 화재 및 침수 등의 재해로 인한 피해를 받을 우려가 없는 곳에 설치할 것
- 옥내소화전설비를 유효하게 ③ **20분** 이상 작동할 수 있어야 할 것
- 상용전원으로부터 전력의 공급이 중단된 때에는 ④ **자동**으로 비상전원으로부터 전력을 공급받을 수 있도록 할 것
- 비상전원의 설치장소는 다른 장소와 ⑤ **방화구획** 할 것. 이 경우 그 장소에는 비상전원의 공급에 필요한 기구나 설비 외의 것을 두어서는 아니 된다.
- 비상전원을 실내에 설치하는 때에는 그 실내에 ⑥ **비상조명등**을 설치할 것

05. 40W 피난구유도등 10개가 AC 220V 전원에 연결되어 점등되었을 때 소요되는 전류는 몇 A인가? (단, 유도등의 역률은 60%이고, 배터리 충전전류는 무시한다.)

| 정답

- 계산과정: 전류 = $\frac{40 \times 10}{220 \times 0.6} = 3.030$ ∴ 3.03A
- 답: 3.03A

06. 논리식 $Y=(A\cdot B\cdot C)+(A\cdot \overline{B}\cdot \overline{C})$를 유접점회로와 무접점회로로 그리고 아래의 진리표를 완성하시오.

A	B	C	Y
0	0	0	
0	0	1	
0	1	0	
1	0	0	
1	1	0	
1	0	1	
0	1	1	
1	1	1	

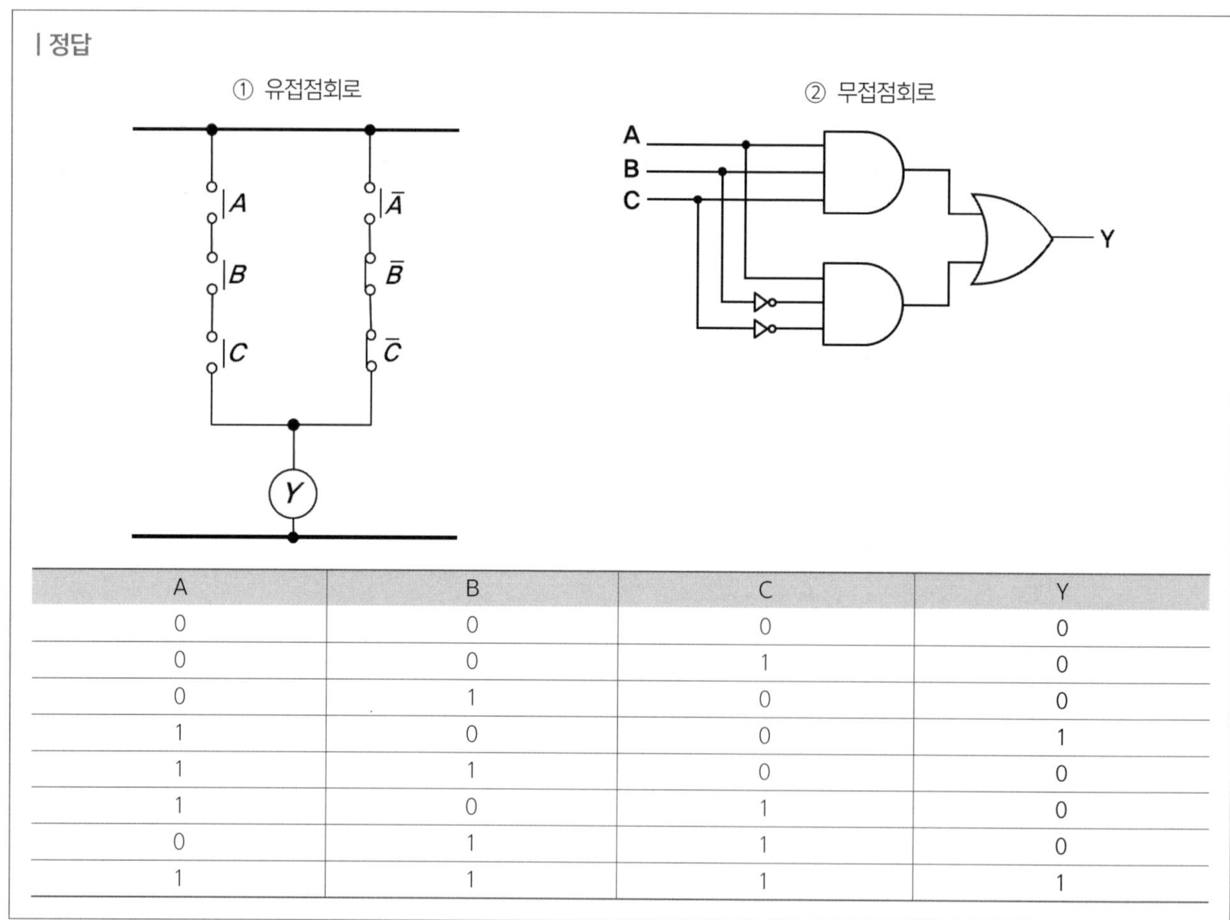

A	B	C	Y
0	0	0	0
0	0	1	0
0	1	0	0
1	0	0	1
1	1	0	0
1	0	1	0
0	1	1	0
1	1	1	1

07. 배선용 차단기의 심벌이다. 기호 ① ~ ③이 의미하는 바를 빈칸에 쓰시오.

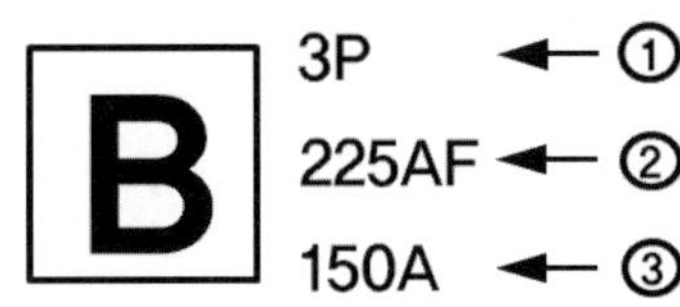

①	②	③

| 정답

①	②	③
극수: 3극	프레임 크기: 225A	정격전류: 150A

08. 예비전원으로 사용되는 축전지설비에 대한 다음 각 물음에 답하시오.

(1) 부동충전방식에 대한 회로(개략적인 그림)를 그리시오.

(2) 축전지의 과방전 또는 방치상태에서 기능회복을 위하여 실시하는 것은 어떤 충전방식인가?

(3) 연축전지의 정격용량은 250Ah이고 상시부하가 8kW이며 표준전압이 100V인 부동충전방식의 충전기 2차 충전전류는 몇 A인가? (단, 축전지의 방전율은 10시간율로 한다.)

| 정답

(1)

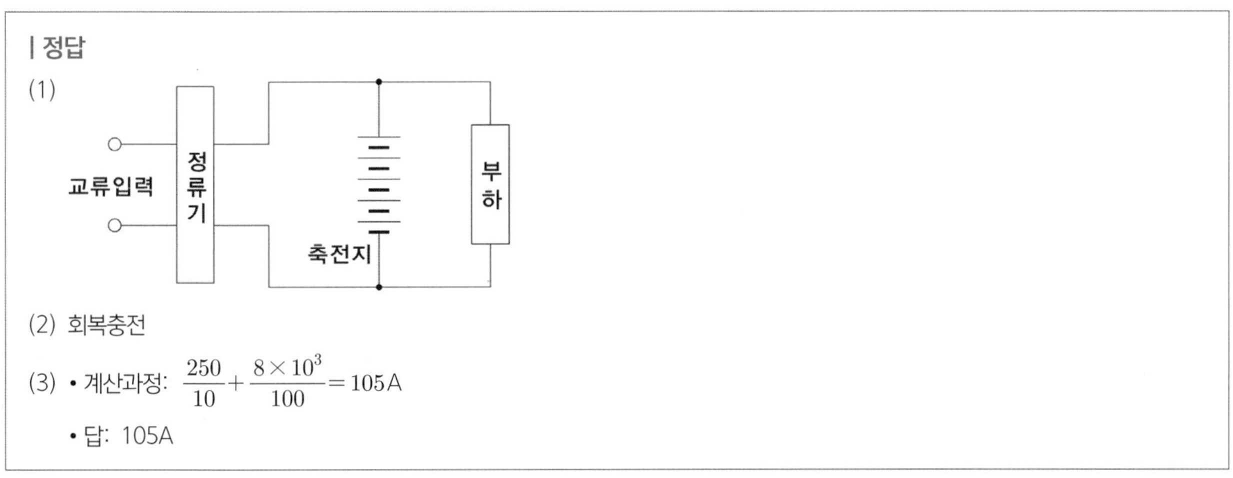

(2) 회복충전

(3) • 계산과정: $\frac{250}{10}+\frac{8\times10^3}{100}=105\text{A}$

• 답: 105A

09. 다음은 경계구역의 설정기준에 관한 내용이다. (   ) 안에 알맞은 답을 쓰시오.

(1) 하나의 경계구역이 2개 이상의 건축물에 미치지 아니하도록 할 것
(2) 하나의 경계구역이 2개 이상의 층에 미치지 아니하도록 할 것. 다만, $500m^2$ 이하의 범위 안에서는 2개의 층을 하나의 경계구역으로 할 수 있다.
(3) 하나의 경계구역의 면적은 (①)m^2 이하로 하고 한 변의 길이는 (②)m 이하로 할 것. 다만, 해당 특정소방대상물의 주된 출입구에서 그 내부 전체가 보이는 것에 있어서는 한 변의 길이가 50m의 범위 내에서 (③)m^2 이하로 할 수 있다.
(4) 하나의 경계구역은 높이 (④)m 이하(계단 및 경사로)로 할 것
(5) 스프링클러설비, 물분무등소화설비 또는 (⑤)의 화재감지장치로서 화재감지기를 설치한 경우의 경계구역은 해당 소화설비의 방사구역 또는 (⑥)과 동일하게 설정할 수 있다.

| 정답

(1) 하나의 경계구역이 2개 이상의 건축물에 미치지 아니하도록 할 것
(2) 하나의 경계구역이 2개 이상의 층에 미치지 아니하도록 할 것. 다만, $500m^2$ 이하의 범위 안에서는 2개의 층을 하나의 경계구역으로 할 수 있다.
(3) 하나의 경계구역의 면적은 ① **600**m^2 이하로 하고 한 변의 길이는 ② **50m** 이하로 할 것. 다만, 해당 특정소방대상물의 주된 출입구에서 그 내부 전체가 보이는 것에 있어서는 한 변의 길이가 50m의 범위 내에서 ③ **1000**m^2 이하로 할 수 있다.
(4) 하나의 경계구역은 높이 ④ **45m** 이하(계단 및 경사로)로 할 것
(5) 스프링클러설비, 물분무등소화설비 또는 ⑤ **제연설비**의 화재감지장치로서 화재감지기를 설치한 경우의 경계구역은 해당 소화설비의 방사구역 또는 ⑥ **제연구역**과 동일하게 설정할 수 있다.

10. 지하 4층, 지상 11층인 특정소방대상물에 비상콘센트를 설치하려고 한다. 다음 각 물음에 답하시오. (단, 지하층의 층별 바닥면적은 $300m^2$, 각 층의 계단의 출입구는 1개, 비상콘센트로부터 그 층의 각 부분까지의 수평거리는 20m이고 단상교류 220V만을 설치한다.)

(1) 다음은 비상콘센트를 설치하여야 하는 특정소방대상물에 대한 설명이다. (   ) 안에 알맞은 답을 쓰시오.

지하층의 층수가 (①) 이상이고 지하층의 바닥면적의 합계가 (②)m^2 이상인 것은 지하층의 모든 층

(2) 비상콘센트는 몇 개가 필요한가?

| 정답

(1) 지하층의 층수가 ① **3층** 이상이고 지하층의 바닥면적의 합계가 ② **1,000**m^2 이상인 것은 지하층의 모든 층
(2) 5개

11. 다음은 자동화재탐지설비의 화재안전기준 중 공기관식 차동식분포형 감지기의 설치기준이다. (　　) 안에 알맞은 답을 쓰시오.

(1) 공기관의 노출부분은 감지구역마다 (①)m 이상이 되도록 할 것
(2) 공기관과 감지구역의 각 변과의 수평거리는 (②)m 이하가 되도록 하고, 공기관 상호간의 거리는 6m(주요 구조부를 내화구조로 한 특정소방대상물 또는 그 부분에 있어서는 (③)m) 이하가 되도록 할 것
(3) 공기관은 도중에서 분기하지 아니하도록 할 것
(4) 하나의 검출부분에 접속하는 공기관의 길이는 (④)m 이하로 할 것
(5) 검출부는 (⑤) 이상 경사되지 아니하도록 부착할 것
(6) 검출부는 바닥으로부터 0.8m 이상 1.5m 이하의 위치에 설치할 것

| 정답

(1) 공기관의 노출부분은 감지구역마다 ① **20m** 이상이 되도록 할 것
(2) 공기관과 감지구역의 각 변과의 수평거리는 ② **1.5m** 이하가 되도록 하고, 공기관 상호간의 거리는 6m(주요 구조부를 내화구조로 한 특정소방대상물 또는 그 부분에 있어서는 ③ **9m**) 이하가 되도록 할 것
(3) 공기관은 도중에서 분기하지 아니하도록 할 것
(4) 하나의 검출부분에 접속하는 공기관의 길이는 ④ **100m** 이하로 할 것
(5) 검출부는 ⑤ **5도** 이상 경사되지 아니하도록 부착할 것
(6) 검출부는 바닥으로부터 0.8m 이상 1.5m 이하의 위치에 설치할 것

12. 주파수 50Hz이고, 극수가 4인 유도전동기의 회전수가 1440rpm이다. 이 전동기를 주파수 60Hz로 운전하는 경우 회전수[rpm]는 얼마가 되는지 구하시오. (단, 슬립은 50Hz에서와 같다.)

| 정답

① 50Hz 슬립(s)

- 계산과정: $1440 = \frac{120 \times 50}{4} \times (1-s)$
- 답: $s = 0.04$

② 60Hz 회전속도

- 계산과정: $\frac{120 \times 60}{4} \times (1-0.04) = 1728$rpm
- 답: 1728rpm

13. 다음은 Y - △ 기동회로의 미완성 도면이다. 주어진 조건을 이용하여 도면을 완성하시오.

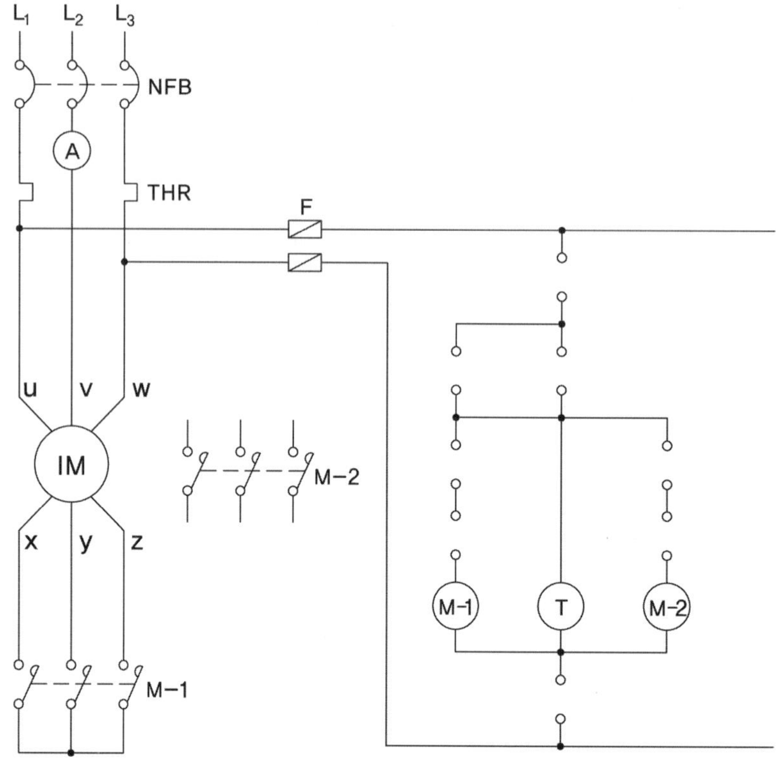

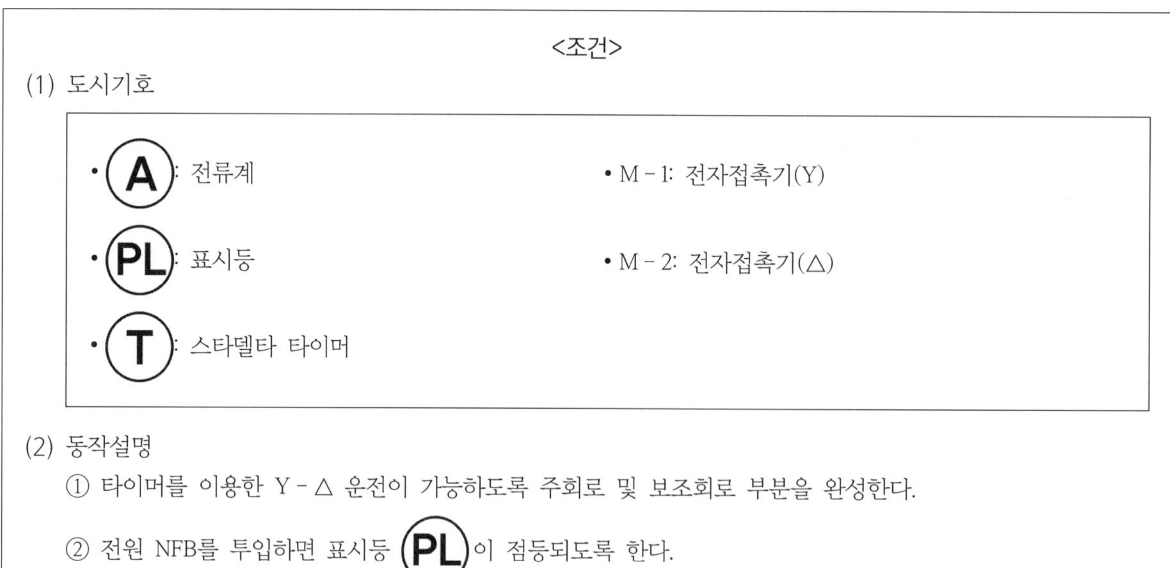

<조건>

(1) 도시기호

- Ⓐ: 전류계
- (PL): 표시등
- Ⓣ: 스타델타 타이머
- M - 1: 전자접촉기(Y)
- M - 2: 전자접촉기(△)

(2) 동작설명

① 타이머를 이용한 Y - △ 운전이 가능하도록 주회로 및 보조회로 부분을 완성한다.

② 전원 NFB를 투입하면 표시등 (PL)이 점등되도록 한다.

| 정답

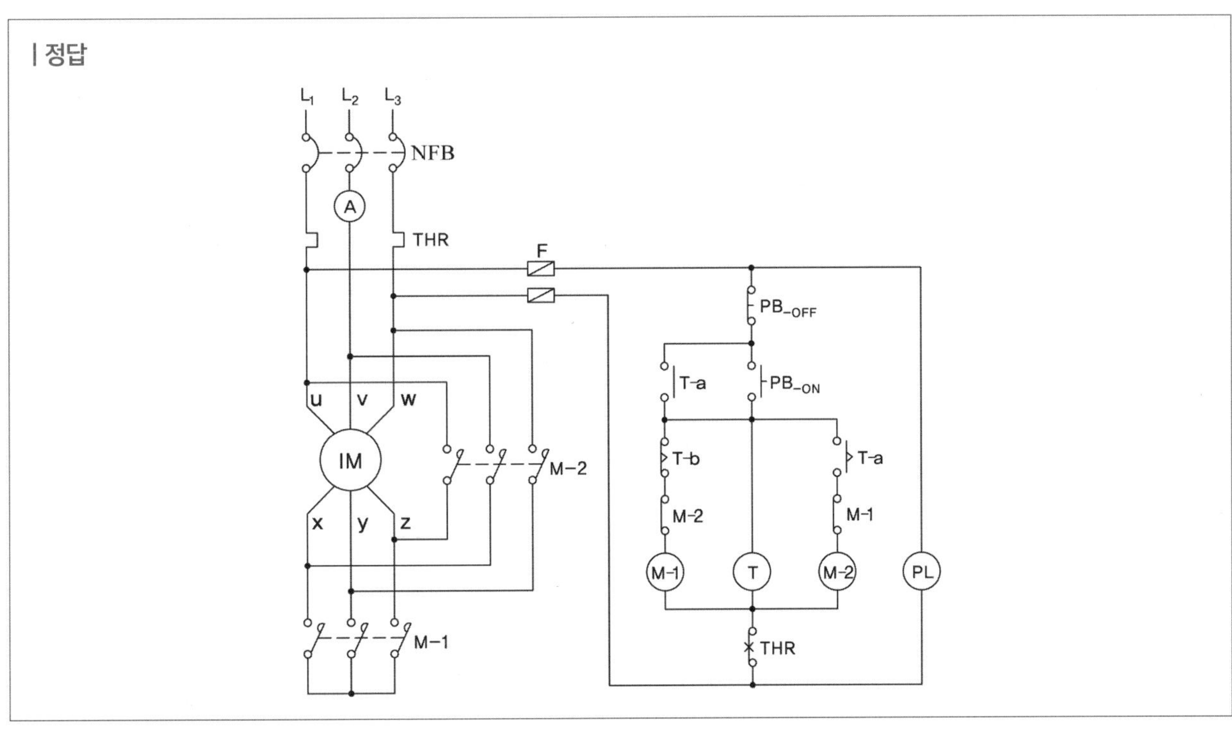

14. 다음은 자동화재속보설비의 속보기의 성능인증 및 제품검사의 기술기준이다. ( ) 안에 알맞은 답을 쓰시오.

(1) 절연된 (①)와 외함간의 절연저항은 직류 500V의 절연저항계로 측정한 값이 (②)MΩ(교류입력측과 외함간에는 (③)MΩ) 이상이어야 한다.

(2) 절연된 선로간의 절연저항은 직류 500V의 절연저항계로 측정한 값이 (④)MΩ 이상이어야 한다.

| 정답

(1) 절연된 ① **충전부**와 외함간의 절연저항은 직류 500V의 절연저항계로 측정한 값이 ② 5MΩ(교류입력측과 외함간에는 ③ 20MΩ) 이상이어야 한다.

(2) 절연된 선로간의 절연저항은 직류 500V의 절연저항계로 측정한 값이 ④ 20MΩ 이상이어야 한다.

15. 길이가 18m의 통로에 객석유도등을 설치하려고 한다. 이때 필요한 객석유도등의 개수는 몇 개인가?

| 정답

- 계산과정: $\frac{18}{4} - 1 = 3.5$ ∴ 4개
- 답: 4개

16. 도면은 어느 사무실 건물의 1층 자동화재탐지설비의 미완성도면을 나타낸 것이다. 이 건물은 지상 3층으로 각 층의 평면은 1층과 동일하다고 할 경우 평면도 및 주어진 조건을 이용하여 다음 각 물음에 답하시오.

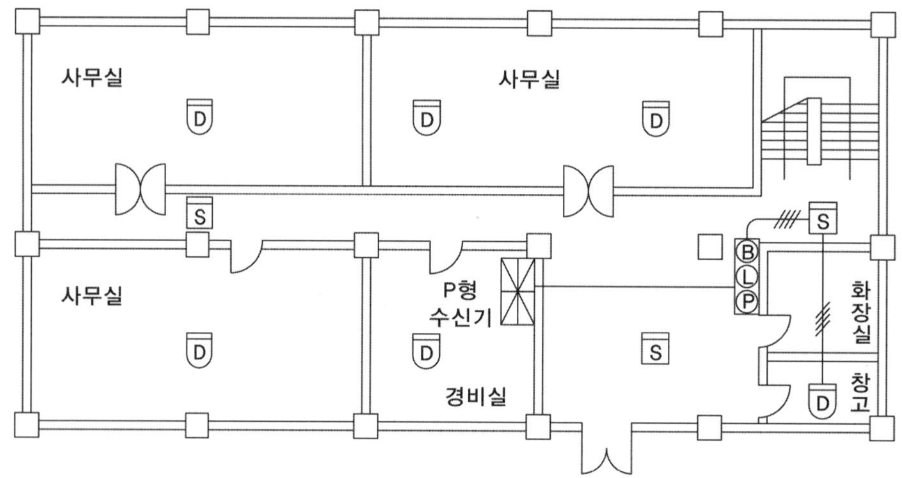

<조건>

① 계통도 작성시 각층 수동발신기는 1개씩 설치하는 것으로 한다.

② 계단실의 감지기는 설치를 제외한다.

③ 간선의 사용전선은 HFIX 2.5mm^{2}이며, 공통선은 발신기공통 1선, 경종 및 표시등 공통 1선을 각각 사용하고, 수신기와 발신기에는 전화장치가 있는 것으로 한다.

④ 계통도 작성 시 전선수는 최소로 한다.

⑤ 전선관 공사는 후강전선관으로 콘크리트 내 매입시행한다.

⑥ 각 실은 이중천장이 없는 구조이며, 천장에 감지기를 바로 취부한다.

⑦ 각 실의 바닥에서 천장까지의 높이는 2.8m이다.

⑧ 후강전선관의 굵기 표는 다음과 같다.

전선의 굵기		전선본수									
단선 [mm^2]	연선 [mm^2]	1	2	3	4	5	6	7	8	9	10
		전선관의 최소 굵기[mm]									
1.5	1.5	16	16	16	16	22	22	22	22	28	28
2.5	2.5	16	16	16	16	22	22	22	28	28	28
4	4	16	16	16	22	22	22	28	28	28	36
6	6	16	16	16	22	22	28	28	28	36	36

(1) 도면의 P형수신기는 최소 몇 회로용을 사용하여야 하는가?

(2) 수신기에서 발신기세트까지의 배선가닥수는 몇 가닥이며, 여기에 사용되는 후강전선관은 몇 mm를 사용하는가?

(3) 연기감지기를 매입인 것으로 사용한다고 하면 그림기호는 어떻게 표시하는가?

(4) 배관 및 배선을 하여 자동화재탐지설비의 도면을 완성하고 배선가닥수도 표기하도록 하시오.

(5) 간선계통도를 그리시오.

| 정답

(1) 3회로

(2) 9가닥, 28mm

참고

구분	회로선	회로공통선	경종선	경종표시등 공통선	표시등선	응답선	전화선	기동확인 표시등	합계
①	1	1	1	1	1	1	1		7
②	2	1	1	1	1	1	1		8
③	3	1	1	1	1	1	1		9

(3)

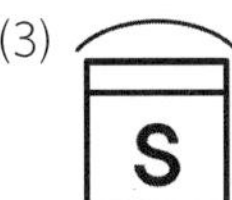

(4)

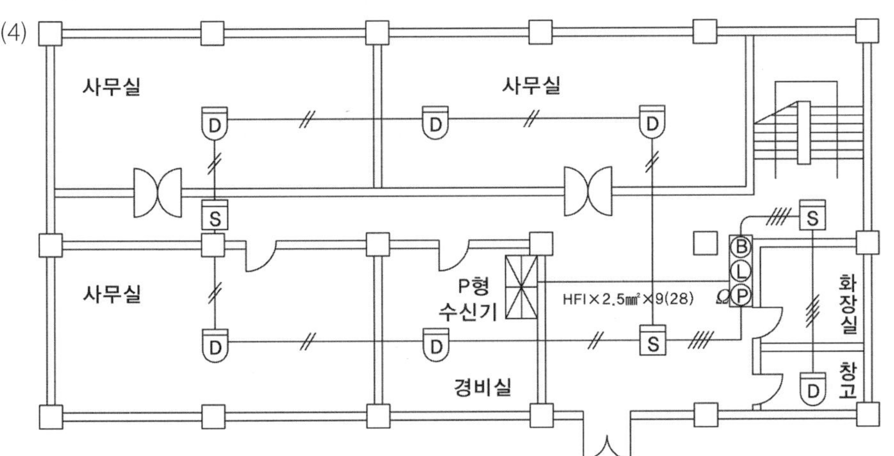

(5)

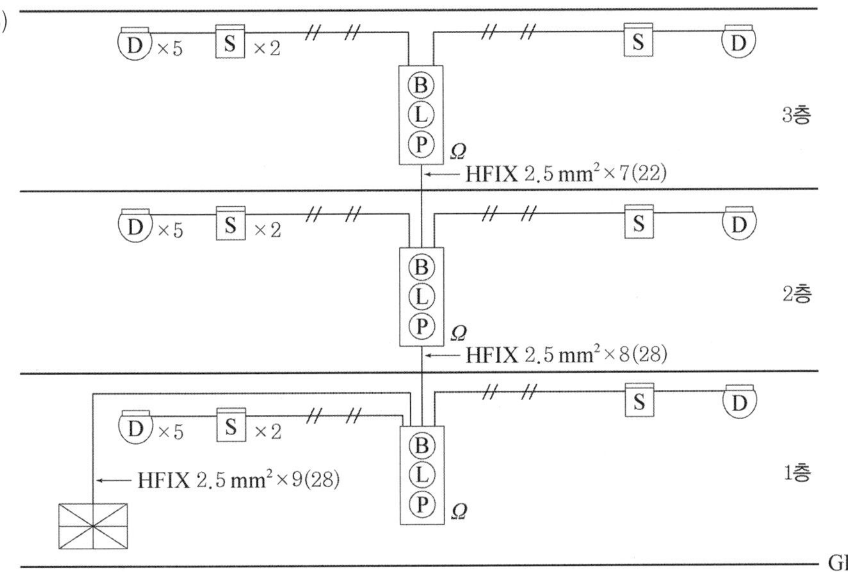

17. 유도등 및 유도표지의 화재안전기준 중 통로유도등을 설치하지 아니할 수 있는 경우를 2가지만 쓰시오.

| 정답

① 구부러지지 아니한 복도 또는 통로로서 길이가 30m 미만인 복도 또는 통로

② 복도 또는 통로로서 보행거리가 20m 미만이고 그 복도 또는 통로와 연결된 출입구 또는 그 부속실의 출입구에 피난구유도등이 설치된 복도 또는 통로

18. 자동화재탐지설비의 P형수신기에 연결되는 발신기와 감지기의 미완성 결선도이다. 미완성 결선도를 완성하시오. (단, 발신기 단자는 좌측으로부터 응답, 지구, 전화, 공통이다.)

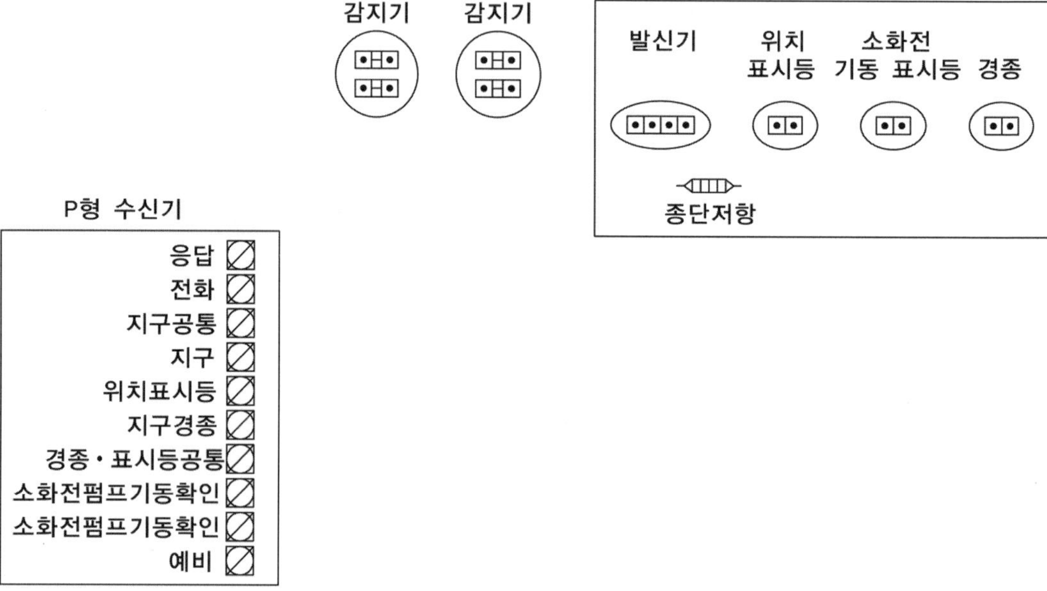

| 정답

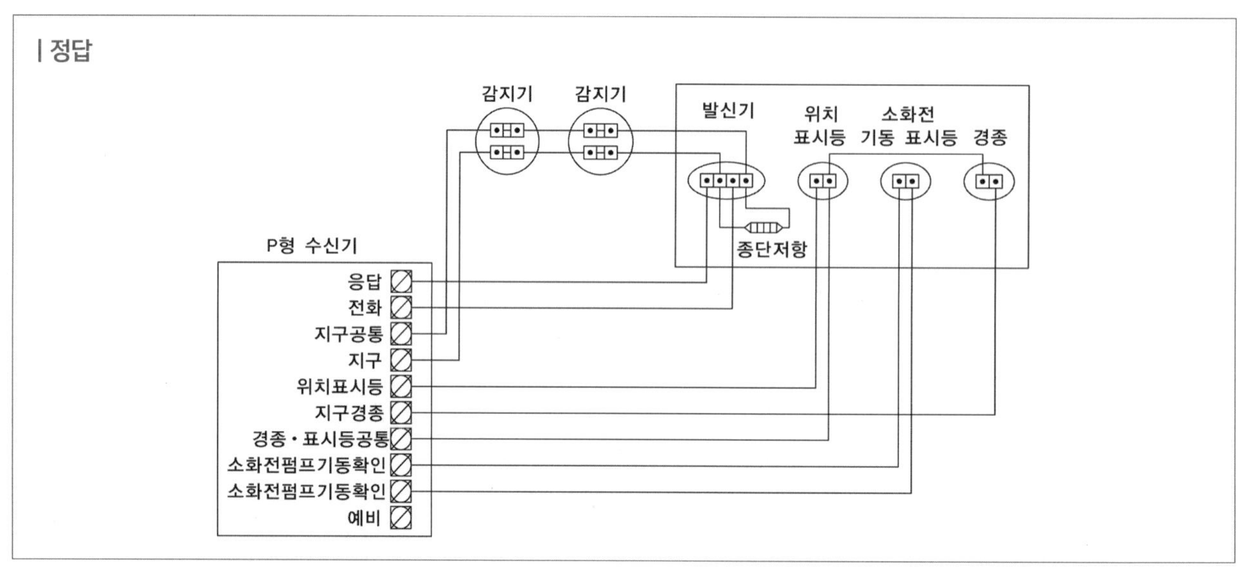

2020년 | 제3회

01. 3개의 입력 A, B, C 중 먼저 작동한 입력이 우선동작하고, 출력 X_A, X_B, X_C를 나타낸다. 이 경우 먼저 작동한 출력신호에 의해 그 후에 작동한 입력신호의 출력은 없다고 할 때 그림의 타임챠트를 보고 다음 각 물음에 답하시오.

(1) 타임챠트를 이용하여 출력 X_A, X_B, X_C의 논리식을 쓰시오.

(2) 타임챠트와 같은 동작이 이루어지도록 유접점회로 및 무접점회로를 그리시오.

| 정답

(1) ① $X_A = A \cdot \overline{X_B} \cdot \overline{X_C}$

② $X_B = B \cdot \overline{X_A} \cdot \overline{X_C}$

③ $X_C = C \cdot \overline{X_A} \cdot \overline{X_B}$

(2) ① 유접점회로

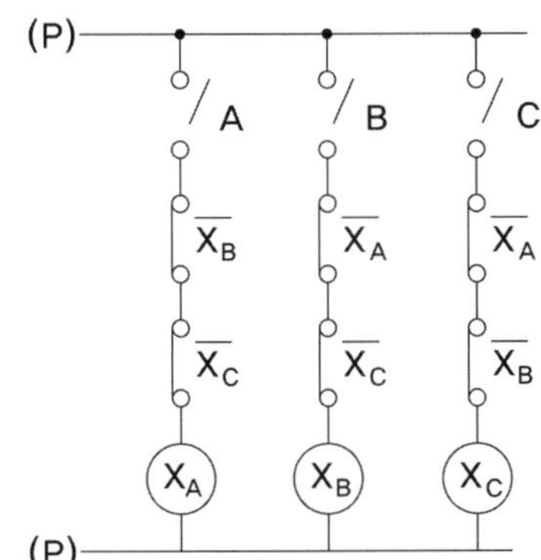

② 무접점회로

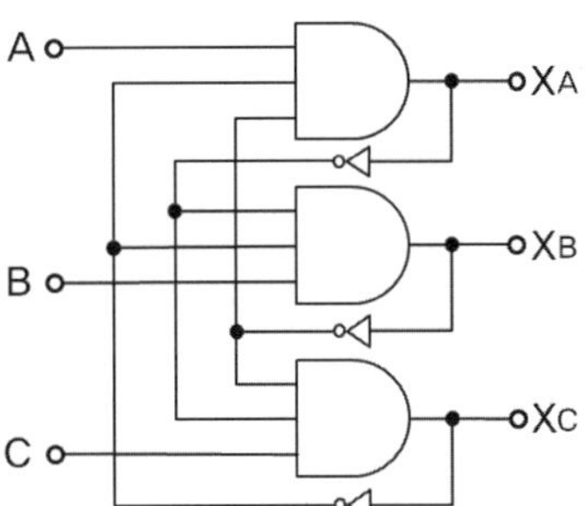

02. 그림은 습식 스프링클러설비의 전기적 계통도이다. 그림을 보고 Ⓐ ~ Ⓓ의 배선수와 각 배선의 용도를 쓰시오.

<조건>

① 각 유수검지장치에는 밸브개폐감시용 스위치는 부착되어 있지 않은 것으로 한다.
② 사용전선은 HFIX 전선이다.
③ 배선수는 운전조작상 필요한 최소전선수를 쓰도록 한다.

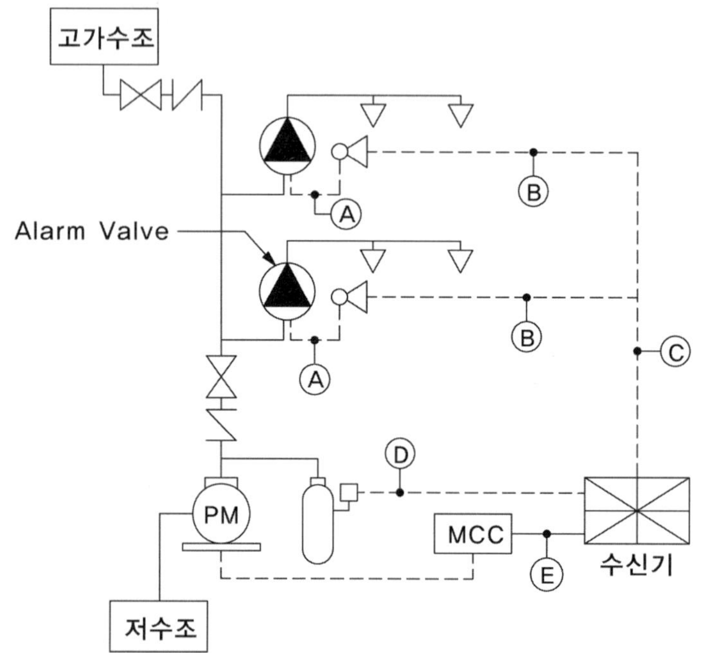

기호	구분	배선수	배선의 용도
Ⓐ	알람밸브 - 사이렌		
Ⓑ	수신기 - 사이렌		
Ⓒ	2존일 경우		
Ⓓ	수신반 - 압력탱크		
Ⓔ	MCC - 수신반	5	공통, ON, OFF, 전원감시, 기동표시

| 정답

기호	구분	배선수	배선의 용도
Ⓐ	알람밸브 - 사이렌	2	공통, PS
Ⓑ	수신기 - 사이렌	3	공통, PS, 사이렌
Ⓒ	2존일 경우	5	공통, PS(2), 사이렌(2)
Ⓓ	수신반 - 압력탱크	2	공통, PS
Ⓔ	MCC - 수신반	5	공통, ON, OFF, 전원감시, 기동표시

03. 다음은 차동식분포형 감지기로서 공기관식 감지기의 유통시험방법이다. (　　) 안에 알맞은 답을 쓰시오.

> (1) 검출부의 시험구멍 또는 공기관의 한쪽 끝부분에 (①)를 접속하고 시험코크 등을 유통시험 위치로 한 후 다른 끝부분에 (②)를 접속시킨다.
> (2) 시험코크 등에 의해 송기구를 개방하여 수위가 1/2(50mm)이 될 때까지 걸리는 시간을 측정한다.

| 정답

(1) 검출부의 시험구멍 또는 공기관의 한쪽 끝부분에 ① **마노미터**를 접속하고 시험코크 등을 유통시험 위치로 한 후 다른 끝부분에 ② **공기주입시험기**를 접속시킨다.
(2) 시험코크 등에 의해 송기구를 개방하여 수위가 1/2(50mm)이 될 때까지 걸리는 시간을 측정한다.

04. 바닥면적이 700m^{2}인 특정소방대상물에 차동식스포트형 감지기 2종을 설치하고자 한다. 이때 설치하여야 할 감지기의 개수를 구하시오. (단, 특정소방대상물의 주요구조부는 내화구조이며 부착높이는 4m이다.)

| 정답

- 계산과정: 감지기 개수 = $\frac{700\text{m}^2}{35\text{m}^2} = 20$개
- 답: 20개

05. 다음 그림은 3상 3선식 전기회로에 변류기를 설치하고, 이의 작동원리를 표시한 것이다. 누전되고 있다고 할 때 다음 각 물음에 답하시오.

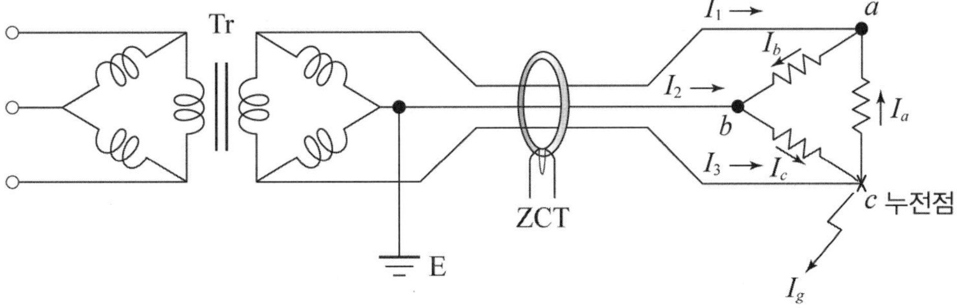

(1) 전류값 I_1, I_2, I_3는?
(2) I_1, I_2, I_3의 합은?

| 정답

(1) ① $I_1 = I_b - I_a$

② $I_2 = I_c - I_b$

③ $I_3 = I_a - I_c + I_g$

(2) $I_1 + I_2 + I_3 = I_b - I_a + I_c - I_b + I_a - I_c + I_g = I_g$

$\therefore I_1 + I_2 + I_3 = I_g$

06. 휴대용 비상조명등을 설치하여야 하는 특정소방대상물이다. (　　) 안에 알맞은 답을 쓰시오.

(1) (①)시설
(2) 수용인원 (②)명 이상의 영화상영관, 판매시설 중 (③), 철도 및 도시철도시설 중 지하역사, 지하가 중 (④)

| 정답

(1) ① **숙박시설**
(2) 수용인원 ② **100**명 이상의 영화상영관, 판매시설 중 ③ **대규모점포**, 철도 및 도시철도시설 중 지하역사, 지하가 중 ④ **지하상가**

07. 거실의 높이가 바닥으로부터 20m 이상인 곳에 설치할 수 있는 감지기의 종류를 2가지만 쓰시오.

| 정답

① 불꽃감지기
② 광전식(분리형, 공기흡입형) 중 아날로그방식

08. 다음은 자동화재탐지설비의 화재안전기준에서의 배선 관련사항이다. 각 물음에 답하시오.

(1) 감지기회로 및 부속회로의 전로와 대지 사이 및 배선 상호간의 절연저항은 1경계구역마다 직류 250V의 절연저항측정기를 사용하여 측정하였을 때 절연저항이 몇 MΩ 이상이 되도록 하여야 하는가?

(2) GP형수신기의 감지기회로의 배선에 있어서 하나의 공통선에 접속할 수 있는 경계구역은 몇 개 이하이어야 하는가?

(3) 감지기회로의 종단저항 설치기준을 2가지만 쓰시오.

| 정답

(1) 0.1MΩ 이상

(2) 7개 이하

(3) ① 점검 및 관리가 쉬운 장소에 설치할 것

② 전용함을 설치하는 경우 그 설치 높이는 바닥으로부터 1.5m 이내로 할 것

09. P형수신기와 감지기와의 배선회로에서 종단저항은 10kΩ, 배선저항은 20Ω, 릴레이저항은 1kΩ이며 회로전압이 직류 24V일 때 다음 각 물음에 답하시오.

(1) 감시상태의 감시전류는 몇 mA인지 구하시오.

(2) 감지기가 동작할 때의 동작전류는 몇 mA인지 구하시오.

| 정답

(1) • 계산과정: 감시전류 = $\frac{24}{20+1000+10\times10^3}\times10^3=2.177$ ∴ 2.18mA

• 답: 2.18mA

(2) • 계산과정: 동작전류 = $\frac{24}{20+1000}\times10^3=23.529$ ∴ 23.53mA

• 답: 23.53mA

10. 3상 380V, 주파수 60Hz, 극수 4P, 75마력의 전동기가 있다. 다음 각 물음에 답하시오. (단, 슬립은 5%이다.)

(1) 동기속도[rpm]는 얼마인가?

(2) 회전속도[rpm]는 얼마인가?

| 정답

(1) • 계산과정: 동기속도 = $\frac{120\times60}{4}=1800$rpm

• 답: 1800rpm

(2) 계산과정: 회전속도 = 1800 × (1 − 0.05) = 1710rpm

• 답: 1710rpm

11. 구부러지지 않은 복도의 보행거리가 31m일 경우 설치하여야 하는 유도표지의 최소 개수를 구하시오.

| 정답

- 계산과정: $\dfrac{31\text{m}}{15\text{m}} = 2.06$ ∴ 3개
- 답: 3개

12. 다음은 통로유도등에 대한 설치기준이다. 각 물음에 답하시오.

(1) 복도통로유도등은 구부러진 모퉁이 및 보행거리 몇 m마다 설치하여야 하는가?

(2) 복도통로유도등은 바닥으로부터 높이 몇 m 이하의 위치에 설치하여야 하는가? (단, 복도, 통로 중앙부분의 바닥에 설치하는 것은 제외한다.)

(3) 거실통로유도등의 설치높이는 바닥으로부터 높이 몇 m 이상의 위치에 설치하여야 하는가? (단, 거실통로에 기둥이 없는 경우이다.)

| 정답

(1) 20m

(2) 1m 이하

(3) 1.5m 이상

13. 지상 30m 되는 높이에 100m³의 저수조가 있다. 이 저수조에 소화용수를 양수하고자 할 때 30kW의 전동기를 사용한다면 몇 분 후에 수조에 물이 가득 차겠는지 구하시오. (단, 펌프의 효율은 70%이고, 여유계수는 1.2이다.)

| 정답

- 계산과정: $\dfrac{1000 \times 100 \times 30 \times 1.2}{102 \times 60 \times 0.7 \times 30} = 28.011$ ∴ 28.01분
- 답: 28.01분

14. 다음은 플로우트스위치에 의한 펌프모터의 레벨제어에 관한 미완성 도면이다. 이 도면을 보고 다음 각 물음에 답하시오.

(1) 배선용 차단기 NFB의 명칭을 원어(또는 원어에 대한 우리말 발음)로 쓰시오.

(2) 제어반의 "49"의 명칭은 무엇인가?

(3) 동작접점을 수동으로 연결하였을 때 누름버튼스위치(PBS - ON, PBS - OFF)와 전자접촉기 접점으로 제어회로를 구성하시오. (단, 전원을 투입하면 GL램프가 점등되나 PBS - ON 스위치를 ON하면 GL램프가 소등되고 RL램프가 점등된다.)

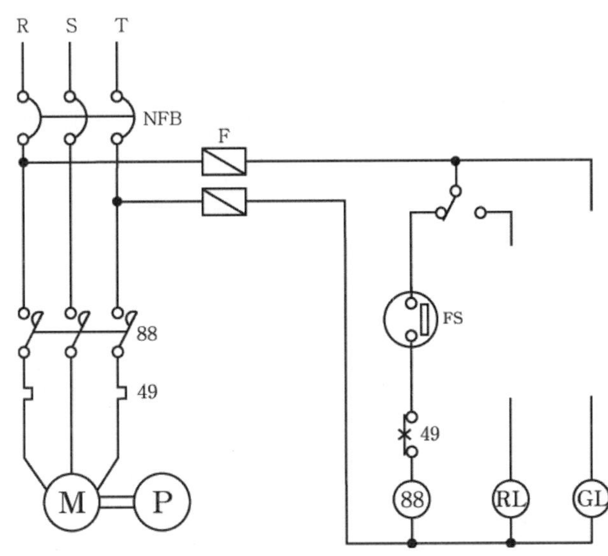

| 정답

(1) No Fuse Breaker 또는 노 퓨즈 브레이커

(2) 열동형계전기

(3)

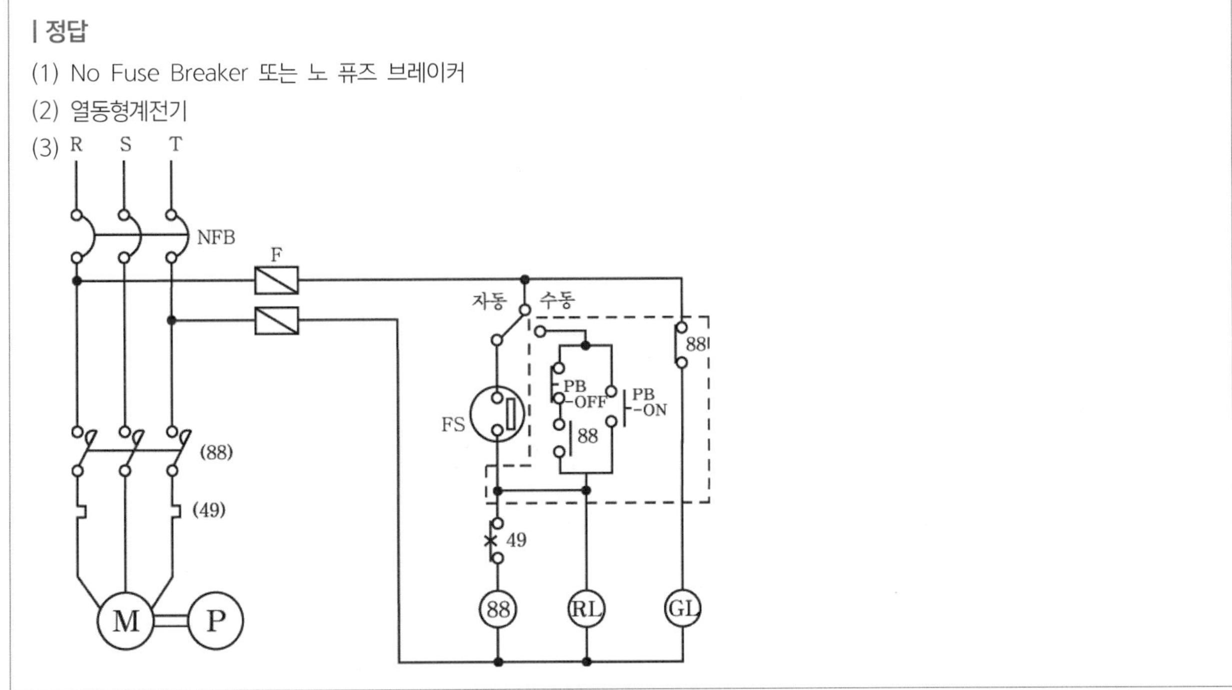

15. 다음 그림은 자동화재탐지설비의 평면도이다. ① ~ ⑤까지의 배선가닥수를 쓰시오.

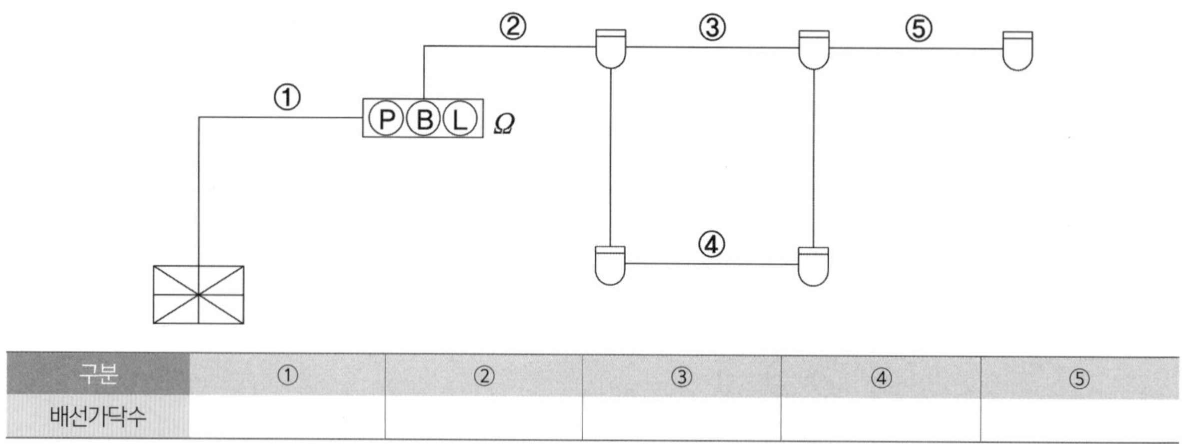

구분	①	②	③	④	⑤
배선가닥수					

| 정답

구분	①	②	③	④	⑤
배선가닥수	6	4	2	2	4

16. 비상용전원설비로 축전지설비를 하려고 한다. 사용되는 부하의 방전전류와 시간특성곡선이 그림과 같을 때 다음 각 물음에 답하시오. (단, 축전지의 용량환산시간계수 K는 표에 의한다.)

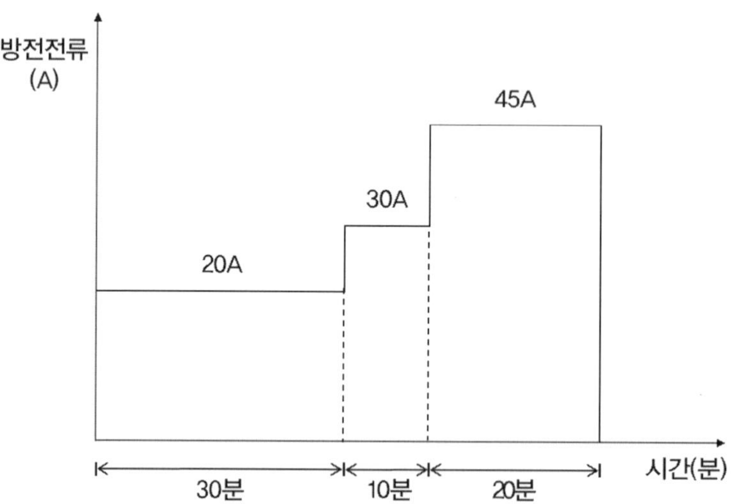

형식	최저사용전압 [V/cell]	0.1분	1분	5분	10분	20분	30분	60분	120분
AH	1.10	0.30	0.46	0.56	0.66	0.87	1.04	1.56	2.60
	1.06	0.24	0.33	0.45	0.53	0.70	0.85	1.40	2.45
	1.00	0.20	0.27	0.37	0.45	0.60	0.77	1.30	2.30

<용량환산시간계수 K(온도 5℃)에서>

(1) 축전지에 수명이 있고 그 말기에 있어서도 부하를 만족시키는 용량을 결정하기 위한 계수로서 보통 그 값을 0.8로 하는 것을 무엇이라고 하는가?

(2) 단위전지의 방전종지전압(최저사용전압)이 1.06V일 때 축전지 용량은 몇 Ah가 필요한가?

(3) 연축전지와 알칼리축전지의 공칭전압은 각각 몇 V인가?

| 정답

(1) 보수율

(2) • 계산과정: 축전지 용량 = $\frac{1}{0.8} \times (0.85 \times 20 + 0.53 \times 30 + 0.70 \times 45) = 80.5\text{Ah}$

• 답: 80.5Ah

(3) ① 연축전지: 2V

② 알칼리축전지: 1.2V

17. 연면적이 17,000m^{2}이고 지상 20층, 지하 5층인 어느 특정소방대상물에 화재가 발생하였을 경우 우선적으로 경보를 발하여야 하는 층을 쓰시오.

(1) 지상 11층 화재시

(2) 지상 1층 화재시

(3) 지하 1층 화재시

| 정답

(1) 11층, 12층, 13층, 14층, 15층

(2) 1층, 2층, 3층, 4층, 5층, 지하(1, 2, 3, 4, 5)층

(3) 1층, 지하(1, 2, 3, 4, 5)층

2020년 | 제4회

01. 다음은 소화활동설비 중 비상콘센트설비에 대한 설치기준이다. 각 물음에 답하시오.

(1) 하나의 전용회로에 설치하는 비상콘센트는 8개다. 이 경우 전선의 용량은 비상콘센트 몇 개의 공급용량을 합한 용량 이상의 것으로 하여야 하는가?

(2) 비상콘센트의 보호함 상부에 설치하는 표시등의 색은 무슨 색인가?

(3) 비상콘센트설비의 전원부와 외함 사이를 500V 절연저항계로 측정할 때 30MΩ으로 측정되었다. 절연저항의 적합여부와 그 이유를 쓰시오.

| 정답

(1) 3개

(2) 적색

(3) 적합, 20MΩ 이상이므로

02. 지상 31m 되는 곳에 있는 수조에 분당 12m³의 물을 양수하는 펌프용 전동기에 3상 전력을 공급하려고 한다. 펌프 효율이 65%이고 펌프측 동력에 10%의 여유를 둔다고 할 때 다음 각 물음에 답하시오. (단, 펌프용 3상 농형 유도전동기의 역률은 100%로 가정한다.)

(1) 펌프용 전동기의 용량은 몇 kW인가?

(2) 3상 전력을 공급하기 위하여 단상변압기 2대를 V결선하여 이용하고자 한다. 단상변압기 1대의 용량은 몇 kVA 이상이면 되는가?

| 정답

(1) • 계산과정: 전동기 용량 = $\frac{1000 \times 12 \times 31 \times (1+0.1)}{102 \times 60 \times 0.65} = 102.865$ ∴ 102.87kW

• 답: 102.87kW

(2) • 계산과정: 변압기 1대 용량 = $\frac{102.87}{\sqrt{3}} = 59.392$ ∴ 59.39kVA

• 답: 59.39kVA 이상

03. 제어반으로부터 배선의 거리가 90m 떨어진 위치에 기동용 솔레노이드밸브가 있다. 제어반에서 출력단자 전압은 24V이고 솔레노이드밸브가 기동할 때 단자전압[V]을 구하시오. (단, 솔레노이드의 정격전류는 2A이고, 전압변동에 의한 부하전류의 변동은 무시한다. 동선의 1m당 전기저항의 값은 0.008Ω이다.)

| 정답

- 계산과정: $24 - (2 \times 90 \times 2 \times 0.008) = 21.12V$
- 답: 21.12V

04. 굴곡 장소가 많아서 금속관공사의 시공이 곤란한 경우 전동기와 옥내배선을 연결할 때 사용하는 공사방법을 쓰시오.

| 정답

가요전선관공사

05. 지하층으로서 용도가 지하상가인 경우 다음 각 물음에 답하시오.

(1) 유도등의 비상전원의 종류를 쓰시오.

(2) 비상전원의 용량은 유도등을 유효하게 몇 분 이상 작동시킬 수 있어야 하는가?

| 정답

(1) 축전지

(2) 20분 이상

06. 다음 도면은 내화구조인 특정소방대상물에 설치된 공기관식 차동식분포형 감지기에 대한 것이다. 다음 각 물음에 답하시오.

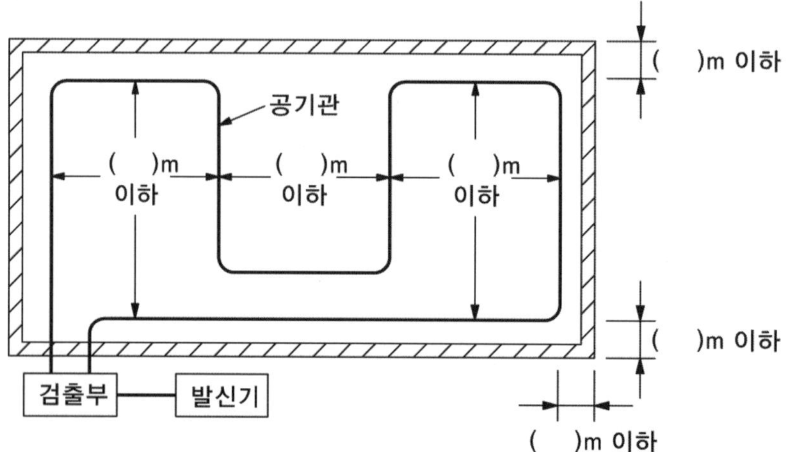

(1) 공기관과 감지구역의 각 변과의 수평거리와 공기관 상호간의 거리를 그림의 ( ) 안에 알맞은 답을 쓰시오.
(2) 발신기에 종단저항을 설치하는 경우 검출부와 발신기간의 배선수를 도면에 표시하시오.
(3) 공기관의 노출 부분은 감지구역마다 몇 m 이상이 되도록 하여야 하는가?
(4) 하나의 검출부에 접속하는 공기관의 길이는 몇 m 이하가 되도록 하여야 하는가?
(5) 검출부는 몇 도 이상 경사되지 아니하도록 설치하여야 하는가?
(6) 검출부의 설치높이를 쓰시오.
(7) 공기관의 재질을 쓰시오.

| 정답

(1) 1.5
(2) 검출부 ─#─#─ 발신기
(3) 20m 이상
(4) 100m 이하
(5) 5도 이상
(6) 바닥으로부터 0.8m 이상 1.5m 이하
(7) 동 또는 구리

07. 저항이 100Ω인 경동선의 온도가 20℃일 때 저항온도계수가 0.00393Ω/℃이다. 화재로 인하여 온도가 100℃로 상승하였을 때 경동선의 저항값[Ω]은 얼마인가?

| 정답

- 계산과정: 저항[Ω] = 100 × [1 + 0.00393 × (100 − 20)] = 131.44Ω
- 답: 131.44Ω

08. 자동화재탐지설비의 P형 1급 수신기에 연결되는 발신기와 감지기의 미완성 결선도이다. 다음 각 물음에 답하시오. (단, 발신기 단자는 좌측으로부터 응답, 지구, 전화, 공통이다.)

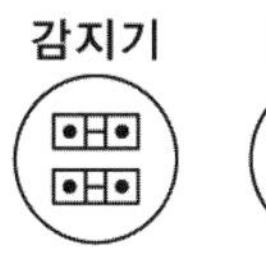

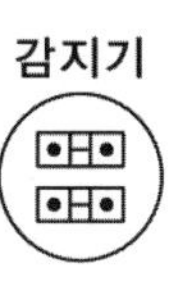

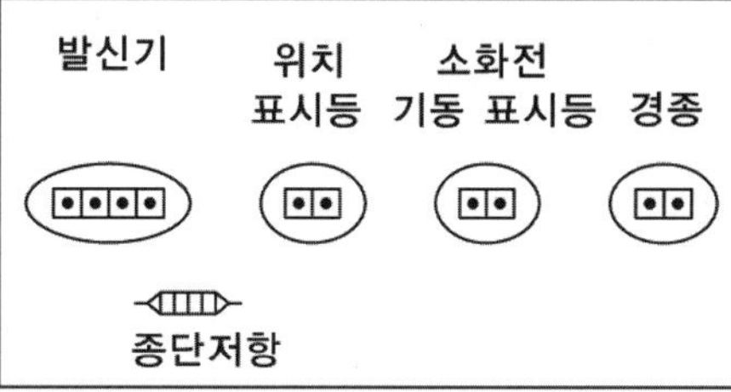

P형 1급 수신기

응답
전화
지구공통
지구
위치표시등
지구경종
경종·표시등공통
소화전펌프기동확인
소화전펌프기동확인
예비

(1) 미완성된 결선도를 완성하시오.
(2) 감지기회로의 끝부분에 설치하는 종단저항은 어떤 배선과 어떤 배선 사이에 연결하여야 하는가?
(3) 발신기의 위치를 표시하는 표시등은 함의 상부에 설치하되 색은 무슨 색으로 하여야 하는가?
(4) 발신기의 위치를 표시하는 등은 함의 상부에 설치하되 그 불빛은 부착면으로부터 몇 도 이상의 범위 안에서 부착지점으로부터 몇 m 이내의 어느 곳에서도 쉽게 식별할 수 있어야 하는가?

| 정답

(1)

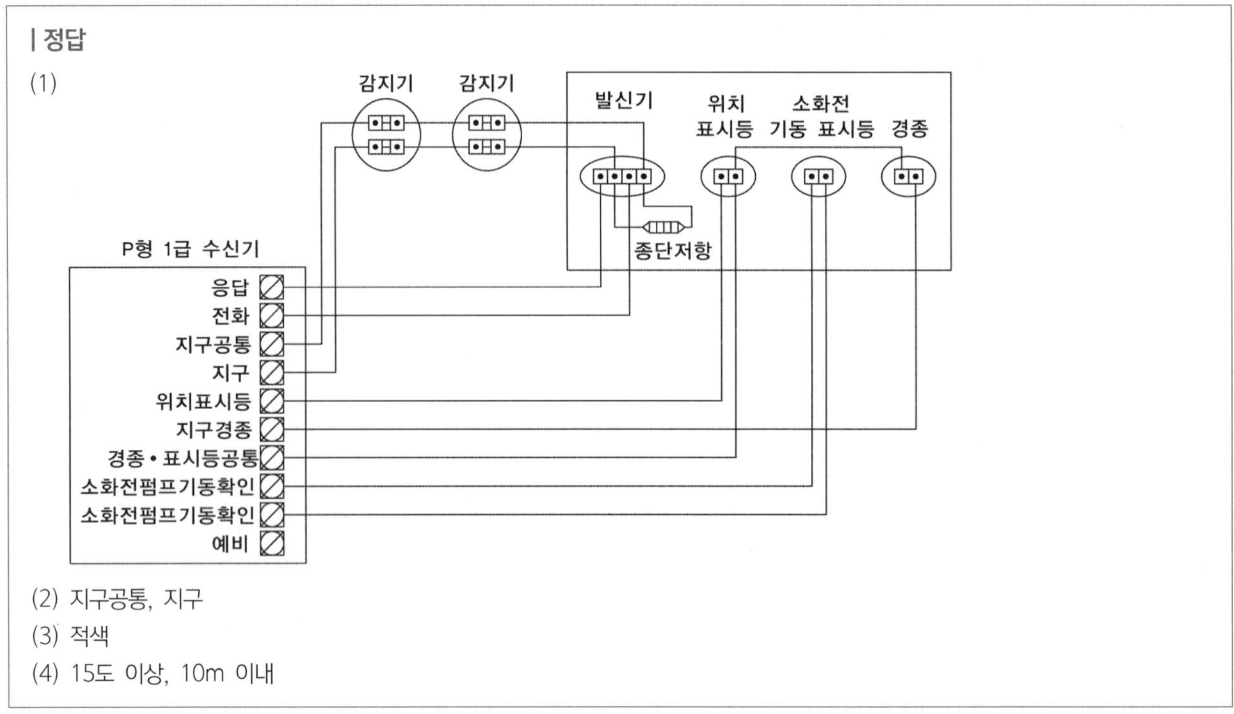

(2) 지구공통, 지구

(3) 적색

(4) 15도 이상, 10m 이내

09. 자동화재탐지설비의 감지기는 지하층 · 무창층 등으로서 환기가 잘 되지 아니하거나 실내면적이 $40m^2$ 미만인 장소, 감지기의 부착면과 실내바닥과의 거리가 2.3m 이하인 곳으로서 일시적으로 발생한 열 · 연기 또는 먼지 등으로 인하여 화재신호를 발신할 우려가 있는 장소에 적응성이 있는 감지기를 5가지만 쓰시오.

| 정답

① 불꽃감지기

② 정온식감지선형 감지기

③ 분포형감지기

④ 복합형감지기

⑤ 광전식분리형 감지기

⑥ 아날로그방식의 감지기

⑦ 다신호방식의 감지기

⑧ 축적방식의 감지기

10. 광전식분리형 감지기의 설치기준을 6가지만 쓰시오.

| 정답

① 감지기의 수광면은 햇빛을 직접 받지 않도록 설치할 것
② 광축은 나란한 벽으로부터 0.6m 이상 거리를 두어 설치할 것
③ 감지기의 송광부와 수광부는 설치된 뒷벽으로부터 1m 이내 위치에 설치할 것
④ 광축의 높이는 천장 등 높이의 80% 이상일 것
⑤ 감지기의 광축의 길이는 공칭감시거리 범위 이내일 것
⑥ 형식승인 내용에 따르며 형식승인 사항이 아닌 것은 제조사의 시방에 따라 설치할 것

11. 다음은 브리지 정류회로(전파정류회로)의 미완성 회로도이다. 정류 다이오드 4개를 이용하여 회로도를 완성하고, 회로상의 콘덴서(C)의 역할을 쓰시오.

(1) 회로도

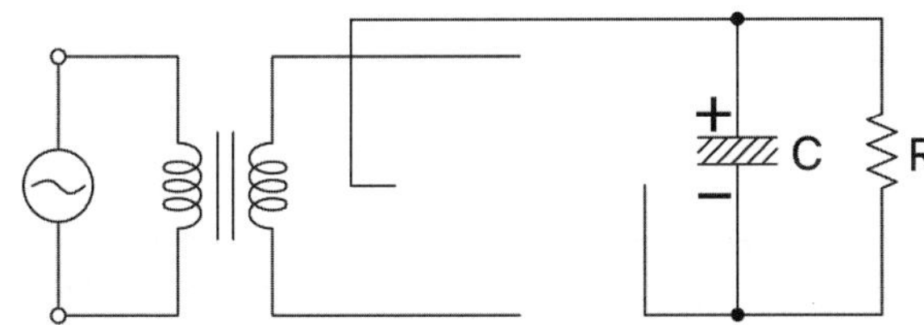

(2) 콘덴서(C)의 역할

| 정답

(1)

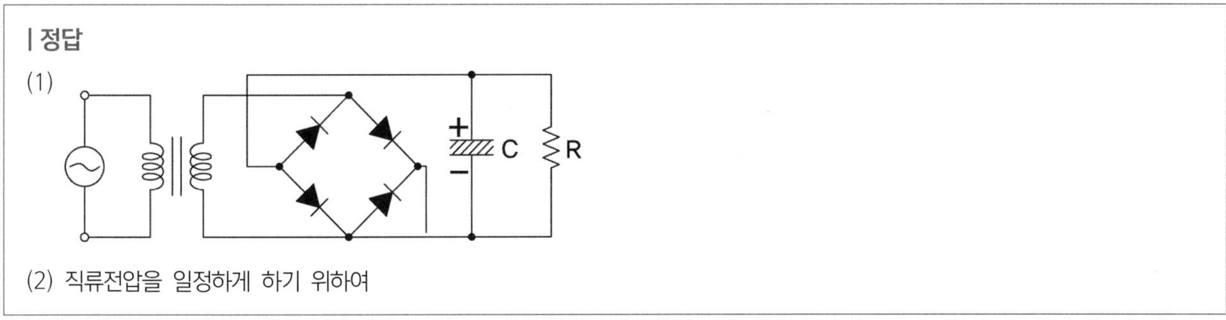

(2) 직류전압을 일정하게 하기 위하여

12. 길이가 50m인 통로에 객석유도등을 설치하려고 한다. 이때 필요한 객석유도등의 개수는 몇 개인가?

| 정답

• 계산과정: $\frac{50}{4} - 1 = 11.5$ ∴ 12개

• 답: 12개

13. 다음 표는 어느 특정소방대상물의 자동화재탐지설비의 공사에 필요한 자재물량이다. 주어진 표준품셈의 표를 이용하여 다음 각 물음에 답하시오.

<조건>

① 공구손료는 인력품의 3%를 적용한다.

② 내선전공의 1일 노임단가(M/D)는 100,000원을 적용한다.

③ 콘크리트박스는 매입기준이며 박스커버의 내선전공은 적용하지 않는다.

[표준품셈의 표]

[표1] 전선관 배관 [단위: m]

합성수지전선관		후강전선관		금속가요전선관	
규격	내선전공	규격	내선전공	규격	내선전공
14mm 이하	0.04	-	-	-	-
16mm 이하	0.05	16mm 이하	0.08	16mm 이하	0.044
22mm 이하	0.06	22mm 이하	0.11	22mm 이하	0.059
28mm 이하	0.08	28mm 이하	0.14	28mm 이하	0.072
36mm 이하	0.10	36mm 이하	0.20	36mm 이하	0.087
42mm 이하	0.13	42mm 이하	0.25	42mm 이하	0.104
54mm 이하	0.19	54mm 이하	0.34	54mm 이하	0.136
70mm 이하	0.28	70mm 이하	0.44	70mm 이하	0.156

[표2] 박스(BOX) 설치

종별	내선전공
Concrete Box	0.12
Outlet Box	0.20
Switch Box(2개용 이하)	0.20
Switch Box(3개용 이하)	0.25
노출형 Box(콘크리트 노출기준)	0.29
플로어박스	0.20
연결용박스	0.04

[표3] 옥내배선 [단위: m, 직종: 내선전공]

규격	관내배선	규격	관내배선
$6mm^2$ 이하	0.010	$120mm^2$ 이하	0.077
$16mm^2$ 이하	0.023	$150mm^2$ 이하	0.088
$38mm^2$ 이하	0.031	$200mm^2$ 이하	0.107
$50mm^2$ 이하	0.043	$250mm^2$ 이하	0.130
$60mm^2$ 이하	0.052	$300mm^2$ 이하	0.148
$70mm^2$ 이하	0.061	$325mm^2$ 이하	0.160
$100mm^2$ 이하	0.064	$400mm^2$ 이하	0.197

[표4] 자동화재탐지설비 설치

공종	단위	내선전공	비고
Spot형 감지기 [(차동식, 정온식, 보상식)노출형]	개	0.13	(1) 천장높이 4m 기준 1m 증가시마다 5% 가산 (2) 매입형 또는 특수구조인 경우 조건에 따라 선정
시험기(공기관 포함)	개	0.15	(1) 상동 (2) 상동
분포형의 공기관 (열전대선 감지선)	m	0.025	(1) 상동 (2) 상동
검출기	개	0.30	
공기관식의 Booster	개	0.10	
발신기 P형	개	0.30	
회로시험기	개	0.10	
수신기 P형(기본공수) (회선수 공수 산출 가산요)	대	6.0	[회선수에 대한 산정] 매 1회선에 대하여 형식 / 내선전공: P형 0.3, R형 0.2 ※ R형은 수신반 인입감시 회선수 기준 ※ 산정 예: [P - 1의 10회분 기본공수는 6인, 회선당 할증수는 10 × 0.3 = 3] ∴ 6 + 3 = 9인
부수신기(기본공수)	대	3.0	
경종	개	0.15	
표시등	개	0.20	

(1) 내선전공의 노임요율 및 공량의 빈칸을 채우시오.

품명	규격	단위	수량	1일 노임단가 (노임요율)	공량
수신기	P형 5회로	대	1		
발신기	P형	개	5		
경종	DC 24V	개	5		
표시등	DC 24V	개	5		
차동식감지기	스포트형	개	60		
후강전선관	16mm	m	70		
후강전선관	22mm	m	100		
후강전선관	28mm	m	400		
전선	$1.5mm^2$	m	10,000		
전선	$2.5mm^2$	m	15,000		
콘크리트박스	4각	개	5		
콘크리트박스	8각	개	55		
박스커버	4각	개	5	-	
박스커버	8각	개	55	-	
계	-	-	-	-	

(2) 인건비의 빈칸을 채우시오.

품명	단위	공량	단가(원)	금액(원)
내선전공	인			
공구손료	-			
계		-	-	

| 정답

(1)

품명	규격	단위	수량	1일 노임단가 (노임요율)	공량
수신기	P형 5회로	대	1	100,000	$6+(5\times0.3)=7.5$
발신기	P형	개	5	100,000	$5\times0.3=1.5$
경종	DC 24V	개	5	100,000	$5\times0.15=0.75$
표시등	DC 24V	개	5	100,000	$5\times0.2=1$
차동식감지기	스포트형	개	60	100,000	$60\times0.13=7.8$
후강전선관	16mm	m	70	100,000	$70\times0.08=5.6$
후강전선관	22mm	m	100	100,000	$100\times0.11=11$
후강전선관	28mm	m	400	100,000	$400\times0.14=56$
전선	$1.5mm^2$	m	10,000	100,000	$10,000\times0.01=100$
전선	$2.5mm^2$	m	15,000	100,000	$15,000\times0.01=150$
콘크리트박스	4각	개	5	100,000	$5\times0.12=0.6$
콘크리트박스	8각	개	55	100,000	$55\times0.12=6.6$
박스커버	4각	개	5	-	-
박스커버	8각	개	55	-	-
계	-	-	-	-	348.35

(2)

품명	단위	공량	단가(원)	금액(원)
내선전공	인	348.35	100,000	$348.35\times100,000=34,835,000$
공구손료	-	3%	34,835,000	$34,835,000\times0.03=1,045,050$
계		-	-	35,880,050

14. P형수신기와 R형수신기의 신호전달방식의 차이점을 쓰시오.

| 정답

① P형수신기: 공통신호로 수신

② R형수신기: 고유신호로 수신

15. 지하 3층, 지상 15층인 어느 특정소방대상물에 설치된 자동화재탐지설비의 음향장치의 설치기준에 관한 사항이다. 다음의 표와 같이 화재가 발생하였을 경우 우선적으로 경보하여야 하는 층을 빈칸에 표시하시오. (단, 연면적은 3000m^{2}를 초과하는 건축물로 우선경보대상이며 경보표시는 ●를 사용한다.)

5층						
4층						
3층	화재발생 ●					
2층		화재발생 ●				
1층			화재발생 ●			
지하 1층				화재발생 ●		
지하 2층					화재발생 ●	
지하 3층						화재발생 ●

| 정답

5층	●	●	●			
4층	●	●	●			
3층	●	●	●			
2층		●	●			
1층			●	●		
지하 1층			●	●	●	●
지하 2층			●	●	●	●
지하 3층			●	●	●	●

16. 다음은 청각장애인용 시각경보장치에 대한 화재안전기준이다. (　　) 안에 알맞은 답을 쓰시오.

(1) 공연장 · 집회장 · 관람장 또는 이와 유사한 장소에 설치하는 경우에는 시선이 집중되는 (①) 부분 등에 설치할 것
(2) 설치높이는 바닥으로부터 (②)의 장소에 설치할 것. 다만, 천장의 높이가 2m 이하인 경우에는 천장으로부터 (③) 이내의 장소에 설치하여야 한다.

| 정답

(1) 공연장 · 집회장 · 관람장 또는 이와 유사한 장소에 설치하는 경우에는 시선이 집중되는 ① **무대부** 부분 등에 설치할 것
(2) 설치높이는 바닥으로부터 ② **2m 이상 2.5m 이하**의 장소에 설치할 것. 다만, 천장의 높이가 2m 이하인 경우에는 천장으로부터 ③ 0.15m 이내의 장소에 설치하여야 한다.

17. 아래 그림과 같은 유접점 시퀀스회로에 대한 각 물음에 답하시오.

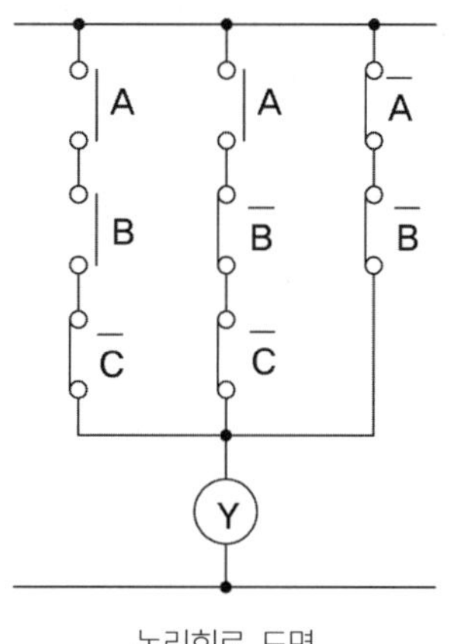

논리회로 도면

(1) 그림의 유접점 시퀀스회로를 가장 간략화한 논리식으로 표현하시오.

(2) 간략화한 논리식을 무접점 논리회로로 그리시오.

(3) 위 회로를 보고 타임차트를 완성하시오.

	t_1	t_2	t_3	t_4	t_5	t_6	t_7	t_8
A		▨	▨			▨		
B			▨	▨			▨	
C					▨	▨	▨	
Y								

| 정답

(1) $Y = AB\overline{C} + A\overline{B}\,\overline{C} + \overline{A}\,\overline{B} = A\overline{C}(B+\overline{B}) + \overline{A}\,\overline{B} = A\overline{C} + \overline{A}\,\overline{B}$

(2)

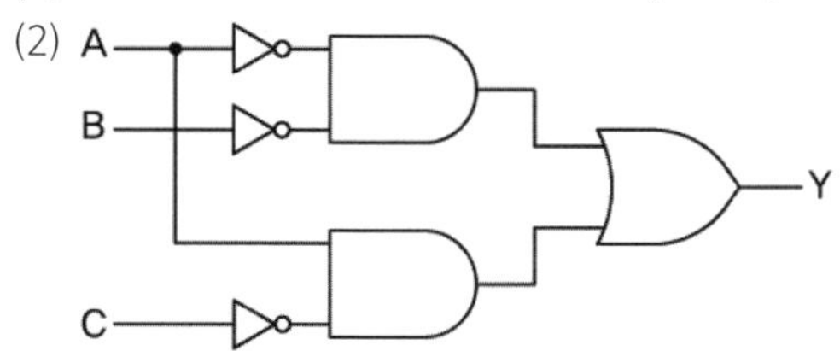

(3)

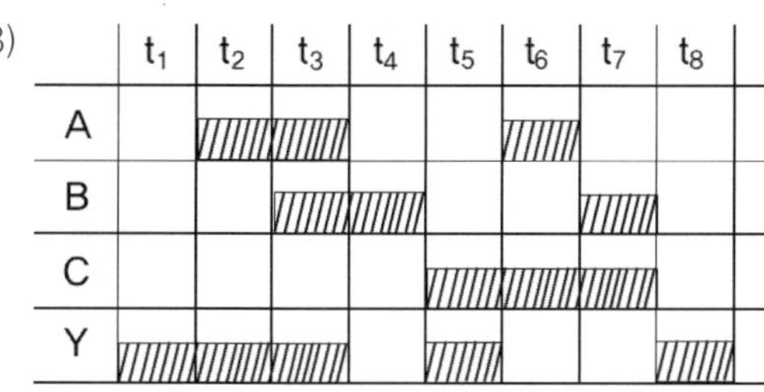

	t_1	t_2	t_3	t_4	t_5	t_6	t_7	t_8
A		▨	▨			▨		
B			▨	▨			▨	
C					▨	▨	▨	
Y	▨	▨	▨		▨			▨

18. 3상유도전동기의 전전압 기동방식 시퀀스도이다. 조건과 부품들을 사용해서 완성하시오. (단, 조작회로는 220V로 구성하며 푸시버튼 스위치는 On용 1개, Off용 1개를 사용한다.)

<조건>

① 전자접촉기 MC 및 그 보조접점을 사용한다.
② 녹색램프 GL는 전원표시등으로 사용하며 전동기 운전시에는 소등되도록 한다.
③ 적색램프 RL는 운전시의 표시등으로 사용한다.
④ 퓨즈를 심벌로 그려 넣는다.
⑤ 부저는 열동계전기가 동작된 다음에 리셋트 버튼을 누를 때까지 계속 울리도록 C 접점을 사용해서 그리도록 한다.

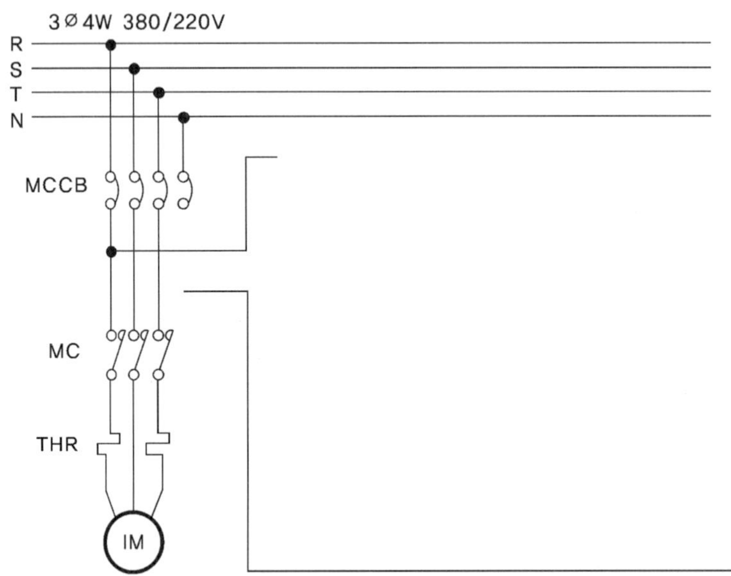

| 정답

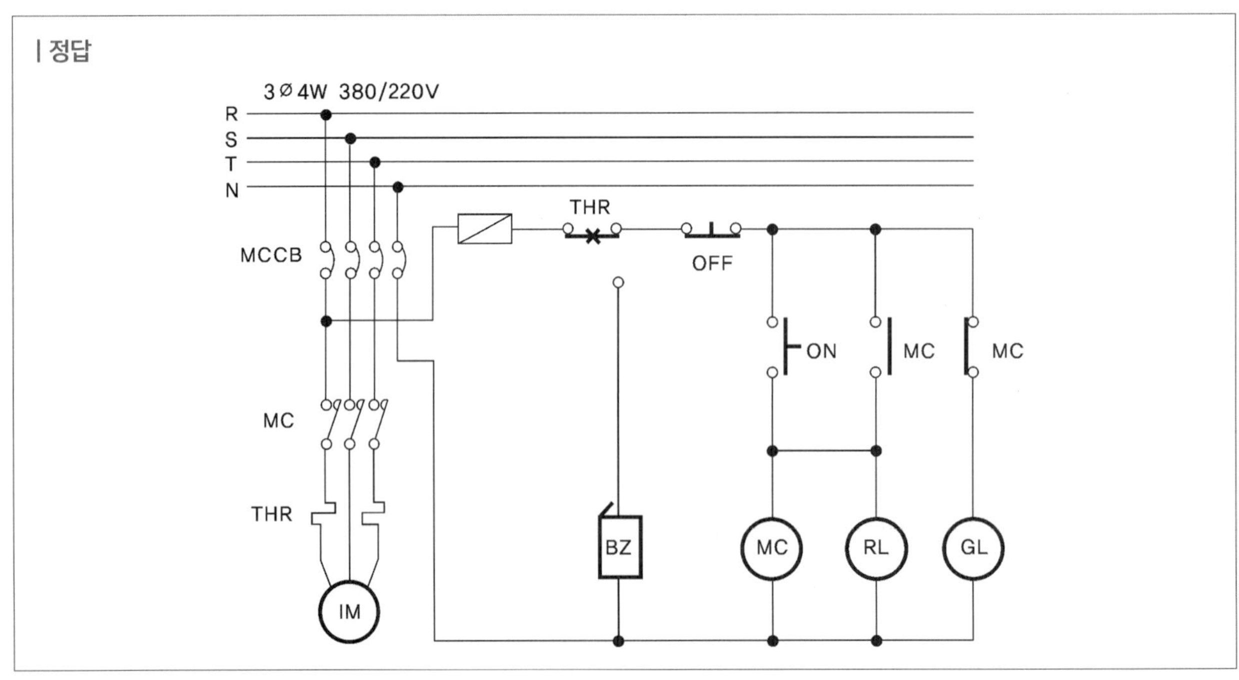

2020년 | 제5회

01. 비상방송설비의 설치기준에 대한 다음 각 물음에 답하시오.

(1) 확성기의 음성입력은 실내에 설치하는 것에 있어서는 몇 W 이상이어야 하는가?
(2) 음량조정기를 설치하는 경우 음량조정기의 배선은 몇 선식으로 하여야 하는가?
(3) 조작부의 조작스위치는 바닥으로부터 몇 m 높이에 설치하여야 하는가?
(4) 확성기는 각 층마다 설치하되, 그 층의 각 부분으로부터 하나의 확성기까지의 수평거리가 몇 m 이하가 되도록 하여야 하는가?
(5) 수위실 등 상시 사람이 근무하는 장소로서 점검이 편리하고 방화상 유효한 곳에 설치하여야 하는 것 2가지를 쓰시오.

| 정답

(1) 1W 이상
(2) 3선식
(3) 0.8m 이상 1.5m 이하
(4) 25m 이하
(5) 증폭기, 조작부

02. 무선통신보조설비의 설치기준에 대한 다음 물음에 답하시오.

(1) 누설동축케이블의 끝부분에는 어떤 것을 견고하게 설치하여야 하는가?
(2) 증폭기에는 비상전원이 부착된 것으로 하고 해당 비상전원 용량은 무선통신보조설비를 유효하게 몇 분 이상 작동시킬 수 있는 것으로 하여야 하는가?
(3) 무선기기 접속단자는 한국산업규격에 적합한 것으로 하고, 바닥으로부터 높이 몇 m의 위치에 설치하여야 하는가?
(4) 다음 빈칸에 알맞은 내용을 쓰시오.

> 증폭기의 전면에는 주회로의 전원이 정상인지의 여부를 표시할 수 있는 (　　) 및 (　　)를 설치할 것

| 정답

(1) 무반사종단저항
(2) 30분 이상
(3) 0.8m 이상 1.5m 이하
(4) 증폭기의 전면에는 주회로의 전원이 정상인지의 여부를 표시할 수 있는 **표시등** 및 **전압계**를 설치할 것

03. 도면과 같은 시퀀스도를 누름버튼스위치 PB_1 또는 PB_2 중 어느 것인가 먼저 ON 조작된 측의 램프만 점등되는 병렬우선회로가 되도록 그리시오. (단, PB_1측의 계전기는 R_1, 램프는 L_1이며, PB_2측의 계전기는 R_2, 램프는 L_2이다.)

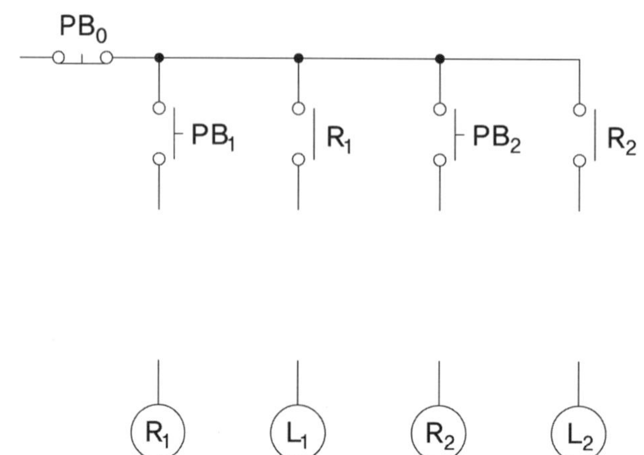

| 정답

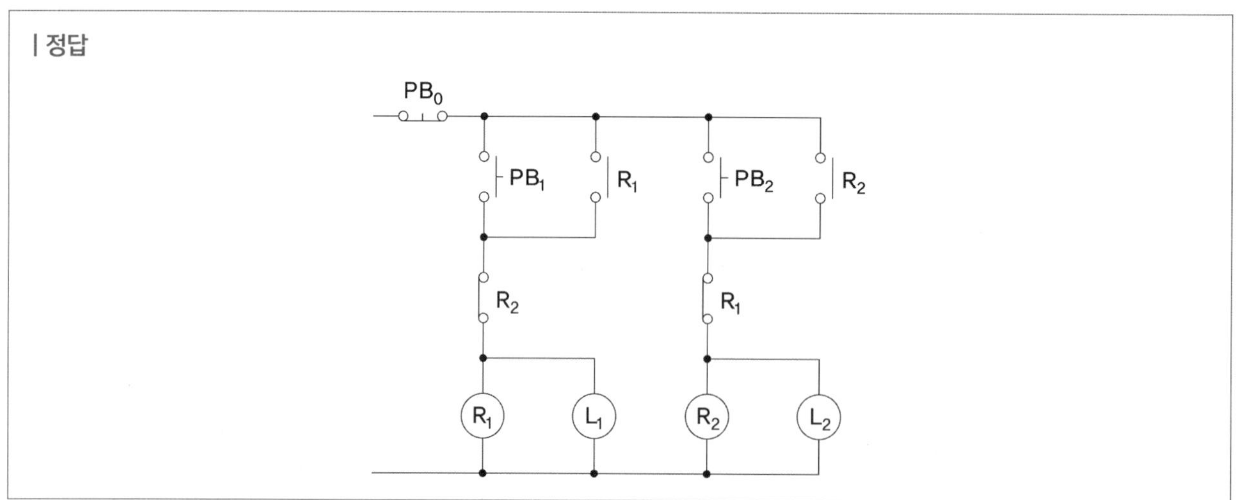

04. 비상콘센트를 11층에 3개소, 12층에 3개소, 13층에 2개소 등 총 8개를 설치하려고 한다. 최소 몇 회로를 설치하여야 하는가?

| 정답

3회로

05. 전실제연설비의 계통도이다. 조건을 참조하여 다음 표의 구분에 따른 사용전선의 배선수와 배선용도를 쓰시오.

<조건>

① 모든 댐퍼는 모터구동방식이다.
② 배선은 운전조작상 최소전선수로 한다.
③ 자동복구방식을 채택한다.
④ 수동기동확인 신호는 각층별로 확인하는 방식으로 한다.
⑤ MCC반에는 전원감시를 위한 전원표시등이 있다.

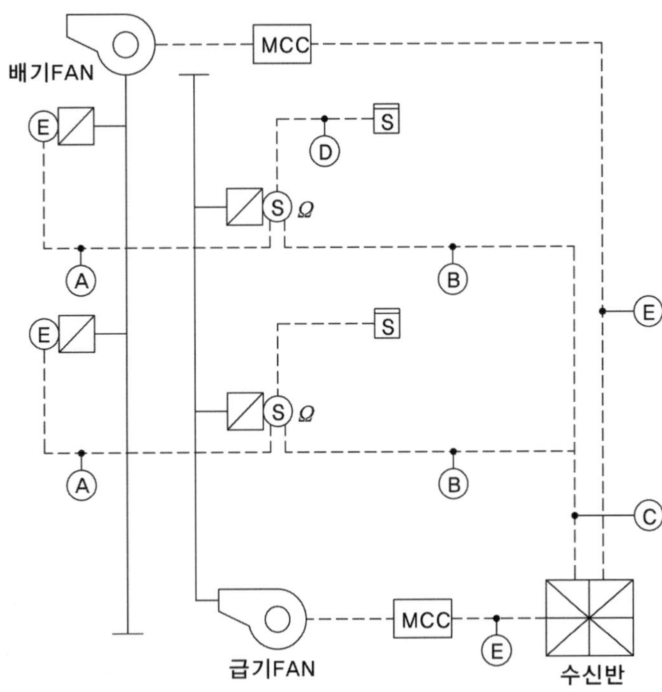

기호	구분	배선수	배선용도
Ⓐ	배기댐퍼 ↔ 급기댐퍼		
Ⓑ	급기댐퍼 ↔ 수신반(1존일 경우)		
Ⓒ	2존일 경우		
Ⓓ	급기댐퍼 ↔ 연기감지기		
Ⓔ	MCC ↔ 수신반		

| 정답

기호	구분	배선수	배선용도
Ⓐ	배기댐퍼 ↔ 급기댐퍼	4	전원(+, -), 기동, 배기확인
Ⓑ	급기댐퍼 ↔ 수신반(1존일 경우)	6	전원(+, -), 기동, 배기확인, 급기확인, 감지기
Ⓒ	2존일 경우	10	전원(+, -), 기동(2), 배기확인(2), 급기확인(2), 감지기(2)
Ⓓ	급기댐퍼 ↔ 연기감지기	4	공통(2), 지구(2)
Ⓔ	MCC ↔ 수신반	5	공통, ON, OFF, 전원감시, 기동표시

06. 건물 내부에 가압송수장치를 기동용 수압개폐장치로 사용하는 옥내소화전함과 P형발신기세트를 다음과 같이 설치하였다. 조건을 참조하여 각 물음에 답하시오.

<조건>

① 발신기공통선과 경종 · 표시등공통선은 각각 1선씩 설치하는 것으로 한다.

② 수신기와 발신기에는 전화장치가 있는 것으로 한다.

(1) ㉮ ~ ㉳의 전선가닥수를 쓰시오.

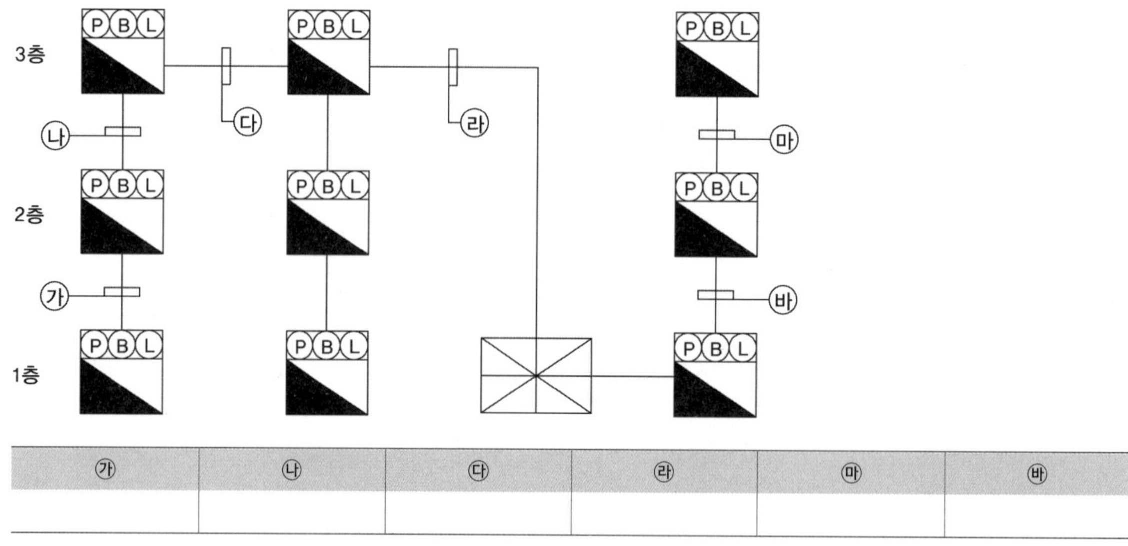

㉮	㉯	㉰	㉱	㉲	㉳

(2) 감지기회로의 종단저항의 설치목적을 쓰시오.

(3) 감지기회로의 전로저항은 몇 Ω 이하이어야 하는지 쓰시오.

(4) 수신기의 각 회로별 종단에 설치되는 감지기에 접속되는 배선의 전압은 감지기 정격전압의 몇 % 이상이어야 하는지 쓰시오.

| 정답

(1)

㉮	㉯	㉰	㉱	㉲	㉳
9	10	11	14	9	10

해설

구분	㉮	㉯	㉰	㉱	㉲	㉳
회로선	1	2	3	6	1	2
회로공통선	1	1	1	1	1	1
경종선	1	1	1	1	1	1
경종표시등공통선	1	1	1	1	1	1
표시등선	1	1	1	1	1	1
응답선	1	1	1	1	1	1
전화선	1	1	1	1	1	1
기동확인표시등	2	2	2	2	2	2
합계	9	10	11	14	9	10

(2) 도통시험

(3) 50Ω 이하

(4) 80% 이상

07. 그림과 같은 논리회로를 보고 타임차트를 완성하시오.

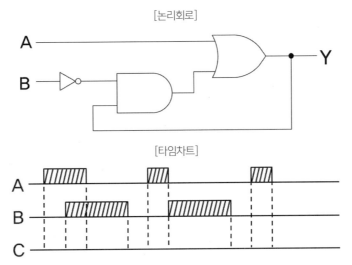

[논리회로]

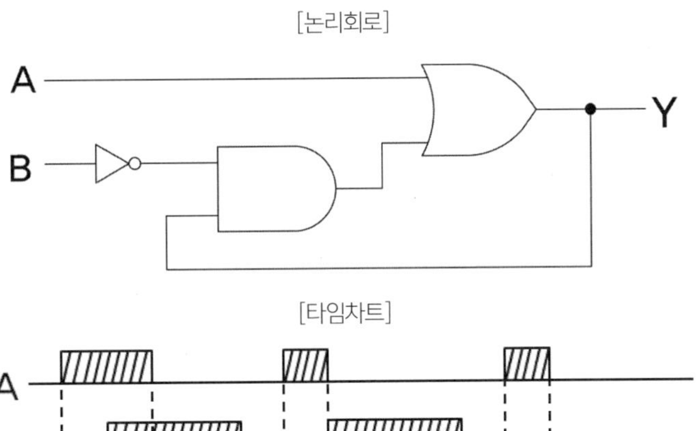

[타임차트]

| 정답

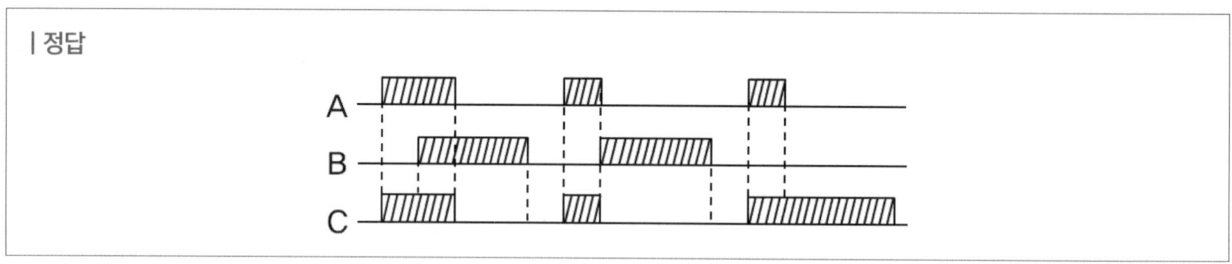

08. 감지기의 부착높이 및 특정소방대상물의 구분에 따른 설치면적 기준이다. 다음 표의 ①~⑧에 해당되는 면적을 쓰시오.

[단위: m]

부착높이 및 특정소방대상물의 구분		감지기의 종류						
		차동식스포트형		보상식스포트형		정온식스포트형		
		1종	2종	1종	2종	특종	1종	2종
4m 미만	주요구조부를 내화구조로 한 특정소방대상물 또는 그 부분	①	70	①	70	70	60	⑦
	기타구조의 특정소방대상물 또는 그 부분	②	③	②	40	40	30	⑧
4m 이상	주요구조부를 내화구조로 한 특정소방대상물 또는 그 부분	45	④	45	35	④	⑤	-
	기타구조의 특정소방대상물 또는 그 부분	30	25	30	25	25	⑥	-

| 정답

[단위: m]

부착높이 및 특정소방대상물의 구분		감지기의 종류						
		차동식스포트형		보상식스포트형		정온식스포트형		
		1종	2종	1종	2종	특종	1종	2종
4m 미만	주요구조부를 내화구조로 한 특정소방대상물 또는 그 부분	① 90	70	① 90	70	70	60	⑦ 20
	기타구조의 특정소방대상물 또는 그 부분	② 50	③ 40	② 50	40	40	30	⑧ 15
4m 이상	주요구조부를 내화구조로 한 특정소방대상물 또는 그 부분	45	④ 35	45	35	④ 35	⑤ 30	-
	기타구조의 특정소방대상물 또는 그 부분	30	25	30	25	25	⑥ 15	-

09. 자동화재탐지설비의 감지기 설치제외 장소 4가지를 쓰시오.

| 정답

① 천장 또는 반자의 높이가 20m 이상인 장소
② 부식성가스가 체류하고 있는 장소
③ 목욕실 · 욕조나 샤워시설이 있는 화장실 · 기타 이와 유사한 장소
④ 헛간 등 외부와 기류가 통하는 장소로서 감지기에 따라 화재발생을 유효하게 감지할 수 없는 장소

10. 가스누설경보기에 관한 다음 각 물음에 답하시오.

(1) 가스의 누설을 표시하는 표시등 및 가스가 누설된 경계구역의 위치를 표시하는 표시등은 등이 켜질 때 어떤 색으로 표시되어야 하는가?
(2) 경보기는 구조에 따라 무슨 형과 무슨 형으로 구분하는가?
(3) 가스누설경보기 중 가스누설을 검지하여 중계기 또는 수신부에 가스누설의 신호를 발신하는 부분 또는 가스누설을 검지하여 이를 음향으로 경보하고 동시에 중계기 또는 수신부에 가스누설의 신호를 발신하는 부분은 무엇인가?

| 정답

(1) 황색
(2) 단독형, 분리형
(3) 탐지부

11. 다음 논리식을 보고 유접점회로(릴레이회로)와 무접점회로(논리회로)로 그리시오.

$Y = AB + \overline{A}\,\overline{B}$	
유접점회로	무접점회로
$Z = (A+B)(\overline{A}+\overline{B})$	
유접점회로	무접점회로

| 정답

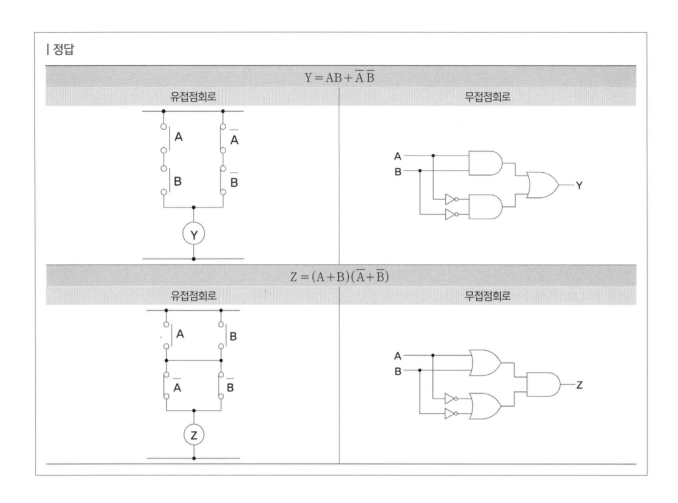

$$Y = AB + \overline{A}\,\overline{B}$$

유접점회로	무접점회로
A, B, $\overline{A}$, $\overline{B}$, Y	A, B, Y

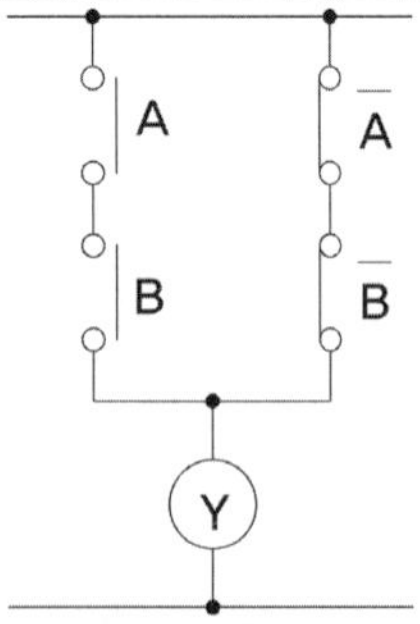

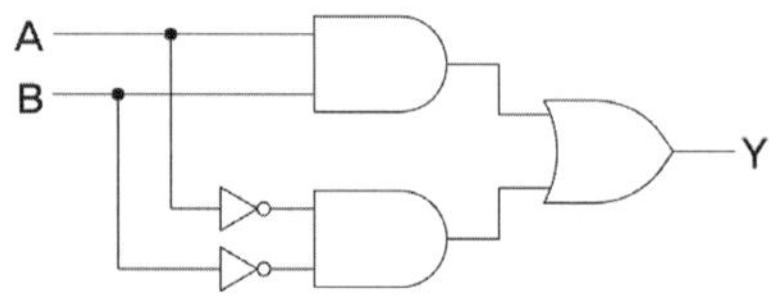

$$Z = (A + B)(\overline{A} + \overline{B})$$

유접점회로	무접점회로
A, B, $\overline{A}$, $\overline{B}$, Z	A, B, Z

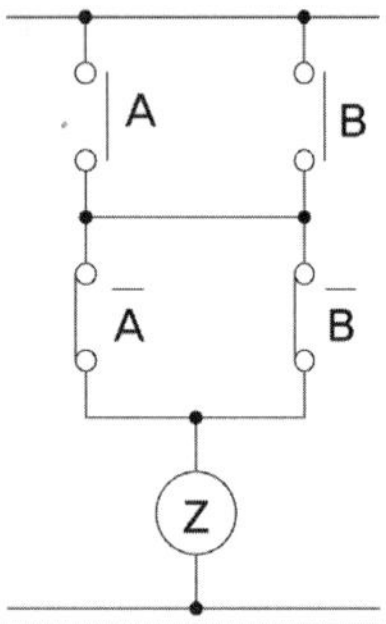

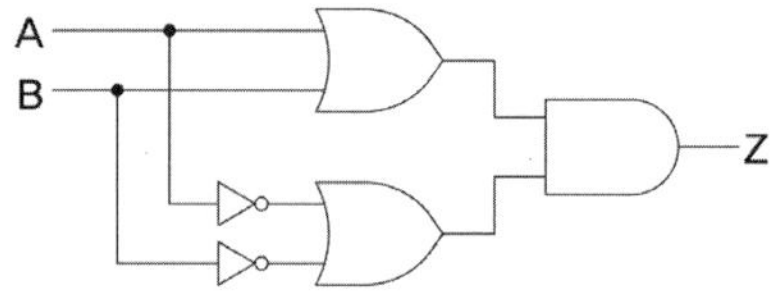

12. 다음은 자동화재탐지설비의 평면도이다. 도면의 각 배선에 전선 가닥수를 표기하시오. (단, 모든 배관은 슬래브 내 매입배관이며, 이중천장이 없는 구조이다.)

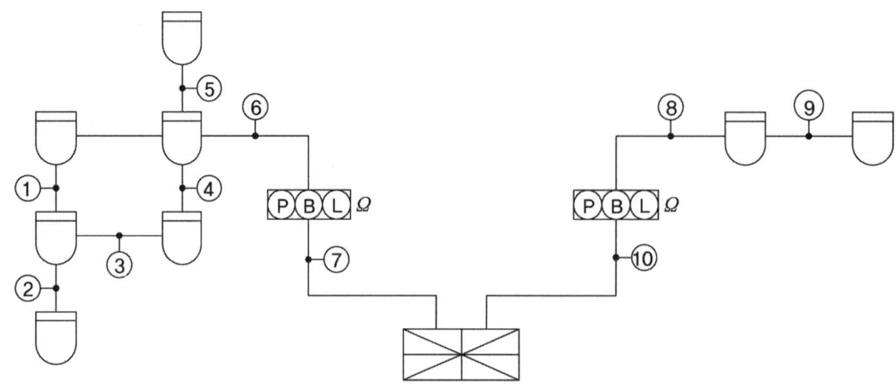

| 정답

기호	①	②	③	④	⑤	⑥	⑦	⑧	⑨	⑩
가닥수	2	4	2	2	4	4	6	4	4	6

13. **광전식스포트형 감지기와 광전식분리형 감지기의 검출방식과 작동원리를 구분하여 설명하시오.**

(1) 광전식스포트형 감지기
① 검출방식
② 작동원리
(2) 광전식분리형 감지기
① 검출방식
② 작동원리

| 정답

(1) ① 검출방식: 산란광식
② 작동원리: 광량의 증가로 작동
(2) ① 검출방식: 감광식
② 작동원리: 광량의 감소로 작동

14. **3상 380V, 20kW 스프링클러펌프용 유도전동기가 있다. 기동방식은 일반적으로 어떤 방식이 이용되며 전동기의 역률이 60%일 때 역률을 90%로 개선할 수 있는 전력용 콘덴서의 용량은 몇 kVA이겠는가?**

(1) 기동방식
(2) 전력용 콘덴서의 용량

| 정답

(1) Y-△ 기동방식
(2) • 계산과정: 콘덴서용량[kVA] $= 20 \times \left(\frac{\sqrt{1-0.6^2}}{0.6} - \frac{\sqrt{1-0.9^2}}{0.9}\right) = 16.980$ $\therefore$ 16.98kVA
• 답: 16.98kVA

15. **자동화재탐지설비에 사용되는 감지기의 절연저항시험을 하려고 한다. 사용기기와 판정기준은 무엇인가? (단, 감지기의 절연된 단자 간의 절연저항 및 단자와 외함 간의 절연저항이며 정온식감지선형 감지기는 제외한다.)**

| 정답

① 사용기기: 직류 500V 절연저항계
② 판정기준: 50MΩ 이상

16. 감지기 배선방식에 있어서 교차회로방식의 목적 및 동작원리를 쓰시오.

| 정답

① 목적: 감지기 오동작으로 인한 설비의 작동 방지
② 동작원리: 하나의 담당구역 내에 2 이상의 화재감지기회로를 설치하고 인접한 2 이상의 화재감지기가 동시에 감지되는 때에 해당 설비가 작동되는 방식

17. 차동식스포트형 감지기와 정온식스포트형 감지기의 작동원리에 대하여 간단히 설명하시오.

(1) 차동식스포트형 감지기
(2) 정온식스포트형 감지기

| 정답

(1) 차동식스포트형 감지기: 주위온도가 일정 상승률 이상이 되는 경우에 작동
(2) 정온식스포트형 감지기: 일국소의 주위온도가 일정한 온도 이상이 되는 경우에 작동

18. 피난구유도등을 설치해야 되는 장소의 기준 4가지를 쓰시오.

| 정답

① 옥내로부터 직접 지상으로 통하는 출입구 및 그 부속실의 출입구
② 직통계단 · 직통계단의 계단실 및 그 부속실의 출입구
③ 출입구에 이르는 복도 또는 통로로 통하는 출입구
④ 안전구획된 거실로 통하는 출입구

2025 최신개정판

해커스 소방설비기사 실기 전기 한권완성 기출문제

개정 3판 1쇄 발행 2025년 1월 3일

지은이	김진성
펴낸곳	㈜챔프스터디
펴낸이	챔프스터디 출판팀
주소	서울특별시 서초구 강남대로61길 23 ㈜챔프스터디
고객센터	02-537-5000
교재 관련 문의	publishing@hackers.com
동영상강의	pass.Hackers.com
ISBN	기출문제: 978-89-6965-547-9 (14530) 세트: 978-89-6965-545-5 (14530)
Serial Number	03-01-01

2025 최신개정판

해커스

소방설비기사 실기 전기 한권완성

핵심이론+기출문제

시험장에 꼭 가져가야 할

족집게 핵심요약노트

1 P형 수신기 간선구성

1. 옥내소화전

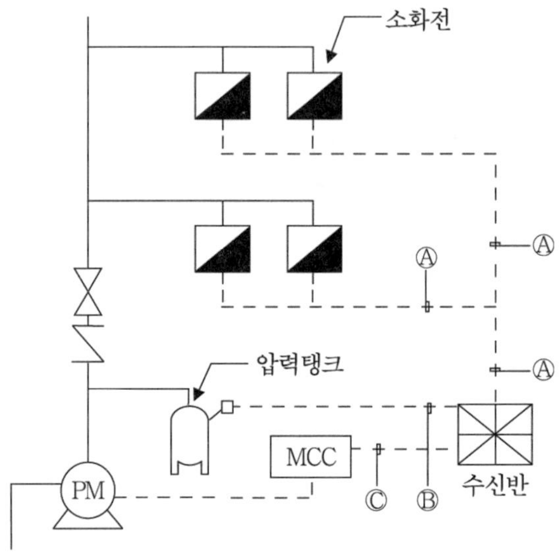

(단위 : mm^2)

기호	구분		배선 수	배선 굵기	배선의 용도
A	소화전함 ↔ 수신반	ON－OFF식	5	2.5	공통, ON, OFF, 표시등(2)
		수압개폐식	2	2.5	공통, 기동표시
B	압력탱크 ↔ 수신반		2	2.5	공통, 압력스위치
C	MCC ↔ 수신반		5	2.5	공통, ON, OFF, 전원감시, 기동표시

▶ 전선종류는 HFIX를 사용함

2. FIRE ALARM(자동화재탐지설비)

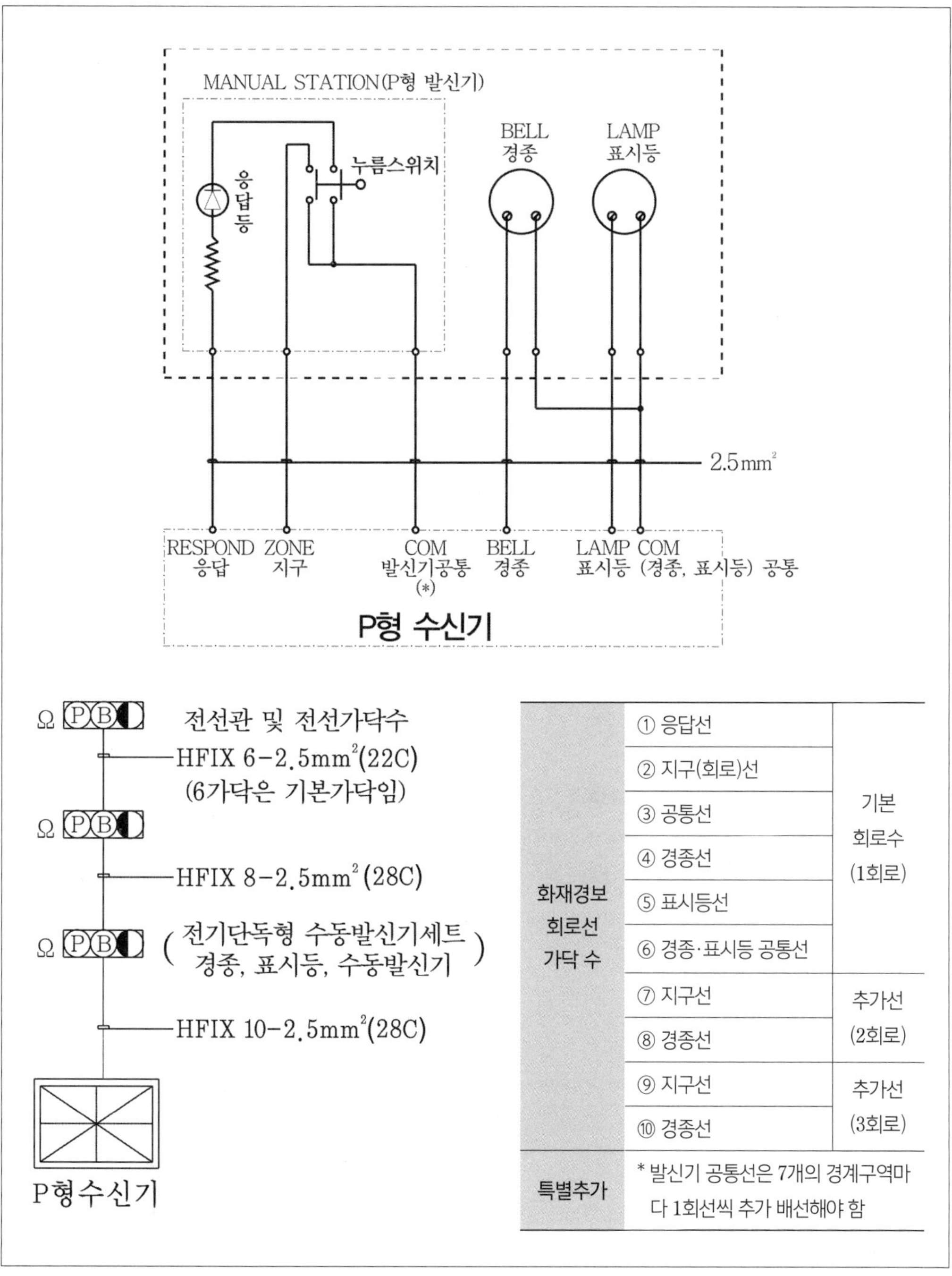

화재경보 회로선 가닥 수	① 응답선	기본 회로수 (1회로)
	② 지구(회로)선	
	③ 공통선	
	④ 경종선	
	⑤ 표시등선	
	⑥ 경종·표시등 공통선	
	⑦ 지구선	추가선 (2회로)
	⑧ 경종선	
	⑨ 지구선	추가선 (3회로)
	⑩ 경종선	
특별추가	* 발신기 공통선은 7개의 경계구역마다 1회선씩 추가 배선해야 함	

▶ 본 도면은 우선경보방식의 경보회로를 예시한 것임

▶ 소화전 연동 LINE은 제외된 상태임

▶ 소화전 연동 LINE은 별도라인구성(기동용 수압개폐방식) HFIX 2－2.5mm²(16C)

3. 스프링클러 A/V 설비

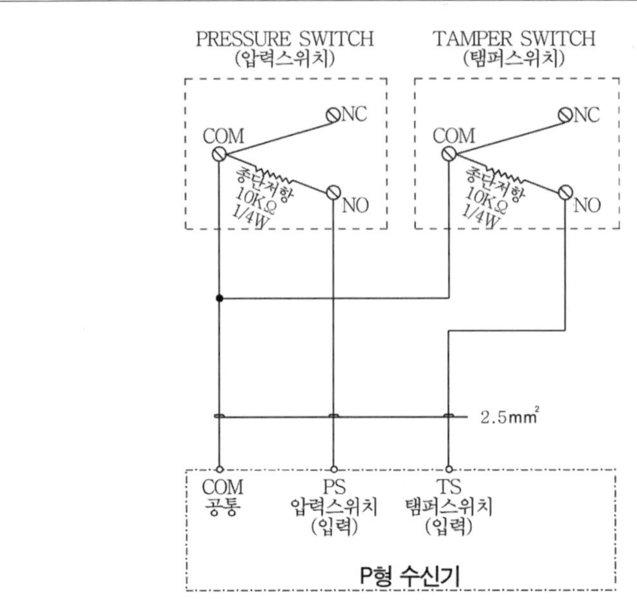

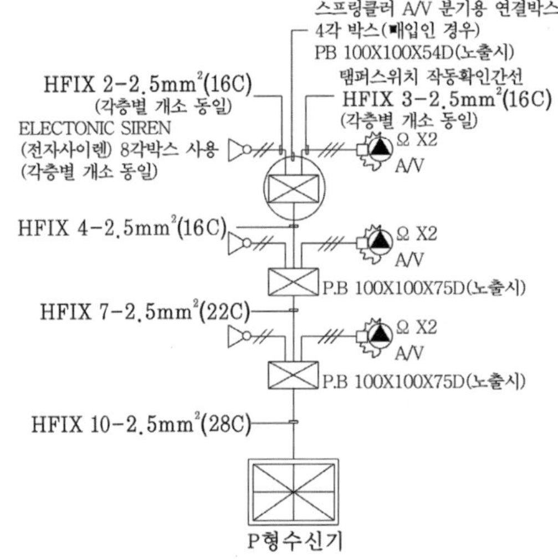

구분	가닥	비고
알람밸브 회로선 가닥 수	① 공통	기본 가닥 수 (1개존)
	② 사이렌	
	③ PS	
탬퍼SW가 없는 경우임	④ 사이렌	추가선 (2개존)
	⑤ PS	
	⑥ 사이렌	추가선 (3개존)
	⑦ PS	
탬퍼SW가 있는 경우임	① 공통	기본 가닥 수 (1개존)
	② 사이렌	
	③ PS	
	④ TS	
	⑤ 사이렌	추가선 (2개존)
	⑥ PS	
	⑦ TS	
	⑧ 사이렌	추가선 (3개존)
	⑨ PS	
	⑩ TS	

4. 스프링클러 P/V 설비

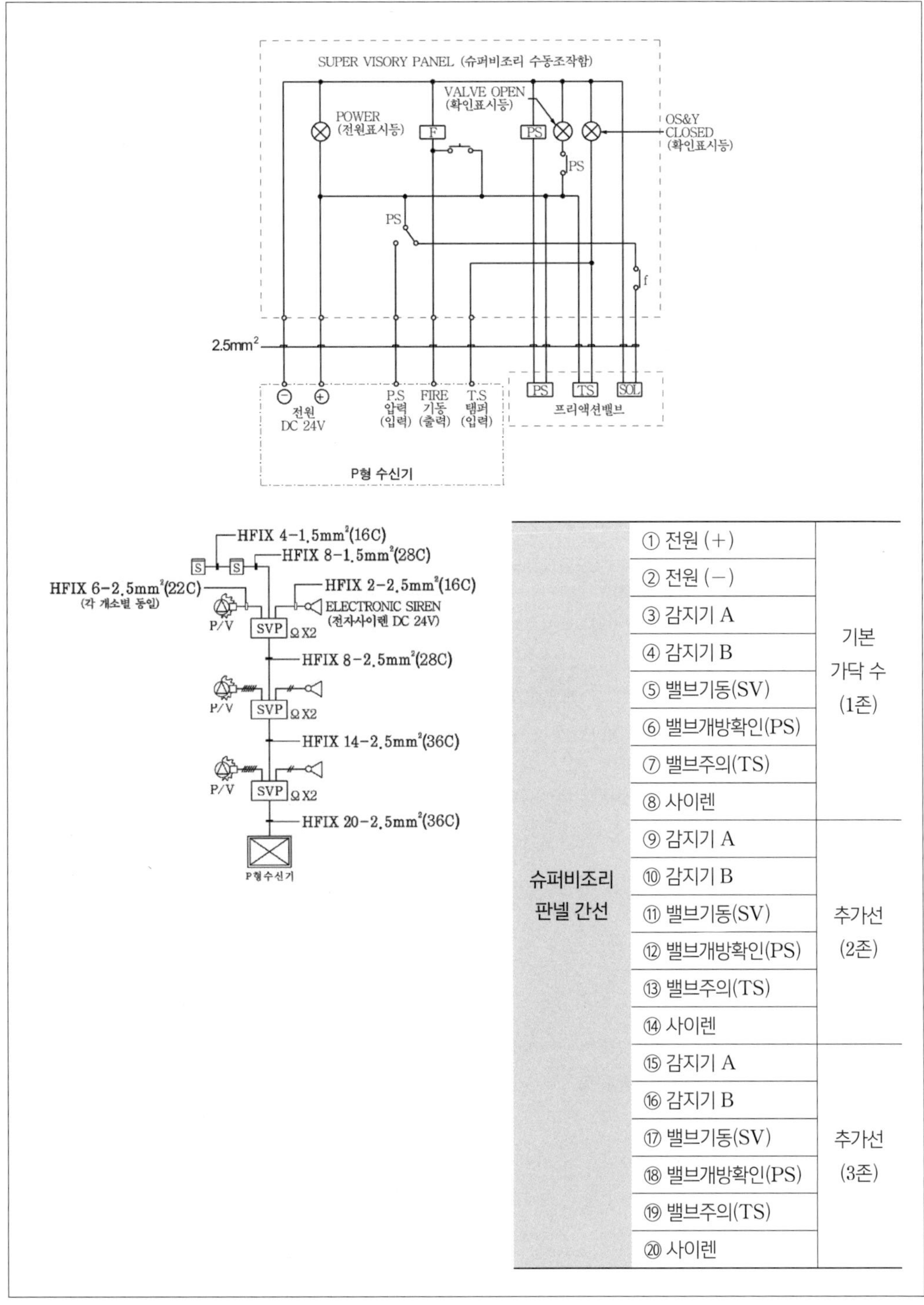

구분	간선	비고
슈퍼비조리 판넬 간선	① 전원 (+)	기본 가닥 수 (1존)
	② 전원 (−)	
	③ 감지기 A	
	④ 감지기 B	
	⑤ 밸브기동(SV)	
	⑥ 밸브개방확인(PS)	
	⑦ 밸브주의(TS)	
	⑧ 사이렌	
	⑨ 감지기 A	추가선 (2존)
	⑩ 감지기 B	
	⑪ 밸브기동(SV)	
	⑫ 밸브개방확인(PS)	
	⑬ 밸브주의(TS)	
	⑭ 사이렌	
	⑮ 감지기 A	추가선 (3존)
	⑯ 감지기 B	
	⑰ 밸브기동(SV)	
	⑱ 밸브개방확인(PS)	
	⑲ 밸브주의(TS)	
	⑳ 사이렌	

▶ 본 도면은 전화선이 있는 것으로 예시한 것임

5. 할론 · CO_2 · 할로겐화합물 및 불활성기체소화설비(전역방출방식)

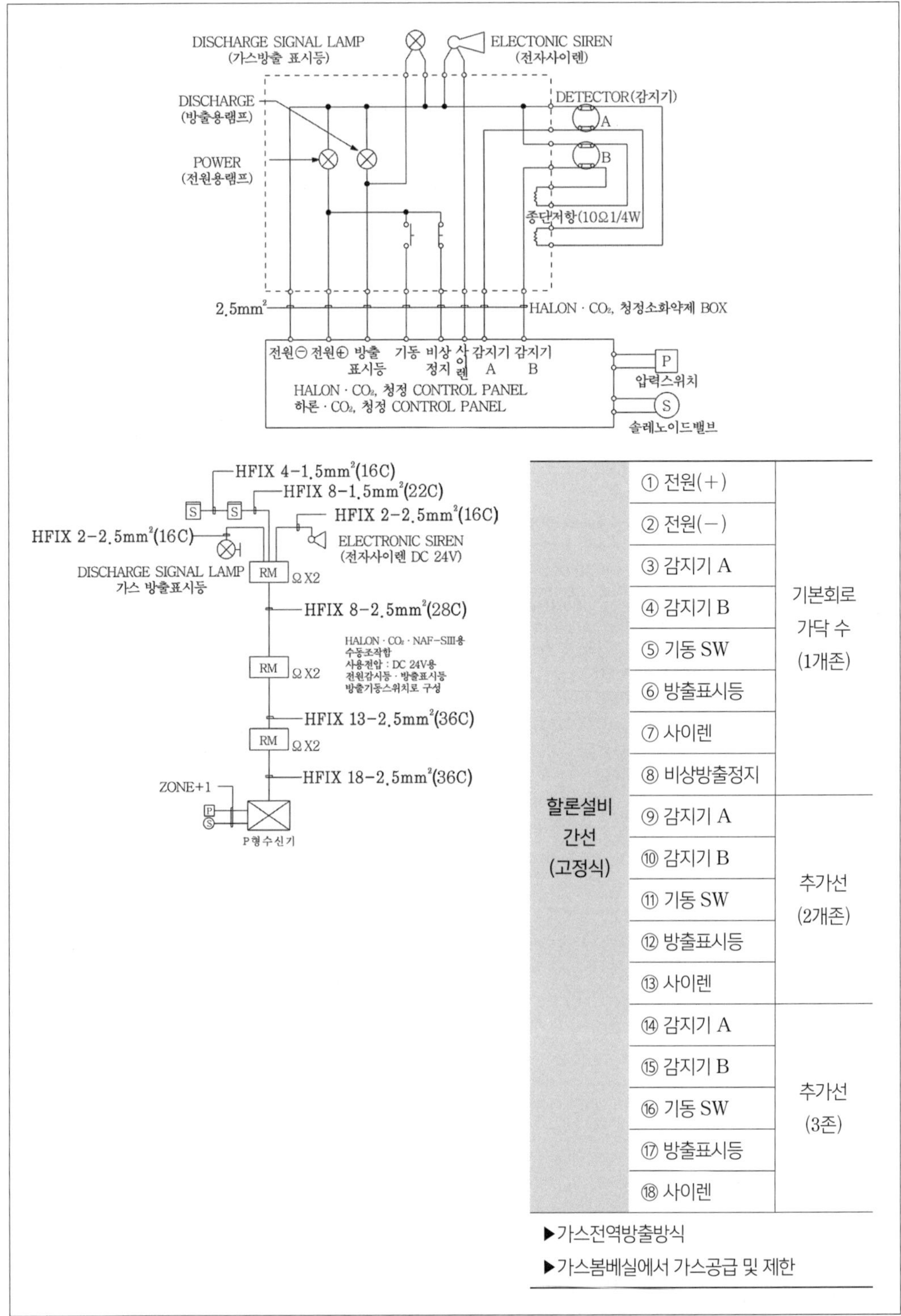

할론설비 간선 (고정식)	① 전원(+)	기본회로 가닥 수 (1개존)
	② 전원(−)	
	③ 감지기 A	
	④ 감지기 B	
	⑤ 기동 SW	
	⑥ 방출표시등	
	⑦ 사이렌	
	⑧ 비상방출정지	
	⑨ 감지기 A	추가선 (2개존)
	⑩ 감지기 B	
	⑪ 기동 SW	
	⑫ 방출표시등	
	⑬ 사이렌	
	⑭ 감지기 A	추가선 (3존)
	⑮ 감지기 B	
	⑯ 기동 SW	
	⑰ 방출표시등	
	⑱ 사이렌	

▶가스전역방출방식

▶가스봄베실에서 가스공급 및 제한

6. 할론 · CO_2 · 할로겐화합물 및 불활성기체소화설비(팩케이지방식)

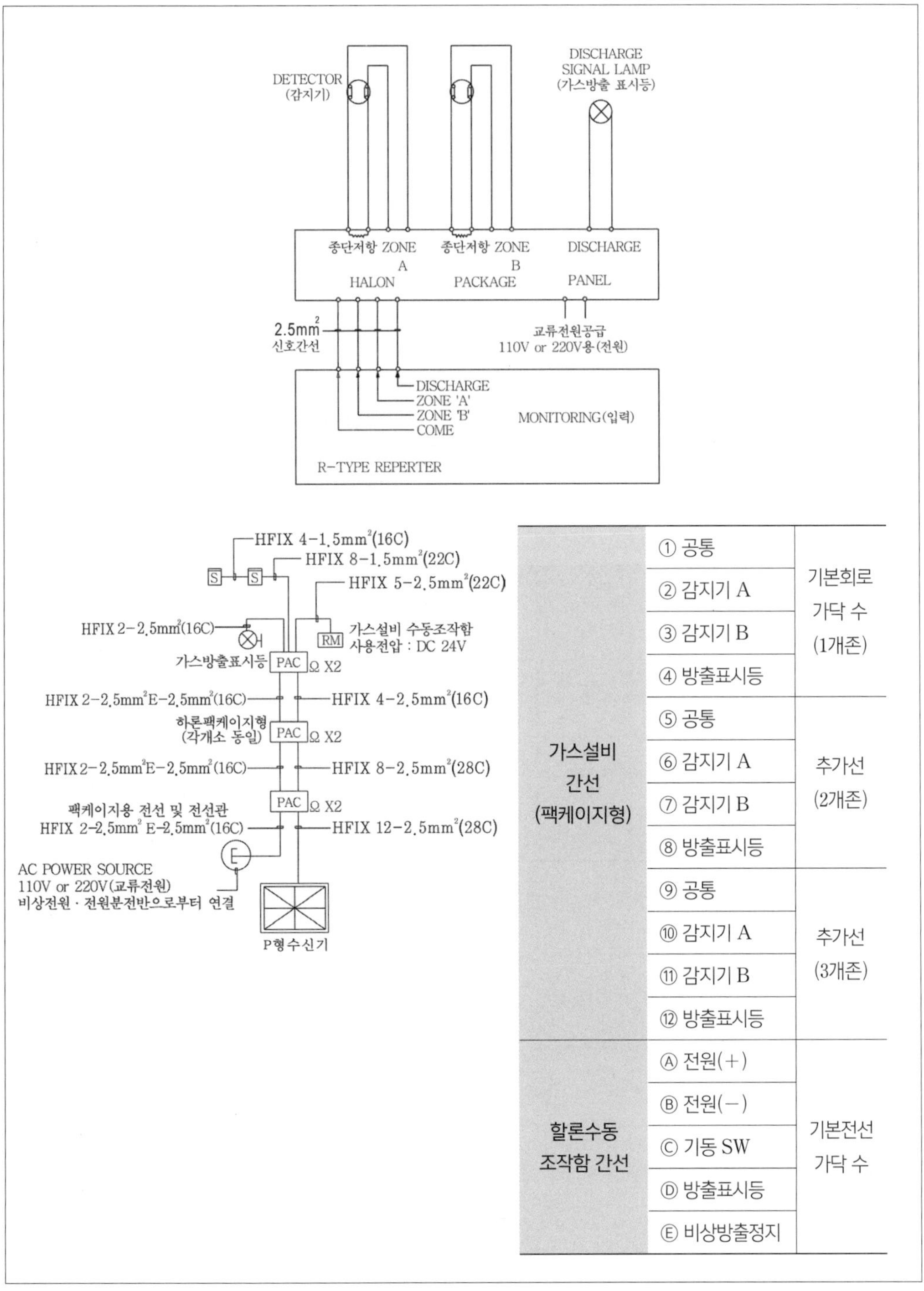

구분	간선	비고
가스설비 간선 (팩케이지형)	① 공통	기본회로 가닥 수 (1개존)
	② 감지기 A	
	③ 감지기 B	
	④ 방출표시등	
	⑤ 공통	추가선 (2개존)
	⑥ 감지기 A	
	⑦ 감지기 B	
	⑧ 방출표시등	
	⑨ 공통	추가선 (3개존)
	⑩ 감지기 A	
	⑪ 감지기 B	
	⑫ 방출표시등	
할론수동 조작함 간선	Ⓐ 전원(+)	기본전선 가닥 수
	Ⓑ 전원(−)	
	Ⓒ 기동 SW	
	Ⓓ 방출표시등	
	Ⓔ 비상방출정지	

▶ 가스설비 PACKAGE AC전원공급은 비상전용전원 및 전원분전반으로부터 받음

7. 전실제연설비

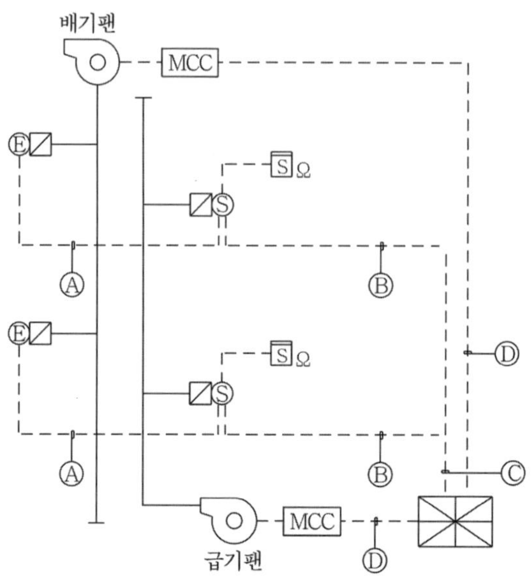

(단위 : mm^2)

기호	구분	배선 수	배선 굵기	배선의 용도
Ⓐ	배기댐퍼 ↔ 급기댐퍼	4	2.5	전원(+, −), 기동, 배기확인
Ⓑ	급기댐퍼 ↔ 수신반 (1존일 경우)	6	2.5	전원(+, −) 기동, 배기확인, 급기확인, 감지기
Ⓒ	2존일 경우	10	2.5	전원(+, −) 기동(2), 배기확인(2), 급기확인(2), 감지기(2)
Ⓓ	MCC ↔ 수신반	5	2.5	공통, ON, OFF, 전원감시, 기동표시

▶ 전선은 HFIX를 사용함

8. OPEN형 상가제연방식

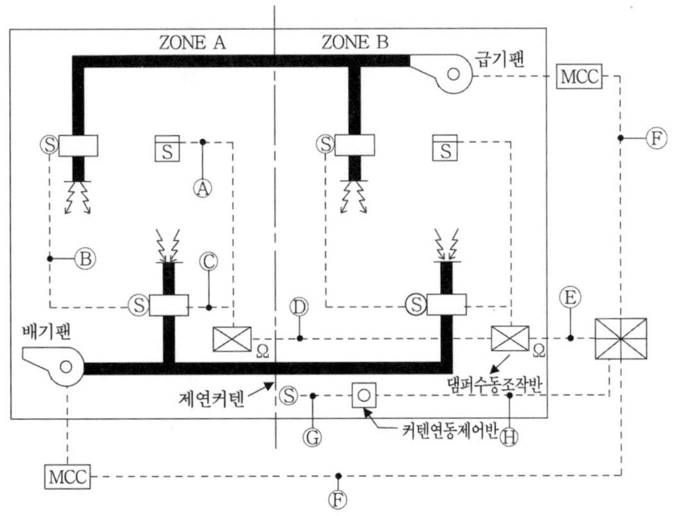

(단위 : mm^2)

기호	구분	배선 수	배선 굵기	배선의 용도
Ⓐ	감지기 ↔ 수동조작반	4	1.5	공통(2), 지구(2)
Ⓑ	급기댐퍼 ↔ 배기댐퍼	4	2.5	전원(+, −), 기동, 급기확인
Ⓒ	배기댐퍼 ↔ 수동조작반	5	2.5	전원(+, −), 기동, 급기확인, 배기확인
Ⓓ	수동조작반 ↔ 수동조작반 (1존일 경우)	6	2.5	전원(+, −) 기동, 급기확인, 배기확인, 감지기
Ⓔ	수동조작반 2ZONE	10	2.5	전원(+, −) 기동(2), 급기확인(2), 배기확인(2), 감지기(2)
Ⓕ	MCC ↔ 수신기	5	2.5	공통, ON, OFF, 전원감시, 기동표시
Ⓖ	커텐 SOL ↔ 연동제어반	3	2.5	공통, 기동, 기동표시
Ⓗ	연동제어반 ↔ 수신기	4	2.5	공통, ON, OFF, 기동표시

▶ 전선은 HFIX를 사용함

9. 밀폐형 상가제연방식

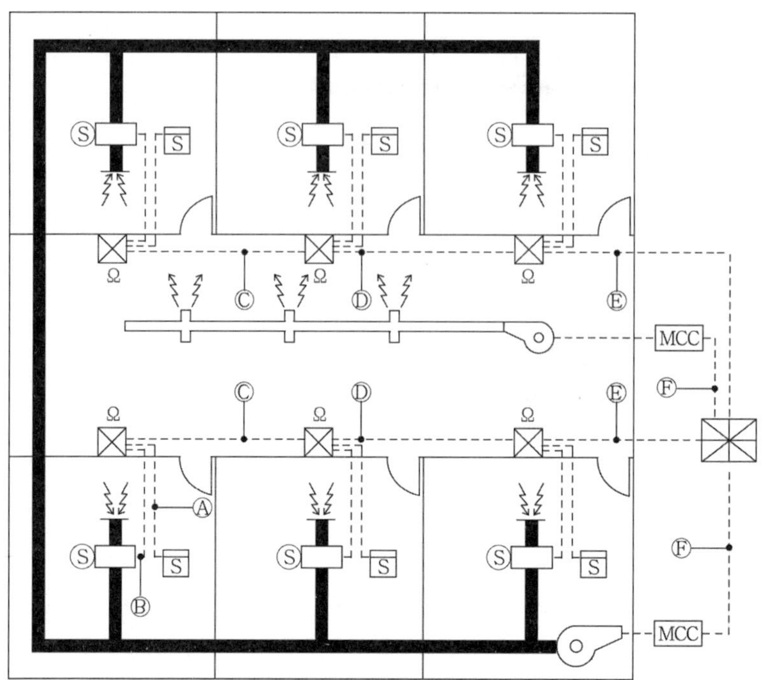

(단위 : mm^2)

기호	구분	배선 수	배선 굵기	배선의 용도
Ⓐ	감지기 ↔ 수동조작반	4	1.5	공통(2), 지구(2)
Ⓑ	댐퍼 ↔ 수동조작반	4	2.5	전원(+, −), 기동, 배기확인
Ⓒ	수동조작반 ↔ 수동조작반	5	2.5	전원(+, −) 기동, 배기확인, 감지기
Ⓓ	수동조작반 ↔ 수동조작반	8	2.5	전원(+, −) 기동(2), 배기확인(2), 감지기(2)
Ⓔ	수동조작반 ↔ 수동조작반	11	2.5	전원(+, −) 기동(3), 배기확인(3), 감지기(3)
Ⓕ	MCC ↔ 수신반	5	2.5	공통, ON, OFF, 전원감시, 기동표시

▶ 전선은 HFIX를 사용함

10. 자동방화문 설비

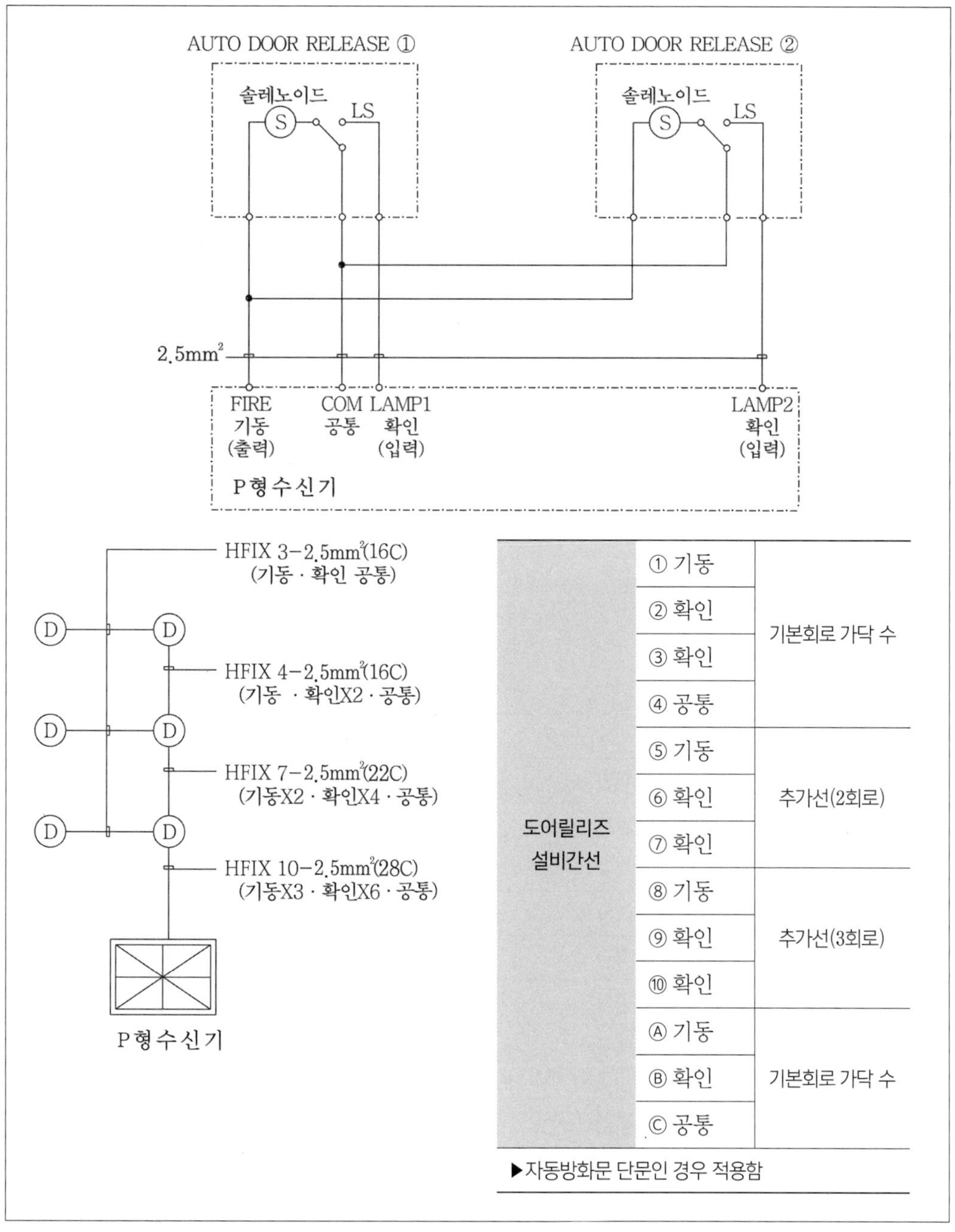

도어릴리즈 설비간선	구분	비고
	① 기동	기본회로 가닥 수
	② 확인	
	③ 확인	
	④ 공통	
	⑤ 기동	추가선(2회로)
	⑥ 확인	
	⑦ 확인	
	⑧ 기동	추가선(3회로)
	⑨ 확인	
	⑩ 확인	
	Ⓐ 기동	기본회로 가닥 수
	Ⓑ 확인	
	Ⓒ 공통	

▶자동방화문 단문인 경우 적용함

▶ 본 도면은 쌍문의 경우를 예시한 것임

▶ 방화문 감지기 회로는 제외된 상태임

11. 배연창설비

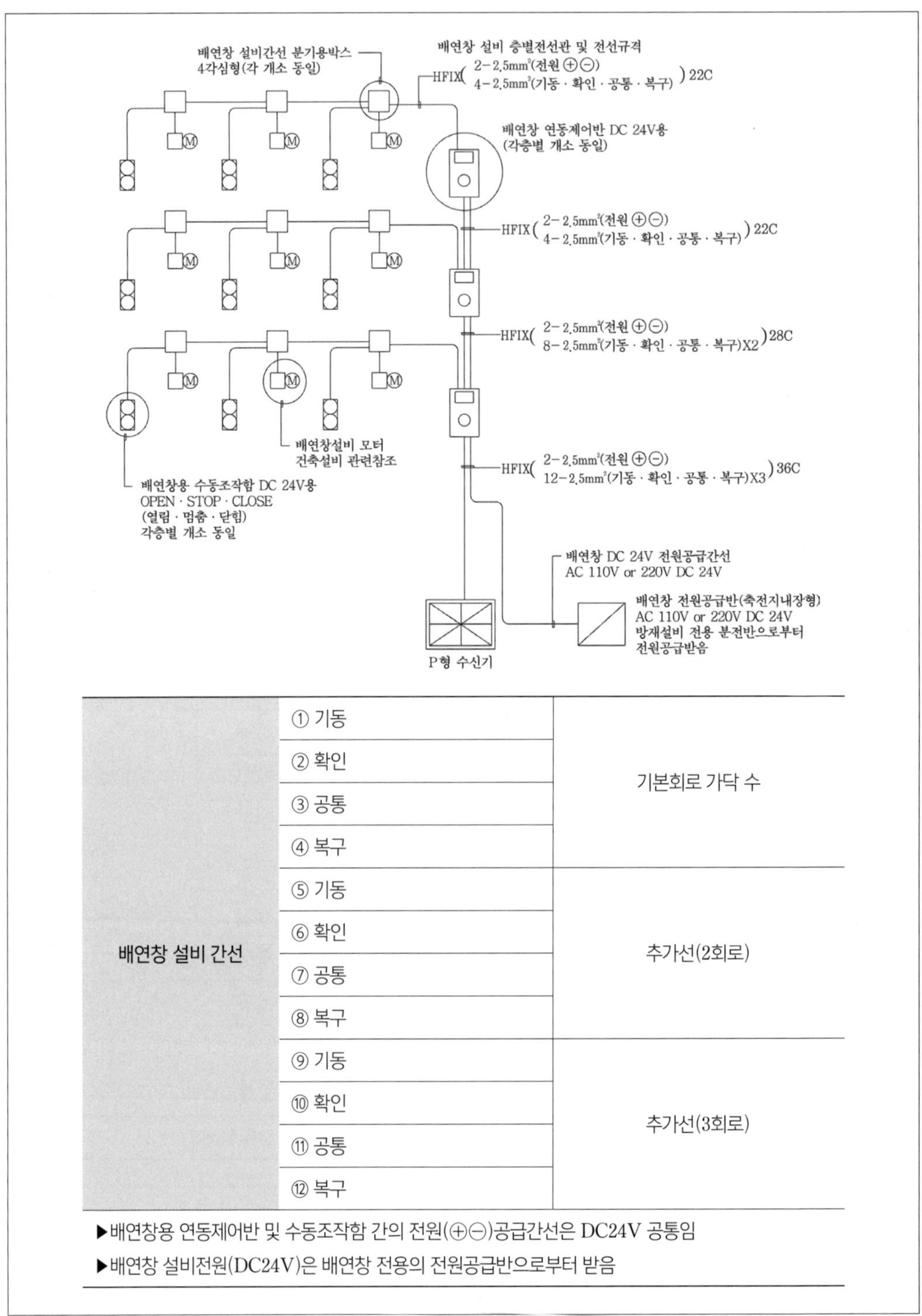

배연창 설비 간선	① 기동	기본회로 가닥 수
	② 확인	
	③ 공통	
	④ 복구	
	⑤ 기동	추가선(2회로)
	⑥ 확인	
	⑦ 공통	
	⑧ 복구	
	⑨ 기동	추가선(3회로)
	⑩ 확인	
	⑪ 공통	
	⑫ 복구	

▶배연창용 연동제어반 및 수동조작함 간의 전원(⊕⊖)공급간선은 DC24V 공통임

▶배연창 설비전원(DC24V)은 배연창 전용의 전원공급반으로부터 받음

2 설비별 기본간선수량 및 추가배선

설비명	1구역(존)의 간선	추가 배선	비고
자동화재탐지설비	[6선] 지구 : 1 발신기공통 : 1 응답 : 1 경종 · 표시등공통 : 1 표시등 : 1 경종 : 1	− 지구 : 경계구역마다 1선 − 발신기공통 : 7경계구역마다 1선 − 경종(우선경보) : 층마다 1선. 단, 지하층은 층의 개수에 관계없이 1선	구역별
옥내소화전(수압개폐)	[2선] 공통 : 1 기동표시등 : 1	추가 없음	
옥내소화전(ON−OFF)	[5선] 공통 : 1 ON : 1 OFF : 1 표시등 : 2	추가 없음	
습식스프링클러	[4선] 공통 : 1 PS : 1 TS : 1 사이렌 : 1	[3선] PS : 방호구역마다 1선 TS : 방호구역마다 1선 사이렌 : 방호구역마다 1선	구역별
준비작동식스프링클러	[8선] 전원(+, −) : 2 SV : 1 PS : 1 TS : 1 사이렌 : 1 감지기(A, B) : 2	[6선] SV : 방호구역마다 1선 PS : 방호구역마다 1선 TS : 방호구역마다 1선 사이렌 : 방호구역마다 1선 감지기(A, B) : 방호구역마다 2선	구역별
CO_2, 할론, 할로겐화합물 및 불활성기체, 분말	[8선] 전원(+, −) : 2 비상방출정지 : 1 기동 : 1 사이렌 : 1 방출표시등 : 1 감지기(A, B) : 2	[5선] 기동 : 방호구역마다 1선 사이렌 : 방호구역마다 1선 방출표시등 : 방호구역마다 1선 감지기(A, B) : 방호구역마다 2선	구역별

<table>
<tr><th colspan="2">설비명</th><th>1구역(존)의 간선</th><th>추가 배선</th><th>비고</th></tr>
<tr><td colspan="2">거실 제연설비</td><td>[6선]
전원(+, −) : 2
기동 : 1
급기확인 : 1
배기확인 : 1
감지기 : 1</td><td>[4선]
기동 : 제연구역마다 1선
급기확인 : 제연구역마다 1선
배기확인 : 제연구역마다 1선
감지기 : 제연구역마다 1선</td><td>구역별</td></tr>
<tr><td colspan="2">전실 제연설비</td><td>[6선]
전원(+, −) : 2
기동 : 1
급기확인 : 1
배기확인 : 1
감지기 : 1</td><td>[4선]
기동 : 제연구역 마다 1선
급기확인 : 제연구역 마다 1선
배기확인 : 제연구역 마다 1선
감지기 : 제연구역 마다 1선</td><td>구역별</td></tr>
<tr><td rowspan="3">방화설비</td><td>배연창
(솔레노이드)</td><td>[3선]
공통 : 1
기동 : 1
기동확인 : 1</td><td>[2선]
기동확인 : 창문마다 1선
기동 : 창문마다 1선</td><td>창문별</td></tr>
<tr><td>배연창(모터)</td><td>[6선]
전원(+, −) : 2
공통 : 1
기동 : 1
기동확인 : 1
복구 : 1</td><td>[4선]
공통 : 층마다 1선
기동 : 층마다 1선
기동확인 : 층마다 1선
복구 : 층마다 1선</td><td>층별</td></tr>
<tr><td>방화문</td><td>[3선]
공통 : 1
기동 : 1
기동확인 : 1</td><td>[2선]
기동 : 층마다 1선
기동확인 : 방화문마다 1선</td><td>기동 : 층별
기동확인 :
방화문별</td></tr>
</table>

3 자동제어

1. 자기유지회로

이 회로는 기동용 푸시버튼스위치 PB_1을 누르면, 전자 계전기의 코일 MC가 여자된다. 이때, 코일이 여자됨에 따라 a 접점이 닫혀 자기 유지회로가 형성되고, PB_1에서 손을 떼더라도 코일 MC는 계속 여자된다. 반면에 정지용 푸시 버튼 스위치 PB_2를 누르면 코일 MC를 여자시키던 전류는 끊어지고 자기 유지가 해제되며, PB_1을 다시 누르는 경우에만 자기 유지회로가 다시 형성된다. 이와 같은 자기유지회로는 전동기의 기동, 정지운전회로에 매우 많이 사용되는 회로이다.

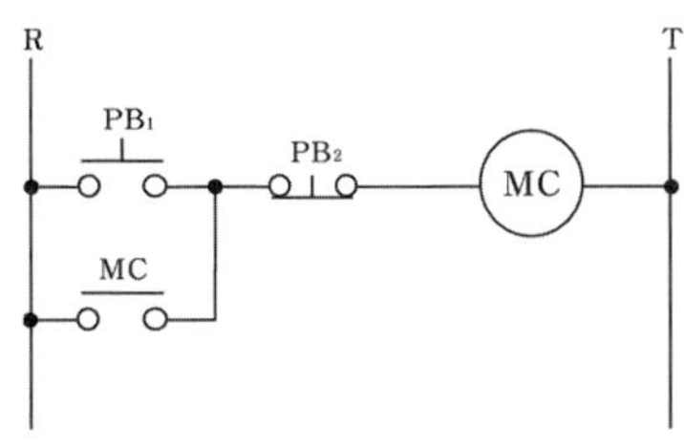

[자기유지회로]

2. 인터록(interlock) 회로

인터록(interlock) 회로란, 2개의 계전기 중에서 먼저 여자된 쪽에 우선순위가 주어지고, 다른 쪽의 동작을 금지하는 회로로서 그림과 같이 코일 R_1을 여자시키면 코일 R_2를 여자시킬 수 없고, 이와는 반대로 코일 R_2를 여자시키면 코일 R_1을 여자시킬 수 없다. 단지 정지용 푸시버튼 스위치 PB_3를 눌러서 우선적으로 여자된 코일을 해제한 다음에는 다른 코일을 여자시킬 수 있다. 이와 같은 인터록 회로는 전동기의 정·역 운전 회로에 많이 사용된다.

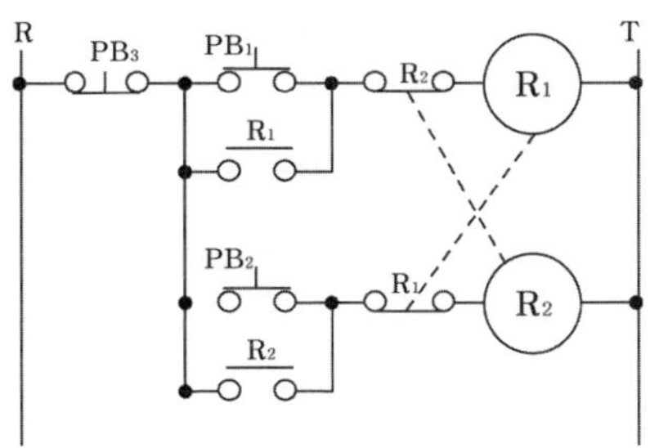

[인터록 회로]

3. 병렬우선회로

2개의 입력 중 먼저 동작한 쪽이 우선하고 다른 계전기의 동작을 금지하는 회로이다.

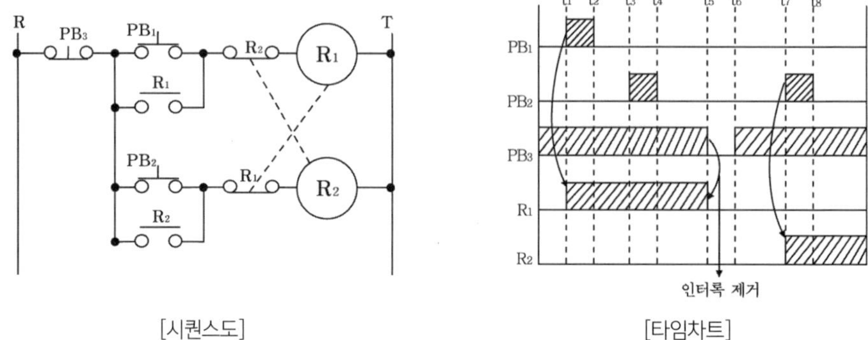

[시퀀스도] [타임차트]

참고 동작설명

전자릴레이 R_1과 전자릴레이 R_2의 b접점과 직렬로 접속시키고, 전자릴레이 R_2와 전자릴레이 R_1의 b접점을 직렬로 접속시켜 입력신호가 우선한 전자릴레이가 먼저 동작하여 다른 계전기 쪽의 회로를 개로시켜 동작을 금지시킨다.

4. 원방조작에 의한 기동

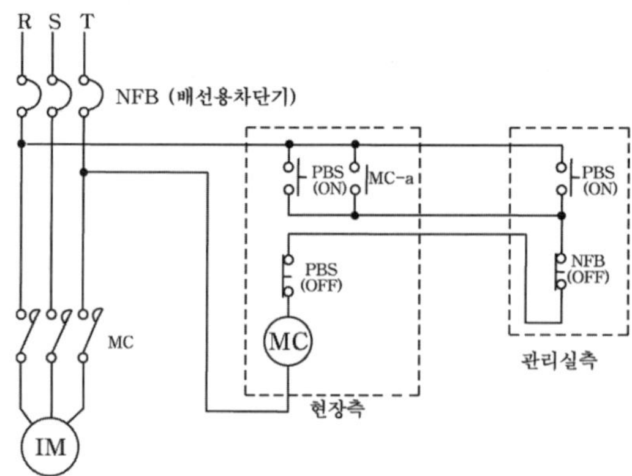

참고 동작설명

(1) 전동기 주회로의 배선용 차단기 NFB를 폐로시키고, 현장측 또는 관리실측의 PBS(ON)를 누르면 MC(전자접촉기)가 동작하여 MC－a(자기유지 접점)가 폐로되어 MC가 여자된다.

(2) MC가 여자되면 MC 주접점이 폐로되어 전동기가 동작된다.

(3) 현장측 또는 관리실측의 PBS(OFF)를 누르면 회로가 개로되어 MC가 소자되고 전동기가 정지하며 복구된다.

5. 전전압 기동

전동기 출력이 5[kW] 미만의 소형 전동기에 채택되는 기동방식이다.

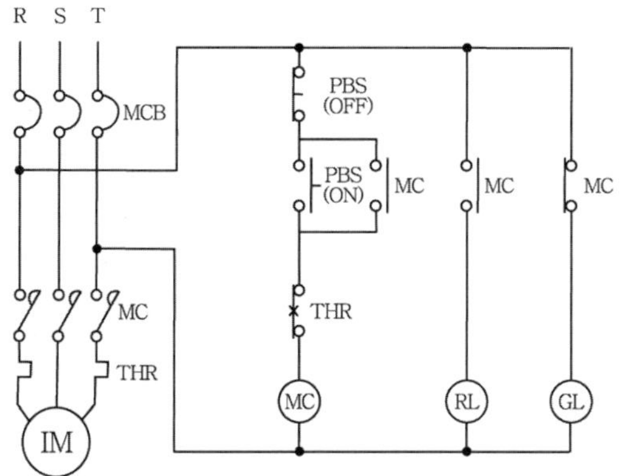

참고 동작설명

(1) 전동기 주회로의 배선용 차단기 MCB를 폐로시키면 GL(녹색표시등)이 점등된다.
(2) PBS(ON)를 누르면 MC(전자접촉기)가 동작하여 a접점을 폐로시키므로 자기 유지됨과 동시에 RL(적색표시등)이 점등된다.
(3) MC(전자접촉기) 주접점이 폐로되므로 전동기는 기동된다.
(4) 전동기에 과부하 전류가 흐르면 THR(열동계전기)이 동작하여 b접점이 개로되므로 MC가 소자되어 전동기가 정지된다.
(5) PBS(OFF)를 누르면 회로가 개로되어 MC가 소자되고 전동기가 정지하며 복구된다.

6. Y-Δ 기동

전동기 출력이 5[kW] 이상 15[kW] 이하에 채택되는 기동방식으로, Y로 기동하고 설정시간 후에 Δ로 운전하는 방식이다.

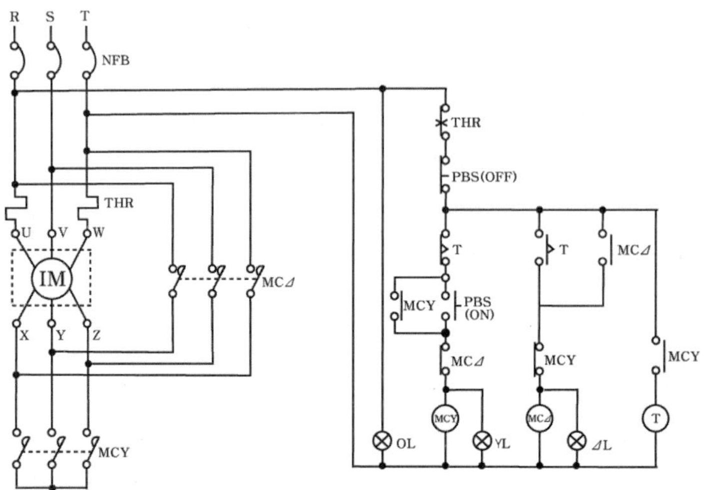

참고 동작설명

(1) 전동기 주회로의 배선용 차단기(NFB)를 투입하면 OL 표시등이 점등된다.
(2) PBS(ON)를 누르면 MCY(Y용 전자접촉기)가 동작하여 a접점은 폐로되고 b접점은 개로되며, 자기유지와 YL 표시등이 점등된다.
(3) MCY의 a접점이 폐로되면 T(시한계전기, 타이머)가 동작하여 설정시간 동안 Y로 기동하고, 설정시간 후 MCΔ(Δ용 전자접촉기)로 운전된다.
(4) 전동기에 과부하 전류가 흐르면 THR(열동계전기)이 동작하여 b접점이 개로되므로 전동기는 정지한다.
(5) PBS(OFF)를 누르면 회로가 개로되어 전동기가 정지하며 회로 전체가 원래대로 복구된다.

7. 정·역운전회로

정 · 역운전회로인 그림에서 배선용 차단기 MCB를 투입하고 정전용 푸시버튼 스위치 PB(F)를 누르면 전자접촉기 코일 MC(F)가 여자되어 주접점 MC(F)와 보조 접점 MC(F)－a가 닫히고, 보조 접점 MC(F)－b는 열리게 된다. 주접점 MC(F)가 닫히면 유도 전동기 IM은 정방향으로 운전이 되고, 정전 표시등 RL이 켜진다. 전동기의 회전방향을 바꾸기 위해서는 정지용 푸시버튼 스위치 STP를 눌러 전동기의 작동을 정지시킨 후, 역전용 푸시버튼 스위치 PB(R)을 누르면, 전자접촉기 코일 MC(R)가 여자되어 주접점 MC(R)와 보조 접점 MC(R)－a는 닫히고, 보조 접점 MC(F)－b는 열리게 된다. 주접점 MC(R)가 닫히면 유도전동기 IM은 역방향으로 운전이 되고, 역전표시등 OL이 켜진다.

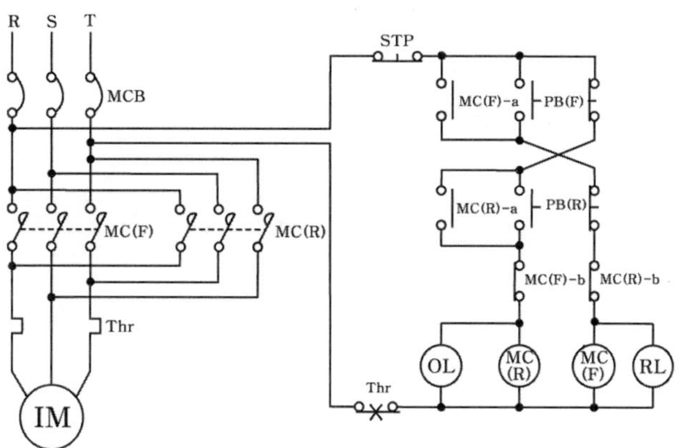

8. 불대수의 논리연산

(1) 공리

불대수의 기본 연산 정의에서는 다음 네 가지 공리가 나온다.

<공리 1> $A=1$이 아니면 $A=0$ (회로 접점이 폐로 아니면 개로 상태)

$A=0$이 아니면 $A=1$ (회로 접점이 개로 아니면 폐로 상태)

<공리 2> $1+1=1$ (두 개의 입력신호를 동시에 주므로 출력은 나옴)

$0 \cdot 0=0$ (입력 신호 두 개를 동시에 안 주므로 출력은 안 나옴)

<공리 3> $0+0=0$ (입력 신호를 하나도 안 주므로 출력은 안 나옴)

$1 \cdot 1=1$ (두 개의 입력신호를 동시에 주므로 출력은 나옴)

<공리 4> $0+1=1$ (입력 신호를 하나만 주어도 출력은 나옴)

$1 \cdot 0=0$ (입력 신호 두 개를 동시에 안 주므로 출력은 안 나옴)

(2) 법칙명과 논리식

법칙명	논리식	법칙명	논리식
"1"과 "0"의 법칙	$A+0=A$ $A \cdot 1=A$ $A+1=1$ $A \cdot 0=0$	결합의 법칙	$A+(B+C)=(A+B)+C$ $A \cdot (B \cdot C)=(A \cdot B) \cdot C$
동일의 법칙	$A+A=A$ $A \cdot A=A$	분배의 법칙	$A \cdot (B+C)=A \cdot B+A \cdot C$ $A+B \cdot C=(A+B) \cdot (A+C)$
부정의 법칙	$A+\overline{A}=1$ $A \cdot \overline{A}=0$ $\overline{\overline{A}}=A$	흡수의 법칙	$(A+\overline{B}) \cdot B=A \cdot B$ $(A \cdot \overline{B})+B=A+B$ $A+A \cdot B=A$ $A \cdot (A+B)=A$
교환의 법칙	$A+B=B+A$ $A \cdot B=B \cdot A$	드 모르간의 정리	$\overline{A+B}=\overline{A} \cdot \overline{B}$ $\overline{A \cdot B}=\overline{A}+\overline{B}$

(3) 불대수의 정리

<정리 1> $A+0=A$

증명 $A=1$일 때에는 $1+0=1$

$A=0$일 때에는 $0+0=0$이 되므로, $A+0$은 항상 A와 같다.

<보기 1> <정리 1>에 의해서, $X \cdot \overline{Y}+Z+0=X \cdot \overline{Y}+Z$가 된다.

<정리 2> $A \cdot 1=A$

증명 $A=1$일 때에는 $1 \times 1=1$

$A=0$일 때에는 $0 \times 1=0$이 되므로, $A \cdot 1$은 A와 같다.

<정리 3> $A+1=1$

증명 $A=1$일 때에는 $1+1=1$

$A=0$일 때에는 $0+1=1$이 되므로, $A+1$은 항상 1이다.

<보기 2> <정리 3>에 의해서, $X \cdot \overline{Y}+Z+1=1$이 된다.

<정리 4> $A \cdot 0=0$

증명 $A=1$일 때에는 $1\times 0=0$

$A=0$일 때에는 $0\times 0=0$이 되므로, $A\cdot 0$은 항상 0이다.

<정리 5> $A+A=A$

증명 $A=1$일 때에는 $1+1=1$

$A=0$일 때에는 $0+0=0$

즉, 변수 자신과 같은 것을 OR 연산하면 결과는 변수 자체와 같아진다.

<보기 3> <정리 5>에 의해서, $(X\cdot\overline{Y}\cdot Z)+(X\cdot\overline{Y}\cdot Z)+(X\cdot\overline{Y}\cdot Z)=X\cdot\overline{Y}\cdot Z$가 된다.

<정리 6> $A\cdot A=A$

증명 $A=1$일 때에는 $1\times 1=1$

$A=0$일 때에는 $0\times 0=0$이 되므로, 같은 것끼리 AND 연산하면 그 자체와 같아진다.

<보기 4> <정리 6>에 의해서, $(X\,\overline{Y}\,\overline{Y}+Z)\cdot(X\,\overline{Y}+Z)=(X\,\overline{Y}+Z)\cdot(X\,\overline{Y}+Z)=X\,\overline{Y}+Z$가 된다.

<정리 7> $A+\overline{A}=1$

증명 $A=1$일 때에는 $1+\overline{1}=1+0=1$

$A=0$일 때에는 $0+\overline{0}=0+1=1$

즉, $A+\overline{A}$는 2개의 항 중에서 하나는 반드시 1이 되므로, 이들을 OR 연산하면 그 결과는 1이다.

<보기 5> <정리 7>에 의해서, $X+\overline{X}+Y=1$이 된다.

<정리 8> $A\cdot\overline{A}=0$

증명 $A=1$일 때에는 $1\times\overline{1}=1\times 0=0$

$A=0$일 때에는 $0\times\overline{0}=0\times 1=0$

즉, A와 $\overline{A}$ 중에서 하나는 반드시 0이 되므로, 0과 어떤 것을 AND 연산해도 그 결과는 0이 된다.

<보기 6> <정리 8>에 의해서, $X\,\overline{X}+Y=Y$가 된다.

<정리 9> $\overline{\overline{A}}=A$

증명 $A=1$일 때에는 $\overline{\overline{1}}=\overline{0}=1$

$A=0$일 때에는 $\overline{\overline{0}}=\overline{1}=0$

즉, 어떤 변수이든지 두 번 NOT 연산하면 변수 자신과 같아진다.

<정리 10> $A+A\cdot B=A$

증명 $A+A\cdot B=A\cdot 1+A\cdot B=A\cdot(1+B)=A\cdot 1=A$

<정리 11> $A \cdot (A+B)=A$

증명 $A \cdot (A+B)=(A+0) \cdot (A+B)$ (정리 1에 의해서)

$=A \cdot A+A \cdot B+O \cdot A+O \cdot B$ (분배법칙에 의해서)

$=A+A \cdot B+O \cdot A+O \cdot B$

$=A+A \cdot B$ (정리 4에 의해서)

$=A$ (정리 10에 의해서)

<정리 12> $(A+B) \cdot (A+C)=A+B \cdot C$

증명 $(A+B) \cdot (A+C)=A \cdot A+A \cdot C+A \cdot B+B \cdot C$ (분배법칙에 의해서)

$=(A+A \cdot C)+A \cdot B+B \cdot C$

$=A+A \cdot B+B \cdot C$ (정리 10에 의해서)

$=A+B \cdot C$ (정리 10에 의해서)

<정리 13> $(A+\overline{B}) \cdot B=A \cdot B$

증명 $(A+\overline{B}) \cdot B=A \cdot B+B \cdot \overline{B}=A \cdot B$

<정리 14> $A \cdot \overline{B}+B=A+B$

증명 $A \cdot \overline{B}+B=A \cdot \overline{B}+B \cdot (1+A)$

$=A \cdot \overline{B}+B+A \cdot B$

$=A \cdot \overline{B}+A \cdot B+B$

$=A \cdot (\overline{B}+B)+B$

$=A+B$

<정리 15> $A \cdot B+A \cdot \overline{B}=A$

증명 $A \cdot B+A \cdot \overline{B}=A \cdot (B+\overline{B})=A \cdot 1=A$

<정리 16> $(A+B) \cdot (A+\overline{B})=A$

증명 $(A+B) \cdot (A+\overline{B})=AA+A\overline{B}+AB+B\overline{B}$ (분배법칙에 의해서)

$=A+A\overline{B}+AB+0$

$=A+A(\overline{B}+B)$

$=A+A \cdot 1$ (정리 7에 의해서)

$=A+A$ (정리 2에 의해서)

$=A$ (정리 6에 의해서)

<정리 17> $A \cdot C+\overline{A} \cdot B \cdot C=A \cdot C+B \cdot C$

증명 $A \cdot C+\overline{A} \cdot B \cdot C=C \cdot (A+\overline{A} \cdot B)$

$=C \cdot (A+B)$ (정리 14에 의해서)

$=A \cdot C+B \cdot C$

<정리 18> $(A+C) \cdot (\overline{A}+B+C)=(A+C) \cdot (B+C)$

증명 $(A+C)\cdot(\overline{A}+B+C)=A\overline{A}+AB+AC+\overline{A}C+BC+CC$

$=AB+AC+BC+\overline{A}C+C$

$=AB+AC+BC+C$

$=(A+C)\cdot(B+C)$ (분배법칙에 의해서)

<정리 19> $A\cdot B+\overline{A}\cdot C=(A+C)\cdot(\overline{A}+B)$

증명 $A\cdot B+\overline{A}\cdot C=AB\cdot(1+C)+\overline{A}C\cdot(1+B)$ (정리 2, 3에 의해서)

$=AB+ABC+\overline{A}C+\overline{A}BC$

$=AB+\overline{A}C+BC\cdot(A+\overline{A})$

$=AB+\overline{A}C+BC$

$=A\overline{A}+AB+\overline{A}C+BC$

$=(A+C)\cdot(\overline{A}+B)$ (분배법칙에 의해서)

<정리 20> $(A+B)\cdot(\overline{A}+C)=A\cdot C+\overline{A}\cdot B$

증명 $(A+B)\cdot(\overline{A}+C)=A\overline{A}+AC+\overline{A}B+BC$

$=AC+\overline{A}B+BC$

$=AC+\overline{A}B+BC\cdot(A+\overline{A})$

$=AC+\overline{A}B+ABC+\overline{A}BC$

$=AC\cdot(1+B)+\overline{A}B\cdot(1+C)$

$=A\cdot C\overline{A}\cdot B$

9. 식의 간단화

(1) $A+A\cdot B=A \leftarrow A+AB=A(1+B)=A\cdot 1=A \rightarrow (1+B)=1$

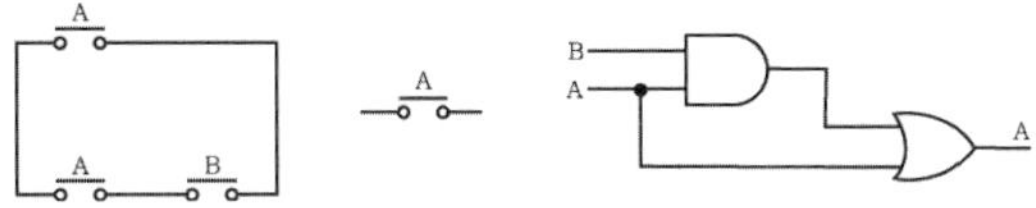

A · B(직렬)와 A의 병렬, A AND B에 OR A, B는 관계없다.

(2) $A(A+B)=A$

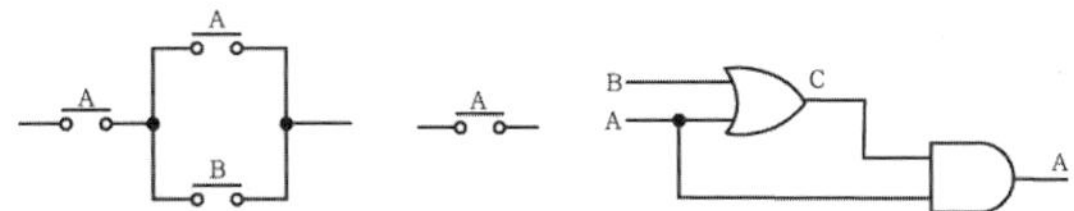

A + B(병렬)에 A직렬, A OR B에 AND A, B는 관계없다.

(3) $A+\overline{A}\cdot B=A+B$

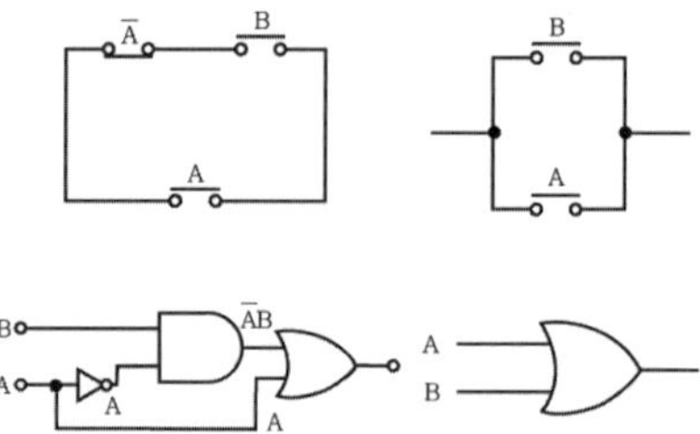

$\overline{A}\cdot$B직렬과 A병렬, $\overline{A}$ AND B에 OR A, $\overline{A}$는 관계없다.

(4) $A\cdot(\overline{A}+B)=A\cdot B \leftarrow A\cdot\overline{A}+A\cdot B,\ A\cdot\overline{A}=0$

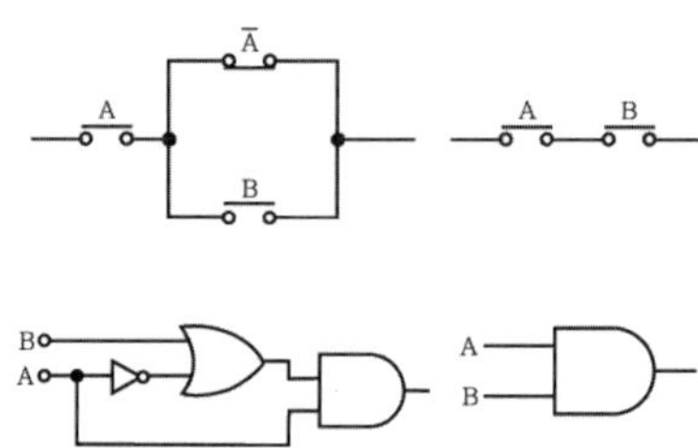

$\overline{A}+$B병렬과 A직렬, $\overline{A}$ OR B에 OR AND A, $\overline{A}$는 관계없다.

PART 02 | 설치 기준에 관한 것

1. 자동화재탐지설비의 경계구역 설정기준을 4가지만 쓰시오.

1. 하나의 경계구역이 **2 이상의 건축물**에 미치지 아니하도록 할 것
2. 하나의 경계구역이 **2 이상의 층**에 미치지 아니하도록 할 것
   다만, **500m² 이하**의 범위 안에서는 **2개의 층**을 하나의 경계구역으로 할 수 있다.
3. 하나의 경계구역의 면적은 **600m² 이하**로 하고 한 변의 길이는 **50m 이하**로 할 것
   다만, 당해 소방대상물의 주된 출입구에서 그 **내부 전체가 보이는 것**에 있어서는 **한 변의 길이가 50m 범위 내에서** 1,000m² 이하로 할 수 있다.
4. 지하구의 경우 하나의 경계구역의 길이는 **700m 이하**로 할 것

2. 자동화재탐지설비의 수신기 설치기준을 5가지만 쓰시오.

1. 수위실 등 상시 사람이 근무하는 **장소**에 설치할 것
2. 수신기가 설치된 장소에는 경계구역 일람도를 **비치**할 것
   다만, 모든 수신기와 연결되어 각 수신기의 상황을 감시하고 제어할 수 있는 수신기를 설치하는 경우에는 주수신기를 제외한 기타 수신기는 그러하지 아니하다.
3. 수신기의 음향기구는 그 **음량 및 음색**이 다른 기기의 소음 등과 명확히 구별될 수 있는 것으로 할 것
4. 수신기는 감지기 · 중계기 또는 발신기가 작동하는 경계구역을 **표시**할 수 있는 것으로 할 것
5. 화재 · 가스 전기등에 대한 종합방재반을 설치한 경우에는 당해 조작반에 **수신기의 작동과 연동**하여 감지기 · 중계기 또는 발신기가 작동하는 경계구역을 표시할 수 있는 것으로 할 것
6. 하나의 경계구역은 하나의 **표시등** 또는 하나의 **문자**로 표시되도록 할 것
7. 수신기의 조작 스위치는 바닥으로부터의 **높이**가 0.8m 이상 1.5m 이하인 장소에 설치할 것
8. 하나의 특정소방대상물에 **2 이상의 수신기**를 설치하는 경우에는 수신기를 상호 간 연동하여 화재발생 상황을 각 수신기마다 확인할 수 있도록 할 것

3. R형수신기 사용 시 장점 4가지를 쓰시오.

1. **신호전달**이 정확하다.
2. 선로의 **증설, 이설**이 용이하다.
3. **선로수**가 적어 경제적이다.
4. 선로의 **길이**가 길어도 된다.
5. 화재발생지구를 **문자**로 명확하게 나타낸다.

4. 자동화재탐지설비의 중계기 설치기준을 쓰시오.

1. 수신기에서 직접 감지기회로의 도통시험을 행하지 아니하는 것에 있어서는 수신기와 감지기 사이에 설치할 것
2. 조작 및 점검에 편리하고 화재 및 침수 등의 재해로 인한 피해를 받을 우려가 없는 **장소**에 설치할 것
3. 수신기에 따라 감시되지 아니하는 배선을 통하여 전력을 공급받는 것에 있어서는 전원입력측의 배선에 **과전류 차단기**를 설치하고 당해 전원의 **정전**이 즉시 수신기에 **표시**되는 것으로 하며, 상용전원 및 예비전원의 **시험**을 할 수 있도록 할 것

5. 차동식분포형 공기관식 설치기준을 쓰시오.

1. 공기관의 **노출부분**은 감지구역마다 20m 이상이 되도록 할 것
2. 공기관과 감지구역의 각 변과의 **수평거리**는 1.5m 이하가 되도록 하고, 공기관 **상호 간의 거리**는 6m(주요구조부를 내화구조로 한 소방대상물 또는 그 부분에 있어서는 9m) 이하가 되도록 할 것
3. 공기관은 도중에서 **분기**하지 아니하도록 할 것
4. 하나의 검출부분에 접속하는 **공기관의 길이**는 100m 이하로 할 것
5. 검출부는 5도 이상 **경사**되지 아니하도록 부착할 것
6. 검출부는 바닥으로부터 0.8m 이상 1.5m 이하의 **위치**에 설치할 것

6. 연기감지기 설치장소를 쓰시오.

1. **계단 · 경사로** 및 에스컬레이터 경사로(15m 미만의 것을 제외)
2. **복도**(30m 미만의 것을 제외)
3. 엘리베이터**권상기실** · 린넨**슈트** · 파이프**피트** 및 **덕트** 기타 이와 유사한 장소
4. 천장 또는 반자의 **높이**가 15m 이상 20m 미만의 장소
5. 특정소방대상물의 **취침 · 숙박 · 입원** 등 이와 유사한 용도로 사용되는 거실
   (1) 공동주택 · 오피스텔 · 숙박시설 · 노유자시설 · 수련시설
   (2) 교육연구시설 중 합숙소
   (3) 의료시설, 근린생활시설 중 입원실이 있는 의원 · 조산원
   (4) 교정 및 군사시설
   (5) 근린생활시설 중 고시원

7. 건축물의 규모가 11층 이상인 경우의 경보방식을 설명하시오. (단, 아파트는 16층 이상인 경우임)

1. 2층 이상의 층에서 발화한 때에는 **발화층** 및 그 **직상 4개층** 경보
2. 1층에서 발화한 때에는 **발화층** · 그 **직상 4개층** 및 **지하층** 경보
3. 지하층에서 발화한 때에는 **발화층** · 그 **직상층** 및 **기타의 지하층** 경보

8. 자동화재탐지설비의 음향장치의 구조 및 성능기준을 쓰시오.

1. 정격전압의 **80% 전압**에서 음향을 발할 수 있는 것으로 할 것
2. 음량은 부착된 음향장치의 중심으로부터 1m 떨어진 위치에서 **90dB** 이상이 되는 것으로 할 것
3. 감지기 및 발신기의 작동과 **연동**하여 작동할 수 있는 것으로 할 것

9. 자동화재탐지설비의 비상전원의 종류 및 상용전원에 대하여 쓰시오.

1. 비상전원 : 설비에 대한 **감시**상태를 60분간 지속한 후 유효하게 10분 이상 **경보**할 수 있는 축전지 설비를 설치
2. 상용전원 : 전원은 전기가 정상적으로 공급되는 **축전지, 전기저장장치** 또는 교류전압의 **옥내 간선**으로하고, 전원까지의 배선은 전용으로 할 것

10. 종단저항 설치기준을 쓰시오.

1. 점검 및 관리가 쉬운 **장소**에 설치할 것
2. 전용함을 설치하는 경우 그 설치 **높이**는 바닥으로부터 1.5m 이내로 할 것
3. 감지기 **회로의 끝**부분에 설치하며, 종단감지기에 설치할 경우에는 구별이 쉽도록 해당감지기의 기판 등에 별도의 표시를 할 것

11. 정온식감지선형 감지기의 설치기준을 4가지 쓰시오.

1. **보조선**이나 **고정금구**를 사용하여 감지선이 늘어지지 않도록 설치할 것
2. **단자부와 마감 고정금구**와의 설치간격은 10㎝ 이내로 설치할 것
3. 감지선형 감지기의 **굴곡반경**은 5㎝ 이상으로 할 것
4. 감지기와 감지구역의 각부분과의 **수평거리**가 내화구조의 경우 1종 4.5m 이하, 2종 3m 이하로 할 것. 기타 구조의 경우 1종 3m 이하, 2종 1m 이하로 할 것
5. 케이블트레이에 감지기를 설치하는 경우에는 케이블트레이 **받침대에 마감금구**를 사용하여 설치할 것
6. 지하구나 창고의 천장 등에 지지물이 적당하지 않는 장소에서는 **보조선**을 설치하고 그 보조선에 설치할 것
7. 분전반 내부에 설치하는 경우 접착제를 이용하여 **돌기**를 바닥에 **고정**시키고 그곳에 감지기를 설치할 것
8. 그 밖의 설치방법은 **형식승인** 내용에 따르며 형식승인 사항이 아닌 것은 제조사의 시방(示方)에 따라 설치할 것

12. 불꽃감지기 설치기준을 3가지 쓰시오.

1. 공칭**감시거리** 및 공칭**시야각**은 형식승인 내용에 따를 것
2. 감지기는 공칭감시거리와 공칭시야각을 기준으로 감시구역이 모두 **포용**될 수 있도록 설치할 것
3. 감지기는 화재감지를 **유효하게 감지**할 수 있는 모서리 또는 벽 등에 설치할 것
4. 감지기를 **천장**에 설치하는 경우에는 감지기는 **바닥을 향하여** 설치할 것
5. **수분**이 많이 발생할 우려가 있는 장소에는 **방수형**으로 설치할 것
6. 그 밖의 설치기준은 형식승인 내용에 따르며 형식승인 사항이 아닌 것은 제조사의 시방에 따라 설치할 것

13. 광전식 분리형감지기 설치기준을 4가지 쓰시오.

1. 감지기의 **수광면**은 햇빛을 직접 받지 않도록 설치할 것
2. **광축**(송광면과 수광면의 중심을 연결한 선)은 나란한 벽으로부터 0.6m 이상 이격하여 설치할 것
3. 감지기의 송광부와 수광부는 설치된 **뒷벽**으로부터 1m 이내 위치에 설치할 것
4. **광축의 높이**는 천장 등(천장의 실내에 면한 부분 또는 상층의 바닥하부면을 말한다) 높이의 80% 이상일 것
5. 감지기의 **광축의 길이**는 공칭감시거리 범위 이내일 것
6. 그 밖의 설치기준은 형식승인 내용에 따르며 형식승인 사항이 아닌 것은 제조사의 시방에 따라 설치할 것

14. 지하층 · 무창층 등으로서 환기가 잘되지 아니하거나 실내면적이 40㎡ 미만인 장소, 감지기의 부착면과 실내바닥과의 거리가 2.3m 이하인 곳으로 일시적으로 발생한 열 · 연기 또는 먼지 등으로 인하여 화재신호를 발신할 우려가 있는 장소에 설치하는 감지기를 쓰시오.

1. **불꽃**감지기
2. 정온식**감지선형**감지기
3. **분포형**감지기
4. **복합형**감지기
5. 광전식**분리형**감지기
6. **아날로그**방식의 감지기
7. **다신호**방식의 감지기
8. **축적**방식의 감지기

15. 시각경보장치의 설치기준을 쓰시오.

1. **복도** · **통로** · 청각장애인용 **객실** 및 **공용**으로 사용하는 **거실**에 설치하며, 각 부분으로부터 유효하게 경보를 발할 수 있는 위치에 설치할 것
2. **공연**장 · **집회**장 · **관람**장 또는 이와 유사한 장소에 설치하는 경우에는 시선이 집중되는 **무대부** 부분 등에 설치할 것
3. 설치**높이**는 바닥으로부터 2m 이상 2.5m 이하의 장소에 설치할 것(단, 천장높이가 2m 이하인 경우 천장으로부터 0.15m에 설치)

16. 경계구역의 용어의 정의를 쓰시오.

특정소방대상물 중 화재**신호**를 **발신**하고 그 신호를 **수신** 및 유효하게 **제어**할 수 있는 구역

17. 시각경보장치의 용어의 정의를 쓰시오.

자동화재탐지설비에서 발하는 화재**신호**를 시각경보기에 **전달**하여 청각장애인에게 **점멸형태**의 **시각경보**를 하는 것

18. 감지기 설치제외 장소를 4가지 쓰시오.

1. 천장 또는 반자의 **높이**가 20m 이상인 장소
2. 헛간 등 **외부와 기류가 통하는 장소**로서 감지기에 따라 화재발생을 유효하게 감지할 수 없는 장소
3. **부식성**가스가 체류하고 있는 장소
4. **고온도 및 저온도**로서 감지기의 기능이 정지되기 쉽거나 감지기의 유지관리가 어려운 장소
5. **목욕**실 · **욕조**나 샤워시설이 있는 **화장실** 기타 이와 유사한 장소
6. 파이프덕트 등 그 밖의 이와 비슷한 것으로서 **2개층마다 방화구획**된 것이나 **수평단면적**이 5㎡ 이하인 것
7. **먼지** · **가루** 또는 **수증기**가 다량으로 체류하는 장소 또는 주방 등 평시에 연기가 발생하는 장소(연기감지기에 한한다)
8. **실내의 용적**이 20㎥ 이하인 장소
9. 프레스공장 · 주조공장 등 **화재발생의 위험**이 적은 장소

19. 피난구유도등 설치장소를 쓰시오.

1. **옥내**로부터 **직접 지상**으로 통하는 출입구 및 그 부속실의 출입구
2. 직통**계단** · 직통계단의 **계단실** 및 그 **부속실**의 출입구
3. 1 및 2의 규정에 따른 출입구에 이르는 **복도** 또는 **통로**로 통하는 출입구
4. **안전구획**된 거실로 통하는 출입구

20. 복도통로유도등의 설치기준을 쓰시오.

1. 복도에 설치할 것
2. 구부러진 모퉁이 및 **보행거리** 20m마다 설치할 것
3. 바닥으로부터 **높이** 1m 이하의 위치에 설치할 것
   다만, 지하층 또는 무창층의 용도가 도매시장 · 소매시장 · 여객자동차터미널 · 지하역사 또는 지하상가인 경우에는 복도 · 통로 중앙부분의 바닥에 설치하여야 한다.
4. **바닥에 설치하는 통로유도등은 하중에 따라 파괴되지 아니하는 강도의 것으로 할 것**

21. 거실통로유도등의 설치기준을 쓰시오.

1. **거실의 통로**에 설치할 것. 다만, 거실의 통로가 **벽체** 등으로 **구획**된 경우에는 **복도통로**유도등을 설치하여야 한다.
2. 구부러진 모퉁이 및 **보행거리** 20m마다 설치할 것
3. 바닥으로부터 **높이 1.5m 이상**의 위치에 설치할 것

22. 계단통로유도등의 설치기준을 쓰시오.

1. 각층의 경사로**참** 또는 계단참마다(1개층에 경사로참 또는 계단참이 **2 이상** 있는 경우에는 **2개**의 계단**참**마다)설치할 것
2. 바닥으로부터 **높이** 1m 이하의 위치에 설치할 것

23. 유도등의 전기회로에 점멸기를 설치하는 경우 어떤 때에 점등되는지 4가지만 쓰시오.

1. 자동화재탐지설비의 **감지기** 또는 **발신기**가 작동되는 때
2. 비상경보설비의 **발신기**가 작동되는 때
3. 상용전원이 **정전**되거나 전원선이 **단선**되는 때
4. 방재업무를 통제하는 곳 또는 전기실의 배전반에서 **수동으로 점등**하는 때
5. **자동소화설비**가 작동되는 때

24. 휴대용비상조명등의 설치장소를 쓰시오.

1. 숙박시설 또는 다중이용업소에는 **객실** 또는 영업장안의 **구획된 실**마다 잘 보이는 곳(외부에 설치 시 출입문 손잡이로부터 1m 이내 부분)에 1개 이상 설치
2. **백화점 · 대형점 · 쇼핑센타 및 영화상영관에는 보행거리 50m 이내마다 3개 이상 설치**
3. **지하상가 및 지하역사에는 보행거리 25m 이내마다 3개 이상 설치**

25. 비상콘센트에 대하여 물음에 답하시오.

1. 비상전원의 종류를 쓰시오.
2. 전원별, 전압별, 공급용량에 대하여 쓰시오.
3. 하나의 전용회로에 설치하는 비상콘센트의 개수를 쓰시오.
4. 플럭접속기에 대하여 쓰시오.
5. 전선용량 산정 기준을 쓰시오.

1. **자가발전**설비, 비상**전원수전**설비
2. **단상교류 220V로서 공급용량**은 1.5kVA 이상
3. 10개 이하
4. **접지형2극** 플러그접속기
5. 전선의 용량은 각 비상콘센트(비상콘센트가 **3개 이상**인 경우에는 3개)의 **공급용량**을 **합**한 용량 이상의 것

26. (비상콘센트설비, 옥내소화전, 스프링클러소화설비)에서 자가발전기의 비상전원 설치기준을 3가지 쓰시오.

> 1. **점검**에 편리하고 화재 및 침수 등의 재해로 인한 **피해**를 받을 우려가 없는 곳에 설치할 것
> 2. 비상콘센트설비를 유효하게 20분 이상 작동시킬 수 있는 **용량**으로 할 것
> 3. 상용전원으로부터 전력의 공급이 **중단**된 때에는 자동으로 비상전원으로부터 전력을 공급받을 수 있도록 할 것
> 4. 비상전원의 설치장소는 다른 장소와 **방화구획** 할 것
> 5. 비상전원을 **실내**에 설치하는 때에는 그 실내에 **비상조명등**을 설치할 것

27. (비상콘센트설비, 옥내소화전, 스프링클러소화설비)의 상용전원 설치기준을 쓰시오.

> 1. **저압수전**인 경우에는 인입개폐기의 직후에서 분기하여 전용배선
> 2. **특별고압수전** 또는 **고압수전**인 경우에는 전력용변압기 2차측의 주차단기 1차측 또는 2차측에서 분기하여 전용배선

28. 비상콘센트의 보호함 설치기준을 쓰시오.

> 1. 보호함에는 쉽게 개폐할 수 있는 **문**을 설치할 것
> 2. 보호함 표면에 "비상콘센트"라고 표시한 **표지**를 할 것
> 3. 보호함 상부에 적색의 **표시등**을 설치할 것

29. (비상콘센트설비, 옥내소화전, 스프링클러소화설비)의 비상전원설치를 제외할 수 있는 경우를 쓰시오.

> 1. 2 이상의 변전소에서 전력을 **동시에 공급**받는 경우
> 2. 하나의 변전소로부터 전력의 공급이 **중단**되는 때에는 **자동**으로 다른 변전소로부터 **전력을 공급**받은 수 있도록 상용전원을 설치한 경우

30. 비상콘센트 절연저항에 대하여 물음에 답하시오

1. 측정대상을 쓰시오.
2. 측정기기를 쓰시오.
3. 절연저항값을 쓰시오.

> 1. 전원부와 외함 사이 2. 직류 500[V] 절연저항계 3. 20[MΩ] 이상

31. 비상콘센트에서 정격전압이 150[V] 이하인 경우와 150[V]를 넘는 경우에 절연내력의 기준을 쓰시오

> 1. 150[V] 이하 : 전원부와 외함 사이에 **실효전압** 1,000[V]를 가하는 시험에서 **1분** 이상 견딜 것
> 2. 150[V]를 넘는 경우 : **정격**전압에 **2를 곱**하여 **1,000을 더한** 실효전압을 가하는 시험에서 **1분** 이상 견딜 것

32. 누설동축케이블 설치기준을 4가지 쓰시오.

1. 소방전용주파수대에서 전파의 **전송** 또는 **복사**에 적합한 것으로서 소방전용의 것으로 할 것. 다만, 소방대 상호 간의 무선연락에 지장이 없는 경우에는 다른 용도와 겸용할 수 있다.
2. **누설동축케이블**과 이에 접속하는 **안테나** 또는 **동축케이블**과 이에 접속하는 **안테나**에 따른 것으로 할 것
3. 누설동축케이블은 **불연** 또는 **난연성**의 것으로서 습기에 따라 전기의 특성이 변질되지 아니하는 것으로 하고, **노출**하여 설치한 경우에는 피난 및 통행에 **장애**가 없도록 할 것
4. 누설동축케이블은 화재에 따라 당해 케이블의 피복이 소실된 경우에 케이블 본체가 떨어지지 아니하도록 **4m** 이내마다 금속제 또는 자기제등의 **지지금구**로 벽 · 천장 · 기둥 등에 견고하게 고정시킬 것. 다만, **불연재료**로 구획된 **반자 안**에 설치하는 경우에는 그러하지 아니하다.
5. 누설동축케이블 및 안테나는 금속판 등에 따라 전파의 **복사** 또는 **특성**이 현저하게 저하되지 아니하는 위치에 설치할 것
6. 누설동축케이블 및 안테나는 **고압**의 전로로부터 1.5m 이상 떨어진 위치에 설치할 것. 다만, 당해 전로에 정전기 **차폐장치**를 유효하게 설치한 경우에는 그러하지 아니하다.
7. 누설동축케이블의 끝부분에는 **무반사 종단저항**을 견고하게 설치할 것

33. 무선기기 접속단자 설치기준을 4가지 쓰시오.

1. 지상에서 유효하게 소방활동을 할 수 있는 장소 또는 수위실 등 상시 사람이 근무하고 있는 **장소**에 설치할 것
2. 단자는 한국산업규격에 적합한 것으로 하고, 바닥으로부터 **높이** 0.8m 이상 1.5m 이하의 위치에 설치할 것
3. 지상에 설치하는 접속단자는 **보행거리** 300m 이내마다 설치하고, **다른 용도**로 사용되는 접속단지에서 5m 이상의 거리를 둘 것
4. 지상에 설치하는 단자를 보호하기 위하여 견고하고 함부로 개폐할 수 없는 구조의 **보호함**을 설치하고, 먼지 · 습기 및 부식등에 따라 영향을 받지 아니하도록 조치할 것
5. 단자의 보호함의 표면에 "무선기 접속단자"라고 표시한 **표지**를 할 것

34. 증폭기 설치기준을 3가지 쓰시오.

1. 전원은 전기가 정상적으로 공급되는 **축전지**, **전기저장**장치 또는 교류전압 **옥내간선**으로 하고, 전원까지의 배선은 전용으로 할 것
2. 증폭기의 전면에는 주회로의 전원이 정상인지의 여부를 표시할 수 있는 **표시등** 및 **전압계**를 설치할 것
3. 증폭기에는 **비상전원**이 부착된 것으로 하고 당해 비상전원 용량은 무선통신보조설비를 유효하게 **30분** 이상 작동시킬 수 있는 것으로 할 것
4. 무선이동중계기를 설치하는 경우에는 전파법에 따른 **형식검정**을 받거나 **형식등록**한 제품으로 설치할 것

35. 수신기 점검사항을 5가지만 쓰시오.

1. 수신기의 **종류** 및 **규격**
2. 비화재보의 **방지** 기능
3. 감지기 또는 발신기 작동의 구분 및 **경계구역 표시**
4. 경계구역당 **하나의 표시등** 배치상태
5. **조작스위치**의 높이
6. 다른 방재설비반과의 **연동** 기능
7. **음향기구**의 음색 · 음량 및 소음과의 구별 여부

36. 회로도통시험방법을 설명하시오.

1. 회로도통시험스위치를 **시험위치**로 한다.
2. 회로시험스위치를 회로별로 **차례로 전환**시킨다.
3. 배선 등이 단선 등이 없고 **정상**일 것

37. 예비전원시험 방법을 설명하시오.

1. 예비전원시험스위치를 **시험위치**로 한다.
2. 교류전원을 off시켜 자동전환 릴레이 작동상황을 **확인**한다.
3. 전압 및 자동절환 상황 또는 복구작동이 **정상**일 것

38. 공통선시험 방법을 설명하시오.

1. 수신기에서 임의의 공통선 **1선**을 단자에서 **제거**한다.
2. 회로도통시험스위치를 시험위치로 한다.
3. 회로시험스위치를 회로별로 **차례로 전환**시킨다.
4. 단선지시가 7개 이하이면 **정상**

39. 화재표시작동시험 방법을 설명하시오.

1. 동작시험 및 자동복구스위치를 **시험위치**로 한다.
2. 회로시험스위치를 회로별로 **차례로 전환**시킨다.
3. 화재표시등 및 지구등이 점등되고 음향장치가 작동되면 **정상**

40. 배선용차단기의 특징 4가지만 쓰시오.

1. 과전류 및 단락전류에 대한 **차단성능**이 우수하다.
2. **퓨즈**가 필요치 않다.
3. 동작시 수동으로 **복귀**가 간단하다.
4. 기기의 **수명**이 길다.
5. 기기의 **신뢰도**가 크다.

41. 화재발생 시 화재를 검출하기 위하여 감지기를 설치한다. 이때 축적 기능이 없는 것으로 설치하여야 하는 경우를 3가지 기술하시오.

1. **교차회로**방식에 사용되는 감지기
2. **급속한 연소확대**가 우려되는 장소에 사용되는 감지기
3. **축적기능**이 있는 수신기에 연결하여 사용되는 감지기

42. 자동화재탐지설비의 수신기 전면에 있는 발신기 등은 어떤 경우에 점등되는가?

발신기 누름스위치가 **조작**된 경우

43. 자동화재탐지설비에 대하여 종합점검 점검기구명칭?

1. 열감지기시험기
2. 연감지기시험기
3. **공기주입**시험기
4. 감지기시험기**연결막대**
5. **음량계**
6. **절연저항계**
7. **전류전압측정계**

44. 비상방송설비에서 음량조정(절)기의 용어정의 및 배선방식을 쓰시오.

1. 음량조정(절)기 : **가변저항**을 이용하여 **전류를 변화**시켜 **음량**을 크게 하거나 작게 조정(절)할 수 있는 장치
2. 배선방식 : 3선식

45. 누전경보기의 작동개요?

1. 누전점 발생
2. 누전전류에 의한 자속발생
3. 변류기에 유도전압 유기
4. 수신기 전압증폭
5. 릴레이 작동
6. 관계자에게 경보, 누전 표시 및 누전회로 차단

46. 유도등의 비상전원의 종류 및 용량을 60분 이상으로 하여야 하는 경우?

1. 종류 : **축전지**
2. 60분 이상 용량
   (1) 지하층을 제외한 **층수**가 11층 이상의 층
   (2) 용도가 **도매**시장 · **소매**시장 · **여객자동차**터미널 · **지하역사** · **지하상가**

47. 유도등설비에서 배선을 3선식으로 할 수 있는 경우?

1. **관계인** 또는 **종사원**이 주로 사용하는 장소
2. **어두워야 할** 필요가 있는 장소
3. **외부광**에 따라 **피난구** 또는 **피난방향**을 쉽게 식별할 수 있는 장소

48. 설치하여야 할 유도등의 종류를 기술하시오. (단, 대형 · 중형 및 소형 등으로 구별할 필요가 있는 경우에는 구별)

1. 공연장 · 집회장
2. 위락시설 · 관광숙박시설
3. 일반 숙박시설 · 오피스텔
4. 근린생활시설 · 다중이용업소

1. **대형**피난유도등, 통로유도등, 객석유도등
2. **대형**피난유도등, 통로유도등
3. **중형**피난유도등, 통로유도등
4. **소형**피난유도등, 통로유도등

49. 이산화탄소 소화설비의 제어반에서 수동으로 기동스위치를 조작한 후 기동용기가 개방되지 않은 전기적 원인은? (단, 제어반의 회로기판은 정상)

1. 제어반에 공급되는 **전원 차단**
2. 기동스위치의 **접점불량**
3. 기동용 **시한계전기**(타이머)의 **불량**
4. 제어반에서 기동용 솔레노이드에 연결된 **배선의 단선**
5. 제어반에서 기도용 솔레노이드에 연결된 배선의 **오접속**
6. 기동용 솔레노이드의 **코일 단선**
7. 기도용 솔레노이드의 **절연파괴**

50. 교차회로방식으로 하지 않아도 되는 감지기 종류?

1. **불꽃**감지기
2. 정온식**감지선**형감지기
3. **분포**형감지기
4. **복합**형감지기
5. 광전식**분리**형감지기
6. **아날로그**방식의 감지기
7. **다신호**방식의 감지기
8. **축적**방식의 감지기

51. 준비작동식 스프링클러소화설비

1. 교차회로방식이란?

2. 감시제어반에서 도통시험 및 작동시험을 하여야 할 곳?

1. 준비작동식유수검지장치의 담당구역 내에 **2 이상**의 화재**감지기회로**를 설치하고 인접한 2 이상의 화재감지기가 **동시에 감지**되는 때에 준비작동식유수검지장치가 **개방 · 작동**되는 방식

2.

(1) 기동용 수압개폐장치의 **압력스위치**회로

(2) 수조 또는 물올림탱크의 **저수위감시**회로

(3) 유수검지장치 또는 일제개방밸브의 **압력스위치**회로

(4) 일제개방밸브를 사용하는 설비의 **화재감지기**회로

(5) 개폐표시형 밸브의 **폐쇄상태 확인**회로

52. 분리형 경보기의 수신부 설치기준

1. 가스연소기 주위의 경보기의 **상태 확인 및 유지관리**에 용이한 위치에 설치할 것
2. 가스누설 경보음향의 **음량과 음색**이 다른 기기의 소음 등과 명확히 구별될 것
3. 가스누설 경보음향의 **크기**는 수신부로부터 1m 떨어진 위치에서 **음압**이 70dB 이상일 것
4. 수신부의 조작 스위치는 바닥으로부터의 **높이**가 0.8m 이상 1.5m 이하인 장소에 설치할 것
5. 수신부가 설치된 장소에는 관계자 등에게 신속히 연락할 수 있도록 **비상연락번호**를 기재한 **표**를 비치할 것

53. 분리형 경보기의 탐지부 설치기준

1. 탐지부는 가스연소기의 중심으로부터 직선거리 8m(공기보다 **무거운 가스**를 사용하는 경우에는 4m) 이내에 1개 이상 설치해야 한다.
2. 탐지부는 천정천장으로부터 **탐지부 하단**까지의 거리가 **0.3m 이하**가 되도록 설치한다. 다만, 공기보다 무거운 가스를 사용하는 경우에는 바닥면으로부터 **탐지부 상단**까지의 거리는 **0.3m 이하**로 한다.

54. 단독형 경보기의 설치기준

1. 가스연소기 주위의 경보기의 **상태 확인 및 유지관리**에 용이한 위치에 설치할 것
2. 가스누설 경보음향의 **음량과 음색**이 다른 기기의 소음 등과 명확히 구별될 것
3. 가스누설 경보음향장치는 수신부로부터 1m 떨어진 위치에서 **음압**이 70dB 이상일 것
4. 단독형 경보기는 가스연소기의 중심으로부터 직선거리 8m(공기보다 **무거운 가스**를 사용하는 경우에는 4m) 이내에 1개 이상 설치해야 한다.
5. 단독형 경보기는 천장으로부터 **경보기 하단까지**의 거리가 0.3m 이하가 되도록 설치한다. 다만, 공기보다 **무거운 가스**를 사용하는 경우에는 바닥면으로부터 단독형 **경보기 상단**까지의 거리는 0.3m 이하로 한다.
6. 경보기가 설치된 장소에는 관계자 등에게 신속히 연락할 수 있도록 **비상연락번호**를 기재한 **표**를 비치할 것

55. 분리형 경보기의 탐지부 및 단독형 경보기 설치제외 장소

1. **출입구 부근** 등으로서 외부의 기류가 통하는 곳
2. **환기구** 등 공기가 들어오는 곳으로부터 **1.5m 이내**인 곳
3. 연소기의 **폐가스에 접촉**하기 쉬운 곳
4. 가구 · 보 · 설비 등에 가려져 **누설가스의 유통**이 원활하지 못한 곳
5. 수증기 또는 기름 섞인 연기 등이 **직접 접촉**될 우려가 있는 곳

PART 03 | 단답형 문제

001

가스누설경보기에 대하여 물음에 답하시오.

가) 지구등, 가스누설표시등의 점등 시 색상은?

나) 예비전원의 종류는?

다) 음향장치 중심으로부터 몇 m 떨어진 지점에서 음량이 70㏈ 이상이어야 하는가?

정답

가) 황색 나) 니켈카드뮴축전지 다) 1m

002

UPS의 우리말 명칭은?

정답

교류 무정전 전원장치

003

비상방송설비에 대한 물음에 답하시오.

가) 비상방송 개시 소요시간

나) 층수가 11층 이상인 경우 경보층에 대하여 설명하시오. (단, 아파트는 16층 이상임)

다) 음성입력(실내, 실외로 구분)을 쓰시오.

라) 음량조정기 배선방식

마) 조작부 조작스위치 설치 높이

정답

가) 10초 이하

나) 2층 이상의 층에서 발화 : 발화층 및 그 직상 4개층을 경보
 1층에서 발화 : 발화층 · 그 직상 4개층 및 지하층을 경보
 지하층에서 발화 : 발화층 · 그 직상층 및 기타의 지하층을 경보

다) 실외 : 3W, 실내 : 1W

라) 3선식 배선

마) 바닥으로부터 0.8m 이상 1.5m 이하

004

누전경보기에 대하여 물음에 답하시오.

가) 사용전압은?

나) 공칭작동전류치는?

다) 최대조정범위는?

라) 과전류차단기의 용량 및 배선용차단기의 용량은?

마) 1급 및 2급 누전경보기의 경계전로의 정격전류는?

바) 변류기의 설치목적

정답

가) 600V 이하
나) 200㎃ 이하
다) 1A 이하
라) 과전류차단기 : 15A 이하, 배선용차단기 : 20A 이하
마) 1급 누전경보기 : 60A 초과, 2급 누전경보기 : 60A 이하
바) 누설전류를 검출하기 위하여

005

다음 물음에 답하시오.

가) 감지기회로의 배선방식 및 전로저항은?

나) 8m 이상 15m 미만의 곳에 설치하는 감지기는?

정답

가) 송배전방식, 50Ω 이하
나) 차동식 분포형
　　이온화식 1종 또는 2종
　　광전식(스포트형, 분리형, 공기흡입형) 1종 또는 2종, 연기복합형, 불꽃감지기

006

다음 배선공사의 물음에 답하시오.

가) 콘크리트 매입 시공 시 전선관의 두께는?

나) 금속관 및 합성수지관 1본의 표준길이는?

다) 가요전선관과 박스의 연결, 가요전선관과 가요전선관의 연결, 가요전선관과 금속관의 연결

라) 금속관과 박스를 접속하는 재료의 명칭 및 접속개소 1개소에 대하여 몇 개를 사용하는가?

마) 노출배관 공사에서 관을 직각으로 굽히는 데 사용되는 자재명칭은(3방향, 4방향)?

바) 전선의 절연피복을 보호하기 위하여 관말구에 설치하는 자재는?

사) 로크너트만으로 고정하기 어려울 때 보조적으로 사용되는 부품은?

아) 금속관 상호 간을 접속하는 부품은?

자) 금속관, 합성수지관, 가요전선관의 고정은 몇 m마다 하는가?

차) HFIX 전선의 우리말 명칭은?

정답

가) 1.2mm

나) 금속관 : 3.66m, 합성수지관 : 4m

다) 가요전선관과 박스의 연결 : 스트레이터 복스커넥터
가요전선관과 가요전선관의 연결 : 스플리트 커플링
가요전선관과 금속관의 연결 : 컴비네이션 커플링

라) 로크너트, 2개

마) 유니버설 엘보우

바) 부싱

사) 링레듀셔

아) 커플링

자) 금속관 : 2m 이하, 합성수지관 : 1.5m 이하, 가요전선관 : 1m 이하

차) 450/750V 저독성 난연 가교 폴리올레핀 절연 전선

007

다음 축전지설비에 대한 물음에 답하시오.

가) 부하를 만족하는 용량을 결정하기 위한 계수로서 0.8로 나타내는 것은?

나) 기능회복을 위하여 충전하는 방식은?

다) 축전지와 부하를 병렬로 접속하여 충전하는 방식은?

라) 연축전지와 알칼리축전지의 공칭전압은?

마) 알칼리축전지의 장점 및 단점은?

바) 알칼리축전지의 방전종기전압은?

사) 방전코일의 설치목적은?

정답

가) 보수율
나) 회복충전
다) 부동충전
라) 연축전지 : 2V, 알칼리축전지 : 1.2V
마) 장점 : 과충전 및 과방전에 잘 견딘다. 기계적강도가 크다. 수명이 길다.
단점 : 단자전압이 낮다. 가격이 비싸다.
바) 0.96V
사) 콘덴서 내의 잔류전하 방전

008

다음 용어의 우리말 명칭은?

(1) CVCF

(2) LAN

(3) PBX

(4) CAD

(5) MDF

(6) CCFL

정답

(1) CVCF : 정전압 정주파수 공급장치
(2) LAN : 구내정보통신망 또는 근거리통신망
(3) PBX : 사설교환기
(4) CAD : 컴퓨터 이용 설계 또는 컴퓨터 지원 설계
(5) MDF : 주 배전반
(6) CCFL : 냉음극형광램프

PART 04 | 계산 문제

001

발전기

$$* \text{ 발전기차단기용량}[kVA] = \frac{\text{유발전기출력}[kVA]}{\text{과도리액턴스}} \times 1.25$$

$$* \text{ 발전기 용량}[kVA] = \left(\frac{1}{\text{허용전압강하}} - 1\right) \times \text{과도리액턴스} \times \text{기동용량}[kVA]$$

유도전동기 부하에 사용한 비상용 자가 발전설비를 하려고 한다. 이 설비에 사용된 발전기의 조건을 보고, 다음 각 물음에 답하시오.

〈발전기 조건〉

- 기동용량 : 700[kVA], 기동 시 전압강하 : 20[%]까지 허용, 과도리액턴스 : 25[%]

가) 발전기 용량은 이론상 몇 [kVA] 이상의 것을 선정하는가?

나) 발전기용 차단기의 차단용량은 몇 [kVA]인가? (단, 차단용량의 여유율은 25[%]를 계산한다.)

정답

가) $\left(\frac{1}{0.2} - 1\right) \times 0.25 \times 700 = 700[kVA]$

나) $\frac{700}{0.25} \times 1.25 = 3{,}500[kVA]$

002

축전지 용량

$\text{축전지용량}[Ah] = \frac{1}{L} \times K \times I$ 또는 $= \frac{1}{L}[K_1I_1 + K_2(I_2 - I_1) + K_3(I_3 - I_2)\cdots]$

(L : 보수율, I : 부하전류[A], K : 용량환산시간[h])

비상용 조명부하 200[V]용, 50[W] 80등, 30[W] 70등이 있다. 방전시간은 30분이고, 축전지는 HS형 110[cell]이며, 허용최저전압은 190[V], 최저축전지 온도는 5[℃]일 때 축전지 용량은 몇 [Ah]인가? (단, 경년용량저하율은 0.8, 용량환산시간은 1.2이다)

정답

$$\frac{1}{0.8} \times 1.2 \times \frac{(50 \times 80) + (30 \times 70)}{200} = 45.750[Ah]$$

003

축전지 2차 전류

$$축전지\ 2차\ 전류(충전전류) = \frac{정격용량[Ah]}{표준방전율[Ah]} + \frac{상시부하[W]}{표준전압[V]}$$

정격용량 60[Ah]인 연축전지를 상시부하 6[kW], 표준전압 100[V]인 소방설비에 부동충전 방식으로 시설하고자 한다. 충전기의 2차 전류(충전전류)는 몇 [A]인가? (단, 연축전지의 방출율은 10시간율로 한다.)

정답

$$\frac{60}{10} + \frac{6 \times 10^3}{100} = 66[A]$$

004

전동기 출력(펌프) 및 양수 시간

전동기출력

$$P[kW] = \frac{1000 \times Q[m^3/min] \times H[m] \times k}{102 \times 60 \times \eta}$$

$$P[HP] = \frac{1000 \times Q[m^3/min] \times H[m] \times k}{76 \times 60 \times \eta}$$

양수량이 매분 20[㎥]이며, 총 양정이 10m인 곳에 사용하는 펌프 전동기의 용량은 몇 [kW]를 사용하면 되겠는가? (단, 펌프 효율은 65[%]이고, 여유계수 K = 1.15이다.)

정답

$$\frac{1000 \times 20 \times 10 \times 1.15}{102 \times 60 \times 0.65} = 57.817$$

$\therefore$ 57.82[kW]

**토출량 2400[ℓpm], 전양정[100m]인 소방용 펌프 전동기용량은 몇 [HP]인가?
(단, 펌프효율 60[%], 전달계수 1.1 소수 이하 셋째 자리에서 반올림하시오.)**

정답

$$P[HP] = \frac{1000 \times 2400 \times 10^{-3} \times 100 \times 1.1}{76 \times 60 \times 0.6} = 96.491$$

$\therefore$ 96.49[HP]

005

양수 시간

$$시간[min] = \frac{1000 \times Q[m^3] \times H[m] \times k}{(102 \text{ 또는 } 76) \times 60 \times \eta \times P(kW \text{ 또는 } HP)}$$

지상 20[m]되는 곳에 300[㎥]의 저수조가 있다. 이곳에 10[HP]의 전동기를 사용하여 양수한다면 저수조에 약 몇 분 후에 물이 가득차겠는가? (단, 펌프의 효율은 70[%]이고 여유계수는 1.2이다.)

정답

$$T[min] = \frac{1000 \times 300 \times 20 \times 1.2}{76 \times 60 \times 0.7 \times 10} = 225.563$$

∴ 225.56[min]

006

전동기 출력(팬, 송풍기)

* 전동기출력P[kW] =

$$\frac{Q[m^3/min] \times Pr[mmH_2O] \times K}{102 \times 60 \times \eta}$$

* 전동기출력P[HP] =

$$\frac{Q[m^3/min] \times Pr[mmH_2O] \times K}{76 \times 60 \times \eta}$$

풍량이 300[㎥/min]이며, 전풍압이 35[mmHg]인 배연설비용 팬(FAN)을 운전하는 전동기의 소요 출력은 몇 [kW]인가? (단, FAN의 효율은 70[%]이며 여유계수 K는 1.21이다.)

정답

$$\frac{300 \times (\frac{35}{760} \times 10332) \times 1.21}{102 \times 60 \times 0.7} = 40.317$$

∴ 40.31[kW]

007

회전수 및 동기속도

회전수N[rpm] = $\frac{120f}{P}(1-s)$, 동기속도N_s[rpm] = $\frac{120f}{P}$

* 전동기출력P[HP] =

$$\frac{Q[m^3/min] \times Pr[mmH_2O] \times K}{76 \times 60 \times \eta}$$

3상 380[V], 60[Hz], 2[P], 75[HP]의 스프링클러 펌프와 직결된 전동기가 있다. 이 전동기의 동기속도를 구하시오

정답

$$\frac{120f}{P} = \frac{120 \times 60}{2} = 3,600[rpm]$$

008

역률 개선용 콘덴서 용량[kVA]

$$= P[kW] \times (\frac{\sqrt{1-\cos^2\theta_1}}{\cos\theta_1} - \frac{\sqrt{1-\cos^2\theta_2}}{\cos\theta_2})$$

$$= P[HP] \times 0.746 \times (\frac{\sqrt{1-\cos^2\theta_1}}{\cos\theta_1} - \frac{\sqrt{1-\cos^2\theta_2}}{\cos\theta_2})$$

3상 380[V], 30[kW] 스프링클러 펌프 유도 전동기 기동방식은 일반적으로 어떤 방식이 이용되며 전동기의 역률이 60[%]일 때 역률을 90[%]로 개선할 수 있는 전력용 콘덴서의 용량은 몇 [kVA]이겠는가?

정답

$$= 30 \times (\frac{\sqrt{1-0.6^2}}{0.6} - \frac{\sqrt{1-0.9^2}}{0.9} = 25.470$$

$\therefore$ 25.47[kVA]

009

객석통로유도등 개수

$$N[개] = \frac{직선거리[m]}{4m} - 1$$

* 소수발생 시 "1개"를 절상

길이 18[m]의 통로에 객석유도등을 설치하려고 한다. 이때 필요한 객석유도등의 수량은 몇 개인가?

정답

$$\frac{18}{4} - 1 = 4.5 - 1 = 3.5$$

∴ 4개

010

자탐회로 도통시험전류(= 감시전류) 및 동작전류

가. 도통시험전류 I =

$$\frac{24}{릴레이저항 + 배선저항 + 종단저항} \times 10^3[mA]$$

나. 동작전류 $I = \frac{24}{릴레이저항 + 배선저항} \times 10^3[mA]$

P형 1급 수신기와 감지기와의 배선회로에서 종단저항은 10[kΩ], 릴레이 저항은 550[Ω], 배선회로의 저항은 45[Ω]이며, 회로전압이 DC24[V]일 때 다음 각 물음에 답하시오.

(1) 평소 감시전류는 몇 [mA]인가?

정답

$$I = \frac{24}{10 \times 10^3 + 550 + 45} \times 10^3 = 2.265$$

∴ 2.27[mA]

(2) 감지기가 동작할 때(화재시)의 전류는 몇 [mA]인가?

정답

$$I = \frac{24}{550 + 45} \times 10^3 = 40.336$$

∴ 40.34[mA]

011

전선굵기 및 전압강하(직류 2선식, 단상 2선식)

$A = \frac{35.6LI}{1000e}[mm^2]$, $e = \frac{35.6LI}{1000A}[V]$

$\left\{\frac{\text{3상 3선식인 경우 계수 : 30.8}}{\text{3상 4선식과 단상 3선식인 경우 계수 : 17.8}}\right\}$

수신기와 200[m] 떨어진 지구경종 4개를 동시에 울릴 경우 선로의 전압강하는 몇 [V]인가?
(단, 경종의 용량은 24[V], 1.44[VA], 수신기와 경종의 연결선은 1.6[㎜] 단선 연동이며 주위온도는 20[℃]라 한다.)

정답

$I = \frac{P}{V} = \frac{1.44 \times 4}{24} = 0.24$ $e = \frac{35.6 \times 200 \times 0.24}{1000 \times \frac{\pi}{4} \times 1.6^2} = 0.65[V]$

012

단자전압

$V = E - Ir[V]$

수신기로부터 배선거리 100[m]의 위치에 모터사이렌이 접속되어 있다. 사이렌이 명동될 때의 사이렌의 단자전압을 구하시오. (단, 수신기는 정전압 출력이라 하고 전선은 1.6[㎜] HIV전선이며, 사이렌의 정격전력은 48[W]라고 가정한다. 전압변동에 의한 부하전류의 변동은 무시한다. 1.6[㎜] 동선의 [km]당 전기저항은 8.75[Ω]이라고 한다.)

정답

$24 - (\frac{48}{24} \times \frac{100 \times 2}{1000} \times 8.75) = 20.50$ $\therefore 20.5[V]$

013

감지기 개수

$$N = \frac{감지구역[m^2]}{표의\ 감지기\ 1개당\ 감지면적[m^2]}$$

* 소수발생 시 "1개"를 절상

정온식스포트형감지기 특종을 부착면의 높이가 7[m]인 내화구조로 된 특정소방대상물에 설치하고자 한다. 이 경우 소방대상물의 바닥면적이 110[㎡]라면 몇 개 이상 설치해야 하는가?

정답

$$\frac{110[m^2]}{35[m^2]} = 3.142$$

∴ 4개

014

변류기

$$지시전류 = \frac{부하전류}{변류비}$$

* 부하전류 = 지시전류 × 변류비

단상 2선식 100[V]에 사용하는 정격 소비전력 3[kW] 전열기의 부하전류를 측정하기 위하여 60/5의 변류기를 사용하였다면 전류계의 지시값은 몇 [A]이겠는가?

정답

$$I = \frac{3 \times 10^3}{100} = 30[A] \qquad \frac{30}{12} = 2.500$$

∴ 2.50[A]

015

교차회로방식 회로별 감지기 개수

$$N = \frac{방호구역[m^2]}{표의\ 감지기\ 1개당\ 감지면적[m^2]}$$

* 소수발생 시 "1개"를 절상

컴퓨터 촬영실에 하론 1301 소화설비를 하려고 한다. 건축물의 구조는 내화구조이고, 층의 높이는 3.5[m], 바닥면적은 600[㎡]이다. 이때 감지기를 쓰고 수량을 산출하시오.

정답

연기감지기(1, 2종) $\frac{600[m^2]}{150[m^2]} = 4개$

A회로 : 4개　B회로 : 4개　$\therefore$ 8개

연기감지기(3종) $\frac{600[m^2]}{50[m^2]} = 12개$

A회로 : 12개　B회로 : 12개　$\therefore$ 24개

016

조명 계산 및 실지수

FUN = EAD (감광보상률인 경우)

FUNM = EA (유지율인 경우)

F : 전광속(ℓm), U : 조명률, N : 조명등 수, E : 조도(ℓx), A : 면적(㎡)

D : 감광보상률, M : 유지율

실지수(RI) : 조명효율을 구할 때 사용하는 지수

$$실지수 = \frac{XY}{H(X+Y)}$$

H : 작업면에서 광원까지의 높이(m), X : 방의 너비(m), Y : 방의 길이(m)

조명설비에 대한 물음에 답하시오.

가) 길이 15[m] 폭 10[m]인 방재센터의 조명률은 50[%] 40[W] 형광등 1등당 전광속이 2400[ℓm]일 경우 조도를 400[ℓx]로 유지한다면 형광등(40[W]/2등용)은 몇 개가 필요한가? (단 층고는 3.6[m]이며 조명유지율은 80[%]이다.)

나) 모든 작업이 작업대(방바닥에서 0.85[m]의 높이)에서 행하여지는 작업장의 가로가 8[m] 세로가 12[m] 방바닥에서 천장까지의 높이가 3.8[m]인 방에서 조명기구를 천장에 설치하고자 한다. 이 방의 실지수는 얼마인가?

정답

가) N(전등 1등의 개수)

$$= \frac{EA}{FUM} = \frac{400 \times 15 \times 10}{2400 \times 0.5 \times 0.8}$$

= 62.5 소수발생 시 1개를 증 ∴ 63개

$$2등용\ 개수 = \frac{63}{2}$$

= 31.5 소수발생 시 1개를 증 ∴ 32개

나) 실지수

$$= \frac{XY}{H(X+Y)} = \frac{8 \times 12}{(3.8 - 0.85) \times (8 + 12)}$$

= 1.627 ∴ 1.63